- 本书第一版 2005 年获中南地区大学出版社优秀专著一等奖
- 本书第二版 2006 年获第一届广东省优秀出版物奖
- 本书第三版 2009 年入选“十一五”国家重点图书出版规划项目
- 本书增订本获教育部普通高校人文社会科学重点研究基地基金（项目号：12JJD880012）资助
- 本书增订本获江苏省第十三届哲学社会科学优秀成果奖一等奖

中国文化心理学

Chinese Cultural Psychology

（增订本）

汪凤炎　郑　红　著

暨南大學出版社
JINAN UNIVERSITY PRESS

中国·广州

图书在版编目（CIP）数据

中国文化心理学/汪凤炎，郑红著．—增订本．—广州：暨南大学出版社，2013.12（2015.6 重印）

ISBN 978－7－5668－0794－6

Ⅰ．①中…　Ⅱ．①汪…②郑…　Ⅲ．①文化学—心理学—研究—中国　Ⅳ．①B84－05

中国版本图书馆 CIP 数据核字（2013）第 235045 号

出版发行：暨南大学出版社

地　址：中国广州暨南大学
电　话：总编室（8620）85221601
　　　　营销部（8620）85225284　85228291　85228292（邮购）
传　真：（8620）85221583（办公室）　85223774（营销部）
邮　编：510630
网　址：http：//www.jnupress.com　http：//press.jnu.edu.cn

排　版：广州市天河星辰文化发展部照排中心
印　刷：广东省农垦总局印刷厂

开　本：787mm×1092mm　1/16
印　张：39.5
字　数：963 千
版　次：2005 年 5 月第 1 版　2013 年 12 月增订本
印　次：2015 年 6 月第 10 次

定　价：69.80 元

增订本自序

中国文化向来有重人的精神传统，天、地、人三才的思想在中国源远流长。在中国人眼中，只有“人”才能做到上顶天、下立地，由此让人体会到做人的尊严、做人的可贵！但是，从中国文化尤其是中国传统文化看来，这种有尊严的人不是天生的，而是要通过个体的后天努力，通过做人的历程才可能实现、完成的。因此，中国文化一向重视人禽差异的研究，主张人只有按人的要求而不是禽兽的要求去做人，一个人才真正成为人。同时，中国文化很早就认识到“人和”的可贵，使得“天时不如地利，地利不如人和”成为中国人的共识。这诸多机缘促使中国学人重视对人的心理与行为规律进行研究，致使中国文化尤其是中国传统文化成为一种充满心理学意蕴的文化。毛泽东同志曾说：“今天的中国是历史的中国的一个发展；我们是马克思主义的历史主义者，我们不应当割断历史。从孔子到孙中山，我们应当给以总结，承继这一份珍贵的遗产。”① 这一思想同样适用于中国的心理学研究。可惜的是，由于某些原因，中国文化里所蕴含的丰富的心理学思想至今仍未引起当代中国心理学界应有的重视！这从当代中国心理学界很少有人专门从事中国心理学思想或中国文化心理学的研究，以及在一些有心理学专业的高等院校和研究所里很少开设“中国心理学史”、“中国文化心理学”或类似课程的事实里就可见一斑。

从前，日本的菅原道真（845—903，日本平安前期的文人与政治家）在日本力倡“和魂汉才”，主张将日本的固有精神与中国学问相结合。后来涩泽荣一（1840—1931，日本近代化之父）提倡“士魂商才”。按涩泽荣一的说法，所谓士魂商才，是指一个人在为人处世时，应该以武士精神为本。但是，如果偏于士魂而没有商才，没有充分培养经济才干，那么个体也无法真正自立。要培养士魂，虽然很多方法都可以从书本上借鉴，但只有《论语》才是培养士魂的根基。充分培养商才也要依靠《论语》。或许道德方面的书同商才没有什么直接的联系，但是，所谓的商才，本来也是要以道德为根基的。离开道德的商才，即不道德、欺瞒、浮华、轻佻的商才，有的只是小聪明，绝不是真正的商才，因此，商才不能离开道德，要靠论述道德的《论语》来培养。同时，处世之道虽十分艰难，但如果能熟读且仔细体味《论语》，就会有很高的领悟。因此，涩泽荣一说自己一生都尊信孔子之教，把《论语》作为处世的金科玉律，不离左右。② 读了涩泽荣一等人的言论，让我有一种“听君一席话，胜读十年书”的感觉！仅就当代中国心理学的发展而言，我越来越认识到，当代中国的心理学若想在尽可能短的时间内取得大的突破，而不是亦步亦趋地跟着西方心理学尤其是美国心理学走，就必须培养大批“新体新

---

① 毛泽东选集（第二卷）（第二版）. 北京：人民出版社，1991. 534.

② ［日］涩泽荣一. 论语与算盘——人生·道德·财富. 王中江译. 北京：中国青年出版社，1996. 4 ~ 5.

用”式的心理学研究者。所谓“新体”，就是将中国文化心理学里的固有精华与西方心理学的精华融会贯通，从而产生“融会贯通中西心理学精华的新的心理学知识体系”，犹如历史上的中国学人将中国儒家文化的精义与外来的佛教文化相融通，从而生成“宋明理学”这个新的知识体系一般。所谓“新用”，是指中国的心理学学习者或研究者一旦掌握了“融会贯通中西心理学精华的新的心理学知识体系”，必将对心理学有一番新的见解与新的作为，即会产生新的功用。只有培养大批兼收并蓄中外心理学思想之长的“新体新用”式心理学研究者，才有可能使中国的心理学在未来有大的突破，才有可能真正建立适合中国国情的中国心理学（毋庸讳言，当代中国几乎没有自己的心理学，所谓中国的心理学，主要是指外国尤其是西方的心理学在中国之义）。就中国目前的心理学发展的现状看，相对而言，中国的心理学研究者对西方心理学的了解要远比对中国人自己的心理学思想了解得更多、更深，为了弥补这一欠缺，同时，为了纠正中国某些心理学研究者偏爱舶来品的不良风气（对外国文化没有必要特别去排斥，也没有必要因过分偏爱它而轻视甚至贬低中国文化），我们尝试撰写了这本《中国文化心理学》。本书自2004年11月由暨南大学出版社出版后，承蒙读者的厚爱，曾先后修订了三次，至2008年9月已出至第三版；至2012年6月为止，累计印次已达6次，累计印数已达15 000册。自2008年9月至2013年7月，时间又过去了近5年，在这期间，我们对中国文化心理学的思考与研究又有了一些新的进展。现借第四次修订的机会，将最近几年来我们对中国文化心理学研究中的一些新思考补充进去。修订部分主要体现在两个方面：一是在2008年9月第三版的基础上，对原有一些章节的内容进行了修改与充实。其中，对“走进中国文化心理学”、“中国人的社会化观”、“中国人的自我观”、“中国人的尚‘和’心态”、“中国人的人情观”、“中国人的脸面观”、“中国人的孝道心理观”、“中国人的迷信心理与对策”、“中国人的教育心理观”、“中国人的管理心理观”、“中国人的文艺心理观”、“中国人的人格心理观”与“中国人的思维方式”等修改的幅度颇大；对“中国人的释梦心理观”的修改幅度较小。二是为篇幅所限，再考虑到普通高校一般不涉及军事心理学，故删除了“中国人的军事心理观”一章。读者若对这方面的内容感兴趣，可参阅拙著《中国心理学思想史》① 与我主编的《中国心理学史新编》② 二书。

经过十几年学习、研究和讲授中国心理学史和中国文化心理学所获得的学术积累，使本人对研究心理学尤其是中国文化心理学的目的、意义、途径和做法等问题有了一些更清晰和更成熟的想法，因此，在2007年元月，本人曾借用清代郑板桥（1693—1765）一首名诗《竹石》的诗韵，将它表述如下：

心悟

抓住文心切勿松，
根要深入生活中，
各式方法善运用，
学问最忌盲跟风。

---

① 汪凤炎．中国心理学思想史．上海：上海教育出版社，2008. 470 ~ 498.

② 汪凤炎主编．中国心理学史新编．北京：人民教育出版社，2013. 172 ~ 215、358 ~ 367、463 ~ 472.

“文心”的含义有两点：一是指“文化与心理”的简称，二是指“中国文化心理学”。相应地，“抓住文心切勿松”的含义是，就整个中国的心理学研究而言，学人都宜重视“文化与心理”的关系，自觉而妥善地将“文化因素”放进自己的研究理念或研究架构中，绝不可将心理学视作一门“超文化”的学科；就学习与研究中国文化心理学而言，要知道其灵魂与命脉就在于从中国文化与心理学两个角度来描述、解释、揭示、预测和调控中国人的心理与行为，以努力提高当代乃至未来中国人的心理生活质量与幸福感。当然，将“中国文化”放进自己的研究理念或研究架构中，绝不是“随便引一段或几段古汉语”或者“只要被试和主试都是中国人”就可以的，而必须先深入研究中国文化尤其是中国传统文化的内核、深入而细致地观察和思考中国人的心理与行为方式，然后再自觉地兼顾中国文化和心理学两个视角来研究中国人的心理与行为，才有可能将“中国文化”放进自己的研究理念或研究架构中。至于最终是否真的能够做到这一点，还须由实践来检验：如果一项心理学研究成果经由实践证明，能够较科学地描述、解释或揭示中国人尤其是当代中国人的心理与行为规律，进而依据它能较准确地预测或较科学而高效地调控当代乃至未来中国人的心理与行为，提高当代乃至未来中国人的心理生活质量与幸福感，那就证明此项心理学研究成果已将“中国文化”因素较好地纳入了自己的研究理念或研究架构中，反之亦然。

“根要深入生活中”的含义是，中国文化心理学（扩而言之，可指整个中国的心理学）的所有研究主题与研究思路等都要紧密联系中国人的生活，尽可能地贴近中国人的真实心理、生活情境，犹如为了提高军队的战斗力或医生的医术，平日的军事训练或临床实习一定要在尽可能真实的“实战”环境里进行一般。研究者既不能一味地为了优先考虑研究方法的客观性，而将所有鲜活的研究主题所涉及的许多变量都视作无关变量，然后将之一一控制，以便能够在实验室做“精密的实验研究”；[①] 也不能在研究中暂时将中国人的生活方式和思维传统“束之高阁”，而将中国人当作美国人来研究。否则，就会降低研究成果的“中国文化生态效度”，甚至根本就没有“中国文化生态效度”。

“各式方法善运用”的含义是，鉴于人心的复杂性、心理学学科性质的“中间性”（依潘菽的观点，心理学本是一门介于自然科学与人文社会科学之间的中间科学）和每种研究方法均是长短处互现等，因此，在中国文化心理学（扩而言之，可指整个中国的心理学）的研究里，要坚持“大心理学观”，充分认识到各式研究方法存在的价值及其可能存在的缺陷，然后根据研究主题的特殊性，妥善而灵活地选择适当的研究方法，绝不能一味地强调实验法或测量法的价值，而取缔其他方法在心理学中的“合法性”。

“学问最忌盲跟风”的含义是，在中国文化心理学（扩而言之，可指整个中国的心理学）的研究里，自主创新是“灵魂”，切不可盲目跟着西方心理学尤其是美国心理学走。朱熹说得好：“问渠哪得清如许，为有源头活水来。”要想尽快建立起“中国心理学”，摆脱过于依赖外国心理学尤其是美国心理学的现状；要想中国的心理学更好地为当代中国的社会主义现代化事业贡献自己的力量；要想使中国的心理学早日真正在世界心理学大家庭里占据自己的一席之地，并涌现出一些如弗洛伊德（S. Freud）、巴甫洛夫

① 实验法只是心理学的一种重要研究方法，却不是唯一的研究方法，更不是“万能”的研究方法。

(I. P. Pavlov)、皮亚杰（Jean Piaget）、维果斯基（Lev Vygotsky）、西蒙（H. A. Simon）那样的真正世界级的心理学大师，以便为当代世界心理学的发展贡献更大的力量，说到底必须依靠中国心理学研究者不断的自主创新，走出一条真正属于自己的道路。因此，除了研究心理学史尤其是西方心理学史的专家外，从事其他心理学分支专业的中国心理学研究者，是不宜将主要时间、精力、财力和人力等都花在述评、模仿外国心理学尤其是美国心理学所取得的研究成果上的，不宜让自己仅满足于扮演一个来回穿梭于外国心理学研究成果与中国读者之间的“搬运工”或“传声筒”的角色，而是要以做一位“顶天立地”式的中国心理学家为己任，并为此而努力奋斗！所谓“顶天”，就是要经由自己的原创性研究，提出至少能够让心理学同行中的一部分人认可的新见解（包括提出新观点、开创新的研究手段或方法等）；所谓“立地”，就是要经由应用性研究，让自己的研究成果造福于人类。这是由心理学本就是与人们的日常生活紧密相连的特点所决定的。所以，对于心理学研究者而言，学术研究与应用研究本是相辅相成、相互促进的：通过形式多样、方式灵活和频率较高的心理学应用研究，可以为心理学的学术研究提供灵感、鲜活的研究主题或研究资料等；通过开展形式多样的心理学的学术研究，心理学研究者可以从不同角度揭示出一些心理现象或行为背后所隐含的规律，从而为自己或他人提供一些有效的解决心理问题的手段与方法，提高自己或他人解决心理问题的能力。

借第四次修订版的机会，我要再次诚挚感谢导师杨鑫辉教授和鲁洁教授多年来对我们的大力支持与帮助！两位先生传授给我的为学之方，更是让我受益终身！我也要特别感谢原中国台湾大学心理学系的杨国枢先生与原中国香港大学心理学系的杨中芳先生等人，当年他们不辞辛苦，曾在中国大陆主办并主讲过多期“社会心理学高级研讨班”，我也有幸参加了其中一轮完整的培训（完整的一轮共授课三期，我参加了1995年、1996年和1997年暑期的三期培训），从中不但获得了丰富的有关社会心理学的知识，受到了较扎实、系统的方法训练和思维训练；更重要的是，我切实体会到“文化因素”是如何影响人的心理与行为的，深刻地认识到研究中国传统心理学思想的重要性，以及一个学人应具备为学术而奋斗与奉献的精神，为我后来撰写《中国传统心理养生之道》和《中国文化心理学》等论著打下了较扎实的专业基础，并使我养成了较好的科研心态。与此同时，还要诚挚地感谢上海师范大学的燕国材教授，北京师范大学的朱小蔓教授，南京师范大学心理学院、教育科学学院与道德教育研究所的领导与诸位老师以及我的家人对我的一贯支持与帮助！

本书的许多内容自2001年春季学期开始以来，先以“公共选修课”（课程名称先是“中国文化心理学”，后为了与研究生课程名称相区分，而改作“中国文化心理学入门”）的方式，自2009年春季学期开始又以“博雅课”（课程名称改作“中国文化心理学概论”）的方式，多次在我校本科生和南京邮电学院的本科生的课程上讲授过；自2001年春季学期开始起，本书的部分内容也曾在为我校心理学专业的硕士生（含研究生课程班的学生）所开设的“中国心理学史”课程里讲授过；自2003年秋季学期开始直至现在，本书的主体内容又以“中国文化心理学”课程的形式，为我校心理学专业和教育学专业的硕士生（含高校硕士生）多次开设；自2005年春季学期开始以来，本书的主体内容还以“中国文化心理学研究”课程的形式，成为我校基础心理学专业博士生的必修课程，以及我校发展与教育心理学专业、教育技术学专业博士生的选修课程。自2008年秋季学期开始以来，笔者又在我校基础心理学专业博士点招收“中国文化心理学”研究方向的博士生，并为他们新开“中国文化心理学研究”的课程。在这诸种类型课程①的长期授课过程中，诸多学子都曾向我反馈听课的体会，后来又向我反馈阅读《中国文化心理学》（2004 年版、2005 年版、2008 年版）之后的一些心得体会，让我从中获益甚多，也让我切实感受到教学相长的乐趣，并促使我们不断对“中国文化心理学”进行新的思考，这才有了本书的第一、二、三版，现在又将出版第四次修订版。同时，本书的第四次修订获得教育部普通高校人文社会科学重点研究基地南京师范大学道德教育研究所基金（项目号：12JJD880012）的资助；并且，承蒙暨南大学出版社的鼎力支持，本书第四次修订版得以顺利出版，在这之中，暨南大学出版社的张仲玲女士付出了大量心血。在此，谨向所有关心和帮助过我们的领导、老师、朋友、同学和亲人致以衷心的感谢！另外，在本书撰写过程中参阅和引用了许多专家和学者的论文与论著，这在脚注和参考文献中都一一予以列出，在此谨向他们的辛勤劳动表示诚挚的谢意！

本书初版的三级提纲由我制定，撰写则由我与我爱人郑红博士共同完成，其中，我撰写的篇幅占全书的 2/3 略多，郑红撰写的篇幅约占全书的 1/3。本书初版除酝酿和收集资料的时间外，整个写作过程断断续续地花了将近四年时间（2000. 04—2004. 03）。从 2004 年 11 月的初版至 2014 年出版的第四次修订版，中间又经历了我们的多次增删、多次易稿，虽自我感觉全书内容越来越充实，但中国文化心理学“根深叶茂”、博大精深，涉及多个学科领域，笔者学识有限，在写作与修改过程中常有力不从心的感觉，疏误之处，恳请各位方家和读者予以批评指正。

汤之《盘铭》曰：“苟日新，日日新，又日新。”（《大学》）“汤”指商朝的开国帝王成汤；“盘铭”指刻在商汤的脸盆上用来警戒自己的箴言。整句箴言的意思是：假若能每天更新，就天天更新，每天不间断地更新。可见中国人一向推崇“创新”，这是中国文化历久弥新的内在动力之一。所以，我一直坚信：只要我们每一位从事心理学工作的同仁能不断锐意进取，中国的心理学事业定能早日出现一片属于自己的新天空！

汪凤炎
2013 年 7 月 6 日
于南京之日新斋

---

① 虽然这些课程名称类似，但根据学生已有知识背景的不同和课程性质的差异，所讲内容的深浅、所涉主题的多寡等都有一定的差异。

目 录

在得到中国的资料之前，心理学不可能成为一门普遍有效的科学，因为……中国能够从新的背景上重新审查心理学的成果。

——美国著名跨文化心理学家 H. C. Triandis

科学的进展是同研究方法上的进展密切相关联的。

——冯特

第一章　走进中国文化心理学

在走进中国文化心理学之前，我们先来思考四个问题：①心理学是一门具有文化普世性（cultural universality）或超文化的学科吗？②假若将外国的心理学（主体是西方的心理学）内容抽掉，当代中国的心理学还能剩下些什么？③中国文化历史悠久，当代中国的心理学从中汲取了什么营养？④在中国，学心理学的人或多或少都曾有这样的体会：自己所学的心理学知识从学理上讲好像头头是道，可一旦放进日常生活，却犹如“虎入平川”，没有太大的用武之地，为什么会产生这种尴尬的局面？对这些问题的思考，正是开展中国文化心理学研究的缘起。

一、为什么要研究中国文化心理学

今天距心理学成为一门独立科学已有了134年（1879—2013），我们为什么还要来研究中国文化心理学，其现实意义何在？对于这一问题，我们的看法是：

（一）揭示中国人心理的深层内涵，促进当代中国人心理的现代化

人的心理至少有两种不同性质的机制：①心理的自然机制，主要包括心理的生理机制和心理的普世性结构及其发展规律等内容。它主要通过生物进化而形成，具有较大的文化普世性，生活于不同文化里的人的心理多具有相似的自然机制。例如，就思维方式的一个方面而言，无论是中国人还是美国人，其思维方式都遵循从感性认识到理性认识的路径，其认识（认知）过程也都存在感觉、知觉、记忆、思维等过程，这就是人的认识过程中存在自然机制的一个体现。就情绪而言，无论是中国人还是美国人，都有快乐、愤怒、悲伤与恐惧等四种与生俱来的基本情绪，它们主要是通过生物进化而来，具有明显的文化普世性。就感觉、知觉等心理的生理机制而言，中国人与美国人并没有质的显著性差异。②心理的文化机制，主要包括人的社会心理机制（如自我、品德与价值观等）和审美心理机制等内容。它主要通过文化的积淀而慢慢形成，具有较大的文化差异性，不同的文化孕育不同的文化心理机制。例如，就颜色心理而言，中国人普遍喜爱黄色与红色；美国人或英国人普遍喜欢白色和蓝色。就自我而言，中国人多是一种关系性

自我，且看重自我身份的等级关系。此思想体现在作为“国家的名片”——人民币的纸币上。目前在中国大陆流通的第五套人民币中，1 元、2 元、5 元、10 元、20 元、50 元和 100 元纸币的大小不同，纸币颜色也有明显差异；并且，现在通行的人民币中各面额纸币的正面都只印上毛主席的头像。中国古今历史上涌现出来的其他著名思想家、教育家、政治家、军事家、科学家、文学家、艺术家和史学家等的头像至今没有一位出现在当前流通的人民币纸币上，显得较单一，且易给人“官本位”的印象。与此不同的是，美国人多是一种独立性自我，且强调自我身份的平等。此思想体现在美元纸币上，目前流通的 1 美元、2 美元、5 美元、10 美元、20 美元、50 美元与 100 美元的纸币几乎一样大，颜色也相近；并且，美元纸币上虽然也印有人物图像，却不是由某个人物图像“一统江湖”，而是不同面额的美钞上印有不同的人物图像。美国人之所以选择他们作为美钞上的人物图像，是因为他们最能够代表美国精神与美国的价值观。这些美钞上的人物图像按面额从小到大的顺序分别是：1 美元纸币的正面人物图像是华盛顿（George Washington），他被视为美国国父，是美国“独立”的象征；2 美元纸币的正面人物图像是托马斯·杰斐逊（Thomas Jefferson），他是《独立宣言》（*Declaration of Independence*）的起草人，被誉为“自由的使者”，他所代表的自由思想是美国的立国之本；5 美元纸币的正面人物图像是亚伯拉罕·林肯（Abraham Lincoln），他被称为“伟大的解放者”，代表美国人“人人生来平等”的基本价值观；10 美元纸币的正面人物图像是亚历山大·汉密尔顿（Alexander Hamilton），他主张私人财产神圣不容侵犯，是美国“个人主义”思想的代表；20 美元纸币的正面人物图像是安德鲁·杰克逊（Andrew Jackson），“杰克逊式民主”因他而得名，他是美国第一任民选总统，从他开始，“人人都可成为总统”的梦想变成现实；50 美元纸币的正面人物图像是格兰特（Ulysses S. Grant），他结束了美国内战，阻止了美国的分裂，是美国尚武精神的代表；100 美元纸币的正面人物图像是本杰明·富兰克林（Benjamin Franklin），他没有显赫的家世，仅靠自己对宗教的虔诚、对教育的重视，坚持生活简朴和不屈的奋斗，在多个领域取得巨大成就，成为美国“清教主义”的杰出代表，他的名言是“诚实和勤勉，应该成为你永久的伴侣”，这也成为他一生最真实的写照![①] 就思维方式而言，中国人普遍习惯整体思维、权威思维、辩证思维、模糊思维和形象思维等；美国人或英国人普遍习惯分析思维、独立思维、主客二分式思维和精确思维等。就情绪表现而言，中国人推崇含蓄、内敛的情绪表达方式，“笑不露齿”被认为是有修养的表现（对年轻女子的评价尤其如此）；美国人推崇直率、自然的情绪表达方式，“开怀大笑”被认为是很自然的事情，等等。这就是人的心理存在的文化机制。同时，人的心理既有“事实”（如心理的客观规律）的一面，也有“价值”（如价值观和理想人格等）的一面。心理的自然机制和心理“事实”主要依靠生理心理学和实验心理学等路径寻求解决，心理的文化机制和心理的价值层面主要依靠文化心理学与实验心理学等路径寻求解决。例如，欧美国家的民众多有信奉基督教的传统，目前流通的每张美元纸币的背面甚至都印上了“IN GOD WE TRUST”（我们信仰上帝）一语，而多数中国人则无此宗教信仰；与此不同的是，多数中国人从古至今都重孝道，而欧美国家的民众（受到中华文化影响的华裔除外）则不看重孝道。中国人与欧美人之间存在的这种心理

① 佚名．美元纸币上各个面额上的人物头像各是谁．2013-02-28．http：//zhidao. baidu. com/question/9833816. html.

与行为上的差异，必须通过文化心理学的路径来解释才妥当。冯特当年主张用不同方法来从事实验心理学与民族心理学的研究，实际上同时提出了这两种研究取向。遗憾的是，其后，心理学在发展过程中太想成为一门纯粹的科学，过于注重探讨心理的自然机制，而忽视对心理的文化机制的探索，以至于冯特开出的文化心理学的研究路向，从文化角度来考察人的心理与行为规律，在很长时间内一直不为西方的主流心理学所看重。处于主流地位的西方心理学如此，深受其影响的中国的心理学亦然。为了补偏救失，我们力倡开展中国文化心理学的研究，其主要目的之一，就是试图将中国人心理的文化机制揭示出来。

中华民族作为一个有几千年文明历史的古老民族，其心理特质是几千年中国文化的结晶，即使身处当代，中国人的心理与行为无不带有深深的民族烙印。正如鲁迅所说："我们的一举一动，虽似自主，其实多受死鬼的牵制。"[①] 这意味着，当代中国人虽"身"在21世纪，但"心"中有许多传统的东西。如果仅从当代中国人的外显行为入手来研究当代中国人的心理，难免会"断章取义"，极易造成研究上的偏差。比如以往对中国国民性的若干研究，尽管也得出一些在今天看来仍具有较强说服力的结论，但也有很多研究仍停留在非常肤浅和具体的层面上，罗列了大量现象，离中国人心理的本质特征还有一段很大的距离，导致很多研究结论彼此矛盾、缺乏一致性。据沙莲香对71位学者有关中国民族性的观点所作的一个统计表明，一致性最高的观点也只有24.4%的学者认同，而一致性最低的观点仅有5.2%的学者认同，[②] 这类研究难以揭示出中国人心理的深层内涵。同时，社会主义现代化建设事业是中国当前最重要的工作，而现代化的关键是人的现代化。从心理学视角看，人的现代化的关键是人的心理的现代化。鉴于中国人的心理特质是中国悠久文化的结晶，那么，当代中国人要想获得适应21世纪时代要求的现代心理素质，就必须先做好"古代、近代心理素质如何更好地向现代心理素质转换"这个时代课题。而要想做好这个课题，基本前提是要弄清历史上中国人的心理发展规律，这样才能有的放矢。因为文化的实物、行为、制度和观念等四个层面（详见本章下文）随时代推进而变迁的速度不一样：实物层面文化的变迁速度最快，行为层面的文化次之，制度层面的文化又次之，思想观念层面的文化变迁速度最慢。与此相对应的是，人受文化影响的四个层次的变迁速度也不一样：人对外在物品的态度变化较快，人的行为方式变化较慢，存在于人类社会的各种制度变化更慢，蕴藏在人脑里的价值观与潜在假设变化最慢。

而中国文化心理学的主体内容之一——通过"梳理与诠释为主型"研究方式获得的中国文化心理学，是在漫长的中国社会历史演变中逐渐形成和累积起来的，不仅时间跨度大，涵盖了中国人心理特质形成和发展变化的全部时间，更重要的是，它是植根于中国文化土壤的心理学思想，符合中国人的哲学传统和思维习惯，能真正反映中国人心理发生、发展及变化的规律；并且，通过"梳理与诠释为主型"获得的中国文化心理学是在中国土生土长的，虽然其中有些内容反映了人类心理的共性，但多数内容都与西方心理学思想有所不同，这些思想最能反映出中国文化因素对中国人心理与行为的影响。同

① 鲁迅．《随感录》之三八．新青年，1918，5（5）：515～518.

② 李庆善．中国人新论　从民谚看民心．北京：中国社会科学出版社，1996. 25～27.

时，中国文化心理学自成体系，有自己的范畴、理论和概念等，通过研究中国文化心理学，最易发现中西方人心理的同与异，有利于研究者根据中国国情来修改外国心理学研究者提出的理论或创立新的理论，这样，就能提高理论观点的科学性。当代中国心理学的工作者在研究中国人尤其是当代中国人的心理时，若能从研究中国文化心理学入手，则是用纵贯的历史观点来研究当代中国人心理的最好手段，并且能综观各个历史阶段内中国人心理的形成与当时的社会政治经济文化历史间的具体关系。[①] 在此基础上再从事当代中国人的心理发展规律的研究，就会使研究成果既有广度，又有深度，从而能揭示出中国人心理发展的规律和线索，并根据这些规律和线索预测未来中国人心理发展的大致趋势，从而有的放矢地对当代中国人的心理进行塑造，促进中国人心理的现代化。如图 1－1 所示。

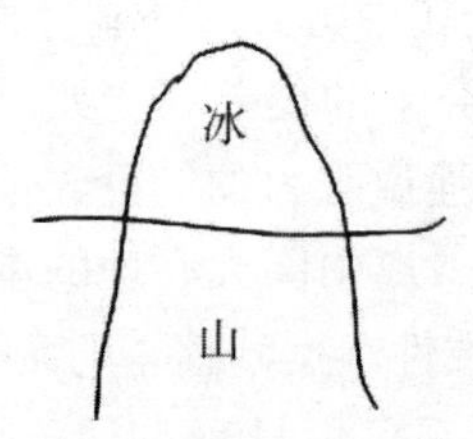

图 1－1　中国人的完整心理示意图

由图 1－1 可知，当代中国人的完整心理包括两部分：一部分是在现实世界里呈现出来的心理，另一部分是潜藏于当代中国人心灵深处、通过文化传承而获得的历史上的中国人的心理，后一种心理或隐或显地对当代中国人的心理与行为产生影响。因此，要想对当代中国人的心理有一个深刻的理解，就必须弄清历史上的中国人心理的发展规律。可见，研究中国文化心理学的首要现实意义是，它有助于揭示当代中国人心理的深层内涵，并有助于促进中国人心理的现代化。

（二）为中国心理学提供强有力的根基，促进中国特色心理学的建设

文化作为人类实现自身价值的尺度，具有超越地域、民族、社团的普遍意义，这一般称之为文化的世界性或普世性。不过，文化的世界性必须通过民族文化的特殊性才能表现出来。现实中存在的只是不同民族的文化，如中国文化、印度文化、美国文化，等等，一般的人类文化只是许多具体的民族文化所具有的共性的抽象。否认文化的世界性，会导致狭隘的民族主义；否认文化的民族性对于落后的民族而言，则会导致民族虚无主义。现代各国的发展史表明，任何一个国家与民族的繁荣富强，都是建立在自己的历史基础上的，它们都善于将自己的优秀文化传统与现代科学文化结合起来。这个基本经验同样适用于中国文化（包括心理学）的建设。

但令人遗憾的是，由于种种原因的交互影响，中国现代科学意义上的心理学主要是

① 杨国枢．我们为什么要建立中国人的本土心理学．本土心理学研究，1993（1）：38.

通过移植西方心理学的方式才建立和发展起来的。换句话说，中国的科学心理学并不是由中国古代心理学思想自然演变而来的，这就造成中国近现代心理科学与中国古代心理学思想之间存在明显的断层。这个断层的存在，“使得在编写《中国心理学史》时，编写组首先遇到的一个问题是，怎么样将前后两部分（指中国古代心理学史与中国近现代心理科学史两部分，引者注）联系起来、统一起来”[①]。尤为严重的是，这个断层的存在，使得中国近现代心理科学缺乏中国自有的文化根基，导致中国近现代心理科学在研究中国人的心理与行为时，存在着将中国人当作美国人、英国人或德国人来研究的倾向，这就给中国心理学带来很多的弊端。假若说在偏重于自然科学倾向的心理学研究领域如生理心理学研究领域，这种弊端表现得不是很明显的话（因为这些领域所研究的多是一些受社会、政治、经济、文化、历史因素的影响较小的心理学问题），那么，在偏重于人文社会科学的心理学研究领域如对中国人的自我、人际关系和人情等的研究，这些弊端则表现得较为明显和突出（因为这些领域所研究的多是一些受社会、政治、经济、文化、历史因素的影响较大的心理学问题）。中国学者在移植外国学者关于这方面的研究成果时，若处理不当，往往会发生排异反应。这也是为什么潘菽主张开展“建立有中国特色的心理学”研究和杨国枢提倡开展“中国人的本土心理学”研究的根源所在。他们二人的提法虽有异，具体做法上也有一定的差别，但有一点是共同的：都想建立符合中国国情的心理学体系，[②] 以弥合中国古代心理学思想与中国近现代心理科学之间的这一断层，使中国的心理科学真正扎扎实实地植根于中国的文化土壤之中。换句话说，他们都想将中国的近现代心理科学与中国古代的心理学思想联系起来，并融为一体。由此可见，在现阶段研究中国文化心理学的另一个重要的现实意义，就是能为中国心理科学提供强有力的根基。那么，怎么样才能使中国文化心理学的研究起到为中国近现代心理科学提供强有力的根基的作用呢？这里关键的问题是要找到二者的结合点。结合点一旦找到，断层问题就能解决了。

基于心理的自然机制与文化机制受社会、文化、历史影响程度的不同，我们认为要找中国古代心理学思想与中国近现代心理科学之间的结合点，只能从中国先哲对偏重于人文社会科学倾向的心理问题的研究上找，否则会发生方向性的错误。

与西方心理学思想相比，中国古代心理学思想（中国文化心理学的重要组成部分之一）的主要价值恰恰体现在对偏重于社会科学倾向的心理问题的研究上。具体来讲，这主要体现在对社会心理、教育心理、文艺心理、军事心理和心理卫生等的研究上，因为这些领域受社会、政治、经济、文化、历史因素的影响较大，并较适合从心理学的人文主义视角来进行研究，事实也确实如此。中国先哲在这些领域中提出了一些精辟的见解，即使将这些见解与现代心理学研究成果相比，也毫不逊色。换言之，中国文化里包含的偏重于社会科学的心理学思想可谓“土壤肥沃”，能为当代中国偏重于社会科学的心理学研究提供适宜的“生存土壤”和“生存空间”。如中国文化里关于人的心理社会化所提出的渐染说，关于知行问题所提出的重行的知行合一论，关于遗传、环境、教育与人

---

① 潘菽．序言．载高觉敷主编．中国心理学史．北京：人民教育出版社，1985. 1.

② 汪凤炎．论“建立有中国特色的心理学”与“中国人的本土心理学”研究取向的异同．中国人民大学复印报刊资料《心理学》，1998（6）：68 ~ 72.

的心理发展关系问题所提出的性习论和关于心理卫生问题所提出的生理—心理—自然—社会的整体保健模式等①，至今仍具有一定的科学价值。至于中国先哲在偏重于自然科学倾向的心理问题的研究上，尽管也提出一些宝贵的看法，但其价值多局限于历史意义，无法与现代西方生理心理学和实验心理学的研究成果相媲美。如直至清代末期才由王清任明确提出的“脑髓说”，虽然被梁启超誉为“诚中国医界之极大胆之革命论”②，但若与今天西方心理学对脑的研究成果相比，其价值是非常有限的。正如高觉敷所说：“我国虽有刘智、王清任的关于心理器官的‘脑髓说’，但其所涉及的内容比不上欧洲 19 世纪生理心理学的丰富，而其科学性也远不相及。”③ 说得形象些，中国文化里包含的偏重于自然科学的心理学思想一般是“土壤贫瘠”的，不能为当代中国偏重于自然科学的心理学研究提供牢固的“生存空间”。这样，就可将中国古代心理学思想与中国近现代心理科学的结合点定在偏重于社会科学的心理学领域上。在辩证唯物主义和历史唯物主义的指导下，通过整理中国先哲关于这方面的研究成果，并适当加以实证的检验，再借鉴近现代中国学者和外国学者在这方面的研究成果，是一定能建立起具有中国特色的社会心理学、教育心理学、文艺心理学、军事心理学和心理卫生学等分支心理学体系的；然后又借鉴中国学者和外国学者在偏重于自然科学倾向的心理学领域所取得的研究成果，是一定能最终建立起具有中国特色的心理学体系的。可见，在现阶段，研究中国文化心理学的第二个现实意义就在于，它能为中国近现代心理科学提供强有力的支持（如图 1 – 2 所示），促进具有中国特色的心理学的建设。“等到我们把我国古代心理学思想中可贵可取的部分都吸收到我国自己的心理学中来，成为我国心理学的一部分骨架和血肉的时候，我国心理学史的前后两部分（指中国古代心理学思想史和中国近现代心理科学史两部分，引者注）就连贯起来了。”④

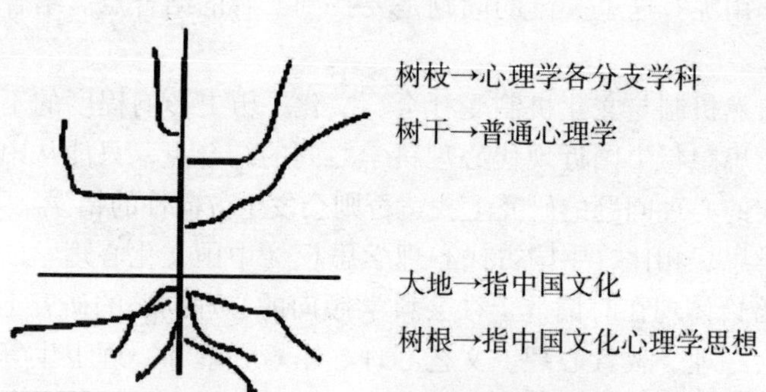

图 1 – 2　我们的奋斗目标：根深叶茂的中国特色心理学示意图

① 杨鑫辉主编．心理学通史（第一卷）．济南：山东教育出版社，2000. 42 ~ 721；汪凤炎．中国心理学思想史．上海：上海教育出版社，2008. 60 ~ 572.

② 梁启超．中国近三百年学术史．上海：上海三联书店，2006. 310.

③ 高觉敷主编．中国心理学史．北京：人民教育出版社，1985. 2.

④ 潘菽．序言．载高觉敷主编．中国心理学史．北京：人民教育出版社，1985. 2.

（三）弥补西方心理学思想的不足，促进世界心理学思想的发展

现代心理学主要是在西方心理学思想的基础上演变而来的，这样，现代心理学无论是其研究主题还是其研究方法，都深受西方心理学思想的影响。在西方，占主导地位的是主客二分的思想文化传统，从这一思想文化传统出发，西方的思想文化有重认识与自然之研究、重现象与实在之分、重推理与分析之方法、重真理之追求和重功利等传统。① 这反映到西方心理学思想领域，造成西方一贯有重视心理学的科学主义研究视角的传统，进而导致西方心理学思想有两大特色：一是从研究主题上看，偏重于自然科学倾向的心理学思想，如认知心理学思想（含感觉、知觉、记忆、思维和想象等）一贯受到西方学者的重视，因为这些思想多与认识问题密切相关，也较适宜于用推理和分析的方法进行研究；二是从研究方法上看，西方学者一贯较推崇实验方法或带有实验性质的方法（准实验法），这导致生理心理学思想和实验心理学思想在西方心理学中较为发达。这也是为什么西方近现代心理学较为重视感觉、知觉、记忆、思维和想象等的研究，并且其主流地位一直由实验心理学的根源所占据。当然，这并不是说，在西方心理学思想领域，就没有人从心理学的人文主义视角来研究心理学问题，只是说在西方心理学思想传统中，占主导地位的思想是从心理学的科学主义视角来研究心理学问题，这也正是西方心理学思想的特色所在。

西方心理学思想有重视从心理学的科学主义视角来研究心理问题的传统，再加上近现代科学所取得的巨大成功，使很多西方学者相信，科学所依靠的、原只能应用于那种可精确观察和测量对象的方法，也可用于研究诸如人的信仰、情感和人际关系等难以精确化和数量化的问题。② 这种思想导致近现代西方心理学非常强调实验法的重要性，以至于当年的行为主义者为了保证其方法的客观性和有效性，不惜抛弃意识，将行为作为心理学的研究对象，使心理学成为一门研究行为的科学并长达半个世纪之久，结果引发行为主义的危机，促使人本主义心理学和认知心理学的兴起。前者认为行为主义的上述做法无异于将小孩和脏水一起抛弃了，后者重新恢复对高级心理过程的研究，打破行为主义禁止研究意识的禁区。用实验法来研究社会心理学，又导致20世纪70年代以后美国的社会心理学发生一场危机。并且，由于重视实验法，现代西方心理学有重视实证研究而忽视理论研究的倾向，致使现代西方心理学界出现了对实验心理学的反思。③ 在发生这么多变故之后，一些西方心理学家开始反思西方主流心理学的不足之处及其产生的历史根源和解决的办法。他们不约而同地将目光转向东方这块古老而又神奇的土地，企图从东方的智慧中汲取灵感，导致对东方心理学思想的日益关注，成为现代西方心理学的最新发展动向之一。④

在这种历史背景下，当前中国文化心理学的研究者，若能从中国文化里挖掘出一些心理学思想，以弥补西方心理学思想的不足，那就能充分体现出研究中国文化心理学的

---

① 张世英．天人之际　中西哲学的困惑与选择．北京：人民出版社，1995. 160～162.

② ［英］阿伦·布洛克．西方人文主义传统．董乐山译．北京：三联书店，1997. 250.

③ ［英］保罗·凯林．心理学的大曝光——皇帝的新装．郑伟建译．北京：中国人民大学出版社，1992. 1～161.

④ 汪凤炎．述评现代西方心理学的三个新动向．江西师范大学学报，1997（3）：80～83.

现实意义，而不仅仅是历史意义，并且，对促进世界心理学的发展也将大有裨益。换言之，主要在西方文化背景下产生和发展起来的心理学要想成为一种“普遍有效”的科学，就必须在当中融入具有中国文化特色的心理学思想。这正如美国著名跨文化心理学家推蒂斯（Triandis，H. C.）所说：

在得到中国的资料之前，心理学不可能成为一门普遍有效的科学，因为中国人口占了人类很大的比例，对于跨文化心理学来说，中国能够从新的背景上重新审查心理学的成果。在这样做时，中国的心理学家应该告诉西方的同行，哪些概念、量度、文化历史因素可以修正以前的心理学成果。①

通过对中国文化心理学的研究，至少可以从以下四个方面弥补西方心理学思想的不足：一是可以弥补西方某些基本理论研究的不足；二是可以弥补西方偏重于自然科学领域的心理学思想的不足；三是可以弥补西方心理卫生思想和心理治疗思想的相对不足；四是可以弥补西方思维方式的不足。因这些内容或在《中国心理学思想史》② 里已作详细探讨，或在本书下文将作探讨，这里不多讲。

可见，中国文化心理学与西方心理学思想各有特色，优势互补。如图 1－3 所示。

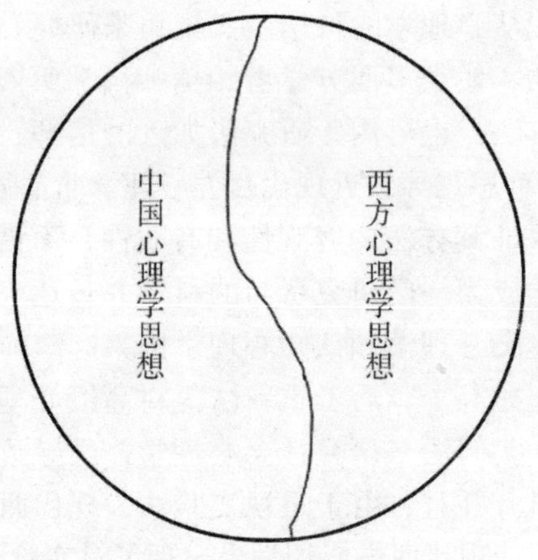

图 1－3　中西心理学思想互补示意图

正由于此，“东—西方心理学”是当代心理学的一种新发展，正在逐渐形成一个独立的研究领域或分支。在 R. Corsini 于 1984 年出版的《心理学百科全书》中，有一个词条便是“东—西方心理学”。它的基本内涵是，要把东方的哲学与心理学思想传统，包括中国的儒学、道学、禅学，印度佛学和印度哲学，伊斯兰的宗教与哲学思想，以及日本的神道与禅宗等，和西方的心理学理论及实践结合起来。东—西方心理学这个概念虽是西方心理学家提出来的，不过，它不是强调东西方心理学思想的差异，而是致力于东

① 万明钢．文化视野中的人类行为　跨文化心理学导论．兰州：甘肃文化出版社，1996. 7.
② 汪凤炎．中国心理学思想史．上海：上海教育出版社，2008. 60～572.

西方心理学思想的沟通、交流与融合。[①] 在此之前，瑞士心理学家荣格也创造性地将中国文化融进其心理学研究中，并取得举世瞩目的成就。

当然，中国文化心理学要想实现此项价值，在世界心理学中占有一席之地，为世界心理学的发展贡献出自己的一份力量，就必须多做一些具有自己文化特色的心理学研究，以便告诉西方心理学界的同行们“哪些概念、量度、文化历史因素可以修正以前的心理学成果”。

（四）培育融会中外心理学思想之长的研究者，促进中国心理学的飞跃

在中国近现代历史上，人文社会科学领域曾出现过许多取得显著科研成果的大家，像梁启超、陈寅恪、梁漱溟、胡适、冯友兰、熊十力、马寅初、郭沫若、季羡林、钱钟书和辜鸿铭，等等，真可谓是群星会集。不过，只要大家稍加留意，就会发现在这些大家身上有一个共同的特点：他们基本上都是学贯中西的。一方面，他们或由于家学渊源（如陈寅恪等），或通过自己的努力（如熊十力等），多有非常扎实的国学功底；另一方面，他们对西方的科学文化知识和为学方法都有较深的了解，像陈寅恪、胡适、冯友兰、马寅初、季羡林、钱钟书和辜鸿铭等都曾长期在英、美或德等国家求学。正是有着学贯中西的深厚文化功底，才使他们在各自的领域作出突出的贡献，这种情况在中国心理学界也是如此。只要对中国心理学发展史稍有了解的人都知道，像潘菽、艾伟、陆志韦、张耀翔等人之所以能在心理学研究上取得一些颇具影响力的成果，是因为他们在自己的心理学研究中结合了中西文化各自的优点。如潘菽既是留美的博士，对中国传统文化也有深刻的理解，并善于从中国文化心理学中汲取营养，像知、意二分法就是借鉴中国文化里的知行统一论而提出的，从而在理论心理学上取得显著的成果；艾伟也是留美博士，回国后，他善于结合中国文化自身的特色来开展心理学研究，积25年的心血著成的《汉字问题》一书，对汉字的许多问题提出独到的见解；只有郭任远是个例外，他是由于坚持极端的行为主义观点，并做了一些设计精巧的实验来证明其观点的正确性，从而在世界心理学中赢得一席之地的。这表明今后中国的心理学工作者只有既熟知外国心理学的研究成果和最新发展动态，又熟知中国文化心理学，并善于在自己的研究里借鉴中国文化心理学的精髓，才能为中国的心理学乃至世界的心理学作出自己的贡献。遗憾的是，目前中国的一些大学或科研机构的心理学专业的学生，以及一些专门的心理学工作者，对中国文化心理学都很不了解，在其学习、科研或工作过程中只知盲目地效仿西方的心理学，唯西方人马首是瞻；更有些心理学工作者，不但对中国文化心理学知之甚少，由于语言的障碍，对西方的心理学也是一知半解，这怎么能不制约中国心理学的发展与创新？这使当代中国的心理学研究成果属于原创性的成果少，属于模仿或验证外国心理学（主要是西方心理学）的研究成果多，导致中国的心理学在国际心理学界处于“多一个不多，少一个不少”的尴尬局面。任何一位中国的心理学工作者，只要稍有一点儿自尊心与责任感，一想到此，心中不能不感到自责和内疚。因此，要想今后中国的心理学能有一个较大的发展，在科研上能有更大的实质性突破，就必须对即将成为心理学工作者的心理学专业的学生进行全方位的专业训练，既要让他们掌握现代外国心理学的最新研

---

① 申荷永．中国文化心理学心要．北京：人民出版社，2001. 214.

究成果和最新发展动态，又要让他们对中国文化心理学有深刻的理解。只有造就大批将中外心理学思想之精华融会贯通于一身的心理学研究者，如图 1－4 所示，才有可能使中国的心理学在 21 世纪获得腾飞！

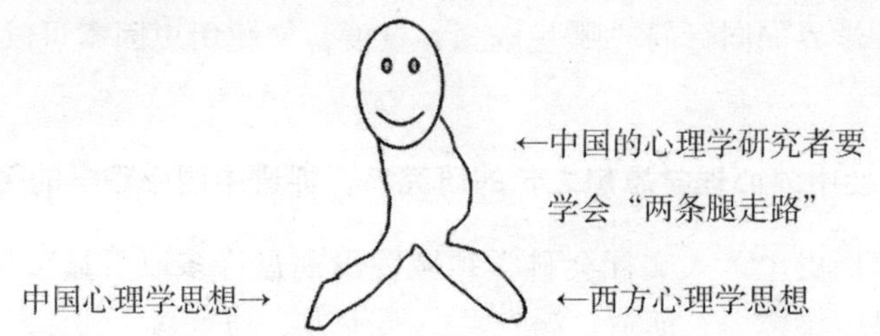

图 1－4　兼具中西心理学思想之长的心理学工作者示意图

（五）有助于心理学更加贴近日常生活，提高心理学的生命力

中国的心理学专业的学生乃至心理学工作者，多半都有这样的体会：从学理的角度看，心理学知识说得头头是道；从科研角度看，心理学研究好像也具有较强的科学性；可是，一旦将所学的心理学知识和日常生活联系起来，就会发现有“英雄无用武之地”的感觉，换言之，心理学知识与中国人的日常生活有较大的距离。久而久之，一些心理学专业的学生或心理学工作者大多都采取这样一种态度：干脆将心理学与日常生活相分离，心理学知识只用于学习或科研，在日常生活中则按“常识”生活，这就大大降低心理学的价值和生命力。造成这一局面的原因是多方面的，如现在的教育多重理论（知识）学习而轻实践练习，导致培养出来的学生多有动手能力不强的弱点，在心理学的教学中也存在类似的弊病；一些高等院校的大学生习惯于运用“形象思维”，嫌抽象思维枯燥而不愿接受相关的训练，而一些高校又实行期末由学生给任课教师打分的制度，迫使一些教师为免得“低分”而不得不迎合学生的“喜好”，于是，一些大学课堂几乎变成“讲故事”的课堂，学生在笑哈哈中上了一堂堂课，但其效果也仅限于放松学生的神经而已，于训练学生细致的观察力、缜密的推理能力、敏锐的问题意识和良好的批判性思维等可以说毫无用处，在这种课堂里训练出来的大学生（包括心理学专业的学生）一碰到实际问题就无从下手，也就是情理中的事情了。

就心理学而言，造成这一局面还有一个更重要的原因：现在中国几乎所有的心理学课程（除“中国心理学史”和“中国文化心理学”这两门课程外），其教材内容几乎清一色都是外国尤其是西方的心理学研究成果。虽然心理学作为一门独立学科是于 1879 年诞生于德国，在其后 130 余年的发展历程中，美国、德国、英国、法国和俄国（含苏联）等国家的心理学获得巨大的进步，而中国的心理学几乎至今仍处于借鉴吸收外国心理学研究成果的水平，这样，中国的心理学教材里大量采用外国尤其是西方心理学的研究成果似乎是情理中的事情。不过，在心理学的教学和科研过程中，假若中国的心理学工作者能自觉地以建立中国特色的心理学为已任，在“拿来”外国的心理学研究成果的同时，就会多出一个心眼：注意其中的文化差异，自觉地将其作一番修改，使其中国化。若果真这样，就能大大提高心理学在中国文化里的适用性和生命力。在这方面，老一辈心理学家为我们树立良好的榜样，像张厚粲先生等人在引进西方的心理学量表时，就非常注意其适用性问题，为此，一般多会加以修订，使其符合中国的国情，而不是简单地照搬使用。同时，心理学工作者若能自觉地以建立具有中国特色的心理学为己任，就会自觉重视研究中国文化里所蕴含的心理学思想。在这方面，潘菽和高觉敷两位先生也为我们树立良好的榜样。为了“建立有中国特色的心理学”，在潘菽看来，有四个主要途径，其中之一就是，贯彻“古为今用”原则，好好挖掘我国古代心理学思想这个宝藏。因为“近几年来，对我国古代心理学思想作了初步的研究，已发现我国古代有些思想家的思想中是有不少很值得珍视，并具有科学性的心理学思想的，其中还有一些是非常可贵的、科学意义深刻的、光辉夺目的，而为西方心理学以及现代的传统心理学史中所没有的心理学原则性见解，这是我们的心理学家珍。对于这些家珍，我们急需进一步加深、加广挖掘，取其精华，去其糟粕，把所得到的精华吸收到我国所要研究建立的心理学中来，构成我国心理学自己的另一种重要特色，为我国心理学增添独特的光彩。”① 高觉敷先生虽然将毕生的主要精力用于《西方心理学史》的教学与科研，但也曾有意识地整理中国传统的心理学思想，其在新中国成立后编著的《心理学史讲义》里，突破过去只讲西方心理学史的偏向，添加中国、西方和苏联三个方面的内容，其中列有“我国自春秋战国至清初哲学中的心理学说”的专章，分五节讲述了荀况、王充、范缜、王安石、王夫之五位唯物主义思想家的心理学思想，这为以后编写中国心理学史开拓了道路、打下了基础。后来，中国第一本通史式的、受国家教育委员会委托编写的、由人民教育出版社于1985年12月正式出版的《中国心理学史》教材，其主编就是高先生。可惜的是，由于种种缘由，尽管1998年中国教育部就以“心理学研究的中国化问题”为题设立了人文社会科学“九五”规划项目，后此课题由南京师范大学的杨鑫辉教授主持并于2001年完成②，不过，心理学研究的中国化问题至今仍未引起中国心理学界的普遍重视。现除南京师范大学、上海师范大学、苏州大学和湖南师范大学等极少数高校有“中国心理学史”或“中国文化心理学”之类的课程外，绝大多数高等院校若有心理学专业，在其本科生、硕士生或博士生的课程里都没有“中国心理学史”或“中国文化心理学”课程或类似课程。由于中国的心理学工作者在学习和研究阶段，接触的主要是外国尤其是西方的心理学，对中国人自己的心理学思想知之甚少，这自然会降低其解决中国人实际的心理问题的能力。原因很简单，在研究中国人的心理与行为时，若未将“中国文化”放进自己的研究架构中，仅是将中国人当作美国人或德国人来研究，自然不易获得吻合中国文化传统的心理学研究成果。而研究者若想将“中国文化”放进自己的研究架构中，那么，这既不是在自己的论著里“引一段或几段古汉语”或者“只要被试和主试都是中国人”就可以做到的，也不是简单地将“中国文化”作为一个变量考虑就可以做到的。因为“中国文化”是一个内涵极其庞杂的概念，其内包含许多观点各异甚至截然相反的内容，只有在具体研究中将之细化，才能看到相应的文化因素对某种心理与行为的深刻影响；若泛泛而谈，则不易看清中国文化与中国人的某种心理与行为之间的关系。所以，研究者若想将“中国文化”真正放进自己的研究架构中，就必须先深入研究中国文化尤

① 潘菽．心理学文选．南京：江苏教育出版社，1987. 552～553.

② 杨鑫辉等．危机与转折 心理学的中国化问题研究．哈尔滨：黑龙江人民出版社，2002. 241.

其是中国传统文化的内核，深入而细致地观察和思考中国人，尤其是当代中国人的心理与行为方式。在此基础上，再在自己的研究理念、思维方式、理论、架构和实验设计等环节上自觉地融进中国文化，并尽量使用经典中式术语（这样做时，可以适当地对其作一些与时俱进的解释），或对来自西方心理学的术语作既吻合西方文化原旨又尽可能多地吻合中国文化的界定与翻译，才有可能将“中国文化”放进自己的研究中。至于最终是否真的能做到将中国文化巧妙地融进自己的研究中，还须运用深度比较法与专家评判法等来审定，并最终要经得起实践的检验：一项心理学研究成果经由实践证明，若能够较科学地描述、解释或揭示中国人尤其是当代中国人的心理与行为规律，进而依据它能较准确地预测或较科学而高效地调控当代乃至未来中国人的心理与行为，以提高当代乃至未来中国人的心理生活质量与幸福感，那就证明此项心理学研究成果已将“中国文化”因素较好地融进自己的研究中；反之亦然。若没有将“中国文化”真正放进去，便要及时加以纠正。

中国文化心理学主要讲述中国人自己的心理学思想，其内容大多与中国人的日常生活密切相关，像人情、脸面、尚和心态与自我等，都是中国人日常生活中实实在在所面临的心理问题，因此，学习和研究中国文化心理学，有助于心理学更加贴近中国人的日常生活，有助于研究者逐渐学会真正从“中国人”的角度来思考中国人，从而提高学生解决实际心理问题的能力。打个比方，为了提高军队的战斗力，平日的军事训练就要在尽可能真实的“实战”环境里进行，假若平日的训练环境与实战情境有较大的差别，这种军事训练的实效性将大为降低。同理，若想提高中国的心理学专业学生解决实际心理学问题的能力，也必须使其平日所学的心理学内容与日常生活中的实际心理情境相通，否则，往往会因缺乏“文化生态效度”而只能是纸上谈兵，对培养解决日常生活中所遇到的实际心理问题的能力没有太大的益处，从而招来诸如“搞心理学研究的人，其实往往不懂人的心理”的批评。

二、什么是中国文化心理学

（一）“中国文化心理学”的界定

“中国文化心理学”（Chinese Cultural Psychology）是指以中国文化为背景、为底蕴，兼顾中国文化与心理学两个角度来研究中国人的心理与行为规律的一门心理学分支学科。可见，中国文化心理学不是指中国的文化心理学（在本书看来，这是西方的文化心理学在中国之义），而是指中国文化里的心理学，即中国文化里所蕴含的心理学。要弄清此定义，必须理清“文化”、“中国文化”、“学科”与“科学”四个概念的内涵。

1. 什么是“文化”

“文化”是一个极难界定的概念，据估计，其定义现已达200种左右。[①] 基于本书的研究旨趣，本书不想在“文化”的定义上纠缠，而采用2009年版《辞海》的解释。在2009年版《辞海》看来，“文化”（culture）一词有四种含义：

---

① 冯天瑜等．中华文化史（第二版）．上海：上海人民出版社，2005.6.

①广义指人类在社会实践过程中所获得的物质、精神的生产能力和创造的物质、精神财富的总和。狭义指精神生产能力和精神产品，包括一切社会意识形态：自然科学、技术科学、社会意识形态。有时又专指教育、科学、文学、艺术、卫生、体育等方面的知识与设施。作为一种历史现象，文化的发展有历史的继承性；在阶级社会中，又具有阶级性，同时也具有民族性、地域性。不同民族、不同地域的文化又形成了人类文化的多样性。作为社会意识形态的文化，是一定社会的政治和经济的反映，同时又给予一定社会的政治和经济以巨大的影响。

②泛指一般知识，包括语文知识。如"学文化"即指学习文字和求取一般知识。又如对个人而言的"文化水平"，指一个人的语文和知识程度。

③中国古代封建王朝所施的文治和教化的总称。南齐王融《曲水诗序》："设神理以景俗，敷文化以柔远。"

④考古学上指同一历史时期的不依分布地点为转移的遗迹、遗物的综合体。同样的工具、用具，同样的制造技术等，是同一文化的特征。[①]

可见，广义文化是指人类作用于自然和社会的所有成就的总和，它包括人类通过体力劳动和脑力劳动所创造的一切物质财富和精神财富。大到国家社会制度，小至衣、食、住、行、婚、丧、嫁、娶，以及各种生产工具、生活用品等，无不为广义文化所涵盖。狭义文化特指人类创造的精神财富。诸如宗教信仰、风俗习惯、道德情操、学术思想、科学技术，以及各式各样的制度和组织等，均属于狭义文化的范畴。在本书中，"文化"一词的含义自然是采用2009年版《辞海》对于"文化"所作的第一种界定。同时，一般而言，在本书中，当"文化"与政治、经济等因素并列使用时，这种"文化"往往是指狭义的文化；在其他情况下主要使用广义文化的含义。

2. 什么是"中国文化"

与2009年版《辞海》对"文化"所作的第一种界定一致，"中国文化"也有广义与狭义之分：广义的中国文化指中国人在社会实践过程中所获得的物质、精神的生产能力和创造的物质、精神财富的总和；狭义的中国文化指中国人在社会实践过程中所获得的精神生产能力和精神产品。从地域上看，广义的中国文化主要是指由中华民族在东亚大陆这片广袤土地上创造的文化。[②] 广义的中国文化的范围如此之广，为便于读者理解，下面再作进一步说明。

（1）就性质而言，广义中国文化主要是指中国特色的文化。

广义的中国文化就其性质而言，主要是指中国特色的文化，而不是泛指曾在中华大地上传播过的所有文化。如何衡量其是否具有"中国特色"？判定方法有三种：①"专家评判法"。即经由相关专家的评判得出。②"特色比较法"。即通过将之与公认的具有中国特色的文化相对比而得出。③"历史考察法"。即将之放在中国的历史长河里进行考察，看其是否是在中国本土文化里土生土长的。如果一个对中国文化深有研究的专家

---

① 夏征农，陈主立主编．辞海（第六版彩图本）．上海：上海辞书出版社，2009. 2379.

② 张岱年，方克立主编．中国文化概论（第二版）．北京：北京师范大学出版社，2004. 6.

经过仔细评判以后认为某个主题所涉及的文化具有“中国特色”，或者某个主题所涉及的文化与公认的具有中国特色的文化具有较高的内在一致性，或者某个主题所涉及的文化是在中国文化土壤里土生土长的，那么就有充分的理由断定此主题所涉及的文化具有“中国特色”。

“专家评判法”和“历史考察法”很好理解，这里不多讲，只对“特色比较法”作进一步的说明。为什么可以用“特色比较法”来判断某个主题所涉及的文化是否具有中国特色呢？这是因为，用系统论的眼光看，任何一种文化其内本是一个有机整体。这样，在某一地区生长起来的文化，其内各子文化之间，从表层结构上看可能存在一些相互矛盾之处，但从深层结构上看彼此之间绝不可能存在你死我活的对立关系，否则两种截然相反的文化是不可能做到融会贯通的，犹如生和死之间是不可调和的一样。例如，中国文化之所以称作中国文化，原因在于它是一个有机的整体。从表层结构看，虽然其内存在儒与道的对立，即儒家尚阳刚；道家尚阴柔；儒家倡有为，重进取；道家倡无为，主退守；儒家鼓吹入世，倾心于庙堂；道家鼓吹退隐，钟情于山林，等等。① 但从深层结构看，儒道两家并无本质的不同（如儒道两家都赞赏“天人合一”，详见“中国人的思维方式”一章），否则儒道就不可能互补了。明白了这个道理，才好理解对于从印度传来的佛教只有经过一番改造才能真正融入中国文化之类的事实。用这个眼光看，中国古籍里记载的某个主题所涉及的文化若与公认的具有中国特色的文化具有高度的内在一致性，那就一定属于中国特色文化的一部分。

但是，中国古籍里记载的某个主题所涉及的文化若与公认的具有中国特色的文化明显不同，那么也不能简单地将之排除在中国文化之外，因为它存在两种可能性，必须结合“历史考察法”或“专家评判法”加以综合判断与甄别：①它属于中国文化的一个有机组成部分，却不属于中国文化的主流。例如，中国传统文化的主流是性善论，荀子的性恶论虽与之截然相反，但结合“历史考察法”便可得知，在荀子生活的年代，“丝绸之路”（Silk Road）——由德国地理学家李希霍芬（F. von Richthofen）于 1877 年命名——还未开通。因为“丝绸之路”要等到西汉时期才由张骞于公元前 138 年首次打通，而真正意义上的“丝绸之路”要等到公元前 119 年汉武帝派张骞第二次出使西域才真正繁荣起来，所以，荀子的性恶论是在中国土生土长的，属于中国传统文化的一部分。②它是一种外来的异质文化。它虽曾在中华大地上传播过甚至一度流行过，但由于其不具有中国特色，且是外来的，就不能视作中国文化的一部分。如从印度传入中国的原汁原味的佛教教义，就不能被算作中国文化的一部分，而只能被视作是印度文化的一部分，因为它是在印度的文化土壤里生长起来的，对中国本土的文化来说，它只是一种外来文化；而经由中国人改造并创立的、蕴含浓厚儒家和道家色彩的禅宗教义则可被视作中国文化的一部分。

（2）就形态而言，可将广义中国文化分为物质、行为、制度与心理等四个层面。

关于文化结构，概括起来，主要有如下四种观点：一是“两分说”。它是指将文化分为物质文化与精神文化两重结构的观点。此观点的一个明显欠缺是没有穷尽所有文化的子类型。例如，人的行为便既不属于物质文化也不属于精神文化。说“行为”不属于物质文化，是因为人的行为不属于物质产品。因此，一些老艺人所掌握的重要技艺虽是

① 李宗桂．中国文化概论．广州：中山大学出版社，1988. 139～144.

一种行为表现，却不属于物质文化，只能算作非物质文化遗产（intangible cultural heritage）。说“行为”不属于精神文化，是因为人的行为是外显的、可直接观察的，而人的精神是内隐的、无形的，不可直接观察的。二是“三层次说”。它是指将文化分为物质文化、制度文化、精神文化等三个层次的观点。此观点的一个明显欠缺也是漏掉行为文化这种文化子类型。三是“四层次说”。它指将文化分为物质文化、制度文化、风俗习惯、思想与价值的文化等四个层次的观点，或指将文化分为物态文化层、制度文化层、行为文化层、心态文化层等四个层次的观点。四是“六大子系统说”，它是指将文化分为物质文化、社会关系文化、精神文化、艺术文化、语言符号文化、风俗习惯等六大子系统的观点，这种分类有交叉重叠之嫌，等等。① 在这些观点中，相对而言，“四层次说”与“三层次说”更有代表性，下面对其作进一步阐述。

关于文化的结构，余英时曾有文化变迁四层次说：“非常粗疏地说，文化变迁可以分成很多层：首先是物质层次，其次是制度层次，再其次是风俗习惯层次，最后是思想与价值层次。”② 在借鉴余英时上述见解的基础上，庞朴主张“三层次说”。他说：“文化，从最广泛的意义上说，可以包括人的一切生活方式和为满足这些方式所创造的事事物物，以及基于这些方式所形成的心理和行为。它包含着物的部分、心物结合的部分和心的部分。如果把文化整体视为立体的系统，那么它的外层便是物质的部分——不是任何未经人力作用的自然物，而是“第二自然”（马克思语），或对象化了的劳动。文化的中层，则包括隐藏在外层物质里的人的思想、感情和意志，如机器的原理、雕像的意蕴之类；不曾或不需体现为外层物质的人的精神产品，如科学猜想、数学构造、社会理论、宗教神话之类；人类精神产品之非物质形式的对象化，如教育制度、政治组织之类。文化的里层或深层，主要是文化心理状态，包括价值观念、思维方式、审美趣味、道德情操、宗教情绪、民族性格等。文化的三个层面，彼此相关，形成一个系统，构成了文化的有机体。”③ 其后，何晓明在《中华文化结构论》一文里重提四层次说④，核心观点与余英时的基本相同，只是表述略有差异。再往后，《中国文化概论》与《中华文化史》二书在阐述文化的结构时，对于何晓明在《中华文化结构论》一文里提出的文化四层次说几乎是“照单全收”，只作了一些文字上的调整或补充。⑤ 因此，下面在阐述文化四层次说时，就以何晓明在《中华文化结构论》一文里提出的观点为主，兼顾《中国文化概论》与《中华文化史》二书的主张。在何晓明等人看来，可将文化结构剖析为一个由外而内四层次组成的整体心圆图式：

第一层次：由人类加工、自然创制的器物，即“物化的知识力量”构成的物态文化层。它是人的物质生产活动方式及其产品的总和，是可触知的、具有物质实体的文化事物，构成整个文化创造的基础。物态文化以满足人类最基本的衣、食、住、行等生存需要为目标，直接反映人与自然的关系，反映人类对自然界认识、把握、运用、改造的深

---

① 张岱年，方克立主编．中国文化概论（第二版）．北京：北京师范大学出版社，2004. 3.

② 余英时．从价值系统看中国文化的现代意义．台北：时报文化出版社，1984. 109.

③ 庞朴．文化结构与近代中国．中国社会科学，1986（5）：84.

④ 何晓明．中华文化结构论．中州学刊，1994（1）：108 ~ 109.

⑤ 张岱年，方克立主编．中国文化概论（第二版）．北京：北京师范大学出版社，2004. 4 ~ 5；冯天瑜，何晓明，周积明．中华文化史（第三版）．上海：上海人民出版社，2010. 15 ~ 17.

入程度，反映社会生产力的发展水平。

第二层次：由人类在社会实践中建立的各种社会规范、社会组织构成的制度文化层。包括社会经济制度、婚姻制度、家族制度、政治法律制度，家族、民族、国家，经济、政治、宗教社团，教育、科技、艺术组织，等等。这一部分文化成果虽然不直接与自然界发生关系，但它们的特质、发育水平归根结底是由人与自然发生联系的一定方式所决定的。

第三层次：由人类在社会实践，尤其是在人际交往中约定俗成的习惯性定势构成的行为文化层。这是一类以民风民俗形态出现，见之于日常起居动作之中，具有鲜明的民族、地域特色的行为模式。民族的、时代的文化既有物质的标识、制度的规范，又有具体社会行为、风尚习俗的鲜活体现。《礼记·王制篇》说“五方之民皆有性也，不可推移”，《汉书·王吉传》载“是以百里不同风，千里不同俗”，都是对于人类行为文化的明确指认。而“一方水土养一方人”的俗语更是对人类不同群体的行为模式、风俗习惯与其所处的自然地理环境之间必然存在的密切关系的客观描述。以民风、民俗形态出现的行为文化，首先是社会的、集体的，它不是个人有意无意的创作。即使有的原来是个人或少数人创立和发起的，但是它们也必须经过集体的同意和反复履行，才能成为民俗。其次，跟集体性密切相关，这种现象的存在，不是个性的，而是类型的或模式的。再次，它们在时间上是传承的，在空间上是播布的①。

第四层次：由人类社会实践和意识活动长期积淀而成的价值标准、审美观念、思维方式等构成的心态文化层。这是文化的核心部分。具体而言，心态文化又可再分为社会心理和社会意识形态两个子层次。社会心理指人们日常的精神状态和思想面貌，诸如人们的要求、愿望、情绪、风尚等，是尚未经过理论加工和艺术升华的流行的大众心态。社会心理较直接地受到物质文化和制度文化的影响和制约，并与行为文化交融互射，互为表里。社会意识形态是指经过系统加工的社会意识，它们往往是由文化专家对社会心理进行理论概括、逻辑整理、艺术完善，并以物化形态——通常是著作、文艺作品——固定下来，播之四海、传于后世。② 所以，对于心态文化的研究，不能只是一味地关注经由文化专家加工过的、定型了的“社会意识形态”，还必须将视线投向社会意识形态与社会存在之间的介质——社会心理。只有同时认真研讨社会心理与社会意识形态之间的辩证关系，才有可能真正认识某一民族、某一国度精神文化的全貌和本质。③

文化结构的层次性，不仅表现为与外在自然界联系的疏密有差，而且还表现为内在新陈代谢、遗传变异速率的快慢有别。一般而言，在这个文化整体同心圆四层次中，越是靠近外缘的部分，其运动、变化、革新的节奏越快。这是因为，在社会—文化整体生命活动中，直接体现人与自然关系的生产力是最活跃的因素，它从根本上决定着制度、行为、心态的存在状态。人类文化的总体性进程往往是先发生生产力的突飞猛进，带来物态文化的革命性变化，由此使社会规范、社会制度随之发生相应的进步，人们的行为举止、生活习俗更趋科学、文明，最终导致心态文化向着积极、健康、完美的境界不断

---

① 钟敬文．新的驿程．北京：中国民间文艺出版社，1987. 395.

② 何晓明．中华文化结构论．中州学刊，1994（1）：108～109；张岱年，方克立主编．中国文化概论（第二版）．北京：北京师范大学出版社，2004. 4～5；冯天瑜，何晓明，周积明．中华文化史（第三版）．上海：上海人民出版社，2010. 16.

③ 冯天瑜，何晓明，周积明．中华文化史（第三版）．上海：上海人民出版社，2010. 16.

演进。相对于物态文化而言，制度文化、行为文化、心态文化均不同程度地具有保守性格，很难与前者保持同步演化，而且越是后者，其“滞后性”越强烈，变革越为艰难。①

我们借鉴余英时、庞朴与何晓明等人的观点，主张就文化的形态而言，可将广义中国文化分为实物文化、行为文化、制度文化与心理文化等四种。不过，何晓明等人主张将文化结构剖析为一个由外而内四个层次组成的整体心圆图式：第一层次是物态文化，第二层次是制度文化，第三层次是行为文化，第四层次是心态文化。② 与此不同的是，我们虽也主张将文化结构剖析为一个由外而内四个层次组成的整体心圆图式，但第二、三层次的顺序与何晓明等人的观点有差异，我们主张：第一层次是实物文化，第二层次是行为文化，第三层次是制度文化，第四层次是心理文化。其中，实物文化指人类在社会实践中根据一定的心理文化、制度文化与行为文化而生产的各种实物，包括生活器物（如建筑物与服装等）与生产器物等。对于中国文化而言，实物文化指中国人在社会实践中根据自己的心理文化、制度文化与行为文化而生产（尤其是独自发明或创造）的各种实物，包括各种日常生活器物（如建筑物与服装等）、学习器物（如汉字、文房四宝、孔子像与儒家典籍、佛像与佛经、道教神仙与道藏）与生产器物等。行为文化指人类在某种心理文化与制度文化的影响下形成的各类行为习惯与行为方式。对于中国文化而言，行为文化指中国人在中国心理文化与中国制度文化的影响下而形成的各类行为习惯与行为方式，尤其是其中具有中国文化自身特色的行为习惯与行为方式，如行孝等。制度文化中的“制度”的含义有二：①在一定历史条件下形成的政治、经济、文化等方面的体系，如经济制度。②要求大家共同遵守的办理规则或行动准则，如工作制度。③ 因此，这里讲的制度文化是指人类在社会实践中根据一定的心理文化而建立的各种规章制度以及形成的各种风俗习惯。对于中国文化而言，制度文化包括中国历朝官方公布的正式制度与以风俗习惯等形式存在的非正式制度。心理文化指人类在社会实践过程中逐渐形成的价值观念、思维方式、审美情趣和民族人格等。对于中国文化而言，心理文化指中国人在社会实践过程中逐渐形成的具有自身特色的价值观念、思维方式、审美情趣和民族人格等。

之所以将文化的形态分为四个方面，最主要的原因之一是让人清楚地认识这四种文化之间的区别、联系和相互转换关系：实物层面的文化和行为层面的文化的载体是有形的，能直接予以观察研究；在制度层面的文化中，官方公布的正式制度可以通过各类文本（如史书、实录、档案等）进行直接研究；以风俗习惯等形式存在的非正式制度可以通过研究风俗习惯加以考察；而心理文化是精神、心理的范畴，其本身不具有形体性，无法直接予以观察研究，这是四者之间最大的区别。但四者之间也有密切的联系：实物层面的文化和行为层面的文化都是在一定思想观念的指导下物化或行为化的结果。心理层面的文化是内在的且是最为核心的文化，它对个体或群体的制度文化、行为文化与实物文化具有引导和调控的作用，其本身若想外显出来而被他人所感知，就必须先外化为个体或群体的行为，再通过个体或群体的行为而物化为实物层面的文化，否则，深藏在个体或群体心灵深处的心理文化至少到目前为止是无法被外人所准确感知的；同时，个

---

① 何晓明．中华文化结构论．中州学刊，1994（1）：109.

② 冯天瑜，何晓明，周积明．中华文化史（第三版）．上海：上海人民出版社，2010. 17.

③ 夏征农，陈至立主编．辞海（第六版缩印本）．上海：上海辞书出版社，2010. 2454.

体或群体所产生的实物层面的文化或行为层面的文化不但会折射其内在的思想观念的文化，而且会内化为思想观念层面的文化。并且，心理文化若想对人的行为产生相对持久、稳定的，而不是短暂、随机的影响，就必须将之固化为制度文化；而某种制度文化一旦形成，对生活于其中的人们的心理与行为就会产生深刻而持久的影响，这种影响至少要持续到此种制度文化完全被革新。例如，科举制自诞生后，对隋唐至清代的中国人（尤其是读书人）的心理与行为便产生持久而深刻的影响。与此相一致，探讨某种制度文化也能更好地揭示人的某种相对稳定的心理与行为方式。如图 1－5 所示。

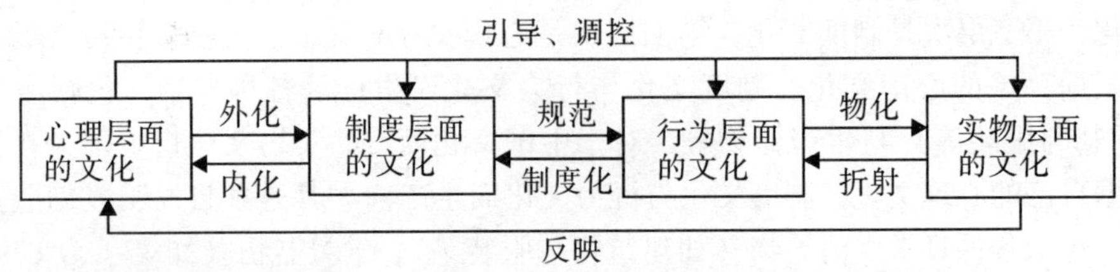

图 1－5　四种文化之间的关系示意图

3. 什么是“学科”与“科学”

虽然心理学思想有着悠久的历史，不过，一般认为心理学作为一门独立学科是从 1879 年算起的。正如德国心理学家艾宾浩斯（H. Ebbinghaus，1850—1909）所说：“心理学有一个漫长的过去，却只有一个短暂的历史。”与西方类似，中国古代也只有心理学思想而没有“心理学”这门独立学科。既然如此，用“中国文化心理学”这一名称妥当吗？对于这个问题，我们的看法是：关键是要区分“学科”与“科学”这两个概念。

（1）何谓“学科”？

学科即学术的分类，是指一定科学领域或一门科学的分支。如自然科学中的物理学、生物学；社会科学中的史学、教育学等。[①] 从学科的角度看，中国古代当然没有心理学这门学科，也就没有中国文化心理学这门学科。因为有自己独立的研究对象是一门学科之所以成为一门学科的内在的或主要的依据，拥有自己的科学共同体又是一门学科成为独立学科的必要条件，用这两个标准来衡量中国古代学者对心理现象的研究就会发现，中国古代学者也与冯特之前的西方学者相类似，是在论述其哲学思想、政治思想、伦理思想、文艺思想、教育思想和医学思想等思想时讲到心理学思想，并未明确将心理学思想从其他的思想中分化出来，也未曾有人专门以研究心理现象为己任，所以，从学科的意义上而言，中国古代也就像西方古代一样，没有一门独立的心理学科，只有心理学思想。[②]

（2）何谓“科学”？

目前有两种为多数人所接受的界定方法。一种叫作“内容界定法”，此界定方法注重“科学”的内容。根据“内容界定法”，“科学”可以界定为运用范畴、定理、定律等

---

① 夏征农，陈至立主编．辞海（第六版缩印本）．上海：上海辞书出版社，2010. 2163.

② 汪凤炎．中国传统心理养生之道．南京：南京师范大学出版社，2000. 17～20.

思维形式去反映现实世界各种现象的本质和规律的系统知识体系。① 另一种叫作“过程界定法”，此界定方法注重“科学”的过程。根据“过程界定法”，可以将“科学”界定为是发现事实、建立关联、解释规律的过程；换言之，科学是解决“是什么”（what）、“怎么样”（how）以及“为什么”（why）的过程。如果将这两种界定科学的方法合二为一，可以将“科学”界定为：采用客观方法所获得某一领域内规律的系统知识体系。② 目前中国学术界大多数人的观点是习惯从“内容界定法”来界定“科学”，依此路径，“科学”是指“反映自然、社会、思维等的客观规律的分科知识体系。”③ 因此，从内在逻辑体系看，中国文化里所蕴含的心理学思想有自己的一整套范畴与体系；并且，这些心理学思想不但有助于了解中国人的心理与行为，而且“也具备了解人类心理的方法，解释人类心理的理论和影响人类心理的手段”④。从“科学”是指“反映自然、社会、思维等的客观规律的分科知识体系”这一角度看，中国文化里所蕴含的心理学思想也可叫作“心理学”或“中国文化心理学”，本书正是在这一意义上使用“中国文化心理学”这一名称的。也正是在这个层面上，本书赞成并力倡“大心理学观”（请见下文）。

当然，若细加考虑，将中国文化里蕴含的心理学思想叫作“中国文化心理学”，确实存在一个是否“名副其实”或“名正言顺”的问题。这是由于西方人将他们中的某些人的某些思想（如亚里士多德的思想）叫“心理学思想”，这对他们是没有问题的，这就像给人取名字，爱叫什么就取什么，叫“心理学思想”可以，叫别的名称也行。第一次命名是有完全的主动权的。正如《荀子·正名》所说：“名无固宜，约之以命。约定俗成谓之宜，异于约则谓之不宜。名无固实，约之以命实，约定俗成谓之实名。名有固善，径易而不拂，谓之善名。”⑤ 而我们现在所讲的中国文化心理学无论是在内容上还是在形式上都和西方的心理学有较大的差异，两种在形式上和内容上几乎都完全不同的事物怎么能在一个名称——心理学——下统一起来呢？⑥ 对于这个问题，从理论上说，大致有两种证明方法：一是通过内容相似论证来证明中国文化里本有心理学思想；二是通过基本问题论证来证明中国文化里本有心理学思想。

①内容相似论证法。

内容相似论证法，是以现代西方心理学的概念与体系为参照，在中国文化里找一些与西方心理学思想内容类似的东西，假若找到了这些东西，那就证明中国文化里也有心理学。我们根据一些学人已经公开发表或出版的研究成果，以现代西方心理学的概念与体系为参照来“筛选”中国文化，发现其中的确蕴藏有丰富的心理学思想。⑦

需指出，这种通过内容相似论证法来证明中国文化有丰富心理学思想的做法，并不是中国心理学研究者的“发明”。冯友兰当年撰写《中国哲学史》（上、下册）时，为了证明在本无“哲学”这一名称的中国古代思想里也有哲学思想，早就使用了内容相似论

---

① 夏征农，陈至立主编．辞海（第六版彩图本）．上海：上海辞书出版社，2009. 1234.

② ［美］黄一宁．实验心理学　原理、设计与数据处理．西安：陕西人民教育出版社，1998. 25.

③ 罗竹风主编．汉语大词典．上海：汉语大词典出版社，1997. 4749.

④ 葛鲁嘉．心理文化论要——中西心理学传统跨文化解析．大连：辽宁师范大学出版社，1995. 266.

⑤ （清）王先谦撰．沈啸寰，王星贤点校．荀子集解．北京：中华书局，1988. 420.

⑥ 陈坚．中国哲学何以能成立——四位学者对中国哲学成立的证明．中国人民大学复印报刊资料《中国哲学》，1999（10）：6～7.

⑦ 汪凤炎．中国心理学思想史．上海：上海教育出版社，2008. 9～10.

证法。[1] 冯友兰说："哲学本一西洋名词。今欲讲中国哲学史，其主要工作之一，即就中国历史上各种学问中，将其可以西洋所谓哲学名之者，选出而叙述之。"[2]

不过，运用内容相似论证法来证明中国文化里本有心理学思想的做法，从理论上讲有一个致命的弱点：它只能从中国文化里找出与西方心理学思想类似的心理学思想，而不能找出与西方心理学思想不同的、体现中国文化自身特色的心理学思想，因为内容相似论证法从方法论上讲属于一种求同研究（或称之为"求同原则"）。求同研究，指在研究中国文化心理学时，以现代心理学的概念与体系（主体部分是西方心理学的概念与体系）为参照，找出中国文化里与外国（主要是西方）的心理学思想类似的心理学思想。求同研究的理论依据在于：尽管中外学者所处的文化背景不同，但人的心理有共性；同时，不同历史时期、不同文化的人会遇到类似的问题，会提出类似的解决方案，这样，中国人也会提出一些与外国学者相类似的心理学思想或观点。求同研究的优点是较易做，并且，在全球化的大背景下，求同研究易让来自不同国家或地区的研究者找到"对话"的语境或桥梁，从而使得不同研究者在研究同一主题时，尽管研究的角度不同，但仍可以彼此相互"对话"，而不是各自"独白"，这既有助于来自不同文化圈的心理学研究者彼此认识到各自研究的独特文化价值，也有助于中国文化心理学的健康成长。但是，在研究中国文化心理学时，若一味地做求同研究，那就只是在"匹配"——为某种西方心理学思想"匹配"上相应的中国材料，自然不利于充分激发和提高中国心理学研究者的文化主体意识和个体的创新意识，不利于充分展现中国文化的独特价值（毕竟它属于一种"外在逻辑原则"[3]），不利于研究的深化，不利于让人看到心理学的文化差异，从而阻碍中国的心理学研究者发现与外国心理学思想不同的、具有中国文化自身特色的心理学思想。这就极易重蹈当年跨文化心理学所犯的错误，进而招来类似下面的批评："以西方科学心理学为参考构架，……结果在研究中，仅在于按西方科学心理学的标准来切割和筛淘我国古代思想家的思想，仅在于为从西方引入的科学心理学提供某些经典的例证和历史的证明。"[4] 结果自然极易削弱中国文化心理学本有的独特价值。

②基本问题论证法。

为了克服内容相似论证法自身的缺陷，要想证明中国文化尤其是中国传统文化里本有心理学，最佳的论证方法应是基本问题论证法。

基本问题论证法的基本思路是：先讲明什么是心理学及其所要解决的基本问题，然后再看看中国人（包括中国古人）是否也曾致力于解决这样的问题，假若能拿出证据证明中国人尤其是中国古人中也曾有一些人致力于解决这些问题，那么，就能证实中国文化尤其是中国传统文化里确有心理学思想。

基本问题论证法的长处在于：从理论上讲，对于同样的问题，不同人或不同文化既

---

① 陈坚．中国哲学何以能成立——四位学者对中国哲学成立的证明．中国人民大学复印报刊资料《中国哲学》，1999（10）：9.

② 冯友兰．中国哲学史．上海：华东师范大学出版社，2000. 3.

③ 所谓"外在逻辑原则"，是指这样一种研究思路：在研究某一事物时，不是按此事物自身的内在发展规律进行梳理与研究，而是按另外一个事物的内在发展规律进行梳理与研究；与此相反的是，所谓"内在逻辑原则"，是指这样一种研究思路：在研究某一事物时，就按此事物本身的内在规律进行研究。[郭斯萍．文化：民族心理的投射与个体人格的温床——论中国心理学史研究的新思路．江西师范大学学报（哲学社会科学版），1992（3）：5~8.]

④ 葛鲁嘉．心理文化论要——中西心理学传统跨文化解析．大连：辽宁师范大学出版社，1995. 266.

可以有相同回答，也可以有不同甚至是完全相反的回答。这样，只要有证据表明中国人也探讨过心理学中的一些基本问题，就能证明中国文化里本有心理学思想，至于中国人的“解答”与西方人的“解答”是否一样则无关紧要。这就为中国文化尤其是中国传统文化里所蕴藏的、具有自身特色的心理学思想留下了生存空间，也使在中国文化心理学的研究中贯彻求异研究原则成为可能。事实上，基本问题论证法在心理学史上并不是什么新的东西。在西方心理学发展史上，构造主义心理学、机能主义心理学、完形心理学、行为主义心理学、精神分析心理学、认知主义心理学和人本主义心理学等心理学流派，往往彼此在研究方法和基本观点等方面都存在显著差异，但人们都倾向于将它们看作是心理学大家庭中的一员，原因何在？就在于它们研究的基本问题是相通的。

心理学作为一门研究人的心理现象及其发生、发展规律的科学，它所要探讨的基本问题主要是：人的心理是什么？它包括哪些东西？人的心理现象是怎样发生、发展的？人的心理遵循哪些规律？怎样按照人的心理规律去办事？……对于这些问题，只要对中国文化稍有了解的人都知道，中国人的确也曾作过大量的思考与研究，尤其是对于怎么样按照人的心理规律去办事这一问题，中国先哲有许多独到的研究，这就是蕴含在中国传统文化里丰富的教育心理学思想、社会心理学思想、管理心理学思想和心理养生之道，等等。所以，中国文化里本有心理学，只是与在西方文化传统里诞生和发展起来的心理学具有不同的特色而已。[①] 这恰好证明心理学是一门与文化密切相关的学科，这正是心理学的文化取向在当代兴起的重要内因之一。这样，为了实现上文所讲的研究中国文化心理学的五个意义，在心理学成为一门独立科学已有130多年历史的今天，我们必须妥善处理好从国外传入的西方心理学与中国自己文化里本有的心理学之间的关系，在重视引进、传播和验证西方心理学的同时，也要重视对中国文化心理学的探讨，做到国际化与中国化的统一，不能顾此失彼。

（二）中国文化心理学的研究对象与范围

1. 从性质上看，凡是中国特色文化里所蕴含的心理学，都是中国文化心理学的研究对象与范围

从性质上看，既然中国文化是指中国特色的文化，相应地，凡是中国特色文化里所蕴含的心理学，都是中国文化心理学的研究对象与范围。例如，从印度传入中国的原汁原味的佛教教义里所蕴含的心理学就不在中国文化心理学的研究范围之内，而中国土生土长的禅宗教义里所蕴含的心理学则是中国文化心理学的研究对象之一。

2. 就形态而言，可从实物层面、制度层面、行为层面的文化入手来研究中国人的心理与行为规律

就形态而言，既然可将广义中国文化分为物质、行为、制度与心理等四个层面，那么，根据现有科技水平，学人在研究中国文化心理学时，既可以从实物层面的文化与制度层面的文化入手来研究中国人的心理与行为规律，也可以从行为层面的文化入手来研究中国人的心理与行为规律。换言之，既然可以经由研究实物层面的文化、行为层面的文化和制度层面的文化来推知相应的思想观念层面的文化，相应地，也可以经由研究实

---

① 汪凤炎．中国心理学思想史．上海：上海教育出版社，2008. 12.

物文化里所蕴含的心理、行为文化里所蕴含的心理、制度层面文化里所蕴含的心理来推知相应的心理文化里所蕴含的心理。

需要指出的是，在研究中国文化心理学时，不能将中国文化等同于中国经典典籍里所蕴含的高雅文化，进而将高雅文化典籍当作唯一的文本进行研究，毕竟文化本身是多种多样的。就典籍文化而言，就存在多种划分角度：从雅与俗的角度进行划分，典籍文化里既有经典典籍里蕴含的高雅文化，也有通俗典籍里蕴含的通俗文化，高雅文化典籍里记载的常常只是一种理想层面的心理，通俗文化典籍里蕴藏的往往是更为现实的心理；从流派角度看，中国传统文化可以分为儒家文化、道家（含道教）文化、医家文化、兵家文化、墨家文化、法家文化和佛家文化等不同流派的典籍；从真实记载与虚构创作的角度分，可以分为真实度较高的具信史性质的典籍（像《论语》之类的典籍，其真实度颇高）和学人创作的神话、寓言、小说之类的典籍（像《西游记》之类的典籍，完全是作者虚构出来的，不过，当代学人若从心理学角度去探讨《西游记》，将孙悟空的成长过程看作是中国人人格的成长过程，自有一份意外的收获）。同时，从实物层面的文化看，也不限于典籍文化，还可以包括建筑、工艺和服饰等各种形式的实物里所蕴含的文化。因此，只有研究各式各样的中国文化里所蕴含的心理学，将它们互相印证，才可能更加准确、全面、系统地揭示出中国人的心理与行为规律。只不过目前由于我们受时间、精力、学识等方面的局限，本书才将重点放在探讨中国的典籍文化（包括雅文化与俗文化）和行为文化里所蕴含的心理学上。

综上所论，中国文化心理学包含的内容虽广，但从理论上讲，概括起来主要有四大部分：一是潜藏在中国人心中的、具有中国特色的心理文化里蕴含的心理。二是主要由中国人生产的、具有中国文化特色的、实物层面的文化里所蕴含的心理。这些具有中国文化特色的、实物层面的文化主要包括三大部分：①以汉字为主体的中国文字和各式中国语言；②蕴含大量中国文化的书籍（包括经典书籍与通俗书籍）；③烙上典型中国文化烙印的其他文化产品，如典型的中国式建筑和服饰等。三是主要由中国人生产的、具有中国文化特色的制度层面的文化里所蕴含的心理。四是中国人的行为文化尤其是具有典型中国特色的行为文化（像讲究孝道和爱面子等）里所蕴含的心理。既然实物层面文化、行为层面文化、制度层面文化和心理层面文化四者之间存在密切关系，与此相对应，中国文化心理学的这四个部分之间也存在类似的密切关系：蕴含在心理文化里的心理是最内在的且是最为核心的心理，它对中国人（个体或群体）的行为具有引导和调控的作用，其本身若想外显出来而被他人所感知，就必须先外化为个体或群体的行为，或者再通过个体或群体的行为而物化为一定的实物产品，否则，深藏在个体或群体心灵深处的心理至少到目前为止是无法被外人所准确感知的；同时，中国人（个体或群体）所制定的制度文化、所生产的实物产品，以及中国人的行为方式，不但会折射其内在的心理，而且会经过同化的方式而内化为其内在心理的一部分，如图 1－6 所示。

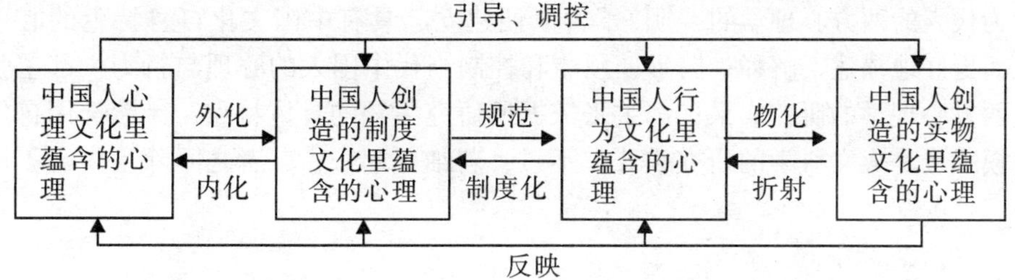

图1-6 中国文化心理学四个组成部分之间的关系示意图

不过，由于至今仍没有有效手段直接研究蕴含在不具有形体性的心理文化里的心理，因此，从实际可操作性角度讲，中国文化心理学主要包括后面三大部分，研究者们一般是通过研究由中国人生产的、具有中国文化特色的、实物层面的文化里所蕴含的心理，制度文化里所蕴含的心理，以及中国人的行为文化尤其是具有典型中国特色的行为文化里所蕴含的心理来推知中国人的思想观念里所蕴含的心理，并进而推知中国人的心理与行为规律。在中国文化心理学的研究者看来，研究中国文化心理学尤其是其中的一些具有典型中国特色的文化里所蕴含的心理，更容易使研究者看到中国人独特或重要的心理与行为规律；换言之，在研究当代中国人的心理与行为时，只有坚持以中国文化为背景、底蕴，兼顾中国文化角度与心理学角度来研究，才能正本清源，使研究更有深度。打个较形象的比方，这里讲的中国文化心理学，中国文化主要是起一个“背景”的作用，心理学才是视觉的“对象”，将中国人的心理与行为放在中国文化大背景下进行研究，可以突显中国人心理与行为的文化特色。

（三）中国文化心理学与邻近学科的关系

1. 中国文化心理学与中国人的本土心理学的异同

据杨国枢的观点，中国台湾地区的心理学曾长期是美国心理学的附庸，大约自1975年开始，中国台湾地区的心理学研究者开始反省中国台湾心理学界这种缺乏“灵魂”的情形。自1980年开始，以杨国枢先生为代表的中国台湾地区的心理学研究者就开始了心理学研究的中国化的学术尝试，并大约于1987年将心理学研究的“中国化”转变为心理学研究的“本土化”。[①] 此种研究取向之后得到中国香港地区的一些学者的响应。经过杨国枢、黄光国和杨中芳等人的多年努力，中国人的本土心理学研究现已取得颇丰富的研究成果。什么是中国人的本土心理学？它指一种在本土性契合条件下以三个华人社会的中国人为主要研究对象所建立的心理学知识体系。在建立此种体系的过程中，研究者根据当地华人社会之中社会的、文化的、哲学的及历史的观点，并自然反映华人种族进化及遗传因素的影响，从而提出妥切的问题，建构合适的理论，设计有效的方法，以便在当地的社会、文化及历史脉络中，尽量确实而充分地描述、分析、理解及预测当地中国人之心理与行为。[②] 由此可见，中国人的本土心理学与中国文化心理学有一些共通之处：都重视中国文化对中国人的心理与行为的影响；都力图使当代中国的心理学走出以美国

① 杨国枢．我们为什么要建立中国人的本土心理学．本土心理学研究．1993（1）：7～9.

② 杨国枢．我们为什么要建立中国人的本土心理学．本土心理学研究．1993（1）：26.

心理学为代表的西方心理学的"阴影"，以便建立起具有中国文化自身特色的心理学体系，从而更好地描述、解释、揭示、预测和控制当代中国人的心理与行为；都主张批判地借鉴西方心理学的研究成果；都主张依据所研究主题的具体特点，灵活选用自然科学的研究模式或是人文科学的研究模式。不过，若细分起来，二者之间除了内涵不同，还有以下三点区别：

（1）指导思想不同。

中国文化心理学主张要坚持以辩证唯物主义和历史唯物主义为指导。而中国人的本土心理学则主张只要其研究能符合"本土性契合"这一标准即可，至于其研究是采用何种方法论作指导，则无关紧要；换句话说，"中国人的本土心理学"研究取向采取多元化的指导思想，然后再用一个"本土性契合"作为衡量某一项研究是否为"中国人的本土心理学"研究的标准。正如杨国枢先生所说："本土性契合是本土心理学的判准。"① "我们所说的'本土心理学'，就是一种能达到本土性契合境界的心理学。心理学的本土化，重点即在使心理学研究能够达到本土性契合的标准。不过本土性契合并非全有全无，而是有程度上的差异。本土心理学所追求的是一种高程度的本土性契合。此处亦应指出：一项实证性的心理学研究是否具有相当程度的本土性契合，只能靠研究者与内行人作主观的判准。如果研究者与内行人大都认为此项研究具有相当程度的本土性契合，便可以说它是一项本土性的研究。"② "至于研究的方法，至少在可以预见的未来，应采用多元化原则。到目前为止，我们还无法确定哪一种方法论或研究方法是唯一有效的做法，而其他方法论或研究方法则可扬弃不用。不管是黑猫或白猫，能捉到老鼠的就是好猫。不同的猫所捉到的老鼠可能有大有小，但都是有用的猫。不管是实证论的方法也好，现象论的方法也好，诠释学的方法也好，等等，只要能增进对中国人之心理与行为的了解，都可加以采用。"③ 那么，何谓"研究本土契合性"呢？杨国枢对它的看法有一个逐渐完善的过程，杨先生对它所作的新定义是：

> 不论采用何种研究典范、策略或方法，在从事心理学研究的过程中，研究者的研究活动（课题选择、概念厘清、方法设计、资料收集、资料分析及理论建构）与研究成果（所获得的研究结果与所建立的概念、理论、方法及工具），如能有效或高度显露、展示、符合、表现、反映、象征、诠释或建构被研究者之心理与行为及其生态的、历史的、经济的、社会的、文化的或族群的脉络因素，此研究即可谓具有本土契合性。不同的研究具有不同程度的本土契合性，只有足够本土契合性的研究，才可被称为本土化研究。以本土化研究所产生的知识，才可被称为本土化知识。④

（2）研究领域不尽相同。

从一个方面看，中国人的本土心理学的研究对象主要是中国人的行为文化里所蕴含的心理学，较少涉及中国人的实物层面的文化，尤其是中国传统典籍文化里所蕴含的心

① 杨国枢．我们为什么要建立中国人的本土心理学．本土心理学研究，1993（1）：24.
② 杨国枢．我们为什么要建立中国人的本土心理学．本土心理学研究，1993（1）：25～26.
③ 杨国枢．我们为什么要建立中国人的本土心理学．本土心理学研究，1993（1）：27.
④ 杨国枢等主编．华人本土心理学（上）．台北：远流出版事业股份有限公司，2005. 31.

理学，这样，用中国文化心理学的眼光看，中国人的本土心理学的研究领域要比中国文化心理学的研究领域小一些。

从另一个方面看，中国人的本土心理学既做内在本土化的研究，也做外来本土化的研究；而中国文化心理学只做内在本土化的研究，基本上不做外来本土化的研究，从这个意义上说，中国文化心理学的研究领域又比中国人的本土心理学的研究领域要小一些。

（3）研究路径或策略的侧重点不尽相同。

怎样在自己的具体研究中将“社会/文化/历史”脉络放进来？依杨中芳先生的论述，中国人的本土心理学提出了三种策略：一是“由叶至根”的策略，先观察在当地生活的人们的心理活动及现象，从中发现一些独特的样式，之后再转而顺时间的向度，追寻其传统的根源。二是“从根至叶”的策略，由传统根源中发掘出其对某类心理活动及现象的各种看法及理论之后，用之作为观察及解释当地人现代生活中所显现的心理活动及现象的研究架构。三是“在叶中寻根”的策略，从人们在现实日常生活所显现的活动及现象中，去寻求可以用来理解其具体行为的意义系统，这一意义系统本身就是当地“社会/文化/历史”脉络，无须另求。[①] 在这三种策略中，中国人的本土心理学更侧重于运用第一种策略，目前大部分的中国人的本土心理学的研究成果也都是运用“由叶至根”的策略完成的。因此，有必要将此研究策略的具体研究程序作一番介绍。依杨中芳老师所提出的有关中国人的本土心理学研究程序的“最新修改版”，其步骤如下：

①以实际观察当地人在现实生活中所进行的活动及呈现的现象为研究素材，从中找寻值得做的研究问题；

②用当地人在日常生活中熟悉及惯用的概念、想法、信念及经验来帮助审视、描述及整理问题中所呈现的样式；

③发掘当地人运用以彼此沟通及相互理解的意义系统，从而用之理解所呈样式背后的意义；

④凭着这一理解，提出一套对研究问题的解说或理论；

⑤研制适合探研当地人的程序及方法；

⑥来对解说或理论进行实证验证、延伸或推广；

⑦从而建立更能贴切地理解当地人及对他们更有用的心理学知识。[②]

按杨老师的解释，上述这一套研究程序“是根据‘自然科学’的研究程序来进行心理学研究蓝本的设想的。其中第 7 步不能算是一个步骤，只能说是本土研究路径所期望达到的最终目的。至于前 6 个步骤可以粗分为两个部分：①研究问题的启动，包括第 1 至第 4 步，涵盖问题的发现、观察、描述、分析、整理及解释；②对所提出的解释或理论，在其他活动现象上进行实证验证、延伸及推广（第 5 及第 6 步）……当然，我知道人文学科观点与自然科学观点在哲学方法论方面很不一样，做研究时的重点以及处理实证素材的方法也很不一样。但是两者对研究结果必须逼近人们现实生活世界的诉求是一

① 杨国枢等主编．华人本土心理学（上）．台北：远流出版事业股份有限公司，2005. 93.

② 杨国枢等主编．华人本土心理学（上）．台北：远流出版事业股份有限公司，2005. 100.

样的。因此，在对‘从什么抽象层次着手’这一策略问题的思考上，我的选择很明确，那就是‘由下而上’的策略。不过，对做心理学研究要人文还是科学的这一争论，我则认为就现阶段心理学的发展而言，没有必要去作‘非此即彼’的抉择。至于质性及量性研究之争则更是无稽之虑（杨中芳，2000）。因此，我认为本土研究的重点在于在当时当地‘社会/文化/历史’的脉络中，贴近地理解及解释当地人的心理活动及现象。如用自然科学的角度来看心理学研究，其最应进行本土化的地方就是在第一阶段。而在这一阶段，正是人文学科观点认为心理学应该做的，所以两者就目的而言，完全没有冲突。至于两者在方法上的不同，对我来说，正好起了互补的作用，所以我完全不反对也用质性研究的策略及方法。”①

在研究路径或策略上，中国文化心理学依据所探讨主题的实际情况，灵活采用“自古至今”的“顺向路径或策略”和“自今溯古”的“逆向路径或策略”，没有厚此薄彼之嫌。心理学的研究过程一般分为两个主要阶段，它们通常是依次发生的：形成想法（发现），然后去检验它（验证）②，因此，“自古至今”的“顺向路径或策略”的具体做法一般是：

第一阶段，形成想法（发现问题）。具体地说，要做三件事情：第一步，先以某历史悠久且仍具较强现实意义的话题（如“我”等）为切入点，将之确定为研究的主题；第二步，主要从实物层面的文化入手，按“基本问题论证法”的思路，以现代西方心理学的相关概念和体系为参照（不是“为框架”），主要采用语义分析法和推理法等方法来分析其心理学思想的内涵及其在历史上的演变；第三步，在第二步的基础上，构建一套用以解释此主题的小型心理学理论观点、理论模型或理论体系，使之符合现代心理学的学术规范，改变中国先人论述思想时多半缺乏形式上的体系的弊病（这不否认中国先哲的言论或著作里蕴含有内在的思想体系）。

第二阶段，检验第一阶段所形成的小型心理学理论观点、理论模型或理论体系。具体地说，要做三件事情：第四步，选择恰当的检验方法（通常是实证检验法，但也不排斥诸如推理法等其他方法）来验证此小型心理学理论观点、理论模型或理论体系；第五步，整理分析实证结果，进一步完善此小型心理学理论观点、理论模型或理论体系，从而建构出能更加准确地描述、解释、理解中国人某一方面的心理与行为方式的心理学知识；第六步，根据此小型心理学理论观点、理论模型或理论体系，进一步揭示出其对当代和未来中国人完善此方面的心理与行为方式（如自我等）的借鉴意义。

这一研究路径或策略从一定意义上说是借鉴了中国哲学史、中国思想史、中国心理学史和心理学的一般研究模式的研究思路。同理，“自今溯古”的“逆向路径或策略”的具体做法一般也分为两个阶段，其中，第二个阶段与“自古至今”的“顺向路径或策略”的第二个阶段是类似的，这里不多讲，只将第一个阶段阐述如下：

---

① 杨国枢等主编．华人本土心理学（上）．台北：远流出版事业股份有限公司，2005. 101 ~ 102.
② ［美］理查德·格里格等．心理学与生活（第十六版）．王垒等译．北京：人民邮电出版社，2003. 18.

第一阶段，形成想法（发现问题）。具体地说，要做三件事情。第一步，通过观察、反省或对比等方法，选择当代中国人的某一重要的心理或行为方式（如讲面子等）为切入点，将之确定为研究的主题。第二步，从行为文化或实物文化入手，或二者兼而有之，剖析其在现实生活中的种种表征，然后再分析其背后所蕴藏的中国文化的历史根源；或者，再就此主题分析古人与今人的实物层面的文化里所蕴含的心理规律，通过比较研究找出其中的演化规律。第三步，在第二步的基础上，构建一套用以解释此主题的小型心理学理论观点、理论模型或理论体系，使之符合现代心理学的学术规范。

稍加比较可知，“自今溯古”的“逆向路径或策略”的具体做法是在借鉴心理学的一般研究模式和中国人的本土心理学研究者所倡导的“由叶至根”的策略的基础上提出来的。

2. 中国文化心理学与中国心理学史的异同

中国文化心理学与中国心理学史最大的共同之处是：都重视研究中国文化（包括古代、近代和现代的中国文化）里蕴藏的心理学思想。虽然如此，二者也有显著的不同：

（1）研究范围不同。

就研究范围而言，凡是中国人自己创造的、具有浓厚中国特色的文化里所蕴含的心理学思想，都是中国文化心理学的研究范围。因此，中国文化心理学研究的范围要比中国心理学史宽广得多，用中国文化心理学的观点看，中国心理学史仅仅涉及中国典籍尤其是古代典籍里所蕴含的心理学，关于这点，读者一看便知，这里不予多讲。

（2）研究路径或策略与具体研究方法不同。

在研究路径或策略上，中国文化心理学依据所探讨主题的实际情况，灵活采用“自古至今”的“顺向路径或策略”和“自今溯古”的“逆向路径或策略”。中国心理学史在研究路径或策略上一般多用“自古至今”的“顺向路径或策略”。在具体研究方法上，为了突显自己的研究旨趣，中国文化心理学大量使用语义分析法、深度比较法、理论分析法、问卷法和实验法等方法。中国心理学史过去主要使用考证法、初级比较法（即仅作简单的比较）和参照法（即主要参照西方普通心理学的框架来整理中国心理学思想）等方法进行研究，近年来也开始注意运用语义分析法、深度比较法与理论分析法等来提高研究的深度，不过，至今仍很少使用问卷法和实验法等实证手段。

（3）研究旨趣不同。

这可说是中国文化心理学与中国心理学史最大的不同之处。基于上文所讲的研究中国文化心理学的五点意义，中国文化心理学将研究重点放在四个方面：①探讨那些有助于准确描述、解释、理解、预测和调控当代中国人的心理与行为方式的心理学思想。②研究中国文化里蕴含的、即使与现代外国心理学研究成果相比也毫不逊色的心理学思想；至于中国文化里蕴含的只具有历史价值的心理学思想，中国文化心理学一般不予探讨。③探讨在中国文化背景下形成起来的、具有典型意义的、重要的心理与行为方式，像尚和心态、人情和面子等，因为这些内容对今人正确理解当代中国人的心理与行为规律仍有相当大的启示意义，而中国心理学史一般不涉及这些内容。④通过妥善汲取中国文化，尤其是中国古典文化的精义思想，并适当汲取外国尤其是现代西方心理学的精义思想，再结合当代中国的现实国情以及当代世界心理学（尤其是西方心理学）的发展现状与趋势，力图通过带有浓厚原创性的研究，逐渐建构出一批既具有原创性又吻合中国文化规律的心理学成果，以提高中国文化心理学的研究深度，最终建成完全吻合中国文化特质的中国心理学，从而提高整个中国心理学在世界心理学大家庭中的学术地位。假若说前三个方面属于“梳理与诠释为主型的研究”，那么，第四个方面就属于“以建构为主型的研究”。可见，在研究中国文化心理学时，我们并不满足于仅仅是在发现、挖掘、梳理已有的东西，从一定意义上说，这正是我们所反对的“为古而古”的治学态度。我们主张在继承前人已有研究的基础上，力图通过对已有“文本”进行现代性的诠释与转换，从而生成新的意义，并通过同仁（甚至要几代同仁）的共同努力，最终建构出吻合中国文化传统，能妥当描述、解释、理解、预测和调控中国人心理与行为的精深的中国文化心理学理论体系。

中国心理学史则不然，从理论上讲，只要是中国历史上流传下来的心理学思想，都是它的研究范围；当然，从现实上看，任何一部中国心理学史著作，都不可能也没必要穷尽“中国历史上留传下来的心理学思想”，更何况，史学研究也讲究“古为今用”问题。即便如此，中国典籍中蕴含的诸如“知虑心理学思想”或实验心理学思想之类的偏重于自然科学的心理学思想，虽然多数只具有历史的价值（因为随着现代科技的发展，现代心理学对偏重于自然科学的心理学思想的研究已远远走在古人的前面），但考虑到中国历史上曾有一些学者探讨过，并且就其产生的时间而言，也非常早，至少从证明中国也是世界心理学最早的发源地之一的目的出发，中国心理学史研究者也不得不花费一些精力来研究它。同时，中国心理学史很重视探讨诸如“中国的心理科学是如何建立起来的”之类的问题，因为从史学角度看，探讨这类问题是有意义的。这样，当代中国心理学史研究者在研究近现代中国心理学史时，就不能回避诸如“西方心理学的初步传播”和“对苏俄心理学的初步介绍”之类的问题，尽管这类问题里所包含的中国心理学思想极少。[①] 对于这类较少有中国文化韵味的问题，中国文化心理学基本上不予考虑。另外，史学研究的一个共同点是“研究历史上曾存在的东西”，故一般不开展“以建构为主型的研究”，中国心理学史亦然。

三、如何研究中国文化心理学

冯特曾说：“科学的进展是同研究方法上的进展密切相关联的。近年来，整个自然科学的起源都来自方法学上的革命。”[②] 此观点同样适用于研究中国文化心理学。中国文化心理学主要蕴含在丰富的实物层面的文化和行为层面的文化中，既绚丽多彩、变化万千，又如雾里看花、迷雾重重。若想拨开云雾见青天，就必须拥有一套好的研究方法。我们认为，史学界的一种观点值得借鉴，“至于拨开史学规范方面的迷惘，我以为根本之法在于正确把握‘一导多元’。所谓‘一导’，就是史学研究中的以马克思主义为指导；所谓‘多元’，就是多方吸取和运用传统史学和现代各社会科学的研究方法。中国现代史学的成长之路表明，不讲‘一导’、只讲‘多元’，史学就会汗漫而迷惘；只讲‘一导’、不

---

① 杨鑫辉主编．心理学通史（第二卷）．济南：山东教育出版社，2000. 1 ~ 2.

② 张述祖等编．西方心理学家文选．北京：人民教育出版社，1984. 1 ~ 2.

讲‘多元’，史学就会孤蔽而偏枯”①。这样，研究中国文化心理学也必须运用“一导多元”的方法：“一导”指以辩证唯物主义和历史唯物主义为指导，“多元”指研究视角、基本研究原则和具体研究方法应多样化。② 该观点简要地说，就是在研究视角上，主张坚持“大心理学观”的研究视角，并要兼顾心理学的科学主义视角和心理学的人文主义视角。在基本研究原则上，主张坚持以现代心理学的概念与体系为参照的原则、科学的历史主义原则、系统性原则、客观性原则、文化性原则、求同与求异相结合的原则、分子心理与整体心理相结合的原则和古为今用的原则等。在研究路径或策略上，主张依据所探讨主题的实际情况，灵活采用“自古至今”的“顺向路径或策略”和“自今溯古”的“逆向路径或策略”。在具体研究方法上，主张依研究对象的具体情况，灵活采用语义分析法、深度比较法、推理法和实证检验法等多种方法，在这些具体方法之中，除了实证检验法之外，其余方法主要都属于理论分析法。所谓理论分析法，就是运用理论思维来揭示客观事物本身所存在的内在规律的一类研究方法。下面就对这套方法系统作详细探讨。

（一）坚持“大心理学观”，摒弃“小心理学观”

所谓心理学观，是指一个人对心理学的学科对象、学科性质、研究任务、研究方法等一系列问题的根本理念。③ 在当代中国心理学界，人们在反思西方心理学的得失、探讨中国心理学史和中国文化心理学时，常常会使用“小心理学观”（a minor psychology view）和“大心理学观”（a big psychology view）这对概念④。

1. “小心理学观”与“大心理学观”的内涵

所谓“小心理学观”，指只承认运用实验法（扩而言之，包括运用各类实证方法）获得的有关个体的心理与行为规律的知识体系才是心理学的一种观念。

所谓“大心理学观”，指凡是以个体或群体的心理与行为作为主要研究对象，并能达到科学描述、解释、揭示、预测或调控个体或群体的心理与行为目的的知识体系⑤都可称作是心理学的观念。由此可见，“大心理学观”主要是从“内容界定法”来界定“科学心理学”，并且，大心理学观本身就是一种多元视角的心理学观。

2. “大心理学观”和“小心理学观”的比较

“大心理学观”与“小心理学观”是一对既有相通之处又有区别的概念。

（1）“大心理学观”与“小心理学观”的相通之处。

第一，二者都强调心理学是一门独立科学；

第二，二者都强调心理学必须以心理（与行为）作为自己的独立研究对象；

第三，二者都承认实验法在心理学研究中的重要性；

第四，二者都重视研究个体的心理与行为现象及其规律。

（2）“大心理学观”与“小心理学观”的区别。

---

① 刘学照．走出困境，把握机遇．光明日报，1997－04－22.

② 杨鑫辉主编．心理学通史（第一卷）．济南：山东教育出版社，2000. 14～24.

③ 葛鲁嘉．大心理学观——心理学发展的新契机与新视野．自然辩证法研究，1995，11（9）：18～24.

④ 车文博．车文博文集（第三卷）．北京：首都师范大学出版社，2010. 269.

⑤ ［美］理查德·格里格等．心理学与生活（第十六版）．王垒等译．北京：人民邮电出版社，2003. 4～6.

第一，二者所持的“科学心理学知识观”有差异。

虽然持“大心理学观”与“小心理学观”的人都强调心理学是一门独立科学，不过，在如何看待心理学知识[①]的“科学性”上，二者的看法有巨大差异。在持大心理学观念的人看来，无论是何种形态的知识，只要符合事物的客观规律，都属于“科学知识”，因此，只要揭示了心理的某一方面或几个方面规律的知识，都属于科学心理学知识。

在持小心理学观念的人看来，与物理学或化学等自然科学的原理需要通过物理实验或化学实验所获数据的支撑相类似，心理学的科学原理的确立也需要通过心理实验所获得的数据来支撑，所以，只有那些有心理实验数据支持的心理学知识才属于科学心理学知识。

第二，二者在对待心理学研究方法的态度上有差异。

在持大心理学观念的人看来，只要有助于揭示个体或群体的心理与行为规律，什么方法都可以使用，不必局限于实验法。

在持小心理学观念的人看来，为了保证心理学的自然科学性，要优先考虑采用自然科学的研究方法尤其是实验法，从这个意义上说，持小心理学观念的人一般有意或无意地都赞成“心理学实际上就是实验心理学，一部心理学史实际上就只是一部实验心理学史”的说法，而这恰恰是持大心理学观念的人所坚决反对的。

第三，二者在看待“心理学”的“名”与“实”上有差异。

在持小心理学观念的人看来，冯特是科学心理学的开山鼻祖，在此之前只有心理学思想而无心理学。如波林（E. G. Boring，1886—1968）在其名著《实验心理学史》一书的“第一版序言”（写于1929年8月25日）里写道：“我所称的‘实验心理学’，自然和冯特或五六十年来的心理学家所称的‘实验心理学’意义相同——意即在心理学实验室所表现的一般化的、人类的、正常的、成人的心灵。我选用这个意义，原非欲以拥护任何学说。动物心理学是属于实验室的；心理测验在某一方面上是实验的；变态心理学也可被视为是实验的。前二者的发展若和实验心理学的发展发生关系，本书便加以论列；但是我可不敢自称对于这两种运动曾有足够的记载。”[②] 卡特尔（J. M. Cattell）在1929年第九次国际心理学会议上，以主席的身份致辞时说，美国在19世纪80年代以前没有心理学与心理学家，所指的心理学是以冯特的科学的实验心理学为标准的，凡不符合这个标准的思想体系都不承认是心理学。[③]

与此不同的是，在持大心理学观念的人看来，“心理学”之“实”本古已有之，当时只是没有“心理学”这个“名”而已。冯特的贡献主要有三点：①为“心理学思想”正“名”。在冯特之前，中外都有人研究人的心理与行为现象及其规律，因此，在冯特“之前，有心理学”[④]。并且，有人说：心理学作为一门学科比心理学作为一个单词要悠

---

① 此处所讲的“知识”指广义的知识，既包括安德森（Anderson，1985）所讲的陈述性知识（declarative knowledge）和程序性知识（procedural knowledge），也包括波兰尼（Michael Polanyi，1891—1976）所讲的明确知识（explicit knowledge）和默会知识（tacit knowledge）。

② ［美］E. G. 波林．实验心理学史．高觉敷译．北京：商务印书馆，1981. ⅲ.

③ 高觉敷主编．中国心理学史（第二版）．北京：人民教育出版社，2005. 1 ~ 2.

④ ［美］E. G. 波林．实验心理学史．高觉敷译．北京：商务印书馆，1981. 357.

久得多（Psychology as a subject is ever and ever so much more ancient than psychology as a word）。[①] 从词源学角度上讲，英文“psychology”这个单词里包含希腊语成分，是由希腊语 ψυχη（psyche）和 λογια（logia）两部分组成的[②]，其中，psyche 的含义是“灵魂”或“呼吸”，logia 的含义是“对某事的研究或调查”[③]，合起来就是“对灵魂的研究”。自 1502 年梅兰克森（Philipp Melanchthon，1497—1560）在一次讲述大众心理的学术讲演的题目中首次采用“psychologia”（“心理学”）这个概念以后，到沃尔夫时“心理学”这一概念就已流行于世。不过，在冯特之前，在指称心理学时，人们除了使用“psychology”一词外，更多地使用“mental philosophy”之类的称谓。并且，都没有人将心理学思想自觉地从哲学或其他学科的思想中独立出来，并将之命名为“心理学”，导致他们在研究人的心理与行为现象时所获得的心理学思想大都夹杂在其哲学思想、教育思想或其他思想之中。冯特是第一个公开将心理学思想从哲学思想中独立出来，并以“心理学”一词来指称其所开创的一门独立的新学科的人，[④] 这不但使其所获得的研究成果有了一个响亮的名称，而且使过去隐藏在其他学科中的心理学思想从此有了一个“安身立命”之所。通过冯特的努力，在指称心理学时，“psychology”一词最终胜出，而“mental philosophy”之类的称谓则退出了心理学界。②促进了“心理学”学科的建设。在冯特之前，没有人自觉地将“心理学”作为一门独立的学科来建设，“心理学”在冯特之前从未成为一门独立的学科，而是依附在诸如哲学或教育学等学科身上。冯特是使心理学从哲学中独立出来而成为一门独立学科的第一人。并且，冯特通过多年的努力，不但培育了一大批专门从事心理学研究的专业人才，而且其本人的心理学研究成果颇多，从而促进了心理学学科的建设与发展。③为研究人的心理与行为提供一种“新”的研究方法——实验法。虽然东汉著名思想家王充也曾尝试运用效验法（实即一种准实验法）来验证太阳错觉[⑤]，不过，王充并未在方法论上有意突显效验法在研究人的心理与行为现象中的重要作用，因此，从总体上看，在冯特之前，无论是在中国还是在西方，人们在对人的心理与行为现象进行研究时，主要运用观察法、经验总结法和内省法等方法，从未采用过真正意义上的实验法。冯特在研究人的心理现象时，在世界上首次谨慎借鉴并使用了当时在生理学、物理学和化学等自然科学里已广泛使用且成绩卓著的实验法，提高了人们研究人的心理与行为的科学性，也促进了实验心理学的诞生。

第四，二者在对待个体与群体的心理的态度上有差异。

在持小心理学观念的人看来，心理学研究者只需关注个体的心理与行为。当然，这个个体既可能是一个新生婴儿、一名十几岁的运动员或一位刚入大学的学生，也可能是一个正学习用符号进行交流的黑猩猩或一只走迷宫的白鼠。个体既可能在它的自然栖息地，也可能在实验室的控制条件下被研究。[⑥]

---

① Boring, E. G. , A note on the origin of the word psychology, *Journal of the History of the Behavioral Sciences*, 1966, 2, p. 167.

② Boring, E. G. , A note on the origin of the word psychology, *Journal of the History of the Behavioral Sciences*, 1966, 2, p. 167.

③ Nairne, J. S. , *Psychology: A Adaptive Mind*. Pacific Grove: Brooks/Cole Publishing Company, 1977, p. 7.

④ ［美］E. G. 波林．实验心理学史．高觉敷译．北京：商务印书馆，1981. 357.

⑤ 郭本禹编．高觉敷心理学文选．北京：人民教育出版社，2006. 295 ~ 297.

⑥ ［美］理查德·格里格等．心理学与生活（第十六版）．王垒等译．北京：人民邮电出版社，2003. 3 ~ 4.

与此不同的是，在持大心理学观念的人看来，人毕竟是社会的人，任何一个人都不可能独来独往，而总是与其他社会成员发生种种联系、形成某种关系，如朋友关系、上下级关系、亲属关系、师生关系、阶级关系、民族关系等，从而产生了各种群体心理和行为，例如，友谊、爱情、吸引、嫉妒、从众、领导、责任等，以及人们都熟悉的大众心理，如时尚、风俗、社会习惯和偏见、舆论和流言等。当然，这些社会心理现象也表现在个体的心理现象之中。在研究人的心理与行为时，心理学不仅要研究个体的心理与行为，也要研究群体的心理与行为，以及个体心理与行为和群体心理与行为之间的相互影响关系。①

3. 用“大心理学观”能看到一片崭新的天空

由于多种机缘交互作用之故，长期以来多数心理学研究者都有意无意地认可或力倡“小心理学观念”，相信心理学思想虽然有一个漫长的过去，但心理学只有一个短暂的历史，致使艾宾浩斯的“心理学有一个漫长的过去，却只有一个短暂的历史”成为心理学界的“至理名言”，并成为制约中国人研究自己文化里所蕴含的心理学思想的“紧箍咒”，更低估了心理学思想的地位。

而以大心理学观的眼光看，在冯特之前，中外思想史上都已有“心理学”这一“实”，只是还没有“心理学”这一“名”，进而没有“心理学”这门独立学科而已。同理，尽管汉语“心理学”这个名词在1840年之前的中国古籍里至今从未被发现过，并且可能②永远也不可能从中国古籍里找到“心理学”这个名词；尽管“心理学”作为一门独立学科一般认为是于1879年诞生于德国的莱比锡大学；尽管中国现代心理学的先驱只能从梁启超、王国维、蔡元培和蒋维乔等人算起，而中国现代心理学诞生于1917年至1922年之间，其标志性事件主要有五个：①1917年陈大齐在北京大学创办中国第一个心理学实验室；②1918年出版了由陈大齐编著的中国第一本大学心理学教本；③1920年在南京高等师范学校（后改为东南大学）建立中国第一个心理学系；④1921年在南京成立中华心理学会；⑤1922年中国第一本心理学杂志——《心理》出版③。在被视作中国现代心理学创立标志的五件大事中，陈大齐拥有两项，且时间最早，在这个意义上说，陈大齐可谓中国现代心理学之“父”；尽管用现代心理学的眼光看，中国浩如烟海的古籍里算不上有几本专门论述心理问题的专著……但是，这丝毫不影响中国文化里所蕴含的心理学思想的科学性与系统性。同时，由于采取了大心理学观的新视角，在研究中国文化心理学或中国心理学史时，我们常常能看到一片崭新的天空。

值得一提的是，在大心理学观的指导下，本书所用“心理学思想”一词绝无如下四种隐含之义。说某人有心理学思想，意味着：①其心理学思想一般诞生于1879年之前，因此，此人至多是一个心理学思想家，而不是一个心理学家；②其心理学思想一般来自经

① 车文博．车文博文集（第三卷）．北京：首都师范大学出版社，2010. 271.

② 在研究历史时，我们也认可胡适的“大胆假设，小心求证”的见解，进而坚决反对“臆测”历史。不过，在有一定证据但因种种原因导致证据又不足够充分的背景下，有时又有用“可能”一词的必要。“可能”虽带有“推测”之义，但它可以为后来者指明探索的方向。所以，在史学（包括心理学史）研究中，“用足够证据确定某一史实的存在与否”与“用暂时能找到的所有证据去推测某一史实的存在与否”都有其存在的必要性，既不可在史学研究中有太多的推测，又不可在史学研究中一味地排斥推测。正是基于这种思考，本书在撰写过程中若确有必要，也用“可能”一词。

③ 陈永明等．二十世纪影响中国心理学发展的十件大事．心理科学，2001，24（6）：718～720.

验总结，科学性不是很强；③其心理学思想多是在无意中涉及的，是“无心插柳柳成荫”的结果，而不是像现代心理学研究者那样，后者所取得的心理学研究成果往往是其主动、自觉、有意识地探索的结果；④其心理学思想一般不成体系，多具有零散性的特点。

（二）基本研究原则

1. 以对象为先，以方法为重

当年行为主义为了保证其方法的客观性，而不惜牺牲意识，使心理学成为一门没有“心理”的科学长达半个世纪之久，这个深刻教训应为所有从事心理学研究的人所牢记。所以，在研究对象与研究方法关系的问题上，本书主张采用这样一种态度处理之：论先后，宜以对象为先；论轻重，宜以方法为重。具体言之，在研究过程中，要优先考虑研究对象（选择研究对象或研究主题的标准详见下文），而不是优先考虑研究方法。研究对象选定之后，要根据研究对象的实际情况，灵活采用适当的研究方法（无论是量的方法还是质的方法都可运用），并善于运用最妥当的方法进行研究，因为在中外科学发展史上有无数事例表明，方法上的突破往往能带来研究的突破。

2. 分阶段依次推进

在研究中国文化心理学时，根据现有的研究基础与研究水平，我们主张分两个阶段进行：

第一阶段：以发现、梳理与诠释为主的阶段。

所谓“以发现、梳理与诠释为主的阶段”，指研究者要先发现中国先贤提出的心理学精义思想，然后对之加以细致梳理，进而尽量用现代心理学的学术规范（也适当保留一些原汁原味的概念）去加以诠释，使之得到更好的传承的阶段。这一阶段所要解决的主要是“有什么”的问题。其目的主要是：摸清家底，看看中国文化尤其是中国古典文化里到底蕴含有哪些既有历史价值也有现实意义的心理学思想。为达到这一目的，在这一阶段，简要地说，研究者主要是做好三件事情：①寻找到有价值的研究主题；②对文献进行细致梳理；③对已有“文本”进行现代性诠释。

第二阶段：以创新为主的阶段。

所谓“以创新为主的阶段”，指以进行原创性研究为主的阶段。这一阶段所要解决的主要是“成什么”的问题；其目的主要是：通过妥善汲取中国文化尤其是中国古典文化的精义思想，并结合当代中国的现实国情以及当代世界心理学（尤其是西方心理学）的发展现状与趋势，在第一阶段研究的基础上，力图通过带有浓厚原创性意蕴的研究，逐渐建构出成体系的、原创性的心理学系列研究成果，以提高中国文化心理学的研究深度，最终建成完全吻合中国文化特质的中国心理学（不是外国尤其是西方心理学在中国），以提高整个中国心理学在世界心理学大家庭中的学术地位。具体而言，即研究者针对某一研究主题，构建一套具有中国文化特色的、用以解释此主题的小型心理学理论观点、理论模型或理论体系；接着选择恰当的检验方法（通常是实证检验法，但也不排斥诸如演绎法和推理法等其他方法）来验证此小型心理学理论观点、理论模型或理论体系，从而建构出较为成熟的小型心理学理论观点、理论模型或理论体系，用以更加准确地描述、解释、理解、预测中国人某一方面的心理与行为方式。例如，王登峰和崔红在大量实证研究的基础上写出了《解读中国人的人格》一书，否定了西方的“大五”人格所具有的文化普世性，建构出“大七”人格——这七大因素分别是“外向性”、“善良”、“行事风格”、“才干”、“情绪性”、“人际关系”和“处世态度”——理论，认为“大七”人格理论能更好地用来解释中国人的人格特征。[①] 从中国文化心理学的角度看，这种类型的研究就属于以创新为主的研究。又如，我们初步建构的用来解释品德学习迁移的良知新论[②]以及用于指导智慧教育的“智慧的德才兼备理论”[③]，大致也属于这种研究类型。我们相信，随着中国文化心理学研究的深入，将来属于带有浓厚原创性意韵的研究会越来越多，到那时，中国心理学将在世界心理学大家庭中扮演更为重要的角色。

3. 善待各类中国文化

怎样做才能善待文化？毕竟文化中有许多内容已是或即将是“过去式”，当它们处于“现在进行式”时，犹如一条汹涌澎湃的河，是那样的鲜活与本真！而一旦成为历史，就成了一条结冰的河（冯友兰语）。后人怎样才能将这条已结冰的河尽可能真实地恢复成当时的那条汹涌澎湃的河呢？本书的回答是：它至少有四种有效的解决方法，若能将这四种做法融会贯通起来，效果更佳。

最有效的一种解决方法是，在中国文化心理学的研究中，如果能“回到”中国人的某种心理或行为赖以生长的原生态文化中去研究，就尽可能地回到这种“原生态”的中国文化里去研究。也就是说，在研究中国人的某种心理与行为时，为了不使其脱离原生态文化的本真，最好的办法就是研究者将之尽可能地放进原生态的中国文化里进行研究，同时，研究者自己对原生态的中国文化也要采取“同情式”理解。例如，要研究当代中国人心理与行为里较为“传统”的一面，就宜选择那些远离城市的、较为偏僻的乡村里的村民（并且最好是那些从未外出打过工的村民）为被试；要研究当代中国人心理与行为里较为“现代”的一面，就宜选择大城市尤其是像北京和上海这样的大都市的市民（最好是有过去发达国家经历的、受过本科及以上高等教育的年轻人）为被试。又如，如果是研究中国已故先人的心理与行为规律，或者是阐发中国已故前人的心理学思想的精髓，或者试图在自己的研究中借鉴已故先人的精髓思想，那么，最好的办法就是回到其本人留下的实物层面的文化中去研究。举一个简单的例子，四川现出土了一个举世闻名的“三星堆文化”，不过，由于其产生时间久远，现今又缺乏充实的其他实物层面的资料来印证，致使“三星堆文化”至今仍留有许多未解之谜，学人对它的探讨仍处于初级阶段，今人自然也就无法对生活于“三星堆文化”时期的人们的行为文化有一个全面、系统、准确的了解。不过，只要生活于“三星堆文化”时期的人们留给后人的实物层面的文化产品被后人发现，那么后人就仍可通过这些实物层面的文化产品来推知“三星堆文化”时期人们的心理与行为规律，而且，随着科技水平的提高、科技方法的改善，更多的相应的实物层面的文化产品将会被发现，后人对生活于“三星堆文化”时期的人们的心理和行为规律的揭示也将越来越准确而全面。

第二种解决方法是，如果研究者出于种种原因实在不能“回到”中国人的某种心理或行为赖以生长的原生态文化中去研究，就尽可能找一些具象的东西来研究。

第三种解决方法是，如果研究者出于种种原因实在不能“回到”中国人的某种心理

① 王登峰，崔红．解读中国人的人格．北京：社会科学文献出版社，2005. 1～430.

② 汪凤炎，郑红．良心新论　建构一种适合解释道德学习迁移现象的理论．济南：山东教育出版社，2011. 1～420.

③ 汪凤炎，郑红．智慧心理学的理论探索与应用研究．上海：上海教育出版社，2013. 189～310.

或行为赖以生长的原生态文化中去研究，就尽可能地采取多种方式进行互证与补充，这样做往往也能有效地保证研究结论的可靠性。

第四种解决方法是，如果研究者出于种种原因实在不能“回到”中国人的某种心理或行为赖以生长的原生态文化中去研究，研究者就要采取妥善方式或方法提醒自己，不但自己脑海中原有知识会对自己研究新问题产生积极或消极的影响，而且自己脑海中原有价值观、兴趣、爱好等道德性因素与情感性因素也会对自己研究新问题产生积极或消极的影响。

4. “工欲善其事，必先利其器”

为了更好地研究中国文化心理学，研究者尤其是年轻的研究者要具有较扎实的文献学功底（包括国学功底和西学功底）、较强的理论分析能力、较熟练的实证功夫和“进得去、出得来”的心理素质。研究者只有具备这四方面的学术素养，才能在研究中国文化心理学时如鱼得水、游刃有余。

（1）具备较扎实的文献学功底。

在研究中国文化心理学时，研究者必须具备较扎实的文献学功底（包括国学功底和西学功底）。因为年轻的学子（包括笔者在内）往往“先天”未受过良好的国学基础训练，“后天”又置身于现代文化背景之中①，若不具备较扎实的国学功底，在研究中国文化心理学时遇到中国的典籍文化，尤其是中国古籍，就容易断章取义，也往往难以深入下去。同时，当今心理学的主导毕竟是西方心理学，假若一个研究中国文化心理学的研究者对西方心理学的历史与现状都不甚了解，就难以在自己的研究中坚持以现代心理学的概念与体系为参照的原则，因为所谓的现代心理学其实主要是现代西方心理学。

（2）具备较强的理论分析能力。

在研究中国文化心理学时，往往涉及文化、中国文化、文化与心理、中国文化与中国人的心理和行为之间的关系、心理学的方法论、社会化、自我、和与同、梦、心理卫生、思维和人格等一系列理论观点和问题，研究者不仅要对这些理论问题作出妥善的分析，还要提出自己的观点。只有扫除这些“拦路虎”，才有可能顺利地开展自己的研究，才有可能提出自己的观点，因此，研究者必须具备较强的理论分析能力，这是研究中国文化心理学的重要前提之一。

（3）要有较熟练的实证功夫。

现代心理学已从哲学中独立出来而归入科学的行列，尽管实验心理学现在仍存在这样或那样的问题，但是，现代心理学的研究过程通常是依次发生的两个主要阶段：形成想法（发现），然后去检验它（验证）②，所以，在研究中国文化心理学时，研究者也要有较熟练的实证功夫，以便在必要的时候用实证的手段来验证自己的想法。

（4）要有“进得去、出得来”的心理素质。

在研究中国文化心理学时，研究者还要有“进得去、出得来”的心理素质。何谓“进得去、出得来”的心理素质？它的含义是：在研究中国文化心理学时，先要“进得去”，即研究者要以同情心或同理心去解读文本，对待任何一类文体，都不能采取“事

---

① 杨海文．文献学功底、解释学技巧和人文学关怀——论中国哲学史研究的“一般问题意识”．中国人民大学复印报刊资料《中国哲学》，2003（2）：2～8.

② ［美］理查德·格里格等．心理学与生活（第十六版）．王垒等译．北京：人民邮电出版社，2003. 18.

不关己，高高挂起”、“站着说话不腰疼”或“隔靴搔痒”之类的态度；然后，又要能“出得来”，即既能跳出某一学派、某一权威的思维定式，又能理智地对待每一学派或每一文本，力戒因自己对某一学派或某一文本产生某些不理智的情感（如，对某一学派或文本“情有独钟”，或对某一学派或文本“没有好感”）而“迷失”心智，应牢记“不识庐山真面目，只缘身在此山中”的古训。王国维在《人间词话》里说：“诗人对宇宙人生，须入乎其内，又须出乎其外。入乎其内，故能写之。出乎其外，故能观之。入乎其内，故有生气。出乎其外，故有高致。”① 何独写诗如此，研究中国文化心理学亦然。

（三）常用的具体研究方法

1. 语义分析法

语义分析法，也叫“字形字义综合分析法”（method of semantic and etymological analyses）的简称，是指先分析某一字或词的字形特点及其中所蕴含的意义（尤其是心理学含义）；接着从历史演化的角度剖析此字或词的原始含义及其后的变化义，以便澄清此术语的本来面目；然后再用心理学的眼光进行观照，界定出此术语在心理学上所讲的准确内涵或揭示出其所蕴含的心理学思想的一种研究方法。

在研究过程中，在对某一概念进行语义分析时，具体操作流程一般是：第一步，将某一字或术语（如“我”）在中国历史上曾经使用过的各种名称（如“余”、“俺”等）尽可能全面地罗列出来，如果有足够证据确信某一个字或术语在中国文化里只有一种写法，那么，这一步可以省略，而直接进入第二步。第二步，通过查找《尔雅》②、《说文解字注》③、《尔雅翼》④、《字汇·字汇补》⑤、《字源》⑥、《甲骨文字典》⑦、《辞源》⑧、《汉语大字典》⑨、《辞海》⑩ 等工具书，将这些名称（如“我”）在中国历史上曾经使用过的字形与字义（用法）尽可能全面地罗列出来。第三步，根据某一汉字在汉字史上曾经出现过的诸种字形，选择其中最具代表性的一种字形进行深入分析，以便从字形上揭示出该字的原始含义，由此就能更好地看出其诸种引申含义。例如，“学”字起初写作“[古字]”，显得太简单，因此，我们选择“学”字更完整的古老写法——“[古字]”——作进一

---

① 姚淦铭等主编．王国维文集（第一卷）．北京：中国文史出版社，1997. 155.

② （晋）郭璞注，（宋）邢昺疏，黄侃句读．尔雅注疏．上海：上海古籍出版社，1990. 1～205.

③ （东汉）许慎撰，（清）段玉裁注．说文解字注．上海：上海古籍出版社，1988. 1～766.

④ （南宋）洪焱祖，罗愿撰．尔雅翼（四册）．北京：中华书局，1985. 1～342.

⑤ （明）梅膺祚撰．字汇．载续修四库全书编纂委员会编．续修四库全书（第232册）．上海：上海古籍出版社，2002. 389～597.（清）吴任臣．字汇补．载续修四库全书编纂委员会编．续修四库全书（第233册）．上海：上海古籍出版社，2002. 443～734.

⑥ 约斋编．字源．上海：上海书店，1986. 1～262.（明）梅膺祚撰．字源．载续修四库全书编纂委员会编．续修四库全书（第233册）．上海：上海古籍出版社，2002. 1～409.

⑦ 徐中舒主编．甲骨文字典（第二版）．成都：四川辞书出版社，2006. 1～1613.

⑧ 辞源（修订本；全两册）．北京：商务印书馆，1983. 1～3620.

⑨ 汉语大字典编辑委员会编纂．汉语大字典（第二版九卷本）．成都：四川辞书出版社，武汉：崇文书局，2010. 1～5777.

⑩ 夏征农，陈至立主编．辞海（第六版缩印本）．上海：上海辞书出版社，2010. 1～2577.（说明：《辞海》现每10年修订一次，现在通行的最新版本是2009年出版的第六版。一般而言，若用《辞海》，应用最新版本；当然，新版《辞海》对极少数字或词的解释不如旧版《辞海》妥当，此时可用旧版《辞海》的解释。）

步分析。[①] 第四步，进行中外尤其是中西比较研究，例如，在中国汉字史上，指称“我”的字和词有多种，将其中带有封建色彩的用法（如“寡人”和“朕”）、在今天较少使用的用法（如“贱民”）[②]、带有方言色彩的用法（如“俺”）[③] 和名异实同的用法（如“余”）一一剔除掉，其中，只有“我”字完全符合三个标准，即“我”在甲骨文中就已出现，时间非常早；“我”字自出现后，到今日为止，仍被中国人经常使用，不但使用人数最多，而且显示出强大的生命力。这样，在剖析中国人的自我观时，可以将“我”作进一步的分析，其他指称“我”的称谓则作参考。第五步，仔细分析这一概念或用语的诸种含义。先考察出这一概念或用语的“原始含义”，然后再理清其后的“变化义”。第六步，用心理学的眼光去谨慎地审视这一用语（如“我”）的所有含义，将其中确定与心理学没有关系的含义剔除掉（如，作为姓氏的“我”肯定与心理学没有关系，就先将其剔除掉）。第七步，将余下的诸种含义与外国心理学，尤其是西方心理学的相关术语（如 self）的含义进行比较，看看其在哪些方面与外国心理学，尤其是西方心理学相应的术语的含义相通，在哪些方面与外国心理学，尤其是西方心理学相应的术语的含义有所不同。第八步，作出心理学上的界定，指明此术语在心理学上的确切含义，或者，揭示出其内所蕴含的心理学思想（具体用法可参看本书后文的相关章节，如“中国人的自我观”里对“我”所作的“语义分析”）。[④]

2. 深度比较法

所谓深度比较法，指对生活于两种或两种以上的大文化圈或小文化圈里的人们的心理与行为进行比较研究时，要深入他们的心灵深处进行对比，而不是进行雾里观花或隔靴搔痒式的比较。从比较方式而言，常见的主要有两大类。

（1）纵向深度比较法和横向深度比较法。

纵向深度比较法是将不同时期内彼此有某种联系的事物加以对照，从而确定其同异关系的方法。通过纵向深度比较，可以看出某种心理学思想的发展变化情况。如将先秦时期儒家的心理养生思想与秦汉至隋唐时期儒家的心理养生思想进行深度对比，就可得出后者较前者有所发展的结论。

横向深度比较法是将同一时期内彼此有某种联系的事物加以对照，从而确定其同异关系的方法。通过横向深度比较，能看出各家心理学思想之间的相互关系。如将先秦道家的心理养生思想与先秦儒家的心理养生思想相对比，就很容易看出二者的异同。又如将先秦时期中国的心理养生思想与古希腊的心理养生思想相比就能发现，中国先秦时期的心理养生思想既有与古希腊的心理养生思想相通的地方，也有自己的一定特色，并且

---

① 汪凤炎，郑红．语义分析法：研究中国文化心理学的一种重要方法．南京师范大学学报（社会科学版），2010（4）：113～118，143.

② 若是想寻求生活在中国历史上不同时期的人的心理与行为的变迁规律，一些明显带有时代烙印的用语切不可以随意去掉，因为它们恰恰可能是打开生活在此特定时期的人们的心理与行为规律的一扇窗口。

③ 若是研究中国境内两个地方文化内的人（如“晋商”和“徽商”）的心理与行为差异，一些明显带有方言色彩的用语切不可以随意去掉，因为它们恰恰可能是打开生活在此种地方文化下的人们的心理与行为规律的一扇窗口。

④ 汪凤炎，郑红．语义分析法：研究中国文化心理学的一种重要方法．南京师范大学学报（社会科学版），2010（4）：113～118，143.

显得更为丰富。[①]

（2）明比法和暗比法。

所谓明比法，是先将 A 和 B 两个事物都明确摆放出来，然后将二者进行深度对比的方法。如，将孔子和老子的心理学思想都明确摆放出来，然后将二人的心理学思想进行相应的对比，就属于明比法。

所谓暗比法，是先将 A 事物作为一个隐含的背景知识，在此基础上将 B 事物与其进行深度对比，然后揭示 B 事物的内在规律的一种比较方法。一般而言，只有当某一事物是公认的，或者，至少为学术圈内的大多数同行所熟悉，此事物才可以作为隐含的背景，相应地，才可以进行暗比。例如，老子心理学思想的鲜明特色是强调“法自然”，孔子的心理学思想的显著特点是推崇道德修养，这是为中国学术界人士所普遍认可的。于是，在论述庄子的心理学思想时，若发现庄子也有“法自然”的特点，即便不明确提及老子，仍可以说：“庄子的这一特点是继承老子思想的结果”。因为庄子在后，老子在前，庄子思想的这一特点显然源自老子，所以，历史上才有“老庄”的称谓。

3. 推理法

推理，也叫“推论”，指由一个或一组命题（前提）推出另一命题（结论）的思维形式。推理是客观事物的一定联系在人们意识中的反映。由推理得到的知识是间接的、推出的知识。要使推理的结论真实，必须遵守两个条件：①前提真实；②推理的形式正确。[②] 根据不同的划分标准，可以将推理分为不同的种类。其中，根据推理所表现的思维进程的方向性，即根据思维进程中从特殊到一般、从一般到特殊、从特殊到特殊的区别，可以将推理分为归纳推理、演绎推理和类比推理。

归纳推理（inductive reasoning），也被称为归纳法，与演绎推理相对。指从个别性知识的前提推出一般性知识的结论的推理。归纳推理的结论一般超出了前提陈述的范围，故当前提真时，结论并不必然真。归纳推理分为完全归纳推理和不完全归纳推理两类。[③] 例如，我们研读《孟子》一书时发现：《孟子》中的“梁惠王上”、“梁惠王下”、“公孙丑上”和“公孙丑下”等诸篇受到孔子思想的影响，《孟子》中的“滕文公上”、“滕文公下”、“离娄上”和“离娄下”等诸篇受到孔子思想的影响，《孟子》中的“万章上”、“万章下”、“告子上”、“告子下”、“尽心上”和“尽心下”等诸篇受到孔子思想的影响，从而推出结论：《孟子》一书的每一篇都受到孔子思想的影响。

演绎推理（deductive reasoning），有时也被称为演绎，与归纳推理相对。在传统逻辑中，指由一般性知识的前提出发推出个别性或特殊性知识的结论的推理。例如，凡儒家弟子都受到孔子的影响（大前提），孟子是儒家弟子（小前提），所以孟子受到孔子的影响（结论）。

类比推理（analogical reasoning），也叫类比法。根据两个或两类对象某些属性的相同，推出它们的其他属性也可能相同的推理。[④] 类比推理是依照下述方式进行的：

A 对象具有属性 a、b、c、d

---

① 杨鑫辉．中国心理学思想史．南昌：江西教育出版社，1994. 28 ~29.

② 夏征农，陈至立主编．辞海（第六版缩印本）．上海：上海辞书出版社，2010. 1910.

③ 夏征农，陈至立主编．辞海（第六版缩印本）．上海：上海辞书出版社，2010. 649.

④ 夏征农，陈至立主编．辞海（第六版缩印本）．上海：上海辞书出版社，2010. 1097.

B 对象具有属性 a、b、c

所以，B 对象也可能具有属性 d

上式中，“A”和“B”可指两个类，也可以指两个个体，还可以其中一个指类，另一个指个体。换言之，类比推理可以在类与个体之间应用。[①] 例如，荷兰物理学家惠更斯（Christian Huygens，1629—1695）曾运用类比推理提出了光波的概念。光和声这两类现象具有一系列的相同性质：直线传播，有反射、折射和干扰的现象；而声波有波动性质，他由此推出结论：“光可能有波动性质”。

4. 实证研究法

这里所讲的实证研究法，是指通过种种实证手段来研究中国人的某一心理与行为规律的一类研究方法。其主要目的在于发现或验证中国人的某一心理与行为规律。将实证研究法的精义用一句话概括，就是：“用证据说话，证据充足者为实。”其主要包括观察法、实验法、自我报告法（问卷法、访谈法）、心理测验法与文化产品分析法等。

在自然条件下，对表现心理现象的外部活动进行有系统、有计划的观察，从中发现心理现象产生和发展的规律性，这种方法叫观察法（observation method）或自然观察法。例如，可以通过观察法来观察生活于中西方文化下的人们的心理与行为方式的异同，从而对当代中国人的心理与行为进行研究。像著名的文化学者 Bond 等人就采用这种方法揭示了中美文化下两国民众的心理与行为在许多方面的区别，这些观点在一定程度上影响了西方人对中国人的看法。

实验法（experimental method），也叫试验，指根据一定目的，运用必要的手段，在人为控制条件下，观察被研究事物的实践活动。[②] 例如，中医常说“怒伤肝”。怒到底能否伤肝呢？假若一个人运用文本分析法，将自《黄帝内经》开始延续至今的经典中医典籍系统地梳理一遍，从中将有关“怒伤肝”的言论尽可能全面地筛选出来，在研究大量史料的基础上得出“怒的确能伤肝”的结论。这种研究，虽然也有一定的价值（能证明“怒伤肝”在中国历史上的流行程度），但是，稍了解中医发展史的人都知道，主要受经学思维（因“崇经”而少批判性思维）和《孝经》（受《孝经》影响，导致人体解剖学发展缓慢）的影响，历代中医（至清代名医王清任为止）大都只能根据自己的临床经验，或只是继承《黄帝内经》的思想，认为“怒伤肝”。换言之，怒到底能否伤肝？“怒伤肝”意味着是“一怒就伤肝”还是“只有经常大怒才伤肝”？若是“只有经常大怒才伤肝”，那“经常”是指间隔多长时间和持续多久时间？何种程度的怒才算大怒？对于这类问题，王清任之前的中医论著并没有给出扎实的实验依据。今天的心理学研究者在重新审视中医“怒伤肝”这一命题时，就宜采用动物实验法，通过扎实的动物实验来证实或推翻它，只有这样做才能得到令人信服的结论。又如，若想验证中国人是否有恋家情结或田园情结，一个有效做法便是妥善运用内隐联系测验[③]（Implicit Association Test，简称 IAT）进行研究，这样方能获得有价值的成果。当然，研究者也可适当运用“眼动仪”、“事件相关电位”（ERP）与“功能磁共振成像”（fMRI）等技术或手段去探索中国

---

① 《普通逻辑》编写组．普通逻辑．上海：上海人民出版社，1979. 203.

② 夏征农，陈至立主编．辞海（第六版缩印本）．上海：上海辞书出版社，2010. 1710.

③ 蔡华俭．Greenwald 提出的内隐联想测验介绍．心理科学进展，2003，11（3）：339 ~ 344.

人的心理与行为规律。还可设计精巧的行为实验来探索中国人的心理与行为规律。

自我报告法（self - report measures）是被试通过写或说的方式自我报告研究者提出的问题，研究者设计可信的方法量化这些自我报告，从而揭示被试心理或行为规律的一种研究方法。自我报告包括问卷法和访谈法。问卷法，指研究者采用预先拟定好的问题表，由被试自行填写答案来搜集资料，以此来分析、推测群体心理或行为规律的一种研究方法。访谈法，指研究者根据预先拟定好的问题向被试提出，在一问一答中收集资料，分析和推测被试心理与行为规律的一种研究方法。

心理测验法（measurement method），也叫测量法，指用一套预先经过标准化的问题（量表）来测量个体的某种心理品质的方法。[①] 今人若有条件，完全可以通过问卷调查或访谈的方式来研究中国文化心理学的一些主题。例如，研究者可以通过它们来研究中西文化中人们在思想、信念与价值观上的差异与相似之处。

文化产品分析法，指通过研究某些文化产品（像建筑物、书法作品、美术作品等），从而揭示其中所蕴含的心理规律的研究方法。例如，研究者通过系统地研究徽商所创造的一些经典文化产品（如徽派建筑、徽派艺术作品等），有助于了解徽商的心理与行为规律。

---

① ［美］理查德·格里格等．心理学与生活（第十六版）．王垒等译．北京：人民邮电出版社，2003. 20～28.

别人把你当作人，你便真是个人；别人把你不当作人，你便真不是个人。

——（清）刘芳喆《拙翁庸语》

第二章　中国人的社会化观

“社会化”（socialization）是现代社会心理学重点探讨的主题之一，中国文化对这一问题的看法又是怎样的？它对于正确理解当代中国人的社会化问题有何启示？

一、“社会化”与“做人”：一对名异实同的概念

（一）“社会化”本是一个外来词

社会化亦称“教化”。个人参与社会生活，通过交互活动，习得知识技能和行为规范，成为一个社会成员的过程，即从自然人发展成为社会人的过程。这一过程贯穿人的一生，一般分为早期社会化（儿童、青少年期）、继续社会化（中年、老年期）和再社会化。[①] “社会化”中“社会”一词一般是指：以一定的物质生产活动为基础而相互联系的人类生活的共同体。人是社会的主体。劳动是人类社会生存和发展的前提。物质资料的生产是社会存在的基本条件。人们在生产中形成的与一定生产力发展状况相适应的生产关系，构成社会的经济基础，在这基础上产生与它相适应的上层建筑。[②] 但是，由于中国古代是“家国一体”，在“家”与“国”之间没有现代意义上的“社会”，所以，中国古代虽有“社会”一词，其含义却是：①古时乡村学塾逢春、秋祀社之日或其他节日举行的集会，后泛指节日演艺集会。②志趣相投者结合的团体。[③] 稍加比较可知，它与今天通行的“社会”一词的含义大不相同。因此，今天中国心理学里通行的“社会化”一词是通过翻译英文“socialization”得来的。

（二）“做人”实相当于“社会化”

通过深度比较可知，现代心理学所讲的“社会化”相当于中国人所讲的“做人”。从这个意义上说，“做人”与“社会化”名异实同。并且，从中国典籍与中国民众的日常言谈与理解中，我们会发现在中国本土文化里“土生土长”起来的这类术语往往更具亲和力，研究它们所获的成果也更具文化效度。例如，你若去问一个中国农村的普通百

---

① 夏征农，陈至立主编．辞海（第六版缩印本）．上海：上海辞书出版社，2010. 1649.

② 夏征农，陈至立主编．辞海（第六版缩印本）．上海：上海辞书出版社，2010. 1648.

③ 辞源（修订本）．北京：商务印书馆，1983. 2263；夏征农，陈至立主编．辞海（第六版缩印本）．上海：上海辞书出版社，2010. 1648.

姓“什么叫社会化?”“请结合自己的成长经历，谈谈你对社会化问题的看法?”像这类问题，可能会有很多百姓不知如何回答。但是，你若将问题换成如下表述：“什么叫‘做人’?”“请结合自己的成长经历，谈谈你对做人问题的看法?”像这类问题很多百姓就有话说了。

要准确把握“做人”这个概念的内涵，先要弄清“人之所以异于禽兽者是什么?”对于这个问题，西方学者多从理性来区别人和动物，并出现了多种观点，其中具有代表性的观点有：人是政治的动物，人是理性的动物，人是有语言的动物，人是能使用工具的动物。而中国古代学者则多强调以义、恻隐、仁爱、良知等情感或综合性的德作为划分人禽的主要标志，在中国人看来，德是成“人”的依据。换言之，人们需要德，主要在于德是做“人”的最起码要求，人无德就不成为人。例如，《孟子·离娄下》说：“人之所以异于禽兽者几希，庶民去之，君子存之。”认为人不同于禽兽的地方不多，一个人若想使自己不沦落到与禽兽为伍的地步，就必须时刻保持人的那些不同于禽兽的独特的心理品质。这些独特的心理品质是什么?《孟子·公孙丑上》曾说：“无恻隐之心，非人也；无羞恶之心，非人也……”深谙孟子思想原旨的程颐解释说：“君子所以异于禽兽者，以有仁义之性也。苟纵其心而不知反，则亦禽兽而已。”综观孟子的言论，这些独特的心理品质主要就是人的道德品质。《荀子·王制》也说：“水火有气而无生，草木有生而无知，禽兽有知而无义，人有气、有生、有知，亦且有义，故最为天下贵也。”如图2－1所示。

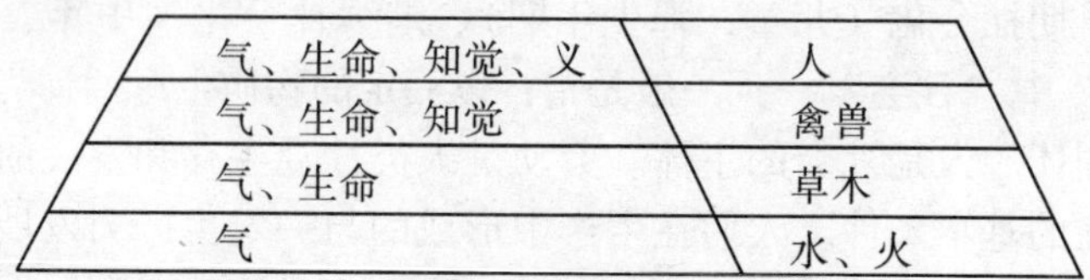

图2－1　荀子的“进化论”思想示意图

荀子从物种进化的角度立论①，认为由水火进化至草木，再进化至禽兽，最后进化至人，前一级生物与紧接着的后一级生物之间的差别其实很小。就禽兽与人而言，其差别就在于有无“义”：无“义”者为禽兽，有“义”者为人。荀子在《劝学》里曾说：“故学数有终，若其义则不可须臾舍也。为之，人也；舍之，禽兽也。”此思想为其后历代学者所继承，例如，扬雄（前52—18）在《法言·修身》里说：“天下有三门：由于情欲，入自禽门；由于礼义，入自人门；由于独智，入自圣门。”其认为个体若任情纵欲，则“入禽门”，不得为“人”。个体若想“做人”，必由礼义才可入“人门”。在此基础上，若能做到潜心修养，进而不已，就可入“圣门”。同时，只有“禽门”与“人门”是并列的，“圣门”不但位于“人门”之内，且是在“人门”之内的极深处。一个人只有先入“人门”，将“做人”做到完美无缺的程度，才有可能入“圣门”、修成“圣人”。当然，鉴于自孔子以降，中国再无圣人的史实（只出了像孟子等少数几个“亚

① 荀子未必有清晰的进化论思想，但是，从他的这一言论看，似乎也有朦胧的进化论思想，这里仅是将之明确化而已，并无美化古人之意。

圣”），对于绝大多数中国人而言，“圣门”是可望不可即的。

可见，中国人之所以向来重视“做人”问题，其缘由主要是：中国传统文化多认为，个体在诞生之初充其量只是一个“已具人形的生物性个体”（用王夫之《思问录·外篇》的话说，叫“直立之兽”），此种“已具人形的生物性个体”与禽兽其实并无什么本质的区别，说得不雅点，此种“已具人形的生物性个体”虽然具备了人的形体，不过，因为没有修德，没有开智，不具备人心或人性，还不能叫作真正的人；真正意义上的人实指合乎一定社会文化要求的社会人，此种社会人既不是人上人（自傲的人），也不是人下人（自卑的人），更不是人外人（自闭的人），而是人中人（社会人）。而这种“社会人”并不是与生俱来的，而是靠“做”出来的：一个人假若按照人之所以为人者、人之所以异于禽兽者去做，就是“做人”；“做人”做到完美无缺的程度，就是“圣人”。反之，如果不照着人之所以异于禽兽者去做，而只照着人之所以同于禽兽者去做，他（或她）就不是“做人”，而是做禽兽。

那么，如何“做人”呢？中国先哲们普遍认为，“人”主要是靠自己在与他人互动的过程中“做”出来的。这从先哲常以“仁”代“人”的事实里就可见一斑：仁者二人也，“二”乃泛指，实指两人或两人以上的人群，一个人只有在与另一个或两个或多个人互动的过程中才能被称为人。具体而言，这个“做”字的含义就是“做父亲”、“做儿子”和“做官”的“做”。是父或子的人，做父或子所应该做的事情，就是做父亲或做儿子。是父亲或儿子的人，不做父亲或儿子所应该做的事情，即是“父不父，子不子”。如果是人的人，不做人所应该做的事，即是“人不人”。所谓“人不人”，其实就是说一个人不是人。在汉语里，人们骂人常用“你不是个人”这句话，这句严厉的骂人之语就是基于上述文化背景的。别的语言好像没有与此相当的话语。美国人常用的一句骂人的话，译为汉语是“天杀的”，美国人这句骂人的话是以一种信仰为文化心理背景的。[①] 因此，所谓“做人”，也叫“成人”，实指一个“已具人形的生物性个体”参与社会生活，通过交互活动习得知识技能和行为规范，从而转变成一个社会性个体（社会人），成为一个合格的社会成员的过程。如图 2－2 所示。

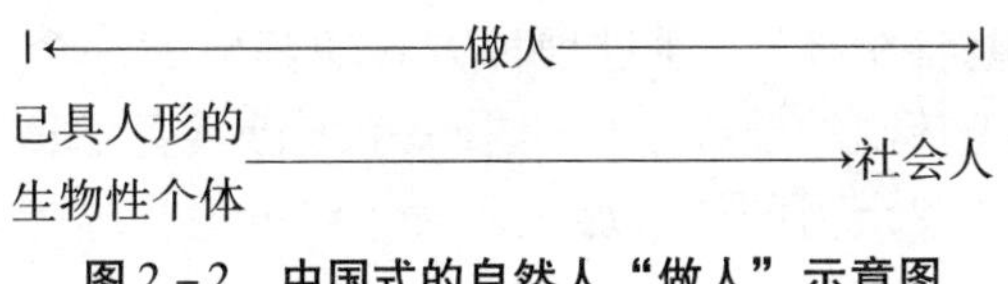

图 2－2　中国式的自然人“做人”示意图

从上述分析可知，尽管中西学人所用术语不太一样，但“名”虽异而“实”则大体相同，现代社会心理学里所讲的个体社会化问题，在中国文化，尤其是传统文化里也就是所谓的“做人”问题。

（三）中式“做人”与西式“社会化”的区别

进一步分析可发现，中国人和西方人在如何看待个体社会化问题上存在差异。

① 冯友兰．新世训　生活方法新论．北京：北京大学出版社，1996. 2 ~4.

在达尔文的进化论未诞生之前，西方人多相信人是上帝“制造”出来的，因此，任何人都“天赋”地拥有做人的权利（天赋人权），即一个生物个体只要是由“人类妈妈”生出来的，就具备了“为人”的生物性条件。也就是说，在西方人眼中，确定一个人之所以为人的主要依据是人的生物性，一个人只要具备了为人的基本生物条件后，不论你“做”与“不做”，都是人。与此相一致，西式社会化的“落脚点”放在“人”上，再加上西方文化向来有“爱智”的传统，因此，西方人讲个体的社会化时，重点是放在探讨怎样使一个“知之甚少”、与社会未很好融会贯通的自然状态的儿童（基点或前提已是“人”）通过种种方式使其成为一个“知之甚多”、与社会有良好互动关系的社会人上。在优先育智的前提下，西方人也适当地在个体的社会化过程中兼顾育德。一句话，西方人讲的“社会化”从很大意义上说只是一个“量变”过程：个体在社会化之前已是一个拥有“天赋人权”（Natural right）的人，只不过此时的个体还缺少必要的“智”与“德”，个体在社会化之后只不过变成一个拥有更多“智”与“德”的人。既然“成人”的条件如此容易达到（只要是由“人类妈妈”生出来的即可），“做人”又如此容易，因此，“做人”问题在西方文化传统里就不构成一个重要问题。于是，西方人将目光转向“做事”，导致“做事”问题成为西方人心目中一个重要的问题，这是现代意义的科学最终在西方文化里诞生的深层原因之一。西方人的这一做事理念的实质是，高扬人的理性而轻视人的德性。这种做事理念虽使西方的现代化取得了巨大成绩，但它实际上是降低了“做人”的条件，致使现代西方社会出现诸如过度膨胀的个人主义等问题，这已引起了很多西方有识之士的反思。他们发现，尽管西方的科技和管理知识等是东方所需的，但东方的人文教育和道德理性等恰是西方所要的，若想解决现代西方现实的诸多弊病，则要到东方的传统文化中去寻求灵感与智慧。如1989年包括75位诺贝尔奖获得者在内的一批西方学者曾郑重宣告：“如果人类要在21世纪继续生存下去，避免世界性的混乱，就必须回首2500多年前孔子的道德智慧。”①

中国人在讲个体的社会化时，其基本点落在“已具人形的生物性个体”（依中国传统文化的理解，此时还不能真正称作“人”）上，再加上中国文化向有“爱德”的传统，因此中国人讲个体的社会化时，重点自然就放在探讨怎样使一个本与阿猫阿狗没有多大区别的“已具人形的生物性个体”，通过种种方式使其成为一个拥有一定社会所认可的德性的社会人上。在优先育德的前提下，如果一个人已具备了良好的道德修养、能持之以恒地继续修养道德且还有余力的话，那么此时才可以适当地考虑育智的问题。正如孔子在《论语·学而》里所说：“弟子，入则孝，出则悌，谨而信，泛爱众，而亲仁。行有余力，则以学文。”从很大意义上说，中国人讲的“社会化”是一个“质变”过程：个体在社会化之前不能称作真正意义上的“人”，而仅仅是一个已具人形的生物性个体，个体在社会化之后只有习得了必要的德性，才能真正“成人”。若仅仅是生物性的成长，则毫无意义。② 这可说是中西方人讲个体社会化时的一个最大差异。

正是这种差异的存在，两种文化下对待“人”的理解与做法也就有了很大程度的不同。如果说在西方文化里，“人”可以被视作一种自然存在，“天赋人权”的观念在西方

① 王殿卿主编．东方道德研究（第三辑）．北京：中华工商联合出版社，1999. 171.

② ［美］杜维明．人性与自我修养．胡军，于民雄译．北京：中国和平出版社，1988. 31.

文化里源远流长，那么在中国文化里，“人”就只能被视作是一种社会存在或文化存在，缺乏“天赋人权”的土壤。同时，如果说在西方文化里，“本我”、“自我”和“超我”构成人的完整自我，那么在中国文化里，“本我”只在婴幼儿和老年人的身上才有合法地位，对于青少年和成人而言，“本我”是兽性，不是人性，是必须加以彻底涤除的，否则，你就不是在做人，而是在做禽兽。因此，“做人”是中国人的头等大事，一个人在未做好“人”之前，是没有精力，也没有必要去做事的。这是中国传统文化具有伦理道德型特点的深层原因之一。这种思想至今仍有相当大的影响，这从今人对“人才”的解释里可见一斑：一方面，在当代一些学人乃至平常人的心中，“人才”是先成人（成有德之人）后成才之义，一个人若未“成人”，要“才”干什么呢？另一方面，人主要是靠自己做出来的，而不是靠天赋的，因此，中国人实际上是将人的社会性作为确定一个人是“人”的主要依据，并将裁定一个人是否在“做人”的权利交给了他人、社会和国家。因此，中国人向来深信不疑的道理是：

> 自己肯作人，便是个人；自己不肯作人，便不是个人。自己是个人，别人也把你当作人；自己不是个人，别人也把你不当作人。别人把你当作人，你便真是个人；别人把你不当作人，你便真不是个人。[（清）刘芳喆《拙翁庸语》]

这种做人理念的最大优点是：以德性的有无为尺度，将人从其他万物尤其是禽兽中突显出来，强调人的独特价值与做人的尊严。这种做人理念的明显不足有二：一是，易抹杀人的生物属性，进而不易重视和尊重一个人的基本需要和基本的做人权利（基本人权）；二是，割裂了德与才之间的辩证关系，过于优先考虑德在“成人”过程中的价值，而轻视才在“成人”过程中的价值，进而主张为学之道仅在“学为人而已，非有为也”。因此，当德与才不能兼得的时候，自然容易滋生宁要德不要才的思想与思考顺序。这种思想若发展至极致，就会产生德与才完全对立的观点，导致诸如“知识越多越反动”或“宁要社会主义的草，不要资本主义的苗”等极“左”思想的滋生，这是当代中国人应引以为戒的。

因此，若想融会中西方做人理念的长处而避免其短处，当代中国人在其社会化过程中，就要树立“做人”与“做事”并重的理念，这实际上是一种“必仁且智”的完整的做人理念，它有利于促进当代中国人人格的完善发展。

二、“社会化”的中式理论

（一）基本观点

生物性个体是怎样变成社会性个体的？对于这一问题的回答，从理论上看，西方心理学主要有四大派别：一是弗洛伊德的精神分析论；二是皮亚杰和柯尔伯格的认知发展论；三是班杜拉的社会学习理论；四是格塞尔的正常成熟论。① 而在中国文化里，中国先

① 全国十三所高等院校《社会心理学》编写组编．社会心理学．天津：南开大学出版社，1990. 56 ~ 64.

哲大都赞成以“习与性成”的性习论作为理论工具来进行解释，若细分，主要有三种观点：一是性习论；二是慎染说；三是童心失说。相对而言，性习论突出了个体心理社会化的“结果”，即“性与习成”；慎染说突出了环境在个体心理社会化中的作用；童心失说较细致地描述了个体心理社会化所经历的三个阶段。笔者已在拙著《中国传统德育心理学思想及其现代意义》（修订版）[①] 中对性习论作了论述，这里只探讨后两种观点。

1.“染不可不慎”：慎染说

何谓“染”？从心理学角度看，《正字通》的解释颇具代表性。《正字通·木部》说：“染，习俗积渐曰染。”用通俗的话说，个体所处的日常生活环境对个体品性的熏陶或潜移默化就是染。慎染，即小心熏染。慎染说，指谨慎对待环境和教化对个体品性的影响的一种观点。“近朱者赤，近墨者黑”一语，就是对这一观点的形象说明。

在中国思想史上，尽管先哲们对“人性”这一问题的看法不同，但是，大家都赞成慎染说。如以主张人心本具善端说而闻名于世的孟子在《告子上》一文中就认为环境对个体品性的形成与发展影响巨大：“富岁，子弟多赖；凶岁，子弟多暴，非天之降才尔殊也，其所以陷溺其心者然也。”朱熹在《孟子集注·告子章句上》中说：“富岁，丰年也。赖，藉也。丰年衣食饶足，故有所顾藉而为善；凶年衣食不足，故有以陷溺其心而为暴。”意思是说，物产丰富的年代，人们易获得必要的生活资料，故易养成善的品质；物产贫乏的荒年，由贫困所迫，人们往往易铤而走险。[②] 由此可见，尽管人人都具有共同的善端，但由于每个人所处的环境不同，其所形成的品性也会有所不同。因此，在个体社会化的过程中要尽可能地为个体创造一个较理想的外部环境。主张人性本具恶端说的荀子也在《荀子·劝学》中说：“蓬生麻中，不扶而直。白沙在涅，与之俱黑。兰槐之根是为芷。其渐之滫，君子不近，庶人不服，其质非不美也，所渐者然也。故君子居必择乡，游必就士，所以防邪僻而近中正也。”这段话明明白白地告诉人们，既然什么样的环境造就什么样的品性，一个有德的君子就应主动为自己选择一个好的环境。告子主张人性无善无不善说，所以，依告子的观点，某些人之所以成为善人，某些人之所以成为恶人，全是后天习染的结果，通俗地讲，一个人是为善还是为恶，全由自己的道德修养功夫所定，这表明告子实也赞成慎染说。

在诸多见解中，尤以主张人心无善无不善的墨子的观点最具代表性。《墨子·所染》说：

子墨子言见染丝者而叹，曰：“染于苍则苍，染于黄则黄，所入者变，其色亦变。五入必，而已则为五色矣。故染不可不慎也！

非独染丝然也，国亦有染。舜染于许由、伯阳，禹染于皋陶、伯益，汤染于伊尹、仲虺，武王染于太公、周公。此四王者所染当，故王天下，立为天子，功名蔽天地。举天下之仁义显人，必称此四王者。夏桀染于干辛、推哆，殷纣染于崇侯、恶来，厉王染于厉公长父、荣夷终，幽王染于傅公夷、蔡公谷。此四王者，所染不当，故国残身死，

---

① 汪凤炎．中国传统德育心理学思想及其现代意义（修订版）．上海：上海教育出版社，2007．184～190．

② 也有学者释“赖”为“懒”。“富岁，子弟多赖”，意即在丰收的年代，少年子弟多半懒惰（杨伯峻译注．孟子译注．北京：中华书局，1960．261）。不过，考虑到孔子有富而后教的思想，以及中国向有“仓廪实而知礼节，衣食足而知荣辱”的警句，我们认为朱熹的注释较为合理，所以此处采用了朱熹的观点。

为天下僇。……

非独国有染，士亦有染。其友皆好仁义，淳谨畏令，则家日益、身日安、名日荣，处官得其理矣，则段干木、禽子、傅说之徒是也。其友皆好矜奋，创作比周，则家日损、身日危、名日辱，处官失其理矣，则子西、易牙、竖刀之徒是也。①

既然个体所处环境的好坏与其品行的发展息息相关，好的环境易使人养成好的品行，而坏的环境易使人养成坏的品行，那么，个体就应善待环境和教化，以便利用好的环境和教化来塑造出良好的品行。

2. “然童心胡然而遽失也”：童心失说

这一观点由李贽提出，他在《焚书·童心说》里说：

夫童心者，真心也。若以童心为不可，是以真心为不可也。夫童心者，绝假纯真，最初一念之本心也。若失却童心，便失却真心；失却真心，便失却真人。人而非真，全不复有初矣。

童子者，人之初也；童心者，心之初也。夫心之初易可失也。然童心胡然而遽失也？盖方其始也，有闻见从耳目而入，而以为主于其内而童心失。其长也，有道理从闻见而入，而以为主于其内而童心失。其久也，道理闻见日以益多，则所知所觉日以益广，于是焉又知美名之可好也，而务欲以扬之而童心失；知不美之名之可丑也，而务欲以掩之而童心失。夫道理闻见，皆自多读书识义理而来也。古之圣人，曷尝不读书哉！然纵不读书，童心固自在也，纵多读书，亦以护此童心而使之勿失焉耳，非若学者反以多读书识义理而反障之也。……童心既障，于是发而为言语，则言语不由衷；见而为政事，则政事无根柢；著而为文辞，则文辞不能达。……

夫既以闻见道理为心矣，则所言者皆闻见道理之言，非童心自出之言也。言虽工，于我何与，岂非以假人言假言，而事假事、文假文乎？盖其人既假，则无所不假矣。由是而以假言与假人言，则假人喜；以假事与假人道，则假人喜；以假文与假人谈，则假人喜。无所不假，则无所不喜。满场是假，矮人何辩也？然则虽有天下之至文，其湮灭于假人而不尽见于后世者，又岂少哉？何也？天下之至文，未有不出于童心焉者也。

李贽首先对“童心”作了界定，认为人与生俱来的真心是童心，童心至真至善，是一个人的真我。但是，这种童心不能在每个现实的人中都得到体现。换句话说，在现实生活中，有很多人的“我”是一个假我，喜欢弄虚作假，说假话，做假事。接着，他分析现实中的人之所以不能为真人的缘由是这些人失去了童心。一个人只有保持童心，才能做一个真人；反之，一个人一旦失去童心，就变成假人。最后，他较具体地描述了童心丢失的三个过程：起初，个体自觉或不自觉地将在日常生活中看到的某些社会现象内化到自己的内心中，使自己内心本有的童心慢慢丧失，这主要是一个耳濡目染、潜移默化的过程。在此过程中，个体的感知经验受到了社会心理的影响。后来，随着年龄的增长，个体通过所见所闻获得了一些“道理”尤其是一些所谓做人的道理，并让这些“道

① （清）孙诒让撰．孙启治点校．墨子闲诂．北京：中华书局，2001. 11 ~ 19.

理”逐渐占据了个体的心灵，这又导致个体本有的童心进一步于不知不觉中丢失了，在此过程中，个体的理智受到了社会心理的影响。再后来，随着岁月的不断流逝，个体的社会阅历逐渐增多，人生经验逐年丰富，懂得去追求名利，去掩盖丑恶，因此，使个体本有的童心又进一步减少了，在此过程中，个体的价值观受到了社会心理的影响，这是最高的层次。①

李贽的童心失说虽源于孟子等人的“良知”思想，不过，李贽的反封建正统的进步思想的发展，使他突破了封建正统思想的藩篱，成为封建正统思想所不能容忍的异教徒。同时，童心失说受道、佛两家思想影响较深，其特色及创新之处在于其较具体地描述了童心失去的三个过程。用心理学的眼光看，李贽能认识到“我”里有真我与假我的区别，能较正确地剖析一个人真我丢失的历程，进而呼吁人们要保持真我以做真人，此思想至今仍有价值。在现实生活中，某些“未开化”的“野蛮人”较之“开化较好”的“文明人”的确更为诚实、可靠，更有道德修养；而一个个天真纯洁的顽童，也多半是经过社会这个大染缸的习染之后，才变成一个个老谋深算的“诸葛亮”的。所以，在很多人的心中或多或少都有这样的感慨，童年时的友谊是最纯真的。但是，李贽将人的童心视作真我，进而将真我的保持与个人的社会修养对立起来，过于强调闭目塞听以求保持童心，这样做既脱离现实，又不合时宜，这说明李贽没有找到一条切实可行的保持真我的方法。

（二）简要评价

若用现代心理学的眼光来反观中国人的社会化理论，虽然可以看出它具有不细致（太宏观）和未准确地揭示出社会化内在的心理机制等弱点，但是，它也有以下几个颇具现代价值的思想：

第一，它所持的是多因素论。在探讨影响个体社会化的因素时，中国人一般多持多因素论的观点，即看到了遗传（含成熟）、环境、教育和主体性在个体的社会化过程中所起的重要作用，显得颇为全面。

第二，重视环境在个体社会化中所起的巨大作用。综观中国人的社会化理论，其中有一个鲜明的特点是，重视环境（包括教育）在个体社会化中的重要作用，认为大多数人的心理与行为方式普遍遵循这样一个规律：什么样的环境，生成什么样的人格。能够做到“出淤泥而不染”的人毕竟是少数，因此，“荷花”才得到中国人的推崇，《爱莲说》也成为中国人喜爱的文章之一。中国人重视环境在个体社会化中所起到的重要作用的观点，用现代心理学眼光看也仍有相当大的价值。斯金纳的操作条件作用原理虽有机械之嫌，但其中所蕴含的强调人是环境的产物的观点仍有合理之处。以苏联著名心理学家维果斯基（Vygotsky，1896—1934）为代表的文化历史学派更是强调个体所处的社会文化环境是影响个体认知发展的重要因素。古今中外的发展史都告诉人们，一个人在其社会化过程中，虽可与其所处的时代保持一定的距离，但这种距离不能太大，若太超前或太滞后，都不易为时代所接受。这就是所谓“时势造英雄”的道理。

第三，推崇“少成若天性，习惯成自然”的道理。中国人在探讨个体的社会化时，

① 燕国材．明清心理思想研究．长沙：湖南人民出版社，1988. 153～154.

重视习惯在其中所起的重要作用，普遍相信“少成若天性，习惯成自然”的道理，这一观点至今看来仍是有价值的。心理学研究也表明，人的习惯是在不知不觉中形成的，一种习惯一旦养成，就会对个体的相应心理与行为产生较为稳定、持久的影响，尤其是个体在童年时期形成的习惯，会成为人的第二天性，让个体自然地按之生活。

第四，突出了双主体的作用。中国人在讲个体的社会化时，充分认识到不同环境对人格的影响不一样，因此，多数人主张，对于自主意识较弱的个体（如儿童），监护人要积极为其选择或创造一个尽可能好的外部环境以让其更好地社会化，妇孺皆知的“孟母三迁”故事讲的就是这个道理。这表明先哲在探讨个体地社会化时，未削弱监护人在其中所起的主导性作用。同时，对于已有一定自主意识的人们（如成人），又主张他们要善于为自己的人格修养选择或创造一个尽可能好的外部环境，提倡“君子居必择乡，游必就士”，这表明先哲也未削弱对作为社会化的个体的主体性（或称独立人格）的培养。换言之，在中国人讲个体的社会化的思想中已包含有双主体的思想，这一思想至今看来仍非常可贵。今天中国人在探讨个体的社会化时，也应充分发挥监护人的主导作用和作为社会化的个体的主体性作用。

三、中式“社会化”历程的主要特点

个体的社会化是一个持续终身的过程。对于个体的社会化历程，根据人的发展周期与各个发展阶段的特点，早期社会心理学教科书一般将之分为相互关联的四个阶段：基本社会化、预期社会化、发展社会化和再社会化。基本社会化指个体在童年期的社会化；预期社会化指个体在学校里进行的社会化；发展社会化指个体在成年期后的社会化；再社会化是个体在成年期后一种较为特殊的社会化形式，它是指在个体的生活环境或所担任的社会角色发生急剧的变化时，为了适应这种新的情况，个体原有的生活习惯、行为准则、价值观念等需要作出重大的调整，进行新的学习。[①] 2009 年版《辞海》将社会化分为早期社会化（儿童、青少年期）、继续社会化（中年、老年期）和再社会化。[②] 上述两种有关个体社会化历程的观点大同小异，不但基本上都脱胎于西方的社会心理学，而且从某种意义上说具有文化普世性，因为它是一种普遍性知识，而不是一种情境性知识，当然也可用来解释中国人的社会化历程。不过，在解释中国人的社会化历程时，若不考虑中国文化的特殊性，仅停留在运用这种普遍性知识来解释中国人的社会化历程上，则不可能对中国人社会化心理历程作出更深的解释，也无助于正确理解中国人的社会化历程。若是深入中国社会，综观中国人的社会化历程，就会发现如下两个显著的特点：

（一）中式社会化历程多呈现出一条 U 字型曲线

1. 西式社会化历程多是一条倒 U 字型曲线

在社会化的过程中，现代大多数西方人（典型者如美国人）的社会化历程或人生曲

---

① 全国十三所高等院校《社会心理学》编写组编．社会心理学．天津：南开大学出版社，1990. 44 ~ 45.

② 夏征农，陈至立主编．辞海（第六版缩印本）．上海：上海辞书出版社，2010. 1649.

线大多是一条倒U字型曲线[①]，此形状的表面寓意是：从个体自由度（独立性）而言，人生犹如一座高原、高山或舞台，先是往上爬坡，继而到达高原或逐渐升至峰顶或进入舞台的核心位置，在经历了人生辉煌的高峰后，自然就要往下滑坡或谢幕，直到最后离开人间，如图2－3－1所示。具体地说，西方人受基督教教义的深刻影响，最终彻底打破了血缘关系。在西方社会，许多已为人父母的人都有这样一种理念：子女并非自己的私产，而是上帝暂时让他们托管的。因此，他们教养子女的方式一般非常严格，并且，目的就是让子女尽快成为一个独立的人[②]（详见“中国人的自我观”一章）。例如，美国父母一般对婴儿规定一定的哺乳时间和睡眠时间，时间未到之前，不管婴儿怎样哭闹也要让他等待。稍后不久，每当婴儿用嘴吮指，母亲就会敲他的手指加以禁止。有些食物对身体有益，孩子就必须吃。不按规定，就要受到惩罚。[③] 同时，与中国一些父母让未成年的子女与自己同床睡在一起的习惯不同，西方人从小就训练子女独睡，让子女不要产生要常常与别人“在一起”的需要，以便培养子女的独立精神。[④] 随着孩子日益成长，家长对其管束就会逐渐放松，等到家长对一个18至20岁的孩子说“你也该自立了”之类的话时，意味着他已到达人生的第一个重要“拐点”，家长即将完成对他的监护责任，他也该搬出父母的家庭，“自己出去闯世界”了，并将由此进入他人生的“黄金时期”。在有些情形中，子女一旦与父母分手，从此就很少往来了，连婚丧大事彼此也都不闻不问。[⑤] 当子女找到能够自立的工作、有了自己的家庭后，就几乎可以不受别人的任何掣肘。这意味着，对西方人而言，青壮年期是个体自由和主动性的鼎盛期。随着年龄的增长，如果身边的人经常对他说“你已经老了”之类的话时，那就意味着他已到达人生的第二个重要“拐点”，随后就将进入老年期。在老年期内，他的精力与身体机能日益衰退，以至于他在他人（往往是中青年人）眼里已变得“越来越没有用”，最后甚至成为他人的累赘，就又要受到约束。[⑥]

当然，根据遗忘的“衰退理论”与“动机性遗忘理论”，一般而言，一个人长大后，对其在小时候受到的约束，产生负面情绪体验的概率较小，因为他往往会随着时间的流逝而忘记（个体早期所遭遇的过于强大的心理创伤除外，而这往往是小概率事件）。个体进入老年后，基本上已没有工作压力（大都已退休了），再加上有前半生积累的人生经验，对自己将可能遇到的一些约束会有一定的心理承受力，而在自己精力充沛的青壮年期，该尝试的都已尝试，该享受的也多已享受。因此，现代西方人不像中国人那样“活得累”。同时，随着西方发达国家在经济水平与管理水平等方面的不断进步，随着“以人为本”与“平等、民主、自由、公平”观念的深入人心，当代西方人对待个体的态度从总体上看多持较为尊重、平等、民主、自由的方式，且在个体的整个社会化过程

---

① 当然，也有少数西方人的人生曲线是一条浅底U字型曲线，这意味着少数西方人也有类似于一些中国人所体验到的“人生苦短”的经历。

② ［美］孙隆基．中国文化的深层结构（第二版）．桂林：广西师范大学出版社，2011.208.

③ ［美］鲁思·本尼迪克特．菊与刀　日本文化的类型．吕万和，熊达云，王智新译．北京：商务印书馆，1990.176～177.

④ ［美］孙隆基．中国文化的深层结构（第二版）．桂林：广西师范大学出版社，2011.208.

⑤ ［美］孙隆基．中国文化的深层结构（第二版）．桂林：广西师范大学出版社，2011.208.

⑥ ［美］鲁思·本尼迪克特．菊与刀　日本文化的类型．吕万和，熊达云，王智新译．北京：商务印书馆，1990.176～177.

中，这种教养方式没有太大的变化。

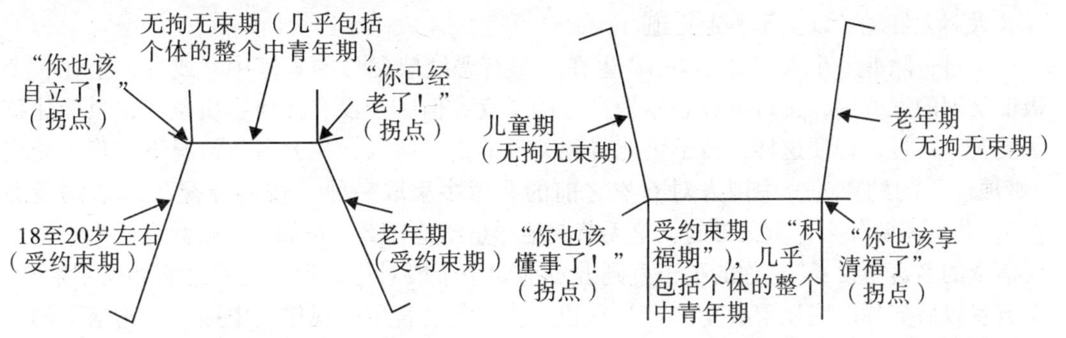

图2-3-1　大多数西方人的人生曲线示意图　　　图2-3-2　大多数中国人的人生曲线示意图

图2-3　大多数中西方人经历的人生曲线对比示意图

2. 中式社会化历程多是一条U字型曲线

与西方人不同的是，从个体的自由度看，绝大多数中国人的社会化历程或人生曲线犹如一条很大的浅底U字型曲线①（与日本人的人生曲线类似）。此形状的表面寓意是：对许多中国人而言，人生犹如一个平底深渊或“苦海”，一般是先拥有一个幸福的童年（因为中国人多信奉并身体力行“爱幼”的做人法则，在当代中国许多家庭更是有儿童“宠物化”或“宝贝化”的趋势），然后是从“快乐的童年”逐渐往下滑，继而陷入困难重重的深渊或“苦海”，在经历了无数次人生奋斗或挣扎后，终于可以远离这个深渊或“苦海”，不过，此时个体岁数往往已在60岁以上了，至少在生理年龄上已经老了，② 如图2-3-2所示。换言之，大多数中国人的社会化历程有一个鲜明特点：两头较舒服，中间颇艰辛。具体地说：

（1）多数中国人都有一个快乐的童年。

在中国社会，尽管在教化方式与方法上，中国人多采取“以服从与限制为纲的教化方法”③，不过，从整体上看，中国人对待个体的方式随个体年龄的变化而变化，这种教化方法在中国有两个年龄上的“分水岭”：一个“分水岭”在6岁前后；另一个“分水岭”在60岁前后，从而将完整的人生分为三个阶段：快乐的童年、艰辛的青壮年与幸福的晚年。这从中国人常说的“尊老爱幼”一语里就可见一斑。这表明自古至今，中国人一般都允许年幼儿童和老人有最大的自由与任性。直到现在，“尊老爱幼”仍为多数中国人所信奉。对于婴儿而言，这种限制主要体现在“蜡烛包”上：婴儿在医院里或家里出生后，接生人员不仅要用“蜡烛包”将婴儿包起来，而且要在外面用带子捆好。从身心健康角度看，“蜡烛包”显然是既会影响婴儿身体的发育，也会影响婴儿心理的发展的。因为婴儿的自然姿势是：手成W型，脚成M型。一旦包成笔直的形状，他们在哭时，手脚没有自由，便会在里面挣扎，可是，身体又被“蜡烛包”限制了，没有足够的

---

① 当然，也有少数中国人的人生曲线是一条倒U字型的曲线，这意味着少数中国人也有人生辉煌的高峰。

② ［美］鲁思·本尼迪克特．菊与刀　日本文化的类型．吕万和，熊达云，王智新译．北京：商务印书馆，1990. 176.

③ 杨中芳．如何理解中国人　文化与个人论文集．台北：远流出版事业股份有限公司，2001. 379～381.

肺活量，哭就受到了限制。但是，从文化心理学的角度看，“蜡烛包”反映了中国传统文化力图培养儿童守规矩、会顺从的价值观念。中国的父母多相信捆绑四肢可以防止婴儿长大后太好动，以至于不走正道。

不过，除非一个人“命不好”，生在一个有恶魔般父母的家庭中，或者，生在一个极度贫困的家庭中，父母虽有心厚爱自己的子女，但苦于没有任何物质条件，只能让孩子受苦，不过，即便这样，孩子仍能得到父母的爱。所以，在大多数情况下，除了受到“蜡烛包”的约束外，中国人对6岁之前的儿童多采取一种“按需分配”的“溺爱态度”，儿童需要什么，做父母的就毫无节制地尽量给他什么。正如新疆哈萨克族人教育后代信奉的名言所说：“把你的孩子直到五岁前如皇帝般对待，到十五岁之前如扶犁般教，十五岁以后如你同胞兄弟般爱护。”[①] 这里，前一句名言可以视作是中国人普遍信奉的教育法则。因为在许多中国父母或成人看来，婴幼儿还不能“明白事理”，所以小孩对自己做错的事不应负责，也不能要求他们满足成年人的期望。同时，对婴幼儿进行训练，不能指望有多少进展，婴幼儿往往被成人视作是一种还需要加以很好照顾的、被动而又有依赖性的小动物，他们的需要应毫不迟疑、不受阻碍地得到满足。母亲好像天生就注定要对孩子的肉体的舒适与安全负责，要保证喂养好他们，让他们穿好穿暖，并且保护他们免遭危险。若母亲要暂时离开婴幼儿一段时间，一般都需要找另外一个人照看他们。所以，孩子们在年龄很小时，受到母亲和其他家人多方面的爱抚与照顾，他们的睡觉时间也没有什么严格的规定，婴儿或幼儿的生物学上的诸种功能不受什么僵硬刻板的时间表的约束，他们想吃就吃，想睡就睡，这一切都不必遵循严格的钟点之限。人们很少或根本不重视对婴儿进行独立性训练。总之，婴儿期和幼儿期可以看作是中国人对孩子最为放纵、最为溺爱的阶段，相应地，许多中国人一旦想起自己的童年时光，往往多是美好的回忆。[②] 因此，有人断言，中国文化中存在这样一种倾向：认为儿童时期是人生的一个“黄金时期”。调查发现被访的中国成年人中约65%的人认为孩提时代比成年时期更为幸福，15%到20%的人认为成年期比儿童期幸福，剩下的人没有明确作答。与此相反，美国人更多地把成年期看作人生最为幸福的时期。一些研究者在1983年进行了一项研究，这项研究是在香港进行的，它要求被调查者按照从年幼到年长的顺序，对不同时期出现的令人愉快的事件（如快乐、精力旺盛、成就等）的多少进行评分，结果发现，从年幼到年长，其评分出现了总体上下降的趋势，特别是30至39岁之后，这种下降特别明显。[③]

这里需指出四点：一是，在中国，虽然父母对婴儿和幼儿一般都很宽容，有时甚至溺爱。不过，婴幼儿这种人间天堂式的生活方式并不会持续太长时间，对年龄较大些的孩子，中国父母倾向于进行严厉的管教。尽管研究者普遍同意父母对大、小孩子的态度有鲜明的差异，但对这种态度发生变化的突然性以及父母在孩子多大时发生这种态度的改变还存在争论。有人指出：两岁以下的孩子是家庭中唯一不受约束的成员，对孩子冲动行为的约束开始于两岁甚至两岁以前，到了这个年龄，父母就期望他们的表现应该像

① 萨吾列·赛力禾加. 人品是哈萨克人民子女教育的基础. “和谐社会与少数民族青少年道德教育——第五次中国道德教育学术论坛”会议论文，2007. 1.

② ［英］迈克·彭等. 中国人的心理. 邹海燕等译. 北京：新华出版社，1990. 2~3，6~7.

③ ［英］迈克·彭等. 中国人的心理. 邹海燕等译. 北京：新华出版社，1990. 2~3，6~7.

个“小大人”。所以，孩子到了两岁或两岁前后，当他第一次听到“别这样”时，就是他受教育的开端。也有人认为，按照传统，孩子们在其“婴儿时代”一般受到高度的注意和很好的关怀，以保证在任何时候其安全都不会受到威胁。这是一个非常自由而受到溺爱的阶段，尤其是在生命的头两年，孩子们不会受到任何系统的训练和约束；只是到了“婴儿时代”的后期，才开始受到一定的教育和约束，而且即使受到教育和约束，也是非常温和的；只有到了“幼年时代”（4～15、16 岁），当孩子们第一次听到家长说“你也该懂（点）事了”或“你以为你还是小毛娃”之类的话语时，意味着孩子已到达人生的第一个重要“拐点”，随即将进入漫长的“受约束期”。而在对 20 对中国人的祖父和父亲的访问结果中发现，做父亲的认为孩子“能懂事”的年龄（平均为 3.5 岁），大大低于祖父认定的年龄（平均为 6.5 岁）。这一结果暗示着，年轻的父母变得更加能意识到幼儿潜在的学习能力，这与父母懂得的心理学知识越多越能发现孩子的潜能这样一种观点是一致的。然而，在两代之间，关于什么年龄“能懂事”上存在的差异比什么时候该进行管教（威胁、责备、羞辱和体罚等）上存在的差异要大得多。① 二是，在中国，尽管母亲和孩子们的关系非常密切，但这当中母亲对孩子们身体上的关怀与保护往往超过了对他们情感需求的关心。一些研究者报告说，在所调查的六个文化群体中，中国人同来自其他文化群体中的人相比，在“母亲大部分时间是最接近孩子的”这一问题上得分最高，但在“是否让孩子感受到爱”和“父母亲通常是否应对孩子的需要表现得非常敏感”这两个问题上得分则较低。因此，宽容、溺爱和肉体上的亲近并不等于关心孩子的所有需要，也不等于对孩子的情感的外部表达有很高的敏感性。② 三是，在中国，尽管婴儿以及年幼儿童的那些生理性的口腹之欲一般都能够毫不拖延地得到满足，但中国的父母极为重视对孩子的冲动行为的控制。孩子的探索性行为、冒险行为或危险的活动通常都是要受到阻止的。跟其他方面相比，对个性的训练和对攻击性行为的控制尤为严格，并绝对禁止对别人进行人身攻击。中国儿童几乎很少表现出对别人进行身体攻击的倾向，特别是对权威性人物，直接的攻击性行为几乎没有。四是，中国父母教养儿童的方式主要有三：①打骂儿童。对于一些粗暴或自身受教育较少的父母而言，当儿童出现不良行为时，打骂是他们常用的方法。常见的打儿童的方式有：用手直接打在儿童的头上或屁股上、用去叶之后的干竹枝或用扫帚柄打。骂儿童则常用讽刺、挖苦、嘲笑、诅咒等语言。③ ②教育儿童。开明的中国父母或受过良好教育的中国父母，他们常用规劝、说理等方法教育儿童。④ ③将“取消父母的爱”（不给予爱抚）和团体的羞辱作为对儿童不良行为的惩罚，这样做的结果是：一方面，让中国儿童更易养成自律行为；另一方面，造成中国儿童对爱的丧失和被团体抛弃的高度焦虑、恐惧。⑤

（2）多数中国人有一个艰辛的青壮年。

根据德国的哈克教授提出的幼小衔接断层理论，处于幼儿园和小学衔接阶段的儿童通常存在六个断层问题：①人际关系的断层。孩子进入小学后，必须离开曾扮演“第二

---

① ［英］迈克·彭等. 中国人的心理. 邹海燕等译. 北京：新华出版社，1990. 4～5.
② ［英］迈克·彭等. 中国人的心理. 邹海燕等译. 北京：新华出版社，1990. 2～19，190.
③ ［英］迈克·彭等. 中国人的心理. 邹海燕等译. 北京：新华出版社，1990. 9
④ ［英］迈克·彭等. 中国人的心理. 邹海燕等译. 北京：新华出版社，1990. 11.
⑤ ［英］迈克·彭等. 中国人的心理. 邹海燕等译. 北京：新华出版社，1990. 11.

个母亲”角色的幼儿园教师，去面对对他要求严格、学习期望高的小学教师，这让孩子产生压力。②学习方式的断层。幼儿园自由游戏、探索学习和发现学习的方式与小学正规的学科学习方式有较大差异。③行为规范的断层。通常在幼儿园被认为是理所当然的个人要求，在小学往往不被重视。孩子进入小学后必须逐渐学会接受理性和规则的约束。④社会结构的断层。孩子进入小学后需要重新建立新的人际关系，结交新的同学，寻找自己在班级中的位置并为班级所接受。⑤期望水平的断层。进入小学后，家长和教师都会对孩子提出更高的要求。⑥学习环境的断层。从幼儿园自由、活泼、自发的学习环境，转换为学科学习、有作业、受教师支配的学习环境。[①] 这六个断层问题的存在，本就使刚进入小学的个体易产生适应性问题，但许多中国的家长与小学教师并不了解这六个断层的存在，也不采取“将心比心”的方式对刚进入小学的个体进行同情式理解，而是突然对他们提出严格的要求。因此，儿童一进入小学，就标志着他们进入了一个新的生命阶段，即进入了受约束期。[②] 自此之后，中国人才感受到生活中的真正约束，他们会发现父母与教师对他们的态度发生了很大的变化：一般而言，为了培养子女或学生的自制能力或老成稳重的秉性，自他们6岁以后，中国的家长与老师总是想方设法限制他们的活动，诸如“不许动”、“别乱动，以免打坏了东西”与儒家有名的“四勿”之教之类的话，时时在他们耳中响起。对于年龄较大些的儿童，中国的家长与老师一般管教得非常严格，甚至是强加给他们一些严厉的约束，并且这些约束性要求一般出现得非常唐突，往往没有任何仪式性的表示，而且迅速增加。一些儿童对这种态度的巨大改变常常感到不知所措，甚至无所适从。[③] 并且，中国的孩子一旦进入这个受约束期，这个受约束期通常会一直贯穿个体的整个青壮年期。因此，在中国文化背景下，要开发儿童、青少年乃至成人的潜能，从很大的程度上讲，就是要去枷锁。去掉一层枷锁，中国人的潜能就能发挥一层；枷锁去得干干净净，中国人的潜能也就得到最大程度的发展。同时，不管家长和老师对待子女或学生的这种管教态度的改变是逐渐的还是突然的，也不管是在孩子什么年龄时发生改变，当孩子长大时，这种态度的剧烈改变是确实存在的。这种改变起因于文化期望中的一个基本矛盾，即孩子生活的早年，正是期望父母（尤其是母亲）来满足他们需要的时候，而从那时起，孩子就被教育要服从父母，准备在成年之后尽社会义务，尤其是孝敬长辈的义务。

在受约束期，中国人除了运用“以服从与限制为纲的教化方法”教化儿童外，常用的社会教化方法还有四种：①主张实践为先的教化路径，主张“做中学”；②注重“耻”感的培养；③法情并重的教化手段；④多元化的教化代理。[④] 在这四种方法中，“主张实践为先的教化路径，主张做中学”一点就明，不再多讲；“注重‘耻’感的培养”，这是就社会比较的评价方式而言的，换一种方式说，就是注重脸面的心理，所以，将它留在“中国人的脸面观”一章里作细致论述。这里只简要探讨余下的两种方法：一是法情并重的教化手段。在典型的中国式家庭教育中，一般是父亲扮演“法”的角色，母亲扮演

① Mathur. S. （2001）. Social and academic school adjustment during early elementary school. *Dissertation Abstracts International*: Section B: The Sciences and Engineering. 62 （6 – B）, p. 2975.

② ［英］迈克·彭等. 中国人的心理. 邹海燕等译. 北京：新华出版社，1990. 2.

③ ［英］迈克·彭等. 中国人的心理. 邹海燕等译. 北京：新华出版社，1990. 2.

④ 杨中芳. 如何理解中国人　文化与个人论文集. 台北：远流出版事业股份有限公司，2001. 379 ~ 381.

"情"的角色。这样做既让子女体会到家庭的温暖，又让子女能有所顾忌，久而久之，就会养成一些社会认可的行为方式。当然，父母在这样做时切忌同时登场，也忌讳父母意见不一致，否则子女就会无所适从，不知听哪一个的好。最好的方式是，父母事先商量好，然后一先一后地"登场"，这样往往能收到理想效果。在中国，"家"与"国"是异质同构的，因此，家庭教育的方式也被泛化用于社会教化中。在社会教化中，教育者既可以一人同时扮演"法"与"情"两个角色，也可以将"法"与"情"的角色分给不同的人扮演，但无论怎样做，教化都只有做到合理（法）合情，才能收到最大的效果。二是多元化的教化代理。中国人相信，学无常师，"三人行，必有我师"。这样，个体在成长的过程中，不但要接受来自父母、老师、长辈、上级的教导，还要接受朋友、邻居乃至与自己交往的每一个人的教导，显示出多元化的教化代理。另外，顺便指出，要想准确了解中国社会教化的内容和方法乃至下文即将讲的中国人自我修养的内容与方法，除了要参阅下文所讲的"中式'社会化'的内容"外，还要参阅"中国人的自我观"一章里的内容，这里不多讲了。

在受约束期，除了要接受社会教化外，中国人还提倡个体尤其是已成年的个体要加强自我修养，所以，中国文化一贯要求"自我"要"以意识到他人的存在为前提"，然后将"真诚的自发性与道德的责任感融为一体"①，在此基础上，通过实践来转化及纯化个人的认知及意志。杜维明称这个过程为"体知"的过程。一个人在这个修养过程的一开始，"自我"犹如"个己"。虚心学习和彻底实践对社会而言是"合理合宜"的礼制的"修己"功夫，先建立行为，然后，经过克制和内省等"克己"功夫，逐渐发现这些行为的内在价值，从而产生想要实践这些行为的意志。这种由行到知，再由知生意的"自我"发展过程，恰与西方理论偏重由知到意、由意生行的过程是截然不同的。中国人"自我"的发展就是提高修养功夫的功力，也就是"自我"内化社会规范的程度。同时，也是"自我"的界限逐渐地由"个己"超越转化成包括许多其他人的非个体性的"自我"。视个人道德修养的高低，"自我"的界限也有所不同。这个修养过程是漫长的、艰辛的，也是永无止境的。② 所以，中国文化里对"自我"的构想是相当具有流动性（dynamic）的，它是一个不断向上发展的过程。这一点 Sampson（1985）也认为是与西方人对"自我"比较注重稳定性（stability）及均衡性（equilibrium）的构想是相当不同的。③

再加上生产力发展水平不高等原因，中国自古至今都未建立起完善的社会保障制度，结果，"养小与养老"等工作都必须主要由家庭、家族承担。因此，古往今来，大多数中国青壮年都或多或少地体验过"身如三明治"的感觉，因为这一年龄阶段的中国人往往"上"受年迈且经济条件欠佳的父母的约束（详见"中国人的孝道心理观"一章），"中"受自己工作负担的约束，"下"受年幼子女的牵制，不得不四处打拼，努力奋斗，以便兼顾家庭与事业。所以，这一阶段的多数中国人尤其是责任心强的中国人一般很少能够想到去"享福"，即便想到去"享福"，也多没有条件能够真正做到。相反，这一阶段的多数中国人更多的是在想如何更有效地"积福"，以便等自己到年老时能够"享清

---

① ［美］杜维明．人性与自我修养．胡军，于民雄译．北京：中国和平出版社，1988. 20.

② ［美］杜维明．人性与自我修养．胡军，于民雄译．北京：中国和平出版社，1988. 20～21.

③ 杨中芳．试论中国人的"自己"：理论与研究方向．载杨中芳，高尚仁主编．中国人·中国心——人格及社会篇．台北：远流出版事业股份有限公司，1991. 103～104.

福”。结果，在人生历程中，绝大多数中国人在精力与体力相对强壮的青壮年期受到的约束往往是最大的。

（3）少数中国老人拥有一个享清福的幸福晚年。

随着个体年龄的增长，等到身边的人（如子女和老伴等）一再对你说“你也该享享清福了”之类的话时，意味着你已到达人生的第二个重要“拐点”，即将或已经进入老年期。个体进入老年（一般是60岁以上）后，几乎又可以像幼儿那样不为羞耻与名誉所烦恼。①“清福”中的“清”字有“单纯的”之义，“享清福”的字面含义是：只管享福，不必劳心或在意其他事情。这意味着，在人生历程中，年老时的中国人受到的约束相对而言也是很小的。不过，这种享清福的幸福晚年并不是每一个中国老人都能经历的，事实上，一般只有少数中国老人才能“幸运”地“享清福”。这是因为，它至少受到六个方面因素的制约：①自己是否生活在一个国泰民安的社会时期？②子女（若是三世同堂还包括孙子辈）是否孝顺父母或其他长辈？子女是否有能力孝顺父母或其他长辈？③自己或子女是否拥有相对殷实的物质条件？④自己是否拥有较健康的身体？⑤自己是否拥有较健康的心境？⑥社会保障制度是否完善？……如果一个老人对这些问题的回答都是肯定或多半是肯定的，那么，他拥有一个享清福的幸福晚年的概率就会很大；反之，假若对这些问题的回答都是否定或多半是否定的，那么，他拥有一个享清福的幸福晚年的概率就会很小。从这个意义上说，中国古代社会能够真正“享清福”的老人是很少的，毕竟古代社会处于国泰民安的时期相对较少，古代中国的社会保障制度也不健全，再加上古人能够长寿尤其是活到70岁以上的概率较小（从“七十古来稀”一语可以看出，古代中国人能够活到70岁的人相对较少）。同时，个体到了老年期后，虽然可以“无拘无束”（在不违背道德与法律的前提下），可是，由于身心机能都已处于衰退状态，一些老人已基本上无良好的精力和心情来好好享受人生了。正所谓“夕阳无限好，只是近黄昏”。因而，“人生苦短”或“生活太累”就成为许多中国人心中挥之不去的阴影，主旨在讲“超越人生苦短境况”的佛教才能深入许多中国人心中。新中国成立后，生活在国泰民安的新社会的老人，随着国家各项事业的不断进步，能够享清福的老人才越来越多。

3. 小结

综上所论，若用一个文学作品中的人物形象的成长历程来表达中国人社会化的进程，那么，《西游记》中孙悟空的成长历程是最有代表性的：童年的孙悟空处于无律阶段（不可称作“本我”阶段，因此时的孙悟空并无“性冲动”，详见“中国人的迷信心理与对策”一章），在花果山快乐地成长，过着混沌（无目的）、自由自在、无拘无束的生活，玉皇大帝、如来佛、阎王等都对孙悟空不加限制。结果，孙悟空越玩越野，终于大闹天宫，惹怒了玉皇大帝与如来佛，招来被压五指山的惩罚。这一事件标志着孙悟空成长历程中幸福童年期的结束，从此进入他律自我的成长阶段。这个他律“物化”为戴在孙悟空头上的“紧箍”，因它要靠咒语才能发挥效力，所以一般叫“紧箍咒”；这个他律还“人化”为唐僧，泛化为“观音”与其他诸路神仙（像如来佛、玉皇大帝和太上老君

---

① ［美］鲁思·本尼迪克特．菊与刀　日本文化的类型．吕万和，熊达云，王智新译．北京：商务印书馆，1990. 176.

等)，从而体现出上文所讲的“多元化的教化代理”的特色。所以，唐僧与观音等都要担负监督者的职责，时时教导与监督孙悟空的言行举止。自此之后，孙悟空在唐僧与观音等的教导与监督下，历经“九九八十一难”，克服重重诱惑（最具象征意义的是要过“美人关”)、战胜重重困难（包括帮助他人渡过难关和自己渡过难关)、消除诸多误解(如孙悟空“三打白骨精”，唐僧却误认为这是孙悟空在滥杀无辜，并由此而惩罚孙悟空)，最终不但帮助唐僧顺利到达西天并取得真经，而且孙悟空由此习得了诸种美德与能力：通过克服重重诱惑，培育出了节制的美德，掌握了节制贪欲的诸种有效方法；通过帮助他人渡过难关，既培育出了博爱的美德，又提高了自己解决难题的能力；通过无数次地战胜自己所面临的难关，既磨炼了自己的意志力，同样也提高了自己解决难题的能力；通过化解一些误会，既培育出了自己的包容心、理智心与正义心，又提高了自己与人沟通的能力和妥善表达自己、展现自己的能力……结果，孙悟空最终赢得“斗战胜佛”的称号。这标志着孙悟空在人格成长的道路上正式步入自律自我（请注意，不是“超我”，因为超我是在自我之上的“我”）的人生阶段。步入自律自我阶段之后，因一切言行举止都能做到“从心所欲，不逾矩”，所以，孙悟空头上的“紧箍”已是多余之物，必然会自动消失。并且，一旦进入自律自我阶段，孙悟空就进入了“佛”的行列，从此便过上了自律且无拘无束的快乐生活。

（二）对未走上社会的个体与已走上社会的个体有不同社会化要求

在社会化的要求上，现代西方人一般的做法是：现实社会需要一个合格的公民应具备怎样的素质，就在个体的社会化过程中自始至终着重培育这些素质。与此不同的是，对中国人而言，做人是一个持续终身的过程，所谓“活到老，学到老”。综观古代中国人的做人历程，发现其中有一个值得深思的现象：从理想上讲，受儒家尚德文化的深刻影响，中国文化要求一个人最低限度要做个道德的人，中间状态是做个君子，最高目标则是实现“内圣外王”的理想人格，做一个圣人；从现实上看，迫于生存的需要或是为了更好地适应生活的需要，中国文化又要求一个人要做一个成熟人。李庆善也曾看到这一现象，他在论及中国人的社会化历程时，将其分为“立志做个正直人”与“实际做个圆滑人”两个层面。[①] 李先生的这一见解颇有独到之处，但似乎也有以下三点值得进一步完善：①“实际做个圆滑人”的提法带有贬义，显得有些不妥，改为“实际做个成熟人”似乎更妥当；②“立志”与“现实”不是一对配对的范畴，改为“理想”与“现实”的提法好像更准确；③“正直”一词不如“道德”一词更具概括性。基于这三点思考，本章将中国人的做人历程分为理想与现实两个层次。

1. 理想：最低限度是做个道德的人，最高目标是做个圣人

中西文化就其源流讲，小异而大同。正如梁漱溟在《中国文化要义》第六章“以道德代宗教”里所说，“人类文化都是以宗教开端”。西方文化始于希腊的神话、希伯莱的犹太基督教传统；印度文化始于婆罗门教（Brahmanism)，四吠陀经典多是对神的颂歌，且在其形成阶段似乎未对宗教进行过反思与批判，导致在西方文化乃至西方人的生活中，宗教一直占据重要地位；中国文化同样是起源于中国远古时期的原始宗教。不过，在殷

---

① 李庆善．中国人新论　从民谚看民心．北京：中国社会科学出版社，1996. 121～133.

周之际，中国文化发生了一次大变革，“周人制度之大异于商者，一曰立子立嫡之制，由是而生宗法及丧服之制，并由是而有封建子弟之制，君天子、臣诸侯之制。二曰庙数之制。三曰同姓不婚之制。此数者，皆周之所以纲纪天下。其旨则在纳上下于道德，而合天子、诸侯、卿、大夫、士、庶民以成一道德之团体……故知周之制度之典礼，实皆为道德而设……周之制度典礼，乃道德之器械，而‘尊尊’、‘亲亲’、‘贤贤’、‘男女有别’四者之结体也”①。这次大变革形成了中国文化的特质：用道德取代宗教，使中国文化逐渐摆脱传统宗教，开创人文精神。如果说，周代的变革为道德设立礼乐制度，那么之后孔子创立的儒学则力图通过将礼乐文化根植于人心的途径来克服异化，老子创立的道学则力图通过将礼乐文化泯灭于人心的途径来克服异化，进一步为道德探寻深层根源，铸成了用道德取代宗教的文化特质。因此，中国的人文精神与西方的人文精神大异其趣：前者是内在的，其根据是人的内在品性，认为人的内在品性本身是最优秀的。后者是外在的，其根据是外在的上帝，主张人之所以卓越，是因为世间只有人才能够获得上帝的旨意。张之洞在《劝学篇下》里说得好：“中学为内学，西学为外学。”②

在这两种不同的人文精神的影响下，中西方文化对人的价值来源持有的看法存有显著的差别：与西方文化将上帝视作是人的价值的主要源头的思想截然不同，以儒家文化为主体的中国传统文化至少自周代开始就主张将人性（或称人心，不过，此处讲的人性主要指人的德性，相应地，人心主要是指人的善心）看作是人的价值的主要来源，因而先哲（如孔子和孟子等人）非常重视一个人的内在道德人格的养成，并将知行是否统一看作是关系到做人的根本态度问题，他们孜孜以求的理想之一就是在知行统一的前提下去践履某种德性。于是，做个道德的人几乎就成为每个中国人努力追求的最低限度的理想做人目标。在此基础上，按中国传统文化的解释，一个人如果能将做个道德的人做到极致，实就是“内圣外王”的圣人。这种想做个道德的人直至想做圣人的心态可说是中国人的一种集体潜意识。这从上文探讨人禽之别时引述的言论就可见一斑。综览中国传统文化对做个道德人的心态与行为的要求，一个标准的道德的人就是孔子等人所力倡的“君子”，做君子做到完美无缺的程度就是圣人，因此，圣人一定是君子，但君子不一定是圣人。何谓圣人与君子？《庄子·天下》说：

以天为宗，以德为本，以道为门，兆于变化，谓之圣人。以仁为恩，以义为理，以礼为行，以乐为和，熏然慈仁，谓之君子。③

这告诉人们，能以天然为宗主，以德为根本，以道为门径，洞察变化的征兆的人，称之为圣人。能以仁来施行恩惠，以义来建立条理，以礼来规范行动，以乐来调和性情，表现温和仁慈的人，称之为君子。④ 可见，《庄子》虽属道家著作，但它对圣人与君子的界定还是颇合儒家的宗旨的。

---

① 王国维．王国维全集．杭州：浙江出版社，2009. 302～318.

② 国际儒学联合会学术委员会编．儒学与道德建设．北京：首都师范大学出版社，1999. 476～478.

③ 陈鼓应．庄子今注今译（第二版）．北京：中华书局，2009. 908.

④ 陈鼓应．庄子今注今译（第二版）．北京：中华书局，2009. 914～915.

据《论语·述而》记载，孔子曾说：

圣人，吾不得而见之矣；得见君子者，斯可矣。[1]
文，莫吾犹人也。躬行君子，则吾未之有得。[2]
若圣与仁，则吾岂敢？抑为之不厌，诲人不倦，则可谓云尔已矣。[3]

这表明，孔子虽推崇圣人，但又深知圣人难做，因此，在现实生活中，一个人若能够做成君子，也是值得称道的。受孔子思想的深刻影响，自此之后，对于“做一个什么样的人”这个问题，中国历史上不同的流派虽有不同的说法，但毫无疑问，以孔子为代表的儒家所力倡的“君子”式的做人类型一向是多数中国人所追求的、所渴望达到的。正如扬雄在《法言·学行》里所说：“学者，所以修性也。……学者，所以求为君子也。”在儒家孔子看来，与君子相对的，就是“小人”式的做人类型，此种做人方式一向为中国人所不齿（虽然现实生活中不乏小人，甚至可能是小人多而君子少）。那么，如何判定一个人是“君子”或“小人”？关于这个问题，在下文“中国人的人格心理观”一章里已有详论，限于篇幅，这里不多讲。

2. 现实：做个成熟人

“海市蜃楼”虽漂亮，但那是幻境，人毕竟是生活在现实中的，不能只靠理想生活。现实生活中流行着一句妇孺皆知的口头禅：“马善被人骑，人善被人欺。”更何况，现实生活中实话实说式的诚实做人方式只在极少数情况下被人认同。例如，当你还处于儿童期时，鉴于人们对“童心无欺”赋予同情式的谅解，你的实话实说或许只会被人一笑了之；或者，你已在社会上占据了一定的地位，有了足够的面子，这时，你的实话实说或许会被人予以正面的肯定。但在多数情况下，一个“心中怎样想，嘴上就怎样说”的大老实人，除了被人赋予憨厚可爱的评价外，更多的是受到“说话没分寸”或“办事不老练”之类话语的批评。换言之，在现实社会中，仅以有道德的做人标准来指导自己处世，常常难以行得通，而“做个成熟人”才为中国传统文化所承认。那么，什么是成熟人呢？在中国传统文化看来，一个标准的成熟人至少应具备两方面的素质：较强的处事能力与较高的待人技巧。谚语说：“好舵手能使八面风的船”、“出门看天气，说话看脸色”、“量体裁衣”、“到什么山头唱什么歌”、“大人有大量”和“宰相肚里好撑船”，等等，都是对成熟人才能的肯定。可见，在中国，除了年幼儿童、不懂人情世故的成人、弱智者与极少数品德高尚的人之外，多数人都戴着一副面具生活，从而造成实际上的面具人格。[4] 这从古代多数人都是外儒内道、外儒内法、外道内儒、外道内佛、外佛内道、外佛内儒、外儒内既道且佛、外道内既儒且佛或外佛内既儒且道的事实就可见一斑。这“内方外圆”式的做人风格，一方面说明中国人具有善于忍耐、处事灵活、肚量宽大和具有较强适应环境的能力等特点，另一方面表明多数中国人没有坚定的“唯一”信仰（即若信 A，则凡非 A 的都排斥），从一定意义上讲，这在历史上纵容了封建专制思想的

---

① 杨伯峻译注．论语译注（第二版）．北京：中华书局，1980. 73.
② 杨伯峻译注．论语译注（第二版）．北京：中华书局，1980. 76.
③ 杨伯峻译注．论语译注（第二版）．北京：中华书局，1980. 76.
④ 这里不用“虚假人格”一词，是因为该词带有贬义色彩，而古人之所以要戴面具生活，并不总是因为坏事。

盛行。

3. 理想与现实的脱节："做人难"成为中国人挥之不去的阴影

从个体社会化历程看，在未真正进入社会之前，中国传统文化按理想的目标来塑造人，要求一个人至少要做道德人，最高目标是做圣人。在真正走入现实社会后，中国传统文化又以现实的指标来评价人，要求一个人要做成熟人，从而将一个人的社会化历程分为明显的两截（如图2-4所示），且前后两截中的做人要求差别较大，甚至有相反之处：前者着重品德的维度，后者着重才能的维度，不像西方那样个体的社会化历程是一个连续的过程。这无疑增加了中国人做人的难度：一方面，由于前阶段对成熟人所需才能的培养缺失，极易造成刚走上社会的人们对于做成熟人的力不从心；另一方面，他们早年从家庭和学校里习得的很多东西，需经一番"扬弃"后，才可用于社会，若直接照搬至社会，非碰个头破血流不可，这就容易让许多中国人在社会化过程中产生矛盾甚至无所适从心理。现实生活中也的确如此，很多老成稳重的中老年人往往用"嘴上没毛，办事不牢"来形容一些刚走出家门或校门而步入社会的年轻人，这些年轻人虽多有一股"初生牛犊不怕虎"的闯劲，但往往在工作与生活中四处碰壁，在无数次"学个乖"中才慢慢成熟起来。

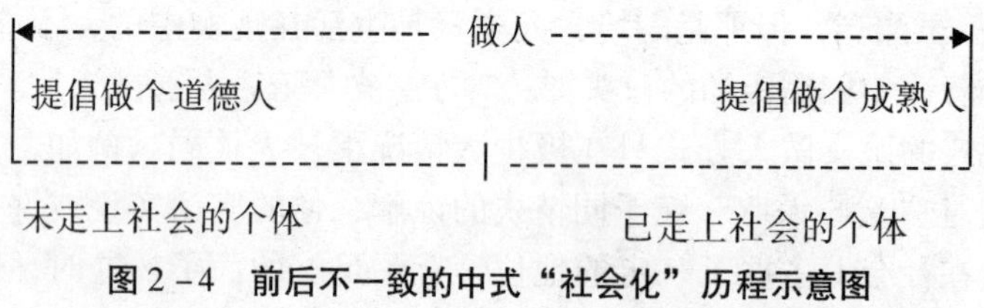

图2-4　前后不一致的中式"社会化"历程示意图

同时，对绝大多数中国人而言，"成熟"二字难以把握。做个成熟人，意味着自己要善于把握为人处世之道，要懂得人情世故，"太过"容易让人觉得你"圆滑"，容易受到诸如"见风使舵"、"墙上一棵草，风吹两面倒"、"两面三刀"和"见人说人话，见鬼说鬼话"之类言论的指责；"不及"又让人觉得你幼稚、太嫩。于是乎，一些谚语如"心直口快，招人责怪"就告诫人们，做事要老练些；"恰到好处"（坚守中庸之道）是一种做人的"艺术"，只有这时，你才能感觉游刃有余、八面玲珑。不过，这种做人境界不是每个人都能做到的，真正智商高的人毕竟是少数。例如，"指点"与"指指点点"作比较，后者只多了两个字，但前者多褒义，后者多贬义。这样，当你好心帮助某个新手时，若分寸掌握得当，自然容易赢得对方的感激之情，但是，若热情过度，又极易招来对方的反感。在这种情境下，一个新手常会在心中暗自说道："我需要您的指点，但不需要您指指点点！"正由于做人的分寸难把握，孔子才说："中庸之为德也，其至矣乎！"把中庸之道作为最高的道德标准。何谓"中庸"？据朱熹集注："中者，不偏不倚、无过不及之名。庸，平常也。"可见，中庸之道是要求个人言行等必须保持适中，不宜太过与不及。但自汉武帝采取"罢黜百家，独尊儒术"的政策之后，儒学在中国传统文化里一直处于独尊地位，儒学推崇的做人方式也自然受到后人的推崇。迫于儒学文化的巨大压力，虽然许多中国人身上不具备这种做人的"艺术细胞"，但他们又都试图按儒学的做人方式去"做人"，这就使许多人有勉为其难的感觉。

"中国人多有一个艰辛的青壮年"、"将个体社会化历程分为明显的两截，且在前后两截中对做人的要求相差较大"、"对绝大多数中国人而言，'成熟'二字难以把握"，再加上后文里论及的"中国人喜含蓄与好兜圈子，增加了人与人之间沟通的难度"（详见"中国人的自我观"）、"中国人重人情，导致人情压力难化解"（详见"中国人的人情观"）、"中国人讲面子，而面子既难看透，又不易把握"（详见"中国人的脸面观"），以及"一些中国人喜欢用厚黑学来待人，诱人上当，人们为识别这类勾当，自然会增加做人难度"（详见"中国人的尚'和'心态"），等等，这诸多因素交互作用的结果，是使"做人难"几乎成为每一个中国人都能体会到的一种心情，也成了中国人的一句口头禅，曹雪芹的"世事洞明皆学问，人情练达即文章"一语，也因道出了许多中国人的心声而成为一句至理名言。毛阿敏曾演唱过一首《自有人评说》的歌曲，其中有一句歌词写道："别说人难做，别说人好做，好做难做，好做难做都得做"。这之中道出中国人做人的几分苦涩、几分无奈！这种"做人"文化导致的更为严重的后果是：许多中国人一辈子忙于做人，没有时间、精力与兴趣去做事，这是致使中国传统文化里未孕育出科学的一个深层原因，也是当代的中国人在做人过程中所必须反省的。

四、中式"社会化"的内容

就社会化的内容看，它包罗万象，就其大体而言，主要有政治社会化、道德社会化和性别角色社会化。从社会心理学角度看，中国文化尤其是传统文化里也有大量的关于这三种社会化的论述。虽然随着时代的变迁，其内容也发生了较大的变化，古籍里的一些关于个体社会化内容的阐述已成"老古董"。如新中国成立后，尤其是改革开放以来，现代中国人的性别角色社会化已发生了较大的变化，一些关于男女性别角色的封建内容（像夫为妻纲；男人需好学上进，女子无才便是德；成年男子可以三妻四妾，成年女子需从一而终，等等）至少从法律上讲，早已成了历史。并且，随着中国加入 WTO，与外界交流日益频繁，现代一些中国人与外国人在性别角色社会化上表现出较大的一致性，具有很强的现代性。但是，鉴于文化影响的滞后性、持久性与深刻性，要想准确把握当代中国人社会化的具体内容，还必须作更深入的分析。

（一）政治社会化

政治社会化是个体学会现有政治制度所接受和采用的规范、态度与行为的过程，或者说，是个体的政治态度与政治信念形成的过程。[①] 当代中国人在政治社会化方面存在两个重要特点：

1. "君为臣纲"思想早已退出历史舞台，现在越来越重视社会主义民主政治所需要的政治素质的培养

在漫长的封建社会，自"君为臣纲"思想被提出后（详见"中国人的自我观"一章），古代绝大多数中国人在政治社会化上一般都信奉"君为臣纲"的思想，这是造成中国封建专制统治时间持续很长的内在原因之一。

---

① 全国十三所高等院校《社会心理学》编写组编．社会心理学．天津：南开大学出版社，1990. 45～49.

1911年辛亥革命成功推翻了漫长的封建专制统治，随之“君为臣纲”思想也就退出了历史舞台。新中国成立后，尤其是改革开放以来的30余年的岁月里，党和政府不断努力推进社会主义民主政治建设和法制建设，与此相适应，在政治社会化方面，当代中国人不断加强对马克思列宁主义、毛泽东思想、邓小平理论、“三个代表”重要思想和科学发展观等的学习，越来越重视对社会主义民主政治所需要的相关政治素质的培养，以便推动祖国又好又快地向前发展。

2. *爱国热情持续高涨*

在政治社会化方面，当代中国人的另一个特点是：爱国热情持续高涨。这与当代中国通过改革开放取得了多方面的巨大进步有关，尤其与取得了巨大经济成就有密切关系。由此，当代中国人甚至很多身在国外的华人都因祖国的繁荣昌盛而感到无比自豪，当代中国人的爱国热情也不断高涨。

（二）道德社会化

道德社会化是个体将外在道德规范逐渐内化成自己品德的过程。[①] 当代中国人在道德社会化方面至少存在两个重要特点：

1. *从只注重私德向公德私德兼顾方向发展*

“私德”与“公德”两个概念出自近代思想家梁启超的《新民说·公德》：“人人独善其身者谓之私德，人人相善其群者谓之公德。”可见，所谓“私德”，指以“独善其身”为价值取向，限于个人生活和私人交往关系，主要指个人的品德修养、处理婚姻家庭关系和交友的道德。与此相对，“公德”，也称之为“社会公德”，指以“相善其群”为价值取向，处理个人与群体关系的道德，现指人们在社会公共生活中应当遵循的基本道德。其主要有遵守公共秩序、爱护公共财物、尊重他人人格、救死扶伤、讲究卫生、保护环境、文明礼貌、诚实守信等。[②]“私德”与“公德”之间有一定的区别与联系。二者的共通之处是都包含德性。二者的指向不同：私德往往只关注个体自身的形象与利益，主要属于“独善其身”[③] 的德性；“公德”关注的主要是如何营造、维持一个善良、公正的共同生活秩序，主要属于“兼善天下”[④] 的德性。但是，“私德”与“公德”在满足一定条件时是可以相互影响与转化的[⑤]，尤其在中国古代“家国一体”的社会结构里更是如此。在中国古代乡土式、家国一体式的社会中，受中国式自我观的影响（在以个我为圆心的一组同心圆中，并不是每个圆圈的“城墙”都是一样“厚实”的，详见“中国人的自我观”一章），人们眼中的“家庭”是一个只存在量的差异的概念：对于普通百姓而言，家是“普通百姓小家庭”；对于身处乡绅或地主家庭，或者与乡绅或地主家庭存在某种关系（如亲戚关系、朋友关系、师生关系或主仆关系等）的人而言，家就扩大到人数、财富都更多和权力更大的大家庭；对于身处官宦人家，或通过自己的努力进入仕途的人而言，“百姓小家庭”就变成“皇家大家庭”（即国家，在中国古代，国家往往

---

① 全国十三所高等院校《社会心理学》编写组编．社会心理学．天津：南开大学出版社，1990. 45～49.
② 夏征农，陈至立主编．辞海（第六版彩图本）．上海：上海辞书出版社，2009. 718.
③ 杨伯峻译注．孟子译注（第二版）．北京：中华书局，2005. 304.
④ 杨伯峻译注．孟子译注（第二版）．北京：中华书局，2005. 304.
⑤ 夏征农，陈至立主编．辞海（1999年版缩印本）．上海：上海辞书出版社，2002. 1475.

只是帝王一家所拥有)。对于中国古人而言，人们一般都是生活在各式各样的“私人家庭”之中，在“家庭”与“国家”之间，几乎没有真正意义上的“社会公共生活”。因此，古代中国人大都只注重私德的培育，其中有一些具有较高私德的人按《孟子·梁惠王上》所说的那样，采取“老吾老，以及人之老；幼吾幼，以及人之幼”[①] 的方式，将“关爱自己或自己人”之类的德性从“自家人、自家物身上”拓展到“别人家的家人及别人家的物体”身上，在这一“拓展”过程中，虽然此人所关爱的人或物体的数量有极大的增加，但仍不能真正改变其德性的性质，即虽“貌似”是公德，实仍是私德。正因为如此，在中国历史上，极少有人能够真正在“兼相爱”的层面上做到“老吾老，以及人之老；幼吾幼，以及人之幼”。大多数人一般只能在自己的“圈内人”范围之内基本上做到“老吾老，以及人之老；幼吾幼，以及人之幼”，却不能将之外推到“圈外人”身上。正是由于中国古代道德社会化存在如此的“内伤”，再加上当代中国随着城市化进程的不断向前推进，当代中国社会已逐渐从乡土社会（熟人社会）向市民社会（陌生人社会）方向发展，越来越多的人走出“家庭”，过上了真正意义上的社会公共生活，与此相适应的，在当代中国人的道德社会化过程中，一些有识之士都力倡要培养个体的公德意识，以便让个体在其社会化过程中做到兼顾公德与私德的培育，不能偏执一方。

2. 从以儒家伦理道德规范为主发展到以社会主义道德规范为主

自汉武帝明确采纳“罢黜百家，独尊儒术”的思想后，先秦时只是“百家”之一的儒学在汉武帝时期一跃而升为“唯我独尊”的经学，此传统一直延至清朝灭亡。与此相适应的，自汉武帝起至清朝灭亡，绝大多数古代中国人在进行道德社会化时，一般是以儒家伦理道德规范为主，充其量再兼修道家等其他诸家的伦理道德规范。

与此不同的是，新中国成立以后，在全国范围内大力弘扬社会主义道德。何谓“社会主义道德”？它指反映社会主义生产关系的道德。在中国，其基本内容为：坚持社会主义核心价值体系，倡导集体主义和爱国主义，弘扬敬业、诚信、友善等道德规范，重视社会公德、职业道德、家庭美德和个人品德；培育知荣辱、讲正气、促和谐的道德风尚，形成男女平等、尊老爱幼、扶贫济困、礼让宽容的人际关系；发扬艰苦奋斗精神，提倡勤俭节约，反对拜金主义、享乐主义、极端个人主义。与时代精神相融合，继承和发扬民族优秀文化和传统美德。[②] 与此相适应的，当代中国人在进行道德社会化时，一般是以社会主义道德为主，然后再适当融进一些中国传统伦理道德的精义思想，其目的就是使当代中国人逐渐生成既保持中华传统美德又有社会主义德性的品德。

（三）性别角色社会化

性别角色社会化是指个体学习自己所属文化规定的性别角色的过程。[③] 概括起来，当代中国人在性别角色社会化方面主要存在以下四个重要特点：

---

① 杨伯峻译注．孟子译注（上册）．北京：中华书局，1960. 16.

② 夏征农，陈至立主编．辞海（第六版缩印本）．上海：上海辞书出版社，2010. 1652.

③ 全国十三所高等院校《社会心理学》编写组编．社会心理学．天津：南开大学出版社，1990. 45 ~49.

1. 持有“男尊女卑”式性别偏见转向接受男女平等观念的人虽逐渐增多，但仍有相当数量的人持“男尊女卑”式性别偏见

（1）古代中国人普遍持有“男尊女卑”式性别偏见。

在中国古代，男尊女卑、重男轻女式性别偏见不但在成年男子心中根深蒂固，在许多成年女子心中也同样如此。并且，其产生的时间很早，至少在甲骨文诞生的商代就已出现，这从“女”与“妇”二字字形就可见一斑。

对于“女”字字形，《说文》说：“女，妇人也。象形。”① 这一解释过于简略。据约斋的解释，中国古代社会里男尊女卑，女性几乎跟奴隶所处的地位一样，故把“女”字画成一个人敛手而跪的模样。后来字体渐渐向左面侧转，成了现在的样式。② 根据《汉语大字典》（第二版）所列“女”字字形演化图③可知，约斋的这一见解颇有见地。“女”字写作“”、“”、“”，一看就像一个人敛手而跪的样子。《甲骨文字典》也持与约斋类似的看法：“”，“像屈膝交手之人形，妇女活动多在室内，屈膝交手为其于室内居处之常见姿态，故取以为女性之特征，以别于力田之为男性特征也。或于胸部加两点以示女乳，或于头部加一横以示其头饰，则女性之特征益显。”④ 同时，如下文所论，古文字中的“妇”字有时写作“”，并无“女”旁，仅以一把“扫帚”指代，这也表明古时女子地位的低下。

不但从“女”与“妇”二字字形上可以看出中国古人有明显的“男尊女卑”式性别偏见，而且从中国经典古籍里可得出同样的结论。中国自古以来，存在着“男尊女卑、重男轻女”的性别偏见，最著名的言论之一出自《论语·阳货》，子曰：“唯女子与小人为难养也，近之则不孙，远之则怨。”这可能只是孔子的一句“气话”或“牢骚话”，但将“女子”与“小人”归为一类，其潜意识里所蕴含的对女子的偏见可见一斑。秦汉以后至清代，讲究孝道的儒学被逐渐升为经学，再加上西汉大儒董仲舒提出的“阳尊阴卑”说与《白虎通·三纲六纪》倡导的“三纲”观念渐渐深入人心，这多种机缘的交互作用，就逐渐让许多中国古人形成了男尊女卑、重男轻女的性别偏见，具体表征主要有七：

第一，古代女子多只有姓氏，没有名字。在中国古代，一个女子未出嫁之前，一般多以其父亲的姓氏指称之，如一个王姓父亲的女儿，一般被称作王氏。一个女子出嫁之后，则多使用“孩子他妈”、“奴家”、“妾”（即便其真实身份是为人正妻，也多用“妾”指称自己）、“贱内”之类的称谓。因此，我们经常可以看到在墓碑或匾额上，一个姓钱的女子，嫁给一个姓孙的人，她就被称作“孙妈钱氏”或“孙妈钱太夫人”。一个女人连真正意义上的名字都没有，哪里还有什么独立人格？在称呼一个女性时，往往使用这些带贬义的称谓，其身份低微程度可想而知！

第二，“夫为妻纲”折射出对女子的漠视与轻视。《甲骨文字典》对“妻”字的解

① 汉语大字典编辑委员会编纂．汉语大字典（第二版九卷本）．成都：四川辞书出版社，武汉：崇文书局，2010. 1096.

② 约斋编．字源．上海：上海书店，1986. 44.

③ 汉语大字典编辑委员会编纂．汉语大字典（第二版九卷本）．成都：四川辞书出版社，武汉：崇文书局，2010. 1096.

④ 徐中舒主编．甲骨文字典（第二版）．成都：四川辞书出版社，2006. 1299.

释："……上古有掠夺妇女以为配偶之俗，是为掠夺婚姻，甲骨文"妻"字即此掠夺婚姻之反映。后世以为女性配偶之称。《说文》：'妻，妇与夫齐者也。从女从屮从又。又，持事，妻职也。'"① 可见，在上古时期，有掠夺妇女作为配偶之俗，那么妻在夫家的地位自然多是低贱的。汉代以后，"三纲"观念逐渐深入中国古人心里，许多女子未婚之前要绝对听从父母的，已婚之后，若丈夫在世，则要绝对服从丈夫的意愿，若丈夫去世，则要绝对服从儿子的意愿。终其一生，女子基本上没有自己发表与坚持独立主见的权利与机会，由此可见古代社会对女子的漠视与轻视。

第三，家庭财产继承权等权利一般只有男子才拥有。在中国古代，父辈留下来的家庭财产（如遗产）一般只有儿子才有权继承，女儿迟早是要嫁人的，为了使"肥水不流外人田"，女儿一般是没有家庭财产继承权的，除非这个家庭的子辈没有儿子只有女儿，或者，这个家庭的家长在思想上极端"开明"。同时，在子女的取名上，一般情况下，子女都必须跟父亲姓，而不会跟母亲姓（除非父亲是上门的女婿，子女才会跟母亲姓），在记载家庭发展史的家谱上，一般也是按男方的"血脉"来编排的，等等。所有这些现象都折射出妇女地位的低下。

第四，古代社会存在一些明显折射出"男尊女卑"的风俗或禁忌。例如，除极少数地方（如西藏），多数地方、多数时间盛行"一夫多妻（妾）"制。重要的活动（如祭祀上天）与重要的场所（如祠堂），一般是不会轻易让女子参加或进入的，否则就视为不吉利，等等。

第五，一些有关"妇德"的言论折射出对女子的歧视。例如，宋代司马光在《家范·妻》里写道："为人妻者，其德有六：一曰柔顺，二曰清洁，三曰不妒，四曰俭约，五曰恭谨，六曰勤劳。夫，天也；妻，地也。夫，日也；妻，月也。夫，阳也；妻，阴也。天尊而处上，地卑而处下。……故妇人专以柔顺为德，不以强辩为美。"等等。

第六，使用一些隐约透露出对女子有偏见的汉字或用语（包括成语、谚语、俗语等）。尽管汉语里有某些隐含赞美女子含义的汉字，如"好"字，据《说文·女部》解释："好，美也。从女、子。"段玉裁注："好，本谓女子，引申为凡美之偁。"② 不过，"好"之所以为"好"，除了上述解释外，可能还有一种解释，那便是它暗合了中国人渴望"生龙凤胎"的心理，即"生龙（子）凤（女）胎"便是"好"！此外，汉语里有更多的成语、谚语、俗语与汉字，或明或暗地透露人们对女子的偏见。像"女人头发长，见识短"、"妇孺皆知"、"红颜是祸水"、"嫁出去的女儿，泼出去的水"、"三个女人一台戏"、"好男不跟女斗"、"姦"（暗指三女成奸）、"妖"之类的谚语、成语、俗语或汉字里便隐含了对女性聪明才智的轻视、对女性品德或人格的污蔑、不认同女性成员本该有的家庭身份，等等。

第七，生育子女时重视男孩而轻视女孩。在中国古代，在生育子女时，绝大多数家庭都希望生育男孩而轻视女孩。这种心态与行为方式不但父亲和爷爷有，身为女性的母亲和奶奶也往往有此心态。这种性别偏见的直接后果是导致新生儿的性别比例失调：男

---

① 徐中舒主编．甲骨文字典（第二版）．成都：四川辞书出版社，2006. 1303.

② 汉语大字典编辑委员会编纂．汉语大字典（第二版九卷本）．成都：四川辞书出版社，武汉：崇文书局，2010. 1101.

性婴儿多于女性婴儿。

（2）当代中国接受男女平等观念的人渐多，但仍有人持“男尊女卑”式性别偏见。

“五四运动”以来，无数先进人士倡导并践行“男女平等”的思想，尤其是新中国建立后，从法律法规等方面明确树立起“男女平等”的思想，同时，中国人或多或少受到西方女权主义运动的影响，在独生子女政策的实施、社会保障制度的不断完善，以及城市化进程加快的背景下，当代中国社会尤其是大中城市中的女子受教育水平得到不断的提高、在家庭中的经济地位得到明显的提升，因而持男尊女卑、重男轻女式性别偏见的人越来越少，认可男女平等的人越来越多。不过，虽然至2011年末，中国大陆城镇人口首次超过农村，但至2014年，中国仍是一个农业大国，许多农民工虽在城镇生活和工作，但出于城镇住房贵等原因，他们并未真正在城镇“扎根”。同时，很多已在城镇“扎根”的城里人自己或自己的父辈也来自农村，受传统“重男轻女”思想的深刻影响，以及“体力至今在农村经济生活里仍扮演重要角色”等原因，导致在当代中国社会，虽然接受男女平等观念的人逐渐增多，但仍有相当数量的人持“男尊女卑”式性别偏见，其具体表征主要有四：

第一，虽然男女在法律上享有同等权利，但女子的很多权利在落实过程中往往大打折扣。例如，在子女的姓氏上，中国法律规定：子女既可跟父姓，也可跟母姓。在香港等地还出现了将父母的姓氏都写入自己的姓名中的取名方式。① 不过，就中国大陆地区而言，除了“倒插门”和“单亲家庭”外，至今子女基本上仍跟父姓，很少跟母姓。又如，当代中国提出的“男女同工同酬”的理念在事业单位已基本实现，而在其他很多行业仍没有做到男女同工同酬。

第二，虽然当代中国人一般都已认可“夫妻平等”的观念，但在家庭悲剧中，往往妇女是家庭暴力的受害者。

第三，诸如“女人头发长，见识短”之类隐含有歧视女性的成语、谚语或俗语，虽然说的频率有下降的趋势，并偶尔能够听到“谁说女子不如男”或“生儿生女一样好”之类的说法，不过，歧视女性的成语、谚语或俗语在当代中国人的日常生活里仍会经常听见。

第四，一些明显折射“男尊女卑”的风俗或禁忌虽逐渐消失，但在某些地方、某些场合仍有一定生命力。按联合国设定的出生人口性别比的正常值为103～107的标准，我国1982年至2010年11月期间的出生人口性别比分别是：108.47、111、119、118.06，也就是说，至2010年11月1日零时（以2010年11月1日零时为标准时点进行了第六次全国人口普查），中国出生人口性别比高出警戒线11个百分点。②

2. “男主外，女主内”的性别分工思想至今仍有较大生存空间

在古代中国，人们一般多认可并身体力行“男主外，女主内”的性别分工思想，如《礼记·内则》就说：“男不言内，女不言外，……内言不出，外言不入。”在宋代，妻子可称自己的丈夫为“外人”，更文雅的称呼是“外子”。与此相对的，丈夫可称自己的

---

① 与此相映成趣的是，在父权占主导地位的意大利，不允许子女从母姓，子女从父母双姓也不可以。（陈杜梨．不许给孩子取怪名．读者，2012（9）：60.

② 李晓宏．整治“女孩”失踪 遏制性别失衡．人民日报，2011－08－17.

妻子为“内人”或“内子”，女内男外，足见“男主外，女主内”的性别分工思想在当时已深入人心。同时，从“妇”与“男”二字的字形里可见“男主外，女主内”的性别分工思想，说明此思想至少在甲骨文诞生的商代就已出现。

对于“妇”字字形，《汉语大字典》列出了15种字形变化图①，从“妇”字的甲骨文及金文字形看，“妇”字主要有三种写法：①写作“”②，左边是一个“扫帚”的象形字，右边是一个人敛手而跪的模样，依上文所论，这实际上是一个“女”字。②写作“”③，这本是一个“扫帚”的象形字。由此可见，古文字中的“妇”字有时并无“女”旁。③写作“”④，右边是一个“扫帚”的象形字，左边是一个人敛手而跪的模样，即一个“女”字。《说文》说：“妇，服也。从女持帚，洒扫也。”按：古文字或不从女。这正是对第一、三种“妇”字的解释。⑤ 这三种“妇”字在字形上虽有一定的差异，但有一点是相同的：从字形上看，“妇”与“扫帚”的关系密切，意味着妇人主要是在家里做家务尤其是打扫卫生。

与“妇”不同，甲骨文“男”字写作“”，“田”、“力”为左右相并；篆文“男”写作“”，“上田下力”⑥。《说文》说：“男，丈夫也。从田，从力，言男用力于田也。”按：男，从力、田，力字即象耒形。⑦ 这表明，“男”是一个会意字，“从田从力会以耒于田中从事农耕之意。农耕乃男子之事，故以为男子之称”⑧。可见，“男”的本义是指在田地里用耒来干活的人。这既与中国古代农业经济的生产方式相吻合，也折射出中国古代“男主外”的性别分工思想。合而言之，从“妇”与“男”二字字形与字义里可以明显看到中国传统文化里“男主外，女主内”的思想。

直至今日，受到就业压力大、工作压力大、家政业不发达、对独生子女的身心成长看得过重以及中国传统“男主外，女主内”思想的渗透等因素的交互作用，“男主外，女主内”的性别分工思想在当代多数中国人乃至一些女子心中仍有较大市场。它的主要表现是：一些已婚女子，即便受过良好的高等教育（如博士毕业），即便已经拥有一个良好的职业（俗称“白领”），甚至获得了高级职称（如教授）或职务（如处长），如果在家庭与事业上让她选择其中之一的话，一些女子仍心甘情愿选择家庭，并退隐到家庭里，心甘情愿地做“相夫教子”之事，而不愿再抛头露面，在事业上打拼。这就能很好

---

① 汉语大字典编辑委员会编纂．汉语大字典（第二版九卷本）．成都：四川辞书出版社，武汉：崇文书局，2010. 1137.

② 徐中舒主编．甲骨文字典（第二版）．成都：四川辞书出版社，2006. 1304；汉语大字典编辑委员会编纂．汉语大字典（第二版九卷本）．成都：四川辞书出版社，武汉：崇文书局，2010. 1137.

③ 汉语大字典编辑委员会编纂．汉语大字典（第二版九卷本）．成都：四川辞书出版社，武汉：崇文书局，2010. 1137.

④ 徐中舒主编．甲骨文字典（第二版）．成都：四川辞书出版社，2006. 1304；汉语大字典编辑委员会编纂．汉语大字典（第二版九卷本）．成都：四川辞书出版社，武汉：崇文书局，2010. 1137.

⑤ 汉语大字典编辑委员会编纂．汉语大字典（第二版九卷本）．成都：四川辞书出版社，武汉：崇文书局，2010. 1137.

⑥ 徐中舒主编．甲骨文字典（第二版）．成都：四川辞书出版社，2006. 1477.

⑦ 汉语大字典编辑委员会编纂．汉语大字典（第二版九卷本）．成都：四川辞书出版社，武汉：崇文书局，2010. 2708.

⑧ 徐中舒主编．甲骨文字典（第二版）．成都：四川辞书出版社，2006. 1477. 汉语大字典编辑委员会编纂．汉语大字典（第二版九卷本）．成都：四川辞书出版社，武汉：崇文书局，2010. 2708.

地解释当代中国存在的这样一种社会现象：一些女生在读小学、中学、大学乃至硕士或博士时都很优秀，至少在学业成绩方面往往要高于同龄的男子，而且，走到很多高校的教室里一看，往往是女大学生或女研究生多，而男大学生或男研究生少，这种情况不但在一些偏文科的专业，如教育学、文学或外语等专业里是如此，在一些理科专业，如数学、物理或生物等专业里也是如此。可是，各行各业的成功人士里往往是男子多而女子少。之所以会出现这种"女子早盛早衰，男子大器晚成"的局面，重要原因之一就是一些在读书年代本来很优秀的女生在成家之后多选择"退居二线"，将自己的大部分甚至全部时间、精力和心思都放在"相夫教子"上，从而影响了其事业的发展。而大多数男生在成家之后面对"养家糊口"与"出人头地"的双重压力，不得不发奋图强，最后一些人终于修成"正果"。

另外，在当代中国，受"男主外，女主内"思想的深刻影响，若一个已婚男子在事业上无所建树的话，妻子往往会用"猪"、"不争气的"、"没出息的"等称谓来表达自己对丈夫的失望！与此相映成趣的是，已婚男子不会在事业上苛求自己的妻子，却对妻子的长相颇为在意，因此，当妻子年长色衰时，丈夫会用"黄脸婆"来称呼她。

3. 伴随妇女地位在当代中国的逐步提高，"惧内"有愈演愈烈的趋势

受女子受教育权得到尊重，接受学校教育尤其是高等教育的女子的数量越来越多。伴随知识的增多、能力的提升、视野的开阔、法律对妇女合法权益的保护，以及男女比例失调等因素导致的娶媳妇难等原因的交互影响，在当代中国，妇女地位有逐步提高的趋势，这从人们对丈夫、妻子的称呼的改变就可见一斑：当妻子的称呼从"糟糠"、"执帚"、"贱内"变成"领导"、"财政部长"、"纪检委"时，就表明其家庭地位上升到受丈夫尊重的高度；当丈夫的称呼从"官人"、"大人"、"先生"降到"猪"、"不争气的"、"没出息的"等时，表明其家庭地位的一落千丈！同时，在现代中国，伴随妇女地位的逐步提高，胡适更是提出了衡量丈夫"好"与"坏"的"新三从四得（德）"标准。"新三从"指：太太出门要跟从，太太命令要服从，太太说错要盲从；"新四得"指：太太化妆要等得，太太生日要记得，太太打骂要忍得，太太花钱要舍得。[①] 这虽是戏言，但由此折射出当代中国女子地位提高的事实。与此相一致的是，在一些中国已婚男子的心里，或多或少地存在"惧内"或"怕老婆"（henpecked）的心态与相应的行为方式，且有愈演愈烈的趋势。"惧"指恐惧，"内"指内人或妻子。惧内，也叫怕老婆，指一些已为人丈夫的中国人（扩而言之，包括已有女朋友的中国男人）所拥有的一种恐惧妻子或女朋友的心理与相应的行为方式。一些中国已婚男子的惧内心理主要有四个表征：①家庭权力尤其是家中财权由内人掌控。②以内人的喜好为自己的喜好。③存在向内人"请示"的家庭制度。例如，丈夫临时有事不能按时回家，必须向老婆大人请求，得到批准后才能去做。④丈夫犯错后回家受到内人严厉惩罚时不敢反抗。内人常用的惩罚措施包括：口头责骂、让丈夫跪搓衣板、晚上不准上床睡觉，等等。中国一些已婚男子为什么"惧内"呢？据清代五色石主人的概括，其缘由主要有三大类，将这三大类进行排列组合，并加入"量"的因素，即可得知，不同已婚男子"惧内"的原因并不完全相同。

---

① 伊北．江冬秀：顺流逆流．散文，2010（4）：47.

（1）“势怕”。

“势怕”有三：畏妻（家）之权、畏妻（家）之富和畏妻（家）之悍。[①] 也就是说，一些中国已婚男人，惧内主要缘于三种“势”：一是妻子或妻家有更强的权势，一些中国已婚男人，尤其是夫贱妻贵型（夫相对妻而言）婚姻中的男人害怕得罪妻子或妻家后，不但易失去妻子或妻家权势对自己的庇护，而且易招致妻子或妻家对自己的报复；二是妻子或妻家有钱财，一些中国已婚男人尤其是夫贫妻富型（夫相对妻而言）婚姻中的男人害怕得罪妻子或妻家后，不但易失去妻子或妻家在钱财上对自己的支持，而且易招致妻子或妻家用钱财来收买人报复自己；三是妻子或妻家人强悍，一些中国已婚男人尤其是夫弱妻强型（夫相对妻而言）婚姻中的男人害怕得罪妻子或妻家后，不但易失去妻子或妻家对自己的支持，而且易招致妻子或妻家对自己的打骂。

（2）“理怕”。

“理怕”亦有三：①敬妻之贤，景其淑范；②服妻之才，钦其文采；③量妻之苦，念其辛劳。[②] 也就是说，一些中国已婚男人，惧内主要缘于三种“理”：一是妻子非常贤惠，一些中国已婚男人，尤其是妇唱夫随型婚姻中的男人敬妻之贤惠，景其淑范，不忍违背妻子的意志；二是妻子非常有才华，一些中国已婚男人，尤其是夫知妻才华超过自己型婚姻中的男人钦佩妻子的才华，不忍违背妻子的意志；三是妻子在家操劳，非常辛苦，一些中国已婚男人，尤其是夫知妻辛劳型婚姻中的男人体谅妻子的辛苦，不忍违背妻子的意志。

（3）“情怕”。

“情怕”同样有三：①爱妻之美，情愿奉其色笑；②怜妻之少，自愧屈其青春；③惜妻之娇，不忍见其颊蹙。[③] 也就是说，一些中国已婚男人惧内主要缘于三种“情”：一是妻子长得漂亮，一些中国已婚男人，尤其是夫丑妻美型（夫相对妻而言）婚姻中的男人爱妻之美，情愿奉其色笑；二是自己已年老，而妻子青春年少，怜惜妻子年少，一些中国已婚男人，尤其是老夫少妻型婚姻中的男人自愧屈其青春，不忍违背妻子的意志；三是妻子非常娇媚、娇柔，一些中国已婚男人，尤其是妻子在丈夫心中烙下娇柔身影型婚姻中的男人惜妻之娇，不忍见其颊蹙，不忍违背妻子的意志。

综上所论，已婚女子只有在势上压倒爱人、在理上让爱人信服、在情上让爱人认可或者兼具前三者中的两种或三种，才能让自己的爱人惧内。但是，综观古今历史，从数量上看，能够让中国已婚男人产生惧内心理与行为方式的女人是不多的。可见，在中国，已婚男人的惧内心理是一种偏态分布，不足以动摇男尊女卑或男强女弱的总体状况。

4. “性别中性化”有愈演愈烈的趋势

所谓“性别中性化”，也叫“性别暧昧化”，是指经由男子女性化与女子男性化，导致男子的雄性心理与行为特征弱化而雌性心理与行为特征得到突显，女子的雌性心理与行为特征弱化而雄性心理与行为特征得到突显，结果出现在心理与行为方式上介于男女性别之间的“中性人”或性别暧昧之人。

---

① （清）五色石主人．幻作合前妻为后妻巧相逢继母是亲母．章回小说，2009（6）：93.

② （清）五色石主人．幻作合前妻为后妻巧相逢继母是亲母．章回小说，2009（6）：93.

③ （清）五色石主人．幻作合前妻为后妻巧相逢继母是亲母．章回小说，2009（6）：93.

受道家思想的深刻影响，中国传统文化有明显的“崇柔”色彩，它体现在性别社会化与审美情趣上有明显的女性气质，不但将美男子刻画为“白面书生”，而且，在生活和演艺界（如戏曲）中多有“男扮女装”（著名者如梅兰芳）或“女扮男装”（著名者像花木兰）的“反串”或“颠鸾倒凤”现象。这意味着在中国人内心深处本有认可性别暧昧做法的潜意识。[①] 在当代中国社会，由于一些明星的示范作用，像李宇春在外貌上就属典型的女生男性化，而“小沈阳”在诸如《不差钱》之类的小品中展现的就是典型的男生女性化行为方式，再加上一些青少年在性别审美方面出现变态心理，等等，这诸多因素交互作用的结果，导致“男子女性化，女子男性化”的性别暧昧趋势在青少年中有愈演愈烈的趋势，致使一些男子缺少阳刚美，而一些女子又缺少阴柔美，这是当代中国青少年在性别社会化过程中值得反省的一个问题。

① ［美］孙隆基．中国文化的深层结构（第二版）．桂林：广西师范大学出版社，2011. 128.

中国人的行为特色“并不是个人主义，而是自我主义。……一切价值是以‘己’作为中心的主义。”

——费孝通

第三章　中国人的自我观

詹姆斯（W. James）于1890年把自我概念引入美国心理学，认为自我是我们所有经验的中心，并且将“我”分为“主我”（I）与“客我”（me），进而将世界分为“我”（me）与“非我”（not me）。此后“自我”一直是西方心理学研究的一个热门问题。近年来探讨自我概念的文化差异成为自我研究中一种值得注意的新动向。① 那么，在中国文化熏陶下的中国人的自我有何特色？它对于今天的中国人有何启示？……这就是本文要深究的问题。

一、“我”的语义分析

在英文里，self一词可以与第一人称、第二人称和第三人称的代词搭配而组成一个复合代词，如myself、yourself和itself等，但是，self一词一旦被译为“自我”，则不能与第一人称、第二人称和第三人称的代词搭配使用。因为汉语里虽可说我自己、你自己、他自己、她自己、他们自己和它们自己，却无我自我、你自我或他自我之类的用法。有鉴于此，杨中芳博士主张将self一词译为“自己”②，这很有道理。本书讲的自我从很大程度上讲就是“自己”，只是考虑到“自我”一词在心理学里已成为一种习惯说法，所以这里仍沿用“自我”的这一概念而已。自我，又叫自我意识（self-consciousness），指个人对自己身心状况、人—我关系的认识、情感以及由此产生的意向（有关自我的各种思想倾向和行为倾向）。换言之，自我包含三种成分：自我认知，它指对自己各种身心状况、人—我关系的认知；自我情感，它指伴随自我认知而产生的情感体验；自我意向，它指伴随自我认知、自我情感而产生的各种思想倾向和行为倾向。自我意向常表现为对个体思想和行为的发动、支配、维持和定向。心理学研究者本也可依这个定义来探讨中国人的“自我”，若研究得深入，也可得出一些有启示意义的成果。不过，这个“自我”的定义虽然是“融会中西”的结果，却是典型的“和稀泥”做法。因为如下文所述，典型的西式自我实际上是指个人对“自己身心状况”的认识、情感以及由此产生的意向，其中并不包括“对人—我关系的认识、情感以及由此产生的意向”；与此不同，典型的

---

① ［美］L.A. 珀文．人格科学．周榕等译．上海：华东师范大学出版社，2001.262~281.

② 杨中芳．如何理解中国人　文化与个人论文集．台北：远流出版事业股份有限公司，2001.401.

中式自我实际上是指个人对“人—我关系”的认识、情感以及由此产生的意向，其中并不在意对“自己身心状况的认识、情感以及由此产生的意向”。所以，若想真正看出中国文化对中国人自我观的深刻影响，必须深入中国文化内部去展开研究。同时，在现代许多中国人乃至外国人眼里，中国人（尤其是古人）的自我至少具有两个典型特点：一是，多是一种依附性的自我或奴化的自我，其内缺乏独立自主性；二是，很少指称真正的“个我”，多是一种关系性的自我，其内包含有或多或少的“他人与他物”，只不过，道德修养高的人的自我之内包含更多的“他人或他物”，道德修养低的人的自我之内包含较少的“他人或他物”。这些认识是否准确呢？不妨先来对“我”作语义分析。

（一）指称“自我”最有代表性的汉字是“我”

汉语中表示“我”的字或词有多个，如：我、自、己、吾、余、咱、俺、某、自己、朕[①]、寡人、臣、哀家、臣妾、妾、下官、在下、小可、小人、小子、老朽、晚生、学生、弟子、鄙人、贫僧、贫道、贫尼、洒家、奴才、草民和不才，等等。从这些称谓中可看出，古代中国人在“我”的称谓上有三个特点：①多从自己与他人的关系入手来指称“我”。关于这点，在下文详细探讨了“中西方对自我核心内涵的认识有差异”，这里不多讲。②重素质尤其是品质。中国人尤其是古人对自我的认识多从作为人的内涵的素质入手，像寡人（寡德之人）和不才等皆有此义，这与中国传统文化强调“内圣”有较大的关系。③推崇自谦（多是中性词）乃至自贬的称谓。如小可和奴才之类皆有此义。这与中国传统文化一向将谦虚视作美德的特征相一致（详见下文）。因此，中国人在写“我”时多愿意用谦辞（“小写”），如老朽、在下、小可，甚至以奴才自称。中国古代的百姓在他人尤其是官员面前往往以“草民”自称。而西方人在写“我”时多喜欢大写，像英语中的“I”（主格我）就只有大写，没有小写（小写的我是宾格我，即me），这样，在英语中，不论“I”在句中处于什么位置，都只写作“I”。从中英文“我”之间的差异能折射出中西文化的一个本质差异：中国文化尤其是传统文化为了彰显社会我的地位与价值，不惜忽略乃至压抑个体我的地位与价值；西方文化则相反，为了突显个体我的地位与价值，很少花气力去讲社会我的地位与价值。换言之，中国人一向有压抑个体我甚至无我的心态，西方人一向有重视自我高扬个性的心理。假若说在文艺鉴赏里中国人提倡忘我是一个很高明的见解的话，那么，在人际交往里中国人推崇无我则是一个严重的缺憾！

在上述关于“我”的称谓中，涤除其中的封建等级关系的思想，就其用作代词而言，这些字或词之间多可以通用（只有“朕”和“寡人”是皇帝专用的称呼）。同时，汉语中人们更常用“我”来表示“自我”，并且，“自”、“己”与“我”用作代词时可通用。限于篇幅，下面只对使用时间最长且现仍最具代表性的“我”字作一语义分析。

---

① 先秦一般人多自称朕。如《诗经·大雅·抑》：“无易由言，无曰‘苟矣，莫扪朕舌’，言不可逝矣。”（不要因为没有人捂住我的舌头，说话就可以马马虎虎。话一说出，驷马难追。）直到秦始皇时才定朕为皇帝的自称。（程俊英，蒋见元．诗经注析．北京：中华书局，1991. 860.）

(二)“我”字字形与字义

1. “我”字字义

据《汉语大字典》解释：

“我”，有七种含义：①代词。表示第一人称。《说文·我部》：“我，施身自谓也。”《广韵·哿韵》：“我，己称。”又表复数。《孟子·告子上》：“心之官则思，思则得之，不思则不得也。此天之所与我者。”《史记·殷本纪》：“女曰：‘我君不恤我众，舍我啬事而割政。’”②泛指自己的一方。《左传·庄公十年》：“春，齐师伐我。”③表示亲密。《论语·述而》：“窃比于我老彭。”朱熹注：“我，亲之之辞。”④存有私见或固执己见。《论语·子罕》：“毋意、毋必、毋固、毋我。”朱熹注：“我，私己也。”⑤杀。《说文·我部》：“我，古杀字。”⑥倾侧。《说文·我部》：“我，顷顿也。”⑦姓。战国时有我子。《汉书·艺文志》：“《我子》一篇。”①

在“我”的上述七种含义中，后两种含义与心理学无关。通过分析前面五种含义之后可以发现，“我”的前四种含义很好理解：“我”既然可以用来指称“自己”，只要将“他人”(“他人”的数量可多可少，“他人”与“自己”的关系可亲可疏，这主要取决于“我”的道德修养的高低)也放入“自己”之内，表示第一人称的“我”就自然而然地变成“我们”或“泛指自己的一方”的“我”。既是“我的”，当然容易获得“我”的认同，对个体自身而言，与“非我的”相比，“我的”在情感上必是“亲密的”，以“我”代指“亲密”也就是情理中的事情，所谓“敝帚自珍”一词说的就是这个道理。“我的”是亲密的，一旦过于自珍，必然会产生晕轮效应，只看到“我的”优点，看不到“非我的”长处，必然会事事只从“我的”角度出发，当然就会“存有私见或固执己见”。从这个意义上讲，《庄子·齐物论》要人“丧我”②(消除偏执的我)、佛教劝人“破我执”都有一定道理。所谓“我执”，本出自佛教，这里用来指一个人过于沉迷小我而不去成就大我的一种心理与行为方式。相应地，“破我执”指一个人打破小我的牢笼而去成就大我的心理与行为方式。清代石成金在《传家宝·绅瑜》里说得好：“世人只因认得‘我’字太真，遂多种种嗜好，种种烦恼。要知前人有云：‘不复知有我，安知物为贵?’又云：‘知身不是我，烦恼更何浸?’真破的之言。”但是，“我”的第五种含义“杀”不是很好理解，至少当代中国人在用“我”字时基本上是不会想到此字还有“杀”的意思。

2. “我”字字形

为了弄清“我”字为什么会有“杀”的含义，要从“我”字字形入手探寻重要线索。第二版《汉语大字典》列出了“我”字的十三种字形变化图，其中，最早的写法有

① 汉语大字典编辑委员会编纂．汉语大字典(第二版九卷本)．成都：四川辞书出版社，武汉：崇文书局，2010. 1504.

② 陈鼓应．庄子今注今译(第二版)．北京：中华书局，2009. 39.

三：[illegible]、[illegible]与[illegible]①。

3. 结合字形与字义来分析“我”字

对于“我”字，《说文·我部》的解释是：“我，施身自谓也。或说我，顷顿也。从戈，从𠂹。𠂹，或说古垂字。一曰古杀字。”②《说文》的这一解释只是将多种关于“我”的可能解释罗列在一起，并没有明确告诉人们“何以用‘我’来指称‘自己’”的字源学依据。李孝定在《甲骨文字集释》里的解释是：“契文‘我’像兵器之形，以其柲似戈，故与戈同，非从戈也……卜辞均假为施身自谓之词。”③ 李孝定的这一解释指出“我”字字形本像兵器的形状，并告诉人们，至少中国先民在卜辞里就已用“我”“假为施身自谓之词”。但“我”像何种兵器之形？为什么用“我”“假为施身自谓之词”？对于这两个问题，李孝定也没有作进一步的说明。《甲骨文字典》认为，“[illegible]”，“像兵器形。……按甲骨文我字乃独体象形，其柲似戈，故与戈同形，非从戈也。而《说文》强分为‘从戈从𠂹’，不确。”④ 此解释与李孝定的观点基本相同。据约斋⑤的解释，“我”本是一种兵器的名称，这种兵器早已失传，据字形看，可知其似斧而有三锋或多锋，可能就是后来所谓十八般武艺中的撾，撾音如咱，因以为自我之称。⑥ 约斋指出“我”最早是一种“似斧而有三锋”的兵器的名称，这有一定的道理。不过，其认为“撾音如咱，因以为自我之称”，这一见解值得商榷。大家知道，秦汉及其以前时期人们所使用的汉字的数量较少，用字又不如今人规范，更重要的是，那时的人们用字“尚音”，习惯以音表义。正如清代文字学家王筠在《说文释例》卷三《形声》里所说：“郝敬曰：‘后人用字尚义，古人用字尚音。’至哉言也！且岂惟造字重声哉，即释经亦然。”⑦ 据曹先擢的解释，所谓尚音，意味着，就一个字言，不必管字的造字本义如何，不管形符，据音用字；就同音字说，同音字之间可以通借。⑧ 由此可见，“据音用字”的一个重要前提是，两种事物之间在读音上是要相同或类似的。这意味着，只要两种事物之间在读音上是相同或类似的，就可以用一个字来指称另一个与此字本义毫无关系的事物，当这后一种用法逐渐被人们接受后，此字的含义就进一步扩展了。这就是“六书”之一的“假借”。但是，“撾”读作“zhuā”或“wō”，而“咱”读作“zán”或“zá”，二者之间的读音有明显的差异，显然古人用“我”“假为施身自谓之词”，并不是出于二者读音相似之故，而是有更深的缘由。

那么，“我”何以有“杀”的含义呢？对于这个问题，易白沙的见解颇有见地。依

---

① 汉语大字典编辑委员会编纂．汉语大字典（第二版九卷本）．成都：四川辞书出版社，武汉：崇文书局，2010. 1504.

② 汉语大字典编辑委员会编纂．汉语大字典（第二版九卷本）．成都：四川辞书出版社，武汉：崇文书局，2010. 1504.

③ 汉语大字典编辑委员会编纂．汉语大字典（第二版九卷本）．成都：四川辞书出版社，武汉：崇文书局，2010. 1504.

④ 徐中舒主编．甲骨文字典（第二版）．成都：四川辞书出版社，2006. 1379～1381.

⑤ “约斋”真名“傅东华”，上海复旦大学中文系著名的教授与著译家（倪海曙．重印《字源》后记．见约斋编．字源．上海：上海书店，1986. 263～266.）.

⑥ 约斋编．字源．上海：上海书店，1986. 180.

⑦ （清）王筠．说文释例．北京：中华书局，1987. 50.

⑧ 曹先擢．通假字例释．郑州：河南人民出版社，1985. 211～212.

易白沙的观点[①]，按“我”的字面解释，就是有对他人、他族宣战的性质，这是“我”的最原始的含义。这从“我”的最早字体即甲骨文和金文上的“我”字中可清楚看出。在甲骨文和金文里，“我”写作“[illegible]”。可见，“我”字之形是“用手执戈（以自保）”，这表明“我”是伴随兵器出现的。换言之，中国最早的先民一开始并没有自我的观念，而是人我不分、人物不分的[②]。只是到了有一天，他们突然意识到人我之间、我与外界事物之间有一定区别，于是，力图将自己与他人或他事区别开来，并进而将某些东西视为自己独有的，在未经自己的允许下，别人不可以染指。很显然，在习惯了“原始共产主义”生活方式的人类早期，一个人在刚开始这样做时，很难获得他人的承认，于是争论便不可避免地发生了。结果，为了保护自我的利益，就自然会拿起武器来反抗，自我（包括自我的利益）就守住了；反之，就必须放弃自我（包括自我的利益）的一部分甚至全部，而将之归为他人控制。自我观念就是在这种抗争过程中逐渐发展出来的。只不过，假若一个人将当时先民所使用的武器视作是木头或石头之类的东西做的，那么，中国先民自我观念产生的时间就很早。如果一个人将当时先民所使用的武器视作是青铜器做的，那么，中国先民自我观念产生的时间就相应要迟许多（如有人推测，约在公元前3000年，即传说中的“蚩尤作兵”时代，伴随着青铜兵刃的出现，人们开始有了鲜明的自我概念），因为青铜器时代在后，旧石器时代和新石器时代在先。自我观念产生的时间虽有早晚之争，但有一点是可以肯定的，在这一过程中发展出来的自我观念里，“我”与“非我”之间的界限本是很清楚的，自我以外皆非“我”也，“我”的性质本是独立自主的性质。

所以，孙隆基认为，由于中国人习惯“在‘二人’的对应关系中，才能对任何一方下定义”（详见本章下文），导致中国人的“人我界线不明朗”[③]，这一观点值得商榷。很显然，对于绝大多数人而言，在通常情况下能够“自守”得住而不让他人侵犯的最小或最低限度的“区域”就是个体自身，假若一个人连这一点儿也做不到，那么，他要么是一个“少不知事”的儿童，要么是一个智商低下的弱智者，要么就只能算是别人的奴隶了（事实上，奴隶连人身自由也没有，当然也就没有独立自我）。这样，从“我”的最原始含义——“用手执戈以自保”——里自然就能引申出“我”的一个重要含义：“施身自谓也”，即指个体自身或自己。“我”的这层重要含义一产生，就逐渐成为人们视阈的焦点，结果，“我”的最原始的含义就慢慢地淡出历史舞台，乃至今天的很多中国人在使用“我”这个代词时，一般都不知道“我”的最原始的含义。用心理学的术语讲，当“我”指“施身自谓”时，“我”本指“个我”或“小己”[④]，它指仅以自己的身体实体为界限的“我”。这虽是最狭义的“我”，却是“我”最本真的含义。在这一意义上，每一个人的“我”都与其他人的“我”有别，它仅是一个“单子”、一个“点”。可见，从“我”的最本真含义看，“我”相当于西方社会心理学里（如W. 詹姆斯、C. H. 库利

① 易白沙．我．青年杂志，1916，1（5）：1~2.

② 从类主体的角度看是如此，从个体的角度看亦然，换而言之，个体在出生时是没有自我意识的，只有成长到一定程度时，个体才逐渐形成了自我意识。

③ ［美］孙隆基．中国文化的深层结构（第二版）．桂林：广西师范大学出版社，2011. 337.

④ “小己”意指“一己”、“个人”。《史记·司马相如列传》：“《小雅》讥小己之得失。”［辞海（1999年版缩印本），上海：上海辞书出版社，2002. 1869. ］但2009年版《辞海》未收录“小己”这一概念。

和 G. H. 米德等人）讲的 self。

（三）“我”的心理学内涵

如下文所论，中国传统文化的主流习惯于以“仁”定义“人”，这一过程的实质是将明确的“自我”的疆界铲除掉，以打通自我与他人的关系。结果，造成中国人对待“自我”的疆界的一个普遍态度与做法是：他或她只要不是一个极端自私的人，一般都不会将“我”与他人的界限划在“我”的身体实体的边缘，而是将“我”扩大到包括与我有特别关系的“他人”，像父母、子女、爱人，将这些“他人”看作是“个我”的延伸，他们的喜怒哀乐也就是“我”的喜怒哀乐，“我”也可以代他们说话、许诺……这样，在中国人的自我中，“个我”一般仅是“虚晃一枪”。对绝大多数中国人而言，“自我”一旦产生，“自我”里的“自身”的含义就绝不会仅停留在“个我”的身上，而是随即便扩大到包括许多与“我”有特别关系的“他人”在内的他人的“身”上。朱滢等人利用“自我参照效应”的研究范式研究发现：对于中国人，自我参照项目的记忆成绩显著优于他人参照项目的记忆成绩，但母亲是个例外，即母亲参照和自我参照的记忆成绩没有显著差异，这在一定程度上证实了中国人的自我并不是完全独立的，而是包括母亲等在内的十分亲近的人。①

不但如此，随着个体道德修养功夫的逐步加深，中国人的“自我”里的“自身”的含义还可以扩大到包括许多与“我”并无什么特别关系的“他人”在内的他人的“身”上，甚至还扩大到包括宇宙里的事物的“身”上。相应地，这时的“自我”就变成各色各样的“小我”或“大我”。② 从词义上看，也很容易做到这一点：只需将个我的范围稍加扩大，个我就可变成代指诸如“我们”或“泛指自己的一方”的代词，即变成小我或大我。这里之所以用一个“或”字来连接“小我”与“大我”，是因为在中国传统文化里，小我和大我的内容都可以变化，随着小我内容的变化，大我内容也将发生相应的变化；反之亦然。例如，当小我仅代表核心家庭（通常指仅包括父母与子女的家庭）利益的我时，大我至少是指代表大家庭（通常指包括两个或两个以上核心家庭的家庭）利益的我；当小我代表大家庭利益的我时，大我至少是指代表家族利益的我……以此类推，以至无穷。可见，在古代中国人的心目中，个我、小我与大我之间的界限本是泾渭分明的，即他们都清楚地知道哪是个我、哪是小我、哪是大我，这从《诗经·小雅·大田》的“雨我公田，遂及我私”③ 一语中也可看出，这句话清楚地表明，“我的”（即“私田”）与“非我的”（即“公田”）之间的界限至少在西周人的心目中是颇为明晰的。并且，在当时，人们就多主张要先公后私，从中可以看到后来儒家倡导的牺牲小我以成全大我的影子。不过，划分个我、小我与大我的分界线却是可进可退的，导致个我、小我与大我的疆界是可大可小的，具有弹性的特征，犹如一组同心圆④：圆心指个我或小己，圆心外面第一个圆圈指代表核心家庭利益的我，圆心外面第二个圆圈指代表大家庭利益

---

① Zhu，Ying & Han，Shihui. Cultural differences in the self：from philosophy to Psychology and Neuroscience. *Social and Personality Psychology Compass.*，2008，2（5）：1799 – 1811.

② 杨中芳．如何理解中国人　文化与个人论文集．台北：远流出版事业股份有限公司，2001. 367.

③ 此语又见《孟子·滕文公上》。

④ 费孝通．乡土中国　生育制度．北京：北京大学出版社，1998. 23 ~30.

的我，中间的“……”表示此处还有许多个代表各式各样“我”的圆圈，圆心最外面的圆圈指代表天下利益的我。其中，处于圆心位置的个我是绝对的小我，处于最外面、代表天下利益的我是绝对的大我，位于这两种“我”之间的其他“我”的地位是相对的：若与里面一个我相比，它是大我；若与外面一个我相比，它是小我。如图 3－1 所示。

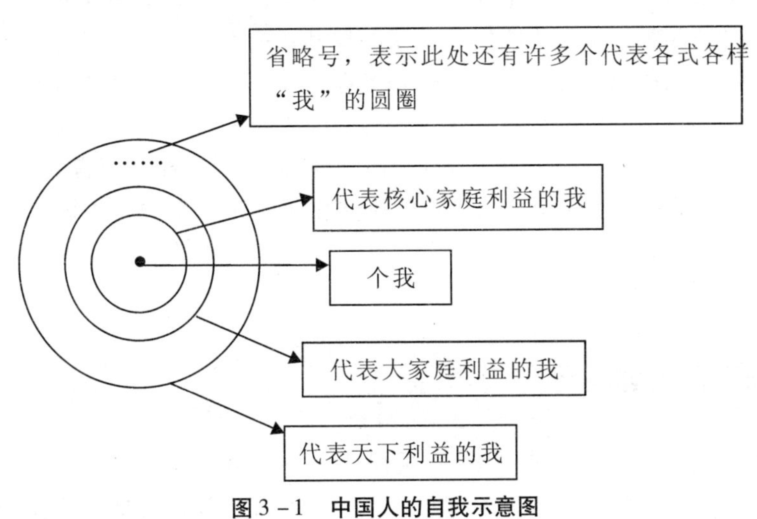

图 3－1　中国人的自我示意图

既然介于“绝对小我”与“绝对大我”之间的“我”的地位是相对的，那么，对绝大多数中国人而言，其自我既不会停留在“绝对小我”的位置上，也不会达到“绝对大我”，而是停留在这二者之间。这样，绝大多数中国人在处理大我与小我之间的关系时，只有采取辩证的态度，才能获得妥当的解决。若是死守大我与小我的边界，就容易出问题。假若要勉强下一定义，“个我”指仅以自己的身体实体为界限的“我”；“小我”（或叫私我，在本文中，小我与私我和大我与公我之间可换用）指代表少数人利益的“我”；“大我”（或叫公我）指代表多数人利益的“我”。当小我所代表的人数逐渐减少，少到只有我这个“孤家寡人”时，小我就又回到了它的本源意义上，即个我。这表明，小我本由个我发展而来，个我一定是小我，小我虽包含个我（下文若无特别说明，小我里都包括个我），但小我不一定是个我。当小我所代表的人数逐渐增多，多至可以容纳宇宙万物时，这个小我就与大我合成了一个同心圆，这就是中国人一向推崇的天人合一境界。用张载《正蒙·乾称篇》的话说，就是“民吾同胞，物吾与也”的境界。一个人的自我只有达到此境界，才能做到像北宋的范仲淹在《岳阳楼记》里所说的那样：

不以物喜，不以己悲。居庙堂之高则忧其民，处江湖之远则忧其君。是进亦忧，退亦忧。然则何时而乐耶？其必曰：“先天下之忧而忧，后天下之乐而乐”乎！

这说明，大我本也由小我发展而来，与小我相比，大我只是包括的“他人”（甚至“他物”）的范围相对大一些而已。在中国人看来，孤家寡人的个我变为天人合一的大我的过程，就是“我”的心路发展历程。要完成这个历程，其间要经历漫长的道德修养过程。这样，在中国人的行为方式里，一切行为几乎都是以“我”为中心的，只是这个

"我"有"小我"与"大我"之分，不以"小我"为中心的行为仍然是一种以"大我"为中心的行为，只是"大我"的界限扩大到超越"小我"的界限而已。一般中国人的"一盘散沙"行为也可以解释为修身功夫不够"火候"，以至于仍以"小我"为"自我"的界限。正如费孝通（1947）所说，中国人的行为特色并不是个人主义，而是自我主义。个人是对团体而说的，是分子对全体。在个人主义下，一方面是平等观念，指在同一团体中各分子的地位相等，个人不能侵犯大家的权利；一方面是宪法观念，指团体不能抹杀个人，只能在个人所愿意交出的一份权利上控制个人。这些观念必须先假定了团体的存在。在我们中国传统思想里是没有这一套的，因为我们所有的是自我主义，一切价值是以"己"作为中心的主义，它是不需要与一个团体或群体相对而言的。① 所以，在分析中国人的行为方式时，为了避免由简单的跨文化比较而"歪曲"中国人的心理与行为方式，研究者应该放弃对"个人主义"与"集体主义"这个表层特征的探讨，而将中国人的"我"的特性作为分析的重心。②

二、"我"的内容

自我的内容是什么？对于这个问题，现代社会心理学中常见的观点（主要是西方学者的观点）有二：一是将自我分为生理我、心理我和社会我；二是将自我分为现实我和理想我。③ 由中国文化熏陶出来的中国人的自我，其内容也可按上面两种方式进行划分，并且，若研究得深入，也可得出一些有见地的结论。但是，如果只这样做，似乎是不够全面的，因为它很难做到全面、深刻地洞察中国人的自我。换言之，在充分考虑中国文化的背景下，若想深刻理解中国人自我的内容，还应增加一些吻合中国文化特色的划分标准。④

（一）身体我、心理我与社会我

身体我，也叫生理自我，指个体对自己身体的认识、情感以及由此产生的意向。心理我指个体对自己心理的认识、情感以及由此产生的意向。社会我（social self）指个体对自己在社会生活中所担任的各种社会角色的认识（包括对各种角色关系、角色地位、角色技能和角色体验的认知和评价）、情感以及由此产生的意向。多数中国人论自我重在讲身体我和社会我，很少讲心理我，有很强的"身体化"倾向和"社会化"倾向。

1. 身体化倾向明显

"身体化"（somatization）指个体将整个生活的意向都导向"身"的需要和满足，将一切问题都转化为身体的问题，或放在身体问题的基础上加以对待。⑤《老子·三章》说

---

① 费孝通．乡土中国　生育制度．北京：北京大学出版社，1998. 28.

② 杨中芳．试论中国人的"自己"：理论与研究方向．载杨中芳，高尚仁主编．中国人·中国心——人格与社会篇．台北：远流出版事业股份有限公司，1991. 106～107.

③ 全国十三所高等院校《社会心理学》编写组编．社会心理学．天津：南开大学出版社，1990. 65～68.

④ 此小节的基本观点引用了杨中芳老师授课提纲的部分内容（杨中芳老师于1997年暑期在昆明市"社会心理学高级研讨班"上讲授）。

⑤［美］孙隆基．中国文化的深层结构（第二版）．桂林：广西师范大学出版社，2011. 39.

的“是以圣人之治，虚其心，实其腹，弱其志，强其骨。常使民无知无欲。使夫智者不敢为也。为无为，则无不治”[①] 讲的就是这个道理。[②] 可见，在心理学中，“身体化”一词指称的是一种心理现象，而不是身体现象。[③] 这种“身体化”倾向主要体现在如下两个方面，大凡是在“让百姓有口饭吃”和“让百姓有一处安身之所”两大主题上做得好的人，往往更易“得人心”；反之，更易“失人心”：前者像刘邦，每到一处便先废除秦朝的苛政，安抚当地的百姓，自然“得人心”；与此相反，项羽每到一处便屠城、烧城、抢劫钱财与美女，弄得当地百姓苦不堪言，结果就“失人心”，这便是在楚汉战争中刘邦最终能够以弱胜强、打败项羽的心理原因之一。[④]

（1）肉身化倾向。

“肉身化”指关注人的身体（肉身或肉体）远甚于关注人的精神与心理的一种心理与行为方式。从正面看，无论口头语言或书面语言，中国人多关注自己或别人身体方面的情况，像“民以食为天”之类的说法、“吃了吗?”之类的问候语和“请多保重身体”之类的关心话均是如此。在通常情况下，中国家长在关心子女时，主要精力也都放在关心子女的身体上，且有“过度保护”之嫌：①在让子女尤其是年幼的子女吃好的方面特别花心思；②特别留心安全问题，防止某些意外事件伤害子女的身体；③特别注意让子女养成良好的生活习惯，如不抽烟、少喝酒等。[⑤] 与此相一致的是，中国的子女在关心长辈时，将主要精力放在关心长辈的身体上。[⑥] 甚至在熟人圈里，中国人在关心对方时主要也是在关心对方的身体。

导致中国人对人身体的这种过分关心与保护，既有一些现实原因，也有文化与思维习惯上的因素：①在中国历史上，因生产力水平相对不高，再加上频繁发生的天灾与人祸，导致许多人吃饭都成了问题，经常处于“缺衣少食”的窘境，在这种背景下，问一声“吃了吗?”实是对对方的一种真诚关心。在今天，虽然绝大多数中国人早已远离了饥饿，但出于文化惰性心理，“吃了吗?”便成了一些人问候他人时的口头禅。②在中国，自古至今，出于管理水平不高等原因，安全隐患几乎无处不在，人们出于安全的需要，只好时时、处处留心。③与中国人喜欢实用思维的习惯有关。无论是在过去“缺衣少食”的背景下，还是在当代多数中国人仍在“奔小康”的路途中，在许多不太富裕的中国人（无论是对关心者还是被关心者而言）看来，关心一个人的身体远比关心一个人的心理来得实在。顺便指出，其中第一、三个原因也是导致许多中国人有“口腔化倾向”的重要因素。

在指出许多中国人的自我与自我表现中均存在“肉身化”倾向的同时，又切不可将中国人尤其是中国古人所讲的“身”均视作“肉身”，否则便犯了望文生义的错误。因为，“身”与“心”两个概念，无论它们二者是并列使用还是单独使用，其中，“身”既可指“肉身”，也可以是一个具身认知（embodied cognition）的概念，兼指“身体”与

① 陈鼓应．老子注译及评介（修订增补本）．北京：中华书局，2009.67.

② ［美］孙隆基．中国文化的深层结构（第二版）．桂林：广西师范大学出版社，2011.316.

③ ［美］孙隆基．中国文化的深层结构（第二版）．桂林：广西师范大学出版社，2011.248~249.

④ ［美］孙隆基．中国文化的深层结构（第二版）．桂林：广西师范大学出版社，2011.314~315.

⑤ ［美］孙隆基．中国文化的深层结构（第二版）．桂林：广西师范大学出版社，2011.100.

⑥ ［美］孙隆基．中国文化的深层结构（第二版）．桂林：广西师范大学出版社，2011.114~115.

“心理”；“心”既可指“精神、心理”，也可以是一个具身认知的概念，兼指“心脏”与“精神”或“心理”。例如，《老子·十三章》说：“吾所以有大患者，为吾有身，及吾无身，吾有何患?”① 此处的“身”便指“肉身”。据《论语·子路》记载：“子曰：‘其身正，不令而行；其身不正，虽令不从。’”② 这里的“身正”既指“身体要正”，即一个人站要有正确的站姿，坐要有正确的坐姿，行要有正确的行姿，睡要有正确的睡姿；更指“心正”，即人品要高尚。《大学》所讲的“三纲领八条目”中“修身”与“正心”虽并列，但依熊十力的解释，“修身”中包括“正心”（详见“中国人的尚‘和’心态”一章）。由于“身”可指“身心”，所以，“身”甚至还有“个人”和“自己或自身”的含义。如，据《孟子·离娄上》记载：“孟子曰：‘人有恒言，皆曰：‘天下国家’。天下之本在国，国之本在家，家之本在身。”杨伯峻将之翻译过来便是：“家的基础则是个人”。③ 同时，因为汉语的“心”既可指作为身体的一部分的“心脏”，又能同时指“精神”或“心理”，所以，在中国古典儒家和道家文化里，“心”译作“heart－mind”或“feeling”（感情）最贴切，但不能译作“mind”，否则会误导西方读者，误以为中国古人也有身心二元论。④

（2）口腔化倾向。

“口腔化倾向”指将人优先看成是吃东西的“嘴”与装东西的“肚子”，并主要从这个方面来理解、设计与对待人的生活。⑤ 在“口腔化倾向”心态的影响下，中国人几乎是以“口”来应对世界的，它主要体现在四个方面：

第一，有效管理中国人的关键在一个“食”字上。

在“口腔化倾向”心态的影响下，有效管理中国人的关键是在一个“食”字上。任何统治者只要做到让老百姓都能丰衣足食，便可收到“天下太平”的效果。⑥ 退一步说，只要给老百姓“一口饭吃”，中国的老百姓就很少会“对抗”统治者。这便是中国人易于管理的原因之一，所以，香港曾是世界上最安定的殖民地。⑦

与“口腔化倾向”心态相一致，“这能当饭吃”（反过来说是：“这又不能当饭吃”）不但成为一些中国人的口头禅，而且成为他们评价事物有无价值和价值大小的标准：能当饭吃的东西都是有价值的、重要的，不能当饭吃的东西都是没有价值的、不重要的。与此相一致的是，对一些中国人来讲，任何不能当饭吃的东西都不重要。因而，“信仰”不能当饭吃，所以不重要；“民主”不能当饭吃，所以不重要；“自由”不能当饭吃，所以不重要；“原则”不能当饭吃，所以不重要。⑧

另外，为了弄清全国人数，以便更好地安排生产与救助等活动，与西方人“按头”（拉丁词“per capita”有“按头”计算之义）计算人数不同，中国人以“口”来计算人

① 陈鼓应．老子注译及评介（修订增补本）．北京：中华书局，2009. 108.
② 杨伯峻译注．论语译注（第二版）．北京：中华书局，1980. 136.
③ 杨伯峻译注．孟子译注（第二版）．北京：中华书局，2005. 167.
④ 安乐哲．自我的圆成：中西互镜下的古典儒学与道家．彭国翔编译．石家庄：河北人民出版社，2006. 321～322.
⑤ 刘承华．文化与人格　对中西文化差异的一次比较．合肥：中国科学技术大学出版社，2002. 41～44.
⑥ ［美］孙隆基．中国文化的深层结构（第二版）．桂林：广西师范大学出版社，2011. 61.
⑦ ［美］孙隆基．中国文化的深层结构（第二版）．桂林：广西师范大学出版社，2011. 172.
⑧ 佚名．言论．读者，2012（24）：17.

数，因而，“population”在拉丁字源里有民众之义，译成中文却成了“人口”。[①]

第二，有举世无双的发达中式餐饮。

2012 年 5 月 14 日开始在中国中央电视台首播的大型美食类纪录片《舌尖上的中国》一共七集：“第一集 自然的馈赠”、“第二集 主食的故事”、“第三集 转化的灵感”、“第四集 时间的味道”、“第五集 厨房的秘密”、“第六集 五味的调和”与“第七集 我们的田野”，每一集中所展现的美食不但让无数观众叹为观止，而且让观众看得满口生津。事实上，为了满足口欲的功能而不仅仅是充饥，中国人在餐饮上舍得花时间与心思，导致中式餐饮极端发达，举世无双，并形成了川菜、粤菜、鲁菜、苏菜、湘菜、徽菜、闽菜和浙菜八大菜系，它们在选料、切配和烹饪等技艺方面各有差异，自成体系。因此，侨居世界各国的多数中国移民至今都以经营餐饮为主。并且，中国的食物一般做得太过可口，往往让人在填饱了肚子之后还禁不住想继续吃。[②] 这也是当下中国大陆“公款吃喝”屡禁不止的心因之一。

第三，中国古代的一些酷刑与中式烹调术有关。

将中式烹调术“迁移”到刑法上，便诞生了一批与中式烹调术有关的酷刑。如，“醢刑”是将人剁成肉酱；“脯”是将人做成肉干；“炮烙”是将人绑在大火炉的金属外壳上烤成熟肉；“镬烹”是将人扔到饭锅里煮成肉羹；“下油锅”是将人丢进滚烫的油锅里炸死。此外，还有“剥皮”、“抽筋”等。[③]

第四，汉语里有一批以“吃”来形容自己与各种世事之间关系的词汇。

由于中国人重“吃”，将之作进一步的泛化，扩散至中国人日常生活的方方面面，因此，汉语里便诞生了一批以“吃”来形容自己与各种世事之间关系的词汇。[④]

2. 社会化倾向明显

这里讲的“社会化”倾向，指个体将整个生活的意向都导向“社会”的需要和满足，将一切问题都转化为人—我的问题，或放在人—我问题的基础上加以对待。这从中国人相信“‘人’只有在社会关系中才能体现的——他是所有社会角色的总和”（孙隆基，详见本章下文）、中国人重“做人”与中国人自我表现中“重人情”、“讲脸面”、“尚‘报’”等便可见一斑。从这个角度讲，美国学者孟罗（Munro，D. J.）的下述两个说法有一定道理：①中国人只知道有意识状态，而这个意识状态又完全是社会化的，因此，只要它起了一个意念，就被认为会产生行动，而这个行动又被认为是具有社会效应的。这一文化特征贯穿了儒家的“知行合一”说。②西方自由主义、个人主义的前提是认为“人”的主要特色是独立于社会系统之外的，而社会是无权控制个人的私人状态的；至于中国式的“人”的概念，赋予了社会和国家对他进行无穷无尽的教育与塑造的权力。[⑤] 所以，正如孙隆基所说，将人的情况作私人化的叙事，就是期待个人自己去控制自己，只要他不做出反社会的行为，他在任何方面都有充分的自主权；将人的情况作社会化的叙事，则是偏重用外在因素去控制个人。从前一种观点看，后一种观点潜藏有

---

① ［美］孙隆基．中国文化的深层结构（第二版）．桂林：广西师范大学出版社，2011. 62.
② ［美］孙隆基．中国文化的深层结构（第二版）．桂林：广西师范大学出版社，2011. 133.
③ ［美］孙隆基．中国文化的深层结构（第二版）．桂林：广西师范大学出版社，2011. 63.
④ ［美］孙隆基．中国文化的深层结构（第二版）．桂林：广西师范大学出版社，2011. 62.
⑤ ［美］孙隆基．中国文化的深层结构（第二版）．桂林：广西师范大学出版社，2011. 249 ~250.

"将'人'视为永远无法达到法定年龄，从而无法自控"① 的看法。

（二）理想我与现实我

理想自我指个体在理想世界中建构出来的自我，现实自我指个体在现实生活中真实展现出来的自我。在中国历史上，由于专制政治漫长，以及战争、水灾与旱灾频发（详见"中国人的尚'和'心态"一章）等，生存环境多艰，很多中国人为了生存与发展，只好充分利用实用思维来应对环境，若理想我无法在现实中展现，便将理想我藏在心中，而在现实生活中展现一个与理想我有较大出入甚至截然不同的现实我。在多数中国人看来，这种内方外圆式的做人方式是可以接受的，正所谓"海纳百川，有容乃大"、"宰相肚里好撑船"。对于多数中国人而言，理想我与现实我之间存在一定的距离甚至二者之间完全不同，也是可以接受的，大多数中国人不会因此而产生心理困惑，更不会因此而生出心理疾病。同时，正由于理想我与现实我之间可以存在较大的距离，若理想我与现实我发生冲突，多数中国人宁愿"收起"理想我，只讲现实我，这显得颇为实用。

与此不同的是，多数西方人颇看重理想我与现实我之间的一致性，若二者之间存在较大差距，则易让西方人产生认知失调，甚至产生人格分裂。所以，西方人论自我多兼顾理想我与现实我，注重二者之间的平衡或协调关系。

（三）人前我与人后我

按人前、人后（或台前、台后）分，可以将中国人的自我分为人前我（台前我）和人后我（台后我）。前者指在公共场合或众人面前表现出来的我；后者指在私下场合或在极少数与自己关系非常密切的人面前表现出来的自我。人前我像演戏，一般是将自我最好的一面展现给他人看，依社会规范的要求行动，朝着他人希望的方向努力，总是期望给他人留下好印象，折射出中国人渴望得到他人好的评价的心态。但是，人前我往往是一个人"做"给别人看的，而不是发自内心的，因此，为了迎合社会规范的要求，一个人在社交场合常常会扼杀自己的本真之我。相对而言，人后我则真实得多，一般会依自我的真实想法行动，而不是像人前我那样不断地严格要求自我，给自我戴上一个假面具，因此，一般而言，人后我一般是较真实的自我。例如，一个人待在自己的家里时，他一般会很随意，爱怎样坐就怎样坐，桌子上常常散乱地放着一些自己喜欢的杂志或其他物品。这时，若有一个朋友突然来访，他会觉得很不好意思，连忙慌乱地整理起来，目的是不希望让别人（朋友）看到自家乱糟糟的样子。又如，一个脾气不太好的人，在家人面前可以毫无保留地"尽情"发泄他的脾气，而在外人面前却会忍着他的脾气。

美国社会学家戈夫曼（Goffman，1959）从他的似剧论（dramaturgical theory）出发，认为个人为了获得他人的认可或赞美，通常都会在他人面前刻意表现出某些符合社会期待的行为，以便在他人心中塑造出良好的自我形象。这种刻意表现出来以给他人看的行为，戈夫曼将之称作"前台行为"（front - stage behaviors）；至于个人不想别人知道而刻意加以隐藏的行为，戈夫曼将之称作"后台行为"（back-stage behaviors）。在戈夫曼看

① ［美］孙隆基．中国文化的深层结构（第二版）．桂林：广西师范大学出版社，2011. 250.

来，人生就像在演戏，社会便是一个大舞台。① 进而，戈夫曼将个人的生活空间分为前台区域与后台区域。在他看来，人们身处前台，总要极力隐藏或掩饰一些东西，只有在后台的时候，才可能呈现出真实的东西。不过，人们并不能绝对地确定某一场合就是某人的后台。在社会生活中，个人在特定情境下所面对的互动对象不同，其表现也会有所不同，这意味着前台与后台常常可互换。例如，在通常情况下，宿舍可看作大学生生活的后台，因此，某个大学老师若想了解其班上某个学生的真实情况，一般可以深入到该生的宿舍去看看。但是，老师采取不同的方式去看学生，所看到的情况会大不相同：假若老师事先告诉该生，说自己下午会去其宿舍看看，那么，很显然，该生一定会事先将宿舍整理一番，将所有不愿意让老师看到的东西都掩藏起来，结果，宿舍就由后台变成前台，老师仍看不到该生的真实情况。如果老师采取“突然袭击”的方式（在法律和道德允许的前提下）进入该生的宿舍，可能会看到更多真实的东西。

根据上述分析，至少可以得出两点结论：①要想真实了解一个人的自我，在法律和道德允许的情况下，宜尽量深入到其后台去看看；②一个人尤其是一个“外人”在与他人互动时，在一般情况下，是不能轻易闯入他人的后台的，否则，他人心中往往会很不高兴（因为你窥探到了他的真实面目或隐私），你也会在他人心中留下诸如做事鲁莽之类的负面印象，从而影响你今后的人际交往。

（四）大我与小我

按大、小分，可以将中国人的自我分为大我和小我。前者指代表多数人利益的自我；后者指代表少数人乃至个人利益的自我。在中国，大我和小我的内容都可以变化，并且，随着小我内容的变化，大我内容也将发生相应的变化（详见上文）。同时，中国文化赞同牺牲小我保全大我的做法，认为“没有国，哪有家；没有家，哪有我”。因此，凡是追求大我而不惜牺牲小我的做法，都会受到中国文化的赞许；相反，凡是只知追求小我而不顾大我的做法，都会受到中国文化的谴责。

如前文所论，在古代乃至当代中国人的心目中，虽然个我、小我与大我的界限是可进可退的，他们好像没有将个我、小我与大我作一清晰的划分，不过，从实质上看，他们心中的个我、小我与大我之间的界限是泾渭分明的，而他们在现实生活中常将这三者混同，这是因为中国传统文化在主流价值观上几乎从未公开用赞赏的态度来承认个我与小我的合法地位，迫于文化的压力，一些人才以“公”谋“私”，借“大我”之名来谋“个我”或“小我”之实，从而造成事实上的大我、小我与个我的界限不分明。

（五）公我与私我

按公、私分，可以将中国人的自我分为公我和私我。在中国文化里，“公”与“私”之间往往只有数量上多与少的差异，“多”者为“公”，“少”者为“私”，所以，“公我”指代表公家或公众利益的自我，“私我”指代表私人或私人小集团利益的自我。并且，公我和私我的内容也可以发生变化：随着私我内容的变化，公我内容也将发生相应的变化；反之亦然。例如，当私我仅代表个人利益时，代表其家庭利益的我就可称为公

① 杨国枢等主编．华人本土心理学（上册）．台北：远流出版事业股份有限公司，2005. 367.

我；当私我代表家庭利益时，公我至少是指代表家族利益的我；当私我指代表家族利益的我时，只有代表社会乃至国家利益的我才可称为公我……依此类推，以至无穷。由此可见，公我实相当于大我，私我实相当于小我，这两组概念之间可通用。同时，中国人对待公我与私我有两种典型态度：一是尚公抑私；二是公私不分，假公济私现象严重。

（六）表我与里我

按表、里分，可将中国人的自我分为表我和里我两部分。前者指个体在现实生活中表现出来的自我，它有真、伪之分。后者指个体藏在内心的自我，因里我潜藏于心，若不以一定的言行流露出来，别人便无法知晓，故而里我全是真的。从做人方式上看，从一个人如何处理其里我与表我的关系，可以推导出其做人的境界：如果一个人能够做到既将里我真实地表现出来，又将自己的目标超水平地实现，还获得他人（包括周围的人）的普遍好评，那是最上乘的自我表现或做人境界；假若一个人能够做到既将里我真实地表现出来，又部分实现自己的目标，并获得大部分人的好评，那是第二乘的自我表现或做人境界；如果一个人能够做到将里我部分真实地表现出来，并获得部分人的好评，却不能很好地实现自己的目标，那是第三乘的自我表现或做人境界……假若一个人既不能将里我真实地表现出来（压抑己意），又不能很好地实现自己的目标，还得不到他人的好评，那是最糟糕的自我表现或做人方式。

（七）真我与伪我

按真、伪分，可以将中国人的自我分为真我和伪我。前者指真实反映个体本来面目的自我；后者指未真实反映个体本来面目的自我。在绝大多数人向外人展现出来的自我里，往往是真伪掺杂的。

三、中国人自我表现的特点

自我表现，指一个人将心中的里我以某一方式展现出来以成为表我的过程。从做人的角度看，这一过程实也是一个做人的过程。如图 3－2 所示。

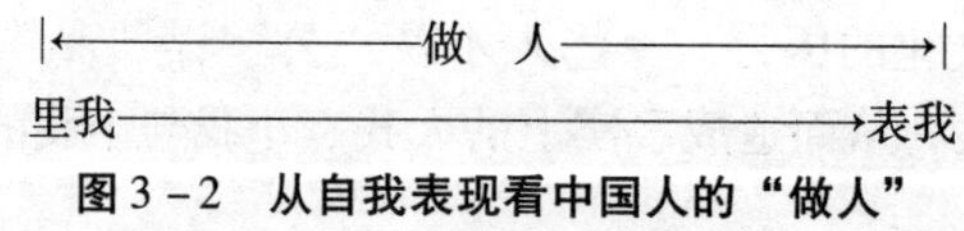

图 3－2　从自我表现看中国人的“做人”

假若说从“已具人形的生物性个体”做成“社会人”这种做人过程，实质上是一种能否“成人”的过程（详见“中国人的社会化观”一章），那么，将里我以某一方式展现出来以成为表我的过程，这种做人过程便是能否恰当展现自我的过程。为了准确了解中国人自我展现的过程，先要将中国文化对“个人”与“社会”关系的看法弄清楚。为便于读者理解，下面以表 3－1 的形式将中西方文化对“个人”与“社会”关系的看法简要概括如下。

表3-1 中西文化对“个人”与“社会”关系的看法①

西方“个人定向”的社会结构	中国“社会定向”的社会结构
1. 以一个独立自主的个体为单位 2. 着重个人的自由、权利及成就 3. 着重个人独立、自主的培养，“小我”幸福是社会幸福的基础 4. 追求个人利益是被鼓励及许以重赏的 5. 社会的运作靠法律来维系 社会公正：使绝大多数人得到最大利益	1. 以“人伦”为经、“关系”为纬组成上、下次序紧密的社会 2. 着重个人对社会的责任与义务 3. 着重“大我”概念的培养，“大我”幸福是“小我”幸福的先决条件 4. 服从规范，“牺牲小我”、“成全大我”是被鼓励及许以重赏的 5. 社会的运作靠个人自律及舆论来维持 社会公正：对遵守规范者的奖赏，对违反者的惩罚

概括地说，中国人的自我表现具有“重礼节”和“随大流”等十九个特点。这十九个特点主要是针对深受中国传统文化影响的中国人而言的，当代社会由于多元文化的存在，再加上中西方交流日益密切，一些中国人深受外来文化尤其是西方文化的影响，他们的自我表现出一定程度上的变迁。大致而言，在当代中国人的自我表现里，仍有重礼节、随大流、内外有别、含蓄和表里不一的特点，至于好兜圈子、“推崇牺牲小我、成全大我”和怕出格的心态则在一定程度上有所减少，而推崇天人合一境界的心态又有增加的趋势，它和当代世人推崇人与自然和谐共处的思想相吻合。这十九个特点就其性质而言，多是中性的，其中的优缺点往往要具体问题具体分析。如“随大流”，若大流是好的，随大流就是好心态，没有必要非得标新立异；反之，若大流是坏的，随大流就是不好的心态，就不能随大流，若做不到特立独行，至少也应“出淤泥而不染”。

因“随大流”、“重人情”、“讲脸面”、“尚‘报’”、“讲孝道”与“推崇天人合一境界”将在下文作详细探讨，而“重身体我”（肉身化倾向明显）与“尚公抑私”已在上文作了阐述，下面只论其他十一个特点。②

（一）重礼节

中国人特重礼节，俗话说的“油多不坏菜，礼多人不怪”、“礼到人心暖，无礼讨人嫌”，就是这种心理与行为方式的一种反应。因此，汇集秦汉以前各种礼仪论著的选集——《礼记》——便成为儒家经典之一，对后世中国人的心理与行为产生了深刻影响。

按理说，“重礼节”是一个人有修养的表现，人与人之间相互讲究一些适当的礼节，例如，在公共场合彼此交流时不要大声说话和见面相互问好等，这是做一个文明的现代人所必需的。自古至今，无论是中国人还是外国人，大凡有修养的人都重礼节。不过，中国人重礼节有自己的两个明显特点：一是有强烈的等级观念；二是有浓厚的名分观念，并伴随仅重礼仪的形式主义思想。所以，它不易与现代西方人的礼节观相“对接”。因

① 杨中芳. 如何理解中国人 文化与个人论文集. 台北：远流出版事业股份有限公司，2001. 369.

② 杨中芳. 如何理解中国人 文化与个人论文集. 台北：远流出版事业股份有限公司，2001. 390~392.

为西方人尤其是当代西方人在讲礼节时虽也重礼仪，却要求做到兼顾礼的内核与礼仪的统一，坚守“礼者，理也”的精神，有明显的理性色彩。同时，努力做到保障每一位公民的合法权利，不论其扮演何种社会角色，这便少了“礼教吃人”的成分。

（二）怕“出格”

它指一个人在自我表现时中规中矩，惧怕与多数人不一样的心态。在小时候练毛笔字时，家长和老师时常提醒我们写字要依“米字格”写，千万不要写出格。或许从这时候开始，中国人就意识到“出格”是一件不太好的事情，因此，一些中国人虽然内心渴望自己出名，比别人强，但同时又伴随着一种相反的力量来牵制自己，压抑这种想出头的愿望。因此，中国人在自我表现的过程中，往往有怕“出格”的心态，所以，“人怕出名，猪怕壮”、“枪打出头鸟”、“不敢为天下先”之类的话语便成为许多中国人做人的座右铭。假若万不得已要出头，也不要“先出头”。[①] 与此相反的是，在西方人看来，人生来就是要出名的，要显得比别人强，所以要时时突显自己的长处，以此作为自己的尊严和价值的支撑。[②]

需要指出的是，第一，中国人怕出格的心态与随大流（详见“中国人的尚‘和’心态”一章）的心态是一体两面的。中国人在自我表现时不爱“出格”，于是，常常将“标新立异”的做法视为“异端”而予以抨击，从一定意义上说这限制了中国人求异思维的发展，从而也在一定程度上阻碍了中国人创新思维的发展。第二，中国人怕出格的心态或许也是一种从自然界里观察得来的做人智慧。因为在自然界里，“出格”的事物容易受到伤害。如“出头的椽子先烂”；“树大”往往易“招风”，因为在一片树林里，假若有一棵树长得比其他的树都高，“鹤立鸡群”，大风一来，往往是这棵树先遭殃。正所谓：“木修于林，风必摧之。”第三，中国人怕出格心态的产生也有一定的社会根源。中国古代有许多行为“出格”的人物，他们的命运往往都很惨。如，商鞅首倡变法，使秦国得以强大，但变法就意味着与众不同，结果遭车裂之刑。西汉末年的王莽为人谦恭俭让、礼贤下士，曾被时人看作是“周公再世”，也被当时的朝野视为能挽西汉危局的不二人选。但王莽代汉后，宣布推行新政，史称“王莽改制”，导致天下大乱，王莽自己也死于乱军之中。[③] 宋人王安石试图变法以强国富民，虽未遭车裂之刑，但下场也颇为悲惨，等等。这诸多的“前车之鉴”，让许多中国人深深体会到这样一个道理：“出格”是危险的，而不“出格”则是一种稳妥的做人方式。《老子·七十三章》说：“勇于敢则杀，勇于不敢则活。”[④] 真是一句中的！[⑤] 而《诗·大雅·烝民》中“既明且哲，以保其身”[⑥]（“明哲保身”）一语，便被许多中国人视为做人的格言，信奉至今！

---

① ［美］孙隆基．中国文化的深层结构（第二版）．桂林：广西师范大学出版社，2011. 261.

② 刘承华．文化与人格：对中西文化差异的一次比较．合肥：中国科学技术大学出版社，2002. 83.

③ （汉）班固．汉书．（唐）颜师古注．北京：中华书局，1962：4039～4194；波音．王莽的棋局．读者．2013（7）：46～47.

④ 陈鼓应．老子注译及评介（修订增补本）．北京：中华书局，2009. 322.

⑤ 刘承华．文化与人格　对中西文化差异的一次比较．合肥：中国科学技术大学出版社，2002. 83～84.

⑥ 程俊英，蒋见元．诗经注析（全二册）．北京：中华书局，1991. 898.

（三）推崇自制

只要留心一下汉语里以“自”开头的词语就可发现，大凡是含有自制意蕴的词语多具褒义，像自爱、自觉、自信之类。中国人强调自制与西方人强调自控是有区别的，因为自制是自己节制自己的知觉、感情、个性和意愿等，以使自己适应或顺应外界环境；而自控是自己发挥自己的知觉、感情、个性和意愿等，以使自己控制外界环境。与此不同的是，西方人虽也讲自制，尤其是一些清教徒更强调自律，但由于西方人相信人性本恶，一个人（尤其是年少之人）的偶尔放纵，只要不给自己、他人、社会和国家带来巨大的危害，往往也易被周围人容忍和宽恕。①

由于中国人喜自制，所以，中国人习惯对世界采取“静”（即默默顺应）而不是主动探究、征服或反抗的应对方式。这里的“静”不是“吵”的反义词。事实上，在很多西方人的眼中，中国人是非常“吵”的。这里的“静”是“动”的反义词。多数中国人是不好动的。在生活中，多数中国的父母与老师都喜欢文静的小孩（无论是男生还是女生），并将“静”等同于“乖”或“听话”。因此，他们不但不鼓励小孩好动，而且对于那些好动、充满好奇心、喜欢“乱问”或冒险的小孩多半抱有偏见，说他们“不听话”，患了“多动症”。与此相一致的是，多数中国人对“动”持有偏见，认为“动”便是“乱”。②

（四）喜欢自谦

在西方人看来，“自我”感觉良好的人一定会给予自己正面评价，并且，“自我”感觉越好的人，对自己的正面评价也越高，只有自尊心低的人或自卑之人才会给予自己负面的评价。因此，为了获得“社会赞许”，人们都愿意将自己好的一面向外人充分地展现出来。与此不同的是，在中国，只有那些“不知天高地厚”的人才会在众人面前自夸。对于那些受过良好教育的人尤其是那些善于做人的人，他们心中会牢牢记住“山外有山，人外有人”的做人格言，即便“自我”感觉良好，也绝不会给予自己太高的正面评价，尤其不会在众人面前或在书面材料上表露出来。“自我”感觉良好的人，往往推崇谦虚。因此，为了获得“社会赞许”，人们习惯于将自己好的一面向外人适度地展现出来，既让人知道自己优秀的一面，又适当“藏锋露拙”，让人不会感觉到自己锋芒毕露、咄咄逼人。

事实上，谦虚一向被中国人视作一种优良品德。如《周易·谦》说：“谦谦，君子。”其认为一个人在任何时候都谦虚，才算是一个君子。《尚书·大禹漠》告诫人们：“满招损，谦受益。”《老子·六十六章》说：“江海之所以能为百谷王者，以其善下之，故能为百谷王。”③ 等等。受此文化传统的影响，中国人推崇自谦有诸种表征：①在指称自己时推崇自谦（至多是中性之词）乃至自贬的称谓。这点在前文已有详论，此处不多讲。②汉语中自谦之类的词语多有褒义，而自大、自负、自吹、自我感觉良好之类的词

---

① 杨中芳．如何理解中国人　文化与个人论文集．台北：远流出版事业股份有限公司，2001. 379～381.

② ［美］孙隆基．中国文化的深层结构（第二版）．桂林：广西师范大学出版社，2011. 266～267.

③ 陈鼓应．老子注译及评介（修订增补本）．北京：中华书局，2009. 303.

语多有贬义，从中折射出中国人喜欢自谦而憎恨自满的心理。③主张低调做人。在现实生活里，中国人推崇自谦，主张低调做人。于是，多数中国人不是相互铲平，就是自我铲平，不敢让自己太有吸引力，以免招来“做人太外露、太招摇、喜好出风头”之类的批评，从而导致中国人的“个我”极不发达。[①] 同时，在遇到诸如“硕/博士学位申请书”中的“答辩委员签名”时，一些中国人习惯从后往前签：第一个签名的人往往将自己的名字签在本栏的最后面，第二个人将自己的名字签在本栏的倒数第二个位置，依此类推。在表彰大会上，一个人在获奖之后若要说几句话的话，一般要感谢单位，说这项成果其实是集体智慧的结果（明明是自己辛苦劳动所得），不能将功劳全揽在自己身上。因为中国人自小接受的就是这样一种不贪功、不炫耀的文化，学会了“夹着尾巴做人”，这样才不会遭人妒忌、遭人排挤。“当仁不让”的心理不能说中国人没有，但至少是不占主流的。从一定意义上看，中国人推崇自谦的心理和西方人推崇自我表现与个人英雄主义的心理截然相反。就这一点而言，中国文化有女性气质，往往给人一种害羞（shy）的感觉。在中国，自谦常常是一种“润滑剂”，有助于人际互动。不过，自谦也容易给他人尤其是来自其他文化的人造成误解。例如，过于自谦有时也给人一种虚伪、骄傲的感觉。过于自谦，还容易压抑人的个性与才华，明明一件事你比别人都做得好，迫于文化的压力，你不好毛遂自荐，而希望别人“慧眼识人才”，将你这个“千里马”给相出来。可惜的是，在现实生活中，往往是“千里马常有，而伯乐不常有”，你只得牢骚满腹，又不愿明说，而暗暗与人较劲，这是中国人表里不一乃至“窝里斗”产生的根源之一。可见，谦虚本是人的一种美德，不过，假若其中掺入不诚实的成分，就既会使他人感到难受，也会让自己感到难受。

（五）崇尚自强

自强是历史进步的基石，更是个体成长的重要推力，这本是人类心理的共性之所在。中国人崇尚自强，奖掖进取，汉语里自力更生、自食其力、自救等词语多具褒义。《易经》里一句“天行健，君子以自强不息”的名言以及《论语·述而》记载孔子自言“发愤忘食，乐以忘忧，不知老之将至云尔”的做人格言，不知曾鼓舞了多少中华儿女。据史传，黄帝造车、伏羲制卦、仓颉造字，他们都成为氏族的首领，由此，才有了中国古代的科技发明与生产力的长足进步。相反，在西方神话里，人间的诸多发明不仅皆由神造，而且这些发明者的地位是很低的，像希腊神话中的发明者工匠神赫尔墨斯就经常成为诸神嘲笑的对象。

自强本是好的，不过，在当今开放的时代里，我们不应因推崇自强而过于强调自力更生，否则，也有“闭门造车”和“盲目排外”之嫌。然而，中国人虽讲究自强，但是，由于中国人将父母“神圣化”，让子女在父母面前永远保持“儿童”形象，所以，在中国，“子女在父母面前永远是孩子”，可以“撒娇”，[②] 并且，在家庭中又有父母为儿女包办一切的习惯，使得一些子女从小养成“靠”或“依赖”父母的心态，所谓“在家靠父母，出外靠朋友”。以至时至今日，一些大学生甚至研究生还要靠父母的资助才能完

① ［美］孙隆基．中国文化的深层结构（第二版）．桂林：广西师范大学出版社，2011. 258.
② ［美］孙隆基．中国文化的深层结构（第二版）．桂林：广西师范大学出版社，2011. 234 ~ 237.

成学业。更有甚者，一些大学生还要父母随校“陪读”，一些年轻男女结婚用房还要父母给买好。这实际上仍表明中国人不希望有牢固的自我疆界，而是喜欢人我之间相互渗透、相互依赖，这并不利于中国人独立自强意识的养成。它与西方人如美国人推崇自强的做法不一样。在美国，人们一般相信“上帝只帮助自助的人”。[①] 一个家庭无论是富有还是贫寒，为人父母者都非常注重从小就培养子女自食其力的能力与心理，男孩子一般在 12 岁以后会在家里或为邻居做些诸如剪草、送报纸之类的小工，以此赚些零用钱，女孩就做小保姆之类的小工挣钱。长至 18 岁以后，更要外出打工挣钱了。因此，美国大学生勤工俭学的多，纯粹靠父母资助上学的人少。两相比较可知，中国人因为自小缺少自食其力的锻炼[②]，长大以后要养成独立自强的意识需要较多的磨炼[③]；西方人因从小注重培养孩子自食其力的习惯，孩子长大后自然而然地就有独立、自强的意识。

（六）力倡牺牲小我以成全大我

深受儒家思想的影响，一些中国人在待人接物时，无论是在思想上还是在行动上，都先以小我为出发点，将人或物作一判断，看看此人或此物是不是“我的”，然后对“我的”人或物与“非我的”人或物区别对待。儒家的这种做人方式虽然合乎“人情”，其中所蕴含的却是一种私我观念，由此生发出来的德往往也主要是一种私德。因此，儒家赞赏子为父隐或父为子隐的行为，原因就在于此父为“我的父”，或此子为“我的子”。如，据《论语·子路》记载，“叶公语孔子曰：‘吾党有直躬者，其父攘羊，而子证之。’孔子曰：‘吾党之直者异于是：父为子隐，子为父隐。——直在其中矣。’”儒家承认小我的存在，因此，儒家对于墨家“兼爱”的学说必然会持批评态度，认为其“无君无父”。儒家的这种私我观念在新文化运动时期曾受到学人的猛烈批评。如李亦民曾说：“昔者，杨朱曾倡‘为我’之说矣。全貌不可见，其义见之列书者，差近于性分之真，不作伪以欺天下。而孟氏斥为无君，詈为禽兽。然则所谓人者，绝不容有为我之念存于胸中，纯为外物之牺牲，乃足以尽其性分乎？是大谬不然矣。儒家之教忠、教孝，曷尝不以我身为中心？因其为我之君也，故当忠；为我之亲也，故当孝。若不识谁何之君亲，甚或仇敌视之，固无所施其忠孝也。彼孟氏之滔滔下竭，亦唯门户之见。”[④]

不过，在承认小我存在的基础上，儒家又认为一个人的修养境界不能仅仅停留在小我的层面，因为小我毕竟只是一个私我。所以，《论语·子罕》劝告人们：“毋意、毋必、毋固、毋我。”朱熹注：“我，私己也。”儒家追求的最高理想是成全大我，为了大我，即便牺牲小我的一切（包括生命）也在所不惜，正所谓“舍生取义也”，这是儒家思想吸引有志之士和深入人心的一个根源，后人如范仲淹的“先天下之忧而忧，后天下之乐而乐”的名言，就是牺牲小我以成全大我思想的一个“翻版”。在人我之间或我与家庭、家族、社会、民族、国家乃至天下之间，儒家提倡牺牲小我以成全大我，强调的是一种道德自我。此思想对其后中国人的“我”的观念产生了深远的影响，直至今日，

---

① ［美］孙隆基．中国文化的深层结构（第二版）．桂林：广西师范大学出版社，2011. 160.

② 穷人的孩子是个例外，因此，中国有句俗话说：“穷人的孩子早当家”。当然，也有些做父母的抱着“再穷也不能穷孩子”的想法，仍是想尽办法满足孩子的需求，所以，在中国还有一个说法：“穷人养骄子”。

③ 这一现象也折射出中国人的社会化历程是不连续的。

④ 李亦民．人生唯一之目的．青年杂志，1915，1（2）：3.

中国人仍推崇在关键时刻能牺牲小我以成全大我的行为方式。

（七）好兜圈子与喜含蓄

与西方人喜欢“直来直往”、非常坦率不同，中国人多喜欢兜圈子与含蓄的表达方式。

1. 好兜圈子

它指中国人的这样一种心理与行为方式：人们喜欢用模糊性的语言、间接的方式来向他人“表达”自己的主张、要求或评价。这主要体现在三个方面：

第一，中国人习惯用带有模糊性或弹性空间的词语来与人交流。于是，一些看起来非常普通的词语，在特定的环境里可能具有特殊含义。这就是所谓的“一语双关”或“锣鼓听音，听话听声”，使得中国的语言也有一种含蓄之美。如“那事儿”这样一个简单的词汇有时就既让人感觉莫名其妙，又让人觉得意味深长。在谈话时，若一个人说“那事儿”或“不就那事儿吗?”时，对方听后心里一定会“打鼓”：他说的“那事儿”到底是指“哪事”?一个“那事儿”，包含的信息量极大，让人想象的空间也极大。

第二，中国人喜用间接方式表达自己的想法。这使得中国人讲话常留有余地，即使对某人或某事作一批评，一般会采取先褒后贬的做法，常用的句式是：“（虽然）……（以此肯定其优点），不过（但是、可惜的是或遗憾的是）……（以此谨慎地道出自己的真意）”。例如，你向单位某领导提个意见，此领导或许已有别的想法，可他不直接说，而会告诉你：“您提出的这个意见非常有见地，对我们的工作很有启示，不过，我一个人不能决定是否采用它，我将把它提交给党政联席会议去研究研究。”你听后满怀希望地静候佳音，但事实是从此再无后文。在西方，大多数事情是放在桌面上讲的，中国人明明是这个意思，却拐个弯儿讲了半天，最后你才明白他的本意。而且有时，你自以为明白的时候，其实是领会错了。这一做法与英语截然不同。英语的回答一般非常鲜明：是就回答是，否就回答否。

第三，中国人习惯用复数代词来指称自己与他人。中国人在表达某种主张时，常将“我”、“你”、“他”等单数代词省掉，而多用“我们”、“你们”、“他们”之类的复数代词。例如，人们在撰写学术论文时，某个观点明明是作者本人的“匠心独见”，在行文时却往往说成是“我们主张……”；更有甚者，在其言语里甚至根本不用代词，而听者或读者居然也能“心领神会”；登峰造极者如禅宗更是连语言干脆也不用，而提倡用“以心传心”的方式来表达与传递思想。这样做的“好处”是：既可以将自己的真实想法隐藏起来，也可以避免将锋芒直指某个个人。

中国人的好兜圈子，就其积极方面的意义讲，对于中国人保持和谐的人际关系、避免正面冲突、保留一些“私人空间”与维持对方的尊严等都有一定的作用；就其消极方面的意义说，它不但进一步让中国人压抑了自我，而且加大了人际交流间理解的难度，增加了误解的可能性，进而增大了做人的难度，同时，“好兜圈子”还往往是善用厚黑学的人在做人时惯用的伎俩。

2. 喜含蓄

含蓄本有“言语、诗文含有深意，藏而不露，耐人寻味”[①] 之义。它指中国人喜欢用间接、委婉、含糊等方式（而不是用“正面说明”或“直截了当地进行表达”的方式）来表现自我的一种心理与行为方式。中国人的喜含蓄主要体现在三个方面，其中，“推崇含蓄美”留在“中国人的文艺心理观”一章进行探讨，下面只论余下的两个：

一是，用含蓄的方式与人交往。例如，在中国的亲子关系中，子女即便知道父母为自己付出很多，也不习惯向父母明确表达自己心中的感激之情。在中国，一些夫妻之间，一方明明心里知道对方为自己付出很多，却不但不善于用语言明确表达自己对对方的感激之情（如说声“谢谢”），甚至还视此为“理所当然”或“理应如此”；一方明明很在意对方的感情，但在遭遇对方忽视或冷漠后，虽有怨言，而又羞于公开表达。同时，当家长要女儿公开承认某年轻男子是其男友时，即便其女儿打算承认，往往也是颇含蓄地承认，并且，一般还会伴随脸红等。在婚后，很多男士“借口工作忙”等，再也不花心思去博取爱人的欢心，爱人虽对此有怨言，但又不便公开表达；与此类似，很多已婚女子“借口家务事多”等再也不花心思去博取爱人的欢心，爱人虽对此也有怨言，同样也不便公开表达。这便是造成一些夫妻离婚的心因之一。若遇到跨国婚姻，中国男士和女士这类的作风，往往会导致对方一走了之。[②]

二是用含蓄的方式表达情感。许多中国人即便心里非常高兴，一般也不会直接说出来，更不会以爽朗的大笑声表达出来，而多是“笑不露齿”，或是“会心的一笑”。在许多中国人看来，将心中的喜悦之情用语言明确无误地表达出来，这种做法多多少少都显得有些做作。同时，哈哈大笑是有失风度的，也显得自己没有“内涵”与修养，只有像张飞这种鲁莽的人才做得出。在这点上，西方人与我们的做法很是不同。一个典型的西方人，当他或她心中的确非常高兴时，他或她往往会用语言将其喜悦之情明确无误地表达出来，如说：“I am so happy!”并自然地伴随着明快的笑声。正由于中国人含蓄委婉，不习惯于直接、明白地表露自己的主张、情绪与情感，所以，真心的感激并不一定能被那些曾帮助过他的人所感觉到，真正的愤怒也一压再压，一旦公开爆发，强度便极大，且往往带来巨大的破坏性。

3. 喜含蓄与好兜圈子的比较

喜含蓄与好兜圈子的相通之处主要有三：①二者都采用间接、委婉或含糊之类的表达方式。②二者都与“面子功夫”密切相关。换言之，中国人之所以喜含蓄或好兜圈子，其重要目的之一就在于维护自己或对方的面子，反过来也可以说，正是由于中国人好面子，才喜欢含蓄与兜圈子之类的自我表现方式。例如，中国人在向他人表达自己的主张、要求或要指出对方的缺点时，往往采用含蓄或兜圈子的策略。③二者有时可通用。换言之，中国人的有些心理与行为方式既可以用“喜含蓄”来概括，也可以用“好兜圈子”来指称。例如，当一个人用间接的方式批评另一个人时，你既可以说他用的是含蓄的表达方式，也可以说他采用的是兜圈子的方式。

喜含蓄与好兜圈子的相异之处主要也有三：①喜含蓄一般还与中国人的害羞心理、

---

① 夏征农，陈至立主编．辞海（第六版缩印本）．上海：上海辞书出版社，2010. 696.

② ［美］孙隆基．中国文化的深层结构（第二版）．桂林：广西师范大学出版社，2011. 139.

谦虚心理、推崇内敛式的做人方式和习惯模糊思维等密切相关；而中国人喜欢兜圈子一般与这些心理无关。②二者的词性不同。“喜含蓄”多带褒义，因它往往与善良的动机相连；“好兜圈子”多带贬义，因它常常与不太高尚甚至卑劣的动机或“厚黑学”相连。例如，当甲用间接的方式批评乙时，如果甲之所以用间接的方式，是因为既要维护乙的自尊，又真心希望乙能知晓自己的缺点，从而能及时改进的善良动机，并且甲这种行为的结果不会损害乙的正当权益，那么此时就可以将甲的批评方式用“含蓄”或“委婉”之类的具有褒义色彩的词来指称；反之，假若甲之所以用间接的方式，是因为本不想让乙明确知道自己的弱点或缺点（因为乙一旦知道了自己的弱点或缺点，就可能会及时加以改正，从而变得更加优秀），但迫于情境（比如领导要求甲必须说等情境）又不得不说，那么此时就可以将甲的间接批评方式用“兜圈子”这样具有贬义色彩的词来指称。由此可见，在公众场合或领导面前用含蓄方式指出你缺点的人，往往是真心想帮助你的人，你一定要善待他；反之，用兜圈子的方式不想告诉你身上所存在的缺点的人，往往并不真心关心你，你一定要将他甄别出来。③二者的使用场合也不尽相同。这意味着，有些心理与行为方式只适合用“喜含蓄”来指称，而有些心理与行为方式又只适合用“好兜圈子”来指称。例如，上文所讲的“笑不露齿”，只能将之指称为中国人的一种含蓄的表达喜悦之情的方式，而不能将之概括为中国人的一种“好兜圈子”的表达喜悦之情的方式；而假若当你向张三打听某件事情时，张三明明知道此事，并且，即使告诉你，也不会让张三违背伦理道德规范或法律法规，但是，张三就是不直接而明确地告诉你，采取“顾左右而言他”的方式跟你兜圈子，此时，就只能将张三的这种心理与行为方式概括为“兜圈子”，而不能将之概括为“含蓄”了。

（八）表里不一

与好兜圈子密切相关的是“表里不一”。所谓“表里不一”，指一个人的表我与里我存在不一致的现象。在自我表现方式上，中国人一向有表里不一的特点。中国人的表我与里我常常是不一致的。其典型表现就是“内方外圆”、“内道外儒”、“内法外儒”、“内儒外佛”或“内佛外道”之类的双重人格，这种双重人格往往是可以随时随势而转变的，犹如变色龙一般。一些中国人在人前与人后的表现不一致，在领导“在场”与“不在场”时的表现不一致，在熟人圈里与在陌生人圈里的表现不一致，等等。中国文化很早就知道人的心理与行为在表现上存在不一致的地方，因而很难对他人的心思进行鉴定。

“表里不一”在中国人的日常生活中也随处可见。例如，当乙到朋友甲的家中去玩时，主人甲一般会招呼乙，如请乙坐，乙一般口中会说“不坐，不坐”，其实心中很想坐坐。甲若懂得人情世故，在听到乙回答“不坐”时，一般不会真的就不拿凳子给乙坐，而是会搬来一个凳子让乙坐。当乙坐下后，甲会说，请喝点茶，这时乙口中又会说“不渴，不渴”，其实心中想喝。这时甲一般也会倒一杯茶给乙。同是此类情况，若是西方人，情况就会截然不同。当主人问：“Won't you have a seat?”（你要坐吗?）假若客人心中想坐，嘴里一般会说：“Yes, thank you.”（是的，谢谢!）当主人接着问：“Do you have time for a cup of coffee before you rush off?”（给你来杯咖啡怎么样?）客人若心中想喝，一般会说：“Well, maybe a half cup, thank you.”（好的，请给我来半杯，谢谢!）

（九）内外有别

“内外有别”是指一种对待内群体之中的人与外群体之中的人有明显差异的心理与行为方式。在中国，人们在待人接物时，习惯先将人与物作内外之分，然后用不同方式对待圈内与圈外之人。

1. 先将人与物作内外之分

在待人接物时，中国人习惯先将人与物作内外之分。即便在自己最亲的家庭中，中国人也有父系的本家与母系的“外家”之分，并在称谓上细加区分，让人一眼便能识内外：与母系有关的人在称呼上多要绑定一个“外”字，如外公、外婆、外甥等；“姨”、“舅”虽无“外”字，但它们明显是与“姑”、“伯”与“叔”相对的。在父系的本家中，又有堂兄弟与表兄弟之分，堂兄弟的“堂”是“登堂入室”的“堂”，表兄弟的“表”字是“表里不一”的“表”，这表明表兄弟是“表”而不是“里”，它与能够入“里”即“登堂入室”的堂兄弟是不一样的。既然连自己的家庭成员都要分内外①，那么，在对待其他“外人”时，就更喜欢将所接触的人分为“自己人”（圈内人）与“外人”（圈外人），有较明显的“圈子心理”。所谓“圈子心理”，指一个人在与他人交往时，有意无意地产生一种划圈子的心理习惯。中国人的这种圈子常常是封闭的、界线分明的，犹如在中国一些地方常见的城墙一般。事实上，中国的“國”字就是在一个“口”（圈子）内用“干戈”管理着一批“人口”，这个圈子常常是城墙，它将圈内人与圈外人明确地分开，其用意常常是更好地防范圈外之人，保护圈内之人。在中国历史上，中国人不但用“万里长城”将自己与外界相隔离，而且许多城镇尤其是都城都建有规模大小不一的城墙。② 时至今日，虽然世界都已融为一体，变成“地球村”，中国也已于2001年12月11日正式成为世贸组织（“WTO”）的成员，不过，大到政府机关的所在地、高校或大型国有企业，小到一幢民宅，只要条件许可，中国人也必会用围墙将它们围起来，以便与外界分隔。这既易给外人“锁国心态”的印象，也易造成本国民众之间的“壁垒森严”，还会导致“内外有别”与“各自为政”现象的发生。③ 与中国人不同的是，西方人虽也有交往圈子，不过，他们的交往圈子多是开放性的，这点反映在高校的校园建设上，西方高校多不用围墙将高校与外界隔开。例如，在当今英国，所有大学都无校门、无围墙。

同时，对于中国人而言，不但划分个我、小我与大我的界线是可进可退的，而且划分“圈内人”与“圈外人”的界线也是可进可退的，这导致“圈内人”与“圈外人”的疆界也是可大可小的，具有弹性的特征，犹如一组同心圆：圆心指个我或小己，圆心外面第一个圆圈指代表核心家庭利益的我，圆心外面第二个圆圈指代表大家庭利益的我，中间的“……”表示此处还有许多个代表各式各样“我”的圆圈，圆心最外面的圆圈指代表天下利益的我。其中，处于圆心位置的个我是绝对的圈内人，且是包含人数最少的“圈内人”，用《庄子·天下》话说，即“至小无内，谓之小一”④。处于最外面、代表

---

① ［美］孙隆基．中国文化的深层结构（第二版）．桂林：广西师范大学出版社，2011. 81～82.

② ［美］孙隆基．中国文化的深层结构（第二版）．桂林：广西师范大学出版社，2011. 347.

③ ［美］孙隆基．中国文化的深层结构（第二版）．桂林：广西师范大学出版社，2011. 347～351.

④ 陈鼓应．庄子今注今译（第二版）．北京：中华书局，2009. 942.

天下利益的我不但是绝对的大我，而且是包含人数最多的圈内人，当个体将“天下人”都视作圈内人时，此时他便没有“圈外人”了，这便是《庄子·天下》所说的“至大无外，谓之大一”①，此时此个体便已达到《论语·颜渊》所说的“四海之内，皆兄弟也”② 的境界。位于这两种“我”之间的其他“我”的地位是相对的：向里看，若与里面一个“我”相比，它属“圈外人”；向外看，若与外面一个“我”相比，它属“圈内人”。如图3－3所示。

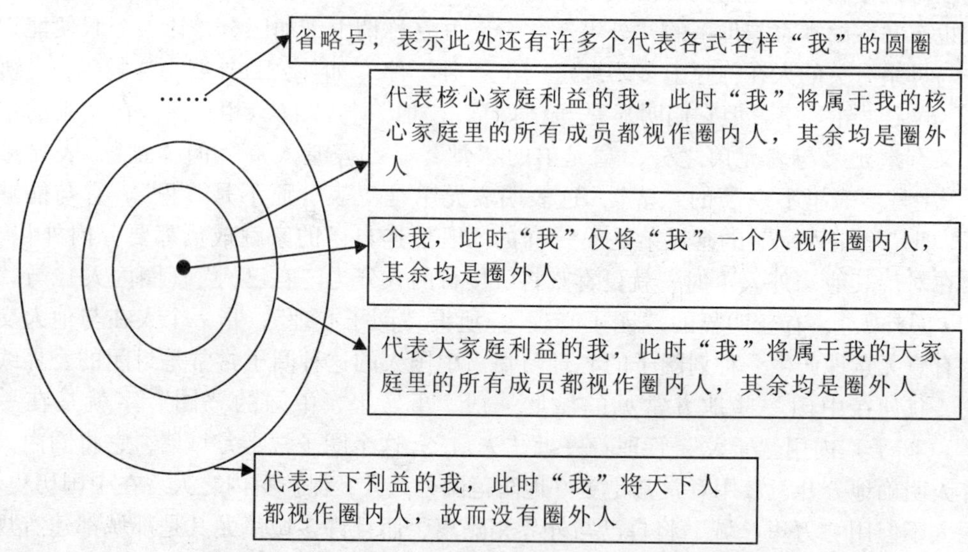

图3－3　中国人的“圈内人”与“圈外人”关系示意图

介于“绝对小我”与“绝对大我”之间的“人”的地位是相对的：若朝里看，它是圈外人；若朝外看，它属圈内人。并且，对于绝大多数中国人而言，其自我既不会停留在“绝对小我”的位置上，也不会达到“绝对大我”的位置，而是停留在这二者之间。这样，绝大多数中国人在处理圈内人与圈外人之间的关系时，也只有采取辩证的态度，才能获得妥当的解决。若是死守圈内人与圈外人的边界，就容易出问题。

2. 用不同方式对待圈内与圈外之人

自儒学诞生后，中国人一向深受重血脉亲情的儒家文化的影响，基本上没有受到像基督教那样重宗教义务、轻家庭伦理文化的影响，因此，在正常情况下，多数中国人在被厚厚的围城围住的自己人的圈子里生活得有滋有味，几乎不与陌生人交往，自然而然地，具有“相互依存的自我观”（interdependent self）的中国人没有所谓的“概化他人”。中国人也颇不重视在全体同胞范围内实行一致性的“游戏规则”③（如“待人公平”就属一致性的“游戏规则”），而倾向用不同方式对待与自己关系不同的人，即“内外有别”，且往往是对自己人亲而不尊，对外客尊而不亲④；对自己人既讲爱也讲公平公正，对外人

① 陈鼓应．庄子今注今译（第二版）．北京：中华书局，2009. 942.
② 杨伯峻译注．论语译注（第二版）．北京：中华书局，1980. 125.
③ 黄光国．知识与行动：中华文化传统的社会心理诠释．台北：心理出版社有限公司，1998. 182.
④ ［美］孙隆基．中国文化的深层结构（第二版）．桂林：广西师范大学出版社，2011. 84.

既无爱也不讲公平公正；有“内群体偏好”或“外群体偏好”。具体地说：

（1）对内对外亲疏分明。

对于中国人而言，“圈内”与“圈外”往往是内外有别、亲疏分明的。在与圈内人（自己人）交往时，中国人一般情感卷入程度较大，讲人情，顾脸面，颇有“人情味”，一般遵循九个通用原则：①讲信用；②总体友善且讲究差序格局之爱；③“吃亏是福”；④“己所不欲，勿施于人”；⑤尽量做到以公平公正的态度对待自己人；⑥知恩图报；⑦家丑不外扬；⑧“和而不同”；⑨“念旧”（详见“中国人的人情观”一章）。在与圈外人（外人）交往时，中国人一般情感卷入程度小甚至为零，主要遵循四个原则：①自保原则。时时提防外人，绝不轻易信任对方，并愿意与其保持一种距离，在外人面前信奉“为人只说三分话，不可全表一片心”的处世格言。②热情有度原则。具体表现为关心有度、批评有度、距离有度、举止有度。当个体拿捏不好这个分寸时，往往会缺少起码的爱心与同情心，冷冰冰地应付对方或干脆敌视对方。③利己原则。在与外人当场算清时，往往从“利己”的角度去考虑问题和对待对方，缺乏起码的公平公正心，喜欢斤斤计较，爱占人小便宜，甚至唯利是图。因此，一些中国人在坐公交车或地铁时会与陌生人抢座，有时会因抢座而与对方吵架甚至打架；排队时若遇到陌生人因急事想插队，多数中国人都会极力反对或拒绝，等等。[①] ④有时也“礼貌待人”，顾及双方脸面，但这一般取决于对方印象整饰功夫的成败或双方临时建立的融洽度的高低。不过，在与陌生人交往时，因是一次性交往，中国人一般不讲人情。与“爱圈内人而轻圈外人”相一致，中国人对自己的物品颇为爱惜，哪怕是“敝帚”也要“自珍”，但对非我的物品则往往毫无“怜香惜玉”之心，这便是中国的公共财产易遭损坏的原因之一。

并且，几乎每个中国人都有自己的交往圈子，也都非常自觉地意识到这个圈子的存在，维护这个圈子，呈现出一个“同心圆”的结构。这个同心圆的圆心就是“个体自己”（个我），其半径长短表明亲疏度：越接近“个体自己”的圈子，往往与“自己”的关系越亲密；越远离“个体自己”的圈子，往往与“自己”的关系越疏远。所以，中国人在做“推己及人”或“老吾老以及人之老，幼吾幼以及人之幼”的功夫时，一般也有这样的规律：对于圈内之人与物较容易做到“将心比心”、“推己及人”；对于“城墙之外”的陌生人及其拥有的物，他们一般不习惯、不愿意做到“将心比心”，往往是“不为所动”、“无动于衷”。这是造成近现代西方人一贯在全国范围内重公平公正、轻人情与面子，而中国人只在圈内人之中讲公平公正、重人情与脸面，但在圈外人之中却不讲公平公正、不重人情与面子的重要原因之一。因此，在通常情况下，中国人往往能明确地意识到自己的圈子与别人的圈子的界限，一般不贸然进入别人的圈子，而是主动避开别人的圈子。一个圈外人如果不小心闯入别人的圈子，双方常常都会感受到尴尬、不好意思甚至愤怒的情感。[②] 并且，上述“同心圆”结构的存在，又导致许多中国人有“按层次”做人的心态：从个我出发，个体若越往外层走，就越易展现其公心；一旦走到最外层，便达到了“毫不利己，专门利人”的境界。反之，若个体从外往里缩，则越往里走，越易展现其私心；一旦缩到最里面的“孤家寡人”层次，此人做人做事便会完全只

① ［美］孙隆基．中国文化的深层结构（第二版）．桂林：广西师范大学出版社，2011. 87.

② 刘承华．文化与人格 对中西文化差异的一次比较．合肥：中国科学技术大学出版社，2002. 48～49.

顾个人的私利而不识大体、不顾大局了。①

当然，如果一个圈外人想要进入对方的圈子，令对方将自己当作其圈内人，那么，此时的中国人便喜欢用“拉关系”的方式来博取对方的好感，以便能与对方由“生”到“熟”，从而成为对方的圈内人。至于“拉关系”的常用手法，包括如下“十一字真言”：①“结”。它包括“结盟”（拉帮结派）与“结婚”（通婚）两种。②“拜”。它包括“拜师收徒”与“拜把子”（“义结金兰”）两种。③“认”，包括“认干爹干妈”、“认义子或义女”、“认亲戚”、“认领导”、“认部下”（如通过“提拔下属”将其归入自己人之中）、“认老乡”等。④“攀”。包括“攀老乡”、“攀同学或校友”、“攀战友”、“攀亲戚”等。其中，“攀”包括“攀老乡”、“攀同学或校友”、“攀战友”、“攀亲戚”等。其中，“认”与“攀”的区别主要有二：一是，双方是否在客观上存在关系有差异。“攀关系”，表明双方之间在客观上存在某种关系，虽然这种关系本来很疏远，但是，通过“攀”，就使它变得更加明晰、更加亲近。“认”则可以在原本没有任何关系的双方中发生，当然，若双方在客观上存在某种关系，那“认”起来就更方便些，这便是所谓的“亲上加亲”。二是，主动权掌握在哪方有差异。除非一个人生于豪门世家或“大器早成”，不然，一般而言，当一个人拥有许多优势资源时，往往年龄已不小。与此相对应，若甲方“认”乙方为自己的长辈或领导时，此时的主动权常常掌握在乙方手中；反之，若甲方“认”乙方为自己的晚辈或下属时，此时的主动权一般掌握在甲方自己的手中。而“攀”意味着主动权掌握在对方手中，你想与某人“攀亲戚”或“攀老乡”，若对方不想接纳你，那么你一般攀不成。当然，无论是“认”还是“攀”，一旦成功，双方便成了圈内人。⑤“给”。包括“给对方脸面”、“给对方捧场”、“给对方办事”（“替对方办事”或“开绿灯”）、“给予对方小恩小惠”（常用做法是“请吃饭”或送小礼物）或“行贿”（给对方违法的好处）等。⑥“托”。即“托人”。它包括“托领导”、“托同学”、“托朋友”、“托老师”、“托学生”与“托邻居”等。通过一切可托之人，或让其扮演“中间人”角色，为自己牵线搭桥，从而达到认识那些自己想认识的人的目的；或托其办事，一来二去，便与其关系拉近了。⑦“表”。即向对方“表忠心”。⑧“套”。即“套近乎”。它指用言语或送礼等方式拉近与对方的关系。⑨“拍”。即“拍马屁”。⑩“献”。即“献殷勤”。⑪“抓”。即“抓把柄”。

也需要指出的是，要对中国人尤其是当代中国人在“爱心”上展现出的内外有别的心态与行为方式深入分析，才能看得准。第一，一些人的善良之心曾受到伤害。若综合中国大儒孟子与王阳明、西方哲学家休谟和康德，以及现代心理学家皮亚杰与马斯洛等人的研究成果，便可推知，犹如人的视觉能力是先天的（即与生俱来的）而视觉经验是后天获得的一样，人的良知良能（知善知恶的能力）也是先天的，但人的道德经验是后天习得的。因此，假若后天的环境或习俗（如当年在延安等解放区盛行的优良革命作风）有利于人的先天道德能力的展现，人就会逐渐生出对他人的道德敏感性，变得越来越有良知。反之，如果后天的环境或习俗（如“文革”中出现的一些不人道行为）不利于人的先天道德能力的展现，甚至到处充斥着丧尽天良的行为（如当年纳粹德国的党卫军用极其残忍的手段迫害和大肆屠杀犹太人），人就会逐渐丧失对他人的道德敏感性，慢

① ［美］孙隆基．中国文化的深层结构（第二版）．桂林：广西师范大学出版社，2011. 348.

慢变得麻木不仁，即变得道德冷漠。因为，习俗是反复出现、普遍发生的，不是偶发的。偶然发生的行为不能算作习俗，不过，多次偶发的行为就可能演变成一种新习俗。所以，多次偶发的“好人有好报”现象，就可能演化成一种人人乐做善事的道德习俗，并变成一种“实然的道德”；多次偶发的道德冷漠现象，就可能演化成道德冷漠的不良习俗，也会逐渐变成一种“实然的道德”。在当代中国，之所以一些人逐渐生出道德冷漠，原因之一正是社会一再出现伤害个体善良之心的事情，像“南京彭宇案”（时间：2006 年 11 月 20 日）与媒体经常曝光的“碰瓷”[①] 现象等，让人“寒心”，并将中国文化里本有的“敬老”传统消解得无影无踪。第二，从“愿不愿”的角度看，许多中国人更习惯、更愿意将自己的善良之心用在圈内人身上。在通常情况下，由于多数中国人习惯将人作“圈内”与“圈外”的区分，并习惯生活在“自己的生活圈”之内，这样，从“愿不愿”的角度看，他们的这颗“善良之心”往往更习惯、更愿意用在圈内人身上，他们不愿意、也不善于突破这层厚重的“城墙”，相应地，对于“城墙之外”的陌生人及其拥有物，他们一般显得较冷酷无情，易给旁观者留下“中国人对陌生人显得极其道德冷漠”的印象。第三，自身力量有限与圈内需关爱的人太多，导致许多中国人对陌生人的窘境和困境爱莫能助，甚至会“损外肥内”。一方面，自古至今，在绝大多数历史时期，受生产力发展水平低、水灾旱灾频发与劳动者素养较低等因素的交互作用，中国的社会经济一直主要是一种匮乏型经济，在多数历史时期社会积累的财富都不够充足，不但让政府无力在全国范围内建立起一个惠及全民、高水平的社会保障制度，而且导致绝大多数中国人所拥有的财富数量都是有限的，这制约了中国人广施爱心的能力。另一方面，因为中国历来都是人口大国，导致同处于自己生活圈之内的人口数量众多，圈子内需要关爱的人数太大。从“能不能”的角度看，自身力量的有限与圈内需关爱的人太多这一矛盾的产生，使得多数中国人的这颗“善良之心”最多只能用在圈内人身上，若想突破这层厚重的“城墙”，往往“心有余而力不足”。对于“城墙之外”的陌生人所处的困境或可能面临的困境，他们也只能“不为所动”，否则，就会殃及“圈内之人”。更有甚者，为了让自己人获取更大利益，一些人便会损害圈外人的利益，慷圈外人之慨或损害公家利益，以肥自己人。[②] ④“男女授受不亲”的观念导致一些中国人在面对陌生异性尤其是年轻貌美的陌生异性身处窘境或险境时，不知如何妥善应对，只好假装未看见，然后“扬长而去”。主要是这四方面缘由的存在，导致许多中国人在对待自己的家人和朋友时往往热情有加，而在对待陌生人时常常铁血无情。这种情形在乡土中国时期可能仅是偶尔出现，因为那时的中国人多生活在熟人社会（费孝通语），与陌生人一般只是偶尔打交道。因此，有些中国人可能会出于“自己道德高尚”或“仅是偶尔为之，出于爱面子的心理，要厚待对方”等原因，也以“热情有加”的方式对待陌生人。不过，在当代中国，随着城市化进程的加快，越来越多的中国人都生活在陌生人社会里，几乎天天都在与陌生人打交道，此时，中国人这种“对圈内人热情而对圈外人显得道德冷漠”的矛盾心理就经常展现在世人面前。

所以，若要妥善化解当代中国人在待人处世时存在的上述爱心偏见心理，至少要从

---

① “碰瓷”原属北京方言，泛指一些投机取巧、敲诈勒索的行为。

② ［美］孙隆基．中国文化的深层结构（第二版）．桂林：广西师范大学出版社，2011. 299.

五个方面下功夫：①要想方设法妥善保护人的良知。为了妥善保护每个人与生俱来的良知良能，就要努力建立良好的道德习俗，使每个人都逐渐变得有良知，使每个人对他人（包括熟人与陌生人）都充满爱心。②积极推进有利于兼爱品质成长的制度建设，用制度来保证人们的博爱之心。这便要积极地推进有利于维护社会公平、公正制度的建设，用制度来保证人们公平、公正地对待圈内人与圈外人。一旦人们能够公平、公正地对待圈内人与圈外人，就要适当给予强化；反之，如果有确凿证据证明一个人在与圈内人、圈外人交往时，做出严重违背公平、公正的举动，就要及时给予严厉的惩罚。③在大力发展经济的同时，积极推进惠及全民且吻合国情的社会保障制度的建设，并且，在不损害他人正当权益的前提下，给予弱势群体适当的补偿。令人鼓舞的是，党的“十八大”报告已明确提出：“加强社会建设，必须以保障和改善民生为重点。提高人民物质文化生活水平，是改革开放和社会主义现代化建设的根本目的。要多谋民生之利，多解民生之忧，解决好人民最关心最直接最现实的利益问题，在学有所教、劳有所得、病有所医、老有所养、住有所居上持续取得新进展，努力让人民过上更好生活”。④要通过科学教育，改变人们过于看重直系血缘关系的心态，让人们从重视本族“血脉传承”转向重视本族“文化传承”上来。⑤社会要形成新的习俗，破除中国人脑海里根深蒂固的“男女授受不亲”观念。

（2）贵人而贱己，先人而后己。

中国人在对“圈内人”与“圈外人”亲疏有别的同时，又提倡“贵人而贱己，先人而后己”的做法，它至少有两种表征：

一是，客人越是“远”的、“疏”的，便越要尊重，为此而不惜委屈自己或自己人。因此，在家宴请客人时，为了尊重客人，往往不让小孩与客人同桌吃饭，而只是自己陪客人吃饭。[①]

二是，“让”外必先“屈”内。“让”乃“谦让”、“礼让”之义，“屈”指委屈或受委屈之义。“让外必先屈内”的含义是：宁愿让自己人受委屈，也要礼让外人。[②] 因此，在“外人”面前，“会做人”的人一般要先镇住“自己人”，否则，会被人在背后说闲话。例如，当自己的小孩与同伴发生争吵或打架时，中国父母的一般做法是：先将他们劝开，然后也不管正义在哪方，总是不问青红皂白，先批评或打自己的小孩。这无疑会“帮助”孩子形成自我压缩、事事迎合别人、见风使舵或只求息事宁人、不求彰显正义的做人方式。[③] 又如，在中国，若李四自“外”于某圈子，向原本同属一个圈子的熟人张三提出一些过分无理的要求并遭到张三的拒绝，按理说，张三的这种做法是正确的，圈内其他人应支持张三而批评李四。但是，假若大家不敢招惹李四而张三好说话，那么，为了重新将李四“拉回”圈内，恢复圈内的和谐关系，或者，为了让李四彻底远离原来其所处的圈子，避免可能因李四生出更多、更大的怨恨而伤害圈内更多的人，多数中国人的一个惯常做法便是：劝导好说话的张三，或者，向好说话的张三施压，让张三屈就，以满足李四的无理要求。[④]

---

① ［美］孙隆基．中国文化的深层结构（第二版）．桂林：广西师范大学出版社，2011. 82.
② ［美］孙隆基．中国文化的深层结构（第二版）．桂林：广西师范大学出版社，2011. 250.
③ ［美］孙隆基．中国文化的深层结构（第二版）．桂林：广西师范大学出版社，2011. 82.
④ ［美］孙隆基．中国文化的深层结构（第二版）．桂林：广西师范大学出版社，2011. 251.

（3）有“内群体偏好”或“外群体偏好”。

美国社会学家萨姆纳（W. G. Sumner）提出内群体（ingroup）与外群体（outgroup）的概念，认为“内群体”是主宰人们思想的特殊群体，群体成员对它有着特殊的忠诚，而内群体以外的其他群体即“外群体”。人们总是对内群体表现出更为友好的行为和态度，对外群体表现出敌意。这种在评价和行为上明显表现出对内群体而不是外群体偏好的倾向被称为内群体偏爱或内群体偏好（ingroup favoritism）；反之，在评价和行为上明显表现出对外群体而不是内群体偏好的倾向被称为外群体偏爱或外群体偏好（outgroup favoritism）。[①] 若用萨姆纳的这个理论进行观照，就会发现如下事实：

一是，1875 年以前的中国人多有明显的“内群体偏好”。

地中海地区、西亚与印度在很早时便有连成一片的趋势，在人种成分上大致相同。从宗教上看，犹太教、基督教与伊斯兰教基本上是同根所生。从语系上说，印度与欧洲同属印欧语系。并且，地处南亚的印度，也常被西亚的征服者所统治。[②] 与此不同的是，中国地处东亚，往东、往南走都是浩瀚的大海，往北走是地广人稀的戈壁滩（古人称作“大漠”）与严寒地区，往西走是沙漠和高耸入云的高山。出于地缘性的原因，在古代，中国的四周一直没有可以与之抗衡的其他高级文明，使得中国古人创造出的灿烂的物质文明和精神文明成为“一枝独秀”，“笑傲江湖”。据英国著名科学技术史家李约瑟（Joseph Needham，1900—1995）的研究，中国古代的科学技术至十五世纪时仍处于世界先进水平[③]，其中，中国有一些发明或发现（如“四大发明”与瓷器）早于西方。[④] 由于中华文明在东亚地区曾长期独领风骚，因此，使得中国古人误以为自己一直身居世界之“中”，故名“中国”，且是高高在上的“天朝大国”。中国与四周“邻居”的关系是人类唯一的文明和非文明的关系，而不是不同文化之间的关系。所以，当 1840 年英国人对中国发动侵略战争时，对于当时的中国人而言，其感觉便犹如是外星人入侵地球一般。[⑤] 与此相一致的是，在漫长的古代历史上，中国人中很少有人存在“外群体偏好”，绝大多数人都是“内群体偏好”，对中华文明有强烈的优越感，并伴生强烈的民族自信心和民族自豪感。即便在鸦片战争之后的一段时间之内，清王朝已经十分腐朽、没落，“天朝大国”的思想仍深入人心。虽然当时国人的这种心态有“夜郎自大”之嫌，但对维持中国人的民族自信心、民族自豪感和“内群体偏好”仍有一定的积极意义。于是，1872—1875 年（此时距 1840 年 6 月发生的第一次鸦片战争已有 30 余年），清政府请容闳（近代中国留美第一人）负责选派 120 名（从 1872 年开始派送，每年派送 30 名，至 1875 年派完）10 岁至 16 岁（主要是考虑到语言问题）的幼童赴美留学（这是近代中国历史上的第一批官派赴美留学生），预计留学时间 15 年，经费全部由清政府支付。但是，当时的多数中国家长都视出国留学为畏途，将美国视作“蛮夷之邦”，不愿意送子女赴美留

① Berkowitz，Leonard. *A Survey of Social Psychology*：Third Edition，New York：Holt，Rine hart and Winston，1986. pp. 381 – 386.

② ［美］孙隆基．中国文化的深层结构（第二版）．桂林：广西师范大学出版社，2011. 372.

③ ［英］李约瑟．中国科学技术史（第一卷），总论（第一分册）．中国科学技术史翻译小组译．北京：科学出版社，上海：上海古籍出版社，2003. 3.

④ ［英］李约瑟．中国科学技术史（第一卷），总论（第二分册）．中国科学技术史翻译小组译．北京：科学出版社，1975. 549.

⑤ ［美］孙隆基．中国文化的深层结构（第二版）．桂林：广西师范大学出版社，2011. 372.

学。结果，容闳使出浑身解数，才勉强凑够留学人数。① 这与当下一些中国人削尖了脑袋想出国、想移民的心态形成鲜明对比！

二是，当代一些中国人群中存在“外群体偏好”。

如上文所论，中国人在对待圈内人与圈外人时普遍有“贵人而贱己，先人而后己”的做法，这里面潜藏有“外群体偏好”的心态。鸦片战争以后，随着西学的一步步强势进逼、中学的一步步退却，许多中国人的自信心受到沉重打击，尤其是1894年（按中国农历，阳历1894年为甲午年）中国在“中日甲午战争”上惨败给自己的“学生”日本，被迫于1895年与日本签订丧权辱国的《马关条约》，更是给当时的中国人一个致命的打击。再加上当代中国至今仍属于发展中国家，与欧美发达国家相比，在养老、教育、医疗、出行、食品安全与环境等方面仍存在一些需要不断完善的地方，导致一些当代中国人缺乏民族自信心与文化自信心，转而盲目贬低自己的民族与文化，过分推崇外来文化尤其是西方文化，崇洋心态与日俱增，似乎外国的月亮都比中国的圆些。结果，当代中国人多以高规格的超国民待遇礼遇外国人，随处可见“外来和尚好念经”的外群体偏好，而对待国人往往采取一些歧视做法；对国内绝大多数高校发出的文凭采取歧视性态度，但对洋文凭则刮目相看。这不但是少数中国人用钱买国外“野鸡大学”发出的文凭的心因，也让一些中国家长和学子生出“在国内受教育几十年，抵不上去国外混上两三年”的感叹。这既刺激了出国留学热，又因好生源外流和一些高校部分师生因自卑而“自暴自弃”等，于无形中降低了中国本土高校的教学质量。与此偏见相一致的是，现在有些中国人削尖了脑袋想出国、想移民，这从如今许多高校里的大学生拼命学英语和中国人的托福考试、GRE考试等的成绩好得出奇的现象里就可见一斑。在中国已加入WTO与世界慢慢变成一个“地球村”的今天，中国人掀起学英语的热潮是无可厚非的，但凡事都要讲究个“度”，太过，就变味了。同时，在当代中国，由于相关法律、法规的建设进度相对迟缓，社会存在一些“权大于法”和“以权谋私”的现象；监管力度不够，导致社会管理方面还存在一些薄弱环节；良好的道德习俗尚未真正在全社会范围内建立起来，导致一些人的道德修养低下。而一些欧美发达国家经过多年的努力，“法治”观念现已深入人心，“依法治国”、“依法办事”已落到实处；各类监管力度大，导致违法成本高，多数人（尤其是各级官员与政府公务员）不敢“以权谋私”；社会上已形成良好的道德习俗，多数人的道德修养普遍较高。在中国，由于即便受罚，违法成本也颇低廉，与非法获得的暴利相比，简直不值得一提，因此，一些中国企业在生产、销售供国内市场的商品时，往往以次充好，且价高质劣，展现出一副自己瞧不起自己人、自己作践自己人的丑恶嘴脸。与此相反的是，由于境外的管理严格，对违法行为处罚力度极大，甚至有可能让企业倾家荡产，因此，在生产、销售供境外市场的商品时，外国企业为了规避惩罚风险，往往货真价实，甚至物美价廉，显示出明显的外群体偏好。

三是，中国人既有明显的“圈子心理”，又有明显的“外群体偏好”，这矛盾吗？

有人会说，中国人既有明显的“圈子心理”，又有明显的“外群体偏好”，这不是很矛盾吗？二者看似矛盾，实则不矛盾。因为，从产生的背景看，当中国综合国力与中国文化处于强势时（例如在盛唐时期），多数中国人就会有“内群体偏好”，而少“外群体

① 留学史话：中国历史上第一批官派留学生留美前后．环球时报，2008－11－12.

偏好”。从产生的场合角度看，若将处理人际关系与处理业务相比，那么，一般而言，在处理人际关系时，多数中国人更可能会有“内群体偏好”；在处理业务时，才有可能存在“外群体偏好”，尤其当外来文化更加精致或先进时更是如此。若仅就处理人际关系而言，那么，在通常情况下，当来自高地位（包括政治地位、经济地位与心理地位等多种形式）群体的个体与来自低地位群体的个体进行交往时，来自高地位群体的个体更易表现出“内群体偏好”，而来自低地位群体的个体更易表现出“外群体偏好”；当来自同一或类似地位的群体的个体进行交往时，彼此更易产生“内群体偏好”。

（十）注重自评

中国人一向推崇自知。如《老子·三十三章》说：“知人者智，自知者明。”① 王弼在《老子道德经注·三十三章》中说：“知人者，智而已矣，未若自知者，超智之上也。”并且，中国人注重用两种基本途径来认识自我、把握自我，以让自我表现越来越佳：一是内省式自我认知；另一是观照式自我认知。这两种自评法既有相通之处也有细微区别。二者之间的相通之处是，都要经由修养者自己的自我内省才能实现；相对而言，不同之处是，前者可以无明确的外在标准，全凭修养者的良心为判断标准进行自我考评；后者有一外在的评判标准。

1. “吾日三省吾身”：内省式自评法

内省式自评法，指个体通过自我反省的方式来对自己的品行、才华、长相等进行鉴定的一种自评方法。此法由孔子最先提出，孔子认为一个人若想成为道德高尚的君子，就要时常自我检查、自我反省，找出缺点并加以改正，以便做到事事都能问心无愧。受孔子影响，其后很多学者和政治家都提倡用此法来自评。例如，据《论语·学而》记载，曾子说：“吾日三省吾身——为人谋而不忠乎？与朋友交而不信乎？传不习乎？”这样做的目的无非是想通过反省自己，找出自己言行上的不足并加以改正，慢慢地，自己的品性也就得到了提高。荀子也曾说：“君子博学而日参省乎己，则知明而行无过矣。”据吴兢的《贞观政要》卷二《求谏》记载，唐太宗李世民也常常运用内省式自我考评法来找出自己品行上的不足：“朕每闲居静坐，则自内省。恒恐上不称天心，下为百姓所怨。但思正人匡谏，欲令耳目外通，下无怨滞”。

内省式自评法的优点是，针对性强，易深入而细致地开展，易激发个体的主动性和自觉性，也不受时空的限制，可随时随地进行，易提高自评的效率。但是，它得以实现的一个基本前提是，自评者本人要有较完整而清晰的自我，否则，此法就不易施行。例如儿童，其自我尚处于萌芽或初始发展阶段，就不宜采用此法来考评。所以它有一定的适用范围，若超出其范围而强行为之，则易流于形式。

2. “以人为镜，可以知得失”：观照式自评法

观照式自评法，指自己以他人为镜进行自我观照，以检验自己德行、才华高低的一种自评法。例如，据《论语·里仁》记载，孔子明确提出了观照式自我考评法，他说：“见贤思齐焉，见不贤而内自省也”。这里，“贤者”和“不贤者”是个体进行自我考评的外在判断标准，个体将自己的言行与贤者和不贤者的言行进行相互观照，看看自己有

---

① 陈鼓应．老子注译及评介（修订增补本）．北京：中华书局，2009. 192.

没有与贤者类似的优点，以及和不贤者类似的缺点。孔子的这一自评法为其后多数儒家思想家所继承。如荀子在《修身》里也说："见善，修然必以自存也；见不善，愀然必以自省也。善在身，介然必以自好也；不善在身，菑然必以自恶也。故非我而当者，吾师也；是我而当者，吾友也；谄谀我者，吾贼也。"荀子提倡一个人在见到善的行为时，要端端正正地反问自己；见到不善的行为时，要认认真真地检讨自己。通过观照式自我考评，假若发现善良的行为自己已具备，就坚定地爱护好自己；如果发觉自己已有不善良的行为，就要如同受到灾害似的痛恨自己，直到改正为止。

不独儒家主张观照式自我考评法，《鬼谷子》、法家和杂家，以及很多著名的政治家也都赞成运用此法以自评。下面仅举几例：

《鬼谷子·反应》说："反以观往，复以验来；反以观古，复以知今；反以知彼，复以知己。动静虚实之理，不合来今，反古而求之。"其主张通过了解别人的途径反过来了解自己，此中含有观照式自考评法的潜在用意。

《韩非子·观行》曾说："古之人目短于自见，故以镜观面；智短于自知，故以道正己。镜无见疵之罪，道无明过之恶。目失镜则无以正须眉，身失道则无以知迷惑。"由"古之人目短于自见，故以镜观面"一语可知，法家代表人物韩非子也有观照式自我考评法的思想。

归为杂家的《吕氏春秋·自知》也说："欲知平直，则必准绳；欲知方圆，则必规矩；人主欲自知，则必直士。"其更是明确主张为人主者，若要自知，就必须以正直之士为镜，作观照式自我考评。

据《贞观政要·任贤第三·魏征》记载，唐代著名政治家唐太宗李世民"尝谓侍臣曰：夫以铜为镜，可以正衣冠；以古为镜，可以知兴替；以人为镜，可以明得失。朕常保此三镜，以防己过。今魏征殂逝，遂亡一镜矣！"这段话成为延续至今的至理名言。

观照式自评法既有一定的外在标准，又是一种自评法，相对于内省式自我考评法而言，它更易施行，因为它尽管也需要考评者本人具有一定的自我，但其要求较之内省式自评法要低得多，所以它的适用范围更广，并且具有针对性强和易深入而细致地开展等特点。当然，作为一种自评法，它还是要求自评者本人的自我必须达到一个最低的限度，即见到贤者或不贤者均能"幡然悔悟"，若是"无动于衷"，此自评法就难以施行。再者，它需要一定的外界刺激来激发个体自评，相对于内省式自评法而言，此法就多少带有一点儿被动色彩。也需指出，此种以他人为镜来认识自我的方法，即使在现在仍受到人们的重视。美国学者库利（C. H. Cooley，1864—1929）曾提出"镜中我"（Looking-glass Self）理论。依库利的解释，在社会互动过程中，"自我"必须时时将自己投射于对方，然后从对方的立场，将他人当作一面镜子，反射性地看出他人对自己的期望与评价，再做出最适当的行动，这种"反射性的角色取替"（reflexive role taking）就叫"镜中我"，它是社会互动得以进行的先决条件。可见，"镜中我"指人们通过观察别人对自己的行为的反应而形成的自我概念。人们正是从他人对自己的言行中了解别人对自己的看法，帮助自己认识自我形象，并以此为基础进而调节自己的种种活动的，简而言之，人们正是以他人的看法为镜子而认识自己的。用库利的话说："人们彼此都是一面镜子，映照着对方。"[①] 歌德在《塔索》一剧里也有类似的著名台词："只有在人中间，人才能认识自己；只有生活才能教会人去认识自己。"可见，观照式自评方法是一种正确认识自我、不断完善自我的方法。[②]

四、中西方自我的差异

如前文所述，中西方人的自我表现有明显差异。同时，综观杨中芳老师等人的论著[③]，中西方人讲的自我还有如下四个方面的差异，其中，"中西式自我在人格结构中所占比重与所处位置的差异"留在"中国人的人格观"一章里探讨，下面只论余下的几点。由于中西方人的自我差异明显，在运用西方的理论与工具来探讨中国人的自我时，若研究者不及时加以"中国化"，往往会导致研究成果的文化效度低。

（一）中西式"自我"在大小上的差异

中西方人讲的自我在大小上有差异。

1. 西式"自我"是纯粹的"个我"及其成因

（1）西式"自我"是纯粹的"个我"。

在西方人尤其是存在主义者看来：

> 一个人只有从所有的社会角色中撤出，并且以"自我"作为一个基地，对这些外铄的角色做出内省式的再思考时，他的"存在"才开始浮现。如果他缺乏这道过程，那么，他就成了一个没有自己面目的"无名人"。"存在"的拉丁字源为"existere"，有"站出来"之义，与英语中表示"出去"之exit乃文字上之近亲。[④]

可见，在西方人尤其是存在主义者眼中，作为个体的"人"只有从其所属的各种社会角色和社会关系中跳出来，从"跟大家一样"的情况中撤出，自我的"存在"才会浮现，才算是真正的"自我"，才算是使自己作为一个真正的个体的人。从这个角度看，将庄子哲学当作存在主义哲学，是一个天大的误会。存在主义者之所以超越世俗，是因为他们认为个体只有从"跟大家一样"的情况中撤出，自我的"存在"才会浮现。而庄子只是要人用诸如"不成材"、"心斋"、"坐忘"等方式去妥善"保身"，对于那些只知在世俗中逐名逐利、忘形于"身外"之物的人，庄子会予以讥讽。可见，存在主义哲学重灵魂，而庄子重身体，二者有天壤之别![⑤]

西方人主张一个"人"只有从其所属的各种社会角色和社会关系中跳出来才能把握

---

① ［美］C. H. 库利．人类本性与社会秩序．包凡一，王源译．北京：华夏出版社，1989. 108～119.

② 汪凤炎．中国传统德育心理学思想及其现代意义（修订版）．上海：上海教育出版社，2007. 399～403.

③ 杨中芳．如何理解中国人 文化与个人论文集．台北：远流出版事业股份有限公司，2001. 1～476.
韦政通．儒家与现代中国．上海：上海人民出版社，1990. 1～275.
易白沙．我．青年杂志，1916，1（5）：1～6.
［美］孙隆基．中国文化的深层结构（第二版）．桂林：广西师范大学出版社，2011. 1～462.

④ ［美］孙隆基．中国文化的深层结构（第二版）．桂林：广西师范大学出版社，2011. 26.

⑤ ［美］孙隆基．中国文化的深层结构（第二版）．桂林：广西师范大学出版社，2011. 265.

到真正的自我，与此相一致的是，在西方人看来，“自我是旋动于社会空间之中的生理构造，或是可脱离其肉体躯壳的精神或意识，或是一个有机的、在社会中相互作用、追求目标的机体，或是一个有意志的、不断作出决定、能够进行自我创造的行动者，其意义由诱导作用（persuasive agency）所决定”[①]。这表明，典型的西式自我实际上是指个人对自己身心状况有系统、有组织及多方面的认识（包括反思与评价），以及由此产生的情感与意向（包括自己在日常生活中自觉的程度等），其中并不包括“对人—我关系的认识、情感以及由此产生的意向”。换言之，西方人讲的自我只包括他自己，是真正意义上的个体自我、独立的自我，即个体对自己的自觉与反省，并不包括父母、爱人、子女、兄弟姐妹、好朋友与同事等。自我除了莱维斯（Lewis，1992）所称的“我自己”（I-self）之外，是不包括任何其他人的，即便是自己的家人也不包括在内。并且，在西方人心中，每个正常人的“自我”都应是独立的、清晰的、稳定的、相当有组织的、有边界的和理性的，且大部分是反映一个人真实状况的。换言之，西方人多认为，“我自己”是一个独立自主的人、自信的人、理性的人，是一个能思想、有情感、能行动的决策者与执行者。所以，“I”（我）在英文里才永远大写！相应地，西方人一般严格区分“自我”与“他们自己”（其中包括自己的家人），西方社会进而推崇独立性和个人主义的重要性。[②] 通过上文论述可知，西方人讲的这种意义上的自我只相当于中国人讲的“我”的本义，即“个我”。这表明西方人自我的边界就划在“我自己”之外，换言之，西方人的自我这个“围城”里围着的就只有其自身这个“孤家寡人”，个体自身之外的其他人（包括熟人和陌生人等）均在这个“围城”之外。而人的本质属性在于人的社会性，任何一个人都不可能真正孤立地独自生存，因此，西方人要想更好地适应这个世界，就必须冲破这个围城，来到“城外”与大家共同生活。对于西方人而言，一旦“围城”被冲破，“城外”就再也没有任何强大的“边界”，这就是西方人彼此之间更易讲公平、公正和讲“主体间性”的重要原因。

西方人以真正的自我为核心来指称自己，这样做至少有五个优点：①它促使西方文化注重肯定与保护个人的独立性，这是西方文化一向推崇个人主义的文化根源之一。正如陈独秀所说：

> 西洋民族以个人为本位，……自古迄今，彻头彻尾个人主义之民族也。英、美如此，法、德亦何独不然？尼采如此，康德亦何独不然？举一切伦理、道德、政治、法律，社会之所向往，国家之所祈求，拥护个人之自由权利与幸福而已。思想言论之自由，谋个性之发展也。法律之前，个人平等也。个人之自由权利，载诸宪章，国法不得而剥夺之，所谓人权是也。人权者，成人以往，自非奴隶，悉享此权，无有差别。此纯粹个人主义之大精神也。自唯心论言之：人间者，性灵之主体也；自由者，性灵之活动力也。自心理学言之：人间者，意思之主体；自由者，意思之实现力也。自法律言之：人间者，权利之主体；自由者，权利之实行力也。所谓性灵，所谓意思，所谓权利，皆非个人以外

① ［美］安乐哲．自我的圆成：中西互镜下的古典儒学与道家．彭国翔编译．石家庄：河北人民出版社，2006. 259～260.

② ［英］M. 艾森克．心理学——一条整合的途径．阎巩固译．上海：华东师范大学出版社，2000. 786.

之物。国家利益、社会利益、名与个人主义相冲突，实以巩固个人利益为本因也。[①]

因此，无论是大事或小事，西方人一般都是自己独立思考，注重自己的见解，并且，往往是自己一个人说了算。②注意保持和突显自己的个性和独特性。西方人重视个体我，相应地，他们特别注意将自己与他人区分开，以突显自己的个性和独特性。以美国人为例，在私人生活领域，他们习惯了无牵无挂的个人行动，很少有“大家一起行动”的想法[②]，这便是在当今世界各大旅游胜地，人们很少看到有美国人组团出游的心因之一。不过，在公共生活领域尤其是政治生活领域，西方人认识到如下道理：一方面，我只代表我自己，你也只代表你自己，彼此不能代表对方，并且，只有自己才能为自己的利益设想得最周到，而保障自身利益的方式是公开自己的主张，向全社会施加压力，以便分得一杯羹。[③] 另一方面，在国家或众人面前，个人的力量又是颇微弱的，并且，“少数服从多数”是民主的重要内容之一。因此，为了保障自己的合法权益，崇尚个人主义的西方人又特别强调要“抱团”，看到了“团结就是力量”的道理。同时，为了保持或突显自己的个性和独特性，西方人注意强调自己同他人相异的一面。这种心态可以将之称作“求异”心理。以穿衣为例，西方人在衣着上一般较为注重表现自己的个性、独特性乃至独一无二性，喜欢标新立异。并且，西方人对自己的立异，其目的之一是要分清彼此的界线，以保证每一个个体自我的自主性和独立性。在西方人看来，无论关系怎样亲密，一旦遇到原则问题，都要分得清清楚楚。像感情与利益，二者是不能混为一谈的。尽管二人是好朋友，甚至是父子、夫妻，经济账都要算得一清二楚。[④] ③有利于平等观念的养成。西方人（如美国人）多认为每个人都是独特的权利主体，且同为上帝的子民，因此，强调自我身份的平等。④有利于个人责任意识的养成。既然每个人都是独特的权利主体，每个人的行为都是自己选择的，那么，他也要为自己的行为负责。[⑤] ⑤有利于自由、民主、理性、公平、公正等观念的养成。既然每个人都是独特的权利主体，每个人的行为都是自己自由、理性选择的，那么就必须对自己的行为负责，不必过多依赖外在力量的监督与管理，所有这些理念自然有利于自由、民主、理性观念的养成。另外，西方人更易讲公平、公正和讲“主体间性”的原因在上文已有探讨，这里不赘述了。

西方人以真正的自我为核心来指称自己，这样做至少有三个缺点：①过于强调每个人都是独特的权利主体，这既会助长“我行我素”的作风[⑥]，又会助长“道德相对主义”的流行，并导致评判善恶的标准相对化，还易增加个体的孤独感和对他人的不信任感。②过于强调个我的地位与价值，一旦自我利益与社会利益和国家利益相冲突时，就存在有损社会利益和国家利益的风险。③过于强调个我、人我之间的边界，从而让西方人太在乎自己的感受，漠视本与自己有密切关系的他人的感受，也让西方社会少了一些温情。

---

① 陈独秀．东西民族根本思想之差异．青年杂志，1915，1（4）：1～2.
② ［美］孙隆基．中国文化的深层结构（第二版）．桂林：广西师范大学出版社，2011.174.
③ ［美］孙隆基．中国文化的深层结构（第二版）．桂林：广西师范大学出版社，2011.179.
④ 刘承华．文化与人格：对中西文化差异的一次比较．合肥：中国科学技术大学出版社，2002.81～84.
⑤ ［美］孙隆基．中国文化的深层结构（第二版）．桂林：广西师范大学出版社，2011.286.
⑥ ［美］孙隆基．中国文化的深层结构（第二版）．桂林：广西师范大学出版社，2011.286.

（2）西式“自我”是纯粹“个我”的成因。

西方人之所以用真正的自我为核心来指称自己，这既有浓厚的文化根源，也有较完善的法律制度的保障。这些因素概括起来，主要有四：

一是与西方人相信每一个“个体”都具有“灵魂”的观念有关。孙隆基认为，西方人之所以会以真正的自我为核心来指称自己，主要是由于在西方人的心中，每一个“个体”都具有“灵魂”（亦即“自我”的原则），因此都被认为是独立自主的“精神主体”与“权利主体”。这样的“个体”是用自己的“理智”去控制一己的“心”和“身”的。在这样的结构中，“心”只是“情”（emotion），它被归入“肉体”的部分，而不属于“灵魂”的领域。“灵魂”既然是个体独异的原理，而个人又用“个体化”的理智去节制一己之“身”（包括“情”），去为这个原理服务，那么，“灵”与“肉”都是自我调配的因素，而整个人格结构之目的的意向则是为“自我”这个因人而异的独特的开展过程服务。在上帝没有死亡的时代，这个开展过程是指向“超越界”的；在今日，则造成由“自我”去定义世俗关系的倾向。换言之，这样的“个体”设计有较明确的“自我”疆界，会强调“自我”的完整性，这便导致一个人必须以人格的“完整性”去驾驭世俗关系，结果，便出现了要求人人都发展自己的个性、也欣赏别人有个性的局面。这与中国人不重个性的倾向截然不同。①

二是与基督教教义打破了血缘关系有关。西方人深受基督教教义的影响。据《圣经·新约·马太福音》记载，在阐述“做门徒的代价”时，耶稣说道：

> 你们不要想，我来是叫地上太平；我来并不是叫地上太平，乃是叫地上动刀兵。因为我来是叫：人与父亲生疏，女儿与母亲生疏，媳妇与婆婆生疏。人的仇敌就是自己家里的人。爱父母过于爱我的，不配做我的门徒；爱儿女过于爱我的，不配做我的门徒；不背着他的十字架跟从我的，也不配做我的门徒。②

耶稣明白无误地告诉人们，“人的仇敌就是自己家里的人。”这表明，对基督教徒而言，宗教的义务远超过家庭的义务，教会的凝聚力是以牺牲家庭的凝聚力为前提的。③ 在基督教此类教义思想的深刻影响下，西方人最终彻底打破了血缘关系。因此，在西方社会，许多已为人父母的人都有这样一种理念：子女并非自己的私产，而是上帝暂时让自己托管的。这样，他们教养子女的方式一般非常严格，并且，目的就是让子女尽快成为一个独立的人。④ 在此观念的影响下，西方人将自己以外的他人（包括自己的家人在内）都视作“概化他人”，从而能够做到“一视同仁”地对待自身之外的任何“他人”。正如美国汉学家汉森（Hanson，1985）所说，生活在印欧语系里的西方人倾向于将“自己”看作是与社会对立的“独立自我”（independent self），并将社会看作是由许多个体组成的“概化他人”，而用一致性的方式来对待他们。⑤ 这也表明，一个社会若仅以公平、公

---

① ［美］孙隆基．中国文化的深层结构（第二版）．桂林：广西师范大学出版社，2011. 175～176.

② 圣经（和合本）．中国基督教三自爱国运动委员会，中国基督教协会出版发行，2007. 12.

③ 苏丁编．中西文化文学比较研究论集．重庆：重庆出版社，1988. 63.

④ ［美］孙隆基．中国文化的深层结构（第二版）．桂林：广西师范大学出版社，2011. 208.

⑤ 黄光国．知识与行动：中华文化传统的社会心理诠释．台北：心理出版社有限公司，1998. 182.

正法则作为调节人与人之间的行为准则，虽然公平、公正的意识被树立起来了，但人与人之间也就少了一些温情，这是造成当代西方一些国家家庭亲情不浓厚的深层根源之一。

三是新教文化倡导个人得救，主张每个不同的个体都必须自寻最适合自己的得救之路，不能被世俗的关系所连累。受此教义的深刻影响，西方人多相信：只有单独行动，才能充分展现自己的个性；若这个人性格软弱、感情上过分依赖他人，那是有病态人格的人。①

四是自文艺复兴以来，西方各个国家的新兴资产阶层人士为了更好地与宗教势力和封建势力相对抗，必然会将自我建构成独立的、理性的和有边界的。因为声称自我是独立的、理性的和有边界的，每个人就不必盲从以王室为代表的封建官僚集团和以僧侣为代表的宗教势力，而是可以自己进行独立思考、独立判断、自主选择。西方资产阶级革命取得胜利后，西方新兴的资产阶级政府为了将上述理念保存下来，以便更好地代代相传，便逐渐建立并完善了一套保障个人合法权益的法律制度，让生活在这种法律制度下的每个公民的合法权益都有法律的保障。此处一点就明，不多讲。

2. 中式“自我”是“小我”或“大我”及其成因

(1) 中式“自我”是形形色色的“小我”或“大我”，几乎不存在纯粹的“个我”。

在中国文化里，一般而言，除去“皇帝”一人外，任何其他人都只有在与另一个人所组成的关系里才能定位。就“我”而言，也是如此。“我”只有放在与他人所构成的一个关系网中才能定位，“无他即无我，由他才解我”。因此，中国人不认为在一些具体的人际关系背后还有一个抽象的“人格”，而是认为，假若一个人没有与他人交往，没有“他人”这个参照系，没有感到与他人交流感情的需要，他就不能成为一个真正的人，自然也就没有真正的自我。因此，《说文·人部》以“亲也。从人二”释“仁”，将人视作一个会意字，② 这里便含有“社会中的人”③ 之义。用社会建构论者的话讲，中国人一贯主张“人是关系的存在”。顺便指出，儒家将“人”放在人际关系中去理解，强调“仁者人也”④、“人者仁也”⑤，这与西方人对“人”的理解有一定的相通之处。事实上，英文“personality”（“人格”）一词来自拉丁文 persona，本指舞台上演员所戴的特殊面具，它表明剧中人物的身份。这意味着，在舞台上，人格面具能让观众非常直观地知晓一个角色的心理（包括其品性）与行为方式，因为带有某种面具的演员一般是非常“刻板”地按面具所规定的心理与行为方式在台上进行表演的，而不是按演员自己当时真实的内心想法行动的。在英文中，“人”（person）这个字的古字远在西塞罗（Cicero，前 106—前 43）时代的文献中就有面具（mask）的意思，是指一个人在一幕剧中所扮演的角色。所以，“人”是时时注意着自己在一群人中的地位、自己在他人心目中的地位的。⑥ 可见，西方人将面具定义为人格，实际上包含两层含义：①指个人在人生舞台

---

① ［美］孙隆基．中国文化的深层结构（第二版）．桂林：广西师范大学出版社，2011. 50.

② （东汉）许慎撰，（清）段玉裁注．说文解字注．上海：上海古籍出版社，1988. 356.

③ ［美］杜维明．人性与自我修养．胡军，于民雄译．北京：中国和平出版社，1988. 16.

④ 《孟子·尽心下》说：“仁也者，人也。合而言之，道也。”（杨伯峻译注．孟子译注．北京：中华书局，2005. 329.）

⑤ 冯友兰．中国哲学史新编（第五册）．北京：人民出版社，1988. 15.

⑥ 李心天，汤慈美编．丁瓒心理学文选．北京：人民教育出版社，2009. 83.

（从戏台演变而来）上扮演角色的种种行为，即扮演的自我或人格面具。换言之，在人际交往里，人格面具是一个人公开展示的一面，让一个人按面具而不是内心进行行动，就犹如京剧里的脸谱一般。②指深层的内心世界，即真实的自我，或叫自我的本来面目。总而言之，在英文中，人格既包括外部自我，也包括内部自我。①

由于中国人一贯主张"人是关系的存在"，因此，中国人的自我里除了包含"我"的名字、职业、性格等一般的自我内容外，更强调同他人如父母、好朋友、同事等的关系。这表明，中国人主要不是从自己的内在自我，而是从他人对自己的要求出发来进行自我设计的，一个人只有在他与另一个或另外几个人或社会发生关系时，才能在这种关系中定位，通过获得某种人伦或社会角色，他才能获得自身的属性或意义。可见，典型的中式自我实际上是指一个人对"人—我关系"的认识（包括反思与评价），以及由此产生的情感与意向，其中并不在意对"自己身心状况的认识、情感以及由此产生的意向"。正如孙隆基所说：

中国人则认为，"人"是只有在社会关系中才能体现的——他是所有社会角色的总和，如果将这些社会关系都抽空了，"人"就被蒸发掉了。因此，中国人不倾向于认为在一些具体的人际关系背后，还有一个抽象的"人格"。这种倾向，很可能与中国文化中不存在西方式的个体灵魂观念有关。有了个体灵魂的观念，就比较容易产生明确的"自我"疆界。

中国人对"人"下的定义，正好是将明确的"自我"疆界铲除的，而这个定义就是"仁者，人也"。"仁"是"人"字旁加一个"二"字，亦即说，只有在"二人"的对应关系中，才能对任何一方下定义。在传统中国，这类"二人"的对应关系包括：君臣、父子、夫妇、兄弟、朋友。这个对"人"的定义，到了现代，就被扩充为社群与集体的关系，但在"深层结构"意义上则基本未变②。

在整个文化中，似乎只有一个不能由别人去定义的"孤家寡人"，那就是作为全体大家长的皇帝。虽然士大夫阶层确曾想将"君臣"关系纳入"二人"对应的关系中，但随着专制主义的增长，这种对应关系也逐渐成为"君为臣纲"、"君要臣死，臣不死不忠"。专制君主遂成为名副其实的"一人"。因此，黑格尔认为的在中国这类东方专制主义中只有一人是自由的，似乎也有一点道理。当然，专制君主并不是完全没有制约的，如果他搞到天怒人怨的话，就会失去"人心"，而变成"独夫"，到时就会出现"诛一夫"的可能性。不过，无论是哪一种情形，专制君主都倾向于成为"一人"。③

可见，中国人对自我更准确的描述是"我们自己"（We - self），中国人更强调和其家庭成员与社会群体之间的关系，而不是个体的独立性或个性。④ 相应地，中国人对"我"的界定实际上要比西方人讲的自我的含义宽泛得多，中国人的"我"里不但包含个体我，还包含形形色色的社会我，只不过不同的人之间因其道德修养程度的高低不同，

① 黄希庭．人格心理学．杭州：浙江教育出版社，2002. 5.

② ［美］孙隆基．中国文化的深层结构（第二版）．桂林：广西师范大学出版社，2011. 26 ~ 27.

③ ［美］孙隆基．中国文化的深层结构（第二版）．桂林：广西师范大学出版社，2011. 29.

④ ［英］M. 艾森克．心理学——一条整合的途径．阎巩固译，上海：华东师范大学出版社，2000. 786.

导致其内所包含的社会我的多少或大小有差异而已。至少，在一般情况下，对于未婚的中国人而言，其是将自己的“父母”包含在自我之中的；对于已为人父母的中国人而言，其是将自己的“亲生骨肉”（子女）包含在自我之中的。这表明，中国人常常将个体自我与所谓“自己人或自家人”融为一体，以此区别于自己人以外的其他人。结果，导致在以个我为圆心的一组同心圆中，并不是每个圆圈的“城墙”都是一样“厚实”的，其中有一个圆的“城墙”特别厚重，“包裹”在这个特别厚重的圆圈之内的人与物，一般是与处于圆心位置的个我保持非常密切关系的，至少也应是熟人关系的人及其所拥有的物，用中国人习称的话语说，大致可用“自己人”一语来指称（这也说明中国人习惯用“自己人”来指称自己的家人和与自己关系密切的朋友与熟人）；而处于这个特别厚重的圆圈之外的人与物，一般是与处于圆心位置的个我没有任何关系的陌生人及其拥有的物，至多不过是与处于圆心位置的个我保持一种非常淡薄、无足轻重关系的一般人及其所拥有的物，用中国人习称的话语说，大致可用“非自己人”一语来指称。[①] 如图3－4所示。

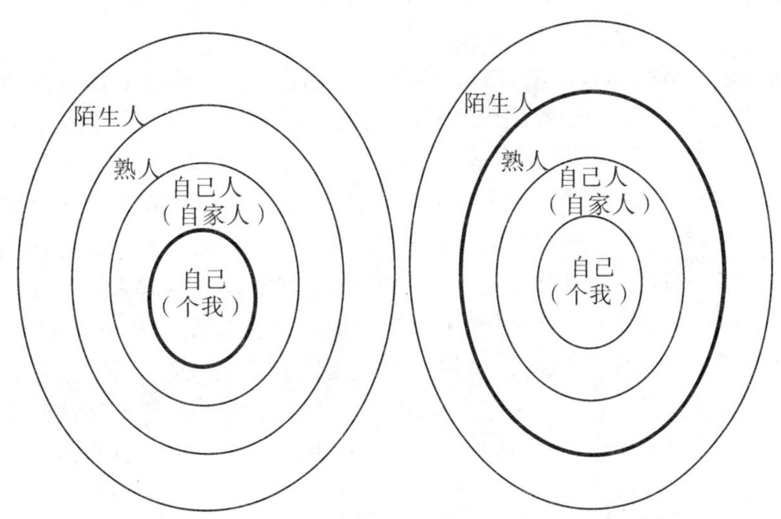

图3－4－1 西方人的自我边界示意图　　图3－4－2 中国人的自我边界示意图

图3－4　中西方人自我边界示意图[②]

由于中国人的自我边界与西方人的自我边界存在上述差异，因此，中国人倾向于将“自己”看作是整个社会中的一个单位，无法从错综复杂的人际关系中抽离出来。中国人特别喜欢用社会角色来指称某个人。例如，张三当了某局局长，周围的人一般就不再用“张三”而是用“张局”来称呼张三了。这表明，在中国人心灵深处一般是将“他人”而不是“自己本人”看作自己的“上帝”。与此相一致的是，中国人一般不是自己给自己定义，而是由他人给自己定义，表现出“无他即无我，有他才有我”的依附性自

① 李美枝．内团体偏私的文化差异：中美大学生的比较．载杨国枢等主编．中国人的心理与行为：文化、教化及病理篇（1992）．台北：桂冠图书股份有限公司，1994．153～155．

② 李美枝．内团体偏私的文化差异：中美大学生的比较．载杨国枢等主编．中国人的心理与行为：文化、教化及病理篇（1992）．台北：桂冠图书股份有限公司，1994．155．

我的特点。这一特色典型地反映在儒家对“人”的定义中。中国人以关系自我为核心来指称自己，认为每个人只有通过获得某种人伦或社会角色才能获得自身的属性或意义，因而，在中国文化里，除“皇帝”外，其他独立的或纯粹的个人就没有意义了，因为它的内核是空洞的、没有内容的。这也表明，对于绝大多数中国人而言，其“自我”的边界虽是清晰的（而非模糊的），但它是处于不断变动之中的（非稳定的）；虽然它也有一定的组织，但大部分内容都是反映“人—我关系”的。所以，安乐哲（Ames，Roger T.）认为，受儒家文化影响的中国人的自我是“焦点—场域”（focus－field）式自我，因为：

> 儒家的自我是处于环境中的，根据儒家的模式，自我是关于一个人的身份（roles）和关系的共有意识。一个人的“内”“外”自我是不可分离的。就此而言，说某人是自觉的，不是说他能把他的本质自我分离出来，并加以对象化，而是说他意识到自己是别人注意的焦点。自觉意识的中心不是在与宾格“我”（me）分离的“我”（I），而是在对宾格“我”的意识。这种意识所产生的自我的形象，决定于一个人在社会中所得到的尊重，这是一种以面子和羞耻的语言把握的自我形象。[①]

中国人这种指称“我”的方式，就其优点而言，至少有二：①注重肯定与保护“社会我”和“大我”，有利于各民族的和睦相处。事实上，正是由于先秦诸子在论自我时突显“大我”的价值，所以才为秦汉的统一奠定了文化基础，而且，让中国人养成了将“天下一统”视作常态而将“天下分裂”视作变态的心理。依孟子《梁惠王上》里的观点[②]，天下只有归于大一统，才会安定下来。[③] 自此之后两千余年的中国古代历史中，大凡国家出现了分裂局面，中国人都会想方设法将之重新统一起来。这便是中国能够成为“大一统”国家的心因之一。[④] ②注重肯定与保护“社会我”和“大我”，显示出中国文化强调做人要有“共生”取向，提倡一个人要以“以心交心”的方式对待他人，时时、处处以对方为重，“尊重”、“礼让”对方，因此，中国人在与人交往时往往不但“人情味”颇浓（详见“中国人的人情观”一章），而且有尚“和”的心态（详见“中国人的尚‘和’心态”一章）。

中国人这种指称“我”的方式，就其不足而言，至少有六：①少独立的自我。中国人强调社会我或大我，从中可见许多中国人几乎没有独立自我的观念，使得中国人在言语里一般少用“我”来称谓自己，而喜欢用说话人与对方关系的方式代替“我”字，个体以此不断地提醒自己，自己在长辈面前是晚辈，在师长面前是学生……并且，与西方人习惯自己独立作出一个重要决定不同，中国人在作出一个重要决定之前，一般会反复征求父母或亲朋好友的意见，最后好不容易才下决定。又如，当别人请客吃饭并问道：你想吃点什么？中国人常见的回答是：随便。而若是西方人，往往会明确地说出自己想吃的东西，如米饭、牛排或者别的东西。这虽是“小事”，但从处理这些“小事”的方式里可看出，中国人在作决定时“习惯”听别人的观点，西方人则更注重自己的见解。

---

① 安乐哲．自我的圆成：中西互镜下的古典儒学与道家．彭国翔编译．石家庄：河北人民出版社，2006. 317.
② 杨伯峻译注．孟子译注．北京：中华书局，1960. 12～13.
③ ［美］孙隆基．中国文化的深层结构（第二版）．桂林：广西师范大学出版社，2011. 322.
④ ［美］孙隆基．中国文化的深层结构（第二版）．桂林：广西师范大学出版社，2011. 178.

同时，由于许多中国人几乎没有独立自我的观念，他们也不能养成尊重自己与他人人格的习惯，结果，便易出现两个极端：一方面，身处“老大”地位的人的自我角色过分膨胀，将自己视作“人上人”，高人一等。其实，他这是在做“屁股决定脑袋”的行径，表明他仍没有独立自我，不能准确评估自己，从而既不尊重自己也不尊重他人。另一方面，一些平民百姓不但自甘处于“人下人”或“草民”的位置，而且不尊重与自己身份相似的人，因而，一旦与人争吵，便习惯当众贬损对方的人格。这同样是既不尊重自己也不尊重他人的行为。[①] ②少有个性的自我。中国人强调社会我，在待人处世过程中往往有意无意地消除自己的个性与特异性，过分压抑自我，以寻求自己和别人的一致性，有浓厚的“求同”心理，以便让自己与众人保持类似的立场与感受。[②] 因此，在私人生活领域，一些中国人习惯“大家一起行动”[③]，以便自己能融进集体或单位这个“大家庭”中，而不会让人觉得自己有“脱离群众”或“搞分裂”的感觉。[④] 这便是在当今世界各大旅游胜地，人们经常看到中国旅游团的心因之一；也是一些中国人愿意与人保持“面和心不和”的心因之一；还是一些中国人只有躲进团体或单位之中才敢“底气十足”，在单独一人时往往深感自卑、无能为力甚至妄自菲薄的原因。所以，鲁迅于 1918 年 11 月 15 日发表于《新青年》第 5 卷第 5 号上的一篇题为“随感录三十八”里所讲的如下一番话真可谓一针见血！[⑤] 鲁迅说：

中国人向来有点自大。——只可惜没有“个人的自大”，都是“合群的爱国的自大”。这便是文化竞争失败之后，不能再见振拔改进的原因。

“个人的自大”，就是独异，是对庸众宣战。除精神病学上的夸大狂外，这种自大的人，大抵有几分天才，——照 Nordau 等说，也可说就是几分狂气，他们必定自己觉得思想见识高出庸众之上，又为庸众所不懂，所以愤世嫉俗，渐渐变成厌世家，或“国民之敌”。但一切新思想，多从他们出来，政治上、宗教上、道德上的改革，也从他们发端。所以多有这“个人的自大”的国民，真是多福气！多幸运！

“合群的自大”，“爱国的自大”，是党同伐异，是对少数的天才宣战；——至于对别国文明宣战，却尚在其次。他们自己毫无特别才能，可以夸示于人，所以把这国拿来做个影子；他们把国里的习惯制度抬得很高，赞美的了不得；他们的国粹，既然这样有荣光，他们自然也有荣光了！倘若遇见攻击，他们也不必自去应战，因为这种蹲在影子里张目摇舌的人，数目极多，只需用 mob（乌合之众，引者注）的长技，一阵乱噪，便可制胜。胜了，我是一群中的人，自然也胜了；若败了时，一群中有许多人，未必是我受亏：大凡聚众滋事时，多具这种心理，也就是他们的心理。他们举动，看似猛烈，其实却很卑怯。至于所生结果，则复古，尊王，扶清灭洋，等等，已领教得多了。所以多有这“合群的爱国的自大”的国民，真是可哀，真是不幸！[⑥]

① ［美］孙隆基．中国文化的深层结构（第二版）．桂林：广西师范大学出版社，2011. 273.
② ［美］孙隆基．中国文化的深层结构（第二版）．桂林：广西师范大学出版社，2011. 179.
③ ［美］孙隆基．中国文化的深层结构（第二版）．桂林：广西师范大学出版社，2011. 174.
④ ［美］孙隆基．中国文化的深层结构（第二版）．桂林：广西师范大学出版社，2011. 179.
⑤ ［美］孙隆基．中国文化的深层结构（第二版）．桂林：广西师范大学出版社，2011. 271 ~ 272.
⑥ 鲁迅．热风．北京：人民文学出版社，1980. 17 ~ 18.

由于一些中国人往往只有“合群的自大”，所以，他们喜欢搞“党同伐异”：某个人一旦占据了要职，往往只用自己人，而排斥外人，以便自己的小集团越来越壮大。所以，他们用人的标准不是“唯才是举”（任人唯贤），而是“用人唯亲”（任人唯亲）。这不但损害了社会的公平正义，还助长了“走后门”、“拉关系”之类的歪风，使一些俊杰失去了报效祖国的机会。[①] 同时，在穿衣打扮等方面，中国人多有“随大流”或“跟风”的心态。大街上流行某一款式的服装（如“唐装”）或鞋子，于是许多人都跟着买这一款式。中国人之所以喜欢求同，其目的之一就在于要消除人我界线，更好地获得一种和合的人我关系，也就是获得一种你中有我、我中有你、你我不分的“互渗”关系。假若人我界线太清楚，就无法做到“互渗”，也就谈不上“和合”了。在亲情与爱情上更是如此。在中国，一对恩爱夫妻的最佳状态，就是将自己完全融入对方的存在之中，也将对方完全融入自己的生命之中。宋代画家赵孟頫的妻子管仲姬所写的一首情诗最能表达这个意思，这首情诗的内容是：

尔侬我侬，忒刹情多，情多处热似火，把一块泥，捻一个你，塑一个我，将咱两个一齐打破，用水调和，再捻一个你，再塑一个我，我泥中有你，你泥中有我。[②]

在打破之前，那两个泥人的状态类似于西方人的婚姻状态，互相吸引，但又是互相独立的个体。这时候，你是你，我是我，界线是分明的。而打破之后，用水调和，再捻成的两个泥人，就与先前大不相同了，它是你中有我，我中有你的，即所谓的一种“互渗”状态了。③缺乏个人责任感。由于许多中国人习惯用“我们”而不是“我”来指称自我，甚至干脆“无我”，这就会因存在“责任分散效应”（Diffusion of responsibility）而导致许多中国人缺乏个人责任感。同时，许多中国人身上的一些社会义务，如成家立业、生男育女、孝敬父母等都是由外力的方式（如文化规定、父母要求或“上面规定”等）加上去的，个人几乎没有自主选择的权利与自由，这种他律式自我、他律式人格也导致许多中国人既没有反省与批判意识，又没有个人责任意识。[③] ④“个人”几乎从未被真正发现与肯定过。中国人强调社会我或大我，又倾向于用关系和角色来“定义”自我，而不是像西方人那样用自我去“定义”外力的关系和角色，在这种对“人”的设计下，除“皇帝”这个“孤家寡人”外，其余单个的“个体”都被视作是没有合法性的，结果，除“皇帝”外，其余孤零零的“个人”，即不受人伦或集体关系“定义”的个体就很容易被当作是一个“不道德的主体”。因此，在中国文化传统里，“个人”几乎从未被真正发现与肯定过。与此相一致的是，对中国人而言，“我行我素”、“一意孤行”、“孤男寡女”、“个人英雄主义”，等等，都是一种不易为人所认可的做人状态。[④] 这与中国传统文化强调宗法礼教有相当大的关系，与中国人在与他人互动过程中有明显重关系的特点也颇吻合。⑤是一些不道德行为产生的根源之一。一个不尊重自己“个体”的人，自

---

① ［美］孙隆基．中国文化的深层结构（第二版）．桂林：广西师范大学出版社，2011. 295.
② 韦政通．中国的智慧．长沙：岳麓书社，2003. 280.
③ ［美］孙隆基．中国文化的深层结构（第二版）．桂林：广西师范大学出版社，2011. 286 ~ 287.
④ ［美］孙隆基．中国文化的深层结构（第二版）．桂林：广西师范大学出版社，2011. 28 ~ 29.

然也不会去尊重别人的“个体”。这种“自贬自抑的意识”与“极大的不道德”之间便存在一定的关联。[①] 正如黑格尔所说：

> 在中国，既然一切人民在皇帝前都是平等的——换句话说，大家一样是卑微的，因此，自由民和奴隶的区别必然是不大的。大家既然没有荣誉心，人与人之间又没有一种个人的权利，自贬自抑的意识便极其通行，这种意识又很容易变为极度的自暴自弃。正由于他们自暴自弃，便造成了中国人极大的不道德。他们以撒谎著名，他们随时随地都能说谎。朋友欺诈朋友，假如欺诈不能达到目的，或者为对方所发觉时，双方都不以为可怪，都不觉得可耻。[②]

同时，总是必须由别人定义“自己”的中国人，一旦解除了“他制他律”的藩篱，“私心”便会像决堤的洪水一般泛滥，所以，在中国文化里，“个人主义”常常是并且只可能是“自私”的同义语。[③] 结果，时至今日，在中国大陆，“个人主义”仍是一个贬义词，一般用来指称人的私心（缺乏公德心，损害公共利益）、过于强调自己的个性（甚至为此不惜牺牲集体的利益）一类的现象。[④] ⑥不利于自由、民主观念的养成。认为绝大多数中国人都需要由别人来定义“自己”，这种观念的背后实际隐含如下潜意识：绝大多数中国人都是“儿童”，无法正常地长成“成人”。这便是一些统治阶层将老百姓视作需要教化的“子民”、老百姓也习惯用“爱民如子”或“真是一位好父母官”之类的语言来称赞那些尽责尽力为百姓办事的官员的深层心理根源。[⑤] 按此逻辑，尽管中国传统思想里有“三十而立，四十而不惑，五十而知天命，六十而耳顺，七十而从心所欲，不逾矩”[⑥] 的说法，但是这似乎只是士大夫的人格成长论。至于占人口大多数的普通老百姓，则无论年龄大小，都是“儿童”，[⑦] 其智商、情商与道德水准的发展程度均不高，自己无法正确作出选择，自己无法有效管理好自己，自己无法正确行使权力，一旦“任其自然”，便易滋生放纵、任性、胡作非为等“坏习惯”，而政府与百姓之间又是“父母亲”与“子女”的关系，所以，百姓自然需要政府官员运用“礼乐”、“文教”或“身教”去开化、教导，运用刑罚去管教。[⑧] 正如《论语·为政》所说：“道之以政，齐之以刑，民免而无耻；道之以德，齐之以礼，有耻且格。”[⑨] 此观念不但不利于中国人养成崇尚自由与民主的观念，而且易让许多中国人缺乏自信，以为自己真是一个“永远长不大的儿童”，只能“命中注定”听从官员的教导与指令。这又导致官僚作风盛行，并滋生崇拜权威的心理。后者若发展至极端，便会将某些官员“神化”，进而出现像“文革”

---

① ［美］孙隆基．中国文化的深层结构（第二版）．桂林：广西师范大学出版社，2011. 305.
② ［德］黑格尔．历史哲学．王造时译．上海：上海书店出版社，2006. 136.
③ ［美］孙隆基．中国文化的深层结构（第二版）．桂林：广西师范大学出版社，2011. 298.
④ ［美］孙隆基．中国文化的深层结构（第二版）．桂林：广西师范大学出版社，2011. 92.
⑤ ［美］孙隆基．中国文化的深层结构（第二版）．桂林：广西师范大学出版社，2011. 311.
⑥ 杨伯峻译注．论语译注（第二版）．北京：中华书局，1980. 12.
⑦ ［美］孙隆基．中国文化的深层结构（第二版）．桂林：广西师范大学出版社，2011. 封底．
⑧ ［美］孙隆基．中国文化的深层结构（第二版）．桂林：广西师范大学出版社，2011. 315.
⑨ 杨伯峻译注．论语译注（第二版）．北京：中华书局，1980：12.

时期那样全国军民均按“毛主席语录”和“最高指示”办事的极端情形。①

（2）中式“自我”是“小我”或“大我”的成因。

中国人的自我之所以会变成形形色色的小我或大我，既有浓厚的文化根源，也有现实的因素。概括起来，原因主要有三：

一是与中国厚重的道德文化有关。如第二章所论，殷周之际中国文化发生了一次大变革，这场变革实乃一场宗教改革运动，最终形成中国文化的特质：用道德取代宗教，使中国文化逐渐摆脱传统宗教，开创了人文精神。并且，作为中国道德文化的主体的儒学非常重视基于血缘的“亲亲”之情，重视仁、义、礼、智、信等德性。正是在此种道德文化的长久熏陶下，中国人的“个我”里逐渐“装进众多他人”，自我也就随即演化成各色小我与大我（依个人的修养程度而定）。

二是与中国文化里不存在西式个体灵魂的观念有关。在孙隆基看来，造成中式“自我”是“小我”或“大我”的一个重要原因是：“很可能与中国文化中不存在西方式的个体灵魂观念有关。有了个体灵魂的观念，就比较容易产生明确的‘自我’疆界”②。谢和耐（Jacques Gernet）在区分中国传统的自我概念与西方自我概念时，也拒绝将心灵与躯体、理性与经验的分离与中国人的经验相联系。③ 谢和耐在《中国与基督教的冲击：文化的冲突》一书里写道：

> 不仅灵魂与躯体的根本对立对中国人来说是某种相当陌生的事，而且在他们看来，所有的生灵注定迟早要散尽其气，然而，可感知的东西与理性的东西如此不同，它们本来是不可分的。中国人从未相信存在着一种至高无上的、独立的理性能力。那种被赋予理性、能够自由地选择善或恶的灵魂的概念是基督教的一条根本信念，但是对于中国人来说是陌生的。④

所以，在中国古典儒家和道家文化里，“心”译作“heart - mind”或“feeling”（感情）最贴切，但不能译作“mind”，否则会误导西方读者，误以为中国古人也有身心二元论。⑤

三是和当代中国的法律制度与管理制度有一定关联。当代中国的法律制度与管理制度虽然在保障公民合法权益方面已取得了巨大进步，但毋庸讳言，还有许多可以提升的空间。同时，由于一些人（尤其是某些官员）的法律意识不强，一些地方还存在“有法不依”的“人治”现象，导致一些身处弱势群体的公民的合法权益得不到法律的有效保护，等等。因而，许多人只好以形形色色的小我或大我来表征自我，却无法“理直气壮”、光明正大地用个我来表征自我。

---

① ［美］孙隆基. 中国文化的深层结构（第二版）. 桂林：广西师范大学出版社，2011. 311.

② ［美］孙隆基. 中国文化的深层结构（第二版）. 桂林：广西师范大学出版社，2011. 27.

③ 安乐哲. 自我的圆成：中西互镜下的古典儒学与道家. 彭国翔编译. 石家庄：河北人民出版社，2006. 320 ~ 321.

④ Jacques Gernet. *China and Christian Impact*：*A Conflict of cultures*，Trans. By Janet Lioyd，Cambridge：Cambridge University Press，1985. p. 147.

⑤ 安乐哲. 自我的圆成：中西互镜下的古典儒学与道家. 彭国翔编译. 石家庄：河北人民出版社，2006. 321 ~ 322.

（二）中西方人研究自我的角度有差异

在研究自我的角度上，中西方人也有较大差异。西方文化一向推崇个人主义，喜欢用分析思维和主客二分式思维，因此，西方人在研究自我时选取的是个体的维度，并喜欢将自我作二元的划分。如，将自我分为身体自我和精神自我、主体自我和客体自我、有意识的自我和无意识的自我、理想自我和现实自我等。而西方人研究自我，其目的主要是解决诸如“我是什么?”、“我的身体与心理是什么关系?”、“我与别人是什么关系?”等问题。

与西方文化不同的是，中国文化因为没有明显的主客二分式思维和分析思维的传统，擅长整体思维和辩证思维，故中国人在探讨自我时，一般未明确地将“我”视作客体我来作纯粹的事实分析，而是将“我”的身心视作一小宇宙，将“我”与周围环境视作一大宇宙，从整体上来剖析这两个宇宙及其相互关系。同时，中国传统文化一向重视伦理道德，推崇群体至上，因此，中国人心中往往只有一个“关系中的自我”，即在人与自然、个体与群体的相互关系中所表现的自我。古代中国人探讨自我，其主要目的不是认识自我的规律，而是力图通过反省自己的言行是否合乎仁、义、理、智、信等道德伦理标准，来提高自己的道德修养，相应地，古代中国人的自我认识常常与自我心性修养联系起来，这之中既有逻辑思维，更有直觉与体验，并且，二者常常相互融合，至今仍较难用现代心理学术语作出精确的对应性解释。

（三）中西方人对待自我的态度有差异

中西方人对待自我的态度至少有五个不同，其中，“中西方人对待身体我与心理我的态度不同”、“中西方人对待理想我与现实我的态度不同”与“中西方人对待公我与私我的态度不同”等已在前面作了探讨，下面只论余下的两个方面：

1. 中国人多压抑自我，西方人多“重我”

中西方两种文化对自我的设计上的优缺点给今人如下启示：合理的自我应是兼顾个体我与社会我的自我，不能偏执一方。

（1）中国人多压抑自我。

中国人多讲社会我或“无我”，显示出明显的压抑自我、压抑个性的色彩。[①] 导致这一结果的原因是多方面的，至少有四点，其中，“小农经济限制了个人独特性的确立，却为‘太平’思想提供了肥沃土壤”留待“中国人的情结”一章进行探讨，下面只论余下的三点：

第一，儒家社会本位文化的影响。对中国人心理与行为方式有深刻影响的儒家文化通常被认为是一种社会本位文化，因为儒学对自我设计的出发点是：自我必须与他人处于一种和谐的、共存的关系中，即在关系的意义上理解自我。这从儒家用“仁”来定义“人”与儒家重“五伦”的事实里可看出。以这种“人”的定义为起点，在儒家文化中，个人一般不具有独立自主性，只是所有社会角色的总和，个人只是努力地去完成自己的角色、责任和义务。并且，由于自我是依赖于他人来定义的，自我实现常常只能依靠他

① 易白沙．我．青年杂志，1916，1（5）：3.

人才能达到。

第二，封建礼教的束缚。中国历经两千余年的封建统治，封建礼教束缚了个体自我的发展。例如，儒学经过汉儒如董仲舒和宋儒如、二程等的加工后，就有浓厚的压抑个性的色彩。

第三，无西式灵魂观念与身心二元论思想。如前文所论，由于中国没有西式灵魂观念、没有西式身心二元论思想，因此，以下作为西方自我意义的基础的主导观念所规定的任何一种自我的概念都不适用于中国人：①理性的意识；②还原于生理（神经化学、社会生物学）；③意志活动；④机体的（生物的和社会的）功能。如果要严格地按西方关于自我的理论来看中国人，那么，中国人简直是“无我”（selfless）。[①]

推崇无我，从根本上说是压抑人性的，不利于中国人健全自我或健全人格的发展，但“塞翁失马，焉知祸福”，也正是由于有了这种无我，才使中国人一向有“以天下为己任”、“舍生取义”、“先天下之忧而忧，后天下之乐而乐”和追求“天人合一”的人生境界的心态与志向。

（2）西方人多“重我”。

西方有灵魂观念与身心二元论思想。西方自文艺复兴以后，工商经济的兴起、资产阶级民主制度的建立，以及宗教信仰的自由，为西方人的发展创设了一个民主的文化环境，这种文化提供了个人自由发展的广阔天地，强调个人的价值，而这种文化显然是关注自我、重视自我的。因此，近现代西方人多讲个体我，显示出重我的特色。西方文化重视个体我，有利于西方人形成独立自主的自我，但西方文化太注重张扬个体我，不太重视社会我，由此带来的一些负面影响也有目共睹。

2. 中西方人对自我最高境界追求的态度有差异

在中国人心中，自我修养的最高境界是天人合一。从儒家的“天人合一”，到道家的“天地与我并生，万物与我齐一”，到佛家的“涅槃”，追求的都是这种最高的自我修养境界。从一定意义上说，追求这种最高人生境界是中国文化尤其是中国传统文化的一大特色。

相比之下，西方只有某些学派（例如人本主义）对此作过探索，影响不大。如马斯洛在对自我实现者的研究过程中发现，几乎所有的自我实现者都经常谈到他们曾经历过一种神秘体验，马斯洛称之为“高峰体验”：“这种体验可能是瞬时产生的、压倒一切的敬畏情绪，也可能是转瞬即逝的极度强烈的幸福感，或甚至是欣喜若狂、如痴如醉、欢乐至极的感觉。[②]”

五、对当代中国人培育具有文化心理根基的健全自我的启示

根据英格尔斯（Inkeles，Alex）的观点，现代化的关键是人的现代化，而人的现代化的核心是人心的现代化。[③] 从心理学角度看，人心现代化的核心是塑造出健全的自我。不

① 安乐哲．自我的圆成：中西互镜下的古典儒学与道家．彭国翔编译．石家庄：河北人民出版社，2006. 313.
② 林方主编．人的潜能和价值．北京：华夏出版社，1987. 366.
③ ［美］英格尔斯．人的现代化．殷陆君编译．成都：四川人民出版社，1985. 3 ~6.

过，从一定意义上说，任何人又都是生活于历史中，因此，当代中国人要想塑造出具有文化根基的、完善的现代自我，其合理路径应是：将中国人的传统自我观念（或叫传统人格）作合理的现代延伸。而传统中国人的自我观念既有与生俱来的优点，也有先天的不足，要发扬中国传统自我观里的积极思想，扬弃其中的消极思想，关键是对其作现代转换，以“生”出适应21世纪新时代的新自我。这样，当代中国人若想塑造一个完善的自我，就必须在继承“提倡自制”和“推崇自强”等优良传统的前提下，树立以下六个新理念：

（一）健全我是兼顾个体利益和群体利益的“我”

虽然自我意识是人成熟的必然进程，也是人区别于、高于动物的特质，但是，不可否认的是，也正是自我意识将个体与他人、万物与自然分离、疏远，这是一个二律背反的矛盾。中国先哲看到了这对矛盾，并提出了一个解决的办法，那就是，无我或忘我。他们试图以此来消解这对矛盾。然而，除了在文艺鉴赏的情景下，人们容易且乐意去忘我，在其他多数情况尤其是在与人互动的过程中，“我”是想忘也忘不掉的。更何况，如前所述，大我本由小我发展而来，没有小我，大我也就失去了存在的根基与根源。中国传统文化强调社会取向（不是真正意义上的社会取向，实乃家庭取向）而忽视个人的价值、尊严与权利，由此而产生种种弊病。梁漱溟在《中国文化要义》一书里说得好：“中国文化最大之偏失，就在个人永不被发现这一点上。一个人简直没有站在自己立场说话的机会，多少感情要求被压抑，被抹杀。”① 一种文化若不先承认小我存在的价值，势必会造成种种流弊。拿中国传统文化而言，中国人明明知道哪是小我哪是大我，但传统文化的主流一向不承认小我存在的价值，而多数人又不可能真的去掉小我，于是，在中国文化心理的压力下，假公济私的双面人就应运而生了。历史上就有此类惨痛教训。儒家尤其是宋明理学家过于强调牺牲小我以成全大我，使中国人的自我修养之路走向过度压抑自我需要、压抑人性的病态道路，其结果是产生了大量的双重人格的虚假之人：在宋明时期，很多所谓的正人君子在人前满口的仁义道德，在人后干的则是男盗女娼和损公肥私之事。从明代描述性欲的小说泛滥成灾和贪污受贿成风的事实中也可得到一定程度的印证。因此，当代中国人的自我修养不能再走此“老路”，而应取其精华去其糟粕，既要坚持改革开放政策，大力发展生产力，努力创造丰富的物质财富和精神财富来满足人们的不同需要；又要引导人们追求高级需要而节制低级需要，消除贪欲，以提升人们的道德境界与人生境界。反映到重塑当代中国人的“我”的形象上，中国人宜先树立起这样一种理念：健全的“我”既不是“拔一毛利天下吾不为也”式的极端自私自利的我，也不是只讲“毫不利己，专门利人”式的我，而是一种兼顾个体利益与群体利益的“我”。这样，在塑造自我时，合理的路径应是：先要肯定小我存在的价值，然后再鼓励人们追求大我的价值。因为小我（或私我）与大我（或公我）之间的关系本是辩证统一的：一方面，小我是大我的成长之基、成长之源，没有小我，何来大我；另一方面，大我是小我的最终归依，有了大我，才能更好地体现小我的价值。因为，就本源意义上说，大河之水是由无数小河之水汇集起来的，所以，不是“大河无水小河干”，而是“小河

---

① 梁漱溟．中国文化要义．上海：学林出版社，1987. 259.

无水大河干”；不过，从本源意义上强调“小河水是大河水之源”的同时，也应看到这一事实：事物是普遍联系的，在现实世界里，有时大河水也是小河水的重要补给源，若大河无水，小河的确也要干。所以，全面的说法应是：小河无水大河干，大河无水小河也会干，小河与大河之间是相辅相成的，“一荣俱荣，一损俱损”。

（二）健全我是融道德我、理智我、审美我与身体我于一体的“我”

儒家的精义思想里本有四个方面：有理学以格物穷理，教人寻求理性；有礼教以规范个体的行为，磨炼个体的意志力与节制力，提高个体的道德修养；有诗教以陶冶个体的性灵，美化个体的生活；[①] 有体育以锻炼个体的身体，并磨炼个体的意志力与勇敢品质。可惜的是，在现实生活里，儒家的上述精义思想除得到极少数大儒坚持外，并未在广大民众身上、心上生根发芽。与此相反，绝大多数中国人偏执于儒家重视道德的一面，反映在自我修养上，则过于执着在“道德我”的层面，并将身体我作庸俗的理解，仅局限在满足口欲的层面，而忽视理智我与审美我的建设，导致理智我与审美我仅停留在少数精英人士身上，绝大多数的普通百姓则既无理智我也无审美我，并缺乏一个健康、强健的身体我：无理智我的重要表征之一是普通百姓多不读书，成为文盲；许多人（包括绝大多数读书人）又都尊经，缺少独立思维（详见“中国人的思维方式”一章），只知盲从权威（众从）或随大流（从众），自然少理智我；无审美我的重要表征之一是汉人自小少受文艺的熏陶，不像少数民族那样从小受家庭和邻家的双重熏陶，“天生”便能唱歌跳舞，自然少审美我；无健康、强健的身体我的重要表征之一是许多读书人都只是“白面书生”，“手无缚鸡之力”。结果，不但不能使多数中国人树立一个健全的“我”的观念，甚至连道德我的形象也难以树立，随处可见的只是不道德的我。与此相一致的是，在中国漫长的古代历史上，尽管各朝各代都会出现几位人品非常高尚的道德楷模，但不可否认的是，几乎每个朝代都是因为整个官僚机构中绝大多数成员的道德沦丧才导致灭亡的。这是今天研究中国人心中的“我”不能不予以反省的。这一经验教训告诉人们，要想使当代中国人树立起一健全的“我”，就要做到：不但要注重培育个体的道德我，还要注重培育个体的理智我、审美我与身体我，只有将四者融为一体，方能使中国人的我得到健康发展。究其原因，健全的我里面本包含道德我、理智我、审美我和身体我。若抽掉其中的道德我，必会使“我”失去道德的指引，此种“我”极易沦落为一个恶我；若抽掉其中的理智我，必会使“我”失去理性判断的能力，此种“我”必是一盲信盲从盲断的“我”；而抽掉其中的审美“我”，必会使“我”失去正常的情感，此种“我”必是一种矫揉造作、虚情假意、冷冰冰的“我”；若抽掉其中的身体我，则前三者均无依托。

（三）健全我是刚柔相济的“我”

在道家思想的影响下，中国古人一向推崇柔我，而忽视刚我的价值，由此使中国人的自我沾染了浓厚的女性色彩，缺乏阳刚之气，这从中国古人喜欢用偏女性的词语来描绘美男子的写作手法里就可见一斑。这样做的结果，虽然从一定意义上说，增强了中国

---

① 贺麟．文化与人生．北京：商务印书馆，1988. 8.

人适应环境的能力，但是，它也有明显的不足，使许多中国人在做人时“柔性有余，而刚性不足”，从而为中国人习惯逆来顺受式的做人方式打下了基础。因此，当代中国人若想树立起完善的自我，就必须朝“刚柔相济的我”的方向努力，妥善坚持汉代扬雄在《法言·君子》里所提到的做人方式，即“君子于仁也柔，于义也刚”。

（四）健全我是既有私德更有公德的“我”

中国古代是乡土中国，乡土中国社会基本上是熟人社会（费孝通语）。在熟人社会里，人与人之间主要靠私德就能完全维持其正常运转。在此背景下，中国先人把道德伦理规范体系建立在个体发自内心的情感之上，它的好处在于将个体的修养与社会的教化融为一体，打通了个人、家庭与国家之间的界限，使之成为一个相互联系的统一整体，提高了德育的效果。[①] 不过，他们这样做的缺陷也颇明显：此种道德常常带有个人的私情，且往往只是一种私德。此种私德既难以推广到陌生人身上，也难以推广到主要为陌生人提供服务的公共财物上，致使中国人缺乏公德心，结果，从此种文化传统中难以培养出公德[②]，这是导致当代中国人仍普遍缺乏公德意识的文化心理的根源之一。因此，若想切实落实《公民道德建设纲要》，若想使当代中国民众生成具现代性的公德意识，当代中国人在塑造完善自我时就必须树立这样的意识：健全的我是既有私德更有公德的“我”，以扭转中国人向来只重私德培育而不重公德培育的心态。从一定意义上说，这是当代中国人的自我不同于古代中国人的自我的一次根本性转换。

（五）健全我是既适度谦虚又充满自信的“我”

用今天的眼光理性地审视中国人将谦虚视作传统美德的心态时就会发现，许多中国人之所以有这种心理与行为方式，除了骨子里仍有浓厚的“无我”思想外[③]，另一个重要原因是他们往往将谦虚与骄傲当作一对此消彼长的矛盾概念，认为一个人一旦谦虚，就不会骄傲自满，一旦不谦虚，就会立即骄傲自满，而“骄兵必败”，于是，为了防止人们走上骄傲自满之歧途，中国人向来推崇谦虚谨慎的做人风格。其实，“谦虚”的对立面应是“非谦虚”[④]，而不是“骄傲”。一个谦虚的人自然不容易骄傲，但是，假若自己明明能胜任某事，硬要在他人面前“谦虚”地说自己“不行”，这种做法不但容易使自己失去一些展现自我的机会，还会给人一种缺乏自知与自信的感觉，甚至会给人一种“城府很深”或虚伪的印象（尤其是一个中国人在没有类似文化背景的“老外”面前这样做人时，更是如此）。同时，一个“非谦虚”的人也不一定就会“骄傲”（当然也可能是骄傲），而可能是以一种实事求是的态度来看待自己的做人风格，从中体现的可能是对自己的自知与自信。在中国已加入 WTO 以及世界变得越来越像“地球村”的今天，要想中国人能更好地与外国人打交道，若想使中国人消除因过于推崇谦虚而带来的一些负

---

① 陈谷嘉，朱汉民主编．中国德育思想研究．杭州：浙江教育出版社，1998. 22 ~ 26.

② 汪凤炎．中国传统德育心理学思想及其现代意义（修订版）．上海：上海教育出版社，2007. 279.

③ 一个连“我”都可以不要的人，自然容易以谦虚的方式待人；与此相映成趣的是，像美国之类的西方发达国家，因其本国文化一向倡导个体要彰显个体我，因此，他们往往不推崇谦虚的做人方式，而喜欢“自我表现”，甚至推崇个人英雄主义（这个词在汉语里则多具贬义色彩）。

④ 这里不用“不谦虚”一词，因为此词在中国往往带有贬义色彩，且从一定意义上说，是“骄傲”的代名词。

面影响，最好的做法之一就是，当代中国人在塑造完善自我时应树立这样的心态：健全的我是既适度谦虚又充满自信的“我”，以扭转中国人向来片面推崇谦虚的心态。[①]

（六）健全我是独立自主的“我”

中国先民在创立“我”这个字时，“我”的性质本是独立自主的性质。它表明中国先民的自我观念里本有独立自主的性质，只是后来出于封建专制等原因，才使得秦汉之后至清代为止的许多中国古人缺乏独立自主的“我”的意识。这意味着当代中国人在塑造独立自主的“我”时没有必要去西方“求神拜佛”，只要重新继承中国人自有的优良传统即可，这对重塑当代中国人的民族自信心和文化自信心具有重要意义！同时，中国传统文化里至少也有一些思想家关注自我确认、追求独立人格、重视自我实现。可惜的是，秦汉之后至清代为止，中国人的主流做法往往是从群体关系中去把握自我，在温情脉脉的相互规定中去体现自我，自我处在内外亲疏、生熟远近、上下尊卑、高低贵贱、男女长幼、爱尊厚薄等关系网中，基本上丧失了权利与义务的平衡和个体自主。只不过中国传统文化将自我融入人们的日常生活之中，使人从心理上得到归属感，这种自我的丧失非但不会让人感觉到人性受到压抑，反而会使人感到安全与幸福，至少能让人从心理上获得一种安全感与幸福感。中国文化（主要是儒家）这样做的实质是：将外在的规范要求转化为人心的内在要求，用心理情感原则将自我引导到以亲子关系为核心的人与人之间的关系中，从而将处于他律的外在道德规范变成人的内在道德品质，并消除道德规范所可能引起的异化。这从下面这样一种事实里可看出：中国的君臣、父子、夫妇、兄弟和朋友的“五伦”之中，亲缘占了三伦，而君臣和朋友关系也是由血缘关系推论出来的。这样，受纲常名教思想的制约，过去中国人讲“我”非常强调依赖与顺从的层面，抹杀了“我”字中本有的“独立”性质。即便孔子曾说：“君子和而不同”，但在现实中，个人只有与君、家庭、家族或群体“同”，才能被君、家庭、家族或群体认可，才能体现自我的价值与存在的意义。换言之，个体只有先理解和认同君、家庭、家族或群体，才能够理解和认同自己。致使在这种文化背景下生活的中国人，能保持独立自主的“我”的人犹如凤毛麟角，由此产生诸如“以礼杀人”的种种弊病，也就是情理中的事了。所以，今日乃至未来的中国人要想建立一健全的“我”，就必须破除这一陈旧观念，而树立一独立自主的“我”。对于此种独立自我的观念，陈独秀曾有精彩论述：

> 第一人也，各有自主之权，绝无奴隶他人之权利，亦绝无以奴自处之义务。奴隶云者，古之昏弱对于强暴之横夺，而失其自由权利者之称也。……解放云者，脱离夫奴隶之羁绊，以完其自主自由之人格之谓也。我有手足，自谋温饱；我有口舌，自陈好恶；我有心思，自崇所信。绝不认他人之越俎，亦不应主我而奴他人。盖自认为独立自主之人格以上，一切操行，一切权利，一切信仰，唯有听命各自固有之智能，断无盲从隶属他人之理。非然者，忠孝节义，奴隶之道德也［德国大哲尼采（Nietzsche）别道德为二类：有独立心而勇敢者曰贵族道德（Morality of Noble），谦逊而服从者曰奴隶道德（Morality of Slave）］。轻刑薄赋，奴隶之幸福也。称颂功德，奴隶之文章也。拜爵赐第，奴隶

① 汪凤炎等．德化的生活．北京：人民出版社，2005. 231～232.

之光荣也。丰碑高墓，奴隶之纪念物也。以其是非荣辱，听命他人，不以自身为本位，则个人独立平等之人格，消灭无存，其一切善恶行为，势不能诉之自身意志而课以功过；谓之奴隶，谁曰不宜？立德立功，首当辨此。①

也正是在此意义上，徐悲鸿才在其画室中挂上一幅“独特偏见，一意孤行”的对联以自勉。当然，要想树立独立自主的“我”的观念，除了个体自己要有此种自觉之外，还需一定的外部条件。幸运的是，今日的中国人早已将压在头上的“三座大山”推翻了，而生活在人民当家作主的社会主义社会。与以往任何社会相比，中国现在已经有了更好的社会环境以保障生活于其中的每一个公民树立其独立自主的“我”的观念。不过，鉴于中国曾有漫长的封建历史，由此而在中国人心灵深处所留下的依附性的“我”的观念又不可能在短时间内予以彻底清除，这就意味着当代中国人树立独立自主的“我”的观念是一个既有光明前景又任重道远的过程。

① 陈独秀．敬告青年．青年杂志，1915，1（1）：2.

中国人很早便确定了一个人的观念，由人的观念中分出己与群。……如何能融凝一切小己而完成一大群，则全赖所谓人道，即人相处之道。

——钱穆

第四章　中国人的尚“和”心态

“尚和”心态可以说是中国人心理的一个突出特点，渗透于中国人对人对事的诸种看法中。汤一介认为，中华文化里的和谐是一种“普遍的和谐”，它主要包括四个层次：自然的和谐、人与自然的和谐、人与人的和谐、人自我身心内外的和谐。① 此观点颇有见地！因此，借鉴汤一介的观点，可以将中国人的尚“和”心理分为四个方面：①自然的和谐。它指一个人将自然界中存在的万物（包括飞禽走兽与花草树木等）看作是一幅和谐画面的心态。②人与自然的和谐，或叫“天人之和”，或叫“天人合一”。它指一个人在处理人与自然的关系上表现出尚和心态（参见“中国人的思维方式”一章）。③“人际之和”。它指一个人在处理人与人（群）的关系上流露出尚和心态。④“人自我身心内外之和”。它指一个人在处理自我身与心、内与外的关系上体现出尚和心态。例如，在审美情趣上流露出“以和为美”的心态。② 限于本章的研究旨趣，这里主要从人我关系与群我关系这个角度来谈中国人的尚和心态，其他尚和心态则在本书的相关内容里予以探讨。从社会心理学视角看，“和”的含义是什么？中国人在与人交往时流露出来的尚“和”心态有什么表征？在与人交往中为什么尚“和”会成为中国人的一种集体潜意识？中国人在日常人际交往中是怎样去实现“和”的？等等。对于此类问题，现在已有一些论著加以探讨，其中最有代表性的是黄曬莉于1996年完成的博士毕业论文《人际和谐与冲突：本土化的理论与研究》（大陆简体版书名改为《华人人际和谐与冲突：本土化的理论与研究》）③，但读后仍有“言犹未尽”之感。因此，本章尝试对它们再作分析，以期加深对此主题的认识。

顺便指出，虽然黄曬莉于1996年便已完成其博士毕业论文《人际和谐与冲突：本土化的理论与研究》，但由于当时文献检索不太方便等原因，笔者至2000年12月初未曾知晓。2000年12月8—10日笔者应邀至中国台北市参加“第五届华人心理与行为科际学术研讨会”，并在专题讨论会上宣读题为“尚‘和’：中国人的集体潜意识”一文，④ 在交流时才得知黄曬莉博士已于1996年完成了题为“人际和谐与冲突：本土化的理论与研究”的博士毕业论文，可惜，当时未见到此文。直至2008年年末才偶然得知重庆大学出版社出版了一套“博雅华人本土心理学丛书”，里面有此书，于是赶紧购买了一本，才

① 汤一介．略论儒学的现代意义．未来与发展，1996（3）：34～36.

② 方克立．关于和谐文化研究的几点看法．高校理论战线．2007（5）：4.

③ 黄曬莉．华人人际和谐与冲突：本土化的理论与研究．重庆：重庆大学出版社，2007，8.

④ 汪凤炎．尚“和”：中国人的集体潜意识．江西师范大学学报（哲学社会科学版），2001（1）：106～112.

最终得以见其“真容”。

一、“和”的语义分析

黄囇莉在其《华人人际和谐与冲突：本土化的理论与研究》一书里，也曾对“和”字及其语言家族的字义进行分析①，不过，因她未用我们所倡导的语义分析法，虽得到一些有启示性的结果，却在深度上稍嫌不足。为此，有必要对“和”字再作语义分析。

（一）“和”字曾有的四种写法及其在字形上的相应变化

要准确弄清“和”的内涵，先要从“和”字字形说起。从字形上看，在古汉语里，“和”字有四种写法，写作宋体，即和、盉、龢与惒。其中，《汉语大字典》并未列出“惒”字字形的演化图，只是作如下解释：“惒”，hé，音“和”。《龙龛手鉴·心部》：“惒，琳师云，僻字也，今作‘和’字。”② 可见，“惒”本是“和”字的一种生僻写法，因此，下文就不多讲。但是，至少在先秦时期，和、盉、龢三字是通用的，下面就要对这三字作一番探究。

1. “和”字字形演化图

在《汉语大字典》里，对于“和”字，列出了八种字形演化图，如图 4－1 所示。

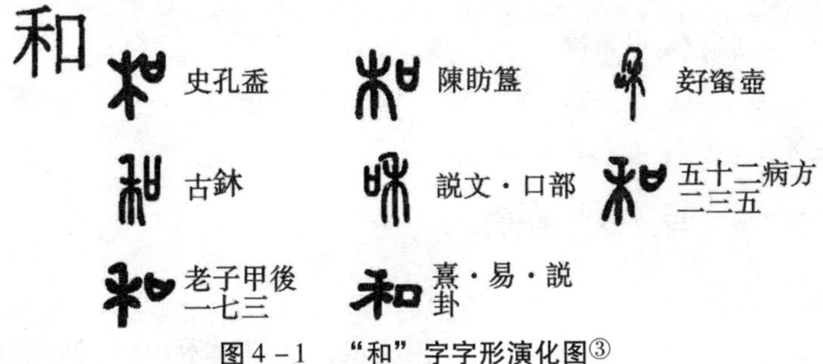

图 4－1 “和”字字形演化图③

2. “盉”字字形演化图

对于“盉”，《汉语大字典》列出了六种字形演化图，如图 4－2 所示。

① 黄囇莉．华人人际和谐与冲突：本土化的理论与研究．重庆：重庆大学出版社，2007，130～143.

② 汉语大字典编辑委员会编纂．汉语大字典（第二版九卷本）．成都：四川辞书出版社，武汉：崇文书局，2010. 2474.

③ 汉语大字典编辑委员会编纂．汉语大字典（第二版九卷本）．成都：四川辞书出版社，武汉：崇文书局，2010. 650.

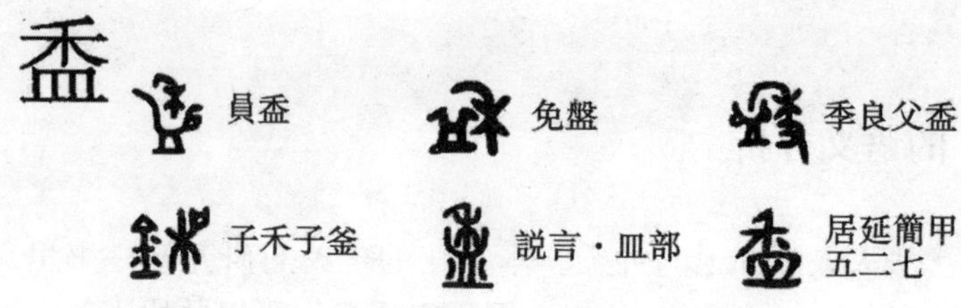

图 4－2　“盉”字字形演化图①

3. “龢”字字形演化图

对于“龢”,《汉语大字典》列出了十种字形演化图，如图 4－3 所示。

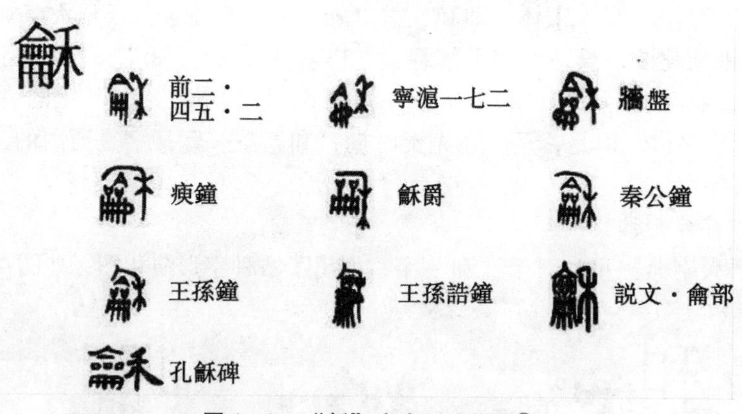

图 4－3　“龢”字字形演化图②

（二）“和”、“盉”与“龢”的含义

1. “和”的含义

“和”,《说文·口部·和》说：“和，相应也，从口，禾声。”据《汉语大字典》的解释，在汉语里，“和”的读音与含义较多。关于读音，主要有五种：①hé；②hè；③huó；④huo；⑤hú。关于含义，有三十六种之多。③ 其中，当“和”读作 hé 时，含义有二十六种，但与心理学有关的含义只有八种，分别是：

（1）和谐；协调。也作“龢”。《说文·龠部》：“龢，调也。”段玉裁注：“经传多假和为龢。”《广雅·释诂三》：“和，谐也。”《易·乾》：“保合大和乃利贞。”王弼注：“不和而刚暴。”《礼记·中庸》：“发而皆中节，谓之和。”又特指人身体健康、舒适。唐代李华《国之兴亡解》：“身或不和则药石之、针灸之。”

（2）适中；恰到好处。《广韵·戈韵》：“和，不坚不柔也。”《周礼·春官·大司

① 汉语大字典编辑委员会编纂．汉语大字典（第二版九卷本）．成都：四川辞书出版社，武汉：崇文书局，2010. 2741.

② 汉语大字典编辑委员会编纂．汉语大字典（第二版九卷本）．成都：四川辞书出版社，武汉：崇文书局，2010. 5124.

③ 汉语大字典编辑委员会编纂．汉语大字典（第二版九卷本）．成都：四川辞书出版社，武汉：崇文书局，2010. 650～652.

乐》："以乐德教国子：中、和、祗、庸、孝、友。"郑玄注："和，刚柔适也。"《论语·学而》："礼之用，和为贵。"杨树达疏证："和，今言适合，恰当，恰到好处。"

(3) 喜悦。《书·康诰》："周公初基，新作大邑于东国洛，四方民大和会。"孔传："四方之民大和悦而集会。"唐代孟郊的《择友》："虽笑未必和，虽哭未必戚。"

(4) 和顺；平和；心平气和；和颜悦色；和风细雨。《广韵·戈韵》："和，顺也。"《左传·文公十八年》："高辛氏有才子八人……忠肃共懿，宣慈惠和。"孔颖达疏："和者，体度宽简，物无乖争也。"

(5) 和睦；融洽。《书·皋陶谟》："同寅协恭，和衷哉。"孔传："以五礼正诸侯，使同敬合恭而和善。"

(6) 和解；和平；结束战争或争执。《周礼·地官·调人》："凡和难。父子之仇，辟诸海外；兄弟之仇，辟诸千里之外。"《孙子兵法·行军》："无约而请和者，谋也。"

(7) 古哲学术语，与"同"相对，指要在矛盾对立的诸因素的相互作用下实现真正的和谐、统一。《论语·子路》："君子和而不同，小人同而不和。"

(8) 调和；调治；调校。《集韵·过韵》："和，调也。"《周礼·天官·食医》："食医掌和王之六食、六饮、六膳、百羞、百酱、八珍之斋。"郑玄注："和，调也。"①

2. "盉"的含义

《说文·皿部·盉》说："盉，调味也。从皿，禾声。"郭沫若在《长安县张家坡铜器群铭文汇释》里说："金文盉，从禾声，乃象意而兼谐声，故如《季良父盉》……象以手持麦秆以吸酒，则盉之初义殆即如少数民族之咋酒罐耳。"② 至于字义，据《汉语大字典》解释，"盉"字主要有三种含义：

(1) 古器名。青铜制，圆口，深腹，三足，有长流、鋬和盖。为酒水调和之器，用以节制酒之浓淡。盛行于殷代和西周初期。如图4-4所示。

图4-4 "盉"③

① 汉语大字典编辑委员会编纂．汉语大字典（第二版九卷本）．成都：四川辞书出版社，武汉：崇文书局，2010. 651～652.

② 汉语大字典编辑委员会编纂．汉语大字典（第二版九卷本）．成都：四川辞书出版社，武汉：崇文书局，2010. 2741.

③ 汉语大字典编辑委员会编纂．汉语大字典（第二版九卷本）．成都：四川辞书出版社，武汉：崇文书局，2010. 2741.

（2）调味。后作“和”。段玉裁在《说文解字注·盉》里说：“调声曰龢，调味曰盉。今则和行而龢、盉皆废矣。……调味必于器中，故从皿。古器有名盉者，因其可以盉羹而名之盉也。”

（3）调味的器皿。《广韵·戈韵》：“盉，调五味器。”①

3.“龢”的含义

综合《说文解字》和《汉语大字典》的解释，“龢”同“和”。《说文·龠部·龢》说：“龢，调也，读与和同。”朱骏声通训定声：“《一切经音义》六引《说文》：‘音乐和调也。’《周语》：‘声相应保曰龢。’”②

（三）“和”、“盉”与“龢”的演变

1.“和”最终取代“盉”与“龢”二字

稍加分析上文所列“和”、“盉”与“龢”三字的含义可知，当作“协调；调和；调治；调校”等义理解时，“和”、“盉”与“龢”三字大体可以换用。当然，在这样用时，三者之间也有细微的区别。关于这点，段玉裁在《说文解字注·盉》里解释得颇为清楚：“调声曰龢，调味曰盉。今则和行而龢、盉皆废矣。……调味必于器中，故从皿。古器有名盉者，因其可以盉羹而名之盉也。”根据段玉裁的这一解释，再结合相关古籍的书写方式看，可以得出两个结论：一是，若细分，“和”、“盉”与“龢”三字的含义与用途有大小之分。尽管“龢”也可用于指调味，例如，《吕氏春秋·孝行》就说：“熟五谷，烹六畜，龢煎调，养口之道也。”③ 但是，在通常情况下，“龢”主要用于指称“调声”，即“调声曰龢”；“盉”主要用于指称“调味”，即“调味曰盉”；“和”则可以兼指“调声”与“调味”。由此可见，“和”的含义与用途较之“盉”与“龢”二字要大、要广。二是，“和”、“盉”与“龢”三字的使用时间长短有差异。从上文所列“和”、“盉”与“龢”三字的字形图及相关解释看，“和”、“盉”与“龢”三字的起源都颇早，至少在金文里都已有这三个字的相应写法。但是，“和”字较之“盉”与“龢”二字，不但在起源上同样具有悠久的历史，而且历久弥新。《尚书》出现“和”字共42次，其中，《今文尚书》25次，《古文尚书》17次，《老子》一书出现“和”字共5次，④《论语》中出现“和”字共8次。⑤ 随着“和”字的兴行，“盉”与“龢”二字逐渐被“和”字所取代，结果“盉”与“龢”最终在中国被废弃不用了。既然如此，下文就主要对“和”作进一步的语义分析。

2.“和”的本义

尽管“和”的含义多达二十六种，不过，从心理学角度看，在“和”的这二十六种含义里，只有八种含义与心理学有密切关系，其余十八种含义与心理学没有任何关联。

---

① 汉语大字典编辑委员会编纂．汉语大字典（第二版九卷本）．成都：四川辞书出版社，武汉：崇文书局，2010.2741.

② 汉语大字典编辑委员会编纂．汉语大字典（第二版九卷本）．成都：四川辞书出版社，武汉：崇文书局，2010.5124.

③ （战国）吕不韦著．吕氏春秋．（汉）高诱注，上海：上海古籍出版社，1989.101.

④ 张立文．中国哲学范畴发展史（人道篇）．北京：中国人民大学出版社，1995.145～149.

⑤ 杨伯峻译注．论语译注（第二版）．北京：中华书局，1980.250.

同时，从字义上看，在“和”的上述二十六种含义中，“和”的本义是“调和；调治；调校。”若进一步分析，“和”的本义有两种。

（1）调味。

“和”的本义之一是“调味”或“和味”。“调味”的含义与用法有两种：用作动词，指“调味”（调和味道）之义；用作名词，指“用调味品配制出的美味食物（如晏婴所讲的“和羹”就属此种食物，详见下文）”之义。从逻辑顺序看，是先有“调味”这一动态过程，然后才有“美味食物”这一静态结果。在这一意义上说，“和”本义先是作动词用，指“调味”，然后才作名词用，意指“调出的美味食品”。这从“和”的早期写法上也可看出。根据图4－1所列“和”字字形演化图可知，“和”字在金文里有两类稍有差异的写法：[①] 一是写作“[和]”，左边是一个“禾”字，右边是一个“口”字；另一是写作“[和]”，左边是一个“口”字，右边是一个“禾”字。在这两种写法里，以前一种写法居多，也表明“和”是一个会意字。因此，要准确理解“和”的本义，先要弄清“禾”与“口”的含义。

“禾”，《汉语大字典》列出了十二种字形演化图，如图4－5所示。

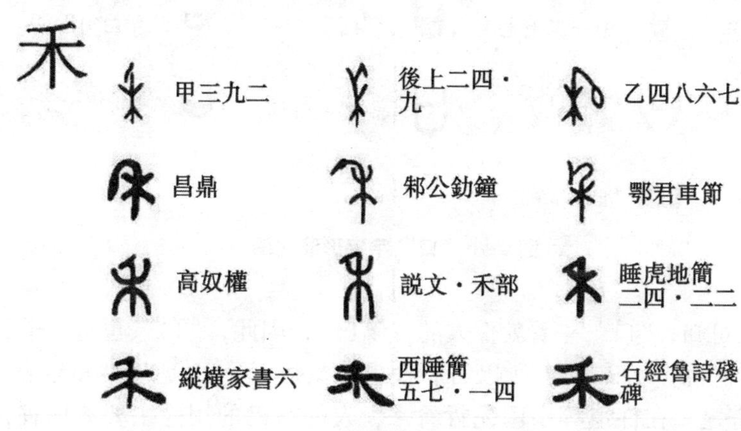

图4－5 “禾”字字形演化图[②]

《说文·禾》说：禾，“嘉谷也。二月始生，八月而孰，得时之中，故謂之禾。禾，木也。木王而生，金王而死。从木，从𠂹省。𠂹象其穗。凡禾之屬皆从禾。”[③] 罗振玉在《增订殷虚书契考释》里说：“禾”“上象穗与叶，下象茎与根。许君云‘从木，从𠂹省’，误以象形为会意矣。”[④] 两个相比较可知，罗振玉对“禾”字字形的解释较之许慎

① 这表明早期的一些汉字还没有完全定型，因而在字形上就存在不太规范的现象。下面将要论及的“禾”字之所以存在两种不同写法，其缘由也在于此。

② 汉语大字典编辑委员会编纂．汉语大字典（第二版九卷本）．成都：四川辞书出版社，武汉：崇文书局，2010. 2770.

③ 汉语大字典编辑委员会编纂．汉语大字典（第二版九卷本）．成都：四川辞书出版社，武汉：崇文书局，2010. 2770.

④ 汉语大字典编辑委员会编纂．汉语大字典（第二版九卷本）．成都：四川辞书出版社，武汉：崇文书局，2010. 2770.

的见解要准确。因为从图4－5可知，“禾”字的甲骨文和金文字写作“”、“”、“”或“”，这些“禾”的写法虽略有差异（如，上面弯的方向，绝大多数都向左弯垂，但在“”中是向右弯垂），但总体上看差不多。从“禾”的甲骨文字体和金文字体的字形看，“禾”的确是一个象形字，而不是一个会意字，即“禾”字像一棵有根有叶、穗子下垂、成熟了的农作物的形状：其上端那向左（或向右）弯垂的一划像是沉甸甸的下垂穗子，中间有叶子，下部有根。[①] 段玉裁在《说文解字注·禾》里说：“嘉谷谓禾也。……民食莫重于禾，故谓之嘉谷。嘉谷之连稿者曰禾，实曰粟，粟之人曰米，米曰粱，今俗云小米是也。”可见，“禾”字本是根据生产“小米”的植物（高粱）的外形而造出来的一个象形字，其本义是指“小米”。具体地说，在秦汉以前，“禾”多指粟，即今小米，后世则多称“稻”为“禾”。[②]“禾”字经过引申，也可泛指“粮食作物的总称”；“禾”也通“和”，于省吾新证：“禾乃和之借字。”[③]

“口”，《汉语大字典》列出了九种字形演化图，如图4－6所示。

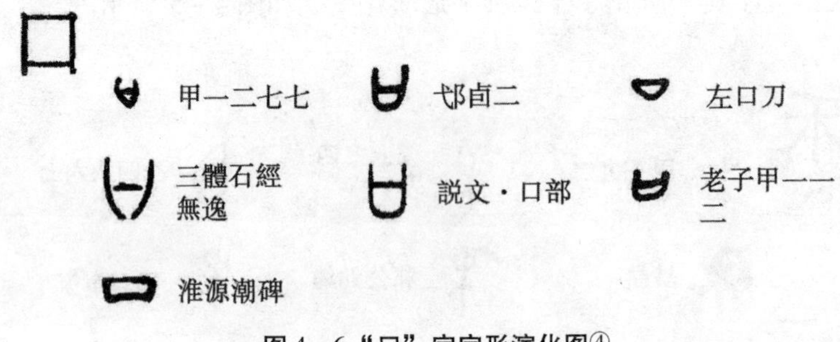

图4－6“口”字字形演化图[④]

从图4－6可知，“口”一看就像人的“嘴巴”，因此，“口”也是一个象形字。《说文·口部·口》说：“口，人所以言、食也。象形。”[⑤] 这是从“口”的功能来界说“口”字，换言之，在许慎等中国先哲看来，人的嘴巴的用途主要有两种：一是说话，二是进食。

“禾”要成为美食，让人吃下去后整个身体产生和顺之感[⑥]，必须经过厨师调配五味（和五味）才成，此种由口所体现出来的“调”即是“和”。《说文·言部·调》说：“调，和也。”而据《集韵·过韵》解释：“和，调也。”《周礼·天官·食医》说：“食医掌和王之六食、六饮、六膳、百羞、百酱、八珍之斋。”郑玄注：“和，调也。”可见，

---

① 谢光辉主编．常用汉字图解．北京：北京大学出版社，1997.559.

② 谢光辉主编．常用汉字图解．北京：北京大学出版社，1997：559.

③ 汉语大字典编辑委员会编纂．汉语大字典（第二版九卷本）．成都：四川辞书出版社，武汉：崇文书局，2010.2771.

④ 汉语大字典编辑委员会编纂．汉语大字典（第二版九卷本）．成都：四川辞书出版社，武汉：崇文书局，2010.613.

⑤ 汉语大字典编辑委员会编纂．汉语大字典（第二版九卷本）．成都：四川辞书出版社，武汉：崇文书局，2010.613.

⑥ 窦文宇，窦勇．汉字字源：当代新说文解字．长春：吉林文史出版社，2005.121.

“和”与“调”可以互训。这充分表明，“和”的本义之一是“调味”。《吕氏春秋·孝行》说：“熟五谷，烹六畜，龢煎调，养口之道也。”其中，“龢煎调”指调节甜、酸、苦、辣、咸等五种味道，使之成为适宜的味道，从而达到保养身体的目的，因为在《吕氏春秋》看来，一个人若经常吃太甜、太酸、太苦、太辣或太咸的食物，容易影响身体健康。正如《吕氏春秋·尽数》所说：“大甘、大酸、大苦、大辛、大咸，五者充形则生害矣。”这表明，“龢煎调”指的就是“龢”的这一本义。正由于“和”的本义之一是“调味”，所以，“和”才能与“盉”通用，并且“盉”最终被“和”所取代。

（2）调声。

“和”的另一本义是“调声”或“和声”。与“调味”类似，“调声”的含义与用法也有两种：用作动词，指“调和五声六律”这一动态过程，也就是“调音”或“调声”之义；用作名词，指“调和五声六律之后得到的美妙和谐音乐”这一静态结果，也就是“声音相应和谐”之义。从逻辑顺序看，是先有“调和五声六律”这一动态过程，然后才有“声音相应和谐”这一静态结果。在这一意义上说，“和”本义仍是先作动词用，指“调音”，然后才作名词用，意指“声音相应和谐”。因为，与美食需要经过厨师调配五味（和五味）才能生成的事实相类似，美妙的乐曲也需经由乐师调五声和六律才能生成。所以，《说文》将“龢”解释为：“调也，从龠，和声。”“龠”在甲骨文里写作“[illegible]”，像将两个有吹口的竹笛捆在一起的排笛或排箫，本义是指由不同音高的吹笛（萧）有序排列而成的和音管乐器。① 因此，据《说文·龠部·龠》讲：“龠，乐之竹管，三孔，以和众声也。从品，侖。侖，理也。”郭沫若在《甲骨文字研究》里也说：“（龠字）象形，象形者，象编管之形也。金文之作[illegible]，若VV者实示管头之空，示此为编管而非编简，盖正与从A册之侖字有别。许书反以侖理释之，大悖古意。”《广雅·释乐》说：“龠谓之笛，有七孔。”合而言之，“龠”本指一种用竹管编成的乐器，似笛而稍短小，有三孔、六孔、七孔之别。② 可见，“龢”字左边的“龠”本是一个竹制的多孔乐器，这从上文所列“龢”字的早期字体也可一眼看出，“龠”的作用在于“以和众声”；“龢”字右边的“禾”只表读音。所以，“龢”的本义就是将从多孔乐器中发出的不同声音进行调节，使之成为和谐音乐之声之义。《吕氏春秋·孝行览·孝行》说：“正六律，龢五声，杂八音，养耳之道也。”其中，“五声”指宫、商、角、徵、羽，“龢五声”指调节宫、商、角、徵、羽这五种声音，使之成为悦耳的声音，从而达到保养耳朵的目的。这里“龢五声”讲的就是“龢”的这一本义。由此可见，“和”的另一本义是和声或和音。正由于此，“和”才能与“龢”通用，并且“龢”最终被“和”所取代。顺便指出，在拉丁语中，“和谐”（harmonia）的原初词义为“声音的和畅顺随”（agreement，concord of sounds），所以从词源上讲它与“交响乐”（symphonic）有关。③ 这表明中西方人对“和谐”的看法有一定的相通之处。

综上所述，中国先人对“和”的认识最初来自于饮食之和与音乐之和。因此，“和”

---

① 见《象形字典·龠》，网址：http：//www. vividiot. com/.

② 汉语大字典编辑委员会编纂．汉语大字典（第二版九卷本）．成都：四川辞书出版社，武汉：崇文书局，2010. 5124.

③ 张进清．和谐德育思想的哲学寻源．教育探索．2010（8）：108.

的本义即为和味、和声。这表明，通过“和”获得的“和味”或“和声”，本是一种包含着差异、矛盾、互为“他”物的对立面在内的各种味道或音律的多样性统一的关系。当然，若细究，在“和”的这两个本义中，“和味”之义较之“和声”之义出现的时间可能会更早些，因为按一般常识以及马斯洛的需要层次理论，人们只有在满足了饮食之类的生理需要之后，才会产生欣赏音乐之类的审美需要。同时，从“和”、“盉”和“龢”三字开始是并用但最终只用“和”的事实看，汉字发展存在两个明显的规律：一是，汉字发端的多源头性。根据上文分析可知，中国先人根据自己所从事的不同职业，会创造出一些与自己职业密切相关的汉字，“和”与“盉”二字均明显来源于农业和饮食业，因此，“和”左边的“禾”代指农作物，右边的“口”指人的嘴巴；而“盉”上边的“禾”同样是指农作物，下边“皿”则指调味的“器皿”。“龢”字起源于音乐制作，因此，“龢”字左边的“龠”本是一个多孔乐器，右边的“禾”是表音的，与农作物无关。二是，汉字一向是朝着实用、简化和规范的方向发展的。从这个意义上说，正是由于“和”较之“盉”和“龢”二字在书写上要简单、方便一些，显得更为实用，“和”才能最终取代“盉”和“龢”二字，成为使用至今的规范汉字。

3.“和”的引申义

“和”既有和味，声音相应和谐之义，由此很自然地就引申出协调、和谐、适中、和解等多种含义。“和味”与“声音相应和谐”里本有“协调”与“和谐”之义，自然就能从“和”里引申出“协调”与“和谐”之义。要想将酸、甜、咸、辣等味道调配成可口的味道，就必须恰到好处地协调好各自的比例；同理，要想将五声六律调配成美妙的音乐，也必须恰到好处地协调好五声六律的比例。因此，自然就能从“和”中引申出“适中”与“恰到好处”之义；一个人如能做到内心协调、身心协调、人我协调，自然就能从内心体验到“喜悦”之情，在与他人交往时自然也就能做到“和顺；平和；心平气和；和颜悦色”；“和睦；融洽”；“和解；和平；结束战争或争执”，于是，“和”里就又多出了这诸种引申义。无论是“和味”还是“和声”，均意味着“要协调各方面的矛盾，使之和谐一致”之义，于是，从“和”里又引申出“在矛盾对立的诸因素的相互作用下实现真正的和谐、统一”之义。概括地说，“和”强调的是矛盾对立中的统一，以承认事物的多样性与保持世界的和谐性为前提①，因此，通过“和”获得的统一关系，是一种包含着差异、矛盾、互为“他”物的对立面在内的事物多样性的统一。② 需要指出的是，“谐”本有“和谐；协调”之义。如《说文·言部》说：“谐，詥也。从言，皆声。”《玉篇·言部》也说：“谐，和也。”③ 至于“詥”，其读音与含义有两种：当其读作“hé”时，其义为“谐”。《说文·言部》说：“詥，谐也。”当其读作“gé”时，其义为“会言”。《集韵·合韵》说：“詥，会言。”《六书统·言部》说：“詥，从言从合，

① 李宗桂．中国文化概论．广州：中山大学出版社，1988. 165.

② 方克立．关于和谐文化研究的几点看法．高校理论战线．2007（5）：5.

③ 汉语大字典编辑委员会编纂．汉语大字典（第二版九卷本）．成都：四川辞书出版社，武汉：崇文书局，2010. 4258.

合众意也。”① 可见，当“谐”作“和谐；协调”之义解时②，“谐”与“和”、“龤”可以换用。将“和”与“谐”二字叠加起来使用，强化了“和”这个概念的辩证性，突出了它包含着差异、矛盾的多样性统一的意义。因此，党中央和国务院提出“和谐社会”、“和谐世界”、“和谐文化”的概念，正是抓住了中华“和”文化的精髓。③

4．用作平衡人我关系与群我关系的“和”

“和”的上述诸种含义恰好可以用于塑造一种良好的人际关系，因此，在中国人心里，“和”很早就被用作处理人际关系的准则。这种思想早在《尚书》中就已出现。《尚书·周书·多方》说：“自作不和，尔惟和哉！尔室不睦，尔惟和哉！”意即：“你们自己不和睦，你们应该和睦起来！你们的家庭不和睦，你们也应该和睦起来！”并且，早在先秦时期，与调节人际关系有关的“和”的含义就已丰富多彩，有了“适中、恰到好处”；“喜悦”；“和顺、平和、心平气和、和颜悦色”；“和睦；融洽”和“和解；和平；结束战争或争执”等多种含义。同时，据《左传·昭公二十年》记载，早在春秋时期，晏婴就以烹饪菜汤和演奏乐曲为例来说明“和”的含义及其与“同”的区别，并以此为喻来阐明“和”（不是“同”）是正确处理君臣关系（实为人际关系中的一种）的准则之一。

公曰：“和与同异乎？”对曰：“异。和如羹焉，水、火、醯、醢、盐、梅，以烹鱼肉，燀之以薪，宰夫和之，齐之以味，济其不及，以泄其过。君子食之，以平其心。君臣亦然。君所谓可而有否焉，臣献其否以成其可；君所谓否而有可焉，臣献其可以去其否，是以政平而不干，民无争心。……声亦如味，一气，二体，三类，四物，五声，六律，七音，八风，九歌，以相成也；清浊、小大，短长、疾徐，哀乐、刚柔，迟速、高下，出入、周疏，以相济也。君子听之，以平其心。心平，德和。……今据（人名）不然。君所谓可，据亦曰可；君所谓否，据亦曰否。若以水济水，谁能食之？若琴瑟之专一，谁能听之？同之不可也如是。”④

要做好一种汤，必须由厨师来调配好酱、醋、盐、梅等调料；要弹凑出一曲好音乐，也只有先将各种声音调配得当才可。若只是往水里再加水或只有单一的音调，此种汤“谁能食之”？此种乐“谁能听之”？晏婴认为，“和”与“同”的差别也正如这两种汤和乐的做法须不同一样，“和”具有将多种不同因素、不同成分以一定的比例调成具有

① 汉语大字典编辑委员会编纂．汉语大字典（第二版九卷本）．成都：四川辞书出版社，武汉：崇文书局，2010．4226．

② 除此之外，“谐”还有其他七种含义：①成；办成功。《后汉书·五行志一》：“南阳有童谣曰：‘谐不谐，在赤眉；得不得，在河北。’”②商定；评议。《后汉书·宦者传·张让》：“当之官者，皆先至西园谐价，然后得去。”李贤注：“谐谓平论定其价也。”③诙谐；滑稽。《汉书·东方朔传》：“上以朔口谐辞给，好作问之。”④配偶。《广雅·释诂四》：“谐，耦也。”⑤对照。《论衡·自纪》：“谐于经不验，集于传不合。”⑥辨别。《列子·周穆王》：“予一人不盈于德而谐于乐。”张湛注：“谐，辨。”⑦合。《书·尧典》：“克谐以孝。”汉语大字典编辑委员会编纂．汉语大字典（第二版九卷本）．成都：四川辞书出版社，武汉：崇文书局，2010．4258．辞海（第六版缩印本）．上海：上海辞书出版社，2010．2099．

③ 方克立．关于和谐文化研究的几点看法．高校理论战线．2007（5）：5．

④ 杨伯峻编．春秋左传注（修订本）．北京：中华书局，1990．1419～1420．

平衡、协调、和谐关系的“新”事物之义，是“以他平他”；“同”只是将无差别的单个因素、单一成分的简单相加而已，是“以水益水，水尽乃弃之，无所成也”①。正如《国语·郑语》所说：

夫和实生物，同则不继。以他平他谓之和，故能丰长而物归之，若以同裨同，尽乃弃矣。故先王以土与金木水火杂，以成百物。是以和五味以调口，刚四支以卫体，和六律以聪耳，正七体以役心，平八索以成人，建九纪以立纯德，合十数以训百体。出千品，具万方，计亿事，材兆物，收经入，行姟极。故王者居九畡之田，收经入以食兆民，周训而能用之，和乐如一。夫如是，和之至也。②

可见，用作处理人际关系准则的“和”，本是指要于不同意见或不同个性中寻求一种“执中”或和谐的状态之义；而“同”则是指抹杀不同人的个性来谋求无差别的、单一性的一致之义，因此，只有“和”（而不是“同”）才是正确处理人际关系的基本准则。到了孔子和老子生活的时代，以孔子为代表的儒家和以老子为代表的道家，开创出使用“和”的两大发展方向。

一是道家在自然的意义上使用“和”。如《老子·四十二章》说：“万物负阴而抱阳，充气以为和。”③ 此思想对后世中医和中国传统哲学产生了深刻的影响。

另一是儒家将“和”逐渐伦理道德化。儒家上承《尚书》和晏婴等人的传统，将“和”逐渐伦理道德化，使之成为判断君子与小人的重要判标，正如孔子在《论语·子路》里说的：“君子和而不同，小人同而不和”。由于儒家思想在汉代至清代为止的中国传统文化里占据主导地位，这导致以“和”作为处理人际关系基本准则的思想自先秦产生以后就一直延续下来，保持了较好的稳定性，在处理人际关系中一直处于支配地位，成为后世中国人做人的重要原则。

5.“和”的精义

根据上文所述，中国人在平衡人我关系与群我关系时流露出来的尚和心态中的“和”，一般读作 hé，其中心含义主要是相安、谐调、适中、团结、平息争端之义，且一般多具褒义，如和谐、温和、谦和等。因此，从现代社会心理学的视角看，“和”的概念类似于社会心理学中讲的“和谐人际关系”、“合作”等概念。而就和所含的意蕴及其可能产生的影响来说，在消极方面，是各种互相对立性质的东西的消解；在积极方面，是各种异质的东西的和谐统一。④ 换言之，中国人尚“和”心态中蕴含有这样的精义思想，依循“内圣外王”的顺序依次是：

（1）“身心之和”。

所谓“身心之和”，指个体在处理自己的身心关系和主客我关系时，从正面说，要妥善协调自己的身与心的关系，主我与客我的关系，知、情、意、行之间的关系，做到身心和谐、心理和谐（即主客我和谐，知、情、意、行彼此和谐），从而使自己的身心

① 徐元诰撰．国语集解．王树民，沈长云点校．北京：中华书局，2002. 470.

② 徐元诰撰．国语集解．王树民，沈长云点校．北京：中华书局，2002. 470 ~472.

③ 陈鼓应．老子注译及评介（修订增补本）．北京：中华书局，2009. 225.

④ 徐复观．中国艺术精神．沈阳：春风文艺出版社，1987. 15.

持久地处于舒畅的状态。要求个体先要做到身心之和，个体只有实现了身心之和，才能更好地去追求人际之和与天人之和。从反面讲，一个人在修养身心时，要避免出现由于“身心内外失和”而导致的诸种弊病。身心一旦“失和”，个体容易产生“空有强壮身体却心理不健康”、“心理健康却身体虚弱多病”、“身心均不健康”等多种不健康状态；主客我一旦“失和”，个体容易产生自傲心态（将“主我”想得太好，大大高于“客我”的实际发展水平）或自卑心态（将“主我”想得太差，大大低于“客我”的实际发展水平）等不健康心态；个体的知、情、意、行之间的关系一旦“失和”，就容易让个体产生撒谎（因知行脱节）、行为粗鲁（因行为缺乏理智或意志的合理调控）、意气用事（行为完全由情绪控制，缺乏理智或意志的合理调控）、冷漠无情（因行为没有善情的滋润）等无礼行为或品行不端行为，甚至违法乱纪行为。

（2）“人际之和”。

在处理人与人（群）、群与群的关系时，从正面说，主张具有不同个性的人与人、人与群、群与群、民族与民族、国与国之间要彼此尊重、平等交往，养成一种具有共生取向的和谐发展的独立人格，做到交往双方彼此互尊、互助、互赢，从而实现人类社会的和谐共存、共同发展。从反面讲，主张一个或多个人（或群，或族，或国家）在与他人（或他群，或族，或国家）交往时，不要为了一味求同而放弃自己的个性，以至于形成一种依附性的人格。

（3）“天人之和”。

在处理人与自然的关系时，从正面说，要承认不同事物之间个别差异性的存在，要求人们要善于从事物的多样性中去谋求一种和谐的统一关系，做到“天人合一”，人与自然万物和谐共存、共同发展。正如张载在《正蒙·乾称篇》里所说：“乾称父，坤称母；予兹藐焉，乃混然中处。故天地之塞，吾其体；天地之帅，吾其性。民吾同胞，物吾与也。”认为人是由天地生成的，天地好比是人的父母，充塞于天地间的元气，构成天地的本体，也构成了我的身体，统帅天地变化的是天地的本性，也是我的本性，人民是我的同胞兄弟，万物是我的亲密朋友，我与天地万物是统一的，应相亲相爱，和谐相处。这充分体现出中国人强调人与自然和谐相处的宽广胸襟。[1] 从反面讲，要避免以破坏自然、牺牲物种的多样性为代价来一味满足人的无限贪欲的诸种做法。

综上所述，“和”里所蕴含的和谐伦理思想的精义至今看来仍颇为合理，与今天中国政府力倡社会主义民主法制建设及社会主义和谐社会建设的时代精神是相吻合的，与当今学术界风行的后现代思潮也有相通的一面。因此，无论是从积极层面还是从消极层面说，“和”本都是一个很好的调节人与自然，人与人，人与群，群与群，民族与民族，国与国，身与心，主我与客我，知、情、意、行之间关系的准则。

二、“和”的种类

中国人实际生活里存在的和谐观，从不同角度来区别，可以分为不同的类型。例如，从实现“和”的策略角度看，可以将中国人实现和谐人际关系的策略分为两类：一是通

① 李宏斌．和谐与竞争：中西文化精神新论．探索，2005（5）：163.

过矛盾双方相互转换以达到动态的和谐；二是通过矛盾双方彼此斗争以达到动态的和谐。从针对的对象不同这个角度分，可以将中国人的尚“和”心态分为三种类型：一是个体自身之和（包括身心之和主客我之和等）。二是人际之和，其内又可分为家庭之和（包括父子、夫妻、兄弟姐妹之和，正所谓“家和万事兴”）、邻里之和、朋友之和、同学之和、上下之和（包括上级与下级之和与官民之和等）。假若上下级之间、领导与百姓之间的和睦均已实现，那就达到“政通人和”的理想局面、“天下之和”等多种类型。三是“天人之和”。即人与自然环境之间和谐相处。[①] 也有人认为，中国人的和谐观存在三种类型：“辩证式和谐观——宇宙观的层次”、“调和式和谐观——人伦社会秩序的层次”与“统制式和谐观——大一统国家社会秩序的层次”。[②] 限于本书的研究旨趣，下面只从“真”与“伪”的角度对“和”进行划分。从真与伪的角度看，可以将中国人实际生活里存在的“和谐人际关系”分为“真和”与“伪和”两大类。为了更好地贯彻执行《中共中央关于构建社会主义和谐社会若干重大问题的决定》，宜大力向人宣扬“追求‘真和’，去掉‘伪和’”的做人理念，只有当人人都树立起“真和”的理念，才有助于“塑造自尊自信、理性平和、积极向上的社会心态”[③]，才真正有利于建立社会主义和谐社会。

（一）“真和”

所谓“真和”，指真正意义上的和谐人际关系。综合中国文化尤其是中国传统文化的相关论述，能够同时符合下列两个标准的人际关系才称得上是真正意义上的和谐人际关系：一是交往双方都从心底彼此尊重并接受对方合情合理的个性特征，并相互鼓励对方发展自己的健全人格；二是做到“心和”，即交往双方都要从心底彼此友爱对方，从心底彼此理解对方合乎道义或法律的所作所为，在此基础上再通过民主协商对话、互容互谅或适度竞争等方式来寻求一种协调一致的关系。由此可见，“真和”精神里既包含尊重人的个性和主体意识的要义，也蕴含现代社会所推崇的平等、自由、民主的理念。从这个意义上说，认为中国和谐文化精神的一大不足是“淹没了人的个性和主体意识，使传统意义上追求的和谐社会失去了平等、自由、民主的前提”[④]，这一观点有以偏概全之嫌。另外，还需特别指出的是，中国人不但心中向往“真和”，并且有一些人按“真和”理念去身体力行。例如，春秋时期的鲍叔牙与管仲的关系、战国时期实现了“将相和”之后的廉颇与蔺相如的关系，以及东汉末年至三国时期的刘备、关羽与张飞三人之间的兄弟关系可算是践履和谐伦理文化以交友的典范。

（二）“伪和”

所谓“伪和”，指虚假的和谐人际关系。若细分，常见的“伪和”可为两类。

1.“面和心不和”

（1）什么是“面和心不和”。

所谓“面和心不和”，它指交往双方表面关系和谐，但心中彼此怨恨对方，或一方

---

① 方克立．关于和谐文化研究的几点看法．高校理论战线，2007（5）：4.

② 黄曬莉．华人人际和谐与冲突：本土化的理论与研究．重庆：重庆大学出版社，2007. 69～79.

③ 中共中央关于构建社会主义和谐社会若干重大问题的决定．北京：人民出版社，2006. 25.

④ 李宏斌．和谐与竞争：中西文化精神新论．探索，2005（5）：165.

对另一方心存不满甚或怨恨情绪。像“春秋末期战败求和的越王勾践与吴王夫差之间的关系”与“鸿门宴中项羽与刘邦的关系”，都属于典型的“面和心不和”。

(2)“面和心不和”的严重后果。

“面和心不和”是一种非常糟糕的人际关系，由此容易导致一些严重的后果：①它易使交往双方或通常是处于弱势的一方迫于有形或无形的压力，为了维持虚假的和谐人际关系而暂时或持久地放弃自己的个性与主体意识，从而既不利于培养人们进行平等对话或民主协商的意识以及相应的素质与技巧，也不利于培养人们进行适度竞争或抗争的意识以及相应的素质与技巧，这或许是一些中国人存在“逆来顺受”或“听天由命”心态的重要原因之一。②它易使交往双方或某一方产生误解，使双方或某一方误认为对方与自己实现了“和谐”，由此容易使交往双方或某一方做出错误的判断与举动。③由于它常常掩盖了问题的实质，使问题不能得到真正的化解，结果，易招致双方或暂时处于弱势的一方对暂时处于强势的另一方的不满甚至怨恨。假若这种不满或怨恨情绪没有通过合理途径得到及时宣泄，而是越积越多，就会留下无穷的后患。一旦满怀怨恨、暂时处于弱势的一方在忍无可忍的情况下起来反抗并得势，哪怕仅是一时的得势，也往往会对曾经压抑过自己的另一方展开强烈的、非理性的报复，并最终给中国文明带来严重的破坏性后果。[①] 例如，在中国历史上，每当改朝换代之际，一些对旧王朝怀有“深仇大恨”的人（如项羽与黄巢等）为了发泄心中积累已久的怨恨，一旦得势，多会对旧王朝的皇室成员或王室成员、王公大臣进行大肆屠杀，甚至会赶尽杀绝；同时，对旧王朝的所创造和积累的文明成果（包括旧王朝的祖坟与宫殿建筑等）进行大肆破坏，并随意掠夺旧王朝的财物与人员。如据《史记·项羽本纪》记载：

居数日，项羽引兵西屠咸阳，杀秦降王子婴，烧秦宫室，火三月不灭；收其货宝妇女而东。人或说项王曰：“关中阻山河四塞，地肥饶，可都以霸。”项王见秦宫室皆以烧残破，又心怀思欲东归，曰：“富贵不归故乡，如衣绣夜行，谁知之者！”说者曰：“人言楚人沐猴而冠耳，果然。”项王闻之，烹说者。[②]

因此，中国历史虽悠久（至少有五千年）、文明虽璀璨（据李约瑟的研究，中国古代的科学技术至15世纪时仍处于世界先进水平[③]），但五千年的中国优秀文明成果未能得到很好的保存，而是不断地在“创业”与“毁业”之间恶性循环。让中国人颇感尴尬的是，虽然许多人反对厚葬，但是，若非因古人有厚葬传统从而为后世中国人保留了大量精美文化产品，留在地面上的实物层面的文化产品，除了不易被火烧掉的城墙外，其余的多是侥幸留了下来，而绝大多数多已被人为破坏了，至今所剩不多。像号称“六朝古都”的南京，许多景点的名气非常大，但若真到实地去看，除了明孝陵和明城墙至今保存仍基本完好外，其他绝大多数实物古迹几近绝迹，至今只留下一个个有悠久历史和

---

① ［美］孙隆基. 中国文化的深层结构（第二版）. 桂林：广西师范大学出版社，2011. 173.

② （西汉）司马迁撰. 史记.（宋）裴骃集解，（唐）司马贞索隐，（唐）张守节正义，北京：中华书局，2005. 223.

③ ［英］李约瑟. 中国科学技术史第一卷，总论（第一分册）. 中国科学技术史翻译小组译. 北京：科学出版社，上海：上海古籍出版社，2003. 3.

著名传说的地名而已。正所谓："南朝四百八十寺，多少楼台烟雨中。"

与此形成鲜明对比的是，1776 年 7 月 4 日美国才宣告独立。至 2013 年 7 月 4 日，美国只有 237 年历史。但是，就是在这短短的 237 年历史中，由于美国诞生了一批以华盛顿、托马斯·杰斐逊、本杰明·富兰克林、亚伯拉罕·林肯与罗斯福等人为代表的智慧者，从而让美国一代代民众所创造的文明能够很好地得到传承和积累，并最终迅速成长为当今世界上的唯一超级大国，在科技、经济、文化、军事、体育等多领域长期保持世界领先水平。

（3）为什么会"面和心不和"。

既然"面和心不和"易导致上述如此严重的危害，那现实生活里为什么又常常会出现"面和心不和"的现象呢？分析起来，原因主要有七种：

第一，交往双方或一方在中国传统"尚'和'畏'争'"与人情、脸面文化的长期习染下，对"和"有一种非理性的偏好，不到迫不得已的情况下，绝不撕破脸皮，明知"面和心不和"的弊病，也退而择其之。

第二，处于强势的一方缺乏足够的智慧，不尊重处于弱势的一方的人格与正当权利及要求，而是利用自己的威严或权力，采取或显或隐，或有意或无意的方式打压对方；处于弱势的一方只好先"忍辱负重"、"韬光养晦"，暂时与强势一方维持表面的和谐，以此等待时机、进行反击。

第三，交往双方或一方不能做到正视彼此之间存在的矛盾，并进而采取积极措施予以解决，只是表面敷衍。

第四，交往双方或一方没有真正理解和谐伦理精神的精义，误将"面和心不和"视作"真和"。

第五，一些城府深的人为了自己或自己小集团的私利，善于用厚黑学来待人，诱人上当。若另一方未及时识破这种勾当，会想当然地以为自己与对方建立起了一种良好的人际关系。殊不知，你真心待他，他却不真心待你，而是在利用你。对你而言，你以为你与他是"真和"；而他则心知肚明，他与你是"面和心不和"。在中国历史上，最成功地为后世中国人树立了一个极坏范例的人便是越王勾践。据《史记·越王勾践世家》记载，在会稽战败后，为了有机会向夫差报仇，勾践深谙"留得青山在，不怕没柴烧"的道理，先假意派大夫文种到吴国向吴王夫差表示愿意投诚，并且，"勾践请为臣，妻为妾"，只希望能保住自己的小命即可。等到吴王夫差同意后，勾践便带着范蠡到吴国做人质，表面千方百计地向夫差示好，暗地里却将越国军政大权托付给文种，要其好好恢复国力。夫差没有识破勾践忍辱负重、韬光养晦的诡计，被勾践"忽悠"后，将勾践放回了越国。勾践回国后卧薪尝胆，最终打败吴国，逼得夫差自杀身亡。事成后，大功臣范蠡深知"飞鸟尽，良弓藏；狡兔死，走狗烹"的道理，知道勾践是一个只宜与之共患难、不宜与之同享乐的人，于是远走高飞，得以善终。另一功臣文种却未看透此道理，留了下来，最终被勾践赐剑自杀。① 对于勾践的所作所为，后世一些中国人往往以正面心态去评价，说做人要像他那样有志向，能忍辱负重、卧薪尝胆。殊不知，勾践在此开了

① （西汉）司马迁撰．史记．（宋）裴骃集解，（唐）司马贞索隐，（唐）张守节正义，北京：中华书局，2005. 1421 ~ 1426.

至少三个不良示范：①告诉后人做人不可有“妇人之仁”。在吴越之争中，若夫差将战败的勾践及其得力干将斩尽杀绝，也就没有了后来勾践的“东山再起”。夫差被勾践的“假诚心投降”所蒙蔽，一时心软，未杀勾践，后又放勾践回越国，犹如“放虎归山”，终于让自己招来灭顶之灾。自此之后，让一些中国人尤其是有权势的中国人明白了一个“道理”：在与人争斗过程中，若自己处于胜利者或强势一方，在对付失败者或仇家时，一定要斩草除根，以绝后患，决不可心慈手软。②在一个道德共同体内也用诡道对付对方。吴国与越国本同属东周，同属一个道德共同体，只不过是“兄弟分家”，后来又发生了“兄弟打架”事件。按理说，在同一个道德共同体之内，双方发生争论甚至“打架”事件，本不宜用诡道（诡道的定义请见“中国人的管理心理观”一章）对付对方，退一步说，即便兄弟在“打架”（发生战争）时用了诡道，在战后便绝对不能再用诡道对付对方，否则，不但很难让曾发生矛盾的双方“冰释前嫌”，而且，一旦诡道被识破，还会加深双方的矛盾。可是，勾践在战败后，深知自己处于弱势地位，性命都岌岌可危，为了保住性命并谋取复仇的机会，就想方设法暂时博取处于强势的夫差的同情和怜悯，为达目的，不惜绞尽脑汁，用阴谋诡计来欺骗夫差，以期与夫差达到“面和”的效果（其实“心不和”，即自己心里痛恨夫差），结果，大获成功。自此之后，让一些中国人养成了“以成败论英雄”的价值观与心态，为了成功，可以不惜任何手段，甚至可以用诡道来对付自己的同胞。这不但是一些中国人难以真正做到“以诚待人”、“信任他人”与“关爱他人”的一个重要心因，也是厚黑学在中国盛行的心因。③“飞鸟尽，良弓藏；狡兔死，走狗烹”成为许多帝王（如刘邦和朱元璋等）信奉的“不二法门”，导致一些“能臣”及其无辜的家人和部下成为“冤死鬼”。结果，一些“能臣”在“主子”事成之后，若不想成为“冤死鬼”，就只能牢记并践行《老子·九章》所说的“持而盈之，不如其已；揣而锐之，不可长保。金玉满堂，莫之能守；富贵而骄，自遗其咎。功遂身退，天之道也”[①]，进而选择远离权力中心。这不但导致许多能臣的聪明才智未得到最大限度发挥，也使得一些“主子”因缺乏能臣的后续支持而变得碌碌无为甚至胡乱作为，二者都阻碍了中华文明的发展进程。所以，要重塑中国人的信任体系乃至道德体系，要更好地促进中华文明尤其是道德文明的发展，一定要深刻反思勾践式的做人方式，并做到在同一个道德共同体内待人接物时一定要彻底放弃厚黑学。

第六，如“中国人的自我观”一章里所述，多数中国人有“让外必先屈内”的心理与行为方式，这种无原则且欺软怕硬式的谦让，也易生出“面和心不和”。

第七，交往双方或一方虽本无意与对方进行真心交流，进而真心悦纳对方，但鉴于“多个朋友多条路，多个敌人多堵墙”等做人“格言”，也不想“得罪”对方，于是采取“礼节性交往态度与方式”对待对方，而对方出于某种缘由，或同样不想“得罪”对方，或处于不对等的劣势，或善于做人等也不予点破。

（4）如何消除“面和心不和”。

在人际交往中，怎样消除“面和心不和”呢？既然产生“面和心不和”的原因主要有七种，那么，对它们一一予以破解，自然就能消除“面和心不和”的局面。

第一，理性看待“和”与“竞争”。要努力培养独立自我，凡事学会独立思考、独

① 陈鼓应．老子注译及评介（修订增补本）．北京：中华书局，2009. 89.

立判断，从而在人际交往中做到理性地看待“和”与“竞争”：在非原则性问题上，若与对方发生矛盾，可以按“吃亏是福”、“海纳百川，有容乃大”的原则去化解矛盾，以赢得和谐人际关系；在原则性问题上，如果与对方发生矛盾，则要据理力争，甚至为此撕破脸皮也在所不惜，切不可为了表面的和谐而牺牲自己的根本利益。

第二，处于强势的一方要不断提高自己的修养与智慧，充分尊重处于弱势的一方的人格与正当权利及要求，双方平等交往，以真心换真心，自然易赢得“真和”。

第三，若交往双方发生了矛盾，双方都要做到正视彼此之间存在的矛盾，进而采取积极措施予以解决，绝不可表面敷衍。

第四，交往双方都要真正理解和谐伦理精神的精义，须知“面和心不和”不是“真和”。

第五，加强社会主义道德与法律建设，让厚黑学在中华大地上无生存空间。同时，人们要努力提高自己的学识与修养，既做到自己不用厚黑学去待人，又有能力去识别他人的城府与心机，避免自己上当受骗。

第六，既然“让外必先屈内”无助于“真和”的形成，那么，无论是处理圈内人之间的矛盾，还是处理圈内人与圈外人之间的矛盾，都应“秉公执法”，彰显公平、正义原则。

第七，若无意与对方进行真心交流，就应委婉但明确地告知对方；对方接收到相应信息后，也要适可而止，切不可怀恨在心或死缠不放。

2. 以“同”代“和”

用《国语·郑语》里的话说，“同”指“以水益水”，也就是无差别的一致之义。因此，以“同”代“和”，就是以自我为中心，抹杀其他人或他物的个性，从而谋求一种无差别的一致性关系（如无差别的一致性人际关系等）。其典型代表就是墨家的“尚同”思想。《墨子·尚同上》写道：

> 子墨子言曰：古者民始生未有刑政之时，盖其语“人异义”（俞云：此本作“古者民始生，未有政长之时，盖其语曰：天下之人异义。中篇文中，可据订。”）。是以一人则一义，二人则二义，十人则十义，其人兹众，其所谓义者亦兹众。是以人是其义，以非人之义，故交相非也。是以内者父子兄弟作怨恶，离散不能相和合。天下之百姓皆以水火毒药相亏害，至有余力不能以相劳，腐臭余财不以相分。隐匿良道不以相教，天下之乱，若禽兽然。
>
> ……
>
> 天下之百姓皆上同于天子，而不上同于天，则菑犹未去也。今若天飘风苦雨，溱溱而至者，此天之所以罚百姓之不上同于天者也。
>
> 是故子墨子言曰：古者圣王为五刑，请以治其民。譬若丝缕之有纪，罔罟之有纲，所（以）连收天下之百姓不尚同其上者也。①

人人各持一义，此做法极合乎极端建构主义者的主张。不过，按墨家所说，若人人

① （清）孙诒让撰．孙启治点校．墨子闲诂．北京：中华书局，2001. 74～78.

各持一义，连父与子、兄与弟之间都会起怨恨，自然会导致天下大乱。所以，要想天下安定，墨家开出的“药方”是必须“同人心”，并且是全国百姓都要与天子和“天”“同人心”，即百姓、下属要听上级领导的话，以便做到“下”与“上”保持一致；“地方”要听“中央”的话，以便“与中央保持一致”，天下一统，也就太平了。①

墨家的“尚同”思想有强调简单同一的色彩，它以自己的学说排斥其他诸家的学说，致使其理论缺乏应有的弹性与包容性，不但限制了自己的视野，自我阻碍了进一步发展的道路，而且最终因受到来自儒家的大力谴责而衰落。② 同时，不但真正的“以同代和”（如墨家的“尚同”思想）易受到人们的批评，有时一些貌似“以同代和”的举动也同样受到人们的抵制。例如，秦始皇推行大一统政策，力图在刚统一的全国范围内实现“车同轨，书同文，行同伦”（《中庸》）的大一统局面，这本是一件利国利民的好事，但因操之过急，让当时一些刚纳入秦国版图的民众觉得这种做法是一种以同代和的做法，从而受到他们的抵制，这是强大的秦朝迅速灭亡的重要原因之一。

不过，虽然人们时常批评“同”，但现实生活里“以‘同’代‘和’”的现象又经常发生。出现这一情况的可能的原因，归纳起来主要有四点：第一，交往双方或一方没有真正理解“和”与“同”的本质差异，误将“同”视作“和”。第二，在特定场合（如抵抗侵略）或特定群体内部（像军队），有时“同人心”往往能产生巨大力量，正所谓“二人同心，其利断金”。于是，一些人为了追求此种巨大合力，乐意放弃自己的个性。第三，管理者出于方便管理的需要，往往喜欢以“同”代“和”。因为群体内部一旦整齐划一，管理者就无须考虑个体的个别差异，这样管理起来就方便一些；反之，管理者若充分尊重与考虑群体内部不同个体的个性差异，就需运用更加人性化的管理方式，这对管理者是一个极大挑战，一些缺乏民主素养的管理者权衡利弊之后往往选择以“同”代“和”。第四，受中国传统“群体优先”思维方式的深刻影响。当群体利益与个人利益相矛盾时，一些人自愿或被迫放弃自己的个性，于是便极易出现“以‘同’代‘和’”。

“以‘同’代‘和’”之所以是伪“和”，最重要的原因之一是它不符合“彼此尊重对方合情合理的个性”这一真“和”的实质精神。“以‘同’代‘和’”容易产生下述的严重后果：它抹杀了弱势群体的鲜活个性，使得一个群体内部由于缺乏不同的声音而显得单调，也使民主、协商、对话等沟通方式失去了生存的空间，从而极易滋生专制的管理方式，并导致群体缺乏可持续性发展的潜能。同时，它容易让被抹杀了个性的弱势群体在心里产生积怨，进而于无形中削弱本群体的凝聚力，甚至给本群体的生存与发展留下无穷后患。

三、尚“和”心态的表征

中国人在与人交往或处理人际关系时流露出来的尚“和”心态，除了“和而不同”与“谦和待人”以外，主要的还有以下七种表征：

---

① ［美］孙隆基．中国文化的深层结构（第二版）．桂林：广西师范大学出版社，2011. 324 ~ 327.

② 李宗桂．中国文化概论．广州：中山大学出版社，1988. 165.

（一）和为贵

和为贵是指一种推崇“和”或崇尚“和”的心理。假若用一个特征来概括中国人的尚和心态，那就是中国人在与人交往或处理人际关系时流露出来的和为贵心态。此种心态可从某些深入中国人心中、为广大中国人所推崇的民间谚语中得到印证：“和为贵”、“二人同心，其利断金”、“众心成城，众口铄金”、“内睦者家道昌，外睦者人事济”、“和气生财”、“家和万事兴”、“家和万事成”，等等，这类谚语都是从正面肯定了“和”的好处。尤其是已成为中国人口头禅的“天时不如地利，地利不如人和”一语，将人和视作高于天时、地利的最重要因素，推崇“和”的心态更是溢于言表。并且，在汉语中，描述一个人接人待物的态度好时，多用“温和”、“和易”、“和柔”、“和气”或等词语来形容；描述一种团结、良好的人际关系时，多用“和一”、“和谐”、“和平”、“和合”、“和洽”、“和勉”与“和解”等词语，这些词语多具有褒义，从这里面也可看出中国人在人际交往中的尚和心态。通过问卷调查也得出了类似的结论。问卷中，对于“在下列诸种人际关系中，您最推崇哪一种?”这一问题，在所调查的人群中，约86.67%的人选择了“和谐”，约10.00%的人选择了“相互竞争”，约3.33%的人选择了“淡如水”，选择“冷漠”的人为0，这组数据同样表明中国人最推崇和谐的人际关系。

（二）企盼和事佬

企盼和事佬是指这样一种心理：当自己在处理人际关系时一旦不能达到“和”的状态，就企盼和事佬的出现，希望由和事佬出面来打“圆场”，从而使面临冲突或失衡的人际关系重新恢复到和谐的状态。和中国人在与人交往时一向以和为贵的心理相一致，中国人有着强烈的企盼和事佬的心理。关于这点，Smith有过一段精彩的描述：

> 在中国乡间，邻舍间时常会吵架，在这种困扰每个村庄的频繁争吵中，不能没有和事佬来进行调解，而担负调解任务的和事佬则必须充分考虑到怎样使争吵的双方都能保住“面子”以达成平衡势态，就像欧洲政治家在处理国际纠纷时一向奉行的维持势力均衡一样。中国人在这种争吵后，安排和事佬进行调解，目的并不在于能有一个公正的裁决，即使这种裁决很需要，它在中国人之间也不可能达成，但是，和事佬角色的安排，却在一定程度上会促使有关各方在“面子”上达成平衡。在官司的裁决中，也常实行这样的原则，因此中国人的官司往往是一场不分胜负的游戏。①

问卷调查显示：对于“假若您现在正与某人发生争执，您内心是否有企盼和事佬出来打圆场的想法?”这一问题，60.04%的人选择“有”，39.96%的人选择“没有”，这表明多数中国人在自己没有能力获得和谐人际关系时，都有企盼和事佬出现的心态。

至于中国人企盼和事佬出现的原因，归纳被试的答案，大多数人的观点多是持和事佬有用论，即认为和事佬的出现有助于“僵局”的打破，使争执双方重新恢复或建立和谐的人际关系。不过，观点虽同，不同被试的具体表述则多种多样，大致有以下几种：

① ［美］明恩溥．中国人的特性．匡雁鹏译．北京：光明日报出版社，1998. 9～10.

①和事佬有助于和谐人际关系的建立，而自己想有个和谐的环境，它会有利于平日的学习、工作与生活。②和事佬可使争执的危害降到最低。即觉得争执带有很大的情绪性，往往在冲动之下更易坏事，事后则往往会后悔，所以希望能有人及时出来调停一下为好，以便冷静之后再讲道理；或认为争执的时候往往口无遮掩，可能会伤害朋友间的感情，通过和事佬可让争执的危害降到最低，等等。③和事佬有助于问题的解决，因为“旁观者清，当局者迷”。有的人说，自己不好意思先退一步，和事佬及时出来调停一下，可让大家都有一个台阶下；也有人说，鉴于自己没有能力解决争执，不如借助于和事佬来和解，等等。

那些选择“没有”的人，其理由则多是：①相信自己有能力解决。这类表述有：“想自己解决”、“自信自己有能力打圆场、和好”、“我很少与人争执，即使争执，也会以幽默结束”，等等。②争执有用论。此类说法有：“在与人争执过程中较易发现自身的优缺点，对于弱点可以改进，不断完善自己”、“事物总是在矛盾冲突中才能进步、发展”、“只有通过争执才能将双方的观点讲清楚，事过之后才不会有隔阂，虽然一时争执，但对以后交往并非坏事，否则两人间反而有隔阂”，等等。③和事佬无用论。即认为和事佬可能成为双方的发泄对象，而且问题没有通过双方解决；或认为和事佬是没有原则的人，是刀切豆腐两面光的人，若有和事佬，则分不清是非，易引起更大的矛盾；或认为两个人之间的争执不是第三者可以协调好的，第三者的出现有时会使事情更糟，解铃还须系铃人；或认为谁是谁非总会有结果的，不需要和事佬。④性格因素。如有的人说：“我一向喜欢将对方驳得哑口无言。”

透过上述产生这两种不同心态的诸种缘由可以发现：第一，那些一碰到与他人发生争执局面内心就企盼有和事佬出来打圆场想法的人，多是很“传统”的中国人；而那些碰到与他人发生争执局面时内心没有企盼和事佬出来打圆场想法的人，多是很“现代”的中国人。这表明，随着时代的变迁，中国人的尚和心态也在发生变化。第二，即使在那些不希望有和事佬出来打圆场的人中间，也仍有一些人是推崇和谐人际关系的，他们之所以不想有和事佬出现，只不过由于他们或相信自己有能力解决争执而不需要和事佬的帮助，或认为和事佬的出现不但不能解决问题，反而会使问题更糟，与其如此，还不如没有的好。

（三）畏争

畏争指一种畏惧与人发生争论或争议的心理。中国人多对和的丧失持一种恐惧的心态，这种心态在很多谚语中也有所反映，如“将相不和，国有大祸”、“将相不和邻国欺”、“一争两丑，一让两有”、“家不和，家不兴”、“家有一心，有钱买金；家有二心，无钱买针”和“兄弟不和邻里欺”，等等，这类谚语都是从反面警告人们不和会带来严重后果。由于担心和的丧失会给自己、家人或国家等带来诸多“灾难”，于是中国人多有畏争的心态。因此，在中国人的心目中，“争”多带贬义，如谚语说：“二虎相争，必有一伤”和“斗一斗，瘦一瘦”等，多是让人明白争的坏处。广为流传的“鹬蚌相争，渔翁得利”[①] 的寓言故事也告诉人们，为了区区小事而互不相让，结果只能两败俱伤，让第三者占了便宜。

问卷调查也表明，对于“您认为一个人应该怎样做才最容易获得一种和谐人际关系?”这一问题，绝大多数人的答案中都有“不斤斤计较”、“大方”、“忍让”、“谦虚”等字眼；对于“您认为哪些做法最容易破坏已建立起来的和谐人际关系?”这一问题，绝大多数人的答案中则有“心胸狭窄”、“为小事争吵”、“为鸡毛蒜皮事争吵”、“好争”、“不让人”之类的字眼；对于“您平日怕与人发生争论吗?”这一问题的回答，则有56.71%的人选择了“怕”，有43.29%的人选择了“不怕”，这都或直接或含蓄地说明中国人不喜欢“争”、畏“争”的心态。

至于畏争的理由，归纳被试的答案，多是持争论有害观的，即，或认为争论不但无助于问题的解决，反而会封闭自己，因此，无论什么问题都可以用和平的方式解决；或认为和为贵，争论伤身又伤神；或认为争论会影响人际关系；或不希望破坏与别人的和谐关系，不希望破坏自己在别人心目中的形象；或担心可能因争论失去与他人的友谊；除此之外，也有的人认为自己畏争是性格因素所致，即，或是不希望（或不喜欢）与人争；或希望与人保持愉快的关系，一切不愉快的交往都应该想办法去化解。若进一步分析可知，中国人之所以多持争论有害观，可能潜意识里受到中国传统尚谦让、恶争斗思想的影响。稍通中国传统文化的人都知道，《老子·二十二章》曾说：“夫唯不争，故天下莫能与之争。”[②]《老子·七十三章》又说：“天之道，不争而善胜。”[③] 这些思想一向为中国传统文化所推崇。

不怕争的理由则多是：①迫不得已观。持此观点的人占不怕争人数的38.48%。这类观点的具体说法有：“除非不得已，我觉得没必要争论，如真需争论，我也不怕”；或“原则性的问题我会据理力争，而为一些小事就争得面红耳赤，这大可不必，所以，在一般小事上我不愿去争，而不是怕争”；或“人生在世，争论在所难免”，等等。②争论有用观。持此观点的人占不怕争人数的30.76%。此观点与上面的争论有害观正好相反。此类表述有：“争论有时是解决问题的好办法，所谓辩论出真理，当存在分歧时，大家一块讨论，往往可以加深对某一问题的看法，有时还会碰撞出思想火花，当然，这种意义上的争不等于无理取闹，也不是强词夺理”；或“争论是共同进步的前提”，等等。③以诚待友观。即认为朋友之间应坦诚交换意见，展现真实自我，才是真实生活的表现。持此观点的人占不怕争人数的15.38%。④相信有理打遍天下。持此观点的人也占不怕争人数的15.38%。

从中可看出，即便是那些不怕争的人也多是能不争则不争，能让则让，实在是没有退步的余地（如遇到原则性问题）时才去与人争，其内心仍潜藏有尚和畏争的心态。

---

① 此寓言出自《战国策·燕二》：“蚌方出曝（晒太阳），而鹬啄其肉，蚌合而钳其喙（鸟嘴）。鹬曰：‘今日不雨，明日不雨，即有死蚌。’蚌亦谓鹬曰：‘今日不出，明日不出，即有死鹬。’两者不肯相舍（放弃），渔者得而并擒之。”

② 陈鼓应．老子注译及评介（修订增补本）．北京：中华书局，2009. 150.

③ 陈鼓应．老子注译及评介（修订增补本）．北京：中华书局，2009. 322.

（四）从众或众从

在日常与人交往或处理人际关系中，一旦遇到来自群体的压力（它可以是实际存在的，也可以是存在于想象中的），一些中国人往往采取从众或众从的做法，以使“和”的局面不至于被打破。

1．从众

“从众”，俗称“随大流”，它指在实际存在或想象存在的群体压力下，个人改变自己的态度，放弃自己原先的观点，而采取与大多数人保持一致的心理或行为。在中国人的日常生活中，“随大流”现象或从众行为随处可见。例如，在当代大学生群体里，就出现了学习从众、消费从众、恋爱从众、择业从众、考研从众乃至作弊从众等种种从众现象。问卷调查也得出了类似的结论：对于“在日常生活中，您是否有过随大流的做法?”这一问题的回答，93.34%的人表示自己曾经有过。其中，47.72%的人选择了“我经常这样做”，36.63%的人选择了“我偶尔这样做”，9.99%的人选择了“我总是这样做”；只有6.66%的人选择了“我从不这样做”。

中国人为何喜欢随大流呢？除了“随大流”吻合中国人的“怕出格”（详见“中国人的自我观”一章）的心理，不易引起人际关系紧张外，主要原因还有三：①受中国推崇随大流的文化传统的影响。对中国人心态与行为方式产生过重大影响的《老子·六十七章》曾说：“我有三宝，持而宝之。一曰慈，二曰俭，三曰不敢为天下先。”[①] 老子将“不敢为天下先”视作其三宝之一。常言道：“树大招风”、“人随大众不挨骂，羊随大群不挨打”、“枪打出头鸟”、“人怕出名猪怕壮”等，都对“随大流”做法持肯定态度。受此种推崇随大流的文化传统的影响，一些中国人在为人处事时，既不敢为人先，也不愿落人后，而是乐于处在大多数人的中间。②随大流让人感到安全。俗话说：“天塌下来，有大家一块顶着”、“上游冒险，下游危险，中游保险”等，就是这种心理的反应。同时，随大流即便错了，也是大家的错，而不是“我”一个人的错，由此可能会逃脱惩罚，毕竟“法不责众”。③与中国人有铲平主义倾向有关。根据“中国人的自我观”一章所述，中国人的“个我”极不发达。在此背景下，个人的自我价值必须不断地与他人比较才能确立。所以，一个人在待人接物时，就必须看多数的“别人”是如何做的，若发现自己的言行与多数的“别人”不一致时，就会赶紧与他们保持一致。或者，他想方设法让别人与自己保持一致：若自己有权力，便用“威逼利诱”的方式去铲除别人与自己的差异；如果自己没有权力，便用“忠告”或“游说”的方式去铲除别人与自己的差异。[②] 而中国又是一个讲人情、重脸面且“人治”现象颇流行的社会，所以，后者的做法常能奏效。可见，当自己主动与多数“别人”保持一致时，这是从众；当要求多数“别人”与自己保持一致时，这是众从。

2．众从

众从，指在实际存在或想象存在的压力下，多数人改变自己的态度，放弃自己原先的观点，而采取与少数人甚至某个人保持一致的心理或行为。在中国人的日常生活中，

① 陈鼓应．老子注译及评介（修订增补本）．北京：中华书局，2009.306.

② ［美］孙隆基．中国文化的深层结构（第二版）．桂林：广西师范大学出版社，2011.351～352.

"众从"现象也随处可见。例如，"权威"与"明星"总是少数，许多中国人的"遵从权威"、"追星"的心态与行为，都是众从。

一些中国人喜欢众从，其原因除了上文所说的"与中国人有铲平主义倾向有关"外，也与中国人有权威思维有关；至于出现"追星"之类的众从行为，则与一些中国人缺少独立思维、缺少个性等有关。其中，"有权威思维"和"少独立思维"将在"中国人的思维方式"一章里进行探讨，"缺少个性"已在"中国人的自我观"里作了阐述，这里不再多讲。

（五）迁就

迁就，指一个人为了不失和，尽管心中不同意他人意见或做法，表面仍对他人曲意求合或降格将就。用社会心理学术语说，它是一种顺从或服从心理。其中，顺从指个人由于群体或他人的压力而改变自己行为或信念的现象；服从指个体在权威或强制性命令下放弃自己的观点或行为而接受他人的观点或行为。相对而言，服从对个人来讲主动性少而被动性成分大；顺从则是个人自愿的行为，并不伴随明显的强制性与潜在的惩罚。平日经常挂在一些中国人嘴边的"忍"、"让"、"饶"诸字，都是迁就心态的一种反映，即"有理让三分"、"得饶人处且饶人"、"与人方便，与己方便"、"宁让天下人负我，我不负天下人"、"逆来顺受"，等等。《增广贤文》也说："忍得一时之气，免得百日之忧。……忍一句，息一怒；饶一着，退一步。"有一首打油诗更是将"忍"君子的心态描述得入木三分："忍字头上一把刀，为人不忍祸自招，能忍得住片时刀，事过方知忍为高。"于是，对违反自己意愿或利益的事情，只要不"逼急了"，多数中国人往往压抑自我，采取退让的应对方式，认可"吃亏是福"的道理。从这个角度看，在许多中国人身上都可以看到鲁迅笔下那个可以任由别人踩在自己头上却毫无怨言的"祥林嫂"的影子。这种自我压抑的人格，不但常常让自己对别人占便宜的容忍度增加，对受别人利用、摆布与控制的敏感度降低，而且会纵容与姑息一些不合理的事情，让它们得以继续存在下去。于是，一些人便利用中国人不轻易拒绝别人要求的心态，将自己的不合理要求强加在对方身上。许多中国人明知自己正面临被别人利用的情况时，碍于人情或脸面，仍不知道怎样说"不"，只好在感觉被人利用后，自我安慰道："就算再帮他一次吧！"或者说："就算他占了这点便宜，也发不了财！"①

问卷调查中，对于"当与他人发生意见分歧时，您会为了不伤和气而迁就他人吗？"这一问题，在所调查的人群中，90.00%的人选择了"若非原则性分歧，我会这样做"，6.67%的人选择了"面对熟人时，我会这样做"，3.33%的人选择了"面对领导时，我会这样做"，没有人选择"我总是这样做"或"我从不这样做"。这组数据表明，在与他人发生意见分歧时，若非原则性分歧，中国人大都为了不伤和气而愿意迁就他人，乐做"好好先生"。

"好好先生"本指凡事多说好的那种人，这里用"乐做'好好先生'"来代指中国人交往中出现的这么一种心态或行为：自己本不同意他人或群体的意见，但为了不失和，而去表面应酬，或应和随顺别人。问卷显示，对于"为了获得一种和谐人际关系，您会

---

① ［美］孙隆基．中国文化的深层结构（第二版）．桂林：广西师范大学出版社，2011．254～255．

做‘好好先生’吗?”这一问题，有93.34%的人表示愿意做，其中，选择“面对熟人时，我会这样做”的占46.72%，选择“若非原则性分歧，我会这样做”的占29.97%，选择“面对领导时，我会这样做”占13.32%，选择“我总是这样做”的占3.33%，只有6.66%的人选择“我从不这样做”。

被试对本问卷另两个与此相关题目的回答，也同样印证了中国人在非原则性分歧面前乐做好好先生的心态。即对于“您认为一个人应该怎样做才最容易获得一种和谐人际关系?”这一问题，绝大多数人的答案中都有：“宽容”、“尊重对方”、“体谅”、“随和”、“善解人意”、“会为他人考虑”、“乐于助人”、“友善”、“不斤斤计较”、“大方”、“忍让”、“谦虚”等字眼；而对于“您认为哪些做法最容易破坏已建立起来的和谐人际关系?”这一问题，绝大多数人的答案中则有“自我中心”、“不考虑对方感受”、“不懂得体谅别人”、“心胸狭窄”、“斤斤计较”、“小心眼”等字眼。这表明在中国人心目中，将与他人发生非原则性分歧时采取迁就他人的做法看作是一种“美德”，显示出一个人心胸的宽广与大度。俗话中的“宰相肚里好撑船”与“大人有大量”之类的话语也多是赞赏此类行为方式的。换句话说，“好好先生”有时也是宽容、能体谅人、随和与情商高等的别称，这种人易与人相处，人们也愿意与他相处。一个在任何时候都不愿迁就他人的人，或一个凡事多说“不”的人（相应地，可称他们为“不不先生”），则容易被人看作是“自我中心过强”、“小心眼”、“不随和”之类的人，此种人在与人交往时往往不受他人欢迎。

当然，在一些中国人看来，迁就他人不是没有原则的。假若一个人面对原则性分歧时也采取迁就他人的做法，则容易被人看作是“没有主心骨”、“没有原则立场”、“没有主见”、“城府深”、“圆滑”或“明哲保身”的人，此种人也不受他人欢迎。明白了这一道理，对于“当与他人发生意见分歧时，您会为了不伤和气而迁就他人吗?”这一问题，在所调查的人群中，没有人选择“我总是这样做”或“我从不这样做”这两个选项，就很好理解了。可见，中国人在与人交往中迁就他人的做法有其合理的一面。

（六）迎合

迎合，指一种猜度别人的心意而投其所好的心理或行为。假若说“随大流”与“迁就”多是个体被动地去适应他人或群体以谋求一种和谐人际关系的心态与行为的话，那么，“迎合”则是一种个体为谋求和谐人际关系的局面而主动去适应他人或群体的心态与行为。

问卷表明，对于“为了获得一种和谐人际关系，您是否会于有意或无意中去做迎合他人的事?”这一问题，有60.00%的人表示愿意做，其中，选择“面对熟人时，我会这样做”的占46.67%、选择“我总是这样做”的人占6.67%，选择“面对领导时，我会这样做”的与选择“若非原则性分歧，我会这样做”的各占3.33%，有40.00%的人选择“我从不这样做”。被试对本问卷另两个与此相关问题的回答，也在一定程度上透露出中国人的此种心态。对于“您认为一个人应该怎样做才最容易获得一种和谐人际关系?”这一问题，绝大多数人的答案中有“善解人意”或“会为他人考虑”之类的字眼；而对于“您认为哪些做法最容易破坏已建立起来的和谐人际关系?”这一问题，绝大多数人的答案中有“不考虑对方感受”或“不懂得体谅别人”之类的字眼。这说明在中国人心目中，“迎合他人”有时也是善解人意的体现，这种人容易与他人相处，人们也愿意与这种人相处。而一个不善于迎合他人的人，则容易被人看作是“不懂得体谅别人”之类的人，此种人也像“不不先生”一样，既难与他人交往，也不受他人欢迎。这表明，在中国人心目中，“迎合”一词有时也具有褒义。

综上所述，中国人在与人交往或处理人际关系时流露出来的尚和心态是多种多样的，这些尚和心态之间既有相通的一面，也有相异的一面。和为贵、企盼和事佬、畏争、随大流、迁就与迎合等作为一种社会心理现象，也有其合理的一面，关于这点，在上文中已有所分析，这里再举一例。例如，在良好的社会风气下，与此相适应的社会舆论与群体气氛等常常让人感到有一种无形的压力，在这种情况下产生的随大流或顺从行为就多是积极的。还需指出的是，中国人讲的“和”，强调的本是要于事物的多样性中求得和谐，因此，中国人在与人交往或处理人际关系时推崇“和”的心态，本也是以充分尊重每个人的个性为前提去谋求一种和谐的人际关系，既承认人与人之间个性差异的存在，又主张互补互济，达到和谐、统一的状态，以便营造出一种其乐融融的和谐人际关系，此思想至今看来仍是值得肯定的。不过，从中国人在实际的与人交往或处理人际关系过程中出现的尚和的诸种心态中可知，在某些情况下中国人的求和举动其实又是一种求“同”的做法，即为了获得一种勉强的和谐人际关系（面和心不和），中国人有时又不惜压抑、甚至抹杀自己的个性与真情，以与他人或群体保持一种单一性的一致关系，这就是中国人在与人交往或处理人际关系过程中一味求和所带来的弊端。由于此弊端的存在，使得有些中国人在与人交往时难以做到以诚相待，而是“当面一套，背后又一套”，这就是某些“社会智商高”的人做人“圆滑”的一面。这也表明，随着时代的变迁，中国人在与人交往或处理人际关系过程中流露出来的尚和心态中的“和”，也于不知不觉中渗进了“同”的成分，再不是“君子和而不同”中那个纯粹意义上的、原汁原味的“和”了。个中缘由，至少有两方面：就其内因而言，“和”要人做人谦和、和睦，这样，甲方在与乙方进行交往时，为获得一种和谐的人际关系，有时就不得不放弃或保留自己的观点，而去迁就或迎合乙方，于是，就于不知不觉中滑入了“同”。这说明“和”与“同”之间的界限本也不是泾渭分明的。就其外因看，或许是随着封建专制思想的加强，封建统治者为了钳制人的思想，从内心不喜欢“和”而喜欢“同”，但因儒学非常推崇和而鄙视同，而儒学在后世又一直处于独尊地位，迫于这种文化的无形压力，一些封建统治者至少在做表面文章时，是不敢明目张胆地要同而不要和的。两相妥协，就产生这样一种结果：表面上打尚和的牌子，骨子里却是尚同。

四、尚“和”心态的缘由

中国人“以和为贵”的心态的形成是受多方面因素影响的结果，有着深厚的社会经济文化历史根源。在黄曬莉看来，中国人和谐观的根源主要有三种：①农业为主的生产方式→天人合一的思想；②亲缘关系的社会结构→伦理本位的礼治思想；③中央集权的政教体系→国家意识形态化的儒学。[①] 此观点有一定的见地。借鉴费孝通和黄曬莉等人的

① 黄曬莉．华人人际和谐与冲突：本土化的理论与研究．重庆：重庆大学出版社，2007. 15 ~ 68.

思想，我们认为，中国人尚“和”的缘由主要有五种，其中，“注重肯定与保护‘社会我’和‘大我’，导致中国人有尚‘和’的心态”已在“中国人的自我观”章里作了探讨，下面只论余下的四种。

（一）农业经济为中国人形成尚“和”心态提供了经济基础

中国自古以来就是一个以农业经济为主的国家，这种局面至今仍未发生根本性的改变。在一个以农业经济为主的社会里，多数人主要是靠农业来谋生，种植农业必须依靠土地。土地是不动的，使得依附于土地的人在一般情况下也是很少流动的，只有当诸如大旱、大水或战乱等情况出现时，才可能使一些人背井离乡，另寻新的生存土地。这正如费孝通所说：“以农为生的人，世代定居是常态，迁移是变态。”[①] 由于人口少流动，导致大多数中国人的生存空间一般是很少变动的，他们生于斯、长于斯、死于斯。在这种人员少流动的环境中，大家抬头不见低头见，导致人际关系相对稳定，人与人之间彼此知根知底，于是，就自然而然地形成了一个所谓熟人（没有陌生人）的社会。[②] 在熟人社会里，人与人之间通过亲戚（主要包括血亲和姻亲两大类）、邻里、师生、同学、朋友、上下级和同事等关系，将本来生活圈子就不大的乡里乡亲们“一个都不少”地纳入到一个错综复杂的人际关系网中，使得聚集在某一地域生活的人们若想在此地继续待下去，而不至于让他人“觉得自己怪怪的”，就必须依托这个复杂的人际关系来待人处事，并且要自觉地维护和遵守这个人际关系，使之更好地运行。犹如生活在一个蜘蛛网上的一只蜘蛛，它不但要依赖这个蜘蛛网来捕捉食物以保证自己的生存，而且必须维护好这个蜘蛛网，一旦网上有了破洞，就要赶紧将其补好。否则，可能就会给自己后面的生活带来不便，比如可能使自己捕捉的食物大减。同时，由于熟人之间的交往是经常性的，而不是一次性，并且，熟人之间又存在着错综复杂的人际关系。因此，稍通人情世故的人在与熟人打交道时，一般都不会去与人斤斤计较，而是信奉“与人方便就是与己方便”、“吃亏是福”或“难得糊涂”之类的待人格言，这样，熟人社会又必是一种重人情的社会。这种人情社会虽然限制了一些社会活动，其中最主要的是冲突与竞争，但为中国人尚和心态的养成提供了良好的“温床”。因为在人情社会里，人与人之间的关系多是一种“剪不断，理还乱”的关系，相互交往时非常重视人情、面子和脸等，待人接物讲究“人情世故”，提倡在处理人际关系时要做到“合情合理”、“通情达理”，切忌“撕破脸面”，否则，既会受到来自社会舆论和群体规范等方面的压力，也会受到自我良心的谴责。若与人交往以“和”为贵，则最易顺人情、最易维护交往双方的脸面；反之，与人交往“不和”或相争，则最易逆人情，最易撕破脸面。这导致中国社会一贯以人情社会著称于世，俗话说“人情大于天”、“熟人好办事”、“多个朋友多条路，多个敌人多堵墙”、“远亲不如近邻”、“美不美，家乡水；亲不亲，故乡人”与“老乡见老乡，两眼泪汪汪”等，都是对这种人情社会的一种生动写照。在此种人情社会的长期熏陶下，中国人慢慢地形成了尚和不尚争的习俗。因此，他们在与人交往时产生一种尚和心态就是情理中的事了，是不足为奇的。可见，农业经济为中国人形成尚“和”心态提供了经

---

① 费孝通．乡土中国　生育制度．北京：北京大学出版社，1998. 7.

② 费孝通．乡土中国　生育制度．北京：北京大学出版社，1998. 5 ~ 9.

济基础。

（二）较恶劣生存环境迫使中国人通过尚“和”而求得生存与发展

1. 较恶劣自然环境迫使中国人通过尚“和”求得生存与发展

自古至今，中国是一个农业社会，对农业而言，气候是影响收成的关键因素之一。但是，中国文明的摇篮——黄河与长江中下游地区受雨季天气和台风的影响较大，一方面，这两个地区极易发生旱灾与水灾，“据水利部统计，从公元前206年到1949年，中国发生过1 029次大水灾，一片汪洋，生灵殆尽；发生过1 056次大旱灾，赤地千里，饿殍遍野”①。从这组数据中可知，中国自公元前206年至1949年这段历史时期，平均每隔不到两年的时间就发生一次大水灾或大旱灾。广为流传的诸如“后羿射日”和“大禹治水”之类的故事也都说明，自远古时期起，中华民族的祖先就一直在与旱灾和水灾搏斗。中国近几年经常发生旱灾或水灾的事实也可说明这一点。整治较大规模的旱灾或水灾仅靠个人或少数人的力量是难以完成的，必须依靠大多数人的齐心协力才能完成。并且，造成这两个地区的季节性强，导致从耕种到收获的每一个生产过程都要在较短的时间内快速完成，时令稍失，收成就要受到威胁，这就增强了劳动的强度。② 例如，二十四节气中之一的“芒种”——在公历6月的5、6或7日——俗称“忙种”或“忙着种”，“芒种”到来便意味着中国从南到北的农民开始了忙碌的田间或地间生活。正如农谚所说：“芒种芒种，连收带种。”又如，直至现在，在中国江南的一些农村仍有一年一度的“抢收抢种”的“双抢”活动，也很能说明这一点。在这种自然环境里，中国先民为了更好地生存与发展，逐渐发展出“天人合一”的整体思想方式（详见“中国人的思维方式”一章）。同时，受历史条件的限制，虽然随着时代的发展，生产力也有一定的发展，但从总体上看，中国古代的生产力发展水平不太高，如自战国开始的以牛耕田的情形一直延续下来，在某些农村至今仍在使用，我国现在也还处于社会主义初级阶段。自然条件的恶劣，再加上生产力发展水平的不太发达，导致中国的农业生产向来主要是一种粗放型经营，只有靠投入大量的劳动力才能获得农产品的增产，这种情况在整个中国古代社会没有发生过根本性的改变，只是到了现在，情况才有些变化。这种粗放型经营得以实现的前提条件之一，就是要求人们具有协作共事的精神。

2. 较恶劣社会环境迫使中国人通过尚“和”求得生存与发展

在日常生活里，由于管理制度不健全等因素的影响，“窝里斗”是世人皆知的在一些中国人身上至今仍存在的陋习之一。并且，只要你翻开中国历史，就会发现两个毋庸讳言的事实：

一是封建专制统治持续的时间长。在封建专制统治时期，不要说普通百姓的生命权和财产权等得不到基本的保障（因为一些贪官污吏往往随意剥夺百姓的合法财产，甚至草菅人命），就连官吏甚至高级官吏的生命权和财产权等也得不到基本的保障（因为“君要臣死，臣不得不死”），在这种背景下，人们只能通过“和”来求得生存与发展。

---

① 宋健．超越疑古 走出迷茫（1996年5月16日在夏商周断代工程会议的发言提纲）．光明日报，1995－05－21.

② 严耀中．中国宗教与生存哲学．上海：学林出版社，1991. 10～11.

二是战争频发。就朝代而言，中国历史上有春秋战国时期，三国时期，南北朝时期，五代十国时期，北宋、金、辽、西夏并立时期，南宋、金、蒙并立时期，在这群雄并起的时代，各国之间发生战争是家常便饭；就朝代更替而言，在中国历史上，几乎每逢朝代更替之际，中国就要爆发一场规模较大、时间较长的战争。在这诸多战争中，既有因外敌入侵而导致的战争，更有许多“内战”（如西汉的“七国之乱”、西晋的“八王之乱”和明朝的“靖难之役”等）。从作战次数上看，中国自公元前3000年到公元1911年清王朝灭亡，在大约4911年的漫长岁月中，有文字记载的战争共3 806次，[①] 平均每年约有0. 77（3 806 ÷ 4 911 ≈ 0. 77）次战争。相较于英国现已有300多年不打内战、美国立国238（2 013 - 1 776 = 238）年只打了1次内战而言，中国历史上的战争实在是太频繁了。如此高密度的战争，不但导致许多家庭家破人亡，也严重损耗了社会财富，极大降低了国力。这不但迫使先民通过尚“和”求得生存与发展，也是许多中国人内心潜藏有恋家情结、团圆情结和大同情结的原因之一。

综上所论，为了在恶劣环境中生存下去，中国人一贯主张社会重于个体，提倡牺牲个体利益以维护社会利益，提倡群体内部的团结与和谐等，导致社会取向成为中国人社会适应的基本方式，并使得“大河无水小河干”与“没有国，哪有家”之类的话语深为广大中国人所推崇。从一定意义上说，以汉族为主体的中国之所以成为当今世界上唯一的历史悠久而至今仍然生机勃勃的国家，与中国人的这种群体意识不无关系。这种价值取向也使得中国人在处理人际关系或与人交往时，长于自抑，讲究自我修养，喜欢追求群体内部的和谐与团结，对不团结或涣散颇为反感，较为注意顾大局，喜欢求同存异，以“和”为贵。[②]

（三）中国有尚“和”的深厚文化背景

俗话说：“一方水土养一方人。”植根于中华大地的中国传统文化自然也将“和”置于崇高地位。这样，绵延中国达几千年、崇尚和的中国传统文化，也为中国人形成“尚和心态”提供了文化土壤和惯性推力。它反映在中国人探讨处理人际关系的基本准则上，由于多种机缘的相互作用，中国人自先秦以来就非常推崇“和”，以和为贵，以和为美，导致尚“和”已成为中国人的一种集体潜意识。[③]

1. 儒学崇“和”，并主张通过“礼治”而实现“和”

中国人之所以自古以来就将“尚‘和’”作为平衡人我关系与群我关系所一贯信守的根本准则，这是因为“中国人很早便确定了一个人的观念（如《周易·说卦》将天地人视作“三才”，在“三才”中，人居其一。[④] 引者注），由人的观念中分出己与群。但己与群都已包含融化在人的观念中，因己与群全属人，如何能融凝一切小己而完成一大群，则全赖所谓的人道，即人相处之道。”[⑤] 因此，中国人一向看重人际交往与人际关

---

① “中国军事史”编写组. 中国历代战争年表（第2版，上卷）. 北京：中国人民解放军出版社，2003. 1. “中国军事史”编写组. 中国历代战争年表（第2版，下卷）. 北京：中国人民解放军出版社，2003. 1.

② 李庆善. 中国人新论　从民谚看民心. 北京：中国社会科学出版社，1996. 46 ~ 52.

③ 此处仅是借用C. G. Jung的术语，含义与其讲的有所不同。

④ 周振甫译注. 周易译注. 北京：中华书局，1991. 280.

⑤ 钱穆. 民族与文化. 香港：新亚书院，1962. 6.

系，几乎将所有的心思都放在与他人的交往上，甚至中国人的宗教也多是他们人际关系的一个扩展，这致使有关人际交往和人际关系的思想在中国文化心理学里占据重要位置。

作为儒学的创始人，孔子于公元前551年出生于鲁国，这是周代一个很不安稳的时期，诸侯争强，战火不断，这些不安定的事件直接影响了孔子的生活。随着政治风云的变化，他多次经历了升贬。这种动荡的个人经历促使他去关心社会和谐的问题。因此，儒家自孔子起就非常强调“礼治”（详见“中国人的管理心理观”一章），推崇“和”的状态。如据《论语·学而》记载，孔子曾说：“礼之用，和为贵。”他认为“礼”的作用以和为贵、为美，“和”是处理人际关系及一切事物的最佳准则，也是人行动的自律。并且，儒学重视基于血缘的亲情，这也导致了他们尚“和”心态的产生。正如费孝通所说：

亲密的血缘关系限制着若干社会活动，最主要的是冲突和竞争；亲属是自己人，从一个根本上长出来的枝条，原则上是应当痛痒相关，有无相通的。①

受孔子影响，后世儒者多推崇“礼治”和血缘关系，从而多尚“和”。如《孟子·公孙丑下》说：“天时不如地利，地利不如人和。”将人和视作高于天时、地利的最重要因素，推崇和的心态溢于言表。《礼记·礼运》说：“何谓人义？父慈子孝，兄良弟弟，夫义妇听，长惠幼顺，君仁臣忠，十者谓之人义。讲信修睦，谓之人利。争夺相杀，谓之人患。故圣人之所以治人七情，修十义，讲信修睦，尚辞让，去争夺，舍礼何以治之？”明确指出“讲信修睦”对交往双方都有利，而“争夺相杀”则是人之大患，因此，会做人的人待人一定是讲信修睦、尚辞让、去争夺的。

并且，儒家向来提倡和推崇中庸思维。如《中庸》说：“致中和，天地位焉，万物育焉。”何谓“中庸”？据朱熹的《四书章句集注·中庸章句》解释：“中者，不偏不倚，无过不及之名。庸者，平常也。”可见，“中庸”与“和”在含义上有相近之处。如上所述，“和”有适中、恰到好处等义，正由于此，《中庸》才说：“发而皆中节，谓之和”。再者，“和”除了适中与恰到好处两种含义外，主要还有和谐、协调、温和、和缓、谦和、平和、和顺、和睦、团结与融洽等含义，从中至少可看出两点：一是，“和”本身就是一个具有中庸思维色彩的单音节词；二是，“和”的含义的确很具有“中庸”色彩，于是“和”特别适合具有中庸思维的中国人的口味，因此，中国人将“和”作为调节人际关系的基本准则，也就不足为奇了。可见，中国人在与人交往或处理人际关系时流露出来的尚和心态，正是中庸思维在人际交往中的具体体现和运用。此外，儒家文化从某种意义上讲又是一种道德文化，既然“大德莫大于和”（《春秋繁露·循天之道》），“中庸之为德也，其至矣乎”（《论语·雍也》）。因此，儒家对“德”的重视必然会导致其也重视“和”。

当儒学自汉武帝起成为正统的官方哲学后，此情况延续至清代灭亡为止都未发生根本性改变。于是，儒学崇“和”并主张通过“礼治”而实现“和”的思想便上升到国家意识形态的层次，在两千多年的历史里，对中国人的心理与行为产生了深刻而持久的

① 费孝通．乡土中国　生育制度．北京：北京大学出版社，1998. 72.

影响。

2. 道、墨、佛诸家也崇“和”

在中国传统文化中，不独儒家尚“和”，道、佛诸家亦是。中国先哲至少自道家老子起，就非常善于将从自然界里观察得来的规律用于人类社会，在自然界里存在着大量的“独则亡，众则存”的现象：“大雁离群难过关，独条鲤鱼难出湾”、“独花不成春，独木不成林”、“寡不敌众，孤掌难鸣”、“单弦再响不能成音，独虎再猛不敌群狼”、“单枝易折，多枝难断”、“寒霜打死单草，狂风吹不倒大森林”。中国先哲从这类自然现象里很容易推理出群体的价值与力量，进而建构成群体意识，这从有关这方面的大量谚语里可以看出：“三个臭皮匠，抵个诸葛亮”、“大家一条心，黄土变成金；大家心不齐，黄金变成泥”、“弟兄三人一条心，黄土也能变成金；弟兄三人三条心，万贯家财不够分”、“要学蜜蜂共采花，莫学蜘蛛各牵网”。因此，道家虽多在自然的意义上使用“和”，视角与儒家有所差异，但是也崇“和”。如老子说：“万物负阴而抱阳，充气以为和。”他认为万物都包含着阴与阳两个相反相成的方面，阴阳相互作用就构成和，和是宇宙万物的本质与天地万物生存的基础。此思想为后世道家（含道教）所继承，如《太平经》卷一一九说：“无阳不生，无和不成，无阴不杀，此三者相须为一家，共成万二千物。”与儒家类似，墨家也认为和是处理人际关系的基本法则，认为天下不安定的缘由在于父子兄弟结怨仇，有了离散之心，因此，《墨子》卷三说：“离散不能相和合”。佛家的重要理论观点之一是因缘和合说。如《大智度论》卷三一认为，“诸法因缘和合生，故无有法；有法无故，名有法空”。这表明佛家也重“和”。于是，在中国出现了一幅别开生面的和谐画卷：人们持有多神论观念或信奉多神教（详见“中国人的迷信心理与对策”一章），因而儒、道、佛三教能够在许多人心中和谐相处。这从以下两幅艺术作品中可见一斑（见图4－7、图4－8）。

图4－7 体现儒、道、佛三教和谐相处的雕像

（2009年8月18日笔者摄于贵州省“屯堡景区”的“伍龙寺”）

在图4－7中，正上方雕有道教的“太上老君”，然后将“八仙图”对称地排在“太上老君”的左右两边；正下方雕有佛教的“弥勒佛”；在外围的边框上，左边雕有儒家喜爱的“兰”与“梅”，右边雕有儒家喜爱的“松”与“竹”。整个雕像用艺术的手法，将儒、道、佛三教和谐相处的景象形象地展现在人们的面前。

图4-8　体现儒、道、佛三教和谐相处的对联

(2009年8月18日笔者摄于贵州省“屯堡景区”的“三教寺”)

在图4-8中，上联是“信佛信道信儒即信善”，下联是“思名思利思德不思邪”(公开声称“思利”，这在中国很难得!)，横批是“三教寺”。整幅对联中同样体现出儒、道、佛三教和谐相处的思想。与此相一致的是，综观整个中国古代历史，政府主要出于经济动机，对佛教打压过四次，统称为“三武一宗”的灭佛事件：①太武帝灭佛。北魏太武帝拓跋焘（408—452）的废佛行动始自太平真君五年（444年），直至魏太武帝于公元452年被中常侍宗爱杀害才结束，史称“太武法难”。②北周武帝宇文邕（543—578）于建德三年（574年）下令灭佛。③唐武宗灭佛。唐武宗李炎（814—846）于会昌五年(845年）下令灭佛，对佛教打击很大，佛教徒称之为“会昌法难”。④周世宗灭佛。公元955年，五代时期后周的周世宗柴荣（921—959）下令灭佛。在其余多数时间中，“政”与“教”、“天”与“人”等均可和谐相处。于是，大王、国君（秦始皇之前）或皇帝（自秦始皇开始直至清代灭亡为止）既是“人君”也是“教皇”，既掌控政权也掌控信仰的权力，还自称“天子”：他不但是“天”与“人”之间的媒介，可以代表人类去祭天，而且，他是天地与人间秩序的中心枢纽，一旦出现不当的“人治”，便会导致天下不安宁，自然界的运行也出现异常，结果，便可能会出现水灾、旱灾、地震、瘟疫、蝗灾等现象。[①] 这时，为了表明自身的罪过，以求天的宽恕，以便重新恢复天、地、人之间的和谐关系，大王或皇帝往往会下“罪己诏”（自省或检讨自己过失、过错的一种口谕或文书)。与中国社会不同的是，在西方、中东、印度一带，都存在与日常生活的社会明显分立的教会、教阶与僧侣集团。它们一方面是统治阶层的精神支柱，另一方面，也常常与世俗政权发生摩擦，甚至出现政教之争。[②] 同时，由于犹太教、基督教和伊斯兰教

① ［美］孙隆基．中国文化的深层结构（第二版)．桂林：广西师范大学出版社，2011. 308～309.

② ［美］孙隆基．中国文化的深层结构（第二版)．桂林：广西师范大学出版社，2011. 308～309.

都属一神教，三者之间的冲突有时在所难免。例如，在罗马天主教教皇的准许下，由西欧的封建领主和骑士对地中海东岸的国家发动了持续近200年（1096—1291）的宗教性战争，史称“十字军东征”（The Crusades）。“十字军东征”多数是针对伊斯兰教国家的，主要目的是从伊斯兰教手中夺回耶路撒冷。并且，在基督教内部，因为教派众多，有时也发生冲突。例如，“十字军东征”中也有一些是针对天主教以外的其他基督教派的，像第四次十字军东征便是针对东正教的拜占庭帝国。

概而言之，尚和思想是中国传统文化的重要特色之一。正如胡锦涛同志于2006年4月21日在美国耶鲁大学的演讲里所说：“中华文明历来注重社会和谐，强调团结互助。中国人早就提出了‘和为贵’的思想，追求天人和谐、人际和谐、身心和谐，向往‘人人相亲，人人平等，天下为公’的理想社会。”[①] 而中华民族深受中国传统文化的影响长达几千年，在这种文化氛围几千年的熏陶下，尚和心态渗入中国人心灵的深处，成为中国人的一种集体潜意识，经文化的传承，一直延续至今，给中国人的气质烙下了一层重重的文化印迹。问卷调查也显示，对于“您认为人们在人际交往中常出现以和为贵的心态的原因是什么?”这一问题的回答，综合被试的诸种看法，可归纳为两种类型：一是明确指出是受到了传统文化的影响。像“传统文化（或习俗）的深远影响，中国人自古以来很温顺”与“中庸之道在中国人心中根深蒂固，缺乏竞争意识”之类的答案就是如此。二是间接肯定了传统文化的影响，关于这点，稍加分析就可得出其答案。这类答案有：①怕事或多一事不如少一事，多个朋友多条路，没有人想失去一个朋友或无端地出现一件事困扰自己；②明哲保身，怕得罪别人，对自己不利，如怕别人报复、记恨，怕影响自己的发展；③没有和平，没有安稳，没有发展；④碍于面子；⑤希望与别人和谐相处，希望被别人认同；⑥心理需要。即人们总在内心深处渴望拥有和谐人际关系，拥有几个知心朋友；⑦人缘好，少纠纷，等等。可见，当代中国人也多认为，中国人尚和心态的产生的确是受到中国传统文化巨大影响的结果。

然而并不能绝对地说中国文化只崇尚“和谐”而不讲“竞争”或“斗争”，西方文化只崇尚“竞争”或“斗争”而不讲“和谐”。因为《国语·郑语》里的“和实生物，同则不继。以他平他谓之和，故能丰长而物归之，若以同裨同，尽乃弃矣”一语，实是宇宙的普遍规律，世界各民族在生产和生活实践里对此都有一定的认识，“和谐”是人类社会共同的理想追求。以古希腊哲学为例，毕达哥拉斯是第一个提出“美是和谐”的思想家，他认为宇宙是一个和谐的整体，“和谐起于差异的对立，是杂多的统一，不协调因素的协调”。柏拉图提出了“公正即和谐”的命题，他将自己设计的理想国称作一首“和谐的交响曲”。被称为“辩证法的奠基人之一”的赫拉克利特提出了“对立和谐”观，认为自然“是从对立的东西产生和谐，而不是从相同的东西产生和谐”。对比古希腊哲人对“和谐”概念的理解和中国先秦时期人们对“和”的理解（详见下文），说明中西辩证法在源头处有一些相似见解。[②] 尽管如此，但在对比中西方平衡人我关系与群我关系的策略时，在一般意义上说，下面的话语是符合事实的：假若说“平等协商”与“理性竞争”是当代西方人平衡人我关系与群我关系的基本手段，那么，尚“和”就是

① 方克立．关于和谐文化研究的几点看法．高校理论战线，2007（5）：5.

② 方克立．关于和谐文化研究的几点看法．高校理论战线，2007（5）：5～7.

中国人自古以来平衡人我关系与群我关系所一贯信守的根本准则。

当代西方人通过“平等协商”与“理性竞争”来平衡人我关系与群我关系的做法，典型地体现在美国总统候选人竞选和总统竞选的活动中。在美国总统候选人竞选和总统竞选的活动中，尽管就在一天以前，某位候选人还在大庭广众之下言之凿凿，说自己强过对方十倍或百倍，但是，一旦最终票数统计出来并表明自己已落选，落选者就必须大方地承认自己已败选，并要作最后一次公开演讲：认输演讲。认输演讲，对于落选者个人而言，是检验他能否为这场竞选画下一个完美的句号。对于选民来说，是检验落选者是否具有谦卑宽宏的胸怀、是否具备民主政治家的必要素质。所以，在美国总统竞选活动中，落选者的认输演讲非常重要。在认输演讲里，头一句通常是说：我刚才给当选者打了电话，祝贺他当选总统。随后，落选者还要真诚地向支持他的人发出团结的呼吁：现在，我们的竞选对手已经被选为总统，他是所有美国人的总统，是我的总统，也是你们的总统……与此同时，刚获胜的当选者一定也要公开表示对竞争对手的尊重，并适当给予一些赞誉之词。若可能，随后还会真诚邀请原先的竞争对手成为自己“班子”中的重要成员。[①] 例如，在2008年美国总统民主党党内预选期间，民主党人奥巴马（B. H. Obama II）曾与民主党人希拉里·克林顿（Hillary D. R. Clinton）展开激烈竞争，后来奥巴马胜出，成为民主党提名的总统候选人，并最终打败共和党候选人约翰·麦凯恩（John McCain），当选美国第44任总统。奥巴马上任后，不但没对昔日对手进行打击报复，还通过“平等协商”的方式真诚邀请希拉里·克林顿担任美国第67任国务卿，希拉里·克林顿也“不计前嫌”，表示同意，于是，两人的关系便从先前的理性竞争关系变成真诚合作关系。

相比较而言，虽然中国有“愿赌服输”一语，但事实上，一些中国人至今仍缺少这种“要公平竞争；竞争时要输得起，输得漂亮”的民主素质，一旦在一些比赛或竞选活动中落选，不但往往无脸当着众人的面公开认输，而且对获胜对手怀恨在心[②]；与此类似的是，获胜者往往也对原先的竞争者心怀愤恨，只要有机会，就会给竞争对手“穿小鞋”，甚至搞打击报复。从这个意义上说，当代乃至未来的中国人应通过相关的立法和管理制度的建设，并辅之以相应的道德教育和自我心性修养，让中国人逐渐养成“要公平竞争；竞争时要输得起，输得漂亮”的民主素质，变一味尚“和”为尚“和”与竞争共存，变恶性竞争为良性竞争，从而促进人力资源的最佳配置。

（四）“和”具有一些积极的功能

中国人尚“和”，还有一个重要缘由，那就是很早就认识到“和”在调节人际关系时具有一些积极的功能。

1. 加强文化规范

中国向来以礼仪之邦自称，在任何场合都重视一个“礼”字，用礼来规范人的一切社会行为，希望人们都能做到“非礼勿视，非礼勿听，非礼勿言，非礼勿动”[③]。而

---

① 林达．认输的能力．读者，2013（1）：23.

② 林达．认输的能力．读者，2013（1）：23.

③ 出自《论语·颜渊》。

“和”则是贯穿于礼仪规范中最基本的价值规范，并将之看作是评价人我关系与群我关系好坏的标准与尺度。早在先秦时期，《尚书》中的“和”字已蕴藏有处理人际关系的准则之义。如《尚书·周书·多方》曾说：“自作不和，尔惟和哉！尔室不睦，尔惟和哉！”（你们自己造成了不和睦，你们应该和睦起来！你们的家庭不和睦，你们也应该和睦起来！）人与人之间以及家庭成员之间都要彼此和睦，否则，就会招致天的惩罚，故而《尚书·周书·多方》又说：“时惟尔初，不克敬于和，则无我怨”。（好好地谋划你们的开始吧！不能敬守天命与和睦相处，我就要施行惩罚，你们就不要怨我了。）如上所述，孔子曾直截了当地说：“礼之用，和为贵。”他又说：“君子和而不同，小人同而不和。”在孔子看来，“和”指能在不同意见中求得和谐，而不附和相同意见，并将之视作“君子”与“小人”的区别，带有一定的伦理道德色彩。因此，孔子说：“中庸之为德也，其至矣乎！”（《论语·雍也》）在《春秋繁露·循天之道》里，董仲舒干脆就说：“大德莫大于和”。这表明，以“和”作为人际交往的基本准则正是“礼”这种文化规范在人际交往中的具体运用，所以，也就使“和”具有了加强文化规范的功能。于是，与人交往做到和睦相处，就受到社会的肯定与赞许；反之，就会受到社会的指责。因此，为了实现人我关系与群我关系的平衡，中国人主要倾向于“和”，希望通过“和”来达到平衡人我关系与群我关系的目的，这与西方人是不一样的，因为西方人主要选择了“竞争”，希望通过公平、公正的“竞争”来达到平衡人我关系和群我关系的目的。①

2. 增强群体凝聚力

中国先哲认识到，“和”作为人际交往的基本准则，可以起到增强群体凝聚力的作用。关于这方面的论述，在中国传统文化中可说是数不胜数。如《周易·系辞上传》说：“二人同心，其利断金。”《管子·法禁》说：“纣有臣亿万人，亦有亿万之心。武王有臣三千而一心，故纣以亿万之心亡，武王以一心存。故有国之君，苟不能同人心……则虽有广地众民，犹不能以为安也。”《孟子·公孙丑下》说：“天时不如地利，地利不如人和。”据《诸葛亮集》卷四《人和》记载，诸葛亮说：“夫用兵之道，在于人和，人和则不劝而自战矣。”据《陈亮集》卷二《中兴论》记载，陈亮说：“政化行则人心同，人心同则天时顺。”反之，假若人际交往不和，则往往会带来诸多坏处。比如，汉语谚语就说，“将相不和，国有大祸”、“将相不和邻国欺”、“兄弟不和邻里欺”，等等。正由于“和”具有增强群体凝聚力的功能，故而传统中国人非常强调“和”在人际交往中的重要性。

3. 增进经济效益

中国先哲认识到，“和”能生新事物。正如《管子·内业》所说：“和乃生，不和不生。”以“和”作为人际交往的基本准则，可以增进经济效益。如“家和万事兴”、“和气生财”、“家不和，家不兴”之类的俗语都从正反两面形象地说明了这一点。

4. 促进身心保健

中国先哲认识到，以“和”作为人际交往的基本准则，有利于形成和谐的人际关系，而和谐的人际关系有利于促进个体的身心健康，故而以“和”作为人际交往的基本准则，具有一定的身心保健功能。据《论语·季氏》记载，孔子说：“和无寡。”若人们

---

① 李庆善．中国人新论　从民谚看民心．北京：中国社会科学出版社，1996. 77.

能以“和”来处理人际关系，在心理上就不会觉得孤独。据《中庸》记载，孔子又说：“故大德……必得其寿。”而“大德莫大于和”（董仲舒语），可见，和谐的人际关系有利于个体的身心健康。

五、实现真正和谐人际关系的策略

在黄曬莉看来，“和谐化方式”指保持和谐或避免不和的方法。它有四个层次：一是“个人内心的层次”。就此层次而言，和谐化的主要目的在于追求内在心灵境界的安详，以及经由自我调整、淬炼而达到修身养性的最高境界。它又可分为“自然无为的和谐化方式”、“精神超越的和谐化方式”、“道德积累的和谐化方式”与“自我节制的和谐化方式”等四种子类型。二是“关系伦理的层次”。就此层次而言，和谐化的主要目的在于追求仁义并重、和合愉悦的人际关系，以情理为社会的基础，并为社会奠定基本的伦理秩序。它可分为“恪守名分的和谐化方式”、“尊亲差序的和谐化方式”与“义先于利的和谐化方式”等三个子类型。三是“社会规范的层次”。就此层次而言，和谐化的主要目的在于维护社会的安定和秩序。它又可分为“正统权威的和谐化方式”、“依法行事的和谐化方式”与“顺应天理的和谐化方式”等三种子类型。四是“功效思虑的层次”。就此层次而言，和谐化的主要目的在于为个人或双方争取最大的利益或减至最小的损失。它又可分为“实用理性的和谐化方式”、“利害权衡的和谐化方式”与“权谋运用的和谐化方式”等三种子类型。① 这种看法颇为全面，但也有互为交叉之嫌。限于本章旨趣，下面只论“实现真正和谐人际关系的策略”。

与人交往是一件人人必须面对的事情，但要想获得一种和谐的人际关系却不是一件容易之事。那么怎样做才最易获得真正和谐的人际关系，而不是“面和心不和”之类的虚假和谐关系呢？中国人通过总结前人和自己的经验教训，提出了一整套实现真正和谐人际关系的策略。② 为便于读者理解和把握，可以从不同角度对这些策略进行分类。例如，从人格修养的角度看，一个人若想在与他人交往时更有效地获得一种真正意义上的和谐关系，就必须努力通过个人的心性修养，尽量使自己向“君子人格”的方向发展，切勿使自己养成“小人人格”。从这个意义上说，大凡有助于“君子人格”养成的策略，实际上都往往是一种获得和谐人际关系的有效策略；反之，大凡有助于“小人人格”养成的策略，实际上都会阻碍人们获得和谐人际关系。鉴于“君子人格”与“小人人格”的思想在拙著《中国心理学思想史》③ 里已有论述，限于篇幅，这里不多讲。若从人际互动的方式看，实现和谐人际关系的人际互动方式，其路径是沿着“诚待人—行中庸—求诸己”展开的。

（一）诚待人：在待人态度上要遵循真诚待人的原则

与人交往或处理人际关系时，对待对方的态度很重要。那么正确的态度是什么呢？

① 黄曬莉．华人人际和谐与冲突：本土化的理论与研究．重庆：重庆大学出版社，2007. 100～107.

② 在中国传统文化尤其是一些有关做人的论著和民谚里，也有一些非常世故的人提出了一整套教人如何实现“伪‘和’”的策略，这属于中国传统文化的糟粕，限于本书的旨趣，本章不作深究。

③ 汪凤炎．中国心理学思想史．上海：上海教育出版社，2008. 544～561.

中国人提倡的是：真诚待人。这从下面一组数据中可看出：在“为获得一种和谐人际关系，您认为在待人态度上要怎样做？”这一问题上，有53.38%的人的答案是“真诚”、“待人诚恳”、“以诚相待，用真心换真情”之类的字眼。除此之外，有19.98%的人的答案是与“热情亲切”有关的字眼，有13.32%的人的答案是“不卑不亢”之类的词语，答案是“尊重他人”、“谦让”、“中庸”、“容忍”的人各占3.33%。被试对另两个与此相关的问题的回答也显示出良好的一致性，即对于“您认为一个人应该怎样做才最容易获得一种和谐人际关系？”这一问题，多数人的答案中都有“真诚”、“用真心换真情”、“热情、乐于助人”、“待人和气”、“坦率”之类的话语；对于“您认为哪些做法最容易破坏已建立起来的和谐人际关系？”这一问题，多数的人答案中都有“虚伪”、“当面一套，背后一套”、“口是心非”、“骗人”、“不说真心话”、“背后论人是非”、“动机不良”、“不负责任”等字眼。为什么在待人态度上要做到真诚待人呢？这是由于中国人多相信，只有自己先以诚待人，才能让别人也以诚待己。即如《孟子·离娄上》所说：“诚者，天之道也；思诚者，人之道也。至诚而不动者，未之有也；不诚，未有能动者也。”他认为大自然的规律和现象是真实无欺的（如晴天即是晴天，雨天即是雨天），对人也必须用诚去感动他们。用现代社会心理学的术语讲，就是要牢记人际吸引的对等律。

待人既已真诚，必会平等与友爱。因此，中国人进而提倡在待人的态度上要遵循平等与友爱的原则。所谓“四海之内，皆弟兄也”（《论语·颜渊》），于是，在待人态度上，中国人推崇的最高境界是一种“民胞物与”（张载语，出自《正蒙·乾称》）的境界：将每个人看作是自己的同胞手足，将万事万物看作是自己的朋友与伙伴，将整个宇宙看作一个和谐的大家庭。因为要想别人对你友善，你首先就要对别人友善。正如《墨子·兼爱中》所说：“夫爱人者人必从而爱之，利人者人必从而利之；恶人者人必从而恶之，害人者人必从而害之。”《孟子·离娄下》也说：“爱人者，人恒爱之；敬人者，人恒敬之。”用现代社会心理学的术语讲，就是要牢记人际吸引的对等律。同时，人活在世上很艰难，只有通过友爱、相互协作、相互支持，才能使生命之光永不泯灭。这正如《大戴礼记·曾子制言上》所说：“是故人之相与也，譬如舟车然，相济达也。人非人不济，马非马不走，水非水不行。”汉谚也说：“人心齐，泰山移”、“在家靠父母，出门靠朋友”、“双拳不敌四手，好汉架不住人多”、“三个臭皮匠，顶个诸葛亮”和“单花不是春，独木不成林”，等等。

（二）行中庸：妥善处理好各种人际关系

如下文所述，一个善守中庸的人，就是既要固守中正之道又要能敢于打破常规的人，以便将面临的不同事情都能处理得恰到好处。因此，在与人交往的过程中，若能以中庸之道来行事，往往易获得和谐的人际关系。为了便于操作，下面只就几个关键问题来讲一下中庸的做法：

1. 向人提要求应遵循心理换位的原则

与人交往，难免有时会向对方提一些要求，这是人之常情。不过，若要求提得不恰当或过分，可能会遭到对方拒绝，也可能对方表面同意，心中却很不高兴，这样就可能伤及双方的感情，危及彼此之间的和谐关系。那么，哪些要求可以提，哪些要求不可以提呢？中国人多认为，向人提要求时应遵循心理换位的原则，即设身处地地替对方想想，假若换作是我，这些要求我能接受吗？若我不能接受，则这个要求就不要向对方提出；若我能接受，则这个要求才可向对方提出。这就是俗话讲的“将心比心”与“前半夜替自己想想，后半夜替别人想想”的道理所在。用富有哲理性的话说，即如孔子所说：“己所不欲，勿施于人”（《论语·卫灵公》）、“己欲立而立人，己欲达而达人”（《论语·雍也》）。前一句是从反面说的，它告诉人们这样一个道理：自己不想要的任何事物，就不要强加给别人。后一句话是从正面说的，它告诉人们，自己想要做的事情，也正是别人希望做的事情。中国人认为，按照心理换位的原则向对方提要求，最易获得对方的理解，因而也最易让对方愉快地接受。问卷调查也显示，在“为获得一种和谐人际关系，您认为向人提要求时应怎样做？”这一问题上，有56.70%的人的答案是“不要让对方为难”、“根据对方的能力提出”、“委婉”、“适当不过分、合理合情、看场合时间对象”之类的字眼，有23.31%的人的答案是“有礼貌”、“先道谢”之类的字眼，有13.32%的人的答案是“诚恳”之类的词语，还有6.67%的人的答案是“大方”之类的字眼。稍加分析可知，这些答案都是颇“善解人意”的，因而一旦提出来，对方一般也多能接受。

2. 对待诺言应遵循诚实守信的原则

与人交往，有时会与人相约或向对方许诺，这也是人之常情。那么，应怎样去对待诺言呢？中国人相信，只有自己先守信于人，才能让人也守信于己，这实际上也是一种人际吸引的对等律。因此，中国人一向认为，对待诺言应遵循诚实守信的原则，主张与朋友相交要“说到做到”、“言而有信”、“一诺千金”，认为“人无信不立”，赞赏“言必信，行必果”的行为方式。问卷调查也表明，在“为获得一种和谐人际关系，您认为应该怎样对待诺言？”这一问题上，被试的答案显示出惊人的相近，即100%的人都主张要遵守诺言。在另外两个相关的问题，即“您认为一个人应该怎样做才最容易获得一种和谐人际关系？”和“您认为哪些做法最容易破坏已建立起来的和谐人际关系？”上，被试的答案也显示出良好的一致性，即多将“守信”、“有责任感”看作最容易获得和谐人际关系的做法之一，而将“不守信”、“失言”、“没有责任感”视作最容易破坏已建立起来的和谐人际关系的举动之一。为了守信于人，中国人一贯主张对人不要轻易许诺，因为“轻诺必寡信”。

3. 对待对方过错应遵循委婉劝说的原则

人非圣贤，孰能无过。在与人交往时，若对方犯了过错，应怎样对待呢？中国人多认为，此时应遵循委婉劝说的原则，以提醒对方，让对方早日醒悟并及时改正错误。这从问卷调查的结果中就可看出。在“为获得一种和谐人际关系，面对对方的错误时您认为应该怎样做？”这一问题上，有73.36%的人的答案是“委婉劝说”、“提醒、劝说、有时也容忍”；或“以适当方式指出错误并提出一些改进方法”等词语，有26.64%的人的答案是“视具体情况而定”、“若是好友，要及时提出；若是一般朋友，要旁敲侧击，予以提醒”或“小的错误能够包容，原则上的错误指出让他改正”。这一答案与先哲的主张有相通之处，如《千字文》就主张：“交友投分，切磨箴规。”意即“言朋友之合，以情相托。平日为学则切磋琢磨，相勉以求其精；至于有过，则讽谕规戒，相救以正其失也。"[①] 为什么要这样做呢？因为中国人多相信"金无足赤，人无完人"，又多认为，一个人犯错误并不可怕，可怕的是知错而不能改，知错即改的人还是非常难能可贵的，俗话说，"浪子回头金不换"、"放下屠刀，立地成佛"。因此，中国人多主张在与人交往时，要容允别人犯错误，即要有一颗宽容之心，不要求全责备，否则，"水至清则无鱼，人至爱则无朋"。用问卷调查中一些被试的答案讲，即是"站在他的位置上想一下，宽容别人"、"宽容是一种美德，更是一种权力"、"宽容、体谅"，等等。不过，中国人又多认为，委婉劝说是有一定限度的，万一委婉劝说仍不生效，此时就应记住《论语·颜渊》中的教诲："忠告而善道之，不可则止，毋自辱焉。"忠心地劝告他，好好地引导他，他不听从，也就罢了，不要自找侮辱。用一位被试的话语讲，即是"视情节轻重而定，若错误不是指向我且情节轻，那我最多会委婉地'点'一下；如果错误涉及我且情节严重，我会与他（或她）谈一下，如果能改善，那最好；如果说不通，那我会疏远他（或她）"。

4. 与人意见不一致时应遵循宽容谦让的原则

在与人交往中，由于种种原因，难免会有与人意见不一致的时候，如果这时大家互相争强好胜，非要分出个输赢来，就有可能会伤了"和气"，甚至会发生冲突，乃至"化友为仇"。为了避免这种情况的发生，中国人一贯提倡与人意见不一致时应遵循宽容谦让的原则。民间有很多俗语都赞赏谦让宽容，如"谦让万事和，心安一生平"、"多一事不如少一事"、"人让人，不蚀本"、"小事不让人，大事难做成"，等等。用先哲的话讲，正如《老子·六十六章》所说："江海所以能为百谷王者，以其善下之，故能为百谷王。……以其不争，故天下莫能与之争。"[②]《孟子·公孙丑上》也说："以力服人者，非心服也，力不赡也；以德服人者，中心悦而诚服也，如七十子之服孔子也。"中国历史上有一个叫刘劭的人，他在《人物志》一书中著有《释争》一文，专论"争"的坏处与"不争"的好处，最后得出的结论是："由此论之，则不伐者伐之也，不争者争之也，让敌者胜之也，下众者上之也"。谦让宽容发展的结果，又使得中国人向来以"忍"为尚，这导致"小不忍，则乱大谋"几乎成了一个妇孺皆知的俗语。另外，诸如"三十六计，走为上计"、"好汉不吃眼前亏"、"大事化小，小事化了"、"一口气忍得，终身福享得"与"退一步，海阔天空"之类的推崇"忍"或"让"之类的谚语在中国民间流传甚广，这里就不赘述了。问卷调查也得出了类似的结论，在"为获得一种和谐人际关系，您认为在与人意见不一致时应该怎样做？"这一问题上，有53.37%的人的答案是"忍让，但保留自己的意见"、"能说服最好，不能则退让"、"不要将自己的意见强加于人"之类的话语。此外，有23.31%的人主张"与人商讨，缓和分歧"，有16.65%的人的答卷是"小事付之一笑，大事据理力争"之类的话语，还有6.67%的人主张"谁对听谁的"。简而言之，在与人意见不一致时，中国人提倡要遵循宽容谦让的原则，以维护这个中国人处理人际关系的基本准则——"和"，使之不至于中断。

顺便指出的是，一个人若真要拥有宽广的胸怀，做到"大肚能容天下难容之事"、"宰相肚里好撑船"，就须有一颗容人之心。

---

① 梁兴嗣撰．千字文释义．汪啸尹纂集．北京：中国书店，1991. 29.

② 陈鼓应．老子注译及评介（修订增补本）．北京：中华书局，2009. 303.

（三）求诸己：与人发生矛盾后应遵循调和沟通的原则

在人际交往中，有时难免会与人发生矛盾。矛盾的发生本已危及“和”的存在，若再不采取得当措施，就可能将辛苦建立起来的和睦人际关系毁于一旦；假若补救措施得当，则可能化干戈为玉帛，恢复或重新建立和睦的人际关系。那么，与人发生矛盾后应遵循什么原则呢？中国人一贯主张应遵循调和沟通的原则。问卷也显示，在“为获得一种和谐人际关系，您认为在与人发生矛盾后应该怎样做？”这一问题上，有43.39%的人的答案是“主动调和，若错在自己，主动道歉，若错在对方，则要宽容一些”、“大事化小，小事化无”、“分析原因，若己错则向他人道歉，若他人错则容忍”之类的话语。有26.64%的人主张“沟通，力求解决矛盾”、“想清楚前因后果，该道歉则道歉，不希望僵下去”、“最好不动手，通过交谈解决”之类的话语，有16.65%的人的答卷是“视具体情况而定”，还有13.32%的人主张“让时间来解决问题”、“保持冷静”或“顺其自然”等。用一句话概括就是，在与人发生矛盾后，中国人多提倡要遵循调和沟通的原则，以重新恢复或建立和谐的人际关系。

为了尽快恢复或建立和谐的人际关系，以便减轻或消除由不和谐人际关系给自己心灵带来的压力与紧张，在调和与沟通的过程中，大多数中国人又倾向于将引起矛盾的过错归因于自己，认为只有这样做才可证明自己诚心修好的心意，也容易得到他人的谅解，从而使矛盾得以尽快化解。这就是俗话讲的“正人先正己”与“严于律己，宽以待人”的道理。用先哲的话讲，即如《论语·卫灵公》说：“躬自厚而薄责于人，则远怨矣”、“君子求诸己，小人求诸人”，等等，都是强调正己为先原则在化解矛盾中的重要性。

六、对当代中国人正确看待“尚‘和’心态”的启示

当代乃至未来的中国人能从古人推崇“与人交往，以和为贵”的尚“和”心态里得到哪些启示？对于这个问题，我们的看法是：

（一）“和”字是打开中国人人际交往心态的一把“钥匙”

受儒家“礼之用，和为贵”思想、儒道佛三家尚“谦让”思想的深刻影响，尚“和”已成为中国人的一种集体潜意识。即便在当代中国人的心中，仍有深厚的和为贵的心态。例如，一些人爱荷花，除了荷花有“出淤泥而不染”的高贵品质外，与“荷”和“和”谐音也不无关系。而现在有些农家正堂中高悬合和二仙图，其目的也无非是企盼一家人在这一年里和和满满。由于尚“和”已成为中国人的一种集体潜意识，导致中国人人际交往的所有策略几乎都是为了达到和谐人际关系的目的，“和”字无疑是打开中国人人际交往心态的一把“钥匙”，和谐化的辩证观（成中英语）能帮助今人理解中国人处理冲突的方法。

（二）应辩证看待中国人的尚“和”心态

对于中国人在与人交往或处理人际关系时流露出来的尚“和”心态要作具体分析，既要看到其积极的一面，也要看到其消极的一面，以便做到“扬长避短”，促进中国人

人际交往心态向着更加美好的方向发展。

1. 尚“和”心态的积极功能

中国人的尚“和”心态在维护中华民族的统一、增强中华民族的群体凝聚力与合作精神、使中国人养成顾全大局的观念等方面，起到了积极的作用。因此，在中国历史上虽有春秋战国时期、三国鼎立时期、五代十国时期和宋金辽三国并立时期，但是，中国人毕竟有“分久必合”的心态，使得“大一统”的中国绵延至今。

同时，中国人的尚“和”思想对于今日中国建立和谐社会和让世界大家庭逐渐建立和谐发展理念等都具有重要意义。“和”是一种有利于事物发展的状态，在“和”的环境中，人类的创造力能得到最大的发挥，人类所创造的文明成果能得到最有效的正向积累。尤其在一个全球问题日趋严重的当代社会里，如果没有和平，那将意味着人类自身的毁灭性灾难的来临，如目前人类所拥有的核武器足以将地球毁灭好几次。因此，尚和思想一旦成为全球的共识，就能将当今国际社会的“和平”主题落到实处。[①] 所以，今日重新温习罗素的一句话，不能不让人对罗素的远见卓识肃然起敬。罗素说：“中国至高无上的伦理品质中的一些东西，现代世界极为需要。这些品质中我认为和气是第一位的。”[②]

2. 尚“和”心态的消极功能

《孟子·告子下》说：“无敌国外患者，国恒亡。”国家要有所发展，就必须常常保持有与外国斗争必胜之的信念。不仅仅是国家，个人也是如此，个人也应常常保持为四周之敌所困、与之斗争必胜的意志，没有这种信念是决不会有所进步、有所发展的。[③] 中国人过于尚“和”，忽略了适度“竞争”在平衡人我关系与群我关系中的重要作用，有时为了“和”，甚至有委曲求全或掩盖矛盾之嫌，这又带来了至少六个方面的消极影响：①容易让人因恐惧竞争而委曲求全，最终失去自我。②因担心伤了和气而不愿表露自己的真心，既容易使人与人之间缺乏真情的碰撞与沟通，也不利于不同意见（其中有一些或许是中肯的意见或具有建设性的意见）的产生。③不能激发中国人产生自由竞争意识与冒险精神，因而使古代中国没有产生出资本主义精神（M. 韦伯）。④在社会生活中，若一味求和，一味避免斗争，有时就会使善为恶所战胜，使人失去做人的原则而变得世故圆滑等。⑤为了达到集体和谐、集体团结，中国人往往会不过分坚持己见，甚至会牺牲自己的原则。这种中国式“团结”观念以不惜牺牲个体差异为代价，易造成一元化的权力结构和文化结构，既不利于社会文化结构的异质与多元化，也不利于个人的“个体化”。[④] 当这种价值取向成为中国文化的一种深层结构后，让个体差异失去了足够的生存空间，导致“和”蜕变成“同”。⑥尚和心态深深地渗入中国古代司法领域里，使得司法领域追求的最高境界是“无讼”，以便和气生财，以和为贵。正如孔子所说：“听讼，吾犹人也。必也使无讼乎！”[⑤]《幼学琼林》卷四《讼狱》也说：“世人惟不平则鸣，圣

---

① 陈科华．“和同之辨”及其对当代和平理论构建的意义．中国人民大学复印报刊资料《中国哲学》，1999（10）：16.

② ［英］罗素．中国问题．秦悦译．上海：学林出版社，1996. 167.

③ ［日］涩泽荣一．论语与算盘　人生·道德·财富．王中江译，北京：中国青年出版社，1996. 17～18.

④ ［美］孙隆基．中国文化的“深层结构”（第二版）．桂林：广西师范大学出版社，2011. 179～180.

⑤ 杨伯峻译注．论语译注（第二版）．北京：中华书局，1980. 128.

人以无讼为贵。”这种“息争”的心态，使“和事佬”在中国文化里成为一种具有道德上的优越性的角色。[①] 所以，谁要是一遇到小事就上公堂状告别人，极易被人视为“刁民”，而不是像美国人那样被视作是有强烈依法保护个人权利意识的人。衙门里野草丛生，被认为是社会和谐的表现，而不是被视作地方政府不关心“民生”的铁证。由此导致中国人多不愿意进行面对面的冲突，遇有不同意见时，就容易做出钩心斗角、阳奉阴违、面和心不和等表里不一的行为，这或许是中国人常常“窝里斗”的根源之一。

因此，为了限制尚“和”心态的消极影响，最有效的解决办法是：限制中国人尚和的范围，使之不渗透进司法等不宜尚“和”的领域，同时，鼓励中国人在保持自我个性的前提下，适度参与“双赢”性的竞争（不是你死我活的竞争）与合作。所谓“双赢”，指交往双方通过求同存异、真诚合作，从而使双方合法利益同时得到增加。与此相对的是“单赢”。“单赢”指“我赢你输”或“我输你赢”，即一方所得必以另一方所失为代价。可见，“单赢”属于“零和”思维，必会引起失败方或损失方对胜利方或获益方的不满、怨恨甚至深仇大恨，最终会拖累双方。例如，“一战”结束后，战胜方对战败方采取了一些无理的报复性行为，最终引起战败国德国的反抗，这便是“二战”在欧洲爆发的根源之一。“二战”的结果，不但让德国遭受巨大损失，英国与法国同样遭受巨大损失，从此，世界金融中心与科技创新中心都从伦敦转移到美国。与此不同的是，在“双赢”局面中，双方的利益不但都未损失，反而都得到了提高。因此，只有“双赢”才能促进双方真正进行持久且和谐的互动。像“二战”结束后，美国人通过深刻反思，决定对西欧实施“马歇尔计划”（The Marshall Plan），最终不但让战后西欧的国民经济得到迅速恢复，也让美国进一步加强了其与西欧各国之间的友好关系，进而成就了美国的当代世界霸主地位。“双赢”不但适用于处理国与国之间的关系，也适用于处理人与人之间的关系。人与人之间若能按“双赢”理念互动，就更易获得良好的和谐关系。

（三）通过多方努力促进社会主义和谐社会持久发展

中国人一向崇和，尚“和”心态已渗入中国人的“骨髓”。但是，只要你翻开中国历史，就会发现这样一个毋庸讳言的事实，在中国漫长的古代历史中，战争频频发生。就朝代而言，中国历史上有战国时期、三国时期、南北朝时期、五代十国时期、宋金辽并立时期，在这群雄并起的时代，各国之间发生战争真可谓是家常便饭；就朝代更替而言，在中国古代历史上，几乎每逢朝代更替之际，都会爆发一场规模较大、时间较长的战争；就某个已得天下的朝代（如西汉、西晋和明朝）而言，其内部也常常发生叛乱之类的战争；就普通的民众而言，“窝里斗”是世人皆知的陋习之一。喜爱“和”的中国人为什么如此“好斗”呢？这是一个值得深思的话题。

1. 中国历史上的两种著名观点

对于一些中国人“好斗”的原因，在中国历史上有很多学人都提出过自己的看法，其中，最著名的观点有两种：

（1）资源有限说。

“资源有限说”以管仲、孔子和孟子等人为代表。在管仲学派和以孔夫子为代表的

① ［美］孙隆基．中国文化的深层结构（第二版）．桂林：广西师范大学出版社，2011. 167.

儒家看来，社会的混乱、战争、盗贼以及其他纷争产生的根源在于，人们缺乏最基本的谋生资料，从而丧失了廉耻之心，于是，一些人经常通过损人、害人的手段来谋求自爱自利。由此，各种纷争也就产生了。正如《论语·卫灵公》所说："子曰：'君子固穷，小人穷斯滥矣。'"《孟子·梁惠王上》也说："无恒产而有恒心者，惟士为能。若民，则无恒产，因无恒心。苟无恒心，放辟邪侈，无不为己。"反之，人们一旦丰衣足食，就会"知礼节"、"知荣辱"，正如《管子·牧民》所说："仓廪实则知礼节，衣食足则知荣辱。"[①]《史记·管晏列传》里也有类似的言论[②]，这表明"仓廪实则知礼节，衣食足则知荣辱"确是管仲的思想。因此，管仲、孔子和孟子等人多主张一个智慧的管理者若想社会和谐，就必须重视民生问题，采取积极的措施来帮助人民来"制民之产"，以便满足人们最基本的物质需要。

如前所述，中国古代主要是一个农业社会，但先民的生存空间比较恶劣，再加上生产力发展水平有限，这就导致从总体上看，中国先民所想得到的资源是有限的，为了获得尽可能多点的资源，就个人与个人的关系来讲，就可能产生争斗；就群体与群体的关系来讲，就会产生这样一种现象：在群体内部崇和，在群体与群体之间则不讲和。所以，只有通过有效的方式来增加个人与社会的财富，让资源极大丰富起来，才能从根本上消除争斗。从这个角度看，在解释一些中国人"好斗"的原因时，"资源有限说"有一定道理。不过，从"不患贫而患不均"一语以及古今中外一些朝代与国家的发展事实可知，若管理制度合理，管理措施获得民心，单纯的资源有限并不会导致人们好斗。同时，从下文墨家的观点来看，"资源有限说"也有值得商榷的地方。可见，若仅用"资源有限说"来解释一些中国人"好斗"的原因，并不能完全讲得通。

（2）不相爱说。

"不相爱说"以墨家为代表。在墨家看来，受儒家重等级、重名分和重孝道等思想的深刻影响，一些人轻一视同仁式兼爱，而看重"差序格局"（费孝通语）之爱（详见"中国人的自我观"一章），对于这种持爱有差等观念的人，墨子称之为"别士"；与此相反，对于那些将全体同胞视作同一道德共同体，并在这个大的道德共同体对全体成员持一视同仁式爱的观念的人，墨子称之为"兼士"。"兼士"与"别士"的心理与行为差异正如墨子在《墨子·兼爱下》里所说：

> 谁以为二士，使其一士者执别，使其一士者执兼。是故别士之言曰："吾岂能为吾友之身若为吾身，为吾友之亲若为吾亲。"是故退睹其友，饥即不食，寒即不衣（陈澧云："此谓友饥而不馈以食，友寒而不赠以衣也。"），疾病不侍养，死丧不葬埋。别士之言若此，行若此。兼士之言不然，行亦不然，曰："吾闻为高士于天下者，必为其友之身若为其身，为其友之亲若为其亲，然后可以为高士于天下。"是故退睹其友，饥则食之，寒则衣之，疾病侍养之，死丧葬埋之。兼士之言若此，行若此。若之二士者，言相非而行相反与？[③]

---

① 黎翔凤撰．管子校注．梁运华整理．北京：中华书局，2004. 2.

② （汉）司马迁撰．史记．（宋）裴骃集解，（唐）司马贞索隐，（唐）张守节正义，北京：中华书局，2005. 1696.

③ （清）孙诒让．孙启治点校．墨子闲诂．北京：中华书局，2001. 116～117.

墨家之所以看重"兼士"而轻视"别士"，是因为社会的混乱、战争、盗贼以及其他纷争产生的根源，在于人们因自私自利而无法将全体同胞纳入自己的爱心之中，而仅仅是在小团体内展现爱心，与"圈外人"则"不相爱"。由于"圈外人"彼此不相爱，导致一些人经常通过损害圈外人的手段而谋求自爱自利，于是，各种纷争也就产生了。《墨子·兼爱上》说：

圣人以治天下为事者也，不可不察乱之所自起。当察乱何自起？起不相爱。臣子之不孝君父，所谓乱也。子自爱不爱父，故亏父而自利；弟自爱不爱兄，故亏兄而自利；臣自爱不爱君，故亏君而自利，此所谓乱也。虽父之不慈子，兄之不慈弟，君之不慈臣，此亦天下之所谓乱也。父自爱也不爱子，故亏子而自利；兄自爱也不爱弟，故亏弟而自利；君自爱也不爱臣，故亏臣而自利。是何也？皆起不相爱。虽至天下之为盗贼者亦然，盗爱其室，不爱异室，故窃异室以利其室；贼爱其身，不爱人身，故贼人身以利其身。此何也？皆起不相爱。虽至大夫之相乱家、诸侯之相攻国者，亦然。大夫各爱其家，不爱异家，故乱异家以利其家。诸侯各爱其国，不爱异国，故攻异国以利其国，天下之乱物具此而已矣。察此何自起，皆起不相爱。①

既然如此，要想消除各种纷争，以期建立和谐社会，主要措施在于通过"兼相爱，交相利"的方法来纠正人们自爱自利的恶习。《墨子·兼爱上》说：

若使天下兼相爱，爱人若爱其身，犹有不孝者乎？视父兄与君若其身，恶施不孝？犹有不慈者乎？视弟子与臣若其身，恶施不慈？故不孝不慈亡有。犹有盗贼乎？故视人之室若其室，谁窃？视人之身若其身，谁贼？故资贼亡有。犹有大夫之相乱家、诸侯之相攻国者乎？视人之家若其家，谁乱？视人国若其国，谁攻？故大夫之相乱家、诸侯之相乱国者亡有。若使天下兼相爱，国与国不相攻，家与家不相乱，盗贼无有，君臣父子皆能孝慈，若此则天下治。故圣人以治天下为事者，恶得不禁恶而劝爱？故天下兼相爱则治，交相恶则乱。故子墨子曰："不可以不劝爱人者，此也。"②

从墨家的思想来看，即便从客观上讲，存在资源有限的事实，但是，假若人与人相互友爱对方，仍不会发生争斗；反之，即使资源极为丰富，如果人人都自私自利、损人利己，争斗仍在所难免。因此，只有通过有效方式培育出人与人相互友爱的精神，才能从根本上消除争斗。应该说墨家的观点也有一定的合理之处，不过，墨家要人人都有"兼爱"心，这在实践中很难行得通。

2. 管理缺陷说

既然"资源有限说"与"不相爱说"都不能完全解释一些中国人"好斗"的原因，那么，在它的背后一定还另有原因。因此，我们认为，要增加一种解释，即"管理缺陷

---

① （清）孙诒让．孙启治点校．墨子闲诂．北京：中华书局，2001. 99～100.

② （清）孙诒让．孙启治点校．墨子闲诂．北京：中华书局，2001. 100～101.

说”。在治理国家时，存在管理上的重大缺陷，导致矛盾与纷争无法在制度层面得到妥善解决，最终引发更严重的冲突（如发生战争）。具体地说，中国先哲虽从“商亡周兴”的史实里看到了“人的力量”的巨大潜能，从而重视人的因素在管理中的重要作用。正如《荀子·王制》所说：“故有良法而乱者有之矣；有君子而乱者，自古及今，未尝闻也。《传》曰：‘治生乎君子，乱生乎小人。’此之谓也。”① 并且，也早就认识到“水能载舟，亦能覆舟”的道理。正如《荀子·王制》所说：“《传》曰：‘君者，舟也；庶人者，水也。水则载舟，水则覆舟。’”② 但令人遗憾的是，一直未能找到一个让国家长治久安的科学管理制度，仅是或片面强调“德治”的重要性，或推崇“诡道（鬼道）”而缺少“轨道”（良好的管理制度），导致中国古代社会从总体上看重人治而轻法治（详见“中国人的管理心理观”一章）。

正由于经典中式管理存在上述重大缺陷，因此，不但先秦“三哲”——老子、孔子和墨子——生活的时代（即春秋末期与战国初期）是一个战争频发的时代；而且，自秦汉至清末的两千余年历史里，中国一直在“起义—新王朝—新的暴政—再起义”的“一治一乱”的历史怪圈里轮回。③ 这既进一步加深了中国先民的苦难，并让许多中国人普遍相信“时”与“命”，又导致了漫长的中国封建社会由一个个“朝代国家”组成。于是，每逢朝代更替之际，战争几乎就不可避免，甚至就是在同一个朝代之内，还有“七国之乱”（西汉，也称“七王之乱”）、“八王之乱”（西晋）、“靖难之役”（明代）等内乱。

从这个角度讲，当代中国人在建设社会主义和谐社会的过程中，要吸取中国先民的上述经验与教训，努力做到以下三点：①要通过改革开放，大力发展生产力，生产出丰富的物质财富和精神财富来满足人民的不同需要。②要拓宽“和”的范围，使中国人不但在自己所属的小团队内尚“和”，而且在整个中华民族这一大团队乃至在整个“地球村”的范围内也尚“和”，真正体现出中国人“民吾同胞，物吾与也”的崇高的做人境界，从而为建设社会主义和谐社会和“确保到二〇二〇年实现全面建成小康社会宏伟目标”营造出一个和谐的内部环境和外部环境。③要牢记《老子·五十七章》所说的“以正治国，以奇用兵，以无事取天下”④ 一语，将“诡道”严格控制在只能用于与敌作战上，正如《孙子兵法·（始）计》所说：“兵者，诡道也。”绝不可将“诡道”泛化，将之用来对付自己的同胞。在同一个道德共同体内，一定要坚持“依法治国”与“以德治国”相结合，以便创造出一整套科学的社会主义管理制度，变“诡道”为“轨道”，从根本上消除争斗，使伟大的祖国跳出一治一乱的怪圈，真正走向长治久安、繁荣昌盛的发展道路。

---

① （清）王先谦撰．沈啸寰，王星贤点校．荀子集解．北京：中华书局，1988. 151 ~ 152.

② （清）王先谦撰．沈啸寰，王星贤点校．荀子集解．北京：中华书局，1988. 152 ~ 153.

③ 吴敬琏．改革！改革！．读者，2012（23）：24.

④ 陈鼓应．老子注译及评介（修订增补本）．北京：中华书局，2009. 275.

附：

问 卷

注意：请仔细阅读完“说明”后再作答。

说明：下面是一组有关了解人们平日与人交往心态的问题，编制此问卷的目的是为科研收集一些第一手的资料，请被测者认真阅读每一道题目后，再按自己的真实想法作答。本问卷共12题。若是选择题，请在最符合您的真实想法的选项上画“√”；若是问答题，请写上您的宝贵意见。所有答案均无对错好坏之分。问卷采取无记名的方式，并绝对保密。

1. 在下列诸种人际关系中，您最推崇哪一种？

A. 和谐　B. 相互竞争　C. 淡如水　D 冷漠

2. 当与他人发生意见分歧时，您会为了不伤和气而迁就他人吗？

A. 我总是这样做。　B. 若非原则性分歧，我会这样做。

C. 面对熟人时，我会这样做。　D. 面对领导时，我会这样做。

E. 我从不这样做。

3. 当与他人观点不同时，您会为了减少困扰而放弃自己的观点吗？

A. 我总是这样做。　B. 若非原则性分歧，我会这样做。

C. 面对熟人时，我会这样做。　D. 面对领导时，我会这样做。

E. 我从不这样做。

4. 为了获得一种和谐人际关系，您会做“好好先生”吗？

A. 我总是这样做。　B. 面对熟人时，我会这样做。

C. 面对领导时，我会这样做。　D. 若非原则性分歧，我会这样做。

E. 我从不这样做。

5. 为了获得一种和谐人际关系，您是否会于有意或无意中去做迎合他人的事？

A. 我总是这样做。　B. 面对熟人时，我会这样做。

C. 面对领导时，我会这样做。　D. 若非原则性分歧，我会这样做。

E. 我从不这样做。

6. 为了获得一种和谐的人际关系，您在平日的与人交往中一般是怎样做的（请按下列顺序作答）：

●在待人态度上做到：

●向人提要求时做到：

●对待诺言时做到：

●面对对方的错误时做到：

●与人意见不一致时做到：

●与人发生矛盾时做到：

●若还有其他做法，请写在此处：

7．您认为一个人应该怎样做才最容易获得一种和谐的人际关系？

8．您认为哪些做法最容易破坏已建立起来的和谐人际关系？

9．假如您现正与某人发生争执，您内心是否有企盼和事佬出来打圆场的想法？（请先在A或B上打“√”，然后陈述自己的理由）

A．有。　　　B．没有。

理由是：

10. 您平日惧怕与人发生争执吗？（请先在 A 或 B 上打“√”，然后陈述自己的理由）

A. 惧怕。　B. 不惧怕。

理由是：

11. 您对人们在日常的人际交往中推崇以和为贵的心态有何评价？

A. 好处有：

B. 弊端有：

12. 您认为人们在人际交往中常出现以和为贵的心态的原因是什么？

原因是：

（问卷内容全部结束，谢谢您的支持与帮助！）

世事洞明皆学问，人情练达即文章。

——曹雪芹

第五章　中国人的人情观

林语堂曾说，面子（face）、命运（fate）和恩惠（favor）① 是统治着中国的三位女人（three women）。② 这话固然有一定道理，不过，若深究起来，此种表述可能遗漏了“天理”与“王法”这两个重要概念。因为在中国人看来，世界的完整系统是由“天、地、人”三者有机地构成的。并且，在术语内涵、术语的使用频率、使用范围与心理学色彩上，“恩惠”一词较之“人情”一词均要逊色一些。同时，“面子”虽常常包含脸，但完全不提“脸”，容易让人产生“脸”与“面子”是一回事的误解。有鉴于此，我们认为，在中国社会尤其是中国传统社会里，天理、王法、人情、脸面和命运是规范人言行的五个重要法则。在这五者中，“天理”最为重要。在这五者中，“天理”最为重要。何谓“天理”，其义有五：①自然的法则；②天然的道理；③旧谓本然之性；④纲常伦理；⑤星名。当它用于指称调节人与人的关系时，在这五种含义里用得最多的是“纲常伦理”一义，不过，在这个用法里也往往渗透有“自然的法则”和“天然的道理”二义。换言之，在中国人尤其是中国古人看来，“纲常伦理”实是一种“自然的法则”或“天然的道理”（今天的中国人虽然已舍弃了“三纲”思想，但对于经过现代诠释之后的人伦之常仍颇为推崇）。结果，“天理”往往外显为一整套生活在同一地区的人所普遍认可的“绝对的做人准则”（之所以说它是“绝对的”，是因为其权威性不但不证自明，而且不容置疑），内化为人的“良心”。正如王守仁在《传习录・中》里所说：

若鄙人所谓致知格物者，致吾心之良知于事事物物也。吾心之良知，即所谓天理也。致吾心良知之天理于事事物物，则事事物物皆得其理矣。致吾心之良知者，致知也。事事物物皆得其理者，格物也。是合心与理而为一者也。因此，在中国人心中，“天理”与“良心”不但经常连在一起使用，即所谓的“天理良心”，“天地良心”或简称为“天良”，而且可以换用。从一定意义上说，正是由于中国人看重“天理”，才使中国人尊重王法（对于现代中国人而言，即“国法”）、重人情、讲脸面、顺“天意”（即命运）。

---

① 在某些中译本里，将 *My Country and My People*（吾国与吾民）中的“favor”译作“人情”，一些西方人也将中国的“人情”译作“favor”，这并不恰当。因为查遍《英汉大词典》对“favor”（favour）一词的解释，其中并无“人情”之义（陆谷孙主编．英汉大词典（第二版）．上海：上海译文出版社，2007. 679.）；同时，“人情”的丰富内涵也是“favor”一词无法涵盖的。有鉴于此，我们主张，“人情”的英文用“rénqíng”来表示，不可译作“favor”，否则就会失去很多东西。

② 林语堂．*My Country and My People.* 北京：外语教学与研究出版社，2000. 191.
林语堂．中国人（全译本）．郝志东，沈益洪译．上海：学林出版社，1994. 199.

假若王法有违“天理”，中国人最终必将选择“天理”而舍弃“王法”；假若命运有违“天理”，中国人最终必将选择与“命运”抗争的道路。一个人如果不讲“天理良心”，势必不会依“常理心”行事，不在乎脸面，结果也必不重人情与脸面。

当然，说“天理”最重要，丝毫也没有贬低其他四者的重要性之义。以人情为例，只要你是一个中国人，或者，你虽是一个外国人，但在中国待过一段时间，那么，你都可以清楚地体会或感觉到，绝大多数中国人至今仍是非常讲人情的。假若你到当今的中国农村去走走，你会发现在许多中国农村，人情仍是当地村民信奉的一个处世法则；即便你不去农村，只要你一旦成为某个熟人圈里的一员，你就会发现，此熟人圈里的其他成员一定会依人情法则对待你。在中国，人情虽不像友情那样淳朴实在，不像亲情那样至真无私，不像爱情那样纯美热烈，但人情是人“应有”的情感，“无人情”、“不通人情”、“不近人情”在中国是不受欢迎的，而合情合理、通情达理、入情入理则备受赞许的。那么，什么是“人情”？与外国人尤其是西方人相比，中国人为什么非常重人情？人情互动有规律或法则可寻吗？……对这些问题的回答，就构成了本章的主要内容。

一、何谓“人情”

（一）“人情”一词诸义

综合《辞源》[①]、金耀基[②]和2009年版《辞海》[③]的解释，“人情”一词的含义主要有五种：

1. 人的情绪或情感

人情即“人的情绪或情感”的简称，这是人情的本义。[④]正如《礼记·礼运》所说：“何谓人情？喜怒哀惧爱恶欲，七者弗学而能。”[⑤]在这里，《礼记》所讲的人情，其义就是指“人的情绪或情感”，其大类包括喜、怒、哀、惧、爱、恶、欲七种。用今天的眼光看，情与欲虽关系密切，但“欲”不是“情”，不过，《礼记》能够认识到人的基本情绪有喜、怒、哀、惧、爱、恶六种，并且看到了情绪的先天性，这是难能可贵的。由此可见，人情本指个体在不同生活情境里自然而生的相应的情绪反应。例如，一个人遇到快乐的事情时快乐之情就油然而生，遇到悲伤的事情时悲伤之情就油然而生，这均是“人情”。

2. 人之常情

一个人面临一个情境而产生的任何情绪或情感，尽管都是人的情绪或情感，但是，就其性质而言，既有合乎情理的（如一个人遇到喜事时喜悦之情油然而生），也有不合乎情理的（如一个人遇到悲伤之事时不悲反喜）。在通常情况下，只有合乎情理的情绪

---

① 辞源（修订本）. 北京：商务印书馆，1983. 159.

② 金耀基. 人际关系中人情之分析. 载杨国枢主编. 中国人的心理. 台北：桂冠图书股份有限公司，1988. 75～103.

③ 夏征农，陈至立主编. 辞海（第六版彩图本）. 上海：上海辞书出版社，2009. 1885.

④ 夏征农，陈至立主编. 辞海（第六版彩图本）. 上海：上海辞书出版社，2009. 1885.

⑤ （清）朱彬撰. 礼记训纂. 饶钦农点校. 北京：中华书局，1996. 345.

或情感才有助于个体更好地适应他人与社会，违背情理的情绪或情感常常阻碍个体更好地适应他人与社会。正是由于人们在日常生活里逐渐认识到人的不良情绪存在“阻碍个体更好地适应他人与社会”的弊病，因此为了引导大家更好地处理人际关系，生活在同一个地区的人们主要通过约定俗成的方式，逐渐将一些有助于个体更好地适应他人与社会的情绪认定为合乎情理的情绪。因此，人情就可用来指称“一个人待人处世时应有的常理之情”，这样，人情就有了“人之常情”之义。《庄子·逍遥游》说：“大有径庭，不延人情焉。”[①] 这里的“人情”就是指“人之常情”。[②]

指称“人之常情”的人情与指称“人的情绪或情感的简称”的人情相比，二者的相同之处是：彼此都可用来指称人的情绪或情感；二者的区别在于：指称“人之常情”的人情里包含的情均是合乎人之常情的，而指称“人的情绪或情感的简称”的人情里包含的人情既有合乎人之常情的，也有可能是不太合乎人之常情的，甚至严重违背人之常情的。例如，该喜的时候喜，该怒的时候怒，这是“人之常情”。但是，如果在该喜的时候悲，该悲的时候喜，这种情绪反应虽也是“人情”，但往往容易让人觉得你的这种人情太不合乎“人之常情”了。例如，据《庄子·至乐》记载：

> 庄子妻死，惠子吊之，庄子则方箕踞鼓盆而歌。惠子曰：“与人居，长子、老、身死，不哭，亦足矣，又鼓盆而歌，不亦甚乎！”庄子曰：“不然。是其始死也，我独何能无概然！察其始而本无生，非徒无生也而本无形，非徒无形也而本无气。杂乎芒芴之间，变而有气，气变而有形，形变而有生，今又变而之死，是相与为春秋冬夏四时行也。人且偃然寝于巨室，而我噭噭然随而哭之，自以为不通乎命，故止也。”[③]

与庄子曾共同生活多年且为庄子生儿育女的妻子因年老而死了，按人之常情，庄子理应表现出非常悲伤的心情。但庄子一反常人的惯常做法，不悲反喜，而且这种喜悦之情不是暗藏在心中，而是通过敲着盆歌唱的方式来表达。庄子的这种怪异做法就被其好友惠子批评为“不近人情”。若不是庄子随后道出自己对生死的豁达看法，不但惠子无法原谅他，后人也不会尊崇无情无义的庄子了。

综上所论，指称“人之常情”的人情，其实质是指一个人待人处世时应有的常理之情。这虽不是本书要讲的人情的主要含义，但从人情的这一含义中可以看出，“人情”本是人应有的常理之情，至少中国人是这样看的。因此，一个通晓人情的人也就是心理学上讲的具有同情心（empathy）的人。一个人假若能够理解别人在不同生活情境里可能产生的情绪反应，进而喜其所喜，怒其所怒，甚至投其所好，避其所恶，这个人便是“通情达理”的人；相反，假若他对别人的喜、怒、哀、乐无动于衷，见人有喜，既不欣喜于色，遇人有难，也不拔刀相助，这个人便是不通人情的人。[④] 在中国，“不通人情的人”之所以不受人们的欢迎，是因为其言行也往往被人看作是异常的或不合常理的；

---

① 陈鼓应. 庄子今注今译（第二版）. 北京：中华书局，2009. 25.

② 夏征农，陈至立主编. 辞海（第六版彩图本）. 上海：上海辞书出版社，2009. 1885.

③ 陈鼓应. 庄子今注今译（第二版）. 北京：中华书局，2009. 484 ~ 485.

④ 黄光国. 人情与面子：中国人的权力游戏. 载杨国枢主编. 中国人的心理. 台北：桂冠图书股份有限公司，1988. 298 ~ 299.

同时，人们也大多相信，一个不通人情的人往往缺乏与人同喜或同悲之类的情意，实是一个“铁石心肠”的“无情人”。而正常人不是“草木”，孰能无情？言下之意是，“无情之人”其实不是“人”！

3. 合乎情理的人心或世情

人情既然可用来指称“一个人待人处世时应有的常理之情”，将它再作进一步的泛化，人情就可用以指称“一个人待人处世时应有的常理之心”，于是，人情就有了“合乎情理的人心或世情”之义。从这个角度看，指称的“人心、世情”之内既包含“合乎情理的人心或世情”，也包含“违背情理的人心或世情”，其中，只有“合乎情理的人心或世情”才是社会心理学上所讲的“广义人情”的含义。由此可见，“广义人情”之内不但包含“人之常情”，还包含“人之常理”。曹雪芹说：“世事洞明皆学问，人情练达即文章。”这里的“人情”实指“合乎情理的人心或世情”。

由于“世故”讲的也是一种待人处世之道，因此，人情与世故也常连用。如明代杨基《眉庵集》二中的《闻蝉》诗写道：“人情世故看烂透，皎不如污恭胜傲。”但是，若严格区分，人情与世故还是有一定的差别的。正如冯友兰在《新世训》一书的第二篇《行中恕》里所说：

普通常说人情世故，似乎人情与世故，意义是一样底。实则这两个中间，很有不同。《曲礼》说：“来而不往，非礼也。”一个人来看我，在普通底情形中，我必须回看他。一个人送礼物与我，在普通底情形中，我必须回礼与他，这是人情。“匿怨而友其人”（出自《论语·公冶长》，引者注），一个人与我有怨，但我因特别底原因，虽心中怨他，而仍在表面上与他为友，这是世故。我们说一个人“世故很深”，即是说此人是个虚伪底人。所以“世故很深”，是对于一个人底很坏底批评。我们说一个人“不通人情”，即是说此人对于人与人底关系，一无所知。所以“不通人情”，亦是对于一个人底很坏底批评。“不通人情”底人，我们亦常说他是“不通世故”。这是一种客气底说法。“不通世故”可以说是一个人的一种长处。而“不通人情”则是人的一种很大的短处。①

“来而不往，非礼也”之所以是“人情”，正在于这种人际互动方式合乎情理；“匿怨而友其人”之所以是“世故”，也正在于这种人际互动方式违背情理。由此可见，指称“合乎情理的人心或世情”的人情，其实质是指人世间主要通过约定俗成的方式而形成的一套合乎情理的待人处世之道或待人处世的法则。从这个意义上说，若能正确做到“以礼待人”，实就能正确做到“以人情待人”。因为正如《管子·心术上》所说：“礼者，因人之情，缘义之理，而为之节文者也。故礼者，谓有理也。理也者，明分以谕义之意也。故礼出乎理，理出乎义，义因乎宜者也。”② 可见，“礼者，理也。”据《朱子语类》卷四十二记载，朱熹也说：

所以礼谓之“天理之节文”者，盖天下皆有当然之理。今复礼，便是天理。但此理

① 冯友兰．新世训　生活方法新论．北京：北京大学出版社，1996. 22 ~ 23.

② 黎翔凤撰．管子校注（中）．梁运华整理．北京：中华书局，2004. 770.

无形无影，故作此礼文，画出一个天理与人看，教有规矩可以凭据，故谓之“天理之节文”。①

这是说，为了维护良好的社会秩序，达到和谐共存，人在与万物（其内自然也包含“人”，尤其是“他人”）相处时必须遵循一定的规矩，以此规范和约束自己的心理与行为。其中，抽象的规矩就是“天理”，将“天理”具体化，就是“礼”。所以，“天理”与“礼”的关系实是一里一表的关系，二者本是息息相通的。早在《左传·昭公二十五年》里就声称：“夫礼，天之经也，地之义也，民之行也。”将“礼”的存在以及人们依礼而行视作天经地义的事情。可见，一旦能正确做到“以礼待人”，就不但能正确做到“以人情待人”，而且实是在“以德待人”。例如，据《礼记·礼运》记载，“孔子曰：‘夫礼，先王以承天之道，以治人之情，故失之者死，得之者生。’”②《荀子·大略》说：“夫行也者，行礼之谓也。礼也者，贵者敬焉，老者孝焉，长者弟焉，幼者慈焉，贱者惠焉。”③《礼记·礼运》也说：

是故夫礼必本于大一，分而为天地，转而为阴阳，变而为四时，列而为鬼神。其降曰命，其官于天也。

夫礼必本于天，动而之地，列而之事，变而从时，协于分艺，其居人也曰养。其行之以货力、辞让、饮食、冠、昏、丧、祭、射、御、朝、聘。

故礼仪也者，人之大端也。所以讲信修睦，而固人之肌肤之会，筋骸之束也；所以养生送死，事鬼神之大端也；所以达天道，顺人情之大窦也。④

一个人若将“以礼待人”做到极处，其道德水准便极高了。荀子在《劝学》中说得好：“故学至乎礼而止矣。夫是之谓道德之极。”⑤ 正因为广义人情实指一套合乎情理的待人处世之道，冯友兰才说：“我们说一个人‘不通人情’，即在说此人对于人与人底关系，一无所知。”相反，说一个人“通情达理”，是指这个人善于把握人与人相处之道，这是一种赞美之词。

与真正的“礼”或“人情”不同，在讲礼节时若有浓厚的等级观念和名分观念，重名不重实，仅重礼的仪式，这不但违背了“礼者，理也”的精神，也不合乎人情（详见“中国人的自我观”一章）。同时，“世故”是一套势利的、违背人情之常的待人处世之道或待人处世的法则，它属于“违背情理的人心或世情”。一个人若待人世故，实属缺德或寡德之人。

当然，人世间纷繁复杂，若遇到“与朋友交，后知其不善，欲绝，则伤恩；不与之绝，则又似‘匿怨而友其人’”这一困境时，又该如何处理呢？朱熹的回答颇为合情合理：“此非匿怨之谓也。心有怨于人，而外与之交，则为匿怨。若朋友之不善，情意自是

---

① （宋）黎靖德编．王星贤点校．朱子语类（三）．北京：中华书局，1994. 1079.
② （清）朱彬撰．饶钦农点校．礼记训纂．北京：中华书局，1996. 333.
③ （清）王先谦．沈啸寰，王星贤点校．荀子集解．北京：中华书局，1988. 490.
④ （清）朱彬撰．饶钦农点校．礼记训纂．北京：中华书局，1996. 352 ~ 353.
⑤ （清）王先谦撰．沈啸寰，王星贤点校．荀子集解．北京：中华书局，1988. 12.

当疏，但疏之以渐。若无大故，则不必峻绝之，所谓‘亲者毋失其为亲，故者毋失其为故’者也。”①

同时，对于那些极不合人情的做法，善良的人们要予以警惕，否则可能会上小人的当。在这方面，春秋时期齐桓公所犯的错误值得今人从中汲取教训。据《史记·齐太公世家》记载，齐桓公四十一年（前645年），管仲病重，桓公问他：“你死后，群臣之中谁可做相国?”管仲说：“知臣莫如君。”桓公说：“易牙烹其子以快寡人，让此人做相国如何?”管仲答道：“父母爱其子女，乃是人之常情，易牙杀掉孩子来讨好您，这种做法不合人情，他连自己的孩子都不爱，怎么会爱您，所以，您不可以让他当相国。”桓公说：“开方如何?”管仲答道：“背弃亲人来讨好君主，不合人情，难以亲近。”桓公说：“竖刀如何?”管仲答道：“自己阉割自己来讨好君主，不合人情，难以亲爱。”管仲死后，齐桓公不听管仲的话，重用这三人，结果，这三人专权。桓公四十三年（前643年），齐桓公病重，被竖刀、易牙、开方三个奸贼禁闭在寝殿里活活饿死，死亡时间是冬十月乙亥。桓公死后，五公子各率党羽争位，互相攻打对方，齐国一片混乱。桓公的尸体在床上放了67天，结果腐尸上的蛆都爬出了室外。直到十二月乙亥，新立的齐君无诡才把桓公收殓。②

4. 婚丧喜庆交际中所送的礼物

人们在与熟人的正常交往时彼此送点小礼物给对方，这本是人之常情，因此，人情就可以用来指称人们在正常交往时送给对方，用以表达彼此心意的礼物。可见，用以指称“婚丧喜庆交际中所送的礼物”③的人情，通常是在一个人与他人的正常交往中所产生的一种副产品，即附加于馈赠品之上的一种情感性义务。收礼方一旦接受了某人的馈赠品，也就同时欠下了对方一份人情。如杜甫《杜工部草堂诗笺》三中的《戏作俳谐体遣闷》一诗：“於菟（老虎的别称）侵客恨，粔籹（古代食品名，类似今天的麻花）作人情。”这也不是本书要讲的人情的主要含义。不过，从人情的这一含义中可以看出，“人情”有时也可像礼品一样送给他人，从一定意义上讲，正是在这种人际互动关系中才产生人情的。

5. 情面；情谊

人情也可指情面或情谊。如托人情，做个人情。李渔《奈何天·计左》：“［外上］人情留一线，日后好相见。”④这种意义的人情实际上隶属于“合乎情理的人心或世情”的人情。

（二）心理学意义上的“人情”

1. 广义人情的含义

从社会心理学角度看，本书要讲的人情用的主要是“人情”上述四种含义里的第四种，即指“合乎情理的人心或世情”，同时，也兼顾“人情”的其他三种含义。换言之，

① （宋）黎靖德编．王星贤点校．朱子语类（一）．北京：中华书局，1994. 234.

② 为增加可读性，这里略有改动。原文见（汉）司马迁撰．史记．（宋）裴骃集解，（唐）司马贞索隐，（唐）张守节正义，北京：中华书局，2005. 1253～1254.

③ 夏征农，陈至立主编．辞海（第六版彩图本）．上海：上海辞书出版社，2009. 1885.

④ 夏征农，陈至立主编．辞海（第六版彩图本）．上海：上海辞书出版社，2009. 1885.

本书讲的广义人情泛指一切合乎情理的待人处世之道。若想把握广义人情的真谛，关键要牢记三点：

第一，从实质上看，广义人情本是泛指生活在同一地区的人们通过约定俗成的方式所共同认可的一整套合乎情理的待人处世的行为规范或法则，① 而不是指别的东西。

第二，从内容上看，根据交往的对象不同，广义人情包括对待二至三或四代之内的直系亲人的待人处世之道、对待爱人的待人处世之道、对待朋友的待人处世之道和对待熟人的待人处世之道，等等。相应地，广义人情实包括亲情、爱情、师生情、友情和狭义人情等多个类别。于是，所谓关系网（人情网），网住的不但有亲人、爱人与友人，还有熟人。另外，需要指出的是，尽管中国人在与陌生人交往时往往多是极为“理性的”、“冷冰冰的”，少带或几乎不带感情，但是，依中国人的“平常心”，这本也是颇为合乎情理的，因为对方是“陌生人”。这样，广义人情里同样包括合乎情理对待陌生人的待人处世之道。

第三，待人处世之道在性质上包括两大类型：一是，一套合乎情理的待人处世之道；二是，一套违背情理的待人处世之道。从性质上看，广义人情是指一整套合乎情理的处世法则；若是违背情理的处世法则，如按世故方式进行的待人处世之道和小人的待人处世之道等，就是不近人情的处世法则或世故的处世法则，均不得称之为人情。从这个意义上说，广义人情里已包含了“人的情绪或情感”与“人之常情”这两种含义。可见，“合情合理”是广义人情必须遵循的法则。

2. 狭义人情的含义

与广义人情相对，还有狭义人情。狭义人情主要是指一套合乎情理的对待熟人的待人处世之道。若想把握狭义人情的真谛，同样要牢记三点：

第一，从实质上看，狭义人情是指生活在同一地区人们通过约定俗成的方式所共同认可的一套合乎情理的待人处世的行为规范或法则，而不是指别的东西。

第二，从内容上看，狭义人情里所包含的待人处世法则主要是针对熟人而言的；若是对待直系亲人或陌生人的处世之道，均不可称之为狭义人情。这是狭义人情与广义人情的最大区别之处。

第三，从性质上看，狭义人情里所包含的一套待人处世的法则也是合乎情理的。

（三）小结

综上所论，“人情”本只是用来表示人的自然情感的一个术语，可是，由于种种机缘，在中国社会，人情随后发生了很大的变化，产生了各式各样的“人情”（如图 5－1 所示）。并且，一方面，人情成为用来调节中国人际关系的一个重要准则，于是，人情便有了伦理化、人际关系化的特点；另一方面，人情也成为衡量一个中国人会不会做人的重要标尺，于是，人情又具有了社会文化规范的约束机能。

---

① 金耀基．人际关系中人情之分析．载杨国枢主编．中国人的心理．台北：桂冠图书股份有限公司 1988. 78～79.

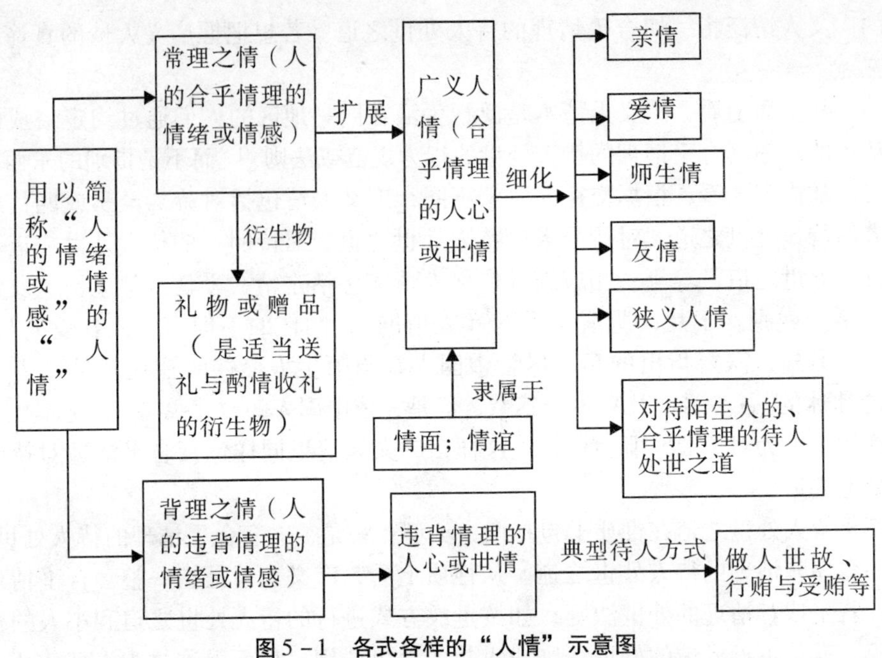

图 5－1　各式各样的"人情"示意图

二、中国人为什么重"人情"

中国人重人情有深刻而复杂的社会经济文化历史根源，其中，"中式自我观颇有人情味，有助于中国人讲人情"已在"中国人的自我观"一章里作了探讨，下面只论余下的几点。

（一）农业经济：中国人重人情的经济基础

如"中国人的尚'和'心态"一章所述，就经济因素说，依据费孝通的观点，中国古代社会主要是一个农业社会，因土地是不能动的，导致靠土地谋生的人在正常情况下也是少流动的，于是形成了熟人社会，熟人社会必是一个重人情的社会。因这方面的内容在前文已作详细探讨，这里只简要勾画一下，不再多讲。

（二）伦理本位儒家文化的盛行：中国人重人情的文化基础

就文化因素看，中国人重人情主要是受到儒家学说的深刻影响。

1. 与非常看重"直系血缘关系的共同性"有内在关联

中国人之所以重亲情，与中国人在确定家庭成员的资格时非常看重直系血缘关系的远近有关。这从"人亲骨头香"一语就可见一斑。用现代心理学眼光看，"人亲骨头香"一语表明，相对于陌生人的体味而言，中国人更认同自己亲人身上散发出的体味。个中原因可能主要有二：①习惯与文化使然。具体地说，假若甲是乙的亲人，那么，在通常情况下，甲与乙因长期生活在同一个地域，拥有相同的文化背景与类似的生活习惯，自然对彼此身上散发的体味更易认同。②基因在起作用。如果甲是乙的亲人，那么，较之陌生人，二人在基因上就有更多的相似之处，故而拥有类似的体味，自然对彼此身上散发的体味更易认同。

当然，中国人在认定亲人时，往往只算到二至三代或四代之内的直系血亲关系（按单向维度计算）（具体算法见本章下文），因此，中国人的“家”通常是由拥有二至三代或四代之内的直系血缘关系的人所组成。以一个经典的中国式核心家庭为例，其家庭成员一般由夫妻及与其有血缘关系的儿女（在多子女的年代，一对夫妻往往生育多个儿女；在当代独生子女的年代，一对夫妻通常只生育一个儿子或女儿）组成。通常情况下，没有二至三代或四代之内的直系血缘关系的“外人”是很难被中国人真正从心底中认同为“家人”的，最典型的例子是“媳妇”。当一个核心家庭中的儿子长大成人并要娶妻生子时，如果不是近亲结婚，那么，没有二至三代或四代之内的直系血缘关系的“外人”——儿媳妇——就会因与儿子的婚姻关系的成立而进入此核心家庭，并使此核心家庭迅速转变成“大家庭”（里面包括两对夫妻关系），等孙子或孙女出生后，此大家庭又转变成三代同堂的更大家庭。在这个大家庭中，只有两个人是“外来人”：一个是“婆婆”，一个是“儿媳妇”。由于此大家庭的儿女（“儿媳妇”除外）都是由媳妇的婆婆所“亲生”，所以，在此大家庭中，儿女都将自己的妈妈——媳妇的婆婆——当作真正的家人。而儿媳妇在此家庭中的地位就大不相同了：在多数中国式家庭中，由于儿媳妇与其夫家家庭成员往往没有二至三代或四代之内的直系血缘关系（近亲结婚除外），儿媳妇也就很难被夫家其他家庭成员除其丈夫与自己亲生子女外，从心底中真正认可为“家人”。因而，儿媳妇和女儿相比，儿媳妇的地位往往难以高过女儿。因为女儿身上流着娘家的血，与娘家存在直系血缘关系。即使自己的女儿出嫁了，父母也还是会把她当作贴心的“小棉袄”；而对于娶进门的儿媳妇，他们往往会有些“敬而远之”。因此，在中国，一些上年纪的老人们在谈论起自家的媳妇时，常会说“媳妇再好也不如自己养的闺女好”之类的话；而一些年轻女人在议论自己的婆婆时也会常常抱怨着“对婆婆再好，她也不会真把你当自己人看”之类的话。这两类说法虽多少有些偏颇，但从这里也能看出中国人对二至三代或四代之内的直系血缘关系的重视程度，显示出中国人具有明显的“以血缘关系决定亲疏关系”的心理与行为特点：哪怕一个人自出生以后就从未与自己生活在一起，甚至曾伤害过自己，但是，只要此人与自己有二至三代之内的直系血缘关系，一般就会把此人认作是自己的亲人或家人；反之，哪怕一个人与自己长时间生活在一个家庭之内，但是，只要此人与自己没有二至三代之内的直系血缘关系，一般就不会把此人真正认作是自己的亲人或家人。所以一般而言，即使女儿出嫁了，她在娘家的家庭成员资格以及地位也不会丧失，还依然受到原所属家庭的重视。明白了这个道理，就能很好地理解中国女性的这一心理与行为方式：在中国尤其是一些农村地区，女性在婆家受气后往往都会选择回娘家，这是因为她在心理上还是依赖娘家，并且把它当作自己强大的后盾；同时，娘家的成员们会一如既往地支持和保护她，如果女儿在婆家受到了不公正的待遇，那么娘家人也会团结起来找上门去，有时甚至会大打出手。一句话概括，中国人在家庭成员的资格认同上非常看重“直系血缘关系的共同性”，这是中国人普遍看重亲情和依恋那个与自己有二至三代或四代之内的直系血缘关系的家的内在原因之一。①

① 秦明吾主编．中日习俗文化比较．北京：中国建材工业出版社，2004. 29～30.

所以，在中国，自古至今，一般来说，就家庭地位而言，“女儿”的家庭地位要远高于“媳妇”，原因也在于“女儿”是父母的亲骨肉，而“媳妇”是外人。因而，在重骨肉亲情的中国社会，“媳妇”若想在婆家真正“站住脚”，必须生下自己的骨肉，等自己亲生的子女长大成人尤其是自己这一脉“人丁旺盛”，她就在这个家庭牢牢扎下了“根”，不过，此时，“媳妇也熬成了婆”。反之，若“媳妇”没有在婆家生儿育女，那么，她就永远无法在婆家真正“站住脚”。

附带提一下，有人可能会说，既然中国人这么重视二至三代或四代之内的直系血缘关系，为什么还收养养子呢？的确，中国的少数家庭存在着收养养子的情况，虽然养子与其收养人之间往往并不存在二至三代或四代之内的直系血缘关系，不过，在其被收养后一般都能获得家庭成员的认可，有时还能接替家长的地位继承家业。但是，需要注意的是，在过去，收养养子的家庭往往都是一些没有子女或者没有儿子的家庭，由于受“传宗接代”、“重男轻女”等旧观念的影响，他们希望可以通过收养养子的方式来继承香火，即把收养养子当作可以使本家族血脉得以传承下去的权宜之计。“不孝有三，无后为大”，这句话就已清楚地表明中国人对于血脉传承的重视，养子虽然与自己没有直接的血缘关系，但是人们在心理上认可了他与自己的血缘关系，并且期待着可以通过他来使得本家族的血脉代代相传。换言之，中国人收养养子，归根结底还是出于对血缘关系的重视。① 因此，一些中国家庭因自己没有子女而“被迫”收养养子时，若条件允许，往往优先考虑从自己的直系亲属的子女中挑选养子。如，从丈夫或爱人的兄弟姐妹所生的子女中挑选。可是，养子毕竟不是自己的亲生儿子，一旦由于某种因缘巧合，收养人又生了亲生子，那么，养子在这个家庭中的地位往往就会一落千丈，甚至最终因该家庭终止收养关系而被“扫地出门”。

如果从文化对比的角度看，就能从反面证实上述观点。以日本文化为例，中日两个社会的传统家庭有着诸多相似之处，但是在家庭成员的资格认同上存在着一定的差异：中国人更重视“直系血缘关系的共同性”；日本人更强调“场”，即“共同生活的场”。结果，日本社会中“家”的范畴较大，除了包括存在配偶关系以及血缘关系的人之外，多年共同生活在一起而并不存在血缘关系的人也可以包括在内。古代日本，在雇主家劳作的佣人可以改称主人的姓氏，有的仆人死后还可以被葬在主人家的墓地。之所以仆人可以埋葬在主人的墓地，是因为经过长时间的共同生活，他已经获得主人对其家庭成员资格的认可。中国古代虽然也存在主仆共葬的情况，但一般来说都是“殉葬”：仆人作为陪葬品而与主人葬在一起。这种情况下，仆人往往都是被迫的、不情愿的，可见，这与日本社会里主仆共葬的情况存在本质差异。在日本，女性结婚后都要“入籍”，即把户口上到男方家里，与此同时，要改姓丈夫的姓。伴随着“入籍”和改姓丈夫的姓，新娘就告别了娘家，而作为一名新的家庭成员被婆家所接受。通常来说，出嫁后的女儿与娘家的关系会有所疏远，因为出嫁后不会再长期生活在娘家。并且，亲生父母在自己的女儿改姓后，从感觉上会认为她已经成为别人家庭中的一员。这显示出日本人具有明显的“以地理关系的远近决定亲疏关系”的心理与行为特点：哪怕一个人是自己的女儿，但是，只要此人平日很少与自己生活在一起，一般就不易把此人认作是自己的家人；反

---

① 秦明吾主编．中日习俗文化比较．北京：中国建材工业出版社，2004. 30 ~ 31.

之，哪怕与自己没有二至三代内的直系血缘关系，但一个人只要与自己长时间生活在一起，就容易将此人真正认作是自己的家人。明白了这个道理，就能很好地理解日本人的这一心理与行为方式：婆媳纠纷必须在家内解决，并且，受到不公正待遇的媳妇也很难得到娘家人的援助，完全是孤军作战。所以，在一些日本家庭中，女儿的地位反倒不如娶进门的媳妇，因为女儿终归要嫁给别家，在一些日本人看来，与女儿相比，以后将与自己共同生活在一起的媳妇会更重要。这倒是应了中国的一句俗语，“嫁出去的女儿，泼出去的水”。此语虽是中国俗语，却更适合于日本。所以，在通常情况下，日本女性一旦出嫁，就不再过于依恋自己的娘家了。扩而言之，现代西方人在“家”的观念上也往往持与日本人类似的观念，因此，已出嫁的西方女性对于自己的娘家一般也不会产生过度依恋。①

2. 重“仁”导致重“人情”

儒学非常重视“仁”。据杨伯峻的统计，在《论语》的 15 920 个字（篇名除外，且不包括标点符号）里有“仁”字 109 个。② 由于孔子一向推崇“仁”，所以，从某种意义上讲，儒学有“仁学”之称。而“仁”本含有生命之义，如种子的内核因潜藏有传宗接代的生命基因，故称为“果仁”，如“杏仁”、“李仁”，等等。据《宋元学案》卷二十四《上蔡学案·语录》记载，宋代二程之高足谢良佐说：“心者何也？仁是已。仁者何也？活者为仁，死者为不仁。今人身体麻痹不知痛痒谓之不仁。桃杏之核可种而生者谓之仁，言有生之意，推此，仁可见矣。”可见，“仁”是生命存在的标志。因此，“仁”就含有爱惜生命之义，且将“爱惜生命”视作是“天地之大德”。正如《周易·系辞下传》所说：“天地之大德曰生。圣人之大宝曰位。何以守位？曰：仁。”

据《论语·颜渊》记载，在儒家看来，“仁”的重要含义之一就是“爱人”。孟子在《孟子·离娄下》和荀子在《荀子·子道》中都曾说：“仁者爱人。”爱人首先就要爱惜人的生命，正如孔子在《论语·颜渊》里所说：“爱之欲其生。”否则何谈去爱人。故而《孟子·尽心下》说：“仁也者，人也。合而言之，道也。”③ 儒家有时又说“人者仁也”。④《说文》也认为：“仁，亲也。从人从二。”在儒家看来，“人”与“仁”是可以互相定义的，所以，“仁”和“人”在儒家的著作中是可换用的。如《论语·雍也》说：“仁者，虽告之曰：‘井有仁焉。’其从之也？”朱熹在《四书章句集注·论语集注·雍也第六》中引刘聘君曰：“有仁之仁，当作人。”所以，爱仁就是爱人。据《孟子·梁惠王上》记载，孔子说：“始作俑者，其无后乎？”朱熹在《四书章句集注·孟子集注·梁惠王章句上》的集注是：

> 俑，从葬木偶人也。古亡葬者，束草为人以为从卫，谓之刍灵，略似人形而已。中古易之以俑，则有面目机发，而大似人矣。故孔子恶其不仁，而言其必无后也。

要知道，在中国封建社会中，正如《孟子·离娄上》所说的：“不孝有三，无后为

① 秦明吾主编．中日习俗文化比较．北京：中国建材工业出版社，2004. 29 ~ 30.
② 杨伯峻译注，论语译注．北京：中华书局，1980. 221.
③ 杨伯峻译注．孟子译注．北京：中华书局，2005. 329.
④ 冯友兰．中国哲学史新编（第五册）．北京：人民出版社，1988. 15.

大”。“其无后乎”是一种非常严厉的骂人之语，以孔子的身份与修养，说出这样的骂人之语，其对“始作俑者”的痛恶之情及其程度可想而知。而“俑”无非是一种人形的殉葬品，对待“始作俑者”，孔子尚且用“其无后乎”之语痛骂之；假若真用人去作殉葬品，孔子的痛恶之情就更可想而知了。

如“中国人的自我观”一章所论，“仁”是“人”字旁加一个“二”字，这表明，只有在“二人”的对应关系中，才能对任何一方下定义（孙隆基语）。因此，儒家所推崇的“仁”指的是这样一种关系：人与人之间的心意感通，即强调“以心换心”。在这种双方心意感通的过程中，理想的行径必须处处以对方为重。中国人的“礼让”正是这种关系的外在表现，它导致中国人在与相识的人打交道时一般遵循 11 个通用原则（详见本章下文），讲人情，顾脸面，轻易不会铁面无私，显得富于“人情味”。①

3. 重“礼”导致重“人情”

儒家学说的基本假定是：人是生存在各种关系上的。梁漱溟指出，儒家学说的特色是：它不从社会本位或个人本位出发，而是从人与人之间的关系着眼，重人际关系，重交换。梁漱溟说：“中国之伦理只看见此一人与彼一人之相互关系，……不把重点固定放在任何一方，而从乎其关系，彼此相交换；其重点实在放在关系上了。伦理本位者，关系本位也。”② 这也可以用“一回生，二回熟”、“人情客往”与《礼记·曲礼上》中“大上贵德，其次务施报。礼尚往来，往而不来，非礼也；来而不往，亦非礼也”③ 一语的通俗化来说明。何谓“礼”？《礼记·曲礼上》说：“夫礼者，所以定亲疏，决嫌疑，别同异，明是非也。”④ 这表明，礼不外乎是一套被传统社会习惯风俗所认可的行为规矩或规范。冯友兰在《新世训》里说：

在表面上，礼似乎是些武断的、虚伪的仪式。但若究其究竟，则它是根据于人情的。有些深通人情的人，根据于人情，定出些行为的规矩，使人照着这些规矩去行，免得遇事思索。这是礼之本义。就礼之本义说，礼是社会生活所必须有的。所以无论哪一个社会，或哪一种社会，都须有礼。但行礼的流弊，可以使人专无意识，无目的的，照着这些规矩行，而完全不理会其所根据的人情。有些人把礼当成一套敷衍面子底虚套，而不把它当成一种行忠恕之道的工具。如此则礼即真成了空洞虚伪的仪式。如此则通礼者即不是通人情而是通世故。民初人攻击礼及行礼底人，都完全由此方面立论。其实这是礼及行礼的流弊，并不是礼及行礼的本义。⑤

冯友兰的这个观点与《管子·心术上》所说的“礼者，因人之情，缘义之理，而为之节文者也。故礼者，谓有理也”以及朱熹的主张（详见上文）如出一辙。可见，重“礼”导致重“人情”，因为一个真正通礼、善于交换的人，必是一个懂人情的人。

并且，在汉字中，“礼”不但表示“规矩”，也有“馈赠品”之义。“礼”与“人

① ［美］孙隆基．中国文化的深层结构（第二版）．桂林：广西师范大学出版社，2011. 27.
② 梁漱溟．中国文化要义．上海：学林出版社，1987. 93.
③ （清）朱彬撰．饶钦农点校．礼记训纂．北京：中华书局，1996. 7.
④ （清）朱彬撰．饶钦农点校．礼记训纂．北京：中华书局，1996. 3.
⑤ 冯友兰．新世训　生活方法新论．北京：北京大学出版社，1996. 24.

情”在含义上有相通之处，“送人情”即是适度“送礼”；反之亦然。这可谓中国人在人际关系里“情”、“礼”交融或合一的一个例证。[①] 还需指出的是，西方人也讲礼尚往来，不过，与中国人不同的是，在西方人（如美国人）礼尚往来的过程中，人们对送礼持非常慎重的态度，交往的一方不可以随便送礼给另一方，否则，对方不但不感谢，反而会不高兴，甚至看不起你；有时遇到需要送礼的场合，也不可送厚礼，否则容易让人觉得你有行贿之嫌。同时，在西方社会，一个人收到礼物后一定会及时当着送礼人的面打开（即使有精美的包装），若是食品多半还会尝尝，并说一些赞美、感谢之类的话；若是不即刻当着客人的面打开看，就有失礼之嫌。而中国人收到别人送来的礼物后，一般不会即刻打开，而是等客人走后再打开看；若是即刻当着客人的面打开看，常会令客人感到难堪。这就是中西文化在礼尚往来上的差异。[②]

（三）人情的功能：实用因素

人情受到中国人的重视还有一个重要原因，那就是人情的功能。

1. 人情有交换价值

用社会交换理论的思想看，人情具有可交换性，相应地，人情就具有交换价值。这样，在人情互动时，交往双方不但可以满足自己情感上的需要（即相互关照、相互理解、相互尊重、相互妥协、相互帮助等），而且可以像下文所讲的脸面那样，通过交换能解决自己一时无法做到的事情。例如，你想到北京图书馆查资料，可是自己身在南京，一时由于学习或工作紧张又脱不开身，这时如果你有一个好友在北京，就可以让他帮你查一下，这样问题就解决了，当然，你也就欠你的这个朋友一个人情，或者，就让你这个朋友还了你一个人情。

概括起来，中国人的人情交换通常有三种类型：①施恩情。当某人在危难之际，及时给予其有力的支持或帮助，他就会欠你一个“恩情”。若他非忘恩负义之人，将来一定会给予你相应的回报。②“送人情”。在与人交往时，有目的地进行人情投资，“送人情”给对方，它一般会导致受方对施方产生亏欠或愧疚感，这便是中国人常说的“不好意思”，由此，双方便构成一种“人情债”关系，以后在施方向受方提出某种要求时，受方往往不得不按施方要求去回报。③一般性的礼尚往来。在日常生活中，人与人之间有来有往的互相走动、请客或过节时的送礼行为，这些做法一般都会起到加强彼此感情的效果，由此建立起来的“人脉”一般也会在今后的“给人情”或“给面子”中实现交换。[③]

2. 人情有一定的社会规范功能

中国社会重视人情，主要是看到人情的社会规范功能。正如金耀基所说，人情根本上就是一种得到文化价值所支持的社会规范，它像一种社会“舆论”，使一个人对“自

---

① 金耀基．人际关系中人情之分析．载杨国枢主编．中国人的心理．台北：桂冠图书股份有限公司，1988. 79 ~ 81.

② 金耀基．人际关系中人情之分析．载杨国枢主编．中国人的心理．台北：桂冠图书股份有限公司，1988. 75 ~ 103.

③ 翟学伟．人情、面子与权力的再生产——情理社会中的社会交换方式．社会学研究，2004（5）：52.

家人”都要给予必要的关照。[1] 因此，从积极意义上说，人情犹如一个润滑剂，它能在一定程度上增进人与人尤其是熟人之间的情感，维护人际关系的和谐，有利于和谐社会的建立与维持；就消极意义看，人情也容易给人物质上和精神上带来巨大的压力（即人情债），并为一些人通过人情网“拉关系”提供了心理上的认同感，这又容易使社会出现“任人唯亲”而不是“任人唯贤”的负面现象。

三、人情运行的法则

中国社会的人情运行有一定的法则可依，一个善于讲人情的人，多是善于依据人情法则而小心行事的人。由于人情有广义与狭义之分，故既有通用的人情法则，也有仅适合不同子类人情的法则。

（一）人情的通用法则

从实质上看，广义人情本是泛指生活在同一地区的人们通过约定俗成方式所共同认可的一整套合乎情理的待人处世的行为规范或法则，那么，“合情合理合法”便是广义人情通用的法则，具体地讲，它主要包括“尊重对方”、“己所不欲，勿施于人”、“和而不同”、“知恩图报”、“讲信用”、“总体友善且讲究差序格局之爱”、“吃亏是福”、“尽量以公平公正的态度对待自己人”、“家丑不外扬”与“念旧”等十个，其中，“尊重对方”一点就明，不多讲；“和而不同”在“中国人的尚‘和’心态”一章里已作探讨，下面只论余下的八个。

1. *“己所不欲，勿施于人”*

人情是一个人应有的情感，因此，在与人互动过程中，若想自己的言行合情合理，就必须坚持“己所不欲，勿施于人”的法则。说得通俗点，一个人对别人做了某件事，而不知此事是否合乎人情，他只需扪心自问，假若别人对他做了这件事，他心中感觉怎样。假若他认为心中将感觉到快乐，那么，这件事就是合乎人情的；如果他认为这件事将使得自己心中不快，那么，这件事就是不合人情的。如“来而不往，非礼也”，假若只把来往当成一种礼看，则令人感觉这是虚伪空洞的仪式。不过，如果我去看一个人，而此人不来看我，或我请他吃饭，而他不请我吃饭，此人又不是我的师长或我的上司，那么，在普通的情形下，我心中必感觉到一种不愉快。如果我们以这种方式对待他人，他人必也会感觉到心中不愉快。因此，根据“己所不欲，勿施于人”的原则，我们不必读《礼》而自然可知，“来而不往”是不合人情的。[2]

还需指出的是，“己所不欲，勿施于人”本是诞生于乡土中国。在乡土中国的情境里，通常情况下，人们活动的范围不大，多是“生于斯、长于斯、死于斯、葬于斯”（费孝通语），又多信奉“物以类聚，人以群分”的观念，这意味着，在熟人社会里，人与人之间往往有共同的核心价值观、人生观与世界观，那么，一个人按上述方式去做人才是正确的、可行的。换言之，“己所不欲，勿施于人”一般只适合生活于同一文化圈

---

① 金耀基．人际关系中人情之分析．载杨国枢主编．中国人的心理．台北：桂冠图书股份有限公司，1988. 96.
② 冯友兰．新世训 生活方法新论．北京：北京大学出版社，1996. 23.

之内的人们，它们得以成立的重要前提之一是：人与人之间要有大致相同的核心价值观、人生观、世界观、兴趣或爱好等。否则，按这两种方式去待人处世，有时难免会出"差错"。举一个例子：假若张三厌恶抽烟，而同事李四酷爱抽烟，张三到李四家做客时，李四本着"己所欲，施于人"的原则，热情要求张三抽烟，张三可能因顾及李四的脸面，表面表示"客随主便"，但心里一定不是很高兴；反之，当李四到张三家做客时，若张三本着"己所不欲，勿施于人"的原则，不但不拿烟给李四抽，反而强烈要求李四不能在张三家里抽烟，李四可能因顾及张三的脸面，表面表示"客随主便"，但心里也一定会不高兴。

2. 知恩图报

人情运作中通用的第二个重要法则是：知恩图报。民谚说得好："受人滴水之恩，必将涌泉相报。"依此法则，假若一个人曾经帮助过你，或曾经对你有过善举，那么，你一定要知恩图报，善待曾帮助过自己的人。当他需要你的帮助时，你也应尽自己的能力去善待他。否则，就可能会被人斥责为"过河拆桥"、"忘恩负义"、不近人情的人。顺便指出，不但在与熟人或朋友交往、师生之间交往需要遵循上述原则，在与亲人交往时，为了不伤害亲人的心，会做人的人一般也会遵循这个法则行事。

3. 讲信用

在与自己人打交道时，在正常情况下，彼此都应大胆地信任对方，切不可欺骗对方。正是由于中国人易轻信"自己人"，有些人便利用中国人的这种心理，专门欺骗或欺负熟人，俗称"熟吃熟"。当然，一旦被熟人发现，那二人便由熟变生，甚至由熟人变成仇人。

4. 总体友善且讲究差序格局之爱

在对待圈内人时，多数中国人的总体态度是颇为友善的，能与对方倾心交谈，富有同情心，能急人所难，并且，主张不要轻易拒绝他人的要求，更不可怠慢或冷落对方。当然，也希望得到自己人的关心、爱护与好处。对于多数中国人而言，即便同属圈内人，也仍有亲疏之别，从而存在差序格局之爱。所谓差序格局之爱，指先将人与物依与自己的亲密程度高低为标准分为不同的层次，然后在展现自己的爱心时对他们加以区别对待的一种心理与行为方式。正如孟子在《尽心上》里所说："知者无不知也，当务之为急；仁者无不爱也，急亲贤之为务。尧、舜之知而不遍物，急先务也；尧、舜之仁不遍爱人，急亲贤也。"[①] 依爱心递减的序列，具体做法一般依次是：父母、子女、兄弟姐妹、爱人、直系亲戚、师生、好友与熟人。并且，在通常情况下，一个人的爱心越往外推，其"力量"就越小，因而常常很难将"爱心"推演到"陌生人"身上。[②]

5. "吃亏是福"

在对待圈内人时，多数中国人都能做到谦让，信奉"吃亏是福"的做人原则，一般不会傲慢待人。为此，常常从"利他"的角度去考虑问题和对待对方，处处以对方为重，忘我地为他人办事，养成宁愿自己吃亏，也不让对方利益受损的习惯。于是，在中国社会常见如下现象：中国人在与熟人吃饭时抢着"买单"；在与熟人坐公交车或地铁

① 杨伯峻．孟子译注．北京：中华书局，1960. 322.

② 汪凤炎．中国心理学思想史．上海：上海教育出版社，2008. 314.

时会抢着替对方"刷卡"或买车票，并主动让座；在排队时愿意让熟人插队等。[①]

6. 尽量以公平公正的态度对待自己人

在对待圈内人时，多数中国人都尽量做到以公平公正的态度对待自己人，认可"手心手背都是肉"的做人道理。

7. "家丑不外扬"

"家丑不外扬"指不让家中丑事张扬出去。一旦家中出现丑事（如家人不和、夫妻一方或双方都有外遇、家中有人因违法被关进了监狱等），中国人一般会采取"隐瞒事实"、"否认或掩盖真相"或"内部了结"等补救措施，不让外人知道自己的"家丑"。并且，由于中国人有将"家"泛化的心态，因此，小到自己的"单位"出了丑事，大到中国境内出了丑事，中国人一般都不喜欢将之张扬出去。

从面子功夫的角度看，"家丑不外扬"是一种消极的面子功夫，因为"家丑"仅靠"捂住"，不但无法妥善解决，还有可能贻害无穷。所以，一旦出现"家丑"，一定要寻求正确的解决方案。

8. "念旧"

"念旧"指怀念旧日的交情，不忘旧日的交情。对于多数中国人而言，一旦交情建立后，就有趋于持久稳定的想法，往往希望维持终生的关系（朋友关系或夫妻关系），因此，中国人提倡"念旧"、"不忘故交"的做法，一般也不易忘旧，"他乡遇故知"也成为中国人的四大人生喜事之一。[②]

（二）亲情法则

中国人一般以亲情法则对待自己的二至三或四代之内的直系血亲，结婚之后，一般又参照它对待自己的直系姻亲。这意味着，凡是完全按照亲情法则运行的人情，一定是亲情。所谓"亲情法则"，它指那些旨在用于妥善处理二至三或四代之内的直系血亲与姻亲关系的合乎情理的处世法则。对于绝大多数中国人而言，最具特色的亲情法则至少有如下三个，凭借这三个法则，亲情便可与爱情、师生情、友情与狭义人情等区分开来。

1. 实施对象主要是基于血缘关系基础上的二至三或四代之内的直系血亲

亲情实施的对象主要是基于血缘关系基础上的二至三或四代之内的直系血亲，这是"亲情"区别于其他情感的一个显著标志。在中国人心中，一般地，对于一个未婚者而言，"直系亲属"主要由与自己有直系血缘关系的人构成，这类亲人也就是中国人常说的"直系血亲"，像自己的父母和同胞兄弟姐妹等都属于此类亲人；若是一个已婚者，"直系亲属"通常还扩展到包括自己的配偶及其直系亲属，这类亲人也就是中国人常说的"姻亲"，像岳父母和妻子的兄弟姐妹等就属此类亲人。"直系血亲"是基于直系血缘关系的，非常固定，两人之间一旦存在血缘上的直系亲缘关系，就成为任何人都无法改变的事实。"血亲"是固定的，一般而言，其情感关系也较为亲密。"打仗亲兄弟，上阵父子兵"之类的民谚讲的都是这个道理。"姻亲"是基于两人之间的婚姻关系而产生的，婚姻关系一旦确定虽然也较为稳定，但较之血缘关系，其弹性要大得多。并且，一旦婚

---

① ［美］孙隆基．中国文化的深层结构（第二版）．桂林：广西师范大学出版社，2011. 86～87.

② ［美］孙隆基．中国文化的深层结构（第二版）．桂林：广西师范大学出版社，2011. 27.

姻关系解除，基于婚姻关系的“姻亲关系”也就解除了。因此，一般而言，在中国人心中，姻亲不如直系血亲亲。“兄弟如手足，妻子如衣服”之类的民谚说的就是这个道理。

当然，在中国，基于血缘关系的直系亲属一般仅限于二至三代或四代之内的直系血亲关系，其算法一般是：以自己为基点，按单向维度计算，往上推二至三代或四代，再往下推二至三代或四代，加起来实际上已有四至六或八代。超过这个限度，即便从生物学意义上讲某人与另一个人有血缘关系，他们之间也不见得互相将对方认作自己的“亲人”。以张三为例，假设张三与张四是由同一对父母所生的同胞兄弟，那么，张三与张四就属“第一代血亲”，在通常情况下，张三与张四之间因是同胞亲兄弟，双方彼此都会将对方当作自己的直系血亲。若往下算，那么，张三所生子女张小三和张四所生子女张小四二人就属“第二代血亲”，他们二人之间的关系就是中国人常说的“堂兄弟姐妹关系”。张小三所生子女张小小三与张小四所生子女张小小四二人就属“第三代血亲”，其余依此类推。若往上算，那么，张三与张四共同拥有的“父母”就属“父辈血亲”，“父母”的“父母”就属“祖父母辈或外祖父母辈血亲”，“爷爷奶奶或外公外婆”的“父母”就属“曾祖父母辈或曾外祖父母辈血亲”，其余依此类推。在正常情况下，中国人在算直系血亲时，以自己为基点，无论是往上算或往下算，一般都只算到二至三代或四代而已，超过这个限度，就不算了。例如，若往上算，一般的人只知道自己的“爷爷奶奶或外公外婆”姓甚名谁，充其量只知道自己的“曾祖父母或曾外祖父母”姓甚名谁，再往上推，即便借助家谱知道某个辈分更高的祖辈的姓名，但在心理上对此祖辈也已没有什么太大的“亲热劲了”。若往下算，那么，超过四代以上的表亲，虽然从血缘上讲仍有关系，但实际上超过四代以上的表亲之间若真的交往起来，一般彼此都不会再有什么亲人的感觉了。所以，中国人一向相信这样的民谚：“一代‘亲’（指直系亲属），二、三代‘表’（指表亲），超过三代或四代就‘算了’（指彼此之间没有什么亲情关系了）”。

2. *彼此以至爱法则和责任法则对待对方，其内不能夹带丝毫“讲回报”的念头*

在儒家文化的深刻影响下，中国人一向认可这样的一种做人方式：在二至三代或四代之内的直系亲人关系中，任何一个人与另一个人之间都有某种或某几种特定的关系、特定的“名分”，进而一定有某种特定的义务。并且，任何一个人都必须尽其名分与义务，否则，其做人方式一般就不会为其家人、家族乃至他人所认可。相应地，在二至三或四代之内的直系亲属关系中，人与人的行为有较大的规范性，较少个人行动的自由，导致亲情也是较为固定的。正如清代石成金在《传家宝·绅瑜》里所说：

> 父慈、子孝、兄友、弟恭，纵做到极处，俱是合当如是，着不得一毫感激念头。如施者任德（视为德），受者怀恩，便是路人（比喻彼此没有关系的人），便成市道（市侩手段）矣。

因此，在二至三代或四代之内的直系亲人之间（主要是家庭成员之间）讲的人情是较为固定的，没有什么伸缩的余地可言，这种人与人之间的情感实是亲情，不是习称的人情（即狭义人情），一般也不能依下文讲的人情法则去对待。因为依亲情去待人的一大法则是至爱法则和责任法则：施者（如父母）一定是纯粹出于自己对受者（如子女）

的一片真情爱意与应尽的责任，而全身心地对待受者，只注重自己对受者的无私付出，做其所当做之事，尽其所当尽之责，其间绝没有任何想要受者对等回报的念头①，即在动机上没有任何功利色彩。正如《尸子·治天下》所说："忠爱，父母之行也。奚以知其然？父母之所畜子者，非贤强也，非聪明也，非俊智也。爱之忧之，欲其贤己也，人利之与我利之无择也，此父母所以畜子也。"②"丰子恺'约法'子女"的实例就体现了父代对子代的这种至爱真情与责任意识。丰子恺有七个儿女。1947年，丰子恺50岁，在杭州与子女立下"约法"，内容如下：①父母供给子女，至大学毕业为止。大学毕业后，子女各自独立生活，并无供养父母之义务，父母亦更无供给子女之义务。②大学毕业后倘能考取官费留学或近于官费之自费留学，父母仍供给其不足之费用，至返日为止。③子女婚嫁，一切自主自理，父母无代谋之义务。④子女独立之后，生活有余而供养父母，或父母生活有余而供给子女，皆属友谊性质，绝非义务。⑤子女独立之后，以与父母分居为原则。双方同意而同居者，皆属邻谊性质，绝非义务。⑥父母双亡后，倘有遗产，除父母遗嘱指定者外，由子女平分所得。从这份"约法"可以看出，丰子恺虽然不为子女安排所谓舒适的生活，但给子女以平等的爱与同等的受教育机会，并且不要求子女长大后要回报自己，只要求子女独立后要走自己的路，过自己的生活。③这就超越了某些中国人"养儿防老"的观念。

3. 遵循"爱的下倾"原则

所谓"爱的下倾"原则，其要义是：在正常情况下，父母爱子女多于子女爱父母。④这是"亲情"区别于其他情感的又一个显著标志。而在现实生活中，像单身母亲含辛茹苦，无怨无悔，一人将4个子女养大成人，长大成人的4个子女却在供养年老的母亲问题上争论不休，互相推卸责任之类的事情时有发生。因此，《红楼梦》第一回中的《好了歌》里才说：

世人都晓神仙好，只有儿孙忘不了！
痴心父母古来多，孝顺子孙谁见了？⑤

从进化心理学的角度看，"爱的下倾"原则有利于子代的生存与发展。在这个意义上说，为人父母者要知道，"爱的下倾"原则本是"天经地义"的，是为人父母者"所当为"之事、"所当有"之情，为人父母者切不可凭此而在子女面前"居功心傲"，否则既不容易得到子女的理解（因子女多记不起幼年的事情），还容易让自己伤心。当然，为人子女者也要知道，父母的恩情重于泰山，对待父母理应时常保持一颗感恩之心。父代与子代只有相互理解，才容易增进双方的感情，才容易让亲子之间人际关系更加和谐，家庭成员之间关系更加和睦。

---

① 杨国枢．家族主义与泛家族主义．载杨国枢，黄光国，杨中芳主编．华人本土心理学（上册）．重庆：重庆大学出版社，2008. 254.

② （战国）尸佼．尸子译注．（清）汪继培辑，朱海雷撰．上海：上海古籍出版社，2006. 30.

③ 金林．丰子恺"约法"子女．扬子晚报．2008－10－17.

④ 柏杨．眼前欢．读者．2009（6）：51.

⑤ （清）曹雪芹，高鹗．红楼梦（一函八册）．北京：线装书局，2007. 5.

（三）爱情法则

所谓“爱情法则”，它是指那些旨在用于妥善处理自己与爱人之间关系的合乎情理的处世法则。“爱情法则”一般只适用于存在合乎伦理道德与法律的爱情的男女双方之间。[①] 这意味着，爱情法则是用来妥善处理自己与自己爱人之间的人际关系的。对于绝大多数的当代中国人而言，爱情法则的要点除去“己所不欲，勿施于人”与“和而不同”等通用法则外，最具特色的法则至少还有三个，凭借这三个法则，爱情便与亲情、师生情、友情与狭义人情等区分开来。所以，凡是完全按照爱情法则运行的人情，一定是爱情。

1. “爱情只能两人独享”原则

所谓“爱情只能两人独享”原则，也叫“排斥第三者原则”，是指在通常情况下，爱情的实施对象只限于基于爱情关系的男女二人之间，绝不能染指第三者，第三者也不可加以分享。正如《迟到》中所唱：“爱要真诚，不能分享。”这是“爱情”区别于其他情感的一个显著标志。换言之，若有“第三者”插足，不但会给当事的三方都带来许多烦恼，导致爱情面临巨大风险，而且若不及时化解，会导致爱情最终消失，甚至可能会由爱生恨，最终生出许多是是非非。也许有人说，在流行“一夫多妻”制或“一妻多夫”制的时代或地区，爱情不是可以在三人甚至多人之间共享吗？这种观点值得商榷。在流行“一夫多妻”制或“一妻多夫”制的时代或地区，虽然一个人可以与多个人成婚，但婚姻不等同于爱情，否则，便不会有“婚姻是爱情的坟墓”之类的说法了。同时，一个人可以在同一时间爱上两个或多个人，或者，在不同时间或不同地点爱上不同的人，但是，在彼此都知情的前提下，绝大多数人都难以容忍移情别恋的人，这意味着，一旦对方知道你对他或她用情不专一，她或他一般也不会毫无怨言地将真情全投给你的。

2. 平等互爱

彼此以平等互爱的方式对待对方。“夫妇平等且夫妇有爱”是每一对爱人都认可的法则。

3. 爱情是试金石

爱情是试金石：爱情在，恋人关系就存在；爱情无，恋人关系就不存在了。

（四）友情法则

在绝大多数中国人心中，朋友一般有“好友”与“一般朋友”之分。所谓“好友”，指与自己志同道合、心心相印、友情深厚的人。所谓“一般朋友”，指与自己保持一般友情的人。在通常情况下，绝大多数人一般只将“好友”视作自己的真正朋友，而将“一般朋友”归入“熟人”的范畴之内。

“好友”虽然一般多与自己没有血缘上的关系，也不属于自己的姻亲，但其与自己往往有深厚的友情，中国人一般倾向于用“友情法则”来对待自己的好友。所谓“友情法则”，它是指那些旨在妥善处理自己与好友之间关系的合乎情理的处世法则。对于绝大

---

① 在认可同性恋婚姻的国家，如丹麦、挪威、瑞典、荷兰、法国、德国、比利时、英国、芬兰、加拿大、西班牙与阿根廷等国，当然在同性别的两人之间也可存在爱情。

多数中国人而言，友情法则的要点除去“己所不欲，勿施于人”与“和而不同”等通用法则外，最具特色的法则至少还有三个，凭借这三个法则，友情便与亲情、爱情、师生情与狭义人情等区分开来：①实施对象主要是自己的好友。②强调相互信任、相互关照、相互理解。③适度兼顾责、权、利的统一。这意味着，好友之间，既提倡彼此可以为对方做出一定的牺牲，又主张这种牺牲不能超过一定的限度，否则容易伤害双方的友情。

（五）师生情法则

在中国，师生关系，某种程度上被等同于父子关系，故有“师徒如父子”之说（古代还有“天地君亲师”之说，此说在当代中国已基本不流行了），与此相一致的是，中国人便参照“父子有亲”的法则处理师生关系。有时中国人也将师生关系等同于朋友关系，故有“亦师亦友”的说法，便参照“朋友有信”的法则处理师生关系。

（六）狭义人情法则

所谓“狭义人情法则”，指那些旨在用于妥善处理熟人关系的合乎情理的处世法则。事实上，中国人讲的狭义人情法则的确主要是在熟人之间进行的。最具特色的狭义人情法则至少有如下两个，凭借这两个法则，狭义人情便与亲情、爱情、师生情与友情等区分开来。

1. 只在熟人之间且是非经济性的关系中才运用

严格地说，狭义人情法则有一定的适用范围：只在熟人之间且是非经济性的关系中才讲人情。[①] 这句话包含两层含义：一是，只在熟人之间才可能讲人情；二是，只在非经济关系中才讲人情（狭义）。

（1）只在熟人之间才可能讲人情（狭义）。

在中国，“熟人”有广义与狭义之分。广义的熟人与“生人”（陌生人）相对，指自己熟悉的人，它包括自己熟悉的亲人、朋友、老师、学生、同学、同事与邻居等；与此相对，生人指一切自己不熟悉的人。狭义的熟人一般仅指与自己保持一般关系的同学、同事、近邻和其他自己认识的人（指虽与自己相识，但既不是自己的同学、同事或近邻，在交情上又达不到好友水平的人）。本书若无特别说明，所指的熟人均指狭义的熟人。熟人之间的交往既有一定的情感基础，又往往具有长期性、相对的稳定性，并且，彼此之间常常还存在一定的利害关系。因此，与熟人打交道时最适合运用狭义人情的法则。

（2）只在非经济关系中才讲人情（狭义）。

在熟人之间，是不是任何交往都要按人情法则进行呢？事实上不是。因为，若细分，在熟人关系中，人与人之间的交换行为可分为两种：一是社会性的交换行为，二是经济性的交换行为。在社会性的交换中，人们一般按其所处社会所认可的社会规范行动，此时，人情本身就是一种资源、一种中介，换言之，社会性交换主要是靠人情来维持的，所以，在这种交换中人情极其重要。熟人与熟人交往，严格地说，也主要是在社会性的交换中才讲人情。在经济性的交换中，人们一般按市场规范来行动，因此，所交换的东

---

① 金耀基．人际关系中人情之分析．载杨国枢主编．中国人的心理．台北：桂冠图书股份有限公司，1988. 75～103.

西通常以钱为中介，并且一般是可以计算的，通常也是以获取利润为主要目标，相应地，在这种交换里人的情感因素一般会被冻结，无人情味。① 若将人情法则渗透进经济性的交换行为中，结果可能不但不能增进彼此的感情，甚至使双方连朋友也做不下去。举一个例子来说明。

假若张三与李四是一对好朋友，张三是卖肉的，李四是卖衣服的。如果他们之间将人情的法则运用到经济性的交换行为中，那么，他们的行为方式一般是这样的：李四大凡到菜市场去买肉，一定会主动去“照顾”张三的生意，即去张三那里买肉，李四心里会想，“现在生意难做，我主动去买你张三的肉，实际上是在帮张三做生意。张三理应按低于市场价的价钱将肉卖给我。”事实上，张三一般也确会以低于市场价的价钱将肉卖给李四。但张三常常会这样想：“我将肉按优惠价卖给李四，实际上已给了李四一个人情，下次假若我到李四店里去买衣服，李四也应该优惠我。”假若双方严格按此互动的方式做下去，环环相扣，或许还没什么。但是，假若某一日有一个“环节”扣不上，可能双方就会由怨生恨。例如，如果有一天，李四又去买肉，他想到前几次到张三那里去买肉，虽然每斤便宜了几毛钱，不过，肉的质量并不令自己满意，比如，或是肥肉多了一点，或是筋多了一点，或是骨头多了一点，等等。于是，李四这次就偷偷地到别家的肉铺上去买肉。如果这件事事后被张三发现了，张三肯定心里会不高兴，张三会想：“其实每次去买衣服，我本也不想去你李四店里买的，你李四卖给我的衣服，虽便宜一点，但款式不适合我（或是质地不太好，或是颜色我不喜欢），但为了帮你李四销货，我当时不好意思说，也不好意思去别的店里买。现在，既然你李四有了‘初一’，那我张三也就有‘十五’（意即你李四既然可以不够意思，那我张三也就不讲交情了）。”这种事情若果真发生，那么，两人之间的友情就岌岌可危了。

为什么只在非经济关系中才能讲人情（狭义）？这是因为人类同时生活在两个不同的世界里：一个世界主要是由社会规范主导的；另一个世界主要是由市场规范统治的。社会规范一般是友好的、界限不明的，不要求即时的、对等的回报。社会规范的主要内容之一是人们之间互相的友好请求，例如，你能帮我搬一下桌子吗？社会规范包含在人类的社会本性与共同需要里。被市场规范统治的世界与此完全不同，这里不存在友情，而且界限分明。这里交换的东西基本上都可以用某种方式换算成金钱，或者，其本身就是金钱：工资、报酬、成本、利润、税收、价格或租金，等等。假若你处在由市场规范统治的世界里，你更倾向于去认可“按劳取酬，追求最大经济利益”的待人处世法则；如果你处在由社会规范支配的世界里，你更倾向于去认可“奉献爱心，不计回报”的待人处世法则。这可用一个小实验来加以证明。在此实验里，第一个假设是：在按市场规范行动的情境里，如果被试获得的报酬相对高一些，那么，其受到的激励就更大，工作就更努力；反之亦然。第二个假设是：在按社会规范行动的情境里，即使不给被试任何报酬，如果被试接受了主试的友好请求，那么，其受到的激励也会有一定的强度（甚至

① 金耀基．人际关系中人情之分析．载杨国枢主编．中国人的心理．台北：桂冠图书股份有限公司，1988. 88～93.

更大的强度），也会努力工作；反之亦然。实验情境是：电脑屏幕的左边会出现一个圆圈，右边是一个方框。参与者的任务是：用鼠标将圆圈拖到方框里，在5分钟的时间内，拖进的圆圈越多越好。一旦圆圈被成功地拖进方框，它就会立即从屏幕上消失，原来的位置上又会出现一个圆圈，如此周而复始。主试让被试尽快拖圆圈，等被试完成5分钟的实验任务后，主试马上计算被试在5分钟内拖进圆圈的数量，用这个方法测量被试在这一任务中的努力程度。主试将被试分为三组，三组被试的任务完全相同，只是有一个条件不同：甲组被试被告知，参与这个小实验会得到5美元的报酬；乙组被试被告知，参与这个小实验会得到50美分的报酬；丙组被试被告知，参与这个小实验是没有报酬的，只是请他们帮主试一个忙。试验结果表明，甲组被试平均拖进了159个圆圈，乙组被试平均拖进了101个圆圈，丙组被试平均拖进了168个圆圈。甲组被试平均拖进的圆圈数比乙组被试要多58个圆圈，这就证实了第一个假设。因为主试对甲乙两组被试提到了报酬（钱）的问题，此时，甲、乙两组被试就都将自己置身于市场规范统治的世界里，进而就会按照市场规范行动，而不会按社会规范行动。因为人们一旦进入了市场规范统治的世界，就会暂时搁置社会规范统治的世界。所以，甲组被试会认为5美元的报酬还可以，自然就会努力工作，故其拖进的圆圈平均有159个；乙组被试认为50美分的报酬太低，自然不愿努力工作，故其拖进的圆圈平均只有101个。丙组被试平均拖进的圆圈数比甲组被试要多9个圆圈，这就证实了第二个假设。因为主试未对丙组被试提及报酬（钱）的问题，而只是提出了一个友好的请求，此时，丙组被试就将自己置身于社会规范统治的世界里，进而就会按照社会规范行动，而不会按市场规范行动，因为人们一旦进入社会规范统治的世界，就会暂时搁置市场规范统治的世界。这就表明，人们为友情、亲情或其他社会性情感会比为金钱更加努力地工作。许多真实的事例也能说明这个道理。几年前，美国退休人员组织问一些律师是否愿意低价为一些需要帮助的退休人员服务，报酬大概是30美元/小时，绝大多数律师说无法接受。后来，该组织的项目经理想出了一个金点子：他问律师是否愿意免费为一些需要帮助的退休人员服务，结果，说行的律师占压倒性的多数。难道0美元会比30美元更有吸引力？当然不是。其奥秘就在于：提到钱的问题，律师们用的是市场规范，认为30美元/小时的报酬与他们的实际工资标准相比太低了；没提钱的问题，律师们用的是社会规范，所以他们愿意贡献自己的一份力量。①

美国经济学家丹·艾瑞里（Dan Ariely）曾做过一个有趣的实验：请人帮忙推陷在土坑里的小汽车。他随机向路过的行人求助，发现半数以上的人都乐于出手相助。后来他改变了求助策略——他告诉行人，如果有谁帮忙推车，他将给予对方10美元作为报酬，这次竟然只有很少几个人愿意帮他，甚至遭到一些人的白眼："我没有时间，你用10美元去雇用别人吧！"第三次，丹·艾瑞里改变了答谢策略——车被推出土坑后，他赠予每个施助者价值1美元的小礼物，这次他发现，施助者不但愉快地接受了他的小礼物，还反过来对他表示感谢。②

以上这些事情都说明一个道理：我们同时生活在两个世界里，一个是由社会规范主

① ［美］丹·艾瑞里．市场规范与社会规范．赵德亮，夏蓓洁译．读者，2009（16）：50～51.

② 蒋晓飞．不能被"定价"的行为．读者，2012（15）：49.

导的世界；另一个主要是由市场规范统治的世界。世界不同，规则不同，回报不同，我们在其中的专注点也不同。如果要让社会规范起作用，千万别提“值多少钱”的事情，否则，你连“多少钱”还没有说出口，人们就已扬长而去，或者，已大发雷霆了。因为当对某种行为的价值出于道德考量时，人们通常不会考虑其经济价值，而只会考虑其行为在道德、精神意义上的价值，此时，即使没有任何报酬，人们也乐于实施。所以，假若某种行为属于由社会规范主导的世界里的行为，你就不要将其引入货币市场进行“定价”，否则会让别人不悦，甚至产生厌恶、抵触情绪。当然，假若要让市场规范起作用，提钱就足够了（即使不是现金）。① 同时，二者切不可发生错位，否则，结果肯定一团糟。与此相类似，人情法则属于社会规范的范畴，在人情世界里，切不可错用市场规范，否则，人情世界就不复存在；经济性的交换行为主要由市场规范来协调，切不可用社会规范来协调，否则，经济性的交换行为也无法正常维持下去。

2. 讲回报，且应信守三原则

（1）什么是“讲回报”。

所谓“讲回报”，意指“受者”接受了“施者”的人情，便欠了对方人情，一有机会便应想方设法予以回报；“施者”在给予“受者”人情时，也能预期对方终将回报。正是基于这种“回报的规范”，人们才会以人情法则与别人交往，正如黄光国所说，促使中国人对别人做人情的主要动机之一，就是他对别人回报的预期。② 所以，在两个陌生人互动的情境下，因双方都知道今后再交往的可能性非常的小，假若一方有恩于另一方，要求对方回报的可能性几乎是零，所以，在通常情况下，互动双方多做利己的事，几乎无人情可言。这表明，中国人讲人情本是有条件的：可预期获得好处。此条件在熟人社会得以实现的可能性较大：在熟人社会里，彼此交往的次数与时间都是较多的，个人一时的“吃亏”或“谦让”，往往能增强对方对自己的喜爱程度。于是，已知的“亏”往往能在今后的交往中得到补偿，且通常是“受人滴水之恩，必将涌泉相报”式的增量补偿。说得形象点，在中国，一个人的人情犹如贷出的钱款，到时候可以连本带利一起收回。因此，在熟人社会里，中国人的人情味特别浓厚，并信奉“吃亏是福”的做人法则。

（2）怎样回报才是合情合理的。

怎样回报才是合情合理的？对于这个问题，多数中国人的回答是：须信守“应延时回报”、“宜增量回报”与“不能算清”等三个原则。

①应延时回报。

这里，“应”指“应该”，意即一个人在回报他人的人情时，只有采取延时进行的策略，才是合乎人情的做法，否则就不合人情。换言之，虽然从理论上讲，当他人给你一个人情时，你为了不欠他的人情，可以采取当场回报他一个人情的做法。不过，就现实情况而言，这种做法是不近人情的，因为“当场回报”实际上就是“当场算清”。正确的做法应是：稍后再找个恰当的机会回人情给送你人情的人。例如，在你过生日的那天，你的好友甲高高兴兴地送给你一本精美的笔记本做生日礼物，你在愉快地接受甲的礼物

① ［美］丹·艾瑞里. 市场规范与社会规范. 赵德亮，夏蓓洁译. 读者，2009（16）：50～51.

② 黄光国. 人情与面子：中国人的权力游戏. 载杨国枢主编. 中国人的心理. 台北：桂冠图书股份有限公司，1988. 301～302.

的同时，假如马上就从自己的抽屉中拿出一支精美的钢笔回赠给甲，这时甲的内心一定不会很高兴（或许他当时没有表露出来），他心中会想："难道我是想用我的笔记本来换你的钢笔的吗？你也太小瞧人了。"若果真如此，就会伤害你与甲的感情。因此，即使你要用钢笔来回甲的人情，合理的做法也应是：下次在甲过生日或甲遇到什么其他高兴的事情时，你再将你那支精美的钢笔送给甲，这时甲一定会非常高兴，你与他的关系也就进了一步。可见，同是送给甲一支钢笔，送的时机恰当与否，其效果相差何止十万八千里！

②宜增量回报。

"宜"是"最好"之义。这条规则的含义是，一个人在回人情时，虽然可以采取等价甚至减量的方式，不过，这样做的后果，易让人觉得你对人不够热情，甚至显得有些"小气"。而以更多的人情去回报他人，这是最合人情的做法。俗话说："你敬我一尺，我敬你一丈"、"受人滴水之恩，自当涌泉相报"，讲的就是人情回报中的"增量原则"。所以，每当人际交往开始后，受惠的人总是想方设法加重分量去报答对方，造成施惠人反欠人情，这就又使施惠人再加重分量去归还。如此往复，人情关系便建立起来了。可见，中国人情的一个基本法则是：报大于施，不但报恩如此，即便报仇也是如此。

在回报他人的人情时，为什么要增量回报呢？这可用韦伯定律来加以说明。德国生理学家韦伯（Weber，1795—1878）通过实验表明：一个人右手举着100克的重量，这时在其左手上放101克的重量，他并不会觉得有多少差别，直到左手的重量加至102克时才会觉得有些重。如果右手举着200克，这时左手上的重量要达到204克才能感觉到重了。换言之，原来的砝码越重，后来就必须加更大的量才能感觉到差别。这种现象被称为"韦伯定律"（Weber's law），用公式表示为：$K=\Delta I/I$，其中：I为标准刺激的强度或原刺激量，ΔI为引起差别感觉的刺激量，K为常数。对不同感觉而言，K的数值是不同的，即韦伯分数是不一样的。韦伯定律表明，差别感觉阈限与刺激量之间近似为恒定的正比关系。韦伯定律在生活中随处可见。例如，在南京，原先3毛钱一份的《扬子晚报》先是涨价到4毛钱一份，然后是涨价到5毛钱一份，到2011年已涨至1元钱一份，并一直保持至2013年12月均未再涨价，南京人对《扬子晚报》的这种涨价方式容易接受；假若将原先3毛钱一份的《扬子晚报》一下子突然涨到3元钱一份，估计绝大多数南京人就会觉得太贵了，难以接受。不过，假若原本100万的一套住房涨了10 000元甚至30 000元，你都会觉得价钱容易接受。[①] 同理，如果先前你的好友在你生日时送给你一支20元的钢笔作为礼物，假若当他过生日时你再送其一个等价的礼物，就不容易引起他的注意，更不会让他觉得你很在乎二人之间的友情。所以，一个通人情的人在回报他人的人情时一定是会增量回报的。

顺便提一下，由于亲情也符合韦伯定律，所以，子女若想切实体会到父母对自己的爱，就不能一味地要求父母不断增加对自己的爱，而要这样计算父母对自己的爱："父母一天对自己的爱×365天×自己的岁数=父母对自己的爱"。只有这样计算，才知道父母对自己的爱有多深厚！也只有这样做，才能反省到自己平日为什么不易体会到父母对自己的爱：原来，父母对自己的爱本已太多，只是平日父母对自己的点滴关爱早已让自己

① 婉茹．贝勃定律．读者，2005（7）：55.

“习以为常”，从而不易触动自己的心灵。

③不能算清。

如前所述，西方人讲的自我一般是真正意义上的个体我，为了维护“我”的权益，西方人将“人己权界”划分得清清楚楚[1]，即便在与自家人（更不用说熟人和陌生人了）进行人际交往时，也往往采取“当场算清”的待人法则（所谓父子在饭店共进晚餐后，双方平分这顿饭的饭钱，折射出来的就是这种待人法则）。并且，西方人的“当场算清”，其结果往往是让双方均不吃亏，即讲究公平与公正，由此导致西方人的人际交往具有公平、等价、不欠、明算、算清等理性特点以及短暂性与间断性的特点。这些特点与西方文化强调理性优先和个人至上的思想一脉相承，与西方社会主要是一种工商社会的特点也相吻合。因此，在西方社会，人与人之间的交往一般“人情味”很淡薄，甚至根本就无“人情”可言。以美国人为例，他们的做人原则一般是：①尽量少管他人的事务。②不能过分地去照顾别人，因为这既容易被视作是对别人自主能力的一种侮辱，也容易被视作你有用“人情债”去控制别人的不良企图。③尽量依靠自己过日子，非到万不得已时不求人，甚至以开口求人为耻。若实在要求人，事后一定要向对方道谢（在中国，若得到熟人的帮助后道谢，往往会被对方视作“见外”）。④甲若过分依赖乙，会被乙视作是甲对自己的一种“剥削”，故一个人不可过分依赖别人。⑤任何不经自己选择的、被强加于自己身上的事情，都被视作是一种来自外力的摆布，便会遭到抵制或反抗。所以，中国人在与美国人交往时，若不懂美国人的上述文化心理，仍过分主动、热情地替别人办事，不但不会赢得美国人的好感，这种过分的“毫不利己，专门利人”的作风，反而易引起对方的怀疑，认为这种“不近（美国）人情”的做法背后藏有不良动机：或是想用“人情债”去控制他，或是有求于他。同时，若想用施加小恩小惠的“人情攻势”去将美国人“套住”，然后要对方替你办事，一般也不易成功。[2]

同时，就普通的交换行为而言，交换结构的稳定性是无需强调的，因为只要确保交换过程和结果的公平，人们既可以决定再交换一次，也可以终止交换。假如发现等价交换同样可以稳定交换结构，并非意味着其运作机制本身具有这种潜功能，而是说公平原则容易使得交换者乐于重复这种交换，那么或许它还有降低交换成本之功效。而交换结构自身的延续性和稳定性，则需要让这一结构再生产出一种依赖性（依附性）关系来。从目前研究的成果来看，影响交换结构性依赖的研究有两种方向：一种是西方交换理论里面讨论得比较充分的社会有价值资源的控制问题，也就是交换过程的不对等问题。交换理论认为，在双方交换资源不对等的情况下，控制资源的一方可以长期而稳定地控制另一方，从而造成人们地位上的不平等和权力依附的关系。另一种依赖则是中国式的（其他前工业社会也有），它主要是通过双方在交换过程中不停地“送人情”或“欠人情”来实现，其中，“送人情”意味着甲乙两方在完成某次人际交往后，甲方多给了乙方某种或多种资源，从而使自己在人情上对乙方产生了一种债权感；与此对应，乙方在人情上就对甲方产生了一种债务感。与此相反的是，“欠人情”意味着甲乙两方在完成某次人际交往后，甲方少给了乙方某种或多种资源，从而使自己在人情上对乙方产生了

① ［美］孙隆基．中国文化的深层结构（第二版）．桂林：广西师范大学出版社，2011. 158.

② ［美］孙隆基．中国文化的深层结构（第二版）．桂林：广西师范大学出版社，2011. 161 ~162.

一种债务感；与此对应，乙方在人情上就对甲方产生了一种债权感。无论是送人情还是欠人情，其目的都是保证交往双方中至少有一方存在一定数量的“人情债”，以便交往能有效地维护下去。所以，在中国人的人际交往中，若交往双方都有意强化彼此关系，就绝无意去结清人情债，而是继续制造人情债，以便用“人情债”套住或控制对方。从这个角度看，回报人情未必意味着自己或对方收回“利息”，而是具有亲和、稳定关系或被牢固牵引住的功能。相对而言，非物质性的报偿往往更容易实现这一点，因为作为行动或事件所带来的收益是说不清楚其自身的价值的，这就造成双方之间会对以往事件及其结果做反复的评估或道德上的归因。有时评估的差异导致了对回报的不同理解，也潜藏有相互指责的可能，诸如不识好歹、好心没好报、忘恩负义、恩将仇报之类，这是中国人际关系的复杂化或产生潜在冲突的来源之一。但这些复杂性或冲突是个人需要应对或调整的问题，它并不因此而导致中国人选择其他种类的交换形式。①

可见，与西方人不同，传统中国主要是一个重宗法和血缘关系的小农社会，安土重迁和血缘关系致使中国社会主要是一种熟人社会，在此种社会里，人际关系具有长期性和直接性的特点，中国人不愿意用短期内算账的办法来间断性地维持彼此的关系。显然，在中国式的人情交往中，“算清”是“不通人情”的，它往往是绝交的同义词或暗示着即将绝交或反目成仇。只有“算不清”，交往双方之间的关系才能旷日持久地维持下去。所以，“算清”、“算账”“算总账”、“秋后算账”之类的字眼在中国人的眼中都不是好字眼，在与熟人交往时，应尽可能避免“账”算得清清楚楚，因为“不能算清”是一个重要的待人原则。正如费孝通所说：

> 亲密的共同生活中各人互相依赖的地方是多方面和长期的，因之在授受之间无法一笔一笔地清算往回。亲密社群的团结性就依赖各分子间都相互地拖欠着未了的人情。在我们社会里看得最清楚，朋友之间抢着付账，意思是要对方欠自己一笔人情，像是投一笔资。欠了别人的人情就得找一个机会加重一些去回个礼，加重一些就在使对方反欠了自己一笔人情。来来往往，维持着人和人之间的互助合作。亲密社群中既无法不互欠人情，也最怕“算账”。“算账”、“清算”等于绝交之谓，因为如果相互不欠人情，也就无须往来了。②

也正因为如此，在中国社会，一旦某个个体被卷入到人情的运作过程中去，在通常情况下，往往就没有“全身而退”的权利与机会，只能主动或被动地进行下去，直到老死为止。这表明，中国人的人情圈不但在结构上是封闭的，而且对卷入其中的人而言，带有明显的强制性：无论你愿意与否，都必须按人情法则行事，否则，就易招来批评，严重者甚至被逐出人情圈。被赶出人情圈的人，一般只有三种“出路”：第一，通过悔过自新，得到原来人情圈里的人的原谅后被重新纳入人情圈；第二，背井离乡，到另外一个地方去重新建立新的人情圈；第三，在孤独中死去。③

---

① 翟学伟．报的运作方位．社会学研究，2007（1）：88～89.

② 费孝通．乡土中国　生育制度．北京：北京大学出版社，1998. 72～73.

③ 翟学伟．报的运作方位．社会学研究，2007（1）：89.

（七）对待陌生人的法则

中国人一般将与自己素不相识的人视作陌生人。在与陌生人打交道时，中国人一般既不依亲情、爱情、友情或师生情法则去待人处世（因为他不是自己的亲人、爱人、好友、老师或学生），也不依狭义人情法则去待人行事。因为陌生人一般只跟自己偶尔打一次“交道”，此后便会彼此毫不相干，即“你走你的阳关道，我过我的独木桥”。

因此，中国人在与陌生人交往时，若双方处理的是经济关系，一般遵循“依当时的实际利害情形行事”和“当场算清”的法则。需指出，“当场算清”与“公平”或“公正”是两回事。在中国社会，对于交往双方而言，“当场算清”的结果既可能是“公平”或“公正”的，更可能是“不公平”、“不公正”的，因为中国人往往“内外有别”，在与陌生人交往时常常只从“利己”的角度考虑问题，只想到要“利己”，而没有想到要“平等互利”，因此，在交往方式上虽是“当场算清”，但结果常常是一方吃了另一方的亏。由于在与陌生人打交道时中国人讲究“当场算清”，所以，在中国，陌生人群之间的人际关系常常是疏远和冷漠的。

中国人在与陌生人交往时，如果双方进行的是正常的、非经济性的社会性交往，一般遵循“依情境与心情而定交往方式”的法则，即若情境需要自己“热情、礼貌”待人，或者，自己当时心情非常不错，“人逢喜事精神爽”，这时，中国人也会“热情、礼貌”地对待陌生人，但对待陌生人的这种“热情、礼貌”往往只是情境性的，有时更像是在演戏，与对待熟人时经常性地表现出来的“热情与礼貌”有天壤之别。若情境不需要自己“热情、礼貌”待人，或者，自己当时心情一般甚至心情非常不好，这时，中国人往往极易用“自私”、“不讲礼貌”或“事不关己，高高挂起”等方式对待陌生人，从而易给陌生人留下自私自利、举止粗俗、缺乏教养、冷冰冰之类的负面印象。所以，中国人在与陌生人交往时，在通常情况下是不会讲人情的，因为这种人际互动不合上文所讲的狭义人情法则。

但是，令外国人感到奇怪的是，在中国，按上述方式处理与陌生人的关系，在中国人看来，也是合情合理的。所以，这些合乎情理的对待陌生人的待人处世之道，中国人也将它看作是广义人情的一部分。

四、“人情”的异化、细化、泛化与错位

人情在使用过程中常出现如下几类倾向：

（一）人情的异化

1. 将人情等同于送礼

现在有些中国人一听到人情就立即联想到“送礼”，即“人情＝送礼”，或以“人情”之名行“行贿”或“受贿”之实，很少再想到它是人的一种自然的、应有的常理之心或常理之情，这不能不说是人情在实际运作中产生异化的结果。

事实上，尽管人们在与熟人的正常交往时彼此送点小礼物给对方本是人之常情，人情也可指称“婚丧喜庆交际中所送的礼物”，但决不能将“人情”与“送礼”等同起来。

在合乎人情的人际互动中，“送礼”并不是必要的，而是要根据上文所讲的“人之常情”来决定：若是合乎人之常情的礼，即“合情合理”的礼，就可以送给对方；如果是违背人之常情的礼，即违背情理的礼，就不可以送给对方。在与熟人互动的过程中，若礼物送得不当（如送得太重或送得太频），不但会给对方造成较大的人情压力，还容易让人产生你必有求于他或是在“贿赂”他的错觉。若果真如此，迟早就会影响两人之间的正常交往。可见，一个人若信守“凡事均要做到合情合理”的法则，在正常的人情往来中，若要“送礼”或“还礼”，一定要做到“适度”，所送之礼或所还之礼既不宜太轻，也不宜太重，否则，就犯忌了。并且，若信守“凡事均要做到合情合理”的法则，在送礼和收礼时就很容易将“正常人情往来意义上的礼”与“行贿”和“受贿”区分开：合情合理的礼是正常人情往来意义上的礼，违背一个国家或地区的法律与习俗的礼就是行贿和受贿。具体地说，要结合“送礼的行为动机”、“送方的意愿情况”、“送方与接受方之间的情感状况”、“送方自身的经济实力”与“礼金数额大小或礼品价值大小”等五个方面的因素进行综合考量：①假若是出于自愿和善良动机、与对方有深厚的感情、量力而行，且礼金数额或礼品价值符合法律与习俗的相关规定，那就是正常人情往来意义上的送礼。此时，对方“收礼”也是合乎人之常情的做法。②假若是出于善良动机且礼金数额符合法律与习俗的相关规定，但送方与接受方之间感情一般，而礼金数额却超出送方的经济实力，这种送礼虽非行贿，对送方而言却有“打肿脸充胖子”（若个体主动这么做）或“被动送礼”（如个体被迫“随份子”）之嫌。③如果是出于一个不正当的动机且礼金数额大大超出法律与习俗的规定，不论其与对方是否有深厚的感情，也不论送方是否量力而行，都是行贿；若对方收下，那就是受贿。例如，按中国现行法律制度的相关规定和 2013 年南京市的物价水平与南京本地的风俗习惯，假若某单位处级干部老李因儿子于 2013 年考上了某名牌高校而请客，此时，若一个与老李玩得好的同事来赴宴，并送上一个内装 600 元左右人民币的红包，且动机纯粹是出于祝贺老李儿子考上名校，此红包就属正常人情往来意义上的礼；若事后老李打开此同事的红包一看，里面包着一张银行卡，还附有一张纸条，上面写有该银行卡的密码，并指出该卡里的金额为 10 000 元人民币，并且，老李心知肚明，此同事与自己交情一般，他之所以这么做，是指望老李提拔他，那么，此红包显然已大大超出中国现行法律制度的相关规定和 2013 年南京人正常送礼的上限了，显然就属行贿；此时若老李不将它退回，就属受贿。其余“送礼”情况可根据上述三种情况酌情处理。

2. 将人情等同于“拉关系”

人情本指合乎情理的人心或世情，又可指情面或情谊，一旦异化，便易变为裙带关系，这便是一些中国人至今仍热衷于搞裙带关系和“拉关系”的心因之一。不过，一旦和功名利禄或权势联系上，人情便会变得比纸薄。因为此时实已无真情可言，剩下的只有功名利禄或权势了。

（二）人情的细化

中国人一向重人情，以至于给人一种错觉，仿佛中国人在任何场合都讲人情，并且通行的法则都是大致相同的，实则不然。在中国，亲情、爱情、师生情、友情和狭义人情各有自己的运行法则与适用范围，必须有针对性地去应对，一旦应对错位，就会上演许多悲喜剧。

具体地说，在古代中国的乡土社会里，人与人之间的典型关系大体可分为七大类：第一类是父子关系；第二类是君臣关系；第三类是夫妻关系；第四类是长幼关系；第五类是朋友关系；第六大类是师生关系；第七大类是与陌生人的关系。在通常情况下，一个乡土中国人与完全陌生的人打交道的机会是极少的，相应地，中国传统雅文化对一个人与陌生人相处的法则较少作明确交代，对一个人与前六类人打交道时所遵循的为人处世之道却反复明文强调，且在先秦时期与秦汉之后的差别很大。一般而言，对于前六类人际关系，先秦学子大都认可孟子在《滕文公上》里提出的“五伦”法则：“父子有亲，君臣有义，夫妇有别，长幼有叙（序），朋友有信。”《大学·第三章》也有类似言论：“为人君，止于仁；为人臣，止于敬；为人子，止于孝；为人父，止于慈；与国人交，止于信。”①《礼记·礼运》则将“人义”扩展为十种：“何谓人义？父慈子孝，兄良弟悌，夫义妇听，长惠幼顺，君仁臣忠，十者谓之人义。”② 自汉代诞生“三纲”思想之后，直至清代为止，在此期间的绝大多数古代中国人，对于前“三伦”关系，一般都认可“三纲”法则（详见“中国人的自我观”一章）。对于后“二伦”关系，则大致仍认可孟子的见解。至于师生关系，则参照“父子有亲”或“朋友有信”的法则处理。对于其他处于这六类人之间的“灰色个体或群体”，中国古人则混合使用处理上述六类人际关系的法则。

从俗文化角度看，在通常情况下，一般老百姓与官员打交道的机会甚少，与皇帝打交道的机会就更是微乎其微；而“父子关系”可以稍加扩大为“二至三或四代之内的直系血亲关系”；“朋友关系”之外，又加了一个“熟人关系”；家庭中的“长幼关系”实属“二至三或四代之内的直系血亲关系”的一部分，熟人之间的“长幼关系”实属熟人关系的一部分，陌生人之间的“长幼关系”又属陌生人关系的一部分。相应地，从俗文化角度看，在中国，人与人之间的典型关系大体可分为六大类：第一类是二至三或四代之内的直系血亲关系；第二类是夫妻关系；第三类是师生关系；第四类是好友关系；第五类是熟人关系；第六类是陌生人关系。中国人在与这六类人打交道时，所遵循的为人处世之道一般而言是大相径庭的：以亲情法则对待自己的二至三或四代之内的直系血亲、以爱情法则对待自己的爱人、以友情法则对待自己的好友、以狭义人情法则对待自己的熟人、以“当场算清”和“依情境与心情而定交往方式”的法则对待与自己素不相识的陌生人、参照“父子有亲”或“朋友有信”的法则来处理师生关系。对于其他处于这六类人之间的“灰色个体或群体”，中国人则混合使用亲情法则、爱情法则、友情法则、人情法则和“当场算清”或“依情境与心情而定交往方式”的法则。

可见，亲情、爱情、师生情、友情、狭义人情各有一定的适用范围，精通人情的中国人在与人交往时一般会具体情况具体分析，绝不会“错位”而行，从而赢得良好的人际关系。这意味着，在中国社会，一个善于处理人际关系的人往往善于将人情予以“细化”，使之更加精确化。所谓“人情的细化”，是指人们将“泛指所有合乎情理的待人处世之道”的广义人情逐一分类，使之变成各式各样的亚类人情法则，如亲情法则、爱情

---

① （宋）朱熹撰．四书章句集注．北京：中华书局，1983. 5.

② （清）朱彬撰．饶钦农点校．礼记训纂．北京：中华书局，1996. 345.

法则、师生情法则、友情法则、狭义的人情法则等，从而帮助自己更好地与直系亲属、爱人、师生、朋友或熟人等各类人进行交往。这些经过分化产生的亚类人情法则主要有五种：亲情法则、爱情法则、友情法则、师生情法则与狭义的人情法则。当人们将一整套合乎情理的待人处世法则作进一步的细化，使之更加适合于对待二至三或四代之内的直系亲人、爱人、好友、师生、熟人或陌生人等与自己不同关系的人时，就产生了“人情的细化”现象。

（三）人情的泛化与错位

一个不通人情的中国人在与人交往时，常常会将人情泛化，“错位”行事。

所谓“人情的泛化”，是指人们将本是旨在用于妥善处理熟人关系的狭义的人情法则，拓展为用作调节亲人或陌生人等其他人群的人际交往法则。狭义的人情一旦泛化，运用到超出“熟人圈里的非经济关系中”这一范围之外时，就产生了人情的错位。

所谓“人情的错位”，是指将人情用错了地方之义。人情一旦“错位”，极有可能产生以下结果：一个人若以狭义人情的法则对待直系亲人，势必让亲人感到你的市侩，结果往往易让人生厌，甚至会“四面树敌”；假若仅是偶尔为之，亲人可能会予以宽恕；如果不能“迷途知返”，反而“一意孤行”，亲人关系迟早会“降格”，甚至会降为陌生人乃至仇人关系。以狭义人情的法则对待陌生人，有可能会产生两种“戏剧性”结果：一种结果是，若施方做得自然，做得恰到好处，那么，尽管施方只是“举手之劳”，仍会让受方非常感动。例如，当你外出办事或旅游时，假若在人生地不熟的他乡遇到自己一时难以克服的困难，这时，如果你遇到一个“好心”的陌生人也以人情味十足的方式对待你，由于这种情况非常少见，因此，一旦你遇到这种“好事”，不但往往会被感动得“热泪盈眶”，而且会觉得这个世界因为有这么多好心人而显得非常温馨与美好！另一种结果是，若施方做得太突兀，起初往往可能会让受方（一般是陌生人）怀疑你的“动机不纯”，因为它太不合乎“人之常情”。一旦让陌生人认清了你的善意，就容易让陌生人“感激涕零”，并记住你的“恩德”。若是反复进行，往往易使你与陌生人之间由“生”变“熟”，最终成为熟人关系甚至亲朋关系。因此，为了尽量避免他人误解你的善意，合情合理的做法一般是：即便你想对一个陌生人表示友善，也应循序渐进地向其表示你的友善，不宜太过突然地向其表达你的友善，因为它太不合人之常情了。如果将狭义人情法则渗透进熟人圈里的经济性交换行为中，结果可能不但不能增进彼此的感情，甚至使双方连朋友也做不成（详见上文）。

五、人情（狭义）压力及其消除机制

（一）人情（狭义）压力

如上文所论，在中国社会，人与人在社会性的交往中，双方的人情平衡表若完全平衡，那么，彼此的社会关系也就要终结了。于是，在社会互动过程中，尽管在道理上讲应该进行等值的交换，但人们并不希望在短期内算清而终止关系，交换双方总有一方处于人情的“债务人”地位，另一方则成为人情的“债权人”。换言之，在熟人圈子里，中国人重视“做人”，“宁愿自己吃亏，也不愿占别人的便宜”，以便在分配时不伤害对方的感情。结果，中国式的人情虽会妨碍“公正原则”的执行，但可带来其乐融融的人际关系（至少在表面上）。举例来说，在甲与乙的互动过程中，假若原先甲与乙处于平等的地位，这时，恰遇乙过生日，甲为了表示自己与乙的友情，必然会送一个礼物给乙，结果，在人情方面，乙就成了人情的债务人，而甲就成了人情的债权人。一般而言，处于债权人地位的人“心安理得”，处于债务人地位的人总会感到人情的压力，这种人情压力驱使他时时要想着对方的“好处”，以便一有机会就给予回报。下一次，若是甲升职，按情理，乙一定也会送礼物向甲表示祝贺。如果乙按照增量原则来回报，乙马上就从人情的债务人一下子变成人情的债权人，良心得到安慰，紧张感得到消除；与此同时，甲随即陷入人情债的局面，也想回报乙。如此往复，甲乙关系得以一直维持下去，不过，也会于无形中给甲乙双方增加烦恼。在讲人情的过程中，若双方机械地讲究增量回报，更容易给交往双方带来巨大的压力，弄得不好，不但不会增加交往双方的情感，反而会破坏双方的人际关系。

（二）人情（狭义）压力的消除机制

俗话说：“钱债好清，人情债难还。”在重人情的中国社会，你不讲人情，易招来“不会做人”之类的批评；你若讲人情，又易导致人情压力常存心头，难以彻底化解。真可谓“左右为难”！这是许多中国人体验到“做人难”的一个重要心因。为了减轻人情压力乃至彻底避免人情压力的产生，种种消除人情压力的做法也就应运而生了。在这些做法中，有些是恰当的，有些是不恰当的，有些是有利有弊的。

1. 消除人情压力的不恰当做法

根据金耀基在《人际关系中人情之分析》一文里的归纳，消除人情压力的不恰当做法主要有如下三种：①

（1）不肯收礼。

从理论上讲，要想消除人情压力，最好的做法之一就是不要收礼。一个人若不想背负人情债，或根本就不愿意与另一个人建立人际关系，他可以采取这种做法。当一个人说“无功不受禄”或“我与他之间没有什么交情”时，表明他与某人之间过去在人情上没有“盈亏”关系，并且现在也不想在人情上与此人产生“盈亏”关系。这样做，虽然可以让人保持“自我选择”的权利，但是，也会由此付出一定的代价：他的“不领人情”，往往容易引起别人（通常是想施于人情的人）甚至周围人的误解，以致被群体所疏离。

（2）当场算清。

当场算清也是一种消除人情压力的做法。这种做法的具体方式是：当场以“等价”的礼物送回。这样做虽然可以获得一个“互不欠人情”的结果，不过，如上文所述，在中国文化里，这种做法也是不值得提倡的，因为它显得一个人太不懂人情世故，一个人若作这种不通人情的处理，也易被他人所孤立。所以，在现实的人际交往中，一个稍通

---

① 金耀基．人际关系中人情之分析．载杨国枢主编．中国人的心理．台北：桂冠图书股份有限公司，1988. 102 ~ 103.

人情世故的人，是不会选择这种方式来减少人情压力的。

（3）等待合适时机以更多人情回报他人。

个体若采取此种做法，在一定意义上讲，是可以减轻人情压力的，这也是一种非常合乎“人情”的做法。不过，这种方式却不是一种能真正消除人情压力的做法，弄得不好，会使交往双方像《礼多人不怪》[①] 故事中的主人公那样背上沉重的人情负担。因此，若想真正消除人情压力，这种做法仍是行不通的。

2. 消除人情压力有利有弊的做法。

（1）地方官不由当地人担任。

在中国古代，政府任命地方官员的一个通则是：地方官不由当地人担任。换言之，人们必须到外地担任地方官，而本地地方官则由外地人担任。在当代中国，除了“一国两制”中规定了“港人治港”和“澳人治澳”原则，从而保证香港特别行政区行政长官由香港本地人担任和澳门特别行政区行政长官由澳门本地人担任外，在其他地方，“地方官不由当地人担任”的规则仍或多或少地存在着。

地方官不由当地人担任，自然是为了规避人情压力，这样做的确能规避人情，因为一旦到外地做官，就远离了“七大姑八大姨”之类的亲戚，那么，“七大姑八大姨”之类的亲戚就无法利用亲戚关系来“捞油水”了。不过，由于地方官多来自外地，不熟悉本地的风土人情，也易导致地方政府出台一些不合乎本地实情的做法，从而降低管理效率。由此可见，若要限制官员拿公家资源去做人情，科学而有效的管理办法是：不断完善监督官员手中权力的法律制度，让官员手中掌握的公权力完全显露在“阳光监督”下即可，而不必死守“地方官不由当地人担任”这条“祖训”。

（2）到外地做生意。

在中国尤其是在古代，商人倾向于到外地做生意，而不在本地做生意。例如，在“无徽不成商”的古徽州，当地多数男子只要长至十三四岁，就要外出做学徒，目的是学做生意。这导致当地流行这样一句口头禅：“前世不修，生在徽州；十三四岁，往外一丢。”之所以到外地做生意，原因是多方面的，例如，可能是本地交通闭塞或本地资源匮乏等，不过，也有一个不可忽视的重要原因，那便是消除人情压力。所以，到外地做生意的优点之一便是可以有效地消除人情压力，因为既是“外地”，自然是“人生地不熟”，易规避人情压力。但是，到外地做生意，既易造成夫妻分居、父子别离等现象，又易因“人生地不熟”而举步维艰。

3. 消除人情压力的恰当做法

怎样才能真正消除人情的压力呢？要处理好这个问题，就必须坚持一个原则：在交往时既讲人情又彰显理性，这就是所谓的做人的艺术。具体地说，在实际的人际交往中，人们一般可以采取以下几种既讲人情又彰显理性的消除人情压力的做法：

（1）君子之交淡如水。

此语出自《庄子・山木》：“且君子之交淡若水，小人之交甘若醴；君子淡以亲，小人甘以绝。彼无故以合者，则无故以离。”[②]《礼记・表记》里也有类似言论：“君子之接

① 祁增年．礼多人不怪．故事会，2002（1）：72～73.

② 陈鼓应．庄子今注今译（第二版）．北京：中华书局，2009. 549.

如水，小人之接如醴；君子淡以成，小人甘以坏。”这样做的目的是减轻人情债，维护人格独立。如果人人都按这个法则去待人接物，这个社会也就很清明了。可惜的是，“水至清则无鱼，人至爱则无朋”、“高处不胜寒”，现实的人世间真正的君子少，而俗人多，使得社会成为一个大染缸，能出淤泥而不染者甚少。在这样的社会里，假若一个人按此策略去与人交往，必须承担极大的风险：一是只有自己是君子而对方也是君子时，这种交往才能得以实现，若对方是小人，则这种交往必会难以进行；二是即便交往双方都是君子，都赞成以淡如水的策略对待对方，但是还要有经得起世俗之人怪异眼光的勇气，从而做到坚持“走自己的路，让别人去说”。例如，在金庸先生所著的一部题为“笑傲江湖”的小说里，就曾塑造了两个“君子”：一个是正道人物刘正风，一个是邪教人物曲洋，他们之间的交往完全是一种淡如水的君子之交，不过，他们周围的人多是俗人，对他们的友情没法理解（只有令狐冲是个例外），最后，这两个人只有以死殉情。

（2）对事不对人。

在一个强调人情法则的文化里成长起来的个人，必然比较重视人情关系，决定各项事物时，一般倾向于对人不对事；相反，在一个强调公平法则的文化成长起来的个人，必然比较注重理性的彰显，进而不太会以人情法则作为待人处世的法则，相应地，也就不会背上人情包袱。这样，一个想躲开人情压力的中国人，也可以采取对事不对人的策略来待人处世。①

（3）区隔的策略。

依黄光国的见解，所谓的区隔（compartmentalization）的策略，是指将人情法则的使用限制于某些特定的范围之内。具体做法是：对于某些生活领域里的事务，必须严格按公平法则去与人交往，对于其他生活领域的事务，则可以按人情法则去与人交往。有些人使用这种策略来躲避人情压力时，其原则是：坚持以公平法则处理自己只拥有支配权的资源，对于自己拥有所有权的资源则可以用人情法则予以处理。如公务员在处理公务时，严格依照法律程序办事，强调公私分明的原则；在私人事务上，则重视人与人之间的人情关系。② 一个人若果真按此做法去做，那么，当他依法处理公事时，别人一般能予以理解；而当他以人情法则处理私事时，别人又会觉得此人人情味十足。可见，这是一种妥当、有效的消除人情压力的方法。

（4）保持适当的距离。

孔子曾说：“唯女子与小人为难养也，近之则不孙，远之则怨。”③ 天下有许多女子可能都因此语而恨透了孔子。其实，正如南怀瑾先生所说，孔子的这句话不仅仅在批评女人，还包括小人。而依本书第十三章的相关论述，世界上的男人，够得上资格免于“小人”之实的，实在是少之又少。这意味着，又有几个男人不在被批评之列呢?④ 假若读者怀着心平气和的态度来读孔子的这句话，就会发现其中蕴含一个深刻的做人道理：

---

① 黄光国．人情与面子：中国人的权力游戏．载杨国枢主编．中国人的心理．台北：桂冠图书股份有限公司，1988. 310 ~311.

② 黄光国．人情与面子：中国人的权力游戏．载杨国枢主编．中国人的心理．台北：桂冠图书股份有限公司，1988. 311.

③ 杨伯峻译注．论语译注（第二版）．北京：中华书局，1980. 191.

④ 刘清海编．人性丛林中的忌讳（外一则）．读者，2008（16）：44.

人与人交往，既不能距离太近，显得太过亲密，因为太过亲密，就容易让交往双方的言谈举止过于随便而无礼，于是极易可能因一方一时的“口无遮拦”或“冒失行为”而伤害对方；也不能距离太远，显得彼此疏远，让人体验不到人情的温暖，从而一方或双方产生失落或怨恨心理。因此，最恰当的交往方式之一就是与对方要保持一种适当的距离，这是一种做人的艺术。为什么要这样做呢？可以借用叔本华的一个寓言来说明。叔本华在《悲观论集·寓言几则》里说：

在冬天一个寒冷的日子里，几只豪猪挤在一起互相取暖；但是，当它们身上的刺彼此戳痛对方时，它们又不得不散开。然而，寒冷又把它们驱赶到一起，接着又发生了同样的事。最后，经过多次反复，它们终于明白：最好彼此保持一定距离。同样，社会需要把人类的豪猪驱赶到一起，但是，他们生性多刺、难以取得一致的特性使他们互相排斥。他们最终发现唯一可容忍的交往条件是适中的间距，包括彬彬有礼的规则和温和友善的态度，那些违犯这些规则的人将受到严厉的警告——用英语格言表示即：请勿接近。[①]

可见，人类交往的需要促使一个人与另一个人或另一些人走到一起，不过，人与人之间因有不同的秉性、不同的需要、不同的兴趣等，“注定”了彼此之间相处的困难。对这种“二律背反”妥协的结果是，人们发现彼此若要和睦相处，必须保持一定的距离。只有把握好相处的距离，才能让“人情之树”常青。

（5）亲兄弟，明算账。

“亲兄弟，明算账”的目的是将经济性交换与社会性交换分开。[②] 否则，不但经济账算不清，甚至连兄弟也做不成了。这方面的例子不胜枚举。例如，在中国农村，兄弟分家一直是个棘手的难题。在分家时，兄弟二人顾及兄弟情分，不便明明白白地制定分家产的原则，而一厢情愿地以为，做哥哥的一定会让着点做弟弟的，反之，做弟弟的一定也会让着些做哥哥的。如果事与愿违时，兄弟二人心中定会感觉非常失落，进而反目为仇。不但农村兄弟分家是如此，在现代中国的一些家庭式企业里也存在此类问题。因此，为了兄弟照样做，又能将账目算得清，最好的办法就是按“亲兄弟，明算账”法则处理人际关系。

（6）赶集。

在中国一些农村，多有赶集的习俗，一般是在每月的某一日（或初一，或十五等），四邻八乡的村民将自己家多余的产品拿到某个固定的一块大场地去卖，然后再买回自己所需的产品。赶集的意义在于，通过人为地制造一个暂时的、几乎完全不按人情而依商业法则运作的环境，以达到互通有无的目的，使得乡里乡村的人既能保持彼此的人情，又能按商业法则交换彼此的产品[③]。正如费孝通所说：

---

① 叔本华论说文集．范进等译．北京：商务印书馆，1999. 500～501.

② 金耀基．人际关系中人情之分析．载杨国枢主编．中国人的心理．台北：桂冠图书股份有限公司，1988. 99～100.

③ 金耀基．人际关系中人情之分析．载杨国枢主编．中国人的心理．台北：桂冠图书股份有限公司，1988. 98～99.

在我们乡土社会中，有专门作贸易活动的街集。街集时常不在村子里，而在一片空场上，各地的人到这特定的地方，各以“无情”的身份出现。在这里大家把原来的关系暂时搁开，一切交易都得当场算清。我常看见隔壁邻舍大家老远的走上十多里在街集上交换清楚之后，又老远地背回来。他们何必到街集上去跑这一趟呢，在门前不是就可以交换的么？这一趟是有作用的，因为在门前是邻居，到了街集上才是“陌生”人。当场算清是陌生人间的行为，不能牵涉其他社会关系的。①

六、对当代中国人辩证看待“人情”的启示

（一）善用人情

一是适度使用人情。一个处处只讲人情的社会，易造成社会的不公平，因人情常常会排斥是非。只有公理伸展、是非昭彰的社会，才能慢慢培养起公德观念来。不过，人情本是一个人应有的情感，适度讲人情，会让人觉得你和善；太过，则让人感受到人情压力；不及，又容易让人觉得你是冷血动物。因此，真情实意的人情，你既可以笑纳，也可以送给他人，让人觉得人世间的温暖。无论是自己或是他人，都尽可能不要做一些有可能会成为他人或自己压力的人情，这种人情既累己也累人。

二是适度将人情外推至与陌生人的交往中，从而增强中国人的博爱精神，也让人世间充满温馨与关爱。

（二）人情会发生变迁的

从实质上看，人情（无论是广义的还是狭义的）本是泛指生活在同一地区的人们通过约定俗成的方式所共同认可的一整套合乎情理的、待人处世的行为规范或法则。并且，人情是古代中国重家族、重差序格局的关系的结果。因此，在以伦理为本位的中国传统的乡土社会里，人与人之间的人情味就特别浓厚。不过，随着当代中国现代化与城市化进程的加快，中国必将逐步进入发达的工业化、都市化的社会，这就必然会导致中国社会结构、社会习俗与文化的变迁。按韦伯（M. Weber）的见解，这时人的价值取向也将越来越趋向理性化（rationalization），若果真如此，则在当代中国人的人际互动里，人情的重要性不但会越来越小，而且人情的内涵将发生变化②，古代中国社会里看作“不合人情”的，在现代中国社会里可能会看作是合情合理的。

---

① 费孝通．乡土中国 生育制度．北京：北京大学出版社，1998. 74.

② 金耀基．人际关系中人情之分析．载杨国枢主编．中国人的心理．台北：桂冠图书股份有限公司，1988. 86、100.

“面子”是理解有关中国人的一系列复杂问题的关键所在，如果说，中国人特性中还有许多“暗锁”还未被我们打开，那么，“面子”便是打开这些“暗锁”的“金钥匙。”

——A. H. Smith

第六章　中国人的脸面观

只要你是一个中国人，或者，你虽是一个外国人，但在中国待过一段时间，那么，你就可以清楚地体会或感觉到，中国人是非常讲脸面的。很多中国人尤其是成人都知道，无论自己愿意与否，人一生都要吃“情面”、“体面”与“场面”三碗“面”。若这“三碗面”吃得开，就意味着自己做人做得“顺风顺水”；反之，就易处处碰壁。稍加分析可知，这三碗“面”其实都与脸面有关。

一、什么是“脸面”

“脸”或“面”二字在中国人的日常生活里可谓随处可见：有面子、爱面子、给脸不要脸、死要面子活受罪、失面子、给面子、死不要脸、真丢脸、厚脸皮和撕破脸，等等。与面子有关的词语也有很多：面孔、面目、面皮、面谱、面貌、颜面、体面、笑面虎、装门面、青面獠牙和八面威风……不过，越是日常生活里最常见的概念，越是最难说清楚其准确的内涵。“脸面”虽是中国人一个重要的心理现象，但中国人自己在很长的时间内都“习以为常”，乃至“熟视无睹”，真应了苏东坡的那句话：“不识庐山真面目，只缘身在此山中”。为了准确把握“脸面”的内涵，先从文字学角度来寻找“脸面”的初义与引申义。

（一）“脸”与“面”字字形及字义

1.“脸”字字形及字义

关于“脸”的字形，《汉语大字典》没有列出“脸”字的字体变化图。《汉语大字典》的“凡例”在“字形”里曾说：“在字头下面选列能够反映字形源流演变的、有代表性的甲骨文、金文、小篆和隶书等形体，并酌情进行字形解说。”① 在“引证”里又说：“引证包括书证和例证。引证时先引书证，后引例证。引用例证力求源流并重，每一

---

① 汉语大字典编辑委员会编纂．汉语大字典（第二版九卷本）．成都：四川辞书出版社，武汉：崇文书局，2010. 17.

义项的例句一般为三个，第一个为时代相对较早的例句。”① 如下文所述，《汉语大字典》在解释“脸”时，所用最早的书证出自南朝梁人吴均的《小垂手》。这表明，“脸”字产生的时间很晚，可能最早出现在南朝的梁代，因而“脸”字没有“甲骨文、金文”形体。既然“脸”字最迟在南朝的梁代已出现，那么，胡先晋的下述观点——认为“脸”是更为“现代”的名词，《康熙字典》引用的最早的典故出自元代（1277—1367）② 便是不成立的。

对于“脸”字字义，《汉语大字典》的解释是：①两颊。《集韵·琰韵》：“脸，颊也。”《正字通·肉部》：“脸，面脸，目下颊上也。”南朝梁人吴均《小垂手》：“蛾眉与曼脸，见此空愁人。”②眼睑。南朝梁武帝《代苏属国妇诗》：“帛上看未终，脸下泪如丝。”③整个面部。④某些物体的前部。⑤情面；面子。⑥一种羹类食品。③ 由此可见，“脸”的最初义是指“生理之脸”，此时的“脸”是一个纯粹的人体解剖生理学上的术语，指的是身体上的“脸”部，并没有任何心理学上的意蕴。从心理学角度看，“脸”的含义是“情面；面子”。但“情面；面子”的具体内涵是什么？《汉语大字典》没有多说。看来，要准确理解“脸”的含义，还需要进一步弄清“面子”的含义。

2. “面”字字形及字义

从文字学角度看，“面子”由“面”与“子”组成，其中，“子”是一个无意义的虚字，④ 这样，要弄清“面子”的内涵，只需弄清“面”的内涵即可。

从字形上看，对于“面”字，《汉语大字典》列出了九种字形变化图，如图 6－1 所示。

图 6－1 “面”字字形变化图⑤

① 汉语大字典编辑委员会编纂. 汉语大字典（第二版九卷本）. 成都：四川辞书出版社，武汉：崇文书局，2010. 18～19.

② 胡先晋. 中国人的脸面观. 欧阳晓明译. 载翟学伟主编. 中国社会心理学评论（第二辑）. 北京：社会科学文献出版社，2006. 2.

③ 汉语大字典编辑委员会编纂. 汉语大字典（第二版九卷本）. 成都：四川辞书出版社，武汉：崇文书局，2010. 2270～2271.

④ 胡先晋. 中国人的脸面观. 欧阳晓明译. 载翟学伟主编. 中国社会心理学评论（第二辑）. 北京：社会科学文献出版社，2006. 2.

⑤ 汉语大字典编辑委员会编纂. 汉语大字典（第二版九卷本）. 成都：四川辞书出版社，武汉：崇文书局，2010. 4687.

从图6－1可知，“面”字在汉字史上产生的时间极早，在甲骨文里就已有“面”字。而在甲骨文里，“面”字写作“[illegible]”或“[illegible]”：中间画的是一只眼睛，外面加一个匡廓之形。字形与现在所通用的“面”字字形虽有一定的差异，不过，两者都取五官的形象而构成。《说文·面部》说：“面，颜前也。从百，象人面形。”段玉裁注：“颜者，两眉之中间也，颜前者谓自此而前则为目、为鼻、为目下、为颊之间，乃正乡人者。”[①]而据李孝定的《甲骨文字集释》解释：“栔文从目，外象面部匡廓之形，盖面部五官中最足引人注意者莫过于目，故面字从之也。篆文从百，则从口无义可说，乃从目之伪。”[②]稍加比较可知，较之许慎的《说文》，李孝定对“面”字最初的写法的解释更为合理。

从字义上看，据《汉语大字典》解释，“面”的含义与用法有十七种之多。[③] 其中，与本章主题相关的含义只有两种：①脸。《说文·面部》：“面，颜前也，……象人面形。”②面具；假面。据《周礼》卷二十五记载，夏官“方相氏蒙熊皮，黄金四目，玄衣朱裳，执戈扬盾，帅百隶为之驱疫厉鬼也。”这里虽未出现“面具”或“假面”之类的词语，但事实上，方相氏是戴了假面具以驱疫厉鬼的。[④]《晋书·朱伺传》：“夏口之战，伺用铁面自卫，以弩的射贼大帅数人皆杀之。”《旧唐书·音乐志》：“舞者八十人，刻木为面。”[⑤] 这里的“铁面”和“面”均指“面具；假面”。

若结合“面”字在甲骨文里的写法与“面”字字义看，“面”的最初义本是指人的“生理之面”，此时的“面”也是一个纯粹的人体解剖生理学的术语，没有任何心理学上的意蕴。由此可见，“脸”与“面”的最初义是相同的，都是指身体上的同一个部位——“面”部或“脸”部，[⑥] 故而二者可通用。从生物学的层次看，每个人都有一张脸，它是代表个人认同（identity）的最为独特之物，在社会交往的过程中，每个人都会试图从对方脸部所透露的信息来了解对方，也会希望在他人心目中留下某种（良好的）自我形象。[⑦]

（二）心理学上所讲“脸面”的含义

“脸”与“面”字的最初义虽仅是指“生理之脸”或“生理之面”，但是，中国文化很早就在心理学的层面上使用“面”、“颜”、“面目”、“面子”等字或词。例如，《诗经·巧言》说：“蛇蛇硕言，出自口矣，巧言如簧，颜之厚矣。”《诗经·小雅·何人斯》说：“有靦面目，视人罔极。”在这里，“颜”和“面目”都是用来形容个人行为的，“颜之厚”一词已含有道德上的批评之义。“面目”一词也可指“面子；颜面”。据《国语·

---

① （汉）许慎撰，（清）段玉裁注．说文解字注．上海：上海古籍出版社，1981. 422.

② 汉语大字典编辑委员会编纂．汉语大字典（第二版九卷本）．成都：四川辞书出版社，武汉：崇文书局，2010. 4687.

③ 汉语大字典编辑委员会编纂．汉语大字典（第二版九卷本）．成都：四川辞书出版社，武汉：崇文书局，2010. 4686～4688.

④ 辞源（修订本）．北京：商务印书馆，1983. 3362.

⑤ 汉语大字典编辑委员会编纂．汉语大字典（第二版九卷本）．成都：四川辞书出版社，武汉：崇文书局，2010. 4687.

⑥ 胡先晋．中国人的脸面观．欧阳晓明译，载翟学伟主编．中国社会心理学评论（第二辑）．北京：社会科学文献出版社，2006. 1.

⑦ 黄光国．儒家关系主义：文化反思与典范重建．台北：台湾大学出版中心，2005. 256.

吴》记载："夫差将死，使人说于子胥曰：'使死者无知，则已矣；若其有知，吾何面目以见（伍）员也！'遂自杀。"据《管子·小称》记载，齐桓公被放逐，沦落到忍饥挨饿的地步，回想起自己没有听进管仲的忠言而使自己落到如此惨境，不禁说道："嗟兹乎！圣人之言长乎哉！死者无知则已，若有知，吾何面目以见仲父于地下。"说完这话后，齐桓公"乃援素幭以裹首而绝"。据《史记·项羽本纪》记载，项羽曾说："纵江东父兄怜而王我，我何面目见之！"① 由此可见，在指人的"心理之面"或"心理之脸"时，中国人起初使用较多的是"颜"或"面目"，而不是"面子"一词。那么，中国人到底是从什么时候开始使用"面子"一词的？"面子"一词从何时起后来居上，在使用频率上超过"面目"一词的？这些问题至今还没有学者将之考证得清清楚楚。

但可以肯定的是，最迟在《旧唐书》里已出现"面子"一词。据《旧唐书》卷一七九《张浚传》记载："（杨）復恭奉卮（《玉篇·卮部》：'卮，酒浆器也，受四升。'引者注）酒属浚，浚辞……复恭戏曰：'相公握禁兵，拥大旆，独当一面，不领復恭意作面子耶！'浚笑曰：'贼平之后，方见面子。'復恭衔之。"此处"面子"犹言"体面"，已不再指"生理之面"，而具浓厚的心理学色彩。② 不过，在"面子"一词出现后，人们（如五代时期后梁的将军王彦章）也继续使用"面目"一词。据《新五代史》卷三十二《死节传第二十》记载："庄宗爱其骁勇，欲全活之，使人慰谕彦章，彦章谢曰：'臣与陛下血战十余年，今兵败力穷，不死何待？且臣受梁恩，非死不能报，岂有朝事梁而暮事晋，生何面目见天下之人乎！'……遂见杀，年六十一。"③ 另外，在中国的戏剧里，人们透过表演者的面具去解释角色的性格，这表明人们对"面"的知觉并不停留在五官外表的具象层次，而是延伸到来自他人的价值判断的层面上。"面"字在甲骨文里便已出现，故使用时间极早，相比之下，"脸"字产生的时间较晚，可能最早出现在南朝的梁代。虽然上文两次所引"我何面目见某某"中的"面目"一词，若换成"脸"可能更能准确表达说话人心中的那份愧疚之情，不过，最终在书面语上还是没有用"脸"字。但中国人在心理学层面上使用的"脸"与"面"二字的具体内涵是什么？对于这两个概念的探讨经历了一个较长的过程，先来看几个先行者有关"脸面"的言论。

1. 几个有代表性的先行者对"脸面"的见解

（1）Smith 论"面子"。

第一个提出"面子"是支配中国人社会生活的一个重要原则的人是美国人 A. H. Smith，中文名叫明恩溥。他作为一个外国神职人员在中国农村生活了 54 年之久，对当时中国的社会状况和中国人的心理与行为方式都有细致而深刻的"解读"。Smith 以一个"旁观者"的身份，用一个外国人的眼光来看中国人，就很容易看出中国人有一种重要而普遍的心理与行为方式——重面子。这又应验了中国的一句俗话："当局者迷，旁观者清。"Smith 在 1890 年出版的《中国人的特性》（*Chinese Characteristics*）一书的第一章就用生动的语句向世人描述了中国人的"面子"心理，引起后继者对"面子"的广泛关注。Smith 说：

① 辞源（修订本）. 北京：商务印书馆，1983. 3362.

② 辞源（修订本）. 北京：商务印书馆，1983. 3362.

③ （宋）欧阳修撰.（宋）徐无党注. 新五代史. 北京：中华书局，1999. 231.

将“面子”这一全人类共有之物说成是中国人的“特性”，乍一听，似乎是太不合情理了。但是在中国，“面子”这个词并非仅指人脸部上的那薄薄之一层，而是一个有着复杂含义的综合名词，其中所包含的意思，远非我们西洋人所能描述、领悟。然而，要想尽我们所能地了解“面子”的含义，就必须注意这样一个事实，那便是作为一个民族，中国人具有一种强烈的作戏的本领。可以说，戏剧是中国人唯一的一个全民性的公共娱乐，戏剧之于中国人，就好比运动之于英国人，或斗牛之于西班牙人一样，稍微遇到一些情况，他们便立即进入角色，完全模仿戏里的样子，打躬作揖，跪拜叩头，口中念念有词，而在西洋人看来，这一套即使不是荒谬可笑，也是大可不必的。……总之，“面子”是理解有关中国人的一系列复杂问题的关键所在，如果说，中国人特性中还有许多“暗锁”还未被我们打开，那么，“面子”便是打开这些“暗锁”的“金钥匙。”……在西方人看来，中国人的“面子”犹如南太平洋海岛上土居人的种种禁忌一样，有一种不容否认的巨大力量，同时它又变幻莫测，不能简单地应付了事。[①]

这表明，“面子”并不是中国人的“专利”，如美国社会学家霍夫曼（E. Hoffman）就写过一篇《论面子功夫》（*On Face Work: An Analysis of Ritual Elements in Social Interaction*）的文章，此文中分析的“面子功夫”虽是英美人社会互动行为中的仪式因素，但是霍夫曼显然相信“面子功夫”是人类社会普遍性的现象。尽管如此，可以肯定的是，西方社会不像中国人那样有极强的“面子心理”。一个有西方文化背景的人在接触中国社会时，很容易感觉到中国人的“面子”心理。Smith 是第一个用生动语句向世人描述“面子”是支配中国人社会生活的一个重要原则的人。并且，Smith 清楚地认识到“生理之面”与“心理之面”的差异，指出中国人所讲的“‘面子’这个词并非仅指人脸部上的那薄薄之一层，而是一个有着复杂含义的综合名词”，从而引起后继者对“面子”的广泛关注，使得“面子”成为研究中国人重要心理与行为方式的一个极佳的主题，这可以说是 Smith 在心理学史上的一大贡献。当然，Smith 只是描述了“面子”这一现象，未对它作出较清晰、严格的界定。同时，Smith 认为，“‘面子’是理解有关中国人的一系列复杂问题的关键所在，如果说，中国人特性中还有许多‘暗锁’还未被我们打开，那么，‘面子’便是打开这些‘暗锁’的‘金钥匙’”。这种观点在今天看来值得商榷。“面子心理”虽然至今仍是中国人的一个重要心理，但是，如果一个人对中国文化有深刻的理解，就会知道“面子心理”仅是中国人众多重要心理中的一个，并且不处于“中心”位置。依前文的相关论述，中国式自我、中国人所推崇的“天理良心”与“尚‘和’心态”等，较之“面子心理”显得更重要，处于更核心的地位。[②] 另外，据金耀基的研究，英文中的“face”一词是由中国的“面子”转译过去的，但中国的“面子”一词比“face”的含义丰富得多，非“face”所能涵盖。据此可知，将 Smith 所著的 *Chinese Characteristics* 一书里的“face”一词译作“面子”（社会性的面），是比较符合 Smith 的本意的。所以，可以说，Smith 在用“face”一词时只触及“面子”（社会性的面），而未

① ［美］明恩溥．中国人的特性．匡雁鹏译．北京：光明日报出版社，1998．8～9．

② 金耀基．“面”、“耻”与中国人行为之分析．载杨国枢主编．中国人的心理．台北：桂冠图书股份有限公司，1988．323．

触及“脸”（道德性的面）。另外，Smith 讲的“面子”里似乎包含“脸”，但 Smith 毕竟没有对中国人的“脸”加以注意，从而未有意地将“面子”与“脸”区分开来，这也是 Smith 在论中国人的“面子”时显得不够准确和深刻的一面。

（2）鲁迅论“脸面”。

虽然 Smith 对“面子”的看法存在一定的缺陷，但他毕竟是第一个明确指出中国人重面子心理的人，并且 Smith 对中国人的面子心理及其他心理的一些描述在当时看来也颇能打动人心，自然而然地，Smith 所撰写的 *Chinese Characteristics* 一书在当时的中国学术圈里曾获得过较大的反响。例如，鲁迅就很重视 Smith 的见解，这从他在逝世的前 14 天（即 1936 年 10 月 5 日）说的一段话就可看出。在《且介亭杂文末编·立此存照（三）》中，他说：“我至今还在希望有人翻译出斯密斯的《支那人气质》（即前文讲的《中国人的特性》一书，引者注）来。看了这些，而自省，分析，明白那几点说的对，变革，挣扎，自做工夫，却不求别人的原谅和称赞，来证明究竟怎样的是中国人。”① 并且，鲁迅还曾著《说“面子”》一文专论中国人的面子问题，在该文中，鲁迅曾说：

> “面子”究竟是怎么一回事呢？不想还好，一想就觉得胡涂。它象是很有好几种的，每一种身份，就是一种“面子”，也就是所谓“脸”。这“脸”有一条界限，如果落到这线的下面去了，即失了面子，也叫作“丢脸”。不怕“丢脸”，便是“不要脸”。但倘使做了超出这线以上的事，就“有面子”，或曰“露脸”。而“丢脸”之道，则因人而不同，例如车夫坐在路边赤膊捉虱子，并不算什么，富家姑爷坐在路边赤膊捉虱子，才成为“丢脸”，但车夫也并非没有“脸”，不过这时不算“丢”，要给老婆踢了一脚，就躺倒哭起来，这才成为他的“丢脸”。
>
> ……
>
> 况且，“要面子”和“不要脸”实在也可以有很难分辨的时候。不是有一个笑话么？一个绅士有钱有势，我假定他叫四大人罢，人们都以能够和他扳谈为荣。有一个专爱夸耀的小瘪三，一天高兴地告诉别人道：“四大人和我讲过话了！”人问他：“说什么呢？”答道：“我站在他门口，四大人出来了，对我说：滚开去！”当然，这是笑话，是形容这人的“不要脸”，但在他本人，是以为“有面子”的，如此的人一多，也就真成为“有面子”了。别的许多人，不是四大人连“滚开去”也不对他说么？②

上述鲁迅对“面子”的看法有三点值得重视：①指出“脸”有一条界限。一个人的言行如果落到这线的下面去了，就会失面子，即“丢脸”；一个人如果做了超出这线以上的事，就是“有面子”。②看到了“面子”的多样性。甚至“每一种身份，就是一种‘面子’”。③看到了“面子”的个体差异性。同样一件事情，张三做了可能还会丢面子，李四做了可能就不会丢面子。不过，鲁迅毕竟不是一个心理学家，他在论“面子”时也有两点不足：①将“面子”与“脸”等同起来。尽管“生理之面”与“生理之脸”的确是指身体的同一个位置，中国人所讲的“广义的面子”与“广义的脸”也的确是相通

---

① 鲁迅全集（第六卷）. 北京：人民文学出版社，1973. 631.

② 鲁迅全集（第六卷）. 北京：人民文学出版社，1973. 128 ~ 130.

的，都包含“狭义的面子”与“狭义的脸”在内，但是，更重要的是要告诉人们，“狭义的面子”与“狭义的脸”之间是有一定差异的，鲁迅似乎没有认识到二者之间的差别。②鲁迅只是用生动的话语描述了“面子”与“脸”，却没有给“面子”与“脸”作一个学理的界定。

（3）林语堂论“面子”。

林语堂在始成于1934年的《中国人》一书中认为，统治中国的三女神是面子、命运和恩惠，在这三个女神中，面子比命运和恩惠还有力量，比宪法更受人尊敬。“面子”不能洗也不能刮，但可以“得到”，也可以“丢掉”，可以“争取”，可以“作为礼物送给别人”。它抽象，不可捉摸，却是中国人调节社会交往的最细腻的标准。它像荣誉，又不像荣誉。它能给男人或女人实质上的自豪感。林语堂认为，除非每个中国人都丢掉自己的面子，否则中国就不会成为一个真正的民主国家，就不会有真正的法治政府乃至安全的交通。[①] 林语堂对“面子”的看法有两点值得重视：①提出“面子”是统治中国的三女神之一，且对中国人的心理与行为有深刻的影响。②指出了“面子”的某些特点。例如，认为“面子”既可以“得到”，也可以“丢掉”；既可以“争取”，也可以“作为礼物送给别人”。当然，与鲁迅类似，林语堂也不是一个心理学家，他在论“面子”时也有两点不足：①同样只是用生动的话语描述了“面子”，却没有给“面子”作学理的界定；②同样未对脸与面子作出明确的区分，而是将脸包含在面子之内。

（4）胡先晋论“面子”和“脸”。

自Smith在1890年出版的《中国人的特性》一书的第一章提出“‘面子’是中国人的‘特性’”之后，在接下来的40多年里没有人对“面子”这一概念作出严格的学理界定。当历史的车轮行进至20世纪40年代，中国留美学者、人类学家胡先晋才撰写并发表《中国人的脸面观》（The Chinese Concept of “Face”）[②] 一文，开始真正从学理层面对“脸”与“面子”作较严格的界定。胡先晋说：

> “面子”代表一种中国社会重视的声誉，这是在人生经历中通过成功或夸耀，步步高升而获得的名声，也是经过个人努力和利用自己的聪明才智积累起来的声誉。要获得这种认可，个人时刻都依赖他所处的外在环境。……“脸”是群体对一个具有良好道德声望的人的尊敬：这个人无论遇上什么困难都会履行自己的义务，无论在什么情况下都表现出正直。它代表着社会对个人道德品质完整性的信赖，失去它个人就不可能在社会中正常生活。“脸”不仅是一种维护道德标准的社会约束力，也是一种内化的自我约束力。[③]

胡先晋对“面子”和“脸”的界定有两点值得重视：①首次明确指出中国人所讲的“面子”和“脸”是指两种不同的心理与行为，其中，“脸”主要涉及与一个人的道德品质的高低有关的事情，而“面子”主要指个人经过个人努力和利用自己的聪明才智等方

① 林语堂．中国人（全译本）．郝志东，沈益洪译．上海：学林出版社，1994. 199～206.

② HsienChin Hu. The Chinese Concept of “Face”. *American Anthropologist*, 1944, Vol. 46, pp. 45～64.

③ 胡先晋．中国人的脸面观．欧阳晓明译．载翟学伟主编．中国社会心理学评论（第二辑）．北京：社会科学文献出版社，2006. 1.

式而获得的声誉。②首次对“面子”和“脸”各下了一个学理上的定义，并且这种界定得到了一些后继研究者的普遍认可。例如，何友晖（1976）[①]、金耀基（1988）[②]、黄光国[③]和朱瑞玲[④]等人在探讨“面子”和“脸”的本质时，基本上都认可胡先晋对“脸”与“面”的界定。例如，何友晖（1976）强调，社会地位决定个人面子的分量，面子是持有该身份地位的个人本身。人们往往以行为者的主要身份为行为的依据，于是种种因其特定的社会地位带来的声望、权势及生活方式，就是个人拥有其面子的表征，也就是社会给予个人成就的认可与酬赏。由于地位取得的方式不同，一个人的面子既可以是与生俱来的（性别、年龄、出生顺序等），也可以是继承而来的（家世、财富等），还可以是通过自身的能力或努力（教育、事业成就等）得来的。[⑤] 不过，用今天的眼光看，胡先晋上述对“面子”和“脸”的界定也存在不够严密之处。

2. “狭义的面子”与“狭义的脸”二者在心理学上的含义

综合胡先晋等人的见解，再结合笔者自己的思考，本书认为，在汉语中，“面子”与“脸”都有广、狭义之分，狭义的面子与狭义的脸是两个既有关联又有一定区别的概念。

（1）面子（狭义的）在心理学上的含义。

一般而言，面子（狭义的）也叫作社会性的面，指一个人因自己通过某种方式（如自己努力或继承等）获得或拥有的非伦理道德性成就，而在认可、了解或知道其人的人面前拥有的声望。[⑥] 换言之，面子（狭义的）是社会或他人评价一个人拥有了有形的或无形的非伦理道德性成就之后产生的认可度。它可以用一个公式表示如下：

$$m = f(Aam \times Aa)$$

其中，“m”为汉语拼音“miàn”的第一个字母，意指“狭义的面子”。因为如前文所述，中国人的“面子”一词非“face”所能涵盖，所以，这里用汉语拼音“miàn”取代“face”；“f”为“function”的第一个字母，意指“函数关系”；“Aam”的全名是“amoral achievement”，意指“非伦理道德性成就”；“Aa”的全名是“acceptance by appraising”，意指“经评价后产生的社会认可度”或“经评价后产生的社会接受度”；“×”表示“乘”的关系。

要准确把握“面子”（狭义的）的上述定义，关键是要掌握四个要点：①所谓“非伦理道德性成就”，是指与伦理道德无关的成就。它既可以是一个人通过某种方式获得或

① Ho, D. Y. F. On the concept of face. *American Journal of Sociology*, 1976. Vol. 81, pp. 866 ~ 884.

② 金耀基．“面”、“耻”与中国人行为之分析．载杨国枢主编．中国人的心理．台北：桂冠图书股份有限公司，1988. 319 ~ 345.

③ 黄光国．人情与面子：中国人的权力游戏．载杨国枢主编．中国人的心理．台北：桂冠图书股份有限公司，1988. 298 ~ 299.

④ 朱瑞玲．中国人的社会互动：论面子的问题．载翟学伟主编．中国社会心理学评论（第二辑）．北京：社会科学文献出版社，2006. 80.

⑤ Ho, D. Y. F. On the concept of face. *American Journal of Sociology*, 1976, Vol. 81, pp. 866 ~ 884.

⑥ 胡先晋．中国人的脸面观．欧阳晓明译，载翟学伟主编．中国社会心理学评论（第二辑）．北京：社会科学文献出版社，2006. 1.

拥有的社会地位、心理地位、政治地位、权力、学术素养或丰厚的个人财富等，也可以是一个人通过某种方式拥有的或可支配的社会资源（如人际关系和社会财富等），还可以是一个人拥有的良好身体或良好出身等。同时，就一个人的“非伦理道德性成就”而言，底线是“完全没有”，其上则没有尽头。因此，意指“非伦理道德性成就”的“Aam”的值就落在零至正这个无穷大的区域之内，这意味着，“Aam”的最小值为零，其余值则为大小不一的正数。②一个人获得的非伦理道德性成就的大小是导致其是否有“面子”（狭义的）以及“面子”（狭义的）有多大的必要条件。这意味着，虽然不能说“面子”（狭义的）与“个人的非伦理道德性成就”是两个同义词，[①] 但是，仍然可以说，一个人若没有任何可以为社会或他人称道的非伦理道德性成就，也就没有任何“面子”（狭义的）可言；一个人拥有的非伦理道德性成就越多、越大，他或她就越“可能”有“面子”（狭义的），甚至是有很大的“面子”（狭义的）或“天大的面子”（狭义的）。③一个人所取得的非伦理道德性成就是否得到社会或他人的认可、了解或知晓，是个体能否赢得“面子”（狭义的）的重要条件。之所以说一个人拥有的非伦理道德性成就越多，他或她越“可能”有大小不一的“面子”（狭义的），而不是“一定”拥有“面子”（狭义的），是因为一个人“面子”（狭义的）的获得还需要满足一个条件：其所取得的非伦理道德性成就必须得到社会或他人的某种程度的认可、了解或知晓（此时Aa的值是一个正数）。否则，一个人即便拥有很大的非伦理道德性成就，在不了解或不知道其人的人面前（此时Aa的值是“零”），也不见得会有什么“面子”（狭义的）；假若某人虽然知晓其所取得的非伦理道德性成就，但作出的是负面的评价（此时Aa的值是一个负数），那么，他或她在此人面前不但不会有面子，反而会丢面子。例如，在中国社会，一个男人若吃“软饭”，即便看上去很“风光”，但很多人会从内心瞧不起他，他在这些人心中不但没有什么面子可言，甚至会失面子。④一个人“面子”（狭义的）的大小是其获得的非伦理道德性成就与其社会认可度的乘积。这意味着，若一个人在非伦理道德性成就或社会认可度上的得分只要有一个为“零”，那么，其“面子”（狭义的）也是“零”，即无任何“面子”（狭义的）可言。若一个人在非伦理道德性成就与社会认可度上的得分均为正数，那么，一个人“面子”（狭义的）的大小与其获得的非伦理道德性成就和社会认可度的乘积的大小就呈正相关：乘积的值越大，那么，在了解或知道其人的人面前，其“面子”（狭义的）也就越大；反之，乘积的值越小，那么，在了解或知道其人的人面前，其“面子”（狭义的）也就越小。若一个人在非伦理道德性成就上虽得正分，在社会认可度上却得负分，此时，一个人“面子”（狭义的）的大小与其获得的非伦理道德性成就的大小和社会认可度的乘积的绝对值就呈正相关：乘积的绝对值越大，那么，在了解或知道其人的人面前，其丢失的“面子”（狭义的）也就越大；反之，乘积的绝对值越小，那么，在了解或知道其人的人面前，其丢失的“面子”（狭义的）也就越小。

（2）“道德上的脸”在心理学上的含义。

道德上的脸，也叫作道德性的面，或狭义的脸，指团体或社会对一个有道德声誉者

---

① 朱瑞玲．中国人的社会互动：论面子的问题．载翟学伟主编．中国社会心理学评论（第二辑）．北京：社会科学文献出版社，2006.80.

的尊敬度；同时，道德上的脸也是个人对自己是否遵守了适宜的行为规范的判断。[①] 换言之，道德上的脸既是社会或他人评价一个人在道德修养上所获得的成就而产生的认可度，也是一个人自己评价自己在道德修养上所获得的成就而产生的认可度。它可以用一个公式表示如下：

$$l = f(\mid Am \mid \times Aa)$$

其中，“l”为汉语拼音“liǎn”的第一个字母的小写，意指“道德上的脸”或“狭义上的脸”。不过，鉴于“道德上的脸”较之“狭义上的脸”更易理解，下文多用“道德上的脸”指称“狭义上的脸”。“f”为“function”的第一个字母，意指“函数关系”。“Am”的全名为“amoral achievement”，意指“伦理道德性成就”，也就是一个人的德性；“｜｜”指绝对值；“Aa”的全名为“acceptance by appraising”，意指“经评价后产生的社会认可度”或“经评价后产生的社会接受度”；“×”表示“乘”的关系。

要准确把握“道德上的脸”的上述定义，关键是要掌握四个要点：①所谓“伦理道德性成就”，指一个人在道德修养上获得的成就。它既可以以自我心性修养的方式获得，也可以经由系统的道德教育而获得，还可以经由社会教化而获得。由于社会是复杂的，正如《庄子·胠箧》中记载的：

故跖之徒问于跖曰：“盗亦有道乎？”跖曰：“何适而无有道邪！夫妄意室中之藏，圣也；入先，勇也；出后，义也；知可否，知也；分均，仁也。五者不备而能成大盗者，天下未之有也。”[②]

所以，“伦理道德”有合乎一定社会发展要求的，也有不合乎一定社会发展要求的。相应地，将合乎一定社会发展要求的“伦理道德性成就”用正分数表示，将违背一定社会发展要求的“伦理道德性成就”用负分数表示。自然而然地，意指“伦理道德性成就”的“Am”的值就既有负数，也有零和正数。不过，与“非伦理道德性的面子”不同的是，即便一个人做了不道德的事情，他人只要对他的“不良经历”不知情，仍会因“尊重他人人格”或“出于礼貌”等原因而认可他的这张“道德上的脸”。因此，在通常情况下，每个人生来都有一张道德上的脸，除非他做了不道德的事情，才会在正直的知情者面前出现程度不一的“丢掉道德上的脸”。这意味着，在“道德上的脸”的公式里，一个人在“伦理道德性成就”和“社会认可度”上的得分通常都是正数，而不会是“零”或“负数”。②一个人在道德修养上获得的成就的大小是导致其是否有“道德上的脸”以及“道德上的脸”有多大的必要条件。这意味着，一个人若没有任何可以为社会或他人称道的德性，也就没有“道德上的脸”可言。同时，“道德上的脸”的维护或丢

① 胡先晋．中国人的脸面观．欧阳晓明译．载翟学伟主编．中国社会心理学评论（第二辑）．北京：社会科学文献出版社，2006. 1.

② 陈鼓应．庄子今注今译（第二版）．北京：中华书局，2009. 280.

失常常是作为整体来看的，因此，“道德上的脸”对个人而言常常是一个不可分割的整体，[①] 尽管如此，但这并不意味着“道德上的脸”在数量上就无伸缩性。事实上，由于道德修养上获得的成就不但有性质的不同，也有数量上的差异，结果，“道德上的脸”不但在性质上有差异，在数量上也有一定程度的伸缩性。在通常情况下，一个人拥有越多的高尚德性，在正直的人心中就越易获得崇高的道德声望，他或她就越“可能”在正直的人心中有更大的“道德上的脸”。例如，一些受到党中央和国务院表彰的“全国道德楷模”，在很多正直的中国人心中都有一张较之常人更大的“道德上的脸”。一个道德败坏的甲虽然没有取得正直的人所认可的“伦理道德性成就”，但在同样是一个道德败坏的乙的心中，可能甲仍然是有被乙所认可的“伦理道德性成就”的，相应地，一个拥有越多不良品性的人，在同样是道德败坏的人心中也越“可能”获得一张更大的“脸”。例如，不可否认，卖国贼汪精卫在一些汉奸面前也有一张很大的“脸”。一个人若只坚守做人不可突破伦理道德的底线，却不在此基础上去追求更加卓越的德性，那么，他或她尽管有“道德上的脸”（因为在现实生活里，一个人在做人时能不突破伦理道德的底线，也是一件不容易的事情，这也可视作其在伦理道德修养上所取得的成就），但是，由于他只是“尽人的本分”，这个“道德上的脸”就没有道德高尚的人那么大。③一个人在伦理道德修养上取得的成就是否得到社会或他人的认可、了解或知晓，是个体能否赢得更大的“道德上的脸”的重要条件。之所以说一个人拥有越多的德性，他越“可能”有更大的“道德上的脸”，而不是“一定”有更大的“道德上的脸”，是因为一个人“道德上的脸”的维护或获得还需要满足一个条件：其所获得的德性必须令社会或他人在某种程度上认可、了解或知晓。否则，一个人即便拥有极高的德性，在不认可、不了解或不知道其人的人面前，仍不见得会有更大的“道德上的脸”。具体地说，由于“伦理道德性成就”的值是一个绝对值，这意味着，如果一个人在“伦理道德性成就”上的原始分数是正数，那么，此正分数的值越大，在了解或知道其人的有良知的人面前，其“道德上的脸”也就越大，反之亦然；在了解或知道其人的道德败坏的人面前，其“道德上的脸”既可能是大的（有些道德败坏的人对于道德高尚的人也心存敬畏，因此，道德高尚的人在其面前仍有脸），也可能是小的（有些道德败坏的人将道德高尚的人视作傻瓜，心里也瞧不起他们，因此，道德高尚的人在其面前就没有什么脸面）。假若一个人在“伦理道德性成就”上的原始分数是负数，那么，此负分数的值越小（即负分数的绝对值越大），在了解或知道其人的有良知的人面前，其“道德上的脸”也就丢得越多越大，反之亦然；在了解或知道其人的道德败坏的人面前，其“道德上的脸”既可能是大的（臭味相投），也可能是小的（有些道德败坏的人内心仍有善念，知道道德败坏是恶的，心里也看不上道德败坏的人，因此，道德败坏的人在其面前也没有什么脸面）。④一个人的“道德上的脸”的大小是其获得的“伦理道德性成就”的绝对值与其社会认可度的乘积。这意味着，在“伦理道德性成就”的绝对值与社会认可度上的得分均不是“零”的前提下，一个人“道德上的脸”的大小与其获得的“伦理道德性成就”的绝对值和社会认可度的乘积的大小呈正相关：乘积的值越大，那么，在了解或知道其人的人面前，其

---

① 胡先晋．中国人的脸面观．欧阳晓明译．载翟学伟主编．中国社会心理学评论（第二辑）．北京：社会科学文献出版社，2006. 15.

“道德上的脸”也就越大；反之，乘积的值越小，那么，在了解或知道其人的人面前，其“道德上的脸”也就越小。但是，由于“伦理道德性成就”上的值是一个绝对值，这意味着，在相同社会认可度的情况下，如果一个人在“伦理道德性成就”上的原始分数是正数，那么，此正分数的值越大，在了解或知道其人的有良知的人面前，其“道德上的脸”也就越大，反之亦然；如果一个人在“伦理道德性成就”上的原始分数是负数，那么，此负数的绝对值越大，在了解或知道其人的道德败坏的人面前，其“道德上的脸”也就越大，反之亦然。若一个人在道德修养上不但没有成就，反而做出了程度不一的不道德事情，那么，其在“伦理道德性成就”这一项上就会得到一个负分数，一个人在“伦理道德性成就”上得到的负分数的绝对值越大，那么，在了解或知道其人的有良知的人面前，其丢失“道德上的脸”的程度也就越大。若一个人在其人生旅程中经常做不道德的事情，或是做了一件或多件极不道德的事情，从而引起公愤，那么，其“社会认可度”就会得零分，即其不道德的行为方式完全被有良知的人所拒绝接受，此时，在有良知的人面前，他就无任何“道德上的脸”可言，也就是“丢尽了道德上的脸”。

（3）“面子（狭义的）”与“道德上的脸”的差异。

根据上述“狭义的面子”和“道德上的脸”的定义，再结合胡先晋等人的观点，严格地说，“面子（狭义的）”与“道德上的脸”之间是有区别的，这种区别主要体现在以下八个方面。正因为二者存在这八个方面的差异，所以，在许多场合下，人们所讲的面子（狭义的）与道德上的脸是有区别的，在这种情况下，有面子（狭义的）不必一定要有道德上的脸，反之亦然。

①两者的侧重点不同。

依面子（狭义的）的定义，它的侧重点放在个人获得或拥有的非伦理道德性成就上，即侧重于“才”或“能”；道德上的脸的侧重点在个人的道德人格，即侧重点在于“德”。

②两者产生的时间与地域不同。

在甲骨文里就有“面”字，虽然还不能确定那时人们所使用的“面”是否已有心理学层面上的意义，但可以肯定的是，早在《诗经》里就有了“面目”一词，并且是从心理学层面上使用的。稍后的吴王夫差和齐桓公临死之前都曾用“面目”一词，分别以示自己“无脸”见伍子胥和管仲。由此可见，“面”字在中国使用的时间极早。

根据上文的阐述，“脸”字产生的时间极晚，可能最早出现在南朝的梁代。若如此，那么，再参考当时梁朝的疆域图便可得知，“脸”这个字更可能起源于中国的南方某地。所以，胡先晋的下述推测——“脸”这个字好像起源于中国北方某地[①]——可能是不能成立的。不过，胡先晋认为，“脸”字产生后，其在身体的意义上逐渐取代了“面”，也逐渐获得了一些象征性意义。[②] 此观点颇有见地。

据金耀基的研究，汉语里，南方方言如粤语里只有“面”字，而无“脸”字，北方说“普通话”（或称国语）的区域则“面”与“脸”都用。举例来说，在普通话说“有

① 胡先晋．中国人的脸面观．欧阳晓明译．载翟学伟主编．中国社会心理学评论（第二辑）．北京：社会科学文献出版社，2006. 2.

② 胡先晋．中国人的脸面观．欧阳晓明译．载翟学伟主编．中国社会心理学评论（第二辑）．北京：社会科学文献出版社，2006. 2.

面子”或“给他面子”，用粤语说，则是“有面”或“俾面”；在普通话里说“要不要脸”、“厚脸皮”或“丢脸”，用粤语说，则是“要唔要面”、“厚面皮”或“唔要面”。语言学者 Forrest 指出，中国的方言，特别是粤语，是比国语更古老的语言。从中可知，从使用时间上看，南方方言里缺少“脸”字，正显示“脸”字是后期发展出来的。《辞源》的解释是：“俗亦谓颜面曰脸……”从使用地域上看，“面”字使用的范围较之“脸”字使用的范围要广。①

③拥有两者的人数不同。

在通常情况下，拥有“道德上的脸”的人数较之拥有“面子”（狭义的）的人数要多一些，因为在起点上人人是平等的，即人人生来都有一张诚实、正直的脸，中国传统文化正是在此意义上强调人格平等的。因此，一个人只要未做严重的不道德事情而丢尽道德上的脸，他在日常生活中都会有一张大小程度不一的道德上的脸。在现实生活中，“好人毕竟占绝大多数”，因此，绝大多数人都会有一张大小程度不一的道德上的脸。面子（狭义的）则是属于有成就的人，每个人的“面子”会因家庭地位、个人关系以及个人影响他人的能力等而不同，② 结果，相对而言，拥有“面子”（狭义的）的人较之有“脸”（狭义的）的人要少许多。一般而言，有两类人除了在极少数人（如其家人）面前有面子外，在其他人那里很少有面子：一是年幼的儿童，因为太年幼，暂时还未取得成就；二是处于社会底层、暂时还未取得任何成就的弱势群体。例如，一个沿街乞讨的乞丐可能在很多人面前无面子可言，不过，只要这个乞丐没有做任何不道德的事情，这个乞丐仍有道德上的脸，你若让他吃“嗟来之食”，他会感觉这是丢失道德上的脸的事而加以拒绝。

④个人对待两者的态度不同。

每个人既然都只有一张道德上的脸，一旦丢失就没有了，而且会把自己置于正直人的社会之外，使自己受到孤立与不安全的威胁；更为严重的是一个“没有道德上的脸”的人简直就不能叫作人，于是，在中国，说一个人“没有道德上的脸”是对他极大的侮辱，说一个人“不要脸（指道德上的脸）”，简直与说他“下流”没有什么区别。因此，道德上的脸首先重在保护，使其不致丢失；在此基础上，若有余力，再通过进一步的道德修养来提高自己的道德声誉，以此方式扩充自己的“道德上的脸”。事实上，中国人的确更为注重“道德上的脸”的保护，一个稍有修养的中国人，他在一举一动之前，都会有意无意地在心中衡量一下，此言或此行是否会“丢道德上的脸”，以此来约束自己的言行。从一定意义上说，正是由于中国人特别在意“脸面”，所以特别讲礼貌，从而在异族与异国面前赢得了礼仪之邦的美誉。每个人的面子（狭义的）既然有大有小，有多有少，而且，一个人的面子（狭义的）越大、越多，其办事就越方便自如，所以，“面子”（狭义的）可以出借、争取、增加、敷衍。由于“面子”（狭义的）只涉及一个人的才与能，因此，说一个人“没有面子（狭义的）”，只不过表明他没有什么社会成就

---

① 金耀基．“面”、“耻”与中国人行为之分析．载杨国枢主编．中国人的心理．台北：桂冠图书股份有限公司，1988. 325 ~ 326.

② 胡先晋．中国人的脸面观．欧阳晓明译．载翟学伟主编．中国社会心理学评论（第二辑）．北京：社会科学文献出版社，2006. 15.

或社会资源，不风光而已。[①]

⑤两者丢失的时效性不同。

“道德”虽有一定的文化相对性，不同的文化往往有不同的道德，但在同一文化之内，“道德”有一致性，同时，在不同文化之间，“道德”也有某些一致性，因为有些“道德”具有一定的文化普适性。与此相一致的是，道德上的脸的丢失具有一定的延时性。因此，一个人一旦丢失道德上的脸，会在较长的一段时间内在知情人面前抬不起头。

“才能”分领域或专业，不同领域或不同专业常常需要不同的才能，因此，“才能”往往有一定的情境性。与此相一致的是，面子（狭义的）的丢失大多只具有情境性。一个人丢了面子（狭义的），尽管当时较尴尬，不过，一旦换一个情境，人们就很快会淡忘它。[②] 例如，一个大学生在公选课的课堂上回答不出老师提出的非常简单的问题，他当时会觉得自己丢了面子（狭义的），但是，课后他可能马上会这样安慰自己：这又不是我的专业课，只是一门公选课，算不了什么，反正我以后又不靠它吃饭。若是我问老师一个我自己所学专业的问题，公选课的老师也不见得能回答出来。经过这一自我安慰，他在公选课上因丢面子（狭义的）而导致的不愉快心情可能很快就会消失得无影无踪。

⑥两者丢失的普适性不同。

道德上的脸的丢失具有普适性，面子（狭义的）的丢失则有一定的差异性。生活在同一个文化圈里的人们，往往认可相同的道德规范，因此，在同一个文化圈里，任何人做了一件丢道德上的脸的事情，都会使自己丢道德上的脸。而同一种行为方式会不会让人感到有面子（狭义的）或丢面子（狭义的），对于不同的人而言，其结果是不一样的，换言之，面子（狭义的）具有较大的个体差异性。正如上文鲁迅所说：“车夫坐在路边赤膊捉虱子，并不算什么，富家姑爷坐在路边赤膊捉虱子，才成为‘丢脸’，但车夫也并非没有‘脸’，不过这时不算‘丢’，要给老婆踢了一脚，就躺倒哭起来，这才成为他的‘丢脸’。”

⑦是否有“面子”（狭义的）与是否有“道德上的脸”的决定权的归属不同。

是否有“面子”（狭义的）以及“面子”（狭义的）到底有多大的最终决定权在于社会或他人的认可与赞许度；是否有“道德上的脸”的最终决定权在于个人自己。这意味着，“面子”（狭义的）具有强烈的社会性、外在性，只有社会或他人对一个人的各类成就认可或赞许了，此人才会有大小不一的“面子”（狭义的）；如果社会或他人对一个人的各类成就均不予认可，此人就不会有“面子”（狭义的）。由此可见，是否有“面子”（狭义的）以及“面子”（狭义的）到底有多大的最终决定权在于社会或他人的认可与赞许度，而不在于个人自己。一个人只是自己认为自己有面子（狭义的）或有很大的面子（狭义的），若别人不这样认为，此人不但最终是没有面子（狭义的）的，而且可能还会招来“无自知之明”的骂名。同时，正由于面子既难看透，又不易把握，自然增加了中国人做人的难度，这是中国人“做人难”的原因之一。

“道德上的脸”的获得与否虽然在某种程度上也取决于社会或他人的认可与赞许，

---

① 胡先晋．中国人的脸面观．欧阳晓明译．载翟学伟主编．中国社会心理学评论（第二辑）．北京：社会科学文献出版社，2006. 14～15.

② 佐斌．中国人的脸与面子：本土社会心理探索．武汉：华中师范大学出版社，1997. 57.

即一个人的道德人格若得到社会或他人的认可与赞许，此人就有道德上的脸了；但是，在有些情况下，如整个社会大环境已被不良风气占了上风，如明末和清末贪污受贿成风，即便张三的做人方式不被社会或他人认可，社会或他人感觉张三丢了道德上的脸，如果此时张三自认为自己人格上没有问题，错的是社会或他人，而不是自己，此时张三绝不会认为自己丢脸，反而会以此来突显自己人格的伟大、道德上的脸的生辉。在此情境下，假若李四因某种原因得到社会或他人极大的赞许，社会或他人会觉得李四"露脸了"，但李四会自认为，其实这下自己的"脸丢大了"，于是极可能心生愧疚之情。同时，一个人若觉得自己在做人方面没有做违背良心的事情，在遇到无赖的无端羞辱时，同样可以做到《庄子·天下》所讲的"见侮不辱"[①] 或《吕氏春秋·正名》所讲的"见侮而不斗"。由此可见，一个人是否有道德上的脸，社会与他人的认可度虽是一个重要因素，但是否有道德上的脸，最终决定权在于个人自己。这意味着，从归因方式的角度看，一个真正具有良好道德修养的人，其自尊往往是内控的，而不是外控的。

⑧两者的多样性程度不同。

道德上的"脸"的本质属性只有一种，那就是"一个人所拥有的德性"，而"面子"（狭义的）的本质属性则丰富得多，它既可以是指一个人所拥有的才能，也可以是指一个人所拥有的财富，还可以是指一个人所拥有的实用的人际关系等，所以，依鲁迅和成中英等人的见解，从性质上讲（请注意：不是从数量上讲），任何人所拥有的脸的类型都只有一种，那就是一张道德上的脸。但是，不同人所拥有的"面子"（狭义的）的类型是可以多种多样的。例如，有的人是因为自己有卓越才华而为自己赢得好大的面子，有的人是因为自己有厚实的财富而为自己赢得好大的面子，有的人是因为自己有广博的人脉而为自己赢得好大的面子……如图 6－2 所示。

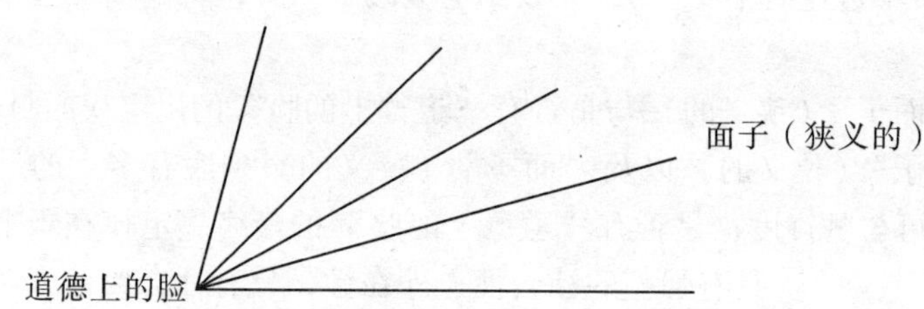

图 6－2　脸的单一性与面子的多样性对比示意图（来源：成中英）

3. 面子（广义的）在心理学上的含义

虽然严格地说，面子（狭义的）与道德上的脸是两个不同的概念，但是，这并不意味着二者之间就没有任何联系。事实上，面子（狭义的）与道德上的脸之间的关系密切。

一方面，"道德上的脸"作为人格的基本条件，是决定个人"面子"（狭义的）多少的条件之一。一个人"道德上的脸"一旦丢了，其"面子"（狭义的）也很难长久维持。[②] 明白了这个道理，就好理解中国人常说的"先成人，后成才"的道理，也好理解

---

① 陈鼓应．庄子今注今译（第二版）．北京：中华书局，2009. 924.

② 胡先晋．中国人的脸面观．欧阳晓明译．载翟学伟主编．中国社会心理学评论（第二辑）．北京：社会科学文献出版社，2006. 15.

如下现象：一些靠不义之财而发家的人，在知情人面前往往无什么脸面可言，因为知情人为了不让其他正直的人指责自己唯利是图，往往看不上靠不义之财而发家的人。这就在无形中给靠不义之财而发家的人造成一种心理上或良心上的巨大压力，有时这种压力之大，使有些靠不义之财而发家的人最终不得不选择通过大力做善事，力图重新在知情者心中赢回自己的"脸面"。

另一方面，"脸"与"面"或"面子"（狭义的）有时可换用。因为"脸"本有"情面；面子"之义；而"面"则有"脸"之义，这表明二者在字义上可以互训。事实上，"给我一个老脸"与"给我一个面子"，在汉语里都是说得通的，且指的是同一个意思。例如，在当代中国人普遍推崇北京大学和清华大学这类中国著名高校的情境下，如果一个农家孩子成为全村中第一个考上北京大学的大学生，不但其父母，甚至全村人都会感到"脸上有光"或"有面子"。一个参赛选手在现场直播的电视节目里回答不出一道简单的问题，不但会让选手自己感到"真丢脸"或"真没面子"，因自己的无能而无脸回去见亲友，而且若现场有其亲友团在，亲友团里的很多成员也会觉得自己"丢脸"或"丢面子"了。而这两件事情本涉及的是"才"或"能"，与道德无关，但中国人体验或说出的既可能是"脸"的感受，也可能是"面子"的感受。由此可见，在很多时候，中国人所说的"脸"，不仅限于一个人的道德人格层面，还拓展到可以用来指称其拥有的社会成就或社会资源，此时，"脸"与"面子"（狭义的）就是一回事了。同时，在当代推崇"以热爱祖国为荣、以危害祖国为耻，以服务人民为荣、以背离人民为耻，以崇尚科学为荣、以愚昧无知为耻，以辛勤劳动为荣、以好逸恶劳为耻，以团结互助为荣、以损人利己为耻，以诚实守信为荣、以见利忘义为耻，以遵纪守法为荣、以违法乱纪为耻，以艰苦奋斗为荣、以骄奢淫逸为耻"的时代里，假若一个有良知的人偶尔做了一件令自己事后感到羞耻的事情，例如，在参观一个古庙或古道观之时，一时迷惑了心智，而去抽签算命；或者，晚上开私家车时，见夜深人静，路上无行人，而硬闯红灯。同样地，事后他体验或说出的既可能是"丢脸"的感受，也可能是"丢面子"的感受。而这两件事情本涉及的是"德"，与"才"或"能"无关。由此可见，在很多时候，中国人所说的"面子"，也不仅限于一个人的"才"与"能"的层面，还拓展到可以用来指称道德人格的层面，此时，"面子"（狭义的）与"脸"就是一回事了。

由于面子（狭义的）与脸存在如此密切的交互关系，"脸"的概念与"面子"（狭义的）的概念有时交织在一起，让人很难加以细分。于是，当"脸"字成为中国人常用的字后，在日常生活中，人们讲的面子与脸往往都是一个广义的概念，即包括"狭义的面子"与"道德上的脸"二词的含义，这种情况在只使用"面"字而无"脸"字方言（如粤语）的人群里更是如此。[①] 因此，从学理角度看，广义的面子，相当于广义的脸，指一个人因自己通过某种方式（如自己努力或继承等）获得或拥有某些成就，而在认可、了解或知道其人的人面前拥有的声望。换言之，广义的面子是社会、他人或自己评价一个人（或自己）拥有的有形的或无形的各类成就之后产生的认可度。它可以用一个公式表示如下：

---

① 金耀基．"面"、"耻"与中国人行为之分析．载杨国枢主编．中国人的心理．台北：桂冠图书股份有限公司，1988. 325 ~326.

$$M = L = f(|A| \times Aa)$$

其中，“M”为汉语拼音“miàn”的第一个字母的大写，意指“广义的面子”；“L”为汉语拼音“liǎn”的第一个字母的大写，意指“广义上的脸”；“f”为“function”的第一个字母，意指“函数关系”；“A”为“achievement”的第一个字母，意指“各类成就”，“| |”意指绝对值；“Aa”为“acceptance by appraising”的缩写，意指“经评价后产生的社会认可度”或“经评价后产生的社会接受度”；“×”表示“乘”的关系。

要准确把握“广义的面子”或“广义的脸”（为行文简洁，下文多只用“广义的面子”一语）的上述定义，关键是要掌握四个要点：①所谓“各类成就”，从内容上看，既包括一个人通过某种方式获得的社会地位、心理地位、政治权力、学术素养、道德声誉、个人财富等，也包括一个人通过某种方式拥有的或可支配的社会资源（如人际关系和社会财富等）。从性质上看，这些“成就”既可以是合乎一定社会道德与法律规范的，也可以是违背一定社会道德与法律规范的。②一个人获得的各类成就的绝对值的大小是导致其是否有“面子”（广义的）以及“面子”（广义的）有多大的必要条件。这意味着，一个人若没有任何可以为社会或他人称道的成就，也就没有任何面子（广义的）可言；一个人拥有的成就的绝对值越大，他或她就越“可能”有面子（广义的），甚至是有很大的“面子”（广义的）或“天大的面子”（广义的）。③一个人所取得的成就是否得到社会、他人或自己的认可、了解或知晓，是个体赢得“面子”（广义的）的重要条件。之所以说一个人拥有的成就越多，他或她越“可能”有大小不一的面子（广义的），而不是“一定”拥有“面子”（广义的），是因为一个人“面子”（广义的）的获得还需要满足一个条件：在通常情况下，其所取得的成就必须得到社会或他人的某种程度的认可、了解或知晓。否则，一个人即便拥有很大的成就，在不认可、不了解或不知道其人的人面前，仍不见得会有什么面子（广义的）。在特殊情况下，其所取得的道德性成就虽然没有得到社会或他人的某种程度的认可、了解或知晓，但是，至少自己要从内心认可它。④一个人面子（广义的）的大小是其获得的成就与其社会认可度的乘积。这意味着，若一个人的成就或社会认可度上的得分只要有一个为“零”，那么，其“面子”（广义的）也是“零”，即无任何“面子”（广义的）可言。在一个人成就的绝对值与社会认可度上的得分均不是“零”的前提下，一个人的面子（广义的）的大小与其获得的成就的绝对值和社会认可度的乘积的大小呈正相关：乘积的值越大，那么，在认可其人的人面前，其面子（广义的）也就越大；反之，乘积的值越小，那么，在认可其人的人面前，其面子（广义的）也就越小。但是，由于“成就”的值是一个绝对值，这意味着，在相同的认可度的情况下，如果一个人在“伦理道德性成就”的原始分数是正数，那么，此正分数的值越大，在了解或知道其人的有良知的人面前，其面子（广义的）也就越大，反之亦然；如果一个人在“伦理道德性成就”的原始分数是负数，那么，此负数的绝对值越大，在了解或知道其人的道德败坏的人面前，其面子（广义的）也就越大，反之亦反。其余情况可以依上文对狭义面子和道德上的脸的相关论述进行类推。

综上所述，广义的面子包括狭义的面子和脸两大内容，是二者的“合金”。下文除特别说明和“脸面”并举时所讲的“面子”是狭义的“面子”外，在其他场合所讲的

“面子”均指“广义的面子”，仅是为了行文的简洁，才将“广义的”三字省略。同时，依上文所述，有合乎一定社会道德与法律规范的面子，也有违背一定社会道德与法律规范的面子，限于本书的旨趣，下文若无特别说明，均是指合乎一定社会道德与法律规范的面子。

（三）“面子”的特性

1. 面子具有道德性

由于人们常说的“面子”里包含“道德上的脸”，而“道德上的脸”的实质是一个人的道德人格，其常态标准包括正人君子的美德；[①] 其最高标准包括圣人身上体现出来的美德。相应地，“面子”就具有道德性。所谓面子的道德性，是指面子里面包含道德性成分，即道德属性。

2. 面子具有数量性

在胡先晋等人的眼中，脸与面子（狭义的）的一大区别是，脸只有“有无”之分，而无“大小”之分；面子（狭义的）则既有“有无”之分，也有“大小”之分。[②] 笔者认为这个观点值得商榷。虽然在很多情况下，“脸”的维护或丢失是作为整体来看的，“脸”对个人而言是一个不可分割的整体[③]，因此，相对而言，脸是较固定的，一个人要么有脸，要么没有（丢失了）脸。尽管如此，“脸”在有“有无”之分的同时，仍有“大小”之分，即有些人有较大的脸，也有些人可能只有一张较小的脸；有些不道德的事情一旦做了，给人造成的丢脸的感受特别强，有些不道德的事情虽然做了，给人造成的丢脸的感受却较弱。

与“脸”类似，面子（狭义的）不但有“有无”之分，而且有“大小”之分。因此，有的人可以说没有什么面子（狭义的），如古代的劳苦人民自称草民，命如草贱，当然也就无面子（狭义的）可言；有的人虽有面子（狭义的），却不大；而有的人却有较大的面子（狭义的），甚至天大的面子（狭义的）。[④]

由于广义的面子是脸与狭义的面子的“合金”，既然“脸”与狭义的面子都具有数量性，自然而然地，广义的面子也具有数量性。所谓面子的数量性，是指面子在数量上具有伸缩的特性，即面子在数量上有大小之分。

3. 面子具有可交换性

根据前文有关“面子”的定义，“面子”实际上是一种资源，而资源具有“可交换性”，以此类推，“面子”也具有“可交换性”。所谓面子的可交换性，是指面子也像其他资源（如钱财）一样，是可以彼此交换的。

---

① 胡先晋．中国人的脸面观．欧阳晓明译，载翟学伟主编．中国社会心理学评论（第二辑）．北京：社会科学文献出版社，2006. 9.

② 胡先晋．中国人的脸面观．欧阳晓明译，载翟学伟主编．中国社会心理学评论（第二辑）．北京：社会科学文献出版社，2006. 15.

③ 胡先晋．中国人的脸面观．欧阳晓明译，载翟学伟主编．中国社会心理学评论（第二辑）．北京：社会科学文献出版社，2006. 15.

④ 金耀基．“面”、“耻”与中国人行为之分析．载杨国枢主编．中国人的心理．台北：桂冠图书股份有限公司，1988. 330、335.

4. 面子具有社会性

面子在中国有较强的社会性。依金耀基的观点，所谓面子的社会性，是指面子是社会所赋予一个人的，除非他的行为被证明是“名副其实”的，否则社会是可以收回所给予他的面子的。朱瑞玲也认为，面子既然是社会所赋予的，这一“社会的我”一旦存在，个人的行为也就被期望要符合“面子”——社会为其安排的位置；而个人“面”对社会，必须时刻注意维护自己的“面子”,[①] 否则，就有可能让自己丢“面子”。在中国，面子是一种声望，声望是依个人在社会上所占据的地位而定的。大凡有社会地位者，社会都会给予他一个大小不等的面子。至于面子的大小则与一个人社会地位的高低、拥有社会资源（如财富、权力、关系等）的多少有关，在通常情况下，面子的大小与一个人社会地位的高低、拥有社会资源（如财富、权力、关系等）的多少及社会认可度的大小的乘积呈正相关。换言之，在通常情况下，一个人的社会地位越高、拥有社会资源（如财富、权力、关系等）越多、社会认可度越大，其“面子”就越大，反之亦反。

社会性的面子很像时下通行的“信用卡”，“有面子”就如“金卡”一般，有良好的信誉和“购买力”；但是，也如“信用卡”一般，面子是有限度的，过分使用面子，也会减少乃至失去它的声望和影响力。既然面子有大小之分，所以，它是可以增大或变小的。“争面子”是使面子增大，“失面子”是使面子变小，前者会使个体产生一种自豪感，后者会使个体产生一种耻辱感或自卑感。因此，如何维护面子，尤其是避免丢面子，成为中国人为人处世中最重要的一件事情。[②] 于是，中国人逐渐发展出一套面子工夫，这将在下文详尽阐述，这里不多讲。

5. 面子的多样性

狭义的面子既然具有多样性，自然而然地，广义的面子同样就具有多样性。因此，在实际生活中，不同人所拥有的面子纷繁复杂、多姿多彩，犹如京剧中的脸谱一样变化万千。

二、为什么要讲“脸面”

中国人为什么如此讲脸面？对于这个问题的回答不是三言两语可以说得清楚的，这里仅就其中最为重要的四点加以说明。

（一）脸面的功能

中国人爱讲面子，重要原因之一是，中国人通过在日常生活中的观察与学习，或是通过切身体会，或是通过替代强化，深深地体会到面子具有一定的功能。

1. 印象管理功能

印象管理（impression management），也称之为印象整饰（impression regulation），是指人们通过控制他人所获得的信息，试图影响他人对自己的看法和行为的过程。印象管

---

① 朱瑞玲．中国人的社会互动：论面子的问题．载杨国枢主编．中国人的心理．台北：桂冠图书股份有限公司，1988. 240～253.

② 金耀基．“面”、“耻”与中国人行为之分析．载杨国枢主编．中国人的心理．台北：桂冠图书股份有限公司，1988. 329～332.

理的理论探索可以追溯到20世纪初美国著名社会学家霍夫曼的研究，他在《日常生活中的自我表现》一书中提出，“印象管理就像戏剧”，互动中一方的兴趣在于控制别人的行为，使对方通过对自己行为的理解，做出符合自己计划中的行为反应。不过，作为一名社会学家，霍夫曼关心自我表现在社会现实的建构中的作用，相对忽视心理因素在符号式的社会交往中的重要性。借鉴霍夫曼的思想，所谓脸面的印象管理功能，是指一个人若重脸面，就会具有维护、保持或提升自己在他人心中良好形象的动力。这是脸面最初的或最基本的功能，其目的在于美化自己、避免自己的形象在他人心中受损，从而能够最大限度地让别人对自己产生自己所期望的某种良好印象。因为从社会心理学角度来看，“面子”是个人在某一特殊情景中所觉察到的“情景自我”（situated identities）……是他在该情景中所意识到的“自我心象”（self - image）。当个人在某一特定的社会情景和其他人进行互动的时候，他会按照该情景对他的角色要求，将符合其自我心象的一面呈现出来，希望在他人心目中塑造出最有利的形象，这就是他在该社会情景中的“面子”。[①] 为达到这一特定的良好印象而故意做给别人看的种种行为，就是下文要讲的面子功夫。中国人为何重视自己在他人心目中的印象呢？换言之，为何重视自己的脸面呢？这是因为，很多中国人都知道，在中国社会，一个“有面子的人”拥有一种巨大的无形资产，对人，有更大的影响力和感染力，可以获得他人的尊敬、羡慕、赞美。至少，自己说的话有人听，自己的行为有人仿；对己，可以给自己更多的尊严、信心，并成为自己进一步行动的重要驱力。因此，在人际互动过程中，脸面可以起到人际互动象征符号的作用，它可以表征一定的家世、财富、身份、地位（包括社会地位和心理地位）、角色、权力、声望、荣耀与社会关系。因此，通过观察一个人在社会上具有的“脸面”，人们可以从中看出他在社会中占据的位置和其在社会网络中的关系情况。同时，脸面也能够因使用得当而给人们的心理带来较大的满足与快感，也是人们维护自尊的重要手段。[②] 如某些中国人爱讲排场，就是因为这样做不仅能够向他人显示自己的身份与地位，还能因这种炫耀带来心理上的快乐。[③] 所以，酷爱面子的人多半是这几类人：一是虚荣心特强的人。虚荣心越强的人越爱面子。二是成功欲特强的人。成功欲越强的人越爱面子。三是自尊心特强的人。自尊心越强的人越爱面子。四是权力欲特强的人。权力欲越强的人越爱面子。[④] 这些人往往不能以一颗“平常心”对待自己与生活，而认为自己有多么的高贵，若与“平民”交往多了或做了“平民”所做的事情，就觉得有损面子或丢人现眼，这样的人总是以高姿态对人，以致在不知不觉中闹出许多笑话。

2. 社会规范与控制功能

“脸”的常态标准包括正人君子的美德。一个人在做人过程中，若常常按正人君子的美德去要求自己，就不会使自己的脸丢失，这样就方便自己与周围的人进行正常的人际交往。一个人在做人过程中，偶尔犯某些过错，就会被他人说成是“丢脸”，有时即使别人不这样说，自己也会认为“丢了脸”。一个人若反复犯错，尤其是犯了严重的道

---

① 黄光国．儒家关系主义：文化反思与典范重建．台北：台湾大学出版中心，2005. 256.

② 胡先晋．中国人的脸面观．欧阳晓明译，载翟学伟主编．中国社会心理学评论（第二辑）．北京：社会科学文献出版社，2006. 16.

③ 翟学伟．中国人际心理初探——“脸”与“面子”的研究．江海学刊，1991（2）：49～56.

④ 邵道生．丑陋的人性．西安：陕西师范大学出版社，1998. 326～330.

德错误，就会“丢尽脸”，从而引起周围的人的强烈谴责，有时甚至会引起全社会的谴责。结果，此人就会被社会孤立起来，成为“人人喊打”的“过街老鼠”。意识到“丢脸”，意味着社会对一个人品格的信心受损，并使一个人陷入被轻视甚至孤立的危险之中，这常常能对一个人的言行起到强大的制约作用。[①] 因此，在中国，“脸面”与道德、法律一样，具有社会规范和控制的功能。不同之处在于法律是有形的，而脸面与道德是无形的；道德是自律的，法律是他律的，而脸面则兼具自律与他律的性质。费孝通曾就诉讼问题对脸面在乡土中国的这种社会规范与控制功能作过生动的描述：乡民之间产生矛盾，去找有头有脸的乡绅评理，“乡绅的公式总是把那被调解的双方都骂一顿。‘这简直是丢我们村子里脸的事！你们还不认了错，回家去。’接着教训了一番。有时竟拍起桌子来发一阵脾气。他依着他认为‘应当’的告诉他们。这一方法却极有效，双方时常就‘和解’了，有时还得罚他们请一次客”[②]。这表明脸面的确有极强的社会规范与控制功能，因为这一“公式”式的做法看似平常，却屡屡奏效。事实上，儒家重“礼”，自然重社会规范与社会等级，于是，社会赋予不同等级的人以不同的面子，处于各个“位置”的个体只要按此“位置”所要求的去做，才不会丢面子，否则就容易丢人现眼。于是，面子的社会规范与控制功能就被充分发挥出来。

3. 社会交换功能

社会交换是指人们在互动过程中所发生的一切有形的或无形的社会资源的交换现象，互惠互利是它遵循的基本规律。在中国传统社会里，由于脸面是一种非常独特的社会资源，人们在日常人际交往中互换脸面是一种随处可见的普通行为，所谓“来而不往，非礼也”。这种互换脸面的做法是一种培养人情的做法，中国人干脆将二者合一，叫作“情面”：人情式的面子。在日常交往中，一个稍知人情世故的中国人，都知道给对方留面子，为的是日后对方也给自己留面子。这表明，作为一种心理现象，面子既是一个经社会认可的“自我”，也是个人社会影响力的代称。它因社会互动而产生，也因拥有种种社会资源进而影响人际间互动的关系。[③] 例如，家住南昌的张三的好友李四想到王二生活的城市南京来玩，王二虽与李四互不相识，但与张三是好朋友，并且张三事先已向王二打了招呼，这样，李四到南京来找王二时，为了顾及张三的脸面，王二一般会为张三盛情招待李四。这样，王二就给了张三很大的脸面，张三就欠了王二一个人情。以后，假若王二自己或王二的朋友去南昌玩，只要去找张三，张三一定也会给王二一个面子的。[④] 所以说，面子仿佛虚无缥缈，看不见也摸不着，却实实在在地存在着，没有价码却价值无穷，看似很轻其实很重。

4. 赢得他人同情与信任的功能

一个人若想赢得他人的同情与信任，最有效的做法之一就是平日注重通过谨言慎行的方式来使自己人品上没有污点，从而让周围的人认识到你是一个非常注意维护“脸”

---

① 胡先晋. 中国人的脸面观. 欧阳晓明译，载翟学伟主编. 中国社会心理学评论（第二辑）. 北京：社会科学文献出版社，2006. 9.

② 费孝通. 乡土中国 生育制度. 北京：北京大学出版社，1998. 56.

③ 朱瑞玲. 中国人的社会互动：论面子的问题. 载杨国枢主编. 中国人的心理. 台北：桂冠图书股份有限公司，1988. 245.

④ 周晓虹. 现代社会心理学. 上海：上海人民出版社，1997. 186 ~ 187.

的人，这样，即便你在生活中因一事无成而无法获得“面子”，但是，只要你在他人心目中是一个注意维护“脸”的人，就容易获取知情人对你的同情与信任，这保证了你在找工作时容易被主管接纳，苦难时容易获得同情，争执中获得道义上的支持，在外出找工作时有人愿意将你推荐给他所认识的人。① 为什么会这样呢？因为按中国人的惯常思维，一个在日常生活中注意维护“脸”的人，其人品就不会有问题，从而值得人们同情与信任。反之，假若一个人在周围人心中是一个恬不知耻的“无脸”之人，周围人躲避他还来不及，怎么会信任他呢？一个“无脸”之人的生活陷入窘境，周围人往往会觉得他是咎由自取，遭到“报应”，高兴还来不及，怎么还会同情他呢？

同时，通过适度表现让他人知道自己的“面子”有多大，以便让人知道自己的实力，也是获取他人对自己信任的一种有效做法。因为按中国人的惯常思维，一个有“面子”尤其是较大“面子”的人，往往是有实力的人，这种人容易获得他人的信赖。

5. 心理保健功能

“脸面”本身就能给拥有者带来相当大的心理满足感。同时，“脸面”在运用中的成功更会给人带来巨大的心理满足感和快乐感。在一定程度上，这种心理满足感和快乐感具有极大的心理保健功能，它可以让人的心灵充实。

6. 激励个人上进的功能

如前所述，面子指一个人因自己通过某种方式（如自己努力或继承等）获得或拥有某些成就，而在认可、了解或知道其人的人面前拥有声望。因此，在通常情况下，有一些人为了维护或增加自己的面子，必然会努力向上，相应地，面子就具有激励人们上进的功能。

（二）受儒家文化的深刻影响

以儒家为主导的中国文化试图建立一个和谐的社会秩序，而儒家主张的和谐社会秩序是有阶层性的，是“差序格局”的（费孝通语），维持这个“差序格局”的是“礼”（类似法家讲的“法”）。在礼治社会中，每个人都被赋予了一定的身份与角色。假若一个人的行为违背了礼，那就要受到嘲笑而“丢脸”。为了脸面，一个自然的反应是尽量做到“表面的无违”②。因此，“面子”或“脸”可以说是“礼”在日常生活中最基本、最具体、最实际的表层运用。同时，儒家文化非常推崇“孝”，《孝经·开宗明义章》明确提出：

夫孝，德之本也，教之所由生也。……身体发肤，受之父母，不敢毁伤，孝之始也。立身行道，扬名于后世，以显父母，孝之终也。夫孝，始于事亲，中于事君，终于立身。

这样，为了守“孝道”，中国人也必然爱面子，以此来抬高自己父母乃至自己家族的面子，用《孝经》的原话说，就是“立身行道，扬名于后世，以显父母，孝之终也”。

---

① 胡先晋．中国人的脸面观．欧阳晓明译，载翟学伟主编．中国社会心理学评论（第二辑）．北京：社会科学文献出版社，2006. 16.

② 金耀基．“面”、“耻”与中国人行为之分析．载杨国枢主编．中国人的心理．台北：桂冠图书股份有限公司，1988. 327 ~ 329.

另外，中国儒家典籍非常强调做人要有羞耻之心，使得中国文化尤其是传统文化里有厚重的尚荣明耻的文化，从某种程度上说，耻与脸面犹如一体的两面，中国的雅文化强调做人要有羞耻之心，与此相对应地，中国人在日常生活里推崇做人要顾脸面（详见下文）。可见，中国人讲面子有文化上的根源，是受儒学习染的结果。

（三）受“宁为鸡头，不为凤尾”思想的影响

一些中国人之所以看重脸面，原因之一是其推崇“宁为鸡头，不为凤尾”的观念。简要地说，“宁为鸡头，不为凤尾”是很多中国人的想法。所以，一些中国人宁愿在一般的团体中出人头地、脱颖而出，也不甘心在很有名的、规模很大的团体中当一般的小老百姓。对这些中国人来说，勇争第一、争取领先的意识是很强烈的。如果在团体中处于底层，自己会感到很没有面子。中国人把没面子说成是“丢人”，它的字面意思就是“把人丢掉了”，即个人的人格丧失了。在这个意义上讲，“面子”意识更强调的是个人性质。①

（四）受中国人教养方式的深刻影响

因为中国文化重面子，与此相适应地，中国的父代在养育子代的时候，多注意让子代从小树立起脸面意识，为此，子女的一言一行、一举一动，大凡有利于脸面的维持或提升的行为，如子女在他人面前说话有分寸或学习成绩好等，多会受到长辈的赞扬，认为这是给自己和家庭脸上增光的事情；反之，若是有损脸面的行为，像子女待人举止粗暴或学习成绩倒数几名，多会受到长辈的责难，认为这是给自己和家庭脸上抹黑的事情。又如，中国人常常教人要“为……争光”等。依强化的原理和条件反射的原理，在这种教养方式的长期熏陶下，中国人就养成了爱面子的心理与行为方式。同时，中国人抱小孩的惯用姿势是：脸对脸。这样做的一大优点是：便于小孩自小就与父母之间进行面对面的交流，双方都能通过对方的脸色及时了解对方的喜怒哀乐；缺点是：让小孩从小养成察言观色的心态，且限制了小孩的视野。西方人抱小孩，多将小孩的脸朝外，让其后脑对着自己。这样做，虽不利于双方的交流，但可使小孩从小养成独立自主的意识，并且，易开阔小孩的视野。可见，从一定意义上讲，中国人惯用的脸对脸式抱小孩的姿势也助长了中国人讲面子的心理。为此，在笔者看来，合理的抱小孩的姿势应是：将脸对脸式的抱小孩姿势和将小孩脸朝外的抱小孩姿势交替使用，这样才能发挥中西方人抱小孩姿势的长处。比如，在家活动时，因家中新颖刺激的事物少，同时，为了让孩子尽可能多地体验到家庭的温暖，家长宜多采取脸对脸式的抱小孩姿势，以便多与小孩交流；在户外活动时，因户外新颖刺激的事物多，同时，为了从小培养小孩自立的意识方式，宜多采取将小孩脸朝外的抱小孩姿势。

另外，也有学者如Smith就认为，中国人爱面子与中国人喜欢看戏有关。在他看来，中国人因为看戏看多了的缘故，在生活中不知不觉地便进入了演戏的情境，而面子就成了一个面具。同时，爱面子心理的养成，可能与中国在农业经济基础上形成的熟人社会有一定的关系。因为在熟人社会里，大家抬头不见低头见，于是容易在乎别人对自己的

① 秦明吾主编．中日习俗文化比较．北京：中国建材工业出版社，2004. 170.

看法，都希望自己能给对方留下一个好的印象，因此，都会注意通过印象整饰来保持自己的面子。

三、"脸面"行为及其产生的心理机制

（一）"脸面"行为

脸面既然是社会所赋予的，这一"社会我"和"道德我"一旦存在，个人的行为也就被期望要符合"脸面"——由社会为其安排的位置，而个人"面"对社会，必须时刻注意维护自己的"脸面"。因此，关心脸面，讲究脸面，是中国社会里一个极普通的文化心理现象，并且，从"脸面"入手，常常可以看出中国人日常生活里的一些言行举止往往也是某种面子行为。为便于读者理解，可以将中国社会常见的脸面心理与行为分为十二类，当然，真实生活里中国人的心理与行为是复杂的，有些心理与行为往往是一种或多种脸面行为的混合物。①

1. "讲脸面"

"讲脸面"指一个人凡事优先考虑让他人知晓自己有脸面的心理与行为方式。

2. "秀脸面"

"秀脸面"指一个人喜欢在他人尤其是在"外人"面前有意展现自己脸面光彩的一面的心理与行为方式。中国人"秀脸面"的方式多种多样，其中最常见的做法有二：①喜欢弄"样板"。一些中国人喜欢将自己得意的成果作为"样板"，展示给外人（如外宾）看。② ②提倡"衣锦还乡"。项羽的"富贵不归故乡，如衣绣夜行"③ 一语将中国人强烈的衣锦还乡心理讲得入木三分。

3. "爱脸面"

"爱脸面"，也称之为要脸面，指一个人很在意他人对自己的评价，并刻意要在他人心中塑造出良好的自我形象。④ 与"爱脸面"相近的说法是"脸皮薄"。"脸皮薄"的表面意思是：一个人脸上的那层皮太薄了，外界事物很容易穿透它；其内在意义是：个体对公众舆论高度敏感，为了爱护自己的好名声而不惜谨小慎微。不过，一个人若"脸皮太薄"，容易使自己的心理防御机制处于最亢奋状态，从而难以接受来自周围人善意的批评，这就可能会影响自己的良好发展。⑤

4. "争脸面"

"争脸面"指一个人为了增大自己脸面而采取的种种做法。

5. "给脸面"

"给脸面"指一个人给予另一个人脸面的种种做法。

---

① 陶绪主编．要面子的中国人．北京：国际文化出版公司，1994. 1 ~ 5.

② ［美］孙隆基．中国文化的深层结构（第二版）．桂林：广西师范大学出版社，2011. 83.

③ ［西汉］司马迁撰．史记．（宋）裴骃集解，（唐）司马贞索隐，（唐）张守节正义，北京：中华书局，2005. 223.

④ 杨国枢等主编．华人本土心理学（上册）．台北：远流出版事业股份有限公司，2005. 390.

⑤ 胡先晋．中国人的脸面观．欧阳晓明译，载翟学伟主编．中国社会心理学评论（第二辑）．北京：社会科学文献出版社，2006. 9.

6.“留脸面”

“留脸面”指一个人帮另一个人保留整体或部分脸面的种种做法。

7.“丢脸面”

虽然中国人常将脸面放在一起使用，不过，严格说起来，“丢脸”与“丢面子”还是有一定差异的。“丢脸”，也叫“丢人”，它指一切导致脸丢失的行为方式。“丢脸”是群体对个体做出的不道德行为的责难。[①]“丢面子”指一切导致面子丢失的行为方式。一个人的面子一旦完全丢失，往往会导致他好名声或威风扫地，让人觉得自己非常窝囊或羞于见人。

8.“损脸面”

“损脸面”指一切导致脸面受到损害的行为方式。

9.“撕脸面”

“撕脸面”指由于某种利益关系，使得交往双方不顾及起码的人情与脸面而相互指责、谩骂，甚至打斗或残杀。这是一种迫不得已的行为，不到万不得已，中国人一般不会选择这种下下策。

10.“双脸面”

这里的“双”是泛指，是“多”之义，“双面子”指一个人同时采取两种或两种以上差异极大的方式来待人接物。

11.“不要脸面”

“不要脸面”也叫“不顾面子”，指一个人倾向于我行我素，不在意别人对自己的评价。尽管人们常常混用“不要面子”与“不要脸”二语，但严格地讲，“不要面子”与“不要脸”之间是有差别的。“不要脸”是指一个人做事情不顾道德原则，也不在乎社会或他人对自己品格的看法。因此，说一个人“不要面子”，尽管有瞧不起他的含义，可是别人对他却无可奈何；但说一个人“不要脸”，就带有浓厚的道德谴责之义，往往可能引起对方的强烈反应甚至成为众矢之的。[②]

有时，人们对“不要脸”的使用有些幽默感。当人年老时，用来规范年轻人的传统习俗与道德约束变得松懈。年轻人过度享受会遭受谴责，而对老年人则可宽容一些。周围人知道他们是好人并原谅他们的小毛病，所以，当某个长者想放纵自己的时候就会说“我老得可以不要脸了”来作借口。这并不意味着“脸”对老年人没有约束力，而是意味着社会对人格完整的信任不会因其忽视习俗而产生动摇。

“脸皮厚”与“不要脸”很接近，是较温和的一种说法。“脸皮厚”的表面意思是：一个人脸上的那层皮太厚了，外界事物不容易穿透它；其内在意义是指一个人漠视公众对自己的非议，或者无视长辈对年轻人施加的道德标准。当一个人不断暗示张三的言行粗鲁无礼，但张三明明知道了此种暗示，却显示出毫不在意的样子时，此人就会用“脸皮厚”来批评张三。[③]

---

① 胡先晋．中国人的脸面观．欧阳晓明译，载翟学伟主编．中国社会心理学评论（第二辑）．北京：社会科学文献出版社，2006. 2、4 ~ 5.

② 杨国枢等主编．华人本土心理学（上册）．台北：远流出版事业股份有限公司，2005. 391.

③ 胡先晋．中国人的脸面观．欧阳晓明译，载翟学伟主编．中国社会心理学评论（第二辑）．北京：社会科学文献出版社，2006. 6 ~ 8.

12. “死要面子”

“死要面子”指一种为了保存面子可以舍弃一切的心理与行为方式。社会学家伯诺特（William Benoit）曾指出四种主要的“死要面子”策略：①抵赖。“我没错”是持这类策略的人的一种常用口头禅。②大事化小。“虽有一些失误，并没有全错”是持这类策略的人的一种常用口头禅。③诿过。“事情虽做得不对，但不是我的错”是持这类策略的人的一种常用口头禅。④假装羞愧。持这类策略的人常常会虚情假意地说些“虽不是我的错，但我也有责任”之类的话。在一些公共道德匮乏的国家里，当权者犯了错，首选的策略总是抵赖、推诿。久而久之，上行下效，抵赖、推诿便会成为社会普遍盛行的不良道德风气。①

（二）“脸面行为”产生的心理机制

要准确把握中国人讲脸面的心理及其相应的行为方式，还要理清脸面行为产生的心理机制。由于中国人讲脸面的情境是多种多样的，脸与面的含义既有相通之处也有一定的差别，因此，促使中国人讲“脸面”的心理机制也是多种多样的，如图6－3所示。

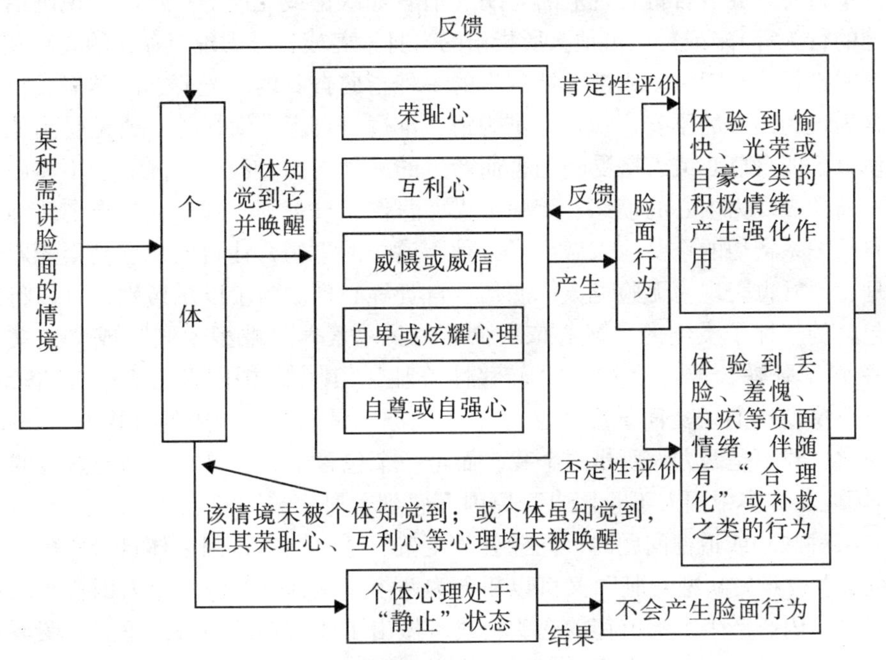

图6－3 脸面心理与行为产生示意图

如图6－3所示，当个体身处某种在“他人”看来需要讲脸面的情境时，假若个体自己没有“觉察”到，或者，即便个体已“知觉”到，但是，其荣耻心、互利心、自卑心、炫耀心、自尊心、自强心等均未被唤醒，也没有“感觉”到来自此情境的威慑力量或由威信产生的力量，那么，可以预测，此时此个体在此情境里一般是不会产生相应的脸面行为的。只有当个体身处某种在“他人”看来需要讲脸面的情境时，个体自己已

① 徐贲．美国：如何在一个危险的世界中坚守道德．时代周报，2010－09－09．

"觉察"到，并且，其荣耻心、互利心、自卑心、炫耀心、自尊心或自强心中的一种或几种被唤醒，或者，"体验"到来自此情境的威慑力量或由威信产生的力量，那么，可以预测，此时此个体在此情境里一般是会产生相应的脸面行为的。其中，个体在与他人交往时，为什么有时会大讲"排场"，甚至"打肿脸来充胖子"？此内在的心理机制往往是，自卑心理或炫耀心理在作怪，从而促使个体产生脸面心理与行为。个体偶尔在他人面前"丢人现眼"，回来后发奋图强，后来终于让自己拥有了一张著名的"脸面"，这极有可能是因自尊心或自强心的推动，才促使个体产生爱脸面心理与行为的重要心理动力。这些内容一点就明，不再多讲，下面只论余下的几点。当然，读者要切记：逐一进行探讨只是出于方便理解的缘故，真实生活里人的脸面行为的产生往往是多种心理交互作用的结果，纯粹出于一种心理而产生脸面行为的情况较少。

1. 荣耻心的激发，促使个体产生脸面心理与行为

（1）羞耻心的激发，促使个体产生脸面心理与行为。

广义的羞耻心（英文写作"Chǐ"，不用"shame"，因为"shame"的内涵太小），在宽泛的意义上说，也称之为"羞耻感"，或简称为"羞"、"耻"、"辱"，是一个人因自我知觉到了自身素养或言行表现上的欠缺（前者如缺德或无能等；后者如说脏话或做了违反道德的行为等），或是认可他人所指出的自身素养或言行表现上存在的欠缺及由此招来的谴责或批评，从而主动或被动地产生的一种指向自我的不光彩、不体面或自责的心理，通常表现为内心的不安、愧疚、难为情、难过、自责、悔恨等；或是受到他人的侮辱，致使自己的自尊心或人格受到伤害而产生的一种指向自我的不光彩、不体面或愤怒的心理，通常表现为内心的愤怒、无脸见人、悲伤、自责等心理；或是指个体纯粹只是因为与自己关系密切的重要他人做出了某种不道德的事情，让自己也感到不光彩或不体面的心理，通常也表现为无脸见人、悲伤、自责等心理。为了以示区别，可以将广义羞耻心内包含的三种子类型的羞耻心依次命名为："素养欠缺型羞耻"或"狭义的羞耻心"、"受辱型耻辱"或"蒙羞"、"转移性羞耻"。其中，中国人之所以有"转移性羞耻"乃至下文所讲的"泛面子主义心态"，主要原因是如"中国人的自我观"一章所述，典型的中式自我不是西方人所指的个我，而是一个包含个我、自己人乃至熟人的"社会单位"，因此，许多中国人不止因自身原因而感到羞耻，当"自己人"乃至"自己的熟人"存在某种缺陷或道德问题时，同样会产生羞耻感。同时，因个体自身所欠缺素养的性质不同，"素养欠缺型羞耻"又可以粗分为两个子类：一是，一个人因自身品行的欠缺，使得自己内心产生了不道德的念头，或者做出了违背自己内心的善恶、荣辱标准的行为，由此而自觉产生的不光彩、不体面或自责心理，或因周围的人对自己不道德言行的谴责而产生的不光彩、不体面或自责心理；二是，因自身身心素质上存在的非道德性欠缺（所谓非道德性欠缺，是指与道德无关的欠缺。如无能、身高太矮或缺乏进取心等）而自觉产生的不光彩、不体面或自责心理，或因周围的人对自己身心素质上存在的非道德性欠缺的谴责而产生的不光彩、不体面或自责心理。由此可见，"羞耻心"或"羞耻感"并不局限于伦理道德领域，一个人的"羞耻心"或"羞耻感"，既可以由其内心萌生邪念或者做了一件或者多件不道德的事而产生，也可以由其身心素质上存在的非道德性欠缺而产生，前一种"羞耻心"或"羞耻感"与个体的道德修养高低有关，属于伦理道德领域的"羞耻心"或"羞耻感"，后一种"羞耻心"或"羞耻感"与个体的身

心素质上是否存在非道德性欠缺以及这种非道德性欠缺的大小有关，属于非伦理道德领域的“羞耻心”或“羞耻感”。相应地，属于伦理道德领域的“羞耻心”或“羞耻感”的激发，是促使个体产生爱脸心理与行为的重要动力之一；属于非伦理道德领域的“羞耻心”或“羞耻感”的激发，是促使个体产生讲狭义面子的心理与行为的重要动力之一。而广义的面子包括狭义的面子和脸两大部分内容，是二者的“合金”，所以，羞耻心的激发是促使个体产生面子心理与行为的重要动力之一。[①] 并且，由于中式羞耻心的类型太多，所涉范围太广，导致一些中国人在日常生活里不但要处处顾及自己的脸面，还要顾及与自己有密切关系的他人的脸面。

正因为如此，虽然从表面上看，“脸面”一词在日常生活中屡见不鲜，而在经、史、子、集中却很少提到，但这并不表示这个文化概念只在下层文化或小传统中流行。事实上，中国最重要的儒家典籍《论语》、《孟子》、《大学》、《中庸》中经常讲的“耻”的概念就与“脸面”关系密切。当然，正如上文所论，一个人是否有道德上的脸，社会与他人的认可度虽是一个重要影响因素，但是最终决定权还是在个人自己。与此不同的是，是否有“面子”（狭义的）以及“面子”（狭义的）到底有多大的最终决定权在于社会或他人的认可与赞许度，而不在个人自己。相应地，脸面与耻虽然犹如一物的两个方面，或者说，耻是脸面的内核。但是，当一个人的“脸面”在社会上受到损伤时，假若此人自己内心并不这么认为，那么，他在内心上是不会产生“羞耻感”的；只有当一个人的“脸面”在社会上受到损伤，而此人自己内心也认可社会对自己脸面的这种负面评价时，此时此人才会在内心上产生程度深浅不一的“羞耻感”。所以，在看到脸面与耻的密切关系的同时，又不能将“脸面”与“耻”机械地联系在一起。[②]

需指出，西方学者在分析日本人或中国人的心理与行为时，常将 face（面子）与 shame（耻）二字连在一起，并将中国或东方其他文化叫作“耻感文化”（shame culture），与之相异的西方文化则叫“罪感文化”（guilt culture）。何谓“耻感文化”，何谓“罪感文化”？美国著名女文化人类学家本尼迪克特（R. Benedict）的观点最具代表性。本尼迪克特在《菊与刀　日本文化的类型》一书里写道：

在人类学对各种文化的研究中，区别以耻为基调的文化和以罪为基调的文化是一项重要工作。提倡建立道德的绝对标准并且依靠它发展人的良心，这种社会可以定义为“罪感文化”，不过，这种社会的人，例如在美国，在做了并非犯罪的不妥之事时，也会自疚而另有羞耻感。比如，有时因衣着不得体，或者言辞有误，都会感到懊恼。在以耻为主要强制力的文化中，对那些在我们看来应该是感到犯罪的行为，那里的人们则感到懊恼。这种懊恼可能非常强烈，以至不能像罪感那样，可以通过忏悔、赎罪而得到解脱。犯了罪的人可以通过坦白罪行而减轻内心重负。坦白这种手段已运用于世俗心理疗法，许多宗教团体也运用，虽然这两者在其他方面很少共同之处。我们知道，坦白可以解脱。但在以耻为主要强制力的地方，有错误的人即使当众认错，甚至向神父忏悔，也不会感

---

① 汪凤炎，郑红．荣耻心的心理学研究．北京：人民出版社，2010. 86 ~88.

② 金耀基．“面”、“耻”与中国人行为之分析．载杨国枢主编．中国人的心理．台北：桂冠图书股份有限公司，1988. 321 ~323.

到解脱。他反而会感到，只要不良行为没有暴露在社会上，就不必懊丧，坦白忏悔只能是自寻烦恼。因此，耻感文化中没有坦白忏悔的习惯，甚至对上帝忏悔的习惯也没有。他们有祈祷幸福的仪式，却没有祈祷赎罪的仪式。

真正的耻感文化依靠外部的强制力来做善行。真正的罪感文化则依靠罪恶感在内心的反映来做善行。羞耻是对别人批评的反应。一个人感到羞耻，是因为他或者被公开讥笑、排斥，或者他自己感觉被讥笑，不管是哪一种，羞耻感都是一种有效的强制力。但是，羞耻感要求有外人在场，至少要感觉到有外人在场。罪恶感则不是这样。有的民族，名誉的含义就是按照自己心目中的理想自我而生活，这里，即使恶行未被他人发觉，自己也会有罪恶感，而且这种罪恶感会因坦白忏悔而确实得到解脱。

早期移居美国的清教徒们曾努力把一切道德置于罪恶感的基础之上。所有精神病理学者都知道，现代美国人是如何为良心所苦恼。但是在美国，羞耻感正在逐渐加重其分量，而罪恶感则已不如以前那么敏锐。美国人把这种现象解释为道德的松弛。这种解释虽然也包藏着很多真理，但这是因为我们没有指望羞耻感能对道德承担重任。我们也不把伴随耻辱而出现的强烈的个人恼恨纳入我们道德的基本体系。

日本人正是把羞耻感纳入道德体系的。不遵守明确规定的各种善行标志，不能平衡各种义务或者不能预见到偶然的失误，都是耻辱。他们说，知耻为德行之本。对耻辱敏感就会实践善行的一切准则。“知耻之人”这句话有时译成“有德之人”（Virtuous man），有时译成“重名誉之人”（Man of honour）。耻感在日本伦理中的权威地位与西方伦理中的“纯洁良心”、“笃信上帝”、“回避罪恶”的地位相等。由此得出的逻辑结论则是，人死之后就不会受到惩罚。日本人（读过印度经典的僧侣除外）对那种前世功德、今生受报的轮回报应观念是很陌生的。除了少数皈依基督教者外，他们不承认死后报应及天堂地狱之说。

耻感在日本人生活中的重要性，恰如一切看重耻辱的部落或民族一样，其意义在于，任何人都十分注意社会对自己行动的评价。他只需推测别人会作出什么样的判断，并针对别人的判断而调整行动。当每个人按照同一规则玩游戏并相互支援时，日本人就会愉快而轻松地参加。①

之所以大段引述本尼迪克特的上述言论，理由主要有二：一是，在学术思想史上，本尼迪克特首次明确提出并论证“耻感文化”与“罪感文化”，她关于“耻感文化”与“罪感文化”的见解至今仍具代表性。依本尼迪克特的上述言论，“耻感文化”是指一种因害怕蒙耻而努力维持行为准则的文化。提倡建立道德的绝对标准并且依靠它发展人的良心，这种社会的文化可以定义为“罪感文化”。“耻感文化”与“罪感文化”的重要区别至少有二：①真正的耻感文化依靠外部的强制力来做善行；而真正的罪感文化则依靠罪恶感在内心的反映来做善行。②羞耻感要求有外人在场，至少要感觉到有外人在场，罪恶感则不是这样。对有的民族而言，名誉的含义就是按照自己心目中的理想自我而生活，这里，即使恶行未被他人发觉，自己也会有罪恶感，而且这种罪恶感会因坦白忏悔而确实得到解脱。二是，假若将上文中的“日本人”换成“中国人”，上述言论也“部

---

① ［美］鲁思·本尼迪克特．菊与刀——日本文化的类型．吕万和等译．北京：商务印书馆，1990. 154～155.

分”适用于描述中国人。但是，这里之所以用了一个“‘部分’适用于描述中国人”的说法，是因为西方学者在作这种区分时，其内隐含的一个假设是：主要在“耻感文化”（如日本文化）影响下生成的人（如日本人），其个人的价值是外塑的、从外部获得的，因为羞耻感要求有外人在场，至少要有想象的观众。与此不同的是，主要在“罪感文化”（如西方文化）影响下生成的人（如美国人），其个人的价值是内在于每个人的灵魂的，因为罪恶感只要求个体良心的觉醒，并不需要有外在的观众。如果一个人认定主要在“耻感文化”影响下生成的人，其个人的价值完全是外塑的、从外部获得的，那么，这种假设或理念就不完全适合用来解释中国人。换言之，虽然中日两国文化里都有厚重的“耻感文化”，但是，中日两国的“耻感文化”存在着本质的不同：假若说日本人信奉的“耻感文化”是一种“他律文化”，那么，中国人信奉的“耻感文化”则既有他律性，也有自律性。为了以示区别，有必要将在日本流行的耻感文化命名为“日式耻感文化”，将在中国流行的耻感文化命名为“中式耻感文化”。造成中日耻感文化之间存在这种重要差异的主要原因之一是：中日两国人对待良心的态度不同。中国人受孔孟之道的深刻影响，突出“良心”在伦理道德中的重要性。中国有句俗话说：“天不怕，地不怕，就怕自己的良心来说话。”王守仁在《传习录下》里也说：

尔那一点良知，是尔自家底准则。尔意念着处，他是便知是，非便知非，更瞒他一些不得。尔只不要欺他，实实落落依着他做去，善便存，恶便去，他这里何等稳当快乐！

这类或通俗或正统的言论都时时告诉中国人，做人切勿“没良心”，否则，就不是“人”，就会“天理不容”！于是，“不违背良心做人”就成为中国人做人的一条“天理”。因此，真正有良知的中国人，只要其言行合乎其良心，无论他人怎样评价，他都会心安理得；反之，假若其言行有违其良心，即使得到他人的宽恕，他仍会感到愧疚，惶惶不安。与此不同的是，日本人并不看重“良心”在做人过程中的价值。因为一方面，日本人非常看重“场”，同属于一个集团的人们在一个共同的“场”内朝夕相处，每个人都处在相应的位置，彼此之间感情融洽，个人也高度地融合、淹没在集团之中。因此，日本人最显著的国民性格就在于具有浓厚的“集团意识”（小集团本位或集体主义）：个人对自己所属的集团存在一种明显的过度依赖心理。在通常情况下，一个日本人一旦归属某一集团，就要将自己的一生倾注于此集团，个人、家庭、亲戚朋友都必须放到次要位置。并且，往往会绝对服从于自己所属集团的意志，把其规定当作自己的行动指针，在集团内部的行为也必须符合其在集团中的地位和身份，不允许偏离相应的规定。一旦个人的言行与众不同或偏离了所属集团的规范，就会受到集团的排挤，而这会令他们丧失安全感、丧失生活的寄托。另一方面，日本人虽与中国人一样信奉“忠”，但与中国人将“仁”视作高于“忠”的观念不同，日本人只讲“忠”，却不要“仁”。这两方面因素交互作用的结果，是使日本人在做人过程中不看重自己内心的“良心”的价值①，而只看重是否忠于自己所属的集团。对于日本人而言，自己的言行举止只要没有受到来自自己所属集团的谴责，自己就会觉得心安理得，至于自己的言行是否会受到自己所属

① 周兴旺．没有原则的日本人．读者，2008（24）：22～23.

集团之外的人的谴责，日本人往往毫不在乎，日本人自己也多不依自己内在的良心来反省自己言行的善与恶。这显示日本的耻感文化具有明显的他律性与外在性。所以，假若其所属集团（像“二战”时期的日本军国主义集团）整体不讲羞耻感，没有良心，其集团内部的日本人（像“二战”时期的许多日本军官及士兵）也多会毫无羞耻感，并且铁石心肠。与此同时，日本人一旦离开自己所属的集团、走出朝夕相处的“场”，其个人行为往往不再受到束缚，变得无廉耻、无责任，也不再担心自己的不当行为会有损于自己所属集团的名誉，这就是一些日本游客在外国旅游时经常“集体买春”的内在根源之一（详见第八章）。①

根据上文所述，在西方学术界，的确有一些学人将中国人所讲的“脸面”仅仅看作是一种外在的社会地位或声望。例如，美国汉学家费正清认为，对中国人而言，面子是一种社会性的东西，个人的尊严将从适当的行为及社会赞许中获得。“失去面子”则是由于不能遵照行为的法则，以致在别人看来处于不利的地位。个人的价值并不像在西方那样是内在于每个人的灵魂的，而是外塑的，从外部获得的。② 但事实上，费正清等人对中国人的“脸面”所持的这种见解是不完全正确的。孟子早在《告子上》里就说：

有天爵者，有人爵者。仁义忠信，乐善不倦，此天爵也；公卿大夫，此人爵也。古之人修其天爵，而人爵从之。今之人修其天爵，以要人爵；既得人爵，而弃其天爵，则惑之甚者也，终亦必亡而已矣。”“欲贵者，人之同心也。人人有贵于己者，弗思耳矣。人之所贵者，非良贵也。赵孟之所贵，赵孟能贱之。

《诗》云：“既醉以酒，既饱以德。”言饱乎仁义也，所以不愿人之膏粱之味也。今闻广誉施于身，所以不愿人之文绣也。

孟子这两段话的大意是，人有自然爵位，有社会爵位。一个人不知疲倦地践行仁、义、忠、信，由此获得的爵位是自然爵位；一个人通过各种方式获取公卿大夫之职位，这种爵位是社会爵位。社会爵位既然是由社会或他人所给予的，社会或他人同样就可以收回；自然爵位是自己通过自身修养获得的，一旦获得，社会或他人是无法将其收回的。因此，自然爵位的价值高于社会爵位，一个人若能真正认识到自然爵位的内在价值，也就不会在乎社会爵位了。这表明，依中国文化的精义，一个人脸面的获得，虽也要仰仗社会与他人的承认与赞许，更要依赖自己的德才修养，后者在赢取脸面的过程中起到更为重要的作用。否则，即便社会或他人因某种原因（如被蒙骗等）一时给予一个品德低劣、不学无术的人脸面，一旦真相被社会或他人所知晓，此人的脸面马上就会丧失殆尽。同时，中国汉字中的“耻”，若按耻产生的自觉程度的高低分，它有“他律之耻”与“自律之耻”之别。“耻”字本是“恥”的俗字，“恥”字让人一眼看出其与“心”有关，并向人们暗示恥产生的心理机制。“恥”左边是一只“耳朵”，右边是一颗“心”，孙隆基认为，这表示：自己从耳中听到别人在说自己，在心中就马上产生羞耻感了。③ 此

① 秦明吾主编. 中日习俗文化比较. 北京：中国建材工业出版社，2004. 31 ~ 35.

② 金耀基. “面”、“耻”与中国人行为之分析. 载杨国枢主编. 中国人的心理. 台北：桂冠图书股份有限公司，1988. 322.

③ ［美］孙隆基. 中国文化的深层结构（第二版）. 桂林：广西师范大学出版社，2011. 188.

解释有一定道理，但不够准确。事实上，既然“恥”字带有明显的伦理道德色彩，那么，“恥”字右边的这颗心绝不是一颗不带道德判断或价值判断的“平常之心”，而是一颗带有明显道德判断或价值判断的“心”，即“良心”。这意味着，一个人在心中有了不道德的念头、在做不道德事情的过程之中或者在做了不道德的事情之后，只有其耳朵里听到了来自自己良心发出的谴责之声，其心中才会产生或体验到羞耻感这种负面的情绪。假若一个人由于种种原因，例如，一个人的良心尚处在萌芽阶段；或者一个人的良心已彻底被贪欲所遮蔽；或者，虽有良心，但良心发出的声音太弱，不能达到此人“心灵知觉”① 的最低阈限，等等，没有听到来自良心的谴责之声，这个人一般不会产生羞耻心或羞耻感，也就没有羞耻心或羞耻感。② 所以，“恥”字左右两边的“耳”与“心”合起来的表面意思是：耳朵听到了来自自己良心的批评或谴责之声。如果将“恥”字右边的“心”当作“他人之良心”来理解，那么，一个人在做了违背道德规范的事情之后，由于其自己的良心发出的声音太弱，常常不能达到自己心灵知觉的最低阈限，这个人一般是不会自以为耻的。但是，假若他或她察觉到自己做的事情已被他人知晓，耳中听到了来自他人的谴责之声，这时其心理一般也会产生一种羞愧感。这种羞耻感就是他律之耻。所谓他律之耻，指的是一个人由于觉察到自己的不道德行为或自己身心素质上存在的非道德性欠缺已被他人知晓或受到他人的谴责之后才产生的羞耻感或羞耻心。因这种羞耻感或羞耻心需要外在的监督力量才能产生，明显体现出他律的色彩，所以将之命名为他律之耻。因此，“恥”又写作“耻”，从“耳”从“止”，亦即一个人只有耳中听到别人在说自己，心中才能随即产生一种羞愧感，然后才能停止做不道德的事情。“人言可畏”对一个人的制约作用就很形象地说明了他律之耻对人的制约作用。③ 一个心中有良知，但良知发展程度不高的人一般只有他律之耻。假若将“恥”字右边的“心”当作“自己的良心”理解，那么，一个人一旦起了非分之想或在做了违背道德规范的事之后，无论他人察觉与否，只要被自己的良心所知晓，就一定会从心里产生一种羞耻感。这种羞耻感就是自律之耻。所谓自律之耻，是指一个人不需要他人的提醒或警示，只要自己一旦起了非分之想或做了不道德的行为，或者自觉认识到自己身心素质上存在非道德性欠缺，内心随即就主动产生的羞耻感或羞耻心。因这种羞耻感或羞耻心只凭自己良知的自觉（而不需要外在的监督力量）就能产生，明显体现出自律的色彩，所以将之命名为自律之耻。据《史记·项羽本纪》记载，项羽曾说：“天之亡我，我何渡为！且籍与江东子弟八千人渡江而西，今无一人还，纵江东父兄怜而王我，我何面目见之！纵彼不言，籍独不愧于心乎？”从“纵彼不言，籍独不愧于心乎？”一语可以看出，项羽这时心中产生的羞愧之情是来源于自己的良心，而不是江东父兄的责备。此种源于自己良心的羞愧之情就是一种自律之耻。一个心中有高水平良知的人往往都有自律之耻。这种人中的典

---

① 此处“知觉”是借用心理学上的概念，其含义是指“觉察到”或“意识到”之义，故与《普通心理学》上讲的“知觉”的含义不尽相同。

② 本书所讲的“没有羞耻心”或“没有羞耻感”内含两种用法：作为中性词，主要用于年幼儿童，用以表示年幼儿童因为良心尚处于萌芽状态，不能对自己所做的羞耻之事（文化所认可的）产生正确的知觉，从而没有羞耻心或羞耻感；作为贬义词，主要用于指没有良心的人，用以表示这类人的良心已被贪欲所遮蔽或已丢失，不能对自己所做的羞耻之事产生正确的知觉，从而没有羞耻心或羞耻感，此时，“没有羞耻心”或“没有羞耻感”与“无耻”同义。

③ ［美］孙隆基．中国文化的深层结构（第二版）．桂林：广西师范大学出版社，2011.188.

型人物就是中国古人一向推崇的“君子”。《荀子·非十二子》说：“士君子之所能不能为：君子能为可贵，不能使人必贵己；能为可信，不能使人必信己；能为可用，不能使人必用己。故君子耻不修，不耻见污；耻不信，不耻不见信；耻不能，不耻不见用。是以不诱于誉，不恐于诽，率道而行，端然正己，不为物倾侧，夫是之谓诚君子。《诗》云：‘温温恭人，维德之基。’此之谓也。”对于君子而言，所耻的只是个人自身素养上的欠缺，而不是社会的誉诽。

综上所述，中国汉字中的“耻”，当其处于“他律之耻”的水平时，有 shame 的他律含义；当其处于“自律之耻”的水平时，有 guilt 的自律含义。因此，可以将羞耻心产生的心理机制用图 6－4 示意出来。单独一个 shame 难以准确揭示出耻的内涵。[①] 还是胡先晋说得好：“‘脸’不仅是违反道德标准的行为的外在约束力，而且也是内在约束力。”[②] 从这个意义上说，西方学人将“耻感文化”与“罪感文化”分为截然不同的两种文化的一大缺陷是，他们对中国传统“耻感文化”没有得出准确而深刻的认识。

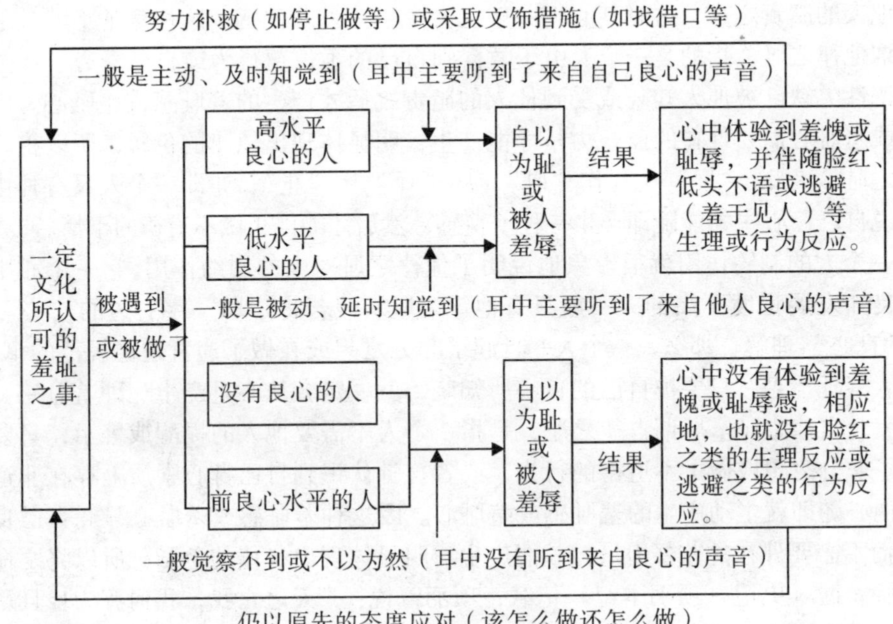

图 6－4　羞耻心产生的心理机制示意图

（2）荣誉心或荣誉感的激发，促使个体产生脸面心理与行为。

荣誉心或荣誉感的激发，常常也是促使个体产生脸面心理与行为的内因之一。所谓荣誉心，在较宽泛的意义上说，也称之为荣誉感，简称为“荣”，用在伦理道德领域，

---

① 金耀基．“面”、“耻”与中国人行为之分析．载杨国枢主编．中国人的心理．台北：桂冠图书股份有限公司，1988. 336.

② 胡先晋．中国人的脸面观．欧阳晓明译．载翟学伟主编．中国社会心理学评论（第二辑）．北京：社会科学文献出版社，2006. 15.

它是指一个人因自己品行的合理合宜[①]或杰出表现和自己合乎内心的善恶、荣辱标准而产生的光彩、体面或自豪的心理，或因周围人对自己品行的合理合宜或杰出表现进行褒奖或赞赏后而产生的光彩、体面或自豪的心理，或因与自己关系密切的他人的品行的合理合宜或杰出表现而让自己体验到的光彩、体面或自豪的心理；用在非伦理道德领域，它是指一个人因自己所获得或拥有的"非伦理道德性成就"和自己达到或超越了内心的成就预期而产生的光彩、体面或自豪的心理，或因周围人对自己所获得或拥有的"非伦理道德性成就"进行褒奖或赞赏后产生的光彩、体面或自豪的心理，或因与自己关系密切的他人获得或拥有的"非伦理道德性成就"而让自己体验到的光彩、体面或自豪的心理。由此可见，荣誉心或荣誉感并不局限于伦理道德领域。换言之，一个人或一个集体的荣誉心或荣誉感，既可以由其做了一个或多个合乎道德的行为而产生，也可以由其获得或拥有一件或多件"非伦理道德性成就"而产生。前一种荣誉心或荣誉感与个体或集体的道德修养高低有关，属于伦理道德领域的荣誉心或荣誉感；后一种荣誉心或荣誉感与个体或集体的"非伦理道德性成就"大小有关，属于非伦理道德领域的荣誉心或荣誉感。并且，同属于伦理道德领域的"荣誉心"或"荣誉感"和"羞耻心"或"羞耻感"是一对互为相反的概念，同属于非伦理道德领域的"荣誉心"或"荣誉感"和"羞耻心"或"羞耻感"也是一对互为相反的概念。

也需指出，严格地说，"荣誉心"与"荣誉感"是一对既有相通之处又有一定区别的概念。"荣誉心"与"荣誉感"之间的相通之处是：在宽泛的意义上讲，二者可互用，因为它们都可指"一个人由自己言行的合理合宜、自己合乎内心的善恶、荣辱标准而产生的光彩、体面或自豪的心理，或因周围的人的褒奖或赞赏而产生的光彩、体面或自豪心理"；或者指"一个人由自己言行的杰出表现、自己达到或超越了内心的成就预期而产生的光彩、体面或自豪的心理，或因周围的人的褒奖或赞赏而产生的光彩、体面或自豪心理。""荣誉心"与"荣誉感"的区别有二：①"荣誉心"指称的范围较之"荣誉感"要大。因为荣誉感一般只属于意识层面，一个人只有意识到自己拥有或做了某种合理合宜的道德行为或"非伦理道德性成就"，才能产生相应的荣誉感。换言之，一个人虽然做了某种合理合宜的道德行为或拥有"非伦理道德性成就"，但是，如果他自己并没有"意识到"，那么，他是不会产生相应的荣誉感的，不过，即便在此种情况下，其心中可能仍有荣誉心。在这个意义上说，一个人可以有荣誉心，但不一定会有荣誉感；而一个人一旦有了荣誉感，一定可以推知其有荣誉心，否则，其荣誉感无从产生。②在稳定程度和持久性上，荣誉心较之荣誉感要强。因为荣誉心一旦形成，它往往是内在的、较为稳定的、持久的；荣誉感因其属于一种"感"（即"情"），相对而言，其稳定性和持久性就要差一些。

2. 互利心的激发，促使个体产生脸面心理与行为

互利心，指在人际互动过程中，交往双方存在的一种既想利己又想利人的心态，从而试图达到共赢的交往效果。中国人在与他人交往时，为什么有时双方都会给对方脸面？

---

① 对于一个道德高尚的人而言，自己在做人时做到言谈举止得体或合理合宜，这本只是尽到了做人的"本分"，并不值得夸耀，也不会产生光荣的体验；但是，对于一个道德一般的个体而言，他往往也会以自己言谈举止的合理合宜而感到自豪，这是人之常情，从坚持"以人为本"的理念来看，社会和他人也宜加以尊重；尤其是当个体在做人时能持之以恒地尽到做人的"本分"，即便遇到较大甚至极大的阻力时仍是如此，更是应当加以褒奖。

重要的心理机制之一是：交往双方彼此认识到“与人方便，于己就方便”的道理，这种互利心的产生，促使双方在进行交往时，在通常情况下都会给对方脸面。

3. 威慑或威信促使个体产生脸面心理与行为

威慑（deterrence），指以威力（包括来自道德上的威力、学术上的威力和法律上的威力等）相慑服，即凭借刑罚惩罚或道德惩罚等为后盾所产生的心理效应慑服他人。[①] 威信（prestige）是指个人、群体或社会组织对于其他人的影响，是社会对其功绩承认的程度。个人、群体或社会组织的威信，可能由法律条文或社会规范规定，是属于官方的，它是以主体的社会角色为转移的（如官方群体的威信、集体中领导者的威信、学校教师的威信、家长的威信）；也可能是非官方、非正式的，是以周围人们对它的态度为转移的（由一个人的个人品质、生活经验和知识所决定的威信）。[②] 个体在与他人交往时，之所以有时会给他人脸面，其中，重要的心理机制之一就是震慑或威信效果的产生，促使个体产生脸面心理与行为。因为在通常情况下，有脸面尤其是有大脸面的人，往往在道德素养、才能、政治权力、财富或人际关系等方面，拥有一个或多个方面的优势，自然就会给处于相对劣势的个人或群体产生有形的或无形的、短暂的或持久的、或大或小的威慑效果或威信，使得处于劣势的个体或群体在这些人面前不得不讲脸面，否则就可能受到后者施加的某类惩罚。

四、形形色色的面子功夫

中国人在总结前人和自己为人处世的经验与教训的基础上，发展出了一套所谓的面子功夫，也叫脸面功夫，类似于霍夫曼所讲的“face work”。所谓面子功夫，指在人际交往中，特别是在面对面的交往中发展出来的种种维护自己或他人面子的人际交往技巧。用现代心理学的术语说，面子功夫就是“印象整饰”。既然面子与耻是一物的两个方面，所以，在中国文化里，一个人“不顾（爱）面子”，几乎是无耻的；而不顾他人的面子，则可说是“无礼”的。因此，在中国人的交往中，一个善于做人的人一般是既不会轻易伤害他人的面子，也不会轻易丢掉自己的面子的。[③] 中国人所讲的面子功夫复杂多样，从不同角度可以将之分为不同类型。

（一）积极/消极的面子功夫

从性质上看，中国人常用的面子功夫有积极与消极之分。

1. 消极的面子功夫

所谓消极的面子功夫，也叫错误的面子功夫，是指一切给自己或对方带来消极后果的面子功夫。在与人交往时，一个人若使用消极的面子功夫，不但不会真正达到维护或增大自己脸面的目的，往往还会给自己造成实质性的消极影响。生活里人们常使用的消极面子功夫，除了在“中国人的人情观”一章里所讲的“家丑不外扬”，以及本章上文

① 朱智贤主编. 心理学大词典. 北京：北京师范大学出版社，1989. 699.

② 朱智贤主编. 心理学大词典. 北京：北京师范大学出版社，1989. 699 ~ 700.

③ 金耀基. “面”、“耻”与中国人行为之分析. 载杨国枢主编. 中国人的心理. 台北：桂冠图书股份有限公司，1988. 329 ~ 332.

所讲的“死要面子”和下文将讲的“酸葡萄心理”外，主要的还有如下几种：

（1）“打肿脸来充胖子”。

所谓“打肿脸来充胖子”，是指采取虚假手段来保持或增加自己脸面的做法，而这种做法实际上有损自己的身心健康或自身的正当权益。例如，在中国一些贫困县或落后地区，当地官员不在带动当地百姓集体致富上下真功夫，却想出建“遮丑墙”的“馊点子”，在一些易被外人看到的地方（如交通要道两旁）建“遮丑墙”，这便属于典型的“打肿脸来充胖子”的做法。

“打肿脸来充胖子”的做法之所以是一种典型的消极面子功夫，是因为这种以“虚胖”的方式来达到不让自己失面子或不让对方丢失面子的做法，虽一时能给自己或对方保全或增强面子，但一定会给自己带来一些不良后果，至少“肿脸”要经过几天才能消退。

（2）“水涨船高”策略。

它指一切通过抬高他人的面子，以迂回地抬高自己面子的做法。这种面子功夫之所以属于消极的面子功夫，是因为它带给人的只是一种虚幻的面子，而不是由其拥有的真实成就所产生的真实面子。“水涨船高”策略之所以常常奏效，主要是因为中国人多相信“人脉是一种重要资源”和“物以类聚，人以群分”的道理，将自己周围的人的地位抬高了，就可以间接地抬高自己。正所谓“鸟随鸾凤飞腾远，人伴贤良品自高。”同时，抬高他人尤其是“有面子”的人（如有权势者）的面子，往往会得到相应的“报答”，从而提高自己的面子。[①] 再者，中国人一向崇尚自谦，若直接吹捧自己，易招致他人的反感，采取迂回策略，往往更易为他人所认同。因此，一些人就利用“水涨船高”的策略来增加自己的面子，体现在日常生活里，一些爱面子的人喜欢向人夸耀自己的家庭、身世、师朋或同乡。例如，在中国历史上，唐代的皇帝就自称自己的祖先是道家创始人李耳；在当今社会，姓朱的人就说自己是朱元璋的后人，姓刘的则说刘邦是他的先祖。又如，为了抓住人们的“名师出高徒”的心态，有些人就自称自己是某某名师的弟子。有些人实在无什么“高人”可吹，就吹自己的同乡，当代的名人里若找不到自己的“老乡”，就从历史中找，几千年的悠久历史里总可以找出一个名人来；若这样做仍找不到，就扩大同乡的“范围”，小到方圆几十里，大到方圆上千里，总能找到一个名人。千古流芳的名人找不到，就找遗臭万年的，总之，只要是名人就可以，笔者就曾听说，有人声称自己是秦桧的后代。这是一种非常不好的提高面子的做法，从一定意义上说，是一些中国人喜欢吹牛拍马屁的重要心理根源之一，因此，也是今天的中国人应设法避免的。

（3）“水落石出”策略。

“水落石出”策略，指通过贬低他人而抬高自己面子的做法。你矮了，他自然就高了，所以，某些人喜欢抓人小辫子，给别人穿小鞋或扣帽子。其目的之一，无非是将你压低了，他的面子自然也就提高了。这是一种缺德行为，是一种非常不好的提高自己面子的做法，这也是今天的中国人应设法避免的。

（4）阿Q心态。

根据鲁迅在《阿Q正传》中的描述，“阿Q心态”，也叫作“精神胜利法”，指一个

① ［英］迈克·彭等．中国人的心理．邹海燕等译．北京：新华出版社，1990. 213.

人采用回避现实、自欺自慰等错误方法来维护自己虚假自尊的面子功夫。“阿Q心态”是一种精神麻醉剂，它使一个人像阿Q那样不能正视自己在现实生活中的不利处境，无法采取有效办法来实实在在地提高自己的脸面，反而让自己沉迷于一种虚无缥缈的脸面之中。

2. 积极的面子功夫

所谓积极的面子功夫，也叫作恰当的面子功夫，指一切给自己或对方带来积极效果的面子功夫。在中国人眼中，积极的面子功夫有不同的“级别”：

最低限度的面子功夫是指一切同时具备以下两个条件的待人处世的方法：①既不让自己失面子也不让对方失面子；②虽然不能实现自己预定的目的，但也不让自己的行为有违己意。

中间层次的面子功夫是指一切同时具备以下两个条件的待人处世的方法：①既不让自己失面子也不让对方失面子；②不但不让自己的行为有违己意，而且能实现自己预定的目的。

最高境界的面子功夫是指一切同时具备以下两个条件的待人处世的方法：①不但不让自己失面子也不让对方失面子，而且能增加自己或对方的面子，或同时增加双方的面子；②实现的目标超出自己的预期。

（二）维护或增强他人/自己面子的功夫

从对象上分，可以将中国人的面子功夫分为“维护或增强他人面子的功夫”与“维护或增强自己面子的功夫”两种类型。在中国人看来，一个人在与他人交往时，若仅仅注重维护、保持和增强自己的面子，而不注意维护、保持和增强对方的面子，最终必定会伤及自己的面子。因此，一个善于做人的中国人一般是绝不会仅仅注重“维护、保持或增强自己面子的功夫”的，而是既要做到维护、保持或增强自己的面子，同时又要做到维护、保持或增强他人的面子。当然，如何达到既不让自己与他人失面子，又能达到自己的行动目的；或者，既不让自己与他人失面子，又不让自己的行为有违己意，则是面子的重要功夫。若是既能提高自己与他人的面子，又能最大限度地达到自己的行动目的，则是面子功夫的上乘境界。

1. 维护或增强他人面子的功夫

维护或增强他人面子的功夫主要有七种：

（1）谦虚且礼貌地待人。

在中国，以礼貌方式待人，如在与对方交往时，穿着、言行得体，尊重对方的风俗习惯，往往易让对方觉得你很尊重他，是给他面子。在此基础上，若能以谦虚的方式待人，让自己处于下位，更是一种恰当的“给别人面子”的做法。所以，《老子·六十六章》说得好：

江海所以能为百谷王者，以其善下之，故能为百谷王。是以圣人欲上民，必以言下之；欲先民，必以身后之。是以圣人居上而民不重，居前而民不害。是以天下乐推而不厌。以其不争，故天下莫能与之争。①

一个人若能深得此语的精义，一定就知道如何妥善地给对方面子。同时，在中国，如果能够以“厚礼”待人，往往会让对方觉得“你给足了他面子”，此时，对方往往会非常乐意接受你（包括你的请求）。例如，刘备用“三顾茅庐”的方式对诸葛亮厚礼相待，终于请得诸葛亮出山辅佐自己成就了一番事业。

（2）“夸大表情”或“缩小表情”。

中国人经常通过“夸大表情”或“缩小表情”的方式来维护对方的脸面。

所谓“夸大表情”，指一个人实际展现出来的表情大于其内心的真实感受的一种情绪表达方式。在人际互动中，中国人常常会有意识地按照对方期待的意愿来夸大自己的表情，以此来维护对方的脸面。典型情境之一是：当一个中国人接受对方馈赠的礼物时，即使送来的礼物自己不是特别喜欢甚至非常不喜欢，为了不损害对方的脸面，自己也要夸张地表现出很高兴接受的笑容。

所谓“缩小表情”，指一个人实际展现出来的表情小于其内心的真实感受的一种情绪表达方式。为了不损伤对方的面子，中国人有时也非常注意有意地抑制自己的面部表情，以此来维护对方的脸面。典型情境之一是：张三与好友李四都报考了同一所著名高校的研究生，考试结果出来后，张三得知自己已顺利被此高校录取，而李四名落孙山。知道此消息后，张三若会做人，至少在第一次面对好友李四时，一定会考虑李四心中的感受而抑制自己心中的喜悦之情，不在脸上过于流露出自己的喜悦之情，至少不能尽情地“喜形于色”。②

（3）给人留有余地。

所谓“给人留有余地”，指凡事不要做绝，要给对方留下一定甚至足够的可以用作回转空间的做法。俗语说得好：“人要脸，树要皮”、“打人莫打脸，骂人莫揭短”、“君子不羞当面”、“得饶人处且饶人”、“不要强人所难”，等等，都是给别人留有余地的做法，也是有教养的人所奉行的待人原则，这样做的结果往往都不会伤及别人的面子。

（4）委婉表达己意。

所谓“委婉表达己意”，是指个体以间接、含蓄之类的方式来表达自己的意见或想法。例如，当一个人有求于己时，而自己又不能或不想满足他或她时，较合人情味的做法是：即便真要拒绝对方，也不能当面一口拒绝，而要先找一个好的借口，来照顾对方的面子，然后再委婉地予以拒绝，否则，就是一个不顾情面的无礼行为。

（5）给人台阶下。

所谓“给人台阶下”，就是主动给对方提供一个可以保全或维护其面子的机会，让对方体面地保全面子的做法。一些善做人的人常用“打圆场”的方式来给人台阶下，此时，若对方“识趣”，往往会“顺坡下驴”。

（6）在他人面前适当表达自己对某人的赏识之情。

在他人面前适当表达自己对某个人的赏识之情，不但易维护此人的脸面，而且易增

---

① 陈鼓应．老子注译及评介（修订增补本）．北京：中华书局，2009. 303.

② 秦明吾主编．中日习俗文化比较．北京：中国建材工业出版社，2004. 6 ~8.

大此人的脸面。

(7) 适当宽恕对方的过错。

当一个人有过失时，只要此过失不再扩大，那么，适当宽恕此人的过错（尤其是在第三人在场时），往往是维护其脸面的一种恰当做法。

2. 维护或增加自己脸面的功夫

维护或增加自己的脸面，首先是要采取种种措施来保证自己已经拥有的脸面不被丢失，在此基础上再来谋求增加脸面的做法。依照“事先→事中→事后”的逻辑顺序，可以将避免自己丢失脸面的功夫概括为以下几个方面:①

(1) 事先避免丢失脸面或增加脸面的做法。

这是一种预防性的措施，常用的有以下几种：

第一，加强自我修养。

面子，说到底，是指一个人拥有成就的大小和品德的高低。一个人若能通过后天的学习与培养，不断提高自己的才能与品德，不但能有效地避免丢面子行为的发生，而且能有效地增大自己的面子。所以，加强自我修养或不断充实自我是一种事先有效地避免丢面子乃至增加脸面的好做法，具体做法有二：

一是“以德服人”策略。它指通过提高自己的道德修养从而于事实上提高自己面子的策略。孟子说：“仁者无敌”。德高望重的人不但受人尊敬，往往也使人心悦诚服，所以，德高望重的人实际上往往有较大的面子。于是，有些人在提高道德修养时，虽主观上不带任何功利色彩（至少不是为了增加面子而加强道德修养），但是，一旦他或她成为一个德高望重的人，往往于无形中就增加了自己的面子，用老子的话说，就是“道常无为而无不为”②。用通俗的话说，这就是“有心栽花花不开，无心插柳柳成荫”。

二是“以技服人”策略。它指通过提高自己的才华从而于事实上提高自己面子的策略。其具体做法一般是：自己知道自己在某方面不足，事先就加强自我修养，练好“真本领”，以备不时之需。例如，为了不至于在迎新晚会上“丢脸”或“丢面子”，尽管你以前一向不爱唱歌，这时也苦练一首歌曲，使之成为自己的“经典节目”。因此，一旦在迎新晚会上需要你表演一个节目的时候，你就可以大大方方地站起来向同学表演你的“经典节目”，自然会赢得同学的一阵掌声。加强自我修养还是事后挽回面子与增加面子的做法之一，即通过提高自我修养（包括能力和人品等）来挽回或增加自己的面子。

第二，事先声明性行为。

个体在预期失面子的行为可能发生的情况下，为避免失面子，通常采取这种做法：以声明在先的方式，解释或否认自己的行为可能产生的不良后果。从一定意义上说，这体现出一个人有自知之明，有自知之明的人往往能使自己不丢面子。如在元旦文艺晚会上，在做“击鼓传花”的游戏时，假若“花”碰巧传到你手中，按游戏规则你需要表演一个节目。这时，如果你想唱一首歌，为了不失面子，稳妥的做法一般是：先向听众做一个礼貌性的预先道歉，比如先说几句诸如“自己五音不全或没有音乐细胞，歌唱得不

---

① 这里讲维护或增加自己脸面的功夫时，基本结构与主要观点引用了朱瑞玲的观点。见朱瑞玲．中国人的社会互动：论面子的问题．载杨国枢主编．中国人的心理．台北：桂冠图书股份有限公司，1988. 269～271.

② 陈鼓应．老子注译及评介（修订增补本）．北京：中华书局，2009. 203.

好，请勿见笑”之类的话，然后再表演节目，这样，一旦你真的唱不好，听众也只是善意地笑一笑而已；如果你唱得好，听众就会觉得你很谦虚。一句话，无论结果如何，你都不会丢面子。

第三，躲避。

在预测若参加某项活动自己可能会丢面子的前提下，为了避免丢面子，而采取种种方法不去参加此项活动，这就是躲避策略。例如，一个人清楚地知道自己没有文艺“细胞”，唱歌就像鸭子叫；说笑话时，除了自己笑，别人都不笑。于是，他或她特别不喜欢参加诸如元旦文艺晚会之类的活动，一旦有此类事情通知他或她参加时，他或她就找借口不去参加。更有甚者，平日干脆不愿与人交往。这类人中，严重者可能会产生社交恐惧症或自闭症。因此，躲避策略偶尔为之是可以的，千万不可经常使用。

第四，通过“中间人”来交涉。

为了避免丢面子，事先找个中间人打听虚实，然后再作打算，这也是中国人为了避免丢面子而常用的一种方法。例如，甲想向乙借钱，又担心自己向他或她开口时他或她会予以拒绝（这种事情一旦发生，中国人通常会觉得很丢面子），于是先请丙去探探乙的“口风”，若丙回来说乙愿意借，然后甲再向乙开口借钱；否则，最好就不要向乙提借钱一事，要不然，既丢面子，又自讨没趣。

（2）人际交往中避免丢失脸面或增加自己脸面的功夫。

在人际交往过程中，避免丢面子或增加自己脸面的做法有多种，常用的主要有以下几种：

第一，宁小勿大。

宁小勿大原则，说得通俗点，就是自谦。如上所述，从理论上讲，一个人面子的大小可由其身份地位的高低、拥有社会资源（如财富、权力、关系等）的多少而定。不过，在现实生活中，一个人的面子与声望常常很难准确量化。一个人以为自己有多少面子与他人认为其有多少面子之间常常并不存在一致的关系。假若一个人将自己的面子估计得过高，就很容易发生尴尬或失面子的事情。所以，一个“会做人”的人，在与他人交往过程中，为了维护其面子，多愿遵守“宁小勿大”的原则：宁愿自谦点，将自己的面子估计得小一些，也不愿将自己的面子估计得大一些。“我的面子不够”或“我没有那么大的面子”，常常是“会做人”的人维护自己面子的一种最稳妥的做法。①

第二，恪守礼仪。

礼本是精通人情的人制定出来的，因此，礼节规范具有保护面子的功能，按规矩行事，常常可以免除失礼带来的尴尬。所以，在一些正式场合，你若不想丢面子，最简单的做法就是恪守礼仪。像男子穿西服去赴约，女子穿职业装去上班，都属此类做法。

第三，忍耐。

在与人交往时，若遇到某些突如其来的尴尬事，你不是以牙还牙，而是信奉“沉默是金”的道理而予以包涵，不但显示出你的修养、雅量，而且让非难者自感无趣，这自然能使你赢得面子。例如，刘文典是中文系的前辈教授，也是一位在国学研究方面颇有

① 金耀基．“面”、“耻”与中国人行为之分析．载杨国枢主编．中国人的心理．台北：桂冠图书股份有限公司，1988. 329 ~ 330.

名气的学者。在西南联合大学时，一次，刘文典跑空袭警报时，路遇同样在跑警报的著名小说家沈从文，刘文典竟然正言厉色地对沈从文说："你跑什么！我跑，是因为我炸死了，就不再有人能讲《庄子》了。"面对这种莫名的挑衅话语，沈从文一言不发，扭过头，"一走了之"。虽然这是件小事，却体现了沈从文其人的气度和修养①，既保全了自己的面子，又让人对他肃然起敬。

第四，以幽默的方式化解。

在与人互动的过程中，在遇到某些突如其来的尴尬事、某些虽不宜直接拒绝但自己确实又不想答应的事情、某些可以用轻松方式作答的情境等时，若能恰到好处地以幽默的方式予以应对，往往不但不会使自己丢面子，还会给人留下机智、幽默的好形象。例如，在下面一则广为流传的故事中，苏东坡先是用幽默的方式来应对佛印的要求，佛印在准确把握住苏东坡的心意之后，随即也用幽默的方式来化解苏东坡手势语里隐含的上联，从而显得二人情趣高雅：

在一个秋高气爽的晴好日子，苏东坡与好友佛印和尚泛舟河上，边饮酒边欣赏河两岸的迷人秋景。佛印一时兴起，想与苏东坡玩写对联的游戏，并要苏东坡出上联。苏东坡向岸上看了看，用手一指，笑而不答。佛印望去，只见岸上有只大黄狗正在啃肉骨头。佛印随即会意，知道东坡在开玩笑，也就呵呵一笑，并将自己手中题有苏东坡诗句的折扇抛入河中。东坡一见，马上也知道了佛印的用意，二人于是会心一笑。原来他们是作了一副双关哑联。苏东坡的上联是"狗啃河上（和尚）骨"，佛印的下联是"水流东坡诗（尸）"。

第五，适度自我表现策略。

适度自我表现策略是指通过向他人适度展现自己的高尚品德、高超才华或拥有的巨额财富等方式来提高自己面子的策略。中国人凡事爱讲谦虚、适度，在向他人展现自己所拥有的高尚品德、高超才华或巨额财富等资源时，若时机适宜、方式得当、合乎分寸，往往可赢得他人的尊敬或欣赏，自然也能赢得面子，这时它就是一种合宜的维护和增加自己面子的策略。据说有一次康有为拜访江北大儒张謇，张謇听说康有为是闻名江南的第一才子，而自己以江北第一才子自居，两雄相遇，张謇想试探一个康有为的才学，于是出了一个上联："四水江第一，四方南第二，先生来自江南，还是第二？还是第一？"康有为若死守谦虚待人的老套，或许会被张謇小看，所以他当然不会这样做，但毕竟是初访张謇，人家也是声名在外，自己也不能锋芒毕露。康有为不愧是个才子，他略一沉吟，即挥笔写出下联："三教儒居先，三才人居后，小子本是儒人，不敢居后，不敢居先。"回答得非常工整，且表现适度，这样做的结果，可想而知，不但不会有损自己的面子，还能增加自己的面子。

顺便指出，在向他人展现自己所拥有的才华或财富等资源时，若时机欠佳、方式欠妥、没有分寸，这种自我表现就成为自我张扬，那就是自己的虚荣心在作怪了。

---

① 赵新林等．西南联大教授众生相．读者，2002（5）：39.

(3) 事后避免丢失脸面或挽回脸面的功夫①。

丢面子常常会使讲面子的人产生诸如尴尬、羞愧、耻辱、焦虑和自责等不愉快的情绪体验，因此，为了尽可能少地出现这种负面情绪，他们往往会约束自己的言行，一旦感觉做了丢面子的行为，往往会采取某种补救性的措施，这些措施除了上文讲的加强自我修养（即直面自己的缺点，然后通过自身努力加以弥补）外，常用的还有以下几种：

第一，补救性行为。

当丢面子的责任在自己时，当事人会采取某些挽回面子的补救做法。这些行为包括马上停止丢面子的行为、重新解释自己行为失态的情况、及时进行道歉与赔礼以请求别人的谅解和努力去提高自己的地位，等等，甚至在某些极端情况下，当事人会感到极度羞愧，永远离开丢面子的环境或自杀。这样做的目的，最重要的还是宣布面子的存在。

第二，报复性行为。

指责对方，攻击对方，以降低对方的面子来挽回自己的面子，或阻止进一步被别人看低自己（因为没有还击的能力）。当丢面子的责任在他人时，某些中国人常常采取这种报复手段。因为在中国人的团体内部往往不允许存在公开的攻击行为，因此，若羞辱是来自团体内部，人们常常采取某些微妙的、间接的方式来表达自己对某人的不满；若羞辱是来自团体外部，当事人会马上直接报复。

第三，自我防御。

面子一旦丢失，会让人的心理失衡，于是，有的人就采取自我防御措施以挽回自己的脸面。常用的有三种：

一是想方设法掩盖已发生的事或假装什么事情都未发生过。例如，有的人在犯了错误后，为了避免丢面子而想方设法予以全盘否定。又如，在一些中国人看来，自己的缺点被人指出来是一件非常丢面子的事情，因此，无论证据是多么明确，有些人就是矢口否认，以便挽回自己的面子。

二是文饰。它指对一些可能会引起个体内心不安的事情寻求或给予“合理化”的解释，以削弱丢面子事件的严重性。常用的有三种：①酸葡萄心理。即贬低个人渴望获得但又无法获得的东西。②甜柠檬心理。即有些本来无明显吸引力的东西，在自己获得之后，又尽可能地美化它。丑陋的猪八戒常自夸：“我们丑有丑的用处。”身材本来矮小，却说“浓缩的都是精华”。② ③“找借口”以推卸责任，或避重就轻将大事化小、小事化了。例如，一个成绩一贯排全班前 3 名的学生，在最近一次的考试中只获得了全班第 12 名，为了避免由此带来的尴尬，他或她或许会对你说，他或她这次考得不好，是因为当时自己感冒了。这种心态与行为方式可以用认知失调理论（cognitive dissonance theory）来予以解释。心理学研究表明，维持积极的自我形象的需要，是一个强有力的动力，人们的许多行为都是为了满足个人的准则。例如，假若学生相信自己是诚实的好学生，他或她可能会表现出诚实的品质，即便在没人看到的情况下也是这样，以便维持一种积极的自我形象。假若学生相信自己是有才能的，他或她就会试图达到较高的成绩水平。但是，现实生活有时迫使我们进入这样的境地：我们的行为或信念与自己积极的自我形象

---

① ［英］迈克·彭等．中国人的心理．邹海燕等译．北京：新华出版社，1990. 214～215.

② 当然，有时也并非都是甜柠檬心理，而是一种正确认识和评价自我以增强自信的方法。

不一致，或与他人的行为或信念相冲突。费斯廷格（L. A. Festinger）的认知失调论是这样解释的：当一个人深信不疑的价值观或信念受到心理上相矛盾的信念或行为的挑战时，会体验到一种张力或不适。为了解决这种不适，他可以改变自己的行为或信念，或寻找一种解决这种矛盾的理由或借口。

三是在心中贬低对方。这就是所谓的阿 Q 心理，因鲁迅先生的精彩论述，中国人对阿 Q 心理已很了解，这里不多讲。

第四，避免再次进入曾让自己丢脸面的情境。

对自己曾丢脸面的情境保持高度警惕，避免自己再次进入曾让自己丢脸面的情境，这也是一种常见的避免再次丢脸面的做法。当人们感觉到某种曾让自己丢脸面的情境自己一时没有想到更好的办法予以解决时，往往采用此策略来避免自己再次丢脸面。

五、对当代中国人理性看待“脸面”的启示

（一）仍要适度讲脸面

作为中国人的一种重要的心理与行为方式，“讲脸面”的背后本隐含着中国人所力倡的做人要知耻的心态，它体现出中国传统文化尤其是儒家文化一向强调的道德自律性，换言之，只有内心有着耻感意识的人才会在与他人交往的过程中看重面子，进而在道德自律上产生“立己立人”的可能。[①] 正如哈佛大学日本学专家赖世和（Reischauer, E. O.）在其 1962 年出版的《美国与日本》（*The United States & Japan*）一书里所说：

> 为了避免羞辱（耻）和获得社会的赞许，日本人必须保持“面子”和自尊，他必须避免犯错：不管如何困难，他必须尽到他的义务；最重要的是，他必须做到他自己对他的地位与责任的要求。不这样的话，他就会失去面子与自尊。纵然这不是公开地在他人面前，至少他内心会如此感受。一种耻感及自尊的需要为日本人提供了上述的动力，此犹如西方人之上进动力源于良心及罪一样。[②]

在赖世和的上段论述中，只要将其中的“日本人”换成“中国人”，几乎完全可以用来描述“中国人”讲面子的心态。从这个意义上说，要想让当代中国人继承中国悠久的知耻文化和重道德自律的文化，就必须在一定程度与范围内鼓励人们讲脸面，因为一个人适度讲脸面，对于约束自己的言行和保持一颗廉耻之心都有相当的积极作用。不过，讲脸面要有一个“度”：一个人适度讲脸面，对于约束自己的言行和保持一颗廉耻之心都有相当的作用。

讲脸面“太过”，易让人产生虚荣心，所谓“打肿脸来充胖子”就是对这种人的一种讽刺；讲面子太过，还容易让人只顾做“面子事情”，而不愿做“里子事情”。所谓

---

① 金耀基．“面”、“耻”与中国人行为之分析．载翟学伟主编．中国社会心理学评论（第二辑）．北京：社会科学文献出版社，2006. 64.

② 金耀基．“面”、“耻”与中国人行为之分析．载翟学伟主编．中国社会心理学评论（第二辑）．北京：社会科学文献出版社，2006. 64.

“面子事情”，是指某种行为方式纯粹只是为了维护自己的“面子”或者给别人“面子”；所谓“里子事情”，是指某种行为方式纯粹只是为了将事情踏踏实实地办好。例如，一些中国人到国外旅游，常常不关注景点的文化内涵，到了景点就喜欢拍照留影，以便回家后好在众人面前吹嘘自己到过哪些著名景点。因此，一趟出游，恨不得能将全世界都走遍，于是，将行程安排得非常紧，以便能看到更多的景点。于是，人们常用如下“顺口溜”来描述这类缺乏深度的旅游：“上车睡觉，下车拉尿，到了景点就拍照，随后你笑我也笑，回去啥也不知道。”与此类似，一些中国人参加一些重要会议或重要培训（如到美国或英国一些著名高校参加培训），只乐于跟一些著名人物合影，也非常在意一张学习证明或结业证书，以便回去吹嘘，至于会议内容或培训内容，则多不关注，等等。“面子事情”通常在情感上是个人不愿意做的，不过，为了保持声誉和扩大自己的社会关系网的需要，有时又不得不为之。①“人非圣贤”，一个人偶尔做点“面子事情”，本也是情理之中的事情。令人遗憾的是，在现实生活中，一些人将主要精力放在只做“面子事情”上，而不去做“里子事情”，那讲面子就异化了。讲面子一旦异化，就会为了“面子”而伤“里子”。例如，雨果曾说：“下水道是城市的良心。”但当前中国大陆地区的城市建设几乎都是“重地上、轻地下”，这就是典型的重面子轻里子的做法：地上看得见，就做得光鲜；地下看不见，就偷工减料。于是，即便像北京这样的国际化大都市，排水系统也只是按 1 到 3 年一遇的标准来设计，当 2012 年 7 月 21 日北京遭遇 61 年以来最大暴雨时，北京仅能及时排掉此次降雨量的 1/5，结果，北京城的一些道路一下子变成水深达 2 米甚至更深的河流。与此形成鲜明对比的是，身处暴雨中心的北海团城（位于北京市西城区北海南门外西侧）却无一例积水报告。无论下多么大的雨，这个城池都会雨过地皮湿，很快就渗流得一干二净，其秘密就在于地面铺设的青砖和地下的涵洞中，距今已近 600 年的一套明朝建成的古代集雨排水工程至今仍在发挥作用。同时，讲面子一旦异化，还易让自己陷入“办公大楼法则”的“宿命”。帕金森的“办公大楼法则”是：某个组织的办公大楼设计得越完美，装饰得越豪华，该组织离解体的时间越近。帕金森发现，许多生意兴隆的公司、影响巨大的组织都设在不起眼的地方，住在简陋的房屋里，一旦搬进豪华的大厦，便转入衰退的轨道。例如，国际联盟大厦、英国议会大厦、凡尔赛宫、布伦海姆宫、白金汉宫、英国殖民部办公大楼等政治组织的大楼，都是在落成典礼之后，该组织的权势发生大幅度的下降，甚至带来厄运。为什么这些以豪华著称的建筑物，都成了这些组织的“陵墓”呢？以中国传统文化来解释，大概有两种可能：一是滥用民力，加重财政负担，引起各方的不满或者反抗，从而动摇权势的根基；二是风水不好，致其不旺。帕金森从科学角度进行如下推测：一个组织在兴旺发达之时，往往紧张而忙碌，没有时间和精力去设计和修建琼楼玉宇。当其所有的重要工作都已经完成，想到要修建与其成就相称的大楼时，时间和精力都集中到表面功夫上。当某个组织的大楼设计和建造得趋向完美之际，它的存在就开始失去意义。完美的楼堂意味着定局，而定局意味着终结。②

---

① 胡先晋．中国人的脸面观．欧阳晓明译．载翟学伟主编．中国社会心理学评论（第二辑）．北京：社会科学文献出版社，2006. 14.

② 谢鹏程．办公大楼法则．读者，2010（7）：13.

讲脸面“不及”，易让人丢失廉耻之心甚至羞耻之心，所谓“死皮赖脸”就是对此种做人方式的一种批评。对于这种“脸皮厚”的人，“厚黑教主”李宗吾在其著作《厚黑学》中曾有颇多论述。[①] 李宗吾的言论虽有偏激之处，但毋庸讳言，历史上的一些像秦桧之流的大奸臣的确是“脸皮厚”、“心子黑”的。

既然面子是一个有深厚文化底蕴的东西，“讲面子”本身只是一个中性词，那么，今日的中国人仍可以适度讲脸面，以便通过面子所具有的自律和他律特性来约束自己的言行，提高自我道德修养。在日常生活中，或许一个值得提倡的原则是：大事讲原则，小事讲风度。以此原则待人接物，既不会丢面子，又能给他人留下深刻的印象。同时，为了避免过于讲面子而容易让人戴上人格面具的弊病，一个人要善于将真我与在生活里扮演的角色分开。正如法国思想家蒙田所说：“需要好好扮演自己的角色，但是也不能忘记这完全是分派给我们的角色，不能把面具和外貌变成本质，不能把别人的东西变成自己的东西，我们不会区分衬衣和皮肤，其实，当你往脸上涂粉的时候，你只要不同时往心上涂粉就是了……”[②]

（二）要辩证地对待面子功夫

既要适度讲脸面，自然就会涉及面子功夫。中国人的面子功夫是以承认自己和他人都有脸面，或自己和他人都有羞耻心为前提的，因此，中国人在与他人互动的过程中所表现出来的面子功夫，也多半以不使自己和他人丢面子或以维护自己和他人的面子为基本策略。这个策略背后蕴藏着一种文化智慧。这种做法不仅达到了维护双方脸面的目的，也是实现社会和谐的途径。但是，面子功夫使用过度太注重面子，容易出现一些表面无违、内心不悦的虚伪的形式主义，这是面子功夫使用过度的必然产品。因为在社会交往中，如果让对方失面子，就等于让对方失去社会身份与地位而蒙羞，这是极其严重的事情，必须尽量在表面上加以掩饰。[③] 格尔巴特曾说：“为了保持体面，在中国人中产生出外国人无论如何体会不出来的‘面子’经。‘仿面子’是一种抬高体面；‘失面子’是一种失去体面，失去面子等于精神上的死；‘不要面子’是不去构筑体面。无论怎样顺良病弱的中国人，为了‘面子’可以同任何强者搏斗。当‘面子’受到损害，而无力恢复时，会表现出相当的高傲，因为表现不出这种高傲，激愤而死者不计其数。”[④] 这是每个讲面子的中国人应当引以为戒的。

（三）要尽量避免泛面子主义的出现

“真让咱中国人脸上有光！”“真给咱中国人争了面子！”“真让中国人丢脸！”“真丢咱中国人的面子！”这是在中国的现实生活中常听到的一类话语。每逢听到某个中国人说类似前面的两句话时，一般的情形就是：某支中国体育队或某个中国人在重大国际比赛上赢了。例如，在2004年的雅典奥运会男子110米栏的比赛中，中国选手刘翔获得了金

---

① 李宗吾．厚黑大全．北京：今日中国出版社，1996.1～23.

② ［苏］伊·谢·科恩．自我论．佟景韩等译．北京：三联书店，1986.149.

③ 金耀基．“面”、“耻”与中国人行为之分析．载杨国枢主编．中国人的心理．台北：桂冠图书股份有限公司，1988.331.

④ 沙莲香主编．中国民族性（一）．北京：中国人民大学出版社，2006.133.

牌，取得了历史性的突破，于是常听一些中国人说“真让咱中国人脸上有光”之类的话语。每逢听到某个中国人说类似后面的两句话时，大概的情形就是：某支中国体育队或某个中国运动员在重大国际比赛上输了或退赛了。例如，在 2008 年北京奥运会与 2012 年伦敦奥运会期间中国选手刘翔因脚伤而两次退赛，2013 年 6 月 15 日中国国家足球队 1 : 5不敌泰国队，每当这种结果出现时，笔者就听到一些中国人说出类似“真让中国人丢脸”的话语。从这类事情中可以看出中国人常常有这样一种心理与行为方式：有时，某个中国人面子的丢失与保持，已不仅仅关乎其个人荣誉的得失，还关乎整个中国人面子的得失。真可谓“一荣俱荣，一损俱损”。这就是中国人泛面子主义心态的典型表现。所谓“泛面子主义心态”，是指将一切事情（包括自己的事情和与自己有关的他人的事情）的得失都与面子的得失紧密联系在一起的心态。由于“泛面子主义心态”的作怪，一些中国的文体明星在重大比赛或重要演出时往往心理负担过重，结果连平时正常的训练水平都发挥不出来。西方人虽讲面子，但他们讲面子时一般只关心自己面子的得与失，而与别人无关，更与其所在国家的“面子”无关。这或许是一些西方的文体明星在重大国际赛事中往往能“放得开”的缘由之一。从这个意义上讲，当代中国人在适度讲面子时，也要毫不犹豫地去掉泛面子主义的心态。

万恶淫为首，百善孝当先。

——民谚

第七章　中国人的孝道心理观

“孝道”（filial piety）在中国是一个既古老又现实的话题。说它“古老”，是因为中国人自先秦以来就特别重孝道。据《周礼·地官·大司徒》记载，西周大司徒教民的六项行为标准是孝、友、睦、姻、任、恤，统称“六行”，其中“孝”排第一。[①] 并且，对中国人的心理与行为影响深远的《孝经》，其成书时间最迟不晚于公元前241年，因为这一年《吕氏春秋》修成，其中的《孝行篇》和《察微篇》里引用了《孝经》的文字。[②] 说它“现实”，是因为在当代许多中国人的心理与行为里，孝道仍起着或隐或显的作用。同时，自孝道产生后，中国历史上的许多朝代（如汉代）都明确主张“以孝立国”，讲孝道在自先秦以来至清代为止的漫长的中国社会里似乎是天经地义的，几乎从来没有一个中国古人对孝道的合理性产生过真正的质疑。《增广贤文》说：“万恶淫为首，百行孝当先。”王永彬在《围炉夜话》（成书于清朝咸丰甲寅年三月，即1854年3月）里曾说：“百善孝为先，万恶淫为源。常存仁孝心，则天下凡不可为者，皆不忍为，所以孝居百行之先。一起邪淫念，则生平极不欲为者，皆不难为，所以淫是万恶之首。”自此之后，“万恶淫为首，百善孝当先”一语在中国成为一句路人皆知的口头禅。

但当历史的车轮驶进21世纪，要不要继承中国传统孝道，这在当代中国尤其是在中国大陆地区是一个颇有争议的话题，赞成者有之，反对者也有之。假若不能从“文化心理学＋当代时代背景”的角度去谨慎反思这个问题，可能会打一场旷日持久的“无头”官司；而一旦从“文化心理学＋当代时代背景”的角度去剖析孝的原始含义、核心含义与引申含义，准确把握孝道在中国人生活中的表征与异化，从而告诉当代中国人应怎样做才算准确把握了孝的真谛，不但能避免“鸡同鸭讲”式的不必要的争论与误解，而且能使这个老大难问题迎刃而解。本章正是基于这种思考而产生的。

一、“孝”的语义分析

（一）“孝”字字形

为了更好地理解“孝”字的字形，先来看“老”与“子”二字的字形。在《汉语大

① 夏征农，陈至立主编．辞海（第六版缩印本）．上海：上海辞书出版社，2010.1190.

② 胡平生译注．孝经译注．北京：中华书局，1996.4.

字典》里，对于“老”字，列出了十三种字形变化图，如图7－1所示。

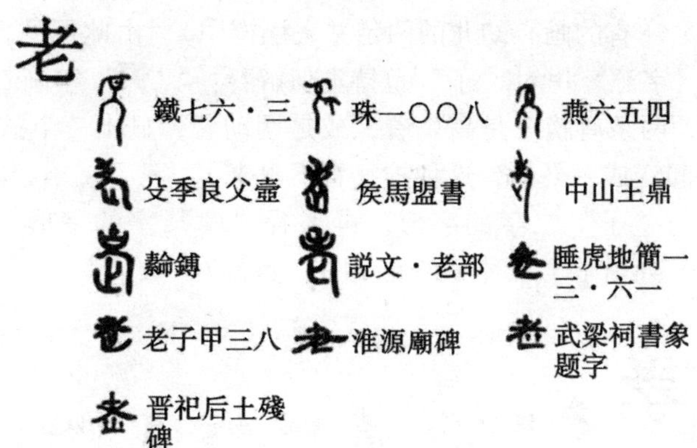

图7－1“老”字字形变化图①

商承祚在《殷虚文字类编》里说：“‘老’，（甲骨文）像老者倚杖之形。”② 约斋在《字源》里也说：“老字本写作“”或“”，像一个头上有长毛的人手里拄着一根杖，显出他是个老年人，跟长字的一种写法一样；后来那一根杖下弯转来，变成一个匕字。”③

在《汉语大字典》里，对于“子”字，列出了十六种字形变化图，如图7－2所示。

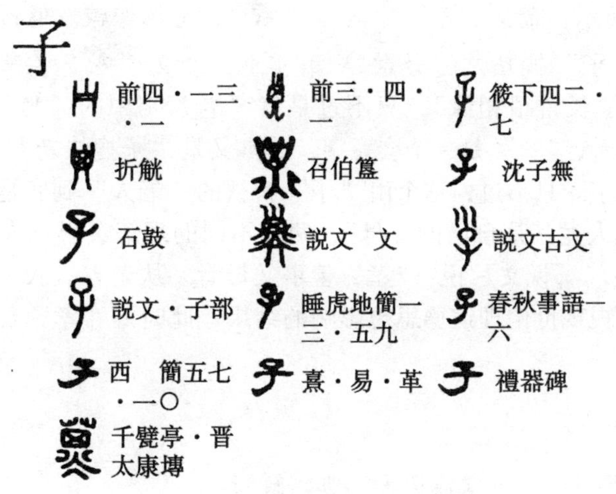

图7－2“子”字字形变化图④

① 汉语大字典编辑委员会编纂．汉语大字典编辑委员会编纂．汉语大字典（第二版九卷本）．成都：四川辞书出版社，武汉：崇文书局，2010. 2969.

② 汉语大字典编辑委员会编纂．汉语大字典（第二版九卷本）．成都：四川辞书出版社，武汉：崇文书局，2010. 2969.

③ 约斋编．字源．上海：上海书店，1986. 90.

④ 汉语大字典编辑委员会编纂．汉语大字典（第二版九卷本）．成都：四川辞书出版社，武汉：崇文书局，2010. 1078.

根据图7－2所示，“子”是一个象形字：上像幼儿的头（有的只画有头，如“𢀓”的上半部便是这样写的；有的画有头与头发，如“𡿪”的上半部便是这样写的）与两臂，下像幼儿的两足（有的画有幼儿的两足并入襁褓中）。由此可见，“子”之本义当是“幼儿”。[①] 约斋在《字源》里对“子”也持类似解释：“‘𢀓’字画着一个有头有身并且有两条肩膀的孩子，两条肩膀总是高举着，或是摆动着，显出一个孩子的活泼样；现在通行的‘子’字中间变成一平横，这种神气看不出来了。”[②]

明白了“老”与“子”二字的字形，再来看“孝”字的字形。在《汉语大字典》里，对于“孝”字，列出了十二种字形变化图，如图7－3所示。

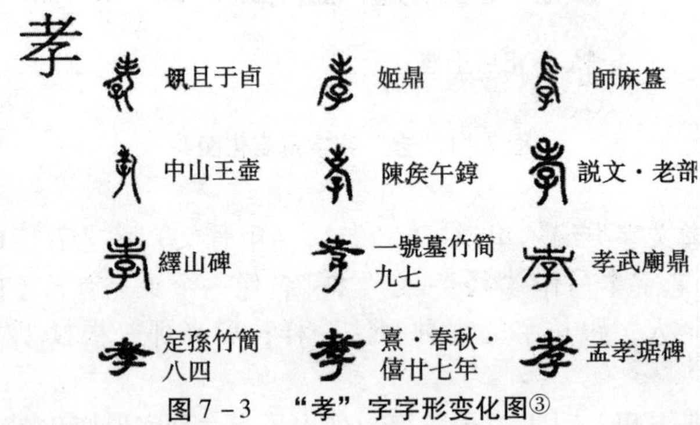

图7－3　“孝”字字形变化图[③]

根据图7－3所示，金文“孝”字写作“孝”，上部像戴发伛偻的老人，唐兰谓即“老”之本字，“子”搀扶之，会意。[④] 事实上，金文“孝”（孝）字与金文“老”（老）字在字形上“长得很相像”，只不过是将“老”字中的“匕”换成“子”而已。这表明，从字形上看，“孝”是一个会意字，其本义是“子搀扶老人”，这显然是一个充满伦理道德色彩的字。只不过，这个由“子”搀扶的“老人”到底是指“已逝的祖先”，还是指“在世的老人尤其是自己的父母”，两种不同的理解会影响人们对“孝”的性质的判断（详见下文）。《说文》说：“孝，善事父母者。从老省，从子，子承老也。”[⑤] 这显然是受到儒家重视现世伦理道德思想影响的结果，此时的“孝”已是指一种现世的伦理道德规范。

（二）“孝”字字义

“孝”的含义是什么？据《汉语大字典》解释：

---

① 汉语大字典编辑委员会编纂．汉语大字典（第二版九卷本）．成都：四川辞书出版社，武汉：崇文书局，2010. 1078.

② 约斋编．字源．上海：上海书店，1986. 45.

③ 汉语大字典编辑委员会编纂．汉语大字典（第二版九卷本）．成都：四川辞书出版社，武汉：崇文书局，2010. 1083.

④ 汉语大字典编辑委员会编纂．汉语大字典（第二版九卷本）．成都：四川辞书出版社，武汉：崇文书局，2010. 1083.

⑤ 汉语大字典编辑委员会编纂．汉语大字典（第二版九卷本）．成都：四川辞书出版社，武汉：崇文书局，2010. 1083.

xiào,《广韵》呼教切，去效晓。幽部。

(1) 祭；祭祀。《论语·泰伯》：“子曰：‘禹，吾无间然矣。菲饮食而致孝乎鬼神，恶衣服而致美乎黻冕，卑宫室而尽力乎沟洫。’”

(2) 孝顺。善事父母。旧社会以尽心奉养和绝对服从父母为孝。《尔雅·释训》：“善父母为孝。”《说文·老部》：“孝，善事父母者。”

(3) 能继先人之志。《书·文侯之命》：“追孝于前文人。”孔传：“继先祖之志为孝。”《礼记·中庸》：“夫孝者善继人之志，善述人之事者也。”

(4) 指居丧或居丧的人。《世说新语·文学》：“今日与谢孝剧谈一出来。”按：时谢玄居父丧，故称谢孝。

(5) 指丧服。《水浒传》第二十六回：“原来这婆娘自从药死了武大，那里肯带孝。”《红楼梦》第一百一十五回：“恰又忙着脱孝，家中无人，又叫了贾芸来照应大夫。”

(6) 效法。《诗·鲁颂·泮水》：“靡有不孝，自求伊祜。”郑玄笺：“国人无不法效之者，皆庶几力行自求福禄。”

(7) 畜养；保育。《释名·释言语》：“《孝经》说曰：‘孝，畜也；畜，养也。’”《广雅·释言》：“孝，畜也。”王念孙疏证：“《祭统》云：‘孝者，畜也。顺于道，不逆于伦，是之谓畜。’《正义》引《援神契》云：天子之孝曰就，诸侯曰度，大夫曰誉，士曰究，庶人曰畜。分之则五，总之曰畜，皆是畜养，但功有大小耳。”

(8) 姓。《通志·氏族略四》：“孝氏，姜姓，齐孝公支孙之后也。”①

在上述八种含义中，第八种含义与心理学无关，可以予以剔除。在余下的七种含义中，通过分析可知，“孝”原始的含义指“祭；祭祀”。此时的“孝”还不是一个作为现世伦理道德意义的范畴或概念，因为“祭；祭祀”的对象本是“鬼神”，其中主要是指死去的、已神化的祖先。这从一些学者对“孝”观念产生的论述里也可推知。例如，韦政通先生认为，假若人们了解殷、周以来祖先崇拜的宗教传统的演变情形，就知道在金文的孝的观念里，孝的对象不是“活着的人”，而是已逝的祖先，尤其是已神化的祖先。换言之，孝的原始意义是介于宗教与伦理之间的，具有现世伦理规范意义的孝，在西周时代还没有成熟。②

据潘富恩的见解，“孝”观念的产生始自以血缘为纽带的氏族社会。尽管“孝”的观念产生于氏族社会，但用文字将“孝”的内容明确表达出来，是在奴隶制鼎盛的西周时代。其表现主要有二：一是周人以孝表达对祖宗神的敬服，“显孝于申（神）”（《克鼎》），其目的是祈求祖宗保佑自己，并通过对祖先的祭祀来巩固氏族奴隶主内部的团结；二是表现对在世父母的孝，即对父母尽奉养之责。据《尚书·周书·酒诰》记载：“肇牵车牛，远服贾用，孝养厥父母。”其义是：为人子者为奉养父母，不辞劳苦到远方去经商。《诗经》也主张子女孝父母在于报答父母的养育之恩。正如《诗经·小雅·蓼

① 汉语大字典编辑委员会编纂．汉语大字典（第二版九卷本）．成都：四川辞书出版社，武汉：崇文书局，2010. 1083～1084.

② 韦政通．儒家与现代中国．上海：上海人民出版社，1990. 140～141.

我》所说："父兮生我，母兮鞠我。拊我畜我，长我育我，顾我复我，出入复我。欲报之德，昊天罔极！"可见，主要为艰辛的生存条件所迫，先民从血缘的"亲亲"之情就会很自然地发展为崇拜祖先、祈求祖宗神保佑自己，犹如大禹曾"致孝于鬼神"一般，这实际上就是孝敬祖宗神以期他们能保佑自己的一种表现形式。

随着时间的往后推移，先民生存的条件有了一定的变化，其中最主要的是个体家庭经济的出现，子女继承父母财产的权利为社会所承认，相应地，子女赡养父母的社会责任也随之确立，具有现世伦理道德意义的"孝"的观念也就在西周时期正式产生了。① 而文字是意识的产物，先有孝的观念，然后才可能将之表现于文字，于是"孝"字就被创造出来了。从殷商甲骨文"孝"的写法看，其义主要是指"奉先思孝"（《尚书·商书·太甲中》），这主要表达的是"孝"的原始含义。依金文的写法，"金文'孝'字上部像戴发伛偻老人，唐兰谓即'老'之本字，'子'搀扶之，会意"。《说文解字》也说："孝……从老省，从子，子承老也。"这里，"孝"的含义中就已更加关注现世，显得更加生活化，其基本含义已转变为"子女搀扶老人"，引申为"子女赡养老人"。此处"老人"不是泛指"所有老人"，而是特指"父母"。这从"孝"的原始含义里也很容易推导出：既然"死去的祖先"都要供奉，慢慢地自然就会延伸到供奉即赡养"活着的长辈"，于是，"孝"就具有了"子女赡养父母"的含义。因此，"畜养；保育"是作为现世伦理道德规范的"孝"的基本含义。具体言之，作为现世伦理道德规范的"孝"的基本含义是：父母年老了，子女赡养之；父母生病了，子女侍候之；父母仙逝了，子女埋葬之。② 若结合远古先民的心理与行为方式，对作为现世伦理道德规范的"孝"的基本含义作这种解释，相对而言是较为贴近当时先民心理与行为所具有的淳朴、自然的特点的。

由这一基本含义可以较自然地引申出孝的"善事父母"的含义。因为"子女赡养父母"，不仅仅是让父母吃饱穿暖（虽然这两点毫无疑问颇为重要），更重要的是，要让父母从心中体会到儿女对自己的爱意，从而产生幸福感，否则，人赡养父母与禽兽养育父母有何区别？于是，"孝"中逐渐地就有了"善事父母"的含义，对这一含义的清晰而明确的表述虽然出自许慎的《说文解字》，不过，从下文论述可知，将"孝"的含义作这一重要转变的是孔子，其后的《孝经》对其进行了较完整且具操作性的阐述。《孝经·纪孝行章第十》说："子曰：'孝子之事亲也，居则致其敬，养则致其乐，病则致其忧，丧则致其哀，祭则致其严，五者备矣，然后能事亲。事亲者，居上不骄，为下不乱，在丑不争。居上而骄则亡，为下而乱则刑，在丑而争则兵。三者不除，虽日用三牲之养，犹为不孝也。'"换言之，《说文解字》对"孝"的解释从很大意义上讲，主要是受到以孔子为代表的先秦儒家孝道观念影响的结果。

自"孝"产生了"善事父母"这一含义后，由于以孔子为代表的儒家在中国传统文化中的地位不断上升，"善事父母"这一含义就后来居上，一变成为"孝"的核心含义③，"孝"的其他含义皆可轻松地从此含义中引申而出："善事父母"，就要继承父母的

① 潘富恩．论儒家"孝"观念的历史演变和影响．儒学国际学术讨论会论文集（上）．济南：齐鲁书社，1989. 440 ~ 444.

② 宁业高等．中国孝文化漫谈．北京：中央民族大学出版社，1995. 2 ~ 3.

③ 韦政通先生认为，在孔子的孝道思想中，"孝"的基本含义是"无违"。（韦政通．儒家与现代中国．上海：上海人民出版社，1990. 143.）笔者认为这一观点值得商榷。

志向，帮助父母了结一些未完成的心愿，自然地，“孝”中就又有了“能继先人之志”的含义。起初，“能继先人之志”中的“先人”仅指自己的“先辈”，后来泛化到其他人的先辈，相应地，“孝”中就有了“效法”的含义。“善事父母”中的“父母”，既包括在人世间的父母，也包括已仙逝的父母，顺理成章地，“孝”中就多了一层含义，“指居丧或居丧的人”。“居丧或居丧的人”要穿一定的服饰，以表明自己正在居丧，在尽孝道，于是，“孝”又可指“丧服”。而随着汉代以后“三纲”思想的逐渐深入人心，自然而然地人们就会从“善事父母”中推导出“以尽心奉养和绝对服从父母为孝”的见解。所以，“三纲”思想在中国一日不灭，此种绝对的、单向的孝道就一日不亡。

（三）“孝”或“孝道”的心理学含义

1. 孝道的心理学内涵

在“孝”的上述诸种含义中，从心理学角度看，最重要的是“善事父母”这一含义。杨国枢先生认为，用现代社会心理学的观点看，孝道是一套子女以父母为主要对象的良好的社会态度（social attitude）与社会行为的组合，亦即孝道是孝道态度与孝道行为的组合。[①] 根据上文的分析，杨先生对“孝道”的这一界定有其合理之处。不过，“良好的”一词暗示着，依据杨先生对孝道的这一界定，孝道里所包含的孝道态度和孝道行为似乎都是好的或合理的。但事实上，在中国不同的历史时期，社会上所流行的孝道是有较大差异的；即便在同一历史时期，在开明家庭和保守家庭中所倡导的孝道也有显著差异。因此，用“良好”一词来修饰孝道态度，似乎未看到悖理孝道的丑恶一面，未看到生活中孝道种类的多样性，而是误将孝道等同于合理孝道。有鉴于此，本章在界定孝道的内涵时，在借鉴杨先生观点的基础上，稍加修改，将其表述得更加合乎中国国情和中国人的用语习惯：孝道是一套子女以父母为主要对象而展现出的孝心与孝行的组合体。因此，从心理学角度看，孝道主要包括两方面的内容：一是“孝心”。“孝心”指一套子女以父母为主要对象而展现出的社会态度。依心理学界公认的将心理分为知、情、意的“三分说”的观点，若将孝心作进一步划分，它必然也包括孝知、孝情、孝意三个成分，其中，孝知，即孝的认知层次，指身为子或女者对父母及相关事物的良好认识、了解及信念；孝情，即孝的情感层次，指身为子或女者对父母及相关事物的良好情绪与感受，即以敬与爱为主；孝意，即孝的意志层次，指身为子或女者对父母及相关事物的良好行为意向或反应倾向。二是“孝行”。“孝行”指一套子女以父母为主要对象而展现出的社会行为。[②] 对于孝心与孝行二者之间的关系，孝道的精髓之义主要有二：一是，孝心为本，孝行为末；孝心是内核，孝行是孝心的载体与表现形式。虽然孝心说到底需要一定的孝行来表达，但是，子代在向父母展示自己的孝道时，最重要的是孝心。一个人若心存孝心，即便没有相应的孝行也是可以的，这就是俗话所说的“只要你有这片孝心就可以了”或“难得你有这片孝心”。一个人如果内心没有孝心，只是表面去做一些所谓的“孝行”，那是一种虚伪的孝行，一般很难为中国人所真正认可与接受。二是，在通常情况下，子女在向父母行孝时只要遵循“量力而行”的原则就可以了，不可过于损害自身

---

① 杨国枢．中国人的心理与行为：本土化研究．北京：中国人民大学出版社，2004. 201.

② 杨国枢．中国人的心理与行为：本土化研究．北京：中国人民大学出版社，2004. 202.

的正当利益，同时，父母也要表现自己对子女的慈爱关怀。

虽然我们主张孝道里包含知（孝知）、情（孝情）、意（孝意）、行（孝行）四个部分，对孝知、孝情、孝意与孝行的理解也与杨先生的界定大致相当，但是，在以下三点上我们与杨先生的观点又有所不同：①为了与中国人日常的心理与行为方式相吻合，我们更倾向于用孝心和孝行两个概念，而较少将孝心进一步细分为孝知、孝情和孝意三个成分。②在阐释孝心与孝行之间的关系时所持的态度不同。杨先生的观点表述得颇为稳妥，连用了三个"可能"：杨先生说，孝知与孝感可能相互影响，两者又皆可能影响孝意，而孝意则可能影响孝行。[①] 我们则认为，只有先区分出真孝道与伪孝道（详见本章下文），才能更好地理解孝知、孝感、孝意与孝行四者之间的关系：在真孝道中，孝知、孝感、孝意与孝行四者之间一定存在相互影响的相关关系，而不是"可能相互影响"的关系；在伪孝道中，施孝者往往无真正的孝心可言，即便有一点孝心，也往往是言不由衷的，故其孝心与孝行之间往往是脱节的关系，一般只有迫于外力或基于某种利益驱动的孝行。③杨先生认为，孝知与孝感可能相互影响，两者又都可能影响孝意，而孝意则可能影响孝行。结合杨先生的这一表述与其书中"图 5－1 孝道态度层次与行为层次"[②] 来看，杨先生的意思似乎是，孝知与孝感必须通过"孝意"这个中介才可能影响到孝行。我们则认为，在真孝道中，孝知、孝感、孝意与孝行四者之间是相互影响的，孝知既可直接影响孝感、孝意与孝行，也可通过孝感、孝意这两个中介来影响孝行；孝感既可直接影响孝知、孝意与孝行，也可通过孝知、孝意这两个中介来影响孝行；孝意既可直接影响孝行，也可通过孝知、孝感这两个中介来影响孝行；孝行既可直接影响孝知、孝感与孝意，也可通过孝知、孝感或孝意这三个中的任一个或任两个中介来影响其余的部分。它们之间的关系如图 7－4 所示。

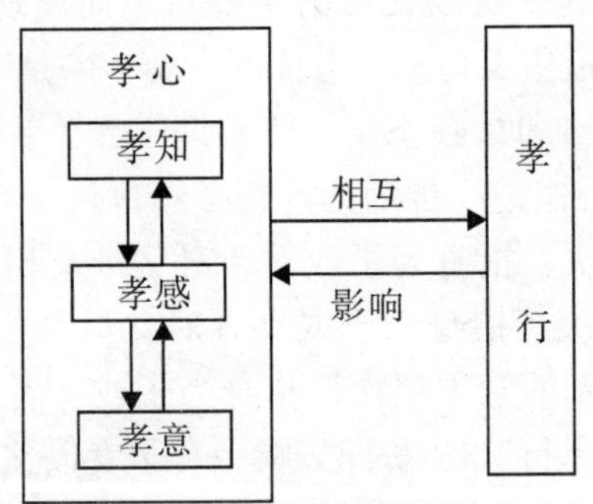

图 7－4　中国人的真孝道示意图[③]

2. 孝道的种类

按不同标准，可以将孝道分为不同类型，下面阐述三种常见的分类。若将这三种分类进行排列组合，再引入"数量"的概念，便可知生活中的孝道是五花八门的。

---

① 杨国枢．中国人的心理与行为：本土化研究．北京：中国人民大学出版社，2004. 202～203.

② 杨国枢．中国人的心理与行为：本土化研究．北京：中国人民大学出版社，2004. 203.

③ 杨国枢．中国人的心理与行为：本土化研究．北京：中国人民大学出版社，2004. 203.

（1）合理孝道与悖理孝道。

以向父母展现良好孝心与良好孝行时是否以牺牲子女正当权益为标准，可以将孝道分为合理孝道与悖理孝道两种类型。

合理孝道，也称“好孝道”或“积极孝道”，是一套子女既以良好孝心与良好孝行善待父母，又不让自己的身心健康和正当权益受到损害的孝道。根据此定义，凡是满足如下三个标准的孝道就属于合理孝道：①为人子女者要适度服从父母的善良意志。若是父母向子女推行自己的错误意志或邪恶意志，则要妥善劝说其放弃；若劝说不行，就要采取适当对策防止父母犯错误。②在正常情况下，子女要在力所能及的范围内真心善待父母，尽心尽力孝敬父母。③在特殊情况下，若既不损害他人的正当权益又完全出于子女的自愿，子女可以适度牺牲自己的正当权益去真心善待父母。可见，在正常情况下，子女履行合理孝道，既不会导致自己的身心健康和正当权益受损，又能让父母开心；在特殊情况下，子女完全出于自愿，且不损害他人的正当权益，若既不损害他人的正当权益又完全出于子女的自愿，子女适当牺牲自己的正当权益去真心善待父母，更会让父母和子女双方都能真实体验到亲情的温馨。因此，适度践行合理孝道，于己、于父母、于家、于社会、于国而言都是利多弊少甚至有百利而无一害的。

悖理孝道，也称“恶孝道”或“消极孝道”，是一套片面强调子女要不惜一切代价，不讲任何条件，做到以良好孝心与良好孝行善待父母的孝道。悖理孝道主要有两种表现方式：①愚孝。主张为人子女者要毫无异议、绝对地服从父母的意志，哪怕是邪恶的意志，只要出自父母，为人子女者也要绝对服从。同时，鼓吹子女为孝牺牲一切，要求子女不惜一切代价去满足父母的要求，甚至是父母提出的极其不合理的要求。为此，子女哪怕让自己的身心健康和正当权益受到严重损害也在所不惜，并且，子女在这样做时，还要求做到心甘情愿、无怨无悔。像《二十四孝》[①] 中的郭巨“埋儿奉母”、黄香“扇枕温衾”、王祥“卧冰求鲤”与吴猛“恣蚊饱血”等故事，鼓吹的都是此种悖理孝道。②单向孝道。无论父母如何对待子女，身为子女者都必须竭尽全力去孝敬父母。换言之，一个人只要具备了“子女”之名，无论“父母”做得如何，子女都必须无条件地孝敬父母。像《二十四孝》中的“舜孝感动天”故事鼓吹的就是此种悖理孝道。可见，一个社会若鼓吹悖理孝道，虽让为人父母者受益，却让为人子女者的正当权益受到极大的损害，这种社会一定是病态的，因为它是在以行孝的名义破坏公平、公正、爱的道德规范。

（2）真孝道与伪孝道。

以是否真心向父母展现孝心与孝行为标准，可以将孝道分为真孝道与伪孝道两种类型。

真孝道是一套子女以父母为主要对象而真心展现出的孝心与孝行的组合体。有关真孝道的内容在下文有详细探讨，这里不多讲。

伪孝道是一套子女以父母为主要对象而展现出的虚伪孝心与虚伪孝行的组合体。伪孝道的表现形式主要有二：①将行孝变成“道德秀”。假若一个人出于某种不正当的动

---

① 《二十四孝》，又称《二十四孝图》，元人郭居敬编，其中收集了封建社会所颂扬的24个尽孝的人。这24个人分别是虞舜、汉文帝、曾参、闵损、仲由、董永、郯子、江革、陆绩、唐夫人、吴猛、王祥、郭巨、杨香、朱寿昌、庾黔娄、老莱子、蔡顺、黄香、姜诗、王褒、丁兰、孟宗与黄庭坚。（夏征农，陈至立主编．辞海（第六版缩印本）．上海：上海辞书出版社，2010. 449.）

机而假装行孝，从而让孝道因丢失了孝心而变成“空壳”，孝行变成“道德秀”[①]，那他就是在行伪孝道。例如，在中国历史上，“举孝廉，父别居”讽刺的就是一些人为了谋取官职而奉行伪孝道的事情。在当代中国，由于许多地方尤其是大城市的房价过高，导致“房子”成为许多家庭最贵重的家庭财产。于是，部分为人子女者并不是真心孝敬父母，而是出于贪图父母的房产或钱财等原因，假装孝敬父母，以此来“哄”父母开心，一旦父母将房产过户给了子女，子女就“原形毕露”，不但不再孝敬父母，反而对父母恶言相向，甚至还有动手打父母者，从而引起一些家庭矛盾，有的最后不得不通过法律手段来解决。②只知机械地履行“孝仪”，却不了解孝的情感性关怀的真谛，从而使得行孝之人只知呆板而机械地扮演“孝子”或“孝女”，而不能设身处地理解孝行背后的真正意义。[②] 像《礼记》中讲的一些孝道就属此类（详见下文）。

（3）他律孝道与自律孝道。

以向父母展现孝心与孝行时自觉程度的高低为标准，可以将孝道分为他律孝道与自律孝道两种类型。

他律孝道是指在意识到存在有形或无形外在力量监督下，子女才以父母为主要对象而被动地展现出孝心与孝行的孝道。在通常情况下，每个人在践行孝道时都是从践行他律孝道开始的。因此，他律孝道虽显得被动，却是行孝的重要环节。正如《礼记·中庸》所说：“君子之道，辟（譬）如行远必自迩，辟如登高必自卑。”[③]

自律孝道是指一套子女以父母为主要对象而自觉展现出的孝心与孝行的组合体。依此定义，个体在履行自律孝道时，不但无须任何形式的外在力量的监督，而且能将孝心与孝行做到有机统一。一般而言，只有道德修养达到一定高度的人才能践行自律孝道。

二、“孝”的表征

一个人若想准确把握中国的孝道，以便在自己尽孝道时更易得到父母或他人的认可与赞扬，在知道了孝的多种含义后，还必须先知道孝的表征（也称尽孝的表征），然后依孝的精髓之义而行，方可收到理想的效果。那么，孝的表征有哪些呢？黄坚厚认为，它主要包括爱护自己、使父母无忧、不辱其亲、尊敬父母、向父母进谏与奉养父母等六项。若从现代心理学角度看，这六项内容里包含三个要点：①尽孝是要子女爱护自身，并谋求自我的充分发展；②尽孝是使子女学习如何与人相处；③尽孝是要使子女整个行为有良好的适应。这意味着，孝道里只有很少一部分是直接以父母为对象的，更多的内容是让一般人能透过良好的亲子关系来促进子女健全人格的发展、人际关系的适应，实际上是子女立身处事之道，不过中国古人以孝道统称之而已。所以，孝道是不应当受时空限制的。这便是古人将孝视作“天之经也，地之义也”、“德之本也”的缘由所在。[④] 应该说，这种对孝道的看法有一定道理，不过，至少有三点值得商榷：①若孝道真的主要是在讲子女立身处事之道，其目的是促进子女健全人格的发展、人际关系的适应，那

---

① 杨国枢．中国人之孝道观的概念分析．载杨国枢．中国人的蜕变．台北：桂冠图书股份有限公司，1988. 52.

② 杨国枢．中国人之孝道观的概念分析．载杨国枢．中国人的蜕变．台北：桂冠图书股份有限公司，1988. 52 ~53.

③ （宋）朱熹撰．四书章句集注．北京：中华书局，1983. 24.

④ 黄坚厚．现代生活中孝的实践．载杨国枢主编．中国人的心理．台北：桂冠图书股份有限公司，1988. 25 ~26.

么，何不用人际关系之类的术语来概括？为何非要用孝道称谓之？换言之，按上述说法理解孝道，似有消解孝道特定内涵之意。②孝道有合理孝道与悖理孝道、真孝道和伪孝道之分，将孝道看得过于美好，不符合史实。③孝道里是否真的只包括上述六项内容，值得进一步研究。借鉴黄坚厚等人的观点，根据上文所述，本章将孝的内容概括为两大部分：一是孝心，二是孝行。

（一）孝心

孝心的精髓：子女要以恰当的方式表达自己对父母的尊亲与悦亲之心。[①] 与此相一致，孝心主要包括两大部分：一是孝敬之心；二是顺从之心。

1. “爱亲敬长之心”：孝敬之心

在孝的表征中，孝敬之心是最重要的。正如《礼记·祭义》引曾子的话所说：“孝有三：大孝尊亲，其次弗辱，其下能养。”所谓孝敬之心，指子女对父母的尊敬与爱戴之心。将孝敬之心作为孝道的首要内容，这一功劳要归于孔子。据《论语·为政》记载：

子游问孝。子曰：“今之孝者，是谓能养。至于犬马，皆能有养。不敬，何以别乎？”

在孔子看来，就孝的实质而言，出自个体内心的孝敬之心较之赡养父母的行为更为重要。这一观点自产生后，成为孝道的精髓思想之一，一直为极少数有见地的中国人所继承。例如，据《传习录中·教约》记载，每天清晨，当诸弟子行过见面礼之后，王守仁都会“遍询诸生：在家所以爱亲敬长之心，得无懈忽，未能真切否”，以此督促学生要时时心存孝敬之心。

需指出的是，不独中国人的孝道要求人们要“孝敬父母”，西人也有类似的思想与主张。如，对西方文化有深远影响的基督教，尽管在阐述“做门徒的代价”时，曾说过“人的仇敌就是自己家里的人”[②] 这样的话语，但在其“十诫”里，也将“应当孝敬父母”作为其内容之一。《圣经·新约·以弗所书》就说：“你们做儿女的，要在家里听从父母，这是理所当然的。要孝敬父母，使你得福，在世长寿。这是第一条应许的诫命。”[③]

2. “无违”：顺从之心

顺从之心，指子女要从内心尊重、拥护父母的意志，并有按父母意志去待人接物的意向。中国传统孝道一般都要求为人子女者对待父母要有顺从之心，非以此不足以称为孝子。所以，中国人常用“肖”定义“孝”，用“不肖”定义“不孝”。[④] 何谓“肖”与“不肖”？《说文》：“肖，骨肉相似也。从肉，小声。不似其先故曰不肖也。”[⑤] 可见，“肖”有“相像”、“相似”之义；“不肖”有“不相像”、“不相似”之义。这意味着，在中国人看来，子女是从父母身上延伸出来的“肢体”，是父母的股肱手足，不但理应照父母的意志

---

① 黄坚厚．现代生活中孝的实践．载杨国枢主编．中国人的心理．台北：桂冠图书股份有限公司，1988. 38.

② 圣经（和合本）．中国基督教三自爱国运动委员会，中国基督教协会，2007. 12.

③ 圣经（和合本）．中国基督教三自爱国运动委员会，中国基督教协会，2007. 219.

④ ［美］孙隆基．中国文化的深层结构（第二版）．桂林：广西师范大学出版社，2011. 209.

⑤ （东汉）许慎撰．（清）段玉裁注．说文解字注．上海：上海古籍出版社，1988. 170～171.

待人处世，而且要替父母完成其未完成的心愿。一个为人子女者，若能这样做，便是孝。正如《中庸》所说："子曰：'夫孝者，善继人之志，善述人之事者也。……践其位，行其礼，奏其乐，敬其所尊，爱其所亲，事死如事生，事亡如事存，孝之至也。……'"①如不能按父母意志去做，不去替父母完成其心愿，便是未能承担起父母股肱手足的职责，自然是不孝。这种孝道观不但强化了中国人的崇古心理与权威崇拜心理，而且一旦走到极端，就推动了"杀子文化"的形成。例如，《二十四孝》中"埋儿奉母"的故事：极端贫困的郭巨为了让母亲有口饭吃，便与妻子商量道："贫乏不能供母，子又分母之食，盍埋此子？儿可再有，母不可复得。"从而做出令人发指、令人恐怖的冷血决定：亲手活埋年幼的儿子。②

但是，是要对父母的意志（无论是善良意志还是邪恶意志）绝对服从，还是只选择父母的善良意志予以服从，中国人在不同的历史阶段有不同看法。大致说来，在先秦时期，学者多是矛盾派，但也有人主张"从义不从父"，显示出明显的理智色彩。自汉代尤其是东汉以后至清代为止，中国人多主张为人子女者要绝对服从父母的意志，显示出明显的奴教色彩。

先秦学者有时主张子女要绝对服从父母，有时又主张子女只应相对服从父母，显示出颇为矛盾的心态。这一观点以孔子和孟子为代表。

据《论语·为政》记载："孟懿子问孝，子曰：无违。"

据《论语·里仁》记载："子曰：事父母几谏，见志不从，又敬不违，劳而不怨。"

据《孝经·谏诤章》记载：曾子曰："若夫慈爱、恭敬、安亲、扬名，则闻命矣。敢问子从父之令，可谓孝乎？"子曰："是何言与，是何言与！昔者，天子有争臣七人，虽无道，不失其天下；诸侯有争臣五人，虽无道，不失其国；大夫有争臣三人，虽无道，不失其家；士有争友，则身不离于令名；父有争子，则身不陷于不义。故当不义，则子不可以不争于父；臣不可以不争于君；故当不义则争之，从父之令，又焉得为孝乎？"③

从前面两段话可知，孔子的孝道思想实际上是主张为人子女者应该绝对顺从父母的意志的。假若父母有过错，子女只宜委婉劝谏，即便父母不接受子女的合理建议，子女也要照旧以恭敬的态度对待父母，并且心中要做到无怨无悔。这就含有不分是非地包容父母过错和要子女绝对服从父母意志两大隐患，这两大隐患在其后的以郭居敬《二十四孝》为代表的论著里得到淋漓尽致的发挥，并为封建统治者所利用，从而在实际中给后世的孝道带来致命的毒害。不过，若从第三段话看，孔子的孝道里又有这样一层含义：不是要为人子女者、为人臣者机械、刻板地听从自己的父母、自己的君主的言论，而是

① （宋）朱熹．四书章句集注．北京：中华书局，1983. 27.

② ［美］孙隆基．中国文化的深层结构（第二版）．桂林：广西师范大学出版社，2011. 208 ~211.

③ 也有学者认为《孝经》的这段言论不是孔子的思想，而是《孝经》对孔、孟"孝"的观念里一味要求子女顺从父母思想的一种改进（潘富恩．论儒家"孝"观念的历史演变和影响．见．儒学国际学术讨论会论文集（上），济南：齐鲁书社，1989. 446.）。笔者不赞成这一观点，而倾向于将这一言论视作孔子本人的思想，因为从一定意义上说，孔子也是《孝经》的作者之一（胡平生译注．孝经译注．北京：中华书局，1996. 4.）；同时，只有这样理解才能较好地解释为何《荀子·子道》里也有类似言论这一事实。

要有选择地听从父母、君主的言论，只顺从父母、君主言论中符合“义”的言论；假若父母对子女或君主对臣下说出不义的言论，甚至父母或君主做出不义的行为，做儿女、做臣子的就不能死守孝道、一味地顺从，而要学会说“不”，甚至要努力劝说父母或君主放弃自己的不义行为，为人子女者、为人臣者只有这样做，才算是真正的尽孝道。这一思想与今天“学会（正确）选择”的时代思潮相暗合。孔子孝道里的这一层含义后为极少数大儒所继承，虽未“中断香火”，但对后世没有产生真正大的影响。这是中国古人讲孝的一大悲哀！若综合起来看，孔子的孝道思想是矛盾的，使得后世之人在讲孝道时，无论是主张子女要绝对服从父母的意志还是主张子女要选择性地服从父母的善良意志，都可以从孔夫子的言论里找到相应的依据。孔子孝道思想里的矛盾观点被其后的孟子所继承。一方面，《孟子·离娄上》说：“不得乎亲，不可以为人；不顺乎亲，不可以为子。”主张为人子女者要绝对服从父母的意志，一个人若不这样做，就不配为人子。一个人若果真照着《孟子》的这一思想去行孝，势必成为其父母的奴隶。另一方面，从孟子说诸如“大丈夫人格”之类的话中又可看出，孟子似乎又不是那种鼓吹奴隶人格的人。结合起来看，似乎只能作这种解释，在孝道上孟子也是持矛盾的观点的。与孔孟等人矛盾的心态不同，荀子在论孝子的做人方式时，与其浓厚的尚智思想相一致，荀子主张孝子宜“从义不从父”，显示出明显的理智色彩。《荀子·子道》说：

入孝出弟，人之小行也；上顺下笃，人之中行也；从道不从君，从义不从父，人之大行也。若夫志以礼安，言以类使，则儒道毕矣，虽舜，不能加毫末于是矣。孝子所以不从命有三：从命则亲危，不从命则亲安，孝子不从命乃衷；从命则亲辱，不从命则亲荣，孝子不从命乃义；从命则禽兽，不从命则修饰，孝子不从命乃敬。故可以从而不从，是不子也；未可以从而从，是不衷也；明于从不从之义，而能致恭敬、忠信、端悫以慎行之，则可谓大孝矣。①

这种情形至汉代出现了新的变化。自西汉董仲舒力倡“三纲”思想和东汉《白虎通义》鼓吹“三纲”之说后，“三纲”思想因其有助于维护封建专制统治，从而受到历代封建统治者的极力鼓吹，与此相适应，孝道观也发生了一次根本性的转变。在孝心上，从先秦时期的矛盾观变为主张绝对服从说，即不论父母的见解对错与否，为人子妇者都要绝对予以服从并坚决执行。这一观点自产生后，得到一些庸俗的御用文人的刻意奉承，其中尤以元人郭居敬编的《二十四孝》为甚，此后，僵硬、死板的“父为子纲”式的单向孝道的思想就逐渐深入到中国古人的心中，使得蕴含绝对服从说的单向孝道在明清时期一直处于主导地位，成为钳制广大中国人思想与行为的一大工具，至清代灭亡为止也没有发生过实质性的变化。这种单向孝道虽对维护家族制度有一定的积极作用，但为此而付出的代价也是惊人的，导致多数古代中国人养成依附性人格、权威人格，而不容易培养出独立自尊的人格。② 真可谓得不偿失！

---

① （清）王先谦撰．沈啸寰，王星贤点校．荀子集解．北京：中华书局，1988. 529.

② 韦政通．儒家与现代中国．上海：上海人民出版社，1990. 144.

（二）孝行

根据记载孝的史料，运用理论分析等方法，可以论述中国古人所主张的孝行的具体内容与做法。至于当代中国人的孝行，较之古人，则有一些变化，这在下文有详论，这里不多讲。

1. *“顾父母之养”：奉养父母*

子女为了表达自己对父母的尊亲与悦亲之心，在自己有能力赡养父母的前提下，以恰当的方式奉养父母，自然能收到尊亲、悦亲的效果。因此，孝的重要含义之一就在于子女要侍奉父母，不但要让父母尤其是年老体弱的父母衣食无忧，而且要让父母有病无忧（在子女的支持下，能够及时得到治疗）。于是，尽自己之力以满足父母的需要尤其是物质需要，当然是孝子该做的一类事情。正如《孟子·万章上》所说：“孝子之至，莫大乎尊亲，尊亲之至，莫大乎以天下养。”顺理成章地，一个有能力奉养父母的人却不尽心奉养自己的父母，往往易被人指责为不孝。据《孟子·离娄下》记载，孟子在批评人的不孝时，所列五种不孝行为之中，前三种都属不供养父母的行为：“惰其四支(肢)，不顾父母之养，一不孝也；博弈好饮酒，不顾父母之养，二不孝也；好货财，私妻子，不顾父母之养，三不孝也……”① 儒家孝道里这种强调奉养父母的思想不但为后世儒人所遵从，而且为道佛人士所认可。如道教经典著作之一的《太平经》受到儒家孝道思想的影响，也赞成儒家“父慈母爱，子孝兄长”的道德原则，只不过，它部分地剔除了儒家中迂腐、不合情理的愚孝因素，而将其中“尊亲养老”的重点放在强调子女对父母赡养的义务和责任上：“日有积聚，家中雍雍，以养父母。”②“子者年少，力日强有余。父母者日衰老，力日少不足也。夫子何男何女，智贤力有余，乃当还报复其父母功恩而供养之也。”③ 又据《传习录中·教约》记载，每天清晨，王守仁都会“遍询诸生：在家所以爱亲敬长之心，得无懈忽，未能真切否；温清定省之仪，得无亏缺，未能实践否；往来街衢，步趋礼节，得无放荡，未能谨饬否；一应言行心术，得无欺妄非僻，未能忠信笃敬否。诸童子务要各以实对，有则改之，无则加勉”，以此督促学生要时时对父母嘘寒问暖。

当然，如上所述，一个人若仅仅在物质上满足父母的需要，而没有相应的孝敬之心，也不能算是真正的孝子或孝女。据《论语·为政》记载：“子夏问孝。子曰：‘色难。有事，弟子服其劳；有酒食，先生馔，曾是以为孝乎？’”这表明，子女尽孝道，难在要始终如一地对父母、长辈和颜悦色。如果子女能始终如一地以恰当的方式向父母表达自己的尊亲、悦亲之心，让父母生活在愉快的心境中，就是真的在尽孝道。反之，假若子女只是自己抢着去干重活，而不让年迈的父母去做；有酒食先让年老的父母去吃，而在做这些事情时对父母态度粗暴、生硬，让父母产生寄人篱下、活着是累赘的痛苦想法，而丝毫感受不到子女尊敬、爱戴自己之情，那也不能算是已尽孝道。孔子的这一观点值得当代中国为人子女者谨记。由此可见，黄坚厚主张“养亲”也是孝行的核心之一的观点

---

① 杨伯峻译注．孟子译注．北京：中华书局，1960. 200.

② 王明编．太平经合校．北京：中华书局，1960. 302.

③ 王明编．太平经合校．北京：中华书局，1960. 35.

值得商榷。[①] 正确的说法应是：只有在尊亲与悦亲的前提下再去养亲，才是真孝行，且是一种积极的孝行，单纯的养亲不一定是孝行；若仅知养亲，却让父母产生寄人篱下、给子女添负担之类的负面情绪，并由此让父母抬不起头做人，甚至有生不如死之感，那便是伪孝道。

2. “好勇斗狠，以危父母，五不孝也”：不做祸及父母的事情

克制自己的冲动与偏差，不做祸及父母的事情，这是孝子所必须牢记的。据《孟子・离娄下》记载，在孟子所列五种不孝行为之中，后两种都属祸及父母的行为：“……从耳目之欲，以为父母戮，四不孝也；好勇斗狠，以危父母，五不孝也”[②]。

3. “不孝有三，无后为大”：生儿育女

中国古代社会主要是宗法社会，为了宗族的强大，为了使父母的基因得以延续下去，行孝的重要做法之一就是要努力生育后代，给本族增添更多的生命。一个人若在没有生育后代之前就去世，既会让自己的父辈背上不孝的罪名（因父辈无后），也会让自己背上不孝的罪名（因自己无后），还会削弱自己这一宗系的势力。因为“无后”不只是使孝道无法继承，而且使单系亲族群中一部分死去的祖先也无人祭祀，这一个亲族组织从此将遭到破坏。假若亲族组织被破坏，则事亲尊亲的价值都将失去意义。而从孟子所倡导的孝道看，“尊亲”在孝道里占据重要位置。《孟子・离娄上》说：“事，孰为大？事亲为大。”《孟子・万章上》又说：“孝子之至，莫大乎尊亲。”知道了这个道理，才能知道视无后为不孝的真正原因。[③] 正由于此，《孟子・离娄上》里的“不孝有三，无后为大”一语才成为许多中国人向来信奉的尊亲准则，后人所讲的孝道，虽不见得将“尊亲”放在如此重要的位置，但也大致如此。从一定意义上说，这是中国无论从历史上看还是从当代上看，向来都以人口众多而著称的心理根源之一。

4. “扬名于后世”：建功立业

《孝经・开宗明义章》主张：“立身行道，扬名于后世，以显父母，孝之终也。”受此思想的影响，中国人将出人头地，建功立业，以彰显自己的家庭和家族作为行孝的重要做法之一，这或许是中国人向来崇尚自强不息精神的心理动力之一。如司马谈临死时，“执迁（指司马迁，引者注）手而泣曰：‘余先周室之太史也。自上世尝显功名于虞夏，典天官事。后世中衰，绝于予乎？汝复为太史，则续吾祖矣。今天子接千岁之统，封泰山，而余不得从行，是命也夫，命也夫！余死，汝必为太史；为太史，无忘吾所欲论著矣。且夫孝始于事亲，中于事君，终于立身。扬名于后世，以显父母，此孝之大者。夫天下称诵周公，言其能论歌文武之德，宣周邵之风，达太王王季之思虑，爰及公刘，以尊后稷也。幽厉之后，王道缺，礼乐衰，孔子修旧起废，论《诗》、《书》，作《春秋》，则学者至今则之。自获麟以来四百有余岁，而诸侯相兼，史记放绝。今汉兴，海内一统，明主贤君、忠臣、死义之士，余为太史而弗论载，废天下之史文，余甚惧焉，汝其念哉！’迁俯首流涕曰：‘小子不敏，请悉论先人所次旧闻，弗敢阙。’”[④] 从这段话可推知，司马迁之所以历经千难万苦，甚至在受了极其屈辱的腐刑之后仍继续完成《史记》的写

① 黄坚厚．现代生活中孝的实践．载杨国枢主编．中国人的心理．台北：桂冠图书股份有限公司，1988. 38.

② 杨伯峻译注．孟子译注．北京：中华书局，1960. 200.

③ 韦政通．儒家与现代中国．上海：上海人民出版社，1990. 145.

④ 出自《史记》卷一百三十《太史公自序第七十》。

作，其父亲的上述遗言所给予他的精神动力是不可低估的。从心理学的角度看，这正是德国心理学家杰特曼（Juetteman）所说的“Überschreitungsmotiv”在起作用。“Überschreitungsmotiv”是德语，德国哥廷根大学（University of Goettingen）的汉学家Gerlinde Gild教授用英语将其译作“Motive of exceedance or transgression”。据此，笔者用中文将其译作“追求超越的动机”，它指的是努力改变现状，使之变得更加卓越的动机。司马迁在其父亲临终遗言的激励下，内心产生了强大的“追求超越的动机”，历经千辛万苦，最终写出了《史记》这部不朽的史学名著，不但使自己流芳千古，而且在客观上的确取得了较其父亲更大的学术成就。与“Überschreitungsmotiv”相对应的一个词是“Erhaltungsmotiv”。Gerlinde Gild教授将其译作“Motive of sustainment or preservation”。① 据此，笔者用中文将其译作“努力维持现状的动机”，它指的是努力将某件事情、某种事物或某种局面维持现状的动机。例如，在中国封建社会，历代王朝的继任者一般都想维持其开创者所定下的规矩，即所谓的“祖宗之法不可变”，这正是“努力维持现状的动机”在起作用；在中国的经学时代，无数儒者都力图维持孔子的学术地位与孔学的原貌，也是这种动机在起作用。所以，杰特曼认为，“追求超越的动机”与“努力保持现状的动机”既适用于个体，也可用于集体，这一观点颇有见地。

5. “身体发肤，受之父母，不敢毁伤”：珍惜生命

《孝经·开宗明义章》说：“身体发肤，受之父母，不敢毁伤，孝之始也。”受此思想的影响，中国古人向来珍惜自己的生命，不使它轻易受到伤害。正如《千字文》所说：“《孝经》云：‘身体发肤，受之父母，不敢毁伤。’言此身发，乃父母所鞠养，而不敢损坏也。此将言修身之事，故先言身之至重，以见其不可不修。外而形体，则有四大（指地、水、火、风，引者注）；内而心性，则有五常（指仁、义、礼、智、信，引者注）。修身者，惟修其五常之德，而后能不亏四大之体。盖不敢毁伤者，在四大；而所以不毁伤者，在修其五常也。”② 这或许是中国古人向来注意养生保健、爱惜自己的身体、热爱和平的心理根源之一。

关于中国古人受孝道影响而爱惜人的身体，笔者再举两个例子以增进读者的理解：①解剖从有至无。《灵枢·经水》早就说过：“若夫八尺之士，皮肉在此，外可度量切循而得之，其死可解剖而视之。其脏之坚脆，腑之大小，谷之多少，脉之长短，血之清浊，气之多少，十二经之多血少气，与其少血多气，与其皆多血气，与其皆少血气，皆有大数。”这表明在《孝经》尚未流行之前，中国古代的医家曾对人的尸体进行过一定程度的解剖学研究，以此探究人体内部的奥秘，否则《灵枢》是说不出“其死可解剖而视之”这样的话语的。可惜的是，后来受到《孝经》思想及其产生的相关道德与法律制度的制约，中医逐渐放弃对人体进行解剖学研究。不过，可以推测出，有少数开明且胆大的中医仍会悄悄利用人的尸体（如用弃之野外、无人认领的尸体）进行解剖学研究。如清代的名医王清任（1767—1831）为了研究人体解剖结构和生理功能，曾冲破封建礼教的束缚，亲自解剖、观察过100多具因瘟病而死的小儿尸体和刑事犯尸体，经过42年的

---

① Juetteman所说的“Überschreitungsmotiv”与“Erhaltungsmotiv”这两个概念及其内涵，是汪凤炎根据2010年10月13日与Gerlinde Gild教授通过E-mail的通信交流而得出的。

② 梁兴嗣撰．千字文释义．汪啸尹纂集．北京：中国书店，1991. 16～17.

辛勤工作，写成《医林改错》一书，并将人体生理结构绘制成图，纠正了前人的不少错误，成为中国古代真正在解剖生理基础上提出“脑髓说”的第一人。[①] ②主要通过鼻腔种“人痘”。为对付“天花”这种恶性传染病，聪明的中国古人发明了种“人痘”以预防“天花”的方法与技术。此法曾颇有疗效，后来传入西方如英国等国家，西方人正是受种“人痘”方法的启示，才最终发明了更为安全可靠的种“牛痘”以预防“天花”的技术。不过，中国古人由于受到孝道思想的影响，在种“人痘”时主要是通过鼻腔进行，一般不会人为地割破或刺破人的皮肤。与此不同的是，英国人由于没有中国的孝道观念，常常是先在接种者身上的某处割一个口子或刺一个口子，然后将“人痘”种进去。

6. “三年之丧”：善待仙逝的长辈

如下文所述，孔子主张的孝道里隐含着片面强调以“礼”对待父母的思想，因此，孔子虽重“事人”胜过重“事鬼”，却主张要善待仙逝的长辈，尤其力倡子女要为已逝父母守丧三年，否则，就不合礼，当然也不是孝子孝女所应该有的行为。据《论语·阳货》记载，当孔子的学生宰我认为守丧三年时间太长，建议改为一年时，孔子就大骂宰我“不仁”，理由是“子生三年，然后免于父母之怀。夫三年之丧，天下之通丧也，予（宰我）也有三年之爱于其父母乎”。将宰我较为合理的主张大加批判，使“三年之丧”成为其后中国漫长封建社会的守丧信条。如《孟子·滕文公上》就说：“三年之丧，齐疏之服，飦粥之食，自天子达于庶人，三代共之。”这不但劳民伤财，更为严重的是，由此易滋生出一些不肖子女在尽孝时不重生人重死人的弊病。事实上，《孟子·离娄下》就说了一句极易滋生出一些不肖子女在尽孝时不重活人重死人弊病的话：“养生者不足以当大事，惟送死可以当大事。”这是当代中国人在讲孝道时应引以为戒的。

三、中国人为什么推崇孝道

每个人的婴儿期与童年期都必须依靠家人的关心与照顾才能顺利度过，否则就可能会导致死亡。正由于此，在正常情况下，每个人自然会对自己的父母心存感恩之心，在自己有能力时，都会想方设法报答父母的养育之恩，这是天经地义的。放眼自然界，大凡有与人类类似成长经历的动物，在它们的生活中都存在着类似人类的孝道心理与行为方式。例如，小乌鸦自出生后，在很长一段时间内因羽翼未丰满，无法自己寻找食物，必须依靠父母给自己喂食才能健康成长，因而，在乌鸦世界里也存在“反哺”之类的行为。反之，像海龟之类的动物，它们自出生开始就全靠自己谋生，完全不需要父母的帮助或照顾（虽然此时有些小海龟的父母仍健在），生、老、病、死也几乎全靠“天命”，因此，像海龟之类的动物肯定是不讲孝道的。而像蚕之类的动物，其“父母”在产卵后就全部死亡了，蚕卵自此开始了“自生自灭”的过程，在这个过程中，完全得不到“父母”的照料（因父母早已双亡了），其自然也不会讲孝道。可见，基于报恩心理而对健在的父母或过世的父母尽孝道，本应是人类的通例，但为什么事实上只有中国人才特别重孝道呢？细究起来，这是由于如下多种因素的交互作用，才使中国人一向非常推崇孝道。

---

① 汪凤炎．中国心理学思想史．上海：上海教育出版社，2008. 106.

（一）受小农经济的深刻影响

五千多年以来，中国一直都是以小农经济为主，以农立国，这种局面直至2013年都未发生根本性的改变。用文化生态学（cultural ecology）的眼光看，以农业为重心的经济生活和社会生活势必产生如下三种结果。

1. 小农经济使得中国人形成了凡事以家为重的家族主义的心态和做法

小农经济中，生产单位势必以家庭、家族（特别是以大家族为理想形态者）为主。因此，中国人对家庭、家族的保护、延续、和谐与团结势必倍加重视，否则，小农经济就无法有效开展，结果，就使得中国人形成了凡事以家为重的家族主义的心态和做法。家庭、家族是中国传统社会内主要的团体，从生活中积累的丰富经验与大量习惯，遂使中国人养成一种明显的心理与行为倾向，那就是将家庭、家族以外的团体或组织予以家庭化，从而将家庭、家族中的结构形态、关系模式和运作原则推广到家族以外的团体或组织中。这种将家庭、家族结构、家人关系与家族伦理的形式与内涵推行到非家族性团体或集体（如社会性、宗教性或政治性团体或集体）的心理与行为过程，可以称为家族化历程。经由家族化历程，将家庭、家族以外的团体或集体视为类似家族的心态与观念，可以称为泛家族主义。在传统的中国社会内，在强烈的家族主义的影响下，为了维护阶层式的父权家族的壮大、团结、和谐与延续，子女必须传宗接代，必须奉养父母，必须依顺父母，必须随侍父母而不远游。在社会化的过程中，要使子女形成这些观念、意愿与行为，则必须强调并提倡一套兼含这些心理与行为要素的观念，这便是孝或孝道。可见，在农业经济体系及相应而生的特殊社会结构下，经由自然的演化与儒家的影响，孝道融进传统中国人的各种日常活动中，深入传统中国社会的每个角落，俨然成为中国文化最突出的特色。从一定意义上可以说，整个传统中国社会是建立在孝道的基础之上的。①

2. 小农经济使得“养小与养老”都必须靠家庭完成，故政府鼓吹孝道

受重家庭和家族而轻社会的管理理念（指一种过于重视家庭、家族的维护而轻视社会的培育的管理理念）与经济发展水平不高（相对于现代经济发展水平而言）等因素的制约，在中国漫长的历史上，在绝大多数时期，社会与国家都无法积累厚实的财富，致使各朝各代的统治者都没有能力（偶尔有能力时又缺乏此种意识）在全国范围内建立起一个完善的、高水平的社会保障制度，来妥善解决“老（指老人）有所养，病有所医，死有所葬”的问题，而是将解决这些问题的主体转移到家庭上，结果，“养小与养老”等工作都主要由家庭、家族承担，主要在家庭、家族中完成。于是，出于维护社会安定等缘由，历代中国政府、社会都强调孝道的重要性。其中，中国古代历朝重视孝道的言论在上文已有阐述，这里不多讲。当代中国政府仍重孝道。例如，自2013年7月1日起，新修订的《中华人民共和国老年人权益保障法》正式实施，该法“第二章　家庭赡养与扶养”中从第十三条至第二十二条、第二十四条至第二十六条共十三条规定的内容都与孝有关。例如，“第十三条　老年人养老以居家为基础，家庭成员应当尊重、关心和照料老年人。第十四条　赡养人应当履行对老年人经济上供养、生活上照料和精神上慰

① 杨国枢．中国人的心理与行为：本土化研究．北京：中国人民大学出版社，2004. 197～199.

藉的义务，照顾老年人的特殊需要……第十五条　赡养人应当使患病的老年人及时得到治疗和护理；对经济困难的老年人，应当提供医疗费用……第十八条　家庭成员应当关心老年人的精神需求，不得忽视、冷落老年人。与老年人分开居住的家庭成员，应当经常看望或者问候老年人”等。因此，2013 年 7 月 1 日，江苏省无锡市北塘区法院公开审理一起赡养案，法院判决支持原告老人的诉请，规定其女儿女婿必须每两个月回家一次看望现已 77 岁的老人，每年的重大传统节日如元旦、端午、重阳、中秋等必须至少看望两次，除夕至元宵节之间必须至少看望一次，否则可能被强制执行并处以拘留，这也是“与老年人分开居住的家庭成员，应当经常看望或者问候老年人”入法后的首个判例。

由此可见，如果当代中国仍无力在全国范围内建立起一个完善的、高水平的社会保障制度，中国社会将继续提倡重视孝道，中国人也将继续重视孝道。事实上，受经济发展水平不高与社会保障制度的不完善所限，至今在中国的大多数家庭中，年迈老人，如农村中的许多年迈老人和城市中那些一生都没有正式工作的年迈老人，他们根本就没有养老金，或养老金和“低保”的收入很低，不足以让其应付正常的生活所需，因此，老人仍主要靠子女赡养，这也是中国至今仍重孝道的经济根源之一。反之，假若当代中国经改革开放，最终建立起富强、民主、文明、和谐的社会主义现代化国家，步入发达国家的行列，在国家的经济结构中，第三产业和第二产业占有极大比重，农业则只占极小比例，在这极小比例的农业中，主要是现代化的农业，小型农业则只占微不足道的比例。同时，国力强大到足以建立起以全民为对象且高水平的完善的社会保障制度，那么，孝道的重要性自然也会逐渐减弱。

3. 小农经济有助于尊老习俗的养成，从而助长了重孝道的风气

在小农经济背景下，通常一个人在某个地方待得越久，对当地的气候变化、土壤特性、农作物生产情况等就了解得越多、越准，就越易形成善待老人的传统。所以，《礼记·祭义》说：“先王之所以治天下者五：贵有德，贵贵，贵老，敬长，慈幼。此五者，先王之所以定天下也。贵有德何为也，其近于道也。贵贵，为其近于君也。贵老，为其近于亲也。敬长，为其近于兄也。慈幼，为其近于子也。是故至孝近乎王，至弟近乎霸。”[①] 将“贵老”视作治理天下的五个重要手段之一。“贵老”观念不但存在于像《礼记》这样著名的论著里，更体现在一些朝代的律令之中。例如，据《汉书》卷四《文帝纪》记载，汉文帝元年诏令凡“年八十岁以上，赐米人月一石，肉二十斤，酒五斗。其九十以上，又赐帛人二匹，絮三斤。赐物及当禀鬻米者，长吏阅视”。以后，历代都有关于这方面的记载，这说明官方在物质和精神上均支持个体延长生命的努力。官方既是如此，民间更是提倡要善待老人，使得“尊老”成为中华民族的传统美德，一直延续至今。为此，1989 年，中国政府将每年农历九月九日的重阳节定为“老人节”，这正顺应了中国民众的心理。因为在许多中国人看来，“九九”与“久久”谐音，蕴含有生命长久、健康长寿之义。将“九九重阳节”称作“老人节”，不但使源自西汉[②]的重阳节这个中国传统节日的内涵进一步丰富化，而且有助于引导全社会人们形成爱老、尊老、敬老、助老的良好风气。所有这些都有助于中国人行孝，因此，中国人常说：“家有一老，胜似

① （清）朱彬撰．饶钦农点校．礼记训纂．北京：中华书局，1996. 706.

② 刘巽达．将人伦节日化为民族文化记忆．光明日报，2010－10－15.

一宝”。

顺便指出，尊老使得“老”字在汉语里易与其他字组成一些有积极含义的词语。例如，一个守规矩、可靠的人，中国人习惯称之为“老实人”。若一个人待人接物都做得很得体，就会赢得“老练”或“老成稳重”之类的积极评价。“少年老成”也是对一些年轻人的积极评价，其内丝毫没有“未老先衰”的消极含义。①

（二）家国一体的社会结构

与小农经济一致，从政治管理理念与社会结构角度看，漫长的中国古代社会主要是家国一体的社会结构。这种宗法社会以家族为本位，一家之人皆听命于家长，个人几乎没有什么权利可言。正如陈独秀所说：

> 东洋民族，自游牧社会，进而为宗法社会，至今无以异焉。自酋长政治，进而为封建政治，至今亦无以异焉。宗法社会，以家族为本位，而个人无权利。一家之人，听命家长。《诗》曰：“君之宗之。”《礼》曰：“有馀则归之宗，不足则资之宗。”宗法社会尊家长，重阶级，故教孝；宗法社会之政治，郊庙典礼，国之大经。国家组织，一如家族，尊元首，重阶级，故教忠。忠孝者，宗法社会、封建时代之道德，半开化东洋民族一贯之精神也。自古忠孝美谈，未尝无可泣可歌之事，然律以今日文明社会之组织，宗法制度之恶果盖有四焉：一曰损坏个人独立自尊之人格；一曰窒碍个人意思之自由；一曰剥夺个人法律上平等之权利（如尊长卑幼同罪异罚之类）；一曰养成依赖性，戕贼个人之生产力。东洋民族社会中种种卑劣不法惨酷衰微之象，皆以此四者为之因。欲转善因，是在以个人本位主义易家族本位主义。②

韦政通也认为，中国传统社会主要是以单系亲族组织为原则的社会结构。这种亲族组织往往是以父子关系为主轴，其他伦常关系如君臣、夫妇、长幼、朋友的关系都是以父子关系为准绳，因此，提倡孝道就成了稳定这一社会结构最有效的力量。证诸其后的历史，事实确是如此。③ 在忠孝之中，孝更为根本。中国古人一贯相信，一个在家为孝的人，出外肯定会为忠。自然地，中国传统文化必重孝。事实上也的确如此，《孝经》在汉代就已上升至“经”的地位，④ 自此之后，“孝”成为中国古人的基本行为准则，所谓“志在《春秋》，行在《孝经》”。南北朝也重孝，不太讲忠；唐代同样重孝，唐玄宗钦注《孝经》；宋以后，将孝与忠完全合二为一，成为封建社会的重要道德规范。⑤ 因而《孝经·圣治章》中的“人之行，莫大于孝”一语也就成为无数中国人的座右铭，讲究孝道或推崇以孝道的方式待人处世。若借用美国心理学家阿尔波特（G. W. Allport，1897—1967）的术语，那简直就成了古代绝大多数中国人人格上的“共同特质”（commontraits，

---

① ［美］孙隆基．中国文化的深层结构（第二版）．桂林：广西师范大学出版社，2011. 224.

② 陈独秀．东西民族根本思想之差异．青年杂志．1915（4）：2.

③ 韦政通．儒家与现代中国．上海：上海人民出版社，1990. 142.

④ 汉代为何特别重视“孝”，这是一个值得进一步探讨的问题，基于本书的旨趣，这里不多讲。

⑤ 周予同．中国经学史讲义．上海：上海文艺出版社，1999. 115.

它是属于同一文化形态下多数人所具有的一般性格特征)。[①]

(三)孝道文化的深刻影响

作为一种文化设计，孝道的形成与变迁主要受两大因素影响，一是自古以来经由人们日常生活经验的积累逐渐演化而来；二是受到历史上有心之人基于济世的或政治的目的所提出的思想理论或意识形态的影响。就后者而言，与小农经济和家国一体的社会结构相适应，中国传统文化一向对体现氏族血缘关系的“亲亲”的自然情感的孝道多持肯定态度。例如，道家开山祖师老子在《老子·十九章》中主张“绝伪弃诈，民复孝慈”。[②] 墨家力倡在兼爱的基础上建立慈孝观，《墨子·兼爱上》说：“若使天下兼相爱，爱人若爱其身，犹有不孝者乎？视父兄与君若其身，恶施不孝，犹有不慈者乎？视弟子与臣若其身，恶施不慈？故不孝不慈亡有。”

当然，在这诸多学说中，影响最大的思想理论是儒家的孝的伦理道德观。从代表先秦儒家思想的“四书”到《孝经》，儒家的孝道思想虽有变迁，但孝为凌驾于诸德诸善之上的至德要道则是先后一贯的。孝不但比诸德诸善重要，而且是诸德诸善的基础或根源。儒家伦理观最强调的核心德行是仁与孝，但孝是仁的基础、根源和先决条件。[③] 简言之，中国传统文化主体之一的儒学又被称为“仁学”，而在孔子的思想体系中，“仁”虽是人行为的最高准则，不过，“仁”也是一个普遍性的原则，落在具体的行为上，必须有一特殊原则作为实践“仁”的载体。孝的观念就担负了“仁”贯彻到具体行为中的责任，换言之，孝成为每个中国人具体行为中的特殊规范，可以用孝来检验一个人是否践行了“仁”。在实际的行动中，“仁”与“孝”是一而二、二而一的。如上所述，孔子有一次因宰我不愿遵行三年之丧的孝道，就责备“予（指宰我）之不仁也!”可见，在具体的行为中不孝即等同于不仁。[④] 因此，孔子既重“仁”也就必重“孝”。受孔子影响，孟子也重孝，《孟子》一书里屡屡论之：

据《孟子·梁惠王上》记载：“谨庠序之教，申之以孝悌之义，颁白者不负戴于道路矣。”[⑤]“壮者以暇日修其孝悌忠信，入以事其父兄，出以事其长上，可使制梃以挞秦楚之坚甲利兵矣。”[⑥]

据《孟子·滕文公上》记载：“不亦善乎！亲丧，固所自尽也。曾子曰：‘生，事之以礼；死，葬之以礼，祭之以礼，可谓孝矣。’诸侯之礼，吾未之学也；虽然，吾尝闻之矣。三年之丧，斋疏之服，饘粥之食，自天子达于庶人，三代共之。”[⑦]“夏曰校，殷曰序，周曰庠；学则三代共之，皆所以明人伦也。人伦明于上，小民亲于下。有王者起，

---

① ［美］理查德·格里格等．心理学与生活（第十六版）．王垒等译．北京：人民邮电出版社，2003. 388～390.

② 陈鼓应．老子注译及评介（修订增补本）．北京：中华书局，2009. 134.

③ 杨国枢．中国人的心理与行为：本土化研究．北京：中国人民大学出版社，2004. 198.

④ 韦政通．儒家与现代中国．上海：上海人民出版社，1990. 144.

⑤ 杨伯峻译注．孟子译注．北京：中华书局，1960. 5.

⑥ 杨伯峻译注．孟子译注．北京：中华书局，1960. 10.

⑦ 杨伯峻译注．孟子译注．北京：中华书局，1960. 113～114.

必来取法，是为王者师也。”①

据《孟子·告子下》记载：“尧舜之道，孝悌而已矣。子服尧之服，诵尧之言，行尧之行，是尧而已矣。子服桀之服，诵桀之言，行桀之行，是桀而已矣。”②

荀子也重孝，他在《王制》里说：“选贤良，举笃敬，兴孝弟，收孤寡，补贫穷，如是，则庶人安政矣。庶人安政，然后君子安位。《传》曰：‘君者，舟也；庶人者，水也。水则载舟，水则覆舟。’此之谓也。”③

正由于先秦儒家三杰均重孝，稍后出现的《孝经》在其书名中才冠上“经”的称谓，这在先秦诸论著的书名中极为罕见，由此可见《孝经》在中国人心目中的重要地位。《孝经·开宗明义章》明确提出：

夫孝，德之本也，教之所由生也。……身体发肤，受之父母，不敢毁伤，孝之始也。立身行道，扬名于后世，以显父母，孝之终也。夫孝，始于事亲，中于事君，终于立身。

它主张孝是一切德行的根本，一切品行的教化都是由孝派生出来的。并将行孝的过程分为三个阶段：首先是要侍奉好自己的双亲，这是行孝的起始阶段；其次，要效忠自己的君王，这是行孝的中间阶段；最后，要建功立业，扬名于后世，让父母荣耀显赫，这是行孝的最终阶段。同时，《孝经》力倡孝的普遍性。《孝经·三才章》说：“夫孝，天之经也，地之义也，民之行也。”其认为孝可充满宇宙之间，能贯通天、地、人三才而为一。④《孝经》又主张，孝在事亲、治家、治国、平天下过程中具有非常重要的作用，所以，上至天子，下至庶人，人人的言行都要以孝为准则。因而，《孝经》分《天子章》、《诸侯章》、《卿大夫章》、《士章》、《庶人章》等章目，逐一论述各阶层人具体行孝的做法。

《孝经》自产生后，在中国两千多年的封建历史上备受尊崇。如《吕氏春秋》就很赞成儒家“孝”的思想，《吕氏春秋·孝行》说：“《商书》曰：‘刑三百，罪莫重于不孝。’”于是，上至帝王将相，下至黎民百姓，人们广为传习《孝经》，《孝经》的影响所及，远至异族异国。⑤ 结果，孝道的思想深入至中国人的心灵深处，成为一种惯性推力，对中国传统文化乃至中国人的心理与行为产生了深远的影响。至宋明时代，理学家将父权绝对化，突出“孝”观念，以此作为道德论中最重要的范畴之一。典型者如北宋张载在《正蒙·乾称篇》里所说：“尊高年，所以长其长；慈孤弱，所以幼吾幼。圣其合德，贤其秀也。凡天下疲癃残疾、惸独鳏寡，皆吾兄弟之颠连而无告者也。于时保之，子之翼也；乐且不忧，纯乎孝者也。”其提倡人们尊老抚幼，照顾好社会上所有的残疾穷苦之人，这是对儒家传统思想中合理部分的发扬。与此同时，为了达到稳定封建统治秩序的目的，张载要求人们必须忠君事长，恪守封建义务，认为这是天经地义的、任何人都不

---

① 杨伯峻译注．孟子译注．北京：中华书局，1960. 118.

② 杨伯峻译注．孟子译注．北京：中华书局，1960. 276～277.

③ （清）王先谦撰．沈啸寰，王星贤点校．荀子集解．北京：中华书局，1988. 152～153.

④ 杨国枢．中国人孝道的概念分析．载杨国枢主编．中国人的心理．台北：桂冠图书股份有限公司，1988. 39.

⑤ 胡平生译注．孝经译注．北京：中华书局，1996. 1.

可逃避的封建道德义务。《正蒙·乾称篇》中所举的几位古代忠孝的典型，都是奴从父权的典型，而张载却将他们视作世人的楷模，要求人们也要像他们一样，这就具有浓厚的说教意味。张载这种“孝”的观念在宋明时期产生了广泛影响，为程朱理学提供了伦理道德方面的理论基础。[①] 于是乎，在“天地君亲师”的排序中，“亲”紧接在“君”之后，排名第四；若去掉前面“天”与“地”两个自然事物（至多是两个中国人推崇的人格神），那么，“亲”实际上排在第二位，由此可见中国传统文化对“孝道”的重视。今天的人们只要到徽商的两块故地“西递”和“宏村”（我国第一个申报世界文化遗产名录的村落代表）去走一走，依然能切身体会到“孝”在当年是如何深深地影响一代徽商的。如高悬于西递胡氏宗祠“敬爱堂”供奉厅的巨幅“孝”字古匾（如图7-5所示），据传为南宋朱熹所书，充分发挥汉字象形特色，独具匠心，且发人深省，是一幅融书、画于一体的艺术珍品：字的上半部，若从右侧看，酷似一副躬身仰着作揖敬奉的孝顺后生形象；若从左侧瞧，却活现一只尖嘴猴子；字画寓意为：“孝为人，不孝为畜生。”

图7-5 安徽省西递胡氏宗祠“敬爱堂”的“孝”字字形图

反观西方文化，自希腊以来人们就不太看重家庭在社会组织中的地位。法国史家古郎士在《希腊罗马古代社会研究》一书里说：“以古代法律极严格论，儿子不能与其父之家分离，亦即服从其父，在其父生时，彼永为不成年者。……雅典早已不行这种子永从其父之法。”[②] 基督教更加强调个人对家庭的解放，在基督教教义的影响下，宗教的义务远超过家庭的义务，教会的凝聚力是以牺牲家庭的凝聚力为前提的。[③] 据《圣经·新约·马太福音》记载，在阐述“做门徒的代价”时，耶稣明确地说道：

你们不要想，我来是叫地上太平；我来并不是叫地上太平，乃是叫地上动刀兵。因

① 潘富恩．论儒家“孝”观念的历史演变和影响．儒学国际学术讨论会论文集（上）．济南：齐鲁书社，1989. 449.

② 苏丁编．中西文化文学比较研究论集．重庆：重庆出版社，1988. 63.

③ 苏丁编．中西文化文学比较研究论集．重庆：重庆出版社，1988. 63.

为我来是叫：人与父亲生疏，女儿与母亲生疏，媳妇与婆婆生疏。人的仇敌就是自己家里的人。爱父母过于爱我的，不配作我的门徒；爱儿女过于爱我的，不配作我的门徒；不背着他的十字架跟从我的，也不配作我的门徒。①

正由于西方人一向不太看重家庭在社会中的地位，再加上基督教教义的深刻影响，所以西方人至今没有像中国人那样具有强烈地推崇孝道的心理与行为方式。

（四）孝的功能

中国人尤其是儒家学者清楚地认识到，孝道对人的心理与行为具有激励功能等多种功能，因激励功能在上文“扬名于后世：建功立业”里已有论述，下面只论余下的几种：

1. 维持长幼之序：道德功能

中国传统的亲属组织是以父子关系为主轴的，其他的伦理关系都可以视为这一关系的投射。因此，在传统的人伦关系里，尊长敬老是极重要的一个德目，两人初次见面，要先问贵庚，知道对方的年龄以后，才能根据长幼之序来决定相互对待的态度，关于这点，在费孝通所著的《乡土中国》的“维持着私人的道德”、“礼治秩序”和“长老统治”各篇里多有论及。② 孔子“入则孝，出则悌”的孝悌之道也是维持长幼之序的基本原则。孔子理想中的社会是一个礼治的社会（请参阅“中国人的尚‘和’心态”一章），而礼的安排无不根据长幼之序，相应地，礼治社会又是一个长老统治的社会。因此，《礼记·祭义》说：

先王之所以治天下者五：贵有德、贵贵、贵老、敬长、慈幼。此五者，先王之所以定天下也。

在这样的社会里，只要是年岁比你大的人，你就必须尊敬，与他是否具备比你还丰富的知识、比你还高尚的品德没有必然的关系。③ 很显然，在维持长幼之序方面，孝道具有特别显著的效果，因为孝道本就是基于父子关系而生出的一套道德规范。在孝道思想的影响下，这种尊老的心理与行为方式一直深深影响着中国人，直到今日，在一些尚未受到西方文化较大冲击的少数民族地域，仍较好地保留着中国文化的这一传统。像居住在新疆察布查尔县的锡伯族人，其家庭至今仍保持良好的尊老爱幼传统。为了让家庭成员更好地记住爷爷生活里发生过的一些重要事件，当孙子出生时，家人常常以爷爷生活里发生过的一些重要事件为孙子取名。例如，给孙子取名“八十六”，让人一听到或看到这个名字，就知道他是在其爷爷86岁时出生的。④

2. 成为众德的根本与载体：道德功能

中国人之所以一向重视孝道，原因之一就在于他们清楚地认识到孝对人的心理与行

---

① 圣经（和合本）. 中国基督教三自爱国运动委员会，中国基督教协会，2007. 12.

② 费孝通. 乡土中国　生育制度. 北京：北京大学出版社，1998. 31～36、48～53、65～68.

③ 韦政通. 儒家与现代中国. 上海：上海人民出版社，1990. 143.

④ 王学勤. 儒家思想对锡伯族家庭教育的影响.“和谐社会与少数民族青少年道德教育——第五次中国道德教育学术论坛”会议论文. 2007. 2.

为具有一定的约束与调节功能，从而将孝看作是众德的根本与载体。正如《论语·学而》所说：

其为人也孝悌，而好犯上者，鲜矣；不好犯上，而好作乱者，未之有也。君子务本，本立而道生。孝悌也者，其为仁之本欤！

孔子主张孝顺父母和敬爱兄长是仁的根基，也是仁的开始，由此推及他人，爱及一切，最后达到“四海之内皆兄弟也”的境界。孝悌为什么是仁之本呢？[①] 道理很简单，仁的关键是“爱人”，而任何人的成长都不可能独自完成，要靠父母的生育和培养，也有赖于兄长的照顾，再加上中国古代社会主要是宗法社会，所以，人最应爱的是他自己的父母兄长，孝悌也就成了仁之本。这样，在儒家看来，“爱人”的大要在于“爱亲”。正如《二程遗书》卷十八所说：“仁主于爱，爱孰大于爱亲？”事实上，这种思想至少可追溯至《礼记》。《礼记·中庸》曾说：“仁者，人也，亲亲为大。”亲子之间的情感带有某种本源的特点。据《论语·学而》记载，孔子曾说：“弟子，入则孝，出则悌，谨而信，泛爱众，而亲仁。行有余力，则以学文。”“慎终追远，民德归厚矣。”其内在的含义就在于通过顺导、展开这些具有本源意义的亲子之间的情感，以形成孝悌和爱人等道德情感，进而营造出良好的社会道德风尚。[②] 儒家这种将德与人的“亲亲”之情紧密联系起来的做法，非常符合人的心理规律。假若一个人连自己的父母都不爱，而去奢谈爱他人，这种言行不是在说假话或做假事，就是出于某种目的而做出来的。正如毛泽东同志所说：“要孝敬父母，连父母都不肯孝敬的人，还肯为别人服务吗？不孝敬父母，天理难容！”

在儒学中，仁既是其所提倡的诸多德目中的一种，又可以是诸德目的总称，而如上文所述，孝悌又是仁的根本与载体，于是，深谙孔子思想精髓的孟子才在《离娄上》一文中说：

仁之实，事亲是也；义之实，从兄是也；智之实，知斯二者弗去是也；礼之实，节文斯二者是也；乐之实，乐斯二者，乐则生矣；生则恶可已也，恶可已，则不知足之蹈之手之舞之。

孟子认为仁的核心内容是侍奉父母，义的核心内容是顺从兄长，智（实为一种人事之智，其内不包括自然之智）的核心内容是明白这两者的道理并能坚持下去，礼的核心内容是对这两者既能合理地予以调节，又能适当予以修饰。将儒家核心的伦理道德规范与孝道一一联系起来，因此，《孟子·离娄上》才说：“道在迩而求诸远，事在易而求诸难：人人亲其亲、长其长，而天下平。”只要人人都能亲爱自己的父母，尊敬自己的长

---

① 在中国传统文化里，也有学者不赞成此观点。如二程就认为，孝悌是行仁之本，不是仁之本。《二程遗书》卷十八就说：问：“孝弟为仁之本，此是由孝弟可以至仁否？”曰：“非也。谓行仁自孝弟始，盖孝弟是仁之一事，谓之行仁之本则可，谓之是仁之本则不可。盖仁是性（一作本）也，孝弟是用也，性中只有仁义礼智四者，几曾有孝弟来？仁主于爱，爱孰大于爱亲？故曰：孝弟也者，其为仁之本欤！”

② 杨国荣．道德系统中的德性．中国社会科学，2000（3）：85～97.

辈，天下就太平了。

3. 以孝导忠：政治功能

根据《论语》记载，孔子只有一次提到忠与孝的关系，虽没有忠孝混同的迹象，但已有以孝导忠的潜在思想。据《论语·为政》记载：

季康子问："使民敬、忠以劝，如之何?"子曰："临之以庄，则敬；孝慈，则忠；举善而教不能，则劝。"

朱熹在《四书章句集注·论语集注卷一·为政第二》里对"孝慈则忠"的解释是："孝于亲，慈于众，则民忠于己。"在这里，忠只是政治领袖人物尽孝尽慈的结果，虽然与后世完全无条件服从的忠君的意义没有直接的关系，[①] 不过，既然肯定忠是政治领袖人物尽孝尽慈的结果，那么，就隐含有以孝导忠的思想，只不过孔子此时所讲的忠并不是特指忠君，而是指下属对上级或百姓对领导要"尽心竭力"，稍后的学人只要将孔子的忠的含义作进一步限定，使之专指下级（包括百姓）对帝王的"尽心竭力"，就可从孔子忠孝关系的言论里轻易地导引出后世忠君的意义。[②] 综观中国古代发展史，事实也是如此。在稍后出现的《孝经》和《大学》里已有以孝导忠、忠孝合一思想的萌芽。《孝经·士章》说："以孝事君则忠。"《大学·第九章》说："所谓治国必先齐其家者，其家不可教而能教人者，无之。故君子不出家而成教于国：孝者，所以事君也；弟者，所以事长也；慈者，所以使众也。"《礼记·祭统》说："忠臣以事其君，孝子以事其亲，其本一也。"忠孝合一思想已颇明确。《大戴礼记·曾子本孝》干脆就说："忠者，其孝之本与!"忠孝至此已真正合为一体，且忠较孝更为根本，也更为重要。李大钊在《由经济上解释中国近代变动的原因》里也说："牺牲个性的第一步就是尽'孝'。君臣关系的'忠'，完全是父子关系的'孝'的放大体。"这说明孝异化的最终结果是以忠代孝，孝成了一个虚壳、一个幌子。这是中国传统孝道的悲哀![③]

中国古人为什么会忠孝混同呢？韦政通提出了三个解释：①忠孝混同的思想与君位世袭制有一定关联。据《礼记·文王世子篇》记载：

成王幼，不能涖阼以为世子，则无为也，是故抗世子法于伯禽，使之与成王居，欲令成王之知父子君臣长幼之义也。君之于世子也，亲则父也，尊则君也；有父之亲，有君之尊，然后兼天下而有之，是故养世子不可不慎也。

在世袭制中，就血缘关系而言，国君是世子（后称太子或皇子）的父亲，世子当向国君尽孝；就政治关系而言，国君是一国之君，世子向父亲尽孝，实也是尽忠。二者之间并无明显界限。②按儒学的逻辑，从事父之道可引申出事君之道。儒家主张德治，孔子认为克己复礼可使天下归于仁。据《孟子·离娄上》记载，孟子相信"人人亲其亲、

① 韦政通．儒家与现代中国．上海：上海人民出版社，1990. 144 ~ 145.

② 韦先生认为从孔子忠孝关系的言论里引申不出后世忠君的意义（韦政通．儒家与现代中国．上海：上海人民出版社，1990. 144 ~ 145.），笔者认为这一观点值得商榷。

③ 韦政通．儒家与现代中国．上海：上海人民出版社，1990. 144 ~ 145.

长其长，而天下平。”发展至《大学》的“三纲领八条目”（详见“中国人的尚‘和’心态”一章），既然齐家之道可通于治国、平天下，那么，事父之道自然可通于事君，所以《大戴礼记·曾子立事篇》说：“事父可以事君，事兄可以事师长，使子犹使臣也，使弟犹使承嗣了。”③将忠孝混同可收到两全其美的功效。经过孔子、孟子、《孝经》和《礼记》的一再推动与鼓吹，已将孝抬高到至高无上的地位。同时，随着专制政治的加强，统治阶级对忠君的需求也极为强烈。为了不让忠与孝这两个重要的德目发生矛盾，两全其美的做法便是将忠孝混同。①

四、孝道的演化

纵观孝的观念自产生以后在古代中国的演化过程，大致经历了四个重要的阶段：一是原始孝道；二是春秋战国时期的孝道；三是秦汉之后至清代为止的孝道；四是现当代中国所流行的孝道。

（一）“祭祀鬼神”：原始孝道

从时间上看，大致自孝观念的产生起至西周为止，处于原始孝道的阶段。如上文所述，在这一阶段，孝的主要含义为“祭；祭祀”。“祭；祭祀”的对象本是“鬼神”，其中主要是指死去的、已神化的祖先。此时，孝的意义介于宗教与伦理之间，而作为伦理规范意义的孝在西周时代还没有成熟。

（二）“父慈子孝”式的对等孝道：春秋战国时期的孝道

春秋战国时期儒、道、墨诸家都重孝道，这在前文已有论述，为免累赘，这里只讲孔、孟的孝道思想，因为它们对其后中国的孝道产生了深远的影响。依韦政通的观点，伦理规范意义的孝到孔子这里才完全突显出来，其原因主要有二：一是到孔子生活的时代时，中国以单系亲族组织为原则的社会结构已趋于定型；二是，孔子将孝这一特殊原则作为实践仁这一普遍原则的载体（详见上文）。② 以孔子、孟子为代表的儒家学派在汲取殷周时代关于“孝”的基本思想的基础上，又做了一定的改造，其目的是用孝来巩固封建等级制度，将“孝”作为封建道德的基础。《论语·学而》说：“孝弟也者，其为仁之本与。”以“孝悌”作为“仁义”的基础，实行“仁”必须以孝悌为前提，从孝悌做起。孔、孟关于“孝”的学说内容繁杂，精义与糟粕互现。

1. 孔、孟孝道的精义

就孔、孟孝道的精义而言，主要有以下三点：

（1）主张子女要诚心实意地奉养父母。

在继承氏族社会原始的“孝”的观念的基础上，孔子将“真心”（或叫诚心）与“奉养”紧密结合起来，主张子女要诚心实意地奉养父母，尊敬、爱戴父母，给父以母精神上的满足，从而使孝的观念更具人文关怀，而不是仅像先前那样强调的主要是一种

---

① 韦政通．儒家与现代中国．上海：上海人民出版社，1990. 156 ~ 157.

② 韦政通．儒家与现代中国．上海：上海人民出版社，1990. 142、144.

对父母物质需要上的满足，若仅仅是后者，那是牛马都能做的事情。

孔子主张为人子女者对父母要有孝敬之心，要适度地服从父母的意志（“无违”），这本是人之常情，也是一种做人的智慧。因为一般而言，父母养育子女，曾付出许多，包括时间、精力、财力和机会成本等，其中的辛苦只有自己也做了父亲或母亲后才能真正体会到，作为子代，心存“感激之情”，进而生发出对父母的孝敬之心，这是子代的一种自然情感。同时，父母经历的世事较之子女要多、要广，可能会给子女的成长提供一些具有建设性的意见。

（2）主张对等的慈孝观。

所谓对等的慈孝观，指子女要善待父母，父母亦要善待子女（要充满爱心地抚养、爱护子女，这是父母义不容辞的义务）。

据韦政通先生的研究，孔、孟的孝道思想只偏重于讲做子女的该怎样对待父母，而没有明确提出一个做父母的该怎样做的规范。《论语》里的“孝慈则忠”的“慈”是“爱众”之义，与《大学·第九章》里讲的“慈者，所以使众也”之义相通。《孟子》里的“孝子慈孙”，是“能孝之子，能爱之孙”之义。这两个“慈”都不是作为父母规范意义上使用的“慈”。[①]

明确将“慈”视作父母的行为规范是在《大学》里提出的。[②] 关于《大学》的作者，“子程子曰：《大学》，孔氏之遗书，而初学入德之门也。”[③] 朱熹把《大学》重新编排整理，分为“经”一章、“传”十章。朱熹认为：“经一章，盖孔子之言，而曾子述之。其传十章，则曾子之意而门人记之也。”[④] 若程颢、程颐与朱熹的上述观点成立，那么，“经”是孔子的言论，由曾子记录下来；“传”是曾子解释“经”的言论，由曾子的学生记录下来。若如此，《大学》的一些思想（包括孝道思想）就可视作孔子的思想。

《大学·第三章》说：“为人子，止于孝；为人父，止于慈。”[⑤] 这里，“慈”与“孝”之间本是互为条件、互为结果的：为人父母者若想自己的子女为自己尽孝道，自己就必须以慈爱的方式对待子女；同理，为人子女者若想自己的父母以慈爱的方式对待自己，自己就必须向父母行孝道。可见，至少在《大学》刚产生的时代前后，孝道的精髓思想中本就有“父慈子孝”的双向孝慈观：为人父母者对待自己的子女必须慈爱，为人子女者对待自己的父母必须尽孝道。

（3）将由兼顾尽已逝祖先与在世父母的孝引向主要尽在世父母的孝。

据《论语·泰伯》记载，孔子说：“禹，吾无间然矣。菲饮食而致孝乎鬼神，恶衣服而致美于黻冕……”禹平日衣食简单，却尽量孝敬鬼神，这是无可非议的。虽然孔子同意传统的“致孝于鬼神”的行为，但是，孔子讲孝的重心放在要求子女对在世父母尽孝道上，这就进一步体现了孝道中的人文关怀。试想，假若一个为人子女者不善待活着的父母，而等到父母百年之后才劳民伤财地去厚葬父母，这种孝道岂不是不如不要的好？（事实上生活中就有这种人！）因此，据《论语·先进》记载，当季路请教鬼神问题时，

---

① 韦政通．儒家与现代中国．上海：上海人民出版社，1990. 149.

② 韦政通．儒家与现代中国．上海：上海人民出版社，1990. 149.

③ （宋）朱熹撰．四书章句集注．北京：中华书局，1983. 3.

④ （宋）朱熹撰．四书章句集注．北京：中华书局，1983. 4.

⑤ （宋）朱熹撰．四书章句集注．北京：中华书局，1983. 5.

孔子说："未能事人，焉能事鬼？"

2. 孔、孟孝道的糟粕

孔、孟孝道的糟粕主要有五方面，其中，"孔、孟孝道隐含有要求子女对父母不分是非曲直的盲目服从"之义，这点在上文已有论述，这里不多讲，下面只论余下的四点。

（1）隐含片面强调以"礼"对待父母的思想。

据《论语·为政》记载，孔子主张"生，事之以礼；死，葬之以礼，祭之以礼"。其中明显地含有以"礼"等同于"孝"的思想。由此易滋生出这样的异化思想：只要以"礼"对待父母，就能博得一个孝子（孝女）的美名，也不管这种孝行是否出自真心（孝心）。此思想至曾子时就较为明确了。据《孟子·滕文公上》记载，孟子引曾子的话说："生，事之以礼；死，葬之以礼，祭之以礼，可谓孝矣。"只提以"礼"相待父母，却丝毫不提以真情对待父母，这种孝道就已明显异化了。

（2）隐含有以私情包庇犯罪的思想。

这典型地体现在孔子"父为子隐，子为父隐"的主张中。据《论语·子路》记载，当叶公告诉孔子其家乡有一个正直的人，向官府告发自己父亲的偷羊行为时，孔子听了表示不予赞同，他主张："吾党之直者异于是：父为子隐，子为父隐。直在其中矣。"① "父为子隐，子为父隐"的优点是体现了儒家所推崇的父慈子孝的做人方式，有利于彰显人世间的亲情；其缺点是隐含有以私情包庇犯罪的思想。②

（3）易使子女缺乏冒险的意识。

据《论语·里仁》记载，孔子主张"父母在，不远游，游必有方。"这就将子女死死地束缚在父母身边，使子女缺乏必要的冒险意识，进而限制了中国人的冒险精神与探究新事物的勇气。

（4）已有泛孝主义的萌芽。

孔子重孝，还只在于认为孝悌是维持父子关系的基本原则。到了孟子手中，就已将孝悌的作用作了更深、更广的扩展，认为人世间除了孝悌之外，几乎没有其他有价值的事情可以做，这从《孟子·告子下》声称"尧舜之道，孝悌而已矣"的主张里可见一斑。③ 因此，孟子才在《离娄上》里说出如下一段话："仁之实，事亲是也；义之实，从兄是也；智之实，知斯二者弗去是也；礼之实，节文斯二者是也……"并且，据《孟子·离娄上》记载，孟子说："事孰为大，事亲为大。"据《孟子·万章下》记载，孟子说："孝子之至，莫大乎尊亲。"事亲、尊亲成了人生最高的道德表现，亲亲至高无上的原则建立之后，其他事物一旦与此原则相矛盾，都必须做出让步或牺牲。④ 正因为孟子强调孝的万能论⑤，《孟子·离娄上》才会轻易地得出如下简单的结论："人人亲其亲、长其长，而天下平"。

不过，综观孟子和《孝经》的孝道思想，其中虽有"泛孝主义"的倾向（此倾向在《孝经》里已颇为明显），但是，在先秦时期，这种泛孝主义还有以下三个限制：①主要

---

① 杨伯峻译注．论语译注（第二版）．北京：中华书局，1980. 139.

② 韦政通．儒家与现代中国．上海：上海人民出版社，1990. 157～159.

③ 韦政通．儒家与现代中国．上海：上海人民出版社，1990. 146～147.

④ 韦政通．儒家与现代中国．上海：上海人民出版社，1990. 145.

⑤ 韦政通．儒家与现代中国．上海：上海人民出版社，1990. 147.

是以儒家为代表的学人所力倡，而儒学在先秦虽算显学之一，但毕竟仅是“诸子百家”之一，其地位还没有上升到国家意识形态这个层次，故对广大民众的实际生活影响并不太大；②孟子和《孝经》在讲孝道时虽也赞同“无违”，但毕竟也还强调要“自主选择”，还没有明显的“父为子纲”的思想；③还仅限于人事范围内，没有扩及其他事物。

（三）异化的孝道：秦汉至清代灭亡为止的孝道

孔子的孝道主张为人子女者对父母要有孝敬之心，要适度地服从父母的意志，这本是一种做人的智慧，可惜的是，在孝道的演变过程中，出现了一些异化现象。孝道的异化现象在春秋战国时期就已开其端；秦汉之际，一些儒人将先秦孝道思想作了更进一步的扩展，扩展到使人世间一切事务、一切德行，无不以孝为中心，从而建立了真正意义上的“泛孝主义”的思想体系。[①] 随着《礼记》思想的深入人心，异化孝道经文化的传承，已然内化到中国人心灵的深处，不但给中国人的人格产生了众多的不良影响，[②] 也使孝道的真谛丧失殆尽，因而，先秦孔子等人所倡导的真孝道，体现“父慈子孝”式的双向、平等关系的合理孝道，就一变而成为伪孝道（指迫于外界压力，心不甘情不愿地以作假的方式行孝道）及片面强调子女单向地对父母履行敬仰、顺从意志的悖理孝道，使行孝道成为许多人的一种“作秀”行为或是“吃人”行为，对其后两千多年的中国社会、中国文化，以及中国人的心理与行为等都产生了深远的影响。同时，汉代《白虎通·三纲六纪》中出现了“父为子纲”的思想，将孝道进一步推向异化的深渊，至《二十四孝》时将异化孝道推向一个高峰，此局面延续至清代灭亡为止。结果，自汉代至清代灭亡为止，人们所讲的孝道以及所行的孝道，其主体基本上都是异化的孝道，仅有极少数较“开明”的家庭仍艰难地传承着孔子所倡导的合理孝道的精义。异化的孝道对中国的为人子女者的言行产生了许多负面影响，其中一些流毒影响至今。

1. 异化的孝道的表征及其危害

异化的孝道主要有如下三个典型表征，并造成一些危害。

（1）鼓吹泛孝主义。

自《论语》提出“其为人也孝悌，而好犯上者，鲜矣；不好犯上，而好作乱者，未之有也”的主张后，这一观点得到其后中国古人的普遍信奉，于是，中国古人一厢情愿地将本是用于调节父母与子女关系的孝道扩展为调节人与人之间关系的一个普遍行为准则，且将“孝”与“忠”合二为一。这一思想假若说在孔子（前551—前479）所在的春秋末期还不是很明显的话，那么，在墨家的创始人墨翟（约前467—前376）所处的战国初期就已颇为明显了。据《墨子·兼爱上》记载，墨子明确主张达到“天下治”局面的条件之一就是“君臣父子皆能孝慈”。随后，最迟在战国（前475—前221）末期，忠孝合一的思想就已变得十分流行起来，因为《孝经》的成书最迟不晚于公元前241年，这一年《吕氏春秋》修成，其中引用了《孝经》的文字。[③] 而在《孝经》中，《开宗明义章》就直言不讳地说：“夫孝，始于事亲，中于事君，终于立身。”《广扬名章》又说：

---

① 韦政通．儒家与现代中国．上海：上海人民出版社，1990. 149.

② 韦政通．儒家与现代中国．上海：上海人民出版社，1990. 152 ~ 153.

③ 胡平生译注．孝经译注．北京：中华书局，1996. 4.

"君子之事亲孝，故忠可移于君。"《孝经》进而有"天子章"、"诸侯章"、"卿、大夫章"、"士人章"、"庶人章"等章节，明确地将天下人的孝依其身份的不同而分为五等："天子之孝"、"诸侯之孝"、"卿、大夫之孝"、"士之孝"和"庶人之孝"，进而一一论述身为天子者、身为诸侯者、身为卿或大夫者、身为士人者、身为庶人者该怎样做才算尽孝道。在这"五等之孝"中，除了最低层次的"庶人之孝"仍保留有尊敬、奉养父母的内容外，其他的孝中都已将"孝"的本来意义消解得几乎无影无踪，而将孝变成忠君的工具，这实际上是犯了泛孝主义的错误。《孝经·诸侯章》进一步提出，诸侯在尽孝时要如《诗经·小雅·小旻》所说："战战兢兢，如临深渊，如履薄冰。"即要小心侍候，诚惶诚恐，否则就是不孝。诸侯如此，身为老百姓者更当如此。一个人若果真照着《孝经》的这一思想去行孝，自然就会成为皇帝的奴隶。至战国末期，人们已将孝道扩展到涵盖人事范围内的诸德。正如《吕氏春秋·孝行》所说："曾子曰：'身者，父母之遗体也。行父母之遗体，敢不敬乎？居处不庄，非孝也；事君不忠，非孝也；莅官不敬，非孝也。朋友不笃，非孝也；战阵无勇，非孝也。五行不遂，灾及乎亲，敢不敬乎？'"

秦汉之际，为了适应封建大一统的中央集权的需要，这种泛孝主义得到进一步的明确与提倡，如《礼记·祭义》就声称"孝为普遍的真理"①：

夫孝，置之而塞乎天地，溥之而横乎四海，施诸后世而无朝夕，推而放诸东海而准，推而放诸西海而准，推而放诸南海而准，推而放诸北海而准。

并且，自汉至清代为止，泛孝主义出现了以下三个新特点：

第一，由于董仲舒"罢黜百家，独尊儒术"的主张被汉武帝所采纳，由此，儒家由先秦时期的"诸子百家"之一一跃而"独霸江湖"，成为正统的官方意识形态，此情况其后虽略有变化，但儒家的"江湖老大"的地位再也没有被其他学派真正撼动过，于是，以《孝经》为代表的儒家的孝道思想相应地也就上升到国家意识形态这个层次，从而对广大民众的实际生活产生了深入、持久、广泛的影响。

第二，自"三纲"思想在汉代被确立后，先秦"父慈子孝"式的双向孝道变为"父为子纲"式的单向孝道，从此，"天下无不是之父母"成为压抑广大中国人心理与行为的"幽灵"，时刻影响着中国人的心理与行为。

第三，将孝道扩展到动物界和植物界。正如《礼记·祭义》所说："居处不庄，非孝也；事君不忠，非孝也；莅官不敬，非孝也；朋友不信，非孝也；战阵无勇，非孝也。五者不遂，灾及于亲，敢不敬乎？……曾子曰：'树木以时伐焉，禽兽以时杀焉！'夫子曰：'断一树，杀一兽，不以其时，非孝也。'"《吕氏春秋·孝行》引用曾子的言论论孝时，虽然将"孝"涵盖了人事范围内的诸德，不过，还只是将孝道限定在人事范围内。到《礼记·祭义》篇产生时，孝道已突破人事范围，进一步拓展至动物界和植物界，至此，孝道可谓无处不在了。②

结果，自汉代至清代灭亡为止，泛孝主义一直在中国历史上起到重要的调节人与人

① 韦政通．儒家与现代中国．上海：上海人民出版社，1990. 151.

② 韦政通．儒家与现代中国．上海：上海人民出版社，1990. 151.

之间关系的重要作用。与此相应的是，后来“孝”沦落为统治集团的统治工具，一些统治者表面上打着“以孝治天下”（典型者如魏晋南北朝）的幌子，实际上借“孝道”的名义行排除政治异己之实，如曹操用“不孝”之罪名杀孔融、司马昭用“不孝”之罪名杀“竹林七贤”里的嵇康与名士吕安，更是赤裸裸地将“孝”作为政治工具使用了，致使“孝”中本有的尊敬和奉养父母的成分丧失殆尽。

（2）倡导悖理孝道。

如前文所述，悖理孝道主要有两种表现方式：一是愚孝；二是单向孝道。与此相对应，从汉代至清代，许多中国人鼓吹悖理孝道，要求为人子女者要愚孝、要践行单向孝道。如上文所论，《大学》中本有“父慈子孝”的双向孝慈观，但遗憾的是，这种“父慈子孝”的孝慈观念没有在其后中国人的孝道观念里占据主导位置，最迟至东汉《白虎通》确立了“三纲”思想之后，除了极少数像颜之推之类有卓识的人仍主张双向的孝慈观念外，绝大多数中国古人讲的孝道主要是单向的“父为子纲”式的孝道：不管父母以怎样的方式（哪怕是以非常粗暴的方式）对待子女，身为子女者都必须毫无条件地向自己的父母尽孝道，这实际上就是一种只重“名”不重“实”的“名教”。正如鲁迅先生在《坟·我们现在怎样做父亲》一文里所说，过去的父母“以为父子关系，只需‘父兮生我’一件事，幼者的全部，便应为长者所有。尤其堕落的，是因此责望报偿，以为幼者的全部，理该做长者的牺牲”①。这种想法是极其错误的。悖理孝道对中国人的心理与行为产生了许多负面影响，就悖理孝道对中式婚恋的心理与行为的负面影响而言，悖理孝道主要对婚恋心理造成了以下三方面巨大的负面影响：②

①导致婚恋中爱情的缺失。

婚恋本是男女双方经由自由恋爱而结合的过程，但是，由于孝道是在亲子关系中进行的，亲子关系的存在是孝道赖以生存的前提，而亲子关系又依赖于夫妻关系，因此，在古代中国，婚恋不但被视作人伦之本③，且被视作行孝道的一个有机组成部分，深受孝道的影响。同时，受“不孝有三，无后为大”思想的深刻影响，男女结合的主要目的不是将爱情升华为婚姻，而是多生男孩以便更好地传宗接代。正如《礼记·婚义》所说：“婚礼者，将合二姓之好，上以事宗庙而下以继后世，故君子重之”、“上以事宗庙而下以继后世”等。此类言论清楚地表明结婚的目的是发挥尊宗祭祖和传宗接代的功效。因此，受到悖理孝道的影响，绝大多数人的婚姻不是基于男女爱情之上的，而是“先结婚，后恋爱”，甚至是“只结婚生子，然后凑合着过日子，几乎不恋爱”的，这导致婚恋中爱情的缺失。具体而言，主要表现在男女结合目的和结合途径两个方面。

一是“合二姓之好”、传宗接代的结合目的。在中国，“合二姓之好”一语表明婚姻不是两个男女的简单结合，而是两个家庭的结合，是出于利益的考虑以便形成一个“扩大了的家庭”。④ 所以，《说文》说：“婚，妇家也”；“姻，婿家也。”为了高效地形成一个“扩大了的家庭”，为了形成统一的价值观，为了谋求大体一致的生活方式，许多中

① 鲁迅．鲁迅全集（第一卷）．北京：人民文学出版社，1973. 120.

② 许智濛，汪凤炎．消极孝道对传统婚恋心理与行为的影响及对策．赣南师范学院学报，2013（1）：90～93.

③ 如《礼记·中庸》就说：“君子之道，造端乎夫妇。”东汉的才女班昭在《女诫·夫妇》里也说：“夫妇之道，参配阴阳，通达神明，诚天地之弘义，人伦之大节也。”

④ 费孝通．乡土中国　生育制度．北京：人民出版社，2012. 44.

国人自然主张男女结合要做到门当户对。在此背景下，能否更高效地扩大本家庭利益是决定男女双方能否结合的先决条件（典型代表便是出现了所谓的“政治婚姻”），而是否有爱情则不是决定男女双方能否结合的先决条件，结果自然会导致婚恋中爱情的缺失。于是，尽管一些夫妻经年累月后还是会产生一些爱，然而那并不是主观的爱，而是客观的义务；不是婚姻的基础，而是婚姻的附加物，[①] 多数真挚的爱情早因婚姻的功利性（如门户之见）而消亡了。

二是“父母之命，媒妁之言”的结合途径。受到悖理孝道的巨大影响，男女结合的主要目的是高效地扩大本家庭利益和多生男孩以便更好地传宗接代，因此，婚恋不是基于男女的情投意合，而主要取决于父母和媒人的选择，即“临之以父母，诳之以媒妁”。《诗经·齐风·南山》有“取妻如何？必告父母。”《诗经·豳风·伐柯》有“取妻如何？匪媒不得。”“父母之命，媒妁之言”替代自由恋爱成为男女结合的唯一合法途径，倘若不遵循此法而私自恋爱，便会受到“父母国人皆贱之”（《孟子·滕文公下》）的待遇。结果，男女双方丧失了自由恋爱的权利。于是，只要男女双方父母同意，两个本非两情相悦的男女青年（甚至少年）就会被动地走到一起结为夫妇。反之，如果得不到男女双方父母或一方父母的认可，两个情投意合的男女青年也很难走到一起结为夫妇，甚至即便已成夫妇，也会被拆散。前者是中国古代婚姻的常态，例子数不胜数。后者如南宋诗人、词人陆游与唐婉两人因陆母的干涉而上演一部爱情悲剧。陆游与唐婉被迫分手后的无奈心情，可从两人各写的一首《钗头凤》里略知一二。根据斯滕伯格（Sternberg）的爱情三角理论，真爱应包括亲密、激情与承诺三个成分[②]，人为的婚恋除了外在强加的承诺外，缺乏自由恋爱的基础，显然难以产生良好的亲密感和激情，这就使中国古代的婚恋大多呈现无爱的状态。

爱情本是人世间一种永恒的美好事物，由于“合二姓之好”、传宗接代的结合目的与“父母之命，媒妁之言”的结合途径，中国古代婚姻大多呈现灵肉分离的状态，于是人们便只好另寻其他途径弥补爱情的缺失，因而，到秦楼楚馆里去寻求爱情和传颂稀有的爱情故事，就成为两种常见方式。其中，“牛郎织女”、“天仙配”、“白蛇传”（许仙与白娘子）、“追鱼”等故事，都是百姓喜闻乐见的爱情故事，一直流传至今，经久不衰！

②致使婚恋中男女独立人格的丢失。

婚恋中爱情的缺失，其直接原因是悖理孝道导致婚恋时男女双方独立人格的丢失。具体而言，男女独立人格的丢失主要表现在择偶权与家庭生活两个方面。

一是择偶时男女独立人格的丢失。“父母之命，媒妁之言”之所以成为男女结合的唯一合法途径，是以男女自主择偶权的丧失为前提的，择偶权的丧失深刻反映了婚恋中男女独立人格的丢失。例如，现代著名学者胡适尽管在学术上始终保持着自由思想和独立人格，但在悖理孝道面前同样丧失了对婚姻的自主选择权（详见“中国人的自我观”一章）。因对在择偶时独立人格的丧失所产生的巨大心理痛苦有切身体会，胡适在题为“我的儿子”的诗里写道：“将来你长大时，莫忘了我怎样教训儿子：我要你做一个堂堂正正的人，不要你做我的孝顺儿子。”把自己的期许寄托在下一代人身上，足见悖理孝道

① 黄仕忠．婚变、道德与文学：负心婚变母题研究．北京：人民文学出版社，2000.7.

② Sternberg，R. J. A triangular theory of love，*Psychology Review*，1986（2）．pp. 118－135.

积重难返！

二是家庭生活中男女独立人格的丢失。传统家庭是以父子轴而不是夫妻轴为中心，“父权至上”使得子女大多处于弱势地位，因为“号令出于一人，家始可得而治矣”（《居家杂仪》）。作为子女的小夫妻双方须对家长怀有无我的精神，甚至“一举足不敢忘父母，一出言不敢忘父母”[①]。“三纲”中的“父为子纲”致使夫妻双方都笼罩在家长的阴影下。同时，为了保证家庭财产的统一和完整，经济大权也全然集中于父母手中，造成“子妇无私货，无私蓄，无私器。不敢私假，不敢私与”（《礼记·内则》）。《唐律·户婚》也规定：“凡是同居之内，必有尊长，尊长既在，子孙无所自专。”这就保障了家长对于财产的独占权和支配权，子女私辄动用家财会受到法律制裁，轻者处以杖刑，重者则被收监。显然，经济独立的缺失进一步加剧了男女独立人格的缺失，使其对家长产生更强的依附性。

③造成婚恋中严重的男尊女卑现象。

男尊女卑现象在中国由来已久，在生活中的各方面都得到了深刻体现，笼罩在悖理孝道下的婚恋也不例外，在嫁娶、婚姻生活及离婚时都淋漓尽致地表现出严重的男尊女卑现象。

一是嫁娶时的男尊女卑现象。结婚嫁娶时，绝大多数时候都是女性入住到男性家中。《说文》：“嫁，女适人也。”《说文》：“娶，取妇也。”“适”反映了女性的附属地位，“取”反映了男性的主导地位。《周南·桃夭》：“子之于归，宜其室家。”说明女子嫁到夫家，才是真正意义上的回到家，亦即夫家才是一个女子的最终归宿，显示了女方对男方的依赖性；而“宜其室家”实际上就是为男方传宗接代罢了。在此风俗的影响下，假如某户人家只生了女儿而没有儿子，只能招他姓男子进入家中，则称为“赘婚”。入赘男子往往受到他人和社会的耻笑，原因在于人们认为他失去了男子本应有的尊贵地位，成了女方的附属。所以，除非迫不得已，中国的男子至今多不愿入赘。

二是婚姻生活中的男尊女卑现象。《白虎通·三纲六纪》说：“妇者，服也，服于家事，事人者也。”婚姻生活中的妇人受“三从四德”的制约，在家庭中扮演着仆人般的角色。“女正位乎内，男正位乎外”（《易经·家人》），表面上反映了女性在家中具有较高的权力，实际上女性负责的只是琐碎的脏活、累活，大权依旧掌握在男子手中。正如《颜氏家训·治家》所说：“妇主中馈，惟事酒食衣服之礼耳，国不可使预政，家不可使干蛊。”其原因在于古代社会认为妇女持家会带来厄运。《尚书·牧誓》就指出：“牝鸡无晨；牝鸡司晨，惟家之索。”除了缺乏必要的家庭地位外，“夫为妻纲”的伦理准则更要求一个真正的妇人不仅要爱并忠实于她的丈夫，而且要绝对无我地为她的丈夫活着，[②]所以，鲁迅直言：“古代的社会，女子多当作男人的物品。”[③] 在经济方面，比儒家思想危害更大的是男人们掌握着财政大权。[④]《清异录·女行门》甚至劝告丈夫对妻子要“待之如宾客，防之如盗贼”。“待之如宾客”导致了爱情的缺失，“防之如盗贼”则导致女性财产权的缺失。因为种种不合理的家庭伦理观，婚姻生活中的妇女往往处于一种不堪

① （清）魏源．魏源集．北京：中华书局，1976. 14.

② （清）辜鸿铭．中国人的精神．桂林：广西师范大学出版社，2001. 72.

③ 鲁迅．鲁迅全集（第一卷）．北京：人民文学出版社，2005. 125.

④ 林语堂．*My Country and My People*. 北京：外语教学与研究出版社，2009. 142.

的惨境，有时甚至到“幽闭闺闼不能自主，一无所知，一无所能，与六畜无异，只知饮食，只知养子”的地步。①

三是离婚时的男尊女卑现象。离婚在古代中国非常特别，因为大部分都是“休妻”行为，即丈夫主动、无情地抛弃妻子。“休妻”的形式主要是“出妻”，又叫“七出”，《大戴礼记·本命》记载：“妇有七去：不顺父母去，无子去，淫去，妒去，有恶疾去，多言去，窃盗去。”“七出”凸显出古代男性专有的离婚特权，导致了“为人妇而出，常也；成居，幸也”（《韩非子·说林》）的局面。

（3）流行伪孝道。

如前文所述，伪孝道主要有两种表现方式：一是将行孝变成“道德秀”；二是只知机械地践行烦琐、虚伪的孝仪。与此相对应的是，从汉代至清代为止，《孝经》所力倡的孝道由于封建帝王借助皇权的大力推行，从而为中国古人行孝提供了一个广阔而强大的外部环境，并营造出强劲的文化压力与权威式的教育方式，来迫使中国古人去行孝。同时，孝道由先秦时期的双向关系变成单向关系，成了钳制子女心理与行为的重要工具，使得许多为人子女者从心底里不愿意真心实意地去行孝道。这两方面因素相结合的结果是，许多中国古人的孝道由先秦时期的真孝道演变成伪孝道，并给后世一些中国人的心理与行为造成了许多不良影响。

例如，孔子主张的孝道里就已隐含着片面强调以“礼”对待父母的思想，此思想最迟在秦汉之际就被一些儒家文人进一步异化，设计出一套套压抑子代人格正常发展的所谓“孝子”的心理与行为模式（即“孝仪”），于是，烦琐、虚伪的孝仪也就应运而生了，从而使孝道朝着错误的方向行走，为人子女者若完全按照这套规定去做，那就毫无创新意识、冒险意识可言了。这些“孝仪”在《礼记》里有颇为系统的论述。如《礼记·曲礼上》就主张，父母在世时：

> 凡为人子之礼，冬温而夏凉，昏定而晨省。……见父之执，不谓之进不敢进，不谓之退不敢退，不问不敢对：此孝子之行也。夫为人子者，出必告，反必面。所游必有常，所习必有业。……为人子者，居不主奥，坐不中席，行不中道，立不中门。……不登高，不临深，不苟訾，不苟笑。孝子不服暗，不登危，惧辱亲也。父母存，不许友以死，不有私财。……

《礼记·内则》规定：父母在世时，子女必须按时请安，在父母面前“不敢哕、噫、嚏、欠伸……寒不敢袭，痒不敢搔。”父母死后，子女要“思死不欲生”，“亲始死……恻怛之心，痛疾之意，伤肾乾肝焦肺，水浆不入口，三日不举火”。《礼记·问丧》规定：父母死后，“女子哭泣悲哀，击胸伤心；男子哭泣悲哀，稽颡触地无容”、“孝子丧亲，哭泣无数，服勤三年，身病体羸，以杖扶病也”等。父母新亡，子女思念父母而生悲痛之情，这本是人之常情，不过，若硬性地规定子女应怎样守丧，不仅显得矫揉造作，

① 吴虞．吴虞文录．合肥：黄山书社，2008. 13～29.

也是对子女精神与肉体的摧残，是一件劳民伤财的事情。[①]

《大戴礼记·曾子制言上》声称："父母之仇，不与同生。"（为了成全孝道，鼓励血债血还的做法，易使人缺乏宽容的胸怀）。

于是，这些思想又成为"五四"运动以来一些人士批评中国传统孝道的"罪证"。这是当代中国人在讲孝道时应引以为戒的。

2. 对异化孝道的批判

孝道的上述诸种异化现象在中国历史上曾遭到一些有识之士的批评。如，颜之推针对当时将"孝"变成形式的情况，主张恢复"孝"的原有内容，认为"礼缘人情，恩由义断"（《颜氏家训·风操》），认为表达对仙逝父母的思念之情是合乎情理的，不过要出于真心，不要停留在形式上。同时，行孝应以躬俭节用为原则，祭祀时只要"唯下白粥清水干枣"（《颜氏家训·终制》）就可以了，不要浪费钱财。但可惜的是，这类批评没有达到"拨乱反正"的效果。

（四）真孝道与伪孝道并存，合理孝道与悖理孝道同在：现当代中国的孝道

在现当代中国，孝道先是受"五四"运动的深刻影响，后来，1949 年新中国成立以后，在中国政府的倡导与关怀下，自汉代以来风行的异化孝道受到了致命打击，孝道无论是在形式还是在内容上都发生了巨大的变化，并且朝着合理孝道和真孝道方向发展，由此，许多为人子女者逐渐以合理孝道和真孝道来对待自己的父母。不过，世界本是复杂多样的，人与人之间的差异也是巨大的，毋庸讳言，也有极少数人仍在行悖理孝道或伪孝道。于是，"真孝道与伪孝道并存，合理孝道与悖理孝道同在"就成为现当代中国孝道的一大特色。关于这方面的内容，我们撰有《中国人孝道心理的现状与变迁》一文，采用问卷调查法，通过分层抽样对 347 名不同性别、专业及年龄段的人群的孝道心理进行调查。结果显示：①人们总体上对孝道高度认同，其中女性的"尽孝程度"自评显著高于男性；②人们心中"极力反对的孝行"、"不符合当代潮流的孝行"及"不易做的孝行"三者高度一致，它们主要包括"绝对服从父母的意志"、"由父母安排婚事"、"厚葬去世的父母，并守孝三年"等；③人们心中"孝子应该做的孝行"、"能充分展现孝心的孝行"及"当代社会仍非常重要的孝行"三者也很一致，它们主要包括"尊敬父母"、"关心父母"、"经常带爱人、子女回老家看望父母"等。通过与黄坚厚等人的研究[②]对比发现：自 1982 年以来，中国人的孝道心理并未发生很大改变。[③]

（五）简短结论

中国社会所讲的孝道经历了一个演变的过程，其演变路径可粗略地概括为：孝敬死去的祖先→孝敬在世的父母→异化的孝道的产生→真孝道与伪孝道并存，合理孝道与悖理孝道同在。因此，《孝经左契》所说的"元气混沌，孝在其中"一语，[④] 今天看来是没

---

① 潘富恩. 论儒家"孝"观念的历史演变和影响. 儒学国际学术讨论会论文集（上）. 济南：齐鲁书社，1989. 445.

② 黄坚厚. 现代生活中孝的实践. 载杨国枢主编. 中国人的心理. 台北：桂冠图书股份有限公司. 1988. 25 ~ 38.

③ 汪凤炎，许智濛等. 中国人孝道心理的现状与变迁. 心理学探新. 待发.

④ 出自《太平御览》卷第一《天部一》。

有科学依据的。同时，在“善事父母”这一“孝”的核心含义中，至少在孔子等人的孝道的精髓思想中，只是要求子女要尽心奉养父母、敬爱父母，并不包含要子女绝对服从父母意志的含义，“孝”的这后一种含义主要是“孝”在汉代以后异化的产物，换言之，“以尽心奉养和绝对服从父母为孝”是《二十四孝》之类的教条式论著所宣扬的“悖理孝道”，并不是孔子等先秦学人的精髓思想里所倡导的原汁原味的“合理孝道”。所以，严格意义上说，《汉语大字典》里所讲的“旧社会”，主要是指封建专制下的旧社会，就时代而言，主要是指从秦汉至1949年新中国成立之前的旧社会，“旧社会”与“中国传统”、“中国传统社会”是不同的概念。读者若不明白这个道理，就容易简单地将孝道视作吃人的礼教，进而简单地否认传统，这是“一棍子打倒一片”的错误做法，不符合辩证唯物主义所倡导的“辩证”的态度和“实事求是”的态度。

五、对当代中国人理性看待“孝道”的启示

（一）彰显孝道的积极功能，消除异化孝道与不履行孝道的消极后果

2005年第7期的《读者》在其“言论”一栏中收录了这样一种“言论”，一个母亲问14岁的孩子：“将来，妈妈老了、病了，你怎么办?”女儿回答道：“我叫你安乐死。”[①] 试想，当这位母亲听到其女儿的这一回答时，心里会好受吗？又如，当代中国有极少数年轻人推崇“有位有车有房，最好父母双亡”的择偶标准，即对方要有一个收入稳定的好工作、要有房子（房子越大越好，能有别墅更好）和小汽车（越高档越好），但对方的父母最好都已过世，这样就省去了赡养对方父母的义务。这同样也折射出时下有许多中国家庭不正视合理孝道与真孝道的积极功能，才导致一些年轻人不愿履行赡养父母、公婆或岳父、岳母的义务。而根据上文所述，用现代心理学的眼光看，适度讲究孝道有一些积极的功能：

第一，一个认真履行合理孝道与真孝道的人必会善待自己的父母，这对提高父母的幸福感、增强家庭的凝聚力、增进代际关系的和谐、缓解人口老龄化带来的社会压力与促进和谐社会的建设等都有一定的积极功效。例如，22岁的广州赴美留学生彭斯得知母亲的慢性重型肝炎已到晚期，需进行肝移植手术，马上从美国回到广州，毅然割下自己60%的肝脏移植给母亲，挽回了母亲的生命。这位80后小伙“割肝救母”的反哺孝心行为在网络上感动了很多网友。[②]

第二，一个认真履行合理孝道与真孝道的人必会对生命产生敬畏感，进而爱惜自己和他人生命，这对纠正当代少数青少年毫不珍惜自己和他人的生命的倾向有一定的积极作用。反观当代中国的极少数青少年，由于不善于继承中国传统孝道里所蕴含的珍惜生命的精髓思想，视生命如儿戏，一遇小小挫折，动不动就做出诸如自杀或是将他人杀死之类的危及自己或他人生命的举动。从这个意义上说，适度向当代中国人宣扬孝道的精髓，不但能将“生命教育”思想落到实处，而且对于当代中国人人格的完善发展也是有

---

① 佚名．言论．读者．2005（7）：51．

② 肖思思．22岁留学生割肝救母感动网民．中国青年报，2011－09－14．

益的。

第三，一个认真履行合理孝道与真孝道的人必会努力学习与工作，这是既利己又利家还利国的事情。

可见，合理孝道与真孝道有其积极的一面，不能简单地将孝道等同于封建糟粕而轻易予以舍弃。当今，一些中国家庭不重视合理孝道与真孝道，以至于一些孩子的道德修养有所欠缺。为此，宜妥善倡导合理孝道与真孝道，发挥它们的积极功能。当然，凡事都要有个度，讲孝道也要有一个度，若超过了，可能会沦落为《二十四孝》里所讲的悖理孝道，这就会造成一些负面影响。例如，若过于注重保养自己的身体，进而采取“事不关己，高高挂起”的态度，见斗不劝，见死不救，这不但与见义“智”为的时代精神不合，也可能会让人养成自私自利的品质。所以，合理合宜的态度是适度履行合理孝道与真孝道，剔除悖理孝道、伪孝道和不履行孝道所引发的不良后果。

（二）既要适当扩大孝道的使用范围，又要适当限定孝道的使用范围

1. 必须适当扩大孝道的使用范围

为了正确行使孝道，必须适当扩大孝道的使用范围，纠正片面缩小孝道适用范围的错误。毋庸讳言，有一些人对孝道存在这样一种误解：“孝道”仅是儿子对父亲而言，仿佛儿子对母亲就可以不讲孝道；或者，行孝道仅是做儿子的事情，与做女儿的没有关系，所谓“父慈子孝”是也。这种理解实际上是对孝道的误解。事实上，在“父慈子孝”这一成语中，“父”指“父母”之义，而不仅仅是指“父亲”；“子”指“子女”之义，也不仅仅是指“儿子”。由这一成语可推知：合理孝道本是适用于父代与子代之间关系的一种行为准则。正如《孝经·士章》所说：“资于事父以事母，而爱同。”它明确告诉人们，要以侍奉父亲的同样态度去侍奉母亲。所以，在此层面上，当代中国人要回归孝道的精髓，以便适当扩大孝道的使用范围，使之成为当代中国人妥善调节子代与父代之间亲情关系的一个重要法则。换言之，较之古代中国，当代中国社会虽然已发生巨大的变化，但是，现代中国社会仍需要合理孝道，毕竟人人都需要亲情，因为老人只依靠社会保障是不够的。老人需要精神生活的安慰，尽管老人在与他们的同伴一起交流时往往也能体验到快乐，但是，来自子女的精神安慰对老人的幸福感的产生同样具有重要意义。同时，倡导合理孝道对子代的成长也有一定的教育意义。①

2. 适当限定孝道的使用范围

为了正确行使孝道，又必须适当限定孝道的使用范围，纠正无限扩大孝道适用范围的错误。

中国古人常常将孝道扩展到调节人与人、人与诸事物之间关系的一个普遍行为准则，尤其是将孝与忠紧密联系起来，这就犯了泛孝主义、工具主义的错误。可见，当代中国人对待孝道的合理态度应该是：将孝道限定在父代与子代的亲子关系中，既不要将一个本是限定于家庭之内，并用于调节父代与子代亲子关系的特殊法则无限制地扩展到家庭之外，从而成为一个调节人与人、人与诸事物之间关系的普遍法则，更不要将孝道上升

① 王勤．中日“孝”观念之比较．郧阳师范高等专科学校学报，2006（1）：122～124.

为调节个人与国家之间关系的政治法则。[①] 从这个意义上说，我们不赞成这种主张：将孝与忠作现代性转化，由孝道中生出热爱祖国和忠于祖国的道德品质。

当然，我们也力倡在“国家”未消亡前，任何人都要热爱自己的祖国，都要忠诚于自己的祖国，这是毫无疑问的。但是，“爱祖国”这种品质的养成要通过其他有效途径去加以实现，而不能将热爱祖国和忠于祖国与孝道简单地联系起来，因为孝道的心理基础是子代对父代的“亲亲”之情，这是人的一种基于血缘关系的自然情感，而热爱祖国和忠于祖国是一种主要在人的社会性情感基础上产生的道德品质，二者之间有本质上的差异，若试图从孝道中引发出热爱祖国和忠于祖国的道德品质，可能仍会犯泛孝主义的错误。

然而一旦限定孝的使用范围，在一般情况下就不会产生孝与忠（此处讲的忠，仅指忠于国家）的矛盾，因二者所调节的对象是不同的：孝仅限定于家庭之内并用于调节父代与子代的亲子关系；而忠是用于社会（家庭之外）层面并调节人与国家之间的关系。犹如狮子和老虎虽都是兽中强者，但在正常情况下，二者绝不发生冲突，因为狮子一般生活在大草原，而老虎多生活在森林中。若在特殊情况下，忠与孝发生矛盾，鉴于孝只是一种私情，而热爱祖国和忠于国家是一种公理，那么，解决私情与公理之间冲突的唯一合理方式就是牺牲私情，成就公理。这一方式是建立在国法的价值高于亲情的价值的前提下，这正是现代民主法治社会所选择的方式。在这方面，墨家曾为我们树立过很好的榜样。[②] 据《吕氏春秋·去私》记载：

墨者有钜子腹䵍，居秦，其子杀人，秦惠王曰：“先生之年长矣，非有他子也，寡人已令吏弗诛矣，先生之以此听寡人也。”腹䵍对曰：“墨者之法曰：‘杀人者死，伤人者刑。’此所以禁杀伤人也。夫禁杀伤人者，天下之大义也。王虽为之赐，而令吏弗诛，腹䵍不可不行墨者之法。”不许惠王，而遂杀之。子，人之所私也。忍所私以行大义，钜子可谓公矣。

（三）舍弃悖理孝道与伪孝道，倡导合理孝道与真孝道

孝道的真谛在于子女对父母真心诚意的关心（孝心），而不是简单地展现外在的孝行。因此，一个人只有真心实意地去行孝道，才会给父母带来心灵上的真正的温暖，若只是虚情假意地行孝道，不但行孝道的人自己感到不开心甚至无比的痛苦，而且丝毫不能为父母带来任何心灵上的真正快乐。[③] 同时，在“以人为本”观念越来越深入人心的当代社会，以《二十四孝》为代表的中国古籍里所倡导的悖理孝道在20世纪初曾受到新文化运动健将们的猛烈批评，更与今天中国政府所提倡的社会主义新型人际关系——平等、友爱、互尊互重的人际关系不相符，与今天中国政府提倡要尊重人权（很显然，这里包括为人子女者的人权）的思想也是相左的。今天一些反对在道德教育里继续传播孝

---

① 杨国枢．中国人之孝道观的概念分析．载杨国枢．中国人的蜕变．台北：桂冠图书股份有限公司，1988. 49～50.

② 韦政通．儒家与现代中国．上海：上海人民出版社，1990. 158～159.

③ 杨国枢．中国人之孝道观的概念分析．载杨国枢．中国人的蜕变．台北：桂冠图书股份有限公司，1988. 53.

道的人们，往往也是看到了悖理孝道的致命不足。因此，中国古代的孝道要想在当代中国成为一种合理合宜的调节父代与子代关系的行为准则，就必须重新回归有远见卓识的先哲（如先秦学者和颜之推等）所倡导的合理孝道与真孝道上，而不是悖理孝道或伪孝道。

一方面，要坚持父慈子孝的双向原则。为人父母者先要慈爱子女，正如颜之推在《颜氏家训·治家》里所说："夫风化者，自上而行于下者也，自先而施于后者也，是以父不慈则子不孝。"当然，父母慈爱子女不是要对子女进行溺爱，做父母的该教育子女时仍要适度严格地加以管教，《颜氏家训·教子》说得好："父子之严，不可以狎；骨肉之爱，不可以简。简则慈孝不接，狎则怠慢生焉"。同时，子女也要孝敬父母，切不可将父母对自己的关爱视作理所当然的事情，从这个意义上说，若"子不孝则父不慈"。时下中国有少数年轻人抱着"你既生我，就须养我"的错误心态，于是，有些大学生每月理直气壮地向父母索要钱物，以至有一位父亲用"就像地主收租子"一语来形容对读大学的女儿每月向家里要钱的感受；[①] 有些家长甚至对"孝子"（原本指孝顺父母的子女）作出如下新解，来表达自己的无奈："孝子就是指老子要孝顺儿子。"并且，一些子女对父母的养育之恩毫无言谢之意，对父母也缺乏起码的尊重与关爱，从而招致一些西方人士的批评。例如，美国传教士晏马太（Matthew Tyson Yates，1817—1888）博士早在1877年所撰写的一篇题为"祖先崇拜"的文章里就曾指出："'孝'这个词很有误导性，我们要小心上当。在我们了解的所有民族之中，中国的儿子是最不孝顺的，不听父母之言，从他们能让别人知道自己的要求时开始，就从不让步。"[②] 尽管这种批评有失偏颇，但也不是完全没有依据的。我们常说西方人家庭观念淡薄，但西方一些国家专门有"母亲节"（Mother's Day，阳历每年5月的第二个星期日）和"父亲节"（Father's Day，阳历每年6月的第三个星期日），美国和加拿大还有"感恩节"（Thanksgiving Day），以此提供子代向父代表达感恩之心的机会，这值得我们深思。可见，父慈子孝的双向原则中包含两个要义：一是强调情感性。汉代以后的旧孝道具有敬畏胜于亲爱、角色胜于感情的特点，这适合家长权威的古代中国，却不适合讲究人人平等、友爱、互尊互重的当代中国，要使传统孝道的精髓能在当代中国继续发扬光大，就必须将其作现代性的转换，使之成为亲爱胜于敬畏、感情胜于角色的新孝道。[③] 二是强调互益性。汉代以后的旧孝道重孝轻慈，只片面强调子女对父母的义务，却不论及子女应享的权利与父母应对子女所尽的义务，这是一种单向性的孝道。很显然，这种孝道已不适合讲究公正、平等的当代中国人的"口味"，为此，只有增加孝道的互益性，推行父慈子孝式的新式孝道，才容易为当代中国人所接受与认同。[④]

另一方面，要鼓励父代与子代之间相互尊重对方的正当兴趣、爱好与志向，毕竟父母与子女各有各的个性，各有自己不同的生活经历。因此，父母不能再像过去那样一味让子女放弃自己的正当兴趣、志向与爱好，而去行父母之"志"，行父母未尽之"行"；子女也不能过于强调自己的选择权，不听从父母的合理建议。从这个意义上说，孝道观

---

① 杨军摘．言论．读者，2006（16）：37.

② ［美］明恩溥．中国人的素质．秦悦译．上海：学林出版社，2001. 150.

③ 杨国枢．中国人之孝道观的概念分析．载杨国枢．中国人的蜕变．台北：桂冠图书股份有限公司，1988. 50～51.

④ 杨国枢．中国人之孝道观的概念分析．载杨国枢．中国人的蜕变．台北：桂冠图书股份有限公司，1988. 54～55.

念要做到与时俱进：对社会而言，要逐渐建立与养老制度相适应的孝道观，培养老人人格独立自主的新观念，建立一个使老人感到生活有意义的社会；对为人父母者而言，要清楚地认识到，父代与子代毕竟是两代人，子代不是父代的“简单翻版”，所以，为人父母者不但不能片面地要求子女去行父母之“志”或父母未尽之“行”，而且要有意识地帮助子女养成独立人格，并学会尊重子女的独立人格；对为人子女者而言，也要清楚地认识到，在一般情况下，父代对子代总有一种“关切与担心”，若非原则性的问题，适当顺从父母的意志既无伤大雅，又能满足父母的心理需要，增进父母的幸福感。当然，子代也要逐渐学会走自己的路，毕竟时代在变化，环境也在变化，若盲从父母的意志，既容易迷失自我，也不利于自己的健全发展。

合而言之，只有为人父母者既尊重与关爱子女，又尽到为人父母者所必须尽的义务；同时，为人子女者也尊重与关爱父母，尽到为人子女者应尽的义务，并以此为出发点，通过平等对话来谈孝道，才易为当代中国人中为人子女者所接受、履行。正如鲁迅在《坟·我们现在怎样做父亲》一文里所说的，父子之间各有自己的社会责任与义务，这就是慈和孝。父母对子女的责任和义务应该是“健全的产生，尽力的教育，完全的解放”[1]。子女对父母则有孝敬、关爱、赡养的责任和义务。这种孝道观才是具有社会主义性质的新型孝道观。

（四）在弘扬孝道精义的同时，积极推进社会保障制度的建设

中国自古至今都推崇孝道，这与中国住房、医疗、教育、养老等制度的不完善有关，从而将一些本应由国家承担的事情都推给了家庭，这是中国社会尤其是官方推崇孝道的一个深层原因。在此思想的影响下，一些中国人将父母当“靠山”，将岳父母当“泰山”，认为父母与岳父母理应关照自己；与此相对应，一些中国父母也信奉“养儿防老”的观念，认为子女理应奉养自己。在西方人看来，中国人的人际关系里充满了相互利用的关系，即便是亲子关系，也是在相互利用。[2] 而按儒学的逻辑，父子关系是人伦关系的基轴，其他人际关系都是由此基轴拓展出来的。结果，在西方人眼中，中国人的人际关系里处处体现了相互利用的关系，每个人在另一个人眼中几乎都是工具，而不是目的，这不但不利于亲情的彰显，也与有路德教文化背景的哲学家康德的公正原则（Kant's principle of justice）相悖。何谓“康德的公正原则”？它是指一种尊重人的人格或尊严的原则，它把每个人视作自己的目的而不是自己的手段，[3] 即“你的行动，要把你自己人身中的人性，和其他人身中的人性，在任何时候都同样看作是目的，永远不能只看作是手段”[4]。因为基督教文化将个人的“灵魂”视作地上的神物，它只对上帝负责，它在世上的目的就是在超越界获得救赎，这种救赎也是超越世俗的得救。所以，它对每一个人都作了如下的要求：它既必须是自力开展的一个“过程”，也必须是一个“目的”。[5]

当社会保障机制不够健全，“养老”主要靠家庭力量完成时，若某人家庭极端贫困，

---

① 鲁迅全集（第一卷）. 北京：人民文学出版社，1973. 125.

② ［美］孙隆基. 中国文化的深层结构（第二版）. 桂林：广西师范大学出版社，2011. 302.

③ Kohlberg, L. *The Psychology of Moral Development*, Harper & Row, San Francisco, 1984, pp. 526.

④ ［德］康德. 道德形而上学原理. 苗力田译. 上海：上海人民出版社，1986. 81.

⑤ ［美］孙隆基. 中国文化的深层结构（第二版）. 桂林：广西师范大学出版社，2011. 300.

上有“老”下有“小”时，就可能会发生“埋儿奉母”的悲剧；若再遇到家中有长年卧病在床的老人，甚至会发生“孝子杀母”的悲剧。因此，为了避免“孝子杀母”或“埋儿奉母”等人伦悲剧的再次上演，为了消除“将人视作工具而不是目的”的观念，相关政府部门在弘扬孝道精义的同时，应认真思考目前的社会保障、医疗、司法等制度中需要改进的地方，积极推进社会保障制度的建设，并加强对弱势群体（包括困难家庭）的扶持力度，体现社会的公平与公正。同时，要健全临终关怀服务、心理疏导服务等专业的社会服务。

这是命中注定的。

这是天意！

——无名氏

第八章　中国人的迷信心理与对策

据《汉语大词典》解释，“迷信”的含义主要有二：一是指信仰神仙鬼怪；二是泛指盲目的信仰崇拜。[①] 2009 年版《辞海》对“迷信”的解释：一般指相信星占、卜筮、风水、命相、鬼神等的愚昧思想；泛指盲目的信仰或崇拜。[②] 可见，迷信本是指人类对超自然力量的崇拜与信仰，是对客观世界的一种虚幻的歪曲的反映。它是在生产力水平低下、科学技术不发达的情况下出现的。因为人们对许多自然现象暂时无法解释，便认为在人世之外，还存在上帝、佛祖和鬼神等主宰着人的命运。这里讲的“迷信”采用的是上述两部权威工具书里所讲的“泛指盲目的信仰或崇拜”之义，相应地，本书所讲的“迷信心理”也是广义的，意指人们对于某些人、某些事物、某些思想或某种行为方式的非理性执着、盲目信仰或崇拜。例如，古人对“命运”的过分相信，可以称之为迷信；今日有些人对“科学”的过分推崇，实际上也是一种迷信。按广义迷信心理的定义，称得上迷信心理的往往都可以看作一种广义的崇拜心理。为便于读者理解，下面将中国人的迷信心理进一步细分为三大类：禁忌心理、盲信心理与崇拜心理。这说明中国人的迷信心理是多种多样的。当然，如下文所述，西方人也有迷信。从某种意义上说，在“迷信”上，中西方主要是“类型”上的差异，并无“程度”上的不同。

一、中国人的禁忌心理

“禁忌”中的“禁”是“禁止、不允许”之义，“忌”是一种因害怕或憎恶而力求避开的心理状态。许慎在《说文解字》里解释道：“禁，吉凶之忌也。从示，林声。”[③]“忌，憎恶也。从心，己声。”[④] 这表明，“禁”是一种与“神”有关的现象：人所处的环境或情势随时都有可能发生吉凶难料、祸福莫测的变化，而“神”这种超人的神秘的力量却能在事前将这种变化的征兆通过日月星辰等天文现象显示出来。为了趋吉避凶，人们就要观察天象，根据神的启示来决定自己的行为，哪些事可以做，哪些事不可以做。不可以做的事就是“禁”，“禁”给人们造成的害怕、厌恶、疑虑而力求躲避等心理状态

---

① 汉语大词典（第十卷）. 上海：汉语大词典出版社，1992. 817.

② 夏征农，陈至立主编. 辞海（第六版缩印本）. 上海：上海辞书出版社，2010. 1295.

③ ［汉］许慎撰.［清］段玉裁注. 说文解字注. 上海：上海古籍出版社，1988. 9.

④ ［汉］许慎撰.［清］段玉裁注. 说文解字注. 上海：上海古籍出版社，1988. 511.

就是“忌”。[1] 所谓“禁忌”，即禁戒普通人接触的事物或人，以及其他忌讳的观念、语言、行为等。禁忌的一个显著特点是尽管你不知其所以然，但你最好遵守它，因为谁也不知道不这么做会发生什么。[2]

禁忌始于原始社会。某些特定事物或被视为神圣，或被视为不洁，只有具备特赋灵力的巫师或祭司才能接触并处理。普通人擅自或偶然触及必触犯神怒而罹祸，甚至祸延氏族。后来禁忌涉及较广，除宗教禁忌外，还有食物禁忌、药物禁忌、语言禁忌、习俗禁忌等。[3] 因此，本章所用的“禁忌”一词，若换一个类似说法，那就是“忌讳”。据《辞海》解释，“忌讳”一词的含义有二：①《周礼·春官·小史》：“则诏王之忌讳。”郑玄注：“先王死日为忌，名为讳。”谓使臣民知道忌日，不能作乐；知道名讳，不能称说。后来一般用作避忌、顾忌之义。②由于风俗习惯或迷信，忌说某些不吉利的话或忌做某些不吉利的事。[4] 本章所说的“禁忌”是它的后一种含义。从一定意义上说，忌讳心理是从反面来折射人们的崇拜心理的，因为忌讳的反面物往往就是崇拜的对象。例如，正由于中国人崇拜“生”，才讳言“死”；崇拜“礼”，才讳言“性”；崇拜“德”，才讳言“心病”。“禁忌”在国际上统称为“Taboo（tabu）”，音译为“塔布”。“Taboo”源于中太平洋上的玻利尼西亚语，指波利尼西亚人认为具有“曼纳”（一种无人称的超自然神秘力量，能依附于人、物而起作用）灵力的人、物、地点而为普通人所不能接触者。普通人擅自或偶然接触，皆被认为必将罹祸。当地土语称这种现象为“Taboo”。1777 年英国航海家柯克船长来到中太平洋上的波利尼西亚群岛的汤加岛，并将这个词带回了欧洲，从此“Taboo”衍变为各种“禁忌”的通称，但“塔布”实为禁忌的一种，在许多原始民族中都有类似的观念。[5] 从一定意义上说，恪守某个人的禁忌，是对这个人的尊重；恪守一个行业的禁忌，是对这个行业的尊重；恪守一个民族的禁忌，是对这个民族的尊重。[6] 中国人在语言和行为上有许多禁忌，准确把握它们，能让人更好地与他人交往。

（一）语言禁忌

在日常人际交往中，为免祸从口出，宜熟知一些语言禁忌。所谓“语言禁忌”，也叫作“忌口”，是指禁忌使用或说某种语言或言语，尤其是忌说某些不吉利的话。[7] 例如，在古代中国，帝王、圣贤、长官及长者的名字是不能随便称呼和书写出来的，平时如用到与这类人名相同的字就必须避开或改写，这种历史文化现象被称为“避讳”，它实际上是一种语言禁忌，即讳言首长或长者的姓名。在当代中国，讳言首长或长者的姓名在一些保守的官员和家长身上仍存在。而对于岁数，中国人忌称“百岁”。因为百岁常常用来指寿限之极，像“百年好合”、“百年之计”、“百年之后”等都是暗指寿限之极

---

① 秦明吾主编．中日习俗文化比较．北京：中国建材工业出版社，2004. 115.
② 维舟．这一代人的恐惧与焦虑．读者，2012（11）：37.
③ 夏征农，陈至立主编．辞海（第六版缩印本）．上海：上海辞书出版社，2010. 946.
④ 夏征农，陈至立主编．辞海（第六版缩印本）．上海：上海辞书出版社，2010. 855 ~ 856.
⑤ 夏征农，陈至立主编．辞海（第六版缩印本）．上海：上海辞书出版社，2010. 1815.
秦明吾主编．中日习俗文化比较．北京：中国建材工业出版社，2004. 115.
⑥ 秦明吾主编．中日习俗文化比较．北京：中国建材工业出版社，2004. 126.
⑦ 夏征农，陈至立主编．辞海（第六版缩印本）．上海：上海辞书出版社，2010. 856.

的，所以，若某人被问及岁数时是忌讳说百岁的，一个人真有一百岁，也只能说是99岁，否则不吉利。在一些重要时间段（如年头、岁末）、一些重要场合（如办喜酒时）也忌说不吉利的话，等等。在诸多的语言忌讳中，最突出且对当代中国人的心理与行为仍有巨大影响的有三：讳言“死”、讳言“性”和讳言“心病”。

1. 讳言“死”

（1）讳言“死”的典型心理与行为方式。

据《汉语大字典》解释，在汉语里“死”的含义有十五种之多，不过，中国人所讳言的“死”，其含义主要是指“生命终结”，与“生”相对。① 从古至今，讳言“死”都是中国人一个重要的忌讳心理，这在中国几乎是不言自明的。它有许多表现方式，概括起来，主要有以下五种，由此可以看出中国人讳言死的心态有泛化的倾向。

第一，讳言与“死”读音相近的数字。例如，中国人一般不太喜欢4和14之类与“死”或“要死”谐音的数字。这符合“同音原则”或“谐音原则”：由数字的发音联想到与其发音相同或相近的事物，由于事物往往都是带有感情色彩的，所以，数字就随之被赋予了相应的褒贬之义。② 现在一些楼房里没有以“4”和“14”之类数字标注的楼层，而将本是“4楼”的楼层改称“5楼”或“5A楼”，其目的均是迎合中国人讳言死的心态。③ 顺便提一下，由于日语里“4”的发音与“死”相同，与中国人类似，日本人也忌讳“4”这个数字。因此，在日本，很多饭店、医院等场所没有“4”、“14”和“24”这样的楼层数和房间号。不过，中国人对“4”的厌恶还没有达到像日本人那般的程度，所以，中国人有时也喜欢用“4”来归纳总结生活中的事物。例如，将西施、昭君、貂蝉、杨贵妃并称为“四大美人”；将竹、兰、梅、菊并称为“国画四君子”；日常生活里最经典的中式建筑是“四合院”；最常见的上菜数目之一是“四菜一汤”，即四个正菜外加一碗汤；中国人常说的家具数目是“四大件”。④ 上述做法符合“实用原则”：虽然某个单一数字含有贬义，但若和其他数字或事物组合起来含有褒义的话，还是会受到人们的喜爱的。⑤ 中国人讳言“4”或“14”的心理与西方人讳言“13”（直到今天，在欧洲许多城市都没有13号街道，酒店里也没有13号房间，大楼里没有13层，12层上面就是14层）和大多数欧洲国家将“星期五”视为不吉利的日子（如今在英格兰北部，星期五是绝对不会举行婚礼的）的心理机制是大致相同的：都是出于文化心理习惯。为什么西方人忌讳“13”，并且大多数欧洲国家将“星期五”视为不吉利的日子？可能的原因主要有三个：①与星期五的命名有关。在古罗马，星期五被认为是爱神维纳斯之日。可能是为了继承古罗马的传统，北欧神话中，一个星期的第五天也被定为美与爱之神Freya的日子（Freya's day），并逐渐转变成Friday（星期五）。希腊神话说，有一次，12位天神在哈弗拉宴会上聚会，未邀请的第13位神——邪恶的火神洛基（Loki）却突然闯入，并在聚会上杀死了和平之神柏尔特（Balder），柏尔特的母亲爱神Freya得知后痛不

---

① 汉语大字典编辑委员会编纂．汉语大字典（第二版九卷本）．成都：四川辞书出版社，武汉：崇文书局，2010. 1480.

② 秦明吾主编．中日习俗文化比较．北京：中国建材工业出版社，2004. 64.

③ 由于在汉语里“4”的发音与“死”相仿，一些华人较多的其他国家，如新加坡的民众也有忌“4”的习俗。

④ 秦明吾主编．中日习俗文化比较．北京：中国建材工业出版社，2004. 118.

⑤ 秦明吾主编．中日习俗文化比较．北京：中国建材工业出版社，2004. 64.

欲生，从此 Freya's day（星期五）蒙上了不祥的阴影。②与基督教及其教义有关。传说耶稣受害前和弟子们共进了一次晚餐，参加晚餐的第 13 个人是耶稣的弟子犹大，就是这个犹大为了 30 块银币，把耶稣出卖给犹太教当局，致使耶稣受尽折磨，并且在星期五被处死了。参加最后的晚餐的是 13 个人，晚餐的日期恰逢 13 日，背叛耶稣的犹大刚好是耶稣的第 13 个门徒，"13" 给耶稣带来苦难和不幸，从此，"13" 被认为是不幸的象征，并成为背叛和出卖的同义词。这个传说在西方已经深入人心，达·芬奇还画了流传甚广的名画《最后的晚餐》。于是，"13" 就成了西方世界最为忌讳的数字。不但传说耶稣是在星期五被处死的，在《圣经》中，亚当和夏娃也是在星期五那天偷吃了禁果而获原罪的；在《挪亚方舟》的故事里，毁灭一切的大洪水是星期五爆发的；传说中的所罗门圣殿是在星期五被毁灭的。于是，"星期五" 也被看成是多灾多难的 "黑色" 日子。③星期五与 "13" 相关联的概率大。西方人本已讳言 "13"，而据科学与数学领域的百科全书编纂者埃立克·魏尔斯史甸的计算，星期五比一星期中其他的日子碰上 13 日的概率都要大，因此，西方人由忌讳 "13" 发展到忌讳 "星期五"，这非常符合联想中的接近律。但令人奇怪的是，在远离欧洲的印度，"黑色星期五" 的迷信也广为流传，这似乎是东西方文化在起源上紧密关联的一个例证。①

第二，讳言与 "死" 含义相近的字或词。例如，中国人在屋前屋后栽树时，讲究 "门前不栽桑，屋后不种柳"，因 "桑" 与 "丧" 谐音，"柳" 与 "溜" 谐音，合而言之，有人死财散之义，当然不好。送礼给亲朋好友时，切忌送 "钟"，因 "送钟" 与 "送终" 谐音，而 "终" 即 "死"。在接新娘时，忌同时用 "奔驰" 与 "桑塔纳" 两种牌子的轿车，因为这两种车名连读起来就是 "奔" "桑"，与 "奔丧" 谐音，让人觉得不吉利。《"奔" "桑" 接新娘　岳父不让上》② 之类的新闻就反映出中国人的这一心态。

第三，不直言 "死"，而用其他字或词加以代替。例如，在中国古代，用 "驾崩" 指称帝王之死，这样做至少有两大 "好处"：一是符合中国人讳言 "死" 的心态；二是凸显了 "帝王是江山的顶梁支柱，他们一旦死去便如同山崩地裂，切不可等闲视之" 之义。佛教僧尼之死称为 "圆寂"，意思是他们完全沉浸于念经中。受佛教教义的影响，"西归" 成为中国人对死亡的常用语，至今仍有一些中国人将死亡称为 "上西天" 或 "驾鹤西去"。现在最常用的是 "逝世"、"去世"、"过世" 或 "长眠" 等。除此之外，把为正义事业而死则称为 "献身" 或 "牺牲"，在工作岗位上死则称为 "殉职"，不置褒贬的中性说法有 "心脏停止了跳动"、"停止了呼吸" 等。③

第四，忌讳立遗嘱。一些中国人讳言死，对生前立遗嘱一事颇为忌讳，认为那是一件不吉祥的事情，于是，大多不愿意生前立遗嘱。这也是一些华人家庭在长辈去世后经常因财产继承问题发生纠纷的原因之一。

第五，中国人某些其他的忌讳心理，若究其实，也是讳言死的心态的反映。例如，一些中国人非常忌讳给活人写墓志铭、塑瓷像等，这类心理也是讳言死的一种反映。还有一些忌讳心理只要稍作分析，就会发现它们同样是忌讳死的折射。例如，逢年过节或

---

① 罗伯特·钱伯斯．黑色星期五之谜．小儒编译．读者，2006（20）：33.
猪神皮皮．西方人为什么对 13 这个数字反感．见 2007 年 2 月 24 日的 "雅虎知识堂"，网址：http：//cn. yahoo. com.

② 洪高等．"奔" "桑" 接新娘　岳父不让上．扬子晚报，2002－09－25.

③ 秦明吾主编．中日习俗文化比较．北京：中国建材工业出版社，2004. 118.

在重要场合，在饭桌上吃鱼时，若盘子里鱼的上面吃完了，想吃另一面的鱼肉时，一般忌讳说“翻”字，而是吃完了上面的鱼肉后，将鱼刺挑去再吃下面的，非要翻过来吃时，最好说“划过来”或“正过来”。这种忌讳心理或许最初是出自渔民之口，因渔民行船最怕翻船事故（在江海河湖里翻船，往往船毁人亡），但现在连一些一辈子也不打渔的人也忌言“翻”，说明此种忌讳心理已泛化了，且有一定的群众基础。在一些普通民众心中，“好死不如赖活着”之类的谚语大有市场，这也折射出中国人讳言死的心态。

（2）讳言“死”心态产生的文化背景。

中国人讳言“死”的心态有深刻的文化根源，这就是儒道两家特别是儒家对待“生”与“死”的态度。

儒家思想从现实主义出发，其人生观是积极的，他们不以死后的彼岸世界为归宿，而以治理好人的现实生活为目标。因此，儒家对待生死问题有三种典型的态度：①回避。据《论语·先进》记载：“季路问事鬼神。子曰：‘未能事人，焉能事鬼?’曰：‘敢问死。’曰：‘未知生，焉知死。’”当子路问服事鬼神的方法时，孔子说：“活人还不能服事，怎么能去服事死人?”子路又说：“我大胆地请问死是怎么回事?”孔子说：“生的道理还没有弄清楚，怎么能够懂得死?”这表明孔子的态度是不愿去穷诘死及死后（鬼）之事的。②顺其自然。据《论语·颜渊》记载，子夏说：“死生有命，富贵在天。”认为人的生与死及富与贵都是由命运掌控的，人只要顺其自然即可。③重视死亡的伦理道德价值。据《论语·泰伯》记载，孔子说：“笃信好学，守死善道”。他主张一个人对于道要有坚定的信念，尽全力去学习它，誓死去捍卫它，乃是强调要通过保持死节来完善道行，在死上面体现出人格力量。《孟子·告子上》说：“生，亦我所欲也，义，亦我所欲也；二者不可得兼，舍生而取义者也。”突出的还是生死的伦理道德意义。因此，儒家认为，死是绝对的、终极的，是不在我们的认识范围之内的。[①] 可见，儒家在生死问题上的基本态度是重生不重死，死的价值或意义只在于生的价值，因此，儒家对死的忧心就只在于“君子疾没世而名不称焉”（《论语·卫灵公》），即到死而名声不被别人称述，君子引以为恨，这说明儒家主张生命的价值正在于现世的功德名誉。

道家对生死问题的看法都比较潇洒自如。如《老子·五十章》说：“出生入死。”[②] 他认为人出世是生，入地为死，这一切都是自然而然的变化，没有必要太在乎。《老子·三十七章》又认为，不仅人有生死变化，万事万物亦然，即“万物将自化”。因此，老子要人们对生死持自然变化的顺应态度，这一观点类似于儒家“顺其自然”的态度。庄子因不满现实的黑暗统治，后拒不出仕，沉溺于追求精神上无限自由的“逍遥游”生活。庄子对人的生死问题也采取十分洒脱的态度，认为人的生与死不过是“气”之聚散而已，犹如四季更替、日夜循环一样，是极自然平常的事情。如“中国人的人情观”一章所论，《庄子·至乐》对生死看得特别豁达。《庄子·至乐》说：“生者，假借也；假之而生生者，尘垢也。死生为昼夜。”[③]《庄子·知北游》也说：“人之生，气之聚也；聚则为生，散则为死。”[④] 表达的仍是豁达的生死观。而《庄子·大宗师》又进一步针对世

① 丁小萍．道教享乐观念的分析．浙江大学学报（社会科学版），1994（4）：37.

② 陈鼓应．老子注译及评介（修订增补本）．北京：中华书局，2009. 250.

③ 陈鼓应．庄子今注今译（第二版）．北京：中华书局，2009. 486.

④ 陈鼓应．庄子今注今译（第二版）．北京：中华书局，2009. 597.

俗的“悦生恶死”观而提出“恶生悦死”的相反观点。《庄子·大宗师》说：“彼以生为附赘悬疣，以死为绝疣（读 huán）溃痈。”① 据《庄子·至乐》记载：

髑髅曰：“死，无君于上，无臣于下，亦无四时之事，从然以天地为春秋，虽南面王乐，不能过也。”

庄子不信，曰：“吾使司命复生子形，为子骨肉肌肤，反子父母妻子闾里知识（指朋友，引者注），子欲之乎？”

髑髅深颦蹙额曰：“吾安能弃南面王乐而复为人间之劳乎！”②

在这典型的几种对待“死”的态度中，“重视死亡的伦理道德价值”这种对待“死”的态度通常只有仁人志士才能做到。“顺其自然”地对待“死”的态度只有豁达之人或具有仙风道骨的人才能做到。“恶生悦死”的对待“死”的态度显然因违背人之常情而为绝大多数中国人所排斥。因此，一般人只能以回避的态度来对待死亡。不过，即便是一般的俗人，也不会因对死亡的回避而不去思考这个问题，回避反而加强了人们对死亡的恐惧，这种恐惧长久地留在人们的心里，就造成人们对死亡的讳莫如深。直到佛教传入中国以后，它所宣扬的灵魂不死、生死轮回与因果报应等学说，才给中国人一些心理上的解释与安慰。不过，由于绝大多数中国人一向并不真正信仰宗教，因此，佛教教义并不能从根本上消除绝大多数中国人对死亡的恐惧。于是，中国人讳言“死”的心理也一起延续下来了，至今仍有浓厚的群众心理基础。③

2. 讳言“性”

（1）什么是“性”？

根据《汉语大字典》的解释，当“性”读作“xìng”时，其含义有十二种之多。中国人所讳言的“性”，主要是指其中的第九种含义，即“指与生殖、性欲有关的。如性器官④”。

（2）讳言“性”的典型心理与行为方式。

在中国，很多人相信“万恶淫为首”这个教导，导致讳言“性”成为中国人又一个重要的忌讳心理。它的表现方式主要有以下三种，由此可以看出中国人讳言“性”的心态也有泛化倾向。

第一，用“无性繁殖”的方式回避“性”。在“试管婴儿”技术未诞生之前，每个人都是通过“有性繁殖”而被生育出来的。可是，中国文化为了彻底消除“性”的干扰，最终选择了以“无性繁殖”的方式将“性”撇得一干二净。此思想典型地体现在两个方面：①中国的“女娲造人”神话里蕴含的是“无性繁殖”的生育方式。虽然对于人类从哪里来的问题，每一个民族都以自己的方式记录在他们的创世造人神话中，但是，中国的创世神话是“女娲造人”：天地刚开辟的时候还没有人类，女娲用五色土捏成了

① 陈鼓应．庄子今注今译（第二版）．北京：中华书局，2009. 213.

② 陈鼓应．庄子今注今译（第二版）．北京：中华书局，2009. 488.

③ 丁小萍．道教享乐观念的分析．浙江大学学报（社会科学版），1994（4）：37.

④ 汉语大字典编辑委员会编纂．汉语大字典（第二版九卷本）．成都：四川辞书出版社，武汉：崇文书局，2010. 2447.

人形，吹了口气，这些泥人就活了。这表明，中国神话在流传过程中把有关男女关系的内容作了“技术处理”，变成了“无性繁殖”的造人神话。②为了突出帝王的神圣性，中国古籍里有一些关于帝王是通过“无性繁殖”而被生育出来的文字记载。例如，《淮南子·修务训》便说：“禹生于石，契生于卵。”[①] 即“禹母修己，感石而生禹，折胸而出。”“契母，有娀氏之女简翟也，吞燕卵而生契，愊背而出。”[②] 接此传统，在《西游记》中，孙悟空也是从石头里生出来的。通过“无性繁殖”生育出来的孙悟空由于“天然地”与性隔绝，不但心中（包括潜意识）从无“性冲动”，而且在西天取经的漫漫长路中能够做到自始至终对各类“美女的诱惑”丝毫“不动心”！

第二，推崇“男女授受不亲”的做人原则。在日常生活里，与西方人从小教育儿童“人身体上短裤与背心包裹的地方既不可轻易让他人触摸，也不可随便外露”不同，中国人将女性的整个身体都视作与性有关，一般男生或男子切不可随便与某个女生或女人（自己的女友、妻子、母亲、女儿除外）有“肌肤相亲”的举动，否则，会被人视作轻浮或不正经，甚至被骂作“流氓”，还有可能招来牢狱之灾。因此，在中国，至少自孟子开始，便推崇“男女授受不亲”的做人原则（详见下文）。

第三，对“性”采取回避或羞羞答答的态度。在中国，大凡与生殖、性欲有关的东西，对于绝大多数中国人而言，至今都难以光明正大地说出来，因此，常用的态度或方法就是对“性”采取回避或羞羞答答的态度。例如，若子女向父母问起“我是怎样来的”之类的问题时，中国的父母或是避而不答，或是乱说一通，其中，既有“你是我捡来的”与“你像孙悟空一样，是从石头缝里蹦出来的”之类的“老套”回答，也有“你是你老爸上传后由老妈下载的”之类的与时俱进的解释。这导致中国的性教育至今仍十分落后，人们关于性的知识非常贫乏。为了改变广大中国人缺乏性知识的状况，中国首个《性健康教育》系列教材已于2002年由黑龙江教育出版社正式出版，[③] 共有3本，总共30多万字。其中，《初中生性教育》有6万字，分11个章节，《高中生性健康教育》有7.5万字，《大学生性健康教育》有18万字。江苏也早在2002年就由江苏省教育厅组织专家编写学校健康教育丛书《青少年性健康教育与预防艾滋病读本》并已面市，分为小学、初中和高中版。另外还有针对大学生的版本，由江苏美术出版社出版。[④] 按理说，随着这些教材的出版与发行，对于性知识存在“家长羞于说，老师挑着讲，学生偷着看”的这种态度与做法将不复存在，不过，事实证明，至今仍未收到这种效果。

（3）讳言“性”心态产生的文化背景。

为什么中国人至今仍讳言“性”？原因至少有三方面：

第一，这与中国传统文化尤其是宋明理学有很大的关联。漫长的中国传统文化一直未能妥善处理好男女之间的关系，在孟子所讲的“五伦”之中，“夫妇”之间要做到“有别”，而不是由“相知”到“相爱”。孟子又主张“男女授受不亲”，认为它是一种“经”。所谓“经”，是指具有恒定性质的道德原则和道德规范，它一般以“天经地义”或“常行道理”的形态出现。与此相对的是“权”，是指道德主体在具体境遇中，针对

① 刘文典撰．冯逸，乔华点校．淮南鸿烈集解．北京：中华书局，1989. 642.

② 刘文典撰．冯逸，乔华点校．淮南鸿烈集解．北京：中华书局，1989. 642.

③ 佚名．首部性教材破解神秘．扬子晚报，2002－04－09.

④ 黄艳．对性有困惑他们递上200张纸条．现代快报，2011－11－29.

特殊情况，在比较轻重利害、大小本末后，对道德原则和规范的一般规定所作的变通。在孟子看来，在通常情况下，知礼的人要信守“男女授受不亲”的法则；只有在诸如“嫂溺于水”的非常情况下，才能以人的生命为重，对嫂嫂“援之以手”。此时虽违反了“男女授受不亲”的常礼，却符合“仁道”的根本精神。孟子此思想记载在《孟子·离娄上》的下段言论中：

《孟子·离娄上》：“淳于髡曰：‘男女授受不亲，礼与？’孟子曰：‘礼也。’曰：‘嫂溺，则援之以手乎？’曰：‘嫂溺不援，是豺狼也。男女授受不亲，礼也；嫂溺，援之以手者，权也。’曰：‘今天下溺矣，夫子之不援，何也？’曰：‘天下溺，援之以道；嫂溺，援之以手——子欲手援天下乎？”①

至宋明时期，宋明理学大力鼓吹“正人君子”的做人模式，力倡孟子的“男女授受不亲”，声称“饿死事小，失节事大”，这些言论几乎都对男女关系讳莫如深，并且在男女交往上限制极为严格。同时，中国人又将裸体看作是性的一部分，总是很谨慎地不让别人看到自己的裸体，特别是对女子的约束更为严格，有时达到令人难以想象的地步。这从五代时一部小说里记载的一个烈女故事中可见一斑。据《新五代史·杂传》记载，一位名叫王凝的人，其家本在青、齐之间，却被调到虢州担任司户参军，在任期内突然生病并客死异乡。王凝家境贫寒，一子尚年幼，其妻李氏只好带着儿子，背着王凝的尸体返回故土，以便能将王凝葬在家乡的祖坟里。李氏走到开封时天色已晚，想到一户人家借宿一晚，房屋主人开门，见是一个陌生女子独自带着一个小男孩站在门外，觉得她形迹可疑，就不准李氏进屋。李氏见天色已晚，不肯离去。房主就拉着李氏的手将她向外推。李氏仰天长叹，悲愤说道：“我本妇人，怎能不守妇道？今天居然让一个陌生男子拉了我的手，这岂不有损我的清誉！”于是用斧子砍断了自己那只被房主拉过的手。开封的官员听到此事后甚为感慨，就将这件事情上报给了朝廷。朝廷为此不但赐药给李氏治疗，还厚恤李氏。② 在此种“万恶淫为首”观念的深刻影响下，过去，一个成年男子若胆敢“以玩弄女性为目的，采取诱骗等手段奸淫妇女多人的，或虽奸淫妇女人数较少，但造成严重后果的”；或者，一个成年女子若胆敢“勾引男性青少年多人，或勾引外国人，与之搞两性关系，在社会上影响很坏或造成严重后果的”，不但易被人称作“流氓”，甚至会以“流氓罪”论处。1997 年修订《刑法》时虽然删除了“流氓罪”，但又有了“强制猥亵、侮辱妇女罪”、“猥亵儿童罪”和“聚众淫乱罪”。并且，时至今日的中国大陆，“乱搞男女关系”仍是一条很重的“罪行”，无论放在谁身上都会“吃不了兜着走”，弄不好不但一生清誉毁于一旦，而且还要进牢房。③

第二，这与佛教“不淫”戒律的世俗化有关。佛教有戒律，戒律无论内容多寡，“不淫”都是其中重要的一戒。佛教所讲的“淫”含义颇广，不但要戒除带淫乱性质的言行，甚至还要戒除“意淫”，像“柏拉图式爱情观”——追求精神恋爱而排斥肉欲的

---

① 杨伯峻．孟子译注．北京：中华书局，1960. 177～178.

② （宋）欧阳修撰．新五代史．（宋）徐无党注．北京：中华书局，1999. 401.

③ ［美］孙隆基．中国文化的深层结构（第二版）．桂林：广西师范大学出版社，2011. 242.

一种恋爱观便在戒除之列。随着佛教影响范围的扩大，佛教教义（戒律是其中重要的内容之一）不但对其弟子，而且对普通百姓也产生了较大影响，在“不淫”律令的制约下，对于性的问题连想都不能想，岂能去言、去做呢？

第三，与中国文化将父母“神圣化”的做法有关。西方人将父母“去神圣化”，认为他们不过是年龄大一点的、与自己人格平等的人，只要都是“成人”，就具有明显的“性爱”意识，所以，母子或父女的关系就变得不宜过分亲近，否则易扯到男女关系上。这种对“乱伦”的过分焦虑，与子代的全面独立，可以与“父权”或“母权”分庭抗礼甚至取而代之的“弑父”或“弑母”倾向也有一定关联。与此不同的是，中国人将父母“神圣化”，让子女在父母面前永远保持“儿童”形象。于是，在中国，“子女在父母面前永远是孩子”，不但可以“撒娇”（详见“中国人的自我观”一章），而且，做儿子的可以一生以孩童的身份与母亲接近，做女儿的也可以一生以孩童的身份与父亲接近，均不必有“乱伦”的担心，也不必有“弑父”或“弑母”的焦虑。可见，这样做能很好地避免“弑父娶母”或“弑母嫁父”的危机。但是，在“神圣家庭”的招牌下，[①] 家庭教育中不但几乎从不涉及性教育的内容，而且禁止子女提及性，从而助长了“讳言性”这种禁忌的产生与流传。

（4）“非性化”背景下的性泛滥。

值得深思的是，在中国，一方面，人们“谈性色变”，导致中国人的“性”表现常常处于半窒息状态。另一方面，因为不能将“性”明朗化，导致“性”的表现泛滥成灾，比开放的西方人有过之而无不及。[②] 这种性泛滥在明代中后期曾集中爆发，这从明代描写性的小说（代表作是《金瓶梅》）存在特别多性描写这一事实中便可见一斑。在当代中国，它的表征主要有三：

一是在意识方面的性泛滥现象严重。鲁迅曾讥讽中国人的性想象力超强：只要看到女的穿露臂之旗袍，就会联想到她光肩膀，再联想到将她脱个精光。假若有穿着性感且年轻貌美的女性从远处走来，一些中国成年男性在以为对方看不到的地方会伸长脖子看，但一旦双方打了照面，没有了安全距离，立即就会装作一本正经，目不邪（斜）视，[③] 甚至一些中国成年男性游客之所以热衷到泰国旅游，原因之一便是想去与“人妖”作近距离的亲密接触！

二是未对影视作品分级，导致存在大量性爱场面的影视作品随处可见，儿童能轻易看到。与此不同，当代西方发达国家会根据影视作品中出现的“性爱场面”的情况进行分级。并且，在每天的黄金时间，电视中一般禁止播放含有大量性爱场面的电影和电视剧。

三是虽禁止卖淫活动，但因打击不力，导致在中国一些城市，色情场所经常暗藏在按摩、洗头理发、泡脚、歌舞厅等休闲的地方，不但让去这些地方按摩、洗头理发、泡脚、唱歌或跳舞的青少年能够轻易接触到，有些不法分子还主动色诱青少年。与此不同，在当代西方某些发达国家，一般在城市的某个位置特意划出一个“红灯区”（red - light district，指以卖淫为主的地区），其余地方不但绝不允许有“红灯区”的存在，也不允许

---

① ［美］孙隆基．中国文化的深层结构（第二版）．桂林：广西师范大学出版社，2011. 125.

② ［美］孙隆基．中国文化的深层结构（第二版）．桂林：广西师范大学出版社，2011. 124.

③ ［美］孙隆基．中国文化的深层结构（第二版）．桂林：广西师范大学出版社，2011. 126.

染上色情风味。[1]

3. 讳言“心病”

(1) 什么是心病。

“疒”主要有两种写法：一是写作“[illegible]”[2]，左边是“一张床”的象形字，右边是“人”字的变相；二是写作“[illegible]”或“[illegible]”[3]，右边是“一张床”的象形字，左边是“人”字的变相。合起来的意思是人躺在床上生病。凡是有关疾病的字都用它作意符。后来人身与床板合成一片，就成了现在的样子。[4] 这与《说文》和于省吾的观点是一致的。《说文》：“疒，倚也。人有疾病，象倚箸之形。”于省吾《甲骨文字释林·释疒》：“疒为疒病之疒，（甲骨文）象人卧床上。”[5] 所以，“病”是一个形声字，其中，“丙”表“音”，“疒”表“形”。“心病”是心理疾病的简称，指个体因为主客观因素的影响而在心理方面所出现的各式各样的疾病的总称，与“生理疾病”相对。

(2) 讳言“心病”的典型心理与行为方式。

在古代中国，基本上只有名医和极少数开明人士能正确看待“心病”；在现当代中国，尽管稍有或精通心理学知识的人基本上都能正确看待“心病”，不过，由于心理学在当代中国至今仍只是一个“小学科”，相对而言，具备一定心理学知识的人仍非常少。结果，在中国社会里，心病污名（stigma of mental illness)，是指个体在社会互动中对心理疾病患者存有负面评价、消极情感体验和歧视现象[6]。现象在一些人心中或隐或显地存在着，因此，得“心病”向来被许多人认为是一件非常不光彩的事情。一旦某个人得了某种心病，不但患者自己，甚至患者的家人，心中往往都会充满了诸如羞愧、不光彩、难为情之类的负面情绪。要是被他人知道了，常常会受到歧视，这致使中国人讳言心病。某个人一旦得了某种心病，不但自己，甚至连同知道其病情的家人，在他人面前往往讳莫如深。于是，中国人一般不轻易在别人面前袒露自己的心病。心病污名。

与“讳言心病”截然不同的是，在当代中国，由于种种原因的影响，还存在“被精神病”现象。所谓“被精神病”，是指未患精神病的人被当作精神病人而被他人强制送进精神病院接受治疗的情形。[7] 也许有读者会说，这不正说明当代中国人不忌讳心病了吗？其实不然。在现实生活里之所以会出现“被精神病”现象，除了少数是由于诊断者因业务不精而做出错误的诊断外，大多数情况往往是因为相关家属或诊断者出于趋利动机而坑害别人，企图以此牟取不正当的利益。看来，如何准确确定“心病”的诊断标准、保障精神病患者的权益，的确是一个值得深入研究的问题。

---

① ［美］孙隆基．中国文化的深层结构（第二版）．桂林：广西师范大学出版社，2011. 130.

② 汉语大字典编辑委员会编纂．汉语大字典（第二版九卷本）．成都：四川辞书出版社，武汉：崇文书局，2010. 2845.

③ 汉语大字典编辑委员会编纂．汉语大字典（第二版九卷本）．成都：四川辞书出版社，武汉：崇文书局，2010. 2845.

④ 约斋编．字源．上海：上海书店，1986. 154.

⑤ 汉语大字典编辑委员会编纂．汉语大字典（第二版九卷本）．成都：四川辞书出版社，武汉：崇文书局，2010. 2845.

⑥ Ritsher, J. B., Otilingam, P. G. & Grajales, M. Internalized stigma of mental illness: psychometric properties of a new measure, *Psychiatry Research*, 2003 (121): pp. 31－49.

⑦ 管洪彦．“被精神病”凸显精神卫生立法缺失．中国社会科学报，2011－01－20.

（3）讳言“心病”产生的原因。

长期以来，在许多中国人眼里，心病产生的原因主要有四类：①祖辈干了一些伤天害理的事，从而遭到报应；②撞上了鬼，并被鬼怪附了身；③个体的思想与观念错误，或是个体的道德水准低下，因此，往往要用思想政治工作来解决；④个体患过或正在患诸如脑膜炎之类的大脑疾病，使得脑子出了问题。在上述的四种原因里，相对而言，更多的人习惯于优先考虑第一与第三种原因，这意味着，一个人一旦有了心病，中国人的第一反应就是此人的祖辈干了一些缺德事，致使其后人遭到报应，或者是此人的思想道德有问题。换言之，很多中国人习惯于将“心病品德化”。所谓“心病品德化”，是指一个人本来有某种情绪问题或心理障碍甚至心理疾病，人们却将之视作此人思想品德出了问题，而不是其心理出了问题。正由于长期以来中国人对心病产生的原因持有的错误看法，导致他们对心病也持错误看法，“讳言心病”也就在情理之中了。

顺便指出，与“心病品德化”相映成趣的是，在当代中国人尤其是某些心理学研究者中，又存在“品德问题心理化”的倾向。所谓“品德问题心理化”，是指一个人本来是由于其自身品性的低劣，才导致其做了违反伦理道德甚至法律的事情，但是，一些人出于某种原因（为了让当事人逃避惩罚或不了解事情的真相等），将之解释为此人由于某种情绪问题、心理障碍或心理疾病而做了违反道德甚至法律的事情，而不是其思想品德出了问题。也许又有读者会说，这不也说明当代中国人不忌讳心病了吗？其实不然。在现实生活里之所以会出现品德问题心理化的倾向，除了少数是由于诊断者因业务不精而做出错误的诊断外，大多数情况往往是因为诊断者出于各种动机而“出此下策”，企图以此帮助当事人逃避惩罚。看来，如何准确确定“心病”与“道德品质问题”的诊断标准，以便将二者准确区分开来，同样是一个值得深入研究的问题。

（4）中国人应对“心病”的常用做法。

中国人也有七情六欲，也会得心病。在一个讳言心病的文化背景下长大的中国人，一旦得了心病，他或她该怎么办呢？常用的做法主要有五：

第一，听天由命。

有时，某个人患上心病后，患者与其家人都不采取任何积极的治疗措施，而是听之任之。在这种情况下，患者家属往往本着“家丑不可外扬”的原则，将患者“隐藏”在家中或某个地方，尽量不让外人知晓。其结果常常是患者在经历长期的疾病折磨后，在痛苦中死去。患者家属心中虽为痛失一位家庭成员而一时难过，但也往往伴随有一种“精神得到解脱”的快感。

第二，自己给自己治疗。

有时，某个人患上心病后，一开始往往不会去求助于他人（如去专门的心理卫生机构来治疗自己的心病），而是先隐瞒自己的病情（此时甚至连自己的家人也不会告诉），然后依靠自己的力量（如自我心性修养）来治疗自己的心理疾病。如果能治好，那当然是最好的，不过，更多的时候往往是使自己的病情加重。

第三，私下找一些偏方进行治疗。

这是中国自古至今都存在一定数量的“江湖游医”的重要根源之一，因为一些中国人有这种需要，自然就催生了“江湖游医”。

第四，通过求神拜佛的方式或方法进行治疗。

通过求神拜佛来治疗心理疾病的现象，在中国自古有之，并且延续至今，可谓“经久不衰”。

第五，被迫求救于医生。

在迫不得已的情况下（通常是症状已颇为明显，并已严重干扰患者的日常生活），患者才自己或由其家人陪同求助于相关专业医生，进行咨询或治疗。正由于此，在中国，一些心理疾病患者一旦被发现，往往其病情已较严重了，这就常常给治疗带来一定的困难。同时，患者在陈述病情时常常将之躯体化。所谓“心病躯体化”，是指一个人本来有某种情绪问题或心理障碍乃至心理疾病，却没有以心理症状表现出来，而是转换（transform）或躯体化（somatization）为各种身体症状，患者本人有时甚至否认自己有任何心理上的或精神上的症状。不过，患者向医生描述的一些身体上的“病症”，通常无法通过各种医学仪器检查而找到相应的器质性病变（本来就没有）。患者本人或许并不知道这一机制，因此，他或她这样做或许并无装病的意图，而多半是无意地掩盖可能由此带来的歧视以缓解自己心理上的紧张或压力。同时，中国人习惯将“心病躯体化”还有两个重要原因：一是，中国人的自我表现中有明显的“身体化”倾向，这在“中国人的自我观”一章里已有详细论述，这里不多讲。二是，中国人自古以来深受整体思维、模糊思维和身心合一论等思维方式或思想的影响。简要地说，中国人深受整体思维与模糊思维的影响（详见“中国人的思维方式”一章），一般不太重视探讨身与心二者各自的本质属性，而往往是在“跳过这一环”之后，直接主张身心合一论或形神合一论。[①]中国人受此种思维方式和思想的深刻影响，再加上当代中国仍是一个发展中国家，虽然眼下中国的高等教育已越来越大众化，不过相对于全国13亿人口而言，已完成或正在接受高等教育的人毕竟只是少数，能够掌握一定心理学知识的人就更少了，并且，当代中国仍有一些人对心理疾病持有不科学的看法。这诸多因素的交互作用，导致了当代中国有很多患者在向医生陈述自己的病情时，自己也弄不清是身体上有问题还是心理上有问题，往往不能将生理症状与心理症状准确区分，只能靠有经验的医生自己去加以鉴别。与此相适应，无论是在古代中国还是在当代中国，从事心理治疗的人中，做得好的人往往都有扎实的医学背景，只不过，古代中国的优秀心理治疗师往往只是优秀的中医，而当代中国优秀的心理治疗师一般都具有西医或中医的知识背景。所以，在中国，一个有经验的医生在接待患者时，假若能知道许多中国人普遍有这样一种心态：倾向于或习惯于以身体不适的方式来陈述自己的心理问题，那么，他就能及时将患者的身病（指身体某个部位发生器质性病变）与心病分开，从而提高诊治效果。[②]

（二）行为禁忌

所谓“行为禁忌”，指禁戒普通人做出某种行为。中国人的行为禁忌有很多，常见的主要有如下几类。

1. 饮食禁忌

在日常饮食中，为免病从口入，中国人讲究饮食禁忌。所谓“饮食禁忌”，指禁戒

① 汪凤炎．中国心理学思想史．上海：上海教育出版社，2008. 69～85.

② 曾文星主编．华人的心理与治疗．北京：北京医科大学、中国协和医科大学联合出版社，1997. 160～161.

一个人在饮食上做出某种行为。例如，中国人吃饭忌讳发出声音，从小父母都会教育孩子吃饭不能发出很大的声音，否则就显得没有教养。中医讲究药物禁忌与食物禁忌，因此有“忌口”一说。“忌口”，亦作“忌嘴”，指有病或其他原因时忌吃不相宜的食品。[①]《寿世保元》甲集一卷《本草门目·药性歌括（共四百味[②]）》里对中国百姓日常食谱的特性、功效和用法都有详细记载：

马肉味辛，堪强腰脊，自死老死，并弃勿食。（好肉少食，宜醇酒下，无酒杀人，怀孕痢疾生疮者禁食。）

白哈肉平，解诸药毒，能除疥疮，味胜猪肉。

兔肉味辛，补中益气，止渴健脾，孕妇勿食。（秋冬宜啖，春夏忌食。）

牛肉属土，补脾胃弱，乳养虚羸，善滋血涸。

猪肉味甘，量食补虚，动风痰物，多食虚肥。

羊肉味甘，专补虚羸，开胃补肾，不致阳痿。

雄鸡味甘，动风助火，补虚温中，血漏亦可。（有风人并患骨蒸者，俱不宜食。）

鸭肉散寒，补虚劳怯，消水肿胀，退惊痫热。

鲤鱼味甘，消水肿满，下气安胎，其功不缓。

鲫鱼味甘，和中补虚，理胃进食，肠澼泻痢。

驴肉微寒，安心解烦，能发痼疾，以动风淫。

鳝鱼味甘，益智补中，能去狐臭，善散湿风。（血涂口眼㖞斜，左患涂右，右患涂左。）

白鹅肉甘，大补脏腑，最发疮毒，痼疾勿与。

犬肉性温，益气壮阳，炙食作渴，阴虚禁尝。（不可与蒜同食，顿损人。）

鳖肉性冷，凉血补阴，癥瘕勿食，孕妇勿侵。（合鸡子食杀人，合苋菜食即生鳖瘕，切忌多食。）

芡实味甘，能益精气，腰膝酸疼，皆主湿痹。（一名鸡头，去壳取仁。）

石莲子苦，疗噤口痢，白浊遗精，清心良剂。

藕味甘甜，解酒清热，消烦逐瘀，止吐衄血。

龙眼味甘，归脾益智，健忘怔忡，聪明广记。[③]

……

“忌口”中的某些说法有一定科学道理。例如，鸡汤虽温补，但患有胆囊炎的人不宜吃，因为鸡汤内含有大量的脂肪，脂肪的消化需要胆汁参与，喝鸡汤后会刺激胆囊收缩，患胆囊炎的人喝鸡汤，易引起胆囊炎发作。又如，患有湿疹的人最好不要吃牛肉、羊肉、海鲜与发菜（又称“发状念珠藻”，是蓝菌门念珠藻目的细菌），因为一旦食用这些东西，极易导致湿疹的加剧或复发。

---

① 夏征农，陈至立主编．辞海（第六版缩印本）．上海：上海辞书出版社，2010. 856.

② 为了符合现代读者的阅读习惯，原文中小一号的字体全部放在“()”内。

③ （明）龚廷贤撰．鲁兆麟主校．寿世保元（第二版）．北京：人民卫生出版社，2008. 37 ~ 38.

当然，“忌口”中也有一些说法或做法是“以讹传讹”的结果。例如，据《寿世保元》甲集一卷《本草门目·药性歌括（共四百味）》记载：“白鹅肉甘，大补脏腑，最发疮毒，痼疾勿与。”① 民间传说徐达晚年身患背疽（背上长了毒疮），朱元璋明知“生背疽的人一旦吃蒸鹅，会很快死去”，为了除掉功高盖主的徐达，故意赐了一只蒸鹅给徐达吃，徐达也知晓患背疽的人不宜吃蒸鹅，但皇命难违，只得含泪当着使者的面将蒸鹅吃下，当晚徐达就毒发而亡。据《明史·徐达传》记载：“十七年，太阴犯上将，帝心恶之。达在北平病背疽，稍愈，帝遣达长子辉祖赍敕往劳，寻召还。明年二月，病笃，遂卒，年五十四。”② 由此可见，徐达于洪武十八年（1385）死于背疽是史实，但《明史》并没有“朱元璋赐蒸鹅”的记载。《明史》为清人张廷玉等编纂，若果真有“朱元璋赐蒸鹅”一事，张廷玉等人在编纂《明史》时根本没必要为朱元璋隐瞒。据此可知，“朱元璋赐蒸鹅”一说无史实依据。同时，方舟子在《从“徐达吃蒸鹅而死”说起》一文里指出，“疽最忌鹅”并无科学依据。因为从现代医学看，背疽是背部发生了大面积急性化脓性感染，是金黄色葡萄球菌侵入多个相邻的毛囊及其所属皮脂腺或汗腺所导致的，今天治疗起来并不困难，通过用抗生素和动手术排出脓液，即可痊愈。而鹅肉的主要成分是蛋白质和脂肪，并不含有能导致病情恶化的毒素，反而能增加患者的营养，因此根本不必“忌口”。

2. 馈赠禁忌

所谓“馈赠禁忌”，指禁戒普通人在馈赠过程中做出某种行为。中国人因有追求对称、稳重、团结、合一的思想，通常喜欢偶数，因此，在赠送礼物时，特别是结婚送礼时要成双成对，否则，就容易犯忌。当然，在中国的某些地方（如南京），赠送礼物不能死守“偶数原则”，否则也易犯忌。例如，在南京，若送人喜蛋，可以送三个、五个、六个，但一般不能送“两个蛋”（这有骂人之意）。

汉字有很多同音字，于是，生活中一些事物（如水果和鲜花）因与另一些事物（吉利语言或不吉利语言）之间谐音，往往会被赋予其相应的含义，必须小心应对，否则易犯忌。例如，中国人在看望病人时一般会送苹果、橘子、桃、梨等水果，这些都含有平安吉利，逃离病魔的寓意；给商人送礼，切忌送茉莉、梅花，因为茉莉与“没利”谐音，梅花的“梅”与“霉”同音。如果有人要出门远行，亲朋好友往往会带上一袋苹果、橘子去送行，这些水果不仅可供路上解饥止渴，还暗喻“平安”、“吉利”。不过，同样是水果，送行时却忌送梨，因为“生梨”音同“生离”，生离之后便是死别，让人难以接受。而在江浙一带，青年男女经人介绍认识并有进一步交往的意愿，这时如果男方见面时给对方带点香蕉，女方一定会高兴，因为“香蕉”与“相交”谐音，无疑是个好兆头；若是男方不谙世情送了梨，那么这种关系也许会就此告终。

另外，对于中国人来说，当着送礼人的面打开礼物是很不礼貌的，所以，中国人接到礼物后先向对方表示感谢，然后将礼物放在一旁或是收起来，等送礼人走后再打开包装看。因为中国人认为礼物并不在于其贵重与否，常言说“千里送鹅毛，礼轻情义重”。接受礼物者应该感谢的是对方的这份心意，如果当场打开礼物就有“重物轻人”之嫌。

---

① （明）龚廷贤撰．鲁兆麟主校．寿世保元（第二版）．北京：人民卫生出版社，2008. 38.

② （清）张廷玉等撰．明史（三）．北京：中华书局，2000. 2473.

3. 其他特定情境中的行为禁忌

除饮食禁忌和馈赠禁忌外，在其他特定情境里，中国人也有一些行为禁忌。例如，一个人一旦进入寺院，即便是一个无神论者，也不要随便做一些表明“我不信神”之类的行为，否则就易犯忌，易招致众怒。又如，曹植《君子行》中的“瓜田不纳履，李下不正冠”，实际上也可看作是两种禁忌，目的是避免在特定情境中产生不必要的误会。再如，若你“做东”请客吃饭，切不可在饭桌上大谈节食减肥的话题，否则，既会弄得客人不好意思吃东西，又易让客人怀疑你请客的诚意，还易让客人觉得你小气。

二、中国人的盲信心理

“盲信心理”与“崇拜心理”呈密切的正相关：正由于一个人对某个人或某件事物的盲信，才导致其对该人或该事物的崇拜；反过来也可以说，正由于一个人崇拜某个人或某件事物，才导致其对该人或该事物的盲信。

（一）盲信心理的起源

主要基于张耀翔的总结，[①] 再加上我们的研究，我们总结出中国人盲信心理的起源主要有如下十五种：

1. 起源于敬畏心理

某些盲信心理与行为起源于敬畏心，它可以细分为三：①起源于敬畏天象心理。例如，“小儿指月亮，割耳朵”之类。②起源于敬畏习俗心理。例如，“端阳不戴艾，死在大门外；清明不插柳，死在大门口”之类。③起源于敬畏资源心理。例如，“不爱惜字纸，瞎眼睛”、“不爱惜粮食，将挨饿”之类。

2. 起源于警戒或劝人为善

某些盲信心理与行为起源于警戒或劝人为善。例如，“在家不贤良，出门大风扬”之类。

3. 起源于错觉

某些盲信心理与行为起源于错觉。例如，“耳根发热，被人咒骂”之类。

4. 起源于偶合

“偶合”也被称为“巧合”，指无意中恰巧相合。某些盲信心理与行为起源于偶合。例如，“虹高日头低，连日落不及”之类。又如，2012 年 12 月 12 日这一天中恰巧有 3 个“12”，于是，一些人便认为它是一个吉利的日子，结果，仅在南京，当天领结婚证的人数就比平日多了许多。

5. 起源于假借

某些盲信心理与行为起源于假借。例如，“佩虎牙，增勇气；饮墨水，增智慧”之类。

6. 起源于首因效应

某些盲信心理与行为起源于首因效应。根据首因效应原则，在一定时限内首次发生

---

① 张耀翔．国人之迷信．载张耀翔编．心理杂志选存（上册）．上海：中华书局，1933. 224 ~ 225.

的事情最能引起人们的注意，最能在人们的脑海中留下深刻印象，将来亦最容易被唤起。愚人感觉到此种好处，而不明其理，于是无数迷信就产生了。凡带有“元旦”、“新正”、“初一”、“清晨”字样的迷信比比皆是。

7. 起源于近因效应

某些盲信心理与行为起源于近因效应。根据近因效应原则，在一定时限内最近一次所发生的事情最能引起人们的注意，最能在人们的脑海中留下深刻印象，将来亦最容易被唤起。凡带有“除夕”字样的迷信往往是由此心理产生的。

8. 起源于少见多怪

某些盲信心理与行为起源于少见多怪。例如，“彗星出来动刀兵”、“见到流星赶紧许愿”之类。

9. 起源于变象

某些盲信心理与行为起源于变象。例如，“竹树开花，重做人家”之类。

10. 起源于古典

某些盲信心理与行为起源于古典。例如，“梦笔生花增文思”、“属鸡的人相信自己不可与属狗的人谈婚论嫁，否则将来成家后一定会闹个鸡犬不宁”之类的。又如，一些中国人之所以将乌鸦视作不祥之鸟，原因之一可能是来自远古的神话传说。据《山海经·海外西经》记载，在中国远古时期曾经有一段“十日并出”的酷热时代，致使“焦禾稼，杀草木”，中华祖先的生存受到严重威胁。[①] 据《楚辞·天问》记载：“羿焉弹日，焉能解羽。”王逸注，“羿仰射十日，中其九日，日中九乌皆死，堕其羽翼，故留其一日也。”[②] 中国人因此获得了“日载于乌、日中有乌”的认识，也产生了乌鸦祸害人间的意识：“十日并出”的祸患根源在于载负太阳运行的乌鸦不守轮流飞行的规则，一起跑了出来。“留其一日”的载负者，是给人类带来温暖与光明的“金乌”；降落世间祸害人间的罪魁，则是与其同类的乌鸦。此意识随着上古神话的代代流传而保留下来，并沉淀为乌鸦是不祥之鸟的迷信。《诗经·邶风·北风》曰：“莫赤匪狐，莫黑匪乌。”[③] 可见在西周、春秋时期人们的心目中，乌鸦已被铸成丑恶的象征。后世常有把“乌鸦叫”与“天火烧”联系起来的迷信，从中也依稀可寻“驮日之乌”神话的痕迹。[④]

11. 起源于好节奏心

某些盲信心理与行为起源于好节奏心。这样的心理，常使无聊之人，将两不相干之事，连串成文，求其上下押韵。在倡者不过图一时节奏之快，在和者竟奉为千载不移之论，于是无数迷信起矣。例如，“一痣在手，偷鸡偷狗；一痣在脚，东撮西撮”之类。

12. 起源于无聊

某些盲信心理与行为起源于无聊。例如，“裁缝不偷，五谷不收”之类。“宁信其有，不信其无”一语淋漓尽致地表达了中国人的这种心理。

13. 起源于联想

起源于联想的盲信，又可根据联想类型的不同而细分为如下几类：

---

① 袁珂校注．山海经校注．上海：上海古籍出版社，1980. 262～263.

② （汉）王逸章句，（宋）洪兴祖辅助．楚辞．北京：中华书局，1985. 42.

③ 程俊英，蒋见元．诗经注析，北京：中华书局，1991. 114.

④ 尹荣方．鹊、鸦俗信的发生与直观经验．文史知识，1996（5）：38～43.

（1）起源于类似联想。

某些盲信心理与行为起源于类似联想，它可以细分为五：

①形状类似。例如，“孕妇食蟹，横生小孩”、“小孩不能吃鸡爪，否则将来字写不好”之类。

②颜色类似。例如，“食鸡血，红面”之类。

③数目类似。例如，“饭后遗下一筷，一位客来”之类。

④字义类似。例如，“碗破，财破”之类。

⑤字音类似。诸如下列盲信皆源于字音类似：“鱼”与“余”同音，食鱼，富贵有余，所以，在除夕的团圆饭上，几乎都少不了一盘鱼；“炒”与“吵”同音，于是，在中国一些地方（尤其是在农村），许多家庭在农历正月初一这一天是不炒菜的，以免一年吵到头。因“桑”与“丧”谐音，“柳”与“溜”谐音，合而言之，有人死财散之义，当然不好，所以，中国人多信奉“门前不栽桑，屋后不种柳”的说法。也有很多中国人认为，大凡逢年过节，家里最忌讳打破东西，若果真打破了，必须赶紧说“岁岁平安”（“碎”与“岁”同音），以为这样做就吉利了。因“鸡”与“吉”谐音，“鸡首壶”便诞生了。

（2）起源于对比联想。

某些盲信心理与行为起源于对比联想。例如，“出门遇迎新，主凶”之类。

（3）起源于接近联想。

某些盲信心理与行为起源于接近联想。例如，“梦花，生女”之类。

14. 一些盲信起源于“间或有之”的经验

一些盲信起源于“间或有之”的经验。例如，“乌鸦叫”本与人死之间没有任何关系，不过，由于乌鸦是杂食性鸟类，嗜食死动物。同时，乌鸦的嗅觉对肉体腐烂的气味特别灵敏。而一个人在将死之时，往往伴随有身体某部位的腐烂，于是，乌鸦闻到此气味后就飞来准备吃腐尸，此行径刚好与某人将死产生了联系。一些中国人在观察到此现象后，没有作出上述正确解释，反而进行错误归因，以为是“乌鸦报丧”。再加上如上文所述，中国本有“后羿射日”的传说，在这两种因素的交互影响下，在中国中东部许多地方，乌鸦被人视作凶鸟，遇之不祥，如当头鸣叫，更是灾祸发生的预兆。因此，许多中国人相信“乌鸦头上过，无灾必有祸”、“老鸦叫，祸事到”、“喜鹊报喜，乌鸦报丧”之类的说法。于是，当喜鹊在自家屋前屋后叫时，虽声音嘈杂，但人们仍满心欢喜；而听见乌鸦或猫头鹰叫，则认为是一种不好的迹象。与此相反的是，因乌鸦有反哺的行为，云南省纳西族人又特别重视孝道，因而，纳西族人崇拜乌鸦，这与中国中东部地区民众多视乌鸦为不祥之鸟的心理明显不同。顺便提一下，在英国，“乌鸦”被视作国家的守护神，直至今日，英国人仍特意在伦敦塔里饲养乌鸦。游客到伦敦塔游玩时，经常能在伦敦塔外的绿化草坪（原是伦敦塔的护城河，后填土改造成绿化带）上看到乌鸦。

15. 有些盲信起源于道听途说或谣言

有些盲信起源于道听途说或别有用心的人士散布的谣言。例如，“按玛雅历法推测，2012 年 12 月 21 日是世界末日，因为在 2012 年 12 月 22 日这天地球会彻底毁灭”。此说法在 2012 年曾一度在一些人群中流行，再加上美国大片《2012》以及一些商家的推波助澜，结果，在一些地方，人们对其信以为真，争相购买蜡烛、食物、饮用水等在世界末日用来逃生的物品，有些商家还特意制造可防辐射、防水、防火的小屋或诺亚方舟出售，声称住在此小屋或诺亚方舟里的人可在世界末日到来时逃生。不过，现在已是 2014 年了，而地球仍是好好的，便可知“2012 年 12 月 21 日是世界末日”是一种荒诞的说法，并不可信。其实，只要稍具科学知识的人都知道这样一个道理：若想对未来某事作出较科学的预测，必须先对此事作大量的实证研究，然后在大量可信数据的基础上才可能对它作出较科学的预测。生活于几千年前的玛雅人显然没有这种研究意识与研究习惯，也没有能力去对地球的整个内部结构和外部环境作科学、系统的研究。所以，他们不可能科学地预测几千年后地球的变化。

（二）盲信心理的类型

根据上文所述，中国人的盲信心理也是五花八门的，在这诸多的盲信心理里，常见的有“盲信报应”等六种，其中“盲信报应”一点就明，下面只论余下的五种。

1. 盲信“天”

（1）什么是“天”?

“天”是中华文化信仰体系的一个核心，其含义有广义与狭义之分。狭义的天仅指与地相对的天，它是一种自然事物。广义的天，即道、太一、大自然、天然宇宙。同时，天有神格化、人格化的含义，此时的“天”实指一种最高的人格神，故有皇天、昊天、天皇大帝、皇天上帝、昊天上帝等称谓。

中国人讲的“天”，其含义经历了一个逐渐演化的过程。大致而言，殷商崇拜“帝”，这是一种具有血缘关系的祖先神。西周人始敬“天”，不过，他们讲的“天”主要是指一种人格神。到孔子手中，“天”的含义发生了一定的变化，因为孔子讲的“天”主要是指“命运之神”，因此，孔子的学生子夏才说“死生有命，富贵在天”。到了孟子手中，“天”的含义又发生变化，孟子讲的“天”主要是指“道德之神”。在荀子眼中，“天”实际上是一个“自然天”，只是一个有自己运作规律的事物，这说明荀子对“天”的看法类似于今人，即都将“天”看作一种自然事物。

在“天”的上述诸多含义中，对中国人产生深远影响的主要是孟子讲的具有道德神色彩的“天”。因此，古代中国人讲的“天”与西方人讲的 sky（日常所见之天）和 heaven（日常所见之天以外的天国）是不同的，而类似于西方人讲的“上帝”，它体现的是一种对“人”的关怀与考虑。这个“人”与世上的万事万物都有明确的关系，万事万物都在“他”的思想、考虑的范围之内，一切都受“他”的控制。[①]

（2）盲信“天”的典型心理与行为方式。

一是畏天。在中国传统社会里，人们对高深莫测的“天”不仅充满了好奇，而且更是顶礼膜拜。据《论语·季氏》记载，孔子就说：“君子有三畏：畏天命，畏大人，畏圣人之言。小人不知天命而不畏也，狎大人，侮圣人之言”。受孔子儒家思想的深刻影响，中国人对“天”、“大人”和“圣人”等一向有种敬畏之心。这种敬畏之心的存在，虽令中国人盲信天、大人和圣人，从而给中国人的盲信心理和权威心理大开方便之门，但是，它也有积极的一面，能在一定程度上约束人的言与行。

---

① ［美］明恩溥．中国人的特性．匡雁鹏译，北京：光明日报出版社，1998. 145 ~ 146.

二是奉天做人、奉天行事。受孟子的影响，中国人讲的“天”类似于西方人讲的“上帝”，自然而然地，“天”对古代中国人做人做事具有相当的约束力，成为古代中国人做人做事的底线，“奉天做人”、“奉天行事”成为做人做事的一个重要准则。同时，“天”、“天命”、“天意”都成为中国人常用的词语。在中国漫长的封建社会，皇帝一向自称是“天”的儿子，即“天子”，只有皇帝才有祭拜上天的特权。在北京，有为太阳、月亮建造的庙宇——日坛、月坛，皇帝每年都要上天坛举行祭天大礼。更有甚者，像秦始皇之类的皇帝，更是劳民伤财，千里迢迢跑到泰山去封禅。在中国封建社会，从秦朝开始，“圣旨”开头第一句必是：“奉天承运……”“奉天”指遵从天意，意指皇帝受命于天；“承运”指继承新生的气运，意指君权神授。普通老百姓也以自己的朴素方式来表达自己对上天的虔诚，“离地三尺有神灵”、“天知，地知，你知，我知”、“人算不如天算”、“谋事在人，成事在天”和“老天爷”之语，成了妇孺皆知的口头禅。

三是相信“天人感应”。《淮南子·泰族训》说：“天之与人有以相通也。故国危而天文变，世惑而虹霓见。”董仲舒更是以提出一套较为完整的天人感应思想而成为汉代最大的唯心主义思想家，并对后世产生了深远的影响。

（3）盲信“天”的积极功能与消极功能。

在“奉天做人”、“奉天行事”的压力下，使得一些不法之徒虽能无“法”，却不敢突破“天”这个“底线”，即做人行事绝不能无“天”。于是乎，即便作恶屡屡得逞，他心中仍有悔过之心、内疚之心，心中也知道作恶是要遭报应的，因此，只要他有“善终”（不被正法或被“黑吃黑”吃掉的话）的机会，他多半会“金盆洗手”或以大善人的身份颐养天年。不像今天的某些不法之徒，知道所谓有意志的“天”是不存在的，他们黑起心来，无恶不作，既无法又无天。从这个意义上说，适度继承与借鉴古代中国人具有道德神色彩的“天”的思想，对于提高当代中国人的道德修养，约束其心理与行为，有一定的积极意义。

同时，中国人用“天意如此”来解释自己的生活境况尤其是自己所过的艰难的生活境况，这不但不易伤自尊，而且在某种程度上能起到释放由挫折和失败所带来的某种情绪冲动的作用，对于增进中国人的心理健康有一定的益处。但是，古代中国人盲信天，进而轻人力，这与西方人恃人力而轻天道的心理是不同的。并且，当一些中国人习惯用“天意如此”之类的话语来安慰自己时，不但使得盲信“天”的心态在一定程度上起到了“精神鸦片”的不良效果，削弱了人们试图改变现状的进取心，为许多古代中国人形成保守心理留下了“祸根”。而且使得很多中国人习惯于向外归因，不善于从自己的身上寻找失败的原因，结果导致一个错误屡错屡犯，最后就可能犯下弥天大错。例如，项羽临死前还未意识到是自己的刚愎自用等错误导致自己的灭亡，却仍说是“天之亡我”，岂不可悲可叹！从这个意义上说，当代中国向人们宣扬有意志的天是不存在的这一做法，又有其合理之处。

2. 盲信“命”

与“天”字紧密相连的是“命”字，事实上，无论在中国传统的经书里或是中国人的口语中，“天命”二字常常联系在一起使用。很多中国人一向相信：“万事皆天命，半点不由人。”“生死有命，富贵在天。”他们认为人的生与死及富与贵都是由命运掌控的，人只要顺其自然即可。正如孟子在《尽心上》里所说的：“莫非命也，顺受其正；是故知命者不立乎岩墙之下。尽其道而死者，正命也；桎梏死者，非正命也。”《论衡·命禄》说：“凡人遇偶及遭累害，皆由命也。有死生寿夭之命，亦有贵贱贫富之命。自王公逮庶人，圣贤至下愚，凡有首目之类，含血之属，莫不有命。命当贫贱，虽富贵之，犹涉祸患失其富贵矣；命当富贵，虽贫贱之，犹逢福善，离其贫贱矣。”《增广贤文》也说：“命里有时终须有，命里无时莫强求。”对于中国人来说，“命”有好坏之分。凭借“好命”，做什么事情都顺利；一旦“命不好”，做事则事事不顺。

信“命”现象的存在，导致占卜、巫术、看风水和算命（包括测八字、测字、问卦、相面之类的相术等）一类行业的产生。中国人的占卜、巫术和算命这一类行业的全部复杂的理论和实践，都是建立在这种对命运的信仰之上，建立在这种可以直接明白地表达的神力的作用之上的。信仰了命运，便要知道前途的好坏，更要于万一当中能够得到趋吉避凶、祈福免祸的办法，于是这类相命之术就发展起来了。例如，当一个新生儿来到世界上后，他的父母往往会自己或找人算一下他的生辰八字，看其是否缺五行中的一种。若缺水，就会在取名时用带“水”旁的字；若极度缺水，一定会在取名时用“淼”、“海”、“江”之类的字眼。依此类推。这说明中国人看风水、占卜、算命等，其最初与最终目的往往都是为了有个吉利或化凶为吉的结果。尽管这类迷信活动影响中国人日常生活的程度在各地有很大的差异，但是，无论在哪里，它们都对民众精神领域的各个方面有着现实的、富有活力的影响。一个遭遇不幸的中国人经常说的一句话是：“我命该如此”、“这是命中注定的”，从而得到精神上的安慰，不至于过于痛苦。同时，中国人既相信命运，一般只愿耐心地静待命运的到来，而不爱用激烈的斗争方式去改变他们所一贯相信的、依自然规则来看不可逆转的命运。因为既是命中注定的，反抗又有什么作用呢?① 这是一些中国人潜意识里具有宿命论思想的根源之一。

“算命”多数时候肯定算不准，因为它无科学依据。不过，有极少数时候，算命先生对某人的命却算得较准。这并不是因为算命先生真有未卜先知的本领，产生这一结果的原因主要有四：①巧合。②算命先生在算命之前已掌握来算命之人的相关资料。③来算命的人对算命先生的话深信不疑，结果产生了期望效应。④算命先生懂排列组合，将来算命认将来命运的各种可能都计算出来，然后用一含糊的语言或手势表达出来，来算命者不知奥秘便误以为其算得准。

“盲信天”与“盲信命”虽关系密切，但二者之间也有一定区别。鉴于“天机不可泄露”，在中国，人们多不会去“算天”，也不敢去“算天”。即便真有人敢“算天”、能“算天”，一般也不肯轻易向外人透露“算天”的结果，否则，他相信自己会遭“天谴”，甚至可能会有损自己的阳寿。与此不同，一些人乐于去“算命”，只要你肯付相应的报酬，算命先生也乐意将算命结果告诉你；若你的命算出来不好，你肯再付相应的报酬，算命先生往往还会给你指出一种或多种破解的对策。

3. 盲信“时运”

宿命论认为世事变迁或个人遭遇都由命定，因此称时世或遭遇为“时运”。② 这意味着，一个人一生的吉凶祸福都由命运决定，并通过时间的运转表现出来。其中，“运气”

---

① ［美］明恩溥．中国人的特性．匡雁鹏译．北京：光明日报出版社，1998. 146.

② 夏征农，陈至立主编．辞海（第六版缩印本）．上海：上海辞书出版社，2010. 1708.

是指能给人带来好事和不幸的一种力量。《儿女英雄传》第四十回："你看这可不叫作'运气来了，昆仑山也挡不住'么？"[①] 在中国，有一些人盲信"时运"，一旦一个人平生不得意，往往以时运不济来安慰自己；而一旦好戏连台，又将其归因为时来运转。例如，《论衡·逢遇》所说："操行有常贤，仕宦无常遇。贤不贤，才也；遇不遇，时也。"

"命"与"时运"虽关系密切，但二者也有差异：就持续时间长短而言，"命"伴随人的一生；"时运"则一般只伴随人的某段岁月。因而，"运"是一个人在某一时期的遭遇，"命"是一个人在一生中的遭遇。某人今年中了"体彩"，是他今年的"运"好，不过，他的"命"却不一定好，因为他将来如何尚不得而知。在一时期中幸的遭遇比不幸的遭遇多，是"运"好；在一生中，幸的遭遇比不幸的遭遇多，是"命"好。[②]

4. 盲信"缘"

"缘"本是古汉语固有的一个概念，不过，在古汉语里，"缘"本与丝织品有关，指"边饰"或"装饰衣边"，此时读作"yuàn"。《说文·糸部》："缘，衣纯也。"当"缘"读作"yuán"时，常用的含义有11种，后来更常用作"缘分、机遇"的"缘"，这个概念是从印度的佛教文化里引入的。[③] "缘"进入中国，最初是汉末到南北朝翻译佛经时，借用了中国儒家语言。因缘学说从原始佛教传入，到唐代逐渐中国化。佛教最重要的一点是求个人解脱、帮别人解脱，而儒家的理想是修身、齐家、治国、平天下，由个人推及整个世界。于是，因缘学说在中国传统文化里得到了更有力的支撑与更多的营养，"缘"的概念也逐渐深入到中国人的心田里。[④] "有缘千里来相会，无缘对面不相逢"、"缘来则聚，缘尽则散"、"一见钟情"，可谓路人皆知的俗语。在中国人眼中，"缘"的种类很多，就性质而言，有良缘与孽缘之分；就时间来讲，有今生缘和来世缘之分。从韦纳（B. Weiner）等人的归因理论（attribution theory）的角度看，一些中国人盲信"缘"，使得他们习惯于将控制的位置（locus of control）放在外部，认为导致事情成败的起因主要是来自外部的、非稳定性的、不可控的因素，这不利于提高这些人的主观能动性。

5. 盲信"风水"

风水，也称"堪舆"（堪为"高处"，舆为"下处"），是中国的一种迷信，认为住宅基地或坟地周围的风向水流等形势能招致住者或葬者一家的祸福，也指相宅、相墓之法。《葬书》（旧本题晋郭璞撰）载："葬者乘生气也。经曰，气乘风则散，界水则止，古人聚之使不散，行之使有止，故谓之风水。"[⑤] 例如，许多中国人相信，墓地的选择颇有讲究，若能找到一块满足"左青龙，右白虎，前朱雀，后玄武"的"风水宝地"作为已逝长者的长眠之所，不但是尽孝的善举，而且能保佑子孙官运亨通、人丁旺盛或财源广进。因此，在中国古代，皇帝往往将自家的皇陵修在事先选中的"风水宝地"中，像南京的明孝陵、北京的明十三陵及清陵等莫不如此。为了找到好的风水，一种与之相配

① 夏征农，陈至立主编．辞海（第六版缩印本）．上海：上海辞书出版社，2010. 2362.

② 冯友兰．论命运．中央日报·星期专论，1942-11-29.

③ 汉语大字典编辑委员会编纂．汉语大字典（第二版九卷本）．成都：四川辞书出版社，武汉：崇文书局，2010. 3661~3662.

④ 许嘉璐．今世缘 中华缘．扬子晚报，2008-02-01.

⑤ 夏征农，陈至立主编．辞海（第六版缩印本）．上海：上海辞书出版社，2010. 510.

的职业——风水先生也就诞生了。风水先生，也叫作阴阳生、阴阳先生、阴阳家，旧时指以“择日”、“星相”、“占卜”、“风水”等为职业的人，并特指以办理丧葬中“风水”、“择日”等活动为业的人。①

也许有人会说，人们用祖先的尸骨作为手段，利用风水，来谋取自己的利益，这样做时，已经不是在崇拜祖先，而是将祖先当作“东西”（things）在利用了。这种看法值得商榷。在中国人看来，祖先与子孙是一体的，在寻找合适的风水宝地的过程中，不只是子孙在恭敬地埋葬祖先的尸骨，也是先人主动地要将自己的尸骨埋在风水宝地中，这样做之后，假若子孙真的发达了，不但子孙自己得到诸如功名和财富之类的利益，祖先也可得到像被追封或重修墓地之类的荣耀。②

三、中国人的崇拜心理

中国人的崇拜心理纷繁复杂，大概有八种：一是图腾崇拜；二是鬼神崇拜；三是祖先崇拜；四是颜色崇拜；五是数字崇拜；六是福禄寿吉崇拜；七是权威崇拜；八是圆满崇拜。祖先崇拜在前文的孝道心理观里已作论述，权威崇拜将在下文《中国人的思维方式》里有详细探讨，圆满崇拜在《中国人的情结》里已有详细探讨，而中国人对福禄寿吉的崇拜是一种随处可见的普遍心态，③ 一点就明，故不用多讲。下面只论余下的四种。

（一）图腾崇拜

“图腾”一词来源于北美洲印第安语（totem），原意是“我的亲属”（也译作“他的亲属”）、“它的标记”。在原始人的信仰中，本氏族人都源于某种特定的物种，大多数情况下，被认为与某种动物具有亲缘关系。因此，图腾崇拜的核心是认为某种动物、植物或无生物和自己的氏族有血缘关系，是本氏族的始祖和亲人，从而将其尊奉为本氏族的标志、象征和保护神。将“图腾”一词引进中国的是清代学者严复。严复于1903年翻译英国学者甄克思所著的《社会通诠》一书时，首次把“totem”一词译成“图腾”，成为中国学术界的通用译名。中国人也有图腾崇拜，例如，至今仍在通用的十二生肖：鼠、牛、虎、兔、龙、蛇、马、羊、猴、鸡、狗、猪，就是中国人崇拜的12种图腾。另外，中国人还对凤、龟、鳞、囍、葫芦、熊等图腾产生崇拜。④ 例如，《礼记·礼运》说：“麟凤龟龙，谓之四灵。”⑤

---

① 夏征农，陈至立主编．辞海（第六版缩印本）．上海：上海辞书出版社，2010. 2267.

② 李亦园．中国家族与其仪式：若干观念的检讨．载杨国枢主编．中国人的心理．台北：桂冠图书股份有限公司，1988. 13.

③ 这从中国人对吉祥物的偏爱心态就可见一斑。中国人的吉祥物种类繁多，可粗分为四类：一是吉祥动物类，像喜鹊、鹤、蝙蝠、孔雀、龟和梅花鹿等；二是吉祥植物类，像松、柏、竹、梅、牡丹和百合等；三是吉祥器物类，像镜子、寿石和如意等；四是吉祥符物类，像龙、凤、麒麟（龙、凤和麒麟从名称看仿佛是指三种动物，宜归入吉祥动物类，实则不然，因为它们都仅是中国传说中的动物，在自然界中本不存在，故实属吉祥符物）、八卦图、祥云和囍（习称“双喜”，形似汉字，其实也只是一个吉祥符）等。

④ 夏征农，陈至立主编．辞海（第六版缩印本）．上海：上海辞书出版社，2010. 516.

⑤ （清）朱彬撰．饶钦农点校．礼记训纂．北京：中华书局，1996. 350.

1. 崇拜“龙”

龙是中华民族精神与文化的象征、中华儿女情感的纽带。在中国人的图腾崇拜里，最著名的就是对“龙”的崇拜。最早提出“龙图腾说”的是闻一多。闻一多说：“就最早的意义说，龙与凤代表着我们古代民族中最基本的两个单元——夏民族与殷（商）民族，因为在‘鲧死……化为黄龙，是用出禹’和‘天命玄鸟（即凤），降而生商’两个神话中，我们依稀看出，龙是原始夏人的图腾，凤是原始殷人的图腾（我说原始夏人和原始殷人，因为历史上夏殷两个朝代已经离图腾文化时期很远，而所谓图腾者，乃是远在夏代和殷代以前的夏人和殷人的一种制度兼信仰）。因此把龙凤当作我们民族发祥和文化肇端的象征，可说是再恰当没有了。”[①] 当然，对于“龙的传人”而言，将“龙的崇拜”视作一种“迷信”，有些人可能在情感上难以接受，但根据前文对“迷信心理”的定义，“龙的崇拜”的确是一种迷信心理。

（1）什么是“龙”？

据第六版《辞海》解释，“龙”是中国古代传说中一种有麟角须爪、能兴云作雨的神异动物。[②] 如图 8－1 所示。

图 8－1　龙

但是，在中国历史上，对“龙”外貌的定型化经历了一个漫长的过程。具体地说，“龙”是华夏民族的图腾，中国人的崇龙习俗至今大概已有八千多年的历史。根据考古发现，“黄玉龙”（实物，如图 8－2－1 所示）是至今发现最早的玉龙，属红山文化早中期，距今已有六千年历史。[③]

---

① 闻一多．闻一多全集（第一卷）．北京：三联书店，1982. 69.

② 夏征农，陈至立主编．辞海（第六版缩印本）．上海：上海辞书出版社，2010. 1191.

③ 根据中国中央电视台第 10 频道（CCTV－10）于 2012 年 4 月 29 日晚《探索·发现》节目播出的《正名黄玉龙》整理而成。

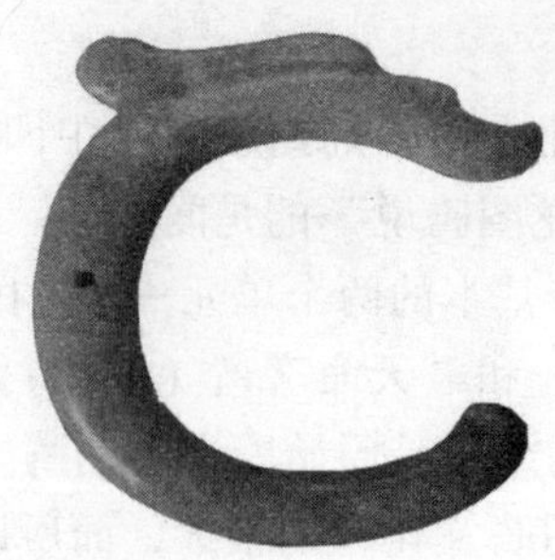

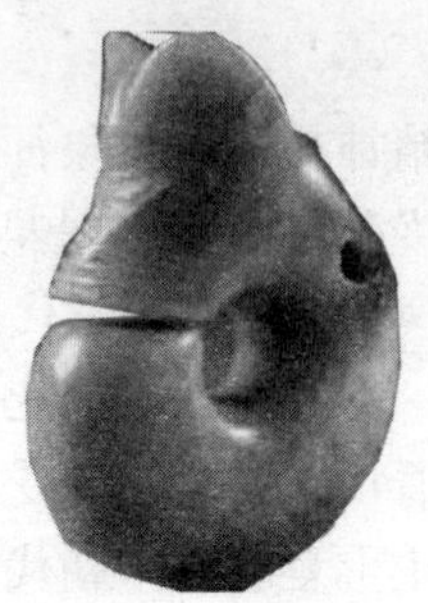

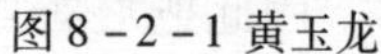

图8-2-1 黄玉龙　　　　图8-2-2 玉猪龙

图8-2　龙的早期造型

如图8-2-1所示，“黄玉龙”虽身材修长、圆润，有鬃毛，类似马的形态，但并无“鳞”、“爪”、“掌”、“眼”、“嘴”、“须”等体貌。稍晚于“黄玉龙”的是“玉猪龙”：猪首蛇身的形态，如图8-2-2所示。当然，学界也有人认为叫“玉猪龙”不妥，应叫“玉兽玦”或“熊龙”。[①] 再往后，“龙”字在甲骨文里写作“ ”或“ ”，在金文中写作“ ”，[②] 这表明“龙”是象形字。此时“龙”的头上已有角，具蛇身，蛇身上开始出现鳞片，不过，“长相”与今天的“龙”仍有明显差异。

《礼记·礼运》说：“鳞、凤、龟、龙，谓之四灵。”只明言龙是一种灵物，却未描述龙的“长相”，也未明确龙究竟是属哪个“物种”。

《淮南子》卷四《墬形训》曾说：

羽嘉生飞龙，飞龙生凤皇，凤皇生鸾鸟，鸾鸟生庶鸟，凡羽者生于庶鸟。毛犊生应龙，应龙生建马，建马生麒麟，麒麟生庶兽，凡毛者生于庶兽。介鳞生蛟龙，蛟龙生鲲鲠，鲲鲠生建邪，建邪生庶鱼，凡鳞者生于庶鱼。介潭生先龙，先龙生玄鼋，玄鼋生灵龟，灵龟生庶龟，凡介者生于庶龟。暖湿生容，暖湿生于毛风，毛风生于湿玄，湿玄生于羽风，羽风生㶤介，㶤介生鳞薄，鳞薄生暖介。五类杂种兴乎外，肖形而蕃。日冯生阳阏，阳阏生乔如，乔如生干木，干木生庶木，凡根拔木者生于庶木。根拔生程若，程若生玄玉，玄玉生醴泉，醴泉生皇辜，皇辜生庶草，凡根茇草者生于庶草。海闾生屈龙，屈龙生容华，容华生蔈，蔈生萍藻，萍藻生浮草，凡浮生不根茇者生于萍藻。[③]

在上述引文里，《淮南子》虽明确建构出了龙的“家庭谱系”，却仍未明言龙的“物种”和“长相”。

据《史记·夏本纪》记载：

帝孔甲立，好方鬼神，事淫乱。夏后氏德衰，诸侯畔之。天降龙二，有雌雄，孔甲

① 佚名．玉猪龙．http：//baike. baidu. com/view/57983. html，2013-04-06.

② 汉语大字典编辑委员会编纂．汉语大字典（第二版九卷本）．成都：四川辞书出版社，武汉：崇文书局，2010. 5120.

③ 刘文典撰．冯逸，乔华点校．淮南鸿烈集解（上）．北京：中华书局，1989. 155~156.

不能食（[正义] 音寺），未得豢龙氏。陶唐既衰，其后有刘累，学扰（[集解] 应劭曰："扰音柔。扰，驯也。能顺养得其嗜欲。"）龙于豢龙氏，以事孔甲。孔甲赐之姓曰御龙氏，受豕韦之后。龙一雌死，以食夏后。夏后使求，惧而迁去（[集解] 贾逵曰："夏后既飨，而又使求致龙，刘累不能得而惧也。"《传》曰迁于鲁县）。①

《史记》描述了有关龙的三件事：①龙是从天而降的。这表明，司马迁在写《史记》时，并不知龙的长相，也不知龙的真正出处。②龙有雌雄，后来雌龙死了，并被夏后吃了。③豢龙氏善驯龙，豢龙氏有一高足叫刘累，也善于驯养龙，曾在孔甲手下做事，孔甲将"御龙氏"作为姓赐给了刘累。其后，王充（27—约 97）在《论衡·龙虚篇》里几乎照录了上述言论，再加上其他材料，得出如下结论：

"世俗画龙之象，马首蛇尾。由此言之，马、蛇之类也。……由此言之，龙可畜又可食也。可食之物，不能神矣。世无其官，又无董父、后、刘之人，故潜藏伏匿，出见希疏；出又乘云，与人殊路，人谓之神。如存其官而有其人，则龙，牛之类也，何神之有？以《山海经》言之，以慎子、韩子证之，以俗世之画验之，以箕子之泣订之，以蔡墨之对论之，知龙不能神，不能升天，天不以雷电取龙，明矣。世俗言龙神而升天者，妄矣。"②

王充运用"寻找证据 + 合理推理"等方式来证明龙不存在神异性，这种做法在今天看来有许多值得肯定的地方，其对龙所作的结论也有一定道理。不过，若真认可王充的看法，那么，中国人的"龙崇拜"心理就会被消解得无影无踪，中国人自称"龙的传人"的说法也就无从谈起。因此，无论是在王充生活的时代，还是在整个中国古代历史中，王充的"龙虚论"并未被多数人所认可。同时，在上段引文里，透露出一个重要信息：在王充生活的时代里，世俗画里的龙之形状是"马首蛇尾"。《论衡·验符篇》也说："二黄龙见，长出十六丈，身大于马（大如马有角，引者注），举头顾望，状如图中画龙。燕室丘民皆观见之。"③ 匋斋藏山东两城山刻石，朝鲜出土高句丽时代苍龙墓壁，所图龙象，与王充"世俗画龙之象，马首蛇尾"一语所描述的龙形状相类似。④

最早对"龙"作出权威解释的工具书是东汉许慎（约 58—约 147）的《说文解字》。《说文解字·十一篇下》说："龙，鳞虫之长。能幽能明，能细能巨，能短能长，春分而登天，秋分而潜渊。从肉，飞之形。童省声。凡龙之属皆从龙。"⑤ 罗振玉在《殷虚书契考释》里说："龙，卜辞或从平，即许君所谓'童省'，从[illegible]，像龙形，[illegible]其首，

① （西汉）司马迁撰．史记．（宋）裴骃集解，（唐）司马贞索隐，（唐）张守节正义，北京：中华书局，2005. 63 ~ 64.

② 黄晖撰．论衡校释．北京：中华书局，1990. 285 ~ 289.

③ 黄晖撰．论衡校释．北京：中华书局，1990. 842.

④ 黄晖撰．论衡校释．北京：中华书局，1990. 285.

⑤ （汉）许慎撰，（清）段玉裁注．说文解字注．上海：上海古籍出版社，1988. 582.

即许君误以为从肉者，□其身矣。或省□，但为首角全身之形。”[①] 由此可见，许慎对“龙”的释义稍有瑕疵。不过，《说文解字》规范了龙的种属，认为龙是“鳞虫之长”，即鳞虫之王。于是，后世古籍多将“龙”放在“鳞部”、“虫部”或“鱼部”。同时，由于《说文解字》要突出龙的神异性，而“世俗画龙之象，马首蛇尾。由此言之，马、蛇之类也”，这显然不利于刻画龙的神异性，故比王充约小 31 岁的许慎在《说文解字》里释龙时，并未采纳此观点来描述“龙”的“长相”，而是用了六个“能”字。这六个“能”字吻合在中国已有悠久历史的龙崇拜心理，既指出了龙的无所不能，认定了龙的神异性，又让人对这些无所不能难以确认，带有浓厚的神秘色彩，[②] 这样做显然有利于提高人们对龙的崇拜之情。也有人认为，这段文字表明许慎以雷电为龙。“龙为雷电说”折射出古人对龙本体的茫然无知，只好机械地以天象和传说来比附龙。[③] 这样，从 6000 年前出现属于红山文化早中期的“黄玉龙”（实物，如图 8 - 2 - 1 所示）算起，至许慎去世时为止，在 4100 百多年的漫长岁月里，中国人虽一直崇拜龙，但也对龙的造型存有争议！

将“龙”作为一种图腾加以崇拜，若无神武且标准的图像，而仅以“马首蛇尾”的造型示人，不利于龙文化的传播。在这种背景下，经过 5002 年左右[④]或 5060 年左右[⑤]时间的酝酿，“龙形三停九似”说终于应运而生了。“龙形三停九似”说中的“三停”是结构学上的术语，表示三个段落或三个部分；“九似”中的“似”是相似，而不是相同，“九似”是用分解法，并运用“A 像 B”式的明喻手法，借世间九种事物的特点对龙的九个部位的外貌作出比喻性描绘，使龙形更加生动、更加形象。[⑥] 不过，由于无人见过龙的“真容”，因此，不同学人对“龙形三停九似”说的看法不尽相同，其中，最具代表性的有两个版本：

①版本一：王符版“龙形三停九似”说。

所谓王符版“龙形三停九似”说，是指由王符提出的“龙形三停九似”说，或者，指王符生活时代便已流传的一种“龙形三停九似”说。根据现有研究，记载王符版“龙形三停九似”说的文字最早出自南宋罗愿（1136—1184）撰的《尔雅翼》。罗愿在《尔雅翼》卷二十八《释鱼一·龙》中先引用了许慎和《淮南子》释龙的部分文字，以及《史记》里有关龙的记载，然后重点阐述了龙的形体与习性，全文如下：

龙，春分而登天，秋分而潜渊。物之至灵者也。《淮南子》言：“万物羽毛鳞介，皆祖于龙。羽嘉生飞龙，飞龙生凤皇，而后鸾鸟庶鸟凡羽者以次生焉。毛犊生应龙，应龙生建马，而后麒麟庶兽凡毛者以次生焉。介鳞生蛟龙，蛟龙生鲲鲠，而后建邪庶鱼凡鳞者以次生焉。介潭生先龙，先龙生玄鼋，而后灵龟庶龟凡介者以次生焉。”王符称世俗画龙之状，马首蛇尾；又有“三停九似”之说。谓自首至膊，膊至腰，腰至尾，皆相停

---

① 汉语大字典编辑委员会编纂．汉语大字典（第二版九卷本）．成都：四川辞书出版社，武汉：崇文书局，2010. 5120.

② 田秉锷．龙图腾：中华龙文化的源流．北京：社会科学文献出版社，2008. 75.

③ 王大有．中华龙种文化．北京：中国社会出版社，2000. 24.

④ 若从董羽版“龙形三停九似说”算起，那么，6000 -（2014 - 1016）= 5002。

⑤ 若从郭若虚版“龙形三停九似说”算起，那么，6000 -（2014 - 1074）= 5060。

⑥ 田秉锷．龙图腾：中华龙文化的源流．北京：社会科学文献出版社，2008. 76.

也。九似者：角似鹿，头似驼，眼似鬼，项似蛇，腹似蜃，鳞似鱼，爪似鹰，掌似虎，耳似牛。头上有物如博山，名尺木；龙无尺木，不能升天。其为性粗猛而畏铁，爱玉及空青，而嗜烧燕肉，故尝食燕者不可渡海。又言蛟龙畏楝叶、五色丝，故汉以来祭屈原者，以五色丝合楝叶缚之。古者有豢龙御龙氏徒，以知其欲恶而节制之耳。将雨则吟，其声如戛铜盘，涎能发众香；其嘘气成云，反因云以蔽其身，故不可见。今江湖间时有见其一爪与尾者，唯头不可得见。自夏四月之后，龙乃分方，各有区域，故两亩之间而雨阳异焉。又多暴雨，说者云：细润者天雨，猛暴者龙雨也。龙火与人火相反，得湿而焰，遇水而燔，以火逐之，则燔熄而焰灭。养鱼及三百六十，则蛟龙将鱼飞去。龙以变化无方，物不能制，故在人比君，在卦比乾之七爻，象天苍龙七宿。乾七爻以龙为用，天七宿以龙为体。盖自下数之，其第一爻潜龙，则未见也，故苍龙第一宿，不取龙之象。第二爻为见龙在田，则或见其尾矣。故龙之宿，其二为尾。第六爻为亢龙有悔，故龙之宿，其六为亢。第七爻为见群龙无首吉，故其七为角，今易读亢龙与角亢之字异音，然其义实相通。盖顺则降，升则逆，龙之亢，有逆鳞一尺而不可应也，则为能升而不及反，故曰：亢龙有悔。然则乾之亢龙，虽以角亢之亢读之可也。①

上述这段阐述“龙形”与龙的习性的文字在后世被奉为经典，为后人在论龙形和龙的习性时所普遍转载或转摘。例如，据明代李时珍所著《本草纲目》的第43卷《鳞部·龙》记载：

时珍曰：《尔雅翼》云：龙者，鳞虫之长。王符言其形有九似：头似驼，角似鹿，眼似鬼，耳似牛，项似蛇，腹似蜃，鳞似鲤，爪似鹰，掌似虎。②

稍加对比可知，除语句顺序稍有不同外，罗愿与李时珍所说的“龙形有九似说”内容完全相同，并且，李时珍的观点出自罗愿的《尔雅翼》。可见，罗愿与李时珍都认可的“龙形三停九似说”最早可追溯到王符生活的时代。只不过，罗愿说“王符称世俗画龙之状，马首蛇尾；又有‘三停九似’之说”；李时珍明言“王符言其形有九似”，但未言“三停”，这可能与李时珍是医者而不是画家有关。若按罗愿《尔雅翼》中的记载，“龙形三停九似”之说在东汉学者王符（约85—162）③ 生活的时代早已流行，并不是王符本人的主张；若按李时珍的说法，“龙形有九似说”出自王符。

王符大概仅比许慎晚27年出生，许慎大概仅比王符早15年去世，鉴于《说文》里并无“龙形三停九似”说的记载，如果“龙形三停九似”之说在王符（约85—162）生活的时代早已流行，以许慎的博学，他肯定是知晓的。以此推论，《说文》里之所以无“龙形三停九似”说的记载，存在三种可能性：

第一种可能是，许慎并不认可“龙形三停九似”说，故未在《说文》里记载它。

第二种可能是，“龙形三停九似”说是王符晚年提出的观点，此时许慎已去世，故

① （宋）罗愿撰．尔雅翼（四）．洪焱祖释．北京：中华书局，1985. 297～298.
② （明）李时珍著．本草纲目．载四库全书（第774册）．上海：上海古籍出版社，1987. 255.
③ 夏征农，陈至立主编．辞海（第六版缩印本）．上海：上海辞书出版社，2010. 1935.

其《说文》里自然无相应的记载。不过，笔者利用“Word”的“查找”功能，分别以“龙”、“三停”、“九似”、“马首”、“蛇尾”作为关键词，查遍《后汉书·王符传》与王符所著《潜夫论》的电子版，均未见有与“龙形三停九似”有关的言论，也未见有“世俗画龙之状，马首蛇尾”一语。按理说，鉴于“龙”在中国人心目中的重要地位，若真是王符第一个提出了“龙形三停九似”说，《潜夫论》或《后汉书·王符传》里应有明确记载，至少会有一点蛛丝马迹。但遗憾的是，不但《潜夫论》里未见记载“龙形三停九似”说的只言片语，《后汉书·王符传》里也未有王符提出“龙形三停九似”说的记载。并且，自东汉至南宋罗愿的《尔雅翼》诞生之前，至今未发现有确凿的史实记录或有人转载有关王符提出“龙形三停九似”说的文字。只是在约长王符58岁的王充所著的《论衡·龙虚篇》里查到了“世俗画龙之象，马首蛇尾”一语。不过，笔者又利用“Word”的“查找”功能，分别以“龙”、“三停”与“九似”作为关键词，查遍《论衡》的电子版，也未见有与“龙形三停九似”有关的言论。据唐人张彦远《历代名画记·张僧繇》的记载：金陵安乐寺四自龙，不点眼睛，每云：点睛即飞去。人以为妄诞，固清点云，须臾雷电破壁，两龙乘云腾去上天，两龙未点眼者见在。[①] 这便是成语“画龙点睛”的由来。据此记载推测，南北朝著名的画家张僧繇画龙技艺高超，且所画出的龙已有“眼睛”。但张僧繇是否按“龙形三停九似”理论来画龙的，仍不得而知。通过对现有资料的分析来看，从秦汉至隋唐，龙形以“马首蛇尾”的造型为主，并且，事实上，“世俗画龙之象，马首蛇尾”一语是出自王充的《论衡·龙虚篇》，而不是像罗愿所说的那样是出自王符。至于“龙形三停九似说”，是五代和北宋时期才有可能提出的画龙技法，[②] 并在宋代以后逐渐成为画龙的不二法门。由此可见，王符不可能提出“龙形三停九似”说。

第三种可能性是，《尔雅翼》里的“龙形三停九似”之说出自北宋（960—1127）的郭若虚，许慎此时已去世900余年，故其《说文》里自然也无相应记载。如上文所述，既然王符不可能提出“龙形三停九似”说，那罗愿撰的《尔雅翼》里的“龙形三停九似”之说又来自何人？稍加比较可知，它来自郭若虚。郭若虚，“不知何许人”[③]，生卒年不详。但从《图画见闻志原序》里有“余大父司徒公虽贵仕而喜廉……至本朝熙宁七年”[④] 一语，可推知郭若虚是北宋时期的文人，稍晚于董羽，出身于北宋初期的官绅之家。郭若虚所著的《图画见闻志》一书成书于公元1074年，[⑤] “其书以张彦远《历代名画记》绝笔唐末因续为哀，辑历五代至熙宁七年而止。分叙事、纪艺、故事拾遗、近事四门。”[⑥] 故《图画见闻志》被后人视作《历代名画记》的续篇，二书合在一起，构成一部至宋熙宁七年为止的中国绘画通史。郭若虚的《图画见闻志·论制作楷模》在论述画龙技巧时说：

① （唐）张彦远．历代名画记．见四库全书（第812册）．上海：上海古籍出版社，1987. 334.
② 吉成名．“九似说”的提出者究竟是谁．文史杂志，2002（3）：40.
③ （北宋）郭若虚．图画见闻志．见四库全书（第812册）．上海：上海古籍出版社，1987. 508.
④ （北宋）郭若虚．图画见闻志．见四库全书（第812册）．上海：上海古籍出版社，1987. 508 ~509.
⑤ 吉成名．“九似说”的提出者究竟是谁．文史杂志，2002（3）：41.
⑥ （北宋）郭若虚．图画见闻志．见四库全书（第812册）．上海：上海古籍出版社，1987. 508.

画龙者，析出三停（自首至膊，膊至腰，腰至尾也），分成九似（角似鹿，头似驼，眼似鬼，项似蛇，腹似蜃，鳞似鱼，爪似鹰，掌似虎，耳似牛）……①

对比郭若虚在《图画见闻志》一书中所讲的“龙形三停九似”说与罗愿记载的王符版“龙形三停九似”说，其中，“三停”在内容上完全相同；“九似”里，除“一似”（郭若虚说“鳞似鱼”，罗愿的记载是“鳞似鲤”）稍有差异外，其余“八似”在内容上完全相同。由此可见，罗愿记载的王符版“龙形三停九似”说脱胎于郭若虚。因此，与其说是王符版的“龙形三停九似”说，不如说是郭若虚版的“龙形三停九似”说更为准确。同时，从时间上看，郭若虚稍晚于董羽。因此，郭若虚版的“龙形三停九似”说实际上是受到董羽版“龙形三停九似”说的启发后提出的一种变式，罗愿只是继承了郭若虚的观点而已。

②版本二：董羽版“龙形三停九似”说。

所谓董羽版“龙形三停九似”说，是指董羽提出的一种“龙形三停九似”说。它出自董羽的《画龙辑议》。据《御定佩文斋书画谱》卷十三《宋董羽画龙辑议》的记载，董羽曾说：

画龙者，得神气之道也。神犹母也，气犹子也。以神召气，以母召子，孰敢不致？所以上飞于天，晦隔层云；下潜于渊，深入无底，人不可得而见也。古今画图者，角难推其形貌，其状乃分三停九似而已：自首至项，自项至腹，自腹至尾，三停也。九似者，头似牛，嘴似驴，眼似虾，角似鹿，耳似象，鳞似鱼，须似人，腹似蛇，足似凤，是名为九似也。雌雄有别，雄者角浪凹峭，目深鼻豁，须尖鳞密，上壮下杀，朱火烨烨；雌者角靡浪平，目肆鼻直，鬐圆鳞薄，尾壮于腹。龙开口者易为巧，合口者难为功。但要挥毫落墨，随笔而生，筋骨精神，佇出为佳。贵乎血目生威，朱须激发，鳞介藏烟，鬃鬣肘毛爪牙噀伏其雨露，踊跃腾空，点其目而飞去。昔张僧繇、叶公，则其人也。②

董羽是生活于五代南唐（937—975）和北宋（960—1127）初期的著名画家，生卒年不详。整个北宋只有167年的历史，将这167年历史分为早、中、晚三个时期，每个时期只有约55.67年的时间。这样，即便《画龙辑议》是董羽的晚年作品，那么，董羽在《画龙辑议》里提出的董羽版“龙形三停九似”说的诞生时间最迟也不会晚于1016年。

两相比较，郭若虚版“龙形三停九似”说与董羽版“龙形三停九似”说在“三停”上的看法不尽相同：前者认为“三停”指“自首至膊，自膊至腰，自腰至尾”，后者主张“三停”指“自首至项，自项至腹，自腹至尾”。在“九似”中，郭若虚版“龙形三停九似”说与董羽版“龙形三停九似”说有“两似”完全相同，即都主张龙“角似鹿”、“鳞似鱼”，但在余下“七似”上的差别巨大。其中，如果说董羽版“龙形三停九似”说里主张“头似牛”、“耳似象”与郭若虚版“龙形三停九似”说里认为龙“头似驼”、

① （北宋）郭若虚．图画见闻志．见四库全书（第812册）．上海：上海古籍出版社，1987.512.

② （清）孙岳颁等奉敕撰．御定佩文斋书画谱．见四库全书（第819册）．上海：上海古籍出版社，1987.399～400.

“耳似牛”属“各持一说”，难分伯仲，那么，在其余五项上，不但郭若虚版“龙形三停九似”说与董羽版“龙形三停九似”说所指的龙的部位不尽相同，而且，较之郭若虚版“龙形三停九似”说，董羽版“龙形三停九似”说有一些小瑕疵：第一，董羽版“龙形三停九似”说里的“足似凤”不如郭若虚版“龙形三停九似”说里的“爪似鹰”具体。因为“凤”虽是中国人崇拜的对象之一，但“凤”的“庐山真面目”同样无人见过，以一种“虚无缥缈的事物”（凤爪）描述另一种“虚无缥缈的事物”（龙爪），说了等于没说。“鹰”不但是自然界中一种真实存在的动物，且是鸟类之王，其利爪让人望而生畏，用鹰爪来描述龙爪更易被喜好形象思维和类比推理的中国人所接受。第二，在显示龙的聪明、勇敢与灵活等方面，董羽版“龙形三停九似”说里的“眼似虾”与“嘴似驴”显然逊于郭若虚版“龙形三停九似”说里的“眼似鬼”与“项似蛇”的说法。因为“鬼”有“机灵、敏慧”之义，同时，如下文所述，“蛇”自古就是一些中国人崇拜的对象之一。相比于“鬼”，“驴”在汉语里有“愚蠢”之义，有“黔驴技穷”、“笨得像头驴”与“脑袋被驴踢了”之类的说法；“虾”有倒退行走的习性，这易给人退缩不前的印象，显然不如“笔走龙蛇”积极、勇敢、有气势。第三，董羽版“龙形三停九似”说里的“腹似蛇”不如郭若虚版“龙形三停九似”说里的“腹似蜃”威武，因为“蜃”是指传说中的蛟属，能吐气成海市蜃楼。《本草纲目》第四十三卷《鳞部·蛟龙》说：“蛟之属有蜃，其状亦似蛇而大，有角如龙状……”① 说龙的腹部长得像蜃一样，由此可想象出龙身的巨大，并推知龙长相的威武；若说龙腹像蛇，就显示不出龙的威武。第四，董羽版“龙形三停九似”说里的“须似人”不如郭若虚版“龙形三停九似”说里的“掌似虎”威武，因为虎是百兽之王，说龙掌长得像虎掌一样，由此可想象出龙掌所拥有的巨大力量，并推知龙的威武；若说“龙须似人”，同样显示不出龙的威武。正由于郭若虚版“龙形三停九似”说是在董羽版“龙形三停九似”说基础上的一种“改进版”，因此，郭若虚版的“龙形三停九似”说最终胜出，“后来者居上”，经罗愿《尔雅翼》传承，进一步巩固了地位，成为后人论“龙形三停九似”说的权威版本。

到了明代，略早于李时珍的医学家陈嘉谟著有《本草蒙筌》。在《本草蒙筌》卷十一《虫鱼部·龙骨》里，陈嘉谟先对“龙骨”的药性、产地、适用症等进行了概述，随后分论“龙齿”、“龙角”、“龙涎”、“龙脑”、“龙胞胎”等的药用价值，后加“按语”，这段“按语”简直是罗愿释龙言论的“简缩版”，只是将罗愿《尔雅翼》中的“头似驼，眼似兔”改作“头似马，眼似兔”而已。② 有人认为，将“眼似鬼”写成“眼似兔”，是古人在写“鬼”字时连笔写错了而已。③ 此说法值得商榷。假若说在学生习字作业或某个抄写本中，存在有人写“眼似鬼”时因连笔而错写成“眼似兔”的可能，那么，在制作印刷版（无论是雕版还是活字版）时，以古人的严谨精神，是绝不会出此等低级错误的；退一步说，即便某个版本偶尔出现此种低级错误，那么，在修订时也一定会将之改正过来的，而不会“以讹传讹”，并最终造成“假作真时真亦假”的不良后果。之所以后世的人们一般用“眼似兔”而不是用“眼似鬼”的说法，理由可能是：“鬼”虽有

① 汉语大字典编辑委员会编纂．汉语大字典（第二版九卷本）．成都：四川辞书出版社，武汉：崇文书局，2010. 3048.

② （明）陈嘉谟．本草蒙筌．北京：人民卫生出版社，1988. 435～436.

③ 张浩．画家谈画龙理论“三停九似”：最难就在画龙眼．北京日报，2011－01－20.

“机灵（鬼机灵）、敏慧”之义，但毕竟也无人见过，并且，随着科技知识的逐渐普及，人们越来越不相信“鬼”的存在。与“鬼”不同，“兔”是自然界真实存在的一种动物，“兔”在汉语中本有“聪明、勇敢”之义，有“狡兔三窟”或“动若脱兔”之类的说法。因此，相对于“眼似鬼”而言，“眼似兔”更形象、贴切，更易为艺术家所把握。同时，“马”作为一种家畜，头小面长，耳壳直立。颈上缘及尾有长毛。四肢强健，每肢各有一蹄。性温顺而善走，能负重远行。“马”又为《易》中的乾、震、坎之象。如《易·说卦》：“乾为马。”孔颖达疏：“乾像天，天行健，故为马也。”马还有“大”之义。[①] 又因地理环境等因素的影响，中国先民对“马”的熟悉度普遍要高于“驼”。所以，“头似马”比“头似驼”更易为中国人所接受。结果，陈嘉谟对“龙形”所作的这种改进，就逐渐被后人所接受了。

稍后，李时珍上承陈嘉谟，在《本草纲目》里介绍“龙骨”这味药说到龙的长相时也赞同郭若虚版“龙形三停九似”说，仅是表述略有不同而已（详见上文）。[②]

清代康熙年间张英、王士祯、王惔等纂修的《渊鉴类函》，“照抄”了明代陈嘉谟著《本草蒙筌》卷十一《虫鱼部·龙骨》里的说法。《渊鉴类函》卷四百三十八《鳞介部·龙四·三停》写道：“画龙有三停九似之说，谓自首至膊，膊至腰，腰至尾，相停也。九似者，角似鹿，头似马，眼似兔，项似蛇，腹似蜃，鳞似鱼，爪似鹰，掌似虎，耳似牛。”[③] 这一表述颇似画龙时的绘画指南。[④]

将上述诸种“龙形三停九似”说进行汇总，可得表8－1。

表8－1 四种有代表性的“龙形三停九似”说一览表

<table>
<tr><th>序号</th><th>代表人物</th><th colspan="10">对“龙形三停九似”的具体表述</th></tr>
<tr><td rowspan="2">1</td><td rowspan="2">董羽</td><td>三停</td><td colspan="9">自首至项，自项至腹，自腹至尾，三停也。</td></tr>
<tr><td>九似</td><td>头似牛</td><td>角似鹿</td><td>眼似虾</td><td>耳似象</td><td>嘴似驴</td><td>腹似蛇</td><td>鳞似鱼</td><td>足似凤</td><td>须似人</td></tr>
<tr><td rowspan="2">2</td><td rowspan="2">郭若虚</td><td>三停</td><td colspan="9">自首至膊，膊至腰，腰至尾也。</td></tr>
<tr><td>九似</td><td>头似驼</td><td>角似鹿</td><td>眼似鬼</td><td>耳似牛</td><td>项似蛇</td><td>腹似蜃</td><td>鳞似鱼</td><td>爪似鹰</td><td>掌似虎</td></tr>
<tr><td rowspan="2">3</td><td rowspan="2">罗愿、李时珍</td><td>三停</td><td colspan="9">谓自首至膊，膊至腰，腰至尾，皆相停也。</td></tr>
<tr><td>九似</td><td>头似驼</td><td>角似鹿</td><td>眼似鬼</td><td>耳似牛</td><td>项似蛇</td><td>腹似蜃</td><td>鳞似鲤</td><td>爪似鹰</td><td>掌似虎</td></tr>
<tr><td rowspan="2">4</td><td rowspan="2">陈嘉谟、张英等</td><td>三停</td><td colspan="9">谓自首至膊，膊至腰，腰至尾相停也。</td></tr>
<tr><td>九似</td><td>头似马</td><td>角似鹿</td><td>眼似兔</td><td>耳似牛</td><td>项似蛇</td><td>腹似蜃</td><td>鳞似鱼</td><td>爪似鹰</td><td>掌似虎</td></tr>
</table>

“龙形三停九似”说用九种人们熟知的动物来描述龙的长相，让人形象地感知到一条龙能集九物之象，并暗示了“龙”对世间生物的超越，给人们心中的“龙”注入神圣

① 汉语大字典编辑委员会编纂．汉语大字典（第二版九卷本）．成都：四川辞书出版社，武汉：崇文书局，2010. 4830.

② 田秉锷．龙图腾：中华龙文化的源流．北京：社会科学文献出版社，2008. 76.

③ （清）张英，王士祯等纂．渊鉴类函．北京：中国书店，1985. 二上．

④ 田秉锷．龙图腾：中华龙文化的源流．北京：社会科学文献出版社，2008. 77.

感：头似马，示体型之巨；角似鹿，示神态之贵；眼似兔，示明察天地；耳似牛，示聆听八荒；项似蛇，示旋转灵动；腹似蜃，示周行无忌；鳞似鱼，示深潜水府；爪似鹰，示高飞云天；掌似虎，示威啸山林。“九似”之喻其实是集飞禽、走兽、游鱼等百物之能于一身，让“龙”具有上天、入地、潜海无所不能的神通。可见，“龙形有九似”不是一个平列、叠加的命题，而是一种升华的暗示。九似而一真，又标志着“龙”的具象化、定型化的完成。所以，当郭若虚版的“龙形三停九似”说成为后人的共识后，中国人对龙的认识便有了一个完整且具体的印象，借此，中国人的龙观念、龙崇拜就有了一个鲜活的依托。① 同时，“龙形三停九似”说也为后世有关龙的绘画、雕塑、建筑等艺术品的创作定下了“规矩”，这有利于中国人对“龙”作出实在的、具体可感的把握，尤其有利于艺术家通过不同形式和材质逼真地再现龙的风姿。② 于是，借助绘画、雕塑、建筑等艺术手段，艺术家们便可在纸上、绢上、布上、木柱上、木板上、石上、各类金属上对龙作形体再现。借助这些具象的艺术表达方式，中国人最终将龙定格在自己的心灵里。③

综上所述，龙原是一种神化动物，而不是自然界中一个真实存在的动物；起初龙也不具“人形”，自然也没有与人类似的心理和行为方式。龙图腾的形成，是中国先民“博采”多种动物之长及某些天象的形貌特征后，经过漫长岁月创造出来的，它体现了多个原始民族之间的融合。融合、团结、创新、奋进是中国龙文化的显著特征。④ 有人认为，中国龙是自然界中真实存在的生物，是海鳄、湾鳄、扬子鳄类，它们是龙的本体，十二生肖中的龙、五方帝中的青龙或苍龙即此，苍、青正确表述了鳄的体色。当它们被描绘下来作为族的徽记时，就产生了龙图腾徽铭文化。后因族群的分化、聚合、联姻、联盟、同化等原因，一些原不是龙的物类逐渐加入到龙族团而晋升为龙的一部分，这便是龙家族的扩大化，因此龙图腾是按“原生龙图腾→衍生龙图腾→再衍生龙图腾”的方式演化的。⑤ 在此观点中，将海鳄、湾鳄、扬子鳄类自然界中真实存在的生物视作龙的本体，值得商榷；主张龙图腾是按“原生龙图腾→衍生龙图腾→再衍生龙图腾”方式演化，则有一定道理。

（2）能否将龙译作“dragon”？

中华龙形象神奇，有神圣、皇权、强大、威猛、正义、吉祥和幸运等正面或主流的象征意义。与此不同，在《圣经》里，“dragon”是一种脖子很长、有两翼、很凶猛、神秘、怪异、可怕的动物，它处于和上帝不断的战争中；在英、德、西班牙语的传说故事中，“dragon”兴风作浪、凶狠残暴，是圣乔治、齐格菲一类英雄意欲杀之的怪兽。⑥ 稍加比较可知，中华龙与西方文化里的“dragon”完全不同。为了避免西方人将中国的“龙”误解为西方的“dragon”，《首届中华龙文化兰州论坛宣言》于2007年11月18日

① 田秉锷．龙图腾：中华龙文化的源流．北京：社会科学文献出版社，2008. 75～77.

② 田秉锷．龙图腾：中华龙文化的源流．北京：社会科学文献出版社，2008. 77.

③ 田秉锷．龙图腾：中华龙文化的源流．北京：社会科学文献出版社，2008. 76.

④ 根据中国中央电视台第10频道（CCTV－10）于2012年7月18日晚《探索·发现》节目播出的《中华龙（六）：龙行生雨》整理并补充而成。

⑤ 王大有．中华龙种文化．北京：中国社会出版社，2000. 21～22.

⑥ 葛岩，秦裕林．Dragon能否表示龙——对民族象征物跨文化传播的试验性研究．中国社会科学，2008（1）：164.

郑重指出：宜将“dragon”中译为“獗更”，将中华龙英译为“loong”以示区别。[①]

不过，也有人认为，以西方历史上颇多负面描述的“dragon”来表示中国龙，是否会干扰中华民族正面形象的跨文化传播？利用心理测试和内容分析方法，结果发现：①虽然西方人对“dragon”有更多的负面特征认知，但在实验条件下，美国被试对“dragon”与中国被试对龙的态度均为中性；②在复杂传播环境中，因问题框架、动机和意愿等因素的影响，被试可能使用特征认知之外的多种信息，导致态度大幅度偏离实验建立的基线。同时，在不同的传播环境中，决策者采取不同的信息搜索策略，以实现旨在满足动机的态度重建。因此，就民族象征符号的传播效果而言，符号本身的特征不是问题的关键，它象征的对象是什么、在什么样的传播情境中执行其象征功能才是真正重要的。证据还显示，至少在目前，使用“loong”来替代“dragon”无助于龙的正面意义的传播。并且，即使“loong”与中国文化的象征意义日后得以建立，其传播效果也将主要由其象征的对象即中国文化、中国人，以及中国与他国的实质关系来决定。[②]

（3）中国人为什么崇拜“龙”？

有人认为，水既能给人造福祉，又能给人招灾害，如暴雨与洪水力量强大，容易伤人，于是，先民逐渐产生对水的崇拜。龙崇拜实际上是水崇拜的外化形式，故有龙司雨之说。并且，由于龙是一种乡土神，法力有限，往往只能保一方水土平安。[③]

也有人认为，将蛇进一步神秘化便升华成龙。先民对蛇的迷信大约有三点：①蛇象征“繁殖力”。②蛇显示着一种产生恐惧的魔性力量。③蛇显示着一种玄妙的预知力。而从诸多神话传说以及发现的考古资料中可以看到，先民们尤为崇拜的应是蛇的“繁殖力”。所以，蛇的遗传工程是神圣的，由神圣而产生禁忌。在古人眼里，蛇、龙、虹一旦毫无顾忌地把它们的交配行为暴露于人们的眼前，便是对人们的一种羞辱、一种谴告。[④]《新序》、《列女传》、《贾谊集》、《论衡》等书中都有不能杀两头蛇、见两头蛇者死的记载。唐朝段成式的《酉阳杂俎》明确地说：“见蛇交，三年死。”目前，在傣族、彝族及土家族地区仍有这种禁忌。先民们将蛇进一步神秘化，便升华成龙。《国语》及《列女传》说，有一雄一雌两龙在夏的朝廷上交尾，是夏朝将覆灭的不祥之兆。虹是蛇、龙的变形，是古人想象的挂在天上的蛇龙。古籍的记载、民俗传说以及出土的画像完全可以证实这一点。闻一多在《伏羲考》一文里也说：

> 龙究竟是个什么东西呢？我们的答案是：它是一种图腾，并且是只存在于图腾中而不存在于生物界中的一种虚拟的生物，因为它是由许多不同的图腾糅合成的一种综合体……龙图腾，不拘它局部的像马也好，像狗也好，或像鱼、像鸟、像鹿都好，它的主干部分和基本形态却是蛇。这表明在当初那众图腾单位林立的时代，内中以蛇图腾为最强大，众图腾的合并与融化，便是这蛇图腾兼并与同化了许多弱小单位的结果。金文

---

① 李国林．龙文化专家吁为中华龙英文名由 dragon 改为 loong．中国新闻网，2007－11－20.

② 葛岩，秦裕林．Dragon 能否表示龙——对民族象征物跨文化传播的试验性研究．中国社会科学，2008（1）：163～176.

③ 根据中国中央电视台第 10 频道（CCTV－10）于 2012 年 7 月 18 日晚《探索·发现》节目播出的《中华龙（六）：龙行生雨》整理而成。

④ 阴法鲁等主编．中国古代文化史（三）．北京：北京大学出版社，1991. 464～467.

> "龍"字的偏旁皆从"巳"，而巳即蛇，可见，龙的基调还是蛇。大概图腾未合并之前，所谓龙者只是一条大蛇，这种蛇的名字便叫作"龙"。后来有一个以这种大蛇为图腾的团族兼并吸收了许多别的形形色色的图腾团族，大蛇这才接受了兽类的四脚，马的头、鬣和尾，鹿的角，狗的爪，鱼的鳞和须……于是便成为我们现在所知道的龙了。①

可见，龙的主干是蛇。《鲁灵光殿赋》"伏羲鳞身，女娲蛇躯"的记载、《独异志》女娲兄妹成婚的传说、出土的东汉武梁祠石室画像中两个蛇身人交尾的图像都可以证明这一点。

2. 崇拜"凤"

(1) 什么是"凤"?

"凤"，指中国古代传说中的神鸟。雄的叫"凤"，雌的叫"凰"（亦作"皇"），通称为"凤"、"凤凰"或"凤皇"，又名鶠。② 与"龙"崇拜一起经常被提到的，就是"凤"崇拜。龙、凤都是中国古人建构出来的一种祥瑞的神化动物，龙代表男性，凤代表女性，不过，二者并不是同时被中国人创造出来的。如前文所述，中国人崇龙习俗至今大概已有8000多年的历史，但"凤"的历史要短得多，"凤"是商代的新创，是殷商人崇拜的对象（详见下文）。

"凤"在早期甲骨文里写作""或""，像凤鸟高冠、花翎、长尾之形；在后期甲骨文里，"凤"字增加了声符"凡"，写作""。③ 可见，"凤"本是一个象形字。"凤"的外貌如何？据《尔雅》卷第十《释鸟》记载："鶠，凤。其雌皇。"郭璞注："鸡头，蛇颈，燕颔，龟背，鱼尾，五彩色，高六尺许。"④《尔雅》是中国最早的一部解释词义的专著，现在一般认为是西汉初年学者缀辑周、汉诸书旧文，递相增益而成。⑤ 可见，"凤"出现的时间虽比龙要晚，但"凤"造型的定型化比龙造型的定型化要早得多。

东汉许慎释凤时，在完整采纳《尔雅》观点的基础上，又补充了凤的外貌的一些细节、凤的习性、凤带给人们的祥瑞之兆。《说文·鸟部》说："凤，神鸟也。天老曰：'凤之像也，麟前鹿后，蛇颈鱼尾，龙文龟背，燕颔鸡喙，五色备举。出于东方君子之国，翱翔四海之外，过昆仑，饮底柱，濯羽弱水，暮宿风穴，见则天下大安宁。从鸟，凡声。，古文凤，象形。凤飞，群鸟从以万数，故以为朋党字。"⑥

其后，南宋的罗愿吸收《尔雅》与《说文》里"释凤"的言论，并作进一步的阐释。罗愿在《尔雅翼》卷十三《释鸟·凤》里写道：

> 凤，神鸟也。《韩诗外传》曰：黄帝即位，宇内和平，惟思凤象。召天老而问之。

① 闻一多. 闻一多全集·神话与诗. 北京：三联书店，1982. 26.

② 汉语大字典编辑委员会编纂. 汉语大字典（第二版九卷本）. 成都：四川辞书出版社，武汉：崇文书局，2010. 4918.

③ 汉语大字典编辑委员会编纂. 汉语大字典（第二版九卷本）. 成都：四川辞书出版社，武汉：崇文书局，2010. 4918.

④ 李学勤主编. 十三经注疏·尔雅注疏. 北京：北京大学出版社，1999. 309.

⑤ 夏征农，陈至立主编. 辞海（第六版缩印本）. 上海：上海辞书出版社，2010. 445.

⑥ （汉）许慎撰，（清）段玉裁注. 说文解字注. 上海：上海古籍出版社，1988. 148.

天老对曰：夫凤象，鸿前而麟后，蛇头而鱼尾，鹳颡而鸳思，龙文而龟背，燕颔而鸡喙。又说者曰：五色具扬，出东方君子之国，翱翔四海之外，过昆仑，饮底柱，濯羽弱水，暮宿风穴，见则天下大安宁。又有六像九苞之说。盖凤生南方，去中国甚远，而又不妄飞鸣饮啄，其至盖罕。故孔子称之，而世好事者，喜为之传道，务奇怪其章，紬绎其声，列于神圣，故千世而不合焉。盖鸿前者，轩也。麟后者，丰也。蛇颈者，宛也。鱼尾者，岐也。鹳嗓声，椎也。鸳思者，张也。龙纹者，缴也。龟背者，隆也。燕颔者，方也。鸡喙者，鉤也。六像：头像天者，圆也；目像日者，明也；背像月者，偃也；翼像风者，舒也；足像地者，方也；尾像纬者，五色具也。九苞：口包命者，不妄鸣也；心合度者，进退精也；耳听达者，居高明也；舌诎伸者，能变声也；彩色光者，文采呈也；冠矩朱者，南方行也；距锐鉤者，武可称也；音激扬者，声远闻也；腹文启者，不妄纳也。①

从上段引文可知，与“龙”类似，“凤”也是中国先民在集合了多种动物的特点后建构出来的一种神化动物；在种属上，“凤”属鸟类。

(2) 中国人为什么崇拜“凤”？

中国人之所以崇拜“凤”，原因主要有两点：

一是“天命玄鸟，降而生商”的传说导致殷商人崇拜凤，换言之，崇拜“凤”是商代的新创。据《诗经·商颂·玄鸟》记载：“天命玄鸟，降而生商。”② 郑玄笺：“天使鳦下而生商者，谓鳦遗卵，娀氏之女简狄吞之而生契。”所以，《淮南子·修务训》说：“禹生于石，契生于卵。”③《史记·殷本纪》中也有“天命玄鸟，降而生商”的记载：

殷契，母曰简狄，有娀氏之女，为帝喾次妃。三人行浴，见玄鸟堕其卵，简狄取吞之，因孕生契。契长而佐禹治水有功。帝舜乃命契曰：“百姓不亲，五品不训，汝为司徒而敬敷五教，五教在宽。”封于商，赐姓子氏。契兴于唐、虞、大禹之际，功业著于百姓，百姓以平……主癸卒，子天乙立，是为成汤。④

根据上引诸文可知，“谯周云：‘契生尧代，舜始举之，必非喾子。以其父微，故不著名。其母娀氏女，与宗妇三人浴于川，玄鸟遗卵，简狄吞之，则简狄非帝喾次妃明也。’”⑤“契始封商，其后裔盘庚迁殷，殷在邺南，遂为天下号。契是殷家始祖，故言殷契。”⑥“从契至汤凡十四代，故《国语》曰‘玄王勤商，十四代兴’。玄王，契也。”⑦

---

① （宋）罗愿撰．尔雅翼（二）．洪焱祖释．北京：中华书局，1985. 137 ~ 138.

② 程俊英，蒋见元．诗经注析．北京：中华书局，1991. 1030.

③ 刘文典撰．冯逸，乔华点校．淮南鸿烈集解．北京：中华书局，1989. 642.

④ （西汉）司马迁撰．史记．（宋）裴骃集解，（唐）司马贞索隐，（唐）张守节正义，北京：中华书局，2005. 67 ~ 68.

⑤ （西汉）司马迁撰．史记．（宋）裴骃集解，（唐）司马贞索隐，（唐）张守节正义，北京：中华书局，2005. 67.

⑥ （西汉）司马迁撰．史记．（宋）裴骃集解，（唐）司马贞索隐，（唐）张守节正义，北京：中华书局，2005. 67.

⑦ （西汉）司马迁撰．史记．（宋）裴骃集解，（唐）司马贞索隐，（唐）张守节正义，北京：中华书局，2005. 68.

由于传说殷商始祖契的母亲简狄是在吃了玄鸟（即凤）的蛋后才生了契，[①] 契便成了“凤”的后裔。契长大后帮助大禹治水有功，禹为奖赏契，封商地给契。后来，契的第十四代子孙汤最终建立起商朝。由于殷人相信“天命玄鸟，降而生商”的传说，自然也就将自己视作“凤”的传人，并推动了殷人及其后代对凤的崇拜。与此相呼应，殷人特别推崇“凤”造型的艺术品。例如，妇好是商王武丁的配偶，生前显赫一时，大约死于公元前 13 世纪末至公元前 12 世纪初，死后庙号为“辛”。1976 年河南省安阳殷墟妇好墓中出土的玉凤（如图 8－3 所示）是迄今为止发现的最早的玉凤造型，玉凤的出土为研究早期的凤崇拜提供了一份珍贵的史料。

图 8－3　玉凤（现藏于中国国家博物馆）

根据图 8－3 所示，这件玉凤身躯扁平，形体修长，亭亭玉立，引颈回首，振翅欲飞，身躯弯弯，外缘凸张，内缘凹曲，凤冠高耸，尖喙如鸡，长尾舒展，双翅微张，显得体态婀娜、灵动有致。整件器物造型优美，线条流畅，玉质莹润，神态迷人。玉凤胸前有两孔，腰间有一突起的圆钮，上有小孔，可佩带。凤身上的小孔反映出了商代以前的人们已比较熟练地掌握了镂空、钻孔、抛光技术。[②]

二是对和平、安宁生活的向往。在“中国人的尚‘和’心态”一章曾说，由于中国先哲未找到一个让国家长治久安的办法，在治理国家时存在巨大的“管理缺陷”，导致中国历史上乱世时间长、太平时间短，百姓生活苦不堪言，所以，才有了“宁做太平犬，

---

① “天命玄鸟，降而生商”的传说，暗示着在契出生之前，商人部落尚处于母系氏族社会阶段，所以，契只知其母却不知其父。契成为商人的始祖后，标志着商人部落从此进入了父系氏族社会。

② 佚名．玉凤．http：//baike. baidu. com/view/37798. html. 2011－08－20.

莫做乱世人”的说法。而根据《说文》与《尔雅翼》等书的解释，中国先哲常用“凤”象征祥瑞，相信人们一旦看见“凤”，便预示着“天下大安宁”。从这个角度看，对和平、安宁生活的向往，是中国人崇拜凤的真正心因。

（二）鬼神崇拜

1. 什么是鬼神崇拜

所谓鬼神崇拜，是指相信世间存在神仙和妖魔鬼怪，或相信某种生物具有超乎自然的“灵魂”或精灵，它们对自然现象（风雨雷电旱涝）和人类的生老病死都有外在的控制力量，进而崇拜它们的一种心理与相应的行为方式。

2. 崇拜鬼神的表征

在中国，至少从礼仪角度和生活方式角度看，人们对许多鬼神都颇为崇拜。例如，日神和月神很早就受到中国人的崇拜，并且一直延续至今。在北京，就有专门祭祀日神的日坛与祭祀月神的月坛。在中国传统佳节中秋节里，月亮也扮演了一个重要的角色，“赏月”成为过中秋的一个重要习俗。又如，有人生了病或受了惊，便认为是妖魔附身，不去看医生，而是请法师或巫师来做法事，以驱妖避邪。有的地方每年要定期祭拜山神、河神或土地神，以求一年能风调雨顺；若发生水灾或旱灾，就认为是得罪了龙王爷，从而受到龙王爷的惩罚。由于中国人信鬼神，所以历史上曾出现大量的以鬼神为题材的文学作品：秦汉的神仙之说、汉末巫风、六朝志怪、宋代变怪谶应之谈、明代神魔小说……

3. 中国人崇拜鬼神的特点

中国人崇拜鬼神有三个貌似矛盾的观点：

（1）泛神论。

泛神论（pantheism），是指将神融化在自然界中的哲学观点。它宣称神即自然界，神存在于自然界一切事物之中，没有超自然的主宰或精神力量。该词于1720年由托兰德（Toland，J.，1670—1722）创用。① 这里借用“泛神论”一词来指称一种相信万事万物都可成神、成鬼、成怪的思想或观念。在一些中国人心里，万事万物皆有生命，万事万物（包括人、动物、植物和无生命的物质等）均能变鬼神，均可成“精”成“怪”。而在这个庞大的鬼神系统里，几乎每一个鬼神都能得到一定数量的中国人的信奉。由此可见，许多中国人有泛神论的思想。

例如，在生活于西晋末年至东晋初期的干宝所著的《搜神记》一书里，既有神仙方士的神通，也有地方神祇的灵验；既有阴阳五行错乱所致的妖怪，也有符命谶纬所显示的天命；既有匪夷所思的灾异瑞应，也有自成系统的占梦解梦；既有德艺精诚的神奇境界，也有五气变化所致的反常人物；既有颇具灵性的奇物异产，也有闻所未闻的异人异怪；既有跨越生死、沟通人鬼的传闻，也有机智沉稳、降妖除怪的异事，更有因果报应故事。②

---

① 夏征农，陈至立主编．辞海（第六版缩印本）．上海：上海辞书出版社，2010. 471.

② 马银琴译注．搜神记．北京：中华书局，2012. 2.

（2）多神论或多神教。

多神论（polytheism），是指一种承认并崇拜多位神祇的思想或观念。与此相似的一个词是“多神教”（polytheism），是指信仰和同时崇拜许多神的宗教。佛教被认为是全球三大宗教中唯一的多神教。多神论与多神教的相通之处是二者都承认并崇拜多位神祇。多神论与多神教的相异之处在于前者只是一种思想或观念，后者则是一种宗教。

受佛教和道教思想的交互影响，一些中国人相信有“天上”、“人间”与“地狱”三界，并认为“天上”有两大神仙体系：一是由玉皇大帝掌管的天宫，其内生活着众神仙；二是佛祖掌管的“西天”，其内也生活着众神仙。人间由皇帝掌管，但皇帝只能管人，却管不了神仙。在人间，不但一些人经过修炼可成仙升天（“一人升天，仙及鸡犬”讲的便是此现象），而且一些动植物经过修炼也可成仙。像一些神话故事中的狐仙、树精与鱼精等，都是通过此途径成仙的。阴间由阎罗王掌管，并有众多小鬼伴随其左右。由此可见，许多中国人有多神论思想。在持多神论的中国人看来，鬼神世界至少有三大类：玉帝的天宫、西天乐土和阴曹地府。《西游记》里的诸神与鬼怪便是这么安排的。顺便指出，中国民间传说中的阎罗王本源于印度。印度古代神话中有“Yamarājā”（梵语，阎摩罗阇），音译的简称便是“阎罗”，也译作“阎罗王”、“阎王”等，原意为“地狱的统治者”或“幽冥界之王”。在印度古代神话中，“阎罗王”是管理阴间之王，能判人生前善恶，加以赏罚。佛教沿用此说，称之为“管理地狱之王”。①

在中国，由于一些人尚“和”（详见“中国人的尚‘和’心态”一章），便产生了多神论思想或信奉多神教。于是，一种常见做法便是：在一座寺庙里同时供奉道、佛两教的神像，甚至将儒、道、佛三派思想融合在一起，这从“中国人的尚‘和’心态”里的“体现儒、道、佛三教和谐相处的雕像与对联”便可见一斑。同时，在中国，社会认可一个人同时信仰两个或两个以上鬼神的做法。例如，任何一个想为自己举行佛教仪式的人，只要负担得起，就可雇请和尚，从而便成为一名佛家弟子；倘若他想成为道士，也可用相同的方法召来道士，这样，他就会成为一名道家弟子。在中国人看来，请谁无关紧要，有时他也可能把两方面的人同时都请来，从而使自己同时成为“一名佛教徒”与“一名道教徒”。② 又如，一个中国人若希望自己有后代，可以向佛家的“观音菩萨”烧香；做生意想发财时，可以向道教的“赵公元帅”磕头；若想祛病则可能会向一棵“成精”的大树或大石头许愿。

总而言之，在中国人的心里，不同鬼神有不同的用处，彼此并无冲突之处。这与西方人信奉唯一的神（或是上帝，或是真主）的“一神教”（monotheism）心理大相径庭。

（3）无神论。

无神论（atheism），与“有神论”相对，是指一种否定一切宗教信仰和鬼神迷信的学说。③ 许多中国人有一种无神论的思想，不相信一切鬼神或灵魂的存在。俗话说：“祭神如神在，如“不在，人不怪”、“祭神如神在，如不敬，神不怪”、“不信神，不信鬼，全靠咱的胳膊腿”、“宁犯天公怒，莫把众人恼”、“求神不如求人”。可见，许多中国人

---

① 夏征农，陈至立主编．辞海（第六版缩印本）．上海：上海辞书出版社，2010. 2194.

② ［美］明恩溥．中国人的特性．匡雁鹏译．北京：光明日报出版社，1998. 350.

③ 夏征农，陈至立主编．辞海（第六版缩印本）．上海：上海辞书出版社，2010. 1997.

又有轻鬼神而重人事的心理。因此，林语堂说得好："中国人得意时信儒教，失意时信道教、佛教，而在教义与己相背时，中国人会说，'人定胜天'。中国人的信仰危机在于，经常改变信仰。"①

顺便指出，如"中国人的自我观"一章所述，此种无神论观念最早可追溯到西周初年以周公为代表的周初文化精英所进行的变革，其结果是用道德取代宗教，使中国文化逐渐摆脱传统宗教，开创了人文精神。

4. 中式鬼神崇拜产生的缘由

若深究，中国人崇拜鬼神的态度其实一点也不矛盾，因为中国人在儒家思想的熏陶下，没有像印度那样发达的宗教思想与神学体系，而是一个注重实际的民族，于是，多采取功利的态度来看待鬼神问题，而不是像一些虔诚的宗教徒那样采取超功利的情感态度来对待鬼神。因此，中国人在向鬼神做祷告时，祷词多半是向鬼神表示自己的请求，其目的无非是劝人为善而去恶，或为了得到某种"实惠"，这与西方人祷词的主要内容是反省和对灵魂的一种忏悔，是大异其趣的。因此，任何鬼神只要能满足上述目的，中国人就都崇拜它，而不会固执地将自己置于某一个鬼神的支配下，这说明在中国人的心里没有一个唯一的、排他性的神明。正如费孝通所说："我们对鬼神也很实际，供奉他们为的是风调雨顺，为的是免灾逃祸，我们的祭祀很有点像请客、疏通、贿赂。我们的祈祷是许愿、哀乞，鬼神对于我们是权力，不是理想；是财源，不是公道……一个在送子观音前磕头的妇人，她的心里头绝不会有牺牲这两个字，她的行为无异于在街上做买卖，香烛和磕头是阴冥之间的通货。"②

（三）颜色崇拜

为了便于读者准确、全面地认清中国人的颜色崇拜心理，本小节先简要阐述颜色心理的演化过程，再剖析中国人的颜色崇拜，随后指出中国人眼中的"俗色"与"二元色彩"，并力图以中西对比的方式进行阐述，让人看清楚中西方人对颜色态度的文化差异。

1. 颜色心理的演化历程

人们对不同颜色的偏爱与崇拜并不是从人类一开始就有的。在人类社会的早期，由于大家过的都是刀耕火种、狩猎采果式的简单生活，不同文化的人们对颜色的喜好有趋同的特点。例如，在世界各地发现的原始社会残留下来的壁画、岩画和墓室画里都有红色。近现代一些冒险家和研究者也发现，非洲和美洲的一些土著人在其宗教活动中也喜欢红色。原始社会的人类之所以喜欢红色，或许是因为红色随处可见，且与当时人们的日常生活密切相关：太阳是红色的，太阳给人带来光明与希望；火是红色的，有了火，人才能吃上熟食，并可用火取暖，用火来恐吓野兽……总之，火种保存技术的获得和火的运用，给原始人类的生活带来了许多重大的变革；鲜血是红色的，当时武器原始，狩猎技术简单，往往要与野兽浴血搏斗。由此对红色产生了崇拜心理。后来，随着社会和宗教的发展，不同文化的人对颜色的看法慢慢有了差异（详见下文）。在当代，随着不同文化的人们交流的日益增多，世界各国人民在对待颜色的态度上又出现了取长补短的

① 佚名．言论．读者，2013（11）：17.
② 费孝通．美国与美国人．北京：三联书店，1985. 110～111.

趋势，再加上环保意识、回归自然的心态越来越受到不同文化人们的认同，于是，对于颜色又有了趋同的态势。例如，现在多数人对于绿色（环保颜色）、沙滩色（喻指回归自然）往往都加以认同。不过，在趋同的同时，对颜色的理解与偏好仍存在一定的文化差异。如下文所讲，在上海举行的 APEC 会议上，来自亚洲国家的领导人大多选穿红色的唐服，而来自欧美国家的领导人多选穿蓝色的唐服，这绝不是一个偶然现象，而与他们所处的文化氛围有较大的关系。

2. 中国人崇拜的颜色

中国古代把颜色分为五正色：青、赤、黄、白、黑。汉代以来，盛行“五行”之说，认为世界是由金、木、水、火、土构成的。“五色”与“五行”相对应。中国古人还认为，“五色”与东、南、西、北、中“五方”对应，“五方”各有一神，称“五帝”，依次为青帝、赤帝、黄帝、白帝、黑帝。“五色”又与春、夏、秋、冬“四季”对应。其一一对应关系详见“中国人的思维方式”一章的“五行模式示意表”，了解它们的对应关系，既有助于人们理解汉语色彩词的文化含义，① 也有助于理解中国人对颜色的偏好。

（1）崇拜黄色。

黄色在甲骨文和金文中本义是一种黄色的玉石，后来由黄色的玉石扩大为泛指黄色。中华民族的始祖叫黄帝。绝大多数中国人是黄色人种，也称之为蒙古人种（Mongoloid），皮肤呈黄色或黄褐色。中国自古至今都是以农立国，农业是要靠土地的，这逐渐让中国人养成了尊土的习俗，而中华文明的摇篮——黄河流域的土地正是黄色的，因而，黄色在“五行”中属于“土”，人们也常用“黄土地”象征中国，用“黄”指称“黄河”（如“引黄工程”）。再加上成熟的麦穗、稻穗、高粱等都呈黄色，金子也是黄色，于是，“黄”有时指“黄金”，如“黄货”，太阳落山时也多呈金黄色，等等。同时，黄色在“五方”中属于“中”，古人把黄色看成中央正色，为皇帝所喜欢。受诸多因素的影响，所以，在中国，虽然不同时期的人们对颜色的崇拜并不完全相同，但毫无疑问，人们最崇尚的颜色是黄色，认为黄色是最高贵的色彩。正如五行当中以“土”为中心一样，在五色当中中国人也是以“黄”为中心。在古代中国，自秦始皇开始至清代灭亡为止，历朝历代的最高统治者都叫皇帝（“皇”“黄”同音通假）。周代以黄钺为天子权力象征，到了隋朝，文帝、炀帝穿黄袍，但未明令禁止他人穿黄色衣服。到了唐高祖武德年间(618—626)，开始禁止百官百姓穿黄色衣服，黄色成为皇帝的专用颜色，为皇帝所垄断。只有皇帝才能穿黄色的衣服（即黄袍），“黄袍加身”表示做皇帝，皇宫也以黄色为主。此制度延续至清代灭亡为止。因此，自唐代至清代，除皇帝之外，其他人若胆敢用黄色或“黄袍加身”，就犯了杀头的死罪，是要杀头的。② 受黄色是高贵颜色这种文化的惯性影响，科举考试张榜公布的名单称“黄榜”。在当代中国，一些高档商品的包装仍喜用黄色。

当然，在汉语里，“黄”除了有上述积极的含义外，也有一些消极的含义。例如：“黄粱美梦”指空欢喜一场。“黄”也有计划失败或不能实现的意思，如“那件事黄了”。

---

① 秦明吾主编. 中日习俗文化比较. 北京：中国建材工业出版社，2004. 55.

② 刘承华. 文化与人格：对中西文化差异的一次比较. 合肥：中国科学技术大学出版社，2002. 274.

"黄"也指幼稚、不成熟，如"黄毛小儿"。而"黄色"具有的"低级下流"之义则是来自西方文化，如"黄色小说"、"黄色电影"、"扫黄"等。①

与中国人不同，西方人一般不喜欢黄色。据《圣经》记载，背叛耶稣的犹大穿的是黄袍，因此，在西方社会，黄色有背叛、可耻、懦弱和欺骗等贬义。英文词语中也有"yellow - bellied"（胆小的、懦弱的）、"yellow journalism"（黄色新闻）、"yellow dog"（卑鄙小人、懦夫）之类的说法。据说在"二战"时期，德国纳粹党人强迫犹太人衣服上佩戴黄色的小标志，以此羞辱犹太人。同时，日语的"黄"除了表示黄色（如黄土、黄玉）外，还可以表示声音比普通人高，表示年轻或经验不足，而现代汉语则没有这种说法。日本的天皇不像中国皇帝那样崇拜黄色，日语里的"黄"色也没有"低级下流、色情"的含义。②

（2）崇尚赤色与红色。

除了黄色外，中国人也普遍崇尚赤色与红色。

①赤色。

"赤"对应"五行"中的"火"、"五方"中的"南"、"五帝"中的"赤帝"、"四季"中的"夏"。中国夏天火热，而火的颜色又是红色，所以有此对应关系。八卦中的离卦也象征红色。汉高祖刘邦自认是赤帝之子，所以崇尚赤色。楚汉相争时，汉军用"赤旗"。婴儿出生时是赤色，所以称赤子；婴儿的思想纯洁，于是，称纯洁的心灵为"赤子之心"。

除了上述含义与用法外，"赤"也有其他含义与用法：①象征革命，如"赤卫队"。②忠诚，如"赤诚、赤胆"。③光着，如"赤裸、赤脚、赤膊"。④空，什么也没有。如"赤手空拳"、"赤贫"等。⑤"赤字"，指经济收入中支出多于收入的差额数字，因其用红字书写而来，故称之为"赤字"。

日语里"赤"的用法比"红"的用法多，基本上都用"赤"表示红色。如"赤面"、"赤十字"、"赤旗"等。并且，与汉语类似，日文里的"赤"也有"共产主义、忠诚、光着、空无一物"之义，如"赤裸"、"赤心"等。除此之外，日文"赤"字还派生了很多新义，例如，"赤新闻"是指低俗黄色报纸，据说是因为这种报纸以前用的是红纸。"赤帽"指车站搬运工。③

②红色。

"红"原本是粉色，不属于正色，是"赤"与"白"调和而成。唐代以后"红"开始代替"赤"，表示深红、鲜红。现代汉语里"红"字用得多，"赤"用得越来越少。

红色在中国往往代表幸运、吉祥如意、财富、喜庆、热烈、激情、斗志、革命。所以，在中国古代，许多宫殿和庙宇的墙壁除了用黄色外，也喜欢用红色；官吏、官邸、官服多以大红为主，即所谓的"朱门"、"朱衣"；结婚叫"红喜事"，要贴"红喜字"，新娘穿"红嫁衣"（中国新娘子结婚礼服的传统颜色是红色），新郎戴"红花"；中国人在喜庆的日子（如过春节期间）所用的装饰物，像中国结、灯笼、对联等的经典颜色也

① 秦明吾主编．中日习俗文化比较．北京：中国建材工业出版社，2004. 58～59.
② 秦明吾主编．中日习俗文化比较．北京：中国建材工业出版社，2004. 58～59.
③ 秦明吾主编．中日习俗文化比较．北京：中国建材工业出版社，2004. 57～58.

主要是红色。除此之外，“红”还有如下积极含义：一是象征兴旺、发达，日子过得好叫“红火”，好运称之为“红运”，工作一开头就有成绩叫“开门红”。正是由于红色有兴旺、发达之义，在东亚的股票市场，红色表示股价上升。二是表示受欢迎。如“走红”、“红极一时”、“红得发紫”；受重用也叫“红”；受赏识者称为“红人”等。三是指女子美艳的容貌，如“红颜”、“红粉”、“红妆”等。四是象征革命。如“红色政权”；人民军队在革命年代曾叫“红军”；新中国的国旗是五星红旗。红色象征革命缘自法国。1871 年 3 月 28 日正式成立的“巴黎公社”受到法国政府军和普鲁士军队的联合攻击，“巴黎公社”成员奋起反抗，因为一时找不到代表公社的旗帜，公社里的一名女工便从自己所穿的红裙上撕下一块红布作为公社的标志。从此以后，红色便引用为一切进步热情、反抗反动势力的正义之师的符号。与此相对，代表反动、保守的势力的便是“白色”，由其发动的恐怖镇压行动，就是所谓的“白色恐怖”。[①] 可能是受中国文化的影响，红色在许多亚洲国家里可能都代表幸运、财富和喜庆，所以当年在上海举行的 APEC 会议上，来自亚洲国家的领导人大都选择穿红色的唐服。

与中国人不同，西方人一般不喜欢红色。因为红色在西方人的观念里往往是血的颜色，从而被看成流血、冲动、动乱、危险、恐怖的象征色，所以，在“红绿灯”的设计中，“红灯”表示“停”，救护车和警车的灯也是红色。汉语中红色也有“危险”之义，这种含义也来自西方文化。在北美的股票市场，红色表示股价下跌。同时，日语里的“红”不如“赤”用得多，也不如汉语里“红”用得多。日本人在办喜事时也用一点红色，如用“赤饭”——加红豆的红米饭，表示庆贺。不过，日本人经常是用“红白相间”来表示喜庆，远不像中国人那样仅用红色来表示喜庆。日语中表示相对应、对抗的颜色时，“红”对的是“白”，而汉语中“红”对的是“绿”，如中国人常说“红花绿叶”。另外，日语中的“红”也没有“发达、受欢迎、受赏识”之义，因为“红”在日本并不像中国那样是大吉大利的颜色，所以，没有这些转义。[②]

顺便指出，中国红茶的鼻祖（世界上最早的红茶由中国福建武夷山茶区的茶农发明，名为“正山小种”）虽然在冲泡后的茶汤以红色为主调，但在冲泡前，茶叶的颜色不是红的，而是黑的，于是，英国人习惯将“红茶”称作“black tea”，将“绿茶”称作“green tea”。

（3）推崇紫色。

紫色是由温暖的红色和冷静的蓝色化合而成，所以紫色比较活跃。在古代科技不发达的情况下，紫色较难获得，物以稀为贵，故一些人视紫色为高贵。在春秋时期，鲁桓公与齐桓公都喜欢穿紫色衣服，从《左传·哀公十七年》卫人浑良夫因“紫色狐裘”而获罪的事情看，那时的紫色可能已代替朱色而成为诸侯衣服的正色了。[③] 据《新唐书》卷二十四《车服志》记载，在唐代，不同官服的颜色不一样：三品以上（含三品）的官服是紫色的，四品五品为朱，六品七品为绿，八品和九品的官服是青色。[④] 因此，从《琵琶行》里“江州司马青衫湿”一句可知，作者白居易的官职是很低的，至多只有八

---

① 蓝博洲．白色恐怖．台北：扬智文化事业股份有限公司．1993. 15～16.

② 秦明吾主编．中日习俗文化比较．北京：中国建材工业出版社，2004. 58.

③ 杨伯峻译注．论语译注（第二版）．北京：中华书局，1980. 187.

④ （宋）欧阳修，宋祁撰．新唐书（一）．北京：中华书局，2000. 346～347.

品。不同官服用不同的颜色，这一制度自唐代起至清代止没有发生太大的变化，只是不同朝代官服的图案有所不同而已。现在北京的故宫又称“紫禁城”，汉语也有“紫气东来”的说法。当然，在中国，为了维护红色的高贵地位，也有一些人讨厌紫色，认为紫色夺去了大红色的光彩与地位。其中，最著名的人物要算孔子。据《论语·阳货》记载，孔子曾说：“恶紫之夺朱也。”由于这一典故，后人也常将以邪犯正、以下乱上比作以紫夺朱。例如王莽篡汉，《汉书·王莽传》就写道：“紫色蛙声，馀分闰位。”① 将王莽篡汉说成是以紫夺朱、蛙声打鸣。清初一些文人曾用“夺朱非正色，异姓尽称王”骂清王朝，这也是在运用“以紫夺朱”的典故。

与一些中国人类似，西方人也多偏爱紫色。古希腊人较喜欢紫色，认为紫色是大海的颜色。紫色是在蓝色之中又加上阳光（特别是朝霞、晚霞）照射，折射出紫外线的结果，被认为是大海深处的颜色。在他们看来，紫色是最高贵的颜色，代表神圣、尊贵、慈爱，只有神才配享用。因此，在基督教中，紫色代表至高无上和来自圣灵的力量。犹太教的圣器和大祭司的服装常使用紫色。天主教称紫色为主教色，主教穿紫色，红衣主教穿朱红色。待降节（等待耶稣的诞生）的主要颜色是紫色。在罗马帝国，紫色是皇帝的专用服色，用紫色来装饰，是对一个人的最高礼遇。欧洲到了中世纪，因印染技术不发达之故，紫红色也不易获得，于是，不易获得的紫红色也成为贵族喜爱的尊贵颜色。秉承这一传统，2012 年伦敦奥运会的体操场地使用的就是紫红色，英国人这样做，是表达他们对来自世界各国优秀体操运动员的一种敬意、一种礼遇。

3. 中国人眼中的俗色

中国人对蓝色（blue）的态度与古希腊人相反，中国人一贯将蓝色视作俗色。在中国，布衣百姓通常只穿三种颜色——蓝色、灰色或黑色的服装。中国古代往往称老百姓为“黔首”或“黎民”，正因为他们经常穿戴的是青色（深蓝色）或黑色的衣服和头巾。

与中国人不同，西方人一般偏爱蓝色（blue）。古希腊人比较喜欢蓝色，认为它是大海的颜色。古希腊人不是因天空而是因海洋而接受蓝色的。就海水本身来说，它是无色透明的，它之所以呈蓝色，正是映照了天空之蓝的结果。西方人把蓝色看成是“天堂的色彩”，② 其品味自然极高。所以，在上海举行的 APEC 会议上，来自欧美国家的领导人由于多相信蓝色表示冷静和沉着，代表高贵，于是多选穿蓝色的唐服。当然，在英语里，“blue”除了表示积极的含义外，也有如下偏向负面的含义：阴郁的、忧郁的、沮丧的、悲观的、（气候）阴凉的、（希望等）暗淡的、没精打采的。所以，“blue Monday”指“郁闷的星期一”，“blue film”指“黄色电影”。

4. 中国人眼中的二元色彩

所谓“二元色彩”，是指有些人喜欢它，也有些人将之视作俗色或凶色，显示出二元心态的颜色。对于白色、黑色与青色，中国人多有此种心态。

（1）白色。

在汉语里，“白”有陈述、申述之义，如“坦白”、“直白”、“表白”等。从文化心理学角度看，中国人对白色的看法既有积极的一面，也有消极的一面。

---

① （汉）班固撰．汉书．北京：中华书局，2007. 1065.

② 刘承华．文化与人格：对中西文化差异的一次比较．合肥：中国科学技术大学出版社，2002. 273 ~ 274.

①将白色赋予一些积极含义。

“白”一尘不染，又是明亮的颜色，并且，白色常让人联想到天空中的白云、地上的冰雪、地里的棉花、牧场里的白色羊毛，给人以健康、干净、光明、质朴、纯真、轻快、恬静、整洁、雅致、凉爽之感，于是，如第二章所述，奥斯古德等人在大洋洲、非洲、美洲、亚洲比较原始的民族中进行调查后，发现不同文化中的人们常常存在一些相同或相似的感觉，其中，凡是被认为是“好”的神明、地点、社会位置等，总是被称为“上”、“明”或“白”的；凡是被认为是“不好”的事物，总是被称为“下”、“暗”或“黑”的。各地区流传的神话里，常在说“神明”怎样将人从“黑暗”、“寒冷”、“阴湿”的“地下”救到“光明”、“温暖”、“快乐”的“地上”来。[①]

汉语也是如此。在汉语里，“白”可表示清楚、光明，如“明白”、“白昼”、“清白”。白色也象征纯洁，如“白玉”、“白璧无瑕”。中国古代一些文人志士常以穿素衣的方式表明自己的清高。佛教相信因果报应，并以白色代表善报，以黑色代表恶报。于是，广施善缘的观世音就穿一身洁白的衣服。

中国人对“白色”的这些积极看法与西方人、日本人类似。在西方国家，白人居多，白色是亮色。牧师们穿白色的袍子，因为白色可象征光和神性。刚受洗的基督徒身着白衣，用以表明他们获得重生后的纯洁。这一含义后来又延伸到经典的西式婚礼上，新娘一般穿白色婚纱。[②] 在这种种机缘的交互影响下，白色（white）在西方文化里被赋予了许多积极的含义，象征日光、善良、纯洁、正确或美德。例如，在英文中，“white-lie”指“善意的谎言”；美国政府在华盛顿特区建有白宫。顺便指出，西方人虽然赋予了“白色”很多积极含义，不过，在英文里，“白象”（white elephant）一词是指那些虽昂贵却没有太大实用价值且不好处置的东西，引申为“华而不实”之义。此词据说源于暹罗国的一位国王，传说如果他想要哪位大臣破产，就会将大象赏给他。

在日本人看来，白色象征纯洁和神灵的威力，于是，日本神社中多用白色[③]，与中国人不同的是，日本人喜庆事也多用白色，夹杂红色。日本新娘的嫁衣大多是白色，例如，“白装束”指的就是古代日本新娘的服装；现代日本人更是穿白色婚纱，即使是和服，一般也穿白色的，象征着吉祥。“白燕垢”指上下一身白的和服，是日本过去喜庆时穿的衣服，现在神社的神主还穿这种服装。“白星”指成功、胜利，原意是比赛胜利的队画一个白色的圈。日本人所讲的“白寿”指99岁，因为“白”和“百”差一横，这也是喜庆的事，而同用汉字的中国却没有这种说法。看来，“白色”在日本始终是喜庆吉祥的象征，一直被日本人所喜爱。[④]

②将白色赋予一些消极含义。

在中国传统文化里，“白”对应“五行”中的“金”、“五方”中的“西”、“四季”中的“秋”。由此，汉语中的“白”除了表示白色外，还产生了许多特殊的文化含义。西方处在冷风吹来的方向，秋季万物凋零，含有肃杀之气，象征凶丧，于是，在未受到西方文化影响之前，多数中国人往往认为白色是不吉利的，因此，在中国，传统的婚礼

① 杨国枢等编著．社会及行为科学研究法（下册）．重庆：重庆大学出版社，2006. 579.

② 在近现代中国，一些人接受了西方的文化，因此，婚礼上新娘也穿起了白色婚纱。

③ 秦明吾主编．中日习俗文化比较．北京：中国建材工业出版社，2004. 118～125.

④ 秦明吾主编．中日习俗文化比较．北京：中国建材工业出版社，2004. 59～60.

上新婚夫妇和来宾都不能穿白色的衣服，平时一般人也忌讳头戴白花。只有在办丧事时，死者家属才身穿白色丧服，打白幡，丧事被称为“白事”。同时，汉语里的“白虎星”有“丧门星”之义。再者，白色没有别的杂色，空无所有，所以中国古人把没有功名、官位的人称为“白身”、“白丁”。“白色”也有失败、愚蠢、无代价、无报偿、无利可得或做无用功、阴险和奸诈之义，例如，称智力低下的人为“白痴”；把出力而得不到好处或没有效果叫作“白忙”、“白干”、“白说”、“白费力”；将吃免费餐叫“白吃”；在中国的传统戏剧里，“白脸”表示阴险和奸诈，等等。“五四”运动以后，随着“巴黎公社”史料在中国的传播，“白色”又象征反动、保守的势力：称反动军队为“白军”、“白匪”，称反动势力发动的一切恐怖镇压行动为“白色恐怖”。① “白”也有冷淡、不欢迎的意思，如“白眼”，这是相对于“青眼”而说的。“白旗”是战争中表示投降或敌对双方派人互相联络时所用的旗子。任昉《梁武帝掩骼埋胔令》：“但于时白旗未悬，凶威犹壮。”②

（2）黑色。

黑色，在中国，既有人推崇，也有人贬低。

①将黑色赋予一些积极含义。

在中国传统文化里，“黑”在“五行”中属“水”。秦始皇自认为秦王朝属“水德”，所以崇尚黑色。秦代百姓以黑布裹头，故百姓也称“黔首”，“黔”便是“黑”之义。据《史记·秦始皇本纪》记载：“二十六年……更名民曰黔首。”裴骃集解引应劭曰：“黔亦黎，黑也”。《说文解字·黑部》：“秦谓民为黔首，谓黑色也。周谓之黎民。”③ 佛教传入中国后，因佛教徒穿黑色僧衣，于是，一些人又将黑色视作一种肃穆、庄严的颜色。其后，宋代名臣包拯执法铁面无私，断案进谏毫不留情。所以，在京剧的脸谱中，为了与白脸的奸臣相区分，又考虑到“毫不留情”易给人留下“黑着脸”的印象，就将包拯塑造成一个“脸黑”的“包黑子”。因此，至少在受京剧影响的人心中，“黑”有铁面无私、公正不阿之积极含义。

②将黑色赋予一些消极含义。

黑色是暗色，引申为黑暗，没有光亮。奥斯古德等人在大洋洲、非洲、美洲、亚洲比较原始的民族中进行调查后发现，不同文化中的人们常常存在一些相同或相似的感觉，其中，凡被认为是“不好”的事物，总是被称为“下”、“暗”或“黑”的。同时，在中国传统文化里，“黑”在“四季”中对应“冬”，而冬天多漫漫长夜。因此，与西方人的看法类似，在中国，与“白”相对，黑也代表黑夜和邪恶。因此，一切暗中进行的不光明正大的事或非法之事都用“黑”来形容或比喻，如“黑车”、“黑户”、“黑市交易”、“黑话”、“黑社会”等，“黑白”比喻是非善恶，所以有“黑白分明”、“颠倒黑白，混淆是非”的习惯用语。④ 并且，在中国，“黑”也表示狠毒，如“手黑”；“黑”还有欺骗之义，如“被人黑了钱”，即被人骗了钱。⑤

---

① 蓝博洲．白色恐怖．台北：扬智文化事业股份有限公司．1993. 15 ~ 16.

② 夏征农，陈至立主编．辞海（第六版缩印本）．上海：上海辞书出版社，2010. 59.

③ 夏征农，陈至立主编．辞海（第六版缩印本）．上海：上海辞书出版社，2010. 1492.

④ 夏征农，陈至立主编．辞海（第六版缩印本）．上海：上海辞书出版社，2010. 731.

⑤ 秦明吾主编．中日习俗文化比较．北京：中国建材工业出版社，2004. 61.

（3）青色。

“青”为五色之首，《说文解字》说“青”从“生”，从“丹”，据此推测是一种深绿色的矿石。“青”对应“五行”中的“木”、“五方”中的“东”、“四季”中的“春”。汉语的“青”作颜色用时，除青色外，还能指蓝色、绿色、黑色。“青”可以泛指青色物。① 例如，青草、青松、青藤、杀青（指竹）、青丝（青色的丝）② 等，表示蓝色的词有：青天（晴朗的天空）等，“青天”后来也比喻“清官”。表示绿色的词有：青翠、青葱、不分青红皂白等。表示黑色的词有：青丝（比喻黑而柔软的头发）③、青衫、青眼、青睐等，现代汉语里的黑色已不用“青”色表示了。“青”与“春”对应，春天草木苏生，一片青色，所以有了“青春”的说法，后来比喻人的年轻时期，如“青春、青年、青少年”等。“青”也有未成熟之意，如“青苗、青果”。形容人的不成熟还有“愣头青”等。而“青梅竹马”是比喻天真无邪，从小在一起玩耍。现代汉语已经将“青”包含的这些颜色分开来说了。如“青出于蓝而胜于蓝”的“蓝色”、“蓝天”等。还有来自西方文化的“蓝领”，专指从事体力劳动的工人。“蓝图”指美好的前景。表达望眼欲穿时俗语也说，“盼得眼睛都蓝了”。“绿”除了“绿叶、绿茶”等表示颜色之外，也有其他意义，如“绿色食品、绿色蔬菜”等，是指没有污染的东西。有趣的是“绿帽子”，专指其妻或其夫有外遇，此词源自元明两代规定妓女、乐户家中的男子必须戴绿头巾。

与汉语类似，日语的“青”也有蓝色、绿色、黑色之义，形容人的年轻也有“青春、青少年”等词，当然，日语的“青”也生出了一些不同于汉语的转义。如形容人不成熟时，日语有“青二才”的说法，等等。④

（四）数字崇拜

在1至9这九个个位数中，相对而言，除了“2”和“4”这两个数字外，中国人对余下的数字都存在一定的崇拜心理。⑤

1. 崇拜“一”

文明的开端始于文字，文字的开端始于数字，数字的开端始于“一”。于是，“一”在中国人心中占据重要位置。《老子·四十二章》说：“道生一，一生二，二生三，三生万物。”⑥ 以“一”为万物之始。因为“一”的地位崇高，中国人从这个最简单的数字里引申出一系列的异名和别称：壹、太一、太极、混沌、道、元始天尊，等等。几乎每个名称的背后都有一段奇妙的故事。同时，因“一”常与“一心一意”紧密相连，于是，在情感生活里，中国人也特别推崇“一”，如在向自己的爱人表达爱意时，中国的男子常常喜欢送给对方“一枝”红玫瑰。

---

① 夏征农，陈至立主编．辞海（第六版缩印本）．上海：上海辞书出版社，2010. 1508.

② 夏征农，陈至立主编．辞海（第六版缩印本）．上海：上海辞书出版社，2010. 1511.

③ 夏征农，陈至立主编．辞海（第六版缩印本）．上海：上海辞书出版社，2010. 1511.

④ 秦明吾主编．中日习俗文化比较．北京：中国建材工业出版社，2004. 55～56.

⑤ 此小节的撰写引用了叶舒宪等人的观点，见：叶舒宪等．中国古代神秘数字（第二版）．北京：社会科学文献出版社，1998. 1～292.

⑥ 陈鼓应．老子注译及评介（修订增补本）．北京：中华书局，2009. 225.

2. 崇拜“三”

中国人崇拜“三”，如“三皇”、“三才”、“三教”、“三思而后行”、“君子有三畏”（畏天命、畏大人、畏圣人之言），道教以玉清、上清和太清三个最高“清境”为“三清”，佛教将佛、法、僧称为“佛门三宝”，将佛教典籍称为“三藏”（经藏、律藏和论藏），佛教里还有关于欲界、色界和无色界的“三界”说，“跳出三界外”、“擂鼓三通”和“事不过三”更是妇孺皆知的话语，等等，这之中都有“三”。在中国古籍里，一些言语除了明确用“三”外，也有一些语句里虽未用“三”，但实是一种三句式结构，里面隐藏着“三”。例如，《论语·泰伯》：“子曰：兴于诗，立于礼，成于乐。”《论语·子罕》：“子曰：知者不惑，仁者不忧，勇者不惧。”在中国人的心目中，“三”既可以是一个“实数”，指自然数字“三”，如“天、地、人，三才”中的“三”，就是一个实数；也可以是个虚数，指“多”或“无限大”，如《史记·孔子世家》里讲的“韦编三绝”中的“三”，就是“很多”之义，“三”字之所以有“多”的含义，这要从“三”的起源说起。很多人类学家的研究表明，在许多原始部落里，人们用于计数的名称只有一和二，间或还有三，这个“三”与“多一个”是同样的意思，超过这几个数时，人们就会说“许多”、“很多”，这一现象在中国先民里也曾出现过。“三”表“多”的含义在汉字的造字法里也有体现。例如，三“木”为“森”，《说文》说：“森，木多也。”表示森林。三“人”为“众”，表示众人。

需指出的是，现代心理学的一些研究表明，“3”的确是一个与众不同的数字，它可能极吻合人的某些心理，所以，在现实生活中，“3”被广泛使用。例如，红绿灯之间的过渡间隔一般是“3 秒”，给人发出警告时常说“我数三下，若再不执行，就……”，等等。

3. 崇拜“五”

五音（宫、商、角、徵、羽）、五色（青、赤、白、黑、黄）、五味（甘、酸、咸、辛、苦）、五官、五脏、五行、五情、五经、五戒、五位（东南西北中）、五岳、五帝、五神、五金之类，均以“五”为首。在中国古代，以“五”为中心的五行思想“是中国人的思想律，是中国人对宇宙系统的信仰”（顾颉刚语），由此可见，“五”在中国人心中的地位之重。中国人为什么崇拜“五”呢？一些研究表明，这可能与“五”在先民眼中是最大的个位数有关（“九”是后出现的数字，换言之，“九”出现后才成为计数单位个位数中最大的数字）。刘师培从文字学角度加以考证，以“五”为中国古代基本计数单位，五以上的数皆由五演变而来：“一二三四五，皆有古文，而六以上，即无古文，此为上古只知五数之证。”（《太炎文录》卷二引）郭沫若在《甲骨文字研究·释五十》里也说：“数生于手，古文一二三四写作一二三亖，此手指之象形也。手指何以横书？曰，请以手作数，于无心之间，必先出右掌，倒其拇指为一，次指为二，中指为三，无名指为四，一拳为五。”这种情况在罗马数字里也可看到。罗马数一、二、三，分别写作Ⅰ、Ⅱ、Ⅲ，均是竖指的象形，五在罗马数字里写作Ⅴ，是手掌的象形，Ⅹ字是合掌的象形，Ⅳ、Ⅵ、Ⅶ、Ⅷ、Ⅸ，皆是Ⅴ与Ⅹ的加减。

4. 崇拜“六”

《六韬·六守》说：天子之德是“六守”：“一曰仁，二曰义，三曰忠，四曰信，五曰勇，六曰谋，是谓六守。”道教有“六字真言”；语词里有“六合”、“六龙”、“六根”（指眼、耳、鼻、舌、身、意六种感官功能）、“六六大顺”等；在礼仪里，天子的马车是“六马”制，《管子·五行》主张“人道以六制”，官制里有“六卿”。

5. 崇拜“七”

中国人对“七”也颇为崇拜。《周易·复（卦二十四）》说：“《复》：亨。出入无疾。朋友无咎。反复其道，七日来复。利有攸往。《彖》曰：《复》‘亨’。刚反，动而以顺行。是以‘出入无疾，朋友无咎。’‘反复其道，七日来复’，天行也。‘利有攸往’，刚长也。《复》，其见天地之心乎。”其主张“反复其道，七日来复”是天道的远行。在中国人的过年习俗中，至今仍保有特别看重“正月初一至初七”这七天的习俗；在中国文学中，既有“七律”和“七绝”之类的体裁，还有“七仙女”的美丽传说；“七上八下”和“救人一命，胜造七级浮屠”等语句中暗含“重七”的心理；在中国的祭祀活动中，有“死以七祭”的习俗；在天象中，“北斗七星”尤其引人注意……这诸多事实都表明“七”在中国人心中有重要地位。中国人之所以崇拜“七”，据一些学者的解释，可能的原因之一是，远古时期由于科技水平低下，当时的先民认为东南西北天地人共存于宇宙之中，于是，“七”便成了宇宙数，表示无限大的循环基数，并由此而产生了某种神秘的意义。同时，“七上八下”一语中，“七”与“上”联系起来，这也是一些中国人尤其是官员迷信“七”的原因之一。

当然，也有一些中国人不喜欢“7”这个数字，因为“7”与“生气”的“气”发音相近，若“7”与“4”连在一起念就成了“气死”，非常不吉利。并且，中国有“头七”的习俗，就是人死后的第七天要举行一定的仪式，所以忌讳“7”。日本人却认为“7”是一个幸运的数字，连传说中的“福神”都是7位。①

6. 崇拜“八”

在古代中国，因为有“五”、“九”等数的竞争，“八”的优势并不突出，假若不是有《周易》八卦的巨大影响，“八”或许不会成为被崇拜的数字。由于八卦的观念影响巨大，逐渐衍生出“八”的世界：八阵、八方、八风、八灵（指八方之神）、八柄②、道教有八仙过海的传说、佛教有八戒和八大金刚，等等。后来，随着时代的变迁，“八”因与“发”谐音，于是时来运转，特别受到今日中国人尤其是中国商人的推崇。例如，将2008年在中国北京举行的第29届夏季奥运会的开幕式时间选定为8月8日晚上北京时间的8点，以及一些年轻人选择在2008年8月8日这一天“扎堆”地办理结婚证或举行结婚仪式，都是此种心态的典型折射。据江苏省民政厅公布的统计数据，在2008年8月8日，全省共有21 365对新人登记结婚。③ 由于在汉语里“8”的发音与“发”相仿，一些华人较多的其他国家如新加坡，那里的民众也有将“8”视作吉祥数字的习俗。也有一些生活或工作于中国的外国人入乡随俗，认同“8”是一个吉祥的数字。例如，美国就将其坐落于北京的新大使馆的开馆时间定为2008年8月8日早上北京时间的8点8分。用蔡振生的话说，这符合“心理原则”：随着经济的不断发展，人民生活的质量正日益提高，不过，随之而来的社会竞争与社会压力也有加剧的趋势，导致人们内心深处的危

---

① 秦明吾主编．中日习俗文化比较．北京：中国建材工业出版社，2004. 118.

② 指古代君王统驭群臣的八种权柄：一曰爵，以驭其贵；二曰禄，以驭其富；三曰予，以驭其幸；四曰置，以驭其行；五曰生，以驭其福；六曰夺，以驭其贫；七曰废，以驭其罪；八曰诛，以驭其过。后人常用“操八柄之威”来形容统治者的生杀予夺大权。

③ 戚庆燕，董婉愉．“999”当天全省2万多对新人领证．扬子晚报，2009－09－11.

机感也有不断增强的趋势，为了尽量避免产生心理负担，在日常生活中，人们总是对含有贬义的数字敬而远之；对那些能够让人联想到吉利之义的数字则频繁使用。[①]

当然，在“七上八下”一语中，“八”与“下”联系起来，这是一些中国人尤其是官员不喜欢“八”的原因之一。

7. 崇拜“九”

在个位数里，“九”字最大，蕴含最高、最大、极致、顶峰之义，同时，“9”的发音与“久”相同。[②] 因此，在古代中国人最崇拜的数字里，“九”的地位仅次于“五”。天从平面上看有“九野”，如《吕氏春秋·有始》说：“天有九野，地有九州，土有九山，山有九塞，泽有九薮。”“九野”就是将天分为九个区域：天的中央与其他八方。可见，“九野”乃“九天”之义。正如《淮南子·天文训》所说：“天有九野，中央及四方四隅，故曰九天。中央曰钧天，东方曰苍天，东北曰变天，北方曰玄天，西北曰幽天，西方曰颢天，西南曰朱天，南方曰炎天，东南曰阳天。”同时，从垂直的角度看，天也有“九重”。如《楚辞·少司命》说：“登九天兮抚彗星。”与“九重天”相对应的一个常用词是“九霄云外”。帝王以“九鼎”表示自己的尊严。老百姓以“九十九道弯”喻示人生之路逆境多而顺境少。中国的国土叫“九州”。[③] 佛教喜欢讲“九九归真”。道教将“九天”视作神仙居住的地方；道教天界有“三清”之境，太清境有“九仙”，上清境有“九真”，玉清境有“九圣”，每境神仙的编制都是“九”。一些著名建筑物也喜欢用“九”，像北京的天坛，其圜丘呈圆周形，共三层，第一层的中心砌一块圆石，象征太极。太极石周围铺砌的石料是扇面形，其数是“九”，以后逐圈扩大，所用石料全是“九”的倍数，即9、18、27、36、45、54……243，三层一共27圈。文艺作品里也喜欢“九”，像屈原的《楚辞》里，就有九天、九州、九首、九重……这说明上自帝王将相，下至三教九流，都特别崇拜“九”。同时，因汉语中的“九”与“久”的发音相近，常让中国人想起“天长地久”一词，因此，在情感生活里中国人也特别推崇“九”。例如，在向自己的爱人表达爱意时，中国的男子也常常喜欢送给对方“九朵”红玫瑰。本来幸福长久的婚姻不能单靠“吉时”的“保佑”，而要靠夫妻双方的精心呵护，但是，中国很多年轻人为了“讨口彩”（即“久久久婚”），都认为2009年9月9日这个难得的3个“9”相连的日子是一个好日子。据中国中央电视台第一频道早上的《朝闻天下》节目以及香港的凤凰卫视等相关媒体报道，在北京、上海、香港、深圳和南京等许多城市，2009年9月9日成为新人登记结婚“扎堆”的日子。据江苏省民政厅公布的统计数据，在这一天（截止时间是9月9日24：00），全省共有21 519对新人登记结婚，是平时登记人数的10倍，登记量刷新了2008年8月8日“奥运婚”21 365对的纪录，创历史新高。其中，南京市以5 690对居江苏省省辖市首位。[④] 受此种心理的影响，一些华人较多的其他国家，如新加坡那里的民众也有将“9”视作吉祥数字的习俗。与此相映成趣的是，“9”在日本却不受欢迎，原因是在日语里，“9”的发音与“苦”相同。于是，“4989”就让人联想到“四苦八苦”，有特别辛苦、备受煎熬之义，这样的数字特别忌讳

---

① 秦明吾主编．中日习俗文化比较．北京：中国建材工业出版社，2004. 64.

② 秦明吾主编．中日习俗文化比较．北京：中国建材工业出版社，2004. 118.

③《吕氏春秋·有始》说：“天有九野，地有九州，土有九山，山有九塞，泽有九薮。”

④ 戚庆燕，董婉愉．“999”当天全省2万多对新人领证．扬子晚报，2009－09－11.

出现在电话号码或车牌号码中。[①] 顺便说一句，人们崇拜“九”，又导致与“九”相关的一些数字（如“九”的倍数）也带上了某些神秘色彩，像十八（如人们常说地狱有十八层）、二十七、三十六（著名的如“三十六计”）、七十二（孙悟空会七十二变）、八十一（唐僧取经历八十一难）等。古代中国人为什么崇拜“九”呢？或许从汉代王逸的一段话里可看出其缘由。王逸在《九辩章句》里说：“九者，阳之数，道之纲纪也。故天有九星，以正机衡；地有九州，以成万邦；人有九窍，以通精明。屈原怀忠贞之性，而被谗邪，伤君暗蔽，国将危亡，乃援天地之数，列人形之要，而作《九歌》、《九章》之颂，以讽谏怀王。明己所言，与天地合度，可履而行也。”

四、帮助当代中国人破解迷信心理的对策

上述迷信心理虽主要是针对古代中国人而言的，但是，有一句话说得好，“人人都生活在历史中”。换言之，古代中国人的一些迷信心理在当代中国人的心中仍有或多或少的影响。因此，要破解当代中国人的迷信心理，就得先弄清这些迷信心理产生的原因，然后再“有的放矢”地“对症下药”，方能事半功倍。再者，由于种种原因，古代中国人的一些迷信心理在今日极少数中国人的心中仍有残留，甚至有死灰复燃之势。如据媒体报道，在2005年的3—4月，北京卧佛寺的香火非常旺盛，有人还为此画了一幅漫画，画面大致是：在一家寺院的卧佛前，香客人流如织，且多年轻学子模样的人，卧佛的头顶上画了两个“?”。漫画的表层意思是，躺在供人信奉位置上的卧佛自己也是一脸雾水，不知道为什么有这么多香客尤其是年轻的香客来给自己上香。接下来的解释才让人迷雾顿开：卧佛寺与英文office谐音，在英文中，office作名词用，有“办公室”之义；作动词用，有“在办公室工作”之义。而在办公室工作，不但意味着有工作做，而且是“白领”，于是，一些想找工作的青年大学生为了“找工作顺利”，纷纷来卧佛寺上香。当代在某些地区（如大学校园）出现的某些“新”迷信（如“请笔仙”），形式虽新，实质依旧，仍是“换汤不换药”，更重要的是，其心理机制也是类似的。因此，下面提出的破解迷信心理的对策虽主要是针对“旧迷信”而言的，但实对破解“新迷信”也同样有效。在这些破解迷信心理的对策中，“去除权威的思维方式”留待下文“中国人的思维方式”一章里予以探讨，这里只讲余下的对策。

（一）加强科技教育

徐复观说：“原始宗教，常常由（人）对天灾人祸的恐怖情绪而来的原始性地对神秘力量的皈依。”[②] 中外历史都表明，人们之所以会产生某些迷信心理，其根本原因之一在于对某些自然现象缺少正确的认识。如古代对天文知识了解较少，也没有什么仪器可以让人能直接观察天象，于是，古代中国人对诸如“日食”、“月食”、打雷或闪电之类的自然现象不可理解，由不可理解进而将之神化，以为有某种神秘的力量在控制着这一切，于是超人格的神——天，也就应运而生了。不仅天的产生如此，其他如鬼神和命之

① 秦明吾主编. 中日习俗文化比较. 北京：中国建材工业出版社，2004. 118.

② 徐复观. 中国人性论史——先秦篇. 台北：台湾商务印书馆，1984. 15.

类的神秘事物的产生，其成因也多半如此。例如，禁忌的产生主要是因为原始人类认识能力与对付自然界的威胁的能力都十分有限。严寒酷暑、洪水干旱、毒蛇猛兽随时都在威胁着人的生命。并且，日出日落、四季更替乃至人的生老病死等诸多现象都让人难以理解，很自然地就产生了“神”的观念，以为冥冥之中一定有一种神秘的、超人的力量在主宰一切。“神”的力量是如此巨大，而且无所不在，人必然对其产生畏惧之心，时时处处小心谨慎以免触犯“神”的意志：触犯神灵必将遭到惩罚，而这正是人的各种灾祸的根源。人们为了能够平平安安地生活，对代表神灵的事物以至神灵可能所在的时间、空间采取了敬而远之的回避态度，这就产生了许多的禁忌。许多宗教禁忌就源于原始人类对超自然的“神力”的畏惧。[①] 于是乎，一些人为了消灾解难、化凶为吉、祈求好运或好年成，诚心求神拜佛以驱魔赶鬼。

按照人本主义心理学家马斯洛的需要层次理论，认知的需要是人的重要需要之一，每个人都有一种想了解事物、认识事物的需要。一些迷信心理的产生，正是源于人们对客观世界认识的需要，即由于科技发展水平有限等原因，生活在一定历史时期的人们或多或少都会面临一些一时无法解释的情境或事物，为了力求对这些一时无法解释的情境或事物有一种“说法”，于是牵强附会的解释甚至迷信的解释就产生了。如江南某地区，几乎每到清明节前后就会刮风下雨，有时是刮大风下大雨甚至偶尔下冰雹。这本是一种自然现象，因为该地地处亚热带，受天气影响，每逢清明节前后就会刮风下雨。但是，过去人们因为缺乏地理知识，对这一自然现象不能进行正确的解释，于是就作神化的解释，编撰出一个成龙的孝子每年清明节回来家乡给母亲上坟的故事，然后经口耳相传等途径流传至今，成为当地一个充满神奇色彩的古老传说。从这个意义上说，无论迷信者的认识、体验与行为是多么荒唐与可笑，往往多是迷信者满足这一需要的结果和体现。

此外，错误的归因和不恰当的强化也是迷信产生的重要原因。许多迷信可能源于人们对所经历事情的错误解释。先发生的事情总是被当作后发生的事情的原因，“因为在它之后，所以原因就是它”，这是一个常见的逻辑谬论。例如，某个司机偶然在驾驶室里挂了一张毛主席画像，没过几天，车子发生车祸，自己侥幸未受大的伤害，于是将自己的“好运气”归因于在驾驶室里挂了一张毛主席画像，从而更加注重在驾驶室里挂毛主席画像，将之看作是自己的护身符。随后以讹传讹，使得有一段时间，中国大陆有许多司机都喜欢在自己的驾驶室里挂一张毛主席画像。又如，自 1978 年至 2006 年期间，欧美足球队在世界杯上轮流夺冠：1978 年世界杯冠军是阿根廷队，1982 年世界杯冠军是意大利队，1986 年世界杯冠军是阿根廷队，1990 年世界杯冠军是联邦德国队，1994 年世界杯冠军是巴西队，1998 年世界杯冠军是法国队，2002 年世界杯冠军是巴西队，2006 年世界杯冠军是意大利队。于是，有人就说，欧美球队在世界杯上轮流夺冠现已成为“宿命”，进而预测 2010 年南非世界杯冠军将是美洲球队。[②]

既然“无知”和错误的归因往往是产生迷信心理的重要原因，而人类又有认知的需要，那么，要破解人们的迷信心理，主要路径之一就是应加强科技教育，让人们正确了解自然界的变化规律，形成科学的思维方式，消除基于无知和错误的思维方式而产生的

---

① 秦明吾主编．中日习俗文化比较．北京：中国建材工业出版社，2004. 116.

② 沈忱．斗牛士，你再狠也敌不过宿命．现代快报，2010 - 06 - 17.

诸多迷信心理。无数实践表明，一个人对世界了解得越多，他的迷信心理往往就越少。如对一个天文学家而言，他对“日食”、“月食”、打雷或闪电之类的自然现象了如指掌，自然不会对这些自然现象产生迷信心理。

（二）破除某些习惯心理

“迷信”并非“野蛮人”的专利，一些“文明”的现代人也有。难道这些人也是由于缺少科技知识？当然不能这样解释，而应该解释为由习惯心理所致。文化也有较强的惯性推力（或叫文化的“惰性”）。在历史上产生且曾在某一地区广泛流行的某一种文化，不可能一下子就因为科技知识的发达而消失得无影无踪，那些已渗透进人们心灵深处、成为一个民族“集体潜意识”的文化心理更是如此。例如，如上文所述，现代欧美人不喜欢“13”和星期五，就是西方传统文化惯性推力作用的结果。与此相类似的是，现代中国人的某些迷信心理的产生同样也是某些文化心理习惯所致。例如，一些中国人多有“宁信其有，不信其无”的心理，喜欢将喜庆事放在一个吉利的日子里办。结果，一些年轻人及其家人认为2010年10月10日这个“三连十”的日子，寓意是“十全十美”，便选择在这一天“扎堆”办理结婚证或举行结婚仪式。据江苏省民政厅公布的统计数据，截至2010年10月10日17点40分止，全省共有16 601对新人办理结婚登记，其中，南京3 653对，苏州3 080对，无锡1 970对。① 要破除这些迷信心理，就需要通过教育（广义的），营造出科学的、健康的文化氛围和风俗习惯，然后通过潜移默化的方式让人们形成合乎科学的新的习惯心理，用以破除中国人的某些适宜迷信滋长的旧的习惯心理。

（三）加强信仰教育

有些迷信心理的产生，乃是由于错误的信仰。如有些人信仰邪教；有些人心灵空虚，毫无精神寄托，于是，信仰某些神秘的东西，等等。对于这类人，就应通过加强信仰教育，使他们去除错误的信仰，树立正确的信仰，从而破除其迷信心理。

需要指出的是，应如何看待信仰正当和宗教人士的宗教信仰心理呢？例如，信仰佛教的人士必相信极乐世界的存在，必相信因果报应之说；信仰基督教的人士必相信天国的存在，等等。笔者认为，既然这些正当的宗教在短时间内不可能消失，那么，由信仰这些宗教而产生的一些信仰心理，当然也不可能在短时间内消失。鉴于这些正当宗教在净化人的心灵和引导人心向善等方面仍有价值，所以对于信仰正当宗教的信徒只能给予适当引导，而不能强行要求他们不信教，毕竟中国法律已有明确条文规定：中国人既有信教的自由，也有不信教的自由。

（四）加强社会主义法制建设

中国曾经历过漫长的封建统治，中国的封建社会一贯推崇人治而忽视法治，导致在漫长的封建社会中缺乏基本的法制保障，结果，“诡道”盛行（详见“中国人的管理心理观”一章）。在诡道盛行的社会，一些封建统治者及有权势的官吏“随心所欲”地对

---

① 项凤华．江苏1.6万多对新人昨喜领结婚证．现代快报，2010－10－11.

待老百姓与下属，使得许多普通民众甚至绝大多数官吏都深感“命运”与“时机”的无奈与不可捉摸，从而产生某些迷信心理，以此求得心灵上的慰藉，摆脱精神上的困扰。如信命、信时、信缘、信报，等等。

在当代中国，虽然法制建设已取得了长足的进步，不过，由于种种因素的制约，在一些地方还不同程度地存在人治的现象。正由于此，党的“十八大”报告才明确指出：“要全面推进依法治国。推进科学立法、严格执法、公正司法、全民守法，坚持法律面前人人平等，保证有法必依、执法必严、违法必究……任何组织或者个人都不得有超越宪法和法律的特权，绝不允许以言代法、以权压法、徇私枉法”。因此，要破除当代中国人的这些迷信心理，当代中国应加强社会主义法制建设，使人人都有法律的保障，从而变“诡道”为“轨道”。一旦在全社会范围内建立起“轨道”，每个人的前程都有规可寻并可控，那么，中国人就不必再通过迷信的途径去寻求心灵上的安慰了。

（五）加强心理教育

中国人的一些迷信心理，乃是缺少心理教育所致。如中国人讳言心病、性与鬼神的心理就是如此。因此，要破除中国人的这类迷信心理，必须加强心理教育，让人们树立正确的观念，正确对待心病和性的问题。事实证明，随着心理学学科的不断发展及心理学知识的日益普及，至少时下在北京、上海和南京这样的大都市里，人们对心病的态度较之以往就要理性得多、合情理得多。

（六）引导人们追求健康的生活方式

毫无疑问，当代一些中国人之所以仍会迷信，在一定意义上说，是其不健康的生活方式所致。例如，有些人出于打发无聊时间的目的或从众心理而去烧香求神；有些人既好逸恶劳又想一夜暴富，于是去祈求神灵的保佑，等等。既然如此，破解当代一些中国人的迷信心理的有效做法之一就是，引导人们追求健康向上的生活方式，具体做法至少有三：①通过开展形式多样的社会主义荣辱观教育，让广大人民群众牢记“八荣八耻”：“以热爱祖国为荣、以危害祖国为耻，以服务人民为荣、以背离人民为耻，以崇尚科学为荣、以愚昧无知为耻，以辛勤劳动为荣、以好逸恶劳为耻，以团结互助为荣、以损人利己为耻，以诚实守信为荣、以见利忘义为耻，以遵纪守法为荣、以违法乱纪为耻，以艰苦奋斗为荣、以骄奢淫逸为耻”。②开展形式多样的文体活动，充实民众的业余文体生活，业余文体生活一旦丰富多彩，不但能增加人与人之间健康人际交往的频率与时间，还能通过充实精神生活而使民众的精神健康向上。③让民众养成良好的兴趣、爱好，舍弃不合理的兴趣与爱好。

君子曰：学不可以已。青，取之于蓝而青于蓝；冰，水为之而寒于水。

——《荀子·劝学》

德才兼备，方是智慧。

——笔者

第九章　中国人的教育心理观

以礼仪之邦闻名于世的中国人由于看到了“智慧”的价值，并认识到“智慧”是可以教、可以学的，才一向重视教育，重视学习，希望借此来“开民智”，“建国君民，教学为先”（《礼记·学记》）才成为中国的优良传统。在这一传统的熏陶下，中国历史上各阶层人士大都重视教育，正如《礼记·学记》所说：“古之教者，家有塾，党有庠，术有序，国有学。”并且教育大家层出不穷，如孔子、孟子、韩愈、二程、朱熹、陆九渊、王守仁，等等。由此积淀出深厚的教育心理学思想，其内容主要包括学习心理观、品德心理观、智慧心理观和教学心理观等四个方面，因品德心理观在拙著《中国传统德育心理学思想及其现代意义》（修订版）[①] 和《德化的生活》[②] 里已作详细探讨，这里就不赘述了，下面只论余下三个问题。

一、学习心理观

“学习”是现代教育心理学的一个最重要、最核心的概念，围绕“学习”问题的研究，出现了各式各样的学习理论，主要有行为主义学习理论、认知主义学习理论（包括建构主义学习理论）和人本主义学习理论三大派别。中国先哲对“学习”问题也进行了广泛的探讨，提出了一些自己的见解。例如，在“学习”的基本观点方面，据燕国材等人的概括，中国古人主要提出了三对理论：生知说与学知说、内求说与外铄说、气禀说与性习论。[③] 这有相当的道理，当然，可能也略有瑕疵，即除内求说与外铄说均有相当势力外，生知说无法对抗学知说，气禀论无力对抗性习论。有鉴于此，笔者在探讨中国古人有关“学习”的基本观点时，将重点放在探讨学知说、性习论及内求说与外铄说上。同时，对于学习过程，中国先哲也提出了多种观点。这两方面的内容已在拙著《中国心理学思想史》里进行了详细论述[④]，并且它们主要具有历史价值，现实意义不强，这里就不再探讨了。下面主要探讨中国人在“学习”问题上提出来的、至今仍有重要影响或

① 汪凤炎．中国传统德育心理学思想及其现代意义（修订版）．上海：上海教育出版社，2007. 1 ~ 432.

② 汪凤炎等．德化的生活：生活德育模式的理论探索与应用研究．北京：人民出版社，2005. 1 ~ 450.

③ 燕国材，朱永新．现代视野内的中国教育心理观．上海：上海教育出版社，1991. 29 ~ 37.

④ 汪凤炎．中国心理学思想史．上海：上海教育出版社，2008. 218 ~ 242.

重要价值的两个见解：一是“学习”的经典中式定义；二是经典中式学习策略。

（一）“学习”的经典中式含义

要想透彻地把握中国人的学习心理观，需先准确把握中国人讲的“学习”的内涵。何谓“学习”？现代心理学一般认为，广义的学习，是指有机体经由练习或经验引起的心理（主要指认知、品德、态度、情绪或个性心理特征等）、行为（含道德行为）或行为潜能的相对持久的变化。狭义的学习，是指个体凭借练习或经验产生的，符合教育目标要求的、相对持久的心理（主要指认知、品德、态度、情绪或个性心理特征等）、行为（含道德行为）或行为潜能的变化。不过，上述对于“学习”一词的界定，主要是西方心理学家做出的。这一西式“学习”的定义虽然因其权威性和超文化性而为中国心理学界尤其是教育心理学界的研究者所熟悉，但是，由于受到中国传统文化的深刻影响，对于广大的中国民众甚至一般的教育人士而言，他们对“学习”一词的看法，在其心灵深处仍是有意无意地受到中式经典学习定义的影响，而不是受到上述西化的学习定义的影响。不过，中国经典学习观虽早已印刻在许多中国人的心灵深处，对其学习观、学习方法和学习行为等产生或隐或显的影响，但因其具有浓厚的内隐性，导致许多主试或被试都没有清晰地意识到它，自然在其问卷设计、访谈提纲或实验设计里没有设计相关的方案来研究它。相应地，被试常常也就忽视它的存在。结果，仅通过一般的问卷调查、个案访谈或实验法来研究，常常很难准确、完整地将它揭示出来。而“学”、“习”和“教”三字的一些最初字形与一些重要含义却犹如“活化石”一般，将中式经典学习观形象地、“静止地”印刻在上面，因此，妥善运用语义分析法，能够有效地从“学”、“习”和“教”三字中揭示出中式经典学习观的内涵、优点与不足。

1. “教”的字形与字义

关于“教”字的字形，《汉语大字典》列出了11种，如图9－1所示。

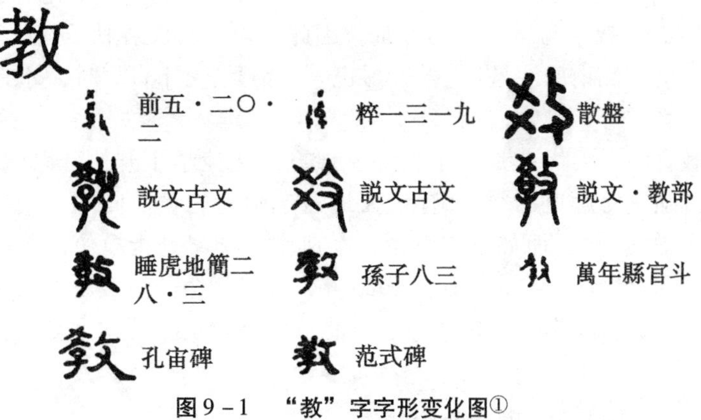

图9－1　“教”字字形变化图①

在字形上，从图9－1中的第一行与第二行的古“教”字来看，古“教”字的字形

① 汉语大字典编辑委员会编纂．汉语大字典（第二版九卷本）．成都：四川辞书出版社，武汉：崇文书局，2010. 1562.

经历了一个逐渐丰富与定型的过程，至写作“斅”或“斆”时，在字形上已非常完整了。“斆”字左边的上半部是“爻”字，“爻”代表变化和开悟的意思，也作声符用；下半部是“子”字；左边合起来看，即以“爻”加于人，就是使人变化或开悟之意。①“斆”字的右边是“支”字，支字字形变化如图9－2所示。

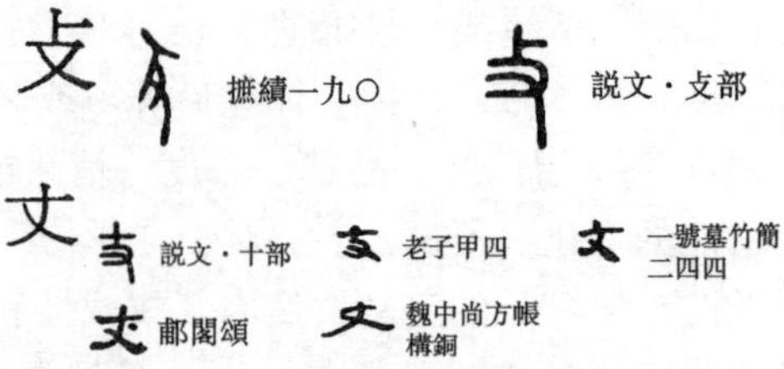

摭續一九〇　說文・攴部

說文・十部　老子甲四　一號墓竹簡二四四

郙閣頌　魏中尚方帳構銅

图9－2　“支”、“丈”二字字形变化图②

由图9－2可知，第一、二、三等三种字形，好像是手中执卜，其实不是，那是柴枝，拿来敲打用的。变作现在的支，就是扑；又变作攵，作偏旁也；作注音字母，那拿棍的手变作丈，就是杖。③“斆”字合起来看，其义就是以柴枝为教鞭，以“爻”加于人（通常指尚未开悟的童子），即通过教师来使人变化或开悟之意，这恰恰也是“学”的本义。

从字义上看，当读作“jiào”时，“教”的本义是“教育、训诲”之义。正如《广韵・效韵》所说：“教，教训也。”徐锴在《系传》里也说：“支所执以教道人也……言，以言教之。”由于在中国古人所施的教育中，后觉之人（通常指尚未开悟的童子）往往是被要求要“效法”先觉之人（通常指教师）的，由此，“教”就有了“效法”之义。正如许慎在解释“教”字时所说：“教，上所施下所效也。从支孝。凡教之属皆从教。𡥈，古文教。𢽈，亦古文教。”④ 段玉裁注：“上施，故从支；下效，故从孝。”⑤《广雅・释诂三》也说：“教，效也。”《广韵・效韵》说：“教，法也。”由此引申出“训练；练习”之义，此时的“教”与“习”可互训。因此，当《吕氏春秋・简选》说：“统率士民，欲其教也”时，高诱的注是：“教，习也。”当读作“jiāo”时，才有“传授（知识技能）”之义。⑥

经典中式教育的一大优点是主张教师要想方设法让学生开悟，以此提高教育效率。不过，中国古人强调“师道尊严”，有“天地君亲师”之说。同时，经典中式教育强调身教、强调“下效法上”；而如下文所论，经典中式学习是指模仿教师的学习，其内并不包含创新学习和批判性学习，它们一相结合，自然就会凸显教师的权威作用，而压缩学生的主体性，结果，经典中式教育与学习的一大弊端是会使学生养成权威思维。与此

---

① 约斋编．字源．上海：上海书店，1986. 231.

② 约斋编．字源．上海：上海书店，1986. 132.

③ 约斋编．字源．上海：上海书店，1986. 132.

④（汉）许慎撰，（清）段玉裁注．说文解字注．上海：上海古籍出版社，1981. 127.

⑤（汉）许慎撰，（清）段玉裁注．说文解字注．上海：上海古籍出版社，1981. 127.

⑥ 汉语大字典编辑委员会编纂．汉语大字典（第二版九卷本）．成都：四川辞书出版社，武汉：崇文书局，2010. 1562～1563.

同时，中国人推崇权威思维，又使得中国人习惯于经典中式教育和中式学习。因此，中国人便有了代际和合的倾向；并且，为达到代际和合，通常的做法是子代向父代投降。这种做法使中国文化成为世界史上最成功的持保守主义的文化，几千年来几乎没有变化。① 二者相互作用，致使权威思维一代代传承下来，在当代中国人心中仍有广泛影响。不过在当代中国，因为受到西方文化的冲击，子代也慢慢学会怀疑父代、挑战父代，以彰显自我的独立性、独特性。而当代西方年轻人（如美国人）在代际关系上大多不和谐，也不是很亲，② 并普遍敢于理直气壮地直接向当权的父代挑战。与此不同，在中国，多数年轻人在权威思维和孝道观的影响下，与父代保持相对于西方人而言要更尊敬、更亲近的关系；③ 在年轻人挑战父代的权威时，多数情况下，不但态度与方式要温和许多，而且出现的时间也要晚一些。④

2. “学”的字形与字义

从字形上看，关于“学”字的字形，《汉语大字典》列出了15种，如图9－3所示。

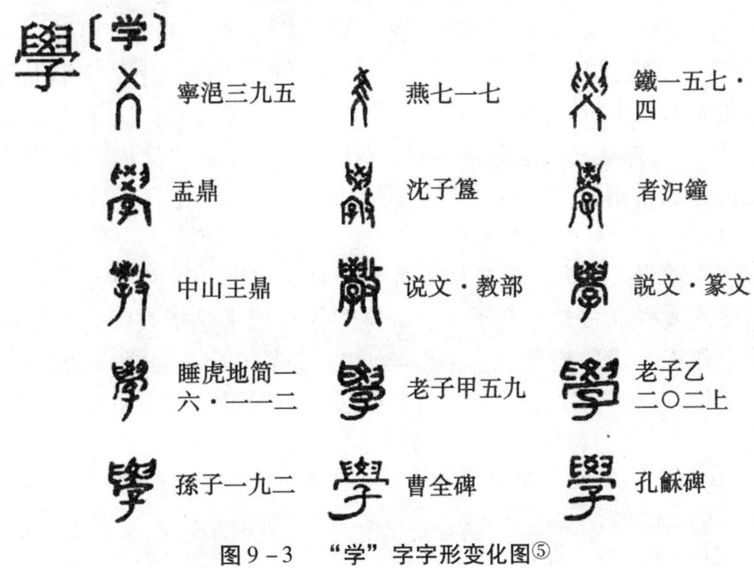

图9－3　“学”字字形变化图⑤

根据图9－3所示，“學”的字形变化图可知，“学”起初写作“”、“”、“”、“”或“”。由此可见，“学”字字形最初经历了一个从简单到逐渐复杂的过程，至写作“”时，“学”字从字形上看已非常完整了。从“”字形上看，其上半部左右

① ［美］孙隆基．中国文化的深层结构（第二版）．桂林：广西师范大学出版社，2011. 438.

② ［美］孙隆基．中国文化的深层结构（第二版）．桂林：广西师范大学出版社，2011. 207～208.

③ ［美］孙隆基．中国文化的深层结构（第二版）．桂林：广西师范大学出版社，2011. 208～210.

④ ［美］孙隆基．中国文化的深层结构（第二版）．桂林：广西师范大学出版社，2011. 438.

⑤ 汉语大字典编辑委员会编纂．汉语大字典（第二版九卷本）．成都：四川辞书出版社，武汉：崇文书局，2010. 1092.

两边各是一只“手”①，中间是一个“爻”，合起来是两手执“爻”以罩的形象。“爻”代表变化和开悟的意思，也作声符用。以“爻”加于人，就是使人变化或开悟之意。②“學”字下半部的外面是一个“上有屋顶两边都有墙壁的房屋”的形象：上面的“人”字形指屋顶，下面的“‖”指屋顶下面两边的墙壁，③这从“學”字的下半部分里看得更清楚；“學”字下半部的里面是“子”的象形字。因此，从字形上看，整个“學”字的意思是：先觉之人（通常指教师）在房屋（即学堂里）里开悟童子（后觉之人）之义④，这就是“學”字的本义。一旦让童子在“见”上开悟，童子也就“覺（悟）”了，故，“覺”字的写法，其上部与“學”字的上部写法完全相同，只是在下部换成了“见”字。⑤

从字义上看，综合《辞海》与《汉语大字典》的解释，当“学”读作“xué”时，有11种含义：①学习；接受教育。《广雅·释诂三》：“学，效也。”《玉篇·子部》：“学，受教也。”《论语·为政》：“学而不思则罔，思而不学则殆。”②模仿。杜甫《北征》诗：“学母无不为，晓妆随手抹。”③学问；学识。如：治学。《礼记·学记》：“七年视论学取友。”④学科；某一类系统的知识。⑤学校。⑥知觉；觉悟。《说文·教部》：“斆，觉悟也……學，篆文斆省。”⑦学派；学说。⑧说；讲述。⑨讲学；互相讨论。⑩注释。⑪姓。⑥根据上文对“學”字字形的分析可知，“學”字从字形上看就有“先觉之人（通常指教师）在房屋（即学堂里）里开悟童子（后觉之人）”。因此，在“学”的这11种含义里，从先觉之人这个角度看，“学”的本义是“觉悟（后学）”，即上文所讲的“先觉之人（通常指教师）在房屋（即学堂）里开悟童子（后觉之人）”。从学生或后觉之人的角度看，“学”的本义是指“效法”或“受教”，也就是“后觉之人（通常指童子）效法先觉之人，即学习或接受教育”之义。将上述两种含义结合起来，“学”本身就有“后觉之人（通常是指童子）在先觉之人（通常是指教师）指导或教育下才开悟”之义，将它作进一步的概括，“学”本身自然就有了“觉悟、教育、效法”之义。这本就是“上所施，下所效”的“教”字的含义。事实上，“学”可读作jiào，此时一般写作“斆”，其义就是指教授，后作“教”。《广雅·释诂四》：“学，教也。”⑦而据许慎解释：“斆，觉悟也……學，篆文斆省。”段玉裁注：“斆觉叠韵。《学记》曰：‘学然后知不足，知不足然后能自反也。’按：‘知不足’，所谓觉悟也。《记》又曰：‘教然后知困，知困然后能自强也，故曰：教学相长也。’……按《兑命上》，学字谓教，言教人乃益己之学半。教人谓之学者，学所以自觉，下之效也。教人所以觉人，上之施也。故古统谓之学也……详古之制字，作斆从教，主于觉人。秦以来去攴作学，主于自觉。《学

① 在金文里，“學”字上部左右两边的各一只“手”都是作“往下捧之状”，在现在通行的“學”字字形中，改成了“往上捧之状”。

② 约斋编．字源．上海：上海书店，1986. 231.

③ 约斋编．字源．上海：上海书店，1986. 149.

④ 约斋编．字源．上海：上海书店，1986. 231.

⑤ 约斋编．字源．上海：上海书店，1986. 231.

⑥ 夏征农，陈至立主编．辞海（第六版缩印本）．上海：上海辞书出版社，2010. 2162.
汉语大字典（第二版九卷本）．成都：四川辞书出版社，武汉：崇文书局，2010. 1092.

⑦ 汉语大字典编辑委员会编纂．汉语大字典（第二版九卷本）．成都：四川辞书出版社，武汉：崇文书局，2010. 1092

记》之文，学教分列，已与《兑命》统名为学者殊矣。”[①] 班固在《白虎通义》卷六《辟雍·总论入学尊师之义》里也认为：“学之为言觉也。以觉悟所不知也。故学以治性，虑以变情。故玉不琢不成器，人不学不知义。”[②] 若结合上文对“教”字字形与字义的分析看，许慎和段玉裁等人对“学”字的上述解释颇有见地。

“学”本身就有“后觉之人（通常是指童子）在先觉之人（通常是指教师）指导或教育下才开悟”之义，将此义作进一步的扩展，可以衍生出“后觉之人（通常指童子）或‘后觉’的动物（如小鸟）效法先觉之人或‘先觉’的动物，即学习或接受教育”之义。这本就是“上所施，下所效”的“教”字的含义，因为“教”的本义是“教育”。可见，“学”与“教”在字义上可通用，二者也都有“教育、效法或模仿”之义。因此，在汉字史上，“学”与“教”曾经写作一个字，即都写作“斅”，当其用作“学”或用作“教”时，其含义基本相同，都是指“教育、效法或学习”之义，只是用意略有不同而已：“作斅从教，主于觉人。秦以来去攵作学，主于自觉。”因此，经典的中式“学”指的主要是模仿学习，即一个人（通常是后学者）模仿另一个人（通常是扮演教师角色的先学或先觉之人，如老师或父母等）的学习，而后学模仿先觉的目的，本是想获得与先觉者类似的知识经验和行为方式，从而使后学者自己逐渐变成像先觉者一样或类似的人。用当代一句通俗的话，“长大后，我就成了你”一语，最能表现经典中式“学”的特色。由此可见，经典的中式学习之中并不包含创新学习之义。

3. “习”的字形与字义

关于“习”字的字形，《汉语大字典》列出了九种，如图 9－4 所示。

图 9－4 “习”字字形变化图[③]

对于“习”字的字形，《说文》的解释是：“习，数飞也。从羽，从白。”[④] 按：徐锴系传作“从羽，白声”。郭沫若《卜辞通纂考释》：“此字（甲文）分明从羽，从日，盖谓禽鸟于晴日学飞。许之误在伪日为白，而云白声。”[⑤] 比较而言，郭沫若对“习”字

① （汉）许慎撰，（清）段玉裁注．说文解字注．上海：上海古籍出版社，1981. 127.

② 陈立．吴则虞点校．白虎通疏证（上册）．北京：中华书局，1994. 254.

③ 汉语大字典编辑委员会编纂．汉语大字典（第二版九卷本）．成都：四川辞书出版社，武汉：崇文书局，2010. 3565.

④ （汉）许慎撰，（清）段玉裁注．说文解字注．上海：上海古籍出版社，1981. 138.

⑤ 汉语大字典编辑委员会编纂．汉语大字典（第二版九卷本）．成都：四川辞书出版社，武汉：崇文书局，2010. 3565.

字形的看法更有道理。

关于“习”字的字义，若以《汉语大字典》的解释为主体，再综合《说文解字注》[①] 与《辞海》[②] 的解释，“习”字有13种含义与用法：

（1）练习飞翔。《说文·习部》：“习，数飞也。从羽，白声，凡习之属皆从习。”《礼记·月令》：“［季夏之月］鹰乃学习，腐草为萤。”段玉裁注：“《礼记·月令》说：‘鹰乃学习。’引申之义为习孰。”

（2）学习。《礼记·学记》：“五年视博习亲师，七年视论学取友。”孔颖达疏：“博习，谓广博学习也。”

（3）复习；温习；演习。《论语·学而》：“学而时习之，不亦说（悦）乎。”皇侃义疏：“习是修故之称也。言人不学则已，既学必因仍而修习，日夜无替也。”

（4）积；重叠。《易·坎》：“习坎，入于坎。”孔颖达疏：“习有二义。一者，习，重也。谓上下俱坎，是重叠有险；一者，人之行险，先须使习其事乃可得通，故云习也。”

（5）了解；熟悉。《国语·周语上》：“是皆习民数者也。”

（6）习惯于；习惯；习染。《论衡·本性》：“习善而为善，习恶而为恶也。”又如习以为常；积习。

（7）狎；亲近；亲信。《韩非子·孤愤》：“凡当涂者之于人主也，希不信爱也，又且习故。”

（8）教；训练。《吴子·治兵》：“习其驰逐，闲其进止，人马相亲，然后可使。”

（9）作为。《易·坤》：“直方大，不习无不利。”王弼注：“任其自然而物自生，不假修营而功自成，故不习焉而无不利也。”

（10）调节。《大戴礼记·子张问入官》：“既知其以生有习，然后民特从命也。”

（11）副词。表示频度，相当于“常常”、“经常”。

（12）通“袭”。相因；重复。

（13）姓。[③]

综上所述，从字形与字义上看，“习”的本义是指“小鸟于晴天练习飞翔”。将此含义作进一步扩大，就可泛指一切有机体对一切事物的练习或温习，自然也就可用来指称人的练习或温习。换言之，由“小鸟效法大鸟反复练习飞翔”这一含义出发，很容易引申出“上行下效”的“练习、模仿或效法”之义，此时的练习、模仿或效法，就不再仅仅是指小鸟效仿大鸟反复练习飞翔一事，而是要宽泛得多，泛指任何人或任何动物反复练习、模仿或效法任何事物。当“习”用于人时，注重的是以某种榜样（通常是先觉之人）为楷模，强调学习者要“自觉”反思自己的不足，进而效法与模仿楷模，反复练习与楷模行为类似的行为，以使学习者自己最终能尽可能地接近楷模。

---

① （汉）许慎撰，（清）段玉裁注．说文解字注．上海：上海古籍出版社，1981. 138.

② 夏征农，陈至立主编．辞海（第六版缩印本）．上海：上海辞书出版社，2010. 2042.

③ 汉语大字典编辑委员会编纂．汉语大字典（第二版九卷本）．成都：四川辞书出版社，武汉：崇文书局，2010. 3565～3566.

4. “学习”的经典中式含义：心理学的解释

“学”与“习”在开始时往往分开使用。《论语·学而》说：“学而时习之，不亦说乎。”表明“学”与“习”本是两种不同的心理与行为方式：“学”原本主要是在学堂里进行的，主要停留在“知”上，毕竟此时教师多只用“讲授法”进行教学。例如，在《论语·述而》里，孔子曾说：“德之不修，学之不讲，闻义不能徙，不善不能改，是吾忧也。”从“学之不讲”一语可以看出，不但当时孔子看重“讲学”，而且当时的“学”也主要是通过“讲”的方式进行传授的。当然，教师在课堂上的一举一动实际上都在给学生以某种“示范”，或多或少会影响学生的心理与行为，更重要的是，工匠师傅在室内教徒弟，往往交替使用讲授法与示范法，这种方法实是教弟子如何“做”。从这个意义上说，“学”之中必也包含一定的“做”。不过，相对而言，“学”侧重于“言教”，即“说”，尤其是当中国古代学堂里所教的知识多是道德知识而不是科技知识时更是如此。与“学”不同，“习”主要是要求“学生”反复练习，不能仅停留在“知”上。可见，“习”侧重于“练习”，即“做”。

“学而时习之”虽可使“言教”与“练习”或“做”相一致，但毕竟在“学”与“习”之间给人留下“有时间间隙”的印象。若任此现象发展，势必产生“学”与“习”的分离：只“学”不“习”；或者，只知盲“习”，却不知“学”。为了消除这种隐患，极好简洁的先人虽然更喜欢以“字”为“词”，此时却直接将“学”与“习”合起来，成为一个合成词——学习，其目的就是直截了当地告诉人们：“学习”本是一件知行合一的事情。因此，“学习”一词应运而生。据现有文献记载，“学习”一词最早出现在《礼记·月令》中的“［季夏之月］鹰乃学习。”一语，在此语里，“学”指“效”；“习”指“鸟”练习飞翔。合起来的意思是指“小鹰于晴天在天空效法大鹰（一般是小鹰的父母）反复练习飞翔”。[①] 这不仅是将“学”与“习”的含义结合起来得出的一种含义，更表明“学习”之内已“天然”地含有“知行合一”的要义。

对于中国古人而言，此种“知行合一”式的典型中式学习便是“君子之学”，其经典阐述出自荀子的下述言论：“君子之学也，入乎耳，箸乎心，布乎四体，形乎动静，端而言，蝡而动，一可以为法则”[②]。与此相反，“知行分离”式的学习则是“小人之学”：“小人之学也，入乎耳，出乎口。口耳之间则四寸耳，曷足以美七尺之躯哉！”[③] 由此可见，荀子等人所讲的“君子之学”与“小人之学”的明显差异主要有二：一是，从学习过程角度看，“君子之学”主要指“知行合一式学习”，“小人之学”指“知行分离式学习”。在荀子看来，成就君子的学习过程分为道德认识、道德内化、道德行动三个阶段：个体先通过耳闻目见获得道德知识及相应的道德认知，然后通过一系列的内化过程将之转换为个体的道德品质并内存于心，最后个体身上所具备的道德品质自然会支配人的一切行动，使之合乎社会所认可的道德规范，此时的个体就由原先的自然人发展成了君子。与此相反，假若一个人通过道德学习后仅知道和能说出一些道德规则，而没有内化，那就根本算不上真正意义上成就君子的道德学习，而只是“小人之学”，其结果只能制造

---

① 夏征农，陈至立主编．辞海（第六版缩印本）．上海：上海辞书出版社，2010. 2163.

② （清）王先谦．王星贤点校．荀子集解．沈啸寰，北京：中华书局，1988. 12.

③ ［清］王先谦．王星贤点校．荀子集解．沈啸寰，北京：中华书局，1988. 12 ~ 13.

出“知而不行”或“空话连篇”的伪君子或小人。[1] 二是，从学习内容角度而言，“君子之学”主要学习“成就君子的知识”，“小人之学”主要学习“成为小人的知识”。由于“君子之学”的学习内容主要是一些有关“成就君子”的知识，并且，其学习方式是知行合一的，这种学习才是对个体身心发展有益处的，即能“美七尺之躯”。此种学习的一般目的是让人成为“君子”，最高目的是培育“圣人”。与此相反，“小人之学”的学习内容主要是一些有关“做小人”的知识，并且，其学习方式是知行分离、言行不一致的，这种学习就无法对个体身心发展有益。

中国先哲对“学习”的上述看法，其长处主要有三：①强调学习本是一种知行合一的过程，这自然有助于提高学习的效果，若能恰当地将之发扬光大，定能有效纠正今天中国学校教育里所讲的学习往往只注重“学”而不注重“习”的弊病。②重视对先人已有知识经验的继承与觉悟，从而使先人的宝贵知识经验得以代代相传，这有利于文明的继承与发展。正如《史记·秦始皇本纪》所说：“士则学习法令辟禁。”引申为效法。[2] ③将学习的目的指向“培育君子”，这是颇有价值的看法。因为依孔子等人的言论，君子人格实际上是一种具有仁爱、平等、尊重、宽恕等人格特质，且具有共生取向、和谐发展的独立人格。因此，若能将君子人格的内涵作与时俱进的解释，那么，培育新型君子人格就是在当代中国教育界切实落实和谐精神的一项重要举措（详见“中国人的人格心理观”）。

中式经典学习观的不足之处主要有二：一是，中式经典学习观主要是围绕道德学习展开的，基本上没有触及科技知识的学习，而现代学习包括科技知识的学习与道德学习等多种类型，从这个角度讲，今人在探讨科技知识的学习等学习方式而不是道德学习时，就必须看到中式经典学习观的这一局限性，进而妥善借鉴，切不可简单地照搬。二是，中式经典学习观过于强调继承先贤的知识经验，颇为忽视甚至贬低学习者自己的求异思维与创新学习，进而抑制了学习者创新能力的发展。与此相吻合的是，中国人在学习策略或方法上往往更注重“背诵策略”（详见下文）；在思维方式上则一向喜欢求同思维。据许慎讲：“思，睿也……”段玉裁注：“睿也，各本作‘容也’，或以伏生《尚书》‘思心曰容’说之，今正……睿者，深通川也……引申之，凡深通皆曰睿……谓之思者，以其能深通也。”[3] 在《辞海》里，当思读作“si”时，有五种含义与用法：①考虑；思考。如深思熟虑；思前想后。《论语·为政》：“学而不思则罔，思而不学则殆。”②想念；挂念。张衡《四愁》诗：“我所思兮在太山，欲往从之梁父艰。”引申为悲伤。③意思；思绪。如乡思。④作助语。《诗·鲁颂·泮水》：“思乐泮水。”⑤姓。[4] 由此可见，先哲讲的思，其含义主要是指海纳百川，即融会贯通地理解已有的知识经验，而不包含另辟蹊径之义，换言之，先哲讲的“思”里无求异思维和创新之义。这种意义的“思”与上文讲的“学习”一词的含义是相辅相成的，或许正由于中国人喜欢上述含义的“学习”，也就喜欢此种含义的“思”。它们相互作用的结果，既是许多中国人习惯于“接受学习”而不习惯于“创新学习”的根源之一，也是许多中国人解决问题时擅长求证于历

---

① 刘丽．荀况的道德社会化思想．心理科学，2001（3）：379.
② 夏征农，陈至立主编．辞海（第六版缩印本）．上海：上海辞书出版社，2010. 2163.
③ （汉）许慎撰，（清）段玉裁注．说文解字注．上海：上海古籍出版社，1981. 501.
④ 夏征农，陈至立主编．辞海（第六版缩印本）．上海：上海辞书出版社，2010. 1770.

史或先圣先贤的言论，而不擅长抛开已有定论并“另起炉灶”进行思考或实证的根源之一。后一种心态发展的结果，又使得许多中国人一向重视对既有知识经验的学习和研究，而轻视原创性研究，这从经学和史学的研究成果随时代往后移像滚雪球般越积越厚，而原创性研究自秦汉以后至清代却微乎其微的事实里可见一斑。因过于强调模仿先圣先贤，许多中国人养成了《庄子·在宥》所说的“世俗之人，皆喜人之所同乎己而恶人之异乎己”[①] 的心态，这从诸如“英雄所见略同”之类的词语多具褒义，而“别出心裁、异想天开、与众不同”之类的词语则往往带有贬义中可见一斑。这从根本上扼杀了许多中国人想进行创造性学习的意向，使得许多中国人的学习失去了创新的原动力，进而丧失了创新意识，满脑子多是如何体悟先辈先贤的“微言大义”，结果必然为人们逐渐习惯于推崇权威的思维方式起到推波助澜的作用，从而禁锢了许多中国人的创新意识和创造力。[②]

可见，中式“学习”的最大弊病是促成了许多中国人养成权威思维；中国人推崇权威思维，又使得中国人习惯于中国式的“学习”，二者相互作用，致使中国传统的权威思维在当代中国人心中仍有广泛影响。

（二）经典中式学习策略

既然学习在发展人的才与德等方面起着重要的作用，那么，一个人应该怎样学习才能获得良好的效果呢？这就涉及是否善于学习的问题。为了让人能够从“苦学”转变成“乐学”、“善学”，就必须先掌握一些良好的学习策略。为此，先哲多重视探讨学习策略，如《朱文公文集》中的《读书之要》曾总结出六种“读书法”：循序渐进、熟读精思、虚心涵泳、切己体察、著紧用力和居敬持志。[③] 下面就对经典中式学习策略作一番探讨。

1. 提高道德修养

古人云：“授之以鱼，不如授之以渔。”这个观点对于研究学习策略的人而言几乎是“金玉良言”，奉为圭臬，这本来是没错的。问题是“渔”也有多种，如果问：在诸种“渔”中选择一种对绝大多数人而言都最有效的，那么它是什么？综观中国大教育家的言论，结合古今中外无数成败经验和笔者本人的长期观察与访谈，毫无疑问，答案只有一个，那就是提高道德修养策略。这是与学习态度、学习目的、人生观、世界观等密切相关的策略。所谓的“提高道德修养策略”，是指一个人如果能够通过自我心性修养或道德学习等方式来不断提高自己的道德修养或品德，以使自己树立正确的人生观、世界观，端正自己的学习目的，养成良好的学习态度，将有助于最大限度地提高自己的学习效果。“提高道德修养策略”虽不是直接从“学习”入手来讲学习策略，但是一种最佳的学习策略。其缘由就在于品德可以从四个方面来促进个体的智力发展：

（1）通过让人养成良好的学习态度而促进其智力发展。

按照卡特尔（R. B. Cattell，1905—1998）与霍恩（J. L. Horn）提出的液态智力和晶

---

① 陈鼓应. 庄子今注今译（第二版）. 北京：中华书局，2009. 314.

② 汪凤炎，郑红. 语义分析法：研究中国文化心理学的一种重要方法. 南京师范大学学报（社会科学版），2010（4）：113 ~ 118.

③ 燕国材等. 现代视野内的中国教育心理观. 上海：上海教育出版社，1991. 89 ~ 116.

体智力理论（theory of fluid and crystallized intelligence）①，一个人的智力实际上是由液态智力与晶体智力构成的。液态智力指在信息加工和问题解决过程中所表现出来的能力，如对关系的认识，类比、演绎推理能力，形成抽象概念的能力等。因此，液态智力是与基本心理过程有关的能力，如知觉、记忆、运算速度和推理能力，它较少依赖文化和知识的内容，多半不依赖学习，而属于人类的基本能力，决定于个人的禀赋，是一个人生来就能进行智力活动的能力，其个别差异受教育文化的影响较少。晶体智力指获得语言、数学知识的能力，它决定于后天的学习，与社会文化有密切的关系。晶体智力是经验的结晶，所以称之为晶体智力。晶体智力依赖于液态智力，液态智力是晶体智力的基础，假若两个人具有相同的经历，其中一个有较强的液态智力，那么他将发展出较强的晶体智力。但是，一个有较高液态智力的人如果生活在贫乏的智力环境中，那么他的晶体智力的发展将是低下的或低缓的。同时，液态智力的发展与年龄有密切关系，随个体的生理变化而变化。一般人在20岁以后，液态智力的发展达到顶峰，30岁以后将随年龄的增长而逐渐降低。与此不同，大多数人的晶体智力在60岁之前几乎一直都在发展，只是到25岁以后发展的速度渐趋平缓，到60岁左右才开始缓慢衰退。因此，一般而言，年轻人较之年长者有更好的液态智力，年长者较之年轻人有更好的晶体智力。并且，一个人即使有很高的液态智力，如果不好好学习，以此来发展自己的晶体智力，那么，随着年龄的增长，他也会逐渐沦落为一个智力平平的人。王安石《伤仲永》一文里所讲的方仲永就是一个典型的个案。由此可见，不善于学习的人不但其晶体智力不会很高，并且最终将导致其整个智力水平都不会很高。而一个人不善于学习，一般常见原因主要有二：一是没有养成良好的学习态度；二是没有掌握有效的学习方法。其中，第一个原因更为重要，因为一个人即便一时没有掌握有效的学习方法，但只要拥有良好的学习态度，有效的学习方法迟早会掌握的。

虽然人的液态智力主要是天生的，一旦产生，教育对它无能为力。但是，人的晶体智力的成长与否和其积累知识经验的多寡呈明显的正相关。在拥有类似液态智力与外部环境的前提下，影响一个人积累知识经验的重要因素就是其学习态度。如果一个待人不谦虚、好高骛远、不思进取、意志不坚定或注意力不集中……其学习效率能高吗？一个人若学习效率不高，其积累知识经验的效率就不会高，其晶体智力也就不能得到有效提高，最终其聪明才智就不能得到有效发展。与此相反，假若一个人待人谦虚、脚踏实地、积极进取、意志坚定、持之以恒……往往能获得最佳的学习效果。《淮南子·泰族训》说得好："人莫不知学之有益于己也，然而不能者，嬉戏害人也。人皆多以无用害有用，故智不博而日不足……以弋猎博弈之日诵诗读书，闻识必博矣。"一个人假若能充分利用时间来勤奋学习，一定能增长自己的见识。一个人一旦拥有较好的学习效率，自然能通过高效学习来有效促进晶体智力乃至聪明才智的发展。同时，一个人若想获得良好的学

① Cattell, Raymond B. Theory of fluid and crystallized intelligence: A critical experiment, *Journal of Educational Psychology*, Vol. 54. No. 1, 1963, pp. 1 – 22. Horn, JohnL. (1965). Fluid and crystallized intelligence: A factor analytic study of thestructure among primary mental abilities. Unpublished doctoral dissertation, University of Illinois. Horn, JohnL. & Cattell, Raymond B. Refinement and test of the theory of fluid and crystallized general intelligences. *Journal of Educational Psychology*, 1966, Vol. 57, No. 5, pp. 253 – 270. Horn, JohnL., & Cattell, Raymond B. Age differences in fluid and crystallized intelligence, *Acta Psychologica*, 1967, 26, pp. 107 – 129.

习效果，“秘诀”之一就是乐学，这样才能激发自己长久的学习兴趣与学习动力。据《论语·雍也》记载，孔子早就说过：“知之者不如好之者，好之者不如乐之者。”孔子本人就是一个好学、乐学的榜样人物，据《论语·公冶长》记载，孔子曾自豪地说：“十室之邑，必有忠信如丘者焉，不如丘之好学也。”《淮南子·缪称训》说：“故同味而嗜厚膊者，必其甘之者也；同师而超群者，必其乐之者也。弗甘弗乐，而能为表者，未之闻也。”张载在《经学理窟·大学原下》里说：“学者不论天资美恶，亦不专在勤苦，但观其趣向着心处如何……此始学之良术也。”在《经学理窟·学大原上》里，张载又说：“‘乐则生矣’，学至于乐则自不已，故进也。”《二程遗书》卷第十一说：“学至于乐则成矣。笃信好学，未知自得之为乐。好之者，如游他人园圃；乐之者，则己物尔。”其同样强调乐学的重要性。

（2）通过让人抵御或戒除贪欲而促进其智力发展。

贪欲往往会干扰个体的心智，让个体暂时或永远失去正确判断和抉择的能力，因此，才有了“利令智昏”和“财迷心窍”之类的成语。明代的朱载堉所著的《中吕·山坡羊·十不足》，更是将人的无穷贪欲描写得入木三分：

逐日奔忙只为饥，才得有食又思衣。
置下绫罗身上穿，抬头又嫌房屋低。
盖下高楼并大厦，床前缺少美貌妻。
娇妻美妾都娶下，又虑出门没马骑。
将钱买下高头马，马前马后少跟随。
家人招下数十个，有钱没势被人欺。
一铨铨到做知县，又说官小势位卑。
一攀攀到阁老位，每日思想要登基。
一日南面坐天下，又想神仙下象棋。
洞宾与他把棋下，又问哪是上天梯。
上天梯子未做下，阎王发牌鬼来催。
若非此人大限到，上到天上还嫌低。①

修养品德可以让个体有效抵御或戒除贪欲对自己心智的不良影响，进而能让个体保持或提高自己的聪明才智。所谓保持自己的聪明才智，在这里是指一个人本来通过先前的努力已获得了一定的聪明才智，此后此人因不断修养自己的品德，有效抵御或戒除了贪欲对自己心智的不良影响，从而使自己的聪明才智能够善始善终。所谓提高自己的聪明才智，在这里是指一个人虽然通过先前的努力已获得了一定的聪明才智，不过，此人后来因不断修养自己的品德，不但有效抵御或戒除贪欲对自己心智的不良影响，而且还使自己的聪明才智得到进一步的发展。例如，宋代曾做过副宰相的丁谓，若就聪明才智而言，得分很高。这从三件事情就可看出：第一件事情，在灾后重建上显示出其思维极缜密、规划精妙。有一年，汴京城发生火灾，蔓延了半个皇宫。火灭后，宋代皇帝将灾

① 冯树纯编．元明清词曲百首．天津：新蕾出版社，1986. 177.

后重建的任务交给了丁谓。丁谓命人将三街九衢挖成壕沟，从沟中取土。取土完毕，将壕沟灌上汴水，再把外地运来的树木，全部通过壕沟运入城中。房屋盖好后，将余下的灰土碎瓦废砖倒入壕沟中，平整成街道，可谓一举三得。第二件事情，丁谓曾兵不血刃，安抚了西南边疆少数民族的叛乱，显得有胆有识。第三件事情，会写文章，为此，大文学家欧阳修曾对丁谓的文学成就给予很高的评价。如此聪明的丁谓后来却被贪欲遮住了心智，犯法被贬至海南，最终上了《佞臣传》。[①]

也许有人会说，品德高的人自然能抵御或戒除贪欲，不过，一个人没有贪欲却不见得就会促进其智力的发展。因为没有贪欲的人虽然不好名利，但由此也可能会缺少进取心，没有进取心的人自然也不会去努力学习。所以，只有在那些有志于学习或爱好学习的人群中，品德高尚才是促进其智力发展的重要因素之一。如果一个人不有志于学习，或者不爱学习，那么，品德高尚就不能促进其智力的发展。此观点是一种似是而非的看法。理由主要有三：①没有进取心的人自然不会努力学习，但是，这与“不好名利”没有必然联系。换言之，一个没有贪欲的人虽不好名利，却不能说不好名利的人就缺少进取心或不爱学习。恰恰相反，古今中外的许多史实告诉人们，许多不好名利的人都热爱学习，真正的大学问也往往多是由淡泊名利的学人做出来的。②一个人如果不热爱学习，不善于学习，怎么可能获得高尚的德性？毕竟人的德性主要是通过后天习得的，而不是天生的。这意味着，有高尚德性的人往往都热爱学习；不爱学习的人的品性也不会很高。③根据霍恩和卡特尔的液态智力与晶体智力说，不爱学习的人不但其晶体智力不会很高，而且最终会导致其整个智力水平都不高。一个人不爱学习，一般常见的原因主要有三：学习态度不端正、意志力不强或受到一些贪欲的影响。所以，有效抵御或戒除贪欲对自己心智的不良影响，的确是提高个体智力的有效途径之一。

（3）通过提高个体的情绪智力而促进个体智力发展。

情绪智商（emotional intelligence）指一个人准确地知觉、评价与表达情绪的能力，理解情绪及运用情绪知识的能力，调节情绪以使情绪与智力更好地发展的能力。虽然加德纳的多元智力理论中的“人际间智力”和“内省智力”涉及情绪智力，但“情绪智力”这一概念是由美国心理学家梅耶和萨罗文（Mayer &Salovey）于1990年首次正式提出的。随后，情绪智力的研究受到人们的广泛重视。1995年美国心理学家戈尔曼（Daniel Goleman）在《情绪智商》一书中提出了情绪智商（emotional quotient，简称EQ）的理论，论述了情绪智力的内涵、生理机制、对成功的影响以及情绪智力的培养等问题，初步形成了情绪智力的基本观点和理论体系。戈尔曼将情绪智力界定为五个方面：①自我认知能力：指个人觉察并了解自己的感受、情绪和本能冲动的能力以及其对他人的影响。②自我调控能力：指自动调节控制冲动和心情以及谨慎判断、三思而后行的能力。③自我激励能力：指不断激励自己努力的能力。④认知他人情绪并产生同感的能力：指有同情心或了解他人情绪结构的能力及适当响应他人情绪反应的能力。⑤社会与人际关系处理能力：指显示个人管理人际关系和建立人际网络的能力，也包含寻找共同点与建立亲善关系的能力。后来麦伊和萨罗文等人将情绪智力定义为四个主要成分（Mayer &Salovey，1997；Mayer et al.，2000）：①准确和适当地知觉、评价与表达情感的能力；

① 余显斌. 名臣的遗憾. 读者，2009（6）：13.

②运用情感以促进思考的能力；③理解和分析情感，有效地运用情感知识的能力；④调节情绪，以促进情感和智力发展的能力。根据上述观点，情绪在智力功能中能起到积极的作用，即情绪可以使思维更聪明，人们可以聪明地思考他们与其他人的情感。[①] 而一个人若修养其品德，往往能达到提高其情绪智力的效果，自然也就能提高其智力。

（4）通过让个体身心体验到极其舒畅的心境而促使其产生旺盛的创造力。

有关品德与创造力之间的关系，概括起来主要有三种：①品德与创造力之间呈一定的正相关：个体的品德越高，其创造力越高；个体的创造力越高，其品德也越高。例如，通过对孔子、马丁·路德·金、爱因斯坦与圣雄甘地等的个案研究发现，他们不但人品崇高，而且创造力极高。②品德与创造力无关：个体的品德与其创造力之间没有关系。因为无论从历史上看还是从现当代看，在品德高的人群中，既有拥有高创造力的人（像孔子等），也有基本没有创造力的人（像生活中常见的普通老实人）；与此同时，在拥有高创造力的人群里，同样既有道德高尚的人（像爱因斯坦等），也有缺德甚至丧尽天良的人（像哈伯等）。既然如此，就可知品德与创造力之间没有关系。③品德与创造力之间呈负相关：个体的品德越高，其创造力越低；个体的创造力越低，其品德越高。

需要指出的是，尽管从总体上看，我们也赞成“品德与创造力无关”的观点，不过，那是从总体上讲的，若具体到某个具体的个体身上，我们相信“品德与创造力之间存在一定的正相关”。这是因为一个道德修养高深的人在调节自我内心状态、身心关系、自我与他人及社会的关系、自我与自然的关系等诸种关系时，往往容易达到“天人合一”、“人我合一”、“自我身心合一”的良好状态，个体一旦与体内外诸种事物之间形成真正和谐的关系，其身心就会油然而生一种极其舒畅的体验，这种身心极其舒畅的状态一旦产生，往往能促使个体产生旺盛的创造力，这自然也就让个体更易展现出自己的聪明才智。所以，《大学》说：“富润屋，德润身，心广体胖。”“胖”，音盘，指身体安适。可见，一个人的道德品质高尚了，则心境宽广，神清气爽，从而气血通畅，身体健壮。《易传》说得更直接、更周全：“君子黄中通理，正位居体，美在其中，而畅于四肢，发于事业，美之至也。”[②]“黄中”指人的天性，乃一身之君。“黄中”的集中点在上丹田，田是土地之意，上丹田位居人的中央所在地，五行中央属土，色黄，因此叫“黄中”，道家叫“黄庭”。黄中直通天理，所以叫“黄中通理”。执中精一，独守黄中，参悟宇宙自然育化天地万物、万物回归自然的原理，就是穷理尽性，穷神知化。可见，这段话的含义是君子行合中道，内怀正德，这使他们精神饱满，心生愉悦，以至四肢强健，事业有成。[③] 典型例证之一便是，古往今来，一些道德修养达到高水平的学人、道德高尚的政治家与得道高僧，等等，因为他们的道德修养已至极高境界，他们的身心就经常能够体验到前所未有的舒畅状态，进而激发出高水平的创造力。[④] 也许有人会反驳道：古今中外一些名人的成长经历都表明，当一个人处于艰苦情境并由此而生发出巨大的精神动力，往往是促使其获得成就甚至巨大成就的内因。换言之，只有当个体身心关系、人我关系等处于非常紧张、压抑甚至痛苦的状态时，才能激发出个体巨大的创造潜能。中国古人

---

① ［美］理查德·格里格等．心理学与生活（第十六版）．王垒等译．北京：人民邮电出版社，2003. 271.

② 南怀瑾，徐芹庭注译．周易．重庆：重庆出版社，2009. 64.

③ 刘长林．养生是一种高尚的审美活动．中国社会科学报，2011－02－15.

④ 此观点受南京师范大学心理学院的刘昌教授观点的启发。

常说的“发愤著书”观、西方学人像精神分析学派创始人弗洛伊德（Freud）所提出的“升华作用”（sublimation），讲的都是这个道理。司马迁本人于此更是有切身体会，并在《史记·太史公自序》里写道：

夫《诗》《书》隐约者，欲遂其志之思也。昔西伯拘羑里，演《周易》；孔子厄陈、蔡，作《春秋》；屈原放逐，著《离骚》；左丘失明，厥有《国语》；孙子膑脚，而论兵法：不韦迁蜀，世传《吕览》；韩非囚秦，《说难》、《孤愤》；《诗》三百篇，大抵圣贤发愤之所为作也。此人皆意有所郁结，不得通其道也，故述往事，思来者。①

上述反驳乍看有道理，实则不然。因为我们虽相信“个体身心体验到极其舒畅的心境而促使其产生旺盛的创造力”或“顺境出人才”的道理，但并不否认“逆境出人才”的道理与事实。换言之，古今中外的诸多事实都表明，适度的“顺境”与“逆境”都有助于人才或智慧者的生成。但是，在全国人民都在努力建设社会主义和谐社会的当代中国，过度宣扬“逆境出人才”的道理显得既不人道也不合时宜，所以，本书出于自己的研究旨趣，才大力倡导个体通过不断提高自己的道德修养，以使自己的身心体验到极其舒畅的心境而促使自己产生旺盛的创造力。同时，为了帮助更多个体体验到身心极其舒畅的状态，我们主张个体在修德时，一个重要做法是要让自己去充分想象、捕捉和体验生活里展现人性美好一面的事物或言行，然后尽力让自己通过实际行动去展现自己人性中美好的一面，这样做往往更易让自己体验到身心舒畅的状态。

综上所述，品德具有促进个体智力发展的功能，正如《管子·内业》所说：“德成而智出。”因此，古往今来，一个人只要不断地坚持提高自己的道德修养，端正做人态度，假若他还是一个学生，并且暂时还是一个成绩差的学生，那么，他的学习成绩迟早都会好起来的。退一万步说，哪怕他的智商略有问题，只要端正了做人态度，即使在求学时期成绩一直都不理想，但走上社会后也不会做出伤风败俗之事，更不会做出伤天害理之事；相反，如果教育只注重传授给人一些如何提高学习效率的“技术上的方法或策略”，而不在“本”上下功夫，不注重培育个体的道德品质，那么，即便他一时学习成绩突飞猛进，迟早仍要补上“人生之课”，否则，非要吃大亏不可，若像马加爵那样犯下弥天大错，那就后悔也来不及了。为什么同是“小胜”，有些人能够做到“积小胜成大胜”，而有些人却“积小胜成大败”呢？其中主要原因便是：在前一种情况中，个体或团队的核心成员从为绝大多数人谋福祉的立场出发，故他或他们往往胸怀大志，不但所制定的总体规划或总体路线方针政策是正确的，而且在每一个小胜利面前都始终保持一颗理智心，故其每个小胜都是通向最终胜利的一块块基石。在后一种情况中，个体或团队的核心成员仅从为自己或自己的小集团谋福祉的立场出发，故他或他们或者胸无大志，无法制定正确的总体规划或总体路线方针政策，而仅在乎一些蝇头小利或眼前利益，因小失大；并且，易被一些小胜利冲昏头脑，从而刚愎自用、骄傲自满，最终自然是“捡了芝麻却丢了西瓜”，这便是孔子所说“无欲速，无见小利。欲速，则不达；见小

① （汉）司马迁．史记．（宋）裴骃集解，（唐）司马贞索隐，（唐）张守节正义．北京：中华书局，2005. 2545.

利，则大事不成”[①] 的道理之所在。或者野心太大，在取得一些小胜利后，便滋生“人心不足蛇吞象”的贪欲，从而作出错误的选择，最终一败涂地。因此，从长远的学习效率看，“提高道德修养策略”无疑是最佳的学习策略，是让人受益终身的学习策略，这也是古人非常强调育人重要性的根源之一。我们认为，在向人传授“提高道德修养策略”的基础上，再向人传授“技术上的学习策略”，才是标本兼治的做法。

2. 修学务早

这是主张早期教育与学习的策略。中国的教育大家多认识到学习有一个关键期，主张修学务早。正如《抱朴子外篇·勖学》所说：“盖少则志一而难忘，长则神放而易失。故修学务早，及其精专，习与性成，不异自然也。”假若错过关键期，学习效率就会大打折扣。所以，《学记》才说：“时过然后学，则勤苦而难成。”这一思想为后人所继承。如南北朝时的颜之推在《颜氏家训·勉学》里所说：“人生小幼，精神专利，长成以后，思虑散逸，固须早教，勿失机也。”明代文艺家徐渭更是写了一副别出心裁的对联来警示自己与后人：读书务早，切莫错过黄金读书时间。这副对联是：“好读书，不好读书；好读书，不好读书。”上联读作“好（hǎo）读书，不好（hào）读书”，其意是，人在青少年时，精力充沛，才思敏捷，本是读书的最佳时期，可惜有许多人此时因不知学习的重要性而虚度光阴，于不知不觉中失去了学习的最佳时机；下联读作“好（hào）读书，不好（hǎo）读书”，其意思是，一些人到年老体衰时才知学习的重要性，因而力图发奋苦读，可惜此时自己已年老体弱，错失了学习的黄金时间，只能扼腕叹息了。[②]

3. 虚壹而静

大千世界，纷繁复杂；人的欲望，永无止境；心中陈见，干扰认知。一个善于学习的人一定要善于去除不合理的欲望，舍弃错误的陈见；一个善于学习的人一定是懂得该放弃什么选择什么的人，这就是中国古人讲的虚静策略的精神实质。换言之，为了避免已有的陈见或欲望干扰人的思维，中国先哲提倡受教育者一定要先使自己的心处于“虚”或“静”的状态，即注意力要集中，因为注意力是学习的“门户”。因此，先哲多明确主张为学者要做到集中注意力。像儒家提倡为学者要慎独和内省，道家提倡学道者要心斋和坐忘，佛家要求弟子修习禅定功法，他们的共同目的是让人们去除心中已有的陈见或欲望，让心处于清静的状态，这样才能自悟。[③] 如荀子在《解蔽》中曾说：“人何以知道？曰：心。心何以知？曰：虚壹而静。”《坛经·护法品》说：“汝若欲知心要，但一切善恶都莫思量，自然得入清净心体，湛然常寂，妙用恒沙。”张载在《经学理窟·学大原上》里说：“仲尼一以贯之，盖只着一义理都贯却。学者但养心识明静，自然可见，死生存亡皆知所从来，胸中莹然无疑，止此理尔。”《河南程氏粹言·论学篇》也说：“博弈小技也，不专心致志，犹不可得，况学圣人之道，悠悠焉，何能自得也?”

4. 熟读精思与熟能生巧

“熟读精思”与“熟能生巧”是两个有密切联系的学习策略，二者的相通之处在于都主张要熟练掌握所学内容，在此基础上配以精思；二者的主要区别是如果说熟读精思

---

① 杨伯峻译注．论语译注（第二版）．北京：中华书局，1980. 139.

② 汪凤炎．中国心理学思想史．上海：上海教育出版社，2008. 245.

③ 汪凤炎．中国心理学思想史．上海：上海教育出版社，2008. 189 ~ 193.

策略更适用于陈述性知识的学习，那么，熟能生巧策略则更适用于程序性知识的学习。

(1) 熟读精思。

熟读精思策略也叫学思结合策略，它指学习中要将广闻博识、记忆与思维紧密结合起来的策略，最早出自孔子。据《论语·为政》记载，孔子曾说："学而不思则罔，思而不学则殆。"在孔子看来，一个人如果只知死读书，而不勤于思考，就容易被一些歪理邪说所迷惑而上当受骗；一个人假若只知凭空思考，而不勤于读书，由于这种思考没有务实的经验作支撑，它终归只是一种不切实际的空想，而难以实现的空想太多了，就容易损害自己的自信心，使自己缺乏自信。因此，一个善于学习的人必定会妥善处理好"学"与"思"之间的关系，做到"学"与"思"相结合。

孔子倡导的学思结合策略为后人所继承。据《二程遗书》卷十八记载，问："张旭学草书，见担夫与公主争道，及公孙大娘舞剑，而后悟笔法，莫是心常思念至此而感发否?"二程答道："然。须是思方有感悟处，若不思，怎生得如此？然可惜张旭留心于书，若移此心于道，何所不至?"《二程遗书》卷二十五又说："不深思则不能造于道，不深思而得者，其得易失。然而学者有无思无虑而得者，何也？曰：以无思无虑而得者，乃所以深思而得之也。以无思无虑为不思不虑而自以为得者，未之有也。"据《朱子语类》卷十记载，朱熹主张："大抵读书先须熟读，使其言皆若出于吾之口；继以精思，使其意皆若出于吾之心，然后可以有得尔。"由此可见，在中国古人眼中，"读"更多指朗读即出声地读。白居易的"昼课赋，夜课一书，间又课诗，不逗寝息矣，至于口舌成疮，手肘成胝……"、韩愈"口不绝吟于六艺之文，手不停批于百家之编"说的都是朗读。"熟"的标准是"能够将所学内容完全、流利地背诵出来"。由于中国古人极其强调熟读策略（也叫"包本"策略，意即背诵完一本书后，再背诵另一本书），以至今人大多认为"背诵"（或"死记硬背"）是古人学习的唯一方法，这实是一种误解。事实上，古代大教育家除了讲"熟读"策略外，也讲"精思"策略等其他学习策略。现代新儒家代表人物之一的熊十力曾对"学思结合"策略作过一番精论。熊十力说：

作文与读览两不能废，两不可废，然真功夫实有在作文读览之外者。《论语》"默而识之"。《易》曰"默而成之，不言而信，存乎德行"。此是何等工夫！贤者大须留意。"子曰：学而不思则罔，思而不学则殆"。此"思"字不是常途所谓思想，此"学"字亦非读书之谓。《论语》"博学于文"。"文"不谓书册也。凡自然现象皆谓之"文"，（如云天文与鸟兽之文等）人事亦曰人文。《易·系传》言"仰观于天，俯察于地，近取诸身，远取诸物"，皆博文之谓，皆学之谓也。故学则不外感官经验，而思则不限于感官所得，其默识于不言之地，炯然自明。而万物之理，通于一而莫不毕者，故贞信而无所罔也。此思也，吾亦名为证会。如唯限于感官经验，则可以察物则之分殊，而万化根源，终非其所可窥也。①

由此可见，第一，熟读精思策略主张在记忆的基础上予以领会，在领会的基础上加深记忆，认为只有这样读书，才能取得理想效果。这种辩证地对待记忆与思维的关系的

① 熊十力．十力语要．北京：中华书局，1996.1～2.

观点与态度，不但与西方学习理论中联结主义过于强调记忆和认知派过于强调思维的顾此失彼的见解相比显得颇为全面，而且与心理学对“过度学习”的研究结论相暗通。现代心理学研究表明，适度的“过度学习”有助于提高学习效果，从而将适度的“过度学习”作为重要的记忆术之一。第二，根据生理心理学的研究成果，人的言语中枢由三个部分构成，即言语视觉中枢（枕叶）、言语听觉中枢（颞叶）和言语运动中枢，因此，一个人若想真正掌握某种语言（如英语），必须进行听、说、读、写四个方面的协调训练才行。而中国古代的熟读成诵的学习方法则能成功地将三个机能区整合起来，从而收到事半功倍的效果。因为朗读既可以使学习者的言语听觉中枢得到训练，也可以使人的言语视觉中枢受到训练，还可以使言语运动中枢受到训练。这一观点告诉我们在语文与外语教学中朗读具有重要价值，应当将更多的分析型的课堂教学让位给学生朗读。所谓“书读百遍，其义自见”、“读书万卷始通神”、“读书破万卷，下笔如有神”和“熟读唐诗三百首，不会作诗也会吟”等讲的都是这个道理。第三，根据苏联心理学家加里培林关于心智技能形成的观点，人的心智技能是由外部动作向内部动作转化而成的，人的思维是由外部言语（有声言语）向无声言语再向内部言语转化的结果。所以通过朗读可以促进思维的发展，也就是说“熟读”可以促进“精思”，当然，缜密的思考也能促进“熟读”。熟读是心智技能发展必经的阶段。第四，熟读精思是一种体验性学习。古人主张在熟读的过程中体验作者的生命存在，学习者在一遍又一遍的朗读中走进作者的生命，拉近与原著作者的生命距离。可见，这种熟读不是简单的重复，而是学习者一次又一次对原著作者进行生命体验的过程。第五，熟读精思有利于形成良好的认知结构。因为只有经过自己深思熟虑的东西才能以独特的编码形式储存在头脑中。第六，熟读精思是一种领域性学习策略，它只适用于陈述性知识的学习，而不适用于程序性知识的学习。①

（2）熟能生巧。

中国的教育大家大多深深地认识到，熟练程度的高低是影响一个人学习效率高低的重要条件之一，因而，他们多主张通过反复练习，提高熟练程度，这就是俗话说的“熟能生巧”的道理。《淮南子·修务训》用事例向人们表明，一个盲人能极熟练地弹琴，准确弹一弦，奥妙就在于他能长期练习积累。一个人即使有一双像离朱一样明亮的眼睛，一双像攫掇一样的快手，如果他从不练习弹琴，那么，仍不可能自由地运用自己的手指来弹琴。在王充看来，技能都是在实际活动中经反复练习而形成的，只要天天练习、日日操作，就一定可以练出良好的技能。王充在《论衡·程材》里说：

齐部世刺绣，恒女无不能；襄邑俗织锦，钝妇无不巧。目见之，日为之，手狎也。使材士未尝见，巧女未尝为，异事诡手，暂为卒睹，显露易为者，犹愦愦焉。方今论事不谓希更，而曰材不敏；不曰未尝为，而曰知不达。失其实也。儒生材无不能敏，业无不能达，志不肯为。今俗见不习谓之不能，睹不为谓之不达。科用累能，故文吏在前，儒生在后。

① 汪凤炎，燕良轼主编．教育心理学新编（第三版）．广州：暨南大学出版社，2011. 81 ~ 82.

5. 循序渐进与突飞猛进相结合

这指在学习中既要有系统、有步骤、渐进式地前进，又要有善于突飞猛进地进行学习的策略。循序渐进的思想策略产生于先秦时代。战国时孟子用“揠苗助长”的故事告诉人们，学习要依个体的身心发展规律而行，才能富有成效。东晋葛洪在《抱朴子内篇·微旨》里说：“凡学道当阶浅以涉深，由易以及难。”《二程遗书》卷第八说：“君子教人有序。先传以小者、近者，而后教以大者、远者，非是先传以近、小，而后不教以远、大也。”陈献章集在《与张廷实主事（之十三）》中所说：“学者须循次而进，渐到至处耳。”等等。

在这诸多言论里，以朱熹论述“循序渐进”的见解最为系统且具有可操作性。朱熹在《读书之要》中明确主张读书学习要“循序而渐进”，并以《论语》和《孟子》二书为例，具体阐明了学人当如何循序渐进地学习的道理：“以二书言之，则先《论》而后《孟》，通一书而后及一书；以一书言之，则其篇章文句首尾次第亦各有序而不乱也。量力所至，约其程课而谨守之，字求其训，句索其旨，未得乎前，则不肯求其后；未通乎此，则不敢志乎彼，如是循序而渐进焉。”①

朱熹将“循序渐进”列为他的六大方法之一。同时，对于“怎样做到循序渐进”这一问题，朱熹提出了四种有价值的做法：①由近及远。《朱子语类》卷十四说：“但须去致极其知，因那理会得底，推之于理会不得底……自近以至远。”②由浅入深。《朱子文集》卷七二《杂学辨》说：“愚谓致知格物，大学之端始，学之事也。一物格则一知至，其功有渐，积久贯通，然后胸中判然不疑所行，而意诚心正矣。然则所致之知，固有浅深，岂遽以为与尧舜同者，一旦忽然而见之也哉？”“知”既有浅深，学习也必须由浅入深。③由表及里。据《学规类编》卷四《诸儒读书法》记载，朱熹曾说：“为学读书须是耐烦细心去体会，切不可粗心。若曰何必读书，自有个捷径法，便是误人的深坑也。未见道理时，恰如数重物色包裹在里许，无缘可以使见得，须是今日去了一重，又见得一重，明日又去了一重，又见得一重。去尽皮，方见肉；去尽肉，方见骨；去尽骨，方见髓。使粗心大气不得。圣人言语，一重又一重，须入深去看。若是要皮肤，便有差错，须深沉方有得。”④由粗入精。《朱子语类》卷十八说：“穷理须穷得尽，得其皮肤是表也，见得深奥是里也。知其粗不知其精，皆不可谓之格，故云表里精粗无不尽。”朱熹的积累与贯通说显然是受了佛家的影响、道学先辈与同辈的启发而提出的。②

朱熹还主张“猛火”要与“微火”相结合。“猛火”喻高强度的学习，“微火”喻低强度的学习。在中国先哲看来，学习犹如煮食物，先要进行高强度的学习，继之以低强度的学习，二者妥善结合，方能取得理想效果。正如《朱子语类》卷八所说：“今语学问，正如煮物相似，须爇猛火先煮，方用微火慢煮。若一向只用微火，何由得熟？欲复自家元来之性，乃恁地悠悠，几时会做得？大要须先立头绪。头绪既立，然后有所持守。《书》曰：‘若药弗瞑眩，厥疾弗瘳。’今日学者皆是养病。”“譬如煎药：先猛火煎，教百沸大滚，直至涌坌出来，然后却可以慢火养之。”③

---

① 出自《朱子文集》卷七十四《读书之要》。

② 燕国材，朱永新．现代视野内的中国教育心理观．上海：上海教育出版社，1991. 69 ~ 71.

③ 汪凤炎．中国心理学思想史．上海：上海教育出版社，2008. 245 ~ 246.

6. 博约结合

这是讲学习中广博与专精相结合的策略。它发端于《论语·雍也》里孔子所讲的“博学于文，约之以礼”一语。为其后学者所继承和发展。如《孟子·离娄下》说：“博学而详说之，将以反说约也。”《孟子·尽心下》说：“守约而施博者，善道也。”王夫之在《读四书大全说》卷六《论语·卫灵公篇》里说：“约者博之约，而博者约之博。故将以反说夫约，于是乎博学而详说之，凡其为博且详者，皆为约致其功也。若不以说约故博学而详说之，则其博其详，假道谬途而深劳反复，果何为哉！”等等，都主张一个善于学习的人，既要做到广博学习，扩大自己的知识面和视野，又要做到专精。

为此，学习先要“博”。一个人只有充分利用时间来勤奋学习，才能增加自己的见识。《淮南子·泰族训》说：“人莫不知学之有益于己也，然而不能者，嬉戏害人也。人皆多以无用害有用，故智不博而日不足……以弋猎博弈之日诵诗读书，闻识必博矣。”在“博”的基础上要做到专精。《吕氏春秋》主张，一个人若想提高自己的智与能，那么，他就要专心致志地学习，以便取得熟能生巧的效果。《吕氏春秋·博志》说：“用志如此其精也，何事而不达？何为而不成？故曰精而熟之，鬼将告之。非鬼告之也，精而熟之也。”《吕氏春秋·精通》说：“养由基射先（应为兕，引者注），中石，矢乃饮羽，诚乎先也。伯乐学相马，所见无非马者，诚乎马也。宋之庖丁好解牛，所见无非死牛者；三年而不见生牛；用刀十九年，刃若新磨研，顺其理，诚乎牛也。”古人意识到，天下事物纷繁复杂，受时间、精力、智慧、见识等所限，任何一个人都不可能做到无所不知、无所不晓。一个人要想有所成就，就必须学习思维聚焦，将自己的才华用于集中解决一到几个问题，切不可四处“撒网”，不可贪多，否则就会一事无成。《淮南子·修务训》说：“昔者，仓颉作书，容成造历，胡曹为衣，后稷耕稼，仪狄作酒，奚仲为车，此六人者，皆有神明之道，圣智之迹，故人作一事而遗后世，非能一个而独兼有之。各悉其知，贵其所欲达，遂为天下备。今使六子者易事，而明弗能见者何？万物至众，而知不足以奄之。”

为了达到既专且博，苏东坡提出了“八面受敌”这一子策略。它指将研究对象分为八个方面而各个击破，根据八个方面的研究成果进行加工整理而得出的结论。苏东坡以自己读《汉书》为例子，每读一遍，理解消化一个问题，一遍又一遍地读，最后达到“事事精核”。后来，苏东坡在答《又答王痒书》中对“八面受敌法”作了详细解说：

卑意欲少年为学者，每一书皆作数过尽之。书富如海，百货皆有。人之精力不能兼收尽取，但得其所欲求者尔。故愿学者每次作一意求之。如欲求古今中外兴亡治乱圣贤作用，但作此意求之，勿生余念。又别作一次，求事迹、故实、典章、文物之类，亦如之。他皆仿此。此虽愚钝，而他日学成，八面受敌，与涉猎者不可同日而语也。

它告诉人们：阅读一本书时，在庞杂丰富的内容中，每次只集中精力学一个专题，钻深、钻透。这样一个专题一个专题地读，弄懂一个再一个，一旦学成，则变得既专且博，即使“八面受敌”也能运用自如了。八面受敌策略的心理学价值在于它是中国古代的目标分类学习论，即将学习目标分为不同的水平和层次，然后根据目标指引对学习内容进行分层加工，通过时间效应消解任务难度。这样既有利于集中学习者的精力，又能提高学习效果。

为了实现专精，中国一些教育大家力倡学习要善于“提要钩玄”。正如韩愈在《进学解》中说：“记事者必提其要，纂言者必钩其玄。”后人将他的话概括为“提要钩玄”读书法。提要钩玄法要求阅读时抓住文章内容的要点、关键，掌握它的主旨。这样就会举一纲而万目张，达到统领全篇的目的。提要钩玄策略的核心思想是在博学的基础上抓住学习内容的关键。只有对学习内容有相应的全面了解后才能提要钩玄。如果对信息缺乏全面了解，或在一个陌生的情境中分不出主次轻重，那是无法提要钩玄的。提要钩玄的前提是对学习内容的信息有全面的把握。重点是在全面了解的基础上产生的。一个英语单词都不认识的学习者阅读外文书刊，书中到处都是重点、难点，此时是无法提要钩玄的，所以提要钩玄策略是博与专的体现。①

7. 深造自得

这是关于学习的主动性、积极性和创造性的策略。先哲意识到，通过“悟”获得的东西可终身“受用”，用现代心理学术语讲，通过“悟”获得的东西进入了人的长期记忆，不易遗忘，可以随时提取出来使用，因此，通过“悟”得到的东西不同于通过“记闻”获得的东西，后者会随着年龄的增长而慢慢被淡忘。正如王廷相在《慎言·潜心篇》里所说：“自得之学可以终身用之，记闻而有得者，衰则亡之矣，不出于心悟故也。故君子之学，贵于深造自养，以致其自得焉。”既然一个人只有自悟自得，才可提高学习效率，那么，我们强调学习者应主动而积极地学习，并积极进行思考，以使自己有所悟、有所得。深造自得策略最早出自亚圣孟子。《孟子·离娄上》说：

君子深造之以道，欲其自得之也。自得之，则居之安；居之安，则资之深；资之深，则取之左右逢其原，故君子欲其自得之也。②

这段话告诉人们：假若一个人在学习上试图依循正确的方法而取得高深的造诣，那么，就必须通过多种方式使自己亲身得到；一个人若积极主动地学习，使自己能自有所得，就能巩固所掌握的知识；能巩固所掌握的知识，就能积累丰富的知识；能积累丰富的知识，在应用的时候就能得心应手，左右皆宜，透彻理解，最大限度地挖掘自己的学习潜力，并在正确的学习方法的引领下，将物化形式的知识内化为自己心理形式的知识。

深造自得学习策略为后世所普遍重视并身体力行之。如《二程遗书》卷第二十五说：“学莫贵于自得，得非外也，故曰自得。”那么，“如何学可谓之有得?”《二程遗书》卷第十七提供的答案是：“大凡学问，闻之知之，皆不为得。得者，须默识心通。学者欲有所得，须是笃；诚意烛理。上知，则颖悟自别；其次，须以义理涵养而得之。”王守仁在《传记录》下里说：“学问要点化，但不如自家解化者，自一了百当；不然，亦点化许多不得。”“凡饮食只是要养我心，食了要消化，若徒蓄积在肚里，便成痞了，如何长得肌肤。后世学者，博学多识，流滞胸中，皆伤食之病也。”等等。为什么要强调深造自得呢？王廷相在《慎言·潜心篇》里说得好：“自得之学可以终身用之，记闻而有得者，

① 汪凤炎．中国心理学思想史．上海：上海教育出版社，2008. 246～247.

② 杨伯峻．孟子译注．北京：中华书局，1960. 189.

衰则亡之矣，不出于心悟故也。故君子之学，贵于深造自养，以致其自得焉。”可见，学习者只有通过对所学的知识进行深加工而获得体验性或领悟性的知识，才能既有利于长久地记忆、深刻地理解知识，又能够提高知识的备用性水平，在提取和运用时得心应手、左右逢源。这一见解对今人的学习仍是有启示的。

用现代心理学的眼光进行观照，深造即深加工，自得就是获得自我体验性的知识。深造自得既是学习的要求，又是学习的目的和结果。它要求对学习进行多层次、多水平的加工，运用多种变式、多种组织手段，形成自己的学习过程和体验。深造自得策略强调学习者的主体性地位，要求学习者最大限度地发挥内在的巨大潜能。在学习的过程中，独立思考，获得体验性、领悟性的知识。①

8. *触类旁通*

这是一条力倡学习者要善于将所学结果进行正迁移的学习策略：一个善于学习的人必是善于将其所学知识作正向迁移的人，用古人的话说，就是善于默识心通、融会贯通、触类旁通。为了做到触类旁通，先哲主张一个会学习的人要做到：

（1）善疑好问。

它包括善疑与好问两个子阶段。一些教育大家大多相信“疑者，觉悟之机也”，为学者若善于发现问题，就容易由疑生悟。于是，先哲多鼓励为学者在求学过程中要善于发现问题，要善疑，不要盲从、盲信。如孟子在《尽心下》一文里说：“尽信《书》，则不如无《书》。”张载在《经学理窟·学大原下》里说：“义理有疑，则濯去旧见以来新意。”等等。概括起来，先哲对于质疑有如下值得今人珍视的见解：①质疑与学习具有等值性。有学习发生的地方就一定有质疑，没有质疑的读书、背诵不能称作学习。张载说：“在可疑则不可疑者，不曾学。学则须疑。”按照这一标准，一切缺少问题意识的学习都不能算作学习。②在值得怀疑的地方一定要质疑。什么地方值得怀疑呢？那就是不清楚、不明白的地方，在学习和思考中遇到障碍的时候，用现代语言诠释就是在给定与目标之间遇到障碍的时候。③在没有可疑之处进行质疑。张载说：“于无疑处有疑，方是进矣。”陆九渊也说：“为学患无疑，疑则有进。”此思想为后人所继承。胡适也说：“容忍比自由更重要。做学问要在不疑处有疑，待人要在有疑处不疑。”④质疑的根本作用是防止和克服心理定式。吕祖谦说：“学者不进则已，欲进之则不可有成心，有成心则不可进乎道矣。故成心存则自处不质疑，成心亡，然后知所疑。小疑必小进，大疑必大进。”这里的“成心”就是先入之见和心理定式。防止和克服心理定式策略就是质疑，甚至在无疑处质疑，先入之见就无从产生。陈献章更是明确提出了“疑者，觉悟之机也”的主张，他在《与张廷实主事（之十三）》一文里说：“前辈谓‘学贵知疑’，小疑则小进，大疑则大进。疑者，觉悟之机也。一番觉悟，一番长进”。⑤学习与教学的结果不是导致学习者疑问的减少，而是导致其疑问的增多，准确地说，学习是使旧疑问消除的同时，又增加了更多新的疑问。一个学生来的时候是一个问号，学业结束时是一个句号，这是很危险的，真正的好学生应当是来时有很多问号，离开学校时有更多的问号。综上所述，质疑策略包括三个子阶段：①激疑，学习者开动脑筋，积极思考。在学习中积极寻求问题。疑问越多，学习进步越快。②释疑，善于释疑解难。从有疑到无疑的过程正体现学

① 汪凤炎，燕良轼主编．教育心理学新编（第三版）．广州：暨南大学出版社，2011. 80 ~ 81.

习的作用。③存疑，学习者尽量避免接受现成的结论，自己多学习，在学习中发现问题，解决问题。[①]

同时，“学问”一词表明：“有学才有问，有问才有学”。学习者一旦有了疑问，若自己一时解答不出，就宜积极寻求他人的帮助，即要好问。事实上，一个人在广闻博采的过程中必然会遇到或发现一些自己一时难以解决的问题，这时一个善于学习的人必会四处请教。据《论语·公冶长》记载，孔子就主张学习要“不耻下问”。《尸子·处道》说：“孔子曰：‘欲知则问，欲能则学，欲给则豫，欲善则肄。’”[②] 在《淮南子》看来，好问是取得学习成就的重要途径与方法。《淮南子·主术训》说：“文王智而好问，故圣；武王勇而好问，故胜。”朱熹认为一个人在博学之后要善于审问。他在《四书或问·中庸或问》里说：“问之审，然后有以尽师友之情，故能反复之发其端而可思。”并且，朱熹将问与疑结合起来，《朱子语类》卷十一说：“读书无疑者，须教有疑；有疑者，却要无疑，到这里方是长进。”他认为学习是一个由无疑到有疑再到无疑的过程，颇有辩证色彩。

（2）勤于思考，“须是思方有感悟处”。

孔子曾说：“学而不思则罔，思而不学则殆。”他认为一个善于读书的人必定会勤于思考。此思想为后人所继承。据《二程遗书》卷十八记载，问：“张旭学草书，见担夫与公主争道，及公孙大娘舞剑，而后悟笔法，莫是心常思念至此而感发否?”二程答道：“然。须是思方有感悟处，若不思，怎生得如此？然可惜张旭留心于书，若移此心于道，何所不至?”《二程遗书》卷二十五又说：“不深思则不能造于道，不深思而得者，其得易失。然而学者有无思无虑而得者，何也？曰：以无思无虑而得者，乃所以深思而得之也。以无思无虑为不思不虑而自以为得者，未之有也。”并且，二程还主张善学者要善于通过独立思考，找出事物变化发展的规律，知其所以然，而不能只是死记硬背。《河南程氏粹言·论学篇》就主张：“善学者，当求其所以然之故，不当诵其文，过目而已也。”同时，二程主张善学者要善于发掘隐藏于文字背后的真义，而不能只停留在文字的表面含义上。《二程遗书》卷二十五说：“学也者，使人求于内也。不求于内而求于外，非圣人之学也。何谓不求于内而求于外？以文（文辞）为主者是也。”吴澄在《自得斋志》一文里主张：“思之，思之，又思之，以致其知，以俟一旦豁然而贯通。勉之，勉之，又勉之，以笃其行，以俟一旦脱然而纯熟，斯时也克明，其收自得之效验。”王夫之在《读四书大全说》卷十《孟子·告子上篇》中说的“故‘思’之一字，是继善、成性、存存三者一条贯通梢底大用，括仁义而统性情，致知、格物、诚意、正心，都在思上面用功夫”等都是强调“思”在觉悟中的重要作用。

（3）以近知远，以一知万，以微知明。

它由荀子明确提出。《荀子·非相》说：“故曰：欲观千岁则数今日，欲知亿万则审一二，欲知上世则审周道，欲知周道则审其人所贵君子。故曰：以近知远，以一知万，以微知明。此之谓也。”此思想为后人所普遍继承，如《吕氏春秋·察今》说：“故有道之士，贵以近知远，以今知古，以益所见，知所不见。故审堂下之阴，而知日月之行、

① 汪凤炎，燕良轼主编．教育心理学新编（第三版）．广州：暨南大学出版社，2011. 80.

② （战国）尸佼．尸子译注．（清）汪继培辑．朱海雷撰．上海：上海古籍出版社，2006. 42.

阴阳之变；见瓶水之冰，而知天下之寒、鱼鳖之藏也；尝一脟肉，而知一镬之味、一鼎之调。”

“以近知远”，是指从眼前可见的事物推知远处不可见的事物的思维能力。先哲认为，一个人是否有聪明智慧，从他的这种“以近知远”的推理和预测能力中可见一斑。如《吕氏春秋·长见》说：“智所以相过，以其长见与短见也。”《吕氏春秋·知接》又说：“智者其所能接远也，愚者所能接近也。”主张若要衡量一个人的聪明才智，只要看看他见识的长短便可知晓：能够从现有事物推测其过去、预见其未来者是智者；目光短浅，只能看到当前的、具体的事物的人为愚人。

“以一知万”，是指以极少量的信息推知多个信息的思维能力。在先哲眼中，一个人从有限的信息里推知到的信息越多，他也就越聪明。如《论语·公冶长》说：“回也闻一以知十，赐也闻一以知二。”因此，颜回比子贡要聪明。

“以微知明”，是指从可见的小事物或事物的细微之处推知大事物或事物全体的能力。先哲认为，一个人是否有聪明智慧，从他“以微知明”的推理和预测能力中可见一斑。如《淮南子·汜论训》说：“唯圣人能见微以知明。故蛇举首尺，而修短可知也；象见其牙，而大小可论也。薛烛庸子，见若狐甲于剑而利钝识矣；臾兜、易牙，淄、渑之水合者，尝一哈水而甘苦知矣。故圣人论贤也，见其一行而贤不肖分矣。”

用今天的眼光看，“以近知远，以一知万，以微知明”实际上都是指人的推理能力和预测能力，一个人若具有较强的推理能力和预测能力，当然容易将所学的东西作正迁移，也就容易做到触类旁通。

（4）既善于找规律，又善于利用偶因。

学习者一方面要善于找出规律，知其所以然，又不能只是死记硬背。如《河南程氏粹言·论学篇》就主张：“善学者，当求其所以然之故，不当诵其文，过目而已也。”

另一方面，学习者要善于利用生活中的一些机缘巧合来使自己做到触类旁通。刘壎曾在《隐居通议·理学一·论悟》里用一个故事来阐明这个道理：“近于九月间，客洪城，遇北人月东门老于宋庭宾家，盖学道之士也。衣履如道人，谈论娓娓，自言出家从师，久而无获。一日，师令往某处，正雪中，既寒且饥，因结履，忽有悟，则见天地万物，洪纤曲直，如清净琉璃，无不洞彻，自此了无滞碍……”心理学家在研究顿悟时指出，当理论思维在越来越高的层次进行抽象思考时，遇到一种有意识的激发（启发）或无意识的促发（偶因）时，顿悟状态就可在人的身上出现。同时，当一个人遇到一个一时无法解决的难题时，有时偶因的确能帮助其顺利破解难题。古人将偶因视作觉悟的条件之一的思想是有一定见地的。①

（5）善于发掘隐藏于文字背后的真义。

善于发掘隐藏于文字背后的真义，而不能只停留在文字的表面含义上。《二程遗书》卷二十五说：“学也者，使人求于内也。不求于内而求于外，非圣人之学也。何谓不求于内而求于外？以文（文辞）为主者是也。”

综上所述，若将中国学人提出的学习策略与当代西方学人提出的学习策略，如麦卡

---

① 汪凤炎．中国心理学思想史．上海：上海教育出版社，2008. 250～253.

尔（Mckeachie）的学习策略分类图[①]，作一简要对比，就可发现：二者都重视复述策略、精细加工策略、组织策略、反省策略和注意策略等策略。但是，二者也有两大不同：一是，相对而言，西方人重视"时间管理策略"和"努力管理策略"；与西方人不同的是，多数中国人由于一向没有"时间观念"，也就不太重视"时间管理策略"。同时，许多中国人相信"谋事在人，成事在天"之类的告诫和相信"缘"和"命"之类的说法，这导致多数中国人倾向于向外归因，结果也就不太重视"努力管理策略"。二是，中国人重视"端正做人态度策略"，西方人却不太重视此策略。因此，一个人若想拥有科学的学习策略，就必须走融会中西的道路。[②]

二、智慧心理观

与西方人类似，中国人也一向重视探讨"智慧"。"智慧"一词在中国古已有之，并且使用频率颇高。从一定意义上说，正是由于中国人很早就认识到一个人的"智慧"不是天生的，而主要是通过后天学习获得的；并且，一个人一旦拥有真正意义上的智慧，"入世"可以帮助其在事业上获得一定的成就甚至丰功伟业，"隐世"可以帮助其过上恬静、幸福的生活，所以，中国人才一向重视学习、重视教育，并精心探索最佳学习策略与教育方法，试图以此来高效提升个体的智慧。同时，根据现有研究，中国人对智慧有一些独到的研究。限于篇幅和本书的研究旨趣，下面只重点阐述"知而获智"观与"智慧的德才兼备理论"，以期窥一斑而见全豹。至于"智力、能力、智慧和智能：四个既有区别又有联系的概念"、"中式多元智力和谐发展观"与"中国古人论智慧的培育"等问题，读者若感兴趣，请参阅拙著《中国心理学思想史》[③]和《智慧心理学的理论探索与应用研究》[④]。

（一）"知而获智"观

以儒家及受儒家思想深刻影响的学人为代表，注重从知识的角度探讨智慧的来源与实质，提出了著名的"知而获智"观，[⑤]这是中国文化对"智慧"研究的一大贡献。

1. "知而获智"观的核心内容及相关证据

"知而获智"中的"知"指"知识"或"认识"，并且是广义的，即与"无知"相对，以便将常识和科学知识[⑥]、道德知识与科技知识或明确知识（explicit knowledge）与默会知识（tacit knowledge）都包括在内。其中，"明确知识"与"默会知识"的概念是由英国哲学家迈克尔·波兰尼（Michael Polanyi，1891—1976）首次明确提出来的。所谓明确知识（explicit knowledge），也叫"明言知识"（articulate knowledge），指那些可以用书面文字（written words）、图表（maps）或数学公式（mathematical formulae）等手段清

① 汪凤炎，燕良轼主编．教育心理学新编（第三版）．广州：暨南大学出版社，2011. 85.
② 汪凤炎，燕良轼主编．教育心理学新编（第三版）．广州：暨南大学出版社，2011. 89.
③ 汪凤炎．中国心理学思想史．上海：上海教育出版社，2008. 271~280、292~302.
④ 汪凤炎，郑红．智慧心理学的理论探索与应用研究．上海：上海教育出版社，2013.
⑤ 汪凤炎，郑红．"知而获智"观：一种经典的中式智慧观．南京师范大学学报（社会科学版），2009（4）：104~110.
⑥ 冯契．冯契文集（第一卷）．上海：华东师范大学出版社，1996. 412.

晰表达的知识。人们通常所讲的知识一般都属于"明言知识"。所谓"默会知识"，也叫"非明言知识"（inarticulate knowledge），指那些个体已知道却不能用书面文字、图表或数学公式等手段清晰表达的知识。例如，我们在某个行动中所拥有的无法清晰表达的知识就属于"默会知识"，它是另一种形式的知识。[①] 中国传统文化里虽没有"明确知识"与"默会知识"这两种"名"，却有这两种"实"，因此，这里借用了波兰尼的这两个概念，含义与波兰尼讲的也基本一样（详见本章下文)。"知而获智"中的"智"指智慧。相应地，"知而获智"智慧观的含义是一个人只要不断地积累知识，并将之作恰当的创造性转换，就能通过"变知识为智慧"的途径而逐渐获得智慧。之所以说中国先哲提出了"知而获智"的智慧观，主要是基于如下两方面的证据。

（1）来自文字学上的证据。

古汉语用字极简洁，喜欢以单个字为词。并且，在古汉语里，"知"与"智"往往相通，因此，要准确把握中国人对智慧的看法，必须从"知"、"智"和"慧"三字入手进行探讨。因"知"与"智"二字将在下文作详解，这里先论"慧"的含义。据《汉语大字典》解释，"慧"的含义主要有六：①聪明；智慧。《说文·心部》："慧，儇也。"徐锴《系传》："儇，敏也。"②狡黠。《增韵·霁韵》："慧，妍黠也。"③佛教用语。了悟。《正字通·心部》："慧，梵书言了悟也。"《五灯会元·章敬晖禅师法嗣》："帝曰：'云何为慧?'对曰：'心境俱空，照览无惑名慧。'"④方言。病愈。《方言》卷三："南楚病愈者谓之差……或谓之慧。"⑤轻爽；清爽。⑥中医学指眼睛清明。[②] 由此可见，当作"聪明；智慧"解时，"慧"与"智慧"同义。并且，甲骨文无"慧"字，[③] 这表明"慧"比"智"产生要晚一些（但最迟不会晚于墨子生活的时代，因为《墨子·尚贤中》里已有"智慧"一词[④]），故下文不多论"慧"。

说中国传统文化里有"知而获智"观，来自文字学上的证据主要有二：一是"智"字从字形上看与"知"相通；二是，"智"字从字义上看与"知"相通。

第一，"智"字从字形上看与"知"相通。

从字形上看，对于"知"字，第二版《汉语大字典》列出了六种字形变化图，如图 9－5 所示。

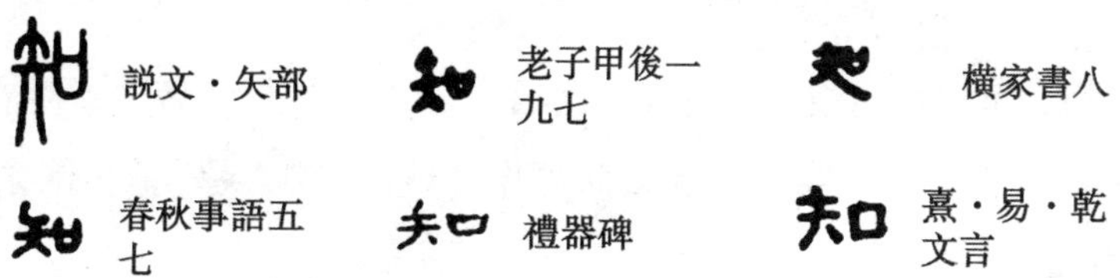

图 9－5"知"字字形变化图[⑤]

① Polanyi, Michael , The *Study of Man*. London: Routledge & Kegan Paul Ltd. 1959, p. 12.

② 汉语大字典编辑委员会编纂．汉语大字典（第二版九卷本)．成都：四川辞书出版社，武汉：崇文书局，2010. 2506.

③ 徐中舒．甲骨文字典（第二版)．成都：四川辞书出版社，2006. 14.

④（清）孙诒让撰．孙启治点校．墨子闲诂．北京：中华书局，2001. 55.

⑤ 汉语大字典编辑委员会编纂．汉语大字典（第二版九卷本)．成都：四川辞书出版社，武汉：崇文书局，2010. 2763.

在图9－5中，所列“知”字字形最早的写法是取自《说文》，并没有列出“知”字字形更早的写法。由于“知”字在汉字史上出现颇早，为了弄清“知”字字形的早期写法，有必要再看看“知”字在甲骨文和金文中的写法。但是，遍查《殷墟甲骨文实用字典》①、《甲骨文字典》②、《金文常用字典》③与《简明金文词典》④等工具书，都没有发现“知”字更早的字形图。不过，马如森在《殷墟甲骨文实用字典》里解释“𣉻”字时写道：

《说文》：“𣉻，识词也，从白、从亏、从知。”……《集韵》：“一曰知也，或作智。”王延林：“古文中知智音义相同，知智可训识觉。……‘知道’、‘知识’皆引申义。”⑤

事实上，许慎早在《说文解字》里就说：“知，词也，从口矢。”段玉裁的注是：“白部曰：‘𣉻，识词也，从白、从亏、从知。’按此，‘词也’之上亦当有‘识’字。知𣉻义同，故𣉻作知。识敏，故出于口者疾如矢也。”⑥ 据《字源》解释，“䂴、智、知”三字始于同一个字，其字形即“”⑦。张弢在其所编著的《金文艺用字典》一书里，在“知”字下面所列的“知”的金文写法是“”或“”。⑧ 从字形上看，对于“智”字，第二版《汉语大字典》列出了九种字形变化图，如图9－6所示。明眼人一看就知，“智”字的甲骨文和金文写法，与“知”完全相同。

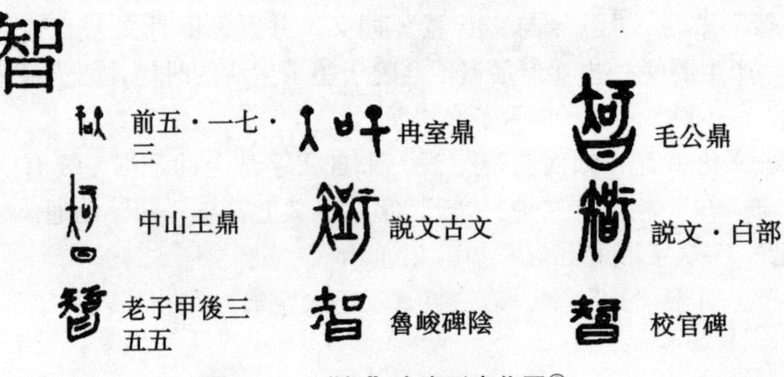

图9－6　“智”字字形变化图⑨

综合上述解释，可以得出结论，现代汉语通行的“知”与“智”二字在先秦时期本是同一个字，甲骨文都写作“”，金文都写作“”或“”，小篆隶定后则写作

① 马如森．殷墟甲骨文实用字典．上海：上海大学出版社，2008.1～398.

② 徐中舒．甲骨文字典（第二版）．成都：四川辞书出版社，2006.1～1613.

③ 陈初生．金文常用字典．西安：陕西人民出版社，2004.1～1298.

④ 王光耀．简明金文词典．上海：上海辞书出版社，1998.1～561.

⑤ 马如森．殷墟甲骨文实用字典．上海：上海大学出版社，2008.91.

⑥ （汉）许慎撰．（清）段玉裁注．说文解字注．上海：上海古籍出版社，1981.227.

⑦ 约斋编．字源．上海：上海书店，1986.203.

⑧ 张弢．金文艺用字典．郑州：中州古籍出版社，2003.262.

⑨ 汉语大字典编辑委员会编纂．汉语大字典（第二版九卷本）．成都：四川辞书出版社，武汉：崇文书局，2010.1628.

“𥏼”。正如马如森所说：“古文中知智音义相同，知智可训识觉……‘知道’、‘知识’皆引申义。”[①] 稍加分析“□”、“□”与“□”三个字可知：金文“□”在写法上类似于甲骨文“□”，只是其中的□、□、□的排列次序与甲骨文“□”里的□、□、□顺序略有不同而已；金文“□”只是在“□”的下部增加了一个“甘”字，[②] 其内除了隐含“有智慧的人生如蜜一样甘甜”之义外，其余的与“□”或“□”并无不同，故下文只重点分析“□”字。

从造字法上看，甲骨文“□”本是一个会意字：“□”字左边类似“亏”的符号指“气”。正如段玉裁注：“锴曰：亏亦气也。”[③] 中间的符号是“口”的象形字，[④] 右边的符号一看就是“箭”的象形字。合起来看，甲骨文“□”字左边的“气”表示“力量”，与右边的“箭”合起来后，既有“箭速很快”之义，也含有“有的放矢”之义；将之与位于中间的“口”合在一起，其义恰恰是“知”字蕴含的如下重要含义：“识敏，故出于口者疾如矢也”；[⑤] “凡知理之速，如矢之疾也，会意。”[⑥] 约斋在《字源》里解释“𥏼、智、知”三字时说得好：“知识的作用是无形的，只得借矢来代表，本作矢于口，谓矢射及的情形，后增日，跟口重复，仍省作智作知。”[⑦] 根据上文分析可知，约斋的这一解释从总体上看颇有见地，但是，根据下文所述，“后增日，跟口重复”这一解释没有准确看到“增日”的真正价值，这是其不足之处。对于“𥏼”与“智”的关系，《汉语大字典》在解释“智”字的字形时提供了一个重要线索：“徐灏注笺：‘知𥏼本一字，𥏼隶省作智。’”[⑧] 依徐灏的解释，“𥏼”字本是“智”的古体字，“智”字是从“𥏼”字的隶书字体里演化出来的：小篆“𥏼”字中的“白”本“乃从甘之讹”[⑨]，在用隶书字体书写“𥏼”时，将右边的“亏”字省略掉，将下边的“白”字“以讹传讹”地写成“日”字，就成了现代通行的“智”字。这表明，在汉字史上，是先有“□”、“□”和“□”三字，继而有“𥏼”字，后有“智”字。徐灏指出“智”字是在用隶书字体书写小篆“𥏼”时产生的，这有一定的见地，这说明“智”字产生的时间虽不如“𥏼”早，但也有一定的历史了。因为据《史说汉字（四）：隶行天下》讲，汉字的隶变可能在战国中期已出现。最保守估计，在战国末期已出现汉字的隶变，至秦代便已大量使用“秦隶”。所以，传说中的秦朝人程邈因罪入狱后在狱中发明“隶书”的故事是不能成立的。李斯“书同文”中的“文”，在理想上是“小篆”，而实际上通行的是“秦隶”（即“古

① 马如森．殷墟甲骨文实用字典．上海：上海大学出版社，2008. 91.

② 陈初生．金文常用字典．西安：陕西人民出版社，2004. 418.

③ 汉语大字典编辑委员会编纂．汉语大字典（第二版九卷本）．成都：四川辞书出版社，武汉：崇文书局，2010. 1628.

④ 汉语大字典编辑委员会编纂．汉语大字典（第二版九卷本）．成都：四川辞书出版社，武汉：崇文书局，2010. 613.

⑤ （汉）许慎撰．（清）段玉裁注．说文解字注．上海：上海古籍出版社，1981. 227.

⑥ 汉语大字典编辑委员会编纂．汉语大字典（第二版九卷本）．成都：四川辞书出版社，武汉：崇文书局，2010. 2763.

⑦ 约斋编．字源．上海：上海书店，1986. 203.

⑧ 汉语大字典编辑委员会编纂．汉语大字典（第二版九卷本）．成都：四川辞书出版社，武汉：崇文书局，2010. 1628.

⑨ 王光耀．简明金文词典．上海：上海辞书出版社，1998. 354.

隶”）。明白了这一点，就能很好地解释这一现象：今人只在泰山石刻上发现了李斯的“小篆”，在其他考古发现里看到的秦代一些有文字记载的实物（如竹简等）上面，其文字都是用秦隶（而不是用小篆）撰写的。西汉初期仍沿用秦隶，但不久就从量变逐渐达到质变，至汉武帝时便形成了“汉隶”（即“今隶”），至《熹平石经》时，汉隶已达到成熟，成为汉朝的标准字体。从隶书开始叫“今文字”，以前的就叫“古文字”，方块字就是在隶变过程中逐渐形成的。[①] 隶书字体的主要特点是：改曲为直，取消逆笔，简化偏旁，混同偏旁，省略篆文中的一部分。[②] 不过，只认为“智”下的“日”是将“𥏼”下的“白”字“以讹传讹”地写成“日”字的结果，也未深究“智”字下“加‘日’”的用意。窦文字与窦勇对“智”的解释是：“由‘知’和‘日’构成。‘知’有知识的含义，引申有聪明、智慧和见识的含义，其下加‘日’是为了与‘知’字的其他含义区别开，专门表述上述含义。”[③] 他们看到的“知”与“智”在字形与字义上的联系是对的，不过，也未深究“智”字下“加‘日’”的用义，而只说“智”下加“日”是为了与“知”字的其他含义区别开，用以专门表述聪明、智慧和见识的含义，这一见解值得商榷。综上所述，从字形上看，甲骨文、金文和小篆的“智”字与“知”字实是同一个字，且都源自“[illegible]”；对于“智”字下“加‘日’”的解释，虽然学人有不同的看法，但一般只将其解释为以讹传讹的结果。为什么在“知”下加“日”使之成为“智”，而不是在“知”下加别的什么字或符号，使之既与“知”区分开，又能够表达“聪明、智慧和见识”的含义呢？对于这个问题，已有解释，多未深究。

从文化心理学角度看，一个文字的创造，必因有此种需要而起。正如陶德怡所说：

文字之发生，在当时乃代表普遍的或重要的事实。原人类之创造一事一物必有其创造之背景与原因；而此背景与原因，尤为众人之所急务，然后所创造之事物，方能传播广远，为大多数所采取。……文字者，乃补助语言之不足，代表思想之工具，为人类之一最重要发明，其为一般社会之需要，自属尤甚。[④]

同时，新创造的某一文字之所以会被众人所运用，必有人们需要运用它的理由。正如陶德怡所说：

凡文字之历久不灭者，必其所代表之事物，在形体上尚未消灭，或在精神上尚可通用，盖文字之创造，既因需要而起，则其为人所应用，必有需要之所在，否则人人将弃之而不顾，无形中自归消灭。“凡物用则发达，不用则废”，乃宇宙之公例，天演之通则，无有能越此范围者。故凡文字已经过多数年代而尚存在者，其字必有存在之价值及实用的需要。即或其所代表之事物，因进化之故，变其形体，然其意义必尚大概相似，

---

① 《史说汉字（四）：隶行天下》于2009年3月15日晚在中国中央电视台第10频道（CCTV－10，科学与教育频道）的《探索与发现》节目里播出。

② 窦文字，窦勇．汉字字源：当代新说文解字．长春：吉林文史出版社，2005.5.

③ 窦文字，窦勇．汉字字源：当代新说文解字．长春：吉林文史出版社，2005.61.

④ 陶德怡．善恶字汇．载张耀翔编．心理杂志选存（上册）．上海：中华书局，1932.226～227.

或可引申得之。①

后来汉语之所以普遍使用“智”字而不是“𥏼”字或“知”字来表述“聪明、智慧”之义，其原因主要有二：一是，使得“智”字书写起来更加方便、简洁（因“智”字较之“𥏼”字笔画要少），既显得更为实用，又吻合汉字一向是朝着实用、简化和规范方向发展的规律。二是，将“𥏼”字内蕴含的“转识成智且是日积月累式进行的”的思想更加清晰地表露出来。较之“智”字，“知”字的笔画虽要少一些，不过，若将“知”字用来指称“聪明；智慧”的含义，不但无法有效地将其与读作“zhī”时的“知”的诸种含义区分开，更重要的是，无法让人一眼从字形上就能看出“转识成智”的思想，以及“智”本是“知行合一”的思想。而“智”字的字形，其上为“知”，其下为“日”，这个“日”字蕴含三种含义：

一是“日积月累”。即要通过日积月累的方式逐渐让自己获得广博的知识，才有可能让自己变得越来越有智慧。

二是“日日行之”。由于中国先哲在论学时普遍信奉下述道理，此道理虽由荀子明确阐述出来，但实际上至少自孔子以来就有，并且一直为通晓儒家思想精义的人身体力行着：

不闻不若闻之，闻之不若见之，见之不若知之，知之不若行之，学至于行之而止矣。行之，明也。明之为圣人。圣人也者，本仁义，当是非，齐言行，不失毫厘，无它道焉，已乎行之矣。故闻之而不见，虽博必谬；见之而不知，虽识必妄；知之而不行，虽敦必困。不闻不见，则虽当，非仁也，其道百举而百陷也。②

君子之学也，入乎耳，箸乎心，布乎四体，形乎动静，端而言，蠕而动，一可以为法则。小人之学也，入乎耳，出乎口。口耳之间则四寸耳，曷足以美七尺之躯哉！③

根据上述两段引文可知，经由“知行脱节”式的“小人之学”中获得的“知”，是无法有效地帮助学习者获得智慧的，只有经由“知行合一”式的“君子之学”中获得的“知”，才能有效地帮助学习者获得智慧，因为智慧本是“知行合一”的。所以，“智”字下面的这个“日”字也有“日日行之”之义，即通过日日力行的方式，使所学知识逐渐变成自己的素质。因为当一个人学习某种知识后，若能真正做到“入乎耳，箸乎心，布乎四体，形乎动静，端而言，蠕而动”，那么，可以肯定的是，这种知识就已经内化为此人的内在素质了。而要达到这一学习境界，显然需要个体日日力行。这意味着，从字形上看，“智”本有“将‘知识’日日力行，使之不断从陈述性知识转换成程序性知识”之义。

三是“日行一善”。即个体要将通过日积月累而来的一些经过实践证明是正确的程序性知识用来为绝大多数人谋福祉。需要指出的是，由于中国古代官学与私学传授的主

① 陶德怡．善恶字汇．载张耀翔编．心理杂志选存（上册）．上海：中华书局，1932. 227.
② （清）王先谦．王星贤点校．荀子集解．沈啸寰．北京：中华书局，1988. 142.
③ （清）王先谦．王星贤点校．荀子集解．沈啸寰．北京：中华书局，1988. 12.

要是道德知识，而不是今人所讲的科技知识，因此，古人在讲“知而获智”时，虽经常未明言“真善合一”，实际上已内在地隐含了“真善合一”。但是，当代人所学的知识多是科技知识，若想“转识成智”，一定要用所学知识来为绝大多数人谋福祉；若少了这个“临门一脚”的功夫，那前面做得再好也是徒劳无益的。

通过上述三个关键步骤，一般就能将“知识”转换成“智慧”了。可见，从“智”字的字形里可看出其内明显潜藏有“知而获智”、“转识成智”、“知行合一”的思想。

从字义上看，在古汉语里，当“知”读作“zhī”时，本有“晓得；知道”、“知识或认识能力”、“知觉”之义。[①] 第二版《汉语大字典》对“知”的解释则更为全面：

《说文》：“知，词也，从口，从矢。”徐锴《系传》：“凡知理之速，如矢之疾也，会意。”当读作“zhī”时，其义有十七种：①知识。②知觉；感觉。③知道；了解。④使知道；告知。⑤识别；区别。⑥记忆；记住。⑦表现；显露。⑧主持；掌管。⑨优遇；赏识。⑩交游；交往。⑪相契；要好。⑫知己；知交。⑬病愈。⑭欲念。⑮匹配；配偶。⑯助词。用在句内起调节音节的作用。⑰“是”。读作“zhì”时，其义有三种：①同“智”。智慧。《集韵·置韵》：“智，或作知。”清人徐灏在《说文解字注笺·矢部》里说：“知，智慧即知识之引申，故古只作知。”②通“志”。志气。③姓。[②]

从“识敏，故出于口者疾如矢也”一语看，“知”里本有“个体通过日积月累、已非常熟练地掌握了某种知识，从而能熟练运用之”的含义，而这恰恰是有智慧的表现，毕竟一个人若要做到“识敏，故出于口者疾如矢”，显然不是一朝之功。正由于此，清人徐灏在《说文解字注笺·矢部》里才明确地说：“知，智慧即知识之引申，故古只作知。”[③] 读者于此千万要注意一个细节：徐灏只说“智慧即知识之引申”，“引申”二字表明智慧虽从知识中来，但智慧并不等同于知识，所以，徐灏并未说“智慧即知识”。由此可见，在中国先哲心里，“知”与“智”既有一定的差异，又有内在的一致性与相通性。因此，当“知”读作“zhì”时，与“智”（即智慧）是相通的。所以，许慎在《说文解字》里说：“𥎊，识词也，从白亏知。”段玉裁的注是：“此与矢部‘知’音义皆同，故二字多通用。锴（指徐锴，引者注）曰：‘亏亦气也。’按：从知会意，知亦声。”[④]《说文解字》又说：“𥎊，古文智。”《集韵·置韵》说：“智，或作知。”[⑤] 事实上，在古汉语里，的确有许多“知”通“智”的用法。如《周易·蹇》说：“见险而能止，知矣哉！”《论语·里仁》说：“里仁为美。择不处仁，焉得知？”陆德明释文：“知，音智。”

---

① 夏征农，陈至立主编．辞海（第六版彩图本）．上海：上海辞书出版社，2009. 2933.

② 汉语大字典编辑委员会编纂．汉语大字典（第二版九卷本）．成都：四川辞书出版社，武汉：崇文书局，2010. 2763～2764.

③ 汉语大字典编辑委员会编纂．汉语大字典（第二版九卷本）．成都：四川辞书出版社，武汉：崇文书局，2010. 2764.

④ （汉）许慎撰．（清）段玉裁注．说文解字注．上海：上海古籍出版社，1981. 137.

⑤ 汉语大字典编辑委员会编纂．汉语大字典（第二版九卷本）．成都：四川辞书出版社，武汉：崇文书局，2010. 2764.

《礼记·中庸》说："好学近乎知。"等等，这些引文里的"知"均通"智"。[①]

《汉语大字典》对"智"字字义的解释是：①智慧；聪明；②机智；谋略；③指聪明、有智慧的人；④知识；⑤通"知"，知道；⑥春秋时晋国地名，在今山西省永济县北；⑦姓。[②]《汉语大字典》对"𥏼"字的解释是同"智"。《说文·白部》："𥏼，识词也。"朱珔叚借义证："经典多用知为𥏼，间用智字以别之。"《正字通·矢部》："𥏼，古文智。"[③]《汉语大字典》对"𥏼"字的解释是：同"𥏼（智）"。《说文·白部》："𥏼，识词也。从白、从亏、从知。𥏼，古文𥏼。"[④] 2009年版的《辞海》则认为，"智"有聪明与智慧、智谋之义。如《孟子·公孙丑下》："王自以与周公孰仁且智？"此处"智"一般作"聪明"解。《淮南子·主术训》："众智之所为，无不成也。"《史记·项羽本纪》："吾宁斗智，不能斗力。"这两处的"智"一般作"智慧、智谋"解。[⑤] 综上所引可知："𥏼"字本是"智"的古体字，"知"与"智"二字在古汉语里常通用。正如朱珔所说："经典多用知为𥏼，间用智字以别之。"[⑥] 由"知"通"智"的事实可以看出，"知"与"智"二字的字义里都潜藏有"知而获智"的智慧观。

（2）出自先哲相关言论的证据。

通过上文对"知"与"智"这两个字的字形和字义的分析可知，中国传统文化里蕴含有"知而获智"的智慧观。更重要的是，在中国古代出现了明确主张"知而获智"智慧观的言论。假若说来自文字学上的证据只是一种"间接证据"的话，那么，出自先哲相关言论的证据既是一种"直接证据"，更是一种"铁证"。

在先哲阐述"知而获智"的相关言论里，其中颇为经典的阐述如下：据《论语·颜渊》记载："樊迟问仁。子曰：'爱人。'问知。子曰：'知人。'"《老子·三十三章》说："知人者智，自知者明。"这表明，儒家孔子与道家老子两人都有这样一种共同的思想：一个人只要善于知人（这个"人"中包括自己），善于鉴别人（这个"人"中同样包括自己），就是一个智者；反过来说，一个人若想成为智者，就要在日常生活里学会知人，学会鉴别人。这之中明显含有"知而获智"观，只不过一个人通过这种途径获得的智慧主要是下文所讲的"德慧"。《墨子·经说上》说："知也者，所以知也。"[⑦] 这里，第一个"知"同"智"，其意是：智生于知，知而获智，转知或识而成智。《墨子·经上》说："恕，明也。"[⑧]《墨子·经说上》的解释是："恕也者以其知论物，而其知之也

① 汉语大字典编辑委员会编纂．汉语大字典（第二版九卷本）．成都：四川辞书出版社，武汉：崇文书局，2010. 2764.

② 汉语大字典编辑委员会编纂．汉语大字典（第二版九卷本）．成都：四川辞书出版社，武汉：崇文书局，2010. 1628～1629.

③ 汉语大字典编辑委员会编纂．汉语大字典（第二版九卷本）．成都：四川辞书出版社，武汉：崇文书局，2010. 2769.

④ 汉语大字典编辑委员会编纂．汉语大字典（第二版九卷本）．成都：四川辞书出版社，武汉：崇文书局，2010. 2769.

⑤ 夏征农，陈至立主编．辞海（第六版彩图本）．上海：上海辞书出版社，2009. 2955.

⑥ 汉语大字典编辑委员会编纂．汉语大字典（第二版九卷本）．成都：四川辞书出版社，武汉：崇文书局，2010. 2769.

⑦ （清）孙诒让．孙启治点校．墨子闲诂．北京：中华书局，2001. 333.

⑧ （清）孙诒让．孙启治点校．墨子闲诂．北京：中华书局，2001. 310.

著，若明。"[①] "恕"不但是古"智"字[②]，而且是《墨子》里独有的字，此字字形从知、从心，这说明，从字形上看，墨家已有"心知为智"的思想，即"心中知道"是"智"的主要表现形式之一。[③] 进而言之，在墨家看来，一个人如果能够根据自己已有的知识去推知未知的事物，就能使自己拥有的知识越来越明确、显著和深刻；能够以这种方式做学问，并心怀"兼爱"的动机，也就达到智慧的层次。孟子在《尽心上》说："知者无不知也，当务之为急；仁者无不爱也，急亲贤之为务。尧、舜之知而不遍物，急先务也；尧、舜之仁不遍爱人，急亲贤也。不能三年之丧，而缌、小功之察；放饭流歠，而问无齿决，是之谓不知务。"[④] 孟子既相信智者无所不知，又认为智者之所以是智者，是因为他能够准确把握哪些事情是当前必须优先知道的，知道事情的轻重缓急。正如康有为在《孟子微》卷三《礼智第五》里所说："此言仁智无穷，而人之当先，则以当务急亲贤为先。当务，则时时不同，人人不同，要皆有当者。如吏之于政，士之于学，商之于货，工之于艺，农之于产，是其当务，其他虽有妙道，在所后也。皆指点人下手之处，故知迂阔而远事情，非儒者也。"[⑤] 《庄子·外物》说："心徹为知，知徹为德。"[⑥] 这表明《庄子》已有"心灵通徹是智，智慧通徹是德"[⑦] 的思想。《荀子·正名》也说："所以知之在人者谓之知，知有所合谓之智。"杨倞注："知之在人者，谓在人之心有所知者。知有所合，谓所知能合于物也。"西汉末期的思想家扬雄（前53—18）在《法言·问道》里说："智也者，知也。夫智用不用，益不益，则不赘亏矣。"其义是："凡物用之则亏，益之则赘。智者以不用为用，以不益为益。用而不用，是不亏也；益而不益，是不赘也。[⑧] 扬雄在《太玄·摛》里又说："见而知之者智也。"这显然是对"知而获智"观的一种简明解释。东汉刘熙在其所撰的《释名·释言语》[⑨] 里说："智，知也，无所不知也。"[⑩] 明确用"知"来释"智"，并认识到智者的知识极其丰富，这有一定的见地。当然，生活中不可能有在任何领域都"无所不知"的智者，只能说智者在其擅长的领域比一般人要知道得多。刘劭在《人物志·自序》里说："夫圣贤之所美，莫美乎聪明。聪明之所贵，莫贵乎知人。知人诚智，则众材得其序，而庶绩之业兴矣。"其主张"知人诚智"，这显然是继承了孔子与老子等人所讲的"知人者智"思想的结果。《河南程氏粹言》卷第一《论学篇》说："子曰：'致知则智明，智明然后能择。'"[⑪] 这显然也是对"知而获智"观的一种简明解释。据《陆九渊集》卷三十三《好学近乎知》记载，陆九

---

① （清）孙诒让．孙启治点校．墨子闲诂．北京：中华书局，2001. 334.

② （清）孙诒让．孙启治点校．墨子闲诂．北京：中华书局，2001. 310.

③ 燕国材．心理学思想史·中国卷．长沙：湖南教育出版社，2004. 412.

④ 杨伯峻．孟子译注．北京：中华书局，1960. 322.

⑤ 康有为．孟子微．楼宇烈整理．北京：中华书局，1987. 58.

⑥ 陈鼓应．庄子今注今译（第二版）．北京：中华书局，2009. 767.

⑦ 陈鼓应．庄子今注今译（第二版）．北京：中华书局，2009. 768.

⑧ 汪荣宝．陈仲夫点校．法言义疏．北京：中华书局，1987. 123.

⑨ 《释名》，训诂书。共27篇，分八卷。东汉刘熙撰。或说始作于刘珍，完成于刘熙。体例仿《尔雅》，而专用音训，以音同、音近的字解释意义，推究事物所以命名的由来，其中虽有穿凿附会之处，但于探求语源，辨证古音和古义，很有参考价值。

夏征农，陈至立主编．辞海（第六版彩图本）．上海：上海辞书出版社，2009. 2081.

⑩ 任继昉．释名汇校．济南：齐鲁书社，2006. 173.

⑪ （宋）程颢，程颐．王孝鱼点校．二程集．北京：中华书局，2004. 1191.

渊曾说："夫所谓智者，是其识之甚明，而无所不知者也。夫其识之甚明，而无所不知者，不可以多得也。然识之不明，岂无可以致明之道乎？有所不知，岂无可以致知之道乎？学也者，是所以致明致知之道也。向也不明，吾从而学之，学之不已，岂有不明者哉？向也不知，吾从而学之，学之不已，岂有不知者哉？学果可以致明而致知，则好学者可不谓之近智乎？是所谓不待辩而明者也。"① 在这段言论里，陆九渊继承前人"知而获智"的智慧观，主张一个人通过持续不断的学习来增长自己的知识，进而将之转换成智慧，从而将智慧、知识与学习三者之间的关系讲得颇为透彻。清人徐灏在《说文解字注笺·矢部》里说得更是简明扼要："智慧即知识之引申。"

2. 对"知而获智"智慧观的简要评价

（1）"知而获智"观的优点。

用现代心理学的眼光看，以"知"释"智"的智慧观具有两大显著优点：一方面，定义"智慧"的视角恰当。当代西方心理学中有两个最著名的智慧理论：一是以巴特斯（P. B. Baltes）为代表的柏林智慧模式；二是斯腾伯格提出的"智慧的平衡理论"。在柏林智慧模式看来，智慧是指"一种有关生命的重要且实用知识（the fundamental pragmatics of life）的专家知识（和行为）系统（an expert knowledge and behavior system），此专家知识系统内包括对复杂的、不确定的人类生活情境的杰出的直觉、判断和建议"②。具体地说，这种由有关生命的重要且实用的专家知识和行为系统构成的"智慧"包括五个子方面的知识：①有关生命的重要且实用的事实性知识；②有关生命的重要且实用的策略性知识；③有关生活情境和社会变化的知识；④有关考虑不确定性生活的知识；⑤有关考虑价值和生活目标的相对性的知识。③ 斯腾伯格对"智慧"的定义有一个不断完善的过程，其最新表述是：以价值观为中介，运用智力、创造性和知识，在短期和长期之内通过平衡个人内部、人际间和个人外部的利益，从而更好地适应环境、塑造环境和选择环境，以获取公共利益的过程。④ 这说明柏林智慧模式与斯腾伯格都是从知识的角度来定义智慧，都承认由知识可以获得智慧。当然，在巴特斯等人所生活的时代，心理学家对知识分类的看法已有显著进步，因此，他们都明确告诉人们，智慧的重要本质之一是程序性知识（内含元认知知识与默会知识），而不仅仅是陈述性知识。用柏林智慧模式与"智慧的平衡理论"进行观照，可以明显发现"知而获智"的智慧观在思想上与它们相暗通："知而获智"的智慧观注重从知识的角度来定义智慧，这不但显示出中国先哲的远见卓识，更重要的是，它的确在一定程度上揭示了智慧的本质，即任何智慧就其内在的组成成分看，必然包含丰富而实用的知识，换言之，智慧的重要成分之一本是知识，而不是其他东西。由于"知识"大都是可以教、可以学的（默会知识虽不能用讲授法来教，不能通过书本或口头传授来学，但教师仍可通过"示范法"来教，学生则可"做中

---

① （宋）陆九渊．钟哲点校．陆九渊集．北京：中华书局，1980. 372.

② Baltes，Paul B. & Staudinger，Ursula M. The search for a psychology of wisdom. *Current Directions in Psychological Science*，Published by Cambridge University Press，1993，2：p. 76.

③ Baltes，Paul B. & Staudinger，Ursula M. The search for a psychology of wisdom. *Current Directions in Psychological Science*，Published by Cambridge University Press，1993，2：p. 77.

④ Sternberg，R. J. Words to the wise about wisdom？ a commentary on Ardelt's critique of baltes. *Human Development*，2004，47：287.

学”)，这实际上就将“智慧”纳入了可以学、可以教的范围之内，涤除了罩在“智慧”身上的其他一切的神秘光环。这是“知而获智”智慧观的一个精髓之处。

另一方面，“知而获智”智慧观里蕴含有“转识成智”的思想。“转识成智”原为佛教用语，本义是指：一个人经历一系列的宗教修行，破除“我”、“法”二执，摆脱由“识”变现出来的现实世界而进入佛的天国的过程。[①] 这里仅借用唯识宗的“转识成智”一语，用来指称中国传统文化对“智慧”的一种重要而有价值的见解——变知识为智慧。由此可见，“转识成智”中的“转”字很关键，它明确告诉人们，“知识”与“智慧”之间本有一定距离，二者不是一回事，千万不可“以‘知’代‘智’”。同时，先哲虽然没有像波兰尼那样将知识明确区分为“明确知识”与“默会知识”两种类型，但是，先哲又明确看到了知识的不同类型。如《墨子·经说上》曾说：“知，传受之，闻也；方不障，说也；身观焉，亲也。”[②] 明确将“知”分为三种类型：“传闻之知”指得自他人传授的知识；“说知”指超越一般的可见之物或媒介，通过推论才获得的知识；“亲知”指个体自己通过亲身观察事物或亲身实践而获得的知识。[③] 为了避免“纸上谈兵”、“隔靴搔痒”、“言不尽意”等现象的发生，为了让人更好地做到“转识成智”，先哲一般鼓励学人要多“亲知”与“做中学”，也注重“以心传心”，这之中没有忽视默会知识在成就个体智慧中所起作用的思想。这是“知而获智”观的又一个精髓之处。此思想与斯腾伯格等人所讲的智慧观相暗通。

正由于“知而获智”的智慧观是一种既有较强科学性又具中国特色的智慧观，至今仍被中国人广泛使用。例如，中国中央电视台科学与教育频道（即第10频道）从2006年至2009年常用的一个题头语是“知而获智，智达高远”，明眼人一看就知道，这是继承了中国传统“知而获智”智慧观的结果。

（2）“知而获智”观的不足。

从论证方式上看，先哲大多未有意识地对“知而获智”观作系统而深刻的论述，往往只用只言片语论及它，使得关于智慧的这一重要见解在中国经典文献里时隐时现。除此缺陷外，“知而获智”智慧观还存在三点不足：

第一，未明言“转识成智”的途径与方法，易让人误将智慧与“渊博知识”相等同。

先哲已点明，一个人若想通过“知”而获得智慧，就必须做到善于“转识成智”，“知而获智”并没有将“知识”等同于“智慧”。但是，由于古汉语里的“知”与“智”可互通，且“知”往往既指“知”又指“智”；更重要的是，中国传统文化既没有告诉人们将“知”转变成“智”的有效途径或方法，也没有明确探讨默会知识与明确知识的主要差异，从而让一些没有真正掌握“知而获智”观真谛的人在操作层面上并不知如何才能“转识成智”，结果不但导致“转识成智”流于空谈，而且容易让一些对“知而获智”观一知半解的人产生将智慧与“渊博知识”相等同的误解。因此，只注重陈述性知识的学习，而不注重将陈述性知识创造性地转换成程序性知识，或者，仅重视明确知识

① 方克立．中国哲学史上的知行观．北京：人民出版社，1982. 120～121.

② （清）孙诒让．孙启治点校．墨子闲诂．北京：中华书局，2001. 350.

③ 燕国材．心理学思想史·中国卷．长沙：湖南教育出版社，2004. 88.

的学习，而不注重默会知识的学习，自然难以习得真正的智慧。就智慧的组成成分看，其内既有陈述性知识，更有程序性知识；既有明确知识，更有默会知识。之所以会这样，是因为先哲并没有明确而系统地探讨智慧与知识之间的联系与区别。关于智慧与知识之间的联系与区别将在下文探讨，这里不多论述。

第二，未看到在解决简单问题和复杂问题时个体内在心智加工过程的本质区别。

简单问题指个体仅凭记忆就能正确解决的问题。个体在解决简单问题时不需要运用复杂的心智加工过程，只要有相关的知识经验，若个体脑海里拥有足够的、牢固的相关知识经验，一旦“知”了，就能将问题解决掉，可见，个体在解决简单问题时所展现的只是“记忆力”，而不是真正意义上的智慧。复杂问题指个体脑海中没有现成的答案可用，而必须经过将脑海中的已有知识经验进行系列化的心智加工过程才能予以正确解决的问题。个体在遇到复杂问题时，仅凭记忆是解决不了的，必须运用复杂的心智加工过程，此中所展现出来的聪明才智才可能是真正意义上的智慧。“知而获智”观内虽暗含智慧的实质本是一种程序性知识，并且暗含智慧之内实包含有一系列的心智加工过程，但是，它又的确没有明确告诉人们，从心智加工历程看，智慧之内所包含心智加工过程的显著特点是“创新性”。个体若仅仅知道将陈述性知识转换成程序性知识的道理，而在做这种“转换”时无任何创新可言，总是按常规思维进行转换，那么仍是不可能真正拥有智慧的。这可以说是“知而获智”观的又一个不足之处。

第三，易让人将智慧误解为一种纯粹的认知概念。

在中国传统文化里，知识首先主要是指关于做人的知识，其次才指科学技术知识。在当代学术界，人们都相信：知识本包含自然科学知识和关于做人的知识。因此，无论是在古汉语的语境里，还是在现代汉语的语境里，“知而获智”观都已明确告诉人们：转“知”或“识”的确能够助人成就智慧。但是，在实际操作中，一些不理解“知而获智”智慧观真谛的人容易产生一种误解：以为此种“知”只是一种纯粹的认知概念，认为一个人只要拥有了“知”，并能够做到“活学活用”，也就拥有了智慧。正是在这种误解的影响下，“学好数理化，走遍天下都不怕”一语在当代中国学子中广为盛行，于是很多人进而低估道德知识的价值。而事实上，这种“知”需要善心的引导，因为从下文所讲的“智慧的德才兼备理论”角度看，真正意义上的智慧本是德与才的“合金”，纯粹认知领域的“聪明才智”只属于“才”，它既可助人为善，也可为虎作伥。所以，没有善心的引导与催化，只追求私利的“智”，那只能称作“小聪明”，不是真正意义上的智慧。一个人在做人过程中，只有在“人”字左边的一撇上写上“善心”（个体通过道德教育和自我心性修养功夫来培育自己的善心），在“人”字右边的一捺上写上“聪明才智”（体现在做人做事的过程中），“善心”与“聪明才智”和谐发展，才能构成一个真正意义上的智慧之人（如图 9－7 所示）。

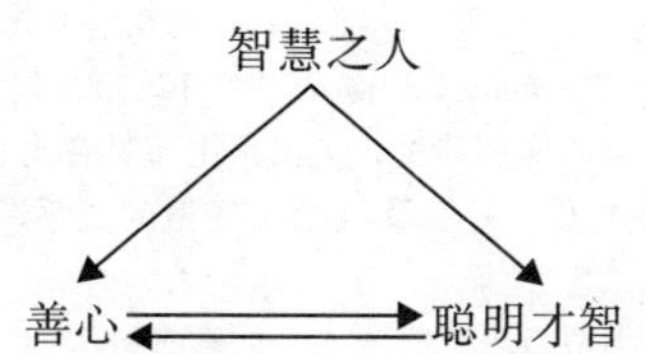

图 9－7　智慧之人与“善心”和“聪明才智”的关系示意图

由图9－7可知，一个人在“做人”过程中，如果不能妥善处理好“善心”与“聪明才智”的关系，势必会让自己成为一个“即便身体健全但心理有残疾的残疾人”。

如果此人未在左边的一撇上写上“善心”，而只在右边的一捺上写上“聪明才智”，那么，此人就是一个“缺少善心的聪明人”，这是一个“只有聪明才智而没有善心式的残疾人”。可见，一个人如果将智慧简单地看作是一种纯粹的认知概念，从而忽视智慧中本有的良知与善情成分，这将是对智慧的最大误解。此误解一旦根深蒂固，就不能保证个体正确、合理地使用其拥有的聪明才智或其已掌握的知识，个体一旦将其聪明才智或所掌握的知识用于恶的目的，最终必将“聪明反被聪明误”，像希特勒（Hitler）等人均是如此。①

假若此人只在左边的一撇上写上“善心”，而未在右边的一捺上写上“聪明才智”，那么，此人就是一个“愚蠢的善人”，这种“没有用的善人”当然也是一种“残疾人”。此种人往往只会“无事袖手谈心性，临危一死报君恩”，结果，“上”对国家的生存与可持续发展没有太大的益处，“中”对社会性单位的生存与可持续发展没有太大的益处，“下”对自己的家庭和个人的生存与可持续发展没有太大的益处，其极端者简直是“一无用处”。

（二）智慧的德才兼备理论

“智慧的德才兼备理论”是我们在继承中西经典智慧观的基础上，通过九年多（自2004年春季起一直延续至今）的研究，逐步建构和完善起来的一种具有中国文化特色的本土化智慧心理学理论。② 所谓智慧的德才兼备理论，是指从德才兼备的角度界定智慧，主张良好品德与聪明才智的有机统一乃是智慧本质的一种理论。它的核心观点主要包括如下四个相互关联的内容：

1. 对智慧的新界定

在借鉴已有多种“智慧”定义的精髓③上，根据我们近几年所作研究的成果，我们将2007年所提出的“智慧”定义不断优化，④ 于是就有了如下对“智慧”的最新定义：

个体在其智力与知识的基础上，经由经验与练习习得的一种德才兼备的综合心理素质。个体一旦拥有这种综合心理素质，就能让其在身处某种问题情境中做到适时产生下列行为：个体在其良心的引导下或善良动机的激发下，及时运用其聪明才智去正确认知和理解所面临的问题，进而采用正确、新颖、灵活、巧妙，且最好能合乎伦理道德规范的手段或方法高效率地解决问题，并保证其行动结果不但不会损害他人的正当权益，还

---

① Sternberg. R. J. *Why smart people can be so foolish*. European Psychologist, 2004, 9 (3): pp. 145－150.

② 读者若对“智慧的德才兼备理论”感兴趣，详细内容请参阅：Wang Fengyan & Zheng Hong . A new theory of wisdom: integrating intelligence and morality, *Psychology Research* , 2012, 2 (1): pp. 64－75.

汪凤炎，郑红．智慧心理学的理论探索与应用研究．上海：上海教育出版社，2013.

③ 陈浩彬，汪凤炎．智慧：结构、类型、测量及与相关变量的关系．心理科学进展，2013，21（1）：108～117.

④ 郑红，汪凤炎．论智慧的本质、类型与培育方法．江西教育科研，2007（5）：10～13.

汪凤炎．中国传统德育心理学思想及其现代意义（修订版），上海：上海教育出版社，2007. 140.

能长久地增进他人或自己与他人的福祉。

根据此定义，若用一个示意图来表示智慧，则如图 9 – 8 所示。

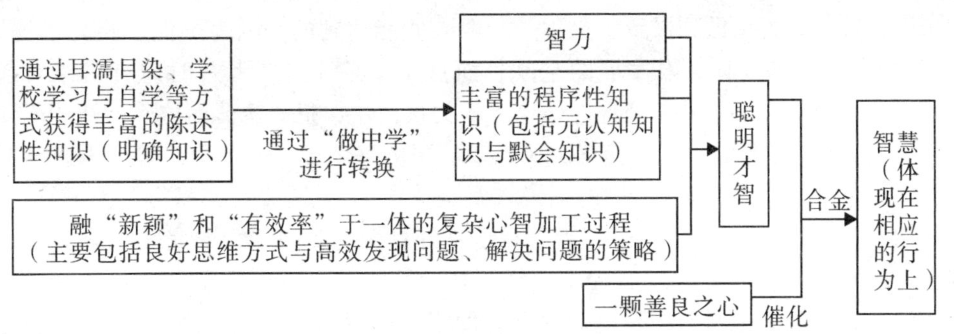

图 9 – 8　“智慧的内涵”示意图

根据图 9 – 8 所示，假若用一个公式来表示智慧，那么，这个公式就是：良好品德（或一颗善良之心）＋聪明才智＝智慧。这意味着，德才兼备方是智慧。换言之，智慧就是良好品德与聪明才智的完美“合金”。如果用开小汽车为例作个形象的比喻，可将“智力”比作小汽车的整体结构与性能，将“实用知识”比作汽油，将“融新颖和有效率于一体的复杂心智加工历程”比作驾驶员开车的技术，将“良心”比作驾驶员的良心。因此，在通常情况下，“QQ 车”肯定跑不过“宝马车”。因为在汽车的整体结构与性能上，QQ 车“天生”就不如宝马车。不过，宝马车虽整体结构与性能优于 QQ 车，但如果没有汽油，那肯定也跑不过拥有满箱汽油的 QQ 车。进而言之，宝马车虽然车况好，也加满了油，但若驾驶员的开车技术差，那也不一定能跑过车技良好的人开的 QQ 车。一个车技良好的人驾驶一辆车况良好、装有满箱汽油的宝马车，是不是一定就能开好宝马车呢？答案也不一定是。因为他如果没有良好的道德修养，既不知珍惜他人的生命，也不知珍惜自己的生命，喝醉酒后仍要开宝马车，且凭着酒劲还开飞车，可能正因为宝马车性能太好，而导致其死得更快。与此同理，一个智商在 70 以下的人是不可能拥有高智慧的。一个人即使拥有正常乃至超常的智商与一颗善良之心，若没有足够的实用知识，其智商、思维方式和善良的效用往往也会大打折扣。生活里一些心地善良、智力与思维正常的普通民众，之所以一般只拥有小智慧而没有大智慧，重要原因之一就是他们没有足够的实用知识。同时，个体所拥有的聪明才智若没有良心的指引，也极易沦为为虎作伥的工具。像中国历史上的吴起与李斯之徒，虽然才高八斗，却将品德视作毫无用处的东西，不注重修德，只知道运用自己的聪明才智一味地去追求所谓的成功，结果前者虽成长为一代名将，后者也曾贵为秦国的宰相，但最后两人都不得好死，两人的人品也为后世有良知的人所不齿。可见，真正智慧的人，关键之处不在于他能解决问题，而在于他总能正确地做事情。这里的“正确”主要是指“善”。所以，《孝经 · 圣治章》说得好：“子曰：……不在于善，而皆在于凶德，虽得之，君子不贵也。”①

① 胡平生译注. 孝经译注. 北京：中华书局，1996. 20.

也许有读者会说："智慧是良好品德与聪明才智的完美'合金'，这就意味着'智慧'是一种极平常的心理素质，实际上也就消解了'智慧'，让人体会不到'智慧'的'高贵品质'。"此观点乍看有一定道理，实际上并不正确。一方面，将智慧视作良好品德与聪明才智的完美"合金"，丝毫没有降低智慧的"身价"。因为此话看似平常，实则做起来颇有难度，若想做到极致，更不是一般人所能达到的。因为不但"良好品德"与"聪明才智"二者都各有无限发展的空间，而且，还必须将二者及时地有机结合起来。生活中一些人正是由于未妥善处理好德与才的关系，才常犯"德薄而位尊，智弱而谋远，力小而任重"（南怀瑾语）三大错误。所以，若模仿《老子·七十章》里"吾言甚易知，甚易行。天下莫能知，莫能行"① 的话说，就是："吾言甚易知，甚易行。天下绝大多数人莫能知，莫能行"。另一方面，将智慧视作良好品德与聪明才智的完美"合金"，进而根据良好品德与聪明才智的发展程度，将智慧分为小智慧、中智慧、大智慧三个等级，不但使智慧教育能够做到循序渐进，而且有助于个体智慧的生成。因为个体一旦知道智慧只是良好品德与聪明才智的完美"合金"，而不是什么高深莫测的东西，就能增强学习智慧的自信与自觉。

可能又有人会说，智慧是一个内涵极其丰富的概念，将它说成是"良好品德与聪明才智的'合金'"，是否会遗漏某些重要的心理成分？例如，智慧本身包含有智力（广义）方面的因素和非智力方面的因素，但非智力方面的因素是否仅仅是"德"？这点值得商榷。像"心理弹性"（mental elasticity）、"心理抗压能力"、"情绪管理能力"或"情绪智力"等似乎也是智慧的一部分，但未必属于"德"的范畴，是否有必要从心理管理方面探讨智慧的结构成分的问题？对于这种质疑，我们的回答是：情绪管理能力或情绪智力属于中性概念，仍将它归入"聪明才智"的范畴。至于"心理弹性"与"心理抗压能力"则是一种综合能力，只有那些同时具备良好品德和一定聪明才智的人，才能拥有良好的"心理弹性"与"心理抗压能力"，所以，仍可将它们进一步分解成良好品德与聪明才智两个方面来阐述。

2. 对智慧结构的新看法

根据上文所述，"良好品德与聪明才智的'合金'"乃智慧的本质，同时，一套独特的发现问题与解决问题的策略以及相关的能力，实际上也可看成是一套独特的思维方式。因此，若将"图9－8 智慧的内涵示意图"作进一步的归纳与细化，可以将智慧的结构作图9－9式的表述：

① 陈鼓应. 老子注译及评介（修订增补本）. 北京：中华书局，2009. 314.

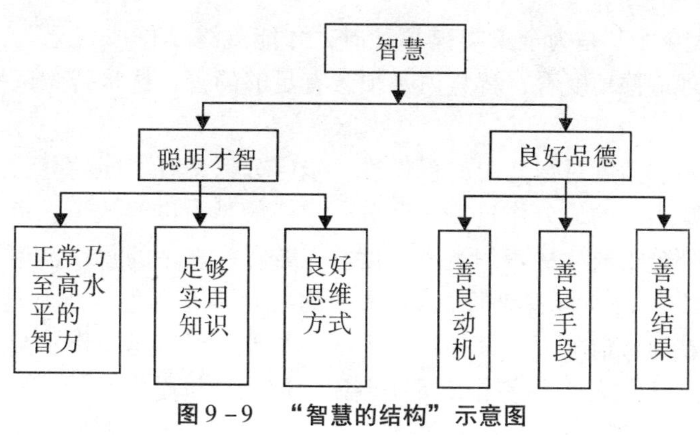

图 9-9 "智慧的结构"示意图

根据图 9-9，可以将智慧的结构作如下具体阐述：

（1）智慧内必须含有足够的聪明才智。

由于智慧在本质上是良好品德与聪明才智的"合金"，所以，智慧之内必定包含有足够的聪明才智，这样才能保证个体在身处某个复杂问题情境时，能够做到正确认知和理解所面临的复杂问题，进而采取正确、新颖、灵活、巧妙且最好能合乎伦理道德规范的手段或方法去高效率地解决复杂问题。若将这种聪明才智作进一步的分解，它主要由三部分构成：①正常乃至高水平的智力；②足够的实用知识（包括元认知知识与默会知识在内）；③良好的思维方式（内含善于发现问题与高效解决问题的策略）。这意味着，个体的这些聪明才智主要是在其液态智力的基础上，对经由后天学习而获得的晶体智力、实用知识与良好的思维方式进行恰当整合后形成与发展起来的。

（2）智慧内必须含有足够的善。

由于智慧在本质上是良好品德与聪明才智的"合金"，所以，智慧之内一定还包含一颗善良之心，这样才能保证个体在身处某个复杂问题情境时，能够做到将"保证其行动结果不但不会损害他人的正当权益，还能长久地增进他人或自己与他人的福祉"既作为自己行动的初衷，又作为自己行动所追求的最终目标。这里所讲的善良之心，简称为良心。2009 年版《辞海》对良心的定义是：人们对自己行为的是非、善恶的自我反省和认同道德责任的自觉意识、心理机制。它是一定的道德认识、道德情感和道德意志在个人意识中的统一，是社会道德教育和道德修养的结果，属于社会的、具体的历史范畴。其作用主要表现在行为主体的内在制裁和祛恶向善。[①] 我们将"良心"定义为：一个人分辨是非善恶的智能，连同一种有爱心并最好能公正地行动或做一个善良并最好能公正的人的义务感或责任感（这种义务感或责任感在一个人做了好事时常能使人从内心产生愉快或幸福感之类的积极情绪，而在做了坏事时常能使人从内心体验到羞愧、内疚、悔恨或有罪之类的负面情绪），以及相应的行为方式。[②] 这意味着，即便是其内蕴含有融新颖、有效率、巧妙于一体的复杂心智的加工历程的程序性知识，也不一定就能够称得上是智慧，因为它还可能只是一种"冷冰冰的东西"，从而既可助人为善，也可为虎作伥；只有当它再加上善良之心（内含善情与善良意志以及人文关怀）这个"药引"或"催化

---

① 夏征农，陈至立主编．辞海（第六版彩图本）．上海：上海辞书出版社，2009. 1375.

② 汪凤炎，郑红．荣耻心的心理学研究．北京：人民出版社，2010. 46.

剂”，并指向为大众尤其是为全人类谋福祉时，才能最终“修成正果”，即转换成智慧。由此可见，从伦理道德角度看，智慧内必须含有足够的善，这是智慧区别于其他概念的一个重要前提。

当然，若从不同角度对智慧中的善作进一步区分，又有不同的分法。从构成成分的角度看，若将智慧中善的成分作进一步区分，它一般是由道德认识、道德情感、道德意志和道德行为四部分组成。从善的类型角度看，若将智慧中的善作类型划分，这些善主要有三种：动机上的善（善良动机）、效果上的善（具有利他或既利他又利己的效果）与手段上的善。在通常情况下，只有对“手段上的善”可以迅速作出判断，而对“动机上的善”与“效果上的善”不易作出准确判断，因为动机是内在的，外人不易准确觉察与判断；而行动结果的好与坏往往要通过“时间”这个无情“老人”来检验，在短时间内能获得好的效果并不意味着从长远眼光看也有好效果，反之亦反。

在理想情况下，称得上智慧的心理素质，其内一定兼有动机上的善、手段上的善和效果上的善；退而求其次，称得上智慧的心理素质，其内一定兼有动机上的善和效果上的善；再退而求其次，称得上智慧的心理素质，其内一定要有动机上的善。完全不包含善的心理素质绝不是智慧，完全不包含善的行为绝不是智慧行为。因此，若迫不得已，可综合权衡“动机上的善”和“效果上的善”，然后在各种“手段”上作一个最佳选择，为此，有时甚至不得不暂时牺牲“手段上的善”。换言之，在某些特殊情况下，为了追求动机的善和效果的善而不惜牺牲手段的善，仍是道德的或善的。例如，在美国大片《拯救大兵瑞恩》（*Saving Private Ryan*）中，若从手段上看，不惜牺牲其他八名美军士兵的性命去救一位名叫詹姆斯·瑞恩的美军士兵的性命，这显然是不道德的，因为每个人的性命都值得珍惜。但是，美军上级之所以做出这种决定，是鉴于瑞恩兄弟四人都上了战场，并且，现在只剩下瑞恩一人还活着，瑞恩的其他三个兄长都已为国捐躯，若瑞恩再战死，瑞恩一家就断子绝孙了。为了不让这位不幸的母亲再承受丧子之痛，美国作战总指挥部的将领决定派一支特别小分队，将她仅存的儿子瑞恩安全地救出战区，让其平安回家，这是一个善良的动机。从效果上看，一旦将瑞恩拯救出来，这对于维护美国人所推崇的平等、民主、自由、公正之类的价值观是有利的。综合这几方面权衡，得出结论，拯救大兵瑞恩是善的。另外，也需指出，在某些特殊情况下，为了追求动机的善和效果的善而不惜暂时牺牲手段的善，虽然这样做仍是道德的或善的，不过，切记它是不得已而为之的行为，千万不能在“动机善、效果善与手段善三者可兼得”的情况下一味地牺牲手段的善；也不可有如下错误想法：只要动机是善的、目标是善的，或者动机与目标都是善的，就可采取一切手段（包括极其卑劣或残暴的手段）去达成目标的善，哪怕为此而不惜牺牲手段的善。

3. 对智慧的新分类

（1）人慧与物慧。

第一，人慧与物慧的定义。

依据智慧里所包含的才能的性质不同，将智慧分为“人慧”与“物慧”两大类型。“人慧”（wisdom in humanities & social sciences）是指个体在其智力与人文社会科学知识的基础上，经由经验与练习习得的一种德才兼备的综合心理素质。个体一旦拥有这种综合心理素质，就能让其身处某种复杂人文社会科学问题情境时，能够适时产生下列行为：

个体在其良心的引导下或善良动机的激发下，及时运用其在人文社会科学领域展现出来的聪明才智去正确认知和理解所面临的复杂人文社会科学方面的问题，进而采用正确、新颖、灵活、巧妙，且最好能合乎伦理道德规范的手段或方法高效率地解决这些人文社会科学方面的复杂问题，并保证其行动结果不但不会损害他人的正当权益，还能长久地增进他人或自己与他人的福祉。由此可见，“人慧”有广义与狭义之分。狭义的“人慧”指个体或集体在处理复杂人文社会科学问题时展现出来的智慧；与之相对的是下文将阐述的“物慧”一词。广义的“人慧”指人类的智慧（human wisdom）。换言之，广义的“人慧”是“人类智慧”的简称；与之相对的是“动物的智慧”（animal wisdom）和“神的智慧”（god wisdom or divinity wisdom）。当然，限于本书旨趣，若无特别说明，本书所讲的智慧均指人类的智慧，而非动物的智慧或神的智慧；并且，本书所讲的“人慧”均是指狭义的“人慧”；而用“人类智慧”或“人类的智慧”来指称广义的“人慧”。

同时，罗希（Rosch，E.）提出的原型说（prototype theory）告诉人们：概念主要是以原型即它的最佳实例来表示的，人们主要是从最能说明概念的一个典型实例来理解概念的。[①] 从这个角度看，孔子、甘地（Gandhi）与马丁·路德·金（M. L. King）[②] 等人可以视作人慧者的原型，孔子、甘地与马丁·路德·金等人身上展现出来的智慧可以视作人慧的原型。因此，典型的人慧者一般是“人文社会学家 + 良好道德品质或善人”的“合金”。

按理说，由于人文社会科学里包含多种学科，相应地，也包括多方面的聪明才智，例如，人际沟通才华、文学才华、美术才华与音乐才华就是四种有较大差异的才华。这样，每一种聪明才智与善的合金，就能在人慧中产生一种新的智慧子类型。于是，“人慧”本身又包括“德慧”、“语慧”（在口头语言或书面语言表达上展现出来的智慧）与“艺慧”（在艺术领域展现出来的智慧）等多种子类型，它们之间的细微差别主要体现在各自需要某种特定的聪明才智上；并且，各种子类型的人慧均有其应有价值。但是，受儒学的深刻影响，中国传统文化有浓厚的尚“德”色彩，导致中国传统文化虽是一种多元文化，但其中道德文化扮演十分重要的角色。与此相一致，在中国历史上，许多人非常重视“做人”问题，并多将历史、文学、美术、音乐、书法等与人心密切相关的其他人文社会科学看作是人生问题的衍生物或“雕虫小技”。一个人若在做人方面乏善可陈，那往往会成为其妥善处理人文社会科学领域问题的严重阻碍，也会影响他人对其在人文社会科学领域所展现出来的聪明才智的认可，正所谓：“德存则存，德亡则亡”。在此背景下，在诸种类型的人慧中，中国人最终独独挑出了“德慧”并加以大力倡导，对于其他类型的“人慧”则不予深究，结果，许多中国人最终将“人慧”与“德慧”相等同。

何谓“德慧”？它是“道德智慧”（moral wisdom）的简称，是指个体在其智力与道德知识的基础上，经由经验与练习习得的一种德才兼备的综合心理素质。个体一旦拥有这种综合心理素质，就能让其在身处某种复杂人生问题情境时，能够适时产生下列行为：个体在其良心的引导下或善良动机的激发下，及时运用其做人方面的聪明才智去正确认

---

① Rosch，E.（1975）. Cognitive Representations of Semantic Categories. *Journal of Experimental Psychology*：*General*，Vol. 104，No. 3，pp. 192－233.

② 从1986年起，美国政府把每年1月第三个星期一定为马丁·路德·金诞辰日，成为联邦法定假日。

知和理解所面临的复杂人生问题，进而采用正确、新颖、灵活、巧妙且最好能合乎伦理道德规范的手段或方法高效率地解决复杂人生问题，并保证其行动结果不但不会损害他人的正当权益，还能长久地增进他人或自己与他人的福祉。① 由此可见，典型的德慧者一般是“良好道德品质或善人 + 人事之智”的“合金”。

同时，妥善借鉴《墨子·大取》中“爱人不外己，己在所爱之中”② 和梁漱溟将人世间的问题分为“人对物的问题”（物质生活方面的问题）、“人对人的问题”（社会生活方面的问题）和“人对其自身的问题”（精神生活方面的问题）三大类③的思想，从德慧解决的复杂人生问题主要是涉及主我—客我关系还是人—我关系或物—我关系角度看，德慧可细分为“个体对待自己的智慧”（简称为“待己智慧”，英文译作“wisdom in treating I - me”）、“个体对待他人的智慧”（简称为“待人智慧”英文译作“wisdom in treating others - me”）与“个体对待他物的智慧”（简称“待天智慧”，英文译作“wisdom in treating nature - me”）三种子类型。“待己智慧”解决的主要是主我（I）与客我（me）之间的复杂关系，在这方面，中国人和中国文化追求的最高境界是个体通过接受良好的道德教育与进行长期的自我心性修养，让自己真正达到“从心所欲，不逾矩”的自由境界；“待人智慧”解决的主要是自我（self）与他人（others）、社会（society）和国家（country）等之间的复杂关系，在这方面，中国人和中国文化追求的最高境界是个体通过自身努力，能够早日达到“人我合一”的境界；“待天智慧”解决的主要是自我与除人之外的外界其他客观事物之间，尤其是自我与自然环境（nature）之间的复杂关系，在这方面，中国人和中国文化追求的最高境界是个体通过自身努力，能够早日达到“天人合一”的境界。如果将这三者融会贯通，达到通天、地、人的境界，那便是大儒。所以，《法言·君子》说：“通天、地、人曰儒（注：道术深奥。），通天、地而不通人曰伎（注：伎艺偏能。）”④

物慧（natural wisdom）是指个体在其智力与自然科学知识的基础上，经由经验与练习习得的一种德才兼备的综合心理素质，个体一旦拥有这种综合心理素质，就能让其身处某种复杂自然科学与技术问题情境时，适时产生下列行为：个体在其良心的引导下或善良动机的激发下，及时运用其在自然科学研究领域展现出来的聪明才智去正确认知和理解所面临的复杂自然科学与技术方面的问题，进而采取正确、新颖、灵活、巧妙，且最好能合乎伦理道德规范的手段或方法高效率地解决这些自然科学与技术方面的复杂问题，并保证其行动结果不但不会损害他人的正当权益，还能长久地增进他人或自己与他人的福祉。依据原型说，爱因斯坦可以视作物慧者的原型，爱因斯坦身上展现出来的智慧可以视作物慧的原型。⑤所以，典型的物慧者一般是“自然科学家 + 良好道德品质”的“合金”。

---

① Wang Fengyan & Zheng Hong（2012）, A New Theory of Wisdom：Integrating Intelligence and Morality, *Psychology Research*, Vol. 2, No. 1, p. 71.

② （清）孙诒让．孙启治点校．墨子闲诂（下）．北京：中华书局，2001：405.

③ 梁漱溟．东西文化及其哲学．北京：商务书馆，1999：19.

④ 汪荣宝．陈仲夫点校．法言义疏．北京：中华书局，1987：514.

⑤ Wang Fengyan & Zheng Hong（2012）. A new theory of wisdom：integrating intelligence and morality, *Psychology Research*, 2（1）：pp. 71 - 72.

第二，人慧与物慧的区别。

人慧与物慧的区别主要体现在以下七个方面：

①人慧与物慧涉及的“才能”或“能力”的性质不同。

依人慧的定义，人慧主要体现在处理复杂人生问题及其衍生物之上。如果一个人在处理复杂人文社会科学领域的问题的过程中，能从善的动机出发，能经常展现出正确、新颖、灵活，且最好能合乎伦理道德规范的高效解决问题的方式，同时，其结果一般不但不会损害他人的正当权益，还能长久地增进他人或自己与他人的福祉，往往就能赢得“有智慧”（实际上是有人慧）的评价。依物慧的定义，物慧主要体现在处理复杂自然科学与技术问题上。一个人在处理复杂自然科学与技术问题的过程中，若从善的动机出发，能经常展现出正确、新颖、灵活，且最好能合乎伦理道德规范的高效问题解决方式，同时，其结果一般不但不会损害他人的正当权益，还能长久地增进他人或自己与他人的福祉，常常就能赢得“有智慧”（实际上是有物慧）的评价。

由此可见，作为智慧之下两个子类型的人慧与物慧的根本区别是二者之内所包含的“才”的性质有差异：人慧里的“才”主要是指人文社会科学领域的才能；物慧里的“才”主要是指“科技才能”。因此，德慧并不表现为个人投机钻营式的“理性狡侩”和在人我关系上权衡利害得失的聪明，也不是聪明人“舍此求彼”、“舍近求远”式的“远虑”或“机智”，而总是表现为对待和处理人际社会利益关系时的不计个人利害得失的大智大睿，显示出为人处世的明智和“泰然行将去”的大家气象。这在一般人的眼光中便是“大智若愚”。所以，人慧又是同人所具有的致广大、致深远的情怀和气度紧密相关的，是一个人站得高、看得远所显示的理性光辉。从这一意义上说，人慧就是人作为主体超越自我以至最大限度地完善自我、他人和社会的大智慧。①

②人慧与物慧的首要属性有差异。

人慧的首要属性是一颗高水平的善良之心，然后才兼有创造性。若用一个数学公式来形象地展现人慧的心理要素，那就是：

$$Wh = C \times Ch$$

其中，Wh 是英文“wisdom in humanities & social sciences”的缩写，意指“人慧”；“C”是英文“conscience”的第一个字母，指“（一个人的）良心”；“Ch”是英文“creativity in studying humanities & social sciences”的缩写，指“一个人在处理复杂人文社会科学问题中展现出来的创造性”；“×”表示乘法。在此公式中，对“良心的发展水平”的要求相对较高，即要求有高水平的良心；在同一创造性水平上，一个人在解决复杂人文社会科学问题时越有高水平的良心，其德慧的水平则越高；而对“一个人在处理复杂人文社会科学问题中展现出来的创造性”的要求相对不高，即只需要有一定的创造性（当然，创造性越高也越好）。不过，如果一个人只有高水平的良心，但在处理复杂人生问题时不能展现出一点创造性，那就只能算是一个“善人”，而不能算是一个拥有人慧的人（因为其人慧 = 高水平的良心 ×0 =0）。

① 龙兴海．论道德智慧．湖南师范大学社会科学学报，1994（4）：37.

与此不同的是，虽然一个人在处理纯粹的自然科学与技术问题的过程中也不能突破绝大多数善良的人所认可的伦理道德底线，否则会遭到有良心之人的责备，若一意孤行，最终定将沦落为历史的罪人；但是，在符合绝大多数善良之人所认可的基本伦理道德规范的前提下，判断一个人是否有物慧的首要条件，是看他或她在面临一个个复杂自然科学与技术问题时，能否经常向人展现出正确、新颖、灵活、巧妙且高效率的问题解决方式：若能经常展现出来，获得“有智慧”评价的概率就会增大；若不能经常展现出来，获得“有智慧”的评价的概率就会变小。因此，若用一个数学公式来形象地展现物慧的要素，那就是：

$$Wn = Cn \times C$$

其中，Wn 是英文“natural wisdom”的缩写，意指“在解决复杂自然科学与技术问题时展现出来的智慧”，简称为“物慧”；“Cn”是英文“creativity in studying natural sciences”的第一个字母，指“一个人在研究自然科学与技术问题中展现出来的创造性”；“C”是英文“Conscience”的第一个字母，指“（一个人的）良心”；“×”表示乘法。在此公式中，对良心的要求相对而言要低一些，即良心水平只要“在绝大多数善良的人所认可的伦理道德底线之上”即可，当然，良心的发展水平自然也是越高就越好的；对“一个人在解决复杂自然科学与技术问题时展现出来的创造性”的要求较高，即要经常在处理复杂自然科学与技术问题中展现出一定的创造性，当然，展现出来的创造性的水平越高自然也就越好；在同一良心水平上，一个人在解决复杂自然科学与技术问题时越有创造性，其物慧的水平就越高。不过，假若一个人在解决复杂自然科学与技术问题时只有高创造性，却良心泯灭，那也不能称作一个真正拥有物慧的人（因为其物慧 = 高创造性 ×0 =0），而只能算是一个纯粹的高智商者或一个具有“小聪明”的人。由此可见，物慧的首要属性是创造性，但也要兼有一颗善良之心。

当然，一个人如果既非常有善心，又非常善于用正确、新颖、灵活、巧妙的方式来高效地解决复杂人文社会科学问题或复杂自然科学与技术问题，且其行动结果能给绝大多数人增进福祉，那么他或她就拥有大智慧了。

③衡量“人慧”与“物慧”的标准有差异。

衡量一个人是否有“人慧”的标准有二：

一是，至少有超越伦理底线的品德，当然品德越高越好。从“伦理道德谱系”的角度看，不同的伦理道德规范或品德在伦理谱系里往往处于不同的位置。怎样确定“伦理道德的底线”呢？综合中外伦理道德思想史及做人的实践，大致而言，一切积极意义的伦理道德规范（如“爱人”）及其背后所蕴含的相应道德品质（如“具有爱人的品质”）的实行都必须满足一定的前提条件，但现实生活里未必每个人都有相应的条件来实行，[①] 例如，一个人若想爱人，不但要有一颗爱心，还应具备最基本的爱人条件，否则，“爱人”就会变成一句空话。所以，在伦理道德谱系里，较之一切消极意义的伦理道德规范（如“不损人”）及其背后所蕴含的相应道德品质（如“具备不损人的品质”），一切积

① 杨伯峻译注．论语译注（第二版）．北京：中华书局，1980. 167.

极意义的伦理道德规范及其背后所蕴含的相应道德品质都处于较高甚至很高的位置。一切消极意义的伦理道德规范由于只从反面折射出“善”，而不是直接对真正意义上的“善”作规定，并且它的实施往往只需基本的条件，甚至无须任何条件，而是人人都能做到，故而在伦理道德谱系上，消极意义的伦理道德规范都处于积极意义的伦理道德规范之下。消极意义的伦理道德规范有很多，“不麻烦人”或“不给人添麻烦”就是一条消极意义的伦理道德。在诸种消极意义的伦理道德里，宜将“不损人”视作“伦理道德的底线”。因为“不损人”不但是人人都可以做得到的，具有普世性，而且，一旦一个人在做人时突破了它，沦落到它之下，往往就会给他人或自己造成损害，也就伤害了自己的德性。而像“不麻烦人”虽也是消极道德，其序列位置却在“不损人”之上。因为一个人即便时常给人“添麻烦”，但这些“麻烦”也可能并不损人。所以，在做人过程中，有较高道德修养的人往往能够做到“不麻烦人”，至少不经常“给人添麻烦”，但退一步讲，一个人即便偶尔给人添麻烦，甚至经常给人添麻烦，只要这些麻烦不会给当事人带来损害，仍是无伤大雅的。同时，妥善借鉴《墨子》“爱人不外己，己在所爱之中”[①] 的思想以及中西方人本主义思想，“不损人”中的“人”既包括“他人”也包括“自己”，这意味着，“不损人”的含义是既不损害他人，也不损害自己。个体在做人过程中如果时刻牢记“不损人”的“金科玉律”并身体力行，就表明其良心水平已在绝大多数善良的人所认可的伦理道德底线之上了。在此前提下，个体若能继续持之以恒地提高自己的道德修养，即便终身只停留在“不损人”上，也不会影响其智慧的生成。

二是在人文社会科学的某一领域至少要展现一定的聪明才智，当然聪明才智越高越好。这里讲的“聪明才智”，简称为“聪明”。何谓“聪明”？据 2009 年版《辞海》解释，其义有二：①视听灵敏。《管子・内业》：“耳目聪明，四枝（肢）坚固。”亦指视听、闻见。②聪敏；有智慧。《管子・宙合》：“聪明以知，则博。”[②] 很显然，本书所用的“聪明”的含义类似于《辞海》所讲的“聪敏”，却不等同于“智慧”。但是，“聪敏”仍是一个需要再作界定的概念。亚当・斯密说得好：“平常的智力之中无才智可言。”[③] 这一思想颇有见地。因此，如果要下一个操作性定义的话，那么，这里讲的“聪明”类似于现代心理学基于“智力的 CHC 理论”基础让所讲的“高智商”的概念，即智商分值高于 120。如果一个人的智商在 120 分以上，那就属于聪明的人；若其智商在 140 分以上，那就是超常聪明者。当然，现代智力测验主要是测量个体偏重于自然科学领域的智力，人慧里展现出来的聪明才智则主要是偏重于人文社会科学领域的聪明才智，所以，在衡量一个人在人文社会科学领域所展现出来的聪明才智时，并不能完全用现在通行的韦氏智力量表的第四版去测量。综上所述，一个人的心理素质只要同时满足上述两项标准，就拥有了人慧。

与此不同的是，衡量一个人是否有“物慧”的标准有二：一是在自然科学领域至少要展现出一定的聪明才智，当然越高越好。如前文所述，本书讲的“聪明”类似于现代心理学所讲的“高智商”的概念，即智商分值高于 120。对“聪明”的这一界定同样适

---

① （清）孙诒让．孙启治点校．墨子闲诂．北京：中华书局，2001. 405.

② 夏征农，陈至立主编．辞海（第六版彩图本）．上海：上海辞书出版社，2009. 342.

③ ［英］亚当・斯密．道德情操论．蒋自强等译．北京：商务印书馆，1997. 26.

用于此，只不过，与人慧的聪明才智主要是偏重于人文社会科学领域不同，物慧里展现出来的聪明才智主要偏重于自然科学领域。二是至少有超越伦理底线的品德，当然品德越高越好。一个人的心理素质只要同时满足这两项标准，就拥有了物慧。

④人慧与物慧里所具有的“客观性”与“主观性”的成分的比例大小有差异。

人慧里包含的主要是做人的智慧，做人虽也要遵循某些超越时空界限、表现极稳定的普世性规则（像仁爱、公正、宽恕与责任等），但也带有明显的文化相对性和个体差异性。因为一定时代、某一具体国家或地区民众所普遍认可的伦理道德规范往往都具有时代性与民族性等特点，这必然导致存在于某一具体时代的某一具体国家或地区的民众所习得的品性具有一定的时代性与民族性；同时，生活在同一时代、同一国家或地区的民众，虽然绝大多数人所追求的核心价值观或所认可的基本伦理道德规范是大致相同的，不过，在此前提下，不同人因其兴趣、爱好、价值观、人生观和世界观的差异，导致彼此之间所认可的伦理道德规范体系也不完全相同，进而导致不同人所习得的品性也不尽相同。因此，人慧在本质上是主观的，它虽有一定的客观性、普世性，但更具文化相对性和个体差异性。

与此不同，物慧里包含的聪明才智说到底是要符合自然界中客观事物的内在规律。虽然自然界中的客观事物的内在规律也要有人去发现、去建构，这使得物慧也带有一定的主观性，但是，相对于人慧而言，物慧里拥有的“客观性”更多，这导致物慧不因任何人的意志、兴趣、爱好等主观因素而转移，因而也不受文化因素的影响，具有浓厚的普世性。

⑤人慧与物慧和人心的关系不同。

人慧是在解决复杂人文社会科学问题过程中展现出来的，并且，像历史、文学、美术、音乐、管理心理学、社会心理学和人际关系心理学等人文社会科学，因其与人心密切相关，实际上都是人生问题的衍生物，一个人若想在这些人文社会科学领域有一定甚至高深的造诣，一个必备前提是自己必须经由自己的人生历程而洞察人心，否则，即使其掌握了相应的知识与技巧，也不可能创造出高质量的作品。这就能很好地解释下面这一事实：历史、文学、美术、音乐、管理心理学、社会心理学和人际关系心理学等人文社会科学领域中一些刚出校门的所谓“高才生”往往创造不出高质量的作品；只有像司马迁、曹雪芹、八大山人、阿炳这些人生经历异常丰富且看透人性的人，才能创作出《史记》、《红楼梦》、八大山人风格的国画、《二泉映月》等不朽作品；只有像曹操这样的人才能准确把握住复杂的人心，然后做到知人善任，成就一番事业。由此可见，人慧与人心之间关系密切，一个人若想获得人慧，前提条件之一是必须能够看透人心。

与此不同的是，如上文所述，在纯粹的自然科学研究中，科学家或发明家只要不违背道德底线，那么，即便其在做人方面乏善可陈，也不会影响到其聪明才智的展现，更不会影响到他人对其聪明才智的认可，只要其在自然科学研究中取得了足够分量的成就，照样会赢得“拥有物慧”的评价。例如，《万物简史》的作者告诉人们，牛顿绝对是一个怪人：牛顿常常离群索居，沉闷无趣，敏感多疑，注意力也不集中。牛顿曾经把一根大针塞进自己的眼窝里，就是要看看会不会发生什么。牛顿曾瞪大眼睛望着太阳，能看多久就看多久，结果眼睛受到严重伤害，为此他不得不在暗室里待了几天，直到眼睛恢复过来。牛顿用一生中将近一半的时间研究和科学不怎么沾边的炼金术。牛顿逝世后，有人对他的一绺头发作了分析后发现，头发里汞含量高度超标，这与他沉迷炼金术有关系。但与牛顿的非凡天才相比，这些奇异的性格和古怪的特点根本算不了什么。牛顿不但撰写并于1687年出版了力学的经典著作——《自然哲学的数学原理》，建立起经典力学的完整而严密的体系，由此而改变了世界，而且，在数学和光学等每个他所涉足的科学领域都作出了重要的贡献。例如，早在学生时代，牛顿曾经感到普通数学的局限性很大，于是就创造了微积分，发明这个成果之后，他在27年间从没有对任何人说起过。在光学领域里，牛顿改变了人们对光的认识，为光谱学奠定了基础，但是过了40年，牛顿才把自己的成果与别人分享。由于牛顿在物理学、数学和光学等领域取得了巨大成就，尽管他在为人处世方面存在性格孤僻、固执、贪财等毛病，但其未出现严重道德缺陷，于是，人们常引用亚历山大·蒲珀的一句话来说明牛顿在科学史上的重要性："大自然和大自然的法则藏匿于黑暗之中。上帝说，让牛顿出世吧！于是世界一片光明。"[①] 由此可见，物慧与人心之间关系较松散，一个人若想获得物慧，必备的前提条件之一是自身要有敏锐的创新思维和足够的科技知识，能否洞察人心则不是一个重要的影响因素。

⑥人慧与物慧涉及的学科领域不同。

一般而言，纯自然科学的研究对象是纯客观的"物体"，相应地，一个人在解决纯自然科学，如数学、化学、生物学、天文学等学科的复杂问题时所展现出来的智慧主要是物慧。纯人文社会科学的研究对象是带主观价值的"人心"，相应地，一个人在解决纯人文社会科学，如音乐、美术、社会学、伦理学等学科的复杂问题时所展现出来的智慧主要是人慧。依此类推，一个人在解决某一兼具自然科学属性与人文社会科学属性的交叉学科，如心理学里的复杂问题时所展现出来的智慧则可能或偏重人慧，或偏重物慧，或兼有人慧与物慧的双重属性。

⑦人慧与物慧在中西方文化里的"命运"不尽相同。

受儒学的深刻影响，在态度上，中国人尤其是中国古人偏爱人慧中的德慧（者），不太看重甚至蔑视物慧（者）；在生活中，较之物慧，中国人尤其是中国古人更擅长人慧尤其是德慧。因此，典型的中式智慧者一般多是在人文社会科学领域有高深造诣且"会做人"的人，像老子与孔子都是其中的佼佼者；只有像墨子之类的少数人既有人慧也兼有物慧。与中国人不同的是，在态度上，西方人尤其现代西方人是"人慧"（者）与"物慧"（者）并重；在生活中，西方人尤其是近现代西方人与中国人一样擅长人慧，但比中国人更擅长物慧。这样，迄今为止，人类文明史上最杰出的物慧者一般多来自西方国家。

综上所述，人慧与物慧的区别主要体现在七个方面，其中，前六个区别是人慧与物慧二者之间内在的区别，最后一个区别是中西方人对待人慧与物慧的态度之间的差异。同时，由于人慧与物慧之间内在地存在六种主要区别，不但导致在现实生活里的智慧者的类型是多种多样的，而且导致不同智慧类型之间不具有可比性。例如，我们不好说"孔子的智慧高于爱因斯坦的智慧"，也不好说"爱因斯坦的智慧高于孔子的智慧"，因为两人的智慧类型是有差异的：孔子虽仅具有德慧，但将德慧发展到了极高水平；爱因斯坦以物慧见长。并且，正由于人慧与物慧之间存在较大差异，致使在现实生活里能够

---

① 陈邕．上帝说让牛顿出世吧．读者，2011（6）：50.

在人慧与物慧上都获得较高发展的智慧者相对较少，大多数智慧者多只在一个智慧领域获得一定水平或者较高水平的发展。也正由于中西方人对待人慧与物慧的态度有差别，更进一步增强了智慧的文化相对性。顺便指出，可能是受到以下一个或多个原因的影响，才导致在古今中外的现实生活里能够在人慧与物慧上都获得较高发展的智慧者相对较少：①未意识到智慧类型是多元的。受到个体人生观、世界观、价值观和已有知识经验等因素的影响，有些人没有意识到智慧有人慧与物慧两个子类型，并且，在这两个子类型下还有子类型，在自己的一生中，只将主要精力专注于其中的一个方面，无意中却忽略了其他方面，导致自己无法兼得人慧与物慧。②“不愿为”。受到个体人生观、世界观、价值观和已有知识经验等因素的影响，有些人只对德慧抱有浓厚的兴趣，不愿意去获取物慧人慧的其他子类型；也有些人只对物慧抱有浓厚的兴趣，不愿意去获取人慧。例如，孔子就属于只对德慧抱有浓厚兴趣的人，因此，他不但自己不愿意从事自然科学研究，而且，也不愿意学生去学习农业和园艺业方面的知识。结果，孔子就没有物慧，因为终其一生，他都没有在自然科学领域获得什么成就。但是，以孔子的高尚品德和良好的聪明才智，假若他愿意几十年如一日地钻研自然科学问题，想必是能够学有所成甚至学有大成的。可惜的是，他根本没有这方面的兴趣，从而不愿意这样做。在中外历史上，像孔子这种“偏科”的人有很多，只不过，有些人像孔子一样偏向人文社会科学，对自然科学几乎毫无兴趣；也有些人刚好相反，偏向自然科学，对人文社会科学兴趣不大。“偏科”的结果自然导致个体无法兼得人慧与物慧。③“不能为”或“来不及做”。芸芸众生之中，有一些人试图通过自己的努力让自己能够获得一定的人慧与物慧，可惜的是，因时运不济，在自己年龄处于最佳学习或科研的时期，恰逢一个政局动荡、战争频繁或政府压抑文人创作的年代，于是，因缺乏起码的科研环境与条件等，致使这些人无法进行长期、有效的学术研究，结果，能够在人慧或物慧方面取得一点成就已属大幸，根本不可能兼得人慧与物慧。有些人虽道德高尚，智商正常甚至很高，自己也很勤奋好学，可惜，英年早逝，致使自己最终无法兼得人慧与物慧。像孔子的高足颜回与身为魏晋玄学主要创始人之一的王弼（226—249）最终只有人慧，基本上没有物慧，原因之一就在于此。④“无能力做到”。也有一些人试图通过自己的努力让自己能够获得一定的人慧与物慧，可惜的是，因才智平平、努力不够或道德修养不够等，这些人几乎没有能力做到让自己兼得人慧与物慧。

第三，“人慧”与“物慧”的联系。

“人慧”与“物慧”既然同属于“智慧”下面两个平行的子类，二者之间显然也有一定的联系。从本质上看，二者都是良好品德与聪明才智的“合金”，所以，二者都蕴含一定的良好品德，只不过，二者所涉及的“聪明才智”的性质不同而已。人慧里所蕴含的聪明才智主要体现在研究人文社会科学方面，物慧里所蕴含的聪明才智主要体现在研究自然科学方面，如图9－10所示。

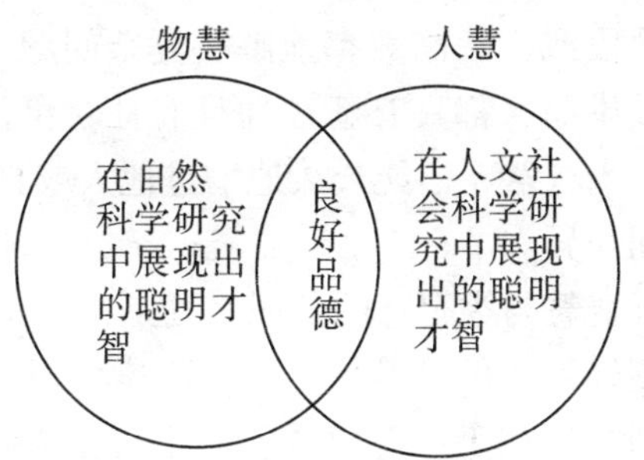

图 9－10　“物慧与人慧的关系”示意图

正因为如此，人慧与物慧之间存在一些天然的联系，一个具有人慧的人如果继续学习和钻研理、工、农或医等纯粹的自然科学方面的知识，并善于在做人过程中做到“人法自然”，自然也能更好地促进其人慧的不断完善；进而言之，如果一个具有人慧的人能够在理、工、农或医等纯粹的自然科学方面取得一定的甚至很高的造诣，并将其用来为绝大多数人谋福祉，他或她就会使自己最终发展成为一个兼具人慧与物慧的智慧者。与此类似，一个具有物慧的人如果继续学习和钻研人文社会科学方面的知识，并将之身体力行，同样也能更好地促进其物慧的不断完善；进而言之，假若一个具有物慧的人能够在人文社会科学方面取得一定的甚至很高的造诣，并将其用来为绝大多数人谋福祉，他或她同样会使自己最终发展成为一个兼具人慧与物慧的智慧者。

所以，若将人慧与物慧进行不同的排列组合，就构成了三种类型的智慧，相应地，就产生了三种类型的智慧者：一是纯粹只拥有人慧的人，其原型之一是孔子。二是纯粹只拥有物慧的人，其原型之一是爱因斯坦。三是兼具人慧与物慧的人，它又可分为三个子类型：①人慧与物慧平衡发展的人，其原型之一是墨子；②兼具物慧但以人慧见长的人，其原型之一是诸葛亮；③兼具人慧但以物慧见长的人，其原型之一是罗素。虽然每种智慧各有自己的特点，不宜相互比较；不过，在同一种智慧类型之内，又存在水平上的差异。每一种类型的智慧者若将其智慧发展到顶峰，都能成为一个大智慧者。

（2）真智慧与类智慧

①真智慧与类智慧的内涵。

从创造是真创造还是类创造的角度，可以将智慧分为真智慧与类智慧两种类型。

“真智慧”是指个体在其智力与知识的基础上，经由经验与练习习得的一种德才兼备的综合心理素质。个体一旦拥有这种综合心理素质，就能让其在身处某种复杂问题的情境时，适时产生下列行为：个体在其良心的引导下或善良动机的激发下，及时运用其聪明才智去正确认知和理解所面临的复杂问题，进而采用正确、新颖、灵活、巧妙且最好能合乎伦理道德规范的手段或方法高效率地解决复杂问题，同时，既取得了一项或多项针对全人类已取得的文明成果而言都具有新颖性且有社会价值的成果，又能保证其行动结果不但不会损害他人的正当权益，还能长久地增进他人或自己与他人的福祉。

“类智慧”是指个体在其智力与知识的基础上，经由经验与练习习得的一种德才兼备的综合心理素质。个体一旦拥有这种综合心理素质，就能让其在身处某种复杂问题的情境时，适时产生下列行为：个体在其良心的引导下或善良动机的激发下，及时运用其聪明才智去正确认知和理解所面临的复杂问题，进而采用正确、新颖、灵活、巧妙且最好能合乎伦理道德规范的手段或方法高效率地解决复杂问题，同时，既取得了一项或多项针对自己所取得的已有成果而言都具有新颖性且有社会价值的成果，又能保证其行动结果不但不会损害他人的正当权益，还能长久地增进他人或自己与他人的福祉。

②真智慧与类智慧的同与异。

根据上述定义可知，真智慧与类智慧的共同之处是：二者都属于智慧的范畴，所以，二者不但都是聪明才智与良好品德的“合金”，而且其心理结构与心智加工过程是类似的。真智慧与类智慧的差别之处在于：真智慧能产生对全人类而言都具新颖性且有社会价值的创造性成果；而类智慧只能产生虽有社会价值，但只对自己而言具有新颖性，对他人而言却并不具有新颖性的创造性成果，如图 9－11 所示。

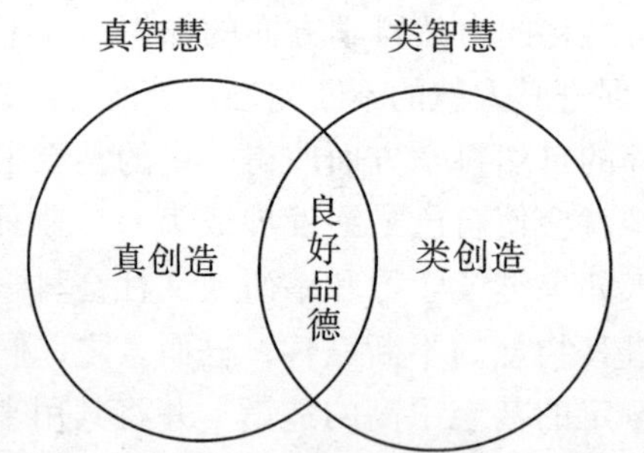

图 9－11　“真智慧与类智慧的关系”示意图

③真智慧一定是大智慧而类智慧一定是小智慧吗？

也许有人会说：真智慧一定是大智慧而类智慧一定是小智慧。真的是这样吗？答案显然是否定的。因为某些真智慧里所蕴含的真创造虽新，但只属于小发明、小创造，其社会价值并不是很高。与此不同，在某些特殊情况下，包含类创造的类智慧的价值却是很大甚至极大的。这种特殊情况主要有二：

一是某种知识或技术虽曾由张三发现或发明，但出于种种原因现已失传，若李四能够通过自己的独立研究将之完全复制出来，那么，对李四甚至与李四同时代的全人类而言，这种创新严格来说虽只是一种类创造，但这种类创造仍是极有价值的。例如，为了掌握全国地震动态，东汉时期张衡经过长年研究，终于在阳嘉元年（132 年）发明了候风地动仪，这是世界上第一架地动仪。① 可惜的是，候风地动仪早已失传，至今虽有一些人力图去复制它，但结果都不尽如人意。② 假若真有人能够复制出候风地动仪，那这种类创造的价值也是功德无量的，因为至少可通过它启迪智慧、普及科学知识、开展爱国主义教育。③

二是某种知识或技术虽已由张三发现或发明，但由于保密等原因，张三或张三所在的国家绝不允许此种知识或技术外泄给他人或他国，他人或他国若想获得此种知识或技术，就只能自力更生了。在这种背景下，他人或他国科技人员通过自力更生而获得此种

① 唐红丽. 追踪张衡地动仪的“前世今生”. 中国社会科学报，2011－03－01.

② 唐红丽. 复原，穿越千年的对话. 中国社会科学报，2011－03－01.

③ 唐红丽，冯锐. 我们的复原均有史料依据. 中国社会科学报，2011－03－01.

知识或技术，虽然从世界范围看并不新颖，但是这种类创造的价值也是很大的，尤其是对提升一国国力和促进世界和谐发展都会有一定的积极意义。这种情形对发展中国家更具现实意义。例如，当全世界只有美国拥有制造原子弹的技术时，美国就经常对他国进行“核讹诈”，后来苏联和中国等国家相继拥有了制造原子弹的技术时，美国就再也无法进行“核讹诈”了。

可见，真智慧中既有大智慧也有小智慧，类智慧中既有小智慧也有大智慧。所以，在评价一个人智慧的大小时，既要考虑其思维方式或其最终生产出来的产品的新颖性或原创性，更要考虑其思想成果所产生的社会价值的大小，切不可一味地追求新颖性而轻视社会价值，从而过于强调真智慧的重要性而贬低类智慧的价值。

4. 对影响智慧生成与发展因素的新看法

在论及影响智慧生成与发展的因素时，笔者主张五因素交互作用论，其核心要点有四：①遗传与成熟是影响个体智慧生成与发展的前提。②环境与教育是影响个体智慧生成与发展的两个重要外部变量。③遗传等四因素要通过主体性这个内因才能起作用。④五因素在个体不同年龄阶段所起的作用不同：在受精卵的形成阶段，个体身心（包括智慧）发展受遗传因素影响最大；自受精卵形成至青春期结束为止，个体身心发展受成熟因素影响最大；自青春期结束起至自己的稳定人格形成之前，个体身心发展受环境和教育因素影响最大；自个体的稳定人格形成起，个体的主体性首次在影响个体身心发展的诸因素上起第一重要的作用。

三、教学心理观

（一）“以人为本”：中式人本主义教育理念

“以人为本”既不是一个现代才产生的词汇，更不是来自西方，中国本土早就有此概念。它最早出自《管子》。《管子·霸言》曾说：“夫霸王之所始也，以人为本。本理则国固，本乱则国危。”比《管子》更早的《尚书》，在其《虞夏书·五子之歌》里则有“民惟邦本，本固邦宁”的言论。更重要的是，在中国悠久的教育文化传统中，以孔子为代表的历代教育大家的精髓——教育心理学思想里一直蕴藏着深厚的中国式人本主义教育理念，并对中国教育教学方式与方法等产生了深远影响。为了便于今人对它的准确理解，下面从中西对比的角度进行阐述。通过比较可知，中西人本主义教育理念各有优缺点，并且可以相互取长补短，既然如此，当代中国学人应妥善地吸收二者的思想精髓，去除其中的不合理因素，从而树立更加完善的人本主义教育理念。

1. 中西方人本主义教育理念的相通之处

中国自有的人本主义教育理念与美国人本主义学习理论中蕴含的人本主义教育理念既然都强调“以人为本”，那么，二者之间就肯定有一定的相通之处：

（1）都主张性善论。

支撑西方人本主义学习理论的重要理论依据之一是性善论，正由于相信人性本善，相信人人都有求知、求善的潜能，所以如果创造一个适当的环境，人们率性而为，往往都是在做有益处的事情，于是，教育自然要以人为本；与此相类似，中国传统文化的精髓之所以一向有人本主义教育传统，也是由于有许多人信奉以孟子为代表的性善说，相信“人之初，性本善”的道理。

（2）都看到了人的独特价值，并以此将人与其他万物区别开。

中国人本主义教育理念强调人与万物的区别，认为万物以人为贵。正如荀子在《王制》里所说：“水火有气而无生，草木有生而无知，禽兽有知而无义，人有气、有生、有知亦且有义，故最为天下贵。”认为人贵于万物的缘由，主要是人在有气、有生和有知的基础上，还有“义”这种社会性心理素质。在这里，荀子看到了人与其他事物的区别与联系。正由于中国文化里一向有人贵论的思想，才使中国古人不至于人禽不分、人兽不分和人物不分，这与西方人本主义心理学反对在人的研究中出现的人性兽化和机械化的倾向有一些相通之处。①

（3）都主张平等友爱地对待学生，尊重学生的人格、兴趣与爱好等个性差异。

西方人本主义学习理论非常强调尊重学生的人格、兴趣和爱好等个性特征，强调平等友爱地对待学生，关于这点，只要稍通人本主义学习理论的人都会知道，这里不多讲。与此相类似，在儒家“人本”教育思想的影响下，一些教育大家主张师生关系是一种相互平等、相互尊重、相互关心、相互爱护、相互学习的关系，反对教师以教人者自居，盛气凌人，包办代替，从而使学生人云亦云、亦步亦趋。如《墨子·兼爱上》说：“若使天下兼相爱，爱人若爱其身，犹有不孝者乎？视父兄与君若其身，恶施不孝？犹有不慈者乎？视弟子与臣若其身，恶施不慈？”《吕氏春秋》主张教师要能设身处地为学生着想，并提出了“视徒如己”的命题。《吕氏春秋·诬徒》说：

善教者则不然，视徒如己。反己以教，则得教之情矣。所加于人，必可行于己，若此则师徒同体。人之情，爱同于己者，誉同于己者，助同于己者，学业之章明也，道术之大行也，从此生矣。

2. 中西方人本主义教育理念的相异之处

中国文化里的人本主义教育理念和美国的人本主义心理学毕竟是在两种不同文化背景下产生的，二者也有四点重要的区别，其中，“对教师地位的看法不同”留在下一小节探讨，这里只论余下的三点。鉴于中国式人本主义思想与西式人本主义心理学之间存在着这四种重要区别，简单地将二者等同起来的观点就显得有失偏颇了。

（1）二者所讲“人本”中的“人”不一样。

中国本土的人本主义教育理念主要是从“人类整体”出发去探讨人与物、人与禽兽的共性与异性问题，以突出人类自身的价值。中国传统文化虽然向来有尊崇“人”的传统，不过，备受青睐的是“集体人”、“类人”或“抽象人”，而个体的人格则遭受“灰姑娘”般的歧视与冷遇。西方人本主义心理学主要是从“个人”出发去研究人的本性及其与社会生活的关系，在人本主义心理学中，备受青睐的是实实在在的“个体人”。用辩证的眼光看，这两种人本主义教育理念对“人”的看法都有偏差，因此，融会中西方人本主义教育理念之长的新人本主义教育理念应是：兼顾“集体人”与“个体人”的价

① 高觉敷主编. 西方心理学的新发展. 北京：人民教育出版社，1987. 396～444.

值，而不要顾此失彼。

（2）对人的价值的主要来源的看法不同。

与西方文化将上帝视作人的价值的主要源头的思想截然不同，中国先哲多将人性（或称人心，不过，此处讲的人性主要指人的德性，相应地，人心主要是指人的善心）看作是人的价值的主要来源，由此使得先哲（如孟子）非常重视一个人的内在道德人格，强调道德的内发过程。

为什么中国传统文化对人的价值来源的看法会与西方文化有如此显著的差别？这要从中国文化的特质说起。中西文化就其源流讲，本是小异而大同。正如梁漱溟在《中国文化要义》第六章《以道德代宗教》里所说："人类文化都是以宗教开端。"西方文化始于希腊的神话、希伯来的犹太基督教传统；印度文化始于婆罗门教（Brahmanism），四吠陀经典多是对神的颂歌；中国文化同样也是起源于中国远古时期的原始宗教，不过，中国文化的特质形成于殷周之际。这场变革实乃一场宗教改革运动，用道德取代宗教，其结果是使中国文化逐渐摆脱传统宗教，开创人文精神（详见"中国人的社会化观"一章）。

（3）对"顺境"、"逆境"与"人才成长"关系的看法有差异。

主要诞生在美国的人本主义教育理念，与美国相对富裕的经济环境和"重视人的身心健全发展"的理念深入人心相适应，特别看重"顺境出人才"，强调要先想方设法满足学生的缺失需要（deficiency needs；也叫"基本需要"，英文是"basic needs"），从而为学生的心智成长和人格完善创造一个良好的外部环境，较为忽视"逆境出人才"。与此相反，中国传统社会主要是农业社会，出于生产力的相对落后和封建统治者的残酷剥削等原因，中国传统社会的经济常常是一种匮乏型经济，再加上中国先哲一贯强调意志与自我心性修养在个体成才中的重要性，在此种环境下成长起来的中国式人本主义教育理念极为强调"逆境出人才"，"宝剑锋从磨砺出，梅花香自苦寒来"之类的谚语向人讲述的就是这个道理。《孟子·告子下》中的"故天将降大任于斯人也，必先苦其心志，劳其筋骨，饿其体肤，空乏其身，行拂乱其所为，所以动心忍性，曾益其所不能。……然后知生于忧患而死于安乐也。"更是被无数有志的中华儿女视作至理名言。顺便说一句，这与上文所讲"一些中国古人不太重视'努力管理策略'"的观点并不矛盾，因为中国传统文化本是多元的，因此，既有一部分人相信孟子所说的"天将降大任于斯人也，必先苦其心志，劳其筋骨……"的道理，从而于实际中运用并重视"努力管理策略"；也有一些中国古人信奉"谋事在人，成事在天"之类的告诫和相信"缘"和"命"之类的说法，以致不太重视"努力管理策略"。

（二）教师心理观

1. 教师的职业角色

现代心理学认为，角色（role），又称"脚色"或社会角色，是指个体在特定的社会关系中的身份及由此而规定的行为规范与行为模式的总和。要准确把握角色的内涵，必须掌握三个要点：第一，它是一套社会行为模式，每一种社会行为都是特定的社会角色的体现；第二，它是由人们的社会地位和身份所决定的，角色行为真实地反映出个体在群体生活和社会生活中所处的位置；第三，它是符合社会期望的，按照社会所规定的行为规范、责任和义务等去行动的。[①] 在古人论及教师职业角色的言论里，韩愈的观点相对全面、合理，因而也最著名。韩愈在其名篇《师说》里说道："古之学者必有师。师者，所以传道、授业、解惑也。"[②] 在这里，韩愈将教师的职业角色依其重要性的递减度分为三种。若再结合其他有关论述教师职业角色的言论看，在古人心中，教师的职业角色主要有四种：

（1）教师是一个"传道"者。

鉴于韩愈以继承和发扬以孔、孟为代表的儒家道统自居，这里的"道"显然主要是指儒学所推崇的"道"。在韩愈看来，教师的首要角色是"道统的传授者"，其职责是向弟子准确传授儒家的道统，使之代代传下去，经久不绝。韩愈对教师角色的这一认识，若从具象的角度看，有一定的偏颇之嫌，因它只推崇儒家道统，对于道家或佛家等其他流派的"道统"则持排斥态度，这既不利于学术的"百家争鸣"，也不利于开阔学生的视野；但是，若从抽象的层面看，如果将此"道"作"有关宇宙人生之根本规律"理解，认为身为人师者，最紧迫的任务是先向学生传授"有关宇宙人生之根本规律"，以便让学生能够正确地看待宇宙人生，正确地为人处世；在此基础上，如果学生"学有余力"，再教以其他学问。若作这种理解，那显然有一定道理。

（2）教师是一个"授业"者。

"业"指"学业"。在韩愈看来，教师的第二个重要角色是"知识的传授者"，其职责就是向弟子传授文化知识，使学生在修身养性的同时，获得一定的谋生本领。显然，至今这仍是教师理所当然应扮演的一个重要角色。因为千百年来，不管社会如何变迁，教师依然承担着知识传授、能力培养的重要使命，这也是学校和教师存在的价值所在。

（3）教师是一个"解惑"者。

"惑"指"疑惑"。概而言之，它既可以是学生在修习学业的过程中遇到的一些疑难问题，也可以是学生在人生成长的过程中遇到的一些疑难问题。在韩愈看来，教师的最后一个角色是"疑惑的解除者"，其职责就是要有爱心、责任与义务帮助学生解除其在身心成长过程中所遇到的各种疑难问题。这就要求教师要做学生的朋友、知己，这样，学生一旦有疑惑，才能想到向教师求助；同时，还要求教师不但要有丰富的知识与经验，也必须具备一定的与学生交流的技巧，即要有"心理医生"的素质。[③]

（4）教师是学生的楷模。

中国历来重视教师的楷模作用，认为无论是在做人方面还是在治学方面，教师对于学生来说都是一个重要的榜样，这就要求教师不仅是知识与社会道德准则的传递者，更重要的是社会道德准则的体现者。换言之，教师应该是社会行为规范的代表，具有丰富的知识和高尚的道德素质，做学生学习的榜样。正如扬雄在《法言·学行》里说："师哉！师哉！桐（通'童'，引者注）子之命也。务学不如务求师。师者，人之模范也。"

2. 教师的心理素质[④]

中国向来有尊师重教的传统。《礼记·学记》说："故师也者，所以学为君也。是故

---

① 朱智贤主编．心理学大词典．北京：北京师范大学出版社，1989. 348.

② 出自《昌黎先生集》卷十二《师说》。

③ 汪凤炎，燕良轼主编．教育心理学新编（第四版）．广州：暨南大学出版社，2013.

④ 杨鑫辉．中国心理学思想史．南昌：江西教育出版社，1994. 219～221.

择师不可不慎也。《记》曰：‘三王、四代唯其师。’”这一思想为后人所继承。如《抱朴子外篇·崇教》说：“选明师以象成之，择良友以渐染之。”其主张慎择师友。教师既如此重要，那么，要具备怎样的条件才能算是合格的教师呢？综合先哲的看法，一个好的教师必须具备下述心理品质，才能充分发挥教师应起的作用。而先哲讲的这些心理品质，仍是现代为人师者所必须具备的。

（1）在品德修养上，有言有德，过则能改。

孔子非常重视为人师者要加强自身修养尤其是人品修养，以自己的实际行动为学生树立良好的榜样，以对学生的心理产生“潜移默化”的作用。所以，据《论语·阳货》记载，孔子常对弟子说：“予欲无言”，“天何言哉！四时行焉，百物生焉，天何言哉？”同时，教师自己有了过失也要坦率地承认并予以改正，只有这样才能真正树立自己的威信，使学生产生处处向教师模仿的意向。所以，南北朝时的颜之推在《颜氏家训·治家》里说：“夫风化者，自上而行于下者也，自先而行于后者也。是以父不慈则子不孝，兄不友则弟不恭……”要求作为儿童第一任教师的父兄，应具备良好的品德修养，言传身教。

（2）在文化知识上，好学博学，温故知新。

一方面，“学高为师”。能够为人师者，一定要在某方面或某几个方面拥有丰富的知识，只有这样，才配为人师。而要获取广博的知识，就要先有广泛的求知兴趣，并能不断推陈出新。因此，《论语·为政》才说：“温故而知新，可以为师矣。”既要温习和巩固原有的知识，并从中获得新的收获，更要不断获得新的知识，这是做教师的基本条件。很显然，这里要求教师有一种探求新知，不断进取的心理品质。另一方面，教师也是人，不可能“三百六十行，行行精通”。从这个角度上说，教师在自己不擅长的领域，不见得会比学生强。因此，《学记》才说：“是故学然后知不足，教然后知困。知不足，然后能自反也；知困，然后能自强也。故曰：教学相长也。”其率先提出了“教学相长”的命题，此思想一直为后人所继承。韩愈在《师说》一文里就声称：“弟子不必不如师，师不必贤于弟子。闻道有先后，术业有专攻，如是而已。”

（3）在教学能力上，知心救失，善于博喻。

《学记》对此有精辟的见解，它指出老师应具有知心救失的能力，即要了解学生的个别心理差异，只有知其心，才能因材施教，做到扬长避短，以便帮助学生克服学习中出现的“多”、“寡”、“易”、“止”的缺点。《学记》说：“学者有四失，教者必知之。人之学也，或失则多，或失则寡，或失则易，或失则止。此四者，心之莫同也。知其心，然后能救其失也。教也者，长善而救其失者也。”同时，教师不仅要传授学生知识与技能，更要教学生如何做人，所以，在《学记》看来，一个人若仅有“记问之学，不足以为人师”。

（4）在教育方法上，因材施教，循循善诱。

一种成功的教育要求教育者不仅要有广博的知识和教学能力，而且需要具备很好的教育方法和技巧。据《论语·子罕》记载，对于孔子这位伟大的教育家，正如他的大弟子颜渊所赞叹的：“仰之弥高，钻之弥坚。瞻之在前，忽焉在后。夫子循循然善诱人，博我以文，约我以礼，欲罢不能。既竭我才，如有所立卓尔。虽欲从之，末由也已”。宋代大儒朱熹在《孟子集注·尽心章句上》里曾说：“圣贤施教，各因其材，小以成小，大以成大，无弃人也。”因材施教，“循循善诱”，以启发学生独立思考，让学生在学习上处于“欲罢不能”的状态，这是一种高超的教育艺术与能力，是教师必备的又一种心理品质。

（5）在教育态度上，学而不厌，诲人不倦。

孔子从22岁开始从事教育工作，差不多有50年在教师岗位上。据《论语·述而》记载，孔子曾对学生谈到自己的为人：“其为人也，发愤忘食，乐以忘忧，不知老之将至云尔”、“默而识之，学而不厌，诲人不倦，何有于我哉”、“若圣与仁，则吾岂敢？抑为之不厌，诲人不倦，则可谓云尔已矣”。这也正是孔子的教育能够成功，成为历史上伟大的教育家的一个重要原因，他的这种教学态度已经成为我国教师的一种优良传统。在这种“学不厌，教不倦”的精神里，包含着对学生、对教育事业的深厚感情和顽强意志。热爱学习、热爱学生，对教育工作表现出充沛的精力和毅力，是教师应具备的情感意志品质。

（6）在师生关系上，教学相长，视徒如己。

师生关系是直接影响教育效果的重要因素之一。在以儒家为主体的中国式人本教育思想的影响下，中国的一些教育大家主张师生关系是一种相互平等、相互尊重、相互关心、相互爱护、相互学习的关系，反对教师以教人者自居，盛气凌人，包办代替，从而使学生人云亦云、亦步亦趋。如《墨子·兼爱上》说：“若使天下兼相爱，爱人若爱其身，犹有不孝者乎？视父兄与君若其身，恶施不孝？犹有不慈者乎？视弟子与臣若其身，恶施不慈?”《学记》说：“是故学然后知不足，教然后知困。知不足，然后能自反也；知困，然后能自强也。故曰：教学相长也”其率先提出了“教学相长”的命题，此思想一直为后人所继承。韩愈在《师说》一文里就声称：“弟子不必不如师，师不必贤于弟子。闻道有先后，术业有专攻，如是而已。”《吕氏春秋》则提出了“视徒如己”的命题。《吕氏春秋·诬徒》说：“视徒如己，反己以教。”“爱同于己者，誉同于己者，助同于己者。”如同将帅要有爱兵如子的心理品质一样，教师也必须具有设身处地热爱学生的心理品质。在强调要尊重学生、平等地对待学生的同时，中国的教育大家又主张要充分发挥教师在学生学习中所起的“引路人”的作用。例如，《老子·二十七章》就说：“不贵其师，不爱其资，虽智大迷；是谓要妙。”假若一个人不尊重老师，就是聪明人也会成为“大糊涂”，更何况是一般的人呢？可见，老师在个体心智成长过程中扮演着重要角色。据《朱子语类》卷十三记载，朱熹曾说：“某此间讲说时少，践履时多，事事都用你自去理会，自去体察，自去涵养。书用你自去读，道理用你自去究索，某只是做得个引路底人，做得个证明底人，有疑难处同商量而已。”其明确主张教师只是一个“引路底人”、“证明底人”。与此相反，西方人本主义心理学为了凸显其以学生为中心的教育理念，有将教师降为学生学习中的“侍者”身份的思想，这就于无形中降低了教师的作用。两相比较，在对待教师角色的重要性这一问题上，中国本土的人本主义教育理念更为妥当些。

（三）个体心理差异与教学

1. 个体心理差异的表现

不同个体所具有的遗传素质不完全相同；再加上不同个体具有不同的个性品质，正所谓“人心不同，各如其面”；并且，每个个体所处的环境因素不可能完全相同、所经历的实践活动也千差万别，这诸种因素交互作用的结果，就导致个体之间具有明显的个别差异。

（1）智能发展的个体差异。

智能发展的个体差异主要体现在三个方面：

第一，智能发展水平上的差异。对于智能水平的个别差异，中国人很早就已认识到。据《论语·公冶长》记载：“子谓子贡曰：‘女与回也孰愈?’对曰：‘赐也何敢望回？回也闻一以知十，赐也闻一以知二。’子曰：‘弗如也，吾与女弗如也。’”颜回能“闻一知十”，子贡只能“闻一知二”，显然，颜回的智力要高于子贡。据《论语·公冶长》记载，孔子又说：“由也，千乘之国，可使治其赋也……求也，千室之邑，百乘之家，可使为之宰也……赤也，束带立于朝，可使与宾客言也。”这段话是讲从事政治活动的能力，这种能力在不同人身上存在着水平的差异。如子路可以在千乘大国中治理兵赋；冉有可以在千室大邑或百乘卿大夫家中担任邑宰或家臣；公西华可以在朝廷上穿着礼服应对宾客。据《论语·先进》记载：“子贡问：‘师与商也孰贤?’子曰：‘师也过，商也不及。’”在孔夫子眼里，颛孙师（即子张）比卜商（即子夏）更聪明。《论语·先进》又说：“柴也愚，参也鲁。”意即高柴愚笨，曾参迟钝。[①]

第二，个体智能表现早晚的差异。个体智能表现有早晚的差异，中国人早就认识到了这一点。如东汉王充在《论衡·实知》里就说：“人才早成，亦有晚就。”三国时魏人刘劭在《人物志·七缪》里也说：

夫人材不同，成有早晚。有早智而速成者；有晚智而晚成者；有少无智而终无所成者；有少有令材遂为隽器者。

这里不但明确承认人有“早智速成”和“晚智晚成”的差别，还认为有的人“少无智而终无所成”，有的人则“少有令材遂为隽器”，这说明刘劭对智能成熟的早晚以及其与事业成就大小的关系的认识颇为全面。至于一个人的智能为什么会早熟，先哲有两种截然不同的解释：一是主张“性自知”，二是主张后天习得，双方争论不休。据《论衡·实知》记载：

故夫可知之事者，思虑所能见也；不可知之事，不学不问不能知也。不学自知，不问自晓，古今行事，未之有也。夫可知之事，推精思之，虽大无难；不可知之事，历心学问，虽小无易。故智能之士，不学不成，不问不知。

难曰：“夫项托年七岁教孔子。……王莽之时，勃海尹方年二十一，无所师友，性智开敏，明达六艺。……不学自能，无师自达，非神如何?”曰：虽无师友，亦已有所问受矣；不学书，已弄笔墨矣。儿始生产，耳目始开，虽有圣性，安能有知？项托七岁，其三四岁时，而受纳人言矣。尹方年二十一，其十四五时，多闻见矣。性敏才茂，独思无所据，不睹兆象，不见类验，却念百世之后，有马生牛，牛生驴，桃生李，李生梅，圣

① 杨伯峻译注．论语译注（第二版）．北京：中华书局，1980. 115.

人能知之乎？

……

难曰："黄帝生而神灵，弱而能言。帝喾生而自言其名。未有闻见于外，生辄能言，称其名，非神灵之效，生知之验乎？"曰：黄帝生而言，然而母怀之二十月生，计其月数，亦已二岁在母身中矣。帝喾能自言其名，然不能言他人之名，虽有一能，未能遍通。所谓神而生知者，岂谓生而能言其名乎？乃谓不受而能知之，未得能见之也。黄帝、帝喾虽有神灵之验，亦皆早成之才也。人才早成，亦有晚就，虽未就师，家问室学。人见其幼成早就，称之过度。云项托七岁，是必十岁，云教孔子，是必孔子问之。云黄帝、帝喾生而能言，是亦数月。云尹方年二十一，是亦且三十。云无所师友，有不学书，是亦游学家习。世俗褒称过实，毁败愈恶。世俗传颜渊年十八岁升太山，望见吴昌门外有系白马。定考实颜渊年三十不升太山，不望吴昌门。项托之称，尹方之誉，颜渊之类也。

人才有高下，知物由学。学之乃知，不问不识。子贡曰："夫子焉不学，而亦何常师之有？"孔子曰："吾十有五而志乎学。"五帝、三王，皆有所师。曰："是欲为人法也"。曰：精思亦可为人法。何必以学者？事难空知，贤圣之才能立也。所谓"神"者，不学而知；所谓"圣"者，须学以圣。以圣人学，知其非圣。……

这里举出项托、尹方等人智能早熟的事实，企图证明圣人是可以"不学自能，无师自达"，即"性自知"的。王充反驳道，任何人都不能"生而知之"，必须"学而知之"，这一看法颇有见地。

第三，智能类型的个体差异。中国人认识到不同个体在智能类型上存在差异，其典型论述出自刘劭。刘劭在《人物志·流业》篇中很明确地将人的智能划分为十二种类型（"十二材"），分别是清节、法家、术家、国体、器能、臧否、伎俩、智意、文章、儒学、口辩和雄杰。这方面的内容将在第十二章第三节阐述，这里不多讲。

（2）性格上的个体差异。

中国人认识到不同个体在性格上存在一定的差异。据《论语·子路》记载："子曰：'不得中行而与之，必也狂狷乎？狂者进取，狷者有所不为也。'"在这里，孔子将人的性格分为狂者、中行、狷者三种类型，分别相当于现代心理学所讲的外倾型、中间型和内倾型三种性格类型。① 孔子不但从理论上确认人有不同的性格类型，还在教育实践中确认学生的不同性格类型，从而为其因材施教提供依据。据《论语·先进》记载，孔子说："求也退……由也兼人……"，"师也辟，由也喭。"这两句话的意思是，从性格上讲，冉求胆小，平日做事习惯退缩；仲由（即子路）胆量过人，勇于作为，但有行事鲁莽之嫌；颛孙师偏激。②

（3）兴趣爱好或志向上的个体差异。

中国人认识到不同个体在兴趣爱好或志向上存在一定的个别差异。例如，《论语·先进》里记载的"子路、曾皙、冉有、公西华侍坐"的著名故事，讲的就是孔子通过问答法来了解弟子本人对自己智能与志向、兴趣爱好等的认识。

---

① 高觉敷主编．中国心理学史（第二版）．北京：人民教育出版社，2005. 52.

② 杨伯峻译注．论语译注（第二版）．北京：中华书局，1980. 115、117.

子路、曾皙、冉有、公西华侍坐。子曰："以吾一日长乎尔，毋吾以也。居则曰：不吾知也！如或知尔，则何以哉？"子路率尔对曰："千乘之国，摄乎大国之间，加之以师旅，因之以饥馑；由也为之，比及三年，可使有勇，且知方也。"夫之哂之。"求！尔何如？"对曰："方六七十，如五六十，求也为之，比及三年，可使足民。如其礼乐，以俟君子。""赤！尔如何？"对曰："非曰能之，愿学焉。宗庙之事，如会同，端章甫，愿为小相焉。""点！尔如何？"鼓瑟希，铿尔，舍瑟而作，对曰："异乎三子者之撰。"子曰："何伤乎？亦各言其志也。"曰："莫春者，春服既成，冠者五六人，童子六七人，浴乎沂，风乎舞雩，咏而归。"夫子喟然叹曰："吾与点也。"

故事是这样的：有一天，子路、曾皙、冉有和公西华四人陪孔子坐。孔子说："假若有人想了解你们，准备请你们出去做事，那你们会怎样做呢？"子路不加思考地说："一千辆兵车的国家，局促地处于几个大国之间，外面有敌军来侵犯它，国内又有灾荒。假若让我去治理，只要三年时间，就可以使人人有勇气，并且懂得大道理。"孔子微微一笑。接着又问："冉求！你怎么样？"冉求回答道："国土纵横六七十里或者五六十里的小国，如果让我去治理，等到三年过后，可以使人人富足。至于让人修养道德以明事理，那只有等待贤人君子了。"孔子又问："公西华！你是怎样想的？"公西华回答："不是说我已经很有本事了，我愿意这样学习：在做宗庙之事或者与外国盟会时，我愿意穿着礼服，戴着礼帽，做一个小司仪即可。"孔子又问："曾点！你如何？"曾点弹瑟正接近尾声，"铿"的一声将瑟放下，站起来说："我的志向与他们三人不同。"孔子说："这有什么关系，正是要各人说出自己的志向呀。"曾点说："暮春三月，春天的衣服都穿定了，我陪同五六位成年人、六七个小孩，在沂水边洗澡，在舞雩台上吹吹风，一路唱歌，一路走回来。"孔子长叹一声说："我同意曾点的主张。"①

2. 针对个体心理差异的教学

一些教育大家都意识到个体身心发展存在一定的差异性，对个体进行教育时应遵循顺导其个性特点、因材施教的原则。如孔子在教育过程中就做到根据学生不同个性品质而采取不同的应对措施，此方面的例子在《论语》中有颇多记载，这里仅举一例。据《论语·先进》记载：

子路问："闻斯行诸？"子曰："有父兄在，如之何其闻斯行之？"冉有问："闻斯行诸？"子曰："闻斯行之。"公西华曰："由也问闻斯行诸，子曰，有父兄在；求也问闻斯行诸，子曰，闻斯行之。赤也惑，敢问。"子曰："求也退，故进之；由也兼人，故退之。"

对于"听到后是否马上就去做"这个问题，针对冉求胆小的特点，孔子就给他壮胆，鼓励他去做；针对仲由胆量过人的特点，孔子就压压他。② 这种针对不同人的心理特

① 杨伯峻译注．论语译注（第二版）．北京：中华书局，1980. 120.

② 杨伯峻译注．论语译注（第二版）．北京：中华书局，1980. 117.

点而施教的做法，由于有的放矢，教育效果甚佳也就在情理之中了。正由于此，宋代大儒朱熹在《孟子集注·尽心章句上》里曾说："圣贤施教，各因其材，小以成小，大以成大，无弃人也。"孟子继承孔子因材施教的思想，针对不同特点的学生运用不同的方法进行施教。《孟子·尽心上》说："君子所以教者五：有如时雨化之者，有成德者，有达财者，有答问者，有私淑艾者。此五者，君子所以教也。"《学记》说："学者有四失，教者必知之。人之学也，或失则多，或失则寡，或失则易，或失则止。此四者，心之莫同也。知其心，然后能救失也。教也者，长善而救其失者也。"他主张教师要先了解不同学生各自的心理特点，然后有的放矢地采取相应的对策来指导学生更好地学习。对于不能做到因材施教的教育，《学记》是持批评态度的，认为此种教育"使人不由其诚，教人不尽其材"。

在先秦，不独儒家论教育重视因材施教，墨家亦然。《墨子·大取》说："子深其深，浅其浅，益其益，尊其尊。"这里，"尊"通"尊"，是损减之义。这表明墨子主张老师要根据学生已有的能力水平进行教育，对基础好的学生教的内容应该深，对能力强的学生应增加学习的难度，对能力弱的学生则应适当降低学习的难度。

秦汉之后，历代教育者尤其是一些著名的教育家在其教学过程中也多继承了先秦诸子因材施教的主张。如汉末的徐干在《中论·贵言》里说："故大禹善治水，而君子善导人。导人必因其性，治水必因其势，是以功无败而言无弃也。"据《二程遗书》卷四记载，二程教人也善用因材施教法，曾主张："君子之教人，或引之，或拒之，各因其所亏者成之而已……"对此，《朱子语类》卷第九十七曾称赞道："二程夫子之为教，各因其人而随事发明之，故言之抑扬亦或不同。"据《宋元学案》卷九十二《草庐学案·草庐精语》记载，吴澄曾说："圣门之教，各因其人，各随其事。"其中，王守仁将因材施教的思想表述得最为浅显，使人一读就明白，他在《传习录下》里说：

> 与人论学，亦须随人分限所及。如树有这些萌芽，只把这些水去灌溉。萌芽再长，便又加水，自拱把以至合抱，灌溉之功，皆是随其分限所及；若些小萌芽，有一桶水在，尽要倾上，便浸坏他了。

上述诸说法在表达方式上虽有差异，其主旨却是一样的，都是强调因材施教。正由于中国传统教育一向重视因材施教，才使得历朝历代都曾出现一些教育大家，他们像一颗颗耀眼的星星，映照出中国传统教育文化的厚重与多彩！因材施教不是一种整齐划一的机械教学法，而是根据各个学生不同的心理特点来采取具有针对性的指导，具有因人而异、针对性较强的特点，易提高老师教与学生学双方面的效率。当然，因材施教得以实施的一个前提是，施教者对受教者的"材"的特点要有准确把握。综观中国传统文化，一些著名的教育家如孔子等人都善于使用多种颇为有效的方法来考察弟子的才与性，无怪乎他们也善于因材施教。反观当代中国的教育，多采用千篇一律的教育方式，单调的教学方法怎能引起学生的心理共鸣？怎能激发学生的学习热情？有人认为，现代大规模培养学生的模式和针对学生个性特点施教的小批量育人模式之间是矛盾的。此种观点值得商榷。因材施教只要组织得好、实施得好，不但不会与现代大规模培养学生的模式相矛盾，相反，还会促进后者的发展。

天时不如地利，地利不如人和。

——《孟子·公孙丑下》

第十章　中国人的管理心理观

中国历史上虽也有诸如“春秋战国”和“五代十国”的时候，不过，中国在大多数时期仍是一个统一的国家，中华民族能绵延几千年仍生机勃勃，其中原因固然很多，从不同的视角入手也可以作出不同诠释，但这不能不说与中国人的管理智慧有很大的关联。日本人借鉴儒家思想来管理近代企业，获得了巨大成功，其管理模式被西方人士如费兰克·吉布尼评价为中西合璧的“儒家资本主义”，此管理模式的核心理念有六点：以人为中心的“人力资本思想”、“和谐高于一切”的人际关系、义利并举的经营方针、“高产乃是为善”的劳动道德观、家族主义的组织形式和道德导向的领导方式，这是日本经济发展的一个重要因素。[①] 日本借鉴儒家文化来管理企业卓有成效，我们中国人就更没有理由不重视祖先为我们留下的这份珍贵遗产。本章就从管理心理学角度来简要地透视一下中国人的管理智慧，以期对今人有所启示。

一、中式管理的人性假设与管理目标

（一）复杂人假设：中式管理的主流人性假设

1. 人性假设在管理心理学中的重要地位

管理心理学中的人性假设，实际上是指管理者对员工的需要和劳动态度的看法。一个管理者对员工持什么观点，是确定管理模式的前提。因为一切管理理论实际上都是以一定的人性假设为基本前提的。正如美国管理心理学家麦格雷戈（D. M. McGregor）所说，在每一个管理决策或每一项管理措施的背后，都一定会有某些关于人性本质以及人性行为的假定，其中，若干假定曾经流行一时，但在一般有关组织的论著里，以及人们讨论有关管理政策与管理实务时，这些假定大多没有明说，只是隐含于言外。针对这种情况，麦格雷戈在1957年发表了《企业的人性方面》一文，并在1960年出版了同名著作，在管理心理学历史上第一次较明确、较系统地阐述了管理中的人性问题。其后，管理心理学家雪恩（E. H. Schein）于1965年出版《组织心理学》[②] 一书，对人性的假设作了分类，将前人已经提出的“理性经济人假设”、“社会人假设”、“自我实现的人假设”

---

① 黎红雷．儒家管理哲学（第二版）．广州：广东高等教育出版社，1997.3、323～328.

② Schein，E. H.，*Organizational Psychology.*，Englewood：Prentice－Hall，1965. 1～138.

与他本人提出的“复杂人假设”并列为四种人性假设，以此表达对于人性的各种观点。

（1）理性经济人假设。

这是自亚当·斯密（Adam Smith）以来西方经济学家与管理学家对于人性的一种经典假设，也就是麦格雷戈所讲的“X理论”。其主要观点是：第一，人是由经济诱因来引发工作动机的，其目的在于获得最大的经济利益。① 第二，经济诱因在组织的控制下，因此，人只能被动地在组织的操纵下从事工作。第三，人以一种合乎理性的、精打细算的方式行事。第四，人的情感是非理性的，会影响人对经济利益的合理追求，所以，组织应该设法控制个人的情感。

（2）社会人假设。

这是梅奥等人际关系学说的倡导者依据霍桑实验的材料提出来的。其主要观点是：第一，人类工作的主要动机是社会需要，他们通过同事之间的关系可以获得基本的认同感。第二，工业革命与工作合理化的结果，使得工作变得单调而没有意义，因此，必须从工作的社会关系里去寻找工作的意义。第三，非正式组织的社会影响比正式组织的经济诱因对人有更大的影响力。第四，人们最期望领导者能承认并满足他们的社会需要。

（3）自我实现的人假设。

这主要包括马斯洛的“人类需要层次论”与麦格雷戈的“Y理论”等。其主要观点是：第一，人的需要有从低级到高级的区别，其目的是满足自我实现的需要。第二，人们力求在工作上有所成就，实现自治与独立，发展自己的能力与技术，以便富有弹性，能适应环境。第三，人们能够自我激励与自我控制，外来的激励与控制会对人产生一种威胁，造成不良后果。第四，个人的自我实现与组织目标的实现并不存在冲突，二者是一致的。在适当条件下，个人会自动地调整自己的目标，使之和组织的目标相配合。

（4）复杂人假设。

雪恩等人认为，上述三种人性假设各自反映了它们产生的时代背景，并适合于某些人与某些场合，不过，人有着复杂的动机，不能简单地归结为一两种，并且，也不能将所有的人都归为同一类人，于是，他们提出了复杂人假设。其主要观点是：第一，每个人都有许多不同的需求与不同的能力。人的工作动机是复杂、多变的，不但不同的人有不同的动机，同一个人在不同的时间、地点也会有不同的动机。各种动机之间交互作用而形成复杂的动机模式。第二，一个人在不同的组织里可能有不同的动机模式。第三，一个人是否感到满足，进而肯为组织尽力，决定于他本身的动机构成与他同组织之间的相互联系。工作的性质、本人的工作能力与技术水平、动机的强弱、和同事间的交往状况，都可能产生影响。第四，人可以根据自己的动机、能力和工作性质而对不同的管理方式作出不同的反应，因而，没有一种适合任何时代、任何人的万能管理模式。

其后，美国的管理心理学家莫尔斯（J. Morse）与洛希（J. W. Lorsch）于1970年又提出了“超Y理论”（或叫权变理论），到了1980年，美国的管理心理学家W. G. Ouchi以他的《Z理论》一书而闻名于世。这两种人性假设多是发展上述四种人性假设的结果，本身关于人性的假设的新意不多。②

---

① 夏征农，陈至立主编．辞海（第六版缩印本）．上海：上海辞书出版社，2010. 951.

② 黎红雷．儒家管理哲学（第二版）．广州：广东高等教育出版社，1997. 184～188.

2. 中国历史上三种重要的人性假设

中国先哲虽未如西方人那样明确将人性假设作为管理的前提，但是，也曾较系统地探讨人性问题，并有意无意地将之作为管理的前提。因中国古代存在着儒、道、法等诸家，各家对人性的看法有较大的不同，所以，从管理心理学角度看，不同流派所主张的管理措施，其所蕴含的人性假设也不尽相同。总而言之，主要有三种：

（1）“道德人”假设。

“道德人”假设是一种典型的中式人性假设，其主要观点有二：第一，人与人之间的伦理道德关系是一种重要的人际关系，它不但赋予交往双方不同的道德角色，而且要求人们努力扮演好自己的道德角色，于是，追求道德角色上的“名副其实”便成为人们行动的重要内在动力。第二，人们最期望周围人尤其是居上位者能承认并赞赏他们的道德角色，满足他们的道德需要。

“道德人”假设以儒家为代表。儒家内部虽有孟子的人性本善假设、荀子的人性本恶假设、董仲舒等人所主张的性三品假设，以及张载等人所主张的“天地之性与气质之性”假设之别，[①] 但从总体上看，其实都是将人假设为道德的人，只不过是在如何将这一假设的道德人变成现实的道德人的看法上有差异而已。因此，在儒家如孔孟看来，人与人之间的关系主要是一种道德关系。如君臣之间实际就是一种道德关系，它以仁义为基础，君臣通过自我的心性修养，实现彼此的和谐。因此，据《论语·八佾》记载，当“定公问：‘君使臣，臣事君，如之何?’时，孔子答道：‘君使臣以礼，臣事君以忠。’”据《论语·颜渊》记载：“齐景公问政于孔子。孔子对曰：‘君君，臣臣，父父，子子。’公曰：‘善哉！信如君不君，臣不臣，父不父，子不子，虽有粟，吾得而食诸?’”[②]

（2）“理性经济人”假设。

中式“理性经济人”假设类似于西式的“理性经济人假设”，其主要观点有四种：第一，激发人工作的主要动力源自人们追求财富的需要。因此，人们之所以会劳动，甚至辛勤地劳动，其目的主要是获取一定的经济利益或最大的经济利益。这意味着“有利可图”是促使人行动的重要诱因。正如《史记》卷一百二十九《货殖》所说：“天下熙熙，皆为利来；天下攘攘，皆为利往。”这正是对中式“理性经济人”假设的生动说明。从这句话后来在中国成为妇孺皆知的一句口头禅这一事实来看，中式“理性经济人”假设在中国人心中实有深刻影响。第二，除了极少数人因父辈家境殷实或富有而“与生俱来”地就拥有一定财富外，对于绝大多数人而言，财富必须靠自己的努力才会拥有，因此，在一般情况下，人必须靠自己的主观努力才能获得财富。第三，假若一个人或一个组织拥有大量的财富，他就可以凭此来支配他人为自己或组织服务。第四，在通常情况下，人们尤其是正常的成人往往以一种合乎理性的、精打细算的方式行事。

韩非子是中式理性经济人假设的主要代表。韩非子认为，人与人之间的关系都属于利益关系。就君臣关系而言，君臣之间的关系实际上就是一种利益关系，因此，它赖以形成的基础是算计，君主认为用某人为臣划算，就用之，若不划算，就不用；臣也是这

---

① 关于中国古代的人性假设，读者若有兴趣，可参看张岱年著《中国哲学大纲》（北京：中国社会科学出版社，1982.）一书的第183～253页；也可参看汪凤炎所著的《中国传统德育心理学思想及其现代意义》修订版（上海：上海教育出版社，2007.）一书的第39～52页。

② 杨伯峻译注．论语译注（第二版）．北京：中华书局，1980. 128.

样，若觉得君所给的官职合算，就接受，若不合算，就不接受。《韩非子·难一》说："且臣尽死力以与君市，君垂爵禄以与臣市，君臣之际，非父子之亲也，计数之所出也。"若以上述西方人所讲的人性假设来衡量，韩非子这一见解里所蕴含的人性假设，就是典型的理性经济人假设，它与上文讲的儒家的观点截然不同。《吕氏春秋·用民》说："故威不可无有，而不足专恃，譬之若盐之于味，凡盐之用，有所托也，不适则败托而不可食。威亦然，必有所托，然后可行。恶乎托（依托于什么）？托于爱利。爱利之心谕，威乃可行。威太甚则爱利之心息，爱利之心息而徒疾行威，身必咎矣。"从这段话可知，《吕氏春秋》其实也有理性经济人假设的思想，因而强调要将树威建立在人们的"爱利之心"上。又据《史记》卷八十一《廉颇　蔺相如　赵奢　李牧列传》记载，当廉颇被免官时，其平日所养的幕僚全都离他而去，后来，赵王重新启用廉颇为将，先前离去的幕僚又回到廉颇身边，廉颇对幕僚的这一做法很不高兴，不料幕僚却反过来教训廉颇说："吁！君何见之晚也？夫天下以市道交，君有势，我则从君，君无势则去，此固其理也，有何怨乎？"从这段话可知，这里幕僚们所持的人性假设其实也是理性经济人假设。

(3)"自然人"假设。

以老子为首的道家是"自然人"假设的代表。若结合《老子》和《庄子》等道家经典典籍来看，"自然人"假设的主要观点有三种：

第一，"率性而为"是激发人工作的重要动力。

第二，世俗社会对人的诸种要求与管理措施因其本身不合乎人性的本质要求，不但不能有效地激发人的劳动兴趣，反而使得人们厌恶劳动。在道家看来，人与自然一样，也有其自身的规律，管理措施必须合乎人的自然规律才能生效，因此，《老子·二十五章》明确主张："人法地，地法天，天法道，道法自然"。

第三，必须从人性的自然天性里去寻找工作的意义，人性的自身需要比社会对人有更大的影响力。

3. 复杂人假设在中式管理中的重要地位

需要指出的是，虽然分论之，中国人主要以上述三种人性假设作为管理的前提，但是，在事实上，中国的管理者尤其是高明的管理者，在其管理实践中一般又未死守某一人性假设，而是兼取各家之长，用中国人自己的话说，往往是外儒内道或外儒内法之类。因此，就管理而言，中国人实际上是以复杂人假设作为管理的前提的。

中式复杂人假设类似于雪恩等人所主张的复杂人假设，其主要观点有三种：第一，不同人的兴趣、爱好、志向、品性与能力等都有差异，正所谓"人心不同，各如其面"、"人性各别，各有长短"。同时，就同一个人而言，其需要也是多种多样的。正如《列子·杨朱篇》所说："生民之不得休息，为四事故：一为寿，二为名，三为位，四为货。"这都说明人是很复杂的，人的需要是多种多样的，并且，这些需要也会随着年龄、所扮演的角色、所处的环境及人际关系的演变而变化。因此，我们不能简单地用一种人性假设来概括所有人的人性，而必须充分考虑到人性的复杂性。第二，世界是复杂多样的，社会也是复杂多样的，外在环境的复杂性造就了人性的复杂性。这意味着不同的人有不同的需求、不同的品性和不同的能力。人的工作动机是复杂、多变的，不但不同的人有不同的动机，同一个人在不同的时间、地点也会有不同的动机。各种动机之间交互作用，从而形成复杂的动机模式。第三，既然人性是复杂的，那么，在人力资源管理中就不能简单地死守某一种人性假设，而必须根据不同人的不同特点，适时运用灵活多变的管理措施来激发个体的积极性。这表明，没有一种适合任何时代、任何人的万能管理模式。所以，管理必须做到以人为本，依据人的心理规律办事。

（二）“同人心”：管理目标是获得和谐的人际关系

以复杂人的人性假说作为理论基础，中国人强调管理者要从“人心”入手进行管理，管理的最终目标是“得民心”，以使管理者与被管理者之间形成和谐的人际关系，这可说是中国人的管理智慧的最大特色，这一特色在中国可谓源远流长。《管子·法禁》说：“《春誓》曰：‘纣有臣亿万人，亦有亿万之心。武王有臣三千而一心。’故纣以亿万之心亡，武王以一心存。故有国之君，苟不能同人心……则虽有广地众民，犹不能以为安也。”透过商朝为其一个属国所灭的事实，我们可以总结出商朝灭亡而周代兴起的主要原因在于：商纣王虽表面上拥有众多臣民，但是，这些臣民都不与纣王同心一致；周武王拥有的臣民的数量虽远远少于纣王，但这些臣民多能与其同甘共苦，因此，人心涣散的商朝最终被团结一致的周武王的军队所消灭。由此教训出发，《管子》进而得出一个发人深省且颇有警世含义的结论：“故有国之君，苟不能同人心……则虽有广地众民，犹不能以为安也。”

此思想为后人所继承。如《周易·系辞上传》说：“二人同心，其利断金。”

《孟子·公孙丑下》说：“天时不如地利，地利不如人和。……故曰：域民不以封疆之界，固国不以山峪之险，威天下不以兵革之利。得道者多助，失道者寡助。寡助之至，亲戚畔之；多助之至，天下顺之。”

《孟子·离娄上》说：“桀纣之失天下也，失其民也；失其民者，失其心也。得天下有道：得其民，斯得天下矣；得其民有道：得其心，斯得民矣。”

《荀子·王霸》说：“上不失天时，下不失地利，中得人和，而百事不废。”

《韩非子·功名》说：“明君之所以立功成名者有四：一曰天时，二曰人心，三曰技能，四曰势位。……逆人心，虽贲育不能尽人力……故得人心则不趣而自劝……人主者，天下一力以共载之，故安；众同心以共立之，故尊。”

据《尸子》记载：“孔子谓子夏曰：‘商，汝知君之为君乎？’子夏曰：‘鱼失水则死，水失鱼犹为水也。’孔子曰：‘商，汝知之矣。’”①“天子忘民则灭，诸侯忘民则亡。”②

《吕氏春秋·顺民》说：“先王先顺民心，故功名成。夫以德得民心以立大功名者，上世多有之矣。失民心而立功名者，未之曾有也。……得民心则贤于千里之地。”

俗话也说：“人心齐，泰山移。”

综观上述言论，在孟子等人看来，“封疆之界”、“山峪之险”和“兵革之利”都仅仅是一种外在的影响因素，民心的向背才是决定战争胜负、国家存亡的关键因素。管理

① （战国）尸佼．尸子译注．（清）汪继培辑，朱海雷撰．上海：上海古籍出版社，2006. 73.
② （战国）尸佼．尸子译注．（清）汪继培辑，朱海雷撰．上海：上海古籍出版社，2006. 79.

者只有实行正确的治国安邦之策，才能使管理者与被管理者之间关系和谐。上下若齐心，则国家自然强盛。治国如此，管理一个大企业或一个小单位，又何尝不是如此呢？

二、“得其心有道”：赢得民心的方法

先哲普遍认为，得民心有“道”，管理者若想得民心，必须掌握一些必要的治心方法。如《孟子·离娄上》说：“得其心有道：所欲与之聚之，所恶勿施，尔也。……”《尸子·治天下》说：“治天下有四术：一曰忠爱，二曰无私，三曰用贤，四曰度量（指法度，引者注）。”① 这些赢得民心的方法，可粗略划分为两大类：一为积极的方法，一为消极的方法。前者以儒家、法家、兵家等为代表，主张管理者要积极有为，主动采取某些措施来赢得民心；后者以道家为代表，主张管理者要通过无为、自然的策略来获得民心。并且，这些管理措施分论之只有几条，若其变化，则无穷无尽。正如《淮南子·原道训》所说：“音之数不过五，而五音之变不可胜听也。味之和不过五，而五味之化不可胜尝也。色之数不过五，而五色之变不可胜观也。”

（一）积极有为：赢得民心的积极方法

概括起来，赢得民心的积极方法主要有以下几个方面：

1. “知所以修身，则知所以治人”：治己以治人

治人先治己，此管理智慧在中国至少可追溯至孔子的思想。据《尸子·处道》记载：“仲尼曰：‘得之身者得之民，失之身者失之民。不出于户而知天下，不下其堂而治四方，知反之于己者也。’以是观之，治己则人治矣。”② 此思想为后人所继承。如《尸子·神明》说：

> 仁义圣智参天地。天若不覆，民将何恃何望？地若不载，民将安居安行？圣人若弗治，民将安率安将？是故天覆之，地载之，圣人治之。圣人之身犹日也，夫日圆尺，光盈天地。圣人之身小，其所烛远。圣人正己，而四方治矣。上纲苟直，百目皆开；德行苟直，群物皆正。政也者，正人者也。身不正则人不从。是故不言而信，不怒而威，不施而仁。有诸心而彼正，谓之至政。今人曰：“天下乱矣，难以为善。”此不然也。夫饥者易食，寒者易衣，此乱而后易为德也。③

（1）为什么要做到治人先治己？

在管理活动中，领导者本人素质的高低、修养的好坏，不但是影响其管理成效的重要因素，而且对其所在单位的兴衰成败具有决定性的作用。正如《尸子·明堂》所说：“其本不美，则其枝叶茎心不得美矣，此古今之大径也。是故圣王谨修其身以君天下，则天道至焉，地道稽焉，万物度焉。”④

---

① （战国）尸佼．尸子译注．（清）汪继培辑，朱海雷撰．上海：上海古籍出版社，2006. 30.
② （战国）尸佼．尸子译注．（清）汪继培辑，朱海雷撰．上海：上海古籍出版社，2006. 43.
③ （战国）尸佼．尸子译注．（清）汪继培辑，朱海雷撰．上海：上海古籍出版社，2006. 45.
④ （战国）尸佼．尸子译注．（清）汪继培辑，朱海雷撰．上海：上海古籍出版社，2006. 14.

同时，领导者的品行对于下层百姓具有榜样示范作用，百姓对于其上级领导者的品行则有模仿心态，在上级与下级之间存在着“上为下效，君行臣甚”的心理规律，用现代心理学的术语说，就是模仿律。例如：

《管子·法法》说：“凡民从上也，不从口之所言，从情之所好者也。上好勇则民轻死，上好仁则民轻财，故上之所好，民必甚焉。”

据《论语·颜渊》记载，孔子曾说：“君子之德风，小人之德草，草上之风，必偃。”①

《孟子·滕文公上》说：“上有好者，下必有甚焉者矣。君子之德，风也；小人之德，草也。草尚（上）之风，必偃。”②

《荀子·强国》说：“且上者，下之师也，夫下之和上，譬之犹响之应声，影之象形也。”

《荀子·君道》说：“请问为国？曰：闻修身，未尝闻为国也。君者仪也，民者景也，仪正而景正；君者盘也，民者水也，槃圆而水圆。”

《大学》说：“上老老而民兴孝，上长长而民兴弟，上恤孤而民不倍，是以君子有絜矩之道也。”朱子注：“言此三者，上行下效，捷于影响。”

《抱朴子外篇·审举》说：“上为下效，君行臣甚。”

由于存在“上为下效，君行臣甚”的模仿律，假若管理者本人严于律己，做到“其身正”，以此在民众心中树立起真正的威信，那么，他就能收到“不令而行”的化育万民的管理效果；反之，如果管理者本人“其身不正”，那么，他的政令也就不能发挥作用，即“虽令不从”。这种思想在古籍中屡屡被论述：

据《论语·子路》记载：“子曰：‘其身正，不令而行；其身不正，虽令不从。’”③“苟正其身矣，于从政乎何有？不能正其身，如正人何？”④

据《论语·颜渊》记载：“季康子问政于孔子。孔子对曰：‘政者，正也。子帅以正，孰敢不正？’”⑤

据《孟子·离娄上》记载：“孟子曰：‘爱人不亲，反其仁；治人不治，反其智；礼人不答，反其敬——行有不得者皆反求诸己，其身正而天下归之。’”⑥

《大戴礼记·主言》说：“上者，民之表也，表正，则何物不正？”

汉代扬雄在《法言·先知》里说：“政之本，身也。身立则政立矣。”

俗话也说：“上梁不正，下梁歪。”

---

① 杨伯峻译注．论语译注（第二版）．北京：中华书局，1980. 129.

② 杨伯峻译注．孟子译注．北京：中华书局，1960. 114.

③ 杨伯峻译注．论语译注（第二版）．北京：中华书局，1980. 136.

④ 杨伯峻译注．论语译注（第二版）．北京：中华书局，1980. 138.

⑤ 杨伯峻译注．论语译注（第二版）．北京：中华书局，1980. 129.

⑥ 杨伯峻译注．孟子译注．北京：中华书局，1960. 167.

从上述言论可以看出，至少自孔子开始，中国人便懂得了“治人先治己”的道理。据《尸子·处道》记载：“仲尼曰：‘得之身者得之民，失之身者失之民。不出于户而知天下，不下其堂而治四方，知反之于己者也。’以是观之，治己则人治矣。”① 据《孟子·离娄上》记载，孟子曰：“人有恒言，皆曰，‘天下国家。’天下之本在国，国之本在家，家之本在身。”《中庸》也说：“知所以修身，则知所以治人；知所以治人，则知所以治天下国家。”于是，为了更好地“治己”以便达到更好地“治人”的目的，先哲将“修身”视作“齐家”、“治国”、“平天下”的前提与基础，认为一个人只有先从自身做起，加强自我的心性修养，“修身”之后，才能“正身”，以身作则，以自己的行动带动众人，从而达到“正民”的目的；如果能修成“内圣”，便可取得“外王”之功效，即能“齐家”、“治国”与“平天下”。这种思想的经典表述出自《大学》讲的“八条目”（详见“中国人的人格心理观”一章）。

《淮南子·泰族训》也说：“欲成霸王之业者，必得胜者也。能得胜者也，必强者也。能强者也，必用人力者也。能用人力者也，必得人心者也。能得人心者也，必自得者也。故心者，身之本也；身者，国之本也。未有得己而失人者也，未有失己而得人者也。故为治之本，务在宁民；宁民之本，在于足用；足用之本，在于勿夺时；勿夺时之本，在于省事；省事之本，在于节用；节用之本，在于反性。”

据《汉书》卷五十六《董仲舒传第二十六》记载，董仲舒曾说：“故为人君者，正心以正朝廷，正朝廷以正百官，正百官以正万民，正万民以正四方。正四方，远近莫敢不一于正，而亡有邪气奸其间者。……而王道终矣。”

（2）管理者应具备哪些心理素质？

对于优秀管理者应具备的心理素质，尽管不同人有不尽相同的阐述，但概括起来，其实大家都主张优秀的管理者应具备德才兼备的综合心理素质，做一位智慧型的管理者。例如，据《六韬》卷一《文韬·六守》记载：当文王向姜太公询问作为“人君”者所必须具备的“六守”是什么时，有如下对话：

太公曰：“一曰仁，二曰义，三曰忠，四曰信，五曰勇，六曰谋，是谓六守。”

文王曰：“慎择六守者何？”

太公曰：“富之而观其无犯；贵之而观其无骄；付之而观其无转；使之而观其无隐；危之而观其无恐；事之而观其无穷。富之而不犯者，仁也；贵之而不骄者，义也；付之而不转者，忠也；使之而不隐者，信也；危之而不恐者，勇也；事之而不穷者，谋也。”

明眼人一看便知，姜太公所说的“六守”实是对德才兼备素质的具体阐述。又据《王文公文集》卷二十六《杂著·三不欺》记载，王安石说：

“昔论者曰：‘君任德，则下不忍欺；君任察，则下不能欺；君任刑，则下不敢欺，

---

① （战国）尸佼．尸子译注．（清）汪继培辑，朱海雷撰．上海：上海古籍出版社，2006. 43.

而遂以德察刑为次。'盖未之尽也。此三人者之为政，皆足以有取于圣人矣，然未闻圣人为政之道也。夫未闻圣人为政之道，而足以有取于圣人者，盖人得圣人之一端耳。且子贱之政使人不忍欺，古者任德之君宜莫如尧也，然则，驩兜犹或以类举于前，则德之使人不忍欺岂可独任也哉？子产之政使人不能欺，夫君子可欺以其方，故使畜鱼而校人烹之，然则察之使人不能欺岂可独任也哉？西门豹之政使人不敢欺，夫不及于德而任刑以治，是孔子所谓'民免而无耻'者也，然则刑之使人不敢欺岂可独任也哉？故曰：此三人者未闻圣人为政之道也。"然圣人之道有出此三者乎？亦兼用之而已。昔者尧、舜之时，比屋之民皆足以封，则民可谓不忍欺矣。放齐以丹朱称于前，曰：'嚚讼可乎？'则民可谓不能欺矣。四罪而天下咸服，则民可谓不敢欺矣。故任德则有不可化者，任察则有不可周者，任刑则有不可服者。然则子贱之政无以正暴恶，子产之政无以周隐微，西门豹之政无以渐柔良，然而三人者能以治者，盖足以治小具而高乱世耳，使当尧、舜之时所大治者，则岂足用哉？盖圣人之政，仁足以使民不忍欺，智足以使民不能欺，政足以使民不敢欺，然后天下无或欺之者矣。"①

在王安石看来，一名优秀的管理者必须兼备高尚的道德品质和杰出的才华，并具备足够的施政本领，才能收到如下效果：由于他有高尚品德，百姓便不忍欺骗他；由于他有聪明才智，百姓也无法欺骗他；由于他善于施政，百姓也不敢欺骗他。据《王文公文集》卷二十八《杂著·王霸》记载，王安石又说：

仁义礼信，天下之达道，而王霸之所同也。夫王之与霸，其所以用者则同，而其所以名者则异，何也？盖其心异而已矣。其心异则其事异，其事异则其功异，其功异则其名不得不异也。

王者之道，其心非有求于天下也，所以为仁义礼信者，以为吾所当为而已矣。以仁义礼信修其身而移之政，则天下莫不化之也。是故王者之治，知为之于此，不知求之于彼，而彼固已化矣。霸者之道则不然：其心未尝仁也，而患天下恶其不仁，于是示之以仁；其心未尝义也，而患天下恶其不义，于是示之以义。其于礼信，亦若是而已矣。是故霸者之心为利，而假王者之道以示其所欲；其有为也，唯恐民之不见而天下之不闻也。故曰其心异也。

按王安石的见解，虽然仁义礼信是天下的大道，王道与霸道大抵相同，但二者实有差异：行王道者，是先修"内圣"之功，然后自然收到"外王"的功效；行霸道者，是为了获得"外王"的功效，而虚假地行仁义礼信。王安石区分王道与霸道行仁义礼信的差别有一定道理，但如"中国人的人格心理观"一章所论，"内圣外王"实是行不通的。

（3）管理者如何修身？

管理者尤其是高级管理者，应该怎样去修身呢？对于这个问题，除了《大学》所倡导的"八条目"的经典论述外，中国先哲还有其他一些阐述。但是，由于中国传统文化

① （宋）王安石. 王文公文集［M］. 唐武标校. 上海：上海人民出版社，1974. 305～306.

没有现代意义上的“管理科学”这一门类，有关阐述管理者尤其是高级管理者修身的言论从外在形式上看往往是零散的，因此，必须综合各家言论才能显得更为全面。

综观先哲的言论，管理者尤其是高级管理者在修身时主要应做到以下几点:[①] ①遵礼。按照礼的规定行事，不合自己名分的事不做。《论语·子路》说：“上好礼，则民莫敢不敬；上好义，则民莫敢不服；上好信，则民莫敢不用情。”②处恭。容貌庄重，态度严肃，不轻慢，不浮躁。如《老子·六十八章》说：“善用人者，为之下。”[②] 据《论语·季氏》记载，孔子主张领导者要“貌思恭”。③守信。诚恳信实，无欺无枉。据《论语·子路》记载，孔子认为即使是一个一般的士人也应当做到“言必信，行必果”，作为领导者更应当讲究信用，不能出尔反尔。因为“上好信，则民莫敢不用情。”《论语·颜渊》说：“自古皆有死，民无信不立。”这是孔子的一句至理名言。这一思想一直为后人所继承。据《墨子·公孟》记载：“告子谓子墨子曰：‘我（能）治国为政’。子墨子曰：‘政者，口言之，身必行之。今子口言之，而身不行，是子之身乱也。子不能治子之身，恶能治国政?’”④爱人。管理者要行仁政，爱护下属。如《管子·立政》说：“大德不至仁，不可以授国柄。”领导者为什么要仁政爱民呢？其中道理正如《墨子·兼爱中》所说：“夫爱人者，人亦从而爱之；利人者，人亦从而利之；恶人者，人亦从而恶之；害人者，人亦从而害之。”据《孟子·离娄上》记载，孟子也说：“君仁，莫不仁；君义，莫不义；君正，莫不正。一正君而国定矣。”“是以惟仁者宜在高位。不仁而在高位，是播其恶于众也。”“三代之得天下也以仁，其失天下也以不仁。国之所以废兴存亡者亦然。天子不仁，不保四海；诸侯不仁，不保社稷；卿大夫不仁，不保宗庙；士庶人不仁，不保四体。今恶死亡而乐不仁，是由恶醉而强酒。”⑤敬事。兢兢业业，一丝不苟。据《论语·季氏》记载，孔子说的君子“九思”，其一就是“事思敬”，即考虑自己的工作态度是不是严肃认真。据《论语·子路》记载，孔子认为领导者只有“执事敬”，并能做到“先有司”（为下属官吏做出表率），才可以处理好国政。⑥俭用。自奉简约，足用而已。孔子具有很可贵的民本思想，《论语·颜渊》中记载的“百姓足，君孰与不足？百姓不足，君孰与足”同样也是孔子的一贯看法。基于这种认识，孔子等人主张领导者要节俭，决不可残民以饱私欲。《论语·八佾》说：“礼，与其奢也，宁俭。”⑦修心。孔子等人对领导者的心理素质提出了明确的要求，主张领导者要学会忍耐、克制，遇事沉着冷静，不能冲动任性，否则，就如《论语·卫灵公》所说：“小不忍，则乱大谋。”同时，领导者必须牢记《论语·子罕》所说的“四戒”：“毋意，毋必，毋固，毋我。”“毋意”指不主观臆测，“毋必”指不绝对肯定，“毋固”指不拘泥固执，“毋我”指不自以为是或唯我独尊。⑧举止适度。如《论语·尧曰》说：“子曰：君子惠而不费，劳而不怨，欲而不贪，泰而不骄，威而不猛。”⑨智慧。在《荀子·君道》看来，一个合格的管理者必须具有“其知惠足使规物……其辨说足以解烦，其知虑足以决疑，其齐断足以距难”的本领，才算称职。⑩过则能改。孔子等人认识到领导者与常人一样，也会犯错误，犯错误不可怕，只要有《论语·学而》所说的“过，则勿惮改”的精神即可。因为错误已经犯了，想掩盖也掩盖不过去；相反，若能知错则改，反而会收到“人

① 裴传永等. 中国古代领导思想概论. 北京：中国人事出版社，1990. 30～32.

② 陈鼓应. 老子注译及评介（修订增补本）. 北京：中华书局，2009. 309.

皆仰之”的良好社会效果，更有利于领导者工作的开展。正如《论语·子张》所说：“君子之过也，如日月之食焉：过也，人皆见之；更也，人皆仰之。”在中国历史上，一些想有所作为的君王，多有知错能改的勇气与胸襟。据《韩非子·难一》记载：“晋平公与群臣饮，饮酣，乃喟然叹曰：‘莫乐为人君！惟其言而莫之违。’师旷侍坐于前，援琴撞之，公披衽而避，琴坏于壁。公曰：‘太师谁撞？’师旷曰：‘今者有小人言于侧者，故撞之。’公曰：‘寡人也。’师旷曰：‘哑！是非君人者之言也。’左右请除之。公曰：‘释之，以为寡人戒。’”

（4）治人先治己的思想对当代管理者的启示。

重视管理者的自我心性修养、自我管理，要求领导者以身作则，强调管理者自身的素质在管理中的重要作用，由此主张“修身以治国平天下”的正己思想，这可说是中国人的管理智慧之一。此管理智慧在现代管理心理学里仍有相当重要的启示意义。Drucker在1985年为《有效的管理者》一书作再版序时写道：“一般的管理学著作谈的都是如何管理别人，本书的目标则是如何有效地管理自己。一个有能力管理好别人的人不一定是一个好的管理者，而只有那些有能力管好自己的人才能成为好的管理者。事实上，人们不可能指望那些不能有效地管理自己的管理者去管理好他们的组织和机构。从很大意义上说，管理是树立榜样。为那些不知道怎样使自己的工作更为有效的管理者树立了错误的榜样。”① Drucker的这段话与中国先哲力倡的“修身”以“治国平天下”的思想是相通的。

2. “恒产恒心”：满足人们的基本需要

国以民为本，民以食为天。要想建成一个安定的社会，管理者就必须爱民、养民，就必须满足人民的一些最基本的需要。正如《淮南子·主术训》所说：“食者，民之本也。民者，国之本也。国者，君之本也。是故人君者，上因天时，下尽地财，中用人力，是以群生遂长，五谷蕃植。”为此，孔子提出管理好老百姓的前提是先要让他们富裕起来，拥有最基本的生活资料，然后再予以教育。据《论语·子路》记载：“子适卫，冉有仆。子曰：‘庶矣哉！’（好稠密的人口）冉有曰：‘既庶矣，又何加焉？’曰：‘富之。’曰：‘既富矣，又何加焉？’曰：‘教之。’”孔子先富后教的思想为其后历代学者所继承。如《荀子·大略》说：“不富无以养民情，不教无以理民性。”那么，管理者怎样去满足人们的基本需要呢？

首先要满足人们的基本物质需要，因为社会不安定的根源之一是人们缺乏最基本的谋生资料，从而丧失了廉耻之心。正如《论语·卫灵公》所说：“子曰：‘君子固穷，小人穷斯滥矣。’”《孟子·梁惠王上》也说：“无恒产而有恒心者，惟士为能。若民，则无恒产，因无恒心。苟无恒心，放辟邪侈，无不为已。”反之，人们一旦丰衣足食，就会“知礼节”、“知荣辱”，正如《管子·牧民》所说：“仓廪实则知礼节，衣食足则知荣辱。”因此，只有让百姓富足的国家，才能成就大业；只让士富足者，只能称霸诸侯；只让大夫富足的国家，那是苟延残喘的国家；只让国库富足，而将百姓剥削得一无所有，那是濒临灭亡的国家，此时一旦发生祸患便无法挽救了。正如《尉缭子·战威》所说：

① Drucker, P. F., *The Effective Executive*, New York: Harper & Row. 1985.

"王国富民，霸国富士，仅存之国富大夫，亡国富仓府。是谓上满下漏，患无所救。"[1]《尸子》也说："伯夷叔齐饥死首阳，无地故也。桀放于历山，纣杀于镐宫，无道故也。有道无地则饿，有地无道则亡。"[2] 因此，孔子和孟子等人多主张一个聪明的管理者若想社会和谐，必须重视民生问题，采取积极的措施来帮助人民"制民之产"，以便满足人们最基本的物质需要，使他们有能力做到"仰足以事父母，俯足以蓄妻子，乐岁终身饱，凶年免于死亡"（《孟子·梁惠王上》），并提出了一些"制民之产"的方法，其中尤以孟子和荀子的主张最具代表性，典型地反映了在小农经济条件下"制民之产"的具体做法。

《孟子·梁惠王上》说：

"五亩之宅，树之以桑，五十者可以衣帛矣。鸡豚狗彘之畜，无失其时，七十者可以食肉矣。百亩之田，勿夺其时，数口之家可以无饥矣。谨庠序之教，申之以孝悌之义，颁白者不负戴于道路矣。七十者衣帛食肉，黎民不饥不寒，然而不王者，未之有也。"

《荀子·王制》说：

圣王之制也，草木荣华滋硕之时则斧斤不入山林，不夭其生，不绝其长也；鼋鼍、鱼鳖、鳅鳣孕别之时，罔罟毒药不入泽，不夭其生，不绝其长也；春耕、夏耘、秋收、冬藏四者不失时，故五谷不绝而百姓有余食也；汙池、渊沼、川泽谨其时禁，故鱼鳖优多而百姓有余用也；斩伐养长不失其时，故山林不童而百姓有余材也。

孔子、孟子和荀子等人的上述思想为后人所普遍继承。如《淮南子·泰族训》说：

故为治之本，务在宁民；宁民之本，在于足用；足用之本，在于勿夺时；勿夺时之本，在于省事；省事之本，在于节用；节用之本，在于反性。

王充在《论衡·治期》里说：

夫世之所以为乱者，不以贼盗众多，兵革并起，民弃礼义，负畔其上乎？若此者，由谷食乏绝，不能忍饥寒。夫饥寒并至而能无为非者寡，然则温饱并至而能不为善者希。传曰："仓廪实，民知礼节；衣食足，民知荣辱。"让生于有余，争起于不足。谷足食多，礼义之心生；礼丰义重，平安之基立矣。故饥岁之春，不食亲戚（此处"亲戚"指"父母"，引者注）；穰岁之秋，召及四邻。不食亲戚，恶行也；召及四邻，善义也。为善恶之行，不在人质性，在于岁之饥穰。由此言之，礼义之行，在谷足也。

其次，管理者必须采取一些积极措施来满足人们的"安全"和"传宗接代"等其他基本的心理需要。在这一点上，《管子·牧民》说得好：

---

① 骈宇骞等译注．武经七书·尉缭子．北京：中华书局，2007. 215.

② （战国）尸佼．尸子译注．（清）汪继培辑，朱海雷撰．上海：上海古籍出版社，2006. 72.

政之所兴，在顺民心；政之所废，在逆民心。民恶忧劳，我佚乐之；民恶贫贱，我富贵之；民恶危坠，我存安之；民恶灭绝，我生育之。能佚乐之，则民为之忧劳；能富贵之，则民为之贫贱；能存安之，则民为之危坠；能生育之，则民为之灭绝。故刑罚不足以畏其意，杀戮不足以服其心。故刑罚繁而意不恐，则令不行矣；杀戮众而心不服，则上位危矣。故从其四欲，则远者自亲；行其四恶，则近者叛之。故知予之为取者，政之宝也。

这段话表明，一个高明的管理者必须尽力满足下属的合理需求。具体地说，既然下属不喜欢忧劳，上级就必须想方设法使之能轻松、快乐地工作与生活；既然下属不喜欢贫贱，上级就必须想方设法使之收入增加，以使其尽快富裕起来；既然下属不喜欢在不安全的环境中工作，上级就必须想方设法使之能过上安稳的生活，使之在安全的环境里工作；既然下属不喜欢没有后代，上级就必须想方设法使之能生育儿女。上级管理者只有这样做，才能赢得下属的忠心支持。

第三，尽量减轻人民的负担。假若说上述两个措施是从正面说的话，那么，这个措施就是从反面说的。《晏子春秋·内篇谏下》说："重敛于民，民必哀矣。夫敛民之哀，而以为乐，不祥，非所以君国者。"这是一个非常浅显的道理，一个管理者若想赢得民心，就必须牢记这个道理。《礼记·檀弓下》里讲了一个路人皆知的关于"苛政猛于虎"的故事，将管理者不能横征暴敛的思想说得一清二楚：

孔子过泰山侧，有妇人哭于墓者而哀。夫子式而听之，使子路问之，曰："子之哭也，壹似有重忧者。"而曰："然。昔者吾舅死于虎，吾夫又死焉，今吾子又死焉。"夫子曰："何为不去也？"曰："无苛政。"夫子曰："小子识之！苛政猛于虎也。"

3. "以义制利"：引导人们追求合理的需要

现代心理学研究表明，需要是有机体活动的积极性源泉，是人进行活动的基本动力。人的一切活动，都是在需要的推动下进行的。有欲才有求，有求才有为；无欲虽无求，但也无为了。正如《列子·杨朱篇》所说：

生民之不得休息，为四事故：一为寿，二为名，三为位，四为货。有此四者，畏鬼，畏人，畏威，畏刑，此谓之遁民也。可杀可活，制命在外。不逆命，何羡寿？不矜贵，何羡名？不要势，何羡位？不贪富，何羡货？此之谓顺民也。天下无对，制命在内。

人们之所以不得休息，主要是为了四件事：一为长寿，二为名誉，三为地位，四为钱财。一个人一旦有了这四种需要，他们或死或活，就完全听任外物的支配；反之，一个人若不需要"寿"、"名"、"位"、"货"，天下就没有对手了，支配权就完全在于自身。因此，从管理的角度看，激发和引导人的需要就是管理中重要的一环。对于这个道理，先哲多有清楚的认识。因此，他们多主张，要想管理民众，必须先让民众有一定的需要，否则，任何管理措施都不会发生效果，因为"人无所好，君无以权也"。民众无欲望不行，但是，民众的欲望太多，也不利于管理。这告诉人们尤其是管理者，不能简单地一味禁止人的欲望，而要抓住人们“欲荣利，恶辱害”的心理，充分发挥赏与罚的功能，以便调动人的积极性，让人为己所用。例如，《吕氏春秋·为欲》说：

使民无欲，上虽贤，犹不能用。夫无欲者，其视为天子也与为舆隶同，其视有天下也与无立锥之地同，其视为彭祖也与为殇子同。天子至贵也，天下至富也，彭祖至寿也，诚无欲，则是三者不足以劝。舆隶至贱也，无立锥之地至贫也，殇子至夭也，诚无欲，则是三者不足以禁。……故人之欲多者，其可得用亦多；人之欲少者，其可得用亦少；无欲者，不可得用也。人之欲虽多，而上无以令之，人虽得其欲，人犹不可以用也。令人得欲之道，不可不审矣。

《吕氏春秋·用民》说：

民之用也有故，得其故，民无所不用。用民有纪有纲，壹引其纪，万目皆起，壹引其纲，万目皆张。为民纪纲者何也？欲也恶也。何欲何恶？欲荣利，恶辱害。辱害所以为罚充也，荣利所以为赏实也。赏罚皆有充实，则民无不用矣。

为了解决欲与用这对矛盾，先哲多主张“以义制利”，用今天的话说，就是要引导人们追求合理的需要，而舍弃不合理的需要。关于这方面的论述，在中国的典籍和俗语里随处可见：

据《左传·昭公十年》记载：“晏子谓桓子：‘……义，利之本也。’”

据《论语·里仁》记载，孔子说：“富与贵，是人之所欲也，不以其道得之，不处也；贫与贱，是人之所恶也，不以其道得之，不去也。君子去仁，恶乎成名？君子无终食之间违仁，造次必于是，颠沛必于是。”

据《论语·述而》记载，孔子说：“富而可求也，虽执鞭之士，吾亦为之。如不可求，从吾所好。”孔子又说：“不义而富与贵，于我如浮云。”

据《孟子·告子上》记载，孟子说：“鱼，我所欲也，熊掌，亦我所欲也，二者不可得兼，舍鱼而取熊掌者也。生，亦我所欲也，义，亦我所欲也，二者不可得兼，舍生而取义者也。”

据《孟子·滕文公下》记载，孟子说：“非其道，则一箪食不可受于人；如其道，则舜受尧之天下，不以为泰。”

《荀子·大略》说：“义与利者，人之所两有也。虽尧、舜不能去民之欲利，然而能使其欲利不克其好义也。虽桀、纣亦不能去民之好义，然而能使其好义不胜其欲利也。故义胜利者为治世，利克义者为乱世。上重义则义克利，上重利则利克义。”

《墨子·贵义》说：“万事莫贵于义。”

据《汉书》卷五十六《董仲舒传第二十六》记载，董仲舒曾说：“夫万民之从利也，如水之走下，不以教化提防之，不能止也。”

《朱子语类》卷十三说：“人之一心，天理存，则人欲亡；人欲胜，则天理灭，未有天理人欲夹杂者。学者须要于此体认省察之。”“饮食者，天理也；要求美味，人欲也。”“咽喉深似海，日月快如梭。”

综观先哲的言论，为了解决欲与用这对矛盾，他们多主张见利思义、义利合一的思想。有一些研究者往往误以为董仲舒所力倡的义利观就是孔子的义利观。事实上，对于义与利的态度，尽管孔子与董仲舒都重义轻利，但两人的态度有本质的区别：孔子只是主张在义与利不可兼顾的情况下，要取义舍利；若二者可兼顾，则主张义利并收，是典型的重义的义利统一观。据《春秋繁露》卷第九《身之养重于义第三十一》记载，董仲舒说：“正其道不谋其利，修其理不计其功。”可见，董仲舒割裂了义与利之间的辩证关系，只一味地要人重义而轻利，是一种机械的重义轻利观。此后，在中国传统文化里，正确弘扬孔子的义利观的思想家大都主张义利合一，以义制利；只有少数儒家学者鼓吹董仲舒的观点，主张只要义不要利。孔子重义的义利统一观后来为“日本近代实业界之父”、“日本近代化之父”涩泽荣一（1840—1931）所吸收，他主张：“算盘要靠《论语》来拨动；同时，《论语》也要靠算盘才能从事真正的致富活动。”① 为此，他认为当时的日本若想实现近代化，就要消除两种思想障碍：一是日本传统的空谈修身养性、不讲物质欲求与经济利益的求义观；一是西方近代商业与企业活动里出现的尔虞我诈、不讲道德的求利观。为消除前一个障碍，他对《论语》的义利观作了新的解释，确立义利合一的办企业方针；为消除后一种障碍，他力倡“《论语》加算盘说”，即“道德经济合一说”，认为《论语》里的一些道理可以用于现代工商企业的管理。据《论语·里仁》记载，孔子说：“富与贵，是人之所欲也；不以其道得之，不处也。贫与贱，是人之所恶也；不以其道得之，不去也。”涩泽荣一认为，这段话并不表明孔子轻视富贵，孔子的本竟是“富与贵是人之所欲”，不过，必须“以道得之”。如果不是正当得来的富贵，则甘愿处于贫贱；假若是本着正道而得的富贵，则可心安理得地拥有。因此，据《论语·述而》记载，孔子才说：“富而可求也，虽执鞭之士，吾亦为之。如不可求，从吾所好。”由正道而致富，虽当卑贱的执鞭之人也无妨；如果采取不正当的手段，则宁可贫贱。② 涩泽荣一的这些思想对于今之中国人辩证地看待中国传统文化和义利问题都有相当重要的借鉴意义。事实上，“不义之财”虽可使一个人在某一段时间内小富，但大富则一定是要靠“合义之财”支撑的。像当今世界上的一些顶级大富豪如比尔·盖茨和李嘉诚等人，不但主要是靠自己的聪明才智和诚信获得财富的，而且常常是无偿捐款最多的人之一。

4. “量能而授官”：人尽其才

《尸子·发蒙》说得好：“国之所以不治者三：不知用贤，此其一也；虽知用贤，求不能得，此其二也；虽得贤，不能尽，此其三也。……虑事而当，不若进贤；进贤而当，不若知贤；知贤又能用之，备矣！”③

（1）选择人才的重要意义。

---

① ［日］涩泽荣一. 论语与算盘——人生·道德·财富. 王中江译. 北京：中国青年出版社，1996. 3.

② ［日］涩泽荣一. 论语与算盘——人生·道德·财富. 王中江译. 北京：中国青年出版社，1996. 78～80.

③ （战国）尸佼. 尸子译注.（清）汪继培辑，朱海雷撰. 上海：上海古籍出版社，2006. 23～24.

任何一个管理者都不可能只靠自己就管理好各个部门，他不可能充当，更不可能胜任各个角色，毕竟一个人的能力与精力都是有限的，他必须依靠别人的力量，才能使自己的管理工作有条不紊地进行。正如《管子·九守》所说："目贵明，耳贵聪，心贵智。以天下之目视，则无不见也；以天下之耳听，则无不闻也；以天下之心虑，则无不知也。"在管子看来，一个人只有"以天下之目视"、"以天下之耳听"、"以天下之心虑"，才是最大的智慧。《尸子·治天下》说："凡治之道，莫如因智，智之道，莫如因贤。譬之犹相马而借伯乐也，相玉而借猗顿也，亦必不过矣。今有人于此，尽力以为舟，济大水而不用也；尽力以为车，行远而不乘也，则人必以为无慧。今人尽力以学，谋事则不借智，处行则不因贤，舍其学不用也。此其无慧也，有甚于舍舟而涉、舍车而走者矣。"① 其明确主张治世的最好办法是充分任用贤能之士，所以《尸子·明堂》相信："非求贤务士而能致大名于天下者，未之尝闻也"②。《韩非子·观行》说，一个人"虽有尧之智而无众人之助，大功不立；有乌获之劲而不得人之助，不能自举。"在韩非子看来，一个君主之所以圣明就在于他善借众人之智。《韩非子·奸劫弑臣》说："明主者，使天下不得不为己视，使天下不得不为已听。故身在深宫之中，而明照四海之内。"《吕氏春秋·用众》认识到："物固莫不有长，莫不有短。人亦然。"只有"假人之长"才能"以补其短"，所以说："故假人者遂有天下。"《吕氏春秋》认为，所谓假人以为用，无非就是发挥天下臣民的专长。《吕氏春秋·用众》说："凡君之所以立，出乎众也。……故以众勇无畏乎孟贲矣，以众力无畏乎乌获矣，以众视无畏乎离娄矣，以众知无畏乎尧、舜矣。夫以众者，此君人之宝也。"这种思想为后人所继承。如《淮南子·主术训》说：

汤武，圣主也，而不能与越人乘干舟而浮于江湖；伊尹，贤相也，而不能与胡人骑騵马而服騊駼（野马）；孔、墨博通也，而不能与山居者入榛薄险阻也。由此观之，则人知之于物也，浅矣。而欲以遍照海内，存万方，不因道之数，而专己之能，则其穷不达矣。故智不足以治天下也。……文王智而好问，故圣。武王勇而好问，故胜。夫乘众人之智，则无不任也；用众人之力，则无不胜也。……人主者，以天下之目视，以天下之耳听，以天下之智虑，以天下之力争，是故号令能下究，而臣情得上闻，……得用人之道，而不任己之才者也。……君人者不任能，而好自为之，则智日困而自负其责也。

俗话也说："一个篱笆三个桩，一个好汉三个帮。"可见，一个管理者能善于用人的话，就可以轻松地提高管理效率。正如孔子所说："无为而治者其舜也与？夫何为哉？恭己正南面而已矣。"（《论语·卫灵公》）舜怎么能做到这样呢？秘诀就在于他能"所任得其人，故优游而自逸也。"③《大戴礼记·主言》也说："昔者舜左禹而右皋陶，不下席而天下治。"可见，管理的关键在于得人才、用人才，即为政在人。《荀子·王霸》精辟地指出：

① （战国）尸佼. 尸子译注.（清）汪继培辑，朱海雷撰. 上海：上海古籍出版社，2006. 31.

② （战国）尸佼. 尸子译注.（清）汪继培辑，朱海雷撰. 上海：上海古籍出版社，2006. 14.

③ 出自《三国志·吴志·楼玄传》。

人主者，以官人为能者也；匹夫者，以自能为能者也。人主得使人为之，匹夫则无所移之。百亩一守，事业穷，无所移之也。今以一人兼听天下，日有余而治不足者，使人为之也。大有天下，小有一国，必自为之然后可，则劳苦耗悴莫甚焉。如是，则虽臧获不肯与天子易执业。以是县天下，一四海，何故必自为之？为之者，役夫之道也，墨子之说也。论德使能而官施之者，圣王之道也，儒之所谨守也。

在荀子看来，国家的最高领导人的职能在于“官人”：选拔有德有才的人，让他们担任各级管理者，处理好事情；假若像墨子所主张的那样，“少人徒，省官职，上功劳苦，与百姓均事业，齐功劳”（《荀子·富国》），那就将国家的高级管理者的地位降低到一般干事的地位，这表面上显得非常平等，实际上是不符合管理原则的。可见，儒家提倡的通过“论德使能而官施之”以达到“无为而治”的奥秘，就在于最高管理者可以充分发挥众人之长，而免去众人之劳。这表明儒家倡导的“无为而治”实是一种用人智慧或管理智慧，其本身仍是一种积极的管理思想，这与下文道家讲的无为而治有一定的区别。

因此，为了提高管理效率，更是为了收揽人心，中国向来有尚贤的思想，力倡管理者要做“伯乐”，要充分发现人才，以便收为己用。据《论语·子路》记载：“仲弓为季氏宰，问政。子曰：‘先有司，赦小过，举贤才。’”其将“提拔优秀人才”作为管理的重要手段。同时，孔子主张，要治理好国家，让人民安居乐业，还必须真正发挥贤才的作用，同时疏远佞人。其道理正如《论语·为政》所说：“举直错诸枉，则民服；举枉错诸直，则民不服。”在墨子看来，贤才是出类拔萃的人才，是国家的“珍宝”，因此，《墨子·尚贤上》说：“是故国有贤良之士众，则国家之治厚；贤良之士寡，则国家之治薄。故大人之务，将在于众贤而已。……尚欲祖述尧舜禹汤之道，将不可以不尚贤。夫尚贤者，政之本也。”刘邦在总结自己成功的经验时曾说：“夫运筹策帷帐之中，决胜于千里之外，吾不如子房；镇国家，抚百姓，给馈饷，不绝粮道，吾不如萧何；连百万之军，战必胜，攻必取，吾不如韩信。此三者，皆人杰也，吾能用之，此吾所以取天下者也。项羽有一范增而不能用，此所以为我擒也。”① 刘邦将能否发现人才和使用人才，视作能否“得天下”的关键因素。《尸子》说：“障贤者死。”② 这句话告诉人们，若妨碍贤能之士的选用，将会被处以死刑。贾谊在《新书·胎教》中说：“昔禹以夏王，而桀以夏亡……其所以君王同而功迹不等者，所任异也。……由此观之，无贤佐俊士，能成功立名、安危继绝者，未之有也。是以国不务大而务得民心，佐不务多而务得贤者；得民心而民往之，得贤者而贤者归之。”据《昌黎先生集》卷十一《杂说·四首之四》记载，韩愈曾说：“世有伯乐，然后有千里马。千里马常有，而伯乐不常有。故虽有名马，只辱于奴隶人之手，骈死于槽枥之间，不以千里称也。”

（2）发现人才的方法。

人才虽然很重要，但中国的一些有识之士认为，绝不能用错误的方法去搜寻人才。正如《尸子·明堂》所说：“夫士不可妄致也：覆巢破卵，则凤皇不至焉；刳胎焚夭，

① 出自《史记》卷八《高祖本纪第八》。

② （战国）尸佼．尸子译注．（清）汪继培辑，朱海雷撰．上海：上海古籍出版社，2006. 79.

则麒麟不往焉；竭泽漉鱼，则神龙不下焉。夫禽兽之愚而不可妄致也，而况于火食之民乎！"① 那么，如何更好地发现人才，以便选贤任能呢？历代管理者也想出了一些行之有效的招揽人才的办法。② 常用的有如下五种：

一是筑巢引凤。这一做法始于战国时期的燕国。燕昭王在易山筑了黄金台，用以吸引人才，结果出现了"燕昭北筑黄金台，四面豪杰乘风来"的盛况。

二是出榜招贤。它相当于今天讲的招聘制。如曹操的"唯才是举"政策就是著名的一例。

三是礼贤下士。只有以谦虚的态度对待天下英才，才能收天下英雄之心，使其为己所用。正如《尸子·明堂》所说："是故曰：待士不敬，举士不信，则善士不往焉；听言，耳目不瞿，视听不深，则善言不往焉。孔子曰：'大哉，河海乎！下之也！'夫河下天下之川故广，人下天下之士故大。故曰：下士者得贤，下敌者得友，下众者得誉。故度于往古，观于先王，非求贤务士而能立功于天下、成名于后世者，未之尝有也。夫求士不遵其道而能致士者，未之尝见也。然则先王之道可知已，务行之而已矣。"③ 在中国历史上，刘备三顾茅庐迎请诸葛亮、萧何月下追韩信，都是妇孺皆知的礼贤下士的故事。

四是荐举制。它包括两种：①他荐。即通过他人来荐举人才。如晋国祁黄羊举荐仇人解狐任南阳县令和自己的儿子祁午任统兵的尉官，都属他荐（详见下文）。②自荐。即自己推荐自己。毛遂自荐就是其中最著名的例子。为了充分发挥荐举的积极功能，《尸子·发蒙》主张："为人臣者以进贤为功，为人君者以用贤为功。为人臣者进贤，是自为置上也，自为置上而无赏，是故不为也。进不肖者，是自为置下也。自为置下而无罪，是故为之也。使进贤者必有赏，进不肖者必有罪，无敢进也者为无能之人。若此，则必多进贤矣。"④ 这句话告诫人们：一个人如果举荐不如自己的人，就一定要及时加以严惩；一个人如果举荐比自己优秀的人，就一定要及时加以奖赏。若能做到这两点，就能充分发挥荐举制的积极功能。

五是科举取士。它类似于今天的公务员考试。科举取士始自隋代，自隋唐至清末，一直是历代封建王朝用以发现人才的最主要的方法。科举制虽有种种不足，但作为一种实行了一千余年的制度，其有一定的道理。科举制的最大功效就是让平民有机会与拥有知识和环境优势的贵族子弟竞争，为了达到这个目的，出题范围自然要小，考法自然要简单，以便让只买得起四书五经的寒士也能与诗书世家的子弟站在同一起跑线上，为的是留给下层读书人更多的机会。正如钱穆所言"科举制度显然在开放政权，这始是科举制度之内在意义与精神生命"，科举制通过打破上流社会与平民社会之间的界限，使当时的上下两层社会得到了有效沟通，因为科举制能够向人提供"朝为田舍郎，暮登天子堂"的机遇。⑤ 因此，科举制在收天下英雄之心以维护社会的稳定方面起到了巨大作用。

---

① （战国）尸佼．尸子译注．（清）汪继培辑，朱海雷撰．上海：上海古籍出版社，2006. 14.

② 一个有趣的现象是：古代中国人很重视探讨有效发现人才的方法，却较少论及如何有效地培养人才的方法。这与当代某些管理者喜欢挖外单位的人才而不注重在本单位内部培养人才的做法何其相似！看来，"桃子好吃树难栽"的心理在中国颇有市场，且颇有渊源。而与中国人此种心理大不相同的是，在现代西式人力资源管理中，人们往往更为注重培养人才。

③ （战国）尸佼．尸子译注．（清）汪继培辑，朱海雷撰．上海：上海古籍出版社，2006. 14 ~ 15.

④ （战国）尸佼．尸子译注．（清）汪继培辑，朱海雷撰．上海：上海古籍出版社，2006. 24.

⑤ 高芾．事关科举．南方周末，2003 - 07 - 24.

从一定意义上说，中国的封建社会能绵延两千余年，与科举制有一定的关联，虽然科举制自隋代才开始。

（3）怎样发挥人才的作用？

将人才纳入管理阶层后，能否合理任用人才就成为人力资源管理能否成功的关键。假若任用不妥，不但造成人才的浪费，而且达不到收揽人心的效果，甚至可能让一些人产生“身在曹营心在汉”的心理，这是管理上的“大忌”。因此，为了能充分发挥人才的作用，管理者可以借鉴中国文化里许多有益的思想与做法：

一是要量能授官。对通过种种方式选拔出的人才，管理者宜根据他们所表现出来的品德高低和才能大小而分别予以任用。正如《管子·立政》所说：“君之所审者三：一曰德不当其位，二曰功不当其禄，三曰能不当其官。”《管子·君臣下》又说：“称德度功，劝其所能，若稽之以众风，若任以社稷之任。若此，则士反于情矣。”在任用人才时，管理者为何要用德、功、能三个标准呢？因为不重德就不能有效地将“小人”排除在管理集团之外，而“小人”一旦得势，不但会狼狈为奸，还会祸国殃民；不尚功，则下属就不尽力；不尚能，就可能让无术之辈混进管理阶层，也让有才华的下属不愿尽其智。管子的这一思想为后人所继承。如《荀子·君道》说：“量能而授官。”《尸子》说：“君子量才而受爵，量功而受禄。”① 《韩非子·主道》也主张对人才要做到“因能而使之”，以便“使智者尽其虑”。据《贞观政要·崇儒学》记载，李世民曾说：“为政之要，惟在得人，用非其才，必难致治。今所任用，必须以德行、学识为本。”

二是推崇“金无足赤，人无完人”的思想。为防止管理者尤其是高级管理者“死用”德、功、能的选才、用才标准，从而落入“求全责备”的深渊，先哲又提出了“金无足赤，人无完人”的思想。在此思想的指导下，提倡用人要做到人尽其用，用人所长，避人所短。据《论语·微子》记载，周公曾对儿子伯禽说：“故旧无大故，则不弃也。无求备于一人！”据《旧唐书》卷六十三《萧瑀传》记载，唐太宗李世民主张：“夫人不可求备，自当舍其短而用其长。”齐桓公重用贪生怕死的管仲，得以称霸；西汉陈平品行不端，却辅佐刘邦成大业。这都是用人所长的成功例子。《资治通鉴》卷一九二《唐太宗贞观元年正月》记载了一件值得今人借鉴的事：“上令封德彝举贤，久无所举。上诘之，对曰：‘非不尽心，但于今未有奇才耳。’上曰：‘君子用人如器，各取所长，古之致治者，岂借才于异代乎？正患己不能知，安可诬一世之人！’”可见，李世民选用的是身怀一技之长的人才，而不是超群逸世的奇才。

三是力倡“用人不疑，疑人不用”的用人原则。据《尸子·治天下》记载：“郑简公谓子产曰：‘饮酒之不乐，钟鼓之不鸣，寡人之任也；国家之不乂，朝廷之不治，与诸侯交之不得志，子之任也。子无入寡人之乐，寡人无入子之朝。’自是以来，子产治郑，城门不闭，国无盗贼，道无饿人。孔子曰：‘若郑简公之好乐，虽抱钟而朝可也。’夫用贤，身乐而名附，事少而功多，国治而能逸。”② 正是由于郑简公充分信任子产，才使子产治理郑国时获得了“郑国不用关城门，国中没有盗贼，路上没有饿人”的良好效果，并得到了孔子的称赞。又据《后汉书》卷十七《冯岑贾列传第七》记载，东汉时期，大

---

① （战国）尸佼．尸子译注．（清）汪继培辑，朱海雷撰．上海：上海古籍出版社，2006. 101.

② （战国）尸佼．尸子译注．（清）汪继培辑，朱海雷撰．上海：上海古籍出版社，2006. 30 ~ 31.

将冯异镇守关中，有人上书光武帝说他“专制关中，斩长安令，威权至重，百姓归心，号为‘咸阳王’”。言下之意是，冯异图谋造反。光武帝看了此奏章后说：“将军之于国家，义为君臣，恩犹父子。何嫌何疑，而有惧意?”仍命冯异为统军大将军。据《旧唐书》卷六十三《萧瑀传》记载，李世民主张：“为人君者，驱驾英才，推心待士”。

四是力倡任人唯贤。这里讲的“贤”，即有德有才之义。中国人一向提倡任人唯贤，并赞赏如下三种做法：①赞同“外举不避仇，内举不避亲”的做法。如春秋时期晋国的祁黄羊举荐仇人解狐任南阳县令和自己的儿子祁午任统兵的尉官，就传为佳话。《慎子·君臣》则说：“官不私亲。”据《旧唐书》卷六十五《长孙无忌传》记载，李世民曾对属下现身说法：“朕之授官，必择才行。若才行不至，纵朕至亲，亦不虚授，襄邑王神符是也；若才有所适，虽怨仇而不弃，魏征等是也。朕若以无忌居后兄之爱，当多遗子女金帛，何须委以重官，盖是取其才行耳。无忌聪明鉴悟，雅有武略，公等所知，朕故委之台鼎。”②主张打破尊卑贵贱的界限。如《墨子·尚贤中》说：“虽天亦不辩贫富贵贱、远迩亲疏，贤者举而尚之，不肖者抑而废之。”《尸子·明堂》也说：“古者明王之求贤也，不避远近，不论贵贱，卑爵以下贤，轻身以先士。故尧从舜于畎亩之中，北面而见之，不争礼貌，此先王之所以能正天地利万物之故也。”① ③注意区分贤能与无能、善治与不善治、忠与不忠，对贤能之士、善管理的人士和忠义之士，要充分信任，并合理使用。正如《尸子·发蒙》所说：“于群臣之中，贤则贵之，不肖则贱之；治则使之，不治则黜之；忠则爱之，不忠则罪之。贤不肖，治不治，忠不忠，由是观之，犹白黑也。”② 中国先哲强调人才在管理中的重要作用，由此而力倡“任人唯贤”的尚贤思想，此思想较之同时期西方“用人唯亲”的贵族制思想高明得多，与今天的管理精神也是合拍的。当然，先哲力倡的“任人唯贤”思想又是与先哲力倡的“为政在人”思想紧密相连的，而后者有浓厚的重人治而轻法治的意蕴，因此，今人要辩证地看待。

五是官一不二。二人一官则易争，一人二官则事败。因此，《荀子·富国》主张“人不能兼官”。《韩非子·功名》则用一个形象的比喻来说明一人兼多职这一做法的害处：“人臣之忧在不得一，故曰：右手画圆，左手画方，不能两成。”

六是为人才提供良好的精神条件与物质条件。正如《周易·系辞下传》所说：“何以守位曰仁，何以聚人曰财。”这告诉人们，只有以仁爱忠厚之心将人才收为己用，才能巩固领导者的地位；而要使人才归服自己，只有依靠财物。

5. “宽以济猛，猛以济宽”：恩威并重

中国先哲主张管理者对待下属要做到恩威并重。正如《左传·昭公二十年》所说：“政宽则民慢，慢则纠之以猛。猛则民残，残则施之以宽。宽以济猛，猛以济宽，政是以和。”《韩非子·二柄》也说：“明主之所导制其臣者，二柄而已矣。二柄者，刑、德也。何谓刑德？曰：杀戮之谓刑，庆赏之谓德。为人臣者畏诛罚而利庆赏，故人主自用其刑德，则群臣畏其威而归其利矣。”因此，为政者先要施恩，通过关心下属的疾苦并满足下属的正当需要，才能激发下属的积极性。下面再讲一个故事，用以说明其中的道理。

---

① （战国）尸佼．尸子译注．（清）汪继培辑，朱海雷撰．上海：上海古籍出版社，2006. 14.

② （战国）尸佼．尸子译注．（清）汪继培辑，朱海雷撰．上海：上海古籍出版社，2006. 23.

孟尝君叫门客冯驩到薛地去收利息，冯驩到了薛地，收取利息十万。随后，冯驩拿出一部分钱来买了许多酒肉，并发出通知：凡欠孟尝君利息者，不论能还不能还，都请于某日来吃饭，并将借券带来查验。薛地欠孟尝君债务的人听说有免费的饭吃，都如期而来。冯驩让他们一一吃得尽兴，并在旁边观看，以了解他们的贫富情况。吃完后，这些人拿出借券给冯驩查验，冯驩挑出其中有能力偿还者，与其签订偿还日期，无力偿还者，就将其借券放入火中烧掉了。同时，冯驩告诉众人说："孟尝君之所以贷款给大家，是怕大家无钱以为生计，不是为了谋利；但是，孟尝君养有食客几千人，俸食不足，不得已而向大家征取利息以养宾客。有能力偿还者请如约偿还，无能力偿还者我将借券烧掉，孟尝君对大家可谓够好的，希望大家不要辜负了他的一片好意。"大家听了这番话后，都从心底里感激孟尝君。孟尝君听说冯驩烧了借券，大怒，命人叫回冯驩，并要冯驩给予解释。冯驩说："您不要生气。我不请他们吃饭，他们就不会来，我也就无从知道他们的贫富情况。我请他们吃饭，从中就能了解他们的贫富情况，然后，和有能力偿还者签订偿还日期，而无力偿还者，即使再等十年，他们也无力偿还，更严重的是，时间越长，他们所欠利息也就越多，最后就会因无力偿还而逃走以躲债，若果真这样，有损您仁义爱民的声誉。不如将无力偿还者的借券烧掉，让薛地百姓体会到您对他们的恩惠，这样，薛地百姓将衷心爱戴您。因此，我这样做，是在为您收德。"孟尝君听了，心中虽仍不太高兴，但借券既已烧掉，也无可奈何，只好不了了之。后来秦国施离间计，孟尝君被革了职，其他门客全都散了，只有冯驩跟着他。他们回到封地薛，老百姓都拿着酒肉争着献给孟尝君，孟尝君很是感动，对冯驩说："这就是先生为我收德的好处！"①

在这里，冯驩并非仅仅出于人道主义而将百姓的债券烧掉，而是以此"恩"来换取百姓对孟尝君的感激之情，让百姓的心里时刻装有一颗想报答孟尝君的心，这种温和的管理方式果然收到了预期的效果！

与此同时，管理者也要树威。为了树威，中国古人的常见做法主要有两种：①极力论证皇权的至高无上，皇帝不需要经过任何中间环节而直接代表皇天大帝的意志。"君权神授"虽是中国、西欧、印度中世纪政治思想与管理思想的共同特征，不过，三者的做法也有较大的差别：在中国，是君权被置于神权之上；在西方，是神权高踞于世俗皇权之上；在印度，是神权和世俗权力并重。②将榜样人物或在上位者捧上天，硬给这类人加上神性。不说像尧、舜和禹之类的传说人物是如此，就是像孔子、老子和关羽之类的有史书记载的真实历史人物也是越往后传越神奇，甚至连俗人一个的历代皇帝，居然也口口声声地自称是"真命天子"。可见，中国的一些"神"虽实实在在地出自"人间"，原本就是"人"，但是，一旦经过"神化"而变成"神"后，就不食"人间烟火"，只有神性而没有人性了。与此相映成趣的是，西方神话中的诸神，虽然就其"出身"看多是来自仙界而不是人间，不过，这诸多神仙却多半具有一些人的心理特点，比如，也有像人一样的爱心、妒忌之心或贪婪之心，换言之，西方人喜欢将神从天上拉向人间，使神具有人性。中西方人对"神"的看法的这一差异，折射出中西方人心理的差异。

总而言之，管理者只有做到"文武并用"，才能收到理想的管理效果。这个道理，

① 事见《史记》卷七十五《孟尝君列传》第十五；又见《东周列国志》第九十四回。

韩非子早已知晓。《韩非子·难一》说："设民所欲以求其功，故为爵禄以劝之；设民所恶以禁其奸，故为刑罚以威之。"陆贾则说得既清楚又生动，据《史记》卷九十七《郦生陆贾列传》记载：

陆生时时前说称《诗》、《书》。高帝骂之曰："乃公居马上而得之，安事《诗》、《书》!"陆生曰："居马上得之，宁可以马上治之乎？且汤武逆取而以顺守之，文武并用，长久之术也。昔者吴王夫差、智伯极武而亡；秦任刑法不变，卒灭赵氏。向使秦已并天下，行仁义，法先圣，陛下安得而有之?"高帝不怿而有惭色，乃谓陆生曰："试为我著秦所以失天下，吾所以得之者何，及古成败之国。"陆生乃粗述存亡之征，凡著十二篇。每奏一篇，高帝未尝不称善，左右呼万岁，号其书曰《新语》。

陆贾的管理心理学思想的核心内容是"文武并用"，事实证明这的确是一种行之有效的管理思想，难怪刘邦听后会连连称赞。

6. "赏罚可用则禁令可立，而治道具矣"：赏罚分明

先哲多认识到这样一个道理："凡治天下，必因人情。人情者有好恶，故赏罚可用；赏罚可用则禁令可立，而治道具矣。"① 于是，他们多将赏罚作为一种重要的赢得民心的手段，并且在如何才能运用好这一管理手段或方法的问题上，提出了一些至今仍有借鉴意义的原则，归纳起来，主要有以下几点：

第一，赏罚要合乎民意。如《墨子·尚同下》说："上之为政，得下之情则治，不得下之情则乱。何以知其然也？上之为政，得下之情，则是明于民之善非也。若苟明于民之善非也，则得善人而赏之，得暴人而罚之也。善人赏而暴人罚，则国必治。上之为政也，不得下之情，则是不明于民之善非也。若苟不明于民之善非，则是不得善人而赏之，不得暴人而罚之。善人不赏而暴人不罚，为政若此，国众必乱。故赏罚不得下情，而不可不察者也。"

第二，坚持"功劳大的多奖赏，功劳小的少奖赏，没有功劳的不奖赏"的原则，否则，会出现"离上"、"不力"、"多诈"、"偷幸"等不良现象。《管子·权修》说："凡牧民者，以其所积（即绩）者食之，不可不审也。其积多者其食多，其积寡者其食寡，无积者不食。或有积而不食者，则民离上；有积多而食寡者，则民不力；有积寡而食多者，则民多诈；有无积而徒食者，则民偷幸。"

第三，坚持赏罚贵信的原则，牢记"赏不可虚设，罚不可妄加"的道理。因为赏罚是一件严肃的事情，要说到做到。赏虚设自然谈不上激励人们行善立功，罚妄加的后果更为严重。《韩非子·初见秦》说："言赏则不与，言罚则不行，赏罚不信，则士民不死也。"《韩非子·外储说左上·经六》又说："小信成则大信立，故明主积于信。赏罚不信，则禁令不行。"

第四，坚持公平赏罚的原则。赏罚分明，该赏则赏，该罚则罚，不能随心所欲，切记"赏不可不平，罚不可不均"② 的道理。因为赏罚不平不但会让法令、法规难以贯彻

---

① 出自《韩非子·八经·因情》。

② 出自《诸葛亮集·便宜十六策·赏罚》。

执行，还会使人心涣散、众叛亲离。正如《管子·重令》所说："禁不胜于亲贵，罚不行于便辟，……庆赏不施于卑贱，而求令之必行，不可得也。"商君也主张在赏罚面前人人平等。《商君书·赏罚》说："圣人之为国也，一赏、一刑、一教。一赏则兵无敌，一刑则令行，一教则下听上。"管理者明白了这个道理，对于诸葛亮挥泪斩马谡的事情就好理解了。

第五，坚持"喜无以赏，怒无以杀"的原则，否则，下属就会生怨恨之心，并且法令也就不会起到应有的作用。《管子·版法》说："喜无以赏，怒无以杀。喜以赏，怒以杀，怨乃起，令乃废。"

（二）无为而治：获得民心的消极方法

这是以道家为代表的管理思想，这种管理思想的核心是"无为而治"，其最高境界是使人民"自化"而各安其业。《老子·五十七章》说：

以正治国，以奇用兵，以无事取天下。吾何以知其然哉？以此：天下多忌讳，而民弥贫；民多利器，国家滋昏；人多伎巧，奇物滋起；法令滋彰，盗贼多有。故圣人云："我无为，而民自化；我好静，而民自正；我无事，而民自富；我无欲，而民自朴。"①

在老子看来，为达到使人民"自化"而各安其业的目的，管理者必须遵循人心的自然之理，顺势而为，不可逆人心而妄为，也不可采取某些手段（如赏以贵重之物等）来激起人的贪欲而导致民众妄为。② 此思想为之后的尸子与庄子所继承。《尸子·分》说："明王之治民也，事少而功立，身逸而国治，言寡而令行。事少而功多，守要也；身逸而国治，用贤也；言寡而令行，正名也。君人者，苟能正名，愚智尽情，执一以静，令名自正，令事自定。赏罚随名，民莫不敬。周公之治天下也，酒肉不撤于前，钟鼓不解于悬。听乐而国治，劳无事焉；饮酒而贤举，智无事焉；自为而民富，仁无事焉。知此道也者，众贤为役，愚智尽情矣。"③《庄子·应帝王》的主旨也是在说为政当无为而治，即顺从人性之自然，以百姓的意志为意志，不加干涉。④ 例如，《庄子·应帝王》说：

啮缺问于王倪，四问而四不知。啮缺因跃而大喜，行以告蒲衣子。

蒲衣子曰："而乃今知之乎？有虞氏不及泰氏。有虞氏，其犹藏仁以要人，亦得人矣，而未始出于非人。泰氏，其卧徐徐，其觉于于。一以己为马，一以己为牛。其知情信，其德甚真，而未始入于非人。"⑤

《庄子》借寓言人物蒲衣子道出理想的管理者应有的素质是：心胸开阔，纯真质朴；

---

① 陈鼓应. 老子注译及评介（修订增补本）. 北京：中华书局，2009. 275.
② 陈鼓应. 老子注译及评介（修订增补本）. 北京：中华书局，2009. 278.
③ （战国）尸佼. 尸子译注. （清）汪继培辑，朱海雷撰. 上海：上海古籍出版社，2006. 17.
④ 陈鼓应. 庄子今注今译（第二版）. 北京：中华书局，2009. 230.
⑤ 陈鼓应. 庄子今注今译（第二版）. 北京：中华书局，2009. 231.

既不用权谋智巧，也不假借任何仁义名目去获得人心。①

同时，《老子·六十章》声称，管理者若真能做到以“无为”的理念进行管理，就能收到“治大国，若烹小鲜”② 的理想效果。那么，何谓“无为”呢？“无为”主要有以下五种含义：一是少为或寡为之义，于是，道家在社会政治方面，主张“近朴还淳”；在个人生活方面，主张“少思寡欲”。二是率性而为，不有意地为。依道家的观点，万物皆有所可，有所不可，有所能，有所不能。人亦是如此。人若照着他所能去为，就是率性而为、不有意地为，这也是无为。如一个天才诗人，即便写诗千万首，也是无为，因为写诗是他的天分的自然发展，不是矫揉造作地要作诗。三是因势而为。一个人或一个社会能随着时势走，如“顺水推舟”，就是无为；不随着时势或逆着时势走，如“逆水行舟”，就是有为。四是顺理而为。《庄子·养生主》里用一个“庖丁解牛”的故事将此含义解说得很清楚。五是无为而无不为。③《老子·四十八章》说：“为学日益，为道日损。损之又损，以至于无为。无为而无不为。”依“无为”的这几种含义，道家提出了三条重要的管理措施：

1.“取天下常以无事”：休养生息

老子主张管理者必须做到少为。《老子·四十八章》说：“无为而无不为。取天下常以无事，及其有事，不足以取天下。”④ 在老子看来，管理者若不妄为，就没有什么事情是做不成的。治理国家要常清静、不扰民。如果管理者胡作非为，以至政举繁苛，就不配治理国家了。

为了做到无为而治，《老子·三章》说：“不尚贤，使民无争；不贵难得之货，使民不为盗；不见可欲，使民心不乱。是以圣人之治，虚其心，实其腹，弱其志，强其骨。常使民无知无欲。使夫智者不敢为也。为无为，则无不治。”⑤《老子·三十七章》说：“道常无为而无不为。侯王若能守之，万物将自化。化而欲作，吾将镇之以无名之朴。镇之无名之朴，夫亦将不欲。不欲以静，天下将自正。”⑥“可欲”指能够引起贪欲的事物，如美色、美声、美味、美屋等；“见”是表现、宣扬之义。在老子看来，假若管理者不宣扬可欲的物品，就不会扰乱民心。因此，治理天下的高明做法是经常想方设法使人民不会产生种种贪欲。如果人民没有什么贪欲，他们自然就会安静下来，这样天下也就太平无事了。当然，老子讲无欲，不是要人绝对无欲，而只是要求人们把欲望降到最低限度，即只要吃饱穿暖即可，不要去追求奢侈荒淫的生活，以免有损自己的身心健康。所以，老子实际上是主张寡欲，如《老子·十九章》主张，人只要做到“见素抱朴，少私寡欲”⑦ 即可。

后人依老子的上述管理思想，提出了无为而治的典型措施，这就是历史上有名的休养生息政策。如西汉陆贾从秦亡的教训里深深认识到这样一个道理：“事愈烦天下愈乱，

---

① 陈鼓应．庄子今注今译（第二版）．北京：中华书局，2009. 230.

② 陈鼓应．老子注译及评介（修订增补本）．北京：中华书局，2009. 286.

③ 冯友兰．新世训　生活方法新论．北京：北京大学出版社，1996. 36～40.

④ 陈鼓应．老子注译及评介（修订增补本）．北京：中华书局，2009. 243.

⑤ 陈鼓应．老子注译及评介（修订增补本）．北京：中华书局，2009. 67.

⑥ 陈鼓应．老子注译及评介（修订增补本）．北京：中华书局，2009. 203.

⑦ 陈鼓应．老子注译及评介（修订增补本）．北京：中华书局，2009. 134.

法愈滋而天下愈炽，兵马益设而敌人愈多。秦非不欲治也，然失之者，乃举措太众、刑罚太极故也。”① 因此，他主张以无为的思想来治理国家。《新语·无为》说：“道莫大于无为，行莫大于谨敬。何以言之？昔舜治天下也，弹五弦之琴，歌南风之诗，寂然无治国之意，漠若无忧天下之心，然而天下大治。周公制作礼乐，致天地，望山川，师旅不设，刑格法悬，而四海之内，奉供来臻，越裳之君，重译来朝。故无为者乃有为也。”进而要求管理者要做到：“块然若无事，寂然若无声，官府若无吏，亭落若无民……”②《淮南子·泰族训》也说：

圣人之治天下，非易民性也，拊循其所有而涤荡之，故因则大，化则细矣。禹凿龙门，辟伊阙，决江浚河，东注之海，因水之流也……故能因，则无敌于天下矣。夫物有以自然，而后人事有治也……故先王之制法也，因民之所好，而为之节文者也。因其好色而制婚姻之礼，故男女有别；因其喜音而正《雅》、《颂》之声，故风俗不流；因其宁家室、乐妻子，教之以顺，故父子有亲；因其喜朋友而教之以悌，故长幼有序……此皆人之所有于性，而圣人之所匠成也。故无其性，不可教训；有其性，无其养，不能遵道。……人之性有仁义之资，非圣人为之法度而教导之，则不可使乡方（指向于道理、道德）。故先王之教也，因其所喜以劝善，因其所恶以禁奸，故刑罚不用而威行如流，政令约省而化耀如神。故因其性，则天下听从；拂其性，则法悬而不用。

《淮南子》继承先秦老庄“人法自然”的思想，主张管理者在治理天下时，要依据人们的性情进行化育，“因其所喜以劝善，因其所恶以禁奸”，只有这样，才能收到“天下听从”的良好管理效果。这种管理思想为后人所继承。如王弼在《老子道德经注·四十二章》中说：“我之（教人），非强使（人）从之也，而用夫自然。举其至理，顺之必吉，违之必凶。故人相教，违之（必）自取其凶也。亦如我之教人，勿违之也。”《阮籍集·乐论》说：“天地合其德，则万物合其生；刑赏不用，而民自安矣。乾坤易简，故雅乐不烦。道德平淡，故无声无味。不烦则阴阳自通，无味则百姓自乐，日迁善成化而不自知，风俗移易而同于是乐。此自然之道，乐之所始也。”据《明史》卷二《太祖二》记载，农民出身的朱元璋深知与民休息的重要性，取得天下之后，于洪武元年曾说：“天下始定，民财力俱困，要在休养安息。”为此，推行一系列发展生产、与民休养安息的经济政策。可见，以“无为”的思想来治理国家，并不意味着管理者真的就什么事也不用做，而去坐享其成，天下哪有这等美事？无为而治的真正含义是，通过“无为”的手段来实现“有为”的目的，《新语·无为》曾一语道破天机：“故无为者乃有为也”。

在中国漫长的封建历史上，大凡一个王朝在建立之初，为了抚平在此之前因多年战争所带来的“创伤”，多采取“无为”的管理策略，较少干预百姓的生活和生产活动；等到人口有一定的增长和社会财富有一定的积累之后，又多采取积极的管理措施以建功立业。结果，往往劳民伤财，最终落得个灭亡的下场，被另一个新兴王朝所取代，这就是中国封建王朝两千余年都走不出来的一个“怪圈”。典型者如西汉。西汉是在经历了

---

① 出自《新语·无为》。
② 出自《新语·至德》。

长期的秦末战乱的基础上才建立起来的，因此，在西汉建立之初，统治者以“黄老之术”作为指导思想，采取的是休养生息政策。经过若干年的休养生息，至汉武帝时，国家已有相当的国力，于是汉武帝采纳儒术以建功立业，最终削弱了国力，导致西汉的灭亡与东汉的兴起。可见，从一定意义上说，在中国古代历史上，先哲没有找到一个长治久安的管理模式或管理办法，这是今天的中国人在研究中国先哲的管理智慧时不能不反思的。

2. “行不言之教”：以自然之德化育民众

无为而治的第二个重要做法是：管理者必须加强自己的道德修养，以自己的自然之德来化育民众，所谓“桃李不言，下自成蹊”，说的就是这个道理。关于这点，在《老子》一书中屡有论述：

《老子·二章》说：“是以圣人处无为之事，行不言之教；万物作焉而不为始，生而不有，为而不恃，功成而弗居。夫惟弗居，是以不去。”①

《老子·八章》说：“上善若水。水善利万物而不争，处众人之所恶，故几于道。”②

《老子·二十二章》说：“曲则全，枉则直，洼则盈，敝则新，少则得，多则惑。……夫唯不争，故天下莫能与之争。”③

《老子·三十四章》说：“以其终不自为大，故能成其大。”④

《老子·四十三章》说：“天下之至柔，驰骋天下之至坚。……不言之教，无为之益，天下希及之。”⑤

老子的这一管理思想为后人所继承。如《庄子·知北游》说：“故圣人行不言之教。”⑥《淮南子·原道训》也说：

夫能理三苗，朝羽民，徙裸国，纳肃慎，未发号施令而移风易俗者，其唯心行者乎！法度刑罚，何足以致之也？是故圣人内修其本，而不外饰其末，保其精神，偃其智故，漠然无为而无不为也，澹然无治而无不治也。所谓无为者，不先物为也；所谓无不治者，因物之所为。所谓无治者，不易自然也；所谓无不治者，因物之相然也。

这就将“无为而治”里所蕴含的德治思想进一步明确化了，进而相信领导者的仁心对下属具有巨大的感化力量，并认为这种感化力量是“法度刑罚”的力量所不能达到的，这又融进了儒家重德治而轻法治的思想。

需要指出的是，第一，道家力倡的以德化民思想与前文儒家力倡的“修身而治”的思想有相通之处，即二者实都强调德治，其区别只在于对德的看法不同而已：儒家提倡

① 陈鼓应．老子注译及评介（修订增补本）．北京：中华书局，2009. 60.
② 陈鼓应．老子注译及评介（修订增补本）．北京：中华书局，2009. 86.
③ 陈鼓应．老子注译及评介（修订增补本）．北京：中华书局，2009. 150.
④ 陈鼓应．老子注译及评介（修订增补本）．北京：中华书局，2009. 194.
⑤ 陈鼓应．老子注译及评介（修订增补本）．北京：中华书局，2009. 232.
⑥ 陈鼓应．庄子今注今译（第二版）．北京：中华书局，2009. 597.

的德是带有功利色彩的世俗的德，道家提倡的德是超越功利的自然的德。因为道家思想以“无为”与“法自然”为本，主张大德的表现必须完全依从道。正如《老子·二十一章》所说：“孔德之容，惟道是从。”因此，他们也就用“无为”与“法自然”的思想与标准来定义德和衡量不同类型的德的高低，并推崇以“无为而无以为”为特点的德为“上德”。如《老子·三十八章》说：

上德不德，是以有德；下德不失德，是以无德。

上德无为而无以为；下德无为而有以为。

上仁为之而无以为；上义为之而有以为。

上礼为之而莫之应，则攘臂而扔之。

故失道而后德，失德而后仁，失仁而后义，失义而后礼。

夫礼者，忠信之薄，而乱之首。

前识者，道之华，而愚之始。是以大丈夫处其厚，不处其薄；处其实，不居其华。故去彼取此。[①]

这说明老子是以无为的观点看待德仁义礼的，他主张最上等的是“德”，因为它“无为而无以为”（无所施为是自然而然的）；其次是“仁”，因为它“为之而无以为”（努力施为但没有任何企图）；再次是“义”，因为它“为之而有以为”（努力施为是为了某种目的）；最末等的是“礼”，因为它“为之而莫之应，则攘臂而扔之”。[②]《广韵》说：“扔，强牵引也。”高亨说：“攘臂而扔之者，谓攘臂以引人民使就于礼也。”[③]这说明“礼”所做的事情往往是“礼尚往来，为之莫应，故攘臂而扔之”，这当然是最末等的做法。德仁义礼四者相为更生，但随着情况每况愈下，人的德性也就越来越糟糕。因此，道德高尚的人一般宁要浑厚而不要刻薄，宁要朴实而不要虚华，浑厚、朴实都是一种自然德性。正由于此，后人如刘劭才在《人物志·八观》中说：“老子以无为德。”

第二，道家之所以主张以自然之德来化育万民，是因为道家认识到社会上存在着这样两种情况：一是小至一个人，大至整个社会、国家或天下，一旦过于推崇“人为”，就容易使人只专注于事物的外在虚华，而不看重事物内在的善与美，于是，就容易使人滋生诈伪之心，诈伪之心一起，道德沦丧，祸害也就不远了。这就是《老子·三十八章》所说的“夫礼者，忠信之薄，而乱之首”[④]这类话语的原因所在。此类话语乍一看虽不近人情，细思一下却是有一番道理的。二是对某种德行的表彰，正是由于特别欠缺，在动荡不安的社会背景下，仁义、孝慈、忠诚等美德才显得格外珍贵。犹如现在对好人好事的表扬，正是由于这些事迹在日常生活中并不多见。[⑤]《老子·十八章》说：“大道

① 陈鼓应．老子注译及评介（修订增补本）．北京：中华书局，2009. 206.

② 冯达甫译注．老子译注．上海：上海古籍出版社，1991. 89.
陈鼓应．老子注译及评介（修订增补本）．北京：中华书局，2009. 208.

③ 冯达甫译注．老子译注．上海：上海古籍出版社，1991. 90.

④ 陈鼓应．老子注译及评介（修订增补本）．北京：中华书局，2009. 206.

⑤ 陈鼓应．老子注译及评介（修订增补本）．北京：中华书局，2009. 133.

废，有仁义；智慧出，有大伪；六亲不和，有孝慈；国家昏乱，有忠臣。”[①]《庄子·知北游》也说：“失道而后德，失德而后仁，失仁而后义，失义而后礼。礼者，道之华而乱之首也。”[②] 在道家看来，儒家提倡的德是一种“人为”的德，它违反了人性的自然。换句话说，仁义本是用以劝导人的善行，如今却流于矫揉造作；有人更以剽窃仁义之名，要利于世，所谓“窃钩者诛，窃国者为诸侯”。针对这种时弊，道家采取了一种釜底抽薪的解决办法，主张彻底弃绝伪诈、巧利，使大家返璞归真，保持淳厚的天性[③]（详见“中国人的人格心理观”一章）。《老子·十九章》说：“绝智弃辩，民利百倍；绝伪弃诈，民复孝慈；绝巧弃利，盗贼无有。此三者以为文，不足。故令有所属：见素抱朴，少私寡欲。”[④] 可见，道家的绝智弃辩，并不是一种愚民政策，其实质与儒家类似，也是倡导以德治国，只不过道家提倡的是一种自然道德，使得他们提出的具体措施与儒家主张的办法大异其趣罢了。

3. “以百姓心为心”：充分尊重、理解、信任和爱护百姓

老子虽未像先秦儒家那样大张旗鼓地谈人性，但实际上也或隐或显地道出了自己的人性主张：认为人心本至善。《老子·五十五章》说：“含德之厚，比于赤子。”认为处于无知无欲的纯朴状态的婴儿的德性至善。在老子看来，人心之所以会为恶，全是由于“人为”（即“人伪”）的结果。人心本至善，因此，管理的重要措施之一，是管理者要充分尊重、理解和信任百姓，像对待孩童般友善地对待百姓，而不可心存主观成见。《老子·四十九章》说：“圣人无常心（指主观成见。引者注），以百姓心为心。善者，吾善之；不善者，吾亦善之；德善。信者，吾信之；不信者，吾亦信之；德信。圣人在天下，歙歙焉，为天下浑其心，百姓皆注其耳目，圣人皆孩之。”《老子·七十九章》说：“天道无亲，常与善人。”

三、对当代管理心理学和人力资源管理的启示

中国先哲所奉行的“治心”之道，对当代的管理心理学乃至管理科学有何启示呢？大致说来，主要有四点：

（一）人的因素是管理诸要素里最重要的一个要素

中国先哲在阐述或总结管理之道时，一般都非常强调人的重要性，认为人的因素是管理诸要素里最重要的一个要素，进而多相信“盖有非常之功，必得非常之人”和“爱人者人恒爱之，敬人者人恒敬之”的道理。中国先哲的这套管理智慧处处以“人”为关注的核心：管理的前提是人性，管理的基础是择人，管理的方式是用人，管理的手段是以德服人，管理的落脚点是组织内部的人际关系，管理的目标是安人。正如《荀子·王制》所说：

---

① 陈鼓应．老子注译及评介（修订增补本）．北京：中华书局，2009. 132.

② 陈鼓应．庄子今注今译（第二版）．北京：中华书局，2009. 597.

③ 陈鼓应．老子注译及评介（修订增补本）．北京：中华书局，2009. 136.

④ 陈鼓应．老子注译及评介（修订增补本）．北京：中华书局，2009. 134.

马骇舆则君子不安舆，庶人骇政则君子不安位。马骇舆则莫若静之，庶人骇政则莫若惠之。选贤良，举笃敬，兴孝弟，收孤寡，补贫穷，如是，则庶人安政矣。庶人安政，然后君子安位。《传》曰："君者，舟也；庶人者，水也。水则载舟，水则覆舟。"此之谓也。故君人者欲安则莫若平政爱民矣，欲荣则莫若隆礼敬士矣，欲立功名则莫若尚贤使能矣，是君人之大节也。三节者当，则其余莫不当矣；三节者不当，则其余虽曲当，犹将无益也。孔子曰："大节是也，小节是也，上君也。大节是也，小节一出焉，一入焉，中君也。大节非也，小节虽是也，吾无观其余矣。"

无数古今中外的管理经验与教训都表明，中国先哲的这些见解颇有见地，因为无论是管理一个国家还是一个企业，最关键的都是要处理好人的问题，而处理人的问题的关键又在于处理好人际关系。因此，当今中国人在进行管理时，也应重视人的因素，重视人际关系。

正因为人才是管理活动里最重要的资源，"人力资源管理"才风行当今世界的管理界。国际著名商用机器公司的创建人沃特森曾充满自信地说："你可以接管我的工厂，烧掉我的厂房，但只要留下我的那些人，我就可以重新建立国际商用机器公司。"著名企业家松下幸之助也说："经营的基础是人……在企业经营上，制造、技术、销售方法、资金等固然重要，但人是这些东西的主宰。尽管有钱、有产品，要是没有一个会利用这些的人才，那么这些东西也产生不了任何作用。所以不管怎么说，人才是最重要的。"①

（二）管理措施要合乎心理规律，人心向背是衡量管理成败的重要依据

1. 管理措施要合乎心理规律

"凡治天下，必因人情。"这是中国人的一大管理智慧。它告诉人们，在管理过程中，无论是管理方法还是管理内容都要依循人们的心理发展规律来进行，不要只凭管理者的主观意愿想当然地强行为之，只有这样才能提高管理的效率。打个不恰当的比方，水的本性是喜欢往低处流，若顺应水的本性来治水，最好的办法就是"导"，大禹采取此法来治水就大获成功；其父鲧采取"堵"的方法来治水，就是一种违背水的本性的做法，虽劳苦而不得成功，最后落得个身首异处的下场。管人如治水一般，② 合乎人的心理规律的管理措施必是顺应人心的措施，实施起来就易为人们所接受；不合乎人的心理规律的管理措施必是违背人心的措施，实施起来就易为人们所抵制。同时，这一管理智慧还告诉今天的中国人，不能盲目引进西方的管理模式，因为其不一定合乎中国人的心理与行为方式。所以，若一定要借鉴西方的"先进"管理模式，就必须先对之进行一番"中国化"改造，否则，就可能达不到预期的效果。说个不恰当的例子，以前中国的国有企业实行"铁饭碗"制度，本意是为了体现社会主义制度的优越性，没想到最终结果却是让一些职工养成了"吃大锅饭"的心理，从而未达到调动职工积极性和发展社会主义生产力的目的。于是，随着改革开放事业的深入发展，许多有识之士都提出打破"铁饭碗"、实行"按劳分配"，是重新调动职工积极性的重要切入口。而在相邻的日本，不

---

① 松下幸之助经营管理全集（第二十二卷）. 台北：台湾名人出版事业股份有限公司，1984. 21.

② 中国人一向喜欢用水性来比喻人性，如说"人往高处走，水往低处流"、"水能载舟，亦能覆舟"。

少企业实行“终身雇用制”，却使职工普遍对企业产生一种归属感，从而调动了职员的工作积极性，促进了日本经济的发展。这两个结果可以说是截然不同的，该事例表明，管理者在采取任何一种管理模式之前，一定要先考虑到相应的文化心理的特点，只有这样做，才能收到事半功倍的效果。

2. 人心向背是衡量管理成败的重要依据

中国先哲一向相信“天时不如地利，地利不如人和”的道理，将是否能赢得民心作为衡量管理措施成败的重要依据。这一管理智慧至今看来仍是非常有价值的。古今中外许多事例都表明，大到国家，小到企业乃至家庭，若有一个具有合作精神的团队，往往“无坚不摧”；相反，若人心涣散，团队再大，也终归会失去战斗力。正因为如此，今天中国的管理者仍应牢记这样一个浅显的道理：将人心向背作为衡量管理成败的重要依据。

（三）改变“重德治轻法治”的传统，德治与法治要并重

1. 重德治轻法治：经典中式管理的特色与缺陷

（1）重德治：经典中式管理的鲜明特色。

中国文化一贯看重德在治国安邦中的重要作用，这是经典中式管理的一大特色。据《左传·襄公二十四年》记载，子产曾说：“德，国家之基也。……有德则乐，乐则能久。”《论语·为政》说：“道之以政，齐之以刑，民免而无耻；道之以德，齐之以礼，有耻且格。”“为政以德，譬如北辰居其所而众星共之。”《尸子·分》也说：“天地生万物，圣人裁之。裁物以制分，便事以立官。君臣、父子、上下、长幼、贵贱、亲疏皆得其分曰治。爱得分曰仁，施得分曰义，虑得分曰智，动得分曰适，言得分曰信。皆得其分而后为成人。”① 因此，黑格尔曾说，在中国，道德就是法律；在西方，法律就是道德。这一见解是有一定道理的。何谓德治？德治是指依靠道德尤其是领导个人的良好道德品质来教化和管理下属和百姓的一种管理主张。它有两种典型做法：一是主张“治己以治人”，二是主张“礼治”。“治己以治人”在上文已有详述，不再多讲，下面重点讲“礼治”。

“礼治”，是儒家的政治思想。它主张用贵族等级制的社会规范和道德规范来维持统治，要求君、臣、父、子、夫、妇、兄、弟、朋友等不同角色都安于各自的本分，扮演不同角色的人，各自依礼而行，做到尊卑、贵贱、亲疏有别，不得僭越，这样便能让国家和社会处于一种和谐有序的状态。② 儒家自孔子开始便力倡礼治，《论语》等古籍里有一些言论证明孔子本人力倡“礼治”。例如，据《论语·颜渊》记载：

> 齐景公问政于孔子。孔子对曰：“君君，臣臣，父父，子子。”公曰：“善哉！信如君不君，臣不臣，父不父，子不子，虽有粟，吾得而食诸？”③

这表明孔子主张每个人要尽其本分。同时，孔子相信“上好礼，则民莫敢不敬；上

---

① （战国）尸佼．尸子译注．（清）汪继培辑，朱海雷撰．上海：上海古籍出版社，2006. 17.

② 夏征农，陈至立主编．辞海（第六版缩印本）．上海：上海辞书出版社，2010. 1106.

③ 杨伯峻译注．论语译注（第二版）．北京：中华书局，1980. 128.

好义，则民莫敢不服；上好信，则民莫敢不用情。夫如是，则四方之民襁负其子而至矣，焉用稼?”① 因此，据《论语·子路》记载，当“子路曰：‘卫君待子而为政，子将奚先?’”时，“子曰：‘必也正名乎!’”② 荀子继承了孔子的礼治思想，《荀子·修身》声称：“故人无礼则不生，事无礼则不成，国家无礼则不宁。”《礼记·礼运》不但强调礼治，更向人描绘出一幅按礼治而建成的美好的“大顺”世界。《礼记·礼运》说：

是故礼者，君之大柄也。所以别嫌，明微，傧鬼神，考制度，别仁义，所以治政安君也。③

何谓人情，喜怒哀惧爱恶欲，七者弗学而能。何谓人义？父慈子孝，兄良弟弟，夫义妇听，长惠幼顺，君仁臣忠，十者谓之人义。讲信修睦，谓之人利；争夺相杀，谓之人患。故圣人之所以治人七情，修十义，讲信修睦，尚辞让，去争夺，舍礼何以治之？饮食男女，人之大欲存焉。死亡贫苦，人之大恶存焉。故欲恶者，心之大端也。人藏其心，不可测度也；美恶皆在其心，不见其色也。欲一以穷之，舍礼何以哉?④

故礼之于人也，犹酒之有蘖也，君子以厚，小人以薄。故圣王修义之柄，礼之序，以治人情。故人情者，圣王之田也。修礼以耕之，陈义以种之，讲学以耨之，本仁以聚之，播乐以安之。故礼也者，义之实也。协诸义而协，则礼虽先王未之有，可以义起也。义者，艺之分，仁之节也。协于艺，讲于仁，得之者强。仁者，义之本也，顺之体也，得之者尊。

故治国不以礼，犹无耜而耕也；为礼不本于义，犹耕而弗种也；为义而不讲之以学，犹种而弗耨也。讲之以学而不合之以仁，犹耨而弗获也。合之以仁而不安之以乐，犹获而弗食也；安之以乐而不达于顺，犹食而弗肥也。四体既正，肤革充盈，人之肥也。父子笃，兄弟睦，夫妇和，家之肥也。大臣法，小臣廉，官职相序，君臣相正，国之肥也。天子以德为车，以乐为御，诸侯以礼相与，大夫以法相序，士以信相考，百姓以睦相守，天下之肥也。是谓大顺。大顺者，所以养生、送死、事鬼神之常也。故事大积焉而不苑，并行而不缪，细行而不失，深而通，茂而有间，连而不相及也，动而不相害也。此顺之至也。故明于顺，然后能守危也。⑤

（2）轻法治：经典中式管理的重大缺陷。

经典中式管理的重大缺陷是轻法治，概括起来，这个重大缺陷主要体现在如下三个方面：

第一，过于轻视“法”的作用。

中国先哲由于一贯重德治，主张只有“为政以德”、以德服人，才能收到国泰民安的效果，从而高估“圣人”、“贤人”在管理中所起的“感化”与“示范”作用，强调以德导民，轻视“法”的作用。如：

---

① 杨伯峻译注．论语译注（第二版）．北京：中华书局，1980. 135.
② 杨伯峻译注．论语译注（第二版）．北京：中华书局，1980. 133.
③ （清）朱彬撰．饶钦农点校．礼记训纂．北京：中华书局，1996. 342.
④ （清）朱彬撰．饶钦农点校．礼记训纂．北京：中华书局，1996. 345.
⑤ （清）朱彬撰．饶钦农点校．礼记训纂．北京：中华书局，1996. 353 ~ 355.

《尸子·贵言》说："天地之道，莫见其所以长物而物长，莫见其所以亡物而物亡。圣人之道亦然：其兴福也，人莫之见而福兴矣；其除祸也，人莫之知而祸除矣，故曰神人，益天下以财为仁，劳天下以力为义，分天下以生为神。修先王之术，除祸难之本，使天下丈夫耕而食，妇人织而衣，皆得戴其首，父子相保。此其分万物以生，益天下以财，不可胜计也。神也者，万物之始，万物之纪也。"①

《荀子·王制》说："故有良法而乱者有之矣；有君子而乱者，自古及今，未尝闻也。《传》曰：'治生乎君子，乱生乎小人。'此之谓也。"

《淮南子·泰族训》说："风俗犹如此也。诚决其善志，防其邪心，启其善道，塞其奸路，与同出一道，则民性可善，风俗可美也。……若不修其风俗，而纵之淫辟，乃随之以刑，绳之以法，虽残贼，天下弗能禁也。禹以夏王，桀以夏亡；汤以殷王，纣以殷亡。非法度不存也，纪纲不张，风俗坏也。三代之法不亡，而世之不治者，无三代之智也。……故法虽在，必待圣而后治……故国之所以存者，非以有法也，以有贤人也；其所以亡者，非以无法也，以无贤人也。"

《尸子》、《荀子》和《淮南子》的上述主张里所蕴含的重德治（实人治）而轻法治的思想，在中国漫长的古代社会里几乎得到上至皇帝下至臣民的一致认同。

德治的特点是靠管理者的良心与民众的舆论来约束管理者的言行，这自然又必须依靠管理者自身的道德修养与人格魅力。因此，德治的长处在于以德服人，能使人口服心服。但是，儒家所倡导的德治，其所设的限制是一种内在的限制，此种限制带有很大的随意性、不稳定性，并且，必须依靠个体"良心"的自觉。假若遇到像李世民这样的"好皇帝"，这种内在"律令"也能在一定程度上起到限制君权的作用；如果遇到像慈禧太后这样的"狗皇帝"（慈禧虽无皇帝之名，但行皇帝之实），那么这种内在"律令"就丝毫不起作用了。因而，没有法治作为基础，单纯依靠德治，德治便易流于形式，从而使德治沦落为人治。因为德治得以实现的基本前提是管理者和下属都要有良知，一个人尤其是管理者若没有了良知，就会任性而为。所以，德治最大的不足在于具有较强的随意性。在中国封建历史上，大凡一个皇帝本身有较强的能力（典型者如唐皇李世民和清帝康熙），在其一朝国家就兴旺发达；反之，大凡皇帝本人"志大才疏"或"玩物丧志"（典型者如三国时蜀国的刘蝉和后主李煜），在其一朝就国力锐减，落得个家国灭亡的下场。中国人讲人情与面子，从一定意义上讲，也是中国人讲人治的一种衍生物。

墨家、法家和儒家的孟子看到了这种毛病，于是各自提出了解决的办法。概而言之，为了限制管理者的权力尤其是君王的权力，中国先哲主要设有以下三种限制：一是天，一是法，一是良心。"人君善恶，天为赏罚，虽有强权，不敢肆虐"，这是墨家的观点，此观点类似于宗教。"国君行动，以法为轨。君之贤否，无关治乱；法之有无，乃定安危"，这是法家的主张，此主张类似于法治。"人君行动，本于良心。君之贤否，关系安危；法之有无，无关紧要"，这是儒家的看法，此看法类似于德治。这三种学说的目的，

① （战国）尸佼．尸子译注．（清）汪继培辑，朱海雷撰．上海：上海古籍出版社，2006.8.

均在于限制君主的权力，使之不能高于国家之上。[①] 不过，除了孔子的德治是一种内在限制，墨家和法家所设的限制均为一种外在的限制，此种限制带有很大的强制性、威慑性和稳定性，在科技不发达和高压统治下的古代中国，这种外在“律令”的确能对君权起到一定的限制作用。法家如《慎子・逸文》认为：“法者，所以齐天下之动，至公大定之制也。故智者不得越法而肆谋，辩者不得越法而肆议，士不得背法而有名，臣不得背法而有功，我喜可抑，我忿可窒，我法不可离也。”因此，慎子虽主张实行君主一元化管理制度，但坚决反对君主的胡作非为。《慎子・内篇》说：“故立天子以为天下，非立天下以为天子也。立国君以为国，非立国以为君也。”同时，慎子认为，管理者只要树立起依法办事的观念，做到“据法倚数以观得失，无法之言，不听于耳；无法之劳，不图于功；无劳之亲，不任于官；官不私亲，法不遗爱，上下无事，唯法所在”（《慎子・君臣》），那么，就可获得理想的管理效果。商君也认为，法令乃“治之本”。《商君书・定分》也说：“法令者，民之命也，为治之本也，所以备民也。为治而去法令，犹欲无饥而去食也，欲无寒而去衣也，欲（至）东（而）西行也。”任何人包括各级各类领导者甚至一国之君，都必须遵守法制，假若违法，都必须受到法律的制裁。《商君书・赏刑》说：“刑无等级，自卿相、将军以至大夫、庶人，有不从王令，犯国禁，乱上制者，罪死不赦。”《商君书・修权》说：“国之所以治者三：一曰法，二曰信，三曰权。法者，君臣之所共操也；信者，君臣之所共立也；权者，君之所独制也。人主失守则危，君臣释法任私必乱。故立法明分，而不以私害法，则治，权制独断于君则威，民信其赏则事功成，信其刑则奸无端。”这种不分尊卑贵贱，对事不对人的依法量刑主张，较之儒家“礼不下庶人，刑不上大夫”的等级思想要进步得多，至今仍有借鉴意义。可惜，这两家的见解在中国历史上不占主流地位，占主流地位的是儒家力倡的以德治国思想。为了限制君权，《孟子・尽心下》阐明君与国的关系是“民为贵，社稷次之，君为轻”。将“民”的地位突显出来，而将“君”的地位降为第三。在《孟子・离娄上》里，孟子强调法治的重要性，认为先王之法，如同五音之六律，方圆之规矩，虽有尧舜，舍法取人，不能平治天下。[②] 但遗憾的是，随着封建专制思想的不断加强，孟子的民贵君轻思想并未得到统治者的认同，孟子本人也因这种“大逆不道”的言论而被朱元璋之类的皇帝赶出过孔庙。

“礼治”中的“礼”实际上可看作是孔子等人所生活的时代的人们所遵守的法律制度，因而，在一定意义上说，孔子等人也重“法”。不过，在孔子的君权论里，将君比作天，认为“民不可一日无君，犹如不可一日无天”（《尚书大传》孔子对子张语）。孔子又力倡人治而轻法治。据《论语・泰伯》记载，孔子认为舜与武王能治天下并使天下太平的最重要原因是：舜有五位贤臣，武王拥有十位贤臣。[③] 据《中庸》记载，孔子又说：“其人存，则其政举；其人亡，则其政息。”《论语》和《孝经》等的微言大义都主张人治。《荀子・君道》说：“有乱君，无乱国；有治人，无治法。”更是将孔子的人治思想推向了高峰。更糟糕的是，自“三纲”思想确立后，由于“天子”超出法律、道德

① 易白沙．孔子平议．青年杂志，1916，1（6）．

② 易白沙．孔子平议．青年杂志，1916，1（6）．

③ 杨伯峻译注．论语译注（第二版）．北京：中华书局，1980. 84.

之外，所以，“天子”的行动有绝对的自由，除了受其“良心”的约束外，几乎不受任何其他法律和道德的限制。因此，天子一旦丢失了良心，随心所欲，胡作非为，则修身、齐家、治国、平天下等言论都是一纸空文，除了将其打倒或推翻外，没有任何强制性的力量可以让天子去“循规蹈矩”。① 可见，孔子的君权论不像墨家和法家那样，设有天或法的外在限制，而只受到“良心”的限制。因此，古代中国的礼虽有法规之义，顺理成章地，礼治也有法治的一面，但是，古代中国毕竟未建立起一套超越于任何人之上的法规，而是将法规屈从于人尤其是皇帝的意志之下，皇帝的“金口玉言”大于一切成文法与不成文法，所以，这种礼治实乃人治，与现代法治精神不合。

第二，只重视刑法的建设。

中国先哲从总体上重德治轻法治，不过，也不是丝毫不理会法的作用。但令人遗憾的是，中国先哲所讲的“法”主要是指刑法。正如《说文》所说：“法，刑也。”《尔雅·释诂第一》则说：“柯、宪、刑、范、辟、律、矩、则，法也。”将“刑”释作“法”。《尚书·周书·吕刑》说：“苗民弗用灵，制以刑，惟作五虐之刑曰法。”这表明在先哲心中，法与刑是可以互训的，是同义词。从一定意义上讲，正由于先秦法家所力倡的法治所讲的“法”主要是刑法，此种“法”只告诉人们无权做什么或不该做什么，而不告诉人们有权做什么或可以做什么，这才容易让人产生这样一种心理：以为“法”仅是一种限制普通百姓（扩而言之，包括低级官吏）的自由和权利以维护统治阶级利益的“异己”力量，于是人们在接受的时候会有意无意地产生抵触心理。再加上秦朝以严法治国，只传到秦二世就灭亡了。这两种因素相结合，先秦法家所力倡的法治精神给时人和后人留下了不良印象，这是后来中国人喜欢德治而轻法治的深层原因。这也表明，先秦法家所讲的上述狭隘的法治观念与现代的法治精神也有差距。西方现代法律包括两大方面：一方面的法律明文告诉人们有权依法享受哪些合法权利，而任何人依法享有的合法权利（有权做的事情），其他人非经法定程序，都不能予以剥夺；另一方面的法律（如刑法）则明文告诉人们一些限制性的规定（无权做的事情或禁止做的事情），任何人一旦违背，它就进行制裁。由此才使西方人树立起很强的法治观念。这一正一反的经验与教训，对于今天的中国人重新认识法治精神应该有所启示。

第三，管理重“诡道”而少“轨道”。

何谓“诡道”？“诡道”，又称“鬼道”，是指主要采取“人治”的方式管理社会，并推崇诸如鬼谷子——战国时期著名的纵横家等人所倡导的探测人心的思想、方法和技术，以期控制他人，使其为自己所用。由于此种管理方式往往“秘不示人”（正如《老子·三十六章》所说：“国之利器不可以示人”②，《庄子·胠箧》也说：“国之利器不可以示人”③），又不遵循公开、合理合法的准则，而是按一些潜规则行事，或者喜用阴谋诡计，或者干脆凭领导意志随意办事，常常让人捉摸不定，一种“命运无常”的感觉油然而生，故称“诡道”或“鬼道”。

何谓“轨道”？此处“轨道”一词是一种比喻说法，指主要采取“法治”的方式管

① 易白沙．孔子平议．青年杂志，1916，1（6）．1～6.
② 陈鼓应．老子注译及评介（修订增补本）．北京：中华书局，2009. 198.
③ 陈鼓应．庄子今注今译（第二版）．北京：中华书局，2009. 283.

理社会，主张凡事做到“有法可依，有法必依，执法必严，违法必究”。此种管理方式严格按法律法规办事，并且做到公开、公平、公正，让人有规可循，心中油然而生“我命在我不在天”（《抱朴子内篇·黄白》）的感想，故称“轨道”（请与“中国人的迷信心理与对策”一章对照看）。

在中国历史上，皇权高于一切法律而不受任何外在律令的约束，只凭皇帝本人的良知进行调控。在漫长的中国古代历史中又从未出现过像克利斯提尼（有“雅典的民主之父”的美誉）式的国君、大王或皇帝，而专制的皇帝层出不穷；并且，像唐太宗与康熙这样的“好皇帝”又凤毛麟角，与此相反的是，暴君和昏君却频出，导致暴政和乱政频现。再加上中国历史上虽有一些聪明的国君或皇帝，但几乎所有的国君或皇帝都缺乏上乘的管理智慧，未能想出一套好办法来真正妥善地解决“中央与地方的关系”和“皇位继承权的传承问题”；同时，国家又缺少公正而完善的管理制度，而是盛行人治。这诸多因素的交互作用，导致在中国管理史上与重德治相反，又有一些管理者重“诡道”而少“轨道”，导致“诡道”盛行：许多国君、皇帝、官吏甚至一些普通民众都将“讲道德”斥为太天真、太幼稚，而喜玩计谋、搞诈术，他们精于为人处世，老谋深算，随机应变，讨好上级，拉拢平级，利用下级和百姓。[①] 结果，“好人”往往不得“好报”，精于算计他人者却容易获胜。

2. *德治与法治要并重*

法治的特点是客观性（有法可依）、公平性（法律面前人人平等）、强制性（有法必依）、适应性（随时代发展而发展），这也是法治的长处。不过，法律毕竟是消极性的、治标不治本的。例如，身为法治鼻祖的欧美国家，其法制的健全有目共睹，仍不能完全铲除诸如色情、暴力、吸毒等歪风；并且，法律不能涉及人民生活的每一个环节，否则人便没有自由，法律就会成为独裁的工具。因此，关于人的生活方式和态度的问题，管理者只能通过教化，“导之以正”，而不能“齐之以刑”。[②] 换言之，法律有一定的适用范围，超出这个范围，法律就管不到了。相对于法律而言，道德规范所约束的范围更广。所以，一般而言，对于某种言行，违反道德却不一定会违反法律，违反法律一定会违反道德。更重要的是，法律对人是一种外在控制，而道德对人是一种内在控制，因此，前者不可能时时都在起作用，后者却无时无刻不在起作用。举一个不恰当的例子，一个人做了违法之事，若没有被其他任何人发现，他可能会逃过法律的制裁；不过，假若他还有良知，良知会时时谴责他，有时谴责多了，他可能会去自首，这就是道德的作用。一言以蔽之，德治与法治各有长短，单用一个都不是最佳的管理方式，正如《孟子·离娄上》所说：“徒善不足以为政，徒法不能以自行。”言下之意是仅有善或法都不行，须仁法兼用、双管齐下，方能收到最佳效果。假若说孟子的上述言论还较隐晦的话，荀子的观点则颇为鲜明。《荀子·大略》明确主张：“君人者，隆礼尊贤而王，重法爱民而霸。”《荀子·成相》说：“治之经，礼与刑，君子以修百姓宁。明德慎罚，国家既治四海平。”因此，党中央和国务院根据新时期出现的新情况，提出法治与德治并重的治国方针，这是非常伟大而英明的一项决策。

---

① 田婴．东方智慧与西方智慧的比较．百姓，2003（5）：30～32.

② 刘国强．儒学的现代意义．台北：鹅湖出版社，2001. 154.

（四）科学的管理制度比人治更重要

多数古代中国人以性善论为前提，过于强调“圣人”在管理中的作用，正如《尸子·神明》所说：“仁义圣智参天地。天若不覆，民将何恃何望？地若不载，民将安居安行？圣人若弗治，民将安率安将？是故天覆之，地载之，圣人治之。圣人之身犹日也，夫日圆尺，光盈天地。圣人之身小，其所烛远。圣人正己，而四方治矣。”① 从而轻视制度建设，没有建立一个长治久安的管理制度，这可说是中国人的管理智慧的最大不足。而人性虽有善的一面，确实也有恶的一面，要想人人都抑恶扬善，管理制度的好坏是关键，这是一个为今人越来越看重的浅显道理。正如休谟（Hume，D.）在《论文集》（*Essays*，*Book I*，*vi*，*p.* 117）中曾说：“政治理论家们已经把下列论述看作一条格言，即在设计任何政府体制与确定宪法的某些控制手段时，每个人都应被假想成恶棍——其所作所为除了追逐己之私利，别无目的。”② 马基雅弗利（Machiavelli，N.）在《君主论》（*Discorsi*）中也说：“立法者为其目的应假定所有的人都是坏人。”那如何利用人的这种利己心去引导他做出有利于社会的事情呢？经济学家哈耶克（Hayek，F. A. V.）在《自由宪章》（又名《自由秩序原理》，*The Constitution of Liberty*，1960）中说得好：毫无疑问，“不是某种神奇的魔法，而是‘建构良好的制度’，使‘利益竞争和利益折中的原则和规则’得到了协调，从而成功地将个人的努力导向社会公益目标”。③ 可见一种坏的制度会使好人做坏事，而一种好的制度会使坏人也做好事更有甚者，不好的制度能使活人变成死人，好的制度能使死人变成活人。如17至18世纪英国人运送犯人到澳洲，打算到达目的地之后卖钱，当时是按上船时犯人的人数给私营船主付钱。由于每船运送的犯人数量过多，生存环境恶劣，加之船主克扣犯人的食物，大部分犯人因饥饿、患病在中途就死去。更残忍的是，有的船主竟把犯人活活扔进大海里。最后，英国政府制定了一个新规定：按到达澳洲活着下船的犯人的人数付钱。于是，私营船主绞尽脑汁、千方百计地让最多的犯人活着到达目的地。此后，运往澳洲的犯人的死亡率大大降低，最低时只有1%，而原来最高时竟高达94%。邓小平同志精辟地论述过制度的极端重要性，“制度好可以使坏人无法任意横行，制度不好可以使好人无法做好事，甚至走向反面”。从制度上解决问题，是一项比人治更重要的治本之策，是一项带有更大的稳定性、长期性、全局性和根本性的治本之策。因此，尽管好的制度也有局限性，不是十全十美和万能的，需要思想道德教育、行政干预等多方面的配合，但没有好的制度是万万不能的。好的制度简洁而高效，既有利于解决外因的问题，又有利于解决内因的问题；既有利于解决现象的问题，又有利于解决本质的问题；既有利于解决当前的问题，又有利于解决长远的问题。在一定意义上可以说，中国改革开放30余年取得的巨大成就，正是不断建立、完善好制度的结果；现实中存在的各种问题，也正是缺乏好制度或好制度还不够完善的结果。④ 值得欣慰的是，在当代改革开放的伟大事业中，勤劳智慧的中国人正积极探索建立适合中国国情的科学管理制度，促进中华民族在21世纪实现伟大的复兴。

---

① （战国）尸佼．尸子译注．（清）汪继培辑，朱海雷撰．上海：上海古籍出版社，2006. 45.

② 转引自［英］哈耶克．自由宪章［M］．杨玉生等译．北京：中国社会科学出版社，1999. 93.

③ ［英］哈耶克．自由宪章．杨玉生等译．北京：中国社会科学出版社，1999. 93.

④ 蒋光宇．制度比人治更重要．扬子晚报，2003－06－17.

梦，卧而以为然也。

——《墨子·经上》

第十一章　中国人的释梦心理观

释梦，简要地说，就是对梦的解释。梦是人们生活中常见的现象之一，人们对梦的解释的角度也是多种多样的，概括起来，主要有四种：一是，从吉凶祸福的角度来寻求梦象背后所隐含的预示吉凶祸福的含义。在古代中国它也叫“占梦”，是一种常见的释梦方式。正如下文所述，现代科学研究表明，试图通过梦象来预期一个人或一件事情的吉凶祸福，这是没有什么科学依据的。因此，稍有科学常识的今人都不再从这种角度来释梦。二是，从哲学的角度来释梦，探讨梦与身和心、物和自我等的关系。中国有些先哲主要从此角度来释梦。三是，从生理学的角度来释梦，试图以此来探讨梦的成因和梦的功能等问题。中医对梦的探讨主要从这一视角出发。四是，从心理学的角度来对梦进行解释。中国有一些先哲对梦的解释就是按此角度进行的。当然，现代心理学对梦的研究成果要首推1900年出版的弗洛伊德《梦的解析》一书，该书被认为是弗洛伊德一生中最重要的著作之一。梦是弗洛伊德探索精神领域中无意识活动的一条重要途径。弗洛伊德认为，梦不是偶然形成的联系，而是被压抑的欲望伪装的、象征性的满足。为了说明每一个梦都包含着隐藏的意义，弗洛伊德将梦境分为显梦和隐梦两部分，前者指人们真实体验到的梦，后者指梦的真正含义，即梦表现的是被压抑的潜意识的欲望。做梦犹如制作谜语，显梦是谜面，隐梦是谜底。梦的分析就是从显梦中破译出隐梦来，从而揭示出梦境中所表达的潜意识的本能欲望，揭示出梦的真正意义。[①] 但要想对梦进行解释，就必须了解梦的工作过程，即隐梦是怎样化为显梦的。弗洛伊德认为，梦的工作有四个基本过程：一是凝结（Condensation），即把隐梦中共同的成分在显梦中化而为一。二是移置（Displacement），即往相反方向转变。例如，在隐梦中最重要的在显梦中变得极为细微，而在隐梦中极细微的在显梦中却变得极为重要。三是象征（Dramatization），即把隐梦中的思想化为视象，以视象象征思想。四是润饰（Elaboration），即把隐梦加以戏剧化，合成一个连贯的整体。[②] 在中国，据现有文献记载，最早纯粹地从现代心理学角度来较系统地对梦进行研究的人是杜元载。杜元载在《梦》一文里，从“梦之意义”、“梦之学说”、“梦之原因”、“梦与经验创造力及道德之关系”、“梦之先兆”和“梦之实际调查”六个维度，较系统而简洁地论述了中西方的释梦心理学思想，其中就包含丰富的中国古

① 叶浩生主编．西方心理学的历史与体系．北京：人民教育出版社，1998. 299.

② 刘恩久等主编．心理学简史．兰州：甘肃人民出版社，1986. 216.

代释梦心理学思想，从而为后人研究中国人的释梦心理观打下了一定基础。[①] 其实，从古至今，神奇的梦曾吸引无数学者对它进行探索与研究，中国亦然。例如，古典名著《红楼梦》就是一部以文学语言来描述梦的巨著。中国文化里的三大梦——出自《论语·述而》的“孔子梦周公”、出自《庄子·齐物论》的“庄周梦蝶”和出自唐代沈既济《枕中记》的“黄粱美梦”历代相传，对中国人的心理与行为产生了深远的影响。并且，早在先秦时期，就有思想家和医学家对梦进行了探索；自秦以后，历代都有关于梦的言论，所以在中国古典文献中关于梦的资料较为丰富，这之中不但有论梦的只言片语，也有诸如《灵枢·淫邪发梦》和《潜夫论·梦列》等论梦专篇，甚至还出现了《新集周公解梦书》和《梦占逸旨》等论梦专著。尽管中国古代学者对梦的探讨存在一些不足之处，如论梦多停留在思辨基础上，缺乏实证研究；但是，中国先哲既探讨了梦的实质和类型，又探讨了梦的成因和功能，内容较为系统、全面。这之中也有很多精辟的论述，即使把它们与现代心理学中的释梦思想相比，也毫不逊色。下面就主要从心理学角度，对中国人的梦论作一个较为系统的探讨，以期能对中国人的梦论有一个更加全面的认识，同时能为今人正确释梦起到指引作用。

一、“梦”的语义分析

对“梦”字的字形演变和语义作一分析，可以间接地弄清先人对“梦”的认识。

（一）“梦”字字形的演变

从字形上看，对于“梦”字，《汉语大字典》里列出了八种字形变化图，如图 11－1 所示。

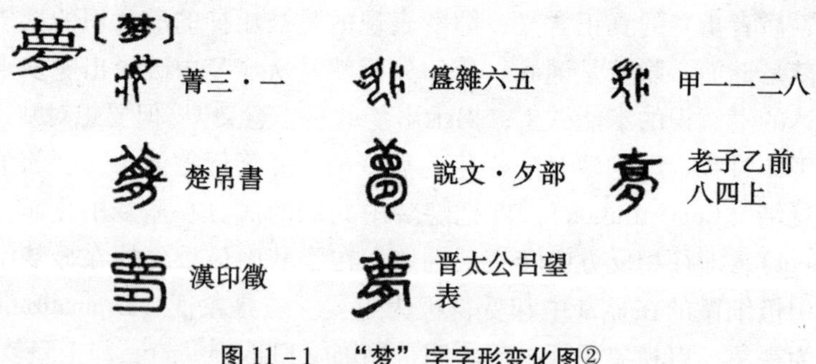

图 11－1 “梦”字字形变化图[②]

根据图 11－1 所示，中国现在通用的“梦”字是经过多次历史演变的产物。甲骨文“梦”字主要有两种写法：一种写作“[illegible]”。左边写作“爿”，这显然是一个象形字，一眼就可看出它意指“一张有支架的床”；右上方是一只长着长长的睫毛的、被特别突显

---

① 杜元载．梦．见张耀翔编．心理杂志选存（上册）．上海：中华书局，1933. 366～383.

② 汉语大字典编辑委员会编纂．汉语大字典（第二版九卷本）．成都：四川辞书出版社，武汉：崇文书局，2010. 927～928.

出来的大眼睛，两根同向一边倒的睫毛，表示眼球在运动；右下方曲折向下的一笔，表示人的身体，剩下的部分表示手指连带手臂。另一种写作“[illegible]”，左上方是一只长着长长的睫毛的、被特别突显出来的大眼睛，三根同向一边倒的睫毛，表示眼球在运动；左下方曲折向下的一笔，表示人的身体，剩下的部分表示手指连带手臂。右边写作“爿”，这同样意指“一张有支架的床”。这表明，“梦”基本上是个会意字，左右两边的字形合起来后，整个字形的原始含义是人睡在床上，用手指着在动的眼睛（目），表示睡眠中目有所见。《甲骨文编》说：“象人依床而睡，梦之初文。”

在周朝的籀文（即大篆）中，“梦”字的字形颇为复杂，用楷书写出来便是“寢”。其笔画要比甲骨文“梦”字复杂得多。显然籀文“梦”字中“爿”的部分是直接从甲骨文“梦”字的左边移过来的，而“宀”和“夕”是新加的，“茻”则是在甲骨文“梦”字右边的基础上演变而成的。草头也就是原来那几根长长的睫毛，“四”字是横起来的“目”字，余下的两笔，楷书写作“冖”，比原形要简化些。不过，西周和春秋时期，没有“茻”，此形实际上是当时“瞢”字省略了下边的“目”字，省略的原因，是给“夕”让出地方。因此，籀文梦字的结构应为：从宀，从爿，从夕，从瞢省，瞢亦声。其意思应是：在洞穴里（从宀），人躺在床上（从爿），时间在晚上（从夕），人们模模糊糊有所见（从瞢省）。而东汉许慎《说文》中对此字的结构分析“从宀，从爿，夢声。”或许没有完整地解析出该字的结构，因为甲骨文“梦”字只表示人睡在床上，并没有因病倚床而睡之义。当然，许慎将“梦”析为“从疒”，也不是毫无来由的，因为至少自《黄帝内经》开始，中医就主张“淫邪发梦说”，将梦与人因病而睡联系起来。《黄帝内经》的这一见解，对其后的读书人包括许慎产生了一定的影响，毕竟古人往往是文史哲医不分家的。同时，《说文》说：“梦，不明也。”这指出了梦的引申义是“不明”①，即睡眠中梦见的东西是模模糊糊的。籀文中“梦”字的笔画太多，大约在战国时期，人们从“寢”中简化出了“夢”，汉代以后“夢”字就通用了。现在用的“梦”字是20世纪50年代根据“夢”的草书笔画简化而来的。②

（二）“梦”字的含义

根据“梦”字的演变和古人对“梦”字运用的分析，《汉语大字典》对“梦”作了如下的解释：

（1）读作méng，其含义有四种：①昏乱不明貌。《尔雅·释训》：“梦梦，乱也。”《说文·夕部》：“梦，不明也。”《诗·小雅·正月》：“民今方殆，视天梦梦。”②蒙蒙的细雨。③通“萌”，萌发。④用同“矇”。隐瞒。③

（2）读作mèng，其含义有五种：①睡眠时局部大脑皮质还没有完全停止活动而引起的表象活动。也作“寢”。《广雅·释言》：“梦，想也。”清代王念孙疏证：“寢”，指做梦。《列子·周穆王篇》云：“神遇为梦。”《书·说命上》：“高宗梦得（传）说。”唐代李白的《古风五十九首》之九：“庄周梦蝴蝶，蝴蝶为庄周。”②睡眠时局部大脑皮质进

---

① 段玉裁在《说文解字注》里说，“梦之本义为不明”，这一解释或许不准确。

② 刘文英．梦的迷信与梦的探索．北京：中国社会科学出版社，1989.159～161.

③ 汉语大字典编辑委员会编纂．汉语大字典（第二版九卷本）．成都：四川辞书出版社，武汉：崇文书局，2010.928.

行表象活动所形成的幻象。《论衡·死伪》："梦，象也。"《正字通·夕部》："梦，寐中所见事与形也。"③想象。《荀子·解蔽》："不以梦剧乱知谓之静。"杨倞注："梦，想象也；剧，嚣烦也。"④古泽名。通称云梦泽，在今湖北省和湖南省境内。⑤姓。[①]

从以上解释可看出，人们先是将"梦"作动词用，指"人依床而睡"时的"寐而有觉"，即人在睡眠时因局部大脑皮质并没有完全处于抑制状态，从而产生心理活动；在此基础上，也将这种心理活动所产生的结果称作"梦"（作名词）。显然，"不明也"、"乱也"应该是"梦"的引申之义。

二、梦的实质

在中国文化里，学者对梦的实质看法不一，形成了多种观点。概括地讲，主要有五种：

（一）"梦，卧而以为然也"

这种观点以甲骨文、《墨子》、《庄子》和许慎等为代表，用现代心理学眼光看，它把梦看成是人在睡觉时产生的一种心理活动。

从甲骨文"梦"字的字形里可以看出，古人已认识到梦与睡眠紧密相关，将梦看作是人在睡眠中产生的一种心理活动。

《墨子·经上》曾说："梦，卧而以为然也。"认为梦中所见、所闻、所做之事是真实存在的，但事实上并不一定存在。换句话讲，梦具有虚幻性。这里，《墨子》已把梦看成人在睡眠时觉察到的一种情境，但不太明确。

关于梦，《庄子·齐物论》说：

梦饮酒者，旦而哭泣；梦哭泣者，旦而田猎。方其梦也，不知其梦也。梦之中又占其梦焉，觉而后知其梦也。且有大觉而后知此其大梦也。而愚者自以为觉，窃窃然知之。[②]

这表明，庄子也将梦视作人在睡觉时产生的一种心理活动，因此，梦具有虚幻性，与现实并不一定相符。不过，庄子言梦还另有深义：暗指人生如梦，这从其"有大觉而后知此其大梦也"一语里可以看出。庄子"人生如梦"的思想虽有厌世色彩，但在劝告世人不要过于沉迷于尘世的虚名上有警世意义。另外，《庄子·齐物论》还阐述了一个著名的"庄周梦蝶"的故事：

昔者庄周梦为胡蝶，栩栩然胡蝶也，自喻适志与！不知周也。俄然觉，则蘧蘧然周也。不知周之梦为胡蝶与，胡蝶之梦为周与？周与胡蝶，则必有分矣。此之谓"物

---

① 汉语大字典编辑委员会编纂．汉语大字典（第二版九卷本）．成都：四川辞书出版社，武汉：崇文书局，2010. 928.

② 陈鼓应．庄子今注今译（第二版）．北京：中华书局，2009. 95.

化”。①

“庄周梦蝶”的故事启示后人：尽管真实与梦幻之间存在一定的区别，但真实与梦幻之间有时又相互交融，很难区分开。

许慎把《墨子》和《庄子》的上述观点向前推进了一步，使之明确化。他在《说文解字》中说：“梦，寐而觉者也（段玉裁注：寐而觉，与“酲”字下醉而觉同意）。”“梦，不明也（段注：梦之本义为不明）。”其中，酲，音 chéng，指喝醉后神志不清。可见，许慎认为，从梦的形式看，梦是人在睡眠中产生的一种模糊心境，这种心境就像人喝醉后神志不清时的心境一样；同时，从梦的内容看，其内容的真假是不能确定的。

（二）“梦，象也”

这种观点以王充与《关尹子》为代表，用现代心理学眼光看，它把梦看成是人在睡觉时产生的一种无意想象。

王充在《论衡·死伪》里明确主张：“梦，象也。”在《论衡·纪妖》中，他又说：“人有直梦，直梦皆象也，其象直耳。何以明之？直梦者梦见甲，梦见君，明日见甲与君，此直也。如问甲与君，甲与君则不见也。甲与君不见，所梦见甲与君者，象类也。”从“梦，象也”与“直梦皆象”看，王充把梦看成是一种无意想象。

《关尹子》虽然没有明确主张梦是一种无意想象，但从它对梦的特征的描述看，它把梦看成是一种无意想象。《关尹子·五鉴篇》说：“夜之所梦，或长于夜，心无时。生于齐者，心之所见，皆齐国也。既而之宋、之楚、之晋、之梁，心之所存各异，心无方。”认为梦是人在睡眠中产生的一种无意想象，故而梦的特点是不受时间和空间限制；同时，《关尹子》认为梦的内容与人的已有经验关系密切。

（三）“梦，形闭而气专乎内也”

这是宋代张载的看法。他在《正蒙·动物篇》里说：“寤，形开而志交诸外也；梦，形闭而气专乎内也。寤所以知新于耳目，梦所以缘旧于习心。”王夫之在《张子正蒙注·动物篇》里说：“开者，伸也；闭者，屈也。志交诸外而气舒，气专乎内而志隐，则神亦藏而不灵。神随志而动止者也。”可见，这里的“志”、“志隐”分别相当于现代心理学讲的“意识”、“潜意识”。张载认为“寤”是一种觉醒的意识状态，“梦”是一种潜意识状态；“寤”与“梦”的交替转化，也就是意识与潜意识的交替转化。从内容上看，“寤”是凭借耳目等感知器官对外界事物进行反映，因此，其内容会不断翻新；而“梦”只是内心对过去生活经验的一种反映，所以，其内容只能限于旧有的资料。

需要指出的是，张载这一观点的渊源可追溯至《庄子》。在中国历史上，《庄子》第一次从理性的高度论及睡梦和醒觉的区别。《庄子·齐物论》说：“其寐也魂交，其觉也形开。”②“魂交”指梦象的交错变幻；“觉”指清醒的意识。《说文》说：“觉，寤也。”又说：“寤，寐觉而有伸。”《汉书·董贤传》注也说：“觉，寐之寤也。”可见，“觉”

---

① 陈鼓应．庄子今注今译（第二版）．北京：中华书局，2009. 101 ~102.

② 陈鼓应．庄子今注今译（第二版）．北京：中华书局，2009. 48.

表示人从睡眠中醒来以后而有清醒的活动。《庄子》的上述议论实际上是将睡梦与醒觉分开，以说明二者有不同的特征。按庄子的解释，醒觉的特征是“形开”，相应地，睡梦的特征是“形闭”。“形”，主要指人的有形质的肉体，特别是指人的感觉器官。“形开”、“形闭”是庄子根据道家的固有思想所创造的一对很特别的概念。《老子·五十二章》说：“塞其兑，闭其门，终身不勤。”① 奚侗说：“《易·说封》：‘兑为口。’引申凡有孔窍者可云‘兑’。”② 可见，“兑”主要指两耳、鼻孔和口腔的通道，“门”指两只眼睛。这说明老子已认识到人的心理活动有多种“通道”与外界相通，要想清心寡欲，就必须塞住嗜欲的孔窍，关闭嗜欲的大门。③《庄子》的“形开”，是指人在清醒时各种知虑器官（“门户”，只是一种比喻说法）都面向外界开放。相应地，“形闭”则是说人在睡眠中做梦时各种知虑器官都对外关闭起来。“形开”、“形闭”概念在这里带有很强的比喻性质。然而这个比喻不容小觑，因为正是在这个比喻中庄子触及了一个很重要的问题，即睡梦和醒觉各有不同的生理基础。这一点，至今仍然具有它的科学性。假若用现代心理学的术语说，就是人的心智和各种感觉器官本是人体的一个信息系统，人在清醒时，自身的信息系统对外开放，而睡觉做梦时，这个信息系统便暂时对外关闭起来。王夫之注说：“开者，伸也；闭者，屈也。”人从睡眠状态清醒过来，首先是耳目视听系统开始开放；起来后由于各种活动，心智器官也工作起来；这样人就不能不同外物打交道，这就是“交诸外”。做梦则不然，人做梦时不但视听系统关闭，而且心智的理性活动也停止下来，这种状态，张载称之为“气专乎内”。“气”指精气。中国古代哲学和古代医学一直认为，人体的精神活动同五脏所藏的精气直接相联系。“专乎内”，是说精气藏在五脏之内，只在体内发生变化。按照这种解释，“形开”相当于现代心理学讲的知虑器官与外界相接触并产生反应的过程，“形闭”相当于现代心理学讲的表象、联想和想象。④ 当然，张载当时的分析只能根据生活的经验，不可能有现代科学这样的认识。但用发展的观点看，它无疑包含了现代认识的某些萌芽。至于他用“精气”说明人的精神活动，现在早已过时了。他说的“专乎内”也有点绝对化，因为做梦时仍然会受到某些外界弱刺激的影响。⑤

（四）“梦者心中旧事感而发也”

这种观点以张载和二程等人为代表。用现代心理学的术语来解释，这种观点的实质是主张梦是人们由于受到某种刺激或诱因的影响，突然激活隐藏在个体脑海中的信息而产生的，换言之，梦是个体对自己所经历过的事物的一种延时反应。如上所述，“形开”之时，人的感官不断同外界事物接触，自然不断有新事物由耳目反映到大脑（当时误以为是“心”），从而使人的意识不断增加新的内容。正如王夫之在《张子正蒙注·动物篇》里所说：“开则与神化相接，耳目为心效日新之用。”而“形闭”之时，人的感官基

---

① 陈鼓应．老子注译及评介（修订增补本）．北京：中华书局，2009. 259.

② 陈鼓应．老子注译及评介（修订增补本）．北京：中华书局，2009. 259.

③ 陈鼓应．老子注译及评介（修订增补本）．北京：中华书局，2009. 261.

④ 刘文英认为，“形开”、“形闭”分别相当于现代神经生理学所讲的“兴奋”和“抑制”（刘文英．梦的迷信与梦的探索．北京：中国社会科学出版社，1989. 172.），笔者以为这种说法不准确。

⑤ 刘文英．梦的迷信与梦的探索．北京：中国社会科学出版社，1989. 169 ~ 172.

本停止同外界事物接触，也就不会有新事物进入大脑。因此，睡眠中的梦象活动，其材料就只能“缘旧”，即凭借原来旧的印象和过去储存的信息而产生表象、联想或想象，所以，人的梦象常常千奇百怪、变幻无常，好像是凭空出现的。其实，每个人都可以认真地、仔细地分析自己那些奇怪的梦象，其中没有一样素材不是自己曾经经历过的。因此，宋人张载说：“寤所以知新于耳目，梦所以缘旧于习心。”“习心”也就是人在清醒意识状态下长期积累而形成的心理之义，由此为梦的产生提供了大量素材。①

对于梦的实质，宋代的二程也有类似见解。《二程遗书》卷十八说：“问：日中所不欲为之事，夜多见于梦，此何故也？曰：只是心不定。今人所梦见事，岂特一日之内所有之事？亦有数十年前之事。梦见之者只为心中旧有此事，平日忽有事与此事相感，或气相感然后发出来。故虽白日所憎恶者，亦有时见于梦也。譬如水为风激而成浪，风既息，浪犹汹涌未已也。”主张梦是人对过去经历过的事物的一种“延迟反应”，犹如风停息以后，水浪的汹涌澎湃仍未停止一样。梦的内容来源于个体过去所经历的事物，就时间而言，梦的内容并不局限于个体在一日之内所经历的事情，也可以包括个体在几年甚至几十年前所经历的事情；梦是由于“心中旧有此事，平日忽有事与此事相感，或气相感然后发出来”的。

张载和二程对梦的实质所持的上述观点为后人所继承。例如，由下文所述可知，明人王廷相所主张的“感于思念生梦说”，从思想渊源上看就继承了张载和二程的思想。

（五）“梦者思也”

这是明代王廷相的观点。他在《雅述·下篇》里说：“在未寐之前则为思，既寐之后为梦，是梦即思也，思即梦也。”其主张梦的实质是人在睡眠中产生的一种思考或思念。梦与思考或思念在本质上是一致的，二者的区别只在于发生的时间不同而已：梦是在睡眠中产生的一种心理现象；思考或思念是在未睡时（觉醒时）产生的一种心理现象。在这里，思考是一种认识过程，而思念是一种情感过程，这表明王廷相已认识到认知因素和情感因素对梦的影响。

综上所述，中国文化对梦的实质的看法较为准确。具体表现在三个方面：一是看到了梦与睡眠的关系，多认为梦出现在人的睡眠中；二是对梦的来源认识较为准确，多把梦看成是人在睡眠时感受内外刺激的结果，认为个体过去的生活经验是梦的重要来源之一；三是初步揭示了梦的特性，如梦不受时空限制和梦具有虚幻性等，中国人耳熟能详的“黄粱美梦”，将人的一生压缩在一个梦境中，更是形象而生动地展现了梦的不受时空限制性和虚幻性的特点。这些观点与现代心理学对梦的实质的看法有相通之处。如弗洛伊德就说：“梦，它不是空穴来风的，不是毫无意义的，不是荒谬的，也不是一部分意识昏睡，而只有少部分乍睡少醒的产物。它完全是有意义的精神现象。实际上，是一种愿望的达成。它可以算是一种清醒状态精神活动的延续。它是由高度错综复杂的智慧活动所产生的。”②《简明牛津英语词典》则认为：“梦就是‘睡觉时流过头脑的一系列思

① 刘文英．梦的迷信与梦的探索．北京：中国社会科学出版社，1989. 176.
② ［奥］弗洛伊德．梦的解析．赖其万，符传孝译．北京：作家出版社，1986. 37.

想、形象或幻觉'。而做梦则是'睡觉时产生幻象以及各种虚构的感觉的过程'。"①

三、梦的类型

为了便于人们认识和理解梦，中国先哲曾将纷繁复杂的梦划分为不同的种类。由于划分标准不同，对梦的类型看法亦有差异，其中主要有六梦说、十梦说、四梦说和九梦说等四种观点。

（一）六梦说

六梦说是将梦划分为六种类型的观点。这是在中国文化里最早出现的一种对梦的类型进行划分的观点，影响也最大。早在先秦时期，《周礼》就已提出六梦说。《周礼》卷二十五说：

以日月星辰占六梦之吉凶。一曰正梦（注：无所感动，平安自梦），二曰噩梦（注：杜子春云，噩当为惊愕之愕，谓惊愕而梦），三曰思梦（注：觉时所思念之而梦），四曰寤梦（注：觉时道之而梦。疏：盖觉时有所见而道其事，神思偶涉，亦能成梦，与上思梦为无所见而凭虚想之梦异也。），五曰喜梦（注：喜悦而梦），六曰惧梦（注：恐惧而梦）。

括号中的"注"是东汉郑玄作的，"疏"是唐人贾公彦作的。结合郑玄的"注"和贾公彦的"疏"，《周礼》所讲的六种梦，其含义分别是：①正梦，是指人在正常睡眠状态时产生的梦，该梦无异常的致梦原因，故梦的内容平平淡淡，梦后一般也毫无感觉，于是，做梦者醒来后就感觉自己"一夜无梦"，睡得既稳且香。其实，心理学研究表明，"一夜无梦"是不可能的，因为任何人只要睡觉，都会做梦，即便在心境平和、恬淡自然的状态下也是如此。只是由于在平和心境下所做的梦的梦境太平和，既不会影响做梦者的睡眠质量，也不会在做梦者的脑中留下什么深刻的印象，人们才会产生一种错觉，以为自己没做梦。明白了这个道理，就可知道这样一个事实，所谓"圣人无梦"或《庄子·大宗师》里"古之真人，其寝不梦，其觉无忧"② 的说法缺乏科学依据。②噩梦，按郑玄引杜子春说，"噩"当为"惊愕之愕"，因此，噩梦指人因惊愕而产生的梦，也就是人们通常所讲的恶梦，其内容多半是令人惊愕的。③思梦，指人因思念而产生的梦。不过，这里的"思念"与今天讲的"思念"的含义不尽相同，实乃"又思又念"之义。因为在先秦与秦汉时期，"思"的含义颇广，《尔雅·释诂下》说："悠、伤、忧，思也。""怀、惟、虑、念、叔，思也。"可见，这里的"思"，既含有认知意义上的"思考"之义，也带有情感上的"思念"之义，这说明当时的人们已认识到认知因素和情感因素是重要的梦因。④寤梦，指人在觉醒时产生的梦，也就是俗称的昼梦或白日梦。⑤喜梦，指人因欢喜而产生的梦。⑥惧梦，指人因恐惧而产生的梦。很明显，除正梦是

① ［英］查尔斯·莱格夫特．梦的真谛．斯榕译．上海：学林出版社，1987. 40.

② 陈鼓应．庄子今注今译（第二版）．北京：中华书局，2009. 186.

“无所感而梦”外，其他五梦皆是有所感而梦的，并且，这里主要是按梦的成因对梦进行类型划分的。①

《周礼》的这一观点对后世影响很大，后世的许慎、《列子》和陈士元等，在论梦的类型时，都继承了《周礼》的这一观点。汉代许慎在《说文》中对“㝱”（相当于今天的“梦”字）字进行解释时，就引用了《周礼》的这一观点。许慎说：“㝱，寐而觉者也。从宀，从爿，梦声。《周礼》以日月星辰占六梦之吉凶。一曰正梦，二曰㖾（即噩）梦，三曰思梦，四曰寤梦，五曰喜梦，六曰惧梦。”清代段玉裁在《说文解字注》中曾说：“梦行而㝱废矣。”这表明，“梦”字通行后，“㝱”字就废止了。可见，许慎这里讲的“㝱”字实为“梦”字。并且从许慎对《周礼》一文的引用来看，除了“㖾”、“㝱”两字外，其他文字与《周礼》中的这一段文字完全相同。从这也可看出，许慎讲的“㝱”字即为“梦”字。既然如此，可知许慎是赞同《周礼》对梦的类型划分的观点的。《列子》对梦的类型划分也是完全继承了《周礼》的观点。《列子·周穆王篇》说：“觉有八征，梦有六候。……奚谓六候？一曰正梦，二曰噩梦，三曰思梦，四曰寤梦，五曰喜梦，六曰惧梦。此六者，神所交也。”明代陈士元在其《梦占逸旨》中有《六梦篇第七》专论六梦：“六梦神所交，八觉形所接。六梦：一曰正梦，二曰噩梦，三曰觉梦（觉梦者，觉时所思念之而梦也），四曰寤梦，五曰喜梦，六曰惧梦，此六者，梦之候也。”这与《周礼》的观点是一脉相承的。

（二）十梦说

十梦说是指将梦划分为十种类型的观点，这是东汉王符的见解。他在《潜夫论·梦列》中说：

凡梦：有直，有象，有精，有想，有人，有感，有时，有反，有病，有性。在昔武王，邑姜方震（娠）大叔，梦帝谓己：“命尔子虞，而与之唐。”及生，手掌曰：“虞”，因以为名。成王灭唐，遂以封之。此谓直应之梦也。诗云：“维熊维熊，男子之祥；维虺维蛇，女子之祥。”“众维鱼矣，实维丰年；旐维旟矣，室家蓁蓁。”此谓象之梦也。孔子生于乱世，日思周公之德，夜即梦之。此谓意精之梦也。人有所思，即梦其到；有忧即梦其事。此谓记想之梦也。今事，贵人梦之即为祥，贱人梦之即为妖，君子梦之即为荣，小人梦之即为辱。此谓人位之梦也。晋文公于城濮之战，梦楚子伏已而监其脑，是大恶也。及战，乃大胜。此谓极反之梦也。阴雨之梦，使人厌迷；阳旱之梦，使人乱离；大寒之梦，使人怨悲；大风之梦，使人飘飞。此谓感气之梦也。春梦发生，夏梦高明，秋冬梦熟藏。此谓应时之梦也。阴病梦寒，阳病梦热，内病梦乱，外病梦发，百病之梦。或散或集。此谓气之梦也。人之情心，好恶不同，或以此吉，或以此凶。当各自察，常占所从。此谓性情之梦也。

王符以举例的形式对这十种梦进行了界说：直梦指一种能直接应验的梦，与上文王充讲的直梦相似；象梦指一种内容虽非真实，却有象征意义的梦；精梦指一种由情思而

① 刘文英．梦的迷信与梦的探索．北京：中国社会科学出版社，1989. 215～218.

产生的梦；想梦指一种由记想而产生的梦；人梦指一种由于人的地位不同造成的内容相同而其象征意义却有差异的梦；感梦指一种由于感受风雨寒暑的变化而产生的梦；时梦指一种感受季节时令变化而产生的梦；反梦指一种梦后应验之事与梦境恰恰相反的梦；病梦指一种由于身体的病变而引起的梦；性梦指一种由于性情不同造成的对梦的解释也各有差异的梦。很明显，王符主要是按梦的内容和梦的成因两条标准对梦进行类型划分的。

（三）四梦说

四梦说是将梦划分为四种类型的观点，这是唐代释道世编的《法苑珠林 · 眠梦篇》中的观点。《法苑珠林 · 眠梦篇》说："……熏缘好丑，梦通三性。若宿有善恶，则梦有吉凶，此为'有记（梦）'；若习无善恶，泛睹平事，此为'无记（梦）'；若昼缘青黄，梦想还同，此为'想梦'；若见升沉，水火交侵，此为'病梦'。""有记梦"是一种讲究因果报应观念的梦，"无记梦"相当于《周礼》的正梦，"想梦"与"病梦"则与中国文化里讲的想梦和病梦含义相近。《法苑珠林 · 眠梦篇》又说：

> 如善见律云，梦有四种：一，四大不和梦；二，先见梦；三，天人梦；四，想梦。云何四大不和梦？答：眠时梦见山崩或飞腾虚空，或见虎狼狮子贼逐，此是四大不和梦，虚而不实。云何先见梦？答：或昼日见，或白或黑，或男或女，夜尅梦见，是名先见梦，此亦不实。云何天人梦？答：若善知识，天人为现善梦，令人得善；若恶知识者，为现恶梦。此即真实。云何想梦？答：此人前身或有福德，或有罪障；若福德者现善梦，罪者现恶梦，如菩萨母初欲入母胎时，梦见白象从忉利天下入其右肋，此是想梦也。

按照佛教典籍如《圆觉经》等的思想，"四大"指"地"、"水"、"火"、"风"四大物质，并将人身上的毛发、皮肉、筋骨和脑髓等皆归于"地"，将人身上的唾液、血液和津液等皆归于"水"，将人身上的暖气归于"火"，将人的动转归于"风"。① 进而认为，假若人身上的这"四大"之间不协调，就会导致人的气血不畅和心神不定，于是就会做"四大不和梦"。此梦的梦象一般是梦见山崩、自身飞腾起来、梦见老虎或狮子之类的猛兽或是梦见劫匪在后面追自己。"先见梦"指梦象里呈现出白天经历过的事物的梦。"天人梦"指天人感应之梦：善人修善行善，就做善梦；恶人作恶多端，就做恶梦。"想梦"指一个人前世所做的善恶之举，在今世会在其所做的梦中呈现出来：若前世行了善事，今世就会做善梦；如果前世做了恶事，今世就会做恶梦。可见，在这四个梦中，前两个梦与思想家和医家论梦没有太大的差异，后两个梦则带有明显的佛教劝人为善的宗教情怀；并且，《法苑珠林 · 眠梦篇》中的两段话所讲的四个梦的名称与含义不尽相同：第一段里所讲的"有记梦"，包括第二段里所讲的"天人梦"和"想梦"两种梦；第一段里所讲的"无记梦"，第二段里没有论及；第一段里所讲的"想梦"，相当于第二段里所讲的"先见梦"；第一段里所讲的"病梦"，相当于第二段里所讲的"四大不和梦"。

① 梁兴嗣撰．千字文释义．汪啸尹纂集．北京：中国书店，1991. 16.

（四）九梦说

九梦说是指将梦划分为九种类型的观点，这是明代陈士元的见解。他在《梦占逸旨·感变篇》中说：

感变九端，畴（谁）识其由然哉？一曰气盛、二曰气虚、三曰邪寓、四曰体滞、五曰情溢、六曰直叶、七曰比象、八曰反极、九曰厉妖。何谓气盛？阴气盛则梦涉大水而恐惧，阳气盛则梦大火而燔焫，阴阳俱盛则梦相杀。上盛则梦飞，下盛则梦堕。甚饥则梦取，甚饱则梦予。肝气盛则梦怒，肺气盛则梦恐惧、哭泣、飞扬，心气盛则梦善笑恐畏，脾气盛则梦歌乐、身体重不举，肾气盛则梦腰脊两解不属。短虫多，则梦聚众。长虫多，则梦相击毁伤。此气盛之梦，其类可推也。何谓气虚？肺气虚，则使人梦见白物，见人斩血籍籍，得其时则梦见兵战。肾气虚，则使人梦见舟船溺人，得其时则梦伏水中，若有畏恐。肝气虚，则梦见菌香生草。得其时则梦伏树下，不敢起。心气虚，则梦救火阳物。得其时则梦潘灼。脾气虚，则梦饮食不足。得其时则梦筑垣盖屋。此气虚之梦，其类可推也。何谓邪寓？厥气客于心，则梦见丘山烟火。客于肺，则梦飞扬，见金铁之奇物。……此淫邪之梦，其类可推也。何谓体滞？口有含，则梦强言而喑；足有绊，则梦强行而辟；首堕枕，则梦跻高而堕；卧藉徽绳，则梦蛇虺；卧藉彩衣，则梦虎豹；发挂树枝，则梦倒悬；此体滞之梦，其类可推也。何谓情溢？过喜则梦开，过怒则梦闭，过恐则梦匿，过忧则梦嗔，过哀则梦救，过忿则梦詈，过惊则梦狂。此情溢之梦，其类可推也。何谓直叶？梦君则见君，梦甲则见甲，梦鹿则得鹿，梦粟则得粟，梦刺客则得刺客。梦受秋驾则受秋驾，此直叶之梦，其类可推也。何谓比象？将莅官则梦棺，将得钱则梦秽（晋书曰："或问殷浩，将莅官而梦官，将得财而梦粪，何也？"浩曰："官本臭腐，故得官而梦尸。钱本粪土，故得钱而梦秽。"时人以为名言。），将贵则梦登高，将雨则梦鱼，将食则梦呼犬，将遭丧则梦白衣，将沐恩宠则梦衣锦，谋为不遂则梦荆棘泥途。此比象之梦，其类可推也。何谓反极？有亲姻燕会，则梦哭泣；有哭泣、口舌、争讼则梦歌舞；寒则梦暖，饥则梦饱，病则梦医；忧孝则梦赤衣绛袍；庆贺则梦麻苴凶服。此反极之梦，其类可推也。何谓厉妖？强死之鬼，依人为殃；聚怨之人，鬼将有报。其见之于梦寐者，则由已之志虑疑猜，神气昏乱，然后鬼厉乘其颡暇，肆其怪孽，故祸灾立著，福祉难祈也。乃若晋侯受禁于秦伯，燕王贬涉于房州，则又其次矣。此之谓厉妖之梦，其类可推也。

气盛之梦指《灵枢·淫邪发梦篇》、《素问·脉要精微论》和《列子·周穆王篇》等篇讲的阳盛、阴盛等的梦象。气虚之梦指《素问·方盛衰论》讲的五脏虚而产生的五梦及各"得其时"的五梦。邪寓之梦指《灵枢·淫邪发梦篇》讲的邪气客于五脏和六腑等的十五种梦象。体滞之梦是对《列子·周穆王篇》和王廷相中的有关思想的继承，情溢之梦则是对《周礼》和《列子》等因情生梦思想的发展，直叶之梦相当于王充讲的直梦。比象之梦则是陈士元的一种新概括。据《说文解字》讲，"比，密也（段玉裁注：……其本义相亲也，余义备也、及也、次也、校也、例也、类也、频也、择善而从之也……）"，可见，比象之梦其义是"缘象比类"而梦。反极之梦指《庄子》、《列子》

和《潜夫论》中所讲的反梦。厉妖之梦意指厉鬼和妖怪作祟而梦，是一种迷信的说法。简而言之，陈士元的九梦是对历代梦说的一种继承和发展，从中也可以看出，随着时代的发展，中国文化里的释梦思想逐渐走向融合。

中国文化对梦的类型划分的观点，既有缺点，也有优点。其优点是对梦的类型划分颇为细致；其缺点，第一是划分梦的标准不够准确，表现在两个方面：一是同时用多种标准对梦进行类型划分，如十梦说，主要是按梦的成因和梦的内容两条标准划分的；二是划分标准本身不够准确，如六梦说，尽管主要是按梦的成因这一标准划分的，但它只重点考虑情绪因素在梦的成因上的作用，而忽略了其他因素在梦的成因中的作用。但是我们不能苛求古人，毕竟，时至今日，今人对梦的类型划分仍不够完善。如现代英国著名精神分析学家莱格夫特（Charles Rycroft）在《梦的真谛》中，专列一章（即第五章“各种类型的梦——论梦的类型”），他将梦分为 15 种：创伤梦、恶梦、焦虑梦、俄狄浦斯梦、便利梦、性冲动梦、月经梦、儿童的梦、异化的梦、盲人的梦、双关语梦、重复出现的梦、考试梦、身体疾病和梦、命令梦，其划分标准也不够准确。[①] 由此可见，中国文化对梦的类型进行划分的观点，至今仍占有一席之地。第二是论梦带有某些神秘乃至迷信色彩，如陈士元的厉妖之梦就有此嫌。

四、梦的成因

中国文化很重视探讨梦的成因，并形成了多种观点，归纳起来，主要有六种：

（一）因情生梦说

因情生梦说，是认为梦是由于人的情绪、情感所引起的一种观点。由于《周礼》以及郑玄、列子和陈士元等人都持此观点，因此，它在中国古代思想家中的影响最大。

前文曾讲过，《周礼》主要是按梦的成因对梦进行类型划分的。而《周礼》的“六梦说”中有四种梦（噩梦、思梦、喜梦和惧梦）的成因是情绪、情感因素，可见，《周礼》已意识到情能生梦。

《列子》继承《周礼》的观点，也认为情能生梦，并且有进一步的发挥。《列子·周穆王篇》说：“神遇为梦，形接为事。故昼想夜梦，神形所遇。故神凝者想梦自消（注：昼无情念，夜无梦寐）。信觉不语，信梦不达；物化之往来者也（注：梦为鸟而戾于天，梦为鱼而潜于渊，此情化往复也）。”这里，括号中的“注”是东晋张湛作的。可见，列子和张湛都认为，人的情绪、情感能使人做梦，因此，一个人若在白天能做到没有情念，那么，他夜晚就不会做梦。从“昼无情念，夜无梦寐”和“此情化往复也”等语看，因情生梦说在张湛那里已得到较为明确的阐述。

真正明确提出因情生梦说的是明代的陈士元，因为他不仅论述了各种由情所产生的梦，而且作了理论上的概括，认为“此情溢之梦，其类可推也”。他说：“何谓情溢，喜则梦开，怒则梦闭，过恐则梦匿，过忧则梦嗔，过哀则梦救，过忿则梦詈，过惊则梦狂，此情溢之梦，其类可推也。”

---

① ［英］查尔斯·莱格夫特．梦的真谛．斯榕译．上海：学林出版社，1987. 99 ~ 132.

正由于情能生梦，而古人认为体道者不喜不怒，故体道者也不会有梦。正如《淮南子·缪称训》所说：

道至高无上，至深无下，平乎准，直乎绳，圆乎规，方乎矩，包裹宇宙而无表里，洞同覆载而无所碍。是故体道者，不哀不乐，不喜不怒，其坐无虑，其寝无梦，物来而名，事来而应。①

用今天的眼光看，体道者无梦的见解缺乏科学依据，因为即便是体道者也仍会有梦，只不过他们可能基本上不做噩梦而已。

（二）淫邪发梦说

在中国文化里，医家论梦的成因多主张淫邪发梦说。该说在中国古代医家中一直占据主要位置，这种状况直到清代王清任提出脑气阻滞生梦说之后才有所改变。淫邪发梦说中，“淫”有太过之意；“邪”或称之为“邪气”，是致病因素的总称。淫邪发梦说，意即外界各种致病因素过多侵入人的身心活动，造成人体阴阳失调，使人睡不安稳，故而易做梦。换句话讲，梦的产生是外部致病因素对人身心造成不良影响的结果。可见，淫邪发梦说试图从中医学角度揭示梦形成的生理与心理机制。

淫邪发梦说最早在《灵枢·淫邪发梦篇》里得到阐述：

黄帝曰：“愿闻淫邪泮衍奈何?”岐伯曰：“正邪从外袭内，而未有定舍，反淫于脏，不得定处，与营卫俱行，而与魂魄飞扬，使人卧不得安而喜梦。”

这里，《灵枢》初步揭示了梦形成的生理与心理机制：第一阶段是“正邪从外袭内，而未有定舍”。这是说，人在睡眠中，各种外界因素会对人的知虑器官有各种弱刺激。这些因素在外界环境中，可能是正常的，也可能是不正常的，但都从外界侵入人的知虑器官，即“从外袭内”。“袭内”的“袭”有一层深意，就是说，人在睡眠中对这些刺激没有精神准备，是在不知不觉中受到这些刺激。当然，既然邪气可以“袭内”，那么，“正气”也可以“袭内”，因为人在睡眠时体内的防御机能大大减弱了。“未有定舍”一语则表明，这些外界因素的刺激并非人体正常的需要，因而不能被有关器官、组织所吸收而作出正常的反应。从整个发梦过程来看，这一阶段主要是提供了诱发梦象活动的外部自然条件。第二阶段是“（正邪）反淫于藏府（脏腑），不得定处，与营卫俱行”。这是说外部刺激在人体内的生理活动。“反淫于脏腑”是说，外部刺激由表及里，进而影响到脏腑。然而由于这些刺激并非人体在睡眠中肉体所需要的，所以它们干扰脏腑活动而“不得定处”，结果渗入人体正常的营卫之气而在体内到处运行。按照中医学的观点，所谓营卫二气，散布全身，内外相贯，运行不息，对人体起着滋养和保卫的作用。营气为水谷所化之精气，属阴、主血、行于脉中，有推动血液运行与滋养脏腑、组织等作用。卫气为水谷所化的“捍气”（形容扩散力强），属阳、主气、行于脉外，有温养、保护皮

① 刘文典撰．冯逸，乔华点校．淮南鸿烈集解．北京：中华书局，1989. 318.

肤和肌肉以及调节汗孔开阖等作用。因为“正邪”之气渗入营卫之气，营卫之气的正常运行便受到干扰，进而使人在睡眠中产生了一种特殊的精神活动。从整个发梦过程看，这是产生梦象活动的内部生理基础。第三阶段是“正邪”之气干扰营卫之气“而与魂魄飞扬，使人卧不得安而喜梦”。在中医学体系中，魂魄本属于精神范畴。《灵枢·本藏》说：“五藏（脏）者，所以藏精神、血气、魂魄也。”并且，在先哲看来，精神也就是精气的活动，魂魄本身也是精气，只不过阴阳有别而已。《吕氏春秋·禁塞》高诱注：“阳精为魂，阴精为魄。”《淮南子·说山训》高诱注：“魄，人阴神；魂，人阳神也。”许慎的《说文》也说：“魂，阳气也”；“魄，阴神也。”因为魂魄分别属于阴阳之精气，在营卫之气受到干扰的情况下，便会从五脏中“飞扬”起来。当然，“飞扬”只是古人根据精气活动所产生的一种想象。它要说明的是，由于魂魄离开五脏而使精神不安，进而由于精神不安而在其活动中产生梦象。① 这整个过程，如图 11－1 所示。

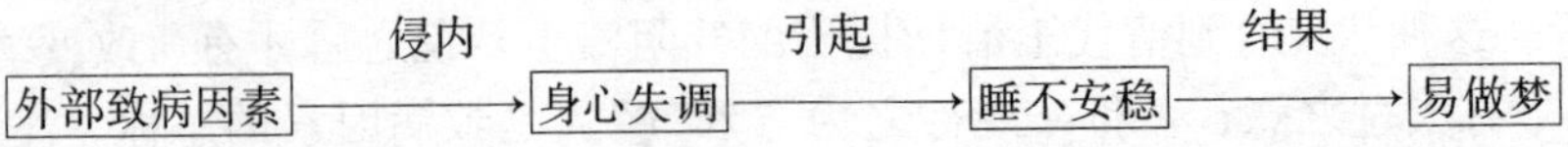

外部致病因素 —侵内→ 身心失调 —引起→ 睡不安稳 —结果→ 易做梦

图 11－2　《黄帝内经》淫邪发梦说示意图

《黄帝内经》的淫邪发梦说对后世医家影响很大。如隋代《巢氏诸病源候总论》卷四《虚劳病诸侯虚劳喜梦侯》在论梦的成因时，就继承了《黄帝内经》的这一观点：“夫虚劳之人，血气衰损，脏腑虚弱，易伤于邪。邪从外集内，未有定舍，反淫于脏，不得定处，与营卫俱行，而与魂魄飞扬，使人卧不得安，喜梦。……凡此十五不足者，而补之立而已。寻其致梦，以设法治，则病无所逃矣。”这段话几乎与《黄帝内经》中的《淫邪发梦篇》完全相同，可见，《巢氏诸病源候总论》关于梦的成因继承了《黄帝内经》的思想。

在上文“梦的类型”里，王符所讲的病梦，从其成因上看，也是吸收了《黄帝内经》淫邪发梦的思想。可见，《黄帝内经》淫邪发梦说对中国古代思想家论梦也有一定影响。

（三）感于魄识生梦说

感于魄识生梦说，是指梦是人在睡眠时有感于身体的知觉活动而产生的一种观点。这种观点是明代王廷相明确提出来的。他在《雅述·下篇》说：“梦之说有二：有感于魄识者，有感于思念者。何谓魄识之感？五脏百骸皆具知觉，故气清而畅则天游，肥滞而浊则身飞扬也而复堕；心豁净则游广漠之野，心烦迫则蹁跹冥窦而迷；蛇之扰我以带系，雷之震于耳也以鼓人；饥则取，饱则与；热则火，寒则水。推此类也，五脏魄识之感著也。”他认为人的整个身躯都具有感知能力，能感知来自体外的物理刺激和来自体内的生理刺激与情绪刺激。人在睡眠时有感于身体的这些知觉运动，就会产生相应的梦境。

必须指出的是，早在《内经》中就曾提到“甚饥则梦取，甚饱则梦予”。东汉王符曾说：“阴雨之梦，使人厌迷；阳旱之梦，使人乱离；大寒之梦，使人怨悲；大风之梦，

---

① 刘文英．梦的迷信与梦的探索．北京：中国社会科学出版社，1989. 192～193.

使人飘飞；此谓感气之梦也。春梦发生，夏梦高明，秋冬梦收藏。此谓应时之梦也。”《列子·周穆王篇》说：“藉带而寝则梦蛇。”《关尹子·二柱篇》说：“将阴梦水，将晴梦火。”等等，都已含有“感于魄识生梦说”的思想，王廷相正是在继承这些前人思想的基础上，才提炼出“感于魄识生梦说”的。这说明王廷相在解释梦的成因上，比前人更进了一步。

（四）感于思念生梦说

感于思念生梦说，指梦是由于人的思念或思考而产生的。前文已讲过，《周礼》中的“思梦”，据汉代郑玄注，其成因是“觉时所思念之而梦”，可见，《周礼》已有“感于思念生梦说”的思想。《论语》所记载的“孔子梦周公”，就其成因而言，也是因思而致梦。东汉王符讲的“精梦”和“想梦”，从其成因上看，也是由于人的思念或思考。因为王符曾说：“孔子生于乱世，日思周公之德，夜即梦之。此谓意精之梦也。人有所思，即梦其到；有忧即梦其事。此谓记想之梦也。”张载和二程对梦的实质的看法里也隐含有“感于思念生梦说”的思想。明确提出“感于思念生梦说”的是明代的王廷相。他在《雅述·下篇》中说：

梦之说有二：有感于魄识者，有感于思念者。……何谓思念之感？道非圣人思扰莫能绝也，故首尾一事，在未寐之前则为思，既寐之后为梦。是梦即思也，思即梦也。凡旧之所履，昼之所为，入梦也为缘习之感。凡未尝所见，未尝所闻，入梦也则为因衍之感。谈怪变而鬼神罔象作，见台榭而天阙王宫至。忏蟾蜍也，以踏茄之误，遇女子也以瘗骼之思。反复变化，忽鱼忽人。寐觉两忘，梦中说梦。推此类也，人心思念之感著矣。夫梦中之事，即世中之事也。缘象此类，岂无偶合。要之漫涣无据，靡兆我者多矣。

王廷相主张梦是人在睡眠时有感于对过去的事物的思念或思考而产生的，其中，个体在平日生活中所见的事物，可以直接进入梦象中；而梦中所见的尽管是个体在平日生活中从未见过的事物，但那也只是梦将个体平日见过的事物作了一番改造之后的结果。王廷相所说的“思念”既包含认知因素，也包含情感因素，这说明中国先哲早已认识到认知因素（思考）和情感因素（思念）在梦的成因中的作用。王廷相等人对梦的成因的这一解释与现代心理学的观点相暗合。苏联心理学家斯皮里多诺夫在《心理·睡眠·健康》一书里也说：“现代科学证明，做梦并不是神秘莫测的事。来自外界及有机体内部的各种各样的刺激印在大脑皮层中，作为印象的痕迹多年保存在那里。在睡眠时皮层未充分抑制的情况下，这种痕迹就活跃起来，有时以离奇的、无秩序的、歪曲的形式出现，但梦常常是反映人们所知道的、看见过的、听见过的事物。”①

（五）血气有余生梦说

血气有余生梦说，指用血气有余、血气之余灵来解释梦的成因的一种观点，明末清初的王夫之持此说。他在《尚书引义》卷三《说命上》中说：“盛而梦，衰而不复梦；

① 燕良轼．中国古代的释梦心理思想．载中国人民大学复印报刊资料《心理学》，1998（1）：12～13.

或梦或不梦，而动不以时；血气与之俱衰，而积之也非其富有。然则梦者，生于血气之有余，而非原于性情之大足者矣。”“形者，血气之所成也。梦者，血气之余灵也。”认为梦是由于血气有余而产生的。很显然，这是从生理学角度来论述梦的成因的。

（六）脑气阻滞生梦说

脑气阻滞生梦说，指把脑气阻滞作为梦的成因的一种观点，这是清代王清任的看法。他在《医林改错·癫狂梦醒汤》里说：“癫狂一症，哭笑不休，詈骂歌唱，不避亲疏，许多恶态，乃气血凝滞脑气，与脏腑气不接，如做梦一样。”认为做梦与发癫狂症的生理机制是类似的，都是由于气血阻滞脑气所造成的。为什么会是这样的呢？因为在王清任看来，“灵机记性在脑者。”[①] 用今天的话说，即心理是脑的机能。假若“脑气阻滞”，那么脑的“灵机”功能就会受到损坏。所以人脑有病时，人总是神志不清、模模糊糊的，自己不能支配自己。不过，“灵机”功能虽然受到损害，但是过去由“记性”所记忆、储存的表象应该还存在，用现代心理学术语讲，也就是人还有长时记忆。于是，人在睡眠中，随“脑气”自身的活动，便产生了各种梦象。虽然王清任对梦的生理病理的分析颇为简略，将梦完全归为一种特殊的病理现象的说法也颇为片面（因为正常人也做梦），不过，王清任毕竟是中国历史上第一个将梦视作脑的活动产物的人，这是颇为可贵的。[②]

总而言之，中国文化论梦的成因的进步性有三方面：一是在释梦时强调因果法则，即大都认为梦是有其成因的。这从中国先哲重视对梦的成因的探讨就可以看出。东汉王符甚至认为，任何梦，包括一些非常奇特的梦，都是有其成因的。他在《潜夫论·梦列》里说：“夫奇异之梦，多有故而少无为者矣。”这和弗洛伊德坚信因果法则在释梦中的作用的观点有相似之处。二是视野较为开阔，从不同角度探讨梦的成因。如关于梦的成因，因情生梦说主要从心理学角度进行探讨，淫邪发梦说主要从医学角度和生理学角度进行探讨，而感于魄识生梦说则从生理学、医学和心理学三个角度进行探讨。三是初步揭示了梦的生理机制。中国先哲很早就重视探讨梦的生理机制问题。早在先秦时期，《荀子·解蔽》就说：“心卧则梦。”其认为心睡下了，就要做梦。荀子将“心”作为梦的生理器官，这虽不正确，但他毕竟把梦归结为人的身体器官的机能，为正确揭示梦的生理机制奠定了基础。《黄帝内经》认为，由于外界各种致病因素过多地侵入人的身体，造成人体阴阳失调，使人睡不安稳，故而易做梦。这里，《黄帝内经》从中医学角度探讨了梦的生理机制问题。直至清代王清任之前，关于梦的生理机制，先哲多继承了荀子和《黄帝内经》的观点。清代王清任提出脑气阻滞生梦说，把梦看作是人脑活动的产物，打破了统治中国几千年“心卧则梦”的传统观念，初步正确地揭示了梦的生理机制。当然，中国先哲论梦的成因也有局限性：第一，论梦的成因有笼统之感，如淫邪发梦说，将各种导致梦产生的致病因素统称为“邪”，但事实上，有些梦是由于自然界中风、寒、暑、湿、燥、火六种致病因素（中医合称为“六邪”或“六淫”）所引起的；有些梦是由于体内脏腑功能失调而引起的，临床表现与六淫所致梦的特点相似，故应加以区别，将前者称为“外邪”，后者称为“内邪”（即内风、内寒、内湿、内燥、内火或

---

① 出自《医林改错》上卷《脑髓说》。

② 刘文英．梦的迷信与梦的探索．北京：中国社会科学出版社，1989. 213～214.

内热）。但是中国古代学者多没有进行区分，显得笼统。第二，对梦的生理机制的认识有一些错误之处。如直至清代王清任之前，中国先哲多把“心”看作是梦的生理器官。

五、梦的功能

在中国古代，思想家和医家论梦时，多涉及占梦问题。涤除其中神秘乃至迷信的成分和阶级偏见，仅从心理学角度看，占梦的主要内容有两方面：一是探讨梦的成因；二是探讨梦的功能。梦的成因已在上文论述了，这里只论述梦的功能。考虑到中国古代思想家、医家和文学家论梦的功能的角度不一致，下面分开探讨。

（一）医家论梦的功能

医家论梦的功能，主要集中在梦能否反映人的健康状况这一问题上。自《黄帝内经》开始，中国医家都认为，在一定程度上，梦能反映出人的健康状况。因此，中国医家在论述病症，尤其是脏腑症候时，一般都会讲到梦象；而要诊断病症，尤其是脏腑疾病时，也多要问到梦象，并会根据梦象而治病。如主张淫邪发梦说的《黄帝内经》就认为，噩梦是一种病态，从而提出了两条治疗原则，即“盛者，至而泻之立已”和“不足者，至而补之立已”。《灵枢·淫邪发梦篇》说：

黄帝曰：“愿闻淫邪泮衍奈何?”岐伯曰：“正邪从外袭内，而未有定舍，反淫于脏，不得定处，与营卫俱行，而与魂魄飞扬，使人卧不得安而喜梦。气淫于腑，则有余于外，不足于内；气淫于脏，则有余于内，不足于外。”黄帝曰：“有余不足有形乎?”岐伯曰：“阴气盛则梦涉大水而恐惧，阳气盛则梦大火而燔焫，阴阳俱盛则梦相杀。上盛则梦飞，下盛则梦堕。甚饥则梦取，甚饱则梦予。肝气盛则梦怒，肺气盛则梦恐惧、哭泣、飞扬，心气盛则梦善笑恐畏，脾气盛则梦歌乐、身体重不举，肾气盛则梦腰脊两解不属。凡此十二盛者，至而泻之立已。厥气客于心，则梦见丘山烟火；客于肺，则梦飞扬，见金铁之奇物。……凡此十五不足者，至而补之立已也。”

上面这段文字说明了梦与病症及治疗的一些关系，如图 11－2 所示。

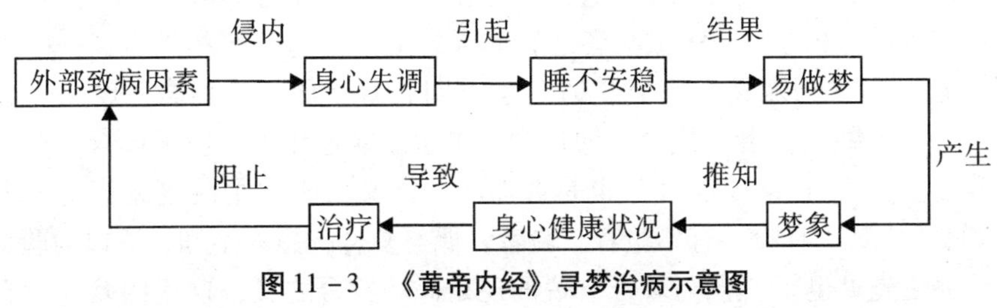

图 11－3　《黄帝内经》寻梦治病示意图

这个示意图的含义是，《黄帝内经》主张淫邪发梦说，而做梦必有梦象；认为梦象能在一定程度上反映人的身心健康尤其是身体的健康状况，因而，《黄帝内经》认为可根据梦象推知人的健康状况。若由梦象发现人的身心存在疾病，就可对症治疗。病治好的同时，外部致病因素也就被阻止了。外部致病因素既已被阻止，也就不会再侵入人体之内，这样，人就能身心和谐，睡眠安稳，也就不易做梦了。并且，上面这段文字所描绘的大量梦象是总结了长期的、大量的生活经验与临床经验所得，值得今人予以重视。①后世医家多继承了《黄帝内经》的这一思想。如《巢氏诸病源候总论》就主张："……寻其致梦，以设法治，则病无所逃矣。"

必须指出三点：一是"在西方，古希腊哲人亚里士多德也曾有过恶梦可能是疾病先兆的类似论述。事实确实如此。当今医学科学证实，一个人在梦中经常出现被人追赶、心跳气促或是胸口压抑疼痛、惊恐万分的情景，这个人就很可能患有冠心病、心绞痛。另如在梦中感到胸口被压、冷汗淋漓，这个人也可能已经得了肺部疾病。"现代生理心理学也认为，人在白天或觉醒时，受到外界大量的刺激信号，使大脑无暇顾及一个预示着疾病初起的微弱信息。另外，大脑也能对此进行调节。而当人处于睡眠状态时，外界的信息输入大大减少，大脑的许多细胞处于"休息"状态。于是，这类潜伏性病变的异常刺激信号传入大脑后，便可能使大脑相应的细胞活动起来，一旦兴奋波扩散到皮层视觉中枢，这里的脑细胞就应激起来，从而出现各种梦境。② 可见，中国古代中医寻梦治病的观点，与现代医学和生理心理学的有关观点有类似之处。二是中国古代医家寻梦治病的目的主要是治疗人的生理疾病，这与弗洛伊德寻梦治病主要是治疗人的心理疾病的目的不同。三是中国古代医家寻梦治病的思想有牵强附会之感。如《灵枢》等中医医书将十二盛与十五不足和梦境一一对应起来，试图根据梦的内容来确定身体的疾病，就有此嫌。

（二）思想家论梦的功能

思想家主要从两个方面来探讨梦的功能：

1. 梦是否具有预见吉凶祸福的功能

思想家论梦的功能，将重点集中在梦是否具有预见吉凶祸福的功能这一问题的探讨上，并出现了两种不同观点：

（1）主张梦不具有预见吉凶祸福的功能。

唯物主义思想家，如王充、王符、王廷相和熊伯龙等人多持这种观点。但各人在论述方法上也有一些细小的区别，主要有以下两种方式：①用偶然性巧合来解释梦所产生的吉凶祸福的后果。这以王充、王廷相和熊伯龙等人为代表。王充虽然承认人有直梦或梦有直验，但坚决反对梦能预见吉凶祸福。他在《论衡·卜筮》里说："兆数之见，自有吉凶，而吉凶适与相逢。……夫见善恶，非天答应，适与善恶相遇也。……夫占梦与占龟同。""适"乃碰巧之义，一个"适"字点明直梦是偶然性巧合的结果。王廷相在《雅述·下篇》中说："夫梦中之事，即世中之事也。缘象比类，岂无偶合。要之涣漫无据，靡兆我者多矣。"这里"偶合"也是偶然巧合之义。熊伯龙在《无何集·人事类·梦辨》中说："（梦）有验，有不验者。验者，偶与梦合，愚人不知，逐以为验，其实偶然适合，非兆之先见也。""偶与梦合"说的还是碰巧符合之义，这说明梦并没有预见功能。②用心理的预期作用来解释梦所产生的吉凶祸福后果。该种观点以王符为代表，这

① 刘文英．梦的迷信与梦的探索．北京：中国社会科学出版社，1989. 194.

② 洪丕谟．梦与生活．北京：中国文联出版公司，1993. 9 ~ 10.

比王充等人的观点更进了一步。王符在《潜夫论·梦列》中说："借如使梦吉事，而已意大喜乐，发于心精，则真吉矣；梦凶事，而已意大恐惧忧悲，发于心精，即真恶矣。"这就揭示了梦境与吉凶祸福的关系，即人的梦境有可能会通过影响人的情绪而影响人的行为。若一个人的情绪易受其梦境的影响，则吉梦易使其产生良好的心情，而凶梦易使其心情变坏，这种情况若长期存在，则必然会对人产生一定的影响：吉梦使人万事顺心，凶梦使人事事不如意。如图 11－3 所示。

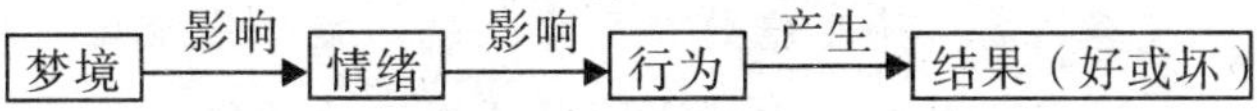

梦境 —影响→ 情绪 —影响→ 行为 —产生→ 结果（好或坏）

图 11－4　梦境所具有的心理预期作用示意图

（2）主张梦具有预见吉凶祸福的功能。

唯心主义思想家多持此观点。如据《二程集·河南程氏粹言》卷二《圣贤篇》记载："刘安节问：'高宗得傅说于梦，何理也?'子曰：'其心求贤辅，虽寤寐不忘也，故精神既至，则兆见乎梦。文王卜猎而获太公，亦犹是也。'"认为梦有预见吉凶祸福的功能。对这种观点应予以批判。

2. 通过梦象能考察一个人的心志

也有一些先哲认为，通过考察一个人的梦象，从中能推知其心志情况。例如，据《二程集·河南程氏粹言》卷二《圣贤篇》记载，"子曰：圣人无梦，气清也；愚人多梦，气昏也。孔子梦周公，诚也，盖诚为夜梦之影也。学者于此，亦可验其心志之定否，操术之邪正也。"根据上文所述，梦象往往是个体平日所经历的事件或所思念的事物在脑中的呈现，因此，假若一个人能较全面而客观地将其梦象呈现出来，而解梦者又掌握了释梦所需要的相关学科知识，那么，解梦者基本上是可以从个体的梦象中推知其心志情况的。弗洛伊德之所以研究梦，其目的之一不就是通过梦来打开了解潜意识的一条通道吗?

3. 简评

对于梦能否预示将来，弗洛伊德说："那么梦是否能预示将来呢? 这个问题当然并不成立，倒不如说梦提供我们过去的经验。因为从任何角度来看，梦都源于过去，而古老的信念认为梦可以预示未来，亦并非全然毫无道理。以愿望达成来表现的梦，当然预示我们期望的将来，但是这个将来（梦者梦见是现在）却被他那不可摧毁的愿望模塑成和过去的完全一样。"① 即弗洛伊德认为梦不可预示将来。如果说梦能预示将来的话，那也只是一种心理的预期作用（愿望达成）。可见，中国古代唯物主义思想家的观点与弗洛伊德的观点有类似之处。同时，中国古人认为通过梦象可以推知一个人的心志，这一观点与现代心理学对梦的研究结果是暗合的。

（三）文艺家论梦的功能

在许多文艺家看来，做梦有助于人的发明创造。说得具体些，做梦可激发人的创作

① ［奥］弗洛伊德. 梦的解析. 赖其万，符传孝译. 北京：作家出版社，1986. 501.

激情，还可给人以创作的灵感。梦的内容有时往往也是创作的重要来源之一，甚至有些白天一时难以解决的难题可以借助梦境予以顺利解决。这方面的例子在古籍里可以找出许多，① 限于篇幅，这里仅举一例。李白的《梦游天姥吟留别》，就是以梦境作为创作题材而写出的一首著名的浪漫主义诗歌。全诗内容如下：

海客谈瀛洲，烟涛微茫信难求。越人语天姥，云霞明灭或可睹。天姥连天向天横，势拔五岳掩赤城。天台四万八千丈，对此欲倒东南倾。我欲因之梦吴越，一夜飞渡镜湖月。湖月照我影，送我至剡溪。谢公宿处今尚在，渌水荡漾清猿啼。脚著谢公屐，身登青云梯。半壁见海日，空中闻天鸡。千岩万壑路不定，迷花倚石忽已暝。熊咆龙吟殷岩泉，栗深林兮惊层巅。云青青兮欲雨，水澹澹兮生烟。列缺霹雳，丘峦崩摧。洞天石扉，訇然中开。青冥浩荡不见底，日月照耀金银台。霓为衣兮风为马，云之君兮纷纷而来下。虎鼓瑟兮鸾回车，仙之人兮列如麻。忽魂悸以魄动，怳惊起而长嗟。惟觉时之枕席，失向来之烟霞。世间行乐亦如此，古来万事东流水。别君去兮何时还？且放白鹿青崖间，须行即骑访名山。安能摧眉折腰事权贵，使我不得开心颜！

这首梦中游天姥山的名诗，内容丰富、曲折多变，形象清晰、多姿多彩，总体格调是催人上进的，表达了诗人不卑不屈的做人风格。

其实，不独古人会在梦中作诗，今人亦然。如现代著名教育家陶行知在1941年写的《谷子在仓里叫》一文里就说："……但年来与米赛跑，常常为着二百人大家庭的米粮焦虑。一晚做梦，谷子在仓里喊叫，又做梦写了一首谷子的长诗，醒来只记得'谷子在仓里叫'一句，其余都完全没有留下一点影子。第二天，我就拿这句话做题目，写成三首小诗。埋伏在潜意识中的情感告诉我说，这诗远不如梦里的诗，因为我在梦里是一面写，一面朗诵，朗诵复朗诵，竟大受感动而惊醒。醒时写的这诗尚无如此力量，但是梦中诗既不可回忆，姑且就把醒时诗献出来吧。最少，这里面有一句是千真万确从梦里来的——谷子在仓里叫！……"② 而从"但年来与米赛跑，常常为着二百人大家庭的米粮焦虑。一晚做梦，谷子在仓里喊叫……"之语看，陶行知做此梦的原因可以用上文讲的"感于思念生梦说"进行解释。不独中国人会通过做梦来推动自己的发明与创造，外国人亦然。例如，据说著名化学家门捷列夫就是借助自己的一个梦境而画出了元素周期表。

---

① 刘文英．梦的迷信与梦的探索．北京：中国社会科学出版社，1989. 365 ~370.

② 华中师范学院教育科学研究所主编．陶行知全集（第三卷）．长沙：湖南教育出版社，1985. 452.

凡音之起，由人心生也。人心之动，物使之然也。

——《乐记》

故言，心声也；书，心画也。

——扬雄《法言·问神》

第十二章　中国人的文艺心理观

《乐记》说："凡音之起，由人心生也。"汉代扬雄在《法言·问神》里提出"故言，心声也；书，心画也"的著名论题。刘勰在《文心雕龙·原道》里说："心生而言立，言立而文明，自然之道也。"据《御定佩文斋书画谱》卷十三《论画三·唐王维山水论》记载，王维声称："凡画山水，意在笔先。"① 据《御定佩文斋书画谱》卷十六《论画六·明李日华论画》记载，明代的李日华说："人品不高，用墨无法。"……这些言论都说明，中国传统文化有将文学、音乐、书法和绘画等看作是表现人的心理活动的艺术的传统，从而在文艺创作和文艺鉴赏时十分重视心理因素的作用，导致中国古代文艺心理观颇为丰富。

一、创作心理观

这里沿着文艺创作的一般心路历程（创作动机→创作心态→创作技巧）将中国人的创作心理观概括如下。

（一）"情动于中而形于言"：创作动机

在文艺创作的心理动机问题上，中国人向来相信人们之所以会"著书立说"，多是"情动于中而形于言"的结果。

这种由情而生发文艺作品的思想由来已久，至少可追溯至战国时期。屈原在《九章·惜诵》里说："惜诵以致愍兮，发愤以抒情。"这是主张因情而生发文艺作品思想的开端，只不过，屈原这里讲的"情"主要是一种"愤懑之情"，这实际上又开了"发愤著书"思想的先河。据《论语·阳货》记载，孔子说："诗……可以怨。"这里也含有"诗言志"、"诗缘情"的思想，只是还不太明确罢了。《今文尚书·尧典》② 明确主张："诗言志，歌永言，声依永，律和声。"郑玄注云："诗所以言人之志意也。"《乐记》较

---

① （清）孙岳颁等奉敕撰．御定佩文斋书画谱．载四库全书（第819册）．上海：上海古籍出版社，1987. 393.

② 据顾颉刚等考证：《尧典》最早也是战国时才有的书（朱自清撰．朱自清说诗．上海：上海古籍出版社，1998. 7），故将其放在孔子之后论述。

系统地阐述了音乐的起源、音乐与情感的关系，以及音乐在陶冶人的性情与移风易俗等方面的作用：

凡音之起，由人心生也。人心之动，物使之然也。感于物而动，故形于声。声相应，故生变，变成方，谓之音。比音而乐之，及干戚羽旄，谓之乐。乐者，音之所由生也，其本在人心之感于物也。是故其哀心感者，其声噍以杀；其乐心感者，其声啴以缓；其喜心感者，其声发以散；其怒心感者，其声粗以厉；其敬心感者，其声直以廉；其爱心感者，其声和以柔。六者非性也，感于物而后动。是故先王慎所以感之者。故礼以道其志，乐以和其声，政以一其行，刑以防其奸。礼乐刑政，其极一也，所以同民心而出治道也。凡音者，生人心者也。情动于中，故形于声，声成文，谓之音。是故治世之音安以乐，其政和；乱世之音怨以怒，其政乖；亡国之音哀以思，其民困。声音之道，与政通矣。……凡音者，生于人心者也。乐者，通伦理者也，是故知声而不知音者，禽兽是也。知音而不知乐者，众庶是也。唯君子为能知乐。是故审声以知音，审音以知乐，审乐以知政，而治道备矣。是故不知声者不可与言音，不知音者不可与言乐，知乐则几于礼矣。礼乐皆得，谓之有德。德者，得也。……是故先王之制礼乐也，非以极口腹耳目之欲也，将以教民平好恶而反人道之正也。……乐也者，圣人之所乐也，而可以善民心。其感人深，其移风易俗易，故先王著其教焉。

《乐记》认为音乐是由于人心感外物而生发的，因此，音乐与人的心理尤其是人的情绪和情感之间存在相辅相成的关系：人心有哀心、乐心、喜心、怒心、敬心和爱心之分，不同的人心可以生发出不同的音乐，而不同的音乐一旦产生，反过来又能激发人产生相应的情绪或情感。正由于音乐“感人深”，故“其移风易俗易”，所以，人们会通过高尚的音乐来育德。从这里可以看出，《乐记》也主张音乐是人心感于外物的结果，与屈原不同的是，它拓宽了“情感”的范围，认为情感有哀心、乐心、喜心、怒心、敬心和爱心之分，不同的“情感”可以生发出不同的音乐；并且，《乐记》较为深刻地揭示出音乐感化人心的心理机制。同时，《乐记》明确提出了“诗言志”的主张：“诗，言其志也；歌，咏其声也；舞，动其容也。三者本于心，然后乐器从之。”

司马迁是在忍受了极其屈辱的腐刑之后继续《史记》的撰写的，其心中的愤懑之情可想而知，要不是为了尽孝道，时时想起其父临死时立下的遗嘱，由此而生发出巨大的精神动力作为支撑，他可能会因精神上的巨大压力而自杀（详见前文）。因此，在发愤著书这一思想的认识上，司马迁本人有切身的体会，才在《史记·太史公自序》里写下了这样一段话：

昔西伯拘羑里，演《周易》；孔子厄陈、蔡，作《春秋》；屈原放逐，著《离骚》；左丘失明，厥有《国语》；孙子膑脚，而论兵法；不韦迁蜀，世传《吕览》；韩非囚秦，《说难》、《孤愤》；《诗》三百篇，大抵圣贤发愤之所为作也。此人皆意有所郁结，不得通其道也，故述往事，思来者。

可见，司马迁明确提出了“发愤著书”说，认为文人进行文艺创作多是为了宣泄心中的愤愤之情，通过宣泄，将心中的愤愤之情升华到一种艺术境界。

《诗序》卷上《大序》说：

诗者，志之所之也。在心为志，发言为诗。情动于中而形于言，言之不足故嗟叹之，嗟叹之不足故咏歌之，咏歌之不足，不知手之舞之，足之蹈之也。情发于声，声成文，谓之音。

这段话既说明了诗歌的起源，也说明了诗歌、音乐和舞蹈本是同源的，都是由于“情动于中”而生发的。所以，朱光潜说：

诗的起源实在不是一个历史的问题，而是一个心理学的问题。要明白诗的起源，我们首先要问：“人类何以要唱歌做诗？”对于这个问题，众口同声地回答：“诗歌是表现情感的。”这句话也是中国历代论诗者的共同信条。《虞书》说：“诗言志，歌永言”。《史记·滑稽列传》引孔子语：“书以道事，诗以达意。”所谓“志”与“意”就含有近代语所谓“情感”（就心理学观点看，意志与情感原来不易分开），所谓“言”与“达”就是近代语所谓“表现”。①

三国魏名士、玄学家嵇康在论述音乐的心理动机时，实也是主张“发愤著乐”说，因为《嵇中散集》卷五《声无哀乐论》说：“夫内有悲痛之心，则激切哀言。言比成诗，声比成音。杂而咏之，聚而听之。心动于和声，情感于苦言。嗟叹未绝，而泣涕流涟矣。夫哀心藏于苦心内，遇和声而后发；和声无象，而哀心有主。夫以有主之哀心，因乎无象之和声，其所觉悟，唯哀而已。”

秉承前人的思想，西晋著名的文学家和文艺理论家陆机在《文赋》里明确提出“诗缘情”的主张，主张诗歌艺术是由情感而生的，诗歌艺术是情感的表现，确定了情感在文艺创作中的重要作用：

诗缘情而绮靡，赋体物而浏亮，碑披文以相质，诔缠绵而凄怆，铭博约而温润，箴顿挫而清壮，颂优游以彬蔚，论精微而朗畅，奏平彻以闲雅，说炜晔而谲诳。虽区分之在兹，亦禁邪而制放。要辞达而理举，故无取乎冗长。

南朝梁代的刘勰十分重视情感在创作过程中发挥的作用。据《文心雕龙·新书通拾》记载，“情”字见于《文心雕龙》全书达100处以上。② 限于篇幅，这里仅举一例，在《文心雕龙·体性》里，刘勰说：“夫情动而言形，理发而文见，盖沿隐以至显，因内而符外者也。”他认为文学创作是作者用语言文字表达情感、思想的过程，内心的情感、思想在没有表现出来之前是隐藏不可见的，用语言文字表达出来就明显可见了。

韩愈揭示了创作过程中创作主体的“不平则鸣”心理。他在《东雅堂昌黎集注》卷

① 朱光潜．朱光潜美学文集（第二卷）．上海：上海文艺出版社，1982. 11.

② 王元化．文心雕龙创作论．上海：上海古籍出版社，1986. 170.

十九《送孟东野序》里说：

大凡物不得其平则鸣。草木之无声，风挠之鸣。水之无声，风荡之鸣。其跃也，或激之；其趋也，或梗之；其沸也，或炙之。金石之无声，或击之鸣。人之于言也亦然。有不得已者而后言，其歌也有思，其哭也有怀。凡出乎口而为声者，其皆有弗平者乎！乐也者，郁于中而泄于外者也，择其善鸣者而假之鸣。

在《东雅堂昌黎集注》卷二十《荆潭唱和诗序》里，韩愈又说：

夫和平之音淡薄，而愁思之声要妙；欢愉之辞难工，而穷苦之言易好也。是故文章之作，恒发于羁旅草野。至若王公贵人，气满志得，非性能而好之，则不暇以为。

韩愈以草木水石等自然现象作为比喻，说明它们之所以会“鸣”，都是外力促成的结果，文学创作也是如此，这种“不平则鸣”说显然是对司马迁“发愤著书”说的发展。也正因为是不平则鸣，所以，一个人在气满志得之时就不易写出好文章，相反，一个羁旅草野之人，心中充满了愁苦之情，发而为文，反而会写出好文章，所谓“穷苦之言易好也”。①

柳宗元也持与韩愈类似的观点，即主张“感激愤悱”说。据《柳河东集》卷二十四《娄二十四秀才花下对酒唱和诗序》记载，柳宗元曾说：

君子遭世之理，则呻呼踊跃以求知于世，而遁隐之志息焉。于是感激愤悱，思奋其志，略以效于当世，故形于文字，伸于歌咏，是有其具而未得行其道者之为也。

北宋欧阳修也主张“感激发愤”说，并认为“非诗之能穷人，殆穷者而后工也”。据《居士集》卷四十二《序九首·梅圣俞诗集序》记载，欧阳修曾说：

予闻世谓诗人少达而多穷。夫岂然哉！盖世所传诗者，多出于古穷人之辞也。凡士之蕴其所有而不得施于世者，多喜自放于山巅水涯外，见虫鱼草木风云鸟兽之状类，往往探其奇怪，内有忧思感愤之郁积，其兴于怨刺，以道羁臣寡妇之所叹，而写人情之难言，盖愈穷则愈工。然则非诗之能穷人，殆穷者而后工也。②

南宋著名文艺理论家严羽认为“诗者，吟咏情性也”，《沧浪诗话·诗辩》说：

诗者，吟咏情性也。盛唐诸人惟在兴趣，羚羊挂角，无迹可求。故其妙处透彻玲珑，不可凑泊，如空中之音，相中之色，水中之月，镜中之象，言有尽而意无穷。

---

① 刘伟林．中国文艺心理学史．海口：三环出版社，1989. 191～192.

② （北宋）欧阳修撰．欧阳修全集．北京：中国书店，1986. 295.

明代戏剧家汤显祖提出了“情生诗歌”的论点，这表明他也赞成文学艺术是由情感激发而生的，文学艺术之所以能感动世人，也主要是因为它表现了情感。据《汤显祖诗文集》第三十一卷《耳伯麻姑游诗序》记载，汤显祖说：“世总为情，情生诗歌，而行于神。天下之声音笑貌大小生死，不出乎是。因以詹荡人意，欢乐舞蹈，悲壮哀感鬼神风雨鸟兽，摆动草木，洞裂金石。其诗之传者，神情合至，或一至焉；一无所至，而必曰传者，亦世所不许也。”据《汤显祖诗文集》第三十四卷《宜黄县戏神清源师庙记》记载，汤显祖又说：“人生而有情。思欢怒愁，感于幽微，流乎啸歌，形诸动摇。或一往而尽，或积日而不能自休。”

据《焚书》卷三《杂述·杂说》记载，明代李贽将由“不得已”、“积郁”激起的创作欲望升华为创作动力，并最终使其愤愤不平之情得以宣泄的过程作了较细致的阐述：

且夫世之真能文者，比其初皆非有意于为文也。其胸中有如许无状可怪之事，其喉间有如许欲吐而不敢吐之物，其口头又时时有许多欲语而莫可所以告语之处，蓄极积久，势不能遏。一旦见景生情，触目兴叹；夺他人之酒杯，浇自己之垒块；诉心中之不平，感数奇于千载。既已喷玉唾珠，昭回云汉，为章于天矣，遂亦自负，发狂大叫，流悌恸哭，不能自止。宁使见者闻者切齿咬牙，欲杀欲割，而终不忍藏于名山，投之水火。

简而言之，中国人向来主张文艺创作要做到有感而发，反对“无病呻吟”。正如清人薛雪在《一瓢诗话·一九》里所说：“诗不可无为而作。试看古人好诗，岂有无为而作者？无为而作者，必不是好诗。”不仅写诗如此，其他文艺创作也是如此。同时，在中国传统文化的因情而生发文艺作品的思想中，占主流地位的是“发愤著书”说①。发愤著书说的基本含义是，一个人由于受到来自某方面或某几方面不平情绪的影响，导致心里愤愤不平，充满了想恢复平衡状态的压力与冲动，油然而生发出通过文艺作品宣泄心中愤愤之情的创作欲望。作者通过文艺创作，既抒发了内心的紧张情绪，从而抚慰了自己的心灵；多半又表达了自己对社会政教的关怀，从而使自己的心灵得到了升华。因此，正如朱自清所说，“诗言志”中的“志”，本有“怀抱”之义，文艺作品在表达情意的同时，自见怀抱，因此，“言志”与“载道”本是相通的，而不是对立的。② 也正由于中国人在文艺创作的动机上持有这种主张，所以作者们往往通过文艺作品来展现自己的情怀，表达自己的志向，这不但为中国人的文艺心理观打下了浓重的现实主义色彩，而且使得中国的文学艺术树立起自己的特色：提倡文艺作品以写意为主，兼顾写实，以此来表现艺术的美，抒发作者的情，表明作者的志，从而使作品达到真善美的统一。这与西方文学艺术的如下特色大异其趣：主要以写实的手法，通过模仿与逼真的表现方式来复现事

---

① “发愤著书”说可以说是中国传统文化的正统观念，不过，受西学的影响，至近代，也有学人主张“游戏发泄”说和“剩余精力发泄”说。如王国维在《文学小言》（1906 年作）里曾说：“文学者，游戏的事业也。人之势力，用于生存竞争而有余，于是发而为游戏。婉娈之儿，有父母以衣食之，以卵翼之，无所谓争存之事也，其势力无所发泄，于是作种种之游戏。逮生存之事亟，而游戏之道息矣。惟精神上之势力独优，而又不必以生事为急者，然后终身得保其游戏之性质。而成人以后，又不能以小儿之游戏为满足，于是对其自己之感情及所观察之事物而摹写之，咏叹之，以发泄所储蓄之势力。”

② 朱自清撰．朱自清说诗．上海：上海古籍出版社，1998. 6 ~ 43.

物的美，从而使作品达到真善美的统一，这对创作者要求更多的一般是科学素养，而不是创作者本人的情，更少涉及创作者本人的志。从心理学的角度看，“发愤著书”说不但与精神分析学说的相关理论是暗合的，而且为中国历代著名文人的身世所印证。例如，在中国文艺思想史上，大凡非常杰出的才子或才女，像屈原、司马迁、陶渊明、李白、杜甫、苏东坡、李清照和曹雪芹等人，其在世时生活往往颇为艰辛或不快，与此相反的是，中国历史上有许多科举状元在世时虽风光无限，死后以才华留名的人却甚少。

（二）“陶钧文思，贵在虚静”：创作心态

1. 集中注意力和去除陈见与功利心

关于文艺创作时创作主体的心理状态问题，中国人一向力倡“虚静”论。“虚静”思想有两个源头：一是源于老子。《老子·十章》说：“涤除玄览。”① 《老子·十六章》说：“致虚极，守静笃。”② 二是源于荀子。《荀子·解蔽》说：“虚壹而静。”其后，中国人在论文艺创作的心态时多继承了这种“虚静”思想。从文艺心理学的角度看，中国先人讲的“虚静”主要有两种含义：一是要集中注意力，即精神完全集中于所要创作的文艺作品上；二是要去除陈见与功利心，以便作者能以自然与开放的心态来从事艺术创作。如陆机在《文赋》里说“伫中区以玄览”、“罄澄心以凝思”。“玄览”、“澄心”就是一种虚静凝神的创作态度，创作者通过它方能进入“笼天地于形内，挫万物于笔端”的创作境界。刘勰在《文心雕龙·神思》中明确主张“虚静”是文艺创作的最重要前提：“是以陶钧文思，贵在虚静。”据《御纂朱子全书》卷六十五记载，朱熹说：

今人所以事事做得不好者，缘不识之故。只如个诗，举世之人尽命去奔做，只是无一个人做得成诗，他是不识，好底将做不好底，不好底将做好底，这个只是心里闹不虚静之故。不虚不静，故不明，不明，故不识，若虚静而明，便识好物事。虽百工技艺，做得精者，也是他心虚理明，所以做得来精。心里闹如何见得。

清人徐增在《而庵诗话·三七》里也说：“作诗第一要心细气静。”在《而庵诗话·五二》里，他又说：“夫作诗必须心闲，顾心闲惟进乎道者有之。进乎道者，于其中之所有，无不尽知尽见。夫既力能为之，便将此事放下，成木鸡之德；然后临作诗时，则我无不达之情，而诗亦无不合之法矣。”在朱熹等人看来，写诗需先虚静，一些人之所以写不出好诗，原因在于其心不虚静，从而不能用艺术的眼光去观察事物；反之，创作主体必须先心清意静，才能细致入微地观察事物，才能写出好诗。王国维在《文学小言》里也说：“自一方面言之，则必吾人之胸中洞然无物，而后其观物也深，而其体物也切；即客观的知识，实与主观的情感为反比例。”这实际上也是要求人们在创作时要去掉陈见与功利心，做到“胸中洞然无物”，才能写出好文章。

不独文学创作如此，书法和绘画等其他文艺创作亦是如此，例如，据《御定佩文斋书画谱》卷五《后汉蔡邕笔论》记载，蔡邕曾说：“夫书，先默坐静思，随意所适，言

① 陈鼓应．老子注译及评介（修订增补本）．北京：中华书局，2009. 93.

② 陈鼓应．老子注译及评介（修订增补本）．北京：中华书局，2009. 121.

不出口，气不盈息，沉密神彩，如对至尊，则无不善矣。”据《御定佩文斋书画谱》卷五《唐欧阳询传授诀》记载，初唐四大书法家之一的欧阳询力倡书法创作时，认为要做到“凝神静虑”。又据《御定佩文斋书画谱》卷三《唐太宗笔法诀》记载，唐皇李世民也说：“夫欲书之时，当收视反听，绝虑凝神，心正气和，则契于玄妙。心神不正，字则欹斜；志气不和，书必颠覆。”据《新唐书》卷一百六十三《柳公权传》记载：“帝问公权用笔法，对曰：‘心正则笔正，笔正乃可法矣。’时帝荒纵，故公权及之。帝改容，悟其以笔谏也。”据《东坡全集》卷九十三记载，苏东坡在《书唐氏六家书后》说：“其言‘心正则笔正’者，非独讽谏，理固然也。”等等。这些都说明书法创作需先虚静，以便心平气和，集中精神，这样才可能进入高质量的创作状态。心神不端正，字就会偏倒歪斜；心气不平和，运笔作书也不平稳。画画也需先虚静。例如，据《御定佩文斋书画谱》卷十五《论画五·唐张彦远论顾陆张吴用笔》记载，唐人张彦远说：“夫运思挥毫，自以为画，则愈失于画矣；运思挥毫，意不在于画，故得于画矣。”据《御定佩文斋书画谱》卷十六《论画六·明李日华论画》记载，李日华曾说：“乃知点墨落纸，大非细事，必须胸中廓然无一物，然后烟云秀色。与天地生生之气，自然凑泊，笔下幻出奇诡。若是营营世念，澡雪未尽，即日对丘壑，日摹妙迹，到头只与髹采圬墁之工，争巧拙于毫厘也。”这表明，同样是烟云秀色，同样是天地之气，必须在“胸中廓然无一物”的前提下，才能将自然平常的事物变幻为奇诡的审美对象，给人以美感；假若“营营世念，澡雪未尽”，以实用、功利的态度介入，那么，丘壑烟云仍是客观自然之物，并没有真正成为审美对象，其结果就只能是毫无创造性可言的描摹。

用现代文艺心理学的眼光看，先哲力倡的“虚静”说的实质是：在文艺创作过程中，创作主体的注意力要集中，要远离功利心。审美“虚静”说对造就一种高尚的审美人格具有积极意义。

2. “伊兹事之可乐”：重视创作兴趣

先哲重视创作的兴趣，认为它能提高写作能力，使人写出赏心悦目的好文章。如陆机在《文赋》里说：“伊兹事（指创作）之可乐，固圣贤之所钦。课虚无以责有，叩寂寞而求音；函绵邈于尺素，吐滂沛乎寸心。言恢之而弥广，思按之而愈深，播芳蕤之馥馥，发青条之森森。”在陆机看来，文学创作的乐趣（兴趣爱好），本为圣贤所敬慕。从原来没有的形象中创造出新的形象（用心理学的话说，创造想象是在许多记忆表象的基础上形成的，不是从虚无中来的，先哲尚不知创造想象的道理），用无声的乐器弹奏出悦耳的音乐，在尺长的白绢上写下意义深远的文章，方寸之心可以倾吐出充沛的文思。言词越精练，表现的范围越广博，思想越宏大，其含义越深刻，经过一番苦功夫，便可以写出令人赏心悦目的美妙文章：草木花朵芬芳浓郁，林木绿枝郁郁葱葱，自风和日丽到狂风突起，一切美丽的自然景色，就如流云舒卷，都来自生花妙笔。这一段说明兴趣爱好是一种强大的动力，使人自觉自愿地努力写作，经过一番勤奋的锻炼，提高了写作能力，终于写出美妙的作品。①

① 刘兆吉主编．文艺心理学纲要．重庆：西南师范大学出版社，1992. 82～83.

（三）“神思”、“画龙点睛”：创作技巧

古代中国人对文艺创作技巧提出了一些至今看来仍很有见地的看法，这些观点既有从正面说的（这是在创作过程中提倡的做法），如相信“熟能生巧”的道理，俗话说：“熟读唐诗三百首，不会作诗也会吟”。也有从反面讲的（这是在创作过程中应避免的做法），如文艺创作切忌“画蛇添足”，所谓“画蛇添足，反为不美”。下面从心理学的视角出发，将中国人所讲的创作技巧里所蕴含的心理学原理揭示出来。

1. “未有未能行立而能走者也”：循序渐进

在文艺创作时，中国人多主张循序渐进。例如，苏轼主张练习书法须做到循序渐进。他在《书唐氏六家书后》中写道：“真生行，行生草，真如立，行如行，草如走，未有未能行立而能走者也。”①

2. “神思”：善用想象

（1）想象是中式文艺创作的重要手段。

想象是人脑对已有表象进行加工改造而创造新形象的过程。先哲一贯重视想象在文艺创作中的作用。陆机在《文赋》中说：

> 其始也，皆收视反听，耽思傍讯，精骛八极，心游万仞。其致也，情曈昽而弥鲜，物昭晰而互进，倾群言之沥液，漱六艺之芳润，浮天渊以安流，濯下泉而潜浸。于是沈辞怫悦，若游鱼衔钩，而出重渊之深，浮藻联翩，若翰鸟缨缴，而坠曾云之峻。收百世之阙文，采千载之遗韵，谢朝华于已披，启夕秀于未振，观古今于须臾，抚四海于一瞬。

陆机尽管没有用“想象”一词，不过，他对想象在文艺创作过程中的作用有深刻的认识，从他这段生动的描写文艺创作时的想象过程的文字中可以看出：开始创作时，以构思为主，为此，创作者必须做到闭目塞听、认真思考，并展开想象的翅膀，神游宇宙八方。在这一想象的过程中，某些想法就会由朦胧渐渐地变得越来越鲜明具体，各种物象纷纷涌现，储存在记忆中的诸子百家的精华就会慢慢被激活，时而如漂流在天地间，时而又像潜入地泉洗濯，这是一段顺利的构思想象过程。不过，创作构思也有不顺利的时候，有时感到言词艰涩，就如游鱼衔钩，从深渊出；有时辞藻连续不断地涌来，就像空中飞鸟中了系着丝绳的箭从层云中坠下。想象过程是不受时间、空间限制的，这就是所谓的观古今于一刹那，俯视四海于一瞬。刘勰在《文心雕龙·神思》里说：

> 古人云：“形在江海之上，心存魏阙之下。”神思之谓也。文之思也，其神远矣。故寂然凝虑，思接千载，悄焉动容，视通万里；吟咏之间，吐纳珠玉之声，眉睫之前，卷舒风云之色：其思理之致乎？故思理为妙，神与物游，神居胸臆，而志气统其关键；物沿耳目，而辞令管其枢机。

“思”是思维、思念之义。这段话对艺术想象的特点和性质也作了形象生动的描述：

---

① （北宋）苏轼撰．孔凡礼点校．苏轼文集．北京：中华书局，1986. 2206.

艺术想象可以超越时空的限制，可以突破感觉经验的局限。正由于中国历史上的一些文人在创作文学作品时善于想象，其作品才让人印象深刻。例如，在《书摩诘蓝田烟雨图》一文里，苏轼在评价王维的作品时写道："味摩诘之诗，诗中有画。观摩诘之画，画中有诗。"①

不独写文章需要想象，其他艺术亦然。如书法艺术也提倡"意在笔前"，即也讲究想象。据《御定佩文斋书画谱》卷三《晋王羲之题笔阵图后》记载，王羲之曾说："夫欲书者，先干研墨，凝神静思，预想字形大小，偃仰平直振动，令筋脉相连，意在笔前，然后作字。"中国的绘画艺术也讲究通过艺术想象来构思画面、表达意境。事实上，用艺术想象来表达意境的传统一直为中国画家所继承。如齐白石的佳作《蛙声十里出山泉》，就是一幅别具匠心的作品。此画题形象的东西太少，又必须用形象的语言来表达声音，显得难度很大。齐先生不愧为艺术大师，他巧妙地运用了山泉这个特定的形象、狭长的立幅构图——泉水从上往下流淌，在清澈的流水中点缀了几只生动可爱的蝌蚪，潺潺的小溪给人以无限遐想，蝌蚪的出现让人随之想到青蛙，并且，人们仿佛已听到那十里之外的呱呱蛙声，就将画的意境充分表现了出来，达到"画中有诗"、"诗中有画"的境界。

（2）想象的形成方式。

第一，综合。

综合指将生活中不同事物的某些方面的属性或特征组合在一起而形成新的形象。典型代表之一是作为中华民族象征的"龙"的形象：它以蛇为基调，"接受了兽类的四脚、马的头、鬣的尾、鹿的角、狗的爪、鱼的鳞和须……于是便成为我们现在所知道的龙了"②。这是运用了想象的重要形成方式之一——综合——的结果。

第二，夸张。

夸张指改变客观事物的正常特点，对某些特点加以夸大和强调。李白的许多名诗都运用了夸张的手法，如《望庐山瀑布》："飞流直下三千尺，疑是银河落九天。"《夜宿山寺》："危楼高百尺，手可摘星辰。不敢高声语，恐惊天上人。"

第三，拟人化。

拟人化指将人的特性、特点加在某个事物身上，使之人格化的过程。中国人特别喜欢运用"拟人化"的方式来构思。这典型地体现在一些文艺作品里。在中国人的许多经典文艺作品里，万物成"精"之后都变成与"人"同质同构的"超人"。在这种思维方式下，不用说人成"精"后会变成神人（神仙），就是动物、植物乃至无生命的矿物质，它们成"精"后也会变成"人"：狐狸成"精"后能变成美丽动人的"少女"，像《聊斋志异》里就有很多描写狐狸精的情节；老槐树成"精"后能变成忠厚老实的"长者"，像《天仙配》里为董永和天仙女做证婚人的那棵老槐树就是如此；石头成"精"后也能变成"人"，像《西游记》中身为主角之一的孙悟空就是由石头变来的，虽有些猴身猴性，但毕竟也有人形人样，更有人性、通人情。中国人熟悉的雷公、雷婆、山神、河神、天神、门神、灶神，等等，也都是人的形象。从一定意义上说，这种拟人思维通过将思

---

① （北宋）苏轼撰．孔凡礼点校．苏轼文集．北京：中华书局，1986. 2209.

② 闻一多．闻一多全集·神话与诗．北京：三联书店，1982. 26.

维对象拟人化，让读者易采取一种同情的方式去设身处地地理解作品中的人物。这表明中国人一向重视主体性思维，也注意彰显人的主体性。由于善用拟人化的手法来创作文艺作品，因此，中国的文艺工作者常借用神仙鬼怪的故事来描述人间的真实生活或真实情感。这就产生了一个有趣的现象：在中国人心里，神仙鬼怪常有不愿为神仙鬼怪而愿为人的心态。在中国的小说与民间故事里，星宿偷偷下凡行人事的例子特别多。《天仙配》是讲七仙女下凡与董永结为夫妇的故事，《水浒传》是记载一百零八星宿下凡的故事，《北游记》是写玉皇大帝下凡的故事，《聊斋志异》是讲狐仙鬼怪在人间惩恶扬善的故事……在诗歌里，有"嫦娥应悔偷灵药，碧海青天夜夜心"的吟咏；在宋词里，有"又恐琼楼玉宇，高处不胜寒……但愿人长久，千里共婵娟"的心愿。正如唐君毅所说："中国的神之人间性之重，简直在希腊诸神之上。希腊诸神虽亦如人之间有恋爱战争之事，然与人恋爱战争之事仍不很多。中国之神则专欲在人间当才子佳人，当英雄好汉。"①

第四，多用联想与类比。

赋、比、兴是中国文人创作时惯用的表现手法。如长达 1 745 字的叙事诗《孔雀东南飞》，除开头两句用"孔雀东南飞，五里一徘徊"起"兴"外，通篇全用"赋"体，叙述惟妙惟肖、出神入化。又如《木兰诗》、杜甫的《石壕吏》和白居易的《卖炭翁》，尽管偶尔也穿插一点"比"、"兴"的语句，但主要仍是赋体。它们之所以能成为好诗，原因就在于"叙事以言情，情物尽者也"。《诗经》以比、兴为表现手法创作的诗篇最多。如《关雎》篇，以"关关雎鸠，在河之洲"引起"窈窕淑女，君子好逑"，《毛诗正义》注"兴"也，其实，既是"兴"也是"比"。又如《硕鼠》篇，"硕鼠硕鼠，无食我黍"一句，将贪官污吏比作大老鼠，这种"兴"与"比"就显得自然、贴切。

南宋的朱熹（1130—1200）在《诗集传》里说："赋者，铺陈其事而直言之者也；比者，以彼物比此物也；兴者，先言他物，以引起所咏之词也。"虽然朱熹较准确地揭示了"赋、比、兴"作为表现手法的基本特征，不过，朱熹的见解不如李仲蒙的观点贴合文学创作的实际。朱熹的见解之所以对后世影响较大，主要是因为他的学说在明清时期受到了官方的大力倡导。据胡寅（1098—1156）所著《斐然集·与李叔易书》记载，宋代的李仲蒙认为："叙事以言情谓之赋，情物尽者也；索物以托情谓之比，情附物者也；触物以起情谓之兴，物动情也。"这种解释与前面常见的解释相比，增加了情感因素，显得更合人情。具体地说，所谓"叙物"，这不仅是一个"铺陈其事"的问题，还必须和"言情"结合起来，把作者的情感和客观的物象表现得淋漓尽致、惟妙惟肖。所谓"索物"，即索取和选择物象以寄托感情，这不仅是一个运用比喻进行修辞的问题，还必须在比喻中寄托作者深挚的感情。只有这样的"比"才具有艺术的感染力，而不会像汉赋那样成为各种比喻性辞藻的堆砌排比。所谓"触物"，即接触外物而激发起作者的感情。②

从心理学角度看，赋、比、兴的手法主要是联想。人的心理活动，特别是文艺创作活动，是需要联想的。联想，是由一种事物的经验想起另一种事物的经验，或先想起一种经验又想起另一种经验。客观事物是普遍联系的，反映在人脑中，就形成了不同的联想，如对比联想、类似联想、接近联想和因果联想等。所谓对比联想，指由一种经验想

① 唐君毅．中西哲学思想之比较研究集．重庆：正中书局，1943. 218.

② 刘兆吉主编．文艺心理学纲要．重庆：西南师范大学出版社，1992. 63.

到在性质或特点上与之相反的另一种经验。如由苦想到甜；看到高山，想到大海。所谓类似联想，指由一种经验想到在性质上与之相似的另一种经验。如由战斗英雄想到劳动模范；看到鸳鸯，想到情侣。所谓接近联想，指由一种经验而想到在空间或时间上与之接近的另一种经验。例如，由秦想到汉。所谓因果联想，指由一种经验想到与之有内在关系的结果的另一种经验。如由火想到热；看到乌云，想到下雨。同时，联想也与情感有联系，从而产生通感，于是，美感也就产生了。像李白的《静夜思》："床前明月光，疑是地上霜，举头望明月，低头思故乡。"银白色的月色与霜有相近之处，明月与故乡也往往相关联，这样，一个他乡的游子就能由床前的月光而想到霜，由天上的明月而想到故乡，游子的思乡之情顿然呈现在读者面前，让人产生美感。同时，比、兴的手法在实质上也是一种类比推理法，类比推理在第一章已有论述，这里不多讲。

3. "应感"：抓住灵感

在任何创造活动（包括文艺创作在内）中，灵感都是一个重要的影响因素。先哲没有用"灵感"一词，不过，他们在写作过程中已体会到这种心理现象。例如，刘勰讲的"情会"、"适会"，颜之推讲的"兴会"，沈约说的"天机"，汤显祖说的"灵气"，王夫之讲的"神理"，等等，用心理学的眼光看，都是指灵感。[①] 并且，在文艺创作中，中国人看到了灵感的作用。

陆机在《文赋》里说：

若夫应感（灵感）之会，通塞之纪，来不可遏，去不可止。藏若景（影）灭，行犹响起。方天机（灵感）之骏利，夫何纷而不理。思风发于胸臆，言泉流于唇齿。纷葳蕤以驱遝，唯毫素之所拟。文徽徽以溢目，音泠泠而盈耳。及其六情底滞，志往神留，兀若枯木，豁若涸流，揽营魂以探赜，顿精爽于自求。理翳翳而愈伏，思轧轧其若抽。是以或竭情而多悔，或率意而寡尤。虽兹物之在我，非余力之所戮。故时抚空怀而自惋，吾未识夫开塞之所由。

"应感之会，通塞之纪"，就是指文艺创作中的灵感现象。在陆机看来，灵感的出现、文思的通畅与阻塞，其规律是来不可挡、去不可留的。灵感去时如影子一般消失，来时如响动突然发声。灵感一旦降临，文思如风发于胸，言词像泉水顺口流出，有了丰富多彩的美句就可挥笔成章。这时写出的文章，文采灿烂，美不胜收，音韵清脆悦耳。相反，灵感消失时，喜、怒、哀、乐、爱、恶六情停滞，心志分散而精神凝固，就如光秃秃的枯木、干涸的河流。陆机对灵感的这种描述至今看来仍有一定的见地。

据《二程遗书》卷第十八记载：

问："张旭学草书，见担夫与公主争道，及公孙大娘舞剑，而后悟笔法，莫是心常思念至此而感发否？"曰："然。须是思方有感悟处，若不思，怎生得如此？然可惜张旭留心于书，若移此心于道，何所不至？"

① 燕国材．汉魏六朝心理思想研究．长沙：湖南人民出版社，1984. 165.

在这里，程颐较全面地阐述了灵感产生的心理过程：①灵感的产生是源于对客观事物的观察与体验；②灵感的产生是积极思考的结果；③在所感、所思的基础上，通过观察、体悟、模仿而产生艺术灵感。[①]

据《御定佩文斋书画谱》卷六《论书·宋文同论草书》记载，文同“学草书凡十年，终未得古人用笔机传之法，后因见道上斗蛇，遂得其妙”。这是偶因触发灵感的例子。

据《苏东坡全集·前集》卷二十三《杂文二十二首·书蒲汞升画后》记载，苏轼在谈到孙知微画画时说：“始知微欲于大慈寺寿宁院壁作湖滩水石，四堵营度，经岁终不肯下笔。一日仓皇入寺，索笔墨甚急，奋袂如风，须臾而成，作输泻跳蹙之势，汹汹欲崩屋也。”[②] 这里将孙知微及时捕捉住艺术灵感以进行艺术创作的过程描述得颇为传神。

南宋著名文艺理论家严羽主张“诗道亦在妙悟”，这实也是强调灵感在文艺创作中的作用。严羽在《沧浪诗话·诗辩》里说：

大抵禅道惟在妙悟，诗道亦在妙悟。且孟襄阳学力下韩退之远甚，而其诗独出退之之上者，一味妙悟而已。惟悟乃为当行，乃为本色。然悟有浅深，有分限，有透彻之悟，有但得一知半解之悟。汉、魏尚矣，不假悟也。谢灵运至盛唐诸公，透彻之悟也，他虽有悟者，皆非第一义也。[③]

综观先哲对艺术灵感的论述，他们已看到艺术灵感的产生要经过酝酿、积聚、高潮、物化等阶段，这与现代心理学对灵感的认识颇为相合。

4. “说一人，肖一人”：追求个性美

在文艺创作中，中国人提倡要有个性。如晚唐司空图提倡“语无不肖其人”。清代戏曲理论家、作家李渔发展了司空图的这一见解，明确提出个性化的主张。《李渔全集》第三卷《闲情偶寄·戒浮泛》说：

填词义理无穷，说何人肖何人，议某事切某事……以情乃一人之情，说张三要像张三，难通融于李四。……同一月也，牛氏有牛氏之月，伯喈有伯喈之月。所言者月，所寓者心。牛氏所说之月可移一句于伯喈，伯喈所说之月可挪一字于牛氏乎？夫妻二人之语，犹不可挪移混用，况他人乎？

《李渔全集》第三卷《闲情偶寄·语求肖似》又说：

言者，心之声也。欲代此一人立言，先宜代此一人立心。若非梦往神游，何谓设身处地？无立心端正者，我当设身处地，代生端正之想，即遇立心邪辟者，我亦当舍经从权，暂为邪辟之思，务使心曲隐微，随口唾出，说一人，肖一人，勿使雷同，弗使浮泛，

① 刘伟林．中国文艺心理学史．海口：三环出版社，1989. 219.

② （北宋）苏轼．苏东坡全集（上册）．北京：中国书店，1986. 303.

③ （南宋）严羽撰．沧浪诗话．北京：中华书局，1985. 1.

若《水浒传》之叙事，吴道子之写生，斯称此道中之绝技。

在李渔看来，一个人的情趣是其个性的表现，不同的人即便面对同一个事物，其心中所感也不尽相同。犹如虽然牛氏与伯喈是夫妻，但因二人有不同的个性，故而二人由同一个月亮所引发的情感也会不一样。同时，“立心”也就是确立个性。作家在文艺创作过程中，必须设身处地地依剧中人物的个性而进行创作，以便做到“说一人，肖一人”，不但要形似，更要神似。

由于提倡文艺作品要有个性，所以，不同性格的人创作出来的作品就自然带有不同的个性与风格。如读了《史记·高祖本纪》里刘邦所写的《大风歌》：“大风起兮云飞扬，威加海内兮归故乡，安得猛士兮守四方！”和刘邦初见秦始皇时说的“大丈夫当如是也”一语，可知刘邦为人雄浑。读了陶渊明的“结庐在人境，而无车马喧；问君何能尔，心远地自偏；采菊东篱下，悠然见南山；山气日夕佳，飞鸟相与还；此中有真意，欲辩已忘言”一诗，可推知陶渊明的个性是恬淡、自然的。正由于认识到文艺作品的风格可以折射出作者的个性，刘勰才在《文心雕龙·体性》里说：“是以贾生俊发，故文洁而体清；长卿傲诞，故理侈而辞溢；子云沉寂，故志隐而味深；子政简易，故趣昭而事博；孟坚雅懿，故裁密而思靡……触类以推，表里必符；岂非自然之恒资，才气之大略哉！”这里实蕴含人品乃文品的主张。而用心理学的眼光看，人品是指人格、个性或性格，在刘勰看来，文章的风格也就是文人个性的体现，因此，由文章的风格就可以推知文人的个性或性格。

5. “成竹于胸”：完形心理

在文艺创作过程中，中国人提倡创作者经过酝酿阶段后，对于即将创作的东西要做到心中有一个清晰的“完形”，用中国人自己的话说，就是要做到“意在笔先”、“成竹在胸”，以便达到“一气呵成”。所谓“意在笔先”，是指在写字、绘画、作诗文时，先要构思成熟，再下笔。①

对于书法，中国人一向强调要做到“意在笔前”。如书圣王羲之在《题卫夫人笔阵图后》里明确写道：“夫欲书者，先干研墨，凝神静思，预想字形大小，偃仰平直振动，令筋脉相连，意在笔前，然后作字。”

中国画主要指中国传统绘画，它一般使用毛笔、国画颜料、中国墨，在宣纸、绢上作画。由于书画同源，对于绘画，中国人一向也强调要做到“意在笔先”或“成竹在胸”。如王维主张：“凡画山水，意在笔先。”唐人张彦远在《论顾陆张吴用笔》里也说：“意存笔先，画尽意在，所以全神气也。”② 这里，“意”指意象，即关于某一事物的完整表象；“意在笔先”，是要求创作者在下笔之前，在脑海里对所创作的对象要有完整的表象。

假若说王维讲的“意在笔先”还有点抽象的话，那么，苏轼等人讲的“成竹在胸”则要明确得多。据《苏东坡全集·前集》卷三十二《记十四首·文与可画筼筜谷偃竹

---

① 夏征农，陈至立主编．辞海（1999年版缩印本；音序）．上海：上海辞书出版社，2002. 2027．（说明：2009年版《辞海》未收录“意在笔先”。）

② （清）孙岳颁等奉敕撰．御定佩文斋书画谱．载四库全书（第819册）．上海：上海古籍出版社，1987. 456.

记》记载，苏轼曾说：

竹之始生，一寸之萌耳，而节叶具焉。自蜩蝮蛇蚹以至于剑拔十寻者，生而有之也。今画者乃节节而为之，叶叶而累之，岂复有竹乎！故画竹必先得成竹于胸中，执笔熟视，乃见其所欲画者，急起从之，振笔直遂，以追其所见，如兔起鹘落，少纵则逝矣。与可之教予如此，予不能然也，而心识其所以然。夫既心识其所以然而不能然者，内外不一，心手不相应，不学之过也。故凡有见于中而操之不熟者，平居自视了然，而临事忽焉丧之，岂独竹乎？①

"成竹于胸"是北宋画家文与可提出的，不过，由于它是靠苏轼的转述而流传下来的，所以后人一般把它看成是苏轼的见解。"成竹于胸"实际上是指艺术家在深入观察丰富的但还是零碎的事物之后，在自己头脑中形成的艺术表象。依苏轼的阐述，它至少有三个特点：①艺术表象具有完整性，而所谓"节节而为之，叶叶而累之"，则只是一些零碎的片断形象，没有形成艺术家心中的整体形象；②艺术表象是具体形象，既然是"成竹"，就意味着具有形象性，不是抽象概念；③"胸中之竹"是作家头脑中的形象，不是物化形态的艺术形象。② 苏轼的上述言论还表明，生命是整体的，只有先把握到竹的整体，才能把握到竹的生命，但在精神上把握竹的整体的生命，不是来自分解性的认知，而是来自整体性的认知，所以，只有做到胸有成竹，才能真正把握竹的整体生命。③

与主张"成竹在胸"异曲同工的是主张"胸有成马"。据《御定佩文斋书画谱》卷十五《论画五·宋罗大经论画》记载：

李伯时工画马。曹辅为太仆卿，太仆廨舍，御马皆在焉。伯时每过之，必终日纵观，至不暇与客语。大概画马者，必先有全马在胸中，若能积精储神，赏其神骏，久久则胸中有全马矣。信意落笔，自超妙，所谓用意不分，乃凝于神者也。④

可见，李伯时画马，也是做到"胸有成马"之后才画马，其间显然经过了三个过程：一是长期深入观察的感知阶段，即"伯时每过之，必终日纵观，至不暇与客语"；二是艺术构思的阶段，在这一过程中，创作者必须形成表象，并调动记忆、想象等心理功能进行艺术构思，即"大概画马者，必先有全马在胸中，若能积精储神，赏其神骏，久久则胸中有全马矣"；三是艺术定型阶段，这是美感物化阶段，是将表象、想象、移情而形成的艺术意象物化成艺术物象，即"信意落笔，自超妙"。

《郑板桥集·题画·竹》中记载的郑板桥画竹，更是将其中的心路历程详细地揭示出来：

江馆清秋，晨起看竹，烟光日影露气，皆浮动于疏枝密叶之间。胸中勃勃，遂有画

---

① （北宋）苏轼．苏东坡全集（上册）．北京：中国书店，1986.395.
② 刘伟林．中国文艺心理学史．海口：三环出版社，1989.229～230.
③ 徐复观．中国艺术精神．沈阳：春风文艺出版社，1987.318～319.
④ （清）孙岳颁等撰．御定佩文斋书画谱．上海：上海古籍出版社，1991.470.

意。其实胸中之竹，并不是眼中之竹也。因而磨墨展纸，落笔倏作变相，手中之竹又不是胸中之竹也。总之，意在笔先者，定则也；趣在法外者，化机也。独画云乎哉！文与可画竹，胸有成竹；郑板桥画竹，胸中无竹。浓淡疏密，短长肥瘦，随手写去，自尔成局，其神理具足也。藐兹后学，何敢妄拟前贤？然有成竹无成竹，其实只是一个道理。①

"眼中之竹"→"胸中之竹"→"胸无成竹"→"随手写作"，这显然是画竹时心路历程的几个重要阶段。画家从生活、自然中得到感受、受到激励，于是"胸中勃勃，遂有画意"，在脑中便形成了一幅画的表象。这幅画虽是用眼睛看的，却不等于生活中自然景象的再现，而是经过了作者的概括与提炼，因此，它比眼中的对象更为具体。到了实际创作时，还会受到当时的思想、情绪乃至笔墨等条件的综合影响，这时候，意多于笔，趣多于法，故而"手中之竹"（画上之竹）又不是胸中之竹了。动人的作品，常常成功于瞬间。正如郑板桥所说，不仅绘画如此，其他文艺创作亦如此。②

6. "论画以形似，见与儿童邻"："写意"最终战胜了"写实"

（1）"写实"与"写意"在中国艺术史上的演化历程。

在中国传统绘画与雕刻艺术思想史上，"写实"与"写意"经历了一个"否定之否定"的过程：先是几乎完全推崇"写实"（时间大致在秦代及其以前），逐渐过渡到"写实"与"写意"并行发展的阶段（时间大致自汉代起至北宋止），最后则是"写意派"彻底战胜"写实派"（时间大致是自南宋起至清代为止）。具体地说：

第一，秦代及其以前的主流艺术家多推崇写实。

如下文所述，尽管最迟到南朝梁代时，画家和画论家谢赫已将"气韵生动"视作绘画"六法"之首，但是，秦代及其以前的主流艺术家几乎都推崇"写实"，相信"写实"与"传神"之间是可以统一的。正如《御定佩文斋书画谱》卷十三《论画三·唐张彦远论画六法》记载，唐人张彦远说："夫象物必在于形似，形似须全其骨气，骨气、形似皆本于立意，而归乎用笔。"③ 例如，考古发现的画于石器上的图案，多是表现当时先民现实生活与想法的图案；从商代、周代文化遗存里出土的青铜器如鼎与编钟等，常常是当时现实生活里的日用品或祭祠用品。当然，这一时期数量最多、规模最大、艺术成就最高的写实作品当属秦始皇兵马俑。早在两千多年前的秦代（前221—前207），由于秦人尚"简朴"和"切实"的民风与文风，因此，其雕塑就体现出"写实"的鲜明特色，并且，那时的雕刻家们就已拥有非常娴熟的写实技艺，达到了"雕什么就像什么"的水平。这可用秦始皇兵马俑的人物造型来证明（见图12-1）。

① （清）郑板桥．郑板桥集．上海：上海古籍出版社，1979. 154.

② 傅抱石．前言——郑板桥试论．载（清）郑板桥著．郑板桥集．上海：上海古籍出版社，1979. 13~14.

③ （清）孙岳颁等奉敕撰．御定佩文斋书画谱．载四库全书（第819册）．上海：上海古籍出版社，1987. 394.

图 12－1 秦始皇兵马俑

由于秦代雕塑尚“写实”，再加上秦朝的法律非常严苛（若不按上级的要求雕塑，肯定会受到法律的严厉制裁），要求在秦始皇兵马俑的人物造型上，雕塑家通过准确雕刻人物的面部表情，将不同人物的性格特点栩栩如生地展现出来，结果，不但不同身份（如高级将官、低级军官和普通士兵等）的人的面部表情不同，而且来自不同地域的士兵的造型也不一样，从而让今人能够非常容易地从兵马俑的面部表情中就推断出其是高级将官、低级军官还是普通士兵，是来自陕西省哪一个地方的人。而秦始皇兵马俑的人物造型有万余个之多，这意味着当时不是少数几个雕塑家而是有一大批雕塑家的写实技艺都达到了很高的艺术水准。①

第二，“写实”与“写意”并行发展于汉代至北宋期间。

为了更好地展现自然美，早在西汉早期，中国人就喜欢用简单的几笔将一个人物形象或动物形象栩栩如生地勾画出来，这种“写意”手法是中国雕塑艺术自汉代开始所致力追求的一大特色，其代表性作品就是保留在西汉名将霍去病（前140—前117）墓旁的动物群雕（其中有奔马的雕像、伏卧的猪的雕像、卧牛的雕像、一只蛤蟆的雕像等，详见本章下文所述）。自此之后大致至北宋止，中国进入了“写实”与“写意”并行发展的艺术时代。像唐人张彦远的“夫象物必在于形似，形似须全其骨气，骨气、形似皆本于立意，而归乎用笔”与唐人张璪的“外师造化，中得心源”（详见下文），都是主张形似与传神必须统一。后蜀欧阳炯也说：“六法之内，惟形似、气韵二者为先。有气韵而无形似，则质胜于文；有形似而无气韵，则华而不实。”②

当然，在这个过程中，一些艺术家对“写实”与“写意”进行了长久的争论。其中，最著名的观点出自北宋的苏东坡。据《苏东坡全集·前集》第十六卷记载，稍长于张择端的苏东坡在《书鄢陵王主簿所画折枝二首》里写道：

---

① 此处参考并引用了钱绍武教授在题为“中国雕塑的艺术特色”的专题讲座中的见解，此讲座于2007年6月3日上午在中国教育电视台一套（CETV1）的《中国文化专题讲座》节目里播出。

②（清）孙岳颁等奉敕撰．御定佩文斋书画谱．载四库全书（第819册）．上海：上海古籍出版社，1987. 457.

其一

论画以形似，见与儿童邻。
赋诗必此诗，定非知诗人。
诗画本一律，天工与清新。
边鸾雀写生，赵昌花传神。
何如此两幅，疏澹含精匀。
谁言一点红，解寄无边春。

其二

瘦竹如幽人，幽花如处女。
低昂枝上雀，摇荡花间雨。
双翎决将起，众叶纷自举。
可怜采花蜂，清蜜寄两股。
若人富天巧，春色入毫楮。
悬知君能诗，寄声求妙语。[①]

在这里，苏东坡明确提出了“论画以形似，见与儿童邻”的主张，在中国绘画艺术思想史上第一次明确倡导文人画“不求形似”的理论，奠定了后来文人画的理论基础，对中国绘画艺术的发展方向产生了巨大影响。如果只就“论画以形似，见与儿童邻”一语看，其字面含义自然是：评论画得好与不好，假若仅仅以形似作为标准，这样的见识跟小孩子差不多。若作这样的理解，其背后的意思便是：苏东坡反对形似，强调神似。这就容易使初学绘画之人走入歧途。但若从整首诗来看，苏东坡的本意是：主张绘画时，形似是基础，在此前提下要追求画的内在精神，使其形神兼备，气韵生动。事实上，学画切忌急功近利，绘画之初不可强求气韵与风格，而要打下扎实的写实功夫。综合起来看，在创作技法上，苏东坡并不否认“形似”，只是反对那些仅仅强调满足形似的绘画技法而已。为了践行此观点，苏东坡自己身体力行地创作了一些文人写意画，其中流传至今的名画有《枯木怪石图》等。[②] 可见，直到北宋末年为止，“写实”与“写意”并行发展仍是中国绘画艺术的一个重要特点，这从生活于北宋（960—1127）末年至南宋（1127—1279）初年、稍年轻于苏东坡的著名画家张择端（1085—1145）的存世名画《清明上河图》也可看出。

《清明上河图》本是进献给宋徽宗赵佶（在位时间是1101—1124年）的贡品，作品运用现实主义手法、全景式构图，真实、生动、细致地描绘了当年北宋都城汴京（今河南开封）近郊在清明时节社会各阶层的生活景象，全图长528.7厘米、宽24.8厘米，可分为三个段落：展开图，首先看到的是汴京城外阡陌纵横、人群稀疏、市面冷落的郊野景象；中段主要描绘的是经东南城郊虹桥附近汴河两岸的繁忙景象；后段描绘了汴京市区无限繁华的街景。人物大者不足3厘米，小者如豆粒，仔细观察，个个形神兼备，极

---

① （北宋）苏轼．苏东坡全集（上册）．北京：中国书店，1986.230.

② 倪志云．也谈苏轼的“论画以形似　见与儿童邻”诗．中国社会科学报，2011－04－12.

富情趣；13 种动物与9 种植物的形态也画得惟妙惟肖。整幅画结构严密，构图起伏有序，其笔墨技巧，兼工带写，活泼简练，人物生动传神，牲畜形态逼真，房舍、舟车、城郭、桥梁、树木、河流无一不至臻至妙，称得上妙笔神工，是一幅具有重要历史价值和杰出艺术成就的优秀风俗画，成为中国风俗画的一个里程碑，是研究北宋都城的城市经济及社会生活的宝贵历史资料，经过近九百年的漫长岁月，至今仍完好地保存在北京故宫博物院。①

第三，自南宋起至清代为止，“写意派”彻底战胜“写实派”。

大致自南宋起，中国人深受苏东坡的影响，将汉代以来崇尚“写意”的欣赏情趣发展到极致，因此，尽管中国艺术家本也擅长“写实”，但是，在“写实”与“写意”何者为主的问题上，中国人最终选择了崇尚“写意”而不是“写实”，结果，在明、清两代，“写意派”彻底战胜了“写实派”（详见本章下文）。

（2）在“写实”与“写意”问题上中西方存在的差异。

和中国人在“写实”与“写意”上经历了一个“否定之否定”的过程不同，西方人在雕刻艺术与绘画艺术上，在自古希腊开始至20 世纪初的漫长岁月里一般都是推崇严格的“写实”，只是到了20 世纪，才有人开始尝试“写意”。如欧洲油画讲究人体比例和光学原理。中国画家看欧洲画史上被奉为经典的宗教题材的画作时，往往感叹欧洲人的艺术技法写实细腻，但同时又多觉得其艺术技巧过于写实，太本分，缺乏灵气。例如，为说明在“飞”，欧洲画家一定要在那些可爱的小天使身上活灵活现地画上一双沉重的翅膀；而中国画在表现美丽的仙女在“飞”时，只要在其身旁或脚下加上几朵白云或一条飞带，马上就让画面产生了“飞起来”的效果，在中国人看来，这多有意境，多有想象空间！又如，具有中国文化特色、达到艺术顶峰的敦煌飞天，是中国唐代的艺术家在本民族传统的基础上，不断吸收和融合印度飞天、西域飞天、中国道教羽人、中原飞天的成就，发展创作出来的、具有自己独特风格的飞天形象。敦煌飞天的风格特征是：不长翅膀，不生羽毛，没有圆光，借助彩云却不依靠彩云，主要凭借飘曳的衣裙、飞舞的彩带而凌空翱翔（如图12－2 所示）。那迎风摆动的衣裙、飘飘翻卷的彩带，使仙女飞天飞得那么轻盈巧妙、潇洒自如、妩媚动人、千姿百态、千变万化。②

图12－2　敦煌飞天

即便同是“写实”，中西方人也有一定的差异：一是典型地体现在对人物的写实上面。在对人物写实时，

① 顾建华主编．中国传统艺术．长沙：中南工业大学出版社，1998. 87～88.

② 佚名．飞天．http：//baike. baidu. com/view/41598. html，2008－10－06.

中国人注重刻画人物的面部表情（典型者如秦始皇兵马俑中的人物造型），尤其重视“画龙点睛”之笔；但是，由于中国人推崇含蓄美，且多“以气表力”（详见下文），再加上宋明时期又倡导“男女授受不亲”的理学，相应地，中国艺术家往往不太注重刻画人物的肌肉，更不会展现全裸女性的肌肤，因此中国的人物雕塑对象一般是穿着衣服的，看不清其身上的肌肉的生长情况。西方的艺术家自古希腊时期开始，往往有“科学家的精神”，并且，在受希腊神话思想深刻影响的同时，却没有受到中国式“礼教”思想的束缚，相应地，西方人（如古希腊人）喜欢将人物全身的肌肉细致而准确地雕刻出来，并用全身裸露或裸露半身的方式以展现男人的刚美或女人的柔美：前者像古希腊雕塑《掷铁饼者》——古希腊著名雕塑家米隆（Myron）作于约公元前450年，如图12-3所示。2 346年后，来自美国普林斯顿大学的加勒特虽从未掷过铁饼，但在1896年于雅典举行的第一届奥运会赛场上“依葫芦画瓢”，居然取得了该项目的世界冠军，成为现代奥运会第一个铁饼冠军的获得者，由此可见，此雕像刻画的掷铁饼动作多么科学！后者像《断臂的维纳斯》雕像，如图12-4所示。不过，西方人的人物雕塑的面部表情往往是比较简单的，如《断臂的维纳斯》雕像中，对维纳斯的面部表情的处理手法就颇为简单。

图12-3 **古希腊雕塑《掷铁饼者》**

图12-4 **《断臂的维纳斯》雕像**

二是表现“力量”方面，中西方的写实方法也有差异。中国人受儒家、道家和佛家思想的深刻影响，在此基础上产生了中国独有的气功思想，相信“力”和“气”之间关系密切。因此，中国人在描述一个人力量大时，常说其“力气大”，而说一个人“力气小”时，也就表明其力量不大。用心理学的话语讲，就是“力”和“气”之间呈明显的正相关。受此观念的深刻影响，中国的艺术家习惯以“气”来表现力量，因此，在表现“力量”的雕塑作品（如有关哼哈二将的雕像）中，中国的雕塑家一般不在肌肉上花工夫，而往往通过细致刻画人物的嘴（或张或闭）、脖子（一般将其雕成“燕项”，即很粗的脖子，因燕子的脖子比其头大，中国人将粗大的脖子称作“燕项”）和肚子（或鼓气或呼气的样子）的形状，让观众一眼就看出其体内有一股强大的气流，以此展现其“力量大”。与中国人不同的是，西方人一般通过细致刻画人物身上的一块块肌肉的方式来表现人物的强大力量。用中国人的眼光看，西方人所刻画出的人物身上的肌肉，其实只是一种健美，并不表明其力量真的就很大。①

7. “画龙点睛”：讲究神韵

中国人力倡“神韵”、“气韵”在文艺创作中的重要性。“气韵”作为中国艺术里一个重要的审美范畴，最早出现在魏晋南北朝时期，先是用在人物品藻上，后又用到各类艺术上，尤其是南朝梁代画家和画论家谢赫提出绘画“六法”，将“气韵生动”视作第一要法。据《御定佩文斋书画谱》卷十三《论画三·唐张彦远论画六法》记载：“昔谢赫云：画有六法，一曰气韵生动。”② 此观点对中国绘画艺术的发展产生了深远的影响。所谓“气”，是自然宇宙生生不息的生命力，无时不在，无处不在，充塞在任何事物中。所谓“韵”，也是事物所能具有的某种情态。“气”与“韵”都和“神”相关，故又有“神气”、“神韵”之说。“神韵”、“气韵”的含义颇多，其核心思想是主张以形写神，神重于形，在形与神的关系上，艺术表现要以神为主、为重。

就绘画艺术而言，中国人一贯认为，只有先将“形”处理好，才能传神。《韩非子·外储说左上》曾讲过这样一个故事：

客有为齐王画者，齐王问曰：“画孰最难者?”曰：“犬马最难。”“孰易者?”曰：“鬼魅最易。”夫犬马，人所知也，旦暮罄于前，不可类之，故难。鬼魅无形者，不罄于前，故易之也。③

《御定佩文斋书画谱》卷十五《论画五》里转述了上段引文，只是表述略有差异：“客为齐王画者，问之：‘画孰难?’对曰：‘狗马最难。’‘孰最易?’曰：‘鬼魅最易。’狗马，人所知也，旦暮于前，不可类之，故难。鬼魅无形，无形者不可睹，故易。”④ 这是说，犬马是人最熟悉的，故其形难画，其神更难传；鬼神没有人看过，故其形易于虚构，而其神也易传。稍后的张衡也说：“画工恶图犬马，而好作鬼魅，诚以实事难形，而虚伪不穷也。”⑤ 顾恺之和唐人张彦远也有类似见解，所以，张彦远在《论画六法》里说：“顾恺之曰：‘画人最难，次山水，次狗马。其台阁一定器耳，差易为也。’斯言得之。至于鬼神人物，有生动之可状，须神韵而后全；若气韵不周，空陈形似，笔力未遒，空善赋彩，谓非妙也。”⑥

同时，中国人一向讲究“画龙”要“点睛”，赞誉“神来之笔”。《淮南子·说山训》说：“画西施之面，美而不可悦；规孟贲之目，大而不可畏，君形者亡焉。”其认为一幅文艺作品，若没有刻画出人物的神情，只是徒有其形，那就是劣品。其后，在“写

① 此处在比较中西方在写实与写意上的差异时，参考并引用了钱绍武教授在题为“中国雕塑的艺术特色”的专题讲座中的见解，此讲座于2007年6月3日上午在中国教育电视台一套（CETV1）的《中国文化专题讲座》节目里播出。

② （清）孙岳颁等奉敕撰．御定佩文斋书画谱．载四库全书（第819册）．上海：上海古籍出版社，1987. 394.

③ （清）王先慎撰．钟哲点校．韩非子集解．北京：中华书局，1998. 270～271.

④ （清）孙岳颁等奉敕撰．御定佩文斋书画谱．载四库全书（第819册）．上海：上海古籍出版社，1987. 452.

⑤ （清）孙岳颁等奉敕撰．御定佩文斋书画谱．载四库全书（第819册）．上海：上海古籍出版社，1987. 453.

⑥ （清）孙岳颁等奉敕撰．御定佩文斋书画谱．载四库全书（第819册）．上海：上海古籍出版社，1987. 395.

形”与“传神”问题上，顾恺之主张绘画的精髓在于追求“传神”，明确提出“传神写照”的主张，讲究画龙点睛之笔。据《世说新语·巧艺》记载：

顾长康画人，或数年不点目精。人问其故，顾曰：“四体研蚩，本无关于妙处，传神写照，正在阿堵中。”

“写照”指描写作者所观照的对象的“形相”，“传神”指将此对象所蕴含的神，通过其“形相”表现出来。“照”是可视的，神是不可视的，神必须通过“照”才能显现。顾恺之认为，“写照”是为了传神，“写照”的价值是由所传之神来决定的。“神”是人的本质，也是人的一个特性，必传神，然后才可达到人物画的艺术的真。因此，“传神”二字便成了其后中国人物画的不可动摇的传统。① 例如，苏轼在《论传神》里写道：

传神之难在于目，顾虎头云：“传神写照都在阿堵中，其次在颧颊。”吾尝于灯下顾见颊影，使人就壁画之，不作眉目，见者皆失笑，知其为我也。目与颧颊似，余无不似者；眉与鼻口，盖可增减取似也。传神与相一道，欲得其人之天，法当于众中阴察其举止。今乃使具衣冠坐注视一物，彼敛容自持，岂复见其天乎？凡人意思各有所在，或在眉目，或在鼻口。虎头云：“颊上加三毛，觉精采殊胜。”则此人意思盖在须颊间也。优孟学孙叔敖，抵掌谈笑，至使人谓死者复生。此岂能举体皆似耶？亦得其意思所在而已。使画者悟此理，则人人可谓顾、陆。吾尝见僧惟真画曾鲁公，初不甚似。一日往见公，归而喜甚，曰：“吾得之矣。”乃于眉后加三纹，隐约可见，作仰首上视，眉扬而额蹙者，遂大似。南都人陈怀立传吾神，众以为得其全者。怀立举止如诸生，萧然有意于笔墨之外者也，故以所闻者助发之。②

顾恺之和苏轼重视“传神”，并看到了眼睛在传神中的重要作用，这是符合美学规律和文艺创作、鉴赏心理规律的。艺术是通过有限去表现无限的，若只写形，就只能拘泥于现实，缺乏典型的普遍性，只有传神，才能发挥艺术的典型意义。眼睛是心灵的窗户、视觉的中枢。抓住画眼睛以传神，这是深得艺术要领的。黑格尔说：“如果我们问：整个灵魂究竟在哪一个特殊器官上显现为灵魂？我们马上就可以回答说：在眼睛上；因为灵魂集中在眼睛里，灵魂不仅要通过眼睛去看事物而且也要通过眼睛才被人看见。”③ 一千多年前的顾恺之能明白这个道理，难能可贵。④

谢赫提出的“气韵生动”是对顾恺之的“以形写神”和“传神写照”说的具体化和精微化。气韵的含义更加深广，但传神是它的基本要求（详见下文宋人邓椿的言论）。据《御定佩文斋书画谱》卷十三《论画三·唐张彦远论画工用拓写》记载，唐代张彦远也说：“夫画物，特忌形貌采章，历历具足，甚谨甚细，而外露巧密。所以不患不了，而患于了。既知其了，亦何必了。此非不了也。若不识其了，是真不了也。”据《御定佩

① 徐复观．中国艺术精神．沈阳：春风文艺出版社，1987. 135.
② （清）孙岳颁等奉敕撰．御定佩文斋书画谱．载四库全书（第819册）．上海：上海古籍出版社，1987. 409.
③ ［德］黑格尔．美学（第一卷）．朱光潜译．北京：商务印书馆，1979. 197～198.
④ 刘伟林．中国文艺心理学史．海口：三环出版社，1989. 167.

文斋书画谱》卷十五《论画五·唐张彦远论顾陆张吴用笔》记载，张彦远又说："夫用界笔直尺，是死画也；守其神，专其一，是真画也。死画满壁曷如污墁，真画一划见其生气。"这是对绘画艺术中如何妥当处理好形神关系的精彩论述：这里，"了"指"形似"，画画不能拘泥于"形似"，而要重"神"，以"神"统"形"，传神即可，就不必在意形似，即"守其神，专其一，是真画也"；同时，张彦远也不否定"形"，而是主张"若不识其了，是真不了也"。合而观之，张彦远实是要求人们在画画时，要做到在"传神"的前提下达到形神的交融合一。因此，张彦远在《论画六法》里又直截了当地说：

古之画，或遗其形似，而尚其骨气，以形似之外求其画，此难与俗人道也。今之画，纵得形似，而气韵不生。以气韵求其画，则形似在其间矣。上古之画，迹简意淡而雅正，顾陆之流是也。中古之画，细密精致而臻丽，展郑之流是也。近代之画，焕烂而求备。今人之画，错乱而无旨……至于传模移写，乃画家末事。然今之画人，粗善写貌，得其形似则无其气韵，具其彩色则失其笔法，岂曰画也！①

这说明：第一，形似和气韵之间有一种距离。第二，一种作品若有形似，不一定就有气韵，但若有气韵，则一定是形似的。气韵中的形似是经过一番提炼而形成的形与神相融合的形似，这时的形似乃表现为对象之真，也就是艺术的真。它与未能把握到物之气韵之前的形似是不一样的。第三，"得其形似则无其气韵"的原因，在于一个"粗"字，粗是粗浅、粗率之义，也就是未曾深入到对象之中，对于对象的个性、真实的感情、精神状态，并没有深刻地把握到，而只是从外表的"形相"入手，这就是"粗善写貌"，当然不能得其气韵。无气韵的形似，对于对象而言，其实仅是表层的形似，因为它没有揭示出对象得以存在的本质。可见，气韵与形似，是由形似的超越，又复归于能表现出作为对象本质的形似。仅仅是形似的作品不是艺术品，神似重于形似，有无神采生气，是有无气韵的标志。②

怎样才能使自己的作品达到传神写照的境界呢？唐人张璪在其所著《绘境》一书里曾提出"外师造化，中得心源"的著名命题，可惜《绘境》一书已佚，不过，唐人张彦远所撰的《历代名画记》对张璪有较详细的记载，记录了张璪提出的"外师造化，中得心源"的命题。假若完全从这句话去理解，则显得颇为抽象。好在据《唐文粹》卷九十七记载，符载曾撰《江陵陆侍御宅讌集·观张员外画松石序》，描述了张璪画松石的过程，这篇序可视作是张璪"外师造化，中得心源"的注解：

尚书祠部郎张璪，字文通。丹青之下，抱不世绝俦之妙。则天地之秀，钟聚于张之一端也耶？初公盛名赫然，居长安中，好事者卿相大臣，既迫精诚，乃持权衡尺度之迹，输在贵室，他人不得诬妄而睹者也。居无何，谪官为武陵郡司马，官闲无事，从容大府，士君子由是往往获其宝焉。……秋七月，深源陈讌宇下，华轩沉沉，樽俎静嘉。庭篁霁

① （清）孙岳颁等奉敕撰．御定佩文斋书画谱．载四库全书（第819册）．上海：上海古籍出版社，1987. 394～395.

② 徐复观．中国艺术精神．沈阳：春风文艺出版社，1987. 169～170.

景，柬爽可爱。公天纵之思，欻有所诣。暴请霜素，愿为奇踪。主人奋裾呜呼相和。是时座客声闻士凡二十四人在其左右，皆岑立注视而观之。员外居中，箕坐鼓气，神机始发。其骇人也，若流电激空，惊飙戾天。摧挫斡掣，为霍瞥列。毫飞墨喷，卒掌如裂。离合倘恍，忽生怪状。及其终也，则松鳞皴，石巉岩，水湛湛，云窈渺。投笔而起，为之四顾：若雷雨之澄霁，见万物之情性。观夫张公之艺，非画也，真道也。当其有事，已知夫遗去机巧，意冥玄化，而物在灵府，不在耳目。故得于心，应于手，孤姿绝状，触毫而出。气交冲漠，与神为徒。若忖短长于隘度，算妍媸于陋目，凝觚舐墨，依违良久，乃绘物之赘疣也，宁置于齿牙间哉！……则知夫道精艺极，当得之于玄悟，不得之于糟粕。

可见，张璪在艺术创作过程中，先是“外师造化”。它指对客观自然的认识和体验，类似于人们常讲的绘画要讲究“形似”的观点，这是艺术创作的前提。然后，才是“中得心源”，它类似于人们常说的绘画要追求“传神”的观点。按符载的描述，张璪的“中得心源”有如下几层含义：①客观自然必须进入主观意识中，然后才可能从事创作；②客观自然必须在心中加以虚静容物和得物之神的心灵陶铸，使之成为心灵的产物；③在进行艺术创作之时，必须发挥艺术想象的作用；④在艺术创作时还必须舍去世俗利害的机巧，忘形去知，才能使心达到虚、静、明的状态，才能获得造化与心源的两相冥合；⑤经过这样的心理过程和艺术创造过程所创作出来的艺术产品，是“得于心”而“应于手”，从而是“得之于玄悟”的东西了，换言之，造化与心源、主体和客体两相冥合了。这表明，从“外师造化”到“中得心源”，其中包括立万象于胸怀、将客观自然加以虚静而传神的心灵陶铸、发挥艺术想象以得玄悟，从而造成心物同一的艺术产品。[①]

一直到唐末张彦远的《历代名画记》，尚只用气韵的观念来品评人、禽、鬼、神等各种作品，但唐人几乎没有将气韵用到山水画上去。据徐复观的研究，将气韵的观念应用到以山水为主的作品上，最早的是生活于唐末至五代时期的荆浩的《笔法记》。[②] 自此以后，气韵所要求的“传神”，不仅仅是“传”人物对象的“神”，还可“传”包括非人物甚至非生物在内的一切表现对象的“神”。换言之，在唐代以后的中国艺术家看来，不仅“人”有“神”可“传”，而且任何“物”都有“神”可“传”。例如，据《御定佩文斋书画谱》卷十五《论画五・宋邓椿画继》记载，宋人邓椿在《画继》里明确主张：

画之为用大矣。盈天地之间者万物，悉皆含毫运思，曲尽其态。而所以能曲尽者，一法耳。一者何也，曰传神而已。世徒知人之有神，而不知物之有神……故画法以气韵生动为第一。

这就很明确地说出气韵生动也就是传神的进一步发展而已，但一般人将由传神到气韵生动的演进意义给忽略了。[③] 同时，邓椿也明确主张传神包括传人之神和传物之神，这就扩大了传神的范围。明代唐志契在《绘事微言・山水性情》中更是详细地论述道：

---

① 刘伟林．中国文艺心理学史．海口：三环出版社，1989. 209 ~ 211.
② 徐复观．中国艺术精神．沈阳：春风文艺出版社，1987. 157.
③ 徐复观．中国艺术精神．沈阳：春风文艺出版社，1987. 138.

凡画山水，最要得山水性情，得其性情：山便是环抱起伏之势，如跳如坐，如俯仰，如挂脚，自然山性即我性，山情即我情，而落笔不生软矣。水便是涛浪潆洄之势，如绮如云，如奔如怒，如鬼面，自然水性即我性，水情即我情，而落笔不板呆矣。……岂独山水，虽一草一木亦莫不有性情。

因此，表现任何对象都要表现出它的内在生命和精神。创作和观赏山水画，不在于看它是否逼真，而要看它是否“为山水传神”①，显现出山川的神采风韵。如果不能表现出山水、草木的神采和性情，那就谈不上“气韵”了。中国传统艺术为了气韵生动，神完意足，甚至可以突破顾恺之说的“以形写神”，采取“遗貌取神”的表现手段，追求“不似之似”。如上文所述，宋代大文豪苏轼更是开创了通过“写意”来表达意境的文人画的先河。苏轼论画有一句名言：“论画以形似，见与儿童邻。”自此之后，在中国绘画史上，“写意”派彻底战胜“写实”派。宋代诗人陈与义《和张矩臣水墨梅五绝·其四》云：“含章檐下春风面，造化功成秋兔毫。意足不求颜色似，前身相马九方皋。”这首绝句深受许多画家的赏识。它以九方皋相马不辨“色物、牝牡”，但“得其精而忘其粗，在其内而忘其外；见其所见，不见其所不见；视其所视，而遗其所不视”② 为喻，透彻地说明了艺术作品的最可贵之处在于神似意足，得神可忘其形。当然，对陈与义的诗不可作狭隘理解，以为只有丢弃形似才能得到气韵。真正的艺术家是既不拘于形似，也不漠视形似的。他们不求形似乃是追求一种更高层次的不似之似，即画要以气韵为主，而不是要人画牛作马。气韵生动的作品往往是形和神二者兼备、互为表里的，形美为神美的前提，神美则是形美的内涵。如果没有一定的形态表现，神态也就无从表现，因为说到底，一件文艺作品之所以能得其神，仍在于形的深入；并且，一件文艺作品若能做到得神而不遗形，那就真正是达到了艺术的圆满境界。事实上，有有形而无神的作品，却无无形而有神的作品。明代王世贞说：“人物以形模为先，气韵超乎其表；山水以气韵为主，形模寓乎其中，乃为合作。若形似无生气，神采至脱格，皆病也。”③ 这或许是对气韵和形似的关系较为全面而不偏颇的意见。④

不仅是绘画，其他艺术也都强调神韵，强调神似重于形似。中国书法从外在形式看，本是纯粹线条式的形式美，但是，一个善于鉴赏书法艺术的行家，能透过这外在的形式美，体会到种种精神意境，领悟到作书法之人的人格风度。因此，中国书法一向追求神采。例如，据《御定佩文斋书画谱》卷五《论书五·齐王僧虔笔意赞》记载，南齐书法家王僧虔声称：“书之妙道，神彩为上，形质次之，兼之者方可绍于古人，以斯言之，岂易多得。”明确主张在书法艺术里，“神采为上，形质次之”。据《御定佩文斋书画谱》卷五《唐太宗指意》记载，唐太宗李世民说：“夫字以神为精魄，神若不和，则字无态度也；以心为筋骨，心若不坚，则字无劲健也；以副毛为皮肤，副若不圆，则字无温润也。所资心副相参用，神气冲和为妙……”他明确主张书法中的佳作一定是“以神为精魄”的。据《御定佩文斋书画谱》卷六《论书六·宋蔡襄论书》记载，北宋书法家蔡襄

① 出自《御定佩文斋书画谱》卷十六《论画六·明董其昌画旨》。
② 出自《列子·说符篇》。
③ 出自《御定佩文斋书画谱》卷十六《论画六·明王世贞论画》。
④ 顾建华主编. 中国传统艺术. 长沙：中南工业大学出版社，1998. 21 ~ 23.

说："学书之要，唯取神气为佳。若模象体势，虽形似而无精神，乃不知书者所为耳。"[①]稍后的苏轼在《论书》中写道："书必有神、气、骨、肉、血，五者缺一，不为成书也。"[②] 等等。由于书法讲究神韵，中国人一贯认为，写字忌呆板、无灵气。正如王羲之所说：写字"若平直相似，状如算子，上下方整，前后齐平，此不是书，但得其点画尔"[③]。同时，反对书法创作中出现机械模仿。如虞世南曾说："用笔须手腕轻虚。虞安吉云：夫未解书意者，一点一画皆求象本，乃转自取拙，岂成书耶！太缓而无筋，太急而无骨，侧管则钝慢而肉多，竖管直锋则干枯而露骨。终其悟也，粗而能锐，细而能壮，长者不为有余，短者不为不足。"[④] 他认为不善书法的人，一点一画都喜欢追求像一个物体或像临摹的原本，这就显得笨拙。言下之意是，书法之美在于神韵。

不独书画艺术讲究神韵，文学作品也推崇神韵。如严羽在《沧浪诗话·诗辩》里说："诗之极致有一，曰入神，诗入神至矣、尽矣……，惟李杜得之，他人得之盖寡也。"清人李渔提出填词要"重机趣"的主张，其含义就是说，填词必须做到既形神兼备又以传神为主。李渔在《闲情偶寄》卷一《重机趣》里说："机趣二字，填词家必不可少。机者传奇之精神，趣者传奇之风致。少此二物，则如泥人土马，有生形而无生气。……说话不迂腐，十句之中定有一二句超脱，行文不板实，一篇之内但有一二段空灵，此即可以填词之人也。"

8. "横墨数尺，体百里之迥"：运用透视原理

在文艺创作中，中国人很早就知道透视原理，并在一些文学作品里加以运用。如岑参的"槛外低秦岭，窗中小渭川"；李白的"唯见长江天际流"；杜甫的"窗含西岭千秋雪，门泊东吴万里船"……都是用透视法在作诗。

透视原理在绘画里表现得更为突出。如晋人顾恺之说："山有面，则背向有影。"[⑤]这里便蕴含透视原理。"昔谢赫云：画有六法……五曰经营位置。"[⑥]"经营位置"里便包含整幅图画如何布局以符合视觉原理之义。据《御定佩文斋书画谱》卷十五《论画五·宋宗炳画山水序》记载，南朝宋山水画家宗炳明确提出了透视的原理：

> 且夫昆仑山之大，瞳子之小，迫目以寸，则其形莫睹；迥以数里，则可围于寸眸。诚由去之稍阔，则其见弥小。今张绡素以远映，则昆阆之形可围于方尺之内。竖划三寸，当千仞之高；横墨数尺，体百里之迥。是以观画图者，徒患类之不巧，不以制小而累其似，此自然之势。如是，则嵩、华之秀，玄牝之灵，皆可得之于一图矣。[⑦]

这里所讲的以小见大、远小近大的原理，就是现代文艺心理学里所讲的透视原理，它利用人的视觉感官的"视线"和"视点"的变化而造成物体形状与距离的错觉，从而

---

① （清）孙岳颁等奉敕撰．御定佩文斋书画谱．载四库全书（第819册）．上海：上海古籍出版社，1991. 209.

② （北宋）苏轼撰．孔凡礼点校．苏轼文集．北京：中华书局，1986. 2183.

③ 出自《御定佩文斋书画谱》卷三《晋王羲之题笔阵图后》。

④ 出自《御定佩文斋书画谱》卷五《唐虞世南笔髓论·指意》。

⑤ （清）孙岳颁等奉敕撰．御定佩文斋书画谱．载四库全书（第819册）．上海：上海古籍出版社，1987. 453.

⑥ （清）孙岳颁等奉敕撰．御定佩文斋书画谱．载四库全书（第819册）．上海：上海古籍出版社，1987. 394.

⑦ （清）孙岳颁等奉敕撰．御定佩文斋书画谱．载四库全书（第819册）．上海：上海古籍出版社，1987. 455.

产生审美效果。据《御定佩文斋书画谱》卷十三《论画三·唐王维山水论》记载，王维明确主张，画画必须遵守以下法则："丈山尺树，寸马分人。远人无目；远树无枝；远山无石，隐隐如眉；远水无波，高与云齐，此是诀也。山腰云塞，石壁泉塞，楼台树塞，道路人塞，石看三面，路看两头，树看顶宁，水看风脚。此是法也。"① 据《御定佩文斋书画谱》卷十三《论画三·宋郭熙画诀》记载，郭熙要求："凡经营下笔，必合天地。何谓天地？谓如一尺半幅之上，上留天之位，下留地之位，中间方立意定景。……山水先理会大山，名为主峰。主峰已定，方作以次，近者、远者、小者、大者，以其一境主之于此，故曰主峰如君臣上下也。……"② 这些画画的要诀讲的其实也是透视原理。由于绘画讲究透视，对于未能按透视原理作画的做法，中国人一向是予以批评的。例如，据《御定佩文斋书画谱》卷十四《论画四·宋饶自然绘宗十二忌》记载，绘画有"十二忌"："一曰布置迫塞。……二曰远近不分。……三曰山无气脉。……四曰水无源流。……五曰境无夷险。……六曰路无出入。……七曰石止一面。……八曰树少四枝。……九曰人物伛偻。……十曰楼阁错杂。……十一曰滃淡失宜。……十二曰点染无法。"③ 它们之所以是绘画之"忌"，主要原因之一就是不合透视原理。因此，善画者必须去掉这"十二忌"，让自己的作品符合透视原理。例如，"作山水，先要分远近，使高低大小得宜"④。

中国人不但很早就注意将透视原理运用到文艺创作上，更重要的是，特定文化环境决定着艺术家视觉感受的差异性，从而出现绘画的不同透视手法。西方绘画大都采用"焦点透视法"。这一透视法中的视点、视向都是固定的，所以受视点、视向制约的视阈也是固定的。作品中所描绘的景物只能限制在这一固定的视阈范围内，画面所呈现的是一个锥形的立体空间。中国传统绘画大都用"散点透视法"来突破时空的局限。在散点透视中，视点、视向和视阈都不固定，而是流动回旋，游目周览，飘瞥上下四方，把握全境的阴阳开阖、高下起伏，画面呈现出的则是一个俯仰自得、回旋往复、虚灵变幻的无限空间。这是中国艺术家们长期以来，在"天地与我并生，而万物与我为一"等天人合一的哲学思想影响下而形成的独特空间意识。散点透视法的应用，为画家表达对于宇宙的独特理解提供了一个自由而广阔的空间。如唐代李思训的《江帆楼阁图》图景中：山下桃红丛绿，士人闲游；山腰碧殿朱廊，松竹掩映；山顶古树苍枝，巨松盘结；山后江天浩渺，风帆溯流。山顶山脚，山腰山后，不同时空中的景物在画面中都获得完整而细致的展现，内容丰富，境界开阔，大有纵目千里之遥的感受。这正是采用散点透视法所达到的艺术效果。再如宋代张择端的《清明上河图》更是一幅场面广阔宏伟，内容丰富、真实的伟大的现实主义风俗画杰作。该画的作者随着时空的流动和转换，从北宋汴京城外阡陌纵横、人群稀疏、市面冷落的郊野，经东南城郊虹桥附近汴河两岸的闹市，一直描绘到无限繁华的城里街市，城里城外、桥上桥下、屋里屋外等物象都描绘得精细入微。这一艺术效果的由来，也正是作者采用了散点透视的结果。⑤

① （清）孙岳颁等奉敕撰．御定佩文斋书画谱．载四库全书（第819册）．上海：上海古籍出版社，1987. 393.
② （清）孙岳颁等奉敕撰．御定佩文斋书画谱．载四库全书（第819册）．上海：上海古籍出版社，1987. 406.
③ （清）孙岳颁等奉敕撰．御定佩文斋书画谱．载四库全书（第819册）．上海：上海古籍出版社，1987. 427～428.
④ （清）孙岳颁等奉敕撰．御定佩文斋书画谱．载四库全书（第819册）．上海：上海古籍出版社，1987. 427.
⑤ 顾建华主编．中国传统艺术．长沙：中南工业大学出版社，1998. 87～88.

9. “文字莫不贵新”：推崇创新

为了追求审美的情趣，也为了满足求知的好奇心，中国人力倡文艺创作要讲究创新。如清代李渔主张：

文字莫不贵新，而词为尤甚。不新可以不作。意新为上，语新次之，字句之新又次之。所谓意新者，非于寻常闻见之外，别有所闻所见而后谓之新也。即在饮食居处之内，布帛菽粟之间，尽有事之极奇，情之极艳，询诸耳目，则为习见习闻，考诸诗词，实为罕听罕睹；以此为新，方是词内之新。①

意新语新，而又字句皆新，是谓诸美皆备，由《武》而进于《韶》矣。②

此外，中国人论文艺创作还讲究情景合一，因这方面的内容与下文讲的意境美是一而二、二而一的事情，换言之，正由于中国人审美时推崇意境美，所以中国人在艺术创作时讲究情景合一；也正由于中国人在文艺创作时讲究情景合一，所以也就产生了意境美。同时，中国人论文艺创作时也追求自然美，因为创作中追求自然美的心态与欣赏美时讲究自然美的心态也是互为正相关的。因此，为免累赘，就将这两部分内容放在下文论述。

二、鉴赏心理观

“透过现象看本质”，中国人的鉴赏心理观实也是依审美态度→鉴赏心态的路径进行的。

（一）审美态度

摆在主体面前的客体是否会让主体心中产生美感，除了客体本身要有美的因素外，还有一个重要因素，那就是主体对客体的态度。用今天的眼光看，中国人对审美态度有颇多合乎心理规律的论述：

1. 虚静

先哲不但强调虚静在文艺创作过程中的重要作用，而且强调以虚静的态度来审美、欣赏美。先哲尤其是道家讲的虚静，就是要求主体在审美时要保持一种超功利的直觉感悟的心理状态，它通过对各种世俗态度的滤清，达到扫除主体心里所有实用的、功利的想法的目的，以实现理想人格。而在获得纯净精神的同时，虚静的审美态度也就浮现了。所以，《庄子·人间世》主张“心斋”：“若一志，无听之以耳而听之以心，无听之以心而听之以气！耳止于听，心止于符。气也者，虚而待物者也。唯道集虚。虚者，心斋也。”③《庄子·大宗师》提倡“坐忘”：“堕肢体，黜聪明，离形去知，同于大通，此谓坐忘。”④ 从文艺心理学角度看，“心斋”、“坐忘”具有“忘怀一切”、“彻底排除利害观念”等类似审美直觉观的心理特征。⑤ 又据《御定佩文斋书画谱》卷十五《论画五·宋

① 出自《李渔全集》第二卷《窥词管见·第五则》。
② 出自《李渔全集》第二卷《窥词管见·第六则》。
③ 陈鼓应．庄子今注今译（第二版）．北京：中华书局，2009. 129.
④ 陈鼓应．庄子今注今译（第二版）．北京：中华书局，2009. 226.
⑤ 李泽厚，刘纲纪主编．中国美学史（第一卷）．北京：中国社会科学出版社，1984. 269.

宗炳画山水序》记载，宗炳曾说：

圣人含道应物，贤者澄怀味象。至于山水，质有而趋灵，是以轩辕、尧、孔、广成、大隗、许由、孤竹之流，必有崆峒、具茨、藐姑、箕首、大蒙（以上均是山名，引者注）之游焉，又称仁智之乐焉。夫圣人以神法道，而贤者通；山水以形媚道，而仁者乐，不亦几乎？

这里的“澄怀”是继承老子“涤除玄览”思想的结果，它要求审美主体必须保持虚静空灵的心境，以一种超功利的心态去参与审美活动。“味象”之“象”乃源自王弼的“得意忘象”，它是作为一种感性形式是为体现理性内容的“意”而存在的。“味象”就是从“象”的感性形式中去体味深层的本质，而要做到这点，先要满足一个前提条件：只有在虚静态度的观照下，审美主体才能突破具体形式的束缚，去把握美的本质含义。可见，正是通过“澄怀”自然山水，才能使妩媚形态显现出宇宙之道，成为审美对象。

2. 移情

移情，指在一种凝神观照、全神贯注的审美态度下，主体将自己的情感、人格移至被观照的对象身上，使被观照的对象获得生命和意义，并带来美的享受。中国先哲虽未明确提出移情的概念，不过，如果用上述移情的思想进行观照，就会发现中国古籍中有类似思想。从文艺心理学角度看，前文所讲的“庄周梦蝶”，实际上是一种由移情而产生的美感。对于这种审美过程，《庄子·秋水》也有论述：

庄子与惠子游于濠梁之上。庄子曰：“鯈鱼出游从容，是鱼之乐也。”

惠子曰：“子非鱼，安知鱼之乐？”

庄子曰：“子非我，安知我不知鱼之乐？”

惠子曰：“我非子，固不知子矣；子固非鱼也，子之不知鱼之乐，全矣。”

庄子曰：“请循其本。子曰‘汝安知鱼乐’云者，既已知吾知之而问我，我知之濠上也。”①

对此，清人宣颖说：“我游濠上而乐，则知鱼游濠下亦乐也。”② 用文艺心理学的眼光看，就是庄子在对鱼作审美观察时，将自己的快乐情感“移入”到鱼身上，心乐和游鱼合二为一，从而产生一种新的审美意境：鱼之乐。这种审美现象就是移情。

不过，在文艺鉴赏过程中，能真正设身处地地从作者的角度来理解作品的鉴赏者太少，因此，中国人向有“知音”③ 难寻的感叹与无奈！如刘勰在《文心雕龙·知音》篇里以音乐鉴赏之难比喻文学鉴赏之难：

---

① 陈鼓应．庄子今注今译（第二版）．北京：中华书局，2009. 476 ~ 477.

② 陈鼓应．庄子今注今译（第二版）．北京：中华书局，2009. 477.

③ “知音”一词出自《吕氏春秋·本味》：“伯牙鼓琴，钟子期听之。方鼓琴而志在太山，钟子期曰：‘善哉乎鼓琴！巍巍乎若太山。’少选之间，而志在流水，钟子期又曰：‘善哉乎鼓琴！汤汤乎若流水。’钟子期死，伯牙破琴绝弦，终身不复鼓琴，以为世无足复为鼓琴者。”

知音其难哉！音实难知，知实难逢，逢其知音，千载岂一乎！……夫篇章杂沓，质文交加，知多偏好，人莫圆该。慷慨者逆声而击节，酝藉者见密而高蹈，浮慧者观绮而跃心，爱奇者闻诡而惊听。会己则嗟讽，异我则沮弃，各执一偶之解，欲拟万端之变。所谓"东向而望，不见西墙"也。

对于知音之所以难寻，刘勰是这样分析的：文章很繁杂，有质朴和华丽之别，鉴赏的人各有偏爱，很难全面周到。感情容易冲动，动辄激昂慷慨的人，应声打拍；性格谦虚的人，看到细致的好文章，就高兴得跳起来；性格轻浮的人见到辞藻华丽的文章就动心了；好奇的人听到怪异的作品就倾听不已，合乎自己兴趣的就赞叹诵读，不合自己兴趣的就抛弃。这种偏见就如眼望东方不见西墙。这正说明了作品中寓有作者的个性心理特点，同一命题可以写出不同的文章，同样，鉴赏者也受其个性以及鉴赏能力和文化水平的影响，对同一作品有不同的理解和评价。朱自清《诗言志辨》说："'以意逆志'是以己意己志推诗之志"。依此而论，如果鉴赏者水平太低，便不能体会作者的意图，所以鉴赏者的个性与专业水平影响鉴赏的能力。①

3. 心理距离

"心理距离说"是瑞士美学家布洛（E. Bullough）于1907年在《作为艺术要素和审美原则的"心理距离说"》一文里明确提出的。在该文里，布洛指出，在艺术创作和欣赏过程中，审美主体和审美客体之间要保持适当的距离，即审美主体要带有一定的非功利性来审视客体，这样，才能对客体采取超然的态度，才能进入美的世界，才能创造美，才能欣赏到艺术作品的美。

虽然中国先哲也未明确提出心理距离的概念，但是，若用布洛的上述思想进行观照，就会发现中国古籍中有类似思想。如《庄子·达生》说：

梓庆削木为鐻，鐻成，见者惊犹鬼神。鲁侯见而问焉，曰："子何术以为焉?"对曰："臣工人，何术之有！虽然，有一焉。臣将为鐻，未尝敢以耗气也，必齐以静心。齐三日，而不敢怀庆赏爵禄；齐五日，不敢怀非誉巧拙；齐七日，辄然忘吾有四枝形体也。当是时也，无公朝，其巧专而外滑消；然后入山林，观天性；形驱至矣，然后成见鐻，然后加手焉；不然则已。则以天合天，器之所以疑神者，其由是与！"②

"以天合天"可看作是庄子提出的关于艺术创作的一个主要法则。所谓"以天合天"，是指创作者主观的自然和客观对象的自然的两相契合。整个故事讲的就是这个"合"的过程。在这个过程中，保持一定的心理距离的非功利观点又贯穿其中。工匠梓庆雕刻的鐻之所以图案精美，就在于他能"齐以静心"，能以明镜般清澈的心胸去对待创造对象：一是做到置个人得失于度外；二是在创作前先不考虑以后的观赏者对自己作品的评价；三是进入忘我状态，排除一切外来干扰，这样，"入山林，观天性"，就自然"胸有成鐻"，能创造出巧夺天工的艺术品。可见，在艺术创作和欣赏过程中，排除一切

① 刘兆吉主编．文艺心理学纲要．重庆：西南师范大学出版社，1992. 92～93.

② 陈鼓应．庄子今注今译（第二版）．北京：中华书局，2009. 525.

利害得失的考虑，使主客体保持一定的心理距离，是一件至关重要的事情，事实上，是否具有实用性、功利性常常是区分审美态度与非审美态度的重要依据。①

4. 忘我

因为强调艺术鉴赏时要体会到艺术的韵味和境界，中国人进而力倡在艺术鉴赏过程中要做到忘我。据《御定佩文斋书画谱》卷十三《论画三·唐张彦远论画工用拓写》记载，唐人张彦远曾说：

遍观众画，唯顾生画古贤，得其妙理。对之令人终日不倦。凝神遐想，妙悟自然。物我两忘，离形去智。身固可使如槁木，心固可使如死灰，不亦臻于妙理哉。所谓画之道也。

从现代心理学的视角看，虽然自我意识是人成熟的必然要求，也是人区别并高于动物的特质，但是，不可否认的是，也正是自我意识将个体与他人、万物与自然分离或疏远，这是一个二律背反的矛盾。中国先哲看到了这对矛盾，并提出了一个解决的办法，那就是：忘我。我们都有一种体会，当自己全身心地投入大自然而忘情于山水时，我们就会感到无比愉快，十分洒脱。原因就在于，当个体忘却自我，放松对自我的监控时，个体不但处于一种积极的休息状态，更能与外在对象融为一体，进入一种很高的精神境界，由此，美感也就产生了。同时，欣赏者一旦超越自我，就可能觉解悟道。这或许就是佛教要人禅定的缘由所在，人本主义心理学家马斯洛讲的高峰体验，或许就是这种忘我体验。② 因此，假若说在人际交往里中国人推崇无我是一个不小的缺憾的话，那么，在文艺鉴赏里中国人提倡忘我就是一个很高明的见解。

（二）鉴赏心态

上面讲中国人的文艺创作心理观时，实已将中国人的一些重要的审美心态揭露出来，如讲究神韵和追求个性美等，为免累赘，这些就不再多讲了。下面简要阐述其他几种中国人在文艺鉴赏上流露出来的、具有中国文化特色的心态：

1. 推崇“和为美”

（1）什么是“和为美”？

所谓“和为美”，主要是指在审美过程中讲究对称、协调、节制和平和，注重整体统一的审美心态。从一定意义上说，和谐美是人类所普遍承认的一种形式美。在西方，早在古希腊时期，毕达哥拉斯学派便主张“美是和谐”的审美观，将美看作是整体中各部分搭配得恰到好处的结果（详见本章下文）。不过，与西方人认可“和为美”但更加看重以矛盾与冲突为美的心态不同，中国人在认可以矛盾与冲突为美的心态的同时，更加推崇以“和为美”的心态。

（2）中式“和为美”的具体体现。

中国人“以和为美”的审美心态古已有之，并且，以和为美的思想在中国传统文学、书法、音乐、建筑等方面表现得淋漓尽致。

① 刘伟林．中国文艺心理学史．海口：三环出版社，1989. 27～28.

② 童辉杰．中国传统文化中的自我意识．心理科学，2000（4）：502～503.

就诗歌而言，诗歌作为一种艺术，本应直抒人的胸怀，淋漓尽致地表现人的情绪与情感，但是，中国自古有“寓教于乐”的思想，因此，从孔子所主张的“《关雎》，乐而不淫，哀而不伤”①、“放郑声，远佞人。郑声淫，佞人殆。”②、“《诗》三百，一言以蔽之，曰：‘思无邪’”③ 和“诗，……可以群，可以怨，迩之事父，远之事君”（《论语·阳货》），至《礼记·经解》对“温柔敦厚”的诗教的概括，再至汉代《毛诗序》里所讲的“发乎情，止乎义”，都力倡诗歌等文艺作品所表达的情感应是人的合乎礼义的平和情感，诗歌等文艺作品所表达的欲求应是人的合乎礼义的平和欲求。这种文艺作品不但能克服人们的哀怨不平之情，其中所蕴含的中和之声还能激起主体内心情感的发动，以协调、和谐人和心灵的各种冲突差异，从而使上和下、贵和贱、亲和疏、长和幼等人与人的关系得以和谐。此种以“和”为宗旨的诗歌，便是中国传统文化所推崇的“雅乐”。与诗歌类似，其他中国古典文学也注重“中和”的审美境界，主张文学要做到文与道、诗与志、质与文、善与美、情与理、意与境、意与言的和谐统一。

在书法、绘画艺术里，用墨讲究浓与淡、瘦与肥、密与疏、曲与直、大与小、虚与实、形与神等的协调。

在音乐作品里，音乐讲究音韵生动、虚实相生、声调和谐以及乐与德相融等。

就建筑而言，北京的故宫，其布局的典型特点是以中轴线为基线，两边建筑采取了几乎完全是两两对称的做法。受中国传统建筑风格影响的建筑物也多采取两两对称的布局，如南京师范大学随园校区（前身是金陵女子大学）的主体建筑群就是如此。这种以中轴线为基线而两边建筑几乎完全是对称的布局，显得和谐、稳重，符合中国人尚和的心态，也成为中国建筑师惯用的布局手法。

中国人以“和为美”的心态进一步“泛化”，甚至将春天温和的微风叫作“和风”，将春天的景色称作“和景”。

（3）中国人为什么推崇“和为美”？

中国人以和为美的根源之一，是对艺术的起源有自己独特的看法。在艺术的起源上，西方主要有劳动说、巫术说、模仿说、宣泄说与游戏说等，中国文化则主张养生说。以舞蹈的起源为例，据《吕氏春秋·古乐》记载：“昔陶唐氏之始，阴多，滞伏而湛积，水道壅塞，不行其原，民气郁阏而滞著，筋骨瑟缩不达，故作为舞以宣导之。”《路史》前纪卷九也说：“阴康氏时，水渎不疏，江不行其原，阴凝而易闷，人既郁于内，腠理滞着而多重，得所以利其关节者，乃制之舞，教人引舞以利道（导）之，是谓大舞。”由于《吕氏春秋》所记载的陶唐氏当为“阴康氏”之误（依毕沅校说），且两段记载的内容基本相同，所以，这两段话实际上是记载同一件事；同时，考虑到《吕氏春秋》成书于先秦，时间较早，《路史》是南宋罗泌所撰，成书较晚，这里就只据《吕氏春秋》的记载作进一步分析。阴康氏，是传说中的远古部落名（大约生活在三皇五帝之前的旧石器时代），此处指其部落首领。《吕氏春秋》的这段话说明，古时阴康氏开始治理天下的时候，阴气过盛，沉积凝滞，阳气阻塞不通，不能按正常规律运行，人民精神抑郁而不

① 出自《论语·八佾》。
② 出自《论语·卫灵公》。
③ 出自《论语·为政》。

舒畅，筋骨蜷缩而不舒展，所以创作舞蹈来加以疏导。① 这段话在论述舞蹈的起源时，将舞蹈的产生归结为圣王的功绩，这是一种唯心主义的文艺史观；不过，这段话也表明，阴康氏创作“舞”的起因是“民气郁阏而滞著，筋骨瑟缩不达”，其目的是“以宣导之”，因此，所创作出的“舞”一定是具有去除“民气郁阏而滞著，筋骨瑟缩不达”之功效的。这种“舞”既能调节人的精神状态，以使人的精神舒畅，又能调节人的生理状态，以使人的筋骨舒展，看来它实际上是一种类似舞蹈的导引术。而“和”无疑是养生保健应遵循的重要原则，因此，要想发挥文艺的保健功能，文艺本身也必须具备“和”的气质。

中国人之所以推崇“和为美”，还有一个重要原因，那就是相信由美可导善。在儒家“和为美”的审美观的深刻影响下，“中”与“和”是判断“美”的重要标准。同时，在儒家德育思想的深刻影响下，“中”与“和”也是判断“善”的重要依据，正如《论语·雍也》所说：“中庸之为德也，其至矣乎！”可见，在词义上，“美”与“善”二字也是可互通互含的。正由于此，中国人才喜欢“由美导善”。而“诗者中声之所止也”、“乐之中和也”②、“《乐》以道和”③、“乐以发和”④，于是，中国人也就自然愿意以诗、乐等文艺作品来劝人为善。因为这样做既合人情，又可引人为善，两全其美，何乐而不为！可见，就其心理机制而言，中和之美所具有的审美价值在于它能净化心灵，使人的心理失衡、情绪失序、精神失常等症状得到调理，达到血气平和、和美愉悦的状态。就道德教化而言，在一定程度上，中和之美的确能引导人们向善，进而有助于提高个体的品德修养，美化社会风俗。正由于此，汉字中的“美”与“善”二字在字形上有较大的相通之处：“美”与“善”两字都从羊，所以《说文》说：“美与善同义”。具体地说：从字形上看，“美”字字形演化方向如图 12－5 所示。

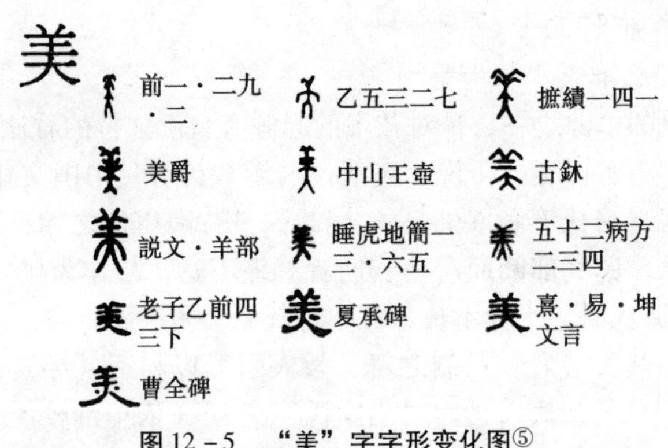

图 12－5　“美”字字形变化图⑤

① 张双棣等译注．吕氏春秋译注．长春：吉林文史出版社，1986. 146.

② 均见《荀子·劝学》。

③ 陈鼓应．庄子今注今译（第二版）．北京：中华书局，2009. 908.

④ 出自《史记·滑稽列传》。

⑤ 汉语大字典编辑委员会编纂．汉语大字典（第二版九卷本）．成都：四川辞书出版社，武汉：崇文书局，2010. 3331.

《说文·羊部》：“美，甘也。从羊从大。”段玉裁注：“甘者五味之一，而五味之美皆曰甘。”徐铉等曰：“羊大则美。”① 同时，从字形上看，“善”本写作“譱”。据《汉语大字典》记载：“善同‘譱’。”② “譱同‘善’。《正字通·言部》：‘譱，善本字。’《汉书·礼乐志》：‘故孔子曰：安上治民，莫譱于礼；移风易俗，莫譱于乐。’颜师古注：‘此《孝经》载孔子之言也。譱，古善字。’”③《说文》：“譱，吉也。从誩，从羊。此与義、美同意。”④ 合而言之，“譱”是古善字；“善”是今善字。据约斋的解释，“譱（善）”从“羊”、“言”，是一个会意字。⑤ 当“善”写作“”和“”时，“像羊头形”。⑥ 事实上，“羊”字本只画着羊头上的两只角和一双眼睛，后来眼睛部分简化成一个三角，又由三角渐渐分离成一竖三横，才是现在的样式⑦（如图 12－7 所示）。

图 12－6 “善”字字形变化图⑧

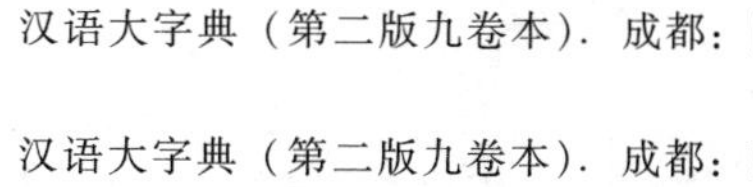

图 12－7 “羊”字字形变化图⑨

---

① 汉语大字典编辑委员会编纂. 汉语大字典（第二版九卷本）. 成都：四川辞书出版社，武汉：崇文书局，2010. 3331.

② 汉语大字典编辑委员会编纂. 汉语大字典（第二版九卷本）. 成都：四川辞书出版社，武汉：崇文书局，2010. 3336.

③ 汉语大字典编辑委员会编纂. 汉语大字典（第二版九卷本）. 成都：四川辞书出版社，武汉：崇文书局，2010. 4290.

④ 汉语大字典编辑委员会编纂. 汉语大字典（第二版九卷本）. 成都：四川辞书出版社，武汉：崇文书局，2010. 711.

⑤ 约斋编著. 字源. 上海：上海书店，1986. 254.

⑥ 汉语大字典编辑委员会编纂. 汉语大字典（第二版九卷本）. 成都：四川辞书出版社，武汉：崇文书局，2010. 711.

⑦ 约斋编著. 字源. 上海：上海书店，1986. 79.

⑧ 汉语大字典编辑委员会编纂. 汉语大字典（第二版九卷本）. 成都：四川辞书出版社，武汉：崇文书局，2010. 711.

⑨ 约斋编著. 字源. 上海：上海书店，1986. 79；汉语大字典编辑委员会编纂. 汉语大字典（第二版九卷本）. 成都：四川辞书出版社，武汉：崇文书局，2010. 3330.

2. “诗之至处，妙在含蓄无垠”：推崇含蓄美

此处“含蓄”主要指言语、诗文等“含有深意，藏而不露，耐人寻味”[①]。所谓“推崇含蓄美”，是指推崇以含蓄而不是裸露或暴露的方式来展现美的形式与内容的一种审美心态。中国人推崇含蓄美的心态在中国人的审美观念和中国人所创造的艺术品里随处可见。例如，典型的中国式建筑在室外一般会摆设照墙、照壁或假山之类的装饰物，在室内往往摆设屏风，其主要功能之一就是阻挡外人的视线，让外人一眼很难看清屋内和园内的整体布局，这就很容易使外人产生一种既好奇又感到高深莫测的美感体验。再如中国的旗袍，与满族旗装有较大区别：满族旗装原本宽大平直、厚重臃肿；袍子旁边不开衩，几乎没有腰身；满族妇女着旗装时内穿裤装，可稍许露出裤装的裤脚，裤脚可沿边织绣花样、滚边，下穿花盆底鞋。与此不同的是，作为一款长袍式的上下一体的服装，旗袍改为紧身款式并合理收腰；袖长从肘部逐渐往上，最后短至肩下二寸许，甚至无袖；领口一直是从高向低发展，先高至颌下，后逐渐变低，甚至出现无领旗袍；在下方有适当的开衩；旗袍内不穿长裤，代之以丝袜、线袜和内裤。这样，不但将女性的苗条身材完整地映衬出来，突出了女性形体的曲线和窈窕的身段，展现出女性形体的自然美；[②] 而且其下面左右两边开衩处各有一条恰到好处的缝隙，让女性修长的双腿时隐时现，给人留下了无尽的想象空间，呈现出一种典型的中式含蓄美，这与比基尼将女子的苗条身材几乎完全裸露出来的西式审美观念有较大差异。像下面这幅由唐遵之摄于20世纪50年代的作品《妈妈，到那边去》（见图12－8），1957年刊于《人民画报》扉页，社会影响巨大。画面呈现的是一对母子牵手去郊游的情景，充满温馨。照片中的“妈妈”（即翁木兰女士，1998年因病去世，享年78岁[③]）身着剪裁得体的旗袍，下摆一角被春风吹起，左手被孩子牵扯，右手中的太阳伞也被风吹得低垂。整个画面构图新颖，不落俗套。最为显眼的就是那身旗袍，充分展现了一位少妇庄静贤淑、温文尔雅的气质。[④] 唐遵之曾自述：“《妈妈，到那边去》的获得有点偶然，那天为朋友留影，还存最后一张底片，准备结束时，男孩忽见保姆在远处招手，急欲奔前投怀，其母紧握他小手防儿滑倒，突如其来流露出的表情和姿态被其快速按动快门定格，冲洗后觉背景太空，用邻村所拍得的树枝相底叠放而成背景。”[⑤]

① 夏征农，陈至立主编．辞海（第六版缩印本）．上海：上海辞书出版社，2010. 696.

② 赵珩．旗袍与西装．读者，2013（5）：48.

③ 唐品璋．妈妈，到那边去．解放日报，2008－03－24.

④ 赵珩．旗袍与西装．读者，2013（5）：48～49.

⑤ 唐品璋．妈妈，到那边去．解放日报，2008－03－24.

图 12－8　《妈妈，到那边去》①

不独建筑与服饰，对于其他艺术作品，中国人同样推崇含蓄美。例如，清代诗论家叶燮论诗，就非常推崇含蓄美，为此，他提出了“诗之至处，妙在含蓄无垠”的主张。他在《原诗·内篇下》里说：

或曰：“……诗之至处，妙在含蓄无垠，思致微妙，其寄托在可言不可言之间，其指归在可解不可解之会，言在此而意在彼，泯端倪而离形象，绝议论而穷思维，引人于冥漠恍惚之境，所以为至也。若一切以理概之，理者，一定之衡，则能实而不能虚，为执而不为化，非板则腐。如学究之说书，闾师之读律，又如禅家之参死句、不参活句，窃恐有乖于风人之旨。以言乎事：天下固有有其理，而不可见诸事者；若夫诗，则理尚不可执，又焉能一一征之实事者乎！而先生断断焉必以理事二者与情同律乎诗，不使有毫发之或离，愚窃惑焉！此何也?”

予曰：子之言诚是也。子所以称诗者，深有得乎诗之旨者也。……

……

要之作诗者，实写理事情，可以言言，可以解解，即为俗儒之作。惟不可名言之理，不可施见之事，不可径达之情，则幽渺以为理，想象以为事，惝恍以为情，方为理至事至情至之语。②

顺便说一句，许多中国人在描述祖国或家乡的秀美河山时，喜欢用“这是一块神奇

① 赵珩．旗袍与西装．读者，2013（5）：48.

② （清）叶燮．原诗．北京：人民文学出版社，1979. 30～32.

的土地”之类的话语。在中国人看来，“神奇”之类的语言容易让人产生“一种神秘感”，由此自然就会产生一种含蓄美，进而就会让人产生“想去看看”的冲动。不过，对于崇尚“科学、理性”、喜好精确思维的一些西方人而言，“神秘”往往意味着“不可捉摸”或“愚昧、落后”。因此，为了避免“事与愿违”现象的发生，若想让西方人对某地产生“想去看看”的冲动，最好向他们具体地描述此地的秀美景色，慎用“神奇”之类的词语。

3. “诗贵自然”：推崇自然美

道家力倡“人法自然”，儒道两家都赞赏“天人合一”，这两种思想对中国传统艺术有着深刻的影响，因此，中国人至少自春秋战国时期开始就已推崇自然美。所谓推崇自然美，是指这样一种审美心态：以自然本身的美为审美的最高标准，主张人们在创作美和欣赏美时要以“天趣”（此处的“天”是“自然”之义）为最高审美境界，要追求“有似天然”，懂得发现自然美、欣赏自然美，而不要人为地去破坏自然美。中国人不脱离现世以求善，当然也就不会脱离现世以求美，于是，中国人对自然美有一种特别的偏好。

中国人推崇自然美的偏好在中国的雕塑、诗歌、音乐、绘画和建筑等艺术作品里表现得非常明显。就中国的雕塑艺术而言，追求自然美的心态至少可追溯至汉代。汉人秉承楚文化自由、奔放的特点，再加上汉初推崇黄老之术，使得西汉初期的文化较之楚文化更深沉、更质朴、更开阔、更奔放、更自由、更雄壮，显示出“大汉雄风”的本色。汉文化的此特色体现在西汉早期的雕塑艺术作品里，就是当时的雕塑艺术展现出的明显的追求自然美的审美心态。就西汉早期雕塑艺术的代表作品——保留在西汉名将霍去病（前140—前117）墓旁的动物群雕（其中有奔马的雕像、伏卧的猪的雕像、卧牛的雕像、一只蛤蟆的雕像等，见图12－9）而言，每一个动物雕像都是用一个整块的大石头——霍去病墓共有石雕16件，均是“就地取材”，采用秦岭山区硬度很强的花岗岩石作为材料雕刻而成，西汉的雕刻家们根据这些整块天然石头的自身形状和特点，采取顺乎自然的技法，只在石头上用很少的人工雕刻（包括圆雕、浮雕与线刻等），就将一块本来就有些像猪的天然石头雕刻成一只“神似”（而不是形似）伏卧的猪的雕像，将一块本来就有些像蛤蟆的石头雕刻成一只“神似”（而不是形似）蛤蟆的雕像，等等。在这一雕刻过程中，人工雕刻既起到“画龙点睛”的作用，又不破坏石头本身的自然形状；雕刻出来的艺术品既保留了石头的自然美，又恰到好处地增添了雕刻的艺术美。以《马踏匈奴》——历来被公认是霍去病墓石刻中的代表作——为例，它高1.68米，长1.90米，作品朴实、浑厚，有丰富的表现力和艺术感染力，是中国最早的、极具艺术性的、主题鲜明的纪念性雕塑。在此作品中，雕刻家没有直接表现霍去病本人，而是运用圆雕、浮雕与线刻相结合、写实与象征相结合的技法，使用一人一马对比的形式，构成一个高下悬殊的抗衡场面：用一匹姿态威武、气宇轩昂的战马的形象来象征当时汉军实力的强大与霍去病的威猛，用位于马腹下、仰卧地上的匈奴首领像象征当时匈奴的惨败。在此雕像中，被马踏住的匈奴首领左手握弓，右手持箭，双腿拳屈，作狼狈挣扎状，蓬松零乱的须发更显得他惊慌失措，声嘶力竭，带着既不甘心就缚又面露绝望的神色。以此歌颂霍去病将军的丰功伟绩，昭示来犯者必败的下场。①

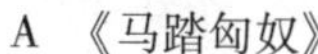

A 《马踏匈奴》

B 《跃马》

图 12－9　霍去病墓旁的石雕像

需要特别指出的是，中国人喜欢用简单的几笔就将一个人物形象或动物形象栩栩如生地勾画出来，这是中国雕塑艺术自汉代开始所致力追求的一大特色，但这并不意味着中国人不善于用写实的手法来雕塑艺术作品。事实上，早在两千多年前的秦代（前221—前207），其雕塑就体现出“写实”的鲜明特色（详见上文）。

就中国的诗歌而言，山水早在2 500年前就进入了诗歌的创作中，在《诗经》中已有不少对山水景物的描绘，其后，出现了大量描写自然美的山水诗、田园诗、隐逸诗、游记和民歌，以至于中国人写自然山水的文学造诣超过了世界其他民族。在论及中国诗的美的特点时，清人徐增在《而庵诗话·四四》里说：“诗贵自然。云因行而生变，水因动而生文，有不期然而然之妙，唐人能有之。”这虽是说诗的，但是，其他文艺作品又何尝不是如此呢？就中国的音乐艺术而言，山水也是音乐的重要主题，名曲《高山》、《流水》、《春江花月夜》、《渔舟唱晚》等都是歌颂祖国大好山水的。就中国的绘画艺术而言，由于雕塑本身实也是一种绘画，因此中国绘画与中国雕塑艺术类似，也展现出“重‘写意’轻‘写实’”、“以气表达力量”、“追求自然美”等特色，就在情理之中了。结果，中国的绘画尤其是宋元以后的绘画也多将山水作为重要对象，使得中国的山水画在世界艺术大家庭里占据重要位置，并使得山水画简直成了中国国画的代名词。就中国的建筑艺术而言，典型的中国建筑艺术追求的也是自然美。因此，秦汉以来的园林建筑总是把表现山水之美作为一大主题，于是，中国古典建筑一般讲究与其所处的周边自然环境保持和谐一致，中国园林里一般有山有水，让人犹如置身于幽雅的自然环境之中。不但如此，一些建筑用的材料也追求自然美，其中最有代表性的就是“太湖石”，“太湖石”之美就美在自然，而不是“人为”。

---

① 佚名．西汉霍去病墓石雕群．http：//www. hwjyw. com/zhwh/ctwh/zgww/ds/200707/t20070727_ 3207. shtml，2008－10－06；赵建峰．浅议霍去病墓前的石刻与设计．http：//www. diaosu. cn/u/4077/text/2007/1529. html，2008－10－06.

自然山水之所以成为中国艺术的重要主题，首先是因为中国先民以农立国，农业主要靠土地供养，山水滋润万物、利民养民而令人愉悦；同时，农业也是靠自然（或曰天）供养，日出而作，日入而息，春耕夏种，秋收冬藏，一切顺应自然的变化。于是，尽管在实际活动中有时是在改造自然以满足人的需要，有时也需要与自然作斗争（如抗洪、抗旱），但是，在思想上，中国人很早就认识到，人只有与自然和谐相处，才能获得生存与发展。在这种天人合一思想的指导下，中国的艺术喜欢从人与自然的统一中去寻找美、去发现美、去欣赏美，由此推崇自然美。换言之，推崇自然美，是中国人和自然的和谐关系在艺术上的一种反映。同时，中国人推崇山水式的自然美，也与中国人的思维方式有重大关系。据《论语·雍也》记载，孔子说："智者乐水，仁者乐山。"老子反人文的、还纯返朴的要求，实际上是要使人世更为接近自然。根据《庄子·逍遥游》的记载，庄子实有超越现世，寄情于"广漠之野"[①] 的倾向，因此，作为他的自由神像的"神人"，只能住在"藐姑射之山"[②] 的上面。换言之，庄学的艺术精神，绝不能以人物作对象的绘画为满足，而只有在自然尤其是山水自然中方可得到诠释。受老庄思想的影响，魏晋时代的艺术家必将更多的精力放在对自然——山水——在艺术上的自觉上，而较少放在由人自身所引起的艺术的自觉上，因为只有前者而不是后者更能符合庄学的艺术精神。因此，中国的风景画较之西方要早出现 1 300 年左右，并且，自宋代起一直到现代，一直成为中国绘画的主流。[③] 中国人从山水中感受到智慧与仁德之美，歌颂山水也就是歌颂中华民族的智慧和仁德。飞鸟走兽、花草树木等动植物，和山川土地一起，为中国先人提供了生存的环境和资源；并且，它们生命的节律和形式、运动的力量和强度，使人感受到大自然的宏伟和无限，联想到人类社会的运行和节奏，觉察到自然和人的伦理道德、思想情感有相似甚至吻合之处。于是，飞鸟走兽、花草树木等动植物也就成为中国艺术着力表现的对象。中国艺术摹写和讴歌飞鸟走兽、花草树木，既是歌颂自然的伟大，更是歌颂人类的伟大。例如，中国的诗、画常以竹为题材，就是因为竹子的生命形式给人带来愉悦感，并让人从它的四季常青、宁折不弯联想起坚贞的气节，从它中空的形象联想起谦逊的品格，从它的自不开花、不撩蜂蝶联想起不媚不谀、朴实无华的精神。所以，当艺术家在表现山水时，往往会进入物我两忘、物我为一、精神与山水合而为一的境界。正如宋人郭熙所说："君子之所以爱夫山水者，其旨安在丘园，养素其常处也。泉水啸傲，所常乐也；渔樵隐逸，所常适也；猿鹤飞鸣，所常欢也……"[④]《石涛画语录·山川章》说："山川使予代山川而言也，山川脱胎于予也，予脱胎于山川也。搜尽奇峰打草稿也。山川与予神遇而迹化也，所以终归之于大涤也。"其生动地说明了中国艺术中人的精神和自然山水合而为一的境况。[⑤]

另外，受"孝道"思想、"戒淫"思想、"男尊女卑"思想和"不重视个人的作用"思想的交互影响，在"人"与"山水"之间，中国传统艺术家自然也只能更多地选取"山水"作为自己的艺术素材，而不可能更多地选择"人"尤其是"女人"作为自己的

---

① 陈鼓应．庄子今注今译（第二版）．北京：中华书局，2009. 35.
② 陈鼓应．庄子今注今译（第二版）．北京：中华书局，2009. 25.
③ 徐复观．中国艺术精神．沈阳：春风文艺出版社，1987. 192 ~ 195.
④ 出自《御定佩文斋书画谱》卷十三《论画三·宋郭熙山水训》。
⑤ 顾建华主编．中国传统艺术．长沙：中南工业大学出版社，1998. 12 ~ 14.

艺术素材。与此相映成趣的是，西方人由于多没有此类思想，结果，西方绘画艺术的传统主题常以人体尤其是女性的人体为主，着力于表现人的肌体美和力量美；伴随着文艺复兴运动，西方的近现代艺术着力于展现个人的内在的情感，即便是画苹果，也要画自己喜欢的苹果。西洋画常常占满了整个篇幅，一点空间也不留，这与西方人推崇个人至上的文化传统是一致的。

4. “诗有三境……三曰意境”：推崇意境美

(1) 什么是“意境美”?

为了追求精神自由，不断超越自我与现实，中国人欣赏艺术时讲究意境与韵味。对意境的追求可以说是中国艺术自古以来的传统。“境界”也叫“意界”或“境”，它原是佛学术语，文论家借来论文学，其后成为中国人文艺心理观里的一个重要的范畴。意境的含义复杂，其要点可归纳为：情景交融，物我为一，情趣高雅，思想深远。意境是主、客观的统一，有限与无限的统一，鲜明性和含蓄性的统一。情景交融和形神统一，能使有限、生动、鲜明的个别形式蕴含无限、丰富、深广的艺术内容。中国人推崇意境美经历了一个发展过程。中国古代艺术家自从能自觉运用艺术手段节制人们自身的原始情欲，使之能升华或协调于一定社会秩序的需要时，已经初步摆脱个体小我与有限现实的限制与束缚，开始了自己追求精神自由的艺术历程。在“羊大为美”的上古艺术和以饕餮的“狞厉之美”为主的青铜艺术中，人们对自由的追求还只处于萌芽阶段。到了春秋战国时期，人们对意境美的追求就达到了自觉与成熟。① 这从孔子力倡“孔颜乐处”与庄子主张“逍遥游”的文字记载里就可看出。不过，虽意境理论的萌芽可追溯到先秦时期，但它的形成是在中晚唐时期，晚清学者王国维是集大成者。下面就依这一线索对中国人推崇的意境美作一阐述。

中国人欣赏文学，一向推崇意境美。唐代诗人王昌龄在《诗格》里明确主张诗有物境、情境和意境“三境”：

诗有三境：一曰物境。欲为山水诗，则张泉石云峰之境，极丽绝秀者，神之于心，处身于境，视境于心，莹然掌中，然后用思，了然境象，故得形似。二曰情境。娱乐愁怨，皆张于意而处于身，然后驰思，深得其情。三曰意境。亦张之于意而思之于心，则得其真矣。

显然，王昌龄在这里所说的“境”已经不同于“象”，是指内心意识的境界，是“神之于心”、“张之于意”、“思之于心”的，所以，它带有生理、心理内容。唐人司空图则大讲“象外之象，景外之景”、“韵外之致”、“味外之旨”。据《司空表圣文集》卷二《与李生论诗书》记载，司空图说：

戴容州云：“诗家之景，如蓝田日暖，良玉生烟，可望而不可置于眉睫之前也。”象外之象，景外之景，岂容易可谈哉！

文之难，而诗之尤难。古今之喻多矣，而愚以为辨于味而后可以言诗也。江岭之南，

① 杜汉生. 中国精神. 武汉：长江文艺出版社，1998. 312~313.

凡是资于适口者，若醯（醋）非不酸也，止于酸而已；若鹾（盐）非不咸也，止于咸而已。华之人以充饥而遽辍者，知其咸酸之外，醇美有所乏耳。彼江岭之人习之而不辨也，宜哉？诗贯六义，则讽喻、抑扬、渟蓄、温雅，皆在其间矣。然直至所得，以格自奇，前辈编集亦不专工于此，矧其下者耶！王右丞、韦苏州澄澹精致，格在其中，岂妨于遒举哉！贾浪仙诚有警句，视其全篇，意思殊馁，大抵附于寒涩，方可致才，亦为体之不备也，矧其下者哉！噫！近而不浮，远而不尽，然后可以言韵外之致耳！……今足下之诗，时辈固有难色，倘复以全美为工，即知味外之旨矣。

“象外之象，景外之景”中，前一个“象”、前一个“景”主要是指客观存在的具体事物、具体景象，后一个“象”、后一个“景”主要是指艺术形象、艺术境界。司空图认为，在艺术鉴赏中，不能仅停留在文艺作品表层所表现出的具体景象上，而应通过理解和想象，来体会艺术的深层意蕴和深层含义。“韵外之致”和“味外之旨”讲的也是类似的道理。据《御定佩文斋书画谱》卷十三《论画三·宋郭熙山水训》记载，宋代郭熙继承庄学和玄学超脱世俗、崇尚无为、追求自由的审美旨趣，用一个“远”字来描述山水画中的意境美：

山有三远。自山下而仰山颠，谓之高远；自山前而窥山后，谓之深远；自近山而望远山，谓之平远。高远之色清明，深远之色重晦，平远之色有明有晦。高远之势突兀，深远之势重叠，平远之意冲融而缥缥缈缈。其人物之在三远也，高远者明瞭，深远者细碎，平远者冲淡。明瞭者不短，细碎者不长，冲淡者不大，此三远也。

清代李渔在《窥词管见·第八则》里则说：“作词之料，不过情景二字，非对眼前写景，即据心上说情，说得情出，写得景明，即是好词。”在李渔看来，既然文艺的“材料”是情景二字，那么，文艺的意蕴自然也是情思与景物，但只有写出真情实感的，才是好的文艺作品。王夫之明确提出“夫景以情合，情以景生”的命题，这表明他在论文艺创作和文艺鉴赏时，也追求情景合一。据《姜斋诗话卷下·一七》记载，王夫之说：

近体中二联，一情一景，一法也。“云霞出海曙，梅柳渡江春。淑气催黄鸟，晴光转绿蘋。”“云飞北阙轻阴散，雨歇南山积翠来。御柳已争梅信发，林花不待晓风开。”皆景也，何者为情？若四句俱情而无景语者，尤不可胜数。其得谓之非法乎？夫景以情合，情以景生，初不相离，唯意所适。截分两橛，则情不足兴，而景非其景。

（2）如何体现“意境美”？

从总体上看，中国文艺作品体现意境美的方式或手法多是“写意”，不过，具体到不同的文艺作品里，其方式或手法也不尽相同。

第一，文学作品展现“写意”的常用手法。

中国人推崇意境美的思想反映到文学作品上，主要有两种展现手法：

一是喜欢用夸张与比喻的写作手法来“写意”。中国的文学作品（如诗词）多不注重“写实”，而注重“写意”，喜欢用夸张与比喻的写作手法，更有甚者，只要意境好，即便牺牲所描述的事实的准确性，致使诗境与现实不符，也没有关系，仍被认为是好诗。如张继的“问题诗”《枫桥夜泊》：“月落乌啼霜满天，江枫渔火对愁眠，姑苏城外寒山寺，夜半钟声到客船。”“月落”本该是黎明时分，后面又说“夜半”，“月落”与“夜半”在时间上显然有一定的间隔；“乌鸦”是白昼动物，和鸡一样晚上睡觉，半夜听到乌鸦叫，就像半夜听到鸡叫一样不自然；寺院也鲜有半夜敲钟的，“夜半钟声”让人感到诧异。尽管在内容上有如此多的“硬伤”，大家仍喜欢这首诗。又如，中国古典小说描写美女时，较少直接细致地描写，却喜欢用“沉鱼落雁，羞花闭月”之类的比喻手法，对于这个美女到底有多美，给不同人提供了不同的想象空间。与此不同的是，西方小说中描写美女，一般直接细致地描写她眼睛长得怎样、脸蛋长得怎样、身材长得怎样、表情如何展现，等等。①

二是，主张通过既情景交融又以情为主的方式来“写意”。中国的文学作品至少自《诗经》开始便偏重于抒情达意，因此，在情与景的关系上，中国人强调情的主导作用，主张既要情景交融，又要以情为主。例如，人们在欣赏孟郊的《游子吟》时，脑海里如果浮现出与图 12 - 10 一致或相似的情景，就更能体会到诗的意境。

图 12 - 10 孟郊的《游子吟》示意图②

不但诗如此，词亦然。正如清代李渔在《窥词管见·第九则》里所说：“词虽不出‘情景’二字，然二字亦分主客：情为主，景是客。说景即是说情，非借物遣怀，即将人喻物，有全篇不露秋毫情意，而实句句是情，字字关情者。”其目的就在于，通过寓意

① 田婴．东方智慧与西方智慧的比较．百姓，2003（5）：31 ~ 32.

② http：//bjmsg. focus. cn/msgview/2742/1/33478540. html. 2009 - 02 - 15.

于情而使意更至，通过寓情于景而令情越深。如“昔我往矣，杨柳依依；今我来思，雨雪霏霏”一诗，妙在借景言情，若舍情不讲，那么它只不过是在说春往冬来之类的自然现象，一点美感也没有。可见，“情”是形成情景交融的意境的灵魂。当然，以情为主，不等于景就无足轻重。写景的重要性就在于它是达情不可或缺的途径。王夫之在《姜斋诗话卷下·二四》中说：

不能作景语，又何能作情语耶？古人绝唱句多景语，如“高台多悲风”、“蝴蝶飞南园”、“池塘生春草”……皆是也，而情寓其中矣。以写景之心理言情，则身心中独喻之微，轻安拈出。

因此，“景”是形成情景交融的意境的空间。没有“景”，“情”就无所依托，也不会产生艺术意境。另外，作家的人生体验不同，意境也会有所不同，作家的意境的高低，与他对人性发掘的深浅成正比。文学因人、因时、因地的不同，可以有不同的使命，不过，文学有一个永恒的主题与职责，那就是发掘人性、表现人性。[①] 所以，文学中描写人性的作品数不胜数，著名的有《金瓶梅》、《红楼梦》等。

第二，书法、绘画作品展现“写意”的常用手法。

中国人推崇意境美的思想反映到书法、绘画作品上，导致中国书法、绘画作品也追求意境美，正如蔡邕在《九势》里说：“此名‘九势’，得之虽无师授，亦能妙合古人，须翰墨功多，即造妙境耳。”[②] 那么，书法、绘画作品怎样能更好地“写意”呢？

一是，通过独特的艺术构思和塑造的艺术形象来表现一种极高的意境。中国的绘画，尤其是王维的水墨山水画，直至宋元以后的文人画，多喜欢通过独特的艺术构思和塑造的艺术形象来表现一种极高的意境，以便诱发和调动审美者的生活体验、艺术修养、艺术想象力，而意会到不可穷尽的象外之象、景外之景和境外之意。因此，不论是“有我之境”还是“无我之境”，都需作者与观者去体会其中的韵味。例如，古往今来的许多画家，常以被誉为“四君子”的梅、兰、竹、菊为题材作画，实蕴含着对高尚节操和凌寒傲霜的顽强精神的羡慕和敬仰。又如宋翰林图画院有一次用“嫩绿枝头红一点，动人春色不须多”的诗句作为考题来招聘画家，中头榜的画家仅在画面中画了一片新柳，柳梢处掩映亭阁一角，亭阁的栏杆处有一位红衣少女亭亭玉立。欣赏者无须了解画题，仅通过画面艺术形象的诱发，便有一种春色无边、动人情思的艺术感受。这幅画把“红一点”的含义作了精妙的表现，而“春意”正饱含其中。以“踏花归处马蹄香”为题所作的画中，上等佳作里是不会出现实景“花”的。有一画家画一人骑马而行，一群蝴蝶追逐着马蹄翩翩飞舞，其他皆留空白。而画面的有限形象却鲜明地体现出“踏花归去马蹄香”的意境。马蹄上带着何种香味？欣赏者会结合生活中的经验与体会而浮想联翩，香味无穷。以“深山藏庙宇”为题所作的画，上等佳作也几乎都是不会出现实景“庙宇”的，哪怕是庙宇的一部分，也不能出现，否则就缺乏想象的空间、回味的余地，就不

---

① 韦政通．儒家与现代中国．上海：上海人民出版社，1990. 96.

② 出自《御定佩文斋书画谱》卷三《论书三·后汉蔡邕九势》。

美了。[①]

二是，通过追求“神似”而不是“形似”的方式来“写意”。为了达到意境美，中国画多崇尚写虚（写意）而不崇尚画实，追求“神似”而不是“形似”。结果，在中国绘画史上，尽管早在两千多年前的秦代的雕塑就体现出“写实”的鲜明特色，并且其“写实”技艺已达到极高水平（详见上文）；尽管也曾有“神似”与“形似”的争论，但是，在“写实”与“写意”的问题上，中国人最终还是选择了尚“写意”而不是尚“写实”，这并不是因为中国人不会“写实”，而主要是由于中国人自汉代起欣赏美的“口味”发生了变化而已。自此之后，占主导地位的一直是“神似”论，苏轼的“论画以形似，见与儿童邻”一语更是成为后世中国画家的至理名言。[②] 于是，中国人在绘画或品画时，往往追求的都是意境美，而不在乎图画本身是否已将事物准确地画出来。如《郑板桥集·题画文·竹》说：“徐文长先生画雪竹，纯以瘦笔破笔燥笔断笔为之，绝不类竹；然后以淡墨水钩染而出，枝间叶上，罔非雪积，竹之全体，在隐跃间矣。”因为崇尚写意（抽象的艺术表现手法），中国画多半采用线条画法（更有甚者，采取泼墨技法），中国人喜欢用简单的几笔就将一个人物形象或动物形象栩栩如生地勾画出来，这是中国艺术自汉代开始所极力追求的一大特色，但这并不意味着中国人不善于用写实的手法来表现艺术作品。这种绘画技法和中国的书法颇为相近，事实上，中国的书法与绘画常常是不分家的，一个画家通常至少是半个书法家；并且，中国画的表现手法常常从平面缩小到线条，往往偌大的画面上只加寥寥数笔，而整个空间已很充实。至于画的主题，则多以山水鸟虫类为主，以此抒发作者的胸怀，而人在山水画里所占的比重一般特别小，这也折射出中国人自我收敛的心态。如身为明朝遗少且本为朱姓皇室之后的八大山人，其作品里的鸟的肚子往往是“鼓鼓的”，这实是以鸟隐喻自己，然后运用中国艺术素有的“以气表达力量”的手法，通过鸟的肚子里面装有“很多怨气”的表现形式，抒发自己对灭掉朱姓明朝的清朝的强烈的怨恨之情。中国人的这一审美心态与西方艺术崇尚写实有很大的不同（详见上文）。

概而言之，中国艺术家不太注重单个人、物的描绘，而追求通过突破这个有限的对象，在象外之象、景外之景中表达自己对人生的感悟，因此，意境所带给人的美感是一种人生感、历史感，是一种“形而上的慰藉”（尼采）。它与西方艺术家往往喜欢将眼前一个有限、单个的物象描绘得十分完美、逼真大异其趣，是中国人贡献给世界艺术宝库的一份珍贵礼物。中国重视意境美的传统审美思想，值得中国人在今日乃至未来继续保持和发展。

5. 推崇心灵美

受儒家尚德文化的影响，中国人的重要审美心理观之一是推崇心灵美，轻视形体美。例如，据《孟子·尽心上》记载：“孟子曰：‘形色，天性也；惟圣人然后可以践形。’”其认为一个人的身体容貌是天生的，一个人即便天生丽质，但假若其心灵不美，那么这种外在美也没有值得称道之处。只有通过自己的修身养性，用素养美来充实自然美，使自己兼备心灵美和外在美，这种人才称得上是圣人。《荀子·非相》说：“术正而心顺

---

① 顾建华主编．中国传统艺术．长沙：中南工业大学出版社，1998. 84 ~ 85.

② 刘承华．文化与人格　对中西文化差异的一次比较．合肥：中国科学技术大学出版社，2002. 250.

之，则形相虽恶而心术善，无害为君子也；形相虽善而心术恶，无害为小人也。”这表明，一个人只要心灵美，即便外观丑陋，仍会向人呈现一种美感；反之，一个人即使五官和体形长得匀称美观，但如果心怀不轨或道德败坏，那么不但不会让正义之人感受到一丝美感，而且会让正义之人觉得恶心。

6. 推崇柔美

《老子·八章》说：“上善若水。水善利万物而不争，处众人之所恶，故几于道。”① 《老子·七十八章》说：“天下莫柔弱于水，而攻坚强者莫之能胜，以其无以易之。弱之胜强，柔之胜刚，天下莫不知，莫能行。”② 等等。一部《老子》对“水”、“柔”推崇备至，这多带女性气质。受老子道家思想的深刻影响，中国文化在人物造型艺术上一向推崇柔美、女性之美。例如，中国小说推崇女性之美，这从中国古典小说喜欢用偏女性化的词语来描绘美男子的写作手法里就可看出。如《红楼梦》第三回描写贾宝玉时写道：“面若中秋之月，色如春晓之花，鬓若刀裁，眉如墨画，面如桃花瓣，目若秋波。虽怒时而若笑，即嗔视而有情……”《红楼梦》第七回描写令贾宝玉见了“心中便如有所失，痴了半日，自己心中又起了呆意”的秦钟时写道：“较宝玉吃力瘦巧些，清眉秀目，粉面朱唇，身材俊俏，举止风流，似在宝玉之上，只怯怯羞羞，有女儿之态，腼腆含糊……”不但言情小说如《红楼梦》里的美男子多呈现女性美，就连《三国演义》之类的小说在描写武将时，也往往用偏向于表达女性美的词语。像《三国演义》第一回描写关羽时写道，“身长九尺，髯长二尺；面如重枣，唇若涂脂；丹凤眼，卧蚕眉，相貌堂堂，威风凛凛”。“面若中秋之月，色如春晓之花”、“面如桃花瓣，目若秋波”、“清眉秀目，粉面朱唇”、“唇若涂脂”，等等，展现的都是女性之美，用此类词语来描绘美男子形象，中国人过于推崇女性美的心态可见一斑。“浓眉大眼，虎背熊腰”之类的词语本是描绘阳刚之美的，可惜，这类词语在中国文艺作品里一般被用来描绘张飞之类的猛将，且往往带有一丝贬义。像《三国演义》第一回描写张飞时写道：“身长八尺，豹头环眼，燕颔虎须，声若巨雷，势如奔马。”苏曼殊在《小说丛话》（1903 年版）也曾写道：

> 吾尝读吾国之小说，吾每见其写妇人眼里之美男儿，必曰：“面如冠玉，唇若涂脂。”此殆小说家之万口同声者也。吾国民之以文弱闻，于此可见矣。吾尝读德国之小说，吾每见其写妇人眼里之美男儿，辄曰：“须发蒙茸，金钮闪烁”。盖金钮云者，乃军人之服式也。观于此，由其国民之尚武精神可见矣。

7. 崇拜圆满

中国古典戏曲和小说等多喜欢“大团圆”结局。“大团圆”的模式有多种：一是有情女与穷秀才私订终身，穷秀才不负知遇之恩最终高中状元，这是最理想的团圆模式，中国经典喜剧多属此类；二是生不能团圆，死后也要通过结成连理枝或化为蝴蝶等方式来团圆，这是颇悲壮的团圆模式，《梁山伯与祝英台》和《孔雀东南飞》属此类；三是生前受尽冤屈，死后正义得以伸张的团圆模式，这是大快人心的团圆模式，《窦娥冤》

① 陈鼓应．老子注译及评介（修订增补本）．北京：中华书局，2009. 86.
② 陈鼓应．老子注译及评介（修订增补本）．北京：中华书局，2009. 337.

就属此类。[①] 因为崇拜圆满，苏轼一句“月有阴晴圆缺，人有悲欢离合”，不知曾打动过多少中国人的心；中秋节和除夕的“团圆饭”也是绝大多数中国人每年必过或必吃的，“有钱没钱，回家过年”。这类的俗语就折射出中国人喜爱团圆的这种心态；而随着流动人口的增多，尤其是大量农民工的外出打工，近几年来几乎每年都会出现“春运忙”的现象，这同样折射出“团圆情结”在当代中国人心中仍有相当大的影响力。

中国传统崇尚“大团圆”的心理模式与审美情趣最早由王国维揭示出来。他在1904年发表的《红楼梦评论》中说：“吾国人之精神，世间的也，乐天的也。故代表其精神之戏曲、小说，无往而不著此乐天之色彩：始于悲者终于欢，始于离者终于合，始于困者终于享；非是而欲餍阅者之心，难矣。若《牡丹亭》之返魂，《长生殿》之重圆，其最著之一例也。《西厢记》之以惊梦终也，未成之作也，此书若成，吾乌知其不为《续西厢》之浅陋也?”[②]

大团圆模式在中国古典戏曲和小说等艺术形式中的盛行，说明中国人有渴望圆满与美好生活的心态。大团圆结局，让好人终得好报，坏人终逃不过惩罚，这对唤起人们心中的正义感，激励人们去与邪恶作斗争，无疑颇有促进作用。试想，若仅以窦娥含冤死去收尾，那岂不是等于告诉人们人世间真是“好人不留种，留个破屎桶”？若果真如此，文艺作品也就失去了“惩恶扬善”的教育意义。大团圆结局让有情人终成眷属，这对人们树立正确的恋爱观也颇有益处，并能起到弘扬人性[③]的作用。大团圆结局还能缓和观众或听众过于强烈的悲伤情怀，让观众和听众重新获得心理平衡和心理安慰，从而起到心理保健的作用。当然，大团圆结局也折射出中国人心理脆弱的一面，如不敢或不愿正视现实，不敢或不愿与命运作斗争，“安天命”和相信“因果报应”等。因此，从某种意义上说，大团圆结局犹如一剂慢性毒药，于不知不觉中让一些人失去了进取精神与抗争精神。所以，对大团圆结局要辩证地看待，取其精华，去其糟粕。

三、对当代中国文艺心理观的启示

中国传统的文艺心理观对当代乃至未来的中国人树立完善的文艺心理观至少有五点启示，其中，“保持和发展中国人素有的重意境美和自然美的优良传统”已在上文作了探讨，下面只论其他三点：

（一）现实主义与浪漫主义要并重

中国文艺一向有浓厚的现实主义风格，但中式现实主义风格与西式现实主义风格的表现手法有较大差异：西式现实主义风格主要体现在作品的写实上，中式现实主义风格主要体现在作品的主旨上。具体地说，中式现实主义风格主要表现在两个方面：

（1）关注现实。

中国古代艺术家本着对劳苦大众的生存状况与命运归宿的深切关怀与同情，一贯善

---

① 程麻．中国心理偏失：圆满崇拜．北京：社会科学文献出版社，1999. 16 ~ 90.

② 姚淦铭等主编．王国维文集（第一卷）．北京：中国文史出版社，1997. 10.

③ 此处讲的人性是指人的善性，在本书看来，人的恶性部分不能算是人性，只能算是兽性。

于创造贴近现实的文艺作品，使得中国传统的文艺作品多以现实主义为主，里面充满了对国家、人民的关切之情，充满了忧患意识。典型者如“诗圣”杜甫，在安史之乱中，他身受国破家亡、妻离子散的苦难，却把全部忧思都放在对民众苦难的同情之上，从而写出了许多不朽的传世佳作。

（2）教人为善。

教人为善是贯穿中国文艺的重要主题之一。如孔子听了《韶》乐，三月不知肉味，就是因为《韶》乐“尽美矣，又尽善也”；孔子对《武》乐的评价就不如《韶》乐高，因为《武》乐虽“尽美矣，未尽善也”。[①]《韶》乐之所以高于《武》乐，根本原因或许不能从乐曲本身去找，而要从其所处的时代背景去找。《韶》是舜时的乐曲名，舜的天子之位是由尧禅让而来的，故孔子认为“尽善尽美”。《武》是周武王时的乐曲名，周武王的天子之位是由讨伐商纣而来，虽是正义之战，依孔子之意，却“未尽善”[②]。孔子将《韶》乐放在《武》乐之上，目的就是突出音乐的教化功能。由于文艺具有教人为善的功能，所以，据《论语·泰伯》记载，孔子就主张“兴于《诗》，立于礼，成于乐”。这种将诗和乐等文艺与政治教化相联系，认为它们是进行道德伦理政治教育的重要手段的思想，在《诗序》卷上《大序》里已说得非常清楚、明确：“故正得失，动天地，感鬼神，莫近于诗。先王是以经夫妇，成孝敬，厚人伦，美教化，移风俗。”唐代文学家韩愈力倡“文以载道”。唐人张彦远在《叙画之源流》开篇时便说：“夫画者，成教化、助人伦、穷神变、测幽微，与六籍同功，四时并运，发于天然，非由述作。”[③] 宋儒朱熹主张：“道者，文之根本；文者，道之枝叶。惟其根本乎道，所以发之于文，皆道也。三代圣贤文章，皆从此心写出，文便是道。”[④] 宋人米芾声称：“古人图画，无非劝戒。”[⑤] 王守仁在《传习录中·训蒙大意示教读刘伯颂等》中也说：“今教童子，惟当以孝悌忠信礼义廉耻为专务。其栽培涵养之方，则宜诱之歌诗以发其志意，导之习礼以肃其威仪，讽之读书以开其知觉。”这种寓劝诫于文艺的传统，可以看作是现实主义在文艺中的重要体现之一，其实质是主张“为道德而艺术”、“为人生而艺术”，而反对“为艺术而艺术”。正由于此，孔子一向重视文艺在教人为善中的作用，主张运用文艺作品来熏陶人的心灵。

可见，正是这种人道主义、现实主义的传统，使得中国传统文艺从风格流派上讲缺少浪漫主义，少有脱离现实、不问人世、专重形式的“唯美主义”等“为艺术而艺术”的艺术派别。[⑥] 为了满足人们的不同的审美情趣和促进中国人的审美观向更加健全而完善的方向发展，今后的文艺工作者既要创造出一些高尚的现实主义作品，也要创造出一些高尚的浪漫主义作品，而不要厚此薄彼。

这里还需补充两点：一是，虽然中国的文艺作品有强烈的现实主义色彩，但并不意味着中国历史上就没有一丝一毫“为艺术而艺术”的痕迹。事实上，“曹丕的一个时代

---

① 出自《论语·八佾》。

② 杨伯峻译注．论语译注（第二版）．北京：中华书局，1980. 33.

③ （清）孙岳颁等奉敕撰．御定佩文斋书画谱．载四库全书（第819册）．上海：上海古籍出版社，1987. 360.

④ 出自《朱子语类》卷第一百三十九。

⑤ 出自《御定佩文斋书画谱》卷十五《论画五·宋米芾论画》。

⑥ 杜汉生．中国精神．武汉：长江文艺出版社，1998. 309.

可说是‘文学的自觉时代’，或如近代所说是为艺术而艺术（Art for Art’s Sake）的一派”。因为曹丕主张诗赋不必寓教训，反对当时那些寓训勉于诗赋的见解。① 宗白华在《论〈世说新语〉和晋人的美》一文里也说：“汉末魏晋六朝是中国政治上最混乱、社会上最苦痛的时代，然而也是精神史上极自由、极解放，最富于智慧、最浓于热情的一个时代。因此也就是最富有艺术精神的一个时代。王羲之父子的字，顾恺之和陆探微的画，戴逵和戴颙的雕塑，嵇康的广陵散（琴曲），曹植、阮籍、陶潜、谢灵运、鲍照、谢朓的诗，郦道元、杨衒之的写景文，云岗、龙门壮纬的造像，洛阳和南朝的宏丽的寺院，无不是光芒万丈、前无古人，奠定了后世文学艺术的根基与趋向。”②二是，为人生而艺术与为艺术而艺术，只有相对的区别，而无绝对的鸿沟。因为真正伟大的为艺术而艺术的作品，必然能为人生、为社会作出某一方面的贡献。同时，为人生而艺术的极究，也必自然会归于纯艺术之上，将艺术从内容方面向前推进。③

（二）阳刚之美与阴柔之美要兼顾

“阳刚之美”与“阴柔之美”是清代姚鼐提出的美学观念。“阳刚”有豪放、雄奇等含义；“阴柔”有婉约、清绮等含义。④ 如前文所述，中国传统文化一向在人体审美心态上推崇阴柔之美、女性之美。当然，说中国人过于推崇阴柔之美、女性之美，也并不是说中国人就一点也不追求阳刚之美、男性之美，事实上，在书法艺术上，中国人讲究硬瘦遒劲的阳刚之美，这典型地体现在卫夫人提倡“多骨微肉”的书法上。据《御定佩文斋书画谱》卷三《晋卫夫人笔阵图》记载，卫夫人说：“善笔力者多骨，不善笔力者多肉。多骨微肉者谓之筋书，多肉微骨者谓之墨猪。多力丰筋者圣，无力无筋者病，一一从其消息而用之。”不过，中国人讲的阳刚美毕竟主要是局限于书法等狭小的艺术空间里，就中国人的人体审美心态而言，是推崇阴柔之美的，这就导致了中国的文学作品、绘画作品、陶瓷作品、雕塑作品和音乐作品等艺术作品里阳刚之美的不足。为了满足人们的不同审美情趣和促进中国人的审美观向更加健全而完善的方向发展，今后的中国艺术也要兼顾阳刚之美和阴柔之美，做到“会而弗偏”⑤（姚鼐语）。

（三）要辩证地看待“和为美”的思想

中国传统艺术将“和为美”放在突出的位置而予以强调，这主要体现在两个方面：一方面，就人与自然的关系而言，在突出人与自然的关系融洽、和谐的一面时，主张人要顺应自然，认为顺应自然符合人的生存与发展的需要，并可以提高人的精神、道德修养。但是，这使得在表现人和自然矛盾、冲突的一面以及人对自然变革、改造的一面时，中国的艺术不如西方的艺术表现得那么充分、鲜明。另一方面，就对待人生的态度而言，中国传统艺术偏爱和平、宁静、空灵、清远之美，而较少揭示剧烈的矛盾、复杂的斗争、

① 鲁迅．而已集·魏晋风度及文章与药及酒之关系．载鲁迅全集（第三卷）．北京：人民文学出版社，1973. 490～491.

② 宗白华．美学与意境．北京：人民出版社，1987. 183.

③ 徐复观．中国艺术精神．沈阳：春风文艺出版社，1987. 35.

④ 夏征农，陈至立主编．辞海（第六版彩图本）．上海：上海辞书出版社，2009. 2653.

⑤ 夏征农，陈至立主编．辞海（第六版彩图本）．上海：上海辞书出版社，2009. 2653.

惨淡的人生、悲壮的牺牲，即便写到了这些内容，大都在最后要给以大团圆的结局，让读者和观众回到平和的境界里。这样做的优点是表现了中国人的乐观精神以及对未来的美好愿望。其缺点是限制了艺术的表现形式，使中国传统艺术在形式上有单调之嫌；同时，它有时起到了粉饰太平、消磨斗志、阻碍变革的作用。再者，中国传统艺术太注重"寓教于乐"与"文以载道"，也在一定程度上破坏了艺术的内在规律，使艺术在较大程度上成为政治教化的工具。如周初，统治者通过政治手段将五音与伦理观念相结合，要求超出了五声范围的，便不为礼所容。孔子说的"郑声淫"指的便是郑声超出了五声音阶的圈子。久而久之，这使得中国的五音调竟然具有多不用半音的特点。据《史记》卷八十六《荆轲》记载，荆轲起身去刺秦王之前，许多人至易水送行，这时，"高渐离击筑，荆轲和而歌，为变徵之声，士皆垂泪涕泣。又前而歌曰：风萧萧兮易水寒，壮士一去兮不复还。复为羽声慷慨，士皆瞋目，发尽上指冠。于是荆轲就车而去，终已不顾。"令当时送行的人"垂泪涕泣"的重要原因之一是"变徵"这个音，也就是半音。可惜的是，这类音乐在后世多不被欣赏。音乐心理表明，半音的旋律较富有表现力，令人感情上较不稳定，因此，半音易使人产生紧张，并要求解除紧张；无伴音的音乐则较平易切实，易令人轻松安静。中国人一向推崇中和之美，使得很多中国人表现出乐观精神以及对未来的美好愿望，与此同时，也习惯于温情脉脉、悠闲自得、顺从听话地生活，即使遇到一些烦恼与忧伤，也要将之淡化到最低程度，甚至抹上一层诗意，从而也在一定程度上起到了粉饰太平、消磨斗志、阻碍变革的作用。①

西方学人中也有人主张"和为美"。如早在古希腊时期，毕达哥拉斯学派便主张"美是和谐"的审美观，将美看作是整体中各部分搭配得恰到好处的结果。亚里士多德也说："不论就实体而论，还是就是其所是的原理而论，德性就是中间性，中庸是最高的善和极端的美。"② 但与此同时，西方学人又多认识到，自然力是一种与人敌对的力量，人要生存、要发展，就必须与自然相抗争，就必须改造自然、征服自然，因此，西方艺术又将人和自然矛盾、冲突的一面放在突出位置而予以强调，充分而鲜明地将人对自然变革、改造的一面用艺术的方式表达出来。像《伊利亚特》和《奥德赛》等史诗，《被缚的普罗米修斯》和《俄狄浦斯王》等悲剧，以及后来的《神曲》、《堂吉诃德》、《鲁滨孙漂流记》、《浮士德》、《老人与海》等作品，其主题大都是人类征服自然、人与命运抗争之类。③

可见，中国人以和为美的心态既有长处也有不足，而西方人以矛盾、冲突为美的心态同样是既有长处也有不足，本着"他山之石，可以攻玉"的态度，当代中国人既要善于发挥和为美的思想的长处，也要大胆借鉴西方人以冲突为美的思想的长处，从而使中国人的审美心态更趋完善。

---

① 魏磊．中国人的人格　从传统到现代．贵阳：贵州人民出版社，1988. 69～72.

② ［古希腊］亚里士多德．尼科马克伦理学．苗力田译．见苗力田主编．亚里士多德全集（第八卷）．北京：中国人民大学出版社，1992. 36.

③ 顾建华主编．中国传统艺术．长沙：中南工业大学出版社，1998. 12.

君子所以异于人者，以其存心也。君子以仁存心，以礼存心。

——孟子

内圣外王之道。

——《庄子·天下》

盖有太阴之人、少阴之人、太阳之人、少阳之人、阴阳和平之人。凡五人者，其态不同，其筋骨气血各不等。

——《灵枢·通天》

第十三章　中国人的人格心理观

就中国人的人格心理观而言，以下几方面的内容有相当大的现代意义：一是中国人心中的“人格”的含义；二是人格形成学说；三是人格分类思想；四是中国传统理想人格、现实人格及二者脱节的原因；五是中西方人格观的比较。因为人格形成学说主要是性习论，而性习论在前文有论述，下面只论余下的内容。

一、什么是“人格”

（一）西式“人格”的含义

英文“personality”（“人格”）一词来自拉丁文 persona，本指舞台上演员所戴的特殊面具，它表现剧中人物的身份。这意味着在舞台上，人格面具能让观众非常直观地知晓一个角色的心理（包括其品性）与行为方式，因为带有某种面具的演员一般是非常“刻板”地按面具所规定的心理与行为方式在台上进行表演的，而不是按演员自己当时的真实内心想法行动。在英文中，“人”（person）这个字的古字远在西塞罗时代（Cicero，前106—前43）的文献中就有面具（mask）的意思，是指一个人在一幕剧中所扮演的角色。所以，“人”是时时注意着自己在一群人中的地位、自己在他人心目中的地位的。[①] 可见，西方人将面具定义为人格，实际上包含两层含义：①指个人在人生舞台（从戏台演变而来）上扮演的角色，即扮演的自我或人格面具。换言之，在人际交往里，人格面具是一个人公开展示的一面，能让一个人按面具而不是内心所代表的性格行动，犹如京剧里的脸谱一般。②指深层的内心世界，即真实的自我或自我的本来面目。合而言之，人格既包括外部自我也包括内部自我。[②] 顺便指出，西方人对“人”的上述理解，与儒家

① 李心天，汤慈美编．丁瓒心理学文选．北京：人民教育出版社，2009. 83.

② 黄希庭．人格心理学．杭州：浙江教育出版社，2002. 5.

将"人"放在人际关系中去理解，强调"仁者人也"[①]、"人者仁也"[②]，有一定的相通之处。

（二）中式"人格"的含义

1. "人格"是一个外来词

中国人在事实上也曾用"面具"来表示人物的心理与行为特征。例如，在中国的某些戏剧（如"地戏"和京剧）里，"脸谱"（如图13－1所示）是重要的道具之一。"脸谱"犹如人格面具一般，能让观众非常直观地知晓一个角色的心理（包括其品性）与行为方式：黑脸谱代表公正严明，包公是公正严明的，与此品性一致，京剧里包公的脸永远是黑的；白脸谱代表奸诈狡猾，在"正统人士"看来，曹操是一代奸雄，与此品性一致，京剧里曹操的脸一般是白的。从京剧等中国某些戏剧使用脸谱这一事实看，中国人也曾用不同的"面具"来表示不同人物的心理与行为特征。又如，街头来来往往的人群中，每个人的服饰、发型和气质等都有差异，代表了他们不同的身份、地位。

图13－1 "屯堡地戏"所用的部分面具

（2009年8月18日笔者摄于贵州省"屯堡景区"的地戏舞台旁）

虽然在事实上中国人也曾用"面具"来表示人物的心理与行为特征，但在汉语词汇里，"人格"是一个外来词，中国古籍里没有"人格"一词。笔者查遍商务印书馆1983年12月出版的修订版《辞源》，没有发现"人格"一词。而据该《辞源》的"出版说明"讲，《辞源》收词一般止于鸦片战争（1840年），这表明"人格"一词在1840年以前的中国典籍里没有出现过。

2. 中国向来有理想人格、独立人格和道德人格的思想

虽然中国古籍里没有"人格"一词，却有理想人格、独立人格和道德人格的思想。在古代中国，儒、道、释诸家都曾阐述过自己的理想人格，这将在下文作探讨，这里不多讲。同时，稍有一些古文知识的人都熟悉孟子的一句名言："富贵不能淫，贫贱不能

---

① 《孟子·尽心下》说："仁也者，人也。合而言之，道也。"（杨伯峻译注．孟子译注．北京：中华书局，2005. 329）

② 冯友兰．中国哲学史新编（第五册）．北京：人民出版社，1988. 15.

移，威武不能屈。”这就是孟子所讲的“大丈夫”的人格特征。它告诉人们，一个人若想让自己具备“大丈夫”的人格特征，他（或她）就要有独立的意志，此意志不受外界势力的压制。孟子这一曾激励了无数中华儿女的名言，用今天的话说，就是做人要保持独立人格。其实，要保持独立人格或保持人格尊严的思想在中国源远流长，在约成书于西周初年的《周易古经》里就有此类思想。“居天下之广居，立天下之正位，行天下之在道”这三句话的重要意义一向为中国学人所推崇。《礼记·儒行》提出“士可杀而不可辱也”的主张，将保持人格尊严的思想推向了最高峰。从人格心理学的角度看，独立人格既是理想人格的有机组成部分之一，又是理想人格得以实现的基础与前提，孟子所说的关于“大丈夫人格”的至理名言和朱自清不为五斗米折腰的实践，都很好地说明了这一点。正由于此，中国先哲所倡导的理想人格都是建立在独立人格的基础之上的。

再者，中国传统文化认为“人”是要靠自己“做”出来的。而从人贵论思想可知，在先哲看来，人贵于其他万事万物的属性主要是人具有良好品德与卓越智能，其中尤以拥有良好品德最为重要。[①] 因此，中国人讲的人贵于其他万物的属性实际上主要指人的德性。于是，中国传统文化的主流即儒家文化，就将人格视为道德人格，缺德就意味着没有人格。由此可见，在儒家文化的影响下，中国传统的人格思想的主要内容之一是讲“做人”或“为人”问题。从这个意义上看，中国人讲的人格主要指人的那些有别于动物的属性，人以此而与动物区别开来。因此，在中国文化里“没有人格”或“丧失人格”是一件非常严重的事情，它意味着一个人已丧失了“做人”的尊严或“做人”的基本要求，实际上已沦为与猪、狗一类的动物。不过，也正是儒家文化“将人格视为道德人格”的观念过于狭隘，不但难以与西方心理学人格概念“接轨”，更不利于中国人塑造出健全的人格。后来蔡元培从教育的角度入手，赋予健康人格以更丰富的内容，他在《普通教育和职业教育》中主张：“健全的人格，内分四育，即（一）体育，（二）智育，（三）德育，（四）美育。”这实际上就扩大了中国式的人格的含义，因为蔡元培眼中的健全人格实际上是道德人格、理智人格、审美人格和肌体人格的统一体。

3. 中式人格兼有“人品”与“个性”之义

在中国传统文化如儒家文化看来，人是纷繁复杂的，不同的人具有不同的人格特征，像儒家所讲的“君子”和“小人”虽都是“人”，却有截然不同的人格特征。从这一意义上讲，中国本土文化所讲的人格不但有“人品”之义，还有“个性”之义。

“人品”一词为中国文化所固有，它的含义有两个：一是指人的品格。如《文选》中南朝梁沈休文（约）的《奏弹王源》：“源虽人品庸陋，胄实参华。”[②] 二是指人的仪表。《古今小说》卷十九：“薛宣尉见杨知县人品虽是瘦小，却有学问。”[③]

中国人讲的个性主要指一个人与其他人相区别的属性，一个人以此而与其他人区别开来。因此，在中国文化里，一个“没有个性”的人仍是“人”，只不过在他身上找不到某些明显“与众不同”的东西，是个“大众凡人”而已。由此可见，中国人讲的“个性”实际上相当于西方心理学所讲的“个性差异”。

---

① 汪凤炎. 中国心理学思想史. 上海：上海教育出版社，2008. 60～69.

② 商务印书馆编辑部编. 辞源. 北京：商务印书馆，1983. 159.

③ 中国社会科学院语言研究所词典编辑室编. 现代汉语词典. 北京：商务印书馆，1978. 286～287.

基于以上分析，笔者较赞成葛鲁嘉对中式“人格”概念的分析：中国本土文化里的“人格”包含两个相互关联的含义：一是指人所独具的品性，也就是个人的道德品质，它使人与禽兽区别开来；二是指人的品性与才能所呈现的不同等级，它使人与人区别开来。①

（三）人格与个性的辨析

在当代中国心理学界，既有“人格心理学”的提法，又有“个性心理学”的术语，易让人觉得它们是两种不同的东西。其缘由在于二者的来源有差异：“人格心理学”中的“人格”一词译自英文“personality”，它主要来自西方心理学；“个性心理学”中的“个性”一词译自俄文“ЛИЧНОСТЬ”，它主要来自苏联。周冠生认为，西方心理学中的 personality 与俄文 ЛИЧНОСТЬ 描绘的是同一对象，理由主要有二：

一是，从词源上看，personality 与 ЛИЧНОСТЬ 都源自 persona。personality 一词源于古希腊文 persona。苏联心理学家鲁宾斯坦在《心理学原则和发展道路》一书中也明确指出，ЛИЧНОСТЬ 一词同样源于 persona。

二是，从词义上看，辞书对 personality 和 ЛИЧНОСТЬ 两个词汇的释义也基本一致。在《远东英汉大辞典》中，对 personality 的注解有：①个性，②人格。在《俄汉大辞典》中对 ЛИЧНОСТЬ 的注解是：①个性，②个人、身份，③人物。从这两本辞典里对两个词汇的注解可以明显地看到它们含义的一致性。《牛津大字典》对 personality 作了如下说明：①人之区别于物的品质、特征或事实；那种使个体存在的特征或本性。②形成（构成）当前某个人的品质或品质之集合，它使他与其他人有所区别；相互区别的个人的或个体的特征，特别指那种显著的或值得注意的特征。③某个个体的存在。一个人。④集合在一起的身体之各部分之和；身体、人。⑤与一个外人或特殊人有关的事实；特别指那种以轻蔑、不友善的方式提及某个个体时，被直接施予或指向他的品质。

可见，personality 和 ЛИЧНОСТЬ 二词的词源相同，含义基本一样，在心理学上完全可以规范化地译成一个中文术语，而不必用“人格”和“个性”两个名词加以翻译。②

那么，到底是用“人格”还是用“个性”来翻译 personality 一词呢？周冠生的观点是：将 personality 译成“个性”更符合心理学的特殊要求。理由有二：①“人格”一词在中国往往包含多种意义，可能使人误解为道德或伦理方面的问题。诚如《人格心理学》的作者朱道俊所说：“人格（personality）这个词在我国用得很泛，我们常常听到人家说某某的人格高尚，某某的人格卑鄙，其实这是从道德的或伦理的观点出发所予人一种评断。虽能代表心理学上所谓人格的一部分的意义，可是并不能算是科学的。”②把 personality 译成“人格”违背了西方心理学家的本意。正如 1980 年美国出版的 *Personality* 一书的作者 Abramsom 所说：古希腊时代，是将 character（特性、性格）这个词运用在现代的 personality 的地方。为什么需要用 personality 一词去代替 character 呢？Abramsom 写

① 葛鲁嘉．心理文化论要——中西心理学传统跨文化解析．大连：辽宁师范大学出版社，1995. 203.

② 周冠生．关于 personality 译名问题的商榷［］．心理科学通讯，1985（2）：56～57.

道："由于人们在临床方面与心理学以及变态心理学方面日益增长的兴趣，人们开始用personality这一术语代替character。这是因为personality这个词的附加意义较少，而character一词常被人们用在道德的与宗教的著作中。心理学家要回避混乱，就要创造一个特殊的心理学术语。所以，在30年代后期与40年代，personality几乎成了一切涉及character的代替物。"①

周冠生较详细地考证了英文personality和俄文ЛИЧНОСТЬ两词的含义，并指出二者之间实际上是相通的；换言之，"人格"等同于"个性"，两个性心理学与人格心理学也是两个可以互换的名词。高玉祥认同周冠生"personality和ЛИЧНОСТЬ二词的词源相同，含义基本一样"的观点，并指出了心理学上使用的个性或人格这一术语与中国人日常生活中所用的个性或人格这一习惯用语的差异之所在。高玉祥在《个性心理学》里写道：

> 心理学中所用的个性和人格这两个词是从外国语中翻译过来的。在中国心理学界传统上把英文的personality译成人格，中华人民共和国成立后俄文中的ЛИЧНОСТЬ一词传到中国，学界把它译成个性。由于译法不同，在中国心理学界运用这两个概念时有些混乱。其实这两个词汇的含义是一致的，二者在词源上也一致：personality一词源于古希腊文persona（面具），是指演员在舞台上演戏扮演角色所戴的面具。在古代戴这种假面具表示戏剧中人物心理的某种典型性，如"高傲的人"、"狡猾奸诈的人"等等。心理学沿用其含义，把一个人在人生舞台上所扮演角色的种种心理活动的总体看成是个性。苏联心理学家鲁宾斯坦也认为ЛИЧНОСТЬ一词同样源于persona。可见，personality和ЛИЧНОСТЬ二者都可译作"个性"，也可以译作"人格"，只是作者在翻译时有所不同。我们是把"个性"和"人格"作同义语使用的。
>
> 必须指出，心理科学使用的个性或人格这一术语有别于日常生活中的习惯用语。在日常生活中常常从伦理道德观点出发，使用"人格"对人的行为进行评价。如说某某人的人格高尚，某某人的人格卑劣，也常说某某人缺乏人格。这里包含心理学中关于个性或人格的部分含义，但它不是从人的全部行为的心理方面说明人的个性特点，因此，它不是心理学的科学概念。在西方，"人格"常常用于广告宣传用语。在广告上醒目地写着，要人们从姿态、容貌、衣着、发型、装束等方面表现一个人的人格，这种从外表尊重人的所谓"人格"，也远非心理学中对个性或人格的解释。
>
> 也不能把个性或人格与个体的独特性相混淆，在英语中individuality和俄语中的ИНДИВИДУαЛЬНОСТЬ都表示个体的个别性，这是不能表明个性的全部含义的。个性或人格只能是共性和个别性的统一。②

可见，中国本土文化中的"人格"和"个性"二词与西方心理学上所用的"人格"和俄文里所用的"个性"二词既有联系也有区别，由此就易出现某些混乱与尴尬局面：中国的一些心理学研究者，就其学术素养而言，主要接受的是外国尤其是西方心理学的

---

① 周冠生. 关于personality译名问题的商榷. 心理科学通讯，1985（2）：56～57.

② 高玉祥. 个性心理学［M］. 北京：北京师范大学出版社，1989. 5～7.

训练，于是多按西方人格心理学的思路来研究中国人的人格；但是，这些心理学研究者毕竟是中国人，在潜移默化中也接受了中国本土的人格概念及相应的人格思想。于是乎，在当代中国社会，一些心理学研究者在其研究中所用的“人格”一词就其含义而言，虽主要是西方的，但也渗透有中国本土人格的某些含义；而绝大多数未受过心理学训练的中国人心中所讲的人格就其含义而言则主要是中国式的，于是就出现了“鸡同鸭讲”的尴尬局面。为了避免此种混乱或尴尬局面的发生，高玉祥的建议有一定的道理：将心理学上使用的个性或人格这一术语与中国人日常生活中所用的个性或人格这一习惯用语分开。不过，中国的心理学研究者在研究中国人的人格特征时，若过于剥离中国文化这一重要的影响因素，难免会使自己的研究陷入“缺乏文化生态效度”的泥潭，这对准确理解中国人的人格心理没有益处。

（四）小结

综上所述，妥善的解决办法是，采用融会中西方人格心理学思想的长处来研究人格，将人格（personality）定义为：指一系列复杂的、具有跨时间和跨情境特点的，对个体特征性行为模式（内隐的和外显的）有影响的独特的心理品质。[①] 人格赋予个人适应环境的独特模式，它是遗传与环境交互作用的结果，包含着一个人受过去的影响以及对现在和未来的建构。人格的这一定义包含以下三层意思：

第一，人格的独特性。当人们在谈到人格时，首先想到的是人与人之间的个体差异，即适应环境的独特模式。每一个人的人格形成都是遗传和环境交互作用的结果。除同卵双生之外，每个人的遗传基因都不同，人们的生存环境和受教育环境也不同，从而形成了各自独特的人格特征。“人心不同，各如其面”。现实生活中的人格千差万别。这就是人格的独特性。虽然人与人之间也有许多共性，但人格心理学家关注的重点是人与人之间的差异性。

第二，人格的整体性。个人适应环境的独特模式即生活风格是可以被他人感知和描述的，它是由其认知特征、情绪特征和意志行动特征所构成的整体机能所决定的。尽管人们可以对个别的心理特征进行分析研究，但是，各个心理特征在一个现实的人的身上并非孤立存在，而是紧密联系，整合为一个有机的统一体。一个人的所思、所感和所做总是互相联系、互相影响的。

第三，人格的时间维度。不只是现在的经历对人格起作用，过去的经历透过现在的人格结构和记忆也影响着人们的现在。人们对未来的目标和期望也影响着现在。像对过去的记忆和对现在的感知一样，对未来的想象和追求也是人们人格的一部分。虽然未来不能决定现在，但人们对未来的洞察力能决定人们的现在。[②]

---

① ［美］理查德·格里格等．心理学与生活（第十六版）．王垒等译．北京：人民邮电出版社，2003. 386.

② ［美］理查德·格里格等．心理学与生活（第十六版）．王垒等译．北京：人民邮电出版社，2003. 409 ~ 410.

二、中国文化里的人格类型说

先哲为了增进人们对人格的认识，也对人格作了分类。因不同人所持的分类标准不同，于是出现了不同的人格分类思想，下面论述其中影响最大的三种人格类型学说。

（一）儒家“君子—小人”二分式的人格类型说

从人格心理学和文化心理学的角度看，具备和谐精神的典型人格正是孔子等人所倡导的君子人格。因为依孔子等人的言论，君子一般是用“兼容多端而相互和谐”（张岱年语）的思想来处理天人、人我、身心和主客我的关系的，因此，君子人格实际上是一种具有仁爱、平等、尊重、宽恕等人格特质，且具有共生取向、能够和谐发展的独立人格。既然如此，界定和培育君子人格就是在当代中国心理学研究里落实和谐精神的一项重要举措。同时，近年来随着文化心理学（广义的）的兴起，人格心理学中一些重要主题的文化差异就成为人格心理学研究中一种值得注意的新动向。其中，不同文化所推崇的人格类型这一主题，现在也越来越受到学人的重视。在这一问题上，孔子提出了对后世中国人做人风格影响深远的“君子—小人”二分式的人格类型说。要弄清这一人格类型说的含义，首先要理清“君子”与“小人”二词的含义。

1. 三个核心概念的界定

(1)“君子”的含义。

综合《汉语大字典》与《辞海》的观点，可以得出在汉语里，“君”的含义与用法主要有十种：

第一，古代大夫以上据有土地的各级统治者的通称。《仪礼·丧服》：“君，至尊也。”郑玄注：“天子、诸侯及卿、大夫有地者皆曰君。”后指君主制国家的元首。

第二，主宰者。《老子·七十章》：“言有宗，事有君。”① 王弼注：“君，万物之主也。”《荀子·解蔽》：“心者，形之君也，而神明之主也。”

第三，统治。《管子·权修》：“君国不能壹民，而求宗庙社稷之无危，不可得也。”

第四，封号。如战国时商鞅称商君，白起称武安君，还有著名的孟尝君、春申君和信陵君。亦可用于上层妇女。如汉武帝的外祖母臧儿被尊称为平原君。

第五，称天子、诸侯之妻。

第六，对人的敬称。在下级对上级、上级对下级、子孙称父祖辈和彼此对称时均可使用。如《史记·张仪列传》：“臣非知君，知君乃苏君。”

第七，称先祖、父母或父亲。

第八，妻称夫。古乐府《孔雀东南飞》：“十七为君妇。”

第九，中医方剂中起主要作用的药。

---

① 陈鼓应．老子注译及评介（修订增补本）．北京：中华书局，2009. 314.

第十，姓。《正字通·口部》：“君，姓。明有君助。”①

进一步分析可知，除作为姓氏外，在“君”其余的九种含义里，“统治”是“君”的本义。正如《说文·口部》所说：“君，尊也，从尹口，口以发号。”段玉裁注：“尹，治也。”②“君”的其他八种含义皆可从此本义里引申出来：“君”即“统治”，一旦将之用作名词，自然可以指称实施“统治”的人，这样，“君”便有了“主宰者”的含义。在中国古代，能够主宰他人命运、对他人发号施令的人，在社会上往往都是占有许多土地的大地主，自然可用“君”通称“大夫以上据有土地的各级统治者”；在家庭中能够主宰他人命运、对他人发号施令的人，常常是在世的父母，一些已逝的先祖或父母的“余威”往往也在，这样，也可用“君”敬称先祖或在世的父母。“君”既然有“主宰者”之义，自然拥有浓厚的褒义色彩，将之作为一种“尊号”或“封号”使用，以显示被尊者或被封者所拥有的巨大权力和所享有的殊荣，也就在情理之中了。在官本位和崇尚男权的中国传统社会，下级或无权无势的老百姓以象征“权力”的“君”的称谓敬称“上级”或“各级据有土地的统治者”，同样在情理之中；身为人妻者以“君”指称自己的丈夫，自然能够显示出自己对丈夫（包括夫权）的尊敬。“君”有“敬称”之义，上级称下级为“君”，既显得自己能够礼贤下士，又是给予下级的一种无上荣誉，这往往是上级赢取人心的一种既简易、经济又非常有效的做法，任何一个稍有头脑的上级都会乐此不疲的；而平辈相互以“君”对称，则显互相尊重对方之义。“君”既然有主宰者之义，那中医方剂中起主要作用的药自然也可叫作“君”。

综合《辞源》与《辞海》的观点，得出“君子”一词的含义主要有三种：

第一，西周、春秋时期对贵族的通称。《书·无逸》：“君子所其无逸。”孔颖达疏引郑玄曰：“君子，止谓在官长者。”《国语·鲁语上》：“君子务治，小人务力。”君子指当时的统治者，小人指当时的被统治者。

第二，泛称“有才德的人”。这一含义主要是从春秋末年后逐渐形成的。

第三，古时妻对夫的尊称。《诗·召南·草虫》：“未见君子，忧心忡忡。”③

稍加分析可知，在“君子”一词里，“子”读作“zi”，仅作“后缀”之用。因为“君子”一词的上述三种含义均可直接从“君”字里推导出来：第一种含义是沿用了意指“古代大夫以上据有土地的各级统治者的通称”的“君”的含义；第三种含义是沿用了意指“妻称夫”的“君”的含义；第二种含义则是拓展意指“对人的敬称”的“君”的含义的结果，因为对人使用“敬称”，若是出于自己的本意，往往意味着称呼者对被指称的人的才德认可。从意指“有德者”的“君子”一词主要是从春秋末年后逐渐形成的这一史实看，使“君子”一词的含义与用法发生如此巨大变化的人正是孔子。因为据

---

① 汉语大字典编辑委员会编纂. 汉语大字典（第二版九卷本）. 成都：四川辞书出版社，武汉：崇文书局，2010. 644；辞海（第六版缩印本）. 上海：上海辞书出版社，2010. 999.

② （汉）许慎撰.（清）段玉裁注. 说文解字注. 上海：上海古籍出版社，1988. 57.

③ 夏征农，陈至立主编. 辞海（第六版缩印本）. 上海：上海辞书出版社，2010. 999；商务印书馆编辑部编. 辞源（修订本）. 北京：商务印书馆，1983. 486.

杨伯峻的研究，在《论语》一书中，“君子”一词共出现107次，[①] 其中，意指“有才德的人”的“君子”共106次，意指“在高位的人”的“君子”只有1次（据《论语·颜渊》记载，孔子说：“君子之德风，小人之德草。草上之风，必偃。”这之中的“君子”是“在高位者”或“领导人”之义）。可见，正是自孔子开始，“君子”一词才普遍用于指称“有道德的人”，而原本指称“在上位者”的“君子”一词的使用频率则大幅度降低，乃至最终不用了。

（2）“小人”的含义。

综合《辞源》与《辞海》的观点，得出“小人”一词的含义有五种：

第一，西周时对一种被统治的生产者的称谓。《书·无逸》：“相小人，厥父母勤劳稼穑，厥子乃不知稼穑之艰难，乃逸。”春秋时将统治阶级称为“君子”，将被统治的劳动生产者称为“小人”。

第二，旧时地位低的人对上自称的谦辞。《左传·隐公元年》：“小人有母。”小人，颍考叔对郑庄公自称。

第三，矮小的人。《山海经·大荒东经》：“有小人国，名靖人。”

第四，泛指“无德者”或“见闻浅薄的人”，此种用法自春秋末年以后逐渐形成。

第五，指小孩。[②]

从意指“无德者”的“小人”一词主要是从春秋末年后逐渐形成的这一史实看，使“小人”一词的含义与用法发生如此巨大变化的人也正是孔子。因为据杨伯峻的研究，“小人”一词在《论语》里共出现24次，其中，意指“无德之人”的“小人”共20次，意指“老百姓”的“小人”共4次。[③] 由此可见，正是自孔子开始，“小人”一词才普遍用于指称“无德者”，而原本指称“被统治者即老百姓”的“小人”一词的使用频率反而大大降低了。

（3）“君子—小人”二分式人格类型说的含义。

综上所述，当孔子将“君子”和“小人”用来指称人格类型时，“君子”意指“有才德的人”，“小人”意指“无德之人”。因此，所谓“君子—小人”二分式的人格类型说，是指主要以德行高低（兼顾才智大小）为标准，将人分为君子和小人两种类型的一种人格类型说。在这里，所谓君子人格，是指在整体上较好地具备儒家所倡导的（大）仁、（大）义、（大）礼、（大）智四种根源特质，从而在行为中较好地体现出“天人之和”、“人际之和”、“个体的身心内外之和”的人格。所谓小人人格，是指在整体上基本不具备儒家所倡导的（大）仁、（大）义、（大）礼、（大）智等四种根源特质，或只有小仁、小义、小礼、小智（小聪明）等四种根源特质，从而在行为中不能较好地体现出“天人之和”、“人际之和”、“个体的身心内外之和”的人格。“君子—小人”二分式的人格类型说的首倡者为孔子，其后经过历代学人尤其是儒家学人（也包括其他派别的学

---

① 杨伯峻译注．论语译注（第二版）．北京：中华书局，1980. 241.

② 夏征农，陈至立主编．辞海（第六版缩印本）．上海：上海辞书出版社，2010. 2092；商务印书馆编辑部编．辞源（修订本）．北京：商务印书馆，1983. 882.

③ 杨伯峻译注．论语译注（第二版）．北京：中华书局，1980. 218.

人）的不断完善，对中国人的做人方式产生了深远影响，至今仍深深地影响着许多中国人的做人风格。

2. 衡量“君子—小人”人格类型的标准

以什么标准来判断一个人是在做“君子”还是在做“小人”呢？综观以儒家为主体的中国传统文化，其标准主要有十五个：仁、义、礼、智、信、忠、恕、诚、勇、孝、中庸、文质彬彬、和而不同、谦虚和自强。依中国传统文化尤其是儒家文化的解释，君子与小人之间的心理素质和言行表现是泾渭分明的，一个人在做人过程中，凡是从整体上较好地体现出这十五种素质的人就是君子；反之，凡是基本上不具备这十四种素质的人就是小人。正如《淮南子·泰族训》说：“圣人一以仁义为之准绳，中之者谓之君子，弗中者谓之小人。君子虽死亡，其名不灭；小人虽得势，其罪不除。”这里之所以用了“较好”和“基本上”这两个限定词，是因为考虑到中国传统文化的多元性，不同学者对这十五种品质的态度并不完全一样。同时，在孔儒心中，上述十五种人格特质的重要性是不一样的。若借用现代人格心理学的术语，上述十五种人格特质中的后十一种特质只是“君子人格”的表面特质（surface traits），前四种特质才是君子人格的根源特质（source traits）。因为，第一，孔子曾说：“仁者必有勇，勇者不必有仁。”[①] 可见，一个人一旦有“仁”，其内必有“勇”的素质。第二，孔子曾说：“夫仁者，己欲立而立人，己欲达而达人。”[②] 并将“宽”视作仁者的品质之一[③]，而“宽”本有“宽恕”之义，这说明“忠”（即“己欲立而立人，己欲达而达人”）和“恕”本就是“仁者”所具备的两个重要品质。第三，《论语学而》说：“君子务本，本立而道生。孝弟也者，其为仁之本与？”可见，“仁”的重要内涵之一是“孝悌”，这样，一个人能行孝悌，实际上也就是在行仁了。第四，以谦虚谨慎、“和而不同”、诚信和自强不息的方式做人，以“中庸”的方式待人接物，这都体现了一个人的高超智慧。换言之，拥有高超智慧的君子也就拥有了中庸、谦虚、诚信、“和而不同”与自强不息等表面特质。第五，一个人若能做到“博学于文，约之以礼”，自然既儒雅又有礼貌，便能给人一种文质彬彬的良好印象。正由于仁、智、义、礼四种特质是君子人格的根源特质，深知孔子思想精义的孟子才在《离娄下》里说：“君子所以异于人者，以其存心也。君子以仁存心，以礼存心。仁者爱人，有礼者敬人。爱人者，人恒爱之；敬人者，人恒敬之。”当然，为了让读者准确而系统地把握孔子界定“君子人格”与“小人人格”的十五条标准，就有必要对它们一一进行细致的梳理。

（1）仁。

在心理素质方面，孔子明确主张君子是仁、智、勇三者的完美统一。据《论语·宪问》记载，孔子曾说：“君子道者三，我无能焉：仁者不忧，知者不惑，勇者不惧。”其认为君子泛爱众人，故无忧；君子富有知识，故不惑；君子果敢刚毅，故不惧。这里孔子主要是从“全和无”而不是从“大和小”的角度立论的，其意思是至仁之人才无忧，至智之人才不惑，至勇之人才不惧；而不是说小仁之人就可无忧，小智之人就可不惑，

① 杨伯峻译注．论语译注（第二版）．北京：中华书局，1980. 146.

② 杨伯峻译注．论语译注（第二版）．北京：中华书局，1980. 65、167.

③ 杨伯峻译注．论语译注（第二版）．北京：中华书局，1980. 183.

小勇之人就可不惧。此思想对后世影响深远，以致《礼记·中庸》将智、仁、勇称为“天下之达德”，并说：“好学近乎智，力行近乎仁，知耻近乎勇。”可见，在儒家孔子看来，“仁”是君子首先必须具备的心理素质，必须坚决、持久地保持它，有时甚至要不惜牺牲生命去维护它。正如《论语·卫灵公》记载，子曰：“志士仁人，无求生以害仁，有杀身以成仁。”因为一旦抛弃了“仁”，君子也就不成为君子了。所以，据《论语·里仁》记载，孔子才说：“君子去仁，恶乎成名？君子无终食之间违仁，造次必于是，颠沛必于是。”此思想为后世儒者所继承。如据《孟子·离娄下》记载，孟子说：

君子所以异于人者，以其存心也。君子以仁存心，以礼存心。仁者爱人，有礼者敬人。爱人者，人恒爱之；敬人者，人恒敬之。有人于此，其待我以横逆，则君子必自反也：我必不仁也，必无礼也，此物奚宜至哉？其自反而仁矣，自反而有礼矣，其横逆由是也，君子必自反也，我必不忠。自反而忠矣，其横逆由是也，君子曰：“此亦妄人也已矣。如此，则与禽兽奚择哉？于禽兽又何难焉？”

是故君子有终身之忧，无一朝之患也。乃若所忧则有之：舜，人也；我，亦人也。舜为法于天下，可传于后世，我由未免为乡人也，是则可忧也。忧之如何？如舜而已矣。若夫君子所患则亡矣。非仁无为也，非礼无行也。如有一朝之患，则君子不患矣。

在孟子看来，君子与一般人的区别之处，就在于君子的内心所向不同。君子一门心思全在于仁和礼。仁人爱人，有礼的人尊敬他人。爱别人的人，别人也会爱他；尊敬别人的人，别人也会尊敬他。如果有一个人对君子蛮横无理，那君子一定会反省自问：我一定不仁，一定无礼，否则，别人怎么会如此无礼地对待我呢？假若经过多次自我反省，发现自己待人确实忠心耿耿，而有人仍以蛮横无理的态度对待自己，这时，君子就会说：“这个人不过是一个狂妄自大的人罢了，既然如此，那他与禽兽也就没有什么区别。君子又何必去责备禽兽呢？”因此，君子只有一种忧虑，那就是：我为什么不能像舜那样名垂千古？有了这种忧虑后又该怎么做？答案是：尽力向舜学习就可以了。除此忧虑之外，君子没有其他的痛苦。对于君子而言，不是仁爱的事情不做，不是合乎礼节的事情不做。如果能这样，即便有时遇到飞来横祸，君子也不会因此感到痛苦。①

需要指出的是，通行本《老子·十九章》曾说：“绝圣弃智，民利百倍；绝仁弃义，民复孝慈；绝巧弃利，盗贼无有。”② 于是，后人误认为老子有“绝圣弃智”、“绝仁弃义”之说。不过，1993 年从湖北荆门郭店村战国楚墓中出土的三种《老子》摘抄本，其中便有当今世界上最古老的《老子》抄本。通过对郭店村战国楚墓中出土的竹简进行整理与研究，1998 年北京文物出版社印行了《郭店楚墓竹简》③，结果，《老子·十九章》改作：“绝智弃辩，民利百倍；绝伪弃诈，民复孝慈；绝巧弃利，盗贼无有”④。这时人们才恍然大悟：老子并无“绝圣弃智”、“绝仁弃义”之说。事实上，“通观《老子》全书，‘圣人’一词共三十二见，《老子》以‘圣’喻最高人格修养境界，而通行本‘绝

① 杨伯峻译注．孟子译注．北京：中华书局，1960. 198.

② 陈鼓应．老子注译及评介．北京：中华书局，1984. 136.

③ 陈鼓应．老子注译及评介（修订增补本）．北京：中华书局，2009. 5.

④ 陈鼓应．老子注译及评介（修订增补本）．北京：中华书局，2009. 134.

圣'之词，则与全书积极肯定'圣'之通例不合。'绝圣弃智'一词见于《庄子》后学《胠箧》、《在宥》篇，传抄者据以妄改所致"①。同时，《老子·八章》说："居善地，心善渊，与善仁，言善信，政善治，事善能，动善时。"② 其主张人与人交往要尚"仁"，可见《老子》并无弃绝仁义之说。《郭店楚墓竹简》作"绝伪弃诈"，始知"绝仁弃义"是为人妄改所致。"攘弃仁义"见于《庄子·胠箧》,③ 由此可窥见原本"绝伪弃诈"被臆改为"绝仁弃义"，可能是受到《庄子》后学激烈派思想的影响。④ 综上所述，道家老子也尚仁。并且，由于道家尚自然，而在世界上存在无数以慈生勇的事例：慈母为了子女可以不顾一切地担负起来自生活的任何重担；老母鸡为了保护小鸡，可以奋不顾身地与前来叼小鸡的老鹰搏斗……于是，道家老子尚"慈"，"慈"也是一种仁爱，只不过这种仁爱往往被儒者斥为"妇人之仁"。从这个意义上说，儒道两家实质上都尚仁，因此，秦汉之后的中国哲人在论做人时普遍重视仁，也就是自然之事了。

那么，仁的实质是什么？君子怎样在自己的行动中去践行"仁"呢？在孔子看来，首先，"仁"的重要内涵之一是"爱人"，因此，一个人若能以爱心待人，也就是在行仁了。据《论语·颜渊》记载："樊迟问仁。子曰：'爱人。'"其次，"仁"的重要内涵之一是"孝悌"，因此，一个人若能行孝悌，实际上也就是在行仁了。据《论语·学而》记载，深得孔子思想精义的有子说："其为人也孝弟，而好犯上者，鲜矣；不好犯上，而好作乱者，未之有也。君子务本，本立而道生。孝弟也者，其为仁之本与！"再次，仁道的核心内容之一是：自己要站得住，同时也使别人站得住；自己要事事行得通，同时也使别人事事行得通。能够从眼前的事实选择例子一步步去做，可以说是实践仁道的重要方法。因此，据《论语·雍也》记载，当子贡问道："如有博施于民而能济众，何如？可谓仁乎？""子曰：'何事于仁，必也圣乎！尧、舜其犹病诸！夫仁者，己欲立而立人，己欲达而达人。能近取譬，可谓仁之方也已。'"最后，身为仁者还要具备恭、宽、信、敏和惠五种素质，一个人在做人过程中如果能体现出这五种素质，也就是在行仁了。所以，据《论语·阳货》记载："子张问仁于孔子。孔子曰：'能行五者于天下为仁矣。''请问之。'曰：'恭，宽，信，敏，惠。恭则不侮，宽则得众，信则人任焉，敏则有功，惠则足以使人。'""子曰：'巧言令色，鲜矣仁。'"君子既然具备上述仁的素质，自然不执着于一己之私利，也就愿意"成人之美，不成人之恶"⑤。在与人发生误解或矛盾时，君子自然是反省自己的言行中的不足，这样，才有所谓"君子求诸己"⑥ 的说法。

与君子相反的是，小人虽可能也会爱人，不过，他或她一般只是爱与自己关系密切的人，且往往优先考虑的是保全自己的利益，为了自己的利益可以毫不顾惜他人的利益，因此，小人自然不愿意做"成人之美"的事，相反，喜欢做损人利己的事，即"成人之恶"⑦。小人正因为将自己看得如此之重，所以一旦与他人发生纠纷时，总觉得自己简直

---

① 陈鼓应．老子注译及评介（修订增补本）．北京：中华书局，2009. 134.
② 陈鼓应．老子注译及评介（修订增补本）．北京：中华书局，2009. 86.
③ 陈鼓应．庄子今注今译（第二版）．北京：中华书局，2009. 284.
④ 陈鼓应．老子注译及评介（修订增补本）．北京：中华书局，2009. 134.
⑤ 杨伯峻译注．论语译注（第二版）．北京：中华书局，1980. 129.
⑥ 杨伯峻译注．论语译注（第二版）．北京：中华书局，1980. 166.
⑦ 杨伯峻译注．论语译注（第二版）．北京：中华书局，1980. 129.

是真理与美德的化身，过错都在他人身上，自然只会“求诸人”①。

（2）义。

在中国传统文化里，“义”和“利”这一对重要概念的含义众多，概括起来主要有两对关系密切的含义：一是，当“义”用作“品德的根本，伦理的原则”之义时，与此相对的“利”一般指“利益”；二是，当“义”指多数人的公共利益时，与此相对的“利”一般指少数人甚至个人的私利。做人必然要与“义”和“利”打交道。在儒家孔子看来，从一个人处理义与利的态度上可以看出其是君子还是小人：一个人若优先考虑的是“义”，那么，他或她就是在做君子；一个人若优先考虑的是“利”，那么，他或她就是在做小人。因此，据《论语·里仁》记载，孔子明确主张：“君子喻于义，小人喻于利。”同时，据《论语·阳货》记载，当子路问：“君子尚勇乎？”孔子答道：“君子义以为上，君子有勇而无义为乱；小人有勇而无义为盗。”可见，在孔子心中，作为君子，“义”的重要性要高于“勇”。其后，孟子、墨子和荀子等人都继承了孔子力倡的君子“尚义”思想。例如，《墨子·贵义》说：“万事莫贵于义。”《荀子·王制》说：“水火有气而无生，草木有生而无知，禽兽有知而无义，人有气、有生、有知，亦且有义，故最为天下贵也。”主张人之所以贵于万物，就在于只有人才独具“义”这一高贵品质。

需要指出的是，在孔子心中，义和利之间是统一的关系，而不是像后儒（如董仲舒）所说的那样是你死我活的矛盾关系。据《论语·里仁》记载，孔子说：“富与贵，是人之所欲也；不以其道得之，不处也。贫与贱，是人之所恶也；不以其道得之，不去也。”涩泽荣一就认为，这段话并不表明孔子轻视富贵，孔子的本义是“富与贵是人之所欲”，不过，必须“以道得之”。如果不是合于正当的富贵，则甘愿处于贫贱，所谓“君子固穷”② 是也；假若是本着正道而得的富贵，则可心安理得地拥有。正由于此，据《论语·述而》记载，孔子才说：“富而可求也，虽执鞭之士，吾亦为之。如不可求，从吾所好。”由正道而致富，虽当卑贱的执鞭之人也无妨；如果采取不正当的手段，则宁可贫贱。③ 这说明，一个人若坚持以义制利的做人方式，那么，他或她就是在做君子，正所谓“君子爱财，取之有道”，这个“道”，在当代中国，就是指合乎社会主义法律与道德规范的正当挣钱途径。一个人若眼中见利不见义，“穷斯滥矣”④，那才是一个唯利是图的小人。同时，正由于君子优先考虑“义”，而小人优先考虑“利”，因此，只有君子才会以道义来团结人，而小人则会为了一时的私利而相互勾结。正如《论语·为政》所说：“子曰：‘君子周而不比，小人比而不周。’”

（3）礼。

在孔子看来，与小人常常“无礼”或虚情假意地按“礼”的方式来待人接物正好相反，君子的立身之本在于“礼”。因此，孔子要求想要成为君子的人在平日的修炼中要做到“立于礼”。关于这方面的内容，在前文第六章第二节里已有论述，此处不赘述。身为君子者要知礼并能依礼而行的思想，为后世儒家所继承。如据《孟子·离娄下》记载，孟子说：“君子所以异于人者，以其存心也。君子以仁存心，以礼存心。”他明确主

---

① 杨伯峻译注．论语译注（第二版）．北京：中华书局，1980. 166.

② 杨伯峻译注．论语译注（第二版）．北京：中华书局，1980. 161.

③ ［日］涩泽荣一．论语与算盘　人生·道德·财富．王中江译．北京：中国青年出版社，1996. 78～80.

④ 杨伯峻译注．论语译注（第二版）．北京：中华书局，1980. 161.

张君子之所以是君子，其不同于常人之处就在于“以礼存心”。

（4）智。

孔子将“智”作为君子的“三达德”之一，又曾说：“君子病无能焉，不病人之不已知也。”[①] 这从正反两个方面告诉人们，身为君子者必须具备高超的智（主要是一种“人事之智”，不包括“自然之智”）。由于孔子等先哲多主张人的智不是天生的，而是通过后天学习获得的；同时，又多主张“知而获智”的智慧观，正如《释名·释言语》所说：“智，知也，无所不知也。”因此，身为君子者若想拥有高超的智，就必须通过努力学习获取丰富的知识，并将之转换为实实在在的能力，而不仅仅是死知识。再者，孔子力倡身为君子者在平日生活里必须做到：“食无求饱，居无求安，敏于事而慎于言，就有道而正焉，可谓好学也已。”[②] 可见，身为君子者，其能力往往是多方面的，当然就能胜任多方面的工作，而不是只能做某一方面的事情，这才有了“君子不器”[③] 的说法。同时，君子既然有了丰富的知识，就有能力正确认识自己和处理自己与周围的环境之间的关系，为了使自己能与外部环境和谐相处，必会自觉地约束自己的言行，做到“畏天命，畏大人，畏圣人之言”[④]，以使自己的言行“与天地合其德，与日月合其明，与四时合其序”[⑤]。

与君子不同的是，小人虽可能也多少有些知识，但一定只是“半桶水”，自己感觉非常良好，以为自己无所不知、无所不通，以为自己是万物的中心，地球都要围绕自己转，顺理成章地，小人就往往不知天高地厚，进而自大、自负、自满、自吹、自我感觉良好、“骄而不泰”[⑥]；而一旦遇到挫折，就犹如飞上天的肥皂泡，飞得越高，跌得也越重，并且是一跌就破，自然也就容易自馁、自卑、怨天尤人，自然不能正确处理自己与周围的环境之间的关系。于是，“不知天命而不畏也，狎大人，侮圣人之言”[⑦]，结果往往会做出损自然而利自己的事情。小人如果太过于看重自己的一己私利，往往就会瞻前顾后、患得患失，心情自然也就开朗不起来，结果心中时常“长戚戚”[⑧]。

还需要指出的是，综观《论语》里的言论，孔子主张身为君子者德与智要并重。不过，孔子在论君子的修养时的确又更多地从德性方面入手去阐述，这之中隐含有“德胜才”才是君子的思想。此思想经后人的发挥，至司马光时达到极致。这就为伪君子的产生埋下了伏笔。一个人的德性较之其才智更难被他人考评出来，重难以考评的德而轻较易测量的才智，这就为小人作假留下了较大的生存空间。同时，聪明才智包括两种子类型：一种是对人伦关系问题的正确认识和解决能力，即人事之智。[⑨] 这是自孔子与老子以来的中国人都特别重视的一种“智”。它相当于加德纳所说的人际智力和内省智力、美国心理学家梅耶和莎罗文等人所讲的情绪智力以及桑代克（E. L. Thorndike）所说的社会

---

① 杨伯峻译注．论语译注（第二版）．北京：中华书局，1980. 166.

② 杨伯峻译注．论语译注（第二版）．北京：中华书局，1980. 9.

③ 杨伯峻译注．论语译注（第二版）．北京：中华书局，1980. 17.

④ 杨伯峻译注．论语译注（第二版）．北京：中华书局，1980. 177.

⑤ 周振甫译注．周易译注．北京：中华书局，1991. 9.

⑥ 杨伯峻译注．论语译注（第二版）．北京：中华书局，1980. 143.

⑦ 杨伯峻译注．论语译注（第二版）．北京：中华书局，1980. 177.

⑧ 杨伯峻译注．论语译注（第二版）．北京：中华书局，1980. 77.

⑨ 朱海林．先秦儒家与古希腊智德观的四大差异．广西大学学报（哲学社会科学版），2006（6）：52.

智力（social intelligence）。另一种是对外在自然和客观世界规律的正确认识和解决能力，即在自然科学领域显露出来的聪明才智，简称为自然之智或科技之智。虽然它是古希腊以来西方人普遍重视的一种"智"①，却是儒家一向不重视的"智"。近现代一些中国人是在受到西学的深刻影响后才逐渐重视自然之智的，而儒家所推崇的君子往往缺少自然之智。

（5）诚与信。

在古汉语里，当作"诚实，不欺"之义解释时，"诚"与"信"可以互训。孔子的言论中没有"诚"这个概念，孔子是通过"仁"与"信"来论"诚"的。据《论语·学而》记载，孔子说："君子不重，则不威；学则不固。主忠信。无友不知己者。过，则勿惮改。"据《论语·为政》记载，当子贡问怎样才能做一个君子时，孔子回答说："先行其言而后从之。"等等。从这些言论中可以看出，孔子明确将"信"作为君子的重要品质之一。受儒家这一观点的深刻影响，谚语也说："君子一言，驷马难追。"

但是，孔子极力推崇"中庸"德性，并且重"义"，而《中庸》说："义者宜也。"韩愈在《原道》里说得明确："行而宜之之谓义。"朱熹在《四书章句集注·中庸章句》里的注是："宜者，分别事理，各有所宜也。"这意味着"中庸"和"义"里本都含有"时中"的思想，这表明，儒家孔子并不将"信"看作是绝对的、无条件的，而是认为"信"要服从"义"，"义"为更高的原则，在"信"与"义"不可兼得的这种特殊情况下，提倡人们牺牲"信"而成就"义"。正如孟子在《离娄下》里所说："大人者，言不必信，行不必果，惟义所在。"如果一个人不问青红皂白而只管自己要信守诺言，那就是"小人"，是末等的"士"。孔子的这一思想可以从《论语·子路》记载的孔子与子贡的下述对话里明确看出来：

> 子贡问曰："何如斯可谓之士矣？"子曰："行己有耻，使于四方，不辱君命，可谓士矣。"曰："敢问其次。"曰："宗族称孝焉，乡党称弟焉。"曰："敢问其次。"曰："言必信，行必果，硁硁然小人哉！抑亦可以为次矣。"

由此可见，孔子所倡导的伦理道德谱系中的诸德目是有一定先后次序的，若结合《论语》中的其他言论及儒学常被人称作仁学的事实看，孔子是将"仁"放在其伦理道德谱系中的首位的，而"信"的位置则要低许多，它不但排在仁、义、礼、智诸德目之后，而且比耻和孝的地位还要低。并且，依孔子的观点，从"信"的角度看，有两种类型的"小人"：一是平日说话习惯信口雌黄、出尔反尔、言而无信者，正如《增广贤文》所说："易涨易退山溪水，易反易复小人心"；二是过于迷恋"信"，甚至即便牺牲"义"也要守"信"者。

孟子首开儒家重"诚"的传统，至荀子时已明确将"诚"视作君子应具备的一种品德。《荀子·不苟》说："天地为大矣，不诚则不能化万物；圣人为知矣，不诚则不能化万民；父子为亲矣，不诚则疏；君上为尊矣，不诚则卑。夫诚者，君子之所守也，而政事之本也。唯所居以其类至，操之则得之，舍之则失之。操而得之则轻，轻则独行，独

① 朱海林．先秦儒家与古希腊智德观的四大差异．广西大学学报（哲学社会科学版），2006（6）：52.

行而不舍则济矣。济而材尽，长迁而不反其初则化矣。”与此相反，小人既不讲“诚”，又不讲“信”，自然只会“见人说人话，见鬼说鬼话”。

（6）忠与恕。

曾子说：“夫子之道，忠恕而已矣！”① 这说明“忠”、“恕”在孔子心目中占有重要位置。而孔子所倡导的教育，其目的在于让人学做“君子”，由此可见“忠”和“恕”在君子人格里的重要性。在孔子心中，“忠”指“己欲立而立人，己欲达而达人”②。这意味着孔子所说的“忠”，主要是指对别人尤其是对上级真心诚意、竭心尽力之义，一个人只要真心诚意为别人做事，真心诚意与别人交往，那就是做到了“忠”，此时的“忠”里并不包含后世所讲的“忠君”思想。在孔子看来，“忠”是君子必备的心理素质之一。孔子说：“君子……主忠信。”③ 与此相反，小人一般既没有坚定的信仰，又往往缺乏诚心，还习惯将一己私利置于突出位置，为了谋取一己私利，常常“朝三暮四”，因此，小人一般不依“忠”的法则待人处世。

当子贡问：“有一言而可以终身行之者乎？”孔子明确答道：“其恕乎！己所不欲，勿施于人。”④ 这说明，对于“恕”，孔子自己下了定义：“己所不欲，勿施于人。”⑤ 因此，朱熹在《四书章句集注·中庸章句》里的注释说：“推己及人为恕。”此种解释极符合孔子讲“恕”的本义。由此可见，“恕”的含义之一是“推己及人，仁爱”。所以，《说文·心部》：“恕，仁也。”段玉裁注：“为仁不外于恕，析言之则有别，浑言之则不别也。”徐灏笺：“戴氏侗曰：‘推己及物谓之恕。’”《广韵·御韵》：“恕，仁恕。”⑥ 同时，在孔子心中，“恕”较之“忠”更易实施，从而更具普适性。对于其内在缘由，杨伯峻解释得颇为合理：“‘忠’（己欲立而立人，己欲达而达人）是有积极意义的道德，未必每个人都有条件来实行。‘恕’只是‘己所不欲，勿施于人’，则谁都可以这样做，因之孔子在这里言‘恕’不言‘忠’。”⑦ 与此相反，小人不但常常难以做到设身处地地为他人着想，还常常只图自己快活，而不管他人的感受与死活，相应地，小人往往采取“己所不欲，强施于人”的不道德的待人方式。

在汉语中，“恕”还有另一种含义，即“宽宥，原谅”。《战国策·赵策四》：“窃自恕，而恐太后玉体之有所郄也，故愿望见太后。”元代张国宾的《薛仁贵》第四折：“幸恕薛仁贵之罪也。”⑧

综上所述，中西方人所讲的恕道虽都有“宽恕待人”之义，但至少有三个重要差异：①二者的含义不尽相同。中国人讲的恕道，除了有“宽恕待人”之义外，还有“推己及人，仁爱”之义。并且，至少在孔子所讲的恕道里，其主要含义是“推己及人，仁

① 杨伯峻译注．论语译注（第二版）．北京：中华书局，1980. 39.

② 杨伯峻译注．论语译注（第二版）．北京：中华书局，1980. 39、65、167.

③ 杨伯峻译注．论语译注（第二版）．北京：中华书局，1980. 6.

④ 杨伯峻译注．论语译注（第二版）．北京：中华书局，1980. 166.

⑤ 杨伯峻译注．论语译注（第二版）．北京：中华书局，1980. 39.

⑥ 汉语大字典编辑委员会编撰．汉语大字典（第二版九卷本）．成都：四川辞书出版社，武汉：崇文书局，2010. 2455.

⑦ 杨伯峻译注．论语译注（第二版）．北京：中华书局，1980. 167.

⑧ 汉语大字典编辑委员会编撰．汉语大字典（第二版九卷本）．成都：四川辞书出版社，武汉：崇文书局，2010. 2455.

爱”。至于中式恕道何时将重点从“推己及人，仁爱”转到“宽恕待人”上，这值得进一步研究。据笔者的推测，这极可能是受到佛教思想和西方思想影响的结果。与中式恕道不同，西式恕道（forgive）主要是指“宽恕待人”，基本没有“推己及人，仁爱”之义。②中西方人讲恕道的心因不尽相同。中国人尚恕道，重要心因主要有两点：一是受儒家仁学的深刻影响，稍有良知的中国人多注重修炼推己及人的功夫，至少在熟人圈内多是如此；二是受儒道佛诸家修身养性思想的深刻影响，中国人推崇心胸宽广的做人方式，因此，能否宽恕他人往往是衡量一个人心胸是否宽广的重要指标之一。与此不同的是，西方人尚恕道，重要心因之一是受基督教教义的深刻影响。因为按基督教“原罪”的教义，每个人生来都有“原罪”，相应地，一个人理应宽恕另一个人所犯的错误。③中西方对待恕道的态度有一定差异。在中国，由于有“和的文化”与“忍的文化”等的“推波助澜”，再加上中国人多是关系取向的，因此，中国人特别重视恕道。西方人由于多是个体取向的，既没有像中国那么浓厚的“忍文化”，也不如中国人那么重视修炼“修身养性功夫”，相对而言，对恕道的重视程度就不如中国人高。[①]

（7）勇。

孔子将“勇”作为君子的“三达德”之一，其重视“勇”的程度由此可见一斑。据《论语·宪问》记载，孔子明确主张：“仁者必有勇，勇者不必有仁。”据《论语·为政》记载，孔子还说：“见义不为，无勇也。”这说明，身为君子者为人必须做到刚毅、刚正，而不能走邪路或歪路，也不能软弱无能。君子既然能做到果敢刚毅，自然心情开朗，时常心中“坦荡荡”[②]。但是，如上文所述，孔子曾说：“君子义以为上，君子有勇而无义为乱；小人有勇而无义为盗。”可见，在孔子心中，作为君子，“义”的重要性要高于“勇”。同时，孔子之后的儒家对待“勇”的态度有变化，主要有两种观点：一是以孟子为代表的儒家不太看重勇，如孟子本人主要提倡仁、义、礼、智，不太尚“勇”；二是以荀子为代表的儒家非常看重勇。

荀子在继承孔子重视“勇”的基础上，对“勇”作了更加深入、细致的探讨。

首先，荀子根据“勇”的程度，将人分为上勇之人、中勇之人和下勇之人，并认为上勇是大智大勇，中勇次之，下勇是匹夫之勇，逞一时之快。《荀子·性恶》说：

> 有上勇者，有中勇者，有下勇者：天下有中（正道之意），敢直其身；先王有道，敢行其意；上不循于乱世之君，下不俗于乱世之民；仁之所在无贫穷，仁之所亡无富贵；天下知之，则欲与天下共乐之；天下不知之，则傀然独立天地之间而不畏，是上勇也。礼恭而意俭，大齐信焉而轻货财，贤者敢推而尚之，不肖者敢援而废之，是中勇也。轻身而重货，恬祸而广解，苟免，不恤是非，然不然之情，以期胜人为意，是下勇也。

其次，荀子根据“勇”的性质，将人分为狗彘之勇者、贾盗之勇者、小人之勇者和士君子之勇者。《荀子·荣辱》说：

---

① 汪凤炎．中国心理学思想史．上海：上海教育出版社，2008. 333.

② 出自《论语·述而》。

争饮食，无廉耻，不知是非，不辟死伤，不畏众强，恈恈然唯利饮食之见，是狗彘之勇也。为事利，争货财，无辞让，果敢而振，猛贪而戾，恈恈然唯利之见，是贾盗之勇也。轻死而暴，是小人之勇也。义之所在，不倾于权，不顾其利，举国而与之不改视，重死持义而不桡，是士君子之勇也。

最后，荀子根据德行，将人分为通士、公士、直士、悫（què，诚实、忠厚）士和小人五种。这实质上是在君子与小人的划分基础上，将君子分成四种，并与小人相对；同时，较具体地指出每一种人的心理与行为特征，增强了可操作性。①《荀子・不苟》说：

上则能尊君，下则能爱民，物至而应，事起而辨，若是，则可谓通士矣。不下比以暗上，不上同以疾下，分争于中，不以私害之，若是，则可谓公士矣。身之所长，上虽不知，不以悖君，身之所短，上虽不知，不以取赏，长短不饰，以情自竭，若是，则可谓直士矣。庸言必信之，庸行必慎之，畏法流俗而不敢以其所独甚，若是，则可谓悫士矣。言无常信，行无常贞，唯利所在，无所不倾，若是，则可谓小人矣。

（8）中庸。

儒家孔子深深地认识到，世界处于不断的变化之中，相应地，做人也就不能死守规则，而要具体情况具体分析，因地制宜，找到一个恰当的应对方式。在现实生活中，一个人若能以“时中”的方式去待人接物，那就是君子。反之，做事不彻底，“适可而止”；做人模棱两可、是非不分、庸碌无能和俗气，这就是在做小人。② 因此，据《中庸》记载：“仲尼曰：‘君子中庸，小人反中庸。君子之中庸也，君子而时中；小人之反中庸也，小人而无忌惮也。’”那么，何谓“中庸”呢？这在下文“中国人的思维方式”一章中将作详细探讨，这里不再赘述。

（9）文质彬彬。

先哲以文与质对举。“质”指人直接得之于自然的先天素质，“文”指人后天习得的素质。据《论语・雍也》记载，孔子说：“质胜文则野，文胜质则史。文质彬彬，然后君子。”他认为一个人若朴实多过文采，就显得有些粗野；若文采胜过朴实，又有虚浮之嫌。只有文采与朴实相互协调的人，才可称得上君子。可见，“文质彬彬”是形容一个人既文雅又朴实，这是中国传统文化所推崇的一种修身境界。此观点与今天讲的自然美与素养美要相结合的思想有相通之处。孔子的这一主张为后世学者所发扬光大。如《孟子・尽心上》说：“形色，天性也；惟圣人然后可以践形。”认为人的身体相貌是天生的，一个人即便天生丽质，但假若心灵不美，那这种外在美也没有值得称道之处；只有通过自己的修身养性，用素养美来充实自然美，使自己兼具心灵美和外在美，这种人才称得上是圣人。程颐主张一个人若是“君子”，其“文”与“质”就要相互平衡，而不能“文过质”。《二程遗书》卷二十五说：“君子不欲才过德，不欲名过实，不欲文过质。才过德者不祥，名过实者有殃，文过质者莫之与长。”综观整个中国传统文化，相对而

① 杨春晓．中国古代人格心理学思想．心理学动态，1997（3）：70～72.

② 冯友兰．新世训　生活方法新论．北京：北京大学出版社，1996. 55～72.

言，儒家似乎更注重“文”，而道家又好像更在乎“质”。不过，“文质彬彬”的观点对当代中国人的做人方式乃至当代中国的德育仍有一定的启发意义，它告诉人们，在做人时要将自然美与素养美结合起来，不能厚此薄彼。

（10）和而不同。

中国传统文化要人做人中人，而不是人外人，因此，人自然就会与他人打交道。中国传统文化认为，从一个人与他人交往的方式里可看出他或她是一个君子还是一个小人。据《论语·子路》记载，“子曰：‘君子和而不同，小人同而不和。’”这表明，在孔子看来，一个人在与他人相处时，如能做到“和而不同”，那就是在做君子；若是“同而不和”，那就是在做小人。那么，什么是“和”的做法？什么是“同”的做法？这两个问题在前文第六章第二节里已作论述，这里不多讲。

（11）谦虚。

综观《论语》，孔子只有一次提及“虚”字。即据《论语·述而》记载，孔子曾说：“善人，吾不得而见之矣；得见有恒者，斯可矣。亡而为有，虚而为盈，约而为泰，难乎有恒乎。”这里的“虚”指“空虚”，并无“谦虚”之义。并且，《论语》里并没有出现“谦”字。这表明孔子基本上没有明确将“谦虚”视作君子必须具备的美德。不过，据《论语·卫灵公》记载，孔子曾说：“君子义以为质，礼以行之，孙以出之，信以成之。君子哉！”据杨伯峻的解释，“孙以出之”的含义是“用谦逊的言语说出它”。[①] 同时，《论语》里记载了一些孔子以谦虚的态度去做人的言论。例如，据《论语·宪问》记载，孔子说：“君子道者三，我无能焉：仁者不忧，知者不惑，勇者不惧。”他的学生子贡马上就说，这是“夫子自道也”。据《论语·述而》记载，孔子说：“文，莫吾犹人也。躬行君子，则吾未之有得。”“三人行，必有我师焉：择其善者而从之，其不善者而改之。”“我非生而知之者，好古，敏以求之者也。”等等，这些言论给人描绘的是一个何等自谦的孔子！并且，据《论语·述而》记载，孔子曾说：“加我数年，五十以学《易》，可以无大过矣。”由此可见，孔子非常推崇《周易》的思想包括其中的做人之道。而《周易·谦》里明确有“谦谦君子”一语，这也间接说明孔子实际上是将“谦虚”视作君子必须具备的素质之一的。毕竟，据《论语·里仁》记载，“子曰：‘君子欲讷于言而敏于行。’”这说明孔子所推崇的君子式做人风格往往具备重践行而轻言说的特点。并且，据《论语·子路》记载，孔子曾明确说道：“君子泰而不骄，小人骄而不泰。”孔子又力倡不言之教。据《论语·阳货》记载：“子曰：‘予欲无言。’子贡曰：‘子如不言，则小子何述焉？’子曰：‘天何言哉？四时行焉，百物生焉，天何言哉？’”更重要的是，据《论语·学而》记载，“子禽问于子贡曰：‘夫子至于是邦也，必闻其政，求之与？抑与之与？’子贡曰：‘夫子温、良、恭、俭、让以得之。夫子之求之也，其诸异乎人之求之与？’”综合这几方面的证据，得出的以下结论应该不会脱离孔子的原意：孔子本人尽管未明确将“谦虚”或“谦让”视作君子必备的心理素质，不过，从其提倡“谦逊”而反对“骄”的为人方式及身体力行“谦虚”的做人方式看，孔子实际上将“谦虚”视作君子必备的心理素质之一。为什么“谦虚”是君子所拥有的心理素质之一呢？因为君子富有知识，清楚地认识到“山外有山，人外有人”的道理，自然也就能客观地认识到自己

---

① 杨伯峻译注．论语译注（第二版）．北京：中华书局，1980. 166.

的不足和别人的优点，进而会以谦虚谨慎的态度来待人处世。正由于此，中国喜爱竹子的文人较多，原因之一便是竹子是中空的，文人以此暗喻自己要虚心地待人接物。结果，苏轼的《于潜僧绿筠轩》一诗广为传诵：

宁可食无肉，不可居无竹。
无肉令人瘦，无竹令人俗。
人瘦尚可肥，俗士不可医。
旁人笑此言，似高还似痴。
若对此君仍大嚼，世间那有扬州鹤？[①]

与此相反的是，小人不知天高地厚，常常夜郎自大，也就经常目中无人、“骄而不泰”。

（12）自强。

在儒家孔子看来，君子既时时发觉到自己的不足，为了一步步地尽可能使自己朝着更为完善的方向发展，自会在自己的人生旅途中做到自强不息，孔子本人就是一个践行“自强”的良好榜样，因为他一生都能做到“发愤忘食，乐以忘忧，不知老之将至”。据《论语·述而》记载：“叶公问孔子于子路，子路不对。子曰：‘女奚不曰，其为人也，发愤忘食，乐以忘忧，不知老之将至云尔。’”并且，孔子所推崇的《周易·乾》里有一句“天行健，君子以自强不息”的名言。受这两方面因素的交互影响，无数优秀中华儿女都推崇“自强”，由此导致汉语里大凡蕴含有自强色彩的词语，如自力更生、自食其力、自救等，往往多具褒义。为了做到自强不息，孔子主张君子要善于根据自己不同的生理、心理发展阶段，有针对性地加强自己的品行修养。孔子说：“君子有三戒：少之时，血气未定，戒之在色；及其壮也，血气方刚，戒之在斗；及其老也，血气既衰，戒之在得。”[②] 同时，孔子要求君子必须做到：“视思明，听思聪，色思温，貌思恭，言思忠，事思敬，疑思问，忿思难，见得思义。”[③] 与此相反，小人在平日往往缺乏恒心与毅力，又不善于发现自己的缺点与不足，故而做不到自强不息。结果，小人在行事时，一旦得势，往往弹冠相庆；一旦遭受挫折，常常心灰意冷、怨天尤人。

3. 对“君子—小人二分式人格类型说”的简要评价

（1）它是一种具有典型儒家文化特色的人格类型说。

之所以认为“君子—小人二分式人格类型说”是一种具有典型儒家文化特色的人格类型说，主要依据有三点：

第一，它的首倡者是儒家创始人孔子。作为一种人格类型说，“君子—小人二分式人格类型说”不但是由孔子首次明确提出来的，而且根据《论语》的记载，孔子对“君子—小人二分式人格类型说”已有较系统而清晰的论述。

第二，它的主要传承者是儒家弟子。“君子—小人二分式人格类型说”自孔子提出后，受到历代儒家弟子的重视，有很多大儒（如孟子和荀子）在其论著里都阐述或发展

① （北宋）苏轼撰．苏东坡全集（上册）．北京：中国书店，1986. 83.
② 出自《论语·季氏》。
③ 出自《论语·季氏》。

了“君子—小人二分式人格类型说”。

第三，它典型地体现出儒学重“德”的文化精神内核。“君子”主要指“有德者”，“小人”主要指“无德者”，而衡量一个人是否“有德”的主要判断标准是儒家所倡导的伦理道德思想，因此，“君子—小人二分式人格类型说”典型地体现出儒学重“德”的文化精神内核。

（2）它是一种具有旺盛生命力的人格类型说。

之所以认为“君子—小人二分式人格类型说”是一种具有旺盛生命力的人格类型说，主要依据也有三点：

第一，它持续的时间长。在自孔子提出“君子—小人二分式人格类型说”后，这2 500年左右（孔子生于前551年，卒于前479年）的漫长岁月里，此人格类型说对中国人的做人理念与做人方式产生了深远影响。

第二，它的影响范围广。自孔子提出“君子—小人二分式人格类型说”后，不但对后世儒家弟子的做人理念与做人方式产生了深远的影响，而且对于其他流派的弟子甚至广大民众的做人理念与做人方式都产生了深远的影响，以致“君子”与“小人”二词在中国成为妇孺皆知的词汇，并且延续至今仍被使用。因此，有学者认为，中国传统的理想人格是“君子”。这种君子人格是由传统文化主体内容中的儒、道、墨、法和佛诸家人生哲学相互碰撞、相互渗透而熔铸出来的。① 因为，除儒家外，道家也给予君子以正面、积极的形象，提倡君子作风，尽管儒道两家对君子内涵的界定有一定区别。《老子·三十一章》说：“夫兵者，不祥之器，物或恶之，故有道者不居。君子居则贵左，用兵则贵右。兵者不祥之器，非君子之器，不得已而用之，恬淡为上。胜而不美，而美之者，是乐杀人。夫乐杀人者，则不可得志于天下矣。”② 其中，“君子居则贵左”与儒家经典《左传·桓公八年》的“楚人上左，君必左”③ 相一致。这与春秋时期诸国多“以右为上，左为下”的礼仪是不同的。④ 同时，老子反对随意发动战争，也反对好战分子，用“兵者不祥之器，非君子之器”的否定方式来阐述用“兵”的不祥，正好从反面表达出他对“君子”的肯定。⑤《庄子·马蹄》说：“夫至德之世，同与禽兽居，族与万物并，恶乎知君子小人哉!”⑥ 这表明庄子对君子也是欣赏的。⑦ 墨家也重君子，《墨子》中有大量“士君子”的称呼。法家也重君子，《韩非子》一书有33处言及君子，其中一些都是以肯定的口气来议论的。⑧ 如《韩非子·解老》说：“夫君子取情而去貌，好质而恶饰。”《韩非子·安危》说：“治世使人乐生于为是，爱身于为非。小人少而君子多，故社稷常立，国家久安。”

第三，它的精神内核至今仍有旺盛的生命力。如果能够对“君子—小人二分式人格类型说”的内涵与判断标准作现代诠释与转换，那么，它对于今人重塑新型“君子”式

---

① 李宗桂．中国文化概论．广州：中山大学出版社，1988. 274 ~ 275.

② 陈鼓应．老子注译及评介（修订增补本）．北京：中华书局，2009. 185.

③ 杨伯峻编．春秋左传注（修订本）．北京：中华书局，1990. 122.

④ 杨伯峻编．春秋左传注（修订本）．北京：中华书局，1990. 122.

⑤ 李宗桂．中国文化概论．广州：中山大学出版社，1988. 276.

⑥ 陈鼓应．庄子今注今译（第二版）．北京：中华书局，2009. 270.

⑦ 李宗桂．中国文化概论．广州：中山大学出版社，1988. 276.

⑧ 李宗桂．中国文化概论．广州：中山大学出版社，1988. 276.

做人理念与做人方式、剔除“小人”式做人理念与做人方式，对于当代中国落实社会主义和谐社会的建设，都具有积极的现实意义。因为依孔子等人的言论，君子一般是用“兼容多端而相互和谐”（张岱年语）的思想来处理天人、人我、身心和主客我的关系，因此，君子人格实际上是一种具有仁爱、平等、尊重、宽恕等人格特质，且具有共生取向、和谐发展的独立人格。既然如此，界定和培育新型君子人格就是在当代中国人格教育和德育心理学研究里落实和谐精神的一项重要举措。正如《孟子·滕文公下》中的记载：

景春曰：“公孙衍、张仪岂不诚大丈夫哉？一怒而诸侯惧，安居而天下熄。”

孟子曰：“是焉得为大丈夫乎？子未学礼乎？丈夫之冠也，父命之；女子之嫁也，母命之，往送之门，戒之曰：‘往之女家，必敬必戒，无违夫子！’以顺为正者，妾妇之道也。居天下之广居，立天下之正位，行天下之大道；得志，与民由之；不得志，独行其道。富贵不能淫，贫贱不能移，威武不能屈，此之谓大丈夫。”

朱熹在《四书章句集注·孟子集注》卷六《滕文公下章句下》里说：“广居，仁也。正位，礼也。大道，义也。与民由之，推其所得于人也；独行其道，守其所得于己也。淫，荡其心也。移，变其节也。屈，挫其志也。何叔京曰：‘战国之时，圣贤道否，天下不复见其德业之盛；但见奸巧之徒，得志横行，气焰可畏，遂以为大丈夫。不知由君子观之，是乃妾妇之道耳，何足道哉？’”杨伯峻曾说，按《论语·泰伯》：“立于礼。”《孟子·尽心上》：“居仁由义，大人之事备矣。”《孟子·公孙丑上》：“夫仁，天之尊爵也，人之安宅也。”《孟子·告子上》：“义，人路也。”诸语，朱熹所释最能探得孟子本旨。[①]这说明孟子所说的“大丈夫”人格既是一种标准的君子人格，也是一种独立人格。此后，“富贵不能淫，贫贱不能移，威武不能屈”一语就成为许多仁人志士的座右铭。

（3）它主要是一种经验的总结，缺乏实证依据。

用现代心理学眼光进行观照，“君子—小人二分式人格类型说”的一个明显不足之处是缺乏实证依据。因为孔子等人主要是基于日常生活经验的总结，再加上运用思辨法和“简单枚举归纳法”等方法建构出其人格类型学说的，基本上没有使用现代意义上的研究方法（像问卷法和测量法等）和科学的归纳推理。[②]

（二）中医的人格类型说

以《黄帝内经》为代表的人格类型说对中医的影响甚大，成为后世中医诊治的重要依据之一。

1. 中医人格类型说的核心内容

《黄帝内经》对人格类型的划分有两种既相互关联又有一定区别的主张：一种主张是，仅从阴阳角度出发，将人格分为太阴、少阴、太阳、少阳和阴阳和平等五种类型，[③]可以将之概括为“五态之人”，即“阴阳五种人格类型说”；另一种主张是，综合阴阳与

① 杨伯峻译注．孟子译注．北京：中华书局，1960. 142.

② 汪凤炎．中国心理学思想史．上海：上海教育出版社，2008. 559～561.

③ 燕国材主编．中国心理学史资料选编（第一卷）．北京：人民教育出版社，1988. 371.

五行两大角度，将人格分为阴阳五行二十五种类型，可以将之概括为“二十五种人”，即“阴阳五行二十五种人格类型说”。《黄帝内经》的这两种人格分类观虽然都是从阴阳角度对人格进行分类，不过，《灵枢·通天》曾说：“少师答曰：众人之属，不如五态之人者，故五五二十五人，而五态之人不与焉。五态之人，尤不合于众者也。”① 从这句话可知，在《黄帝内经》看来，“五态之人”是具有代表性的五种人格类型，而“二十五种人”是二十五种一般人的人格类型，因此，“二十五种人”不包括在“五态人”之内。②

（1）阴阳五种人格类型说。

《黄帝内经》主要依据人的外貌特征、禀赋的体质特征、心理与行为特征的不同，以阴阳为代码，将人格分为太阴、少阴、太阳、少阳、阴阳和平五种类型。《灵枢·通天》说：

少师曰：盖有太阴之人、少阴之人、太阳之人、少阳之人、阴阳和平之人。凡五人者，其态不同，其筋骨气血各不等。

黄帝曰：其不等者，可得闻乎？

少师曰：太阴之人，贪而不仁，下齐湛湛，好内而恶出，心和而不发，不务于时，动而后之。此太阴之人也。

少阴之人，小贪而贼心，见人有亡，常若有得，好伤好害，见人有荣，乃反愠怒，心疾而无恩。此少阴之人也。

太阳之人，居处于于，好言大事，无能而虚说，志发于四野，举措不顾是非，为事如常自用，事虽败而常无悔。此太阳之人也。

少阳之人，諟谛好自贵，有小小官，则高自宜，好为外交而不内附。此少阳之人也。

阴阳和平之人，居处安静，无为惧惧，无为欣欣，婉然从物，或与不争，与时变化，尊则谦谦，谭而不治，是谓至治。

古之善用针艾者，视人五态乃治之，盛者泻之，虚者补之。

黄帝曰：治人之五态奈何？

少师曰：太阴之人，多阴而无阳。其阴血浊，其卫气涩。阴阳不和，缓筋而厚皮。不之疾泻，不能移之。

少阴之人，多阴少阳，小胃而大肠，六府不调。其阳明脉小而太阳脉大，必审调之。其血易脱，其气易败也。

太阳之人，多阳而少阴。必谨调之，无脱其阴，而泻其阳。阳重脱者易狂，阴阳皆脱者，暴死，不知人也。

少阳之人，多阳少阴，经小而络大。血在中而气外，实阴而虚阳，独泻其络脉，则强气脱而疾，中气不足，病不起也。

阴阳和平之人，其阴阳之气和，血脉调。谨诊其阴阳，视其邪正，安容仪。审有余不足。盛则泻之，虚则补之，不盛不虚，以经取之。此所以调阴阳，别五态之人者也。

黄帝曰：夫五态之人者，相与毋故，卒然新会，未知其行也，何以别之？

---

① 姚春鹏译注．黄帝内经．北京：中华书局，2009. 396.

② 姚春鹏译注．黄帝内经．北京：中华书局，2009. 397.

少师答曰：众人之属，不如五态之人者，故五五二十五人，而五态之人不与焉。五态之人，尤不合于众者也。

黄帝曰：别五态之人奈何？

少师曰：太阴之人，其状黮黮然黑色，念然下意，临临然长大，䐃然未偻。此太阴之人也。

少阴之人，其状清然窃然，固以阴贼，立而躁崄，行而似伏。此少阴之人也。

太阳之人，其状轩轩储储，反身折腘。此太阳之人也。

少阳之人，其状立则好仰，行则好摇，其两臂两肘则常出于背。此少阳之人也。

阴阳和平之人，其状委委然，随随然，颙颙然，愉愉然，暶暶然，豆豆然，众人皆曰君子。此阴阳和平之人也。①

根据这段论述，可以将太阴之人、少阴之人、太阳之人、少阳之人和阴阳和平之人这五种人格类型总结为如下表格：

表 13－1 《黄帝内经》的五种人格类型②

人格类型	阴阳匹配	心理特征	外貌及行为特征	体质特征与治疗方法
太阴之人	多阴而无阳	性情贪婪、不仁厚；表面谦虚，假装正经，内心却深藏阴险；好得恶失，喜怒不形于色；不识时务，只知利己，见风使舵，行动上惯用后发制人的手段。	面色阴沉黑暗，假意谦虚，身体本来高大，却假作卑躬屈膝的姿态，并非真有佝偻之病。	多阴而无阳，阴血重浊，卫气涩滞，阴阳不调和，形体表现出缓筋皮厚的特征。
少阴之人	多阴少阳	贪小利，有害人之心；看到别人有了损失，就像拣到便宜一样高兴；好伤人，好害人；看见别人获得荣誉就愤怒，心怀嫉妒，没有同情心。	外貌呈现出清高的样子，但是行动鬼祟，偷偷摸摸，深怀阴险害人之心；站立时躁动不安，显示出邪恶之象，走路时状似伏身向前。	多阴少阳，胃小而肠大，六腑功能不协调。足阳明经脉气偏小，而手太阳经脉气偏大，一定要审慎调治。血易耗损，气也容易败伤。
太阳之人	多阳而少阴	平时自鸣得意，好言大事，无能却空说大话，好高骛远；行动不论是非，做事经常自以为是，虽然做事失败，却常常没有后悔之心。	外貌表现出高贵自尊、骄傲自满的样子，仰腰挺胸时，身躯向后反张，膝窝随之曲折。	多阳而少阴，一定要谨慎调治，不能再耗损其阴，只可泻其阳。阳太脱就易发狂躁，如果阴阳都耗损，就会突然死亡或者不省人事。

① 姚春鹏译注．黄帝内经．北京：中华书局，2009. 390～399.

② 此表的制作参考了燕国材先生的观点，但有较大修改。见燕国材主编．中国古代心理学思想史．台北：远流出版事业股份有限公司，1999. 284.

（续上表）

人格类型	阴阳匹配	心理特征	外貌及行为特征	体质特征与治疗方法
少阳之人	多阳少阴	做事精细审慎，喜欢抬高自己；有了小小的官职就自以为了不起，向外宣扬，好交际，却不能踏踏实实地工作。	在站立时习惯把头仰得很高，行走时习惯摇摆身体，常常反挽其手于背后。	多阳少阴，经脉小而络脉大，血在中而气在外。在治疗时，应当充实阴经而泻其阳络，不过，若过度地泻其阳络，就会迫使阳气很快耗损，以致中气不足，病也就难以痊愈。
阴阳和平之人	阴阳之气和	生活安静，心安无所畏惧，不过分追求喜乐；顺从事物发展的自然规律，遇事不与人争，善于适应形势的变化；地位虽高却很谦虚，以理服人，而不是用压制的手段来治人，具有极高的治理才能。	外貌从容稳重，举止大方，性格和顺；善于适应环境，态度严谨，品行端正；待人和颜悦色，目光慈祥和善，举止有度，处事分明，众人都称之为真君子。	阴阳之气和谐，血脉调顺。在治疗时，应当谨慎地观察其身体的阴阳变化及邪正盛衰，观察容颜表现，然后细审是哪一方面有余、哪一方面不足。邪盛用泻法，正虚用补法，假若不盛不虚，就治疗病症所在的本经。①

根据表 13－1 的内容可知，《黄帝内经》继承了先秦儒家“尚德”、推崇君子人格而谴责小人人格的思想，以及先秦道家“道法自然”的思想，在这五种典型人格中，《黄帝内经》非常推崇“阴阳和平之人”的人格类型，认为它是最理想、最健康的人格类型，而其他四种人格类型则都属病态人格类型，具有这四种人格类型之一的人的心理特征、外貌及行为特征、体质特征等或多或少地存在某些病态因素。由此可见，“阴阳五种人格类型说”的代表性不强。与先秦儒家主要侧重于从心理与行为特征的角度来论述“君子—小人二分式人格类型说”不同，先秦医家的人格类型说还论及个体的体质特征，并大量运用阴阳哲学的思想，显示出明显的中医特色。《黄帝内经》认为，人体的素质有阴阳气血偏多偏少的差异，这主要是出于天然禀赋，所以把描述此内容的篇章篇名定作《通天》。与此相映成趣的是，差不多处于同一时代的古希腊医学家也注重从体质的角度来探讨人的气质类型，只不过，与古希腊哲学传统相一致的是，他们的观点与先秦医家的主张有一定的差异，这表明各民族的医学与其哲学背景有密切的关系。② 例如，古希腊医学家恩培多克勒（Empedocles，约前 483—前 423）的“四根说”里已具有“气质和神经类型学说”的萌芽。恩培多克勒认为，人的身体由四根（土、水、火、空气）构成：固体的部分是土根，液体的部分是水根，维持生命呼吸的是空气根，血液主要是火根，而思维是血液的作用。火根离开身体一些，血液就变冷一些，人就入眠。火根全部离开身体，血液就全变冷，人就死亡。他还认为，人的心理特性依赖于身体的特殊构造；各人心理上的不同是由于身体上四根配合比例的不同。他认为，演说家是舌头的四根配

① 此表中所用“译文”主要出自：姚春鹏译注．黄帝内经．北京：中华书局，2009. 391～399.

② 姚春鹏译注．黄帝内经．北京：中华书局，2009. 389.

合最好的人，艺术家是手的四根配合最好的人。[1] 稍后的古希腊哲学家希波克拉底（Hippocrates，前460—前337）认识到人的健康和体内的四种体液的协调混合有关，将四根说进一步发展为四液说。希波克拉底在《论人类的自然性》这部著作的第四节里写道："人的身体内部有血液、黏液、黄胆汁和黑胆汁，所谓人的自然性就是指这些东西，而且人就是靠这些东西而感到痛苦或保持健康的。"他认为构成人体内的基本体液有血液（harma）、黏液（phlegma）、黄胆汁（cholexanthe）和黑胆汁（cholemelania）四种。他根据哪一种体液在人体内占优势的原则，把人分为四种类型：多血质、黏液质、胆汁质和抑郁质。在体液的混合比例中血液占优势的人属于多血质，黏液占优势的人属于黏液质，黄胆汁占优势的人属于胆汁质，黑胆汁占优势的人属于抑郁质。每一种体液都是由寒、热、湿和干四种性能中的两种性能混合而成的，因此，某种体液占优势就会形成相应的特征鲜明的情绪反应方式或气质。例如，血液具有热湿的性能，多血质的人温而润（好似春天一般），快乐、活泼而好动；黏液具有寒湿的性能，黏液质的人冷酷无情（似冬天一样），且行动迟缓；黄胆汁具有热干的性能，黄胆汁的人热而躁（如夏季一般），易发怒、易兴奋；黑胆汁具有寒干的性能，抑郁质的人冷而躁（有如秋天一样），易悲伤、易哀愁。这四种体液配合恰当时，身体便健康；在配合异常时，身体便生病。按照希波克拉底的原意，他所谓的四种气质类型，其含义是很广的，即决定人的整个体质（也包括气质），但不是单指现在心理学上的所谓气质。尽管现代科学否定了体液是气质的基础的观点，但气质是个体与生俱来的独特情绪反应方式，这一观念一直沿用至今。[2]

（2）阴阳五行二十五种人格类型说。

《黄帝内经》主要依据人的体质和体貌的不同，再辅之以不同的心理特征，以五行为代码，将人分为金形之人、木形之人、水形之人、火形之人和土形之人等五大类型；然后，再以阴阳为代码，认为每一行之中都有一种类型的人是禀本气最全的，还有四种人是得本气之偏的，这样，实际上是将人分为二十五种类型[3]。《灵枢·阴阳二十五人》说：

木形之人，比于上角（角，五音之一，属木，"比于上角"是将木形之人，比类于上角。而其他属木的四型人，则分别比类于大角、左角、钛角、判角。说明五行之中，每一行也与音调一样变化多端。引者注），似于苍帝（神话中的上天五帝之一）。其为人苍色，小头，长面，大肩背，直身，小手足，好有才，劳心，少力，多忧劳于事。能春夏不能秋冬，感而病生，足厥阴佗佗然（一种解释是稳重；另一种解释是雍容自得之貌）。大角之人，比于左足少阳，少阳之上遗遗然。左角（一曰少角）之人，比于右足少阳，少阳之下随随然（顺从的样子）。钛角（一曰右角）之人，比于右足少阳，少阳之上推推然（前进的样子）。判角之人，比于左足少阳，少阳之下栝栝然（正直的样子）。

火形之人，比于上徵，似于赤帝。其为人赤色，广引，锐面小头，好肩背髀腹，小

① 唐钺．西方心理学史大纲．北京：北京大学出版社，1982. 8 ~ 9.

② 郭永玉．人格心理学——人性及其差异的研究．北京：中国社会科学出版社，2005. 37.

③ 燕国材主编．中国心理学史资料选编（第一卷）．北京：人民教育出版社，1988. 371.

手足。行安地，疾心行摇，肩背肉满，有气轻财，少信多虑，见事明，好颜，急心，不寿暴死。能春夏不能秋冬，秋冬感而病生，手少阴核核然（真实之义）。质徵之人（一曰质之人，一曰大徵），比于左手太阳，太阳之上肌肌然（见识肤浅）。少徵之人，比于右手太阳，太阳之下慆慆然（多疑的样子）。右徵之人，比于右手太阳，太阳之上鲛鲛然（一曰熊熊然，踊跃之义）。质判（一曰质徵）之人，比于左手太阳，太阳之下支支颐颐然（怡然自得而无忧愁烦恼的样子）。

土形之人，比于上宫，似于上古黄帝。其为人黄色，圆面，大头，美肩背，大腹，美股胫，小手足，多肉，上下相称。行安地，举足浮，安心，好利人，不喜权势，善附人也。能秋冬不能春夏，春夏感而病生，足太阴敦敦然（诚恳而忠厚的样子）。大宫之人，比于左足阳明，阳明之上婉婉然（和顺的样子）。加宫之人（一曰众之人），比于左足阳明，阳明之下坎坎然（喜悦的样子）。少宫之人，比于右足阳明，阳明之上枢枢然（圆转貌）。左宫之人（一曰众之人，一曰阳明之上），比于右足阳明，阳明之下兀兀然（做事专心致志、不怕困难的精神）。

金形之人，比于上商，似于白帝。其为人方面，白色，小头，小肩背，小腹，小手足，如骨发踵外，骨轻。身清廉，急心，静悍，善为吏。能秋冬不能春夏，春夏感而病生，手太阴敦敦然。钛商之人，比于左手阳明，阳明之上廉廉然（廉洁之义）。右商之人，比于左手阳明，阳明之下脱脱然（潇洒貌）。大商之人，比于右手阳明，阳明之上监监然（明察是非之义）。少商之人，比于右手阳明，阳明之下严严然（严肃庄重之义）。

水形之人，比于上羽，似于黑帝。其为人黑色，面不平，大头，廉颐（颊部如棱形），小肩，大腹，动手足，发行摇身，下尻长，背延延然（背部长度过于常人），不敬畏，善欺绐人，戮死。能秋冬不能春夏，春夏感而病生，足少阴汗汗然。大羽之人，比于右足太阳，太阳之上颊颊然（得意之义）。少羽之人，比于左足太阳，太阳之下纡纡然（曲屈萦绕之义）。众之为人（一曰加之人），比于右足太阳，太阳之下洁洁然（静之义）。桎之为人，比于左足太阳，太阳之上安安然（言德性之美，皆出于自然而非勉强）。

是故五形之人二十五变者，众之所以相欺者是也。

根据上段论述，可以将阴阳五行二十五种人格类型总结为如下表格：

表 13－2 《黄帝内经》的二十五种人格类型①

人格类型		外貌特征	体质特征	行为与人格特征
木形之人	上角之人	皮肤呈苍色，头小，脸长，肩背宽大，身直，手足小。	可以耐受春夏的温热，不能耐受秋冬的寒冷，容易受病邪侵袋而产生疾病，属于足厥阴肝经。	有才智，好用心机，体力不强，多忧劳于事。人格特征是柔美而稳重。
	大角之人		类属于左足少阳经之上。	人格特征是谦让而和蔼。
	左角之人		类属于右足少阳经之下。	人格特征是随和而顺从。
	钛角之人		类属于右足少阳经之上。	人格特征是勇于上进。
	判角之人		类属于左足少阳经之下。	人格特征是正直不阿。
火形之人	上徵之人	皮肤呈赤色，背脊宽广，脸瘦，头小，肩背髀腹各部分发育很好，手足小。	能耐受春夏的温热，不能耐受秋冬的寒凉，秋冬时受外邪侵袭就容易生病，不能享高寿而多暴死。属于手少阴心经。	走路步履稳重，思维敏捷，走路时肩摇，背部的肌肉丰满，为人有气魄，轻财，缺少信心，多忧虑，善于观察和分析事物，喜爱漂亮，性情躁急。人格特征是为人很真诚。
	质徵之人		类属于左手太阳之上。	人格特征是见识肤浅。
	少徵之人		类属于右手太阳之下。	人格特征是多疑。
	右徵之人		类属于右手太阳之上。	人格特征是勇于上进而不甘落后。
	质判之人		类属于左手太阳之下。	人格特征是乐观愉快、怡然自得而无忧愁烦恼。

① 此表中所用“译文”出自南京中医学院中医系编．黄帝内经灵枢译释．上海：上海科学技术出版社，1986. 377～382.

（续上表）

人格类型		外貌特征	体质特征	行为与人格特征
土形之人	上宫之人	皮肤呈黄色，圆面，大头，肩背丰满健美，腹大，下肢从大腿到足胫部都很健壮，手足小，肌肉丰满，全身上下各部分都很匀称。	能耐受秋冬的寒冷，不能耐受春夏的温热，春夏受外邪侵袭就容易生病，属于足太阴脾经。	步履稳重，人很安静，好帮助人，不喜权势，善于团结人。人格特征是诚恳而忠厚。
	大宫之人		类属于左足阳明经之上。	人格特征是平和而柔顺。
	加宫之人		类属于左足阳明经之下。	人格特征是时常感到喜悦。
	少宫之人		类属于右足阳明经之上。	人格特征是比较圆滑。
	左宫之人		类属于右足阳明经之下。	人格特征是具有专心致志、不怕困难的精神。
金形之人	上商之人	方面，皮肤呈白色，头小，肩背小，腹小，手足小，足跟坚壮。	能耐受秋冬的寒冷，不能耐受春夏的温热，春夏受外邪侵袭就容易生病，属于手太阴肺经。	行动轻快，禀性清廉，性急，能动能静，动之则猛悍异常，明于吏治，有决断之才。人格特征是坚不可屈。
	钛商之人		类属于左手阳明经之上。	人格特征是廉洁自守。
	右商之人		类属于左手阳明经之下。	人格特征是潇洒。
	大商之人		类属于右手阳明经之上。	人格特征是明察是非。
	少商之人		类属于右手阳明经之下。	人格特征是威严而庄重。
水形之人	上羽之人	皮肤呈黑色，面多皱纹，头大，颊部宽广，两肩小，腹大，尻骨较长，背脊亦长。	能耐受秋冬的寒冷，不能耐受春夏的温热，春夏受外邪侵袭就容易生病，属于足少阴肾经。	手足喜动，走路时摇摆身体。对人的态度是既不恭敬又无畏惧，善于欺诈，常有杀戮。
	大羽之人		类属于右足太阳经之上。	人格特征是洋洋自得。
	少羽之人		类属于左足太阳经之上。	人格特征是性情不直爽。
	众羽之人		类属于右足太阳经之下。	人格特征是很文静，如水般清澈。
	桎羽之人		类属于左足太阳经之上。	人格特征是心境平和，有高尚的品德。

2. 对中医人格类型说的简要评价

上文在探讨"阴阳五种人格类型说"时已对它作了简要评价，除此之外，对《黄帝内经》的人格类型说的评价还可补充如下几点：

（1）它是具有典型中医文化特色的人格类型说。

说它是具有典型中医文化特色的人格类型说，证据主要有三点：第一，无论是"阴阳五种人格类型说"，还是"阴阳五行二十五种人格类型说"，它的来源都是中医最著名、最权威的经典典籍《黄帝内经》；第二，它的主要传承者是中医典籍的编著者与中医子弟；第三，它典型地展现出中医文化推崇"阴阳学说"与"五行学说"的精神内核。

（2）它是具有旺盛生命力的人格类型说。

说它是具有旺盛生命力的人格类型说，证据主要有三点：第一，它持续的时间长。它自先秦诞生之后，一直延续至今，前后已绵延长达两千多年，并将被后学尤其是中医后学继承下去，为中医的临床治疗提供理论依据。第二，它的影响范围较广。它不但深深影响了整个中医学界，而且对于一些中国大众有一定影响。第三，它的精神内核至今仍有较旺盛的生命力。尽管在西医处于绝对优势的当代，中医的科学性受到一些学人的质疑，不过，中医的精神内核（包括中医的人格类型说）至今仍保持较旺盛的生命力。

（3）谨慎看待中医的人格类型说。

《黄帝内经》根据中医的长期临床观察与实践，综合考虑人的外貌、体质以及心理与行为特征，将人格分为太阴之人、少阴之人、太阳之人、少阳之人和阴阳和平之人五种类型，这种划分方法正确与否至今难以确定，因为《黄帝内经》没有给人们提供一些实际上的证据，其结论主要是通过经验总结得来的。但是，不同个体之间在外貌、体质和人格上有所不同，这是可以肯定的事实，由于不同个体在体质和人格上有差异，亦能导致发病病症有所不同，治疗上也应有所区别。在朝鲜的汉医比较重视这一点，曾有一本名叫《四象新编》的医学著作，十分强调分型施治，即同一病征，如体型不同，治疗上就有显著的不同，它的理论就是源出于阴阳五种人格类型说。① 同时，根据中医的阴阳五行二十五种人格类型说，从中医和心理治疗角度讲，在临床辨证和治疗时，一定要注意人体禀赋的不同，一定要因人制宜；从人格心理学角度看，这实际上是将人的人格分为二十五种类型，每一种类型的人的生理和心理特征都是不一样的。《黄帝内经》的这一观点到底正确与否，还需今人作进一步研究，既不能简单肯定，也不宜盲目加以舍弃。

（4）缺乏实证依据，概括过于简略。

用现代心理学眼光进行观照，中医的人格类型说的一个明显不足之处同样是缺乏实证依据。因为中医主要是基于其长期的临床经验总结，再加上运用思辨法和"简单枚举归纳法"等方法建构出其人格类型学说的，也基本上没有使用现代意义上的研究方法（像问卷法和测量法等）。同时，《黄帝内经》在阐述二十五种人格类型时，除了对木形之人中的"上角之人"、火形之人中的"上徵之人"、土形之人中的"上宫之人"、金形之人中的"上商之人"、水形之人中的"上羽之人"五种人格类型的外貌特征、体质特征与心理和行为特征的阐述相对较详细外，对其他二十种人格类型的阐述极其简略，这

---

① 南京中医学院中医系编．黄帝内经灵枢译释．上海：上海科学技术出版社，1986. 435.

就有过于简单、机械之嫌，不太符合人格本身所具有的复杂性特点。①

（三）刘劭的人格类型说

刘劭，三国时魏国人，著有《人物志》一书，在该书里，他对人的才能、性格、智勇，以及鉴定方法等作了系统的研究。刘劭的人格类型说对后世中国人进行人才选择和人才任用的影响甚大，成为后世中国人选择人才和任用人才的重要依据之一。鉴于刘劭的心理测量思想将在后文进行论述，这里只讲其人格类型思想。

1. 刘劭人格类型说的核心内容

为了适应三国时期各国对人才大量需求的现实以及当时人们颇为注重探讨“才与性”关系的现实（参见第五章第三节），刘劭在探讨个体的人格类型时，特别突出从个体的才能、性格与智勇搭配类型三个角度进行分析，相应地，刘劭的人格类型思想主要包括如下三个方面：

（1）将人才分为十二种类型。

刘劭从才能的角度对人进行分类，将人才分为十二种类型。《人物志·流业》说：

盖人流之业十有二焉：有清节家，有法家，有术家，有国体，有器能，有臧否，有伎俩，有智意，有文章，有儒学，有口辨，有雄杰。若夫德行高妙，容止可法，是谓清节家，延陵、晏婴是也。建法立制，强国富人，是谓法家，管仲、商鞅是也。思通道化，策谋奇妙，是谓术家，范蠡、张良是也。兼有三材，三材皆备（德与术法皆纯备也），其德足以厉风俗，其法足以正天下，其术足以谋庙胜，是谓国体，伊尹、吕望是也。兼有三材，三材皆微，其德足以率一国，其法足以正乡邑，其术足以权事宜，是谓器能，子产、西门豹是也。兼有三材之别（某一方面），各有一流。清节之流，不能弘恕，好尚讥诃，分别是非，是谓臧否，子夏之徒是也。法家之流，不能创思远图，而能受一官之任，错意施巧，是谓伎俩，张敞、赵广汉是也。术家之流，不能创制垂则，而能遭变用权；权智有余，公平不足，是谓智意，陈平、韩安国是也。凡此八业，皆以三材为本。故虽波流分别，皆为轻事之材也。能属文著述，是谓文章，司马迁、班固是也。能传圣人之业，而不能干事施政，是谓儒学，毛公、贯公是也。辨不入道，而能应对资给，是谓口辨，乐毅、曹丘生是也。胆力绝众，材略过人，是谓骁雄，白起、韩信是也。凡此十二材，皆人臣之任也。……清节之德，师氏之任也（掌以道德，教道胄子）。法家之材，司寇之任也（掌以刑法，禁制奸暴）。术家之材，三孤之任也（掌以庙谟，佐公论证）。三材纯备，三公之任也（位于三槐，坐而论道）。三材而微，三公之任也（天官之卿，总御百官）。臧否之材，师氏之佐也（别分是非，以佐师氏）。智意之材，冢宰之佐也（师氏制宜，以佐天官）。伎俩之材，司空之任也（错意施巧，故掌冬官）。儒学之材，安民之任也（掌以德教，保安其民）。文章之材，国史之任也（宪章纪述，垂之后代）。辨给之材，行人之任也（掌以应答，送迎道路）。骁雄之材，将帅之任也（掌辖师旅，讨平不顺）。

---

① 汪凤炎. 中国心理学思想史. 上海：上海教育出版社，2008. 566 ~ 568.

上段话内容丰富：第一，刘劭认为性情是一个人的本源，人性各异，而人所受的习染也不同，故而世上有不同的人才。这表明，刘劭划分人才类型的依据是人的性情差异。第二，刘劭认识到不同个体在智能类型上存在差异，主张“德”、“法”和“术”是三种最基本的能力类型，号称“三才”；这三种最基本能力类型的不同组合，可以形成八种能力类型，号称“八业”（即“八才”），它们均“以材为本”；再加上“能属文著述”、“能传圣人之业，而不能干事施政”、“辨不入道，而应对资给”和“胆力绝众，材略过人”四才，一共形成了十二种能力类型；与此相对应的是，人才也就有十二种（“十二材”），它们分别是：清节、法家、术家、国体、器能、臧否、伎俩、智意、文章、儒学、口辩和雄杰。第三，刘劭论述了每一种人才的能力特点和适宜干的事，即每种人才的用途（如宜任官职），并举出了人物范例。现略述如下：

清节型。此类人才品行高尚，举止仪容能成为人们的榜样。这是一些清廉节俭的政治家，都具有自任的才能，如春秋时吴国的季札、齐国的晏婴便是。

法家型。此类人才能够制定法律、改革制度，使人民富裕、国家强盛。这是一些善于以法治国的政治家，都具有立法的才能，如管仲、商鞅便是。

术家型。此类人才精通变化之道，能提供奇妙的智谋策略。这是一些善于以谋略治国的政治家，都具有决策的才能，如范蠡、张良便是。

国体型。此类人才兼有清节型、法家型和术家型三种人才的才能，并且都很完备，其品德足以使风俗淳正，其法制足以使国家安泰，其术略足以使朝廷的重大决策立于不败之地。这是一些德、法和术兼备的政治家，都具有全面治国的才能，如商代伊尹、西周的吕望即此类型的人才。

器能型。这类人才也兼有清节型、法家型和术家型三种人才的才能，但并不完备，其品德仅能成为一诸侯国的表率，其法制仅能治理一乡一邑，其术略仅能处理某些具体的行政事宜。这是一些德、法、术均具有但水平较低的人物，他们具有治理局部的才能，如子产、西门豹即是。

臧否型。这是由清节型派生出来的一种类型。这一类型的人不能宽宏大量，不愿推行恕道，喜好判断好坏，热衷分辨是非。他们都具有司察的能力，如子夏即此类型的人物。

伎俩型。这是由法家型派生出来的一种类型。这一类型的人不能高瞻远瞩，缺乏长远打算，专门施展政治手段以期达到某种目的，因而只能让其担任一官半职，不能委以重任。他们都具有善于施展伎俩的才能，如西汉的张敞、赵广汉便是这种类型的人物。

智意型。这是由术家型派生出来的一种类型。这一类型的人不能创制法则，以便社会遵循，而遇到事变时则运用权术，随意处理，因而他们是智谋、权术有余，但公正不足的人。他们都具有处理人事的才能，如西汉的陈平、韩安国便是这种类型的人物。

文章型。这种人善于著书立说、撰写文章。他们都有写作的才能，如司马迁、班固便是。

儒学型。他们能够传授圣人的学业，但不能任职施政。属于此类型的人都具有传授的才能，如西汉的毛苌、贯公即是。

口辩型。他们善于言辞、辩说，往往对答如流，辩说内容却很少涉及人生的大道理。这一类型的人都具有善于论辩的才能，如战国的乐毅、西汉的曹丘生均是。

雄杰型。这种人才胆略超众，才略过人。他们都有一定的军事才能，如白起、韩信便是。

（2）将人格分为十二种类型。

刘劭根据阴阳五行生成说，类推出人的五种人格：木——温顺而果决，金——刚强而充实，水——恭敬而平和，土——宽柔而严实，火——明畅而光芒。刘劭在《人物志·九征》里说：

若量其材质，稽诸五物。五物之征亦各著于厥体矣。其在体也，木骨、金筋、火气、土肌、水血，五物之象也。五物之实各有所济，是故骨植而柔者，谓之弘毅，弘毅也者，仁之质也，气清而朗者，谓之文理，文理也者，礼之本也；体端而实者，谓之贞固，贞固也者，信之基也，筋劲而精者，谓之勇敢，勇敢也者，义之决也，色严而畅者，谓之通微，通微也者，智之原也。五质恒性，故谓之五常矣。五常之别，列为五德。是故温直而扰毅，木之德也；刚塞而弘毅，金之德也；愿恭而理敬，水之德也；宽栗而柔立，土之德也；简畅而明砭，火之德也；虽体变无穷，犹依乎五质。故其刚柔、明畅、贞固之征著乎形容，见乎声色，发乎情味，各如其象。

在此基础上，刘劭将人格分为十二种类型，并对每一种人格的总体特征及其优缺点予以精辟界说。现依刘劭在《人物志·体别》里的言论，将这十二种人格的人的心理特征及优缺点作一归纳，如表 13－3 所示。

表 13－3　刘劭的十二种人格类型表①

人格类型	人格的基本特征	人格的优缺点
强毅之人	狠刚不和	励直刚毅，材在矫正，失在激讦
柔顺之人	缓心宽断	柔顺安恕，每在宽容，失在少决
雄悍之人	气奋勇决	雄悍杰健，任在胆烈，失在多忌
惧慎之人	畏患多忌	精良畏慎，善在恭谨，失在多疑
凌楷之人	秉意劲特	强楷坚劲，用在桢干，失在专固
辨博之人	论理赡给	论辩理绎，能在释结，失在流宕
弘普之人	意爱周洽	普博周给，弘在覆裕，失在混浊
狷介之人	砭清激浊	清介廉洁，节在俭固，失在拘扃
休动之人	志慕超越	休动磊落，业在攀跻，失在疏越
沉静之人	道思回复	沉静机密，精在玄微，失在迟缓
朴露之人	申疑实滔	朴露径尽，质在中诚，失在不微
韬谲之人	原度取容	多智韬情，权在谲略，失在依违

① 燕国材主编．中国古代心理学思想史．台北：远流出版事业股份有限公司，1999. 286.

(3) 将“英雄”分为三种类型。

刘劭还特别看重人才中的人才，即英雄，他根据智与勇搭配的多少，将“英雄”分为英才型、雄才型和英雄兼备型等三种类型：英才型的人以智见长，像张良之类的人才就属于英才型；雄才型的人以勇见长，像韩信之类的人才就属于雄才型；英雄兼备型的人兼有智与勇，像项羽和刘邦之类的人才就属于英雄兼备型。《人物志·英雄》写道：

夫草之精秀者为英，兽之特群者为雄。故人之文武茂异取名于此。是故聪明秀出，谓之英；胆力过人，谓之雄。此其大体之别名也。……夫聪明者，英之分也。不得雄之胆，则说不行。胆力者，雄之分也。不得英之智，则事不立。是故英以其聪谋始，以其明见机，待雄之胆行之。雄以其力服众，以其勇排难，待英之智成之。然后乃能各济其所长也。……必聪能谋始，明能见机，胆能决之，然后可以为英，张良是也。气力过人，勇能行之，智足断事，乃可以为雄，韩信是也。……然皆偏至之材，人臣之任也。故英可以为相，雄可以为将。若一人之身，兼有英雄，则能长世。高祖、项羽是也。然英之分以多于雄，而英不可以少也。英分少则智者去之。故项羽气力盖世，明能合变，而不能听采奇异，有一范增不用。是以陈平之徒皆亡归。高祖英分多，故群雄服之，英材归之，两得其用。故能吞秦破楚，宅有天下。然则英雄多少，能自胜之数也。徒英而不雄，则雄材不服也；徒雄而不英，则智者不归往也。故雄能得雄，不能得英；英能得英，不能得雄。故一人之身兼有英雄，乃能役英与雄。能役英与雄，故能成大业也。

刘劭的这一界说是从人的心理素质出发的。据《论语·雍也》记载，孔子曾说：“质胜文则野，文胜质则史。文质彬彬，然后君子。”他认为一个人若朴实多过文采，就显得有些粗野；若文采胜过朴实，又有虚浮之嫌。只有文采与朴实相互协调的人，才可称得上君子。如果将此二说联系起来理解，则更有益于对人作出正确判断。①

2. 对刘劭的人格类型说的简要评价

(1) 刘劭的人格类型说是既有继承又有创新的结果。

刘劭之所以能够提出“十二种人格类型说”，是既有继承又有创新的结果。从继承前人思想的角度看，刘劭关于性格分类的思想明显受到“九德”思想的影响。《尚书·虞夏书·皋陶漠》曾提出“九德”之说，这“九德”分别是：“宽而栗，柔而立，愿而恭，乱而敬，扰而毅，直而温，简而廉，刚而塞，强而义”。“宽而栗”指既宽宏大量，又能做到谨小慎微；“柔而立”指既温和不阿，又能坚持主见；“愿而恭”指既老实忠厚，又能庄重自尊；“乱而敬”指既有才干，又能谨慎认真；“扰而毅”指既柔顺虚心，又刚毅果断；“直而温”指既为人正直，又态度温和；“简而廉”指既志向远大，又注重小节；“刚而塞”指既刚正不阿，又实事求是；“强而义”指既坚强勇敢，又符合道义。《尚书·皋陶漠》提出的“九德”思想对后世学人影响颇大，刘劭从中受益良多。② 从创新的角度看，刘劭的“十二种人格类型说”不但较之《尚书》的“九德”在数量上要多出三个，更重要的是，刘劭在论述“十二种人格类型说”时展现出来的思维的严密性、

① 燕国材主编．心理学思想史·中国卷．长沙：湖南教育出版社，2004. 281 ~ 291.

② 燕国材．《尚书》、《左传》、《国语》的心理学思想研究．心理科学，1994（4）：194 ~ 195.

系统性与明确性，都是《尚书》所难以与之相媲美的。

（2）刘劭的人格类型说有一定的解释力。

刘劭的人格类型说基于一定的史实资料以及他本人的经验总结，有一定的事实依据，能够解释生活里的一些事件，具有一定的解释力，因而对后世影响较大。

（3）刘劭的人格类型说缺乏扎实的实证依据。

用现代心理学眼光进行观照，"缺乏扎实的实证依据"同样是刘劭的人格类型说的一个明显不足之处，因为刘劭主要是基于经验总结法、思辨法和"简单枚举归纳法"等方法建构出其人格类型学说的，而基本上没有使用现代意义上的研究方法（像问卷法和测量法等）、科学的归纳推理。①

三、中国传统理想人格、现实人格及二者脱节的原因

探讨古代中国人的人格心理观时，有一个问题不能不予以重视，那就是中国传统理想人格（或叫"应然的人格"）、现实人格（或叫"实然的人格"）及二者脱节的原因，因为"理想人格"与"现实人格"的区别何止"十万八千里"。

（一）理想人格的特点

理想人格是指表现一种文化的精神或价值，并为生活于该文化中的人们所崇尚、所效法的人格。中国传统文化里所蕴含的理想人格具有如下特点②：

1. 理想观念："人皆可以为尧舜"的人格平等意识

在理想层面上，多数先哲鼓吹人格平等意识，并从四个方面予以论证：第一，力倡每个人步入理想人格的殿堂的起点是一样的，如据《论语·阳货》记载，孔子说："性相近也，习相远也。"《孟子·告子下》说："人皆可以为尧舜。"《荀子·性恶》声称："涂之人可以为禹。"等等。第二，每个人修成理想人格的方法是相同的，即都是通过"修身"的功夫来逐渐实现理想人格。正如《礼记·大学》所说："自天子以至于庶人，一是皆以修身为本。"第三，判断人的价值的标准相同，这个标准就是"德"或"义"。任何一个人的所作所为只有符合"德"或"义"的标准，才算是合理的行为，否则，就是不合理的行为。并且，对于不合理的行为，主张在惩罚时要体现平等、公平、公正的法则，即"王子犯法，与庶民同罪"。第四，任何一个人只要努力，都有成圣的可能。这一理念至少可追溯至《周易》。《周易·系辞下传》曾说："是故《履》，德之基也。"随后孟子在《滕文公上》里明确主张："舜，何人也？予，何人也？有为者亦若是。"这是说，任何人只要肯努力就能成尧舜。换言之，任何人只要努力，都能实现理想人格。

2. 理想目标："内圣外王"的完美人格

中国古代社会主要是一种"家天下"式的"朝代"国家，正所谓"普天之下，莫非王土"。用社会心理学的术语讲，就是在中国古代社会，多数人虽然都知道公我与私我的

① 汪凤炎．中国心理学思想史．上海：上海教育出版社，2008. 572.

② 对理想人格的特点的论述引用了方立天先生的一些言论，见方天立．儒道的人格价值观及其会通．长白论丛，1995（2）.

界限，但在实际生活中，又多未将一个人的公我与私我真正分开，造成事实上的公我与私我之间是我中有你、你中有我的交叉关系。再加上中国古代社会是一种宗法型的家族社会，“国”与“家”紧密相连。许多古人都相信，一个在家讲“孝”的人，走入社会肯定会“尽忠”；一个人只有先“修身”，“修身”之后，才能“齐家”、“治国”、“平天下”。换句话说，将“修身”视作“齐家”、“治国”、“平天下”的前提与基础。正如《中庸》所说：“知所以修身，则知所以治人；知所以治人，则知所以治天下国家。”所以，先哲非常重视个人的自我心性修养，注重一个人自我道德境界的提升。这反映在古代中国人对理想人格的设计上就是，中国人推崇“内圣”，希望通过自己的崇高人格来达到感化他人之“心”以成全“外王”伟业的目的。这一思路的经典表述就是《大学》里的“八条目”：

大学之道，在明明德，在亲民，在止于至善。……古之欲明明德于天下者，先治其国；欲治其国者，先齐其家；欲齐其家者，先修其身；欲修其身者，先正其心；欲正其心者，先诚其意；欲诚其意者，先致其知；致知在格物。物格而后知至，知至而后意诚，意诚而后心正，心正而后身修，身修而后家齐，家齐而后国治，国治而后天下平。自天子以至于庶人，一是皆以修身为本。①

其中，“内圣”主要是就个体修养的成就而言的，包括“致知”、“格物”、“诚意”与“正心”四种内修条目，正如朱熹的注所说：“正心以上，皆所以修身也”②。个体只有对善有深刻的领悟与持久的修为，才能达到“至善”；“外王”主要是就人的社会功用而言的，它要求一个人要将自己修得的善推广到外在社会，它包括“齐家”、“治国”与“平天下”等三种外修条目③，正如朱熹的注所说：“齐家以下，则举此而措之耳。”④ 其间的关系如图 13－2 所示。

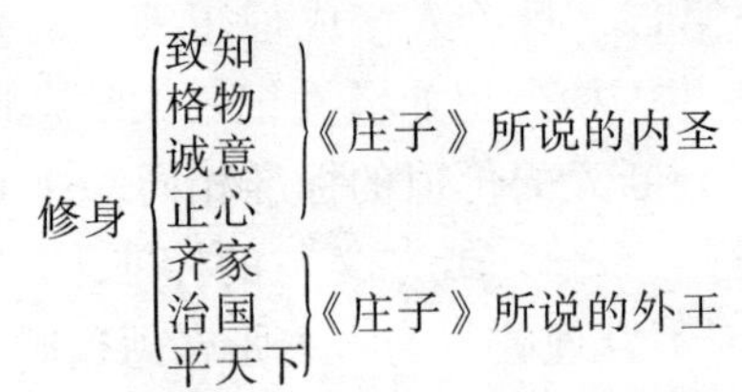

图 13－2　《大学》八条目之间的关系示意图⑤

这一思想不但儒家有，道家亦有。如《老子·五十四章》也说：“修之于身，其德乃真；修之于家，其德乃余；修之于乡，其德乃长；修之于邦，其德乃丰；修之于天下，

① （南宋）朱熹撰．四书章句集注．北京：中华书局，1983. 3 ~ 4.

② （南宋）朱熹撰．四书章句集注．北京：中华书局，1983. 4.

③ 冯友兰．贞元六书．上海：华东师范大学出版社，1996. 708；熊十力．读经示要．北京：中国人民大学出版社，2006. 83.

④ （南宋）朱熹撰．四书章句集注．北京：中华书局，1983. 4.

⑤ 熊十力．读经示要．北京：中国人民大学出版社，2006. 83.

其德乃普。”[①] 并且，在中国历史上，尽管学派纷呈，尽管“内圣外王”一词是在《庄子·天下》里才出现的，但在理想人格的设计上，无论是儒家、道家还是佛家，其思想均是相通的：都推崇“内圣外王”的理想人格，即都将理想人格的最终目标锁定在“内圣外王”上。正如《庄子·天下》所说：“是故内圣外王之道，暗而不明，郁而不发，天下之人各为其所欲焉以自为方。”[②] 梁启超在《论语考释》中的《庄子天下篇释义》里也认为：“‘内圣外王之道’一语，包举中国学术之全体，其旨在于内足以资修养而外足以经世。”熊十力在《读经示要》里也肯定了“内圣外王之道”，他在《读经示要》卷一里说：

八条目虽似平说，其实，以修身为本。君子尊其身，而内外交修，格、致、诚、正，内修之目也；齐、治、平，外修之目也。家国天下，皆吾一身，故齐、治、平，皆修身之事。小人不知其身之大而无外也，则私其七尺以为身，而内外交修之功皆所废而弗讲，圣学亡，人道熄矣。[③]

冯友兰的《新原道》(又名《中国哲学之精神》[④]) 认为，中国哲学之精神就在于求“内圣外王底人格”。因此，冯友兰在《新原道》一书的《绪论》里说：“在中国哲学中，无论哪一家哪一派，都自以为是讲‘内圣外王之道’”。[⑤] 在《新原道》的《新统》一章中，冯友兰又说：“所以圣人，专凭其是圣人，最适宜于作王。如果圣人最适宜于作王，而哲学所讲底又是使人成为圣人之道，所以哲学所讲底，就是所谓‘内圣外王之道’。”[⑥] 就是说，“圣人”最宜于做“帝王”。这表明，梁启超、熊十力和冯友兰都认为“内圣”与“外王”是统一的，可以而且应该由“内圣”而“外王”，从而成就一种完满的“内圣外王之道”的政治哲学理论。[⑦] 唐端正在《先秦诸子论丛》一书里也说：“中国哲学之重心问题为内圣外王，其特点在于为人生文化提供种种价值理想和实现此等价值理想的修行与方法。”[⑧]

“内圣外王”强调一个人由注重内在心性修养走向积极参加外在社会活动，相信人之存在不在于陶醉于个人道德的自我完善，不仅仅在于寻求个人内心的幸福，而应现实地存在于真实社会生活之中，积极、主动地承担社会的责任，使广大民众的道德都能提高到一个很高的境界，使整个社会能够和睦相处。[⑨] 并且，依《大学》中“自天子以至于庶人，一是皆以修身为本”一语所讲，“内圣外王之道”不仅仅是就“君”而言的，普通百姓也可照之修为。熊十力也持类似见解，他在《读经示要》卷一里说：

---

① 陈鼓应. 老子注译及评介（修订增补本）. 北京：中华书局，2009. 266.
② 陈鼓应. 庄子今注今译（第二版）. 北京：中华书局，2009. 909.
③ 熊十力. 读经示要. 北京：中国人民大学出版社，2006. 83.
④ 冯友兰. 贞元六书. 上海：华东师范大学出版社，1996. 701.
⑤ 冯友兰. 贞元六书. 上海：华东师范大学出版社，1996. 708.
⑥ 冯友兰. 贞元六书. 上海：华东师范大学出版社，1996. 856.
⑦ 汤一介. 在非有非无之间. 台北：正中书局，1995. 150 ~ 190.
⑧ 李宗桂. 中国文化概论. 广州：中山大学出版社，1988. 105.
⑨ 李宗桂. 中国文化概论. 广州：中山大学出版社，1988. 106.

向来说经者，似谓八条目只就君相言。庶人便无治平之事，此乃大误。庶民不独直接参预国政，而每一人之身，在其国为国民，同时即在天下，为天下之人。即与全人类为一体。其精神与思想、言论、行事，皆有影响于天下。故治国、平天下，皆庶民所有事。张江陵盖深达此义者。顾亭林曰："天下兴亡，匹夫有责。"亦明于经义。①

此种"内圣外王"的理想人格一旦被设计出来，必然会得到中国文化的认可与推崇，并反作用于现实人格，这从二十四史里对一些历史人物性格的描述多与儒家的理想人格相吻合的事实中就可看出②。换言之，中国史学家在描述历史人物时，所依据的多是先秦儒家推崇的理想人格。可见，经文化的教化与传承，理想人格一旦形成，必然会对读书人的人格产生深远影响，使秦汉以后的知识分子所扮演的角色定型化、标准化，他们必须遵循，否则，就得不到人们甚至文化的承认。③

3. 理想人格的性质："匹夫不可夺志"的独立人格

在理想人格上，中国人一向推崇独立人格。据《论语·子罕》记载，孔子曾说："三军可夺帅也，匹夫不可夺志也。"这里，"志"指意志，"不可夺"指独立，主张即便是一般的老百姓，其意志也应是独立的。孔子力主做人必须要有独立的意志，实际上也就是强调一个人做人要有人格上的尊严。孟子在《告子上》里说："有天爵者，有人爵者。仁义忠信，乐善不倦，此天爵也；公卿大夫，此人爵也。""欲贵者，人之同心也。人人有贵于己者，弗思耳矣。人之所贵者，非良贵也。""天爵者"和"人人有贵于己者"都是指"良贵"，"良贵"是上天赋予的、人所固有的，它既然不是别人给予的，任何人都不能予以剥夺；高官厚禄等"人爵"则不同，它既然是由当权者所赐予的，那么当权者也就可以随时予以剥夺。所以，朱熹在《四书章句集注·孟子集注》卷十一里说：当权者"能以爵禄与人而使之贵，则亦能夺之而使之贱矣。若良贵，则人安得而贱之哉"？可见，"天爵"高于"人爵"，内在价值高于外在价值。孟子强调"天爵"的重要性，实际上就是强调做人要有尊严，要独立自主。因此，孟子非常推崇"富贵不能淫，贫贱不能移，威武不能屈"的"大丈夫"人格。孔孟推崇独立人格的这一思想为其后大儒所继承。如韩愈力倡"特立独行"的独立人格。据《昌黎先生集》卷十二《伯夷颂》记载，韩愈说：

士之特立独行，适于义而已。不顾人之是非，皆豪杰之士，信道笃而自知明者也。一家非之，力行而不惑者，寡矣；至于一国一州非之，力行而不惑者，盖天下一人而已矣；若至于举世非之，力行而不惑者，则千百年乃一人而已耳。……今世之所谓士者，一凡人誉之，则自以为有余；一凡人沮之，则自以为不足。彼独非圣人而自是如此，夫圣人乃万世之标准也。余故曰：若伯夷者，特立独行，穷天地，亘万世，而不顾者也。

在论及一个人要有独立人格时，《陆九渊集》卷三十四《语录下》里有句名言："今

---

① 熊十力．读经示要．北京：中国人民大学出版社，2006. 83.

② 韦政通在其著作中曾设计了一个"理想人格与历史人物性格对照表"（韦政通．儒家与现代中国．上海：上海人民出版社，1990. 24～25），读者便能一目了然。

③ 韦政通．儒家与现代中国．上海：上海人民出版社，1990. 24～26.

人略有些气焰者，多只是附物，元非自立也。若某则不识一个字，亦须还我堂堂地做个人。”这句话是提倡一个人做人不能只是“附物”，必须做到“自立”、堂堂正正地做人，否则就会失去独立人格。

（二）现实人格的特点

理想人格的设立，给古代中国人的人格修养指出了一个明确的努力方向，在中国历史上也的确曾激励不少人士为此而奋斗终生。但是，就事实来看，理想人格毕竟只是“空中楼阁”，“中看不中用”。而与理想人格相区别的古代中国人的现实人格呈现出下述特点：

1. 现实观念：“刑不上大夫”的人格不平等意识

在漫长的古代社会，等级思想盛行，导致现实生活中每个人的人格是不平等的，这具体体现在两个方面：一方面，每个人在出生时所禀赋的“性”不一样，这导致每个人在人格的起点上也不一样。这一观念在先秦时期或许还只是一个朦胧的概念，但最迟到汉代董仲舒时已有明确而系统的理论依据，这就是董仲舒所提出的“性三品论”。《春秋繁露·实性》说：“圣人之性，不可以名性；斗筲之性，又不可以名性。名性者，中民之性。中名之性，如茧如卵。卵待覆二十日而后能为雏，茧待缫以涫汤而后能为丝，性待渐于教训而后能为善。”在董仲舒的眼中，圣人是天生的善者，其性至善，故无须教就能成就理想人格，因此，在现实生活中，“圣人”的人格也是至尊无比的；斗筲之人是天生的恶者，其性至恶，故无法教其为善，相应地，他们的人格就是最低贱的；中民之人虽天生有善质，但这种善质只有通过教育之后才能为善，于是，这种人仍有成圣的可能，只是要通过后天的努力才行，相应地，其现实人格比“圣人”低贱，比“斗筲之人”高贵。“性三品论”自提出后，对后世产生了深远影响。韩愈主张的“性三品说”，是明确赞扬董仲舒的观点的；宋明理学家将人性分为“天地之性”和“气质之性”，认为不同人身上“天地之性”和“气质之性”的“比例”是不一样的，这是在暗里支持董仲舒的见解。另一方面，由于现实生活中处于不同等级的人的人格实际上是不平等的，因此，对不同等级的人进行奖惩的标准也是不一样的。俗语“礼不下庶人”、“刑不上大夫”，就是这种不平等的生动反映。因此，重差序格局之公平公正，轻一视同仁式公平公正，便成为中国人的公正偏见。① 所谓差序格局之公平公正，指先将人与物以与自己的亲密程度不同为标准分为不同的层次，然后在展现自己的公平公正之心时对他们加以区别对待的一种心理与行为方式。与此不同的是，所谓一视同仁式公平公正，是指将全体同胞及与其有关联的事物都视作同一道德共同体，然后在展现自己的公平公正之心时平等地对待这个大的道德共同体内的全体成员的一种心理与行为方式。

2. 现实状况：方圆人格

在古代中国，由于种种原因，除了极少数品德高尚的人之外，几乎人人都戴着一副面具生活，从而造成实际上的面具人格②或方圆人格。所谓方圆人格，指一个人内心信奉

---

① 燕良轼等. 差序公正与差序关怀：论中国人道德取向中的集体偏见. 心理学. 2013，36（5）：1168～1175.

② 这里不用“虚假人格”一词，是因为该词具有贬义色彩，而古人之所以要戴着面具生活，并不总是因为坏事。

某种做人法则而表面却按另一种做人法则行事，因此人们习惯用长得“内方外圆”的铜钱①来形象地比喻这种人格，故可将之称作“内方外圆”人格，简称为方圆人格。这从古代多数人都是外儒内道、外儒内法、外道内儒、外道内佛、外佛内道、外佛内儒、外儒内既道且佛、外道内既儒且佛或外佛内既儒且道的事实就可见一斑。这种“内方外圆”式的人格，一方面说明古代中国人具有善于忍耐、处事灵活、肚量宽大和适应环境的能力较强等特点，另一方面也表明多数古代中国人没有坚定的“唯一”（即若信 A，则凡非 A 的都排斥）信仰，这从一定意义上讲，“纵容”了封建专制思想的盛行。从社会现实角度看，由于现实生活里存在大量具备方圆人格的人，“小康”（不同于当代中国人所说的“小康”）就成为现实的生活状况，此种“小康”在《礼记·礼运》里也有明确记载：

> 今大道既隐，天下为家，各亲其亲，各子其子，货力为己，大人世及以为礼，域郭沟池以为固。礼义以为纪，以正君臣，以笃父子，以睦兄弟，以和夫妇，以设制度，以立田里，以贤勇知，以功为己。故谋用是作，而兵由此起。禹、汤、文、武、成王、周公，由此其选也。此六君子者，未有不谨于礼者也。以著其义，以考其信，著有过，刑仁讲让，示民有常。如有不由此者，在埶者去，众以为殃。是谓小康。②

3. 现实人格的性质：“君为臣纲”的依附性人格

自《白虎通义·三纲六纪》明确提出“三纲”学说之后，“君为臣纲”、“父为子纲”和“夫为妻纲”的思想就深入古代中国人的骨髓，自汉代至清代灭亡为止，一直得到古代中国人的遵从，由此导致在两千余年的封建历史上，多数中国人的人格是依附性人格。这些内容一点就明，这里不多讲。

（三）理想人格与现实人格脱节的缘由

造成中国人的理想人格与现实人格脱节的根源是多种多样的，概而言之，主要有以下几种：

1. “内圣”与“外王”本是一对难以融会贯通的概念

从一定意义上讲，“内圣外王”的想法是非常好的。中国历史上也的确有少数人时时以“内圣外王”的理想人格来激励自己不断加强自身的人格修养，并且最终确实干出了一番事业，其代表人物如东汉末年的刘备、明代的王守仁、清末的曾国藩等。但是，无论就理论而言还是就事实而言，“内圣”与“外王”本身就是一对难以融会贯通的概念，因为这两个概念不是同一维度上的概念：“内圣”重在“德”的维度（当然也涉及“聪明才智”），并且往往是先修“私德”，然后再将之拓展为“公德”；“外王”重在“智”的维度，当然有时也涉及“德”，所谓“以德服人”是也。虽然“私德”与“公德”在满足一定条件时是可以相互影响与转化的，但是至少由于下述四个原因的交互影

---

① “圆形方孔”钱币始于“秦半两”青铜币，后成为古代中国货币的基本款式，贯穿中国封建社会，沿用了两千多年。一般认为，“圆形方孔”钱币中的外圆代表天圆，方孔代表地方，“圆形方孔”象征古代天圆地方的宇宙观。不过，也有人认为，圆形方孔是在不断的实践中形成的较为科学的制式，因为此制式方便携带、流通和储藏。

② （清）朱彬撰．饶钦农点校．礼记训纂．北京：中华书局，1996. 332 ~ 333.

响，不但导致它们在更多时候难以由“私德”转化为“公德”，而且难以由“内圣”成就“外王”。

（1）难破“我执”。

破“我执”是指一个人打破小我的牢笼而去成就大我的心理与行为方式。对于大多数中国人而言，若想将“私德”转换成“公德”，就必须先破除“我执”，以便将“他人”与“他物”纳入自我之中，使本只追求自利的小我逐渐转变成追求公利的大我。这对持中国式自我观念的一些中国人而言，往往是说起来容易，真正做起来却很难（详见“中国人的自我观”一章）。

（2）存在“大礼不辞小让”的现象。

“大礼不辞小让”语出《史记·项羽本纪》，其义是：做大事的人不拘泥于小节，行有大礼的人不责备小的过错。在中国，一些“欲成大事者”常将“私德”视作是“小德”或“小节”，将“公德”视作是“大德”或“大礼”，结果，在“私德”上表现得不怎样，在“公德”上却表现得很好的人，不但可以取得巨大成就，而且其德行（公德）易获得后人的认可。其典型代表之一便是春秋名相管仲。管仲自己曾说：

吾始困时，尝与鲍叔贾，分财利多自与，鲍叔不以我为贪，知我贫也。吾尝为鲍叔谋事而更穷困，鲍叔不以我为愚，知时有利不利也。吾尝三仕三见逐于君，鲍叔不以我为不肖，知我不遭时也。吾尝三战三走，鲍叔不以我怯，知我有老母也。公子纠败，召忽死之，吾幽囚受辱，鲍叔不以我为无耻，知我不羞小节而耻功名不显于天下也。生我者父母，知我者鲍子也。①

从管仲的这段“自述”里可知，在一般人眼里，管仲在私德方面是极欠缺的，可是，鲍叔牙却不这么看，一再地宽恕管仲、理解管仲，并竭尽全力向齐桓公推荐管仲，最终使管仲成为春秋时德才兼备的一代名相，以至于管仲自己发出了“生我者父母，知我者鲍子也”的肺腑之叹！从这个意义上说，对于像管仲之类的人而言，即使不修私德，也丝毫不影响其公德的生成，更不影响其成就大业。所以，对于管仲的品德与成就，连孔子都大加赞赏。据《论语·宪问》记载：

子路曰：“桓公杀公子纠，召忽死之，管仲不死。”曰：“未仁乎?”子曰：“桓公九合诸侯，不以兵车，管仲之力也。如其仁！如其仁！”②

子贡曰：“管仲非仁者与？桓公杀公子纠，不能死，又相之。”子曰：“管仲相桓公，霸诸侯，一匡天下，民到于今受其赐。微管仲，吾其被发左衽矣。岂若匹夫匹妇之为谅也，自经于沟渎而莫之知也。”③

在孔子看来，虽然管仲没有像召忽那样因公子纠被其弟齐桓公所杀而自杀，且有器

---

① （汉）司马迁撰．（宋）裴骃集解，（唐）司马贞索隐．（唐）张守节正义．史记．北京：中华书局，2005. 1695～1696.

② 杨伯峻译注．论语译注（第二版）．北京：中华书局，1980. 151.

③ 杨伯峻译注．论语译注（第二版）．北京：中华书局，1980. 151～152.

量狭小、不节俭、不懂礼之类的小毛病，不过，从总体上看，管仲仍然是一个有仁德的人。因为齐桓公之所以能够多次主持诸侯间的盟会，停止战争，都是凭借管仲的力量。并且，也是由于管仲的努力，当时的社会文明获得了显著的进步；假若没有管仲，大家至今（指孔子生活的年代）仍然都披散着头发，衣襟向左边敞开，从而沦落为落后民族。所以，管仲没有必要像普通老百姓一样守着小节、小信，在山沟里悄悄地自杀。① 合而言之，孔子认为，虽然管仲在次要德性上有许多为后人所诟病之处，不过，其在主要德性方面仍是颇为崇高的，也是一个典型地践行了“仁”的人，是一个真正的仁者（虽然达不到圣人的境界）。

（3）理论假设与现实不符。

“内圣外王之道”得以实现，有两个基本前提或理论假设：一是社会上的人们都有良知（或人性本善），都依循道德律令去行事。二是整个国家实行法治，且其法为“良法”。可惜的是，这两个基本前提或理论假设在中国古代社会都不成立。一方面，芸芸众生的“人性”实是复杂的，其中既有性善的一面，也有性恶的一面，还有性无善无不善的一面；另一方面，随着“三纲”思想深入人心，中国古代的道德规范存在严重的压抑人性、侵犯人权等“不道德”的因素，所以，在这种背景下开展的道德教育，难以培育出大批真正道德高尚的人。三是中国古代社会一直实行人治，在管理手段及措施上推崇“诡道”（详见“中国人的管理心理观”一章），很少实行真正意义上的法治。即便秦朝曾短暂实行法治，但其法又不是“良法”，而是“严刑酷法”，并且要时时受到来自皇帝和酷吏的人为干扰，所以，在这种社会背景下，“好人”往往不得好报，又怎能成就“外王”事业？概而言之，“内圣外王之道”的理论假设与现实不符，造成了它在现实中行不通的结果。

（4）存在先成就“外王”伟业再塑造“内圣”的现象。

“德”与“才”在真正的智慧者尤其是大智慧者的身上是能够做到有机统一的，但可惜的是，古往今来，无论是在中国还是在外国，能够让世人或后人公认为是一个真正的智慧者尤其是大智慧者的人实在是太少了。于是，在更多的时候，“德”（尤其是其中的“私德”）与“聪明才智”之间往往可以时分时合，或者可以毫不相干，甚至截然相反。综观中国漫长的封建社会，绝大多数人一旦选择了“内圣”作为自我修养的目标，就不太可能获得“外王”的“伟业”。还有一种做法是：先成就“外王”的伟业，在掌握了话语权后再大力鼓吹“内圣”之道或人为地为自己（“胜利者”）塑造出一副“仁慈”的面孔，并将“屎盆”扣在“失败者”头上。典型个案之一便是真实的隋炀帝与史书里的隋炀帝存在巨大区别。隋炀帝相貌出众，文学天赋极高，历史上记载：杨广“善属文”。同时，他在扬州时励精图治，安一方黎民。当上皇帝后，开凿大运河，是中国历史的创举。不过，杨广的皇帝位置最终被李渊抢过去了。“炀”是李渊给杨广的谥号，改朝换代后，后朝人给前朝的谥号是不可信的。由于李渊是隋朝的旧臣，夺取了人家的皇位有点理亏，所以，后来掌握了话语权的李世民就在写隋史时将隋炀帝彻底颠覆成现在的形象。② 这也很好理解，毕竟道德本是一种上层建筑，其中有很大一部分内容具有一

---

① 杨伯峻译注．论语译注（第二版）．北京：中华书局，1980. 151 ~ 152.

② 月中．不得不知的历史真相．读者，2011（5）：39.

定的时代性，在阶级社会里它又具有一定的阶级性。这就是所谓的“窃钩者诛，窃国者侯，诸侯门前仁义存焉”、“胜者为王，败者为寇”。说得明白点，就是：身份越高，品德自然越高尚。在封建社会里，身份最高者莫高于皇帝，于是，皇帝的“品德”理所当然是最高尚的。[①] 依此逻辑，难怪古人几乎是人人都渴望当皇帝，想方设法当皇帝。一部两千余年的中国封建历史，也就是一部皇帝轮流当的“朝代”历史。在几乎不讲法治而崇尚权术的古代中国社会，一个人要当皇帝，若非“子继父业”，而要靠自己去“打天下”的话，那么仅凭个人的“高尚品德”几乎是不可能获得成功的，或多或少都要运用一些“不道德”的心机与手段。典型者如唐太宗李世民，他在唐高祖李渊与窦皇后所生的四个儿子中本排行第二，上有哥哥李建成，下有弟弟李玄霸（排行第三，在清代为避康熙帝爱新觉罗・玄烨的讳，改称李元霸，早逝）和李元吉（排行第四）。按中国的封建礼法，皇位一般采用嫡长子继承制，李世民只是李渊的第二个儿子，本无做皇帝的机会。但是，李世民通过发动“玄武门政变”的方式杀死了身为太子的亲哥哥李建成和弟弟李元吉，然后又用武力逼迫父亲李渊将皇位“禅让”给自己，从而当上了皇帝。在一个最迟自汉代起就崇尚“百善孝当先”的中国封建社会，李世民的这一系列行为本是大逆不道的，不过，他成功了，由于在位期间又取得了“贞观之治”的丰功伟绩，所以他照样受到人们的尊敬。

所以，如果社会上的一些人并不依循道德律令去行事，同时，整个国家实行的是人治或以酷法为基础的法治，那么，在此背景下，“圣人”也许是最不适宜去做“帝王”的。“圣人”假若去做“帝王”，便要失去其作为“圣人”的资格，因为他在处理一些现实问题时往往要用一些不合乎道德的手段；或者“圣人”企图利用其为“圣人”的地位去改变现实社会，收效自然会不佳。[②] 那么，儒家为什么要重视“内圣外王之道”呢？主要原因是儒家企图将“道德政治化”、“政治道德化”。一旦儒家将“道德政治化”、“政治道德化”，便有了“圣人最宜于作王”的观念，在“圣人最宜于作王”观念的影响下，便有了“内圣外王之道”。但这套逻辑是说不通的。因为，虽然“道德”与“政治”有一定的联系，但二者是两回事，分属两个不同的价值系统。“道德政治化”、“政治道德化”可能出现两种不良后果：一种是美化了政治，说政治是符合道德的；另一种是使道德从属于政治，主张凡是符合政治要求的，便都是道德的。[③] 用现代民主政治的眼光看，“民主政治”首先应是由广大人民当家作主，其次是要建立一套保障人民权利的制度。但是，儒家的“内圣外王之道”是基于“圣人最宜于作王”观念而存在的，而“圣人最宜于作王”是一种自上而下的“恩赐”观念，这与民主政治是相悖的。并且，“内圣外王之道”是中国政治“人治”的理论基础，而中国的“法治”之所以难以建立，与这一传统思想有密切关系。[④]

2. 理想人格所设立的标准太高且单一

在中国传统社会，儒、道、释诸家所设计的理想人格虽然内涵不尽相同，不过，究其实质，实都推崇单一的内圣外王式的理想人格。先哲制定出这种理想人格，本想以

---

① 这从许多帝王死后的谥号里就可看出。

② ［美］杜维明．人性与自我修养．胡军，于民雄译．北京：中国和平出版社，1988. 5.

③ ［美］杜维明．人性与自我修养．胡军，于民雄译．北京：中国和平出版社，1988. 4.

④ ［美］杜维明．人性与自我修养．胡军，于民雄译．北京：中国和平出版社，1988. 3.

"虽不能至，心向往之"的特殊功能来提升人们的现实人格，但是，由于这种理想人格的标准定得如此之高，以至于绝大多数中国人即便严格按照先圣设计的修身路线去做，且将一生的时间都用来研习"修身"的功夫，也不见得能大功告成。对许多中国人而言，此道理几乎是"心照不宣"的。既然穷尽自己一生的心血，也不见得能"修成正果"，很多人干脆从心里就不想去做，但迫于文化的压力，又不得不在表面上敷衍一下，因此，内圣外王式的理想人格除了对极少数人产生真实的影响力以外，对芸芸众生并无多大的实际吸引力。于是，表里不一致或言不由衷的心理与行为方式也就随之产生了，从而导致理想人格与现实人格的脱节。

3. 过于忽视知识教育，使理想人格的实现失去了现实基础

若想将理想人格变成现实人格，那么就要求人们既要有较高的德性，也要有一定的知识①基础，后者是实现理想人格的现实基础。说得明白点，就是一个人不但要有为理想人格而奋斗的志向，更要有能力去实现理想人格。但是，事实上，因为中国传统文化的实质是一种泛道德文化，过于强调人们要进行德性修养，而将求知的事情一贬再贬，这就使得人们空有想践行理想人格之志，却没有能力去践行理想人格，使理想人格的实现失去了现实基础。犹如明末的一些"忠臣"空有一颗"报国之心"而没有一点报国之才一般，只能落个这样的笑话："无事袖手谈心性，临危一死报君恩"。这也是今天的中国人在进行人格修养时不能不引以为戒的。

四、中西方人格观的差异

在上文探讨中西式人格的含义时，实际上已论及中西方人格观的同与异，为便于读者理解它们，这里再重点探讨中西方人格观的差异。

（一）性善论与性恶论的差异

中国传统文化深受儒家思想的影响，致使中国传统人格观也深受儒家思想的影响，此种影响的表现之一，就是中国主流的人格观一向是以孟子的性善论为基础的。由于孟子肯定人性本善的层面，因此，从善性里流出的一些概念都是正面的、理性的，像仁、义、礼、智、信，等等。儒家对现实人生的种种罪恶始终未能一刀切入，始终未能有深刻的剖析，根本的原因在于孟子等人观察人生，自始至终停留在人性本善，然后顺着性善论一直说下去。打个不恰当的比方，孟子等人在没有深入诊断病情的前提下，转而将精力放在开治病的药方上。这样，儒家的道德思想，对生活安逸、痛苦较少的人比较有吸引力，对生活变动幅度大且有深刻痛苦经历的人吸引力就不大。难怪顾炎武在《日知录》卷十三《士大夫晚年之学》里曾感叹道："南方士大夫，晚年多好学佛；北方士大夫，晚年多好学仙。"故而不肯进德修业。之所以会出现如此局面，缘由之一在于，士大夫在年轻时践行儒家学说多行不通，在宦途浮沉数十年后，晚年在失望之余，良心若没有完全丢失，则归于较能切合身心需要的佛与道。因此，以性善论为基础塑造出来的理

① 这里的"知识"采取认知心理学的观点，包括陈述性知识（相当于通常意义上的知识）与程序性知识（相当于通常意义上的技能）两大部分。

想人格在多数人的心中只处于“可望而不可求”的地位，多数人对它采取的态度是“可敬但不可亲”、“阳奉阴违”或是“熟视无睹”。总而言之，它难以在多数人心中扎根，只有极少数道德修养高深的人士才将之作为追求的目标。造成这一结果的根本原因在于中国文化从根本上否认本我的价值，在人格结构图里没有给本我以应有的地位，使中国人的理想人格的形成失去了内在的动力。

西方文化深受基督教的影响，而原罪说是基督教一个最基本的教义，所以，西方主流的人格观一向是以性恶论为基础的。基督教认为人生而有罪，从原罪里流出的一些概念都是负面的、非理性的，像邪恶、贪婪、狠毒、背约、奸淫等。基督教教义里劝告世人的一些警句，全是围绕这些概念说的。基督教一刀砍入人类罪恶的根源，使人们认识到人类罪恶的真相。也许它开出的治病的药方不是最有效的，不过，它对人类病源的诊断是一针见血的。所以，以性恶论为基础塑造出来的理想人格给予“本我”以应有的地位，从而在绝大多数人的心中处于“可信可亲”的地位，进而多数人都力图以它为坐标来改造自己。简而言之，它在多数人心中扎下了根。[①] 如弗洛伊德的人格结构图里就有一个 Id（伊底），它依循快乐的原则而行事，一个人若顺从伊底而行事，那就是典型的享乐主义者：干什么事快乐就去干什么事，怎样做快乐就怎样去做。但是，这样做有时会与现实发生矛盾甚至冲突，所以，作为一个社会人，在做任何事情时还必须考虑现实环境，由此，就生出自我，它依循现实原则而行事。不过，自我有时不足以调控伊底，由此，又生出超我，它依循道德原则而行动。伊底、自我与超我三者协调运动，至此，一个人的人格才得以健全发展。

（二）人格是否平等的差异

孟子之所以肯定“人皆可以为尧舜”，是因为其基础是性善论。在性善论的框架下，孟子等人相信人人都有向善的可能，人人都有做尧舜的可能。这种肯定人的尊严、强调人格平等的方法是理想主义的，落在现实世界，芸芸众生并不能真正被尊重，因为若只从人可能向善这一观点击肯定人的地位，那么当现实中的人不可能向善，不能成为尧舜的千差万别的情形发生时，贵贱尊卑（像君子、小人，大儒、小儒）的差别必然也就出现了。因此，在现实里，中国人的人格是不平等的，“三纲”思想在中国传统文化里一向受到推崇就是一个明证。换言之，中国人习惯将人的社会性作为确定一个人之所以为人的主要依据，而人的社会性差别很大，于是，在中国传统文化里生活的人容易养成等级观念。

西方近现代社会力倡“天赋人权”，在这一理念里，“人”的概念是直接从生物学来的，与中国传统文化里从道德的层面所了解的“人”大异其趣。西方人既然将人的生物性作为确定一个人之所以为人的主要依据，而人的生物性是大致相同的，那么，只要是人——具备生物条件的（不论其智愚贤不肖），就都可以享有基本人权。这种对人的理解和在这种基础上建立起来的“法律面前人人平等”的平等原则，才能真正让每个人的人格都具有平等性。了解了这一点，就容易明白这样一个现象：在西方文化里生活的人

---

① 韦政通．儒家与现代中国．上海：上海人民出版社，1990. 34 ~ 37.

容易养成人人平等的思想。[①]

（三）中西式“自我”在人格结构中所占比重与所处位置的差异

中西方人讲的“自我”在人格结构中所占比重与所处位置也有差异，主要体现在两个方面：

1. 中西方“本我”、“自我”和“超我”所占的比重不同

中国人深受孔、孟思想的影响，而孟子力倡人性本善，注重人禽之别，于是，在深受中国传统文化影响的中国人看来，弗洛伊德所说的伊底（Id）并不能算作真正的人性，而只能被归入兽性之列；同时，中国人强调“自制”，主张以大我克小我。因此，在中国人的人格结构观念里，虽“超我”的成分占有一定比例，但“自我”的成分所占比例更大，基本上排除“本我”的地位，没有给“本我”一个起码的生存空间。以性善论为基础塑造出来的自我结构图虽然“美好如画”，但因为没有给予“本我”以应有的地位，所以在绝大多数人看来，这种自我结构图虽“可敬”但不“可亲”，难以在多数人心中扎根。同时，因将“本我”排除在“我”的结构之外，所以多数中国人不易宽容自己或他人所犯的过错，而倾向于严厉对待，结果，中国虽有“浪子回头金不换”的说法，但更有“一失足成千古恨”的说法。与此相一致的是，在中国，一个人即便犯了诸如“偷鸡摸狗”、“性骚扰”之类的小错误，也很难“翻身”！

与中国不同的是，在西方社会里，人们深受基督教原罪教义的影响，多相信人性本恶，于是，多承认“本我”的存在，给予其足够的“合法”地位，因此，在西方人的人格结构或“我”的观念里（最典型的代表便是弗洛伊德于1923年在《自我与伊底》（*The Ego and The Id*）一文中提出的人格结构图），“本我”所占的比重最大，“自我”所占的比重次之，“超我”所占的比重最小。同时，“本我”、“自我”和“超我”所占的比重虽不同，三者却是“三分天下”，各有其一；在此基础上，弗洛伊德主张一个正常的人，其本我、自我和超我三者之间要协调发展。[②]

2. 中西式“自我”与“超我”在人格结构中的位置不同

西方人所讲的良心有多种含义，其大小也有明显不同：一种用法是，将“良心”（conscientia）扩展成类似“意识”的概念。笛卡尔就持此用法。如在1648年4月16日与布尔曼（Burman）的通信里，笛卡尔将“conscientia”定义为：“思维以及对其所思的反思……因为心灵可以同时思考许多事情，并且恰恰在此时还可以随其所愿地反思它的所思并意识到它的思维。”[③] 此时，“conscientia”就不再局限在道德意识上，“conscientia”的第一性含义是指“意识/自我意识”；第二性含义才是指“良知”。[④] 在此用法上，西方人所讲的良心的含义较之中国人所讲良心的含义要大得多。另一种用法是，将良心局限在道德意识的层面上使用，此时，良心仅是整个人格的一小部分。在此用法上，西

---

① 韦政通．儒家与现代中国．上海：上海人民出版社，1990. 112.

② 韦政通．儒家与现代中国．上海：上海人民出版社，1990. 33 ~ 37.

③ 倪梁康．良知：在“自知”与“共知”之间——欧洲哲学中“良知”概念的结构内涵与历史发展．载刘东主编．中国学术（第一辑）．北京：商务印书馆，2000. 17.

④ 倪梁康．良知：在“自知”与“共知”之间——欧洲哲学中“良知”概念的结构内涵与历史发展．载刘东主编．中国学术（第一辑）．北京：商务印书馆，2000. 13 ~ 117.

方人所讲的良心的含义较之中国人所讲良心的含义要小得多。如精神分析学派的论著里，虽也将道德自我看作人格发展过程中的一个重要阶段，但在整个人格结构里，“超我”只占一小部分。在弗洛伊德呈现给世人的著名人格结构图里，“伊底”占绝大部分，其次是“自我”，占最小部分的是“超我”，且只处于“偏安一隅”的位置。

与此不同的是，中国人讲的良心或道德自我犹如藏在人脑内的“圣人”，显得既完整又崇高。正如王守仁所说：“人胸中各有个圣人，只自信不及，都自埋倒了。”① 在王守仁看来，人人胸中本都有一个“圣人”（也就是本书所说的“良心”或“道德自我”），只是许多人或是缺乏足够的自信心，或是被物欲所累，从而将自己胸中的“圣人”给遮住了。所以，若将中式人格结构画成同心圆式的，那么，“良心”或“道德自我”一般处于“正中位置”；若将中式人格结构画成金字塔式的，那么，“良心”或“道德自我”一般处于金字塔的最顶端。②

（四）关注群体人格或个体人格的差异

与西方文化类似，中国文化也具有浓厚的人文关怀，不过，中国文化里所蕴含的人文主义与西方文化里所蕴含的人文主义有着本质的区别：中国文化里的人文精神主要体现在非常关注群体或社会的人格，而轻视甚至压抑个体的人格，人们习惯从关系中去体认一切，将个人看成是群体的一分子，是群体里的一个角色，而不是独立的个体。因此，中国传统文化所推崇的人是“集体人”、“抽象人”，而不是独立的个体，在中国传统文化里，个体人格遭受到“灰姑娘”般的冷遇。

西方文化与之恰好相反，其人文精神主要体现在非常关注个体的人格，而轻视甚至忽视群体或社会的人格，人们习惯从个体自身出发去思考问题，将个人看成是独立存在的个体，群体或社会只不过是由一个个独立的个体组合起来的。

（五）鼓吹依附性人格或独立性人格的差异

中国传统文化一向鼓吹依附性人格，导致身为个体的中国人的独立人格的丧失（详见前文“中国人的自我观”一章）。西方文化一向重视个人的价值与尊严，倡导“不自由，毋宁死”的理念，使得西方人一向追求独立人格。

（六）修养人格的途径与方式有差异

怎样才能促进人的人格发展？在路径上，中西方文化有较大的差异。

中国传统文化一向力倡通过个人道德上的修养功夫来促进人格的发展，提升自己的人生境界，其中最经典的功夫就是儒家所倡导的“三纲八目”。中国历史上的一些杰出人物，像孔子、朱熹、王守仁等，多是靠在个人道德上培养出坚定人格，从而产生一种道德的力量、道德的勇气（浩然正气），去面对社会的一切挫折、痛苦与邪恶势力，并在现实中遭遇挫折、痛苦或邪恶势力的时候，仍能保持自己的理性，想办法去对付它、

---

① （明）王守仁．吴光等编校．王阳明全集．上海：上海古籍出版社，1992. 93.

② 汪凤炎，郑红．良心新论 建构一种适合解释道德学习迁移现象的理论．济南：山东教育出版社，2011. 93 ~ 94.

抗拒它，这是中国传统文化尤其是儒家文化的真正精神。

西方文化对自我成长或人格光辉的发扬，主要是靠知识的修养与宗教的信仰，[①] 因为在西方社会，“知识就是力量”的观念深入人心，同时，西方人普遍对基督教表现出由衷的敬仰与信从。就后一点而言，东方的印度文化与之有较大的相似性，因为东方的印度文化对自我成长或人格光辉的发扬，也主要是靠宗教的信仰。当然，他们之间也有差异：西方人信仰的主要是基督教，而印度人信仰的主要是佛教。

（七）对道德人格与人格全面发展的态度有差异

中国传统文化所讲的人格主要是一种道德人格，于是，对于理智人格和审美人格，中国人没有给予必要的重视。同时，在“中国人的社会化观”一章里也有论及，在中国文化里，“本我”只在婴幼儿和老年人的身上才有合法地位，对于处于婴幼儿和老年人年龄层之间的人而言，“本我”是兽性，不是人性，是必须予以彻底涤除的，由此导致中国人的人格带有先天的缺陷，这在前文已有论述，这里不多讲。

与此不同的是，西方文化力倡一个人的人格要获得全面的发展，因此，在西方的人格结构中，本我、自我和超我都有其应有的地位，于是，西方的人格结构里包括较完整的人格动力系统和自我监控系统等，从而促进了西方人的人格朝着较健全的方向发展。

① 韦政通．儒家与现代中国．上海：上海人民出版社，1990. 265 ~ 266.

塞翁失马，焉知非福？
这有什么用？

——无名氏

第十四章　中国人的思维方式

当今世界文化大而言之，可以分为两大类：一是东方文化，一是西方文化。东方文化又主要以中国文化最具代表性，由此可看出中国文化自身所具有的特色。但是，正如汤因比（A. Toynbee）在《历史研究》（*A study of history*）第四十六章“现代的西方和东亚”里所说：“在西方的航海先驱（包括西方传教士）闯到中国之前，中国根本不知道西方的存在。当时中国人对世界的这种无知有助于解释这样一个矛盾的事实：中国人先前与西方文明毫无接触，没有惨痛经验，于是，他们在第一次接触西方文明时，显得比那些西方近邻——犹太人、东正教徒和穆斯林更乐于接纳现代的西方。①”并且，如“中国人的自我观”一章所述，长期以来，中国与四周“邻居”的关系是人类唯一的文明和非文明的关系，而不是不同文化之间的关系。所以，当1840年英国人对中国发动侵略战争时，对于当时的中国人而言，其感觉便犹如是外星人入侵地球一般。② 其后，伴随西方人的坚船利炮及其后清政府与西方列强诸种不平等条约的签订，西学不但以强势者的身份传入中国，而且开始了与中华文明的“铁血交流”。在这个过程中，有不少学人开始对中西文化传统展开比较研究，并提出了一些不同的见解。综观一百余年来的中西文化对比研究，其差异大体上可作如下归纳：

或曰中国文化是人的文化，西方文化是物的文化；
或曰中国文化是内省文化，西方文化是外求文化；
或曰中国文化是重情文化，西方文化是重智文化；
或曰中国文化是伦常本位文化，西方文化是个人本位文化；
或曰中国文化重人文精神，西方文化重科学精神；
或曰中国文化重伦理精神，西方文化重宗教精神；
或曰中国文化重统一性，西方文化重差别性；
或曰中国文化重直觉体悟，西方文化重逻辑分析；
或曰中国文化重自然，西方文化重人为；
或曰中国文化重退让与尚和，西方文化重进取与竞争；

---

① ［英］阿诺德·汤因比．历史研究．刘北成，郭小凌译．上海：上海人民出版社，2005. 358.
② ［美］孙隆基．中国文化的深层结构（第二版）．桂林：广西师范大学出版社，2011. 372.

或曰中国文化重玄想，西方文化重实际；
或曰中国文化重过去，西方文化重现在与将来；
或曰中国文化重等级，西方文化重平等；
或曰中国文化重出世，西方文化重入世；
或曰中国文化喜欢“大而化之”，西方文化喜欢“精确分析”；
……

上述一些看法如果孤立地看，无疑是以偏概全或流于表面的；假若综合起来看，则无疑亦在一定程度上反映出中西文化传统的不同特点和不同风貌。① 并且，从上述言论可得出一个几乎是不言自明的结论：中西文化是两种异质文化。从文化心理学的角度看，一种文化之所以有自身的特色，就其成因而言，说到底在于思维方式的差异，因为思维方式是民族文化心理传统的深层结构。② 思维方式是在反映客体的思维过程中，那些长期地、较稳定地、普遍地起作用的思维形式、思维方法与思维程序的综合与统一。③ 不同类型的思维都有与其相适应的思维形式，如逻辑思维主要借助概念、判断和推理等形式，非逻辑思维主要借助直觉、灵感、想象等形式。思维方法主要有两类：一是思维过程中运用的具体逻辑方法，像归纳法、演绎法、抽象法等；二是作为理论工具的方法，像哲学方法、系统方法、数学方法等。思维程序是思维方式运行的基本路线，是思维形式与思维方法在思维活动中的有机结合。那么，中国人的思维方式有何特点呢？用今天的眼光看，它又有什么不足之处？为了进一步完善中国人的思维方式，今天的中国人应从中继承什么、舍弃什么，这就是本章要深究的问题。

一、经典中式思维方式及其特点

中国文化能绵延几千年且至今仍充满生机与活力，这不能不归功于孕育这一文化的中国人的思维方式的特色与长处。

（一）“天人合一”：善用整体思维

“综合”是思维的基本过程与方法。“综合”是将事物的各个部分联结成整体加以考察的方法。④ “整体”是一个近代名词，在中国古代一般称作“一体”或“统体”。⑤ 推崇整体思维，这是中国人思维方式的一大特色。这种思维方式的特点是：主张世界（包括自然界和人类社会甚至整个宇宙）自产生之日开始便是一个有机整体，在这个整体之中，有许多相互关联和相互作用的子系统与部分，它们一直处于不断变化之中，因此，若想认识世界乃至世界上的任何事物，最适宜的视角是用普遍联系的、整体的观念看待

---

① 邵汉明主编．中国文化精神．北京：商务印书馆，2000. 2；黄光国．知识与行动：中华文化传统的社会心理诠释．台北：心理出版社有限公司，1998. 400.

② 这里并无思维方式决定文化的一切之义。

③ 李宗桂．中国文化概论．广州：中山大学出版社，1988. 297.

④ 夏征农，陈至立主编．辞海（第六版彩图本）．上海：上海辞书出版社，2009. 607.

⑤ 张岱年，成中英等．中国思维偏向．北京：中国社会科学出版社，1991. 8.

问题，强调事物之间的关系与联系，主张将事物内部矛盾的两个方面“合二为一”，进行通盘考虑，而不喜欢从局部、从细节上把握事物。① 《周易·系辞上传》说：“是故《易》有太极，是生两仪。两仪生四象。四象生八卦……”在这个卦象系统里有由阴爻、阳爻两种符号所组成的不同卦象，对应天地、人、万物。例如，乾道像天、男、父、马、刚……坤道像地、女、母、牛、柔……各爻各卦之间又相互联系、相互作用，从而使整个六十四卦的《周易》成为一个首尾相接、万物必备、功能齐全的不可分割的系统整体。而《周易》又是中国先民用以认识事物、解决问题的思维工具，因此，使得中国先民在思考、认识之时，自觉或不自觉地用整体思维去认识与看待事物。如儒道两家之所以能互补，从思维方式上看，就在于它们都重视天人合一的思维，并且，都认为这种天人合一的整体思维不是以认识自然为目的，而是以实现真善美合一的整体人生境界为最终目的的，因此，它导向了主体内求式思维，而不是外向式认知思维。二者的区别只是侧重点不同而已：儒家重社会甚于重自然，重社会现实伦理甚于重个体自然欲求，因此，儒家常将社会规律甚至只具有局部合理性的社会法则当作普遍规律去推行，从而具有积极参与的入世精神，这表明儒家的天人合一实际上是“以天合人”，即儒家倾向于将自然人化；道家截然相反，重自然甚于重社会，重个体自然欲求甚于社会现实伦理，因此，道家常从普遍的自然规律入手，将自然规律等同于具体的社会规律，要求社会和人的存在与这种普遍规律相一致，从而具有脱俗出尘的超越现实的精神，这表明道家的天人合一实是“以人合天”，即道家倾向于将人自然化。②

1. “整体思维”的具体表征

中国人的整体思维体现在中国人对万事万物的看法中。

就单一事物而言，中国人多重整体而轻局部，为了整体可以牺牲局部的利益。汉字最典型地体现出这个特点。西方的拼音文字以字母构成，中国的文字以笔画构成。这两种文字在其结构形态和整体特性上有明显差异。拼音文字的单词是由一个个独立的、可分离的字母按照一定规律组合而成的，各字母不因单词的不同或在单词中位置的不同而改变其形态，这在直观上便显示了字母的个体性和独立性，和西方思维以个体为出发点的思考顺序与机械整体观相一致。中国汉字由一笔一画所组成，这些笔画的组成方式复杂多变，同样的笔画在不同的字中或处于同一字的不同部位时都会有不同形态，如“水”用作偏旁时可写作“氵”。在这里，笔画是由字这个整体来定义的，没有相对的独立性，相反，中国汉字还特别强调字中笔画的配合要均衡、平稳、得当、有灵性，有严密不可分的整体美感。因此，人们面对一个汉字时所注意的往往只是字的整体结构和形象，而不是组成字的笔画，只要能准确地表达出一个汉字的所象之形、所指之事、所达之意，笔画的长短、肥瘦、多少都不太重要，因此，用不同的字体写出的同一个汉字常常没有大大的差异。所以，汉字的笔画一旦放进汉字的结构中，就会失去自身的独立性，有时为了保持汉字的整体美，某些笔画还必须作必要的变形。这与中国人重视整体、从整体出发的思维顺序紧密相连。③

---

① 张岱年，成中英等．中国思维偏向．北京：中国社会科学出版社，1991. 222.
② 张岱年，成中英等．中国思维偏向．北京：中国社会科学出版社，1991. 21 ~ 22.
③ 刘承华．文化与人格 对中西文化差异的一次比较．合肥：中国科学技术大学出版社，2002. 62 ~ 63.

就两个或多个客观事物之间的关系而言，中国人特别强调从整体的角度来把握彼此之间的关系，这从中国人对待以下三对关系的态度中就可见一斑：在天人关系上，主张天人合一；在人我关系上，推崇人我合一，因此，主张做人要做人中人；在身心关系上，提倡身心合一，认为无身则无心，无心则无身。因后两对关系在前文都有论述，这里只就“天人合一”问题作一探讨。中国先民生存的自然环境颇为恶劣（详见“中国人的尚‘和’心态”一章），再加上先民赖以生存的是一种小农经济，在古代科技与生产力相对落后的情况下，农业主要是靠天“吃饭”，而洪水与干旱等自然灾害严重威胁先民的生存，对此，先民无法求助于任何超自然的力量，而只能依靠自己。例如，对江河的治理和利用要求先民认识和遵循客观自然规律，并且把人的主观目的与之相结合。鲧以“湮”和“障”的方法治水失败，而其子禹以“导”的方法治水成功，就从一反一正两面证明了这一点。在长期与自然互动的过程中，先民意识到丰收离不开风调雨顺，生存离不开自然的恩赐，因此，在天（自然）人关系上，中国人一向表现出尚“和”心态，爱谈“天人合一”。并且，假若综合中国传统的“天人合一”思想，我们可以发现其中蕴含一个颇为完整的思想体系：在本体论的层次上，中国人主张“天人一体”。“天人一体”意指，“人”本是自然界的一部分①，因此，天道规律和人道规律之间本存在着高度的一致性，所以，有学者甚至声称：天道和人道之间根本就不必说什么“合”，因为二者之间本就是同一的。正如《二程遗书》卷六所说：“天人本无二，不必言合。”关于“人”是自然界的一部分的言论，最典型的出自《管子》。《管子·内业》说：“凡人之生也，天出其精，地出其形，合以为人。和乃生，不和不生。”关于天道规律（自然规律）和人道规律（社会规律）之间存在着高度一致性的言论，既有非常抽象的论证，也有极为具象的论证。前者以《周易》为代表。《周易·系辞上传》说：“一阴一阳之谓道。”《周易·说卦》又说：“立天之道曰阴与阳，立地之道曰柔与刚，立人之道曰仁与义。”这两句话尽管非常笼统而抽象，却明白无误地声称：阴阳这两个既互相对立又互相统一的矛盾双方的矛盾运动，体现出事物存在与发展的规律（道）。这种道在不同的场合虽有不同的名称，但其精神实质是一以贯之的：阴与阳是“天之道”、柔与刚是“地之道”、仁与义是“人之道”。将社会伦理意义上的仁和义与阴阳、刚柔相提并论，并打通天道与人道之间的隔阂，进而认为二者之间本是相通的，此观点虽有牵强附会之嫌，但也有一定的积极意义：试图用阴阳与刚柔等范畴来统一与说明社会现象和自然现象，从而构建出贯穿宇宙、自然和人类社会的规律。后者以《周易》、孟子、董仲舒和《淮南子》等为代表，细分又包括两种观点：一是天人相通。所谓“天人相通”，依张岱年的观点，其要义是：天之根本德性，即含于人的心性之中；天道与人道，实是一以贯之的；换言之，宇宙的根本规律乃人伦道德之本源，人伦道德乃宇宙根本规律之流行发现。因此，《周易·乾卦》明确提出“天人合德”说：

夫“大人”者，与天地合其德，与日月合其明，与四时合其序，与鬼神合其吉凶，先天而天弗违，后天而奉天时。天且弗违，而况于人乎？况于鬼神乎？

---

① 张岱年，成中英等．中国思维偏向．北京：中国社会科学出版社，1991. 21.

孟子则主张“天人合性”（天人一性）。《孟子·尽心上》说：“尽其心者，知其性也。知其性，则知天矣。存其心，养其性，所以事天也。”孟子认为客观的自然与主观的人类之间存在着相辅相成的关系，天中有人，人中有天，天道和人道是相通的。二是天人相类。依张岱年的观点，“天人相类”是一种牵强附会的说法，其要义是：天人在形体与性质上都相似。它由董仲舒首先明确提出。董仲舒在《春秋繁露·人副天数》里说：“……人有三百六十节，偶天之数也；形体骨肉，偶地之厚也。上有耳目聪明，日月之象也；体有空穷理脉，川谷之象也；心有哀乐喜怒，神气之类也。……天地之符，阴阳之副，常设于身，身犹天也，数与之相参，故命与之相连也。”在《春秋繁露·王道通三》里，董仲舒又说：

> 夫喜怒哀乐之发，与清暖寒暑，其实一贯也。喜气为暖而当春，怒气为清而当秋，乐气为太阳而当夏，哀气为太阴而当冬。四气者，天与人所同有也，非人所能畜也，故可节而不可止也。节之而顺，止之而乱。人生于天，而取化于天。喜气取诸春，乐气取诸夏，怒气取诸秋，哀气取诸冬，四气之心也。四肢之答各有处，如四时；寒暑不可移易，若肢体。……上下法此，以取天之道。春气爱，秋气严，夏气乐，秋气哀。爱气以生物，严气以成功，乐气以养生，哀气以丧终，天之志也。

《淮南子·精神训》也说过与董仲舒类似的言论：“故圣人法天顺情，不拘于俗，不诱于人，以天为父，以地为母，阴阳为纲，四时为纪。天静以清，地定以宁，万物失之者死，法之者生。夫静漠者，神明之宅也；虚无者，道之所居也。……天有四时、五行、九解（指八方、中央，故曰九解）、三百六十六日，人亦有四支、五脏、九窍、三百六十六节。天有风雨寒暑，人亦有取与喜怒。故胆为云，肺为气，肝为风，肾为雨，脾为雷，以与天地相参也，而心为之主。是故耳目者日月也，血气者风雨也。……天地之道，至纮以大，尚犹节其章光，爱其神明，人之耳目曷能久熏劳而不息乎？精神何能久驰骋而不既（尽）乎？”既然“天人合一”，那么，从人道论角度看（或从行为层次上讲），人们在处理与万事万物之间的关系时，就应效法自然。正如《老子·二十五章》所说：“人法地，地法天，天法道，道法自然。”① 老子力倡效法自然是一条贯穿于天、地、人的大法则，在这一大法则的指导下，主张人们在待人处世时要做到：第一，善于将自然规律应用于人类社会；第二，通过行人道而体现天道；第三，人与自然应和谐相处，不像西方学者那样认为天与人是彼此对立的。② 关于这三点，只要是稍通中国传统文化的人都能深切地体会到，限于本章的研究旨趣和篇幅，这里不多讲，只略举两例。一是，中西方人对于天人关系的不同见解从中西方屋顶造型的不同中可看出：典型的中国式的屋顶之一是圆顶，像北京的天坛就是圆顶，其寓意之一是象征人与自然相融合，主张天人合一，还有循环往复、生生不息和祥和美好之义；典型的西方屋顶是尖顶，像欧洲的一些著名的大教堂多是尖顶，其寓意之一是象征一种力量，表达的是人要战胜天的信念。

---

① 陈鼓应．老子注译及评介（修订增补本）．北京：中华书局，2009.159.

② 张岱年．中国哲学大纲．北京：中国社会科学出版社，1982.173～182；
夏征农，陈至立主编．辞海（第六版缩印本）．上海：上海辞书出版社，2010.1864.

二是，在中国封建社会，身为“天子”的皇帝为了让自己的一言一行体现“天人合一”与“替天行道”的思想，对“计时”的精确度提出了极高要求，这直接促进了中国古代天文学及相关学科的发展，于是，早在1088—1090年，苏颂与其同僚就在开封制造出“水运仪象台”，这是世界上最早的天文钟。①

同时，也须指出的是，中国先哲讲天人合一的最终目的，乃是通过将自然与社会政治伦理相联系、相附会的方式来达到让世人尽人事的目的，这或许是中国古代没有产生真正意义上的自然哲学或自然科学的深层原因之一。西方先哲强调人与自然是彼此对立的关系，进而重视对自然的研究，以使自然更好地服务于人类。要认识自然与改造自然，就必须依循自然的规律，因此，西方产生了自然哲学与自然科学。与此相关联的一个有趣现象是，西方哲学家往往也是自然科学家，像毕达哥拉斯（哲学家和数学家）、培根（哲学家和现代实验科学的真正始祖）、笛卡尔（欧洲近代理性派哲学与解析几何的创始人，还是著名的物理学家，在天文学、生理学和心理学方面也有不菲的成就）、莱布尼兹（著名哲学家和数学家，微积分的创始人之一）、康德（哲学家、星云假说的提出者，精通数学与物理等学科）、罗素（哲学家与数学家）和库恩（哲学家与物理学家），等等，皆是如此；而中国的哲学家往往也是人文学者，并且多是语言大师，像孔子、老子、孟子、董仲舒、惠能（也叫慧能）、朱熹、陆九渊、王守仁和王夫之等，皆是如此。

2. “整体思维”对中国人的深刻影响

中国先哲所强调的天人合一式的整体思维给我们带来的重要启示在于：在人与自然的关系上，人应注重与自然保持一种和谐的关系，在“天”、“地”与“人”之间不宜将“人”字写得太大，否则，人迟早是会受到自然的严厉惩罚的，这或许是中国古人一贯颇为善待自然的深刻原因之一，对于促进今人养成善待环境的环保观念也具有现实意义。并且，中国人习惯用整体的、普遍联系的观点看待事物与问题，重视事物与事物之间的相互联系，这也有助于避免“只见树木，不见森林”的错误。同时，整体思维方式也对中国人思考的顺序产生了深刻影响，这可从以下两个方面来看：

从群体与个体的关系看，整体思维方式使得中国人习惯于“由群体到个体”的群体优先式的思考顺序，这对中国人养成群体至上的价值观念有一定的积极作用。这种群体优先的思考顺序在日常生活中随处可见：中国人在表达时间时一般是遵循“年→月→日→时→分→秒”的顺序；写通讯地址时一般是遵循“国名→省名→市名→单位名→个人名”的顺序；写姓名时一般是遵循“姓→名”的顺序，因为“姓”代表的是父系家族的称谓，故在先，“名”是个体的真正称谓，故在后。在这诸多日常小事方面，西方人恰恰与中国人相反，从这一侧面多少可反映出中西方思维方式有本质的差异。②

从结构与功能的关系看，中国人优先考虑事物的功能，然后从事物的功能推知事物的结构。因此，在研究事物时中国人善于运用“信息反馈”的思维方法。具体地说，古代中国人因强调整体思维，认为“整体大于部分之和”，一般不主张将事物“打开”来研究，这就为研究事物的内部结构和机能带来一定的困难。为了研究事物内部的结构和

---

① ［英］李约瑟．中国科学技术史（第四卷）天学（第二分册）．中国科学技术史翻译小组译．北京：科学出版社，1975. 449～450.

② 刘承华．文化与人格　对中西文化差异的一次比较．合肥：中国科学技术大学出版社，2002. 54～55.

机能，聪明的古代中国人发展出一种颇为有效的思维方式：信息反馈。具体做法是：将事物的内部结构比作“黑箱子”而置之不理，只输入信息，看其相应的反应，通过信息反馈来推知事物的内部规律，把握事物的内部结构。典型者如中医，中医在没有以厚实的生理解剖学知识为基础的前提下（如上所述，中国人重视整体思维，再加上受孝道的影响，不会轻易解剖人的尸体，导致在古代中国生理解剖学非常不发达），通过针灸和按摩等方法，居然对人的五脏六腑的机能与结构也有一套独特的看法，并且中医实践证明这套中医理论有一定道理。[①] 因此，今天的中国人在研究事物的内部结构和机能时，除了适当运用西方人的分析与综合的方法（将事物打开来看，先分析其局部结构与机能，再通过综合得出其整体结构与机能），也宜适当运用中国人的信息反馈方法，因为限于种种因素的制约，有些事物是不能随便打开的，或者，一旦打开，就有可能会失去某些机能。如研究人脑的机能，以活人脑作为研究对象与以死人脑作为研究对象时，可能就会得出不完全相同的结论。但用活人脑作为研究对象时，出于伦理道德的考虑，研究者不但不能将其脑打开来看，甚至不能给被研究者的身心造成任何损伤，否则，就会受到世人的责难。在这种情况下，信息反馈方法或许是一种可行的方法。至于天人合一的整体思维里所蕴含的消极思想，如牵强附会地将自然与社会政治伦理联系在一起；习惯于宏观、笼统地把握认识的对象，而不愿细致地分析认识的对象，给人一种不精确的印象；不像西方人那样习惯于“从个体到群体”的思考顺序，由此导致中国人从未真正将“个体”放在优先考虑的地位；在发问的方式上，爱问“怎么样”，重视的往往只是事物与事物之间的相关关系，背后隐藏的是互动论思想，却不太像西方人那样喜欢问“为什么”，重视寻求事物与事物之间的因果关系，背后隐藏的是决定论思想，等等，这又是今日的中国人所应舍弃的。[②]

（二）“塞翁失马，焉知祸福”：推崇辩证思维

1. 中式辩证思维的内涵与特点

与推崇整体思维密切相关的是，中国人崇尚辩证思维，这是中国人思维方式的又一特色。何谓经典的中式辩证思维？它是指这样一种思维方式：个体要善于从世界是普遍联系的、变化的与复杂的这一观点出发看待事物及事物之间蕴含的矛盾，认为任何事物与其他事物之间以及任何事物当中都蕴含着相反相成的矛盾，主张事物与事物之间或矛盾双方都是你中有我、我中有你的“包含”或“共生”关系（即A既是A，又是非A），而不是非此即彼的“死活”关系（即A是A，不是非A）。因此，既要看到不同事物之间或矛盾双方相互冲突的一面，又要看到不同事物之间或矛盾双方可以相互转化的一面，还要看到不同事物之间或矛盾双方可以和谐共生的一面。所以，处理问题或矛盾的最佳方式是将事物的正反两个方面或矛盾的双方综合起来加以考虑，以此更加全面、准确地看待事物或矛盾，并求得事物或系统的动态平衡。由此可见，正如成中英所说，世界上有三种辩证观，它们各在不同的文化经验、需要和刺激下形成，在核心观点上存在明显差异[③]（如表14－1所示）。

---

① 刘承华．文化与人格　对中西文化差异的一次比较．合肥：中国科学技术大学出版社，2002. 206～212.
② 刘承华．文化与人格　对中西文化差异的一次比较．合肥：中国科学技术大学出版社，2002. 61～62.
③ 黄曬莉．华人人际和谐与冲突：本土化的理论与研究．重庆：重庆大学出版社，2007. 10.

表 14－1　三种辩证观的比较[①]

类型	和谐化辩证观	永恒进步辩证观（冲突辩证观）	中观辩证观（超越辩证观）
主要代表	儒家、道家	黑格尔、马克思	大乘佛学龙树“四段否定式”
本体之假设	•实在界具有整体性、统合性 •实在界本身是和谐或和谐化历程	•实在界或历史有客观冲突存在 •冲突是实在界不可或缺之元素	•和谐与冲突是幻界或假象界之事物 •否定和谐与冲突（实在界之命题皆在否定之列）
逻辑运思	•万物之存在为对偶性 •对立的双方在本体上是平等的 •对偶具有互生性与互补性 •互生与互补是成就整体所必需之条件	•每一存在具有正、反两面 •经由正反之综合可达更高层次之存在 •经由正、反、合，世界不断前进，以逼近理想世界	•实在界是断说之结果 •每一断说均含一否定 •应舍弃对断说及其否定之肯定 •从冲突中解脱出来以达到彻悟境界（般若）
冲突之本质	•无本体上的真实性 •源自未能与实在界结合 •人与自然变化缺少和谐	•冲突是迈向进步之关键角色 •冲突存在使斗争成为必需 •透过不断斗争消减矛盾，并产生本质上之改变	
和谐化或冲突化解之道	•自我调整（道德现实之转化） •自我与世界关系之调整（本体认识之转化）	•冲突是不可避免且不能化解的	•超越冲突 •以超越问题的方式化解问题
目的	•社会与个人均不自觉朝向和谐	•世界朝向更好的方向前进	•达到真相彻悟境界

根据表 14－1 可知，中国人的辩证思维属于“和谐化辩证观”，它强调对立的交参与和谐，虽不否定对立与冲突，但较为强调“统一”或“和谐”的一面，因此，中国先哲喜欢讲“天人合一”、“阴阳一体”。西方的辩证思维属于“冲突辩证观”，它强调对立的斗争和转化，虽不否定“统一”或“和谐”的一面，但较重视对立与冲突，因此，西方哲学爱说“神凡两分”、“主客对立”。当然，中西方辩证思维都肯定对立的统一。[②] 需要指出的是，辩证思维是中国传统思维方式的一大特色与长处，今日之中国人假若能进一步将先哲所讲的辩证思维条理化、明晰化，并适当注意对立的冲突与批判否定精神，那么将会使中国人固有的辩证思维更加完善。

2. 中国人重视辩证思维的具体体现

《周易》的“物极必反”和《老子·四十章》的“反者道之动，弱者道之用”[③]，被中国人视作重要的思维原则或规律，它主张一切都处于对立中，一切对立又都可以相互

① 黄囇莉．华人人际和谐与冲突：本土化的理论与研究．重庆：重庆大学出版社，2007. 11.

② 张岱年，成中英等．中国思维偏向．北京：中国社会科学出版社，1991. 16.

③ 陈鼓应．老子注译及评介（修订增补本）．北京：中华书局，2009. 217.

转化，即“以柔弱胜刚强”；并且，一切对立都是以统一、和谐为最终结果的。如《老子·四十二章》说：“万物负阴而抱阳，冲气以为和。”将“和”作为调节对立双方的最高准则。儒家更是强调和谐统一，这自不必多说。这样做的缺点是：缺乏对立的冲突与批判否定精神，体现了传统思维追求防变的特征。从理论上讲，中国人的辩证思维包含三个原理论：变化论、矛盾论与中和论。变化论从世界的变化性出发，认为世界永远处于变化之中，没有永恒的真与伪，没有永恒的善与恶。矛盾论主张万事万物都是由对立双方组成的矛盾统一体，没有矛盾就没有事物本身。中和论主要体现在中庸之道上，认为任何事物都存在着适度的合理性（详见下文）。中国人的这种思维观念与西方人是不同的。西方人则相信亚里士多德的形式逻辑思想，它强调的是世界的统一性、非矛盾性与排中性。受这种思维观念的影响，西方人相信一个命题不可能同时对或错，而是要么对，要么错，无中间性。① 于是，在对待真与善的问题上，中西方人有较大的差异：就对待求真的问题来说，中国人强调真伪共存，这与西方文化采取真伪对立的线性思维方式大不一样；就对待求善的问题而言，中国人强调善恶共处，这与西方文化采取善恶二分的思维方式截然不同。中国人的这种辩证思维，若用一个图形来表示，那“太极图”可以算是一个最形象的展示；若用一个故事来表达，那《淮南子·人间训》里所阐述的著名的“塞翁失马，焉知祸福”的故事，可以说是经典的说明：

> 夫祸福之转而相生，其变难见也。近塞上之人有善术者，马无故亡而入胡，人皆吊之。其父曰：“此何遽不为福乎！”居数月，其马将胡骏马而归，人皆贺之。其父曰：“此何遽不能为祸乎！”家富良马，其子好骑，堕而折其髀，人皆吊之。其父曰：“此何遽不为福乎！”居一年，胡人大入塞，丁壮者引弦而战，近塞之人，死者十九，此独以跛之故，父子相保。故福之为祸，祸之为福，化不可极，深不可测也。②

为增加读者对中国人辩证思维的认识，除了大家熟知的中国兵家善用辩证思维的事实外，下面再讲六个具有代表性的例子。

（1）中国先哲喜欢用《周易》里蕴含的辩证思维来考虑问题。

《周易》作为一个系统的整体，其基础是建立在阴爻、阳爻这两个不同的象数符号上的，这两个符号虽然不同，但并不是截然对立的，俗话说：“孤阴不生，孤阳不长”。用它们进行不同次序的排列组合，才能生成意义不同的各种卦象，这种卦象的生成来自于阴爻与阳爻的矛盾运动的统一，又代表与象征着天、地、人三界中不同的事物，实际上就意味着事物都是矛盾的对立统一体，包含着既斗争又相互联系的发展运动。如《周易·否卦》说：“内阴而外阳，内柔而外刚，内小人而外君子，小人道长，君子道消也。”而相反相成的《周易·泰卦》则说：“内阳而外阴，内健而外顺，内君子而外小人，君子道长，小人道消也。”基于这种认识，人们要想趋吉避凶，就必须使阳刚长久地处于支配地位而不被阴柔所取代；不过，《周易》又明确地揭示刚强太过必走向反面的道理，《周易·乾·象》在解释乾卦“亢龙有悔”时说：“‘亢龙有悔’，盈不可久也。”

---

① 侯玉波，朱滢．文化对中国人思维方式的影响．心理学报，2002（1）：108.
② 刘文典撰．冯逸，乔华点校．淮南鸿烈集解．北京：中华书局，1989. 597～599.

可见,《周易》主张刚与柔相结合才符合中正之道。

（2）中国先哲喜欢用阴阳五行模式来表达自己的辩证思维。

人类理解世界不仅要有语言、概念，也必须有由语言、概念所描述出来的一种结构体系，即理解模式。这也是一种思考的工具。人们只要进行思考，就必须依靠特定的思维模式，没有模式的思维是不存在的。但由于种种机缘，中西方人的思维模式也有较大的差异。西方人崇尚个体，往往从个体出发，倾向于以个体组成群体、局部组成整体的方式来解释世界，形成组合型的机械模式。例如，西方哲学最初用元素论解释宇宙。元素是构成事物的最小单位，它是个体的、间断的、有边界的，相应地，由元素组成的世界也就是一个机械的世界。可见，组合型的机械模式具有三个特点：第一，它需要动力机制。因为它是机械的、静态的，如同一架机器，没有力的作用就无法运转。第二，它是可以分割的。因为它本身就是组合而成的，自然也就可以分解为组成它的各个部分乃至最小的元素。第三，各部分之间处于一种单线的因果联系之中。每个部分都被严格地定位，且有着严格的方向和功能。与西方人不同的是，中国人崇尚整体，习惯从整体出发，以化生的方式来解释世界万物的形成，因此，中国哲学向来用元气论来解释宇宙。元气是整体的、连续的、无边界的。既然是整体的、连续的、无边界的，自然也是不可分割的、有机的，并且，元气充斥并流行于宇宙之间，不断运动，且在运动中化生万物。与此相适应的是，中国人常用整体的、动态的、自调自适的阴阳五行模式来解释世界，[①] 此模式的经典图示见《周敦颐集卷一·太极图》，如图 14－1 所示。

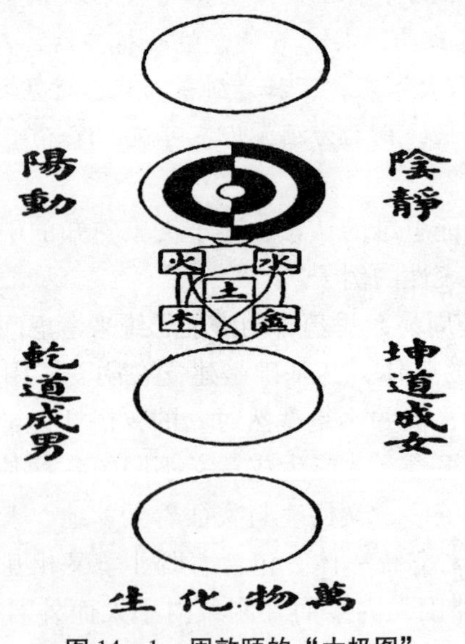

图 14－1　周敦颐的“太极图”

《周敦颐集卷一·太极图说》对“太极图”有详细解说，限于本章的研究旨趣，这里不多讲。但是，从思维方式看，组成阴阳五行模式的核心要素有三类概念或范畴：一是“阴”与“阳”；二是“动”与“静”；三是五行。五行指水、火、木、金、土五种

---

① 刘承华．文化与人格　对中西文化差异的一次比较．合肥：中国科学技术大学出版社，2002. 69～70.

物质，最早见于《尚书·周书·洪范》："五行：一曰水，二曰火，三曰木，四曰金，五曰土。水曰润下，火曰炎上，木曰曲直，金曰从革，土爰稼穑。润下作咸，炎上作苦，曲直作酸，从革作辛，稼穑作甘"。在先哲眼中，五行之间本是相生相克的关系，而五行可以指称世间的万事万物，因此，世界的万事万物实也是相生相克的关系。中国的阴阳五行模式具有四个鲜明特点：第一，无须外部动力推动。它自身就是一个动态模式，自身就有动力机制，这个机制是指阴阳以及五行间相生与相克的关系，阴阳的相互转化提供动力之源，五行的相生、相克关系提供运动的方向与轨迹。第二，它不可分割。它是一个整体、一个动态平衡的系统，任何一种分解都是对这个模式的破坏，都意味着这一系统不复存在。第三，系统内各要素间的联系是双向的，而不是单向的；是相互作用的，而不是单线因果关系；是网状结构，而不是树状结构；它没有中心，或者说，谁都可以是中心。第四，它是一个具有自我调节、自我反馈功能的自平衡系统。无论是相生还是相克，它都是一个循环不已的动态"圆"。蕴含辩证思维的阴阳五行思维模式自古以来被中国人广泛用于解释、研究各种自然现象与社会现象，对中华民族的思维方式产生了深远的影响。[①] 以中医为例，时至今日中医理论仍在沿用《素问·阴阳应象大论》里所讲的五行模式。根据《素问·阴阳应象大论》的论说，再适当参照其他古籍上的观点，我们可以将五行模式作一示意表，如表 14－2 所示。

表 14－2　五行模式示意表[②]

五行		木	火	土	金	水
天	方位	东	南	中	西	北
	季节	春	夏	长夏	秋	冬
	气候	风	暑	湿	燥	寒
	生化过程	生	长	化	收	藏
	五帝	青帝	赤帝	黄帝	白帝	黑帝
地	五音	角	徵	宫	商	羽
	五色	青	赤	黄	白	黑
	五味	酸	苦	甘	辛	咸
人	五脏	肝	心	脾	肺	肾
	六腑	胆	小肠	胃	大肠	膀胱
	九窍	目	舌	口	鼻	耳
	五体	筋	脉	肉	皮毛	骨
	五声	呼	笑	歌	哭	呻
	五志	怒	喜	思	忧	恐

① 刘承华．文化与人格　对中西文化差异的一次比较．合肥：中国科学技术大学出版社，2002. 70～71.
② 南京中医学院编．黄帝内经素问译释（第三版）．上海：上海科学技术出版社，1991. 36.

（3）中医善用辩证思维。

中医领域善用辩证思维，最集中地体现在中药的“配伍”上。中医最初治疗疾病多采用单味药物。随着药物品种的日益增多，以及对药性特点的不断明确，用药也由简到繁，出现了多种药物配合使用的方法。配伍是指按病情需要和药性特点有选择地将两种或两种以上的药物配合在一起使用。配伍既能治疗复杂的病情，又可增强疗效，减少毒副作用，因而被广泛采用。西汉时期的《神农本草经》最早总结了中医配伍用药的规律：“有单行者，有相须者，有相使者，有相畏者，有相恶者，有相反者，有相杀者，凡此七情，合和时视之。”除单行是指单用一味药治病外，相须、相使、相畏、相恶、相反和相杀都属药物配伍应用的范畴。其中，“相须”指功效相似的同类药物合用后，可以起协同作用而增强原有药物的疗效。如麻黄、桂枝同用，可以增强发汗解表的功效。“相使”指两类药性、作用不同的药物，主辅相配后，辅药可以帮助主药提高功效。此法与“相须”同是配伍中常用的方法。如黄芪配茯苓治脾虚水肿，黄芪为健脾利水的主药，茯苓淡渗利湿，可以增强黄芪利尿消肿的功效。“相畏”与“相杀”是同一种配伍关系的两种提法。“相畏”指两种药物合用后，一种药物的毒副作用或功能被另一种药物所抑制。如半夏畏生姜，生姜可以抑制半夏刺激黏膜的毒副作用，更好地发挥半夏降逆止呕的疗效。“相杀”指两种药物合用后，一种药物能缓解或消除另一种药物的毒副作用。如防风能缓解或消除砒霜所引起的砷中毒反应，即防风杀砒霜毒，再如绿豆杀巴豆毒，麝香杀杏仁毒等。“相恶”指一种药物能破坏另一种药物原有的功效。如人参恶莱菔子，莱菔子如与人参合用，能削弱人参的补气作用；生姜恶黄芩，黄芩能削弱生姜温中散寒的作用。“相反”指两种药物同用，能产生原来不具有的毒性或剧烈的毒副作用，如甘草反甘遂。在中药配伍的研究与探索中，中医还发现有的药物配伍应用后，能产生与原药物不同的新功效，如桂枝配芍药以调和营卫，柴胡配黄芩以和解少阳，大黄配肉桂以温阳通便，桔梗配枳壳以宣降肺气，肉桂配黄连以交通心肾，等等，都是对七情配伍用药规律的补充和发展。①

（4）文艺人士善用辩证思维。

文艺人士善用辩证思维，最集中地体现在对书法绘画作品的布局上。如据《御定佩文斋书画谱》卷九《笔髓论·释真》记载，初唐的虞世南曾说：“右军云：书，弱纸强笔，强纸弱笔；强者弱之，弱者强之。迟速虚实，若轮扁斫轮，不疾不徐，得之于心，应之于手，口所不能言也。”这段言论便是在讲书法作品要体现辩证思维。

（5）利用辩证思维做出发达的菜系。

中国人之所以拥有闻名世界的一流烹饪术，能够做出著名的八大菜系，主要原因之一便是中国人善于利用辩证思维，将天下种类繁多、营养各异、气味千差万别的食料“和合”进不同的菜肴之中。例如，适度调配酸与辣，将它们“合二为一”，可制成可口的酸菜鱼；适度调配糖与醋，将它们“合二为一”，可制成可口的糖醋排骨，等等。与此不同的是，美国人的烹饪术则反映了他们的“法治”精神，即各个个体之间必须存在明文规定的关系；并且，“人己权界”划分得清清楚楚：肉是肉，菜是菜，两者截然分

---

① 中国大百科全书·中国传统医学．北京：中国大百科全书出版社，1992. 299.

开，彼此并列却不“和合”，如“三明治”的做法便是如此。[①]

（6）灵活运用一些看似矛盾的言论。

在汉语中，有一些言论从表面上看是矛盾的。例如，既说“瘦死的骆驼比马大”，又说“落毛凤凰不如鸡”；既说“嘴上没毛，办事不牢”，又有“后生可畏”的说法。这类说法常将初学汉语且无中式思维习惯的“老外”弄得“云里雾里”，一脸疑惑。但是，在精通辩证思维的中国人眼中，上述这类说法不但丝毫不矛盾，而且正是看问题深刻、辩证的一个重要体现。换言之，在不同情境中、不同人身上，某些看似相同的表象背后，其实隐藏着截然不同的道理。所以，妥善的解决办法是“到什么山，唱什么歌”，这样方能有针对性地解决问题。

3. *中国人重视辩证思维的缘由*

中国人注重辩证思维而轻视形式逻辑思维，其根本原因在于先哲很早就发现客观世界中有许多事物是相反相成的，他们很重视这一规律，并且认为，只有辩证思维才能更好地反映和驾驭这一规律，而形式逻辑的推理方法却不能很好地体现事物相反相成的辩证关系，因为辩证思维着眼于事物的运动、发展和变化，强调思想要反映事物的内在矛盾；形式逻辑思维只纯粹地研究思维形式的结构，反对思维的自相矛盾。因此，《吕氏春秋》等著作里甚至出现了一些反对形式逻辑的倾向。《吕氏春秋·别类》举例说：莘和藟两种植物，分开单独食用，就会毒死人，合起来食用，就会起到延年益寿的功用；金和锡都很软，两种金属炼成合金，却很坚硬。这就得出了与“推理”方法相反的结论。[②]

4. *辩证思维在中国的得与失*

从总体上看，中国人在中医领域、军事领域、书法绘画领域和烹调术上将辩证思维运用得最为出神入化。但是，在西学未“东渐”之前，经典的中式辩证思维只注重相反相成的两种事物或同一事物内相反相成的两个方面的相互转换关系，却缺少批判性思维。同时，中国虽有一些先哲颇重视辩证思维，但是，在做人、考评一个人、评价一部书、评价某件事以及制定一些管理制度等时，很少有人真正用辩证思维去看待问题、思考问题和解决问题，往往喜欢“走极端”。例如，如前文所述，中国人在对待刚与柔、道德我与理智我、和谐与竞争等关系时，多喜欢走极端。在评价人时，一些中国人有明显的类型化倾向。“类型化”是指一个人并未真正把握住某个人真实的自我，而仅凭一两处表面化的迹象，便将某人归类定型的一种心理与行为方式。在古代，一些学者在撰写中国正史时，分出忠臣传、佞臣传、烈女传等，便是在将人归类。京剧中的脸谱实际上也是将人类型化了：黑脸谱代表公正严明，包公是公正严明的，与此品性一致，京剧里包公的脸永远是黑的；白脸谱代表奸诈狡猾，在“正统人士”看来，曹操是一代奸雄，与此品性一致，京剧里曹操的脸一般是白的。“文革”时期出现的“样板戏”，也多将戏中人物类型化。在日常生活中，一些中国人喜欢“抓典型”，喜欢将人归为“好人”或“坏人”两类，这都是一种类型化的做法。[③] 中国人将人类型化，认为非此即彼，没有看到一个人复杂多样的真实自我与真实人生，显得太过简单、武断，极不辩证，也无个性。

---

① ［美］孙隆基．中国文化的深层结构（第二版）．桂林：广西师范大学出版社，2011. 158～159.

② 张岱年，成中英等．中国思维偏向．北京：中国社会科学出版社，1991. 90.

③ ［美］孙隆基．中国文化的深层结构（第二版）．桂林：广西师范大学出版社，2011. 289～290.

又如，受"左"的思想的影响，史学界一些人曾无条件地肯定中国历史上的所有农民起义，并机械地套用阶级斗争的模式，认为它是推动中国历史前进的动力。① 但是，无论是妥善地借鉴中式辩证思维还是辩证唯物史观，历史上的许多农民起义其实既有其积极的一面，也有其消极的一面。其积极意义至少有三点：①打击了腐朽王朝的势力，加速了腐朽王朝的灭亡；②惩恶扬善，在一定层面上彰显了正义；③让新兴王朝从农民起义中看到了"水能载舟，亦能覆舟"的道理，于是，为了王朝的兴盛与持久，会在一段时间内采取一些措施去减轻百姓的负担，让百姓安居乐业。其消极意义至少有两点：①农民起义在铲除一切不平之时，并不能建立一种新的生产方式，而只能让旧的生产方式延续下去，这个事实也须承认；②由于民怨积压过久，一些农民起义往往造成对物质文明的极大破坏。② 这是当代中国人在探讨中式辩证思维时应加以反省的地方。

（三）"叩其两端"：向往中庸思维

1. 中庸思维的内涵与真谛

向往中庸思维是中国人思维方式的另一大特色。中庸思维是指个体从当时所处的具体情境出发，用恰到好处的"分寸"把握自己所面临的一个或多个问题，以使问题获得正确且圆满的解决。顺理成章地，对于"过"与"不及"的思维方式，中国人一贯持批评态度，表现出中国人一贯具有克制自己的欲望的特点。

对于中庸思维的明确论述至少可追溯至孔子。据《论语·雍也》记载，孔子说："中庸之为德也，其至矣乎！民鲜久矣。"这句话表明孔子非常推崇"中庸"。据《论语·子罕》记载，孔子说："吾有知乎哉？无知也。有鄙夫问于我，空空如也。我叩其两端而竭焉。"这可视作孔子对"中庸"的隐晦解释。除此之外，笔者遍读《论语》，发现其内并未记载孔子直接解释"中庸"一词含义的言论。

对于"中庸"一词的解释，最著名的要数北宋著名学者程颢和程颐。据《河南程氏遗书》卷第七《二先生语七》记载，二程兄弟对"中庸"的解释是："不偏之谓中，不易之谓庸。中者，天下之正道；庸者，天下之定理。"稍后的朱熹极其推崇此解释，不但将之原封不动地移至自己的《中庸章句》里，而且在《四书章句集注·中庸章句》里对"中庸"这一书名的解释基本上也是复制了二程兄弟的上述思想。朱熹说："中者，不偏不倚、无过不及之名。庸，平常也。"③ 可见，"中"的本义是不偏不倚、无过与无不及，也就是恰到好处之义。过与不及都不是恰到好处的。例如，用"增之一分则太长，减之一分则太短；著粉则太白，施朱则太赤"之语来形容一个人长得好，就意味着此人的身高、肤色等均是恰到好处的。恰到好处就是"中"。因此，"中"没有"不彻底"之义。假若一事有十成，做至十成才是恰到好处，才是"中"；做了九成是"不及"，做了十一成是"过"。"中"里也无"模棱两可"之义。若甲、乙对做某事各有意见，在这两种意见中，如果甲的意见正是做此事最恰当的方法，那么，他的意见就是合乎"中"的，自不必也不能将其打对折。假若乙的意见不合乎"中"，即使打对折，仍是不恰当的。真

---

① ［美］孙隆基．中国文化的深层结构（第二版）．桂林：广西师范大学出版社，2011. 445.

② ［美］孙隆基．中国文化的深层结构（第二版）．桂林：广西师范大学出版社，2011. 445.

③ （南宋）朱熹．四书章句集注．北京：中华书局，1983. 17.

正持“中庸”思想的人断不会这样做，而只会采纳甲的意见。同时，“中”里也没有“两端”或“中间”之义，在孔儒看来，各执一端与专执其中都是有失偏颇的，他们非常反对这种处事态度。在孔儒心里，“中”是相对于事和情形说的，“中”会随时变易，要真正做到中庸，必须有权变思想，这就是儒家在《中庸》里所说的“君子而时中”。“时中”，也就是随时变易之中，用今天的话说，就是要做到具体问题具体分析。正如南宋陈淳在《北溪字义·经权》里所说：“权，只是时措之宜。‘君子而时中’，时中便是权。天地之常经是经，古今之通义是权。问权与中何别？曰：知中然后能权，由权然后能中。中者，理所当然而无过不及者也。权者，所以度事理而取其当然，无过不及者也。”可见，一个善守中庸的人就是既能固守中正之道又敢于打破常规的人，以便将面临的不同事情都能处理得恰到好处。① 这是一种多么科学的思维方式！《二程遗书》卷六说得好：“惟善变通，便是圣人。”因此，在日常生活里，一个人在做人或做事过程中，若“太认死理”，不知恰当地做些变通，往往是缺乏中庸思维或中庸思维用得不够透彻之故。

综上所述，中庸思维得到了孔子、程颢、程颐与朱熹等大儒的推崇，表明一些中国人内心非常向往中庸思维。

2. 中庸思维实为一种中外多数大哲所认同的思维方式

中国传统文化所推崇的中庸思维方式实也是印度文化和西方文化所推崇的思维方式。据《杂阿含经》第九卷记载，佛陀说：“精进太急，增其悼悔；精进太缓，令人懈怠；是故汝当平等修习摄受，莫着、莫放逸、莫取相。”② 这颇类似于孔子所讲的狂、狷和中行之说，表明印度的佛教文化中实际上蕴含中庸思维。西方哲人也多推崇中庸式的思维方式，主张“中庸是最高的善和极端的美”，其典型代表就是亚里士多德。他说：

> 我所说的是伦理德性，它是关于感受和行为的，在这里面就存在着过度、不及和中间。例如一个人恐惧、勇敢、欲望、愤怒和怜悯，总之，感到痛苦和快乐，这可以多，也可以少，两者都是不好的。而是要在应该的时间，应该的境况，应该的关系，应该的目的，以应该的方式，这就是要在中间，这是最好的，它属于德性。在行为中同样存在过度、不及和中间。德性是关于感受和行为的，在这里过度和不及产生失误，而中间就会获得并受到称赞。这两者就是德性。德性就是中庸，是对中间的命中。此外，过失是多种多样的（正如毕达哥拉斯派所猜想的，恶属于无限，善属于有限）。正确只有一个（所以，有的事容易，有的事困难，打不中目标容易，打中目标困难）。由此可以断言，过度和不及都属于恶，中庸才是德性。
>
> 单纯是高尚的，杂多即丑恶。
>
> 德性作为对于我们的中庸之道，它是一种具有选择能力的品质，它受到理性的规定，像一个明智人那样提出要求。中庸在过度和不及之间，在两种恶事之间。在感受和行为中都有不及和超越应有的限度，德性则寻求和选取中间。所以，不论就实体而论，还是就是其所是的原理而论，德性就是中间性，中庸是最高的善和极端的美。③

---

① 冯友兰．贞元六书．上海：华东师范大学出版社，1996. 431 ~442.

② 韦政通．中国的智慧．北京：中国和平出版社，1988. 96.

③ ［古希腊］亚里士多德．尼科马科伦理学．苗力田译．载苗力田主编．亚里士多德全集（第八卷）．北京：中国人民大学出版社，1992. 34 ~38.

可见，中国先哲所力倡的中庸式思维方式，实也是印度哲人和西方多数哲人所力倡的思维方式，换言之，中庸式思维实为中外多数大哲所认同。

3. 对中庸思维的错误应对

虽然一些中国人内心非常向往中庸思维，但由于中庸思维对人的心理素质要求很高，又需一些管理制度的支持①，所以，并不是人人都善于运用中庸思维的。因此，中国人在日常生活中产生了两种不良做法：

一是喜走极端。在日常生活中，尤其是在社会管理领域，许多中国人喜走极端，较少运用中庸思维。例如，在中国古代，中国人喜走极端的思想典型地体现在“三纲”思想中。按“三纲”的逻辑，“君为臣纲”是只要求为人臣者要想方设法服侍好自己的君主，却不要求君主善待自己的臣子的；“父为子纲”是只要求为人子者要想方设法服侍好自己的父母，却不要求父母善待自己的子女的；“夫为妻纲”是只要求为人妻者要想方设法服侍好自己的丈夫，却不要求丈夫善待自己的妻子的。这是典型的偏执一端的做法，其后果便是：一方面，君权、父权、夫权的无限扩大，导致中国历史上出现了无数昏君、昏父、昏夫；另一方面，臣子、子女、妻子几乎没有基本人权可言，沦落为君王的奴隶、父母的工具、丈夫的附庸，由此导致了无数人间惨剧的发生。在当代中国，喜走极端典型地体现在某些重大政策的制定上。例如，人口政策的制定就极不合乎中庸思维：先是推崇“人多力量大”，鼓励百姓多生育，于是，一些父母一生要生育8~11个子女，有极少数父母甚至生育更多，导致中国人口暴增，并出现一系列由人口多所带来的社会问题。为应对人口多的现状，随后又从一个极端走向另一个极端，出台独生子女政策，只允许绝大多数家庭生育一个子女。独生子女政策的实施虽减缓了人口的增长，但又带来一些新的社会问题。

二是喜欢一些貌似中庸的做法。根据冯友兰的概括，人们对中庸思维主要有四种误解：第一种误解是：“中”有“不彻底”之义。如一事有十成，用“中”的人做这件事大概只做五成，若做四成，就是不及；若做六成，就是太过。所谓“适可而止”，就有“不彻底”之义。第二种误解是：“中”有模棱两可之义。如对某事有两种相反的意见，用“中”的人一定认为这两种意见都对或都不对，于是，他把两方面的意见先打个五五折，然后斟酌两方面的意思，而取一个折中的意见。所谓“执两用中”、“折中”或“两面讨好”就是此义。第三种误解是：“庸”是“庸碌”之义。持这种观点的人以为儒家教人行庸道，是叫人庸碌无为，不敢有所作为。凡事“不求有功，但求无过”。第四种误解是：“庸”是“庸俗”之义。艺术方面的创作或鉴赏本是雅事，而行庸道的人多认为这些雅事是“雕虫小技”，做这些雅事会使人玩物丧志。行庸道的人所做的事，或他们所认为应该做的事，往高处说，不过是些“伦常日用”；往低处说，几乎都是些柴米油盐之类的事，使得中国人较西方人要俗气。② 冯友兰先生认为，“中庸”一词里本无上述四种误解里所讲的含义，所谓做事不彻底、遇事模棱两可、庸碌无能和俗气之流，正

① 例如，对于某些领导一些“走极端”的言论，要容许百姓发表不同的看法，甚至提出批评或反对意见，而不能搞“一言堂”，更不能因此而打压百姓。

② 冯友兰．贞元六书．上海：华东师范大学出版社，1996. 429~431.

是儒家非常痛恨的乡愿之流。据《论语·阳货》记载，孔子说："乡愿，德之贼也。"何谓乡愿呢?《孟子·尽心下》说："非之无举也，刺之无刺也，同乎流俗，合乎污世，居之似忠信，行之似廉洁，众皆悦之，自以为是，而不可与入尧舜之道，故曰'德之贼'也。"用今天的话说，乡愿就是所谓的老好人，这种人的行为与中庸之道貌合神离，很能鱼目混珠，以假乱真，所以，是"德之贼"也。可见，中庸思维虽要求人们要知变通，却又不是要人去做"乡愿"。因此，如何在"变通"上把握住"分寸"，让自己既不至于固执到"只认死理"，又不至于沦落为"乡愿"，这是准确掌握中庸思维、灵活且恰当地运用中庸思维时不得不妥善解决的问题。

4. 宜弘扬中庸思维

既然中庸思维实为一种非常优秀的思维方式，并且得到中外多数大哲的认同，那么，今天的中国人在待人处事时，就不应因惧怕"中庸"的难以为之而干脆放弃它或误解它。在这个问题上合理的态度宜是："明知山有虎，偏往虎山行"。同时，中庸思维还告诉人们，在做任何一件事情时，若想达到最佳效率，就必须将其做到"最好"，既不可"60 分万岁"，也不能"90 分就心满意足"。但生活中许多人似乎不明白这个道理，而多持下述想法：在百分制的考试中，60 分是及格线，100 分（满分）似乎比较难，90 分是一个可以引以为豪的分数。工作中也是如此，将工作做到60% 太危险，会被公司炒鱿鱼；做到 100% 太辛苦，也不太现实；把工作做到 90% 就很不错了。这种想法似乎有一定的道理，但是，工作的过程是由一个个细微的环节串联起来的，每个环节都以上一个环节为基础，各个环节之间相互影响的关系以乘法为基准，最终产生结果，而不是百分数的简单相加。在环环相扣的一系列过程中，"很不错"的 90 分只要经历五个环节之后，你的工作成绩就不是平均值 90 分，而很可能是 59 分（90% ×90% ×90% ×90% ×90% = 59%）——一个不及格的分数，在有些情况下可能还会低于这个分数，甚至变成负数。这就是过程控制效应。到了这个时候，你再回过头来按照 100% 的标准进行"检修"，就可能意味着整个项目、整个工程都需要"推倒重来"，意味着时间和资源的浪费，意味着效率低下和错失时机，意味着先前的努力付诸东流。更糟糕的是，生活有时是不会给你"推倒重来"的机会的，过去的将永远过去，永远无法再弥补。[①]

（四）"顿悟成佛"：偏好直觉

1. 什么是直觉

从"名"上看，"直觉"是一个近代才出现的名词。直觉，一般指不经过逻辑推理就直接认识真理的能力。西欧 17 ~18 世纪的唯理论者把直觉看作理智的一种活动，或认为通过它即能发现作为推理起点的、无可怀疑而清晰明白的概念（笛卡尔）；或主张它是认识自明的理性真理（如"A 是 A"）的能力（莱布尼茨），等等。[②] 现代西方的一些哲学家从非理性主义的观点出发，认为直觉是一种先天的、只可意会不可言传的"体验"能力。他们把直觉和理智对立起来，强调人的直觉和动物的本能类似，运用直觉即可直接掌握宇宙的精神实质。如 20 世纪初法国哲学家柏格森专讲直觉，他曾给直觉下过

---

① 陈鸿桥. 90% 的玄机. 读者，2008（20）：1.

② 夏征农，陈至立主编. 辞海（第六版彩图本）. 上海：上海辞书出版社，2009. 2939.

一个定义："所谓直觉，就是一种理智的交融，这种交融使人们自己置于对象之内，以便与其中独特的，从而是无法表达的东西相符合。"① 现代思维科学的研究认为，科学与艺术的认识与直觉有关。它是长期思考以后的突然顿悟，或创造性思维的集中表现，也是一种重要的思维方式。② 这意味着，无论是从事哪一种行业的学习、工作或研究，拥有良好的直觉能力都是有百利而无一害的。

2. 中国人实重直觉

从"实"上看，推崇直觉思维是中国人思维方式的一大特色。直觉，在中国古代称之为"玄览"、"体认"、"体贴"、"体会"、"体悟"等。③ 如《老子·十章》说："涤除玄览，能无疵乎?"④ 程颢在《上蔡语录》卷上里说："吾学虽有所授受，天理二字却是自家体贴出来。"庄子力倡认知要超越感官经验和理性思维。《庄子·知北游》说："无思无虑始知道。"⑤《庄子·大宗师》说："堕肢体，黜聪明，离形去知，同于天道，此谓坐忘。"⑥ 禅宗力倡的"不立文字"、"直指人心"、"顿悟成佛"的顿悟……所有这些说法，用今天的眼光看，其中蕴含的就是直觉思维。

直觉不重抽象的概念而重感性的体验和领悟。直觉的显著特点是"悟"。悟的实质是透过表象，直达本质。"悟"有三个显著特点：①直接性。在表象与本质之间不需要任何媒介，而是直达结论，中间没有论证过程。这意味着，直觉可以不经由严密的逻辑程序，直接而快速地获得对某一事物的整体感觉和总体把握。②机缘性。它的出现是不可预期的，往往是由于某种机缘（如偶因启发）的出现而随即出现的。③个体性。直觉强调体验、领悟型的思维形态，而"悟"字左边是一个"忄"，右边是一个"吾"，"吾"指"我"，这说明"悟"本指"自己内心知晓"之义，可见，悟所强调的往往是作为认识主体的"我""自己内心要知晓"，只要自己内心明白了某个道理，自己也就悟了，而不太强调"悟了"的人一定要将自己所悟的东西清楚而准确地表达出来以便让他人也知晓，所谓"只可意会，不可言传"，说的就是这个道理。在中国人看来，"将自己所悟的东西清楚而准确地表达出来以便让他人也知晓"的做法不但不是必需的，而且有时甚至是"画蛇添足，反为不美"。因为中国人一向强调真知需要自己亲自去体悟，"如人饮水，冷暖自知"。换言之，中国人较为轻视间接经验在获取真知过程中所起的重要作用。同时，"悟"一般是个体因突然的灵光一闪而出现的，因此，"悟"者本人有时对自己"悟"的过程也说不清道不明，因而难以用语言来揭示"悟"的科学心理规律。结果，对于同一个人而言，其过去"悟"的经历难以为其将来的开悟提供有价值的启示；在不同人之间，彼此交流"悟之道"更是几乎不可能的。⑦

这导致中国人至少自先秦开始就已清楚地认识到语言和言语在表达思想情感方面的局限性。这两种因素相互影响，导致中国人与西方人重视概念、紧紧抓住概念、发展出

① ［法］柏格森. 形而上学导言. 刘放桐译. 北京：商务印书馆，1963. 3～4.
② 夏征农，陈至立主编. 辞海（第六版彩图本）. 上海：上海辞书出版社，2009. 2939.
③ 张岱年，成中英等. 中国思维偏向. 北京：中国社会科学出版社，1991. 78～79.
④ 陈鼓应. 老子注译及评介（修订增补本）. 北京：中华书局，2009. 93.
⑤ 陈鼓应. 庄子今注今译（第二版）. 北京：中华书局，2009. 596.
⑥ 陈鼓应. 庄子今注今译（第二版）. 北京：中华书局，2009. 226.
⑦ 刘承华. 文化与人格　对中西文化差异的一次比较. 合肥：中国科学技术大学出版社，2002. 73～74.

概念科学（即语言学和逻辑学）不同，他们自先秦以来就有了不太信任语言和概念的倾向，不太看重语言和概念在表达思维、思想和情感中的重要作用。如：

《老子·一章》开篇就说："道可道，非常'道'；名可名，非常'名'。"①

《老子·四十五章》说："大辩若讷。"②

《老子·五十六章》说："知者不言，言者不知。"③

《老子·八十一章》说："信言不美，美言不信。"④

《庄子·外物》说："荃者所以在鱼，得鱼而忘荃；蹄者所以在兔，得兔而忘蹄；言者所以在意，得意而忘言。"⑤

《庄子·天道》说："世之所贵道者书也，书不过语，语有贵也。语之所贵者意也，意有所随。意之所随者，不可以言传也，而世因贵言传书。"⑥

《王弼集·周易略例·明象》说："夫象者，出意者也。言者，明象者也。尽意莫若象，尽象莫若言。言生于象，故可寻言以观象；象生于意，故可寻象以观意。意以象尽，象以言著。故言者所以明象，得象而忘言；象者所以存意，得意而忘象。犹蹄者所以在兔，得兔而忘蹄；筌者所以在鱼，得鱼而忘筌也。"

据《高僧传》卷七记载，竺道生说："夫象以尽意，得意则象忘；言以诠理，入理则言息。自经典东流，译人重阻，多守滞文，鲜见圆义。若忘筌取鱼，始可与言道矣。"禅宗更彻底，声称语言无用，应该抛弃，力倡"第一义不可说"，主张"以心传心，不立文字"。《古尊宿语录》卷二说："但有语言，尽传法之尘垢；但有语言，尽属烦恼边收；但有语句，尽属不了义教；但有语句，尽不许也。"中国人不重视语言、概念，自然就不会认真去研究它，就不会产生像西方那样的语言学和逻辑学。中国先秦时代的名学之所以在秦汉以后会消亡，一个重要的原因就在于此。但是，不重视语言概念并不意味着中国人没有正确有效的思维，恰恰相反，中国先人创造了极为丰富、深刻的思想成果，这些成果主要不是运用逻辑思维而是运用直觉思维取得的。⑦

因为"悟"本有"自己内心知晓"之义，所以，与强调直觉相呼应，中国传统思维带有较强的内倾性，使思维对象指向自身而非自然，强调思维的路径是向内追思的，即"反求诸己"、"反身而诚"等。这种内向性思维往往只能通过体验、体悟和意会的方式来把握真理，却不能用逻辑思维或理性思维来予以层层解开或表述，用《周易·系辞上传》里的话说，就是"书不尽言，言不尽意"；若一定要加以言说，则要多用具体化、比较或列举形象（尤其是取用历史上的例子）的手段来加以阐释。因此，直觉虽是一种很好的把握真理的方法，在一定程度上可以突破惯常思维的局限，启发崭新的理解，并

① 陈鼓应. 老子注译及评介（修订增补本）. 北京：中华书局，2009. 53.
② 陈鼓应. 老子注译及评介（修订增补本）. 北京：中华书局，2009. 236.
③ 陈鼓应. 老子注译及评介（修订增补本）. 北京：中华书局，2009. 272.
④ 陈鼓应. 老子注译及评介（修订增补本）. 北京：中华书局，2009. 348.
⑤ 陈鼓应. 庄子今注今译（第二版）. 北京：中华书局，2009. 772～773.
⑥ 陈鼓应. 庄子今注今译（第二版）. 北京：中华书局，2009. 385.
⑦ 刘承华. 文化与人格　对中西文化差异的一次比较. 合肥：中国科学技术大学出版社，2002. 73～74.

能节约心智资源，以至于直到现代仍是人类认识世界的一种有效的思维方式（西方一些自然科学家也推崇直觉）；但不可否认的是，因为直觉所强调的是对整体的把握，故它不注重分析，又特别强调主体要内省自求，而与实际观察对立起来，因此，直觉往往带有一定的神秘性、难以操作性，使得后人难以将前人的体验“传承”下来。于是，后人若想获得与前贤类似的体验，除了自己亲身进行体验外，别无捷径可走。犹如后生向老中医学习中医，若想获得老中医的高超医术，除了自己在跟随老中医的学徒生涯里慢慢体会老中医的一言一行、一举一动，然后再细心体悟之外，是没有什么更好的办法令自己学会的。因此，学中医的人都有这样一种体会，经历得越多，经验越丰富，医术一般也越高明。这使得中国传统思维在漫长的发展历程里没有明显的阶段性差异，不像西方思维方式的发展历程那样有明显的阶段性。这从一定意义上说，限制了中国人思维的进一步发展与完善，这也是今日的中国人在研究中国传统思维时应予以反省的。

还需要指出的是，一方面，中国人重视直觉思维，与中国人重视德慧而不重物慧的心态是相吻合的。因为德慧主要在做人的过程中展现出来，而许多做人的道理往往只可意会，难以言传。如据《传习录上》记载，当弟子问王守仁：“仁者以天地万物为一体，何墨氏兼爱反不得谓之仁?”王守仁答道：“此亦难言。须是诸君自体认出来始得……”同时，为了使自己“会做人”，中国先哲一贯强调个体要加强自我的心性修养，强调在道德修养过程中要与自己的良心对话，等等，这些自然多需要直觉而不是逻辑思维。西方人重德慧更重物慧，自然也就重逻辑思维。另一方面，中国人重视直觉，这点与中国人早在先秦时期便认识到“默会知识”这一事实有关。据《庄子·天道》记载：

桓公读书于堂上，轮扁斫轮于堂下，释椎凿而上，问桓公曰：“敢问，公之所读者何言邪?”

公曰：“圣人之言也。”

曰：“圣人在乎?”

公曰：“已死矣。”

曰：“然则君之所读者，古人之糟魄已夫!”

桓公曰：“寡人读书，轮人安得议乎！有说则可，无说则死。”

轮扁曰：“臣也以臣之事观之。斫轮，徐则甘而不固，疾则苦而不入。不徐不疾，得之于手而应于心，口不能言，有数存焉于其间。臣不能以喻臣之子，臣之子亦不能受之于臣，是以行年七十而老斫轮。古之人与其不可传也死矣，然则君之所读者，古人之糟魄已夫!”①

用默会知识的眼光看，庄子正是借助轮扁之口，清晰地告诉人们世间存在默会知识的事实，它存在于专家身上，并会随专家的死亡而消亡。因为这种“只可意会，不可言传”的知识既无法用文字记载下来，也无法用语言表达出来。既然如此，默会知识自然也无法通过阅读书本知识获得，只能跟在专家身边，细加观察、细加体会才可能学到。这是庄子对知识的一种远见卓识，可惜他未能在理论上加以提升。

---

① 陈鼓应．庄子今注今译（第二版）．北京：中华书局，2009.386.

（五）“唯上是从”：习惯权威思维

1. 权威思维的表现形式

据《论语·卫灵公》记载：“子曰：‘当仁不让于师。’”孟子在《尽心下》里说：“尽信《书》，则不如无《书》。”[①]《韩非子·外储说左上》曾用“郑人买履”[②]的故事来讽刺“只从本本出发，不从实际出发”的教条主义者，等等。可惜的是，这些宝贵思想在后世未成为中式思维的主流，与此相反的是，对权威的过于遵从，是中国人思维方式的显著特色。所谓权威思维，指凡是权威所提出的观点、意见或思想，无论对与错，都将之视作绝对正确、毋庸置疑的“真理”，从而不加思考地予以全盘接受的一种思维方式。中国人的权威思维发端于先秦时期，例如，孔子不容许弟子有不同于己的观点，实有权威思维的意味。在秦汉以后至清代为止的漫长封建社会里，权威思维一直处于优势地位，致使许多中国人形成了权威人格。“权威人格”是德国社会心理学家阿多诺提出的一种人格类型。其特点是：为人处世崇尚权威；对上低声下气，对下盛气凌人；对同僚刚愎自用，绝不通融；行为上表现为因循守旧，僵化、顽固、武断、迂腐。[③]中国人的权威思维主要有以下几种表现形式：

（1）迷信权威人物。

迷信权威人物，是中国人权威思维的集中体现。正如《孝经·卿、大夫章》所说：“非先王之法服不敢服，非先王之法言不敢道，非先王之德行不敢行。”受此心理的影响，在对待知识的态度上，中国人多是采取不敢怀疑的尊重式学习；至于学习知识的方式，则多采取接受与吸收的学习方式。[④]这使得一些“小人物”在著书时，明明是自己写的著作，却硬要托名是“黄帝”之类的“大人物”写的，非用此法，其著作或思想就难以为别人所承认，别人也不会予以接受、采纳。正如《淮南子·修务训》所说：“世俗之人，多尊古而贱今，故为道者必托之于神农、黄帝而后能入说。”这使得一些变法人士，往往假借圣贤之口来表达自己的改革或改良思想，典型者如宋代的王安石著有《三经新义》与清代的康有为著有《孔子改制考》。这种恶习在今天的中国学术界尤其是人文学科的学术界里仍相当有市场。如有些人在写学术文章时，一篇七八千字的文章里，竟有多达上百处的引文，以为不这样做，就不能增强其观点的权威性。这类文章若是史学类文章，或许还“情有可原”，因为史学类文章只能靠证据说话，有一分证据说一分话。不过，遗憾的是，情形并非如此，部分人对于一些“纯粹的议论文”也采取这种写法，这不能不让人产生此作者有“凑字数”、“无病呻吟”或“底气不足”的感觉。又如，2003 年 7 月 18 日出版的美国《科学》杂志在“新闻聚焦”栏目中推出了一组关于中国 SARS 研究的专题报道。据其报道：中国军事医学科学院的研究小组最早从一些患者身上获取的标本中发现了一种新的病毒。他们把这种病毒接种到细胞培养基和乳鼠上，用电子显微镜拍了照，发现这种病毒有一个清晰的带钉刺的光环，属于一种人们还不知道的、会致人丧命的病毒——冠状病毒。到 2003 年 3 月的第一个星期，这个研究小组已

---

① 杨伯峻译注．孟子译注．北京：中华书局，1960. 325.

② （清）王先慎撰．钟哲点校．韩非子集解．北京：中华书局，1998. 279～280.

③ 夏征农，陈至立主编．辞海（第六版彩图本）．上海：上海辞书出版社，2009. 1858.

④ 侯玉波，朱滢．文化对中国人思维方式的影响．心理学报，2002（1）：108.

经有了初步的证据，证明这个新病毒可能和这次流行病有联系。但遗憾的是，研究小组没有向世界公布这一研究成果，从而使“中国科学家失去了一次崭露头角的独一无二的机遇”（《科学》杂志编者写的题头语）。之所以未及时向世人公布这一最新研究成果，主要原因是：“当时，公开的口径是，被称为 SARS 的这场流行病是由一种衣原体引起的”。语气柔和的微生物学家杨瑞馥说，他是发现了冠状病毒的军事医学科学院研究小组的成员之一。衣原体假说是资深微生物学家、中国工程院院士洪涛提出的。衣原体假说已经有了很大的市场，所以杨瑞馥说，挑战这个假说会“大为不敬”。于是，这个研究小组既没有谋求媒体关注他们的发现，也没有通报世界卫生组织网络中的任何一个实验室。否则，据协调世界卫生组织这个网络的德国病毒学家克劳斯·斯托尔所说，他们就有可能加快这个集体探索的进程，即使提前不了几个星期，也会提前好几天。“这些科学家是第一个看到 SARS 病毒的”，最近访问了军事医学科学院的斯托尔说，“可我们一点也不知道。”给斯托尔打一个电话，或者发一封电子邮件，就可能确保杨和他的同事们在疾病史上有一个更突出的地位，甚至可能在权威科学杂志上发表一两篇论文。但这一黄金机遇最后失去了。后来，出生于中国台湾而在美国成为科学明星的何大一也说，洪涛的理论的兴衰成了又一个宝贵的教训，“中国人太尊重老师或长者的意见了”，“年轻的科学家应当学会在数据不符的时候给权威多一点挑战”。[①] 同时，受崇拜权威人物心理的影响，中国人一向有“尊重长辈”的规矩：在任何情况下，如果你的长辈在场或直接参与，那么你应该尊重和听从他们。教师是父、君的代表，所以应得到同样的待遇。汉语中表示不听话的词汇，多是“还嘴”、“辩嘴”或“强词夺理”之类，因此，在课堂里学生用保持安静、沉默、复制出教师认为重要的东西或照着教师的指令去做来表示对教师的尊敬，不敢越雷池一步，这导致言语流畅者寥若晨星，致使学生没有受到提高与长辈辩论本领的训练，于是，在其他方面都很聪明的中国学生，他们在创造性、言语流畅、有说服力地论证、自我表达能力及刻苦完成深层型作业等方面的发展情况，却比其他文化的学生逊色。[②]这是我们不能不予以深刻反省的。反观一些发达国家如美国，人们多有与权威挑战的心态和喜好，你越权威，越有人“找茬”，科学的进展，也就是不断战胜权威的过程。反映到对待知识的态度上，美国人多是采取怀疑一切的态度；至于学习知识的方式，则提倡个人要进行创造性的学习。同时，西方人因强调个人至上，注重培养孩子的自我表达能力，以便使别人能理解自己；而中国人因强调权威，进而注重培养孩子倾听别人表述的能力，以便使自己能理解别人。因中国人缺乏必要的自我表达训练，所以，中国人的自我表达能力普遍较差，再加上中国人喜含蓄，汉语又有一定的模糊性，言不尽意之处甚多，这都是中国人的人际关系易出现障碍的直接原因。

所以，今后中国人若要尽可能避免类似事情（指在 SARS 研究中丢失宝贵的“黄金机遇”）的发生，就必须彻底放弃权威思维。但愿聪明、智慧的中国人都能“吃一堑，长一智”！

（2）尊经。

中国人崇尚权威，进而出现尊经心态，因为经书或是先圣亲手写的（像朱子撰写的

---

① 《科学》杂志专题报道中国 SARS 研究——黄金机遇是如何失去的. 南方周末，2003－07－24.

② ［英］彭迈克. 难以捉摸的中国人. 杨德译. 辽宁：辽宁教育出版社，1997. 33～35.

《四书集注》)；或虽是由其弟子记录的，但思想是先圣的（像《论语》)。据《汉书·董仲舒传》记载，董仲舒主张："诸不在六艺之科孔子之术者，皆绝其道，勿使并进。"① 自汉武帝采纳董仲舒"罢黜百家，独尊儒术"的建议后，中国传统文化进入了"经学时代"，尊经的思维方式也开始大为流行。自此之后至清代，许多中国学人将某一学科的原始经典神圣化、经典化（对儒者而言，主要是四书五经)，在他们眼中，经书包括了全部真理，经典上所说的都是正确的，经典上没讲的也都不必讲，以经典的是非为是非，以经典的内容范围作为学术应当固守的范围。在这种经学思维模式下，他们一张口一下笔，必是"子曰"、"《诗》云"，这就是论证的大前提。许多学人将一生的精力与才智几乎都用在为经书作注疏上，这种经学笺注的思维方式也反映到科学领域中，例如对《黄帝内经》、《神农本草经》和《九章算术》等也采取了经注的形式。这导致中国产生了一种名叫经学的独特学问：以训解或阐释儒家经典为主要内容的学问。它使得自秦汉以降直至清代的两千余年的漫长历史中，无数学人即便有了一些心得体会，有了一些自己独到的见解，也多采取"述而不作"的态度，即便要著书立说，也多不是"另起炉灶"来写一部书②，而往往是采取"注经"的形式，将自己的思想通过笺注的形式附加到经注里，并且多遵循一个不成文的规矩：注不犯经，疏不犯注。于是，后人注经时虽有"我注六经"或"六经注我"的差异，但从总体上看，有一点是共同的：多不敢脱离经书定下的大框架，而只能在经书定下的"框框"内做文章。这真可谓"在螺蛳壳里做道场"，其思想没有根本上的发展，不但导致"儒学"和"中医"等国学自先秦诞生后至清代灭亡为止都维持在原来的思想体系上，③ 而且不利于新学科和交叉学科的诞生。

与尊经心态相一致的是，中国古代的教育也是自启蒙开始就教儿童背诵先贤的文章，先从启蒙教材如《三字经》和《千字文》背起，然后是《论语》与《易经》之类的经典文献。一本背熟后，方可背诵另一本，这就是所谓的"包本"。熟记之后，再由先生阐发书中的微言大义，学生的作文也多是竭力论证经书观点的正确性。中国的先生们一般不鼓励学生"质疑"或发问，也不鼓励学生畅谈自己的幻想或对未来的憧憬，而只鼓励学生被动地接受。

学术与教育尚且如此，一般的民众更是唯经书之语是从。在这种传统的长期熏陶下，许多中国人养成了保守的心态：当一种新事物出现时，一些学人习惯从经典著作里去寻找依据，不这样做，心里就感觉不自在、不踏实。这种流弊至今仍在或隐或显、或多或少地影响着一些中国人。

西方发达国家则不同。他们的教师多鼓励学生"质疑"或发问，也鼓励学生畅谈自己的幻想或对未来的憧憬。这种差异反映到教育上，西方发达国家如美国的课堂上总是闹哄哄的，学生不懂教师的讲解时，多半会主动发问，假若学生不懂又不问，西方的教师会责怪学生"既然不懂，为何不问"；中国的课堂多是静悄悄的，学生洗耳恭听教师

---

① （汉）班固撰．汉书．北京：中华书局，2007. 570.

② 当然，这不是说，在经学时代里就没有人写独立的著作，而是说，在经学时代里，虽也有学人有自己的独立著作，并且也能提出一些零星的新见解；不过，因为思想上不能完全摆脱经书的束缚，加上缺乏形式逻辑思维和批判思维的训练，因此，写出的书不少仅是讲心得体会的、语录式的，既缺乏一个形式上的逻辑关系，也缺乏根本的创新性。

③ 张岱年，成中英等．中国思维偏向．北京：中国社会科学出版社，1991. 91.

的讲解，认真地做笔记，遇到不懂的东西，心里虽很想问，但又怕问得不妥而招致教师的责骂。中国的先生会责怪学生“你为什么不懂”。这种崇拜经学的思维方式，从根本上说，束缚了中国人创造性的发挥，限制了思想的自由发展，对中国文化的发展造成了严重阻碍。这是我们今日重新检讨中国人的思维方式时，不能不予以反省的。

（3）崇古。

权威人物也罢，权威著作也罢，多与先圣先哲密切相连，顺理成章地，中国人因崇尚权威，进而崇古。崇古心理的特征是：认为过去的都是好的，现在的都是坏的，进而重过去而轻现在和未来，喜欢借过去来说明现在乃至未来。在中国漫长的封建社会里，崇古心态的具体表现就是推崇上古社会，一些政治家、思想家乃至平民百姓，都将上古时代视作黄金时代，“法先王”常常成为统治者制定规章制度的依据，而不敬先王或“数典忘祖”一定会招致国人的一致反抗。正如《孟子·离娄上》所说：“为政不因先王之道，可谓智乎？”《荀子·非相》也说：“凡言不合先王，不顺礼义，谓之奸言，虽辨，君子不听。”中国古人心中的圣贤（像尧、舜和禹）也都是生活于上古时代的。因此，古人多生活于祖宗的阴影里，祖宗定下的规矩一定要遵守，由此中国人养成了祖宗崇拜心理。正如 F. R. Kluckohn 和 F. L. Strodtbeck 所说：“历史上的中国，就是以过去取向为第一序的价值优先，祖先崇拜和很强的家庭传统，这是这种优先表现的两个例子。在中国人的观念中，没有什么新的事物发生在现在或未来，所有的新事物都已发生在遥远的过去。骄傲的美国人第一次使中国人看到汽船，而中国人却说早在两千年以前，我们的祖先就有这种船。”① 即使在当代中国，这种崇古心态仍有较深厚的“群众基础”，这从古装戏在现在的影视等媒体中大行其道这一现象中就可见一斑。影视媒体先是热炒帝王戏，如《康熙微服私访记》和《戏说乾隆》之类；然后是热炒古代名臣，像《铁齿铜牙纪晓岚》和《狄仁杰传奇》之类；热炒帝王和名臣之后，就炒作帝王的儿子或女儿，像《还珠格格》之类；连这些也炒完了，再也没什么好炒了，有些人居然灵机一动，热炒起厨师之类的“小人物”，而对于当代的一些现实性题材却缺少关注。这一现象折射出这样一个事实：很多现代中国人“身”虽生在当代，“精神”却生活在古代，眼睛多是向“后”看的，厚古薄今，迷信家传秘方，每遇不顺，则以“人心不古”作为攻讦的口实，对现在乃至未来没有丝毫兴趣。在中国，历史学一向是显学，有些人更是凡事都喜欢从历史上去找依据。据说，有人就认为足球本起源于中国，理由是据《水浒传》讲，宋代高俅就是靠踢得一脚好球而平步青云的。也有人认为，现代计算机的二进制是中国人发明的，理由是《周易·系辞上传》里的“是故《易》有太极，是生两仪。两仪生四象。四象生八卦。……”运用的就是二进制的原理。这真是当代的“阿 Q”！鲁迅先生若泉下有知，不知该作何感想?！崇古心态让中国人“幸福”地生活在历史里，却无视现实生活里一些随处可见的残酷事实。暂且不说现代中国人日常生活里享受的“现代文明”，如汽车、飞机、火车、电子计算机等都是由西方人发明的，就连中国人最引以为豪的四大发明在中国社会里也未起过什么大的作用。西方人用罗盘针航海，从而发现了新大陆，中国人却用它看风水；西方人用火药制造出轰炸并毁灭中世纪墙垣的火炮，并用它打开了中国的大门，中国人却用它做爆竹……与中国人这种崇古心态截然相反的是，

① 韦政通．儒家与现代中国．上海：上海人民出版社，1990. 27.

一些发达国家的民众像美国民众，他们对过去的兴趣不大（即便要讲过去，也是为了借此展望未来），将注意力集中在当代乃至未来，于是，在这类国家中，一门新兴的学科——“未来学”生机勃勃地发展起来！这类国家的人民的眼光也多向“前”看，新发现与新发明也层出不穷，不但给个人带来巨大的财富，也促进了整个国家的向前发展。尹凯士（Alex In Keles）说：“一个人愈趋向于现在及将来，而不趋向于过去，愈现代化。”[①] 这句话对当代追求现代化的中国人而言，应该是有所启发的。

（4）喜欢求同思维。

中国人崇尚权威，进而喜欢求同思维，以尽可能地使自己的想法与权威相一致。因此，中国人习惯“依葫芦画瓢”，即习惯“照着”或“模仿”权威去说、去做；并且，在中国文化里，像“英雄所见略同”之类的话语，因带有较强的求同思维的意蕴，一般多具褒义；相反，像“标新立异”之类的词语，因带有较强的求异思维的意蕴，一般多具贬义色彩。西方智者对自然的奥秘充满了好奇心，形成了探索未知世界的科学精神。古希腊哲学家苏格拉底、柏拉图、亚里士多德虽是三代师生关系，不过，其思想既有继承性更有求异性，正如亚里士多德所说：“吾爱吾师，吾更爱真理”[②]。自古至今，西方思维方式从主流上看，善于随着不同时代、不同地域、不同思潮尤其是科学的不同历程而变化，这种求异忌同、标新立异的开拓精神使西方科学文化在继承、怀疑、批判、挑战与否定中不断推陈出新。[③] 可见，对权威的过于遵从，不压死科学才怪呢！想想中国传统文化缺乏科学精神的事实，就会让人体会到，这绝不是危言耸听！

2. 古代中国人崇尚权威思维的缘由

中国人为何如此崇尚权威人物呢？概括起来，主要有四点，其中，“将绝大多数百姓视作长不大的儿童，导致百姓缺乏自信并崇拜权威”在“中国人的自我观”一章里已作探讨；“经典中式教育与中式学习有利于中国人养成权威思维”在“中国人的教育心理观”一章已有论述。下面只论余下的两点。

（1）农业社会为古代中国人习惯权威思维提供了温床。

在农业社会里，多数人依靠种田或种地而生存。在古代科技水平相对落后的情况下，农业的发展主要依靠的是自然环境。中国不少农村至今还流传着这样的话语：“天给你吃的，你不用做也有吃；天不给你吃的，你做死也没有吃”、“请老天爷赏口饭吃”、“今年年份好或今年年份不好”。从中就可折射出上述的道理。一个地方的自然环境，在正常的情况下，后一年与前一年相比，很少有较大的变化。于是，耕作知识与技术的娴熟主要是靠经验的累积。这导致在这种环境里生活的人，越是生活得久，即越是年长些，他对这一地区的自然环境因见得多、识得广而了如指掌，作出合乎自然规律的正确判断的概率自然要大得多，自然也越有说话的权威和权利；而一个年轻人因对这个自然环境的变

---

① 韦政通. 儒家与现代中国. 上海：上海人民出版社，1990. 179.

② 与此大异其趣的是，中国人的名言则是：“一日为师，终身为父。”因为，“当仁，不让于师”的优良传统并未为广大中国人所发扬。

③ 这并不是说西方人就没有权威思维，事实上，在一些西方人身上也存有严重的权威思维。如由于不认同权威，爱因斯坦从小一度被人认为注定一事无成。有一次，爱因斯坦的父亲赫尔曼·爱因斯坦问路易波尔德中学的训导主任，自己的儿子将来从事什么职业较合适，训导主任说：“做什么都没关系，你的儿子将一事无成”。后来，爱因斯坦大学毕业后，无法进入学术机构，只能在一个专利局做一个小职员。爱因斯坦早年所经历的这种“遭遇”，从很大程度上说就是与一些西方人崇尚权威思维有关的。

化经历得少，经验自然不如年长的丰富，其说话的权利自然少，自然少有权威。于是，长辈告诫晚辈常用的一句话是："我吃过的盐比你吃过的米还多，我走过的桥比你走过的路还多。"

权威人物往往是年长者，故而中国人又养成尊老的心理。"家有一老，胜似一宝"的谚语，就是中国人尊老心态的写照。因此，中国传统文化主要是一种前喻文化，久而久之，中国人进而形成了"天不变，道亦不变"的静态思维观念。明白了这个道理，就可进一步作出推论：在当代中国，随着社会的不断发展，改革开放事业的不断推进，中国的工业化进程和城市化进程也必将进一步加快。当中国社会发展到这样一种水平：农业人口只占全部人口的极少数，全国绝大多数人口主要从事非农业性的工作；并且，即使是从事农业生产的人，也主要采取现代化的手段来从事农业；同时，知识（广义的）的发展日新月异，父代所获得的知识经验到了子代时多数已成为过时的知识经验，甚至只要过短短的几年时间，原来很新的知识就变为过时的知识（如有关计算机的知识），那么，年长者的权威就会越来越小，年轻者说话的权利就会越来越大。若果真如此，中国人迷信权威人物的心态就可能会发生变化，中国文化也将由前喻文化转变为后喻文化。

(2) 封建专制思想迫使古代中国人使用权威思维。

大致自秦始皇统一中国开始至清代灭亡为止，漫长的封建社会主要是一体化的政治结构。它要求社会、个人的信仰和观念一元化、一体化、同步化，这造就了传统文化的"大一统"思想。"孔子诛少正卯而鲁国之邪塞，子产诛邓析而郑国之奸禁。"（《淮南子·汜论训》）是严厉打击异己的开端，不过，这在先秦时期还只是"个别现象"，没有形成"气候"。秦始皇的"焚书坑儒"则开了用政权来大规模镇压异己的先例，其后中国历代封建统治者常常利用政权来打击异己，如清代广开"文字狱"就是一明证。至董仲舒提出"罢黜百家，独尊儒术"的建议为汉武帝采纳并成为汉代的"国策"后，中国封建社会所追求的大一统就有了明确的思想依据。同时，儒家倡导三纲五常，宣扬礼乐教化，维护大一统；科举考试制度要求人们按统一的八股文写同类文章，表达同一种观点。这诸多因素的相互结合，形成了以皇帝为最高权威的一元化政治制度。因此有人说，中国文化的发展如同一人长跑，而西方文化的发展如同多人接力，这是颇有启示性的一种说法。

3. 权威思维与古代中国的辉煌文明

也许有人会说，自秦汉以后至清代为止的中国古人推崇权威思维是事实，但与欧洲的封建社会处于文明倒退、黑暗的时代相比，中国的封建社会文明取得了伟大的进步，这又该怎样解释呢？对于这个问题，我们赞成这样的看法：这既与中国人强调实用思维有密切的关系，也与中国封建时期的唯圣哲学与欧洲封建时期的经院哲学存在明显差异有关联。关于前者，留待下文探讨；关于后者，是由于中国封建时期盛行的权威思维和欧洲封建时期盛行的权威思维有明显不同。依冯友兰和张岱年等人的见解，中国传统哲学可分为先秦的、以诸子百家为表征的、充满创造活力的哲学和封建社会的、以唯圣为表征的、缺乏科学理性的哲学，简称为先秦哲学和唯圣哲学，正如古希腊哲学宜与经院哲学相区别一样。相应地，中国传统思维方式可分为先秦哲学的思维方式和唯圣思维方式，因此，中国人的权威思维主要在唯圣哲学盛行的封建社会里流行。中国封建时期的唯圣哲学和欧洲封建时期的经院哲学有显著的差异：前者是专制王权的贤臣，后者是神学的婢女；前者是鄙视科学理性的君子，后者是扼杀科学真理的暴徒；前者注重思维的“此岸”，奉圣人为偶像，后者偏重思维的“彼岸”，立上帝为信仰；前者引导人们积极入世，在封建专制社会里安分守己于现实生活，后者教导人们脱离世俗苦难，去寻求来世天国的幸福；前者与中国先秦哲学理性和谐相处，与中庸相容，后者跟古希腊的科学理性直接对立、互不相容。于是，在中国的封建社会文明赢得伟大进步的时候，欧洲的封建社会却处在文化倒退、黑暗的时代里。① 从一定意义上说，这个结果是中国文化的大幸，不过，不能由此得出中国封建社会盛行的权威思维有利于文明进步的结论，恰恰相反，正是中国封建社会盛行权威思维，才使中国的传统文化自秦汉之后至清代为止，几乎都在经学里打转，在本质上没有发生根本的变化。典型者如中医，中医的大框架奠定在基本内容写成于战国后期的《黄帝内经》上②，自此之后，直至清代，中医的基本理念保持惊人的恒定性，没有发生什么大的变化。假若中国先哲不是固守权威思维，而是敢于向权威提出挑战，以中国漫长的历史和历代人才辈出的事实，定能将中国传统学术推向更高、更远的新境界，这是今日的中国人在反思中国的历史时不能不予以反省和引以为鉴的。

（六）“这有什么用?”：讲究实用思维

1. 实用思维的含义与经典中式实用思维的特点

所谓实用思维，指注重从实用角度出发来思考问题，强调知识的实用性的一种思维方式。中国人向来注重实用思维，这是中国人思维方式的显著特色。与美（国）式经典实用思维相比，经典中式实用思维有三个明显特点：

（1）过于看重伦理道德之用。

《左传·襄公二十四年》说：“豹闻之：‘大上有立德，其次有立功，其次有立言。’虽久不废，此之谓不朽。”③ 这可说是中国人的价值观的宣言，为其后许多中国人所继承。《左传·文公七年》说：“正德、利用、厚生，谓之三事。”④ 这同样是将“立德”或“正德”置于国家的三件大事之首。若以阳历推算，鲁襄公二十四年即公元前549年⑤，文公七年是公元前620年⑥。“立德”、“立功”、“立言”既然称作“三不朽”，那么就说明自先秦时期开始，它们就是中国古人恒久追求的三大经典价值观。在这“三不朽”中，“立德”是要求个体持久地通过修身养性等功夫来不断提高自己的道德品质，最终使自己的“道德声誉”能够做到“万古长青”。在“不朽”的方式里，它的“档次”最高。“立功”是要求个体用自己的高尚德行和聪明才智去做一些惠及百姓苍生或有利于后生的事情，并取得巨大的成就（这是所谓的“外王”功夫），以便实现人生的价值，个体凭此而让自己的“英名”万世流芳。在“不朽”的方式里，它的“档次”较之“立德”要低一些。“立言”是要求个体说出或写下关于“如何更好地让自己或他人

---

① 张岱年，成中英等．中国思维偏向．北京：中国社会科学出版社，1991. 45.
② 中国大百科全书·中国传统医学．北京：中国大百科全书出版社，1992. 286.
③ 杨伯峻编．春秋左传注（修订本）．北京：中华书局，1990. 1088.
④ 杨伯峻编．春秋左传注（修订本）．北京：中华书局，1990. 564.
⑤ 杨伯峻编．春秋左传注（修订本）．北京：中华书局，1990. 1085.
⑥ 杨伯峻编．春秋左传注（修订本）．北京：中华书局，1990. 554.

实现内圣外王之道”的“金玉良言”，它的实质是关于人生的经验与教训，而不是什么纯粹的广闻博识（关于客观事物的真理性知识），个体凭此而让自己的“大名”流传千古。在“不朽”的三种方式里，它的“档次”最低。可见，“三不朽”的核心实乃一个“德”字。①

《尚书·虞夏书·大禹谟》也说：“正德利用厚生惟和”，主张要将“正德”、“利用”、“厚生”三件事协调好，使之和谐发展。在《中国人的情结》一章里曾引用《尚书·周书·洪范》的如下言论：“五福：一曰寿，二曰富，三曰康宁，四曰攸好德，五曰考终命。六极：一曰凶短折，二曰疾，三曰忧，四曰贫，五曰恶，六曰弱。”② 郑康成注：“未龀曰凶，未冠曰短，未婚曰折。”③ 其意思是，还未到换牙齿的时候就死了叫作“凶”，还未到二十岁成年的时候就死了叫作“短”，还未结婚就死了叫作“折”。可见，“凶、短、折”均指早死。在中国古人心中，五种幸福依其重要性从高到低的排列顺序是：一是长寿，二是富贵，三是健康安宁，四是遵行美德，五是高寿善终。六种困厄为：一是早死，二是疾病，三是忧愁，四是贫困，五是邪恶，六是懦弱。④《尚书》中已明确将“寿”看作是五福之首，将“早死”看作是“六极”之冠，说明将长寿看作是人生一大幸福而将早死视为人生一大不幸的思想至少在《尚书》成书之前就已产生了。同时，《尚书》也肯定了富与德的价值。稍后，孟子提出了“三达尊”的思想：“天下有达尊三：爵一，齿一，德一。朝廷莫如爵，乡党莫如齿，辅世长民莫如德。”⑤ 爵代表政治地位，齿代表长寿（即血缘辈分），德代表道德。这“三达尊”也受到中国人普遍推崇和追求。其后的荀子将这种价值观与思维方式发挥到极致。《荀子·天论》说：

传曰：“万物之怪，书不说。无用之辨，不急之察，弃而不治。”若夫君臣之义，父子之亲，夫妇之别，则日切磋而不舍也。⑥

将上述六段引文合并“同类项”，“立德”、“立功”、“立言”、“长寿”、“富贵”可说是中国古人恒久追求的五大经典价值观。由于一旦实现了这五大经典价值观中的一个或多个，往往易让中国人的幸福体验油然而生，所以，从某种意义上说，它们也构成了中国人经典幸福观的主体内容。例如，时至今日，在中国人的幸福观中，“长寿”仍占据相当大的分量。调查表明，在体现幸福的八项主要因素（即物质富裕、事业成功、家庭幸福、健康长寿、行动自由、获得权力地位名誉、有知心朋友和获得学识才能）中，家庭幸福的排序最前，居第一位，其次是事业成功，再次就是健康长寿。可见，在当今大多数中国人心目中，健康长寿仍是幸福的主要内容之一。⑦

由于中国传统五大经典价值观中前三项的核心实乃一个“德”字，后两项也与

---

① 这里引用了张荫龄所著《论中西文化的差异》一文的观点，见苏丁编．中西文化文学比较研究论集．重庆：重庆出版社，1988. 60 ~ 61.

② （清）孙星衍撰．陈抗，盛冬铃点校．尚书今古文注疏．北京：中华书局，1986. 319 ~ 320.

③ （清）孙星衍撰．陈抗，盛冬铃点校．尚书今古文注疏．北京：中华书局，1986. 320.

④ 江灏，钱宗武译注．今古文尚书全译．贵阳：贵州人民出版社，1990. 245.

⑤ 杨伯峻译注．孟子译注．北京：中华书局，2005. 89.

⑥ （清）王先谦撰．沈啸寰，王星贤点校．荀子集解．北京：中华书局，1988. 316.

⑦ 廖申白等主编．伦理新视点——转型时期的社会伦理与道德．北京：中国社会科学出版社，1997. 304 ~ 306.

“德”息息相关：“仁者寿”的命题告诉人们，修德有利于长寿；“学而优则仕”同样告诉人们，学好道德文章可以给自己带来富贵。于是，在判断的类型上，中国人与西方人显示出较大的差异：西方人优先考虑“事实”的判断，中国人优先考虑“价值”的判断，具有显著的“以价值评判统摄事实认识、融事实判断于价值判断之中的特征”。[①] 概而言之，人要思维就离不开判断。判断大体上可分为两种类型：一是事实判断，一是价值判断。事实判断也叫是非判断，它以回答“是”或“不是”为标志。事实判断的目的是将事物本身的属性真实地揭示出来，它主要有三个特点：第一，它是对主体观念的判断。因为任何一个事实判断都已经预设一个假设。例如“南京是江苏省的省会城市”这个判断，实际上蕴含着“南京是江苏省的省会城市”这个假设，而“南京是江苏省的省会城市”这个判断只是对“南京是江苏省的省会城市”的假设的肯定判断。事实判断本质上都是真假判断。假若没有人事先作出假设，而仅仅就客观事物本身而言，是无所谓真假的。客观的事物只会有真，不会有假。第二，判断的标准在于客体。假若假设的内容与实际情况完全符合，就可作“是”或“真”的判断，否则，就作“不是”或“假”的判断。它的标准只有一个，就是该判断（命题）所指称的客观对象。第三，判断本身必须是客观的、绝对的、独立的、超功利的、不受任何其他因素影响的，否则，就会影响判断的准确性和可信性。价值判断是回答“好”或“不好”的判断。与事实判断相比，价值判断在上述三个方面均与之相反：第一，价值判断是对客体的评价。例如“南京是一个美丽的、适宜人居住的城市”，就只是对“南京”这个城市本身的评价。第二，价值判断的评价标准在于主体，主体只有先存在某种价值评判标准，然后才能够作出相应的价值判断。例如，作出“南京是一个美丽的、适宜人居住的城市”这一判断，是因为个体心中已有“怎样的城市才算是美丽和适宜人居住的”的相关标准，而“南京”正好与之相符合，这样才觉得南京美丽，才觉得南京适宜人居住。第三，价值判断是主观的、相对的、伴随着功利的，是因人、因时、因地、因事甚至因情而异的。可见，事实判断与价值判断是人类判断的两大基本类型，不过，在中国人和西方人的思维方式中，这两种判断所处的位置和所具有的功能是不同的：西方人往往是以事实判断来统摄价值判断，习惯在事实判断的基础上考虑价值判断。换言之，西方人整个判断的基点是事实判断，首先考虑的是“是”还是“不是”，是“真”还是“假”，然后，再作价值判断；并且，价值判断往往必须服从于事实判断，以事实判断为基础与前提。这一点最能体现在西方人的法律意识上。假若没有充足的证据证明某人犯罪，即便大家（包括法官和陪审员）都知道他是罪犯，也都异常痛恨他所犯下的罪行，但也不会随便给这个人定罪的。事实第一，其他都是次要的，已成为西方人的一个自明的公理。西方人的这一判断类型与西方文化中真理至上的传统是一致的。与西方人相反，中国人以价值判断来统摄事实判断，[②] 喜欢从有用的还是无用的或是道德的还是不道德的角度对人、对事进行判断，而事实判断常常被纳入到价值判断的框架中加以理解与对待，结果，中国人在对事物或人进行认识与评价时，其重点一般不在真相的是或非，即不重视事实判断，而在于对事物

① 黄卫平．试论中国传统思维方式的特征．江海学刊，1985（1）：54～68．．

② 刘承华．文化与人格 对中西文化差异的一次比较．合肥：中国科学技术大学出版社，2002. 57～59.

或人的善恶、好坏、诚伪的明辨，即重视价值判断。① 与此相适应的是，中国人在做任何事情之前，经常有意无意地说的一句话是："这有什么用?"俗话也说："不管白猫黑猫，能抓老鼠的都是好猫。"在对人进行评定时，首先冒出的一个想法是："他（们）或她（们）是好人还是坏人?"与此相一致的一件有趣的事情是，在中国社会里，若一个人在道德品质上最终是臭名昭著（如汪精卫）的，即使他曾经有功于民，绝大多数中国人也习惯一并予以抹杀，少有"具体问题具体分析"或辩证地看待的理性态度；即便他在某一或某几方面才华横溢，绝大多数中国人也往往不屑提及。

综上所述，中国人喜欢将这种"实用"与伦理道德教化相关联，这不但大大限制了"实用"的范围，还使得一些中国人因重视道德教化而轻视"事实"，进而容易产生晕轮效应（The Halo Effect），这典型地反映在一些中国人的如下史学观里：轻视史料，重视对历史人物或历史事件进行道德褒贬的评价。结果，一些史书被史学家"建构"成道德说教书。与此不同的是，美国式实用思维一般将这种"实用"与发展生产力、创造社会财富等"事功"相联系，同时注意考察"实用"与"事实"之间的关系，一般不会机械地将"实用"与伦理道德教化相关联。

（2）过于注重当下之用与小利。

中国人讲的"实用"往往只看重"一次性的、眼前的利益或小利"，而不看重"长远的用处"和大利，结果，至少易产生两方面的弊端：一方面，导致许多中国人只顾眼前利益，尤其只看重眼前的经济利益，却看不到长远利益，尤其看不到长远的社会效益。结果，得了小利，却丢掉了大利。正如孔子所说："无欲速，无见小利。欲速，则不达；见小利，则大事不成。"② 另一方面，因只顾眼前利益，只要"一锤子买卖"③，又导致在中国社会的许多领域（尤其是商业领域），李宗吾提出的"厚黑学"④ 或马基雅弗利（Niccolo Machiavelli，1469—1527）提出的马基雅弗利主义颇为流行。

与此不同的是，美国式经典实用思维一般反对"一次性的、眼前的利益或用处"，而看重"长远的用处"和大利。与此相一致的是，美国许多管理精英清楚地认识到马基雅弗利主义适于短线交易，却悖于长期博弈；虽能够帮助个体或组织获一时之利，却会让个体或组织丢掉长远利益；短期看可能会利人，长远看必定是在害人害己。于是，美国采取法律建设、道德教育与宗教教育"三管齐下"的做法，一方面坚决排斥马基雅弗利主义⑤，另一方面注重个人、家庭、企业、社会团体与政府各级组织的诚信建设，经过多年的努力，现在终于在全国范围内建立起良好的诚信环境。

（3）常将实用思维与理论思维对立起来。

中国人常常将实用思维与理论思维（抽象思维）对立起来，在理论上片面地鼓吹抽象思维的价值，强调"道"先于且重于"器"；在实践层面上又往往过于重视实用思维，而瞧不起纯粹的思辨活动，即重"器"而轻"道"。如据《晦庵集》卷三十六《答陆子

---

① 李宗桂．中国文化概论．广州：中山大学出版社，1988. 299.

② 杨伯峻译注．论语译注（第二版）．北京：中华书局，1980. 139.

③ "一锤子买卖"出自老舍《女店员》第二幕："咱们哪，砂锅砸蒜，一锤子的买卖，我永远不再到这儿来!"字面意思是："只做一次生意。"现多指价高、货次且服务态度不好，导致顾客不愿再来打交道。

④ 李宗吾．厚黑大全．北京：今日中国出版社，1996. 3.

⑤ 汤舒俊，郭永玉．正确对待当前社会中的马基雅弗利主义现象．中国社会科学报，2011-01-25.

静》（之六）记载，朱熹曾说："凡有形有象者，皆器也；其所以为是器之理者，则道也。"与此不同的是，美国式经典实用思维一般不将实用思维与理论思维（抽象思维）对立起来，而多采取区隔的策略，该用实用思维时就用实用思维，该用理论思维时就用理论思维。

由此可见，中国人的实用思维与美国人的实用思维有较大的区别。正如张荫龄在《论中西文化的差异》一文里所说："正唯西方人不把实际的活动放在纯粹的活动之上，所以西方人能有更大的功利的成就；正唯中国人让纯粹的活动，被迫压在实际的活动之下，所以中国人不能有更大的功利的成就。"① 因此，从学习知识的态度与目的看，与西方人热爱并追求真理以至于推崇为知识而知识的为学态度大相径庭的是，中国人往往采取中国式的实用主义②的态度来对待知识，强调知识的实用性，为知识而知识的纯粹"爱智"习惯和为学态度在中国传统文化里几乎无迹可寻。受此思维方式的深刻影响，在中国历史上，尽管也有人如荀子在《礼论》里提出了"故学者固学为圣人也，非特学为无方之民也"这样崇高的为学目标，但事实上，绝大多数读书人之所以发奋读书，大都不是将追求真理或智慧作为终极目标，而是将读书视作获取权力或财富的重要而直接的手段，所谓"学好真本领，卖给帝王家"、"学也禄在其中也"、"书中自有黄金屋，书中自有颜如玉，书中自有千钟粟"，等等，皆是或直接或间接地向人讲述了这个道理。此种对待"知识"和"学问"的价值取向在当代中国的一些读书人身上仍有或深或浅的影响。

2. 中国人重实用思维的缘由

《左传·昭公四年》曾说："邻国之难，不可虞也。或多难以固其国，启其疆土；或无难以丧其国，失其守宇。"③ 这便是"多难兴邦"④ 一语的出处。其后，《孟子·告子下》也说："生于忧患而死于安乐。"⑤ 汤因比在《历史研究》一书的第十五章"艰苦环境的刺激"里也有类似说法："艰苦的环境对于文明来说非但无害而且是有益的。"⑥ 因此，中国和古希腊之所以拥有虽相对独立却都极辉煌的文明，与两地自然环境都较艰苦有一定关联。

进一步言之，中国人一向强调实用思维，或许与祖先生存环境的恶劣有一定的关系（详见"中国人的尚"和"心态"一章）。汤因比在《历史研究》一书第二部分 "文明的起源"中的第五章 "挑战和应战"里也曾指出：

如果我们再研究一下黄河下游的古代中国文明的起源，我们发现人类在这里所要应付的自然环境的挑战要比两河流域和尼罗河的挑战严重得多。人们把它变成古代中国文明摇篮地方的这一片原野，除了有沼泽、丛林和洪水的灾难之外，还有更大得多的气候

① 苏丁编. 中西文化文学比较研究论集. 重庆：重庆出版社，1988. 60.

② 这里在"实用主义"之前加了一个"中国式"的限定语，是为了表明中国人所讲的实用主义与美国人所力倡的实用主义"小同而大异"，二者不是一回事。

③ 杨伯峻编. 春秋左传注（修订本）. 北京：中华书局，1990. 1247.

④ 其实，"多难"与"兴邦"之间并无必然联系。对国家而言，面对"多难"，只有应对正确，才能"兴邦"；否则，极易亡国。对个人而言亦是同理。

⑤ 杨伯峻译注. 孟子译注. 北京：中华书局，1960. 298.

⑥ ［英］阿诺德·汤因比. 历史研究（插图本）. 刘北成，郭小凌译. 上海：上海人民出版社，2005. 95.

上的灾难，它不断地在夏季的酷热和冬季的严寒之间变换。①

在这种较为恶劣的环境下，生存是一个大问题。同时，因交通工具不发达等因素的制约，中国祖先所处的中华大地，往东走，最终将被茫茫大海所阻挡；往西走，最终或被一望无垠的沙漠所阻挡，或被高耸入云的高山所阻挡；往北走，最终将被戈壁与严寒所阻挡；往南走，最终同样将被茫茫大海所阻挡。这种自然环境阻碍了中国先民开发国际贸易的潜能。再者，根据“中国人的管理心理观”一章所述，中国先哲未找到一个让国家长治久安的办法，在治理国家时存在巨大的“管理缺陷”，导致中国古代专制盛行、暴君和昏君频出、暴政和乱政频现，结果，自秦汉至清末的两千余年历史里，中国一直在“一治一乱”的历史怪圈里轮回，这进一步加深了中国先民的苦难。最后，目睹生活在艰辛环境（包括艰辛的自然环境和动荡不安的社会环境）中的同胞所遭遇的窘境或困境，怀着一颗仁爱之心的中国先秦时期的一些著名哲学家——代表性人物是先秦“三哲”——都只好优先关注如何帮助百姓妥善处理好现实的民生问题，没有条件、没有兴趣去关注与改善民生关系不大的诸如宇宙根源之类的“玄学”问题。“天灾”与“人祸”的频发、独特的地理环境和先秦“三哲”的独特人格魅力，这诸多因素的交互影响，致使绝大多数中国先哲既没有闲情逸致也没有意愿去思考一些至少从短期效应看或从表面上看好像不着实际、不合实用的“玄学”问题（如希腊智者所醉心的宇宙根源问题），而是思考一些关系国计民生的实实在在的问题，以救人民于水深火热之中，带有强烈的重视民生的人本主义色彩。

与中国先哲所处的自然环境较恶劣相类似的是，古希腊时期先哲所处的自然环境也颇恶劣，不过，他们走出了文明的另一种道路，开辟了另一种文明样式。根据汤因比《历史研究》一书第十五章“艰苦环境的刺激”里的言论可知，阿提卡——雅典所在的地区，位于彼奥提亚之南，属中希腊，之所以能成为“希腊的希腊”，不只在于它的灵魂，还在于它的体形。阿提卡土层浅薄，土质多石，腐殖质流失的过程在柏拉图时代已经完成，而彼奥提亚在这时却逃脱了土壤风化的厄运。这种情况正像柏拉图所描述的那样②：

当代阿提卡可以被准确描述为一件原初状态的遗物……由于过去九千年时间里大洪水频仍……高处的泥土不断被冲走……留下来的东西同原来的相比，就像是一个人因大病摧残而变成一副骨瘦嶙峋的骨架。所有肥沃松软的土壤都流失了，留给一个国家的只是皮和骨头。(柏拉图：《克里提阿斯》，111A－C)③

当阿提卡的草场光秃、耕地荒芜的时候，雅典已失去彼奥提亚式的丰盈体态，雅典人为了应付这种贫瘠的局面，作出了英明选择：种植橄榄树和开发下层土。为了从橄榄

---

① ［英］阿诺德·汤因比．历史研究．曹未风等译．上海：上海人民出版社，1997. 92.（顺便指出，不知何故，在刘北成与郭小凌合译的版本——［英］阿诺德·汤因比．历史研究（插图本）．刘北成，郭小凌译．上海：上海人民出版社，2005. ——中却找不到上段引文。）

② ［英］阿诺德·汤因比．历史研究（插图本）．刘北成，郭小凌译．上海：上海人民出版社，2005. 96.

③ ［英］阿诺德·汤因比．历史研究（插图本）．刘北成，郭小凌译．上海：上海人民出版社，2005. 96～97.

树上获得赖以生存的产品，雅典人只好将阿提卡产的橄榄油装入陶罐，运往黑海北部地区市场换取谷物。交换的需要引起阿提卡制陶业和商船业的产生；而国际贸易要求货币经济，这预示阿提卡银矿也将应运而生。所有这一切加在一起——出口、工业、商船和金钱——都要求阿提卡有一支强大的海军加以保护，当然也要有能力维持海军军费的支出。因此，阿提卡土壤的贫瘠促使雅典人必须获取整个爱琴海以及爱琴海以外的霸权。[①]天遂人愿，古希腊在与波斯进行的“希波战争”中，两次取得重大胜利：前490年，希腊军队在马拉松战役中打败波斯大军，在第一次“希波战争”中取得胜利；前480年，古希腊海军在萨拉米战役中打败波斯海军，在第二次“希波战争”中取得胜利。[②]“希波战争”的胜利，不但让古希腊社会享有了大约五到六个世纪——从前4世纪后期到3世纪早期——的太平[③]，使古希腊文化在这一时期免除了来自外部世界的进一步挑战[④]，而且让雅典人因土壤贫瘠损失的财富又百倍地得到了补偿。这些通过海上攫取来的财富，是那些从未在其沃土上遭遇失败的彼奥提亚农民做梦也想不到的，但对于使雅典成为不开化的彼奥提亚的对照，使雅典成为“全希腊的学校”，使雅典成为“阿提卡风味”的一种政治、艺术和思想文化而言，这些财富仅仅是经济基础。[⑤]

在政治方面，阿提卡的贸易和海权为爱琴海各城邦的国际联合提供了构架，在雅典主持下形成了提洛同盟（Delian League），雅典成为古希腊各城邦的盟主，提洛同盟成为雅典控制附属国的工具。[⑥] 同时，雅典实行民主制，其要点主要有四方面：①国家不设国王，国家的最高权力机构是“全体公民大会”。“全体公民大会”的成员由公民——由于雅典的主要经济基础是农业而不是工商业，所以，公民大多数是农民出身的成年男性，[⑦]当然也有一些工商业者出身的成年男性[⑧]——按地区选举产生。“全体公民大会”选出后，再由“全体公民大会”选出城邦的“执政官”。并且，全体公民大会通过的一切决议都成为国家的法律。由于国家所有重大事务——包括决定宣战媾和、处理财政、祭祀、军事等重大事务[⑨]——均由“全体公民大会”集体作出决定，由集体负责，而不是由一个人决定，这就有效避免了专制独裁。②除“全体公民大会”外，又设一个指导性委员会，负责为每次公民大会安排日程。指导性委员会的成员是从由地区提名的候选人中经过抽签产生的，任期一年，任何人不可连任两届，这就有效避免了官僚主义与结党营私现象的发生。③国家的每位官员的工作都受到各种规章制度的制约。任何一位官员若表现出不称职、滥用权力或腐败等行为，必将受到严厉的惩罚。④出台陶片放逐法。从克利斯提尼时代开始，雅典制定了陶片放逐法，对那些可能对雅典的民主政治构成威胁的人，由全体公民大会投票表决是否将其放逐：先将被控告人的名字写在陶片上，然后由

---

① ［英］阿诺德·汤因比．历史研究（插图本）．刘北成，郭小凌译．上海：上海人民出版社，2005. 97.

② 夏征农，陈至立主编．辞海（第六版缩印本）．上海：上海辞书出版社，2010. 2035.

③ ［英］阿诺德·汤因比．历史研究（插图本）．刘北成，郭小凌译．上海：上海人民出版社，2005. 121.

④ ［英］阿诺德·汤因比．历史研究（插图本）．刘北成，郭小凌译．上海：上海人民出版社，2005. 122.

⑤ ［英］阿诺德·汤因比．历史研究（插图本）．刘北成，郭小凌译．上海：上海人民出版社，2005. 97.

⑥ ［英］阿诺德·汤因比．历史研究（插图本）．刘北成，郭小凌译．上海：上海人民出版社，2005. 97.

⑦ ［英］阿诺德·汤因比．历史研究（插图本）．刘北成，郭小凌译．上海：上海人民出版社，2005. 97.

⑧ 奴隶、外来人、妇女被剥夺参加公民大会的权利．见夏征农，陈至立主编．辞海（第六版缩印本）．上海：上海辞书出版社，2010. 1311.

⑨ 夏征农，陈至立主编．辞海（第六版缩印本）．上海：上海辞书出版社，2010. 1311.

全体公民大会投票表决。若表决通过，会将被控告人放逐10年。① 结果，雅典首创的民主制度不仅使其经济和政治日益欣欣向荣，并迎来了古希腊文明的黄金时代；而且成为整个古代世界实施民主制的典范，直接影响了后世西方的政治制度。在现代西方国家的语言中，英语、法语、德语、西班牙语和俄语中的“民主”一词——依次写作“democracy”（英语）、“Démocratie”（法语）、“Demokratie”（德语）、“democracia”（西班牙语）和“Аемократия”（俄语）——都是从古希腊语“δημοκρατία（dēmokratía）”一词演变而来。古希腊语“dēmokratía”一词由“dēmos”和“kratos”合成，其中，“dēmos”指“人民”（people），“kratos”有“统治”（rule）与“力量”（power）之义，所以，“dēmokratía”（“民主”）是指“人民的统治”。② 换言之，“民主”，与“专制”相对，指统治阶级中的成员们遵循平等和少数服从多数的原则，由多数成员共同掌握国家权力并管理国家事务的国家形式、政治制度。③

在艺术方面，阿提卡制陶业的繁荣赋予了陶瓶画匠们创造新的美术形式的机会。阿提卡森林的消失迫使雅典建筑师努力地在石料上作文章，创造出帕特农神庙（Parthenon，雅典卫城上的主庙），突破了过去对一般木结构房屋的设计框架。最后，雅典人接触到所有外来思想文化的潮流，它的商人和海员是这些潮流的推动人。这座城市集当时的整个希腊文化于一身，以便把这些注入了“阿提卡风味”的打有阿提卡印记的文化传诸后代。④

由此可见，古希腊虽然土地较贫瘠，但是，正如希罗多德曾借斯巴达人达马拉图斯（Damaratus）之口所说：“希腊有一个未曾须臾分开的同胞姊妹就是贫穷，但她却引来了一位有美德之形的客人——智慧和法律之子；希腊人正是依靠美德的帮助，将贫穷和奴役拘留在了海湾里。”⑤ 因此，古希腊时期学者所拥有的生活条件和所处的人文社会环境相对中国先哲要轻松得多。再加上古希腊一些著名哲学家，代表性人物是古希腊“三哲”：苏格拉底（Socrates，前469—前399）、柏拉图（Plato，约前427—前347）和亚里士多德（Aristotle，前384—前322）都关注一些诸如宇宙根源之类的“玄学”问题。这诸多因素的交互影响，使得古希腊时期的一些智者既有闲暇时间又有兴趣去思考一些诸如宇宙根源之类的“玄学”问题、自然和一般知识技能问题，这些问题或许没有“近利”，却有“远功”，这种思维传统就蕴藏着后世科学的曙光。

3. *辩证看待中式实用思维的优缺点，进一步完善中式实用思维*

（1）中式实用思维的优缺点。

受中式古典实用主义思维的深刻影响，在学习内容上，中国历史上的学人往往非常讲究“经世致用”，重现实、重人伦，主张理论必须实用，必须贴近生活。中式古典实用思维，就其积极面而言，使中国学人养成了关注现实的传统，对于杜绝华而不实的空洞理论与“屠龙术”之类技艺的产生有一定的意义，因此，在中国古代，能治病救人的中医、能克敌制胜的兵法、能用于计算钱财和土地面积等的算术，等等，均获得了高度

---

① 美国时代生活编辑部．全球通史·4·巨人时代．汪良译．长春：吉林文史出版社，2010. 63.

② 陆谷孙主编．英汉大词典（第二版）．上海：上海译文出版社，2007. 487.

③ 夏征农，陈至立主编．辞海（第六版缩印本）．上海：上海辞书出版社，2010. 1311.

④ ［英］阿诺德·汤因比．历史研究（插图本）．刘北成，郭小凌译．上海：上海人民出版社，2005. 97.

⑤ ［英］阿诺德·汤因比．历史研究（插图本）．刘北成，郭小凌译．上海：上海人民出版社，2005. 95.

的发展。

不过，中式古典实用思维方式至少存在七个消极面，其中，“过于看重伦理道德之用”、“过于注重当下之用与小利”与“常将实用思维与理论思维对立起来”在上文已作探讨，下面只论余下的四个：①导致中国的学问未真正获得“独立”的地位。诚如梁启超所说：“就纯粹的学者之见地论之，只当问成为学不成为学，不必问有用与无用，非如此则学问不能独立，不能发达。”（《梁启超论清学史二种》第40页）②导致中国的学问范围偏窄。因为《庄子·齐物论》所说的“六合（指天地四方，引者注）之外，圣人存而不论；六合之内，圣人论而不议”[①]，是中国古代绝大多数学人一向信奉的信条，这就为中国传统学问至少设置了两大“禁区”：一是，中国人的思维以人伦为中心，注重对人事的探讨，而轻视对物的追思，使得中国人的智慧主要是一种处理人事的德慧，而不是处理物事的智慧。这与西方思维传统重科学、以自然规律为视阈焦点大异其趣。二是，由于对天地以内的事只论说而不议评[②]，这又助长了权威思维的发展。③导致算计人的权术或厚黑学高度发达，这一点就明，故不多讲。④导致许多中国人一向不重视探索新而无用的“东西”，这阻碍了中国人创新思维的发展。

（2）完善中式实用思维的措施。

当代中国人要辩证地看待自有的实用思维，充分发挥中式古典实用思维的长处，而摒弃其短处。简要地说，至少要做到如下五点：

第一，将实用思维妥善扩展到人伦道德与自然科学两大领域，不可偏执一方。

为了克服中式古典实用思维“过于看重伦理道德之用”和“中国的学问范围偏窄”的缺点，当代中国人要正确处理好人伦道德与自然科学之间的关系，不要将实用思维的使用局限于人伦道德上，而要将之拓展到自然科学上。换言之，既要将“实用”与伦理道德教化相联系，也要将“实用”和发展生产力、创造社会财富等“事功”相联系，不可偏执一端，否则，都可能使实用思维走上歧途。

第二，正确处理理论建设与应用研究之间的关系，不要割裂二者之间的辩证关系。

受中式实用主义思维的深刻影响，中国人偏爱应用学科，却不注重理论的建设，没有从一些深刻的认识、实用的技术中提炼其内在的规律，使之上升到理论的水平。由于存在这一局限，中国古代的发明或发现多停留和局限于经验或技术的层面，只是一种“技术”或“技艺”，而不是一种基于某一理论基础上的“科学”，这就使中国古代的“技术”或“技艺”的发展缺乏持久的动力，从而最终阻碍了中国古代“技术”或“技艺”的发展。以数学为例，尽管数学本身抽象性较强，但中国古代的数学家似乎缺乏一种对纯理论的兴趣，因而始终没有掌握纯粹靠公理、定理为基础的证明技术，发展数学只是为了解决一些实际应用中的专门问题。比如，秦汉时期中国的数学就已有相当大的发展，特别是计算处于世界领先水平，不过，当时的数学名著《九章算术》实际上并没有多少理论上的总结或提升，而只是一本应用数学习题集解，反映出当时人们测量土地、交换商品等实际生活中的计算活动，致使学习它的人只懂得计算却不懂得原理。[③] 再加上

① 陈鼓应．庄子今注今译（第二版）．北京：中华书局，2009. 83.

② 陈鼓应．庄子今注今译（第二版）．北京：中华书局，2009. 87.

③ 张岱年，成中英等．中国思维偏向．北京：中国社会科学出版社，1991. 90.

中国先哲讲的“实用”主要在于伦理道德方面，这使得中国传统文化主要是一种伦理道德型的实用文化，这就进一步限制了基础数学（中国古代的应用数学非常发达，但不太重视基础数学的研究，所以没有将应用数学推向形式化、公理化的道路）和逻辑等学问的发展，使得中国传统思维带有强大的模糊性，是一种模糊思维。当代中国人要以此为鉴，正确处理好理论建设与应用研究之间的关系，不要割裂二者之间的辩证关系。为此，中国人要辩证地看待实用思维与思辨式的理论思维（抽象思维）之间的关系，认清二者都有其存在的价值，在需要抽象思维时就大胆进行理论建构，在需要实用思维时就脚踏实地地去想、去做。

第三，妥善处理好“眼前用处”与“长远用处”以及“有用”与“无用”两对关系。

一方面，要妥善处理好“眼前用处”与“长远用处”的关系。有些学问（如基础研究）在短时期内好像是“无用”的，用长远的眼光看，却能增加发展的后劲；相反，有些做法虽在短时期内好像是“成绩斐然”的，用长远的眼光看，却是一种“杀鸡取卵”的做法，贻害无穷。所以，当代中国人要明白，“实用”不仅仅是指“眼前的用处”，更是指“长远的用处”。为此，要妥善处理好“眼前用处”与“长远用处”的关系，不能将实用思维沦落为只顾眼前利益而不顾长远利益的急功近利式思维，否则，这是有百害而无一利的。因此，在日常生活中，一个人在做一件或几件事情时，“眼前的用处”与“长远的用处”若能二者兼顾，固然是好，如果二者发生矛盾，那么，除了在“应急”的情况之外，在其他绝大多数情况下，合理的态度宜是宁愿要“长远的用处”，而不图一时的得失，切不可只顾“眼前的用处”而牺牲了“长远的用处”，后者是一种鼠目寸光的做法。

另一方面，要妥善处理好“有用”与“无用”的关系。从古至今，中国学人受实用思维的影响，很少有“为知识而知识”的纯粹“爱智”习惯，绝大多数读书人都将读书视作获取权力（官位）、财富或名誉的重要而直接的手段，这也是当代中国仍有许多读书人信奉“学而优则仕”、“学而优则商”的文化心理根源之一。用白岩松的话讲，现在一些中国人太专注于做有用的事，只要做的事跟升官、发财、成名没有关系，就被认为没用，便慢慢被荒废了。其实，有些事情或事物看似“无用”，实则有用；有些事情或事物看似“有用”，实则无用。后者例子太多，数不胜数。前者的典型代表是“京城第一名家”王世襄（1914—2009），他生于名门世家，却沉迷于各种“雕虫小技”，如放鸽、养蛐、驾鹰、走狗、摔跤、烹饪，而且玩出了文化，玩出了趣味。荷兰王子专程向他颁发2003年“克劳斯亲王奖最高荣誉奖”，理由是：如果没有他，一部分中国文化就还会被埋没很长一段时间。再如，古城墙、博物馆、市民广场和城市中的绿化带，在房产开发、GDP数字这些“有用之事”面前看似“无用”，因为它不能带来任何GDP数字增长、官职升迁或所谓的“城市虚荣心”，但是，没有了步行绿道、街心公园与市民广场的城市不值得留恋，没有了大学、博物馆和音乐厅的城市是否还会存在，都是个问题。古今中外的科技发展史也告诉人们：一些看似无用的发明或发现，若细加研究，焉知将来没有大的用处？请看下面一个发生在欧洲的真实故事：

在四百多年前，德国某小镇里有一位心地善良的伯爵，他将自己收入的一大部分捐给了镇子上的穷人。这十分令人钦佩，因为中世纪时穷人很多，而且那时经常爆发席卷全国的瘟疫。一天，伯爵碰到了一个奇怪的人，他家中有一个工作台和一个小实验室，他白天卖力工作，晚上专心进行研究。他把小玻璃片研磨成镜片，然后把研磨好的镜片装到镜筒里，用此来观察细小的物件。伯爵被这个前所未见的可以把东西放大观察的小发明迷住了，便邀请这个怪人住到了他的城堡里。作为伯爵的门客，此后这个“怪人”可以专心投入所有的时间来研究这些光学器件。

然而，镇子上的人得知伯爵在这么一个怪人和他那些无用的玩意儿上花费金钱之后，都很生气。“我们还在受瘟疫的苦”，他们抱怨道，“而他却为那个闲人和他没用的爱好乱花钱！”伯爵听到后不为所动，他表示：“我会尽可能地接济大家，但我会继续资助这个人和他的工作，我确信终有一天会有回报。”

果不其然，他的工作（以及同时期其他人的努力）赢来了丰厚的回报——显微镜的发明。显微镜的发明给医学带来了前所未有的发展，由此展开的研究及其成果消除了世界上大部分地区肆虐的瘟疫和其他一些传染性疾病。

伯爵为支持这项研究发明所花费的金钱，其最终结果大大减轻了人类所遭受的苦难，这回报远远超过单纯地将这些钱用来救济那些遭受瘟疫的人。①

上述故事告诉人们：做人做事切不可太过功利，否则，看似是得到了实惠，但从长远看，实则是“捡了芝麻，丢了西瓜”。所以，当代中国人要正确理解《庄子·人间世》里“山木自寇也，膏火自煎也。桂可食，故伐之；漆可用，故割之。人皆知有用之用，而莫知无用之用也”② 一语里所蕴含的哲理，妥善处理好“有用”与“无用”的关系，不能将“实用”仅局限在升官、发财和成名三件事上。为了纠正中国人太注重“实际功用”的实用思维的缺陷，措施之一就是要适度限制实用思维的使用范围，进而适度鼓励中国人培育自己的理想，提倡人们适度做些“自己喜欢、却似无用的事情”。一个人做此类无用之事，虽可能最终真的无用，不过，起码可以告慰自己的生命，让自己的生活过得充实、过得多姿多彩。③ 周作人说得好：“我们于日用必需的东西以外，必须还有一点无用的游戏与享乐，生活才觉得有意思。我们看夕阳，看秋河，看花，听雨，闻香，喝不求解渴的酒，吃不求饱的点心，都是生活上必要的——虽然是无用的装点，而且是愈精炼愈好。”④ 梁文道在《悦己》里也曾说：“读一些无用的书，做一些无用的事，花一些无用的时间，都是为了在一切已知之外，保留一个超越自己的机会。人生中一些很了不起的变化，就是来自这种时刻。”⑤ 措施之二是要适度鼓励人们去探索一些“新而无用”的东西。措施之三是要妥善处理好实用与理想之间的关系。为此，要鼓励中国人培育自己的理想，提倡人们在“该想象的时候就发挥一下想象力”，哪怕这种想象就目前条件而言只是一种不切实际的空想，但只要不将空想与现实相混，只要不沉沦于空想而不理会现实，那么这种空想也宜给其一定的生存空间，不要一味地凡事都太注重实际效

---

① 史都林格（Ernst Stuhlinger）. 为什么要探索宇宙. Kelejiabing 译. 读者，2012（20）：42～43.

② 陈鼓应. 庄子今注今译（第二版）. 北京：中华书局，2009. 156.

③ 朱坤. 有用的无用，无用的有用. 读者，2012（10）：24～25.

④ 秋水等摘. 言论. 读者，2012（4）：17.

⑤ 子陌等摘. 言论. 读者，2012（23）：27.

用，毕竟人是一种既生存在现实世界又可通过自己的想象力而生存在理想世界的高级动物，不是一只毫无想象力而只顾眼前利益的猪。当然，实用思维与理想的使用都有一个“度”，既不能“过犹不及”，也不可“错位”使用——一个人若在需要讲究“实用”的情况下却只提一些华而不实的做法，或是在需要有一些“理想”的时候又太注重“实际效用”，那都是将实用思维和理想错位使用的做法，这是思维方式不健全的一种体现。与此相反，一个思维方式健全的人必将是恰如其分地使用实用思维和理想的，在该讲究“实用”的情境中讲究“实用”，在需要“理想”的情境里展现自己的理想。从一定意义上说，后一种思维方式恰是当代美国人所推崇的思维方式，因为美国人一贯正面地看待“实用”与“理想”，既明白无误地向人鼓吹实用主义，又力倡人们要有一定的理想。而毋庸讳言，中国传统的实用思维却没有妥善处理好“实用”与“理想”的关系：在开端于董仲舒的“正其义不计其利，名其道不计其功”的重义轻利观念的深刻影响下，中国人一贯羞于光明正大地言“利”。而世道的艰辛又迫使历史上的一些中国人重现实而轻理想。受此思维方式的影响，当代仍有一些中国人在实用与理想之间错位。所以，当代乃至未来的中国人若想通过教育（广义的，包括学校教育、家庭教育和社会教育）或自我学习的方式，使自己的实用思维方式朝着健全的方向发展，措施之一就是要妥善处理好实用思维与理想之间的关系，既要兼顾实用思维与理想，又要恰如其分地使用它们，只有这样做才可能培养出大量的既有远大理想又能脚踏实地地做事的中国公民！

第四，引导人们将实用思想用来为百姓谋福祉。

为了避免一些别有用心的人将实用思维用到钻研算计人的权术或厚黑学上，我们要通过法律建设和道德教育，引导人们将实用思维用到为百姓谋福祉上。

第五，妥善处理好“拿来”与“创新”的关系。

中国人推崇实用思维，任何事物只要能为我所用，中国人都愿意将其“拿来”为自己服务，这虽导致中国人的思维有一种融通的倾向，但又让中国人对创新失去耐心。从一定意义上说，这是当代中国学术从整体上看原创性不足和浮躁风盛行的深刻原因之一。

以计算机科学的发展为例，虽然今天中国的计算机科学已有了长足进步，不过，与美国等发达国家的计算机科学相比，仍有相当长的路要走：就计算机软件而言，至今为止，还没有由中国人研发、拥有完全自主的知识产权且在世界上被广泛使用的大型软件，而只能购买美国的 Windows 系统、I－Work 软件、Office 软件等；就计算机硬件而言，也没有由中国公司研发、拥有完全自主的知识产权、像“苹果”这样的国际知名计算机品牌。个中原因主要有两点：一是从公司角度看，中国很多公司都不愿意在研发上下苦功，只图贴牌生产，来获取眼前的小利；二是从高校和科研机构角度看，当代中国大陆地区的高校和科研机构在科研管理机制和科研评价机制上存在诸多不科学的地方，且只重“名”，不重“实”，这导致一些学人只愿做“短、平、快”的“快餐式科研”，只乐意年年能在 SCI、SSCI、CSSCI 等刊物上发论文，至于需耗时几年、十几年甚至几十年的科研工作，则很少有人问津，更无哪个高校或科研机构愿意花大笔科研经费去组织科研团队攻关。这样年复一年，致使中国的计算机科学至今无论是在软件上还是硬件上都没有大的突破，而只能受制于人。

（七）“月印万川”：爱用形象思维

形象思维是“用形象来思维”的简称，指用最具体的感性意象来理解事物和进行创造的一种思维方式。它本是一个近代的名词，1841 年俄国的别林斯基在其《艺术的概念》里明确提出艺术“用形象来思维”。它是在艺术欣赏和艺术创作过程中所进行的主要的思维活动和思维方式。① 一般而言，对于从事文学、音乐、美术等创作或研究的人而言，拥有良好的形象思维是一件非常重要的事情。中国人常说“诗中有画，画中有诗”，这是在告诉人们，一些流传至今的著名诗篇，其内多蕴含丰富的形象思维。

形象思维不是简单地借助感性形象而进行的，而是对原本外在的感性形象进行了思维加工，使之成为更适合于思维需要的工具。其具体表现方式是喜用“比喻”或“类比推理”。比喻作为一种艺术表现手法，主要特点是要求取象和取义的有机结合。取象是指文学作品中的思想必须包含或寄寓于具体的物象之中，通过物象表现出来；取义要求文艺作品中的物象高于实际生活，有一定的思想寄托。在中国古代，比喻作为一种喻志的手段、一种思维方式，大量用在文艺作品和文艺理论著作里。② 如在《琵琶行》里，白居易用形象的语言将无形而美妙的乐声转换成具体的物象，描绘得十分形象而具体：“大弦嘈嘈如急雨，小弦切切如私语，嘈嘈切切错杂弹，大珠小珠落玉盘。间关莺语花底滑，幽咽泉流冰下难……”此传统一直为后人所继承。如王国维在《人间词话》里描绘古今伟大人物所走过的曲折的心路历程时，就是通过依次引用晏殊之《蝶恋花》、欧阳修之《蝶恋花》和辛弃疾之《青玉案》中的语句，将此种本来多半是“只可意会，难以言传”的心境以比喻的形式提示出来，让人读后既觉形象，又觉意味深长：

> 古今之成大事业、大学问者，必经过三种之境界：“昨夜西风凋碧树。独上高楼，望尽天涯路。”此第一境也。“衣带渐宽终不悔，为伊消得人憔悴。”此第二境也。“众里寻他千百度，回头蓦见（当作“蓦然回首”），那人正（当作“却”）在，灯火阑珊处。”此第三境也。③

文艺家如此，中国的思想家亦然。他们喜欢借用形象但又并非感性、具体、形象的象数符号系统来表达，典型者就是《周易》里所表达的思维方式。从《周易》来看，这种形象思维的工具是将感性形象与理性抽象相结合而创造出的阴阳爻卦的符号系统，这是一个具有形象但又并非感性具体形象的象数符号系统或意象符号系统，它是代表某种意义的卦象或物象，具有借喻的意义。同时，他们在论理时也广泛采用比喻。孔子在《论语·子罕》里说：“岁寒，然后知松柏之后凋也。”这便是以松柏耐寒来比喻圣贤义士的高洁品格，揭示士穷见节义、世乱识忠臣的道理。宋代朱熹在《朱子语类》卷六里借用唐代华严宗“一多相摄”的理论，用“月印万川”的比喻来论证其“理一分殊”的思想，要人们懂得“理只是这一个。道理则同，其分不同。君臣有君臣之理，父子有父

---

① 夏征农，陈至立主编．辞海（第六版彩图本）．上海：上海辞书出版社，2009. 2569.

② 张岱年，成中英等．中国思维偏向．北京：中国社会科学出版社，1991. 94.

③ 姚淦铭等主编．王国维文集（第一卷）．北京：中国文史出版社，1997. 147.

子之理”，进而按天理办事。比喻作为中国传统思维方式中类比的一种形式，具有沟通同类以及异类的作用。它可以“以义起情、借类达情”。它在叙事、说理和抒情的过程中，借助具体物象来表达抽象的思想感情、情物交融，生动、直观、形象，易于使人接受并感悟其蕴含的道理。不过，比喻本身不是对事物的具体描摹，而汉语的多义性和模糊性等特点又增加了比喻的广泛适用性，从而也带来了对事物认识的意会性、模糊性的局限，这是比喻作为认知方式的局限性所在。①

中国人喜欢用形象思维，与中国人喜欢直觉有一定的相关关系。如上文所述，中国人重视直觉，强调一种体验、领悟型的思维形态，进而不太看重语言和概念在表达思维和思想中的重要作用。但是，中国人也深知，凡事若都是“只可意会，不可言传”，不但会使自己的思想难以寻找到知音（你不表达出来，他人怎能准确知晓），也难以点拨后学，这就有使自己的学术“断了香火”的潜在危机。可是，直截了当地表达自己的思想不但不合乎中国的文化传统（因为中国人喜含蓄、重意轻言等），有时也的确难以准确言说（因为中国传统学术所追求的大都是做人的德慧，与待物的物慧相比，德慧带有明显的场依赖性，具有明显的个别差异性，故而的确不易准确表达②），权衡“说”与“不说”之间的利弊的结果，中国人选择了运用形象思维来表达自己思想的做法，它具有生动、直观、形象，易于使人接受并感悟其蕴含的道理等优点。同时，中国人喜欢用形象思维，或许和中国文字的主体是象形文字有关。关于汉字的造字原则，中国古人曾提出“六法”之说，即象形、指事、会意、形声、转注和假借；其中转注和假借两法不属造字法，而是用字法，其他四法才是造字法。表面上看这四法是并列的，实则不然。在四种造字法中，最基本的造字法是象形。所谓象形，是指字的笔画、结构和造型是围绕着它所指代物的形象来构架的。例如“马”（“馬”）字，从甲骨文到篆书再到楷书，尽管字形有了很大变化，不过，作为象形字的特征仍然存在，马颈背上的三根毛、后面的尾巴和下面的四条腿，仍然清晰可辨，其象形特征也仍然可见。象形是汉字的最基本造字原则，其他三法在许多情况下也是以象形为基础的，是在象形基础上所作的一种变化或拓展，是在象形不能完全解决问题时所作的补充。如会意字常常是两个象形字的结合；形声字是一半取形，一半取声，但只要有可能，形声字便取两个象形字，一取其义，一取其声；指事是为解决较抽象的概念，一般用于构造那些画不出来的字上，如“上”和“下”……③因此，中国人用文字表达思想时总摆脱不了具体事物的形象。拼音文字则不同，它基本上与具体形象没有关联，人们的思维不会受到文字的影响。同时，类比推理作为人类的一种推理方法，在一定范围内使用有其科学价值，类比推理在第一章已有论述，这里不多讲。再强调如下要点：在中国传统思维方式中，类比推理之所以成为一种重要的思维方式，是与传统文化的经济基础是农业，其具有显著的经验论色彩分不开的。中国古人运用类比推理，从自然推及社会，从伦理道德推及治国安邦，充分显示了中国传统社会重人伦、重政治的价值取向和心理。在中国历史上，类比推理曾起到了沟通天地人、纳天下万物于一体、视四海为一家的作用。并且，类比推理对于启发思想，

---

① 张岱年，成中英等．中国思维偏向．北京：中国社会科学出版社，1991. 95～96.

② 郑红，汪凤炎．论智慧的本质、类型与培育方法．江西教育科研．2007（5）：11.

③ 刘承华．文化与人格　对中西文化差异的一次比较．合肥：中国科学技术大学出版社，2002. 63～64.

开阔思路，举一反三，触类旁通，由此及彼、由表及里地认识事物，都起到了积极作用。当然，因为类比推理具有一定的或然性，所以在使用过程中也有一些牵强附会的地方，并为某些思想家（如董仲舒）所利用，成为其维护王权的工具。①

（八）“三十年河东，三十年河西”：喜欢循环思维

中国人的思维还有一个典型特点：喜欢循环思维。据 2009 年版《辞海》的解释，“循环”的一种含义是：事物周而复始地发展上升运动。由于事物发展变化的不可逆性，这种复归不是一种简单的重复，而是否定的否定。② 可见，所谓循环思维，指相信事物遵循周而复始、生生不息的发展上升运动的一种思维方式。用古人的话说，这就是所谓的圆道观。中国人爱用循环思维的特点，从下列事实里可以看出：在天文历法上，中国人以天干地支记年，认为六十年是一个循环，像至今仍沿用的农历（阴历），就是六十年一循环。在生肖上，中国人的鼠、牛、虎、兔、龙、蛇、马、羊、猴、鸡、狗、猪十二生肖也是十二年一循环。在哲学上，中国人惯用的阴阳五行思想实也是循环往复的；常用的八卦图也是一个阴阳各半而相辅相成的圆形，蕴含有循环往复、相生相克和生生不息的含义。中国古典文学作品里流行“团圆”的情结。在哲学和美学上，中国人喜欢“圆形”，认为它不是一个简单的几何图形，而是一个重要的美的范畴，它既无始无终，又任何一点都可视作始或终，这之中同样蕴含有循环往复、生生不息和祥和美好之义。在俗语中，诸如“三十年河东，三十年河西”和“皇帝轮流做，明年到我家”之类的话语随处可见。

假若用一个图形来表示的话，中国人讲的循环思维实际上是一个封闭的“圆”，而不是开放的、螺旋上升的曲线。所以，经典中式循环思维，就其优点看，说明中国人看到了客观世界中存在循环往复、相生相克、生生不已的规律，像四季的更替就是如此；就其缺点而言，表明古代中国人没有看到客观世界里还存在螺旋式上升的规律，于是，容易得出诸如“天不变，道亦不变”的蕴含静止、保守思想的观点。所以，当代中国人在完善自己的思维方式的时候，就要在发挥循环思维的优点的同时，借鉴马克思主义哲学中关于世界是呈螺旋式上升的有关原理，来克服中国人固有思维里存在的封闭性的不足。

还需要指出的是，古代中国人偏爱循环思维，或许与其生活环境有一定的关系。因为古代中国人主要生活在北温带，那里四季更替颇为鲜明，而中国人受道家“人……法自然”思想的深刻影响，善于将从自然界里得出的规律运用于人类社会，这样，久而久之，就养成了用循环思维来思考的习惯。

二、经典中式思维方式的“先天不足”

中国传统文化说到底其实主要是一种伦理道德型文化，致使古代中国人将主要精力放在思考“怎样更好地做人”这一问题上，从而使得中国人的传统思维方式涂上了厚重

① 李宗桂．中国文化概论．广州：中山大学出版社，1988. 309.

② 夏征农，陈至立主编．辞海（第六版彩图本）．上海：上海辞书出版社，2009. 2612.

的人生智慧色彩，善于以人为思维对象进行“人化思维”。如要做好一个人，必须妥善处理好自我与他人、他物的关系，由此导致中国人的思维具有整体思维的显著特点，善于将事物看作是运动的、普遍联系的；做人的智慧往往只可意会，不可言传，由此导致中国人喜欢直觉思维和形象思维（比喻或类比），等等。不过，“成也萧何，败也萧何”，中国人的思维方式的上述特色或长处本身，就隐藏着中国人思维方式的不足。换言之，中国传统思维的最大不足是：不善于以客观事物为思维对象的“物化思维”（这种思维方式是西方人最擅长的，故西方人习惯于将事物看作静止的、孤立的，然后再作研究，重视概念的确指性、清晰性和逻辑性）。具体地说，中国人的思维方式主要有以下几点不足：

（一）思维偏重于伦理型而少认知型

人事瞬息，江河不废，这是中国的传统观念，是古代中华民族的哲学观念。我们祖先感受到人事代谢，而在静穆的自然中得到寄托。与此相反的是，欧洲的古人则感到江河日流、日月常新，而在“自我”德性的观照中得到坚定不移的准则。这是两种不同的历史文化形态，所以中国古代的传统是先历史、伦理而后自然，欧洲古代则先“自然哲学”而后“自我”（伦理、社会、历史），由此而致使两种文化产生种种的区别。[①] 因此，中国传统思维的一个显著特点是：主体是以自身为对象的内向型、伦理型思维，而不是以自然为对象的外向型、认知型思维。正如《左传·昭公十八年》所说：“天道远，人道迩，非所及也，何以知之?”按照这种思维方式，主体自身是宇宙的中心，人是万物的尺度，认识了自身，也就认识了自然界和宇宙的根本规律。儒家的人“与天地参”以及“万物皆备于我矣。反身而诚，乐莫大焉。”、“尽其心者，知其性也。知其性，则知天矣”（均见《孟子·尽心上》）、道家《庄子·齐物论》的“天地与我并生，而万物与我为一”[②] 都是从主体自身出发而又回到主体自身的内向型思维。它不是将自然对象化而是将自然人化或将人自然化，不是在认识自然的基础上进行反思，而是在经验直观的基础上返回自身，从主体原则出发建构思维模式。其思维方式是认识自我、实现自我并超越自我。超越自我，也就达到了“天人合一”的精神境界。假若能反身而思之，便穷尽了天地万物的道理，体验到真正的精神愉快，这就是最高情感体验的“乐”。在中国古代，儒家的主体内向型思维特征是非常明显的。道家重视自然，承认自然规律的存在，但在“天人合一”的基本模式中，道家并没有形成外向型的认知思维，而同样表现为内向型的伦理型思维，即在自我体验、自我知觉中实现与自然规律的合一。《老子·十九章》的“见素抱朴”[③]、《庄子·天地》的“体性抱神”[④] 都是在自我直观或直觉中实现本体超越的。[⑤] 中国先哲偏爱伦理型思维，或许与中国的经济地理环境有一定的相关性。中国半封闭的大陆型地理环境与小农经济哺育了儒家思想，以儒家为代表的先哲对世界的认识主要是出于对现实社会政治与伦理道德的关注，而不是出于对自然奥秘的好奇。

---

① 叶秀山．苏格拉底及其哲学思想．北京：人民出版社，1986. 123.

② 陈鼓应．庄子今注今译（第二版）．北京：中华书局，2009. 80.

③ 陈鼓应．老子注译及评介（修订增补本）．北京：中华书局，2009. 134.

④ 陈鼓应．庄子今注今译（第二版）．北京：中华书局，2009. 345.

⑤ 张岱年，成中英等．中国思维偏向．北京：中国社会科学出版社，1991. 27 ~ 29.

在此种思想的深刻影响下，中国传统文化一向有重道轻器、重人文轻科学的倾向，科学技术也被人们视为“奇技淫巧”，受到歧视与压抑，这使得中国传统思维方式带有强烈的伦理型特征，而缺少认知型特征。与此相反的是，西方文化的发源地希腊半岛及其附近沿海地区的开放，海洋型地理环境与手工业、商业、航海业的发展，引起古希腊哲学家对天文、气象、几何、物理和数学的浓厚兴趣，逐渐形成了西方注重探索自然奥秘的科学传统，亚里士多德就认为：“求知是人类的天性”。因此，假若说中国的哲学是一种人生哲学、伦理型哲学的话，那么，西方哲学就是一种求知的学问，主体是自然哲学、科学哲学。

（二）少分析思维

“分析”与“综合”都是思维的基本过程与方法，不过，“分析”与“综合”相对：“分析”是把事物分解为各个部分加以考察的方法。[①] 中国人过于强调整体思维，由此导致中国人的思维方式有明显的不足之处：缺少分析思维传统，进而导致中国人的思维方式出现一种“浑沌”状态，喜欢对客观事物作一种笼统而不精细的把握，显得不够准确。例如，《老子·二十一章》在向人描述“道”时，所用的语言就带有明显的模糊性，让人看过之后如坠云雾，三分清楚七分模糊：

道之为物，惟恍惟惚。惚兮恍兮，其有中象；恍兮惚兮，其中有物。窈兮冥兮，其中有精；其精甚真，其中有信。自今及古，其名不去，以阅众甫（万物的起始）。吾何以知众甫之然哉？以此。[②]

《庄子·应帝王》更是讲了一个对后来中国人的思维方式影响深远的、推崇自然的“浑沌”状态而反对人为精确化的寓言故事：

南海之帝为倏，北海之帝为忽，中央之帝为浑沌。倏与忽时相遇于浑沌之地，浑沌待之甚善。倏与忽谋报浑沌之德，曰：“人皆有七窍，以视听食息，此独无有，尝试凿之。”日凿一窍，七日而浑沌死。[③]

由于缺少分析思维，中国人的思维方式里缺乏精确思维，表现出一定程度的模糊性，其主要表现有四点：①对许多问题喜欢作模糊性处理。这典型地体现在中医上。中医理论、中医治疗方法与中药等主要是靠许多优秀中医通过积累丰富的临床经验与深刻思辨获得的，但这些中医领域的先贤并未用科学语言将医理作清晰阐述，也未将中医诊断过程和治疗过程作可操作性处理，更未有意地去剖析中药的主要成分、化学结构式、分子式、分子量与药代动力学等，结果导致中医至今仍停留在经验水平，未真正进入科学的殿堂。同时，后学在学习中医时往往很难像学西医那样，经过五年的医学教育就可“自

---

① 夏征农，陈至立主编．辞海（第六版彩图本）．上海：上海辞书出版社，2009. 607.
② 陈鼓应．老子注译及评介（修订增补本）．北京：中华书局，2009. 145.
③ 陈鼓应．庄子今注今译（第二版）．北京：中华书局，2009. 249.

立门户”，而必须靠自己不断地摸索，不断地积累经验，不断地反省自己的医疗个案，等到自己医术高深时往往已年过花甲了。所以，在许多中医医院和中医院校，著名的中医往往都是年长者，年轻人一般很难成为名中医。与此不同的是，西医由于是运用科学的研究方法获得的，医理清晰，诊断过程和治疗过程规范，且将药物的主要成分、化学结构式、分子式、分子量与药代动力学等弄得清清楚楚，后学学起来就相对容易许多，因此，西医人才不但可大量培养，而且很多学西医的人在年轻的时候就已精通相关医理或医术了。②用词多歧义，没有明确界说。如宋明理学家之所以会发生理欲之争，原因之一就是他们没有对理、欲和人欲三词作一清楚的界定，进而导致许多“鸡跟鸭讲”式的无谓争论。[①] ③立辞多独断，缺乏详细的论证。[②] 古人在论说其思想时多采取“下定义”的做法，即多只将结论直接说出来，至于得出此结论的缘由或过程却多加省略或存而不论，如《论语》和《老子》之类的著作多是如此。因此，中国一些经典古籍喜欢用的体裁是语录体或格言体，如《老子》、《论语》、《二程集》、《朱子语类》和《传习录》等皆是如此。这导致中国传统思想至少从外在形式上看，缺乏严密的论证和逻辑体系（这样说，并不是否认中国传统思想从实质上看有一个较完整的体系）。④与英语等西方语种相比，中文里的名词完全没有语法形态上的变化，它们完全不受“性”或“格”的限制；中文里的形容词没有比较级的变化，动词也没有“语态”、“语气”、“时态”、“单复数”和“人称”的变化，就连名词、动词、形容词本身之间也没有明确的区别，很多字都可以不加区别地用作名词、动词或形容词。我们这样说，并不是在抱怨汉语不能用来传递人类的思想与情感，也不是说人类思想情感中存在一片广阔的领域，假若用汉语，是相当困难甚至不可能表达清楚的，而只是认为，这样建构起来的一种语言在一定程度上具有“模糊性”或“含蓄性”的特点[③]，使得中国人在彼此交流的时候，往往要“听话听音”，否则，你就难以领会对方真实的想法。由此可见，中国人缺少分析思维，致使模糊思维成为中国传统思维方式的一大不足。

（三）少主客二分式思维

中国人过于重视整体思维，还使中国人的思维方式出现了另一个不足之处：缺少主客二分式思维传统，由此导致中国传统文化里缺少“科学的精神”。这在前文已有论述，这里不多讲。只补充两点：

一是，中国人的思维方式缺少主客二分式思维传统的一个具体例证明显地体现在“气”这个重要术语上。一是，中国人思维方式少主客二分式思维传统的一个具体例证明显地体现在“气”这个重要术语上。“气”本写作“炁”，“无火”谓之“气”。什么是“火”？淫欲、情欲、躁动的意念都是火。没有了这些燥火（等于中医书上所说的相火）元气大定（君火正位），渐渐便可引发固有生命的气机（真气）。[④] 后代通用的气字写作“氣”，从道家与中医的观念看，这是人们吃米谷之后而有生命呼吸作用

---

① 汪凤炎．从心理学角度析理学中的理欲辨．心理科学，1999（2）：183～184.

② 张岱年，成中英等．中国思维偏向．北京：中国社会科学出版社，1991. 13～14.

③ ［美］明恩溥．中国人的特性．匡雁鹏译．北京：光明日报出版社，1998. 72～73.

④ 南怀瑾．静坐修道与长生不老（第三版）．上海：复旦大学出版社，2004. 517.

的“气”。①这表明，在中国传统文化里，“炁”与现代物理学意义上的“气”的含义不尽相同，一般指构成人体及维持生命活动的最根本、最微细的物质，同时也兼有生理机能与精神面貌的含义。一般指构成人体及维持生命活动的最根本、最细微的物质，同时也兼有生理机能与精神面貌的含义。与此类似的是，在中国传统哲学里，“气”常常既是一个物质概念，又是一个精神概念。孟子在《公孙丑上》里说：“夫志，气之帅也；气，体之充也。”此种“气”实主要是一种物质之气；孟子说做人必须“善养吾浩然之气”，而“浩然之气”，“其为气也，至大至刚，以直养而无害，则塞于天地之间”，此种“气”实为一种高尚的道德情操，即善行。可见，在中国传统文化里，“气”是一个打通物质世界与精神或心理世界的概念，这在有着主客二分式思维和习惯“排中律”的西方学人看来是不可思议的。

二是，在柏拉图之前的一些西方先哲也有类似于中国的“天人合一”的整体观，不过，在发展过程中，逐渐被“主客二分”式思维所取代。柏拉图首先提出了“主客二分”的思想，15 世纪下半叶以后，西方的自然科学进入对自然界进行分门别类的研究、对事物进行分析解剖的阶段，主要采用以观察与实验为基础的归纳法和数学演绎法，从定向走向定量，从宏观走向微观。分析思维明确区分主体与客体、人与自然、精神与物质、思维与存在、灵魂与肉体、现象与本质，进而将两者分离、对立起来，分别对这个二元世界作深入的分析。这种思维方式虽有孤立、片面、静止研究事物的毛病，却比朴素的整体思维要进步得多，从而在几个世纪内促进了西方科学的发展。②

（四）少逻辑思维

逻辑思维，亦被称为“抽象思维”或“概念思维”，是指人们在认识过程中借助概念、判断、推理反映现实的过程。它和形象思维不同，是以抽象出事物的特征、本质而形成概念为其特征。③ 西方传统思维注重科学、理性，重视分析、实证，因而也必然借助逻辑思维，在论证推演中认识事物的本质与规律。亚里士多德创立了形式逻辑体系，提出了形式逻辑的三大基本规律：同一律、矛盾律与排中律；研究论证了三大要素：概念、判断和推理；提出了归纳法和演绎法两种方法，尤其是创立了演绎推理的三段论（大前提、小前提、结论）以及整个形式逻辑体系，使逻辑性成为西方思维方式的一大特征，对人类思维产生了深远的影响。其中，推理、归纳法与演绎法等在第一章已有详述，这里仅简要阐述同一律、矛盾律与排中律。

同一律，指在同一思维过程中，任何一种思想与其自身是同一的。它要求每个词项（概念）、命题（判断）在同一思维过程中必须具有确定的内容，保持思维的确定性；否则，就会犯“偷换概念”和“偷换命题”等逻辑错误。同一律的公式是：“A 是 A”或“A 等于 A”。④

矛盾律，指在同一思维过程中，一个命题及其否定不能同时都是真的。它要求同一主体（个人或集体）在同一时间、同一关系下对同一对象不能作出互相否定的判断。即

① 南怀瑾．静坐修道与长生不老（第三版）．上海：复旦大学出版社，2004. 544.

② 张岱年，成中英等．中国思维偏向．北京：中国社会科学出版社，1991. 223 ~ 224.

③ 夏征农，陈至立主编．辞海（第六版彩图本）．上海：上海辞书出版社，2009. 1486.

④ 夏征农，陈至立主编．辞海（第六版缩印本）．上海：上海辞书出版社，2010. 1888.

不能既肯定某对象是什么，又断定某对象不是什么。例如，不能既说“鸟是动物”，同时又说“鸟不是动物”。这两个彼此相反的判断不能同时都正确，其中至少有一个是假的。遵守矛盾律能使思维具有一贯性和不矛盾性；否则，就会犯“自相矛盾”的逻辑错误。所以，矛盾律的公式是：“A 不是非 A”或“A 不能既是 B 又不是 B”。① 例如，亚里士多德曾说：“从高处落下物体，物体的自由落体速度和重量成正比。”这个观点直到1 000年后才被当时年仅 26 岁的伽利略所怀疑。伽利略运用矛盾律分析亚里士多德的上述观点，发现它是自相矛盾的，思考过程如下：

第一步：现有 A、B 两种物体，其中 A 比 B 重得多。

第二步：如果 A、B 两种物体同时从高处掉下，根据亚里士多德的理论，那么，A 比 B 先落地。

结果真的是这样吗？不妨设想一下，将 A 与 B 两种物体绑在一起，然后再将它们从高处丢下，此时的结果会怎样？

结果一：绑在一起的 A、B 要比 A 单独下落慢。因为 B 比 A 轻，所以，将 B 与 A 绑在一起，就会减慢 A 的速度。换言之，A + B 比 A 后落地。

结果二：绑在一起的 A、B 要比 A 单独下落快。因为 A 和 B 绑在一起，“A + B”的重量一定比 A 的重量大，所以，将 A 与 B 绑在一起，就会快于 A 的速度。换言之，A + B 比 A 先落地。

这样，同一个事实便出现了两个矛盾的判断，这显然是说不通的。于是，伽利略便将亚里士多德的上述观点修改为：“物体从高处下落，无论重量的大小，都是同时落地的。”②

排中律，指在同一思维过程中，两个相互矛盾的命题不能同时都是假的。它要求必须在两个相互矛盾的思想中有所肯定，即对 A 与非 A 不能都加以否定，而须承认其中必有一真。遵守排中律能使思维消除不确定性；否则，就会犯“模棱两可”或“两不可”的逻辑错误。排中律的公式是：“A 或非 A”或“A 是 B 或 A 不是 B”。③

中国传统思维强调直觉，喜欢笼统素朴的整体性与蒙胧猜测的模糊性，这之中虽蕴含系统思维的萌芽，但也有致命的缺陷：少逻辑思维的传统。这并不是说，逻辑思维在中国古代无迹可寻。事实上，先秦时期本有很重视逻辑、类似于今天的逻辑学的“名学”，可惜的是，因名学不合中国文化的主流，到秦汉以后便中绝了，致使中国传统文化里缺少“逻辑”这门学问，中国人的逻辑思维也没有获得充分的发展。这主要体现在以下几个方面：第一，缺少关于思维形式与论证方法的系统完整的理论。即便像《墨辩》这样较纯粹的逻辑著作，也未能形成完整的逻辑推理演绎系统与方法论体系，与此情形不同的是，亚里士多德的《工具论》至今仍是逻辑学的权威著作。第二，中国传统的逻辑思维形式常常和伦理规范、政治上的刑名法术思想紧密联系在一起，并从属于伦理与

---

① 夏征农，陈至立主编．辞海（第六版缩印本）．上海：上海辞书出版社，2010. 1272.

② 佚名．神秘的“矛盾律”．少年科普世界：快乐数学 4 ~ 6 年级版，2012（10）：8 ~ 9.

③ 夏征农，陈至立主编．辞海（第六版缩印本）．上海：上海辞书出版社，2010. 1406.

政治，从而削弱了对逻辑思维形式的探索。第三，即便是先秦的名学，其研究兴趣多集中在对某些概念、命题的争论上，像“白马非马”、“离坚白”之类；同时，在阐明自己的逻辑观点与方法时，仍采取“设象喻理”的方式，用生活故事或文艺形式等形象思维来代替逻辑思维；再加上秦汉之后名学中绝，而后来随佛教传入的印度因明学虽也是一种形式逻辑，并且较有系统性，可惜当时传习的范围仅限于治佛学的人，一般人不太了解它，这就导致中国的逻辑思维没有走上公理化、形式化的发展道路。由于中国传统思维里缺少逻辑思维，对于一种意见、一个观点或一个结论的确认与表达，中国人只好通过“设想喻理”或直接“下定义”等方式来实现，不像西方学者那样是通过逻辑推理、通过理论体系的完善来达到的。① 中国古代形式逻辑不发达，这与中国传统文化重视经验、辩证思维、直觉和实际效用的特点有关（详见上文）。除此之外，古代中国人受圣人观念和封建主义制度束缚较为严重也是一个重要原因。在中国古代，圣人观念和封建制度是天经地义的，以往历史的正、反两方面的经验都可作为它的注脚，假若一个人从这些经验中得出相反的结论，那就是他的论证方法不对。概而言之，就是逻辑方法必须服从于政治伦理。这种思想在儒家那里表现得尤为突出。如《荀子·非相》说：“凡言不合先王，不顺礼义，谓之奸言，虽辩，君子不听。”这就以政治的逻辑代替了思维的形式逻辑。由于先哲一向将政治逻辑放在首位，因此，思维的形式逻辑问题也就很少被独立出来加以研究。②

（五）少独立思维、批判性思维和创新思维

中国人多有崇尚权威的思维习惯，对前人尤其是先贤的观点多采取不加批判地“全盘接受”的态度，这使得许多中国人缺少独立思维和批判性思维，进而导致中国人少创新性思维。这并不是说，中国一向没有独立思维和批判思维的传统。事实上，《孟子·尽心下》就曾说：“尽信《书》，则不如无《书》。”遗憾的是，随着封建专制的加强，这种批判意识、怀疑精神或批判思维随后未受到人们的重视。

三、对当代中国人培育完善的思维方式的启示

当今国家与国家之间的竞争，是科学的竞争，是技术的竞争，是教育的竞争，但归根到底，还是人才的竞争。要培养一个人成才，一个关键因素是培养其科学的思维方式。提高中华民族的思维水平，改变中华民族思维方式里因循守旧的保守心理与恪守常规的落后心理，继承中华民族思维里的积极因素，是关系到启蒙愚昧、解放思想的重要方面。③ 在指出中国人的思维方式的特点与不足之后，今后中国人若想发展出健全的思维方式，可以从中得到哪些启示呢？对于这个问题，本书的看法是：除了前文已点出的经验与教训外（如必须继续弘扬中庸思维和辩证思维，进一步完善实用思维等），还须做到以下几点：

---

① 张岱年，成中英等．中国思维偏向．北京：中国社会科学出版社，1991. 89.

② 张岱年，成中英等．中国思维偏向．北京：中国社会科学出版社，1991. 91.

③ 钱学森主编．关于思维科学．上海：上海人民出版社，1986. 4 ~ 5.

（一）整体思维与分析思维要兼顾

整体思维虽然有助于先哲们从整体上把握自己的研究对象，并使先哲们形成了用“事物是普遍联系的”的观点来看待世界的习惯，但是，毋庸讳言的是，中国传统的整体思维在没有经过对事物进行科学的“分解”，没有对事物的细节进行精确研究之前，只凭直觉大谈事物的整体性，这种缺少分析思维的整体思维带有明显的不足：思维方式虽重视对事物作质的探讨，但轻视对事物作定量的分析；习惯于用“宏大叙事”的方式描述事物，并且在描述事物的过程中常常带有蒙胧的猜测成分，不求准确清晰，往往具有不确定性与多义性的特点；在方法上，讲究“设象喻理”、“刻意神似”，而疏于推理。这种整体思维方式只能给人提供关于事物的模糊的整体图景。如关于宇宙的起源问题，《老子·二十五章》说：

有物混成，先天地生。寂兮寥兮，独立而不改，周行而不殆，可以为天地母。吾不知其名，强字之曰“道”，强为之名曰“大”。[①]

此种带臆想与猜测成分的话语，让人初读觉得很有道理，细想却不着边际，从而给后人留下了无尽的“发挥”或“想象”的空间。不但像宇宙起源之类的“大问题”是如此，就是对待一些具体问题，中国先哲也多用“设象喻理”的方法予以模糊阐述。如对于形与神的关系问题，《嵇中散集·养生论一首》说：“精神之于形骸，犹国之有君也。”这种论述，虽形象而易理解，但理论上并不深刻，表述上只是一种比喻，缺少令人信服的逻辑依据。[②] 与中国人重整体思维刚好相反，西方人强调用分析（analytic）的方式处理问题，强调事物自身的特性。这并不是说中国人不重分析，而是说，因为中国人将世界看成是由交织在一起的事物组成的整体，所以，他们总是试图在这种复杂性之中去认识事物，对事物的分析也不仅仅局限于事物本身，而是包括它所处的背景和环境；在处理人事时，也是如此，如中国人在评价他人的时候往往将一个人与其生活背景、家庭出身以及他成长与生活的环境联系起来，而不是从他本身所具有的特性去评价与衡量。与中国人不同的是，继承古希腊精神的西方人则认为世界是由无数个可以被看成是个体的事物所组成的，每一个个体都有自己的特性，可以从整体里单独分离出来，这使得集中注意力于某一个体、分析它所具有的特性并控制其行为成为可能。于是，在处理客体时，西方人常常会将该客体从背景里分离出来，并着重分析客体本身的特性，而不是将分析的重点放在它与其他事物的联系之上；在处理人事时，西方人首先强调个人本身所具有的特性的作用。在一项研究里，Morris 与彭凯平等人分析了美国的中文报纸与英文报纸对卢岗和 Mcllvane（美国一投递公司职员，因为失业而枪杀上司）杀人事件的报道倾向，发现中文报道更多地强调环境因素对此二人行为的影响，而英文报纸更多地强调个人内在特征的作用。又如，早在 1962 年，李约瑟就发现了在科学发展史上有一个特殊的现象：中国人对“场”（field）与“远程作用力”（action at a distance）等概念的了解要比

① 陈鼓应. 老子注译及评介（修订增补本）. 北京：中华书局，2009. 159.

② 荣开明等. 现代思维方式探略. 武汉：华中理工大学出版社，1989. 124～125.

西方人早两千年，不过，与此有关的现代电磁学却是由后者最早提出来的。为什么会这样呢？彭凯平等人认为这种现象的产生可能与东西方人的思维方式有关。虽然物体之间存在着普遍的相互作用，但在一定条件下对这些作用力进行分解是可能的，西方人的思维方式使得他们做到了这一点，所以建立起电磁学等新的学科；中国人总是相信事物之间影响的不可分割性，因此，虽然早就认识到了这种现象，却与新的科学擦肩而过。① 由此可见，整体思维与分析思维各有长处与不足。当代中国人的思维方式要想获得健全的发展，一个合理的路径应是：结合整体思维与分析思维的长处，而摒弃二者的短处，这样才能使中国人的思维方式达到一个新的境界——在认识事物的各个细节的基础上，再对事物作全面、系统的把握。打个不恰当的比方，假若说西医具有“头痛医头，脚痛医脚”的特点的话，中医就具有“头痛医脚”的特点。“头痛医头，脚痛医脚”的西医的长处在于看病或治病具有很强的针对性、准确性，往往能收到“立竿见影”的效果，不过，西医治病也有“治标不治本”之嫌；“头痛医脚”的中医虽有模糊性的特点，导致中医治病的效果有时来得缓慢一些，但有“标本兼治”的良好效果。因此，现在有一些人相信：若是寻找病因或是看急病，最好用西医；若是看慢性病，最好看中医。如此做，方能充分享受到中西医的好处。所以，中西医今后若想取得长足的进步，都需扬己之长，又借对方的长处而补己所短。就中医而言，若想走向世界，现在亟须解决的问题至少有两点：一是精确揭示出中医看病与治病的原理（像经络学与阴阳学）的科学依据之所在，而不仅仅是“凭经验”给人看病与治病（虽然经验丰富的老中医这样做往往也很有效，但总让人觉得有点“玄”）；二是宜将中药的药理成分分析清楚，然后依科学的制药方法，制成成分合理的中成药，免得患者吃药时要大碗喝中药。

（二）模糊思维与精确思维要兼顾

模糊思维是指思维中关于对象的类属边界及其性态的不清晰、不确定的一种思维方式，或者说是指思维中关于客观事物相互联系与相互过渡时所显示出来的“亦此亦彼”的思维现象。它表明思维主体对思维对象的量的规定或质的规定不甚明晰。像日常生活或小说里描述人的长相的“浓眉大眼”一语，“浓眉”到底浓到什么程度，眉毛的准确数量是多少根，“大眼”大到什么程度，眼睛的长与宽分别是多少厘米，这些量的规定都是不确定的、模糊的。模糊思维存在的依据主要有以下几个方面：

（1）就思维对象而言，客观世界里存在的许多事物，其本身的分界线是模糊的。如在自然界，有鳃、能生活在水里的是鱼类，有肺、能生活在陆地上的是爬行类，但青蛙等两栖类既能生活在水里，也能在陆地上生活。在人类社会，也有很多事情是无法精确量化的。马克思和恩格斯在《共产党宣言》里评价资产阶级时说：“资产阶级争得自己的阶级统治地位还不到一百年，它所造成的生产力却比过去世世代代总共造成的生产力还要大、还要多。”② 但到底大多少，多多少，没有人知道，只是一个模糊的评价。客观世界里事物出现的模糊性，是由客观事物联系的普遍性与运动的绝对性所决定的。任何

---

① 侯玉波，朱滢．文化对中国人思维方式的影响．心理学报，2002（1）：108～109.

② ［德］马克思，［德］恩格斯．马克思恩格斯全集（第四卷）．中共中央马克思恩格斯列宁斯大林著作编译局译．北京：人民出版社，1958. 471.

事物都是处于普遍联系之中、处于不断运动之中的。事物在某一瞬间既是它自己，又不是它自己。当人们孤立地、静止地看待某一事物时，事物的界限是分明的；当人们用联系的、发展的眼光看待事物时，事物的界限是模糊的。正如恩格斯所说："一切差异都在中间阶段融合，一切对立都经过中间环节而互相过渡。"①

（2）就思维主体而言，作为思维主体的人，其认识能力带有一定的模糊性。如耳朵能听到一定范围内的声音，超过了此范围就听不清楚或模糊。眼睛只能看到一定范围内的事物，超过了此范围就看不清楚或模糊。不但听觉与视觉如此，人的其他感知觉如嗅觉和味觉等也是如此。人的感性认识是如此，以此为基础的思维也就不可能时时精确了。

（3）就思维的中介而言，无论是诸如显微镜和望远镜之类的硬件还是语言之类的软件，都有一定的模糊性，特别是作为思维的物质外壳的语言更是如此，这表现在：某些语言像"美丽的田野"之类没有明确的内容，某些语言如"较多"之类是模糊的定量，某些语言像"大概"之类是表示概率的。而任何一种思维活动都是由思维主体、思维对象和思维中介等三个基本要素组成的，既然这三个要素在实际上有模糊的一面，模糊思维也就应运而生了。

精确思维是指思维中关于对象的类属边界及其性态的清晰的、确定的一种思维方式。在思维活动中，假若思维对象的量的规定或质的规定非常确定，是此就一定不是彼，反之亦然，那么，这种思维就是精确思维。如光的速度可以精确地用 3×10^5 千米/秒来表示。

既然从主客观方面的因素看，模糊思维和精确思维都有存在的必要，且都有各自的长处与不足，那么，从总体上看，当代乃至未来的中国人就必须二者兼顾，不能偏执一端，只有这样做才能使自己的思维方式更加完善。② 同时，对于那些已习惯使用模糊思维的人而言，若想提高自己思维的精度，一定要限制模糊思维的应用范围，不可滥用。

（三）双主体融通式思维与主客二分式思维要兼顾

西方传统思维方式的主要特点是强调主客体相分离、相对立，所以西方人提倡理性分析思维和喜用机械决定论的整体思维等。而中国传统思维方式的主要特点是强调主体与客体、人与自然的和谐统一；就其基本模式及其方法而言，是经验综合型的整体思维和辩证思维；就其基本程序和定势而言，则是意向性直觉、意象思维和主体内向思维；提倡对感性经验作抽象的整体把握，而不是对经验事实作具体概念分析；提倡一种有机循环论的整体思维，等等。③ 这两种思维方式应用于心理学研究，应该说各有优缺点：西方主客二分式的思维方式，尽管对西方偏重于自然科学倾向的心理学思想的发展、心理学的独立以及心理学研究的精确化和科学化均起到了一定的促进作用，但它也有不足之处，即容易将人（主体）与人（主体）的关系降为人（主体）与物（客体）的关系，这极易导致"人性"在心理学研究中的丧失。曾风靡西方心理学界长达半个世纪之久的行为主义，在其研究中一直将人等同于小白鼠或机器，这不能不说与这种思维方式有一

① ［德］马克思，［德］恩格斯．马克思恩格斯全集（第三卷）．中共中央马克思恩格斯列宁斯大林著作编译局译．北京：人民出版社，1958. 535.

② 荣开明等．现代思维方式探略．武汉：华中理工大学出版社，1989. 159 ~ 196.

③ 蒙培元．中国哲学主体思维．北京：人民出版社，1993. 183 ~ 196.

定的关系。中国天人合一式的传统思维方式，尽管容易将人（主体）与人（主体）的关系类推到人（主体）与物（客体）的关系上，不利于心理学研究的精确化和科学化，导致中国古代的生理心理学思想和实验心理学思想的相对贫乏，但这种思维方式也有长处，即对偏重于社会科学倾向的心理学思想的发展是有利的。由此可见，西方主客二分式思维的不足之处，恰恰是中国传统双主体融通式思维的长处所在。因此，当代乃至未来的中国人若想自己的思维方式能得到健全的发展，最好应做到兼顾中国固有的双主体融通式思维和西方主客二分式思维的长处。就心理学研究者培养而言，假若果真能做到这点，或许就能造就兼具中国思维方式和西方思维方式之长的心理学研究者，这样，或许也就能把目前的科学主义传统的心理学与人文主义传统的心理学统一起来，这将是世界的心理学发展之大幸！

（四）训练逻辑思维和形象思维与培育直觉要兼顾

逻辑思维与直觉思维是人类思维中普遍存在的两种形态，但二者之间有较大差异：第一，逻辑思维靠概念系统进行，没有概念逻辑思维就无法进行；直觉思维往往要抛弃概念，直接面对事物，直接诉诸心灵。第二，逻辑思维追求形式性、规律性、严密性，否则，逻辑就不成其逻辑，逻辑就失去了它的力量；直觉思维一般不经过逻辑推理，以其突然性与穿透性见长，它往往直接透过事物的现象而直达事物的本质，且往往不能预期，只能巧合。第三，逻辑思维的推理一般环环相扣，等级转换，具有较强的可操作性，也往往有颇强的说服力；直觉思维是顿悟式的思维，它虽能直达事物的本质并让人获得正确的解答，但往往不能向人呈现出其清晰的思维过程，操作性不强。第四，逻辑思维靠一环扣一环的推理来展现自己，其思维轨迹往往是线式的；直觉是在对一个事物的直观感悟中完成的，其思维轨迹一般是跳跃式的。① 中国先人重视直觉思维的重要作用，这有一定的合理之处；不过，只是一味强调直觉，强调受教育者要在践履中去体验与顿悟，强调一个人“触心”要能“警悟”（王夫之语），以致忽视逻辑思维，这又有一定的偏颇，使得中国古代的教育带有一定的神秘性，难以“操作”，易流于“空泛”。而西方人擅长逻辑思维，善于从已知的粗线起点，依照逻辑的规律，慢慢以直线方式进入未知领域里。爱因斯坦曾说：“西方科学的发展以两个伟大的成就为基础，那就是：希腊哲学家发明形式逻辑体系（在欧几里得几何学之中），以及通过系统的实验发现有可能找出因果关系（在文艺复兴时期）。在我看来，中国贤哲没有走上这两步，那是用不着惊奇的，令人惊奇的倒是这些发现（在中国）全都做出来了。”② 为了继承中国传统思维方式的精华，克服其不足之处，今天的中国人就要做到既重视培育个体的直觉能力，又重视训练个体的逻辑思维能力，不能偏执一端。因为直觉思维和逻辑思维同是人类认识世界的两种重要的思维方式，直觉思维的长处在于可以让人在瞬间“恍然大悟”，从而认识到事物的本质与规律，省去了中间环节，是一种高效率认识事物与解决问题的思维方式。例如，1905 年，在瑞士伯尔尼专利局任小职员的 26 岁的爱因斯坦写了一篇博士论文，给德国最有声望的杂志《物理学纪事》提交了 4 篇论文，还发表了 10 篇书评。这些论文包括

① 刘承华．文化与人格　对中西文化差异的一次比较．合肥：中国科学技术大学出版社，2002. 72.

② ［德］爱因斯坦．爱因斯坦文集（第一卷）．许良英等编译．北京：商务印书馆，1976. 574.

现代物理学中三项伟大的成就：分子运动论、狭义相对论和光量子假说，彻底改变了物理学的面貌，成为划时代的文献。其中一篇关于光电效应的论文为他赢得了1921年的诺贝尔物理学奖。而实际上，爱因斯坦1905年的工作至少配得上3个诺贝尔物理学奖。因此，1905年被世人称为“爱因斯坦奇迹年”，100年后的2005年，有许多国家像美国和德国等都为爱因斯坦举行了隆重的纪念活动。是什么造就了“爱因斯坦奇迹年”呢？仅靠勤奋工作、摆脱世俗缠绕，爱因斯坦就能作出革命性的贡献吗？从根本上说，他对自然现象有着孩童般的直觉和惊人的洞察力。在他看来，如果收集资料就能得出科学理论，那就像是说把石头堆起来就是房子一样。科学家如果不去分析日常思维的本质问题，他就不能开展研究。[①] 当然，直觉思维也有不足：一般只有智商较高的人才易产生直觉；同时，直觉产生的偶然性太强，效果难以保证。逻辑思维的长处在于可以对事物进行严格的科学推理，能有效地认识事物的本质与规律，并且结论可靠，不足之处在于中间环节较多，难以获得瞬时效果。只有将这两种思维方式有机结合起来，才能使自己的思维更加完善。

同时，形象思维与逻辑思维不是互相排斥的，而是相辅相成的。由此可见，对于一个想成为智慧之人的人而言，逻辑思维、形象思维或良好直觉至少要拥有一个，若能兼顾三者更佳。

（五）大力培养独立思维、批判性思维和创新思维

古代中国人在长期的封建专制和小农经济条件下形成了权威思维，此种思维有一个根本的弱点：以历史上权威人物的言论为标尺来衡量与限制现在和未来，以使现在与未来按照历史的样式再现或重复，从而束缚了中国人的思维，使得一些人难以接受新事物，更谈不上去积极发现新事物，总结新经验。[②] 新中国成立以后，在一段时间内，“个人崇拜”风盛行，再加上“以法治国”的意识尚未树立以及法律制度未能真正建立起来，因此，权威思维仍颇为流行。例如，据2011年6月12日晚上中国香港凤凰卫视《我的中国心》栏目对黄万里的报道，为了论证修建三门峡水利工程的可行性，1957年6月水利部在北京饭店召集了包括苏联水利专家和中国水利专家在内的70名专家参加高级别学术讨论会，讨论苏联专家的方案。在几乎众口一词的赞美声中，只有黄万里一人反对修建三门峡水利工程，认为一旦修建三门峡水利工程，将因泥沙淤积问题无法解决而给关中平原乃至西安带来巨大难题；若一定要修建三门峡水利工程，一定要预留至少3个排沙孔，不能将其全部堵塞。但令人遗憾的是，黄万里的真知灼见因与苏联水利专家的观点相左，最终没有被水利部采纳。结果，三门峡水利工程于1960年建成，在随后仅一年多的时间里，黄万里所预言的灾难就被一一证实了：库区内泥沙淤积成灾，潼关河床抬高了4.5米，泥沙淤积向上游延伸，“翘尾巴”已直接威胁西北经济中心西安，关中平原地下水位上升，“八百里秦川”的大片土地出现盐碱化和沼泽化。为了消除三门峡水利工程所带来的上述负面影响，水利部在1964年对三门峡大坝进行了第一次改建，在黄河两岸挖凿两条隧洞，铺设四条管道，泄水排沙，即实施“两洞四管”方案；在1969年对三

---

① 柳燧. 1905年的奇迹. 读者，2005（9）：21.

② 荣开明等. 现代思维方式探略. 武汉：华中理工大学出版社，1989. 24.

门峡大坝进行了第二次改建，将原坝底的 8 个排水孔全部炸开。黄万里曾于 12 年前（即 1957 年）坚决请求"切勿堵死，以备它年泄水排沙起减缓淤积的作用"的泄水孔，后来水利部却仍然按苏联设计的方案用混凝土死死堵上了。而此时为了将它们一一重新打通，付出的是每个孔 1 000 万元人民币的代价。在此个案中，在论证修建三门峡水利工程的可行性时，除黄万里外，与会的一些中国水利专家之所以对苏联专家的方案发出众口一词的赞美声，重要原因之一就是缺乏挑战权威的勇气，导致最终丧失了独立思维，并作出了错误的判断。此个案从反面证明，独立思维是生成其他良好思维的前提，没有独立思维，其他任何良好思维方式的养成或保持都无从谈及。由此可见，坚持独立思维在成就智慧和建设国家的过程中尤为重要！因此，当代中国人的思维方式若想得到健全发展，还须大力发展独立思考和独立判断的能力，大力培养独立思维、批判性思维和创新思维。

1. 大力培养独立思维

何谓独立思维？据 2009 年版《辞海》解释，"独立"有"不依靠其他事物而存在；不依靠他人而自立"与"谓国家、民族或政权不受外族统治、支配"[①]之义。据《新华字典》（第十版）解释，"独立"有"自立自主，不受人支配"[②]之义。相应地，所谓独立思维，是指个体自立自主的思维，其思维方式与思维的内容等均不受他人或外在力量所支配。只有通过教育，帮助个体逐渐养成独立思维而不是权威思维的思维方式，才能让个体在遇到复杂问题时作出独立自主的判断，不跟风、不盲从，这样才会让个体变得越来越有智慧。正由于独立思维是生成其他良好思维的前提，所以，爱因斯坦说得好："发展独立思考和独立判断的一般能力，应当始终被放在首位，而不应当把获得专业知识放在首位。如果一个人掌握了他的学科的基础理论，并且学会了独立地思考和工作，他必定会找到他自己的道路，而且比起那种主要以获得细节知识为其培训内容的人来，他一定会更好地适应进步和变化。"[③] 在为王国维先生写的纪念碑铭文里，陈寅恪也说："先生之著述，或有时而不章。先生之学说，或有时而可商。唯此独立之精神，自由之思想，历千万祀，与天壤而同久，共三光而永光。"陈寅恪特别强调"独立之精神，自由之思想"的重要性；并且，他自己一生奉之为做人的信条，终生实践之，最终在品德与学问两方面均达到高深的境界，令后人景仰！因此，当代中国人要认真体会爱因斯坦和陈寅恪的上述名言，认识到独立思维的重要性，逐渐学会并善用独立思维。

2. 大力培养批判性思维

（1）什么是批判性思维？

根据美国学者恩尼斯（Ennis R.）等人的研究，批判性思维（Critical thinking）指为决定相信什么或者做什么而作出合理反省与决定的思维。[④] 此定义现为多数人所接受。例如，谷振诣与刘壮虎所著的《批判性思维教程》里，对批判性思维的定义就是用了这个观点。[⑤] 从实质上说，批判性思维就是提出恰当的问题和作出合理论证的能力。[⑥] 因此，

---

① 夏征农，陈至立主编．辞海（第六版彩图本）．上海：上海辞书出版社，2009. 505.

② 新华字典（第十版）．北京：商务印书馆．2004. 106.

③ ［德］爱因斯坦．爱因斯坦文集（第三卷）．许良英等编译．北京：商务印书馆，1979. 147.

④ Ennis，R，Critical thinking：A Streamlined Conception. *Teaching Philosophy*. 1991，14（1）：p. 6.

⑤ 谷振诣，刘壮虎．批判性思维教程．北京：北京大学出版社，2006. 1.

⑥ 谷振诣，刘壮虎．批判性思维教程．北京：北京大学出版社，2006. 2.

拥有良好的批判性思维的人不但不易被各类无事实根据的假说或观点迷惑心智，而且还善于发现各类无事实根据的假说或观点中存在的破绽，从而能有效抵制、消除各种缺乏事实依据的假说或观点的不良影响。正由于此，批判性思维往往与独立思维有相统一的地方，一个拥有良好的批判性思维的人往往是一个善于进行独立思考的人。同时，由于构成批判性思维的基本要素是断言（claims）、论题（issues）和论证（arguments），所以，识别、分析和评价这些构成要素是批判性思维的关键。[①] 其中，“断言”指表达意见或信念。它有“真”有“假”。“论证”指由断言按一定结构形成的两个部分，其中一部分（前提）为另一部分（结论）的真提供理由。“论题”指因探究问题而提出的断言。[②]当然，要正确认识和运用批判性思维，还需消除如下两个误解：

第一，批判性思维是一种否定性思维。

有人认为批判性思维是一种否定性思维，它本质上是去发现事物的缺陷或弱点，却不必提供建设性意见。这是对批判性思维的一个误解或误用。虽然在现实生活中，有些学人更习惯将批判性思维作为一种否定性思维来运用，将批判性思维等同于“批评”，但是，究其本质，完整的批判性思维是肯定性思维和否定性思维的有机统一：一方面，批判性思维常常呈现出一种否定性思维的样式，因为它要通过批判来准确指出某个想法或事物中存在的不合理之处，以便让人明白某个想法或事物的错误或不足。另一方面，批判性思维又必须呈现出一种肯定性思维的样式，因为它也必须准确指出某个想法或事物中存在的优点或闪光之处；或者，在破除一个错误想法的同时，也要提出一个正确的见解，即要做到“有破有立”，而不能“只破不立”。正所谓：“世有伯乐，然后有千里马；千里马常有，而伯乐不常有。”伯乐采用的是批判性思维，他不仅要具备淘汰劣质马的能力，也要具备挑选千里马的能力。[③]

由此可见，批判性思维与辩证思维往往既有相统一的地方，又不能完全相等。批判性思维与辩证思维的共通之处是：二者都重视反省事物的优缺点。批判性思维与辩证思维的相异之处是：如果说辩证思维重在思考事物当中所蕴含的矛盾双方存在的相互冲突、相互转化、和谐共生的复杂关系，以此求得整体系统的动态平衡，那么，批判性思维的重点便放在提出恰当的问题和作出合理论证的能力上。从这个角度看，假若个体在思考问题时，善于剖析、发现事物中存在的优缺点，那么，他就具有良好的批判性思维；在此基础上，如果个体善于思考事物优缺点之间存在的相互冲突、相互转化、和谐共生的复杂关系，那么，他又具有良好的辩证思维。

第二，批判性思维只指向他人或他物，不指向自身。

有人认为批判性思维只指向他人或他物，不指向自身。这是对批判性思维的又一个误解或误用。在现实生活中，由于“当局者迷，旁观者清”，再加上“自尊的需要”等因素的影响，一个人指出他人或他物的优缺点比较容易，但反省并指出自身的优点比较困难，反省并指出自身的缺点就更困难。虽然如此，但是，完整的批判性思维是批判自身与批判他人、他物的有机统一。换言之，无论是自己还是他人、他物，我们都应时时

---

① ［美］摩尔，帕克．批判性思维：带你走出思维的误区．朱素梅译．北京：机械工业出版社，2012. 6.

② ［美］摩尔，帕克．批判性思维：带你走出思维的误区．朱素梅译．北京：机械工业出版社，2012. 21.

③ 谷振诣，刘壮虎．批判性思维教程．北京：北京大学出版社，2006. 3.

对其进行批判性思考，及时从中发现各自的优缺点，以便做到“人为我用”、“物为我用”。至于如何对自身的思维进行批判、反省，下文有专门探讨，这里不多讲。

（2）如何培养批判性思维？

第一，要引导个体树立深思熟虑的思考意识与态度，尤其是要树立理智的怀疑和反思精神，这是培养批判性思维的开端。① 在现实生活中，缺乏批判性思维的意识和理智的怀疑与反思精神，是使一些人丧失批判性思维的重要心因。②

第二，要帮助个体养成清晰性、相关性、一致性、正当性和预见性等良好的思维品质，这是培养批判性思维的基础。③ 其中，“清晰性”是为了摆脱思维混乱，因此，“清晰性”意味着思考问题要“有层次”、“有条理”以及“能清楚、准确地使用概念和语言”。④“相关性”是为了避免思维的毫无目的性以及让思维摆脱情感纠缠，所以，“相关性”意味着“围绕手中的问题进行思考”与“在思考问题时一般要诉诸逻辑推理，有时也用直觉，但不能诉诸情感心理”。⑤ “一致性”是为了避免在思维过程中出现自相矛盾。⑥“正当性”是为了消除不可靠的观点、想法或信念的干扰，所以，“正当性”就意味着“要使用真实可信且数量足够的证据、并遵循合理的逻辑推理来证实或证伪自己或他人的观点”。⑦ 通过确凿的证据和有力的推理来确信你所提出的是合理理由的人，不得不在一定程度上也确信你的结论的可靠，否则，他就会被指责为无理取闹。⑧ “预见性”是为了杜绝盲目行动，因此，“预见性”就意味着“观点的实用性”和“行动的主动性”。⑨

第三，要引导个体学习相信什么或者做什么而作出合理决定的一系列知识、技术和方法（包括必要的逻辑学知识、辩论技巧、发现问题和解决问题的方法等），并结合大量的思维训练，学会如何在日常生活的实践中熟练运用这些知识、技术和方法，这是培养批判性思维的核心。⑩ 具体来说，批判性思维技巧包括如下内容：

个体是否善于：①分类、比较、区分和筛选。⑪ ②判断信息是否恰当。③区分理性的断言和情感的断言。④区分事实和观点。⑤识别证据的不足。⑥洞察他人论证的陷阱和漏洞。⑦独立分析数据或信息。⑧识别论证的逻辑错误。⑨发现信息和其来源之间的联系。⑩处理矛盾的、不充分的、模糊的信息。⑪基于数据而不是观点，建立令人信服的论证。⑫选择支持力强的证据。⑬避免言过其实的结论。⑭识别证据的漏洞并建议收集其他信息。⑮知道问题往往没有明确答案或唯一的解决方法。⑯提出替代方案并在决策时予以考虑。⑰采取行动时考虑所有利益相关的主体。⑱清楚地表达论证及其语境。

---

① 谷振诣，刘壮虎．批判性思维教程．北京：北京大学出版社，2006. 3.
② 谷振诣，刘壮虎．批判性思维教程．北京：北京大学出版社，2006. 13.
③ 谷振诣，刘壮虎．批判性思维教程．北京：北京大学出版社，2006. 3.
④ 谷振诣，刘壮虎．批判性思维教程．北京：北京大学出版社，2006. 4 ~ 6.
⑤ 谷振诣，刘壮虎．批判性思维教程．北京：北京大学出版社，2006. 6 ~ 8.
⑥ 谷振诣，刘壮虎．批判性思维教程．北京：北京大学出版社，2006. 8 ~ 9.
⑦ 谷振诣，刘壮虎．批判性思维教程．北京：北京大学出版社，2006. 10 ~ 11.
⑧ 谷振诣，刘壮虎．批判性思维教程．北京：北京大学出版社，2006. 25.
⑨ 谷振诣，刘壮虎．批判性思维教程．北京：北京大学出版社，2006. 11 ~ 12.
⑩ 谷振诣，刘壮虎．批判性思维教程．北京：北京大学出版社，2006. 3.
⑪ ［英］斯特拉·科特雷尔．批判性思维训练手册．李天竹译．北京：北京大学出版社，2012. 6.

⑲精准地运用证据为论证辩护。⑳有序地呈现增强说服力的证据[①]。㉑识别修辞。修辞（rhetoric），指具有心理上的说服力，但并不增加逻辑力量的语言。例如，约翰·肯尼迪的名言“不要问国家能给你做什么，要问你能为国家做什么”，便是一句漂亮的修辞。[②]㉒以一种结构清晰、推理符合逻辑且有说服力的方式去组织复杂的论证。[③]

第四，要有一颗宽容、公正、勇敢、恬淡的心。只有这样，才能公正地权衡反方的论辩和证据[④]；才能在压力面前仍然坚持批判性思维；才能既容得下他人对自己的批评，不至于在他人一丁点的批评声中就丧失理智，又能在他人赞美时不至于迷失方向。

3. 大力培养创新思维

什么是创新思维？它也叫创造性思维，是指人们运用新颖的方式解决问题，并能产生新的、有社会价值的产品（包括物质的和观念的产品）的心理过程。它是解决问题的最高形式。与此相对应，创造力是指人们根据一定目的，运用各种信息，生产出某种新颖的、有社会价值的产品的能力。据《大学》记载：“汤之《盘铭》曰：‘苟日新，日日新，又日新。’《康诰》曰：‘作新民。’《诗》曰：‘周虽旧邦，其命维新。’”“汤”指商朝的开国帝王成汤，“盘铭”指刻在商汤的脸盆上用来警戒自己的箴言。整句箴言的意思是：假若能每天更新，就天天更新，每天不间断地更新。可见，至少自商朝开国帝王成汤开始，中国人就非常推崇“创新”，其后的优秀学人也继承了这一优良传统，这是中国文化历久弥新的内在动力之一。这表明，至少在先秦时期，中国的优秀哲人是非常注重创新、追求创新的。但中国学术自子学时代步入经学时代后（冯友兰语），许多学人逐渐抛弃了时期重视创新思维的优良传统，转而只将创新思维挂在嘴边，内心其实已习惯权威思维了。正如笔者在《新好了歌》（第一首）中所说：“世人都说创新好，唯有内功修不了；创新情形今如何？嘴上说说就算了。”这不能不说是一件憾事！所以，当代中国人要重新回归先秦重视创新思维的优良传统，逐渐养成注重创新思维的习惯。正如笔者在《新好了歌》（第二首）中所说：“创新其实万般好，只是不能假冒了；如何才有真创新？实践思考就来了。”

另外，要发展或培育独立思维、批判性思维与创造性思维，就必须解决好两个问题：一个是想不想（或敢不敢）解决独立思考意识和批判意识、创新的培养问题，它实际上要解决的是独立思考和批判、创新意识的问题。假若一个人没有独立思考的意识、批判的意识与创新的意识，或者，即便有强烈的独立思考意识、批判意识或创新意识，但不敢独立思考，不敢勇于批判或创新，那么，哪怕他有像爱因斯坦般的独立意识和批判力、创新力，实际上也是不会去独立思考、运用批判性思维与从事创新活动的。另一个是能不能独立思考、批判与创新的问题。它要解决的是独立思考、批判与创新的能力问题。如果一个人空有独立思考意识、批判意识与创新意识，但没有将之付诸现实的相应能力，那么，他至多也只能停留在做“白日梦”的幻想中。在崇尚个人主义，且已建立起健全管理制度的当代西方发达国家（像美国、英国、法国等国家），它们几乎没有什么限制人的独立思考意识、批判意识与创新意识的文化氛围或管理制度，于是，在这些国家，

① ［美］摩尔，帕克．批判性思维：带你走出思维的误区．朱素梅译．北京：机械工业出版社，2012. 3～4.
② ［美］摩尔，帕克．批判性思维：带你走出思维的误区．朱素梅译．北京：机械工业出版社，2012. 20～21.
③ ［英］斯特拉·科特雷尔．批判性思维训练手册．李天竹译．北京：北京大学出版社，2012. 3.
④ ［英］斯特拉·科特雷尔．批判性思维训练手册．李天竹译．北京：北京大学出版社，2012. 3.

培养人的独立思维、批判思维与创新思维的关键就落在解决“能不能独立思考，能不能批判性思考与创新的问题”上。正因为如此，这些国家才盛行诸如“头脑风暴法”之类的旨在提高人的批判精神与创新思维的方法。可是，当代中国的许多儿童往往是从小伴随着“不”的声音长大的，使得中国的多数儿童从接受各式教育开始就逐渐习得了“尊敬权威”、“尊敬长辈”之类的为人处世的做人法则，并导致原本具有一定独立思考意识、批判意识与创新意识的“初生牛犊”伴随着“作茧自缚”过程的不断延续，其独立人格意识、批判意识与创新意识也就慢慢减弱；再加上一些单位领导缺乏民主作风，往往盛行“一言堂”（即单位的“一把手”说了算），慢慢地，一些人的独立人格意识、批判意识与创新意识也就消失得无影无踪了。所以，当代中国教育界乃至全社会，若想真正将党中央、国务院提出的教育创新的精神落到实处，以高效提高个体的创新思维，关键措施之一，就是要通过制度创新，使生活于该制度里的中国人自然而然地生发出强烈的独立思考意识、批判意识与创新意识；然后，再通过种种措施去提高个体的独立思考能力、批判思维能力与创新能力，并千方百计地帮助个体克服权威思维与跟风心态，帮助个体妥善地对待“传统”与常规思维，帮助个体提高想象力，正如爱因斯坦所说：想象力比知识更重要。① 同时帮助个体学习适应、塑造和选择，并学会如何平衡这三者之间的关系。② 只有这样做才能收到事半功倍的效果。若盲目照搬西方人培养独立思维、批判性思维与创新思维的做法，往往只能收到事倍功半的效果。

最后，笔者借鉴陶行知先生的《手脑相长歌》，作《赞脑》一首，愿我们共勉之！

赞脑

人人有大脑，
一定要用好，
时时勤思考，
处处能挖宝。

---

① 汤凯婷．想象力更重要．读者，2010（19）：16.

② Sternberg，Robert J.，Why Schools Should Teach for Wisdom：The Balance Theory of Wisdom in Educational Settings. *Educational Psychologist*，2001，36（4）：227～245.

参考文献[①]

一、心理学

1. Baltes. Paul B. & Staudinger. Ursula M. The search for a psychology of Wisdom. *Current Directions in Psychological Science.* London：Cambridge University Press，1993.

2. Berkowitz. Leonard . *A survey of social psychology*. Third Edition. New York：Holt，Rine rert and Winston，1986.

3. 陈浩彬．“智慧的德才兼备理论”的实证研究．南京师范大学基础心理学专业博士毕业论文，2013.

4. 陈浩彬，汪凤炎．智慧：结构、类型、测量及与相关变量的关系．心理科学进展，2013，21（1）.

5. 陈永明等．二十世纪影响中国心理学发展的十件大事．心理科学，2001，24（6）.

6. ［英］M. 艾森克．心理学——一条整合的途径．阎巩固译．上海：华东师范大学出版社，2000.

7. 高觉敷主编．中国心理学史（第二版）．北京：人民教育出版社，2005.

8. 葛鲁嘉．心理文化论要——中西心理学传统跨文化解析．大连：辽宁师范大学出版社，1995.

9. 葛岩，秦裕林．Dragon 能否表示龙——对民族象征物跨文化传播的试验性研究．中国社会科学，2008（1）.

10. 郭本禹主编．当代心理学的新进展．济南：山东教育出版社，2003.

11. ［美］理查德·格里格等．心理学与生活（第十六版）．王垒等译．北京：人民邮电出版社，2003.

12. 黄光国．知识与行动　中华文化传统的社会心理诠释．台北：心理出版社有限公司，1998.

13. 黄希庭．心理学导论（第二版）．北京：人民教育出版社，2007.

14. 黄希庭．人格心理学．杭州：浙江教育出版社，2002.

15. ［美］黄一宁．实验心理学　原理、设计与数据处理．西安：陕西人民教育出版社，1998.

---

① 此参考文献的排序规则主要有三：①先将参考文献分为“心理学类”、“中国古籍类”和“其他”三种类型，属于心理学的参考文献归入“心理学类”，属于中国古籍的参考文献归入“中国古籍类”，其余的参考文献归入“其他”。②在“中国古籍类”文献里，大体是按古籍初版产生年代的早晚排列，但也稍稍考虑了流派，即尽可能将同一流派的著作放在一起。③中国古籍之外的其他论文或著作均先按作者姓名的拼音字母或英文字母顺序排列；若有二部（篇）以上的论著属同一姓名，则再按论著公开发表或出版时间的先后次序排列。

16. 侯玉波，朱滢．文化对中国人思维方式的影响．心理学报，2002（1）．

17. 侯玉波编．社会心理学．北京：北京大学出版社，2002.

18. 李庆善．中国人新论　从民谚看民心．北京：中国社会科学出版社，1996.

19. Lin Chongde & Li Tsingan. Multiple Intelligence and the structure of thinking. *Theory & Psychology*, 2003.

20. 刘兆吉．文艺心理学纲要．重庆：西南师范大学出版社，1992.

21. 潘菽．心理学简札（下）．北京：人民教育出版社，1984.

22. ［英］迈克·彭等．中国人的心理．邹海燕等译．北京：新华出版社，1990.

23. ［英］彭迈克．难以捉摸的中国人．杨德译．沈阳：辽宁教育出版社，1997.

24. ［瑞士］彼阿热（现一般将“Jean Piaget”译作“皮亚杰”．引者注）．智慧心理学．洪宝林译．北京：中国社会科学出版社，1992.

25. Polanyi. Michael. *The Study of Man*. London：Routledge & Kegan Paul Ltd，1959.

26. 申荷永．中国文化心理学心要．北京：人民出版社，2001.

27. Sternberg. Robert J. A balance theory of wisdom. *Review of general psychology*. Vol. 2. No. 4，1998.

28. ［美］R. J. 斯腾伯格．超越 IQ　人类智力的三元理论．俞晓琳，吴国宏译．上海：华东师范大学出版社，2000.

29. Sternberg. Robert J. Words to the wise about wisdom? A commentary on Ardelt' s Critique of Baltes. *Human Development*, 2004.

30. Tajfel. H. & Turner. J. C. The social identity theory of intergroup behavior. In S. Worchel and L. W. Austin (eds.). *Psychology of Intergroup Relations*. Chicago：Nelson－Hall，1986.

31. 田婴．东方智慧与西方智慧的比较．百姓，2003（5）．

32. 汪凤炎．试论《吕氏春秋》养生心理学思想．心理学探新，1995（2）．

33. 汪凤炎．试论中国人的本土心理学研究自身存在的困境及出路．中国人民大学复印报刊资料心理学，1996（9）．

34. 汪凤炎．中国古代心理养生十法．大众心理学，1996（6）．

35. 汪凤炎．试论先秦儒道养生心理学思想的异同（社会科学版）．赣南师范学院学报，1997（1）．

36. 汪凤炎．释“心”——兼论“心”与中国古代心理学思想的关系．心理学探新，1997（2）．

37. 汪凤炎．中国心理学史研究的最新进展．江西教育学院学报，1997（6）．

38. 汪凤炎．论中国古代释梦心理学思想．中国人民大学复印报刊资料心理学，1997（8）．

39. 汪凤炎．述评现代西方心理学发展的三个新动向．江西师范大学学报，1997（3）．

40. 汪凤炎．试论“建立有中国特色的心理学”与“中国人的本土心理学”研究取向的异同．中国人民大学复印报刊资料心理学，1998（6）．

41. 汪凤炎．从心理学角度析理学中的理欲辨．心理科学，1999（2）．

42. 汪凤炎．关于中国古代的人贵论．心理学动态，1999（2）．

43. 汪凤炎．新论研究中国古代心理学思想的现实意义．中国人民大学复印报刊资料心理学，1999（7）．

44. 汪凤炎．中国古代心理学思想史基本研究原则面临的困境及出路．中国人民大学复印报刊资料心理学，2000（8）．

45. 汪凤炎．中国传统心理养生之道．南京：南京师范大学出版社，2000（1）．

46. 汪凤炎．尚“和”：中国人的集体潜意识（哲学社会科学版）．江西师范大学学报，2001（1）．

47. 汪凤炎．从心理学角度再析理学中的理欲辨．心理学探新，2001（2）．

48. 汪凤炎．“美德在践履”的思想及其对当代德育的启示．思想·理论·教育，2002（1）．

49. 汪凤炎．中国古代品德考评方法及其对当代品德测量的启示．心理科学，2002（6）．

50. 汪凤炎．刍议中国文化心理学（社会科学版）．赣南师范学院学报，2003（2）．

51. 汪凤炎．古代中国人心中的“我”及其启示．心理科学，2004（2）．

52. Wangfengyan. Confucian thinking in traditional moral education：key ideas and fundamental features. *Journal of Moral Education*. 2004，33（4）．

53. 汪凤炎．荣耻心产生的心理机制及其教育意义．教育研究，2006（6）．

54. 汪凤炎．当前中国心理学发展中值得反省的四个问题（社会科学版）．西北师范大学学报，2006（5）．

55. 汪凤炎．“德”的含义及其对当代中国德育的启示．华东师范大学学报（教育科学版），2006（3）．

56. 汪凤炎．中国传统德育心理学思想及其现代意义（修订版）．上海：上海教育出版社，2007.

57. 汪凤炎．中国心理学思想史．上海：上海教育出版社，2008.

58. 汪凤炎等．德化的生活——生活德育模式的理论探索和应用研究．北京：人民出版社，2005.

59. 汪凤炎，燕良轼主编：教育心理学新编（第三版）．广州：暨南大学出版社，2011.

60. 汪凤炎，郑红．述评中国心理学思想史的两大研究视角（哲学社会科学版）．江西师范大学学报，1999.

61. 汪凤炎，郑红．述评中国心理学思想史的研究动向．心理学动态，2001（1）．

62. 汪凤炎，郑红．心理学研究的中国化：目的、含义与做法．心理科学，2001（2）．

63. 汪凤炎，郑红．中国古代有心理学思想吗．中国人民大学复印报刊资料心理学，2001（8）．

64. 汪凤炎，郑红．中国古人的心理学思想值得学习和研究（哲学社会科学版）．江西师范大学学报，2004（2）．

65. 汪凤炎，郑红．关于中国文化心理学的三个问题（人文社会科学版）．山东师范大学学报，2006（6）.

66. 汪凤炎，郑红．论中西方自我的差异（人文社会科学版）．西南大学学报，2007（1）.

67. 汪凤炎，郑红．孔子界定“君子人格”与“小人人格”的十三条标准．道德与文明，2008（4）.

68. 汪凤炎，郑红．“知而获智”观：一种经典的中式智慧观（社会科学版）．南京师范大学学报，2009（4）.

69. 汪凤炎，郑红．五种西式经典智慧观的内含及得失．自然辩证法通讯，2010，32（3）.

70. 汪凤炎，郑红．语义分析法：研究中国文化心理学的一种重要方法（社会科学版）．南京师范大学学报，2010（4）.

71. 汪凤炎，郑红．荣耻心的心理学研究．北京：人民出版社，2010.

72. 汪凤炎，郑红．良心新论　建构一种适合解释道德学习迁移现象的理论．济南：山东教育出版社，2011.

73. Wang Fengyan & Zheng Hong. A new theory of wisdom：integrating intelligence and morality. *Psychology Research*. 2012，2（1）.

74. 汪凤炎，郑红．改变道德习俗：生活德育的最佳切入路径．南京社会科学，2012（6）.

75. 汪凤炎，郑红，陈浩彬．品德心理学．北京：开明出版社，2012.

76. 汪凤炎，郑红．智慧心理学的理论探索与应用研究．上海：上海教育出版社，2013.

77. 汪凤炎，郑勇军．当前中国心理学研究中宜警惕的四种倾向．中国人民大学复印报刊资料心理学，2005（5）.

78. 王登峰．心理学研究的中国化　理论与策略．北京：中国轻工业出版社，2012.

79. 王登峰，崔红．解读中国人的人格．北京：社会科学文献出版社，2005.

80. 王登峰，黄希庭．自我和谐与社会和谐——构建和谐社会的心理学解读（人文社会科学版）．西南大学学报，2007（1）.

81. 燕国材．中国古代心理学思想中的智力问题．教育研究，1983（7）.

82. 燕国材．中国古代心理学思想中的能力问题（哲学社会科学版）．江西师范大学学报，1988（4）.

83. 燕国材主编．中国心理学史资料选编（第一、二、三、四卷）．北京：人民教育出版社，1988，1990，1989，1990.

84. 燕国材．中国心理学史．杭州：浙江教育出版社，1998.

85. 燕国材主编．中国古代心理学思想史．台北：远流出版事业股份有限公司，1999.

86. 燕国材主编．中国教育心理学思想史．济南：山东教育出版社，2004.

87. 燕国材主编．中国心理学思想史．长沙：湖南教育出版社，2004.

88. 燕国材，朱永新．现代视野内的中国教育心理观．上海：上海教育出版社，1991.

89. 燕良轼．中国古代的释梦心理思想．中国人民大学复印报刊资料心理学，1998（1）.

90. 杨国枢．中国人的性格．台北：桂冠图书股份有限公司，1988.

91. 杨国枢主编．中国人的心理．台北：桂冠图书股份有限公司，1988.

92. 杨国枢主编．本土心理学研究．台北：桂冠图书股份有限公司，1993.

93. 杨国枢．中国人的心理与行为：本土化研究．北京：中国人民大学出版社，2004.

94. 杨国枢等主编．中国人的心理与行为　文化、教化及病理篇 1992. 台北：桂冠图书股份有限公司，1994.

95. 杨国枢，黄光国，杨中芳主编．华人本土心理学（上下册）．台北：远流出版事业股份有限公司，2005.

96. 杨国枢，文崇一，吴聪贤，李亦园编．社会及行为科学研究法（上下册）．重庆：重庆大学出版社，2006.

97. 杨鑫辉．中国心理学思想史．南昌：江西教育出版社，1994.

98. 杨鑫辉主编．心理学通史（五卷本）．济南：山东教育出版社，2000.

99. 杨鑫辉，汪凤炎．中国传统教育的理念探讨．江西教育科研，1998（3）．

100. 杨中芳．如何研究中国人．台北：桂冠图书股份有限公司，1996.

101. 杨中芳．如何理解中国人　文化与个人论文集．重庆：重庆大学出版社，2009.

102. 姚淦铭．汉字心理学．南宁：广西教育出版社，2001.

103. 曾文星主编．华人的心理与治疗．北京：北京医科大学、中国协和医科大学联合出版社，1997.

104. 佐斌．中国人的脸与面子．武汉：华中师范大学出版社，1997.

105. 翟学伟．中国人的脸面观　社会心理学的一项本土研究．台北：桂冠图书股份有限公司，1995.

106. 翟学伟主编．中国社会心理学评论（第二辑）．北京：社会科学文献出版社，2006.

107. 郑红，汪凤炎．中国人的孝道心理观：含义、表征与启示．中国德育，2006（9）．

108. 郑红，汪凤炎．论智慧的本质、类型与培育方法．江西教育科研，2007（5）．

109. 中国大百科全书总编辑委员会《心理学》编辑委员会．中国大百科全书·心理学．北京：中国大百科全书出版社，1991.

110. 朱智贤主编．心理学大词典．北京：北京师范大学出版社，1989.

二、中国古籍

1. 周振甫译注．周易译注．北京：中华书局，1991.

2. 江灏，钱宗武译注．今古文尚书全译．贵阳：贵州人民出版社，1992.

3. 杨伯峻编．春秋左传注（修订本）（全四册）．北京：中华书局，1990.

4. 徐元诰撰．国语集解．王树民，沈长云点校．北京：中华书局，2002.

5. （汉）郑玄注，（唐）贾公彦疏．黄侃经文句读．周礼注疏．上海：上海古籍出版社，1990.

6. 陈鼓应．老子注译及评介（修订增补本）．北京：中华书局，2009.

7. 杨伯峻译注．论语译注．北京：中华书局，1980.

8. 杨伯峻译注．孟子译注（上下册）．北京：中华书局，1960.

9.（清）孙诒让撰．孙启治点校．墨子闲诂（全二册）．北京：中华书局，2001.

10.（清）王先谦撰．沈啸寰，王星贤点校．荀子集解．北京：中华书局，1988.

11. 赵守正．管子注释（上下册）．南宁：广西人民出版社．1987.

12. 黎翔凤撰．管子校注（全三册）．梁运华整理．北京：中华书局．2004.

13. 陈鼓应注译．庄子今注今译．北京：中华书局，2009.

14. 蒋礼鸿撰．商君书锥指．北京：中华书局，1986.

15.（清）王先慎撰．钟哲点校．韩非子集解．北京：中华书局，1998.

16. 李零．吴孙子发微．北京：中华书局，1997.

17. 中国人民解放军江苏省军区司令部理论小组注译．吴子注译．南京：江苏人民出版社，1976.

18.（战国）孙膑著．张震泽撰．孙膑兵法校理．北京：中华书局，1984.

19. 华陆综注译．尉缭子注译．北京：中华书局，1979.

20. 曹胜高，安娜译注．六韬鬼谷子．北京：中华书局，2007.

21. 骈宇骞等译注．武经七书（上下册）．北京：中华书局，2007.

22. 南京中医学院编．黄帝内经素问译释．上海：上海科学技术出版社，1991.

23.（战国）吕不韦著．陈奇猷校释．吕氏春秋新校释（全二册）．上海：上海古籍出版社，2002.

24.（清）朱彬撰．饶钦农点校．礼记训纂（上下册）．北京：中华书局，1996.

25. 胡平生译注．孝经译注．北京：中华书局，1996.

26. 刘文典撰．冯逸，乔华点校．淮南鸿烈集解（全二册）．北京：中华书局，1989.

27. 苏舆撰．钟哲点校．春秋繁露义证．北京：中华书局，1992.

28.（汉）司马迁撰．（宋）裴骃集解，（唐）司马贞索隐，（唐）张守节正义．史记（全三册）．北京：中华书局，2005.

29. 王利器撰．新语校注．北京：中华书局，1986.

30. 汪荣宝撰．陈仲夫点校．法言义疏（全二册）．北京：中华书局，1987.

31. 黄晖撰．论衡校释（全四册）．北京：中华书局，1990.

32.（汉）王符．潜夫论笺校正．（清）汪继培笺．彭铎校正．北京：中华书局，1985.

33.（汉）许慎撰．（清）段玉裁注．说文解字注．上海：上海古籍出版社，1988.

34.（清）陈立撰．吴则虞点校．白虎通疏证（全二册）．北京：中华书局，1994 年．

35. 任继昉纂．释名汇校．济南：齐鲁书社，2006.

36.（魏）刘劭撰．人物志．郑州：中州古籍出版社，2007.

37.（蜀）诸葛亮．诸葛亮集．北京：中华书局，1975.

38. 王明．太平经合校．北京：中华书局，1960.

39. 吴如嵩等校注．李卫公问对校注．北京：中华书局，1983.

40.（唐）吴兢编．贞观政要．上海：上海古籍出版社，1978.

41.（宋）欧阳修撰．欧阳修全集．北京：中国书店，1986.

42.（宋）欧阳修撰．（宋）徐无党注．新五代史．北京：中华书局，1999.

43. （宋）司马光编．资治通鉴（全二十册）．（元）胡三省音注．标点资治通鉴小组点校．北京：中华书局，1956.

44. （宋）张载．张载集．北京：中华书局，1978.

45. （宋）王安石撰．王文公文集．上海：上海人民出版社，1974.

46. （宋）程颢，程颐．王孝鱼点校．二程集（全二册）．北京：中华书局，2004.

47. （宋）苏轼撰．苏东坡全集（全二册）．北京：中国书店，1986.

48. （宋）苏轼撰．孔凡礼点校．苏轼文集（全六册）．北京：中华书局，1986.

49. （宋）朱熹撰．四书章句集注．北京：中华书局，1983.

50. （宋）黎靖德编．王星贤点校．朱子语类．北京：中华书局，1994.

51. （宋）陆九渊．钟哲点校．陆九渊集．北京：中华书局，1980.

52. （宋）陈淳．北溪字义．熊国祯，高流水点校．北京：中华书局，1983.

53. （明）王守仁．吴光，钱明，董平，姚延福编校．王阳明全集（全二册）．上海：上海古籍出版社，1992.

54. （明）梅膺祚撰．字汇·字汇补．上海：上海辞书出版社，1991.

55. （明）陈献章撰．孙通海点校．陈献章集（全二册）．北京：中华书局，1987.

56. （宋）叶适．习学记言序目（全二册）．北京：中华书局，1977.

57. （明）汤显祖．徐朔方笺校．汤显祖诗文集（全二册）．上海：上海古籍出版社，1982.

58. （清）颜元．王星贤等点校．颜元集（全二册）．北京：中华书局，1987.

59. （清）黄宗羲．陈金生，梁运华点校．全祖望补修．宋元学案（全四册）．北京：中华书局，1986.

60. （清）黄宗羲．沈芝盈点校．明儒学案（全二册），北京，中华书局，1985.

61. （清）戴震．何文光整理．孟子字义疏证．北京：中华书局，1982.

62. （清）王夫之．读四书大全说（全二册）．北京：中华书局，1975.

63. （清）王夫之．张子正蒙注．北京：中华书局，1975.

64. （清）王夫之等撰．清诗话（全二册，其中，王夫之的姜斋诗话，徐增的而庵诗话收录在上册里，薛雪的一瓢诗话收录在下册里），上海：上海古籍出版社，1978.

65. （清）王先谦撰集．释名疏证补．上海：上海古籍出版社，1984.

66. （清）叶燮．霍松林校注．原诗．北京：人民文学出版社，1979.

67. （清）郑板桥．郑板桥集．上海：上海古籍出版社，1979.

68. （清）康有为．孟子微．楼宇烈整理．北京：中华书局．1987.

69. 四库全书（诗序，嵇中散集，东雅堂昌黎集注，柳河东集，诗品，文忠集，东坡全集，唐文粹，御纂朱子全书，沧浪诗话，御定佩文斋书画谱）．上海：上海古籍出版社，1987.

70. （清）王筠撰．说文释例．北京：中华书局，1987.

71. 正统道藏（重阳立教十五论）．台北：艺文印书馆，1977.

72. 丁福保辑．历代诗话续编（全三册）．北京：中华书局，1983.

三、其他

1. ［英］弗·培根. 培根论说文集. 水天同译. 北京：商务印书馆，1983.

2. 北京大学哲学系外国哲学史教研室编. 古希腊罗马哲学. 北京：商务印书馆，1982.

3. ［美］鲁思·本尼迪克特. 吕万和，熊达云，王智新译. 菊与刀—日本文化的类型. 北京：商务印书馆，1990.

4. 圣经（和合本）. 中国基督教三自爱国运动委员会，中国基督教协会，2007.

5. ［古罗马］西赛罗. 论老年 论友谊 论责任. 徐奕春译. 北京：商务印书馆，2003.

6. 夏征农，陈至立主编. 辞海（第六版彩图本）. 上海：上海辞书出版社，2009.

7. 夏征农，陈至立主编. 辞海（第六版缩印本）. 上海：上海辞书出版社，2010.

8. 辞源（修订本全两册）. 北京：商务印书馆，1983.

9. 陈独秀. 东西民族根本思想之差异. 青年杂志，1915，1（4）.

10. 窦文宇，窦勇. 汉字字源　当代新说文解字. 长春：吉林文史出版社，2005.

11. 杜汉生. 中国精神. 武汉：长江文艺出版社，1998.

12. ［德］爱因斯坦. 爱因斯坦文集（第三卷）. 许良英等编译. 北京：商务印书馆，1979.

13. 方克立. 中国哲学史上的知行观. 北京：人民出版社，1982.

14. 费孝通. 乡土中国　生育制度. 北京：北京大学出版社，1998.

15. 冯友兰. 中国哲学史（上、下册）. 北京：中华书局，1961.

16. 冯友兰. 新世训　生活方法新论. 北京：北京大学出版社，1996.

17. 冯友兰. 贞元六书. 上海：华东师范大学出版社，1996.

18. 傅斯年. 中国学术思想界之基本误谬. 新青年，1918，4（4）.

19. 汉语大字典编辑委员会编纂. 汉语大字典（第二版九卷本本）. 武汉：崇文书局，2010.

20. ［德］黑格尔. 哲学史讲演录. 贺麟，王太庆译. 北京：商务印书馆，1959.

21. 侯外庐编. 中国思想通史（五卷本）. 北京：人民出版社，1957，1957，1957，1960，1956.

22. 李宗桂. 中国文化概论. 广州：中山大学出版社，1988.

23. 梁漱溟. 东西文化及其哲学. 北京：商务印书馆，1999.

24. 刘承华. 文化与人格　对中西文化差异的一次比较. 合肥：中国科学技术大学出版社，2002.

25. 刘泽华等. 公私观念与中国社会. 北京：中国人民大学出版社，2003.

26. 刘国强. 儒学的现代意义. 台北：鹅湖出版社，2001.

27. 刘伟林. 中国文艺心理学史. 海口：三环出版社，1989.

28. 刘文英. 梦的迷信与梦的探索. 北京：中国社会科学出版社，1989.

29. 陆谷孙主编. 英汉大词典（第二版）. 上海：上海译文出版社，2007.

30. 苗力田主编．亚里士多德全集．北京：中国人民大学出版社，1992.

31. ［美］明恩溥．中国人的特性．匡雁鹏译．北京：光明日报出版社，1998.

32. 潘富恩．论儒家“孝”观念的历史演变和影响．儒学国际学术讨论会论文集（上）．济南：齐鲁书社，1989.

33. 秦明吾主编．中日习俗文化比较．北京：中国建材工业出版社，2004.

34. 任继愈主编．中国哲学史（四卷本）．北京：人民出版社，1996.

35. ［英］罗素．中国问题．秦悦译．上海：学林出版社，1996.

36. ［日］涩泽荣一．论语与算盘　人生·道德·财富．王中江译．北京：中国青年出版社，1996.

37. 苏丁编．中西文化文学比较研究论集．重庆：重庆出版社，1988.

38. 孙隆基．中国文化的深层结构（第二版）．桂林：广西师范大学出版社，2011.

39. 邵道生．丑陋的人性．西安：陕西师范大学出版社，1998.

40. 邵汉明主编．中国文化精神．北京：商务印书馆，2000.

41. 韦政通．中国的智慧．北京：中国和平出版社，1988.

42. 韦政通．儒家与现代中国．上海：上海人民出版社，1990.

43. 魏磊．中国人的人格　从传统到现代．贵阳：贵州人民出版社，1988.

44. 谢光辉主编．常用汉字图解．北京：北京大学出版社，1997.

45. 熊十力．读经示要．北京：中国人民大学出版社，2006.

46. 徐复观．中国艺术精神．沈阳：春风文艺出版社，1987.

47. 徐中舒主编．甲骨文字典．成都：四川辞书出版社，2006.

48. ［美］许烺光．美国人与中国人：两种生活方式比较．彭凯平等译．北京：华夏出版社，1989.

49. 姚淦铭等主编．王国维文集（第一卷）．北京：中国文史出版社，1997.

50. 叶舒宪等．中国古代神秘数字．北京：社会科学文献出版社，1998.

51. 易白沙．我．青年杂志．1916，1（5）．

52. 易白沙．孔子平议（上）．青年杂志，1916，1（6）．

53. 易白沙．孔子平议（下）．新青年，1916，2（1）．

54. 约斋编．字源．上海：上海书店，1986.

55. 张岱年．中国哲学大纲．北京：中国社会科学出版社，1982.

56. 张岱年，成中英等．中国思维偏向．北京：中国社会科学出版社，1991.

57. 朱海林．先秦儒家与古希腊智德观的四大差异（哲学社会科学版）．广西大学学报，2006，28（6）．